Springer Collected Works in Mathematics

More information about this series at http://www.springer.com/series/11104

E. E. Kummer

Ernst Eduard Kummer

Collected Papers II

Function Theory, Algebraic Geometry and Miscellaneous

Editor
André Weil

Reprint of the 1975 Edition

Springer

Author
Ernst Eduard Kummer (1810–1893)
Universität Berlin
Berlin, Germany

Editor
André Weil (1906–1998)
Princeton, NJ, USA

ISSN 2194-9875
Springer Collected Works in Mathematics
ISBN 978-3-662-63345-8

This Springer imprint is published by the registered company Springer-Verlag GmbH, DE part of Springer Nature.
The registered company address is: Heidelberger Platz 3, 14197 Berlin, Germany

ERNST EDUARD KUMMER

COLLECTED PAPERS

VOLUME II

FUNCTION THEORY, GEOMETRY AND MISCELLANEOUS

Edited
by André Weil

Springer-Verlag Berlin Heidelberg GmbH 1975

ISBN 978-3-662-07321-6 ISBN 978-3-662-07320-9 (eBook)
DOI 10.1007/978-3-662-07320-9

Library of Congress Cataloging in Publication Data. Kummer, Ernst Eduard, 1810-1893. Collected works. Vol. 2 has title: Collected papers. Contents: v. 1. Number-theoretic papers. - v. 2 Miscellaneous. 1. Mathematics - Collected works.
QA3.K98. 1975. 510'.8. 74-23838

Originally published by Springer-Verlag Berlin Heidelberg New York in 1975.
Softcover reprint of the hardcover 1st edition 1975

Foreword to the Second Volume

This volume contains all the publications of Kummer, other than the papers on number-theory, which made up volume I. It consists essentially of three parts.

Firstly, we have his papers on "function-theory" in the sense in which this was understood in the first half of the XIXth century, until Riemann and Weierstrass renovated the subject. There, Kummer deals mostly with special functions and their expansions, chiefly into power-series and trigonometric series, and solutions of special differential equations. Apart from the intrinsic value of this work, it may be pointed out again that the experience gathered there proved of no little use to Kummer in his number-theoretical investigations.

Next comes the work of his third period, dealing with algebraic geometry – also before Riemann's far-reaching ideas had had time to exert their influence there. Thus, to the modern reader, these papers, too, have a somewhat antiquated look, even though the name of Kummer's surface remains to remind us of what for a long time was regarded as Kummer's chief claim to fame.

Nevertheless, the reader will find here the same outstanding quality which was displayed in Kummer's number-theory. This can perhaps best be described as an amazing ability to cut his way through dense thickets of algebraic or analytic brushwood, with frequently inadequate conceptual equipment, while never losing sight of the main goal. Ample evidence for this can be found, for instance, in his work on hypergeometric functions, and, to a no lesser degree, in his discovery of Kummer's surface. To many mathematicians of the present generation, it may come as a surprise to learn that Kummer discovered that family of surfaces, in connection with problems in line-geometry in three-dimensional projective space, entirely without the help of the powerful tool provided by theta-functions; actually, the connection with theta-functions was noticed only in 1877, by Cayley and by Borchardt, after Kummer had lost interest in the topic. His example is of particular value at a time when it is again realized by algebraic geometers that the detailed study of well-chosen special varieties remains one major road to progress in their field.

In addition, one will find here Kummer's late work on aerodynamics and ballistics (on which the undersigned is not competent to comment), a few reviews, and a variety of speeches delivered on formal occasions. While the interest of the latter is mainly historical, it has not been thought proper to omit them. They show Kummer, ever conscientious in the discharge of all assumed duties, and not inclined to take them lightly. In the Prussia of those days, the president of the Berlin Academy had to make formal speeches in praise of Frederick the Great, and this was no occasion for pleasantry. Even so, one is not sorry to have here a record of Kummer's views on a variety of subjects, as well as some eloquent testimonies of his high devotion to intellectual pursuits. Still, before taking leave of him, it is good to take a last look at his portrait. The old gentleman's twinkling eye gives us the assurance that he never lost his sense of humor.

A. Weil

Table of Contents

Scientific Papers

Book Reviews

Speeches

De cosinuum et sinuum potestatibus evolvendis

Dissertatio quam Universitatis Halensis Amplissimus Philosophorum Ordo praemio regio ornavit. Halae in libraria Orphanotrophei 1832

§. 1.

Quaestio de cosinuum et sinuum evolvendis potestatibus a tam multis analystis novissimo tempore tractata est, ut omnes eius solutiones iam exhaustas esse putares. Attamen cum nuper ego hoc problema repeterem, novas nonnullas, nec inelegantes series inveni, quibus functiones illae exprimuntur, easque in his pagellis cum lectore benevolo communicare constitui. Sed quoniam in eodem problemate non solum methodorum, quibus usi sunt geometrae, sed etiam summarum, quas invenerunt, diversitates aliquae intercedunt, et errata certa ultra sexaginta annos irreperta latebant, huius etiam problematis historia, quae literis traderetur, non indigna visa est.

Primus cl. **Eulerus** cosinuum et sinuum potestates secundum cosinus arcuum multiplicium evolvit in Actis nov. Acad. Petrop. ann. 1755, pag. 164. Posito

$$y = \cos x + i \sin x, \quad \text{et } z = \cos x - i \sin x,$$

(designante i quantitatem imaginariam $\sqrt{-1}$,) ex evoluto binomio $(y + z)^n$, adhibita Moivraei formula $(\cos x + i \sin x)^n = \cos nx + i \sin nx$, invenit

$$(2\cos x)^n = \cos nx + \frac{n}{1}\cos(n-2)x + \frac{n(n-1)}{1.2}\cos(n-4)x + \ldots$$
$$+ i\left(\sin nx + \frac{n}{1}\sin(n-2)x + \frac{n(n-1)}{1.2}\sin(n-4)x + \ldots\right).$$

Duas has series nos semper designabimus per X et Y, unde haec formula est:

$$1.) \ldots (2\cos x)^n = X + iY.$$

1

Evoluto autem binomio $(z+y)^n$, quantitatibus y et z inter se mutatis, cl. Eulerus invenit eodem modo

$$2.) \ldots. (2\cos x)^n = X - iY,$$

ex quibus duabus summis additione et subtractione coniunctis conclusit, esse

$$3.) \ldots. (2\cos x)^n = X, \text{ et } Y = 0.$$

Ad eandem summam methodo alia pervenit cl. Lagrange (Leçons sur le calcul des fonctions, chap. XI.). Qui cum posuisset $(\cos x)^n = y$, differentiando deduxit aequationem

$$\frac{dy}{dx}\cos x + ny\sin x = 0;$$

et cum pro y seriei secundum cosinus arcuum multiplicium progredientis formam statuisset, eiusque coëfficientes aequationis illius ope determinasset, invenit

$$y = (\cos x)^n = AX \ldots., \quad 4.)$$

ubi A est constans, quae ex integratione prodiit, et X seriem eandem denotat ac supra. Per casum, quo $x=0$, determinavit constantem $A = \frac{1}{2^n}$, unde summam obtinuit eandem, quam cl. Eulerus invenerat,

$$(2\cos x)^n = X.$$

Postea cl. Poisson anno 1811, cum ad valores fractos ipsius n hanc Euleri et Lagrangii formulam applicaret, exemplo speciali $x = \pi$ et $n = \frac{1}{3}$, falsam summam reperit, ideoque Euleri methodum examinavit (Correspondance sur l'école polytechnique par Hachette, Tom. II. pag. 212.) Recte Poisson perspexit, cl. Euleri errorem in eo positum esse, quod aequationes 1. et 2. pro n numero non integro, diversos valores imaginarios ipsius $(2\cos x)^n$ exhibere possent, unde ex coniunctis iis non sequeretur $(2\cos x)^n = X$ et $Y = 0$. Praeterea Poisson omnes valores functionis multiformis $(2\cos x)^n$ ex uno valore aequationis 1. deduxit ponendo $x + 2k\pi$ loco x, (k numero integro,) hac enim substitutione aequationis 1. altera pars non mutatur, dum altera valores alios induit. Mox cl. Déflers observationes suas, quas de eodem problemate fecerat, cum cl. Lacroix communicavit (Lacroix Traité du calcul diff. et intég., Tom. III. pag. 620.). Hic singularem methodum quaesivit, qua seriem Y semper evanescere, ideoque Euleri summam rectam esse demonstraret. Seriem Y secundum potestates arcus x evolvit, et ingeniosissime probavit, series coëfficientes singularum potestatum semper evanescere. Sed quoniam facile demonstratur, pro quolibet valore ipsius n has series coëfficientes ex certa quadam omnes esse divergentes, sequitur, seriem Y non pati evolutionem secundum potestates arcus x. Itaque haec demonstratio, quae praeterea exemplo numerico $x = \pi$ et $n = \frac{1}{3}$ contradicit, non potest valere. Alia methodo Plana (Annales des Mathématiques par Gergonne, Tom. XI. pag. 34.) demonstrare voluit, hanc seriem Y, excepto solo casu, quo $x = \pi$, semper evanescere. Sinuum loco expressiones imaginarias substituens invenit

$$Y = \frac{e^{nxi}}{2i}(1 + e^{-2xi})^n - \frac{e^{-nxi}}{2i}(1 + e^{2xi})^n \ldots; \quad 5.)$$

quam expressionem ita transformavit, ut evaderet $= 0$. Postquam vero Plana generaliter demonstravit esse $Y = 0$, alia via demonstrat, esse $Y = 2^n \sin n\pi$ pro $x = \pi$, et quod altera demonstratio alteri contradicit, non curat. Facile autem patet, in expressione illa plures valores reales contineri, quos omnes complectitur forma

$$(\pm 2\cos x)^n \sin nk\pi, \text{ pro } k = 0, 1, 2, \ldots \text{ etc.},$$

quorum quisque summae seriei Y potest respondere. Sed Plana in genere non nisi unius valoris, quem haec forma habet pro $k = 0$, rationem habuit; in specie vero, ut Poissonis exemplo numerico satisfaceret, pro $x = \pi$ etiam alium valorem, $k = 1$, admittere coactus est.

Lagrangii summam et methodum examinavit cl. Lacroix (Traité du calcul diff. et intég., Tom. III. pag. 622.), difficultates autem solummodo indicavit, non solvit. Nondum enim cl. Lacroix perspexit, constanti illi A (aequationis 4.) valores non semper eosdem esse tribuendos, eosque valores varios a limitibus dependere, intra quos variabilis x versaretur. Quam rem postea Poinsot, Poisson et alii in luce posuerunt.

Serierum X et Y summas accurate quaesivit cl. Ohm (Aufsätze aus dem Gebiete der höhern Mathem., Berlin, 1823). Quantitatum imaginariarum ope invenit

$$X = (\pm 2\cos x)^n \cos kn\pi,$$
$$Y = (\pm 2\cos x)^n \sin kn\pi,$$

pro k numero aliquo integro. Hic autem numerus alios intra limites valores alios accipere potest, quos ut inveniat, Ohm ratiocinatur: series X et Y esse functiones continuas ipsius x, itaque etiam $(\pm 2\cos x)^n \cos kn\pi$ et $(\pm 2\cos x)^n \sin kn\pi$ esse debere continuas, ideoque numerum k non posse valores alios accipere, nisi simul cum $\cos x = 0$, sive $x = \frac{2m+1}{2}\pi$, (m numero integro,) ex quibus concluditur, intra singulos limites $x = \frac{2m-1}{2}\pi$ usque ad $\frac{2m+1}{2}\pi$ numerum integrum k eosdem semper valores conservare. Posito $x = m\pi$, facillime intra hos limites numerus k determinatur, et serierum X et Y summae verae inveniuntur:

$$\left.\begin{aligned} X &= (\pm 2\cos x)^n \cos kn\pi \\ Y &= (\pm 2\cos x)^n \sin kn\pi \end{aligned}\right\} \ldots, \quad 6.)$$

intra limites $x = \frac{2k-1}{2}\pi$ usque ad $\frac{2k+1}{2}\pi$, signaque $\pm$ ita accipienda sunt, ut $\pm 2\cos x$ sit quantitas positiva. Posito $k = 0$, est

$$X = (2\cos x)^n, \text{ et } Y = 0,$$

intra limites $x = -\frac{\pi}{2}$ usque ad $+\frac{\pi}{2}$, intra eos igitur limites Euleri et Lagrangii formula recta est.

Cl. Crelle in libro suo (Versuch einer allgem. Theorie der analyt. Facultäten, Berlin, 1823) accurate in valores varios ipsius $(2\cos x)^n$ inquisivit, et valorem realem invenit semper exprimi posse per $\sqrt{X^2 + Y^2}$, earumque serierum X et Y quadrata addita in unam seriem secundum cosinus arcuum multiplicium ascendentium dispositam verti posse notavit, ad quam seriem nos postea per methodos prorsus alias relabemur.

Reliquum est, consideremus, quomodo etiam illae difficultates, quas Lagrangii methodus praebuit, solutae sint. Poinsot (Recherches sur l'analyse des sections angulaires, Paris, 1826), Lagrangii methodum secutus, constantis denique, quae ex integratione prodiit, determinationem generaliorem adhibuit, quam vero non accurate videtur demonstrasse. In Lagrangii summa

$$(\cos x)^n = AX \ldots \quad 7.)$$

ponit $x = 0$, unde determinatur constans

$$A = \frac{(+1)^n}{2^n \cos o n\pi};$$

porro ponit $x = \pi$, unde est

$$A = \frac{(-1)^n}{2^n \cos n\pi};$$

quos duos casus coniungens generalem constantis determinationem coniicit esse

$$A = \frac{(\pm 1)^n}{2^n \cos(n.\text{Arc.}\cos = \pm 1)} \ldots \quad 8.)$$

De hac methodo cl. Poisson optime dixit: „que l'auteur l'a déduit de considera-„tions indirectes qui ne sont pas suffisamment convaincantes". Ipse autem, ut omnes constantis A valores obtineret, in aequatione 7. posuit $x = k\pi$, (k numero integro,) unde sequitur

A

$$A = \frac{(\cos k\pi)^n}{2^n \cos kn\pi};$$

ideoque

$$(\cos x)^n = \frac{(\cos k\pi)^n}{2^n \cos kn\pi} X \dots\dots 9.)$$

Denique ex summa seriei X, quam ante invenerat, Poisson demonstravit, hanc constantis A determinationem et hanc aequationem 9. valere intra limites $x = \frac{2k-1}{2}\pi$ usque ad $\frac{2k+1}{2}\pi$. Quod optime congruit cum aequationibus 6.

Inde problematis huius difficultates iam sublatae sunt, methodosque varias, quibus cll. viri: Cauchy (Exercices des Mathém., Tom. I. liv. 1.), Olivier (Crelle's Journal, Bd. I. S. 16.), Abel (Crelle's Journal, Bd. I. S. 335.), ad easdem summas pervenerunt, omnes referre nimis longum esset. Peccata autem alia, quae postea etiam in hoc problemate tractando nonnulli commiserunt, facile inveniri et perspici possunt. Münchow enim (Grundlehren der Trigonometrie, Bonn, 1826) valores duos functionis $(2\cos x)^n$, quos cl. Eulerus invenerat, (vide aequ. 1. et 2.,) inter se diversos esse negavit. Cum vero vidisset, illam Euleri summam, quae ex additis illis oritur, non semper rectam esse, in eo quaesivit exitum, ut contenderet, notam illam Moivraei formulam: $(\cos x + i \sin x)^n = \cos nx + i \sin nx$, pro n numero fracto non valere, nisi intra limites $x = -\frac{\pi}{2}$ usque ad $+\frac{\pi}{2}$. Apertus iam est opinionis huius error, cum notum sit et facile firmissimis argumentis denuo demonstrari possit, quantitatem $\cos nx + i \sin nx$ pro quolibet x semper recte exhibere valorem unum functionis multiformis $(\cos x + i \sin x)^n$. Magna cum negligentia Pagani (Férussac Bulletin etc., Tom. V. pag. 4.) de hoc problemate nonnulla conscripsit. Primum methodum cognitam repetiit, qua ex cognita una radice imaginaria functionis $Z^{\frac{1}{n}}$ ceterae deducuntur, eandemque ad problema nostrum applicavit; deinde ad inveniendos valores omnes constantis illius A (vide aequ. 4.) cl. Poissonis formulis usus est, quas ipse rectas non agnovit, harum autem limites, quos Poisson optime notaverat, omnino neglexit, unde omnia, quae Pagani ex iis deduxit, falsa sunt, excepta formula ultima, (quae eadem est ac formula 9.,) in qua vitia omnia tali modo composita sunt, ut se invicem sustulerint. Nuper etiam de hoc problemate dissertationem scripsit Bredow, qui omnium diversitatum et vitiorum causam in eo positam quaesivit, quod sinuum et cosinuum evolutiones notissimae

2

$$\cos x = 1 - \frac{x^2}{2} + \frac{x^4}{2.3.4} - \ldots.$$

$$\sin x = x - \frac{x^3}{2.3} + \frac{x^5}{2.3.4.5} - \ldots.$$

non valerent, nisi pro x arcu minimo, qui cosinui vel sinui responderet, solos enim intra hos limites eas esse convergentes (!), itaque etiam formulas

$$\cos x = \frac{e^{xi} + e^{-xi}}{2}$$

$$\sin x = \frac{e^{xi} - e^{-xi}}{2i}$$

simul cum Moivraei formula; et ceteris, quae illis inniterentur, ad eosdem limites arcus x restringendas esse contendit. Quoniam satis obvii sunt hi errores, non ulterius hic commorabimur, sed ad novas evolutiones, quas cl. Poisson invenit, transeamus.

§. 2.

Ex aequatione differentiali eadem, qua etiam cl. Lagrange usus erat,

$$\frac{dy}{dx}\cos x + ny \sin x = 0 \ \ldots., \quad 1.)$$

Poisson novam problematis solutionem deduxit. Pro $y = (\cos x)^n$ hanc ponit formam seriei:

$$y = A + B\cos x + C\cos 2x + D\cos 3x + \ldots. \quad 2.)$$

Adhibita aequatione 1. coëfficientes omnes determinantur, exceptis primis duobus, qui manent arbitrarii. Inde prodit

$$y = A.P + B.Q \ \ldots., \quad 3.)$$

designantibus P et Q series has:

$$P = \tfrac{1}{2} + \frac{n}{n+2}\cos 2x + \frac{n(n-2)}{(n+2)(n+4)}\cos 4x + \frac{n(n-2)(n-4)}{(n+2)(n+4)(n+6)}\cos 6x + \text{etc.}$$

$$Q = \cos x + \frac{n-1}{n+3}\cos 3x + \frac{(n-1)(n-3)}{(n+3)(n+5)}\cos 5x + \frac{(n-1)(n-3)(n-5)}{(n+3)(n+5)(n+7)}\cos 7x + \text{etc.}$$

Aequatio 3., quae est integrale aequationis differentialis primi ordinis 1., duas constantes arbitrarias continet, quod vero, quia serierum P et Q est quotus constans, sive $\frac{P}{Q} = \text{const.}$, principiis calculi integralis non contradicit. Illaesa enim solutionis generalitate, per illam relationem serierum P et Q, hae duae constantes in unam possunt coërceri. Si constantes A et B determinantur per casus, quibus $x = 0$ et $x = \pi$, atque μ et ν designant valores, quos pro $x = 0$ obtinent series P et Q, est

$$4.) \ldots. \quad (\cos x)^n = \frac{1}{2\mu}((+1)^n + (-1)^n)P + \frac{1}{2\nu}((+1)^n - (-1)^n)Q.$$

Ipse autem Poisson huic methodo coëfficientium determinandorum minorem fidem tribuendam censuit, hanc itaque demonstrationem aliam quaesivit. Ad principia provocans, quae in Journal polytechnique, cah. XIX. p. 434., exposuit, ponit

$$5.) \ldots. \quad (\cos x)^n = \tfrac{1}{2}A + A_1 \cos 2x + A_2 \cos 4x + A_3 \cos 6x + \ldots.$$

intra limites $x = -\frac{\pi}{2}$ usque ad $+\frac{\pi}{2}$, unde est

$$A_k = \frac{4}{\pi}\int_0^{\frac{\pi}{2}} (\cos x)^n \cos 2kx dx.$$

Integratio per partes hanc praebet coëfficientium relationem, ut sit

$$A_k = \frac{n - 2k + 2}{n + 2k} A_{k-1},$$

unde sequitur

$$A_k = \frac{n(n-2) \ldots . (n - 2k + 2)}{(n+2)(n+4) \ldots . (n + 2k)} A,$$

iisque coëfficientium valoribus in aequatione 5. substitutis est

$$(\cos x)^n = A \, . \, P;$$

posito $x = 0$ determinatur $A = \frac{(+1)^n}{\mu}$, igitur est $(\cos x)^n = \frac{(+1)^n P}{\mu}$ intra limites $x = -\frac{\pi}{2}$ usque ad $+\frac{\pi}{2}$. Haec aequatio mutato x in $x + 2k\pi$ eadem manet, sed posito $x \pm \pi$ loco x, est $(-\cos x)^n = \frac{(+1)^n P}{\mu}$, unde concluditur, esse generaliter

$$(\cos x)^n = \frac{(\pm 1)^n P}{\mu} \ldots . \quad 6.)$$

Porro Poisson simili modo ponit

$$(\cos x)^n = B \cos x + B_1 \cos 3x + B_2 \cos 5x + \ldots . \quad 7.)$$

intra limites $x = -\frac{\pi}{2}$ usque ad $+\frac{\pi}{2}$, unde est

$$B_k = \frac{4}{\pi} \int_0^{\frac{\pi}{2}} (\cos x)^n \cos(2k+1) x dx.$$

Integratio per partes reducit integrale B_k ad B_{k-1}, ita ut sit

$$B_k = \frac{n - 2k + 1}{n + 2k + 1} B_{k-1},$$

unde

$$B_k = \frac{(n-1)(n-3)\ldots\ldots(n-2k+1)}{(n+1)(n+3)\ldots\ldots(n+2k+1)} B,$$

quibus in aequatione 7. substitutis est

$$(\cos x)^n = BQ;$$

posito $x = 0$ sequitur $B = \frac{(+1)^n}{\nu}$, itaque

$$(\cos x)^n = \frac{(+1)^n}{\nu} Q$$

intra limites $x = -\frac{\pi}{2}$ usque ad $+\frac{\pi}{2}$. Posito $x + 2k\pi$ loco x haec aequatio eadem manet, sed posito $x \pm \pi$ loco x est

$$(-\cos x)^n = \frac{\pm(+1)^n Q}{\nu}, \text{ itaque generaliter}$$

$$8.) \ldots\ldots (\cos x)^n = \frac{\pm(\pm 1)^n Q}{\nu}.$$

Ex coniunctis aequationibus 6. et 8. sequitur

$$\frac{\pm Q}{\nu} = \frac{P}{\mu}$$

seu

$$\frac{P}{Q} = \pm \frac{\mu}{\nu} \ldots\ldots 9.)$$

quae est illa serierum P et Q relatio constans, supra indicata.

Quoniam harum serierum formas et limites cl. Poisson hoc loco non demonstravit, nos methodum facilem indicabimus, qua sine illis suppositionibus hae formulae deduci possunt. Coëfficientium binomialium, qui dehinc saepius occurrent, designationem breviorem adoptabimus, quam a cl. B e s s e l i o propositam nonnulli iam acceperunt, scilicet:

$$\mu_n^k = \frac{n(n-1)(n-2)\ldots\ldots(n-k+1)}{1 . 2 . 3 \ldots\ldots k}$$

His

His positis multiplicemus inter se series duas

$$1+P^1_n z+P^2_n z^2+P^3_n z^3+\ldots\ldots=\mathrm{M},$$
$$1-P^1_n z^{-1}+P^2_n z^{-2}-P^3_n z^{-3}+\ldots\ldots=\mathrm{N},$$

earumque productum erit

$$\begin{aligned}\mathrm{MN}=\mathrm{A}+\mathrm{A}_1(z-z^{-1})+\mathrm{A}_2(z^2+z^{-2})+\mathrm{A}_3(z^3-z^{-3})+\\ +\mathrm{A}_4(z^4+z^{-4})+\mathrm{A}_5(z^5-z^{-5})+\ldots\ldots \text{ in inf.},\end{aligned} \quad 10.)$$

ubi coëfficientes A, A_1, etc. sunt series:

$$\mathrm{A}=1-P^1_n P^1_n+P^2_n P^2_n-P^3_n P^3_n+\ldots\ldots,$$
$$\mathrm{A}_1=P^1_n-P^1_n P^2_n+P^2_n P^3_n-P^3_n P^4_n+\ldots\ldots,$$
etc.;

et quia $\mathrm{M}=(1+z)^n$, $\mathrm{N}=(1-z^{-1})^n$, est

$$\mathrm{MN}=(1+z)^n(1-z^{-1})^n=(z-z^{-1})^n.$$

Inde ex aequatione 10. per differentiationem logarithmicam, comparatis earundem potestatum ipsius z coëfficientibus, ipsorum A, A_1, A_2, etc. relationes obtinemus easdem, quas etiam cl. Poisson invenit, ita ut sit

$$11.)\ldots\ldots \begin{aligned}\mathrm{MN}=\mathrm{A}\left\{1-\frac{n}{n+2}(z^2+z^{-2})+\frac{n(n-2)}{(n+2)(n+4)}(z^4+z^{-4})-\ldots\ldots\right\}\\ +\mathrm{A}_1\left\{(z-z^{-1})-\frac{n-1}{n+3}(z^3-z^{-3})+\frac{(n-1)(n-3)}{(n+3)(n+5)}(z^5-z^{-5})-\ldots\ldots\right\}\end{aligned}$$

Posito $z=\cos x+i\sin x$, est

$$\mathrm{MN}=(z-z^{-1})^n=(2i\sin x)^n, \text{ ideoque}$$

$$\begin{aligned}(2i\sin x)^n=\mathrm{A}\left\{1-\frac{2n}{n+2}\cos 2x+\frac{2n(n-2)}{(n+2)(n+4)}\cos 4x-\ldots\ldots\right\}\\ +2i\mathrm{A}_1\left\{\sin x-\frac{n-1}{n+3}\sin 3x+\frac{(n-1)(n-3)}{(n+3)(n+5)}\sin 5x-\ldots\ldots\right\}:\end{aligned}$$

denique mutando x in $\frac{\pi}{2}-x$ et dividendo per $(2i)^n$ est

$$12.)\ldots\ldots \begin{aligned}(\cos x)^n=\frac{\mathrm{A}}{(2i)^n}\left\{1+\frac{2n}{n+2}\cos 2x+\frac{2n(n-2)}{(n+2)\,n+4)}\cos 4x+\ldots\ldots\right\}\\ +\frac{\mathrm{A}_1}{(2i)^{n-1}}\left\{\cos x+\frac{n-1}{n+3}\cos 3x+\frac{(n-1)(n-3)}{(n+3)(n+5)}\cos 5x+\ldots\ldots\right\}.\end{aligned}$$

quae congruit cum cl. Poissonis aequatione formula 4.

3

Eandem methodum accuratius instituentes per separationem partium imaginariarum et realium ad aequationes duas 6. et 8. perveniemus. Nam serierum M et N summas veras pro $z = \cos x + i \sin x$ cl. Abel invenit (Crelle's Journal, Bd. I. Heft 4.):

$$M = (2 + 2\cos x)^{\frac{n}{2}} \left(\cos n\left(\frac{x}{2} - k\pi\right) + i \sin n\left(\frac{x}{2} - k\pi\right)\right)$$

intra limites $x = (2k - 1)\pi$ usque ad $(2k + 1)\pi$,

$$N = (2 - 2\cos x)^{\frac{n}{2}} \left(\cos n\left(\frac{x - (2k + 1)\pi}{2}\right) - i \sin n\left(\frac{x - (2k + 1)\pi}{2}\right)\right)$$

intra limites $x = 2k\pi$ usque ad $(2k + 2)\pi$.

Per multiplicationem ipsorum M et N hi limites, simul cum litera k, e computo exeunt, atque est generaliter

$$MN = (4 \sin x^2)^{\frac{n}{2}} \left(\cos \frac{n\pi}{2} \pm i \sin \frac{n\pi}{2}\right),$$

ubi $(4 \sin x^2)^{\frac{n}{2}} = (2 + 2\cos x)^{\frac{n}{2}} . (2 - 2\cos x)^{\frac{n}{2}}$ indicat valorem realem absolutum ipsius $(2 \sin x)^n$. Hoc valore ipsius MN in aequatione 11. substituto, posito $z = \cos x + i \sin x$, est

$$(4 \sin x^2)^{\frac{n}{2}} \left(\cos \frac{n\pi}{2} \pm i \sin \frac{n\pi}{2}\right) =$$

$$= A\left\{1 - \frac{2n}{n+2} \cos 2x + \frac{2n(n-2)}{(n+2)(n+4)} \cos 4x - \ldots\right\}$$

$$+ 2iA_1\left\{\sin x - \frac{n-1}{n+3} \sin 3x + \frac{(n-1)(n-3)}{(n+3)(n+5)} \sin 5x - \ldots\right\},$$

parte reali atque imaginaria separatis:

$$(4 \sin x^2)^{\frac{n}{2}} = \frac{A}{\cos \frac{n\pi}{2}} \left\{1 - \frac{2n}{n+2} \cos 2x + \frac{2n(n-2)}{(n+2)(n+4)} \cos 4x - \ldots\right\}, \quad 13.)$$

$$(4 \sin x^2)^{\frac{n}{2}} = \frac{\pm 2A_1}{\sin \frac{n\pi}{2}} \left\{\sin x - \frac{n-1}{n+3} \sin 3x + \frac{(n-1)(n-3)}{(n+3)(n+5)} \sin 5x - \ldots\right\}, \quad 14.)$$

ex quibus, posito $\frac{\pi}{2} - x$ loco x, deducuntur Poissonis formulae:

$$15.) \ldots\ldots (4\cos x^2)^{\frac{n}{2}} = \frac{A}{\cos\frac{n\pi}{2}}\left\{1 + \frac{2n}{n+2}\cos 2x + \frac{2n(n-2)}{(n+2)(n+4)}\cos 4x + \ldots\right\},$$

$$16.) \ldots\ldots (4\cos x^2)^{\frac{n}{2}} = \frac{\pm 2A_1}{\sin\frac{n\pi}{2}}\left\{\cos x + \frac{n-1}{n+3}\cos 3x + \frac{(n-1)(n-3)}{(n+3)(n+5)}\cos 5x + \ldots\right\}.$$

In iis quatuor formulis, si quadrata extra lunulas cum $\frac{n}{2}$ coniunguntur, alterae partes aequationum multiplicandae sunt per $(+1)^n$ aut $(-1)^n$, prout $\sin x$ vel $\cos x$ sunt positivi aut negativi.

Harum evolutionum factores, quos cl. Poisson seriebus infinitis μ et ν expressit, et qui etiam ex hac nostra methodo serierum infinitarum forma prodierunt, facile ad functiones notas revocantur, unde harum formularum usus facillimus redditur. Alia igitur methodo easdem formulas denuo quaeremus, atque ex iis tamquam fundamentalibus magnam copiam serierum deducemus, quibus cosinuum et sinuum potestates exhibentur.

§. 3.

Multiplicatis inter se seriebus

$$1 + P_n^1 z + P_n^2 z^2 + P_n^3 z^3 + \ldots = (1+z)^n$$

et

$$1 + P_n^1 z^{-1} + P_n^2 z^{-2} + P_n^3 z^{-3} + \ldots = (1+z^{-1})^n$$

est earum productum

$$((1+z)(1+z^{-1}))^n = A + A_1(z + z^{-1}) + A_2(z^2 + z^{-2}) + A_3(z^3 + z^{-3}) + A_4(z^4 + z^{-4}) + \ldots \qquad 1$$

et coëfficientes A, A_1, A_2, etc. sunt series:

$$A = 1 + P_n^1 P_n^1 + P_n^2 P_n^2 + P_n^3 P_n^3 + \ldots,$$

$$A_1 = P_n^1 + P_n^1 P_n^2 + P_n^2 P_n^3 + P_n^3 P_n^4 + \ldots$$

$$\vdots$$

$$A_k = P_n^k + P_n^1 P_n^{k+1} + P_n^2 P_n^{k+2} + P_n^3 P_n^{k+3} + \ldots$$

Persimplex est harum serierum nexus, qui ex summis earum manabit, per functionem Π *) exprimendis. Omnes enim hae series continentur in serie generaliori

$$1+\frac{\alpha\beta}{1.\gamma}x+\frac{\alpha(\alpha+1)\beta(\beta+1)}{1.2.\gamma(\gamma+1)}x^2+\ldots,$$

de qua egregias suas Disquisitiones generales scripsit cl. Gaufs, cuius etiam summam invenit casu, quo $x=1$. Nam si haec series generalis tanquam functio ipsorum α, β, γ, et x designatur per $F(\alpha, \beta, \gamma, x)$, cl. Gaufs invenit (l. c. pag. 28.)

$$F(\alpha, \beta, \gamma, 1)=\frac{\Pi(\gamma-1)\,\Pi(\gamma-\alpha-\beta-1)}{\Pi(\gamma-\alpha-1)\,\Pi(\gamma-\beta-1)}.$$

Series A, A_1, A_2, etc., si iisdem signis denotantur, evadunt:

$$A=F(-n, -n, 1, 1)=\frac{\Pi n\,\Pi 2n}{\Pi n\,\Pi n},$$

$$A_1=P^1_n F(-n, -n+1, 2, 1)=P^1_n\frac{\Pi 1\,\Pi 2n}{\Pi n+1.\Pi n},$$

$$\vdots \qquad\qquad \vdots \qquad\qquad \vdots$$

$$A_k=P^k_n F(-n, -n+k, k+1, 1)=P^k_n\frac{\Pi k\,\Pi 2n}{\Pi n+k.\Pi n}.$$

Quia haec est functionis Π proprietas fundamentalis, ut pro k numero integro sit

$$\Pi n+k=(n+1)(n+2)\ldots(n+k)\,\Pi n,$$

et

$$\Pi k=1.2.3\ldots k,$$

ha-

*) Quoniam saepius in iis, quae sequuntur, functionis huius usus occurret, hic statim pauca de ea notabimus. Praecipue cll. Viri Gaufs et Legendre eius theoriam confirmarunt. Ille in Disquisitionibus circa seriem infinitam $1+\frac{\alpha\beta}{1.\gamma}x+\ldots$ (in Comment. societ. Gotting. anno 1812) omnes functionis huius proprietates notatu dignissimas exposuit, signumque Π statuit; cl. Legendre primum anno 1811 in libri sui: Exercices de calcul intégr., prem. édit., tomo primo in eandem functionem incidit per integrale determinatum $\int_0^1 \left(l\frac{1}{x}\right)^{n-1}dx$, quod breviter signo functionali Γn designavit. Idem secundum cl. Gaufsii designationem est $\Pi(n-1)$. Iterum functionem Γ tractavit Legendre, in operis citati tomo secundo, anno 1817, easdemque eius proprietates, quas cl. Gaufs iam ante eum invenerat, aliis methodis demonstravit. Tabulam functionis huius Legendre ad duodecim figuras, per partes millesimas quantitatis variabilis, computavit; Gaufsii vero tabula, quam ad viginti figuras extendit, secundum variabilis differentiam decies maiorem 0,01 progreditur.

habemus

$$A_k = \frac{\Pi 2n}{(\Pi n)^2} \frac{n(n-1)\ldots.(n-k+1)}{(n+1)(n+2)\ldots.(n+k)};$$

iis summis serierum coëfficientium A_k in aequatione 1. substitutis habemus

$$((1+z)(1+z^{-1}))^n = \frac{\Pi 2n}{(\Pi n)^2}\left\{1+\frac{n}{n+1}(z+z^{-1})+\frac{n(n-1)}{(n+1)(n+2)}(z^2+z^{-2})+\ldots.\right\}; \quad 2.)$$

denique posito $z = \cos 2x + i \sin 2x$, quia

$$(1+z)(1+z^{-1}) = 2+z+z^{-1} = 2+2\cos 2x = 4\cos x^2,$$

est

$$(4\cos x^2)^n = \frac{\Pi 2n}{(\Pi n)^2}\left\{1+\frac{2n}{n+1}\cos 2x+\frac{2n(n-1)}{(n+1)(n+2)}\cos 4x+\ldots.\right\}. \quad 3.)$$

Haec est series illa, quae ex additis quadratis serierum X et Y oritur, (cf. §. 1.) ubi cl. Crelle notavit, valorem absolutum $(4\cos x^2)^n = X^2 + Y^2$ verti posse in seriem secundum cosinus arcuum multiplicium dispositam. Si quadratum ipsius $(4\cos x^2)^n$ extra lunulas cum n coniungitur, altera pars aequationis multiplicanda est per $(+1)^{2n}$ aut $(-1)^{2n}$, prout $\cos x$ est positivus aut negativus. Quo facto. si n mutatur in $\frac{n}{2}$, habemus formulam omnes valores complectentem:

$$4.) \ldots. (2\cos x)^n = \frac{(\pm 1)^n \Pi n}{\left(\Pi \frac{n}{2}\right)^2}\left\{1+\frac{2n}{n+2}\cos 2x+\frac{2n(n-2)}{(n+2)(n+4)}\cos 4x+\ldots.\right\}.$$

Facile ex hac formula 4. deducitur evolutio altera ipsius $(2\cos x)^n$. Si n mutatur in $n-1$ et multiplicatur per $2\cos x$, cosinuum productis solutis in cosinus singulos et additis cosinuum eorundem coëfficientibus prodit

$$(2\cos x)^n = \frac{(\pm 1)^{n-1}\Pi n-1}{\left(\Pi \frac{n-1}{2}\right)^2}\left\{\frac{4n}{n+1}\cos x+\frac{4n(n-1)}{(n+1)(n+3)}\cos 3x+\frac{4n(n-1)(n-3)}{(n+1)(n+3)(n+5)}\cos 5x+\ldots.\right\},$$

et, si factor communis $\frac{4n}{n+1}$ coniungitur cum $\frac{\Pi n-1}{\left(\Pi \frac{n-1}{2}\right)^2}$, est

$$\frac{4n\,\Pi n-1}{(n+1)\left(\Pi \frac{n-1}{2}\right)^2} = \frac{n(n+1)\,\Pi n-1}{\left(\frac{n+1}{2}\right)^2\left(\Pi \frac{n-1}{2}\right)^2} = \frac{\Pi n+1}{\left(\Pi \frac{n+1}{2}\right)^2}; \text{ ergo}$$

$$5.) \ldots. (2\cos x)^n = \frac{(\pm 1)^{n-1}\Pi n+1}{\left(\Pi \frac{n+1}{2}\right)^2}\left\{\cos x+\frac{n-1}{n+3}\cos 3x+\frac{(n-1)(n-3)}{(n+3)(n+5)}\cos 5x+\ldots\right\}.$$

4

Simul loco x ponendo $\frac{\pi}{2} - x$ ex formulis 4. et 5. habemus ipsius $(2\sin x)^n$ evolutiones:

$$(2\sin x)^n = \frac{(\pm 1)^n \Pi n}{\left(\Pi \frac{n}{2}\right)^2} \left\{ 1 - \frac{2n}{n+2} \cos 2x + \frac{2n(n-2)}{(n+2)(n+4)} \cos 4x - \dots \right\}, \quad 6.)$$

$$(2\sin x)^n = \frac{(\pm 1)^{n-1} \Pi n + 1}{\left(\Pi \frac{n+1}{2}\right)^2} \left\{ \sin x - \frac{n-1}{n+3} \sin 3x + \frac{(n-1)(n-3)}{(n+3)(n+5)} \sin 5x - \dots \right\}. \quad 7.)$$

Paucis hic inquiramus, intra quos limites ipsius n series 4., 5., 6., et 7. sint convergentes. Neglectis sinubus et cosinubus, qui nunquam sunt unitate maiores, est coëfficiens generalis serierum 4. et 6.:

$$\frac{n(n-2) \dots (n-2k+2)}{(n+2)(n+4) \dots (n+2k)},$$

qui terminus signis coëfficientium binomialium exprimitur per

$$\frac{P^k_{\frac{n}{2}}}{P^k_{-\left(\frac{n+2}{2}\right)}}.$$

Si n est positivum, $P^k_{\frac{n}{2}}$ est terminus generalis seriei convergentis, et $P^k_{-\left(\frac{n+2}{2}\right)}$ est terminus generalis seriei, cuius termini ultimi in infinitum crescunt, ex quibus sequitur, serierum 4. et 6. coëfficientes multo melius esse convergentes, quam coëfficientium binomialium series, cuius terminus generalis $P^k_{\frac{n}{2}}$.

Simili modo est coëfficiens generalis serierum 5. et 7.:

$$\frac{(n-1)(n-3) \dots (n-2k+1)}{(n+3)(n+5) \dots (n+2k+1)} = \frac{P^{k+1}_{\frac{n+1}{2}}}{P^{k+1}_{-\left(\frac{n+1}{2}\right)}};$$

atque si $\frac{n+1}{2} > 1$ sive $n > 1$, eodem modo demonstratur, hos coëfficientes esse melius convergentes, quam coëfficientes binomiales $P^k_{\frac{n+1}{2}}$. At si $n < 1$, continuo minus convergunt, usque ad limitem $n = 0$, pro quo est coëfficiens generalis serierum 5. et 7. $= \frac{1}{2k+1}$, qui est terminus generalis seriei

$$1,\ \tfrac{1}{3},\ \tfrac{1}{5},\ \tfrac{1}{7},\ \dots \text{ etc.}$$

Etiam haec series habet summam finitam, sive convergit, si non omnes termini habent signa eadem. Itaque etiam pro $n = 0$ convergent series 5. et 7., si cosinus vel sinus arcuum multiplicium signorum vices efficiunt periodicas. Sed pro parvis valoribus ipsius n series 4. et 6. melius convergunt, quam 5. et 7.

Pro n numero pari series 4. et 6., pro impari n series 5. et 7. abrumpuntur, factoresque illi, qui generaliter sunt transscendentes, in uncias medias binomii potestatis evolvendae transeunt. Alio quovis casu hae series infinitae evadunt, unde formulae nonnullae elegantes deducuntur.

Ex aequationibus 4. et 6., ponendo $n = 1$:

$$\cos x = \pm \frac{4}{\pi}\left\{\tfrac{1}{2} + \frac{\cos 2x}{1.3} - \frac{\cos 4x}{3.5} + \frac{\cos 6x}{5.7} - \frac{\cos 8x}{7.9} + \dots\right\}, \quad 8.)$$

$$\sin x = \pm \frac{4}{\pi}\left\{\tfrac{1}{2} - \frac{\cos 2x}{1.3} - \frac{\cos 4x}{3.5} - \frac{\cos 6x}{5.7} - \frac{\cos 8x}{7.9} - \dots\right\}; \quad 9.)$$

ex aequationibus 5. et 7., ponendo $n = 0$:

$$\frac{\pi}{4} = \pm\left\{\cos x - \frac{\cos 3x}{3} + \frac{\cos 5x}{5} - \frac{\cos 7x}{7} + \dots\right\}, \quad 10.)$$

$$\frac{\pi}{4} = \pm\left\{\sin x + \frac{\sin 3x}{3} + \frac{\sin 5x}{5} + \frac{\sin 7x}{7} + \dots\right\}; \quad 11.)$$

ex aequationibus 5. et 7., ponendo $n = 2$:

$$\cos x^2 = \pm \frac{8}{\pi}\left\{\frac{\cos x}{1.1.3} + \frac{\cos 3x}{1.3.5} - \frac{\cos 5x}{3.5.7} + \frac{\cos 7x}{5.7.9} - \frac{\cos 9x}{7.9.11} + \dots\right\}, \quad 12.)$$

$$\sin x^2 = \pm \frac{8}{\pi}\left\{\frac{\sin x}{1.1.3} - \frac{\sin 3x}{1.3.5} - \frac{\sin 5x}{3.5.7} - \frac{\sin 7x}{5.7.9} - \frac{\sin 9x}{7.9.11} - \dots\right\}. \quad 13.)$$

Signa positiva aut negativa valent, prout $\cos x$ vel $\sin x$ sunt positivi aut negativi.

Series 8., 9., 10., et 11. iam invenit cl. Fourier (Théorie de la chaleur, pag. 175., 237., et 242.). Alia series a cl. Fourier inventa pag. 238., quae, exceptis casibus, quibus $x = k\pi$, (pro k numero integro,) semper convergit,

$$\frac{\pi}{4}\cos x = \frac{2}{1.3}\sin 2x + \frac{4}{3.5}\sin 4x + \frac{6}{5.7}\sin 6x + \dots,$$

per differentiationem aequationis 9. obtinebitur. Innumerae etiam series aliae ex integrationibus formularum 8. — 13. deducuntur, quae facile iterari possunt et series melius convergentes reddunt. Quibus omnibus brevitatis causa praetermissis hoc solum notabimus, ex seriebus 8. et 9., si integrationes infinities iterantur, denique, quia constantes, post binas integrationes adiiciendae, continuo ad limites +1 et — 1 convergunt, sinuum et cosinuum evolutiones notas, secundum potestates arcus x dispositas, prodire.

§. 4.

Si multiplicaremus series 5. et 6., (§. anteced.) inde, cosinuum productis in cosinus singulos mutatis, oriretur series, cuius forma est:

$$(4\sin x.\cos x)^n = (\pm 1)^n (\pm 1)^{n-1}\{A_0 \cos x + A_1 \cos 3x + \ldots + A_k \cos(2k+1)x + \ldots\},$$

sive

$$1.)\quad (2\sin 2x)^n = (\pm 1)^n (\pm 1)^{n-1}\{A_0 \cos x + A_1 \cos 3x + \ldots + A_k \cos(2k+1)x + \ldots\}.$$

Coëfficientes omnes facillime per integralia determinata exhibentur, quem in finem notabimus, quantitatem $(\pm 1)^n(\pm 1)^{n-1}$ eundem valorem servare intra limites $x=0$ et $x=\pi$, nam ultra signorum vices discontinuas integralium limites extendere non liceret. Iam series 1. multiplicetur per $\cos(2k+1)\,xdx$, et integretur intra limites $x=0$ et $x=\frac{\pi}{2}$, quia intra hos limites ceteri termini evanescunt, prodit

$$2.)\ \ldots\ \frac{4}{\pi}\int_0^{\frac{\pi}{2}} (2\sin 2x)^n \cos(2k+1)\,xdx = A_k.$$

Formulam, quae integrale A_k reducit ad A_{k-2}, obtinemus hoc modo: differentiando quantitatem $(2\sin 2x)^{n+1}\cos(2k-1)x$ habemus

$$d(2\sin 2x)^{n+1}\cos(2k-1)x = (2n+2k+1)(2\sin 2x)^n\cos(2k+1)\,xdx$$
$$+ (2n-2k+3)(2\sin 2x)^n\cos(2k-3)\,xdx,$$

et integrando:

$$(2\sin 2x)^{n+1}.\cos(2k-1)x = (2n+2k+1)\int(2\sin 2x)^n\cos(2k+1)\,xdx$$
$$+ (2n-2k+3)\int(2\sin 2x)^n\cos(2k-3)\,xdx,$$

et posito $k=0$:

$$2\sin 2x)^{n+1}.\cos x = (2n+1)\int(2\sin 2x)^n\cos x dx + (2n+3)\int(2\sin 2x)^n\cos 3x dx.$$

Integralibus iis sumtis intra limites 0 et $\frac{\pi}{2}$ habemus

0

$$0 = (2n + 2k + 1) A_k + (2n - 2k + 3) A_{k-2}$$
$$\text{et } 0 = (2n + 1) A_0 + (2n + 3) A_1 \qquad \dots. 3.)$$

Per has formulas ex primo coëfficiente A_0 ceteri deducuntur, solum igitur superest inveniendum integrale

$$A_0 = \frac{4}{\pi}\int_0^{\frac{\pi}{2}} (2\sin 2x)^n \cos x dx,$$

quod, posito $\cos x = v$, transformatur in

$$A_0 = \frac{2^{2n+2}}{\pi}\int_0^1 v^{n+1}(1 - v^2)^{\frac{n-1}{2}} dv.$$

Hoc integrale in iis est, quae cl. Legendre nomine intégrales Eulériennes designavit et functione sua Γ exhibuit. Generaliter etiam cl. Gaufs invenit (l. c. pag. 30.)

$$\int_0^1 x^{\lambda-1}(1 - x^\mu)^\nu dx = \frac{\Pi\frac{\lambda}{\mu}\Pi\nu}{\lambda\Pi\left(\frac{\lambda}{\mu}+\nu\right)};$$

inde, posito $\lambda = n + 2$, $\mu = 2$, $\nu = \frac{n-1}{2}$, habemus coëfficientem primum

$$A_0 = \frac{2^{2n+2}\Pi\frac{n+2}{2}\Pi\frac{n-1}{2}}{\pi(n+2)\Pi\frac{2n+1}{2}},$$

qui per proprietates notas functionis Π transformatur in

$$4.) \dots. A_0 = \frac{2^{3n+2}(\Pi n)^2}{\pi\,\Pi 2n + 1}.$$

Hoc denique valore, simul cum aequationibus 3., adhibito, ex serie 1. habemus

$$\left.\begin{aligned}(2\sin 2x)^n = \frac{(\pm 1)^n(\pm 1)^{n-1}2^{3n+2}(\Pi n)^2}{\pi\Pi(2n+1)}\Big\{\cos x - \frac{2n+1}{2n+3}\cos 3x - \frac{2n-1}{2n+5}\cos 5x + \\ + \frac{(2n+1)(2n-3)}{(2n+3)(2n+7)}\cos 7x + \frac{(2n-1)(2n-5)}{(2n+5)(2n+9)}\cos 9x - \dots\end{aligned}\right\} 5.)$$

Ad definiendam quantitatem $(\pm 1)^n(\pm 1)^{n-1}$ redeundum est ad formulas 5. et 6. paragraphi antecedentis, quarum ex multiplicatione haecce formula 5. orta est.

Formula 5., §. 3., factorem habet:

5

$(+1)^{n-1}$ intra limites $x = \frac{4k-1}{2}\pi$ usque ad $\frac{4k+1}{2}\pi$,

$(-1)^{n-1}$ - - $x = \frac{4k+1}{2}\pi$ - - $\frac{4k+3}{2}\pi$;

formula 6., §. 3., factorem habet:

$(+1)^n$ intra lim. $x = 2k\pi$ usque ad $(2k+1)\pi$,

$(-1)^n$ - - $x = (2k+1)\pi$ - - $(2k+2)\pi$;

quadruplex igitur multiplicatio est functionum $(\pm 1)^n$ et $(\pm 1)^{n-1}$:

intra lim. $x = 2k\pi$ usque ad $(2k+\frac{1}{2})\pi$ est $(+1)^n.(+1)^{n-1} = +(+1)^n$,

- - $x = (2k+\frac{1}{2})\pi$ - - $(2k+1)\pi$ - $(+1)^n.(-1)^{n-1} = -(-1)^n$,

- - $x = (2k+1)\pi$ - - $(2k+\frac{3}{2})\pi$ - $(-1)^n.(-1)^{n-1} = -(+1)^n$,

- - $x = (2k+\frac{3}{2})\pi$ - - $(2k+2)\pi$ - $(-1)^n.(+1)^{n-1} = +(-1)^n$.

Denique ex formula 5., si x mutatur in $\frac{x}{2}$ et dividitur per 2^n, habemus

$$6.) \ldots \quad (\sin x)^n = \frac{\pm(\pm 1)^n (\Pi n)^2 . 2^{2n+2}}{\pi\, \Pi 2n+1}\left\{\cos\frac{x}{2} - \frac{2n+1}{2n+3}\cos\frac{3x}{2} - \frac{2n-1}{2n+5}\cos\frac{5x}{2} + \frac{(2n+1)(2n-3)}{(2n+3)(2n+7)}\cos\frac{7x}{2} + \frac{(2n-1)(2n-5)}{(2n+5)(2n+9)}\cos\frac{9x}{2} - \ldots\right\},$$

ubi valent signa:

$+(+1)^n$ intra lim. $x = 4k\pi$ usque ad $(4k+1)\pi$,

$-(-1)^n$ - - $x = (4k+1)\pi$ - - $(4k+2)\pi$,

$-(+1)^n$ - - $x = (4k+2)\pi$ - - $(4k+3)\pi$,

$+(-1)^n$ - - $x = (4k+3)\pi$ - - $(4k+4)\pi$.

Loco x si ponitur $x - \pi$ et dividitur per $(-1)^n$:

$$7.) \ldots \quad (\sin x)^n = \frac{\pm(\pm 1)^n (\Pi n)^2 2^{2n+2}}{\pi\, \Pi 2n+1}\left\{\sin\frac{x}{2} + \frac{2n+1}{2n+3}\sin\frac{3x}{2} - \frac{2n-1}{2n+5}\sin\frac{5x}{2} - \frac{(2n+1)(2n-3)}{(2n+3)(2n+7)}\sin\frac{7x}{2} + \frac{(2n-1)(2n-5)}{(2n+5)(2n+9)}\sin\frac{9x}{2} + \ldots\right\},$$

signorumque conditiones sunt:

$+(+1)^n$ intra lim. $x = 4k\pi$ usque ad $(4k+1)\pi$,

$+(-1)^n$ - - $x = (4k+1)\pi$ - - $(4k+2)\pi$,

$-(+1)^n$ - - $x = (4k+2)\pi$ - - $(4k+3)\pi$,

$-(-1)^n$ - - $x = (4k+3)\pi$ - - $(4k+4)\pi$.

In formulis 6. et 7., ut etiam cosinuum evolutiones obtineamus, ponamus $x + \frac{\pi}{2}$ loco x, quo facto est, ex formula 6.:

$$(\cos x)^n = \frac{\pm(\pm 1)^n (\Pi n)^2 2^{2n+2}}{\pi\sqrt{2}\,\Pi 2n+1} \left\{ \begin{array}{l} \cos\frac{x}{2} + \frac{2n+1}{2n+3}\cos\frac{3x}{2} + \frac{2n-1}{2n+5}\cos\frac{5x}{2} + \ldots \\ -\sin\frac{x}{2} + \frac{2n+1}{2n+3}\sin\frac{3x}{2} - \frac{2n-1}{2n+5}\sin\frac{5x}{2} + \ldots \end{array} \right\}, \quad 8.)$$

$+(+1)^n$ intra lim. $x = (4k - \frac{1}{2})\pi$ usque ad $(4k + \frac{1}{2})\pi$,
$-(-1)^n$ - - $x = (4k + \frac{1}{2})\pi$ - - $(4k + \frac{3}{2})\pi$,
$-(+1)^n$ - - $x = (4k + \frac{3}{2})\pi$ - - $(4k + \frac{5}{2})\pi$,
$+(-1)^n$ - - $x = (4k + \frac{5}{2})\pi$ - - $(4k + \frac{7}{2})\pi$;

ex formula 7.:

$$(\cos x)^n = \frac{\pm(\pm 1)^n (\Pi n)^2 2^{2n+2}}{\pi\sqrt{2}\,\Pi 2n+1} \left\{ \begin{array}{l} \sin\frac{x}{2} - \frac{2n+1}{2n+3}\sin\frac{3x}{2} + \frac{2n-1}{2n+5}\sin\frac{5x}{2} - \ldots \\ +\cos\frac{x}{2} + \frac{2n+1}{2n+3}\cos\frac{3x}{2} + \frac{2n-1}{2n+5}\cos\frac{5x}{2} + \ldots \end{array} \right\}, \quad 9.)$$

$+(+1)^n$ intra lim. $x = (4k - \frac{1}{2})\pi$ usque ad $(4k + \frac{1}{2})\pi$,
$+(-1)^n$ - - $x = (4k + \frac{1}{2})\pi$ - - $(4k + \frac{3}{2})\pi$,
$-(+1)^n$ - - $x = (4k + \frac{3}{2})\pi$ - - $(4k + \frac{5}{2})\pi$,
$+(-1)^n$ - - $x = (4k + \frac{5}{2})\pi$ - - $(4k + \frac{7}{2})\pi$.

Formula 9. non differt a formula 8., nisi seriei sinuum signis oppositis. Signorum igitur positivorum et negativorum non neglectis limitibus sequitur per additionem et subtractionem formularum 8. et 9.:

$$10.) \ldots.\ (\cos x)^n = \frac{\pm(+1)^n (\Pi n)^2 2^{2n+2}}{\pi\sqrt{2}\,\Pi 2n+1} \left\{ \cos\frac{x}{2} + \frac{2n+1}{2n+3}\cos\frac{3x}{2} + \frac{2n-1}{2n+5}\cos\frac{5x}{2} + \ldots \right\},$$

$+(+1)^n$ intra lim. $x = (4k - \frac{1}{2})\pi$ usque ad $(4k + \frac{1}{2})\pi$,
$-(+1)^n$ - - $x = (4k + \frac{3}{2})\pi$ - - $(4k + \frac{5}{2})\pi$,

et intra eosdem limites, sive pro positivo $\cos x$, est

$$11.) \ldots.\ 0 = \sin\frac{x}{2} - \frac{2n+1}{2n+3}\sin\frac{3x}{2} + \frac{2n-1}{2n+5}\sin\frac{5x}{2} - \frac{(2n+1)(2n-3)}{(2n+3)(2n+7)}\sin\frac{7x}{2} + \ldots;$$

eodem modo est

$$12.) \ldots.\ (\cos x)^n = \frac{\pm(-1)^n (\Pi n)^2 2^{2n+2}}{\pi\sqrt{2}\,\Pi 2n+1} \left\{ \sin\frac{x}{2} - \frac{2n+1}{2n+3}\sin\frac{3x}{2} + \frac{2n-1}{2n+5}\sin\frac{5x}{2} - \ldots \right\},$$

$+(-1)^n$ intra lim. $x = (4k + \frac{1}{2})\pi$ usque ad $(4k + \frac{3}{2})\pi$,
$-(-1)^n$ - - $x = (4k + \frac{5}{2})\pi$ - - $(4k + \frac{7}{2})\pi$,

et intra eosdem limites, sive pro negativo $\cos x$, est

$$13.) \ldots.\ 0 = \cos\frac{x}{2} + \frac{2n+1}{2n+3}\cos\frac{3x}{2} + \frac{2n-1}{2n+5}\cos\frac{5x}{2} + \frac{(2n+1)(2n-3)}{(2n+3)(2n+7)}\cos\frac{7x}{2} + \ldots.$$

Simulac igitur formulae 10. et 12. limites suos transgrediuntur, earum series evanescunt.

Ex evanescentibus iis seriebus, cum aequationibus 6. et 7. coniunctis, aliae sinuum evolutiones prodeunt, limitibus certis circumscriptae.

Ex coniunctis aequationibus 7. et 11. est

$$\left.\begin{aligned}(\sin x)^n = \frac{\pm(\pm 1)^n (\Pi n)^2 2^{2n+3}}{\pi\, \Pi 2n+1} &\Big\{\sin\frac{x}{2} - \frac{(2n+1)(2n-3)}{(2n+3)(2n+7)}\sin\frac{7x}{2} + \\ &+ \frac{(2n-1)(2n-5)}{(2n+5)(2n+9)}\sin\frac{9x}{2} - \frac{(2n+1)(2n-3)(2n-7)(2n-11)}{(2n+3)(2n+7)(2n+11)(2n+15)}\sin\frac{15x}{2} + \ldots\Big\}\end{aligned}\right\} 14.)$$

et

$$\left.\begin{aligned}(\sin x)^n = \frac{\pm(\pm 1)^n (\Pi n)^2 2^{2n+3}}{\pi\, \Pi 2n+1} &\Big\{\frac{2n+1}{2n+3}\sin\frac{3x}{2} - \frac{2n-1}{2n+5}\sin\frac{5x}{2} + \\ &+ \frac{(2n+1)(2n-3)(2n-7)}{(2n+3)(2n+7)(2n+11)}\sin\frac{11x}{2} - \frac{(2n-1)(2n-5)(2n-9)}{(2n+5)(2n+9)(2n+13)}\sin\frac{13x}{2} + \ldots\Big\}\end{aligned}\right\} 15.),$$

quae formulae, pro positivo $\cos x$ valentes, habent signa:

$+(+1)^n$ intra lim. $x = 4k\pi$ usque ad $(4k+\frac{1}{2})\pi$,
$+(-1)^n$ - - $x = (4k+\frac{3}{2})\pi$ - - $(4k+2)\pi$,
$-(-1)^n$ - - $x = (4k+2)\pi$ - - $(4k+\frac{5}{2})\pi$.
$-(+1)^n$ - - $x = (4k+\frac{7}{2})\pi$ - - $(4k+4)\pi$.

Simili modo ex coniunctis aequationibus 6. et 13. sequitur:

$$\left.\begin{aligned}(\sin x)^n = \frac{\pm(\pm 1)^n (\Pi n)^2 2^{2n+3}}{\pi\, \Pi 2n+1} &\Big\{\cos\frac{x}{2} + \frac{(2n+1)(2n-3)}{(2n+3)(2n+7)}\cos\frac{7x}{2} + \\ &+ \frac{(2n-1)(2n-5)}{(2n+5)(2n+9)}\cos\frac{9x}{2} + \frac{(2n+1)(2n-3)(2n-7)(2n-11)}{(2n+3)(2n+7)(2n+11)(2n+15)}\cos\frac{15x}{2} + \ldots\Big\}\end{aligned}\right\} 16.),$$

et

$$17.) \ldots \left.\begin{aligned}(\sin x)^n = \frac{\pm(\pm 1)^n (\Pi n)^2 2^{2n+3}}{\pi\, \Pi 2n+1} &\Big\{-\frac{2n+1}{2n+3}\cos\frac{3x}{2} - \frac{2n-1}{2n+5}\cos\frac{5x}{2} - \\ &- \frac{(2n+1)(2n-3)(2n-7)}{(2n+3)(2n+7)(2n+11)}\cos\frac{11x}{2} - \frac{(2n-1)(2n-5)(2n-9)}{(2n+5)(2n+9)(2n+13)}\cos\frac{13x}{2} - \ldots\Big\}\end{aligned}\right\};$$

eaeque formulae, quae pro negativo $\cos x$ valent, habent signa:

$+(+1)^n$ intra lim. $x = (4k+\frac{1}{2})\pi$ usque ad $(4k+1)\pi$,
$-(-1)^n$ - - $x = (4k+1)\pi$ - - $(4k+\frac{3}{2})\pi$,
$-(+1)^n$ - - $x = (4k+\frac{5}{2})\pi$ - - $(4k+3)\pi$,
$+(-1)^n$ - - $x = (4k+3)\pi$ - - $(4k+\frac{7}{2})\pi$.

Omnes has evolutiones, quae pro quolibet n positivo bene convergunt, ex seriebus paragraphi 3. obtinuimus per formulam $2\sin x \cos x = \sin 2x$. Eadem formula aliis

aliis innumeris formis serierum, quas patitur $(\sin x)^n$, viam patefacit. Nam si huius paragraphi aequatio 5. per aequationem 4. §. 3. multiplicaretur, in qua ante mutatum sit x in 2x, prodiret series, cuius forma esset:

$$(\sin 4x)^n = B_0 \cos x + B_1 \cos 3x + B_2 \cos 5x + \ldots$$

sive

$$(\sin x)^n = B_0 \cos\frac{x}{4} + B_1 \cos\frac{3x}{4} + B_2 \cos\frac{5x}{4} + \ldots..$$

Eadem multiplicationis methodo continuata patet, nisi qua coëfficientes divergant, functionem $(\sin x)^n$ generaliter pati formam:

$$(\sin x)^n = C_0 \cos\frac{x}{2^k} + C_1 \cos\frac{3x}{2^k} + C_2 \cos\frac{5x}{2^k} + \ldots.$$

pro k numero quolibet integro positivo. Huius autem seriei coëfficientes nota illa methodo per integralia determinata exhiberi non possunt, non enim, propter signorum vices, haec integralia ultra limites 0 et π extendi possent.

Denique harum formularum casus aliquos persimplices commemorabimus.

Ex aequationibus 6. et 7., posito $n = 1$, sequitur

$$\sin x = \pm\frac{8}{\pi}\left\{\frac{\cos\frac{x}{2}}{1.3} - \frac{\cos\frac{3x}{2}}{1.5} - \frac{\cos\frac{5x}{2}}{3.7} - \frac{\cos\frac{7x}{2}}{5.9} - \ldots\right\}, \quad 18.)$$

$$\sin x = \pm\frac{8}{\pi}\left\{\frac{\sin\frac{x}{2}}{1.3} + \frac{\sin\frac{3x}{2}}{1.5} - \frac{\sin\frac{5x}{2}}{3.7} + \frac{\sin\frac{7x}{2}}{5.9} - \ldots\right\}. \quad 19.)$$

Ex formulis 10. et 12., posito $n = 0$:

$$\frac{\pi\sqrt{2}}{4} = \pm\left\{\cos\frac{x}{2} + \tfrac{1}{3}\cos\frac{3x}{2} - \tfrac{1}{5}\cos\frac{5x}{2} - \tfrac{1}{7}\cos\frac{7x}{2} + \tfrac{1}{9}\cos\frac{9x}{2} + \ldots\right\}, \quad 20.)$$

$$\frac{\pi\sqrt{2}}{4} = \pm\left\{\sin\frac{x}{2} - \tfrac{1}{3}\sin\frac{3x}{2} - \tfrac{1}{5}\sin\frac{5x}{2} + \tfrac{1}{7}\sin\frac{7x}{2} + \tfrac{1}{9}\sin\frac{9x}{2} - \ldots\right\}, \quad 21.)$$

quarum formularum altera pro positivo, altera pro negativo $\cos x$ valet, et ubi non valent, hae series evanescunt.

Porro ex formulis 10. et 12, posito $n = 1$, sequitur

$$\cos x = \pm\frac{4\sqrt{2}}{\pi}\left\{\frac{\cos\frac{x}{2}}{1.3} + \frac{\cos\frac{3x}{2}}{1.5} + \frac{\cos\frac{5x}{2}}{3.7} - \frac{\cos\frac{7x}{2}}{5.9} - \frac{\cos\frac{9x}{2}}{7.11} + \ldots\right\}$$

pro positivo $\cos x$, et

6

$$\cos x = \pm \frac{4\sqrt{2}}{\pi} \left\{ \frac{\sin\frac{x}{2}}{1.3} - \frac{\sin\frac{3x}{2}}{1.5} + \frac{\sin\frac{5x}{2}}{3.7} + \frac{\sin\frac{7x}{2}}{5.9} - \frac{\sin\frac{9x}{2}}{7.11} + \ldots \right\}$$

pro negativo cos x.

Ex formulis 6. et 7., ponendo $n = 2$, deducitur:

$$\sin x^2 = \pm \frac{32}{\pi} \left\{ \frac{\cos\frac{x}{2}}{3.1.5} - \frac{\cos\frac{3x}{2}}{1.3.7} - \frac{\cos\frac{5x}{2}}{1.5.9} + \frac{\cos\frac{7x}{2}}{3.7.11} - \ldots \right\}$$

$$\sin x^2 = \pm \frac{32}{\pi} \left\{ \frac{\sin\frac{x}{2}}{3.1.5} + \frac{\sin\frac{3x}{2}}{1.3.7} - \frac{\sin\frac{5x}{2}}{1.5.9} - \frac{\sin\frac{7x}{2}}{3.7.11} - \ldots \right\}$$

Ex aequationibus 10. et 12., posito $n = 2$.:

$$\cos x^2 = \pm \frac{16\sqrt{2}}{\pi} \left\{ \frac{\cos\frac{x}{2}}{3.1.5} + \frac{\cos\frac{3x}{2}}{1.3.7} + \frac{\cos\frac{5x}{2}}{1.5.9} + \frac{\cos\frac{7x}{2}}{3.7.11} - \ldots \right\}$$

pro positivo cos x, et:

$$\cos x^2 = \pm \frac{16\sqrt{2}}{\pi} \left\{ \frac{\sin\frac{x}{2}}{3.1.5} - \frac{\sin\frac{3x}{2}}{1.3.7} + \frac{\sin\frac{5x}{2}}{1.5.9} - \frac{\sin\frac{7x}{2}}{3.7.11} - \ldots \right\}$$

pro negativo cos x.

Similes series ex formulis 14., 15., 16. et 17. prodeunt, quas vero brevitatis causa omittimus.

§. 5.

Aliud genus serierum, quibus cosinuum et sinuum potestates exprimi possunt, ex seriebus paragraphi 3. deducitur per formulam

$$1 + \cos 2x = 2 \cos x^2.$$

Nam si series per terminos generales designamus, praefixo charactere Σ, habemus

$$(1 + \cos 2x)^{\frac{n}{2}} = \Sigma P^k_{\frac{n}{2}} (\cos 2x)^k$$

sive

$$(\cos x)^n = (\pm 1)^n \Sigma \frac{P^k_{\frac{n}{2}} (\cos 2x)^k}{2^{\frac{n}{2}}} \ldots, \quad 1.)$$

pro $k = 0, 1, 2, 3, \ldots$ etc.

Porro or formula 4. §. 3., posito $n = k$ et $2x$ loco x, brevitatis causa ponentes

$$\frac{\Pi k}{2^k\left(\Pi\frac{k}{2}\right)^2}\cdot\frac{2k(k-2)\ldots(k-2h+2)}{(k+2)(k+4)\ldots(k+2h)} = B_h$$

habemus

$$(\cos 2x)^k = (\pm 1)^k \Sigma B_h \cos 4hx;\; h = 0,\, 1,\, 2,\, \ldots\, \text{etc.},$$

$(+1)^k$ pro positivo $\cos 2x$, et $(-1)^k$ pro negativo $\cos 2x$. Hoc valore ipsius $(\cos 2x)^k$ in aequ. 1. substituto est

$$(\cos x)^n = (\pm 1)^n \Sigma\Sigma \frac{P^k_{\frac{n}{2}}\cdot(\pm 1)^k B_h}{2^{\frac{n}{2}}} \cos 4hx \ldots, \quad 2.)$$

$$k = 0,\, 1,\, 2,\, \ldots\, \text{etc.},$$
$$h = 0,\, 1,\, 2,\, \ldots\, \text{etc.},$$

$(+1)^n$ pro positivo $\cos x$, $(-1)^n$ pro negativo $\cos x$;
$(+1)^k$ - - $\cos 2x$, $(-1)^k$ - - $\cos 2x$;

huius igitur evolutionis coëfficientes omnes valores alios habebunt intra limites $x = 0$ et $x = \frac{\pi}{4}$, alios intra limites $x = \frac{\pi}{4}$ usque ad $x = \frac{\pi}{2}$ etc.

Iterum in formula 2. ponamus $2x$ loco x et $n = r$, eumque valorem ipsius $(\cos 2x)^r$ substituamus in aequatione:

$$(\cos x)^n = (\pm 1)^n \Sigma \frac{P^r_{\frac{n}{2}}(\cos 2x)^r}{2^{\frac{n}{2}}},$$

inde habemus:

$$(\cos x)^n = (\pm 1)^n \Sigma\Sigma\Sigma \frac{P^r_{\frac{n}{2}} P^k_{\frac{r}{2}} (\pm 1)^k (\pm 1)^r B_h}{2^{\frac{r}{2}}.2^{\frac{n}{2}}} \cos 8hx \ldots, \quad 3.)$$

ubi k et h et r habent omnes valores numerorum integrorum ab 0 usque ad inf., signorumque conditiones sunt:

$(+1)^n$ pro positivo $\cos x$, $(-1)^n$ pro negativo $\cos x$;
$(+1)^r$ - - $\cos 2x$, $(-1)^r$ - - $\cos 2x$;
$(+1)^k$ - - $\cos 4x$, $(-1)^k$ - - $\cos 4x$;

cuius igitur evolutionis coëfficientes omnes erunt alii intra limites $x=0$ et $x=\frac{\pi}{8}$, alii intra $x=\frac{\pi}{8}$ et $x=\frac{2\pi}{8}$, alii intra $x=\frac{2\pi}{8}$ et $x=\frac{3\pi}{8}$ etc.

Denuo si x mutaretur in 2x, et hic valor potestatis ipsius $\cos 2x$ substitueretur in aequatione 1., alia prodiret evolutio, secundum $\cos 16hx$ disposita, cuius coëfficientes omnes, propter varietates signorum + et —, alii essent intra limites $x=0$ et $x=\frac{\pi}{16}$, alii intra $x=\frac{\pi}{16}$ et $x=\frac{2\pi}{16}$, alii intra $x=\frac{2\pi}{16}$ et $x=\frac{3\pi}{16}$ etc. Eadem methodus semper continuari poterit, unde concludimus, functionem $(\cos x)^n$ generaliter pati formam hanc, pro r numero quolibet integro positivo:

$$(\cos x)^n = C_0 + C_1\cos.2^r x + C_2\cos.2.2^r x + \ldots + C_k\cos.k2^r x + \ldots, \quad 4.)$$

cuius seriei coëfficientes omnes iidem manebunt intra singulos limites $x=\frac{p\pi}{2^r}$ usque ad $x=\frac{(p+1)\pi}{2^r}$, pro p numero integro. Omnes hi coëfficientes, intra limites suos, facile per integralia determinata exprimuntur. Si multiplicamus hanc formulam 4. per $\cos.k2^r x.dx$, et integramus intra limites $x=\frac{p\pi}{2^r}$ usque ad $\frac{(p+1)\pi}{2^r}$, intra quos limites coëfficientes omnes eosdem valores servant, habemus

$$C_k = \frac{2^{r+1}}{\pi}\int_{\frac{p\pi}{2^r}}^{\frac{(p+1)\pi}{2^r}} (\cos x)^n \cos.2^r kx.dx;$$

quibus coëfficientium valoribus in aequatione 4. substitutis, litera x in integralibus determinatis mutata in v, habemus

$$(\cos x)^n = \frac{2^{r+1}}{\pi}\Sigma\int_{\frac{p\pi}{2^r}}^{\frac{(p+1)\pi}{2^r}} (\cos v)^n\cos.2^r kv.dv.\cos 2^r kx \ldots, \quad 5.)$$

pro $k=0, 1, 2, 3, \ldots$ in inf.

intra limites $x=\frac{p\pi}{2^r}$ usque ad $\frac{(p+1)\pi}{2^r}$, ubi praeterea notandum est, ut pro $k=0$ dimidium integralis huius determinati sumendum sit.

Haec formula infinitam copiam evolutionum ipsius $(\cos x)^n$ complectitur, nam pro litera r omnes numeri integri positivi 1, 2, 3, ... in inf. accipi possunt. Ponennendo $x - \frac{\pi}{2}$ loco x, quia, excepto casu quo $r = 1$ series illa aequationis 5., non mutatur, videmus eandem simul exhibere potestatem sinus: $(\sin x)^n$, intra limites $x = \frac{\pi}{2} + \frac{p\pi}{2^r}$ usque ad $\frac{\pi}{2} + \frac{(p+1)\pi}{2^r}$.

Si n est numerus integer, integrationes illae facile perficiuntur, ita ex. gr. pro $n = 1$ habemus has evolutiones cosinuum simplicium

$$\cos x = \frac{2^{r+1}}{\pi} \Sigma \frac{\cos kp\pi . \sin \frac{p\pi}{2^r} - \cos k(p+1)\pi \sin \frac{(p+1)\pi}{2^r}}{(2^r k - 1)(2^r k + 1)} \cos . 2^r kx \ldots, \quad 9.)$$

intra limites $x = \frac{p\pi}{2^r}$ usque ad $\frac{(p+1)\pi}{2^r}$, quae series excepto casu quo $r = 1$ simul exhibet $\sin x$ intra limites $x = \frac{\pi}{2} + \frac{p\pi}{2^r}$ usque ad $\frac{\pi}{2} + \frac{(p+1)\pi}{2^r}$. Etiam in hac serie pro $k = 0$ dimidium coëfficientis primi sumendum est.

Ex omnibus seriebus, quas formula 9. complectitur, eas solas notabimus, quae prodeunt posito $r = 2$:

$$\cos x = \pm \frac{4\sqrt{2}}{\pi} \left\{ \tfrac{1}{2} + \frac{\cos 4x}{3.5} - \frac{\cos 8x}{7.9} + \frac{\cos 12x}{11.13} - \frac{\cos 16x}{15.17} + \ldots \right\}, \quad 10.)$$

et

$$\sin x = \pm \frac{4\sqrt{2}}{\pi} \left\{ \tfrac{1}{2}(\sqrt{2} - 1) - \frac{\sqrt{2}+1}{3.5} \cos 4x - \frac{\sqrt{2}-1}{7.9} \cos 8x - \frac{\sqrt{2}+1}{11.13} \cos 12x - \ldots \right\}. \quad 11.)$$

pro positivo $\cos 2x$, et simul, pro negativo $\cos 2x$, series 10. exhibet $\sin x$. series 11. $\cos x$.

Integralia illa, quae seriei 5. coëfficientes constituunt, generaliter inveniri nequeunt, sed omnes ad primum coëfficientem possunt reduci, quem in usum quaesivimus hanc formulam reductionis:

$$2\,(\cos v)^{n+1} \left\{ a_0 \sin(2^r k - 1)v + a_1 \sin(2^r k - 3)v + \ldots + a_{2^{r-1}-1} \sin(2^r k - 2^r + 1)v \right\} =$$
$$= \int (\cos v)^n \cos 2^r kv . dv - b \int (\cos v)^n \cos(2^r k - 2^r) v . dv,$$

existentibus:

$$a_0 = \frac{1}{n + 2^r k},$$
$$a_1 = \frac{(n - 2^r k + 2)}{(n + 2^r k)(n + 2^r k - 2)},$$

7

$$a_2 = \frac{(n-2^r k+2)(n-2^r k+4)}{(n+2^r k)(n+2^r k-2)(n+2^r k-4)},$$

$$\vdots \qquad \vdots$$

$$a_{2^{r-1}-1} = \frac{(n-2^r k+2)\dots(n-2^r k+2^r-2)}{(n+2^r k)\dots(n+2^r k-2^r+2)},$$

$$b = \frac{(n-2^r k+2)\dots(n-2^r k+2^r-2)(n-2^r k+2^r)}{(n+2^r k)\dots(n+2^r k-2^r+2)}.$$

Facillime haec formula per simplicem differentiationem potest demonstrari, sed propter magnum numerum terminorum, qui integrali reducendo adiiciendi sunt, usum facilem non praebet.

Integrale, quod inde solum superest inveniendum: $\int (\cos x)^n dx$, pro $n = \frac{k}{2}$, $\frac{k}{3}$, $\frac{k}{4}$, et $\frac{k}{6}$ ad functiones ellipticas revocari potest. Posito enim $n = \frac{p}{q}$ et $\cos x = u^q$, habemus integrale transformatum

$$-q \int \frac{u^{p+q-1} du}{\sqrt{1-u^{2q}}},$$

et substitutiones, quas cl. Legendre in opere suo: Traité des fonctions Elliptiques, Tom. II. pag. 381., adhibuit, ut integrale Eulerianum ad functiones ellipticas reduceret, pro $q = 2, 3, 4$ et 6, facile ad integrale nobis propositum applicantur.

§. 6.

Similis etiam formula generalis, quae cosinuum et sinuum simul evolvit potestates, ex serie 5. §. 3., deducitur per formulam

$$1 + \cos 2x = 2 \cos x^2,$$

qua ad potestatem $\frac{n}{2}$ evecta, est:

$$(2 \cos x^2)^{\frac{n}{2}} = (1 + \cos 2x)^{\frac{n}{2}} = 1 + \Sigma P^k_{\frac{n}{2}} (\cos 2x)^k,$$

pro $k = 1, 2, 3, \dots$ etc.,

sive

$$(\cos x)^n = (-1)^n \left\{ \frac{1}{2^{\frac{n}{2}}} + \Sigma \frac{P^k_{\frac{n}{2}} (\cos 2x)^k}{2^{\frac{n}{2}}} \right\} \dots\dots 1.)$$

Ex formula 5. §. 3., posito 2x loco x, et n = k, si designamus breviter:

$$\frac{\Pi k+1}{2^k\left(\Pi\frac{k+1}{2}\right)^2}\,\frac{(k-1)\dots(k-2h+1)}{(k+3)\dots(k+2h+1)}=C_h$$

habemus

$$(\cos 2x)^k=(\pm 1)^{k-1}\Sigma C_h\cos(2h+1)2x;$$

quo substituto in aequatione 1., est:

$$(\cos x)^n=\frac{(\pm 1)^n}{2^{\frac{n}{2}}}+(\pm 1)^n\Sigma\Sigma\frac{P^k_{\frac{n}{2}}(\pm 1)^{k-1}C_h}{2^{\frac{n}{2}}}\cos 2(2h+1)x\dots,\quad 2.)$$

$(+1)^n$ pro positivo $\cos x$, $(-1)^n$ pro negativo $\cos x$;
$(+1)^{k-1}$ - - $\cos 2x$, $(-1)^{k-1}$ - - $\cos 2x$.

Ex iis sequitur, huius seriei coëfficientes esse alios intra limites $x=0$ et $x=\frac{\pi}{4}$, alios intra $x=\frac{\pi}{4}$ et $x=\frac{\pi}{2}$ etc., sed terminus absolutus $\frac{(-1)^n}{2^{\frac{n}{2}}}$ idem manet intra limites $x=0$ et $x=\frac{\pi}{2}$ etc.

Iterum in hac aequatione 2. ponamus 2x loco x et n = r, eoque valore ipsius $(\cos 2x)^r$ substituto in aequatione

$$(\cos x)^n=(\pm 1)^n\Sigma\frac{P^r_{\frac{n}{2}}(\cos 2x)^r}{2^{\frac{n}{2}}},\quad r=0,\,1,\,2,\dots \text{etc.},$$

habemus

$$3.)\dots(\cos x)^n=(\pm 1)^n\left\{\Sigma\frac{P^r_{\frac{n}{2}}(\pm 1)^r}{2^{\frac{n}{2}}2^{\frac{r}{2}}}+\Sigma\Sigma\Sigma\frac{(\pm 1)^r(\pm 1)^{k-1}P^r_{\frac{n}{2}}P^k_{\frac{r}{2}}}{2^{\frac{n}{2}}.2^{\frac{r}{2}}}C_h\cos 4(2h+1)x\right\},$$

$(+1)^n$ pro positivo $\cos x$, $(-1)^n$ pro negativo $\cos x$;
$(+1)^r$ - - $\cos 2x$, $(-1)^r$ - - $\cos 2x$;
$(+1)^{k-1}$ - - $\cos 4x$, $(-1)^{k-1}$ - - $\cos 4x$.

Huius igitur evolutionis coëfficientes, alii sunt intra limites $x = 0$ et $x = \frac{\pi}{8}$, alii intra $x = \frac{\pi}{8}$ usque ad $x = \frac{2\pi}{8}$, alii intra $x = \frac{2\pi}{8}$ et $x = \frac{3\pi}{8}$ etc., sed terminus primus absolutus, in quem non ingreditur $(\pm 1)^{k-1}$ intra binos hos limites idem manet.

Formae generalis iam lex aperta est, ex hac enim methodo indefinite continuata concluditur:

$$(\cos x)^n = C + B_0 \cos . 2^{r-1} . 1x . + B_1 \cos . 2^{r-1} . 3x . + B_2 \cos . 2^{r-1} . 5x . + \ldots . \quad 4.)$$

ubi coëfficientes omnes B, iidem manent intra singulos limites $x = \frac{p\pi}{2^r}$ usque ad $\frac{(p+1)\pi}{2^r}$, sed terminus primus C, in quo non continetur $(\pm 1)^{k-1}$ binos hos limites complectitur, et idem manet intra limites $x = \frac{2p\pi}{2^r}$ usque ad $\frac{2(p+1)\pi}{2^r}$.

Ad determinandam quantitatem C in aequatione 4. ponamus $x = \frac{2p+1}{2^r}\pi$, inde, quia ceteri termini evanescunt, prodit

$$C = \left(\cos \frac{2p+1}{2^r}\pi\right)^n \ldots, \quad 5.)$$

intra limites $x = \frac{2p\pi}{2^r}$ usque ad $\frac{2(p+1)\pi}{2^r}$. In ceteris coëfficientibus determinandis, separemus eos, qui valent intra limites $x = \frac{2p\pi}{2^r}$ usque ad $\frac{(2p+1)\pi}{2^r}$, ab iis, qui valent intra limites $x = \frac{(2p+1)\pi}{2^r}$ usque ad $\frac{(2p+2)\pi}{2^r}$. Quos si designamus per B'_h et B''_h, habemus per aequationes 4. et 5.:

$$(\cos x)^n - \left(\cos \frac{2p+1}{2^r}\pi\right)^n = \Sigma B'_h \cos . 2^{r-1}(2h+1)x, \quad 6.)$$

intra limites $x = \frac{2p\pi}{2^r}$ usque ad $\frac{(2p+1)\pi}{2^r}$, et

$$(\cos x)^n - \left(\cos \frac{2p+1}{2^r}\pi\right)^n = \Sigma B''_h \cos . 2^{r-1}(2h+1)x, \quad 7.)$$

intra limites $x = \frac{(2p+1)\pi}{2^r}$ usque ad $\frac{(2p+2)\pi}{2^r}$. Per eandem methodum, qua iam sae-

saepius usi sumus, coëfficientes B'_h et B'_h facile determinantur. Nam formulae 6. et 7. si multiplicantur per $\cos.2^{r-1}(2h+1)x.dx$ et integrantur, illa intra limites $x = \frac{2p\pi}{2^r}$ usque ad $\frac{(2p+1)\pi}{2^r}$, haec intra $x = \frac{2p+1}{2^r}\pi$ usque ad $\frac{(2p+2)\pi}{2^r}$, intra quos limites coëfficientes omnes iidem manent, prodit

$$8.) \ldots\ldots \frac{2^{r+1}}{\pi}\int_{\frac{2p\pi}{2^r}}^{\frac{(2p+1)\pi}{2^r}}\left\{(\cos x)^n - \left(\cos\frac{2p+1}{2^r}\pi\right)^n\right\}\cos.2^{r-1}(2h+1)x.dx = B'_h,$$

et

$$9.) \ldots\ldots \frac{2^{r+1}}{\pi}\int_{\frac{(2p+1)\pi}{2^r}}^{\frac{(2p+2)\pi}{2^r}}\left\{(\cos x)^n - \left(\cos\frac{2p+1}{2^r}\pi\right)^n\right\}\cos.2^{r-1}(2h+1)x.dx = B''_h:$$

sive

$$10.) \ldots\ldots \frac{2^{r+1}}{\pi}\int_{\frac{2p\pi}{2^r}}^{\frac{(2p+1)\pi}{2^r}}(\cos\upsilon)^n\cos.2^{r-1}(2h+1)\upsilon d\upsilon - \frac{4}{\pi}\left(\cos\frac{2p+1}{2^r}\pi\right)^n\frac{\cos(p+h)\pi}{2h+1} = B'_h.$$

et

$$11.) \ldots\ldots \frac{2^{r+1}}{\pi}\int_{\frac{2p+1}{2^r}\pi}^{\frac{2p+2}{2^r}\pi}(\cos\upsilon)^n\cos.2^{r-1}(2h+1)\upsilon d\upsilon + \frac{4}{\pi}\left(\cos\frac{2p+1}{2^r}\pi\right)^n\frac{\cos(p+h)\pi}{2h+1} = B''_h.$$

Quibus denique coëfficientium valoribus in aequationibus 6. et 7. substitutis habemus

$$12.) \ldots\ldots (\cos x)^n = \left(\cos\frac{2p+1}{2^r}\pi\right)^n +$$

$$+\frac{2^{r+1}}{\pi}\Sigma\int_{\frac{2p\pi}{2^r}}^{\frac{(2p+1)\pi}{2^r}}\left\{(\cos\upsilon)^n - \left(\cos\frac{2p+1}{2^r}\pi\right)^n\right\}\cos.2^{r-1}(2h+1)\upsilon d\upsilon.\cos 2^{r-1}(2h+1)x,$$

pro $h = 0, 1, 2, \ldots\ldots$ etc.,

intra limites $x = \frac{2p\pi}{2^r}$ usque ad $\frac{2p+1}{2^r}\pi$,

8

$$13.) \ldots\ (\cos x)^n = \left(\cos\frac{2p+1}{2^r}\pi\right)^n +$$

$$+\frac{2^{r+1}}{\pi}\Sigma\int_{\frac{2p+1}{2^r}\pi}^{\frac{2p+2}{2^r}\pi}\left\{(\cos v)^n - \left(\cos\frac{2p+1}{2^r}\pi\right)^n\right\}\cos.2^{r-1}(2h+1)v\,dv.\cos 2^{r-1}(2h+1)x,$$

$$h = 0,\ 1,\ 2,\ 3,\ \ldots \text{ etc.},$$

intra limites $x = \frac{2p+1}{2^r}\pi$ usque ad $\frac{2p+2}{2^r}\pi$. Excepto casu, quo $r = 1$ et $r = 2$, hae series eaedem manent, si x mutatur in $x - \frac{\pi}{2}$, itaque alios intra limites simul sinuum potestates exhibent.

Ex hac formula 12. et 13., ponendo $n = 1$, nova nobis copia expressionum cosinus et sinus emanat. Integrationibus enim peractis habemus

$$14.) \ldots\ \cos x = \cos\frac{2p+1}{2^r}\pi +$$

$$+\frac{2^{r+1}}{\pi}\Sigma\frac{\cos p\pi\left(2^{r-1}(2h+1)\sin\frac{2p\pi}{2^r} + \cos h\pi\cos\frac{2p+1}{2^r}\pi\right)}{(2^{r-1}(2h+1)-1)(2^{r-1}(2h+1))(2^{r-1}(2h+1)+1)}\cos 2^{r-1}(2h+1)x,$$

$$h = 0,\ 1,\ 2,\ \ldots \text{ etc.},$$

intra limites $x = \frac{2p\pi}{2^r}$ usque ad $\frac{2p+1}{2^r}\pi$,

$$15.) \ldots\ \cos x = \cos\frac{2p+1}{2^r}\pi +$$

$$+\frac{2^{r+1}}{\pi}\Sigma\frac{\cos p\pi\left(2^{r-1}(2h+1)\sin\frac{2p+2}{2^r}\pi - \cos h\pi\cos\frac{2p+1}{2^r}\pi\right)}{(2^{r-1}(2h+1)-1)(2^{r-1}(2h+1))(2^{r-1}(2h+1)+1)}\cos 2^{r-1}(2h+1)x,$$

intra limites $x = \frac{2p+1}{2^r}\pi$ usque ad $x = \frac{2p+2}{2^r}\pi$.

Ut etiam harum formularum casus aliquos speciales commemoremus, ponamus $r = 2$, unde est

$$16.) \ldots\ \cos x = \pm\sqrt{\tfrac{1}{2}} \pm \frac{4\sqrt{2}}{\pi}\left\{\frac{\cos 2x}{1.2.3} - \frac{\cos 6x}{5.6.7} + \frac{\cos 10x}{9.10.11} - \frac{\cos 14x}{13.14.15} + \ldots\right\},$$

intra limites $x = (k - \frac{1}{4})\pi$ usque ad $(k + \frac{1}{4})\pi$,

$$17.) \ldots \cos x = \pm\sqrt{\tfrac{1}{2}} \pm \frac{4\sqrt{2}}{\pi}\left\{\frac{2\sqrt{2}-1}{1.2.3}\cos 2x + \frac{6\sqrt{2}+1}{5.6.7}\cos 6x + \frac{10\sqrt{2}-1}{9.10.11}\cos 10x + \ldots\right\},$$

intra limites $x = (k + \frac{1}{4})\pi$ usque ad $(k + \frac{3}{4})\pi$, signorumque conditiones facile ex aequationibus 14. et 15. cognosci possunt.

Denique hic inquirendum esset, utrum series generales 12. et 13., §. 6., et series 5., §. 5., convergentes sint, an non. De quibus autem lectorem humanissimum ad notas duas remittemus, quas cl. viri Lejeune-Dirichlet et Dirksen de eiusmodi seriebus dederunt (Crelle's Journal, Bd. IV. Heft 2.). Namque series nostras, pro quolibet positivo n, convergentes esse, ex illis facile concluditur.

De generali quadam aequatione differentiali tertii ordinis

Journal für die reine und angewandte Mathematik 100, 1–9 (1887)

Cl. *Jacobi* in theoria functionum ellipticarum demonstravit, aequationes modulares omnes, quicunque sit gradus transformationis, aequationi differentiali tertii ordinis satisfacere, cuius praeterea integrale completum per functiones ellipticas exhibuit. Haec inde sequitur aequationis proprietas singularis, ut integralia particularia algebraica habeat infinita numero, integrale autem completum non nisi per functiones transcendentes exprimi possit; eamque ob causam Cl. *Jacobi* haec integratio altissimae indaginis esse visa est. Aequatio generalis, quam integrandam nobis proponimus:

$$(1.)\quad 2\frac{d^3z}{dz\,dx^2}-3\left(\frac{d^2z}{dz\,dx}\right)^2-Z\frac{dz^2}{dx^2}+X = 0,$$

in qua Z et X quascunque variabilium resp. z et x functiones significant, illam functionum ellipticarum aequationem, et multos praeterea casus aeque fere memorabiles complectitur, unde disquisitionem nostram omnibus, qui analysin sublimiorem colunt, imprimis autem iis, quibus functionum ellipticarum theoria nova probe cognita est, non ingratam fore speramus.

Primum adnotamus aequationem nostram, quae est tertii ordinis, ad duas aequationes lineares secundi ordinis posse reduci:

$$(2.)\quad \frac{d^2y}{dx^2}+p\frac{dy}{dx}+q.y = 0,$$

$$(3.)\quad \frac{d^2v}{dz^2}+P\frac{dv}{dz}+Q.v = 0,$$

in quibus p et q sunt functiones variabilis x, P et Q functiones quantitatis z. Attamen rem nostram, per se haud facilem, in luce clariore ponemus si, methodo inversa, ex aequationibus (2.) et (3.) aequationem (1.) deducemus. Quem

*) Abdruck aus dem Programm des evangelischen Königl. und Stadtgymnasiums in Liegnitz vom Jahre 1834.

in finem consideremus z tanquam functionem quantitatis x, et ponamus valorem $y = w.v$, designante w functionem certam variabilis x, aequationi (2.) satisfacere. Inde, differentiali dx constante posito, per differentiationem sequitur:

$$y = wv,$$

$$\frac{dy}{dx} = \frac{dw}{dx}v + w\frac{dv}{dz}\frac{dz}{dx},$$

$$\frac{d^2y}{dx^2} = \frac{d^2w}{dx^2}v + 2\frac{dw}{dx}\frac{dz}{dx}\frac{dv}{dz} + w\frac{d^2z}{dx^2}\frac{dv}{dz} + w\frac{dz^2}{dx^2}\frac{d^2v}{dz^2},$$

quibus in aequatione (2.) substitutis, prodit:

$$(4.)\quad w\frac{dz^2}{dx^2}\frac{d^2v}{dz^2} + \left(2\frac{dw}{dx}\frac{dz}{dx} + w\frac{d^2z}{dx^2} + pw\frac{dz}{dx}\right)\frac{dv}{dz} + \left(\frac{d^2w}{dx^2} + p\frac{dw}{dx} + qw\right)v = 0.$$

Haec aequatio linearis secundi ordinis, respectu quantitatis v, cum aequatione (3.), cuius eadem forma est, identica esse debet, id quod efficitur statuendo:

$$(5.)\quad 2\frac{dw}{dx}\frac{dz}{dx} + w\frac{d^2z}{dx^2} + pw\frac{dz}{dx} - Pw\frac{dz^2}{dx^2} = 0,$$

$$(6.)\quad \frac{d^2w}{dx^2} + p\frac{dw}{dx} + \left(q - Q\frac{dz^2}{dx^2}\right)w = 0,$$

ex iisque aequationibus (5.) et (6.), variabili w cum quotientibus differentialibus eliminata, resultat aequatio tertii ordinis

$$(7.)\quad 2\frac{d^3z}{dz\,dx^2} - 3\left(\frac{d^2z}{dz\,dx}\right)^2 - \left(2\frac{dP}{dz} + P^2 - 4Q\right)\frac{dz^2}{dx^2} + \left(2\frac{dp}{dx} + p^2 - 4q\right) = 0,$$

quae in aequationem nobis propositam abit posito:

$$(8.)\quad 2\frac{dP}{dz} + P^2 - 4Q = Z;\quad Q = \tfrac{1}{4}\left(2\frac{dP}{dz} + P^2 - Z\right),$$

$$(9.)\quad 2\frac{dp}{dx} + p^2 - 4q = X;\quad q = \tfrac{1}{4}\left(2\frac{dp}{dx} + p^2 - X\right).$$

Invenimus igitur per aequationem (1.) exprimi conditionem, quae inter variabiles z et x existere debet, ut $y = wv$ integrale sit aequationis (2.), scilicet quantitatibus y et v per aequationes (2.) et (3.), atque q et Q per aequationes (8.) et (9.) determinatis.

Praeterea quantitas w, cui multiplicatoris nomen dabimus, ex aequatione (5.) invenitur, quae per $\frac{dz}{dx}w$ divisa (quo facto variabiles tres w, z et x separatae sunt) et integrata hanc formam induit:

$$(10.)\quad w^2 = c\cdot e^{\int P dz}\cdot e^{-\int p dx}\cdot\frac{dx}{dz},$$

denotante e basin logarithmorum naturalium et c constantem arbitrariam.

Nunc si aequationum (2.) et (3.) (quas auxiliares ad integrationem nuncupabimus) integralia completa cognita accipiuntur:

$$(11.)\quad y = A\varphi(x)+B\varphi_{,}(x),$$

$$(12.)\quad v = C\psi(z)+D\psi_{,}(z),$$

in quibus $\varphi(x)$ et $\varphi_{,}(x)$, $\psi(z)$ et $\psi_{,}(z)$ integralia particularia earundem aequationum, et A, B, C, D sunt constantes arbitrariae, per aequationem $y = wv$, constantibus C et D rite determinatis, erit

$$(13.)\quad A\varphi(x)+B\varphi_{,}(x) = w(C\psi(z)+D\psi_{,}(z)).$$

Hoc iam est integrale secundum aequationis (1.), duas constantes arbitrarias et primum solummodo quotientem differentialem $\frac{dz}{dx}$, in quantitate w implicitum, continens (cfr. aequ. (10.)). Plane eodem modo, si A', B', C', D' constantes quascunque alias designant, erit

$$(14.)\quad A'\varphi(x)+B'\varphi_{,}(x) = w(C'\psi(z)+D'\psi_{,}(z)),$$

ex iisque aequationibus (13.) et (14.), quantitate w per divisionem eliminata, sequitur

$$(15.)\quad \frac{A\varphi(x)+B\varphi_{,}(x)}{A'\varphi(x)+B'\varphi_{,}(x)} = \frac{C\psi(z)+D\psi_{,}(z)}{C'\psi(z)+D'\psi_{,}(z)}$$

integrale completum aequationis propositae (1.), cui formae dari possunt commodiores:

$$(16.)\quad \frac{\psi_{,}(z)}{\psi(z)} = \frac{A\varphi(x)+B\varphi_{,}(x)}{C\varphi(x)+D\varphi_{,}(x)}$$

sive

$$(17.)\quad A\varphi(x)\psi(z)+B\varphi(x)\psi_{,}(z)+C\varphi_{,}(x)\psi(z)+D\varphi_{,}(x)\psi_{,}(z) = 0.$$

Inde aequationis (1.) integratio ad invenienda integralia aequationum duarum linearium secundi ordinis reducta est, in quibus praeterea functiones p et P arbitrio nostro relictae sunt. Quae si statuerentur nihilo aequales, aequationes ipsae formam persimplicem haberent, sed melius erit in singulis casibus his functionibus valores eiusmodi tribuere, ut integralia particularia $\varphi(x)$, $\varphi_{,}(x)$, $\psi(z)$ et $\psi_{,}(z)$ formam simplicissimam obtineant. Generaliter autem aequationum (2.) et (3.) integralia inveniri nequeunt, unde etiam aequationis (1.) integratio non semper per formas finitas poterit exhiberi.

1*

Reliquum est, ut methodum generalem ad casus aliquos notatu dignissimos, prae ceteris vero ad functiones ellipticas applicemus, et cum aequationis illius supra laudatae non solum integratio sed origo etiam ex methodo nostra prodeat, utramque nunc deducturi sumus.

Pro aequationibus (2.) et (3.) accipiamus hasce:

$$(18.)\quad \begin{cases} \dfrac{d^2y}{dx^2}+\dfrac{1-3x^2}{x(1-x^2)}\dfrac{dy}{dx}-\dfrac{y}{1-x^2} = 0, \\[2ex] \dfrac{d^2v}{dz^2}+\dfrac{1-3z^2}{z(1-z^2)}\dfrac{dv}{dz}-\dfrac{v}{1-z^2} = 0, \end{cases}$$

quibus, quod Cl. *Legendre* primus invenit, integralia elliptica integra primae speciei, modulis x et z eorumque complementis $\overset{1}{x}=\sqrt{1-x^2}$ et $\overset{1}{z}=\sqrt{1-z^2}$, satisfaciunt, quarum igitur integralia completa sunt

$$(19.)\quad \begin{cases} y = A\mathrm{F}'(x)+B\mathrm{F}'(\overset{1}{x}), \\ v = C\mathrm{F}'(z)+D\mathrm{F}'(\overset{1}{z}); \end{cases}$$

inde quia est

$$(20.)\quad \begin{cases} p=\dfrac{1-3x^2}{x(1-x^2)},\quad q=\dfrac{-1}{1-x^2}, \\[2ex] P=\dfrac{1-3z^2}{z(1-z^2)},\quad Q=\dfrac{-1}{1-z^2}, \end{cases}$$

per aequationes (8.) et (9.) sequitur

$$(21.)\quad X=-\left(\frac{1+x^2}{x(1-x^2)}\right)^2,\quad Z=-\left(\frac{1+z^2}{z(1-z^2)}\right)^2,$$

quibus in aequatione (1.) substitutis habemus

$$(22.)\quad 2\frac{d^3z}{dz\,dx^2}-3\left(\frac{d^2z}{dz\,dx}\right)^2+\left(\frac{1+z^2}{z(1-z^2)}\right)^2\frac{dz^2}{dx^2}-\left(\frac{1+x^2}{x(1-x^2)}\right)^2 = 0.$$

Haec aequatio, uti generaliter supra ostensum est, conditionem exprimit, quae inter variabiles z et x locum habere debet, ut sit $y=w.v$, sive hoc casu $A\mathrm{F}'(x)+B\mathrm{F}'(\overset{1}{x})=w(C\mathrm{F}'(z)+D\mathrm{F}'(\overset{1}{z}))$, quae conditio etiam pronunciari potest, ut z sit modulus quicunque transformatus ex modulo x. Eadem aequatio, ab inventore Cl. *Jacobi* per methodos alias demonstrata, legitur in Fundam. Nov. etc. pg. 77 et 79. Facillime inde integratio completa perficitur, habemus enim aequationum auxiliarium (18.) integralia particularia: $\mathrm{F}'(x)$, $\mathrm{F}'(\overset{1}{x})$ et $\mathrm{F}'(z)$, $\mathrm{F}'(\overset{1}{z})$, itaque per formam (17.) erit integrale completum aequationis (22.):

(23.) $$AF'(x)F'(z)+BF'(x)F'(\overset{1}{z})+CF'(\overset{1}{x})F'(z)+DF'(\overset{1}{x})F'(\overset{1}{z}) = 0,$$

quod idem invenit Cl. *Jacobi*, l. c. pg. 78.

Ex aequatione (10.) sponte prodit multiplicator functionum ellipticarum, est enim casu nostro

$$e^{\int Pdz} = z(1-z^2),\quad e^{\int pdx} = x(1-x^2),$$

ideoque

$$(24.)\qquad w^2 = c\cdot\frac{z(1-z^2)dx}{x(1-x^2)dz};$$

cfr. l. c. pg. 75, ubi praeterea inventum est $c = \frac{1}{n}$ pro substitutionibus omnibus n^{ti} ordinis.

Quod sequitur exemplum integrationis, notissimae seriei hypergeometricae ope perficitur. Integranda proponatur aequatio:

$$(25.)\qquad 2\frac{d^3z}{dz\,dx^2} - 3\left(\frac{d^2z}{dz\,dx}\right)^2 - \frac{A'z^2+B'z+C'}{z^2(1-z)^2}\frac{dz^2}{dx^2} + \frac{Ax^2+Bx+C}{x^2(1-x)^2} = 0.$$

Loco quantitatum A, B, C, A', B', C', ut integrale formam commodiorem accipiat, has novas introducamus $\alpha, \beta, \gamma, \alpha', \beta', \gamma'$, et statuamus

$$(26.)\qquad \begin{cases} A = (\alpha-\beta)^2-1, & A' = (\alpha'-\beta')^2-1, \\ B = 4\alpha\beta-2\gamma(\alpha+\beta-1), & B' = 4\alpha'\beta'-2\gamma(\alpha'+\beta'-1), \\ C = \gamma(\gamma-2), & C' = \gamma'(\gamma'-2). \end{cases}$$

Porro si functionibus arbitrariis p et P hos valores tribuimus:

$$(27.)\qquad p = \frac{\gamma-(\alpha+\beta+1)x}{x(1-x)},\quad P = \frac{\gamma'-(\alpha'+\beta'+1)z}{z(1-z)},$$

per valores quantitatum X et Z, qui sunt

$$(28.)\qquad X = \frac{Ax^2+Bx+C}{x^2(1-x)^2} \text{ et } Z = \frac{A'z^2+B'z+C'}{z^2(1-z)^2},$$

ex aequationibus (8.) et (9.) quantitates q et Q determinantur; peracto calculo invenitur

$$(29.)\qquad q = \frac{-\alpha\beta}{x(1-x)},\quad Q = \frac{-\alpha'\beta'}{z(1-z)},$$

unde aequationes auxiliares ad integrationem fiunt:

$$(30.)\qquad \begin{cases} \dfrac{d^2y}{dx^2} + \dfrac{\gamma-(\alpha+\beta+1)x}{x(1-x)}\dfrac{dy}{dx} - \dfrac{\alpha\beta y}{x(1-x)} = 0, \\ \dfrac{d^2v}{dz^2} + \dfrac{\gamma'-(\alpha'+\beta'+1)z}{z(1-z)}\dfrac{dv}{dz} - \dfrac{\alpha'\beta' v}{z(1-z)} = 0. \end{cases}$$

Nunc si, duce Cl. *Gauss*, seriem hypergeometricam signo functionali F designamus, ita ut sit

$$(31.)\quad F(\alpha,\beta,\gamma,x) = 1+\frac{\alpha\beta}{1.\gamma}x+\frac{\alpha.\alpha+1.\beta.\beta+1}{1.2.\gamma.\gamma+1}x^2+\cdots,$$

facile demonstratur aequationum (30.) integralia particularia esse:

$$(32.)\quad \begin{cases} F(\alpha,\ \beta,\ \gamma,\ x) \ \text{ et } \ F(\alpha,\ \beta,\ \alpha+\beta-\gamma+1, 1-x), \\ F(\alpha',\beta',\gamma',z) \ \text{ et } \ F(\alpha',\beta',\alpha'+\beta'-\gamma'+1, 1-z), \end{cases}$$

ex quibus secundum formulam (16.) componitur aequationis (25.) integrale completum:

$$(33.)\quad \frac{F(\alpha',\beta',\gamma',z)}{F(\alpha',\beta',\alpha'+\beta'-\gamma'+1,1-z)} = \frac{aF(\alpha,\beta,\gamma,x)+bF(\alpha,\beta,\alpha+\beta-\gamma+1,1-x)}{cF(\alpha,\beta,\gamma,x)+dF(\alpha,\beta,\alpha+\beta-\gamma+1,1-x)}.$$

Integrationis huius duo exempla proferemus.

Exemplum I. Posito

$$\alpha=\alpha'=\tfrac{1}{2},\ \beta=\beta'=\tfrac{1}{4},\ \gamma=\gamma'=\tfrac{5}{4},$$

quia

$$A=A'=-\tfrac{15}{16},\ B=B'=\tfrac{18}{16},\ C=C'=-\tfrac{15}{16},$$

fit aequatio (25.):

$$(34.)\quad 2\frac{d^3z}{dz\,dx^3}-3\left(\frac{d^2z}{dz\,dx}\right)^2+\frac{15z^2-18z+15}{16z^2(1-z)^2}\frac{dz^2}{dx^2}-\frac{15x^2-18x+15}{16x^2(1-x)^2} = 0;$$

porro fit

$$(35.)\quad \begin{cases} F(\alpha,\beta,\alpha+\beta-\gamma+1,1-x) = F(\tfrac{1}{2},\tfrac{1}{4},\tfrac{1}{2},1-x) = \frac{1}{x^{\frac{1}{4}}} \\ \text{et } F(\alpha,\beta,\gamma,x) = F(\tfrac{1}{2},\tfrac{1}{4},\tfrac{5}{4},x), \end{cases}$$

quae series per functiones ellipticas exprimi potest. Posito enim $x=\cos\varphi^4$, est

$$(36.)\quad F(\tfrac{1}{2},\tfrac{1}{4},\tfrac{5}{4},x) = \frac{1}{\sqrt{2}.x^{\frac{1}{4}}}\left(\mathrm{F}(\tfrac{1}{2}\pi,\sqrt{\tfrac{1}{2}})-\mathrm{F}(\varphi,\sqrt{\tfrac{1}{2}})\right).$$

Inde fit aequationis (34.) integrale completum

$$(37.)\quad \mathrm{F}(\psi) = \frac{\mathrm{a}+\mathrm{b}\mathrm{F}(\varphi)}{\mathrm{c}+\mathrm{d}\mathrm{F}(\varphi)}$$

existente $\cos\varphi^4=x$ et $\cos\psi^4=z$; modulum autem $\sqrt{\tfrac{1}{2}}$, qui omnibus functionibus F idem est, brevitatis causa omisimus. Aequatio (34.), cuius integrale completum per functiones ellipticas expressum est, eadem gaudet proprietate insigni qua aequatio (22.), ut integralia algebraica habeat numero infinita, quae methodo sequenti eruimus. Posito

$$\mathrm{d}=0,\ \frac{\mathrm{a}}{\mathrm{c}}=n\mathrm{F}(c),\ \frac{\mathrm{b}}{\mathrm{c}}=n,$$

ex forma (37.) obtinemus integrale particulare aequationis (34.):

$$(38.)\quad \mathrm{F}(\psi) = n(\mathrm{F}(c)+\mathrm{F}(\varphi)),$$

in quo modulus $\sqrt{\tfrac{1}{2}}$ subintelligendus est. Ex hac autem aequatione sequitur

$$(39.)\quad \cos\psi = \cos\mathrm{am}\, n(\mathrm{F}(c)+\mathrm{F}(\varphi)),$$

$$(40.)\quad z = \{\cos\mathrm{am}\, n(\mathrm{F}(c)+\mathrm{F}(\varphi))\}^4.$$

Nunc si n est numerus quicunque rationalis, ex theoriae functionum ellipticarum elementis notum est formulam

$$\cos\mathrm{am}\, n(\mathrm{F}(c)+\mathrm{F}(\varphi))$$

functionem esse algebraicam quantitatum $\sin\varphi$ et $\cos\varphi$; quae cum ipsae per x algebraice expressae sint, sequitur z esse functionem algebraicam quantitatis x, siquidem n est numerus rationalis. Casus simplicissimus $n=1$ praebet integrale algebraicum

$$(41.)\quad z = \left(\frac{2\sqrt[4]{ax}-\sqrt{(1-a)(1-x)}}{1+\sqrt{a}+(1-\sqrt{a})\sqrt{x}}\right)^4.$$

Ceterum notandum est omnia haec integralia algebraica deduci posse ex aequatione simpliciore

$$(42.)\quad \frac{dz}{z^{\frac{3}{4}}(1-z)^{\frac{1}{2}}} = \frac{n\,dx}{x^{\frac{3}{4}}(1-x)^{\frac{1}{2}}},$$

quae ipsa aequationi (34.) satisfacit.

Exemplum II. Sit $\beta=\beta'=1$, $\gamma=\gamma'=2$, tum quia

$$(43.)\quad F(\alpha,1,2,x) = \frac{1-(1-x)^{1-\alpha}}{(1-\alpha)x}$$

et

$$(44.)\quad F(\alpha,1,\alpha,1-x) = \frac{1}{x},$$

per faciles aliquas transformationes habemus aequationis

$$(45.)\quad 2\frac{d^3z}{dz\,dx^2}-3\left(\frac{d^2z}{dz\,dx}\right)^2-\frac{\alpha'(\alpha'-2)}{(1-z)^2}\frac{dz^2}{dx^2}+\frac{\alpha(\alpha-2)}{(1-x)^2} = 0$$

integrale completum

$$(46.)\quad (1-z)^{1-\alpha'} = \frac{A(1-x)^{1-\alpha}+B}{C(1-x)^{1-\alpha}+D}.$$

Ex hoc denique, posito $\alpha=\alpha'=0$ sive $\alpha=\alpha'=2$, prodit aequationis

$$(47.)\quad 2\frac{d^3z}{dz\,dx^2}-3\left(\frac{d^2z}{dz\,dx}\right)^2 = 0$$

integrale completum

$$(48.)\quad z = \frac{a+bx}{c+dx}.$$

Denique ex omnibus aequationibus integrabilibus, quas forma generalis (1.) complectitur, unam etiam eligimus, quae integralia algebraica habet numero infinita, cuius autem integrale completum a functionibus circularibus pendet:

$$(49.)\qquad 2\frac{d^3z}{dz\,dx^2}-3\left(\frac{d^2z}{dz\,dx}\right)^2-\frac{4}{(1+z^2)^2}\frac{dz^2}{dx^2}+\frac{4}{(1+x^2)^2}=0,$$

ubi

$$(50.)\qquad X=\frac{4}{(1+x^2)^2},\quad Z=\frac{4}{(1+z^2)^2}.$$

Inde positis

$$(51.)\qquad p=\frac{2x}{1+x^2}\ \text{et}\ P=\frac{2z}{1+z^2}$$

per aequationes (8.) et (9.) fit

$$(52.)\qquad q=0\ \text{et}\ Q=0.$$

Itaque aequationes ad integrationem auxiliares, earumque integralia fiunt:

$$(53.)\qquad \begin{cases} \dfrac{d^2y}{dx^2}+\dfrac{2x}{1+x^2}\dfrac{dy}{dx}=0;\ y=\text{const.}\quad \text{et}\quad y=\text{arc tang}\,x; \\ \dfrac{d^2v}{dz^2}+\dfrac{2z}{1+z^2}\dfrac{dv}{dz}=0;\ v=\text{const.}\quad \text{et}\quad v=\text{arc tang}\,z; \end{cases}$$

ex quibus, secundum formulam (16.) sequitur integrale completum aequationis (49.):

$$(54.)\qquad \text{arc tang}\,z=\frac{A+B\,\text{arc tang}\,x}{C+D\,\text{arc tang}\,x};$$

inde eruuntur integralia particularia algebraica posito

$$D=0;\quad \frac{A}{C}=n.\text{arc tang}\,c;\quad \frac{B}{C}=n,$$

quo facto est:

$$(55.)\qquad \text{arc tang}\,z=n(\text{arc tang}\,c+\text{arc tang}\,x),$$

$$(56.)\qquad z=\text{tang}\left(n.\text{arc tang}\frac{c+x}{1-cx}\right).$$

Ex hac forma patet, si n est numerus quicunque rationalis, inter z et x aequationem algebraicam existere, quae ex. gr. pro $n=1$, et $n=2$ est:

$$(57.)\qquad z=\frac{c+x}{1-cx};\quad z=\frac{2(c+x)(1-cx)}{(1-cx)^2-(c+x)^2}.$$

Omnia autem haec integralia algebraica ex aequatione simpliciore

$$\frac{dz}{1+z^2}=\frac{n\,dx}{1+x^2}$$

deduci possunt, quae aequationi generaliori (49.) satisfacit.

Eodemmodo cuiusvis aequationis, quae formam ad (1.) propositam patitur, integratio perfici potest, dummodo aequationum auxiliarium integralia particularia possunt inveniri. Sed alium etiam usum insignem haec methodus praebet transcendentibus, quae per aequationes lineares secundi ordinis exprimi possunt, inter se comparandis. Ipse etiam in tali quaestione versatus ad hanc methodum inveniendam ductus sum. Quamquam enim viri omnium clarissimi: *Euler, Pfaff, Gauss, Jacobi* et alii, de serie hypergeometrica in alias series eiusdem speciei transformanda, ingeniosissimas disquisitiones instituerant, tamen methodi modo traditae ope eandem quaestionem denuo tractandam mihi proposui. Neque spes mea frustrata est. Nam cum hactenus non nisi duae transformationes generales, et paucae praeterea transformationes speciales notae essent, contigit mihi, ut magnam copiam transformationum et generalium et specialium invenirem. Sicuti enim aequationis (22.) integralia algebraica functionum ellipticarum relationes certas praebent, eodemmodo per integralia algebraica aequationis (25.) serierum hypergeometricarum relationes inveni, quarum vero numerus non nisi in casibus specialissimis, ubi elementorum α, β, γ vel unum vel nullum arbitrarium remanet, infinitus est. Spero fore ut editore qui sumtus solos suppeditet invento, opusculum quod de hac re conscripsi propediem in publicum edere possim.

Sur l'intégration générale de l'équation de Riccati par des intégrales définies

Journal für die reine und angewandte Mathematik 12, 144–147 (1834)

On donne ordinairement à l'équation de Riccati la forme

$$1.\quad \frac{dz}{dx} + az^2 + bx^n = 0.$$

mais, pour l'intégration par les séries, il faut préférer la forme d'un équation linéaire du second ordre, qu'on obtient en faisant $z = \frac{dy}{ay\,dx}$, **savoir**

$$2.\quad \frac{d^2y}{dx^2} + abx^n y = 0.$$

L'intégrale de cette équation, qui se trouve dans les traités du calcul intégral, est exprimée par deux séries infinies de la manière suivante:

$$3.\quad y = A\left(1 - \frac{abx^{n+2}}{(n+2)(n+1)} + \frac{a^2b^2x^{2n+4}}{(n+1)(n+2)(2n+3)(2n+4)} - \ldots\right),$$
$$+ B.x\left(1 - \frac{abx^{n+2}}{(n+2)(n+3)} + \frac{a^2b^2x^{2n+4}}{(n+2)(n+3)(2n+4)(2n+5)} - \ldots\right).$$

Il s'agit maintenant d'exprimer ces deux séries par des intégrales définies. Pour ce but j'observe qu'il suffit de considérer la seule série

$$4.\quad f(m,x) = 1 - \frac{x}{1.(m+1)} + \frac{x^2}{1.2(m+1)(m+2)} - \frac{x^3}{1.2.3(m+1)(m+2)(m+3)} + \ldots$$

car, ayant désigné cette série comme fonction des quantités m **et** x, **par** $f(m,x)$, **on pourra donner à l'équation (3.) cette forme:**

$$5.\quad y = Af\left(\frac{-1}{n+2}, \frac{abx^{n+2}}{(n+2)^2}\right) + Bxf\left(\frac{+1}{n+2}, \frac{abx^{n+2}}{(n+2)^2}\right).$$

Je propose à présent le théorème suivant:

Etant donnée la fonction $\varphi(x)$ **développée en série**

$$\varphi(x) = A + A_1x + A_2x^2 + A_3x^3 + \ldots$$

on en déduit la somme de cette autre série

$$6.\quad \int_0^1 u^{\lambda-1}(1-u)^{\nu-1}\varphi(xu)\,du = C\left(A + \frac{\lambda A_1 x}{\lambda+\nu} + \frac{\lambda(\lambda+1)A_2x^2}{(\lambda+\nu)(\lambda+\nu+1)} + \ldots\right),$$

en désignant par C **l'intégrale** $\int_0^1 u^{\lambda-1}(1-u)^{\nu-1}\,du$.

La démonstration de ce théorème se fait avec facilité par le développement de $\varphi(xu)$ sous le signe d'intégration, ce qui donne une série, dont le terme général est

$$\int_0^1 u^{\lambda+k-1}(1-u)^{\nu-1}du \, . \, A_k x^k.$$

En faisant usage de la réduction connue de cette intégrale, savoir

$$\int_0^1 u^{\lambda+k-1}(1-u)^{\nu-1}du = \int_0^1 u^{\lambda-1}(1-u)^{\nu-1}du \, . \, \frac{\lambda(\lambda+1)\dots(\lambda+k-1)}{(\lambda+\nu)(\lambda+\nu+1)\dots(\lambda+\nu+k-1)},$$

on trouve que c'est précisement le terme général de la série proposée dans le théorème.

Pour l'application à la sommation de la série $f(m,x)$ je prends $\varphi(x)=\cos.2\sqrt{x}$; $\lambda=\frac{1}{2}$; $\nu=m+\frac{1}{2}$; d'où

$$A_k = \frac{(-1)^k 2^{2k}}{1.2.3\dots 2k} = \frac{(-1)^k}{1.2.3\dots k.\frac{1}{2}.\frac{3}{2}.\frac{5}{2}\dots\frac{2k-1}{2}};$$

l'équation (6.) donne

$$\int_0^1 u^{-\frac{1}{2}}(1-u)^{m-\frac{1}{2}}\cos.2\sqrt{(xu)}.du$$

$$=\int_0^1 u^{-\frac{1}{2}}(1-u)^{m-\frac{1}{2}}du.\left[1-\frac{x}{1.(m+1)}+\frac{x^2}{1.2(m+1)(m+2)}-\dots\right];$$

en prenant $u=v^2$ et remplaçant cette série par $f(m,x)$ on obtient

$$7. \quad \int_0^1 (1-v^2)^{m-\frac{1}{2}}\cos.2v\sqrt{x}.dv = \int_0^1 (1-v^2)dv.f(m,x).$$

Voilà déjà l'expression cherchée de la série $f(m,x)$. Mais on voit quelle n'est applicable que pour les valeurs de m entre les limites $-\frac{1}{2}$ jusqu'à $+\infty$; pour toutes les autres valeurs entre les limites $-\frac{1}{2}$ jusqu'à $-\infty$, les intégrales définies seroient infiniment grandes. Pour trouver une expression plus générale applicable à toutes les valeurs négatives de la quantité m, il faut séparer les prémiers termes de cette série au nombre de p. En les désignant par S, ainsi que

$$S=1-\frac{x}{1.(m+1)}+\frac{x^2}{1.2.(m+1)(m+2)}-\dots\frac{(-1)^{p-1}x^{p-1}}{1.2.3\dots(p-1)(m+1)(m+2)\dots(m+p-1)},$$

on a

$$9. \quad f(m,x) = S + \frac{(-1)^p x^p}{1.2\dots p.(m+1)(m+2)\dots(m+p)}\left[1-\frac{x}{(p+1)(m+p+1)}\right.$$

$$\left.+\frac{x^2}{(p+1)(p+2)(m+p+1)(m+p+2)}-\dots\right].$$

Prenant à présent dans l'équation (6.) $\varphi(x)=f(m+p,x)$, $\lambda=1$; $\nu=p$, on obtient

$$p\int_0^1 (1-u)^{p-1} f(m+p, xu)\,du$$
$$= 1 - \frac{x}{(p+1)(m+p+1)} + \frac{x^2}{(p+1)(p+2)(m+p+1)(m+p+2)} - \dots;$$

la valeur de cette série, substituée dans l'équation (9.) donne

$$10.\quad f(m,x) = S + \frac{(-1)^p x^p}{1.2\dots(p-1)(m+1)\dots(m+p)} \cdot \int_0^1 (1-u)^{p-1} f(m+p, xu)\,du,$$

ou en mettant pour $f(m+p, xu)$ la valeur tirée de l'équation (7.) on obtient l'expression plus générale de la série $f(m, x)$:

$$11.\quad f(m,x) = S + Mx^p \int_0^1 \int_0^1 (1-u)^{p-1} (1-v^2)^{m+p-\frac{1}{2}} \cos.2u\sqrt{(xv)}.du.dv,$$

M désignant la quantité constante

$$M = \frac{(-1)^p}{1.2\dots(p-1).(m+1)\dots(m+p).\int_0^1 (1-v^2)^{m+p-\frac{1}{2}}\,dv}.$$

Cette double intégrale aura une valeur finie tantôt que $m+p+\frac{1}{2}$ est une quantité positive; le nombre entier positif p doit donc en chaque cas être pris de manière que $m+p+\frac{1}{2}$ soit positif.

Ainsi, pour chaque valeur positive ou négative de m, la série $f(m, x)$ est exprimée par des intégrales définies, et de là l'intégrale complête de l'équation de **Riccati** est trouvée sous forme finie. On déduit aussi de cette méthode les cas d'intégrabilité ordinaire, car si la quantité m est un nombre de la forme $\frac{2k-1}{2}$ (k étant un entier quelconque positif ou négatif) les intégrales définies des formules (7.) et (11.) peuvent être transformées en intégrales indéfinies, et on en conclut facilement, que les deux séries, qui entrent dans l'intégrale de l'équation de **Riccati**, peuvent être exprimées par des intégrales indéfinies, si l'exposant n est un nombre de la forme $\frac{-4k}{2k-1}$, ce qui est la condition connue pour l'intégrabilité de cette équation remarquable. Toutes ces valeurs de l'exposant n sont comprises entre les limites -4 et 0, mais c'est pour les autres valeurs non comprises entre ces limites, que l'intégrale de l'équation de **Riccati** prend la forme la plus simple, car on trouve par les équations (5.) et (7.) que l'intégrale complète de l'équation

$$\frac{d^2y}{dx^2} + abx^n y = 0$$

est

$$y = A.\int_0^1 (1-v^2)^{-\frac{n+4}{2n+4}} \cos\left(\frac{2u\sqrt{(ab)}\,x^{\frac{n+2}{2}}}{n+2}\right) dv$$
$$+ Bx \int_0^1 (1-v^2)^{\frac{-n}{2n+4}} \cos\left(\frac{2u\sqrt{(ab)}\,x^{\frac{n+2}{2}}}{n+2}\right) dv$$

pour toutes les valeurs de n non comprises entre les limites — 4 et 0.

J'ai trouvé que cette méthode d'intégration est applicable à une classe très étendue d'équations linéaires de tous les ordres. Il existe aussi un grand nombre de théorèmes analogues à celui qui est contenu dans l'équation (6.) au moyen desquels on trouve les sommes des séries infinies exprimées par des intégrales définies, ce que je ferai voir dans une autre occasion.

Über die Convergenz und Divergenz der unendlichen Reihen

Journal für die reine und angewandte Mathematik 13, 171–184 (1835)

Da noch kein allgemein gültiges Criterium der Convergenz und Divergenz der Reihen gefunden worden ist, so habe ich eine Methode gesucht, nach welcher eine jede unendliche Reihe geprüft werden kann, ob sie einen endlichen Werth habe oder nicht; diese Methode ist in den folgenden Sätzen enthalten.

Ich nehme zu der Untersuchung folgende allgemeine Form einer Reihe, in welcher jedes Glied als Function seines Stellenzeigers betrachtet wird:

$$1.\qquad \overset{1}{A}+\overset{2}{A}+\overset{3}{A}+\overset{4}{A}+\dots+\overset{k}{A}+\dots,$$

und setze voraus, daſs die Reihe von der Art sei, daſs, von einem bestimmten Gliede an, alle folgenden das nemliche Vorzeichen haben, welches positiv angenommen werden soll. Da auch jede Reihe, in welcher positive und negative Glieder vorkommen, sich in eine solche Reihe, durch Zusammenfassen mehrerer Glieder, verwandeln läſst, so reicht die Untersuchung der obigen Reihe für alle Reihen hin. Daſs kein Glied der Reihe unendlich sein darf, versteht sich von selbst.

Um nun zu bestimmen, ob die Reihe convergire oder divergire, das heiſst: eine endliche, bestimmte Summe habe, oder nicht, bilde man aus den Gliedern derselben folgende identische Gleichung, in welcher eine beliebige Function des Stellenzeigers *k*, $\overset{k}{m}$, und eine beliebige Constante *a* (welche *k* nicht enthält) vorkommen:

$$2.\qquad \overset{k+1}{A}+\overset{k+2}{A}+\dots+\overset{k+n}{A}=\frac{\overset{k}{m}\overset{k}{A}}{a}-(\overset{k}{\omega}+\overset{k+1}{\omega}+\dots+\overset{k+n-1}{\omega})-\frac{\overset{k+n}{m}\overset{k+n}{A}}{a},$$

wo der Kürze wegen gesetzt ist:

$$3.\qquad \overset{k}{\omega}=\frac{\overset{k}{m}\overset{k}{A}}{a}-\left(\frac{\overset{k+1}{m}}{a}+1\right)\overset{k+1}{A}.$$

Wird dieser Werth des ω in die Gleichung (2.) gesetzt, so zeigt sich sogleich, daſs dieselbe vollkommen identisch, also allgemein

gültig ist. Es soll nun $\overset{k}{m}$ eine solche Function von k sein, daſs $\overset{k}{m}\overset{k}{A}$, von einem gewissen Werthe des k an, positiv sei, und wenn k in's Unendliche wächst, sich der Gränze 0 in's Unendliche nähere; ferner soll a eine positive Constante sein. Wenn nun die Gröſsen $\overset{k}{\omega}$, $\overset{k+1}{\omega}$, $\overset{k+2}{\omega}$, etc. alle positiv, oder auch gleich 0 sind, so ersieht man aus der Gleichung (2.) unmittelbar, daſs, so groſs auch die Zahl n angenommen werden mag, die Summe der Reihe $\overset{k+1}{A}+\overset{k+2}{A}+\overset{k+4}{A}+\ldots+\overset{k+n}{A}$ stets kleiner sein muſs, als $\dfrac{\overset{k}{m}\overset{k}{A}}{a}$, und daſs also, wenn $\overset{k}{\omega}\geqq 0$ und $\dfrac{\overset{k}{m}\overset{k}{A}}{a}$ nicht unendlich groſs, das heiſst a nicht gleich 0 ist, die Reihe $\overset{k+1}{A}+\overset{k+2}{A}+\overset{k+3}{A}+\ldots$ in inf. nothwendig convergirt. Die Bedingung $\overset{k}{\omega}\geqq 0$ giebt, nach der Gleichung (3.):

$$\frac{\overset{k}{m}\overset{k}{A}}{a}-\left(\frac{\overset{k+1}{m}}{a}+1\right)\overset{k+1}{A}\geqq 0,$$

oder

$$4. \qquad \frac{\overset{k}{m}\overset{k}{A}}{\overset{k+1}{A}}-\overset{k+1}{m}\leqq a.$$

Man setze nun, im Allgemeinen:

$$5. \qquad \frac{\overset{k}{m}\overset{k}{A}}{\overset{k+1}{A}}-\overset{k+1}{m}=f(k),$$

so findet sich folgender Lehrsatz für die Convergenz der Reihen:

I. Wenn $\overset{k}{A}$ das allgemeine Glied einer Reihe ist, in welcher, von einem bestimmten Gliede an, alle folgenden positiv sind, und man eine Function $\overset{k}{m}$, deren Werthe positiv sind, von der Art finden kann, daſs $\overset{k}{m}\overset{k}{A}=0$ für $k=\infty$, und daſs die Quantität $f(k)=\dfrac{\overset{k}{m}\overset{k}{A}}{\overset{k+1}{A}}-\overset{k+1}{m}$ gröſser als 0 ist, für $k=\infty$: so ist die Reihe convergent.

Dieser Satz reicht aber noch nicht hin, um zu bestimmen, ob eine Reihe convergire oder divergire; denn, fände man keine Function $\overset{k}{m}$, wie der Satz solche verlangt, so wüſste man gleichwohl nicht, ob die Reihe divergire oder dennoch convergire. Deshalb soll nun noch eine Bedingung aufgesucht werden, unter welcher die Reihe, deren allgemeines Glied $\overset{k}{A}$ ist, gewiſs divergirt.

Die Gleichung (5.) giebt:

$$6.\quad \overset{k}{m}\overset{k}{A} - \overset{k+1}{m}\overset{k+1}{A} = \overset{k+1}{A}f(k).$$

Wird in dieser Gleichung statt k gesetzt: $k+1$, $k+2$, $k+3$, etc. in inf., so erhält man, weil $\overset{k}{m}\overset{k}{A}=0$, für $k=\infty$, durch Addition aller dieser Gleichungen:

$$7.\quad \overset{k}{m}\overset{k}{A} = \overset{k+1}{A}.f(k) + \overset{k+2}{A}.f(k+1) + \overset{k+3}{A}.f(k+2) + \dots \text{ in inf.},$$

oder, wenn durch $f(k)$ dividirt wird:

$$8.\quad \frac{\overset{k}{m}\overset{k}{A}}{f(k)} = \overset{k+1}{A} + \frac{\overset{k+2}{A}f(k+1)}{f(k)} + \frac{\overset{k+3}{A}f(k+2)}{f(k)} + \dots \text{ in inf.}$$

Wenn nun $f(k)$ sich immer mehr der 0 nähert, je gröſser k wird, so sind alle Coëfficienten der einzelnen Glieder in der Reihe (8.) kleiner als die Einheit, und folglich ist:

$$9.\quad \frac{\overset{k}{m}\overset{k}{A}}{f(k)} < \overset{k+1}{A} + \overset{k+2}{A} + \overset{k+3}{A} + \dots \text{ in inf.}$$

Für $k=\infty$ muſs aber die Reihe rechts gleich 0 werden, wenn sie überhaupt convergiren soll: also muſs, um so mehr, die Quantität $\frac{\overset{k}{m}\overset{k}{A}}{f(k)}$, für $k=\infty$, gleich Null werden, wenn die Reihe convergiren soll. Dies giebt, wenn im Allgemeinen gesetzt wird:

$$10.\quad \varphi(k) = \frac{\overset{k}{m}\overset{k}{A}}{f(k)}$$

folgenden zweiten Lehrsatz über die Divergenz der unendlichen Reihen:

II. Wenn $\overset{k}{m}$ eine solche Function von k ist, daſs $\overset{k}{m}\overset{k}{A}=o$, für $k=\infty$, und daſs die Quantität $fk) = \frac{\overset{k}{m}\overset{k}{A}}{\overset{k+1}{A}} - \overset{k+1}{m}$, für $k=\infty$, ebenfalls gleich 0 wird, die Quantität $\varphi(k) = \frac{\overset{k}{m}\overset{k}{A}}{f(k)}$ aber, für $k=\infty$, nicht gleich 0 wird, so divergirt die Reihe, deren allgemeines Glied $\overset{k}{A}$ ist.

Es soll nun gezeigt werden, daſs diese beiden Sätze zur Bestimmung der Convergenz oder Divergenz einer jeden Reihe vollständig hinreichen; oder es soll gezeigt werden, daſs die Function $\overset{k}{m}$ immer so gewählt werden kann, dafs eine der Quantitäten $f(k)$ oder $\varphi(k)$, für $k=\infty$, nicht gleich 0 wird. Wird sodann $f(k)>0$ und $\varphi(k)=0$, für $k=\infty$, so convergirt die Reihe, nach dem ersten Satze; wird aber $f(k)=0$ und $\varphi(k)>0$, so divergirt sie, nach dem zweiten Satze. Dafs aber eine der Quantitäten $f(k)$ oder $\varphi(k)$, für $k=\infty$, verschwinden mufs, folgt daraus, dafs, nach Gleichung (10.), $\overset{k}{m}\overset{k}{A}=fk).\varphi(k)$ und $\overset{k}{m}\overset{k}{A}=0$, für $k=\infty$.

Wenn die Reihe, deren allgemeines Glied $\overset{k}{A}$ ist, convergirt, so nehme man für $\overset{k}{m}$ die Function, welche durch folgende Gleichung bestimmt wird:

$$\overset{k}{m}\overset{k}{A}=\overset{k+1}{A}+\overset{k+2}{A}+\overset{k+3}{A}+\ldots \text{ in inf.}$$

welche Function $\overset{k}{m}\overset{k}{A}$ sich immer mehr der Grenze 0 nähert, je gröfser k wird. Es wird bei dieser Annahme

$$f(k)=1 \text{ und } \varphi(k)=0, \quad \text{für } k=\infty.$$

Wenn aber die Reihe, deren allgemeines Glied $\overset{k}{A}$ ist, divergirt, so nehme man für $\overset{k}{m}$ eine Function, welche durch folgende Gleichung bestimmt wird:

$$\overset{k}{m}\overset{k}{A}=\frac{1}{\overset{1}{A}+\overset{2}{A}+\overset{3}{A}+\ldots+\overset{k}{A}},$$

wo die Function $\overset{k}{m}\overset{k}{A}$ sich ebenfalls, wie es verlangt wird, wenn k in's Unendliche wächst, der Grenze 0 nähert. Diese Annahme giebt

$$f(k)=0 \quad \text{und} \quad \varphi(k)=\infty, \quad \text{für } k=\infty.$$

Dies reicht nun gerade hin, um zu zeigen, dafs es in jedem Falle eine reale Function $\overset{k}{m}$ giebt, welche der verlangten Bedingung genügt. Wenn man aber allemal die hier angegebene Function wählen müfste, so müfste man auch schon in voraus wissen, ob die Reihe convergire oder divergire, und man müfste, im ersten Falle, die Summe aller Glieder, welche auf ein bestimmtes Glied folgen, und, im zweiten Falle, die Summe aller Glieder, bis zu einem bestimmten Gliede, angeben können. Um diesen Übelstand zu vermeiden, bemerke ich: wenn man für $\overset{k}{m}\overset{k}{A}$ eine Function $\overset{k}{r}$ gefunden hat, welche von der Art ist, dafs $f(k)$ und $\varphi(k)$, für $k=\infty$, nicht beide verschwinden, dafs dann dieselbe Bedingung auch erfüllt wird, wenn für $\overset{k}{m}\overset{k}{A}$ irgend eine andere Function von k gewählt wird, welche sich, wenn k wächst, langsamer der 0 nähert, als $\overset{k}{r}$. Eine solche Function wird

$\overset{k}{r}\overset{k}{r}$ sein, wo $\overset{k}{s}$ eine Function ist, welche zugleich mit k wächst, sei es bis ins Unendliche, oder bis zu einer bestimmten Grenze, und wo ebenfalls $\overset{k}{r}\overset{k}{s} = 0$ für $k = \infty$ ist. In der That: wenn, erstens für $\overset{k}{m}\overset{k}{A} = \overset{k}{r}$, die Function $f(k)$ nicht verschwindet, für $k = \infty$, so wird dieselbe für $\overset{k}{m}\overset{k}{A} = \overset{k}{r}\overset{k}{s}$ noch viel weniger verschwinden, weil von den beiden Ausdrücken des $f(k)$, nemlich:

$$\frac{\overset{k}{r}\overset{k}{s} - \overset{k+1}{r}\overset{k+1}{s}}{\overset{k+1}{A}} \quad \text{und} \quad \frac{\overset{k}{r} - \overset{k+1}{r}}{\overset{k+1}{A}},$$

der erste gewiſs gröſser ist, als der zweite. Wenn aber, zweitens, für $\overset{k}{m}\overset{k}{A} = \overset{k}{r}$, die Function $\varphi(k)$ nicht verschwindet, wenn k ins Unendliche wächst, so wird dieselbe für $\overset{k}{m}\overset{k}{A} = \overset{k}{r}\overset{k}{s}$ noch weniger verschwinden, weil von den Ausdrücken des $\varphi(k)$ durch $\overset{k}{r}\overset{k}{s}$ und $\overset{k}{r}$, welche in folgende Form gebracht werden können:

$$\frac{\overset{k+1}{A}}{1 - \dfrac{\overset{k+1}{r}\overset{k+1}{s}}{\overset{k}{r}\overset{k}{s}}} \quad \text{und} \quad \frac{\overset{k+1}{A}}{1 - \dfrac{\overset{k+1}{r}}{\overset{k}{r}}}$$

der erste gewiſs gröſser ist, als der zweite, da $\overset{k+1}{s} > \overset{k}{s}$ und $\dfrac{\overset{k+3}{s}}{\overset{k}{s}} > 1$.

Hieraus sieht man also, daſs die Function $\overset{k}{m}$, wenn sie auch durch die Bestimmungen des ersten und zweiten Lehrsatzes begrenzt wird, doch innerhalb dieser Grenzen willkürlich bleibt, oder, daſs es in jedem Falle nicht nur eine, sondern unendlich viele, von einander verschiedene Functionen giebt, welche die Bedingungen erfüllen, daſs $\overset{k}{m}\overset{k}{A} = 0$, für $k = \infty$, und daſs eine der Quantitäten $f(k)$ oder $\varphi(k)$, für $k = \infty$, nicht verschwindet. Die beiden aufgestellten Lehrsätze reichen vollständig hin, um für eine jede Reihe zu bestimmen, ob sie convergire oder divergire.

Als Beispiel soll folgende Reihe untersucht werden:

$$\frac{1}{2l2} + \frac{1}{3l3} + \frac{1}{4l4} + \ldots + \frac{1}{klk} + \ldots$$

Man nehme $\overset{k}{m} = k$, also $\overset{k}{m}\overset{k}{A} = \frac{1}{lk}$, so ist:

$$f(k) = (k+1)l(k+1)\left(\frac{1}{lk} - \frac{1}{l(k+1)}\right),$$

23 *

oder

$$f(k) = \frac{(k+1)\,l\left(1+\frac{1}{k}\right)}{lk},$$

Es ist, wie man hieraus leicht sieht, $f(k) = 0$ für $k = \infty$, also $\varphi(k)$ zu untersuchen. Dies wird:

$$\varphi(k) = \frac{1}{(k+1)\,l\left(1+\frac{1}{k}\right)}.$$

Es ist also, für $k = \infty$, $\varphi(k) = 1$, also die Reihe divergent. Conf. gegenwärtiges Journal Bd. 3. pag. 79.

Es giebt eine Function $\overset{k}{m}$, welche zur Bestimmung der Convergenz oder Divergenz einer außerordentlich umfassenden Gattung von Reihen hinreicht. Dies ist die Gröfse k selbst. Wird nemlich $\overset{k}{m} = k$ angenommen, so werden die beiden Quantitäten $f(k)$ und $\varphi(k)$:

$$11. \quad f(k) = \frac{k\overset{k}{A}}{\overset{k+1}{A}} - k - 1 = \frac{k\overset{k}{A} - (k+1)\overset{k+1}{A}}{\overset{k+1}{A}},$$

$$12. \quad \varphi(k) = \frac{k\overset{k}{A}}{f(k)} = \frac{k\overset{k}{A}\overset{k+1}{A}}{k\overset{k}{A} - (k+1)\overset{k+1}{A}}.$$

Wenn die Reihe, deren allgemeines Glied $\overset{k}{A}$ ist, von der Art wäre, dafs $f(k)$ negativ würde, für sehr grofse Werthe des k, so würde die Reihe nothwendig divergiren, weil dann $k\overset{k}{A} < (k+1)\overset{k+1}{A}$, und folglich $k\overset{k}{A}$, für $k = \infty$, nicht gleich 0 ist, welches, wie bekannt ist, und wie sich leicht zeigen läfst, bei jeder convergirenden Reihe der Fall sein mufs. Wenn aber (fk), für $k = \infty$, einen positiven Werth hat, welcher gröfser als 0 ist, so convergirt die Reihe, nach dem ersten Lehrsatze. Es ist also nur noch der Fall zu untersuchen, wenn $f(k) = 0$, für $k = \infty$. Ich nehme nun an: die Reihe, deren allgemeines Glied $\overset{k}{A}$ ist, solle von der Art sein, dafs der Quotient zweier auf einander folgenden Glieder sich nach fallenden Potenzen des Stellenzeigers k entwickeln läfst: so wird, wie aus der Gleichung (11.) leicht zu ersehen ist, auch $f(k)$ sich in eine Reihe von folgender Form entwickeln lassen:

$$13. \quad f(k) = \frac{a}{k^\alpha} + \frac{b}{k^\beta} + \frac{e}{k^\gamma} + \ldots \text{*}),$$

*) Es mufs hier eigentlich noch hinzu gesetzt werden, dafs sich der Quotient zweier auf einander folgenden Glieder, oder die Gröfse $f(k)$, für grofse Werthe des k.

wo $\beta > \alpha$, $\gamma > \beta$, etc., und wo α, weil $f(k) = 0$, für $k = \infty$, positiv sein mufs. Hieraus findet man für $\frac{f(k+1)}{f(k)}$ folgende Entwickelung:

$$14. \quad \frac{f(k+1)}{f(k)} = 1 - \frac{\alpha}{k} + \dots,$$

wo alle folgenden Glieder höhere Potenzen von $\frac{1}{k}$ zu Factoren haben. Aus den Gleichungen (11.) und (12.) folgt nun:

$$15. \quad \frac{\varphi(k)}{\varphi(k+1)} = \frac{f(k+1)}{f(k)} + \frac{f(k+1)}{k+1}.$$

Wenn man hierin statt $\frac{f(k+1)}{f(k)}$ und $f(k+1)$ ihre Entwicklungen setzt, und alle höheren Potenzen von $\frac{1}{k}$ vernachlässigt, so folgt:

$$16. \quad \frac{\varphi(k)}{\varphi(k+1)} = 1 - \frac{\alpha}{k} + \dots,$$

woraus, weil α positiv ist, hervorgeht, dafs der Quotient $\frac{\varphi(k)}{\varphi(k+1)}$, wenigstens von einem Werthe des k an, für alle folgenden, kleiner als Eins ist: dafs also $\Phi(k+1) > \Phi(k)$, und also $\Phi(k)$ eine Function ist, welche zugleich mit k wächst. Deshalb ist $\Phi(k)$, für $k = \infty$, nicht gleich 0, und folglich divergirt die Reihe in diesem Falle, nach dem zweiten Lehrsatze. Hieraus geht folgender Satz hervor, welcher zur Bestimmung der Divergenz oder Convergenz einer sehr ausgebreiteten Gattung von Reihen hinreicht.

III. Eine Reihe $\overset{1}{A} + \overset{2}{A} + \overset{3}{A} + \dots$ in inf., in welcher, von einem bestimmten Gliede an, alle folgenden dasselbe Vorzeichen haben, und welche die Eigenschaft hat, dafs der Quotient zweier auf einander folgenden Glieder $\frac{\overset{k}{A}}{\overset{k+1}{A}}$ sich nach fallenden Potenzen von k entwickeln läfst, ist convergent, wenn $f(k) = \frac{k\overset{k}{A}}{\overset{k+1}{A}} - k - 1$ einen positiven Werth bekommt, welcher, selbst für $k = \infty$, nicht verschwindet; wird aber $f(k)$, für $k = \infty$, entweder gleich 0, oder gar negativ, so ist die Reihe divergent.

---

convergent, nach fallenden Potenzen von k entwickeln lassen müsse. Da aber die Reihe (13.), für grofse Werthe des k, wenigstens allemal semiconvergent ist, und da die semiconvergenten Reihen, wie bekannt, wenn auch wohl noch nirgends streng bewiesen, die richtigen Werthe der Functionen näherungsweise geben, so habe ich diese Bedingung nicht erst hinzugesetzt.

Als Anwendung dieses Satzes mag die Convergenz oder Divergenz folgender Reihe untersucht werden, deren Glieder, wie man leicht sieht, von einem bestimmten an, alle positiv werden müssen:

$$1+\frac{\alpha.\beta}{\gamma.1}+\frac{\alpha(\alpha+1)\beta.(\beta+1)}{\gamma(\gamma+1)1.2}+\ldots,$$

wo

$$\frac{\overset{k}{A}}{\overset{k+1}{A}}=\frac{(k+\gamma)(k+1)}{(k+\alpha)(k+\beta)},$$

welcher Ausdruck sich nach fallenden Potenzen von k entwickeln läſst, wie der Satz III. es verlangt. Es ist nun

$$f(k)=\frac{k(k+\gamma)(k+1)}{(k+\alpha)(k+\beta)}-k-1,$$

oder

$$f(k)=\frac{(\gamma-\alpha-\beta)k^2+(\gamma-\alpha-\beta-\alpha\beta)k-\alpha\beta}{k^2+(\alpha+\beta)k+\alpha\beta}.$$

Wenn nun $\gamma-\alpha-\beta$ positiv ist, und gröſser als 0, so ist auch $f(k)$, für $k=\infty$, positiv, und gröſser als 0; also in diesem Falle convergirt die Reihe. Wenn aber $\gamma-\alpha-\beta=0$, so wird auch $f(k)=0$, für $k=\infty$; oder, wenn $\gamma-\alpha-\beta$ negativ ist, so wird auch $f(k)$ negativ, für $k=\infty$; in diesen beiden Fällen also divergirt die Reihe. Conf. die Abhandlung von Gauſs über diese Reihe, in den *Comment. soc. Gotting. Tom. II. pag.* 23.

Es bietet sich hier die Gelegenheit dar, zu bestimmen, unter welchen Bedingungen das Criterium der Convergenz und Divergenz gültig ist, welches Olivier in diesem Journale Bd. II. pag. 34. etc. aufgestellt hat, und welches, wie schon Abel gezeigt hat (Bd. III. pag. 79.), nicht allemal richtige Resultate giebt. Es kann dieses Criterium, wie Olivier es aufstellt, so ausgesprochen werden: eine Reihe, deren allgemeines Glied A ist, und in welcher, von einem bestimmten Gliede an, alle folgenden dasselbe Vorzeichen behalten, convergirt, wenn $k\overset{k}{A}=0$, für $k=\infty$, und divergirt in jedem andern Falle. Es soll jetzt gezeigt werden, daſs dieses Criterium ebenfalls für die jetzt genannten Reihen richtig ist, bei welchen der Quotient zweier auf einander folgenden Glieder sich nach fallenden Potenzen des Stellenzeigers entwickeln läſst.

Es sei also wieder die Reihe, deren allgemeines Glied $\overset{k}{A}$, ist, von der genannten Art; so hat man ebenfalls

$$17. \qquad f(k)=\frac{a}{k^\alpha}+\frac{b}{k^\beta}+\frac{c}{k^\gamma}+\ldots,$$

wo $\beta > \alpha$, $\gamma > \beta$, etc. Ferner folgt aus den Gleichungen (11.) und (12.):

$$18. \quad \frac{k\overset{k}{A}}{(k+1)\overset{k+1}{A}} = 1 + \frac{f(k)}{k+1} \cdots$$

und wenn man in dieser Gleichung nach einander statt k setzt: $k+1$, $k+2$, ... $k+n-1$, und die so entstandenen Gleichungen mit einander multiplicirt, so erhält man:

$$19. \quad \frac{k\overset{k}{A}}{(k+n)\overset{k+n}{A}} = \left(1+\frac{f(k)}{k+1}\right)\left(1+\frac{f(k+1)}{k+2}\right)\cdots\left(1+\frac{f(k+n-1)}{k+n}\right),$$

oder, wenn man die Logarithmen nimmt:

$$20. \quad l(k\overset{k}{A}) - l((k+n)\overset{k+n}{A})$$
$$= l\left(1+\frac{f(k)}{k+1}\right) + l\left(1+\frac{f(k+1)}{k+2}\right) + \cdots + l\left(1+\frac{f(k+n-1)}{k+n}\right).$$

Es soll nun untersucht werden, unter welchen Bedingungen diese Reihe der Logarithmen convergire, wenn n unendlich groſs wird. Sie ist von der Art, daſs alle Glieder dasselbe Vorzeichen haben, und daſs der Quotient zweier auf einander folgenden Glieder sich nach fallenden Potenzen von k entwickeln läſst, wenn für $f(k)$ sein Werth aus der Gleichung (17.) gesetzt wird. Man findet nemlich:

$$21. \quad \frac{l\left(1+\frac{f(k)}{k+1}\right)}{l\left(1+\frac{f(k+1)}{k+2}\right)} = 1 + \frac{1+\alpha}{k} + \cdots,$$

wo alle folgenden Glieder der Entwicklung höhere Potenzen von $\frac{1}{k}$ zu Factoren haben. Das Criterium des Satzes III. giebt also:

$$22. \quad \frac{k \cdot l\left(1+\frac{f(k)}{k+1}\right)}{l\left(1+\frac{f(k+1)}{k+2}\right)} - k - 1 = \alpha \quad (\text{für } k=\infty).$$

Die Reihe der Logarithmen convergirt also, wenn α positiv und gröſser als 0 ist, und divergirt, wenn α negativ, oder gleich 0 ist. Wenn nun $k\overset{k}{A} = 0$, für $k=\infty$, so ist auch $-l((k+n)\overset{k+n}{A}) = \infty$, für $n=\infty$; also muſs, nach Gleichung (20.), die Reihe der Logarithmen divergiren, wenn $k\overset{k}{A} = 0$, für $k=\infty$; wenn aber die Reihe der Logarithmen divergirt, so ist α negativ, oder gleich 0; wenn α aber negativ oder gleich 0 ist, so ist, nach Gleichung (17.), $f(k)$ positiv und gröſser als 0, für $k=\infty$; dann ist aber, nach dem III. Satze, $\overset{k}{A}$ das allgemeine Glied einer convergirenden Reihe. Also: wenn $k\overset{k}{A} = 0$, für $k = \infty$, so convergirt die Reihe, deren allgemeines Glied $\overset{k}{A}$ ist, nemlich unter den gemachten Voraussetzungen. Dieses Criterium, welches bei einigen Reihen eine sehr leichte Anwendung findet, läſst sich nun folgendermaſsen darstellen:

IV. Eine Reihe $\overset{1}{A} + \overset{2}{A} + \overset{3}{A} + \dots$ in inf., in welcher, von einem bestimmten Gliede an, alle folgenden dasselbe Vorzeichen haben, und welche von der Art ist, daſs der Quotient zweier auf einander folgenden Glieder sich nach fallenden Potenzen des Stellenzeigers entwickeln läſst, ist convergent; wenn $k\overset{k}{A} = 0$, für $k = \infty$; und wenn $k\overset{k}{A}$ nicht $= 0$, für $k = \infty$, so ist die Reihe divergent.

Beispiele, auf welche dieses Criterium angewendet ist, sehe man in der angeführten Abhandlung von Olivier; denn alle Reihen, auf welche Olivier sein Criterium daselbst angewendet hat, sind von der Art, wie sie der dritte und vierte Satz verlangen; und es kommen auch in der Analysis nur selten Reihen vor, bei denen der Quotient zweier auf einander folgenden Glieder sich nicht nach fallenden Potenzen des Stellenzeigers entwickeln lieſse.

Zur Erleichterung der Untersuchung, ob eine Reihe convergire oder divergire, kann manchmal folgender Satz dienen:

V. Wenn $\overset{k}{r}$ eine Function von k ist, welche, wenn k ins Unendliche wächst, sich einer endlichen Grenze nähert, so werden die beiden Reihen

$$\overset{1}{A} + \overset{2}{A} + \overset{3}{A} + \overset{4}{A} + \dots \text{ in inf.}$$

und

$$\overset{1}{r}\overset{1}{A} + \overset{2}{r}\overset{2}{A} + \overset{3}{r}\overset{3}{A} + \overset{4}{r}\overset{4}{A} + \dots \text{ in inf.},$$

wie die eine, so die andere, convergiren oder divergiren.

Da es bei der Untersuchung der Convergenz nie auf eine endliche Anzahl der ersten Glieder ankommt, so setze ich zum Beweise dieses Satzes:

$$S = \overset{k}{A} + \overset{k+1}{A} + \overset{k+2}{A} + \dots$$

$$S' = \overset{k}{r}\overset{k}{A} + \overset{k+1}{r}\overset{k+1}{A} + \overset{k+2}{r}\overset{k+2}{A} + \dots$$

Ich bezeichne nun den gröfsten Werth, welchen r in dieser zweiten Reihe hat, durch p, den kleinsten durch q: so ist offenbar

$$S' > qS \quad \text{und} \quad S' < pS.$$

Ist nun S divergent, oder unendlich grofs, so ist auch qS unendlich, und folglich auch S'; hat aber S einen endlichen Werth, so ist auch pS endlich, und also auch S'; was zu beweisen war.

Die willkürliche Function $\overset{k}{m}$, welche in den Criterien des ersten und zweiten Satzes enthalten ist, giebt auch ein leichtes Mittel an die Hand, um zu finden, wie schnell oder wie langsam eine Reihe convergire: oder, zwei Grenzen zu finden, zwischen welchen die Summe der auf ein bestimmtes Glied folgenden Glieder einer convergirenden Reihe sich befinden mufs. Es sollen, von dem k^{ten} Gliede an, alle folgenden einerlei Vorzeichen haben, und man setze, der Kürze wegen,

$$23. \qquad \overset{k}{\lambda} = \overset{k+1}{A} + \overset{k+2}{A} + \overset{k+3}{A} + \dots \text{ in inf.}$$

Wenn nun die Reihe, deren allgemeines Glied $\overset{k}{A}$ ist, wirklich convergirt, so wird die willkürliche Function $\overset{k}{m}$ immer so angenommen werden können; dafs die Quantität $f(k)$ (Gleichung (5.)), für $k=\infty$, einen endlichen positiven Werth erhält. Es ist, nach Gleichung (7.):

$$24. \qquad \overset{k}{m}\overset{k}{A} = \overset{k+1}{A} f(k) + \overset{k+2}{A} f(k+1) + \overset{k+3}{A} f(k+2) + \dots$$

Wenn nun, für jede ganze positive Zahl n, $f(k+n) > f(k+n+1)$ ist, oder wenn $f(k)$, von dem bestimmten Werthe des k an, fortwährend abnimmt, so wie k gröfser wird, so ist

$$25. \qquad \frac{\overset{k}{m}\overset{k}{A}}{f(k)} < \overset{k}{\lambda} \quad \text{und} \quad \frac{\overset{k}{m}\overset{k}{A}}{f(\infty)} > \overset{k}{\lambda}.$$

Wenn aber die Function $f(k)$, von dem bestimmten Werthe des k an, zugleich mit k wächst, oder wenn, für jedes ganze positive n, $f(k+n) < f(k+n+1)$ ist, so ist

$$26. \qquad \frac{\overset{k}{m}\overset{k}{A}}{f(k)} > \overset{k}{\lambda} \quad \text{und} \quad \frac{\overset{k}{m}\overset{k}{A}}{f\infty} < \overset{k}{\lambda}.$$

Der wesentliche Nutzen dieser Formeln wird an einigen Beispielen klar werden.

Beispiel 1. Es sei gegeben die Reihe:

$$1 + \frac{1}{1.2} + \frac{1}{1.2.3} + \frac{1}{1.2.3.4} + \dots$$

und es soll gefunden werden, wie viel höchstens, und wie viel wenigstens der Fehler beträgt, welchen man begeht, wenn man alle Glieder dieser Reihe, die auf das k^{te} Glied folgen, vernachlässigt.

Man nehme $\overset{k}{m} = \frac{1}{k}$, so findet man $f(k) = 1 + \frac{1}{k(k+1)}$; also ist, weil im allgemeinen $f(k+n) > f(k+n+1)$, nach den Formeln (25.):

$$\overset{k}{\lambda} > \frac{1}{(1.2.3\ldots.k).k.\left(1+\frac{1}{k(k+1)}\right)} \text{ und } \overset{k}{\lambda} < \frac{1}{(1.2.3\ldots.k)k}.$$

Wird $k = 10$ gesetzt, so findet man, durch leichte Rechnung:

$$\overset{10}{\lambda} > 0{,}000000027309 \text{ und } \overset{10}{\lambda} < 0{,}000000027557;$$

also

$$\overset{10}{\lambda} = 0{,}000000027 \ldots.$$

Nimmt man also die ersten zehn Glieder der Reihe, so rechnet man auf 7 Stellen nach dem Comma genau; wenn man aber das hier berechnete $\overset{10}{\lambda}$ als Correction hinzuthut, so erhält man 9 Stellen genau.

Beispiel 2. Eine Reihe, welche ungemein schwach convergirt, ist folgende:

$$\frac{1}{2(l2)^2} + \frac{1}{3(l3)^2} + \frac{1}{4(l4)^2} + \frac{1}{5(l5)^2} + \ldots \text{ etc.}$$

Hier ist $\overset{k}{A} = \frac{1}{k(lk)^2}$, und wenn $\overset{k}{m} = klk$ genommen wird:

$$f(k) = \frac{kl\left(1+\frac{1}{k}\right)lk}{l(k+1)}, \text{ und } f(\infty) = 1,$$

und weil $f(k+n) + < f(k+n+1)$, nach den Formeln (26.):

$$\overset{k}{\lambda} < \frac{l(k+1)}{k(lk)^2 l\left(1+\frac{1}{k}\right)} \text{ und } \overset{k}{\lambda} > \frac{1}{lk}.$$

Da der Fehler gewifs gröfser als $\frac{1}{lk}$ ist, so mufs, wenn die Briggischen Logarithmen angenommen werden, um den Werth dieser Reihe nur auf 6 Stellen nach dem Comma genau zu berechnen, wenigstens eine Anzahl Glieder genommen werden, welche eine Million Stellen hat, oder aus einer Million Ziffern besteht.

Die Criterien der Convergenz und Divergenz der Reihen können leicht auf die Untersuchung der endlichen oder nicht endlichen Werthe angewendet werden, welche die Producte von unendlich vielen Factoren haben; für diese soll folgender einfache Lehrsatz bewiesen werden:

VI. Ein Product von unendlich vielen Factoren:

$$P = (1+\overset{1}{a})(1+\overset{2}{a})(1+\overset{3}{a})(1+\overset{4}{a})+\ldots.$$

in welchem die Gröfse $\overset{k}{a}$, von einem bestimmten Werthe des k an, für alle folgenden dasselbe Vorzeichen behält, hat einen endlichen Werth, wenn $\overset{k}{a}$ das allgemeine Glied einer convergirenden Reihe ist; im entgegengesetzten Falle ist es entweder unendlich, oder gleich 0, je nachdem die Gröfsen $\overset{k}{a}$ alle positiv oder negativ werden.

Es ist, wenn die Logarithmen genommen werden:

$$27. \quad lP = l(1+\overset{1}{a})+l(1+\overset{2}{a})+l(1+\overset{3}{a})+\ldots.$$

in welcher Reihe, von einem bestimmten Gliede an, alle folgenden einerlei Vorzeichen haben. Diese Reihe kann auch folgendermafsen geschrieben werden:

$$28. \quad lP = \overset{1}{a}.\frac{l(1+\overset{1}{a})}{\overset{1}{a}}+\overset{2}{a}.\frac{l(1+\overset{2}{a})}{\overset{2}{a}}+\overset{3}{a}.\frac{l(1+\overset{3}{a})}{\overset{3}{a}}+\ldots.$$

Wenn das Product P einen endlichen Werth haben soll, so ist klar, dafs die Gröfse $\overset{k}{a}$ sich immer mehr der 0 nähern mufs, je gröfser k wird; dann nähert sich aber auch $\frac{l(1+\overset{k}{a})}{\overset{k}{a}}$ immer mehr der Grenze 1.; also wird, nach dem fünften Lehrsatze, die Reihe (28.) denselben Bedingungen der Convergenz und Divergenz unterliegen, als die Reihe $\overset{1}{a}+\overset{2}{a}+\overset{3}{a}+\ldots$ in inf. Je nachdem also diese Reihe convergirt oder divergirt, wird lP einen endlichen oder unendlichen Werth haben. Wenn ferner die Gröfsen $\overset{k}{a}, \overset{k+1}{a}$, etc. alle positiv werden, und divergiren, so wird $lP=+\infty$, also $P=\infty$; werden diese Gröfsen aber negativ, und divergiren, so ist $lP=-\infty$, also $P=0$; wodurch die Richtigkeit des aufgestellten Satzes bewiesen ist.

Um auch von diesem Satze eine Anwendung zu geben, soll folgendes unendliche Product untersucht werden, welches die Function $\Gamma(z)$, nach **Legendre**, darstellt, nemlich:

$$\frac{1}{z(z+1)}\cdot\frac{2^{z+1}}{1^z(2+z)}\cdot\frac{3^{z+1}}{2^z(3+z)}\cdot\frac{4^{z+1}}{3^z(4+z)}\cdot\ldots.$$

Hier ist

$$1+\overset{k}{a} = \frac{k^{z+1}}{(k-1)^z(k+z)}\ldots.;$$

also

$$\overset{k}{a} = \frac{k^{z+1} - (k-1)^z (k+z)}{(k-1)^z (k+z)}.$$

Dafs dieses $\overset{k}{a}$, für jeden beliebigen Werth des z, das allgemeine Glied einer convergirenden Reihe ist, kann durch den dritten oder vierten Lehrsatz leicht bewiesen werden, so, dafs auch dieses Product einen endlichen Werth haben mufs, welcher weder 0 noch unendlich wird, wenn nemlich (wie es hier wirklich für negative, ganzzahlige Werthe des z der Fall ist) keiner der Factoren unendlich wird, oder verschwindet.

Auch für die unendlichen Producte kann man nach einer, der, oben für die Reihen angewandten, ähnlichen Methode die Grenzen des Fehlers bestimmen, welchen man begeht, wenn man alle Factoren, die auf einen bestimmten Factor folgen, vernachlässigt. Da jedoch die unendlichen Producte selten zur wirklichen Berechnung der Werthe der Functionen angewendet werden, so übergehe ich dies, um diesen Aufsatz nicht zu weit auszudehnen.

Liegnitz, den 29. Januar 1833.

Über unendlich verschiedene Entwickelungen der Potenzen der Cosinus und Sinus

Journal für die reine und angewandte Mathematik 14, 110–122 (1835)

Schon seit einigen Jahren hat man die Aufgabe von der Entwickelung der Potenzen der Cosinus und Sinus in Reihen, welche nach den Cosinus oder Sinus der vielfachen Bogen fortschreiten, als vollkommen gelöst angesehen, und es sind auch wirklich die Schwierigkeiten, welche sich hierbei fanden, durch Aufsätze in diesem Journal, von Crelle, Abel und Olivier, und anderweitig vollständig beseitigt worden. Seitdem habe ich gefunden, dafs die Functionen $(\cos x)^n$ und $(\sin x)^n$ so viele verschiedene Reihen-Entwickelungen haben, welche nach Cosinus oder Sinus der Vielfachen von x geordnet sind, als bis jetzt wohl noch von keiner der sämmtlichen analytischen Functionen bekannt sind. Es sind hierbei ganze Classen von verschiedenen Reihen-Entwicklungen zu unterscheiden, von denen ich mehrere in einer Abhandlung: *De cosinum et sinuum potestatibus secundum cosinus et sinus arcuum multiplicium evolvendis,* welche nächstens im Verlage der Waisenhaus-Buchhandlung zu Halle erscheinen wird, ausgeführt habe. Daselbst aber habe ich noch eine Classe, und zwar die reichhaltigste von allen, übergangen, und diese will ich nun, unabhängig von den in der angeführten Schrift erlangten Resultaten, herleiten.

Wenn folgende zwei Reihen mit einander multiplicirt werden:

$$1.\quad 1+\frac{n}{1}z+\frac{n(n-1)}{1.2}z+\frac{n(n-1)(n-2)}{1.2.3}z^3+\ldots = (1+z)^n,$$

$$2.\quad 1+\frac{n}{1}z^{-1}+\frac{n(n-1)}{1.2}z^{-2}+\frac{n(n-1)(n-2)}{1.2.3}z^{-3}+\ldots = (1+z^{-1})^n,$$

so ist das Product derselben

$$3.\quad (1+z)^n(1+z^{-1})^n = A_0+A_1(z+z^{-1})+A_2(z^2+z^{-2})+A_3(z^3+z^{-3})+\ldots$$

Alle die von n abhängigen Coefficienten A dieser Reihe, welche durch die Multiplication der beiden Reihen (1.) und (2.) in Form unendlicher Reihen erscheinen, lassen sich durch bekannte Functionen sehr einfach ausdrücken, wie wir später sehen werden; für den jetzt vorliegenden Zweck aber, wo nur eine allgemeine Form der Entwickelung von $(\sin x)^n$ gefunden und gerechtfertigt werden soll, ist solches nicht nöthig. Man setze nun in (3.) $z=\cos 2x+\sqrt{-1}\sin 2x$, so ist

$$(1+z)(1+z^{-1})=2+z+z^{-1}=2+2\cos 2x=4\cos x^2,$$

also

$$4.\quad (4\cos x^2)^n = A_0+2A_1\cos 2x+2A_2\cos 4x+\dots.$$

Es ist $4\cos x^2$ stets positiv; wird aber das Quadrat außerhalb des Klammernzeichens mit n verbunden, so ist $(4\cos x^2)^n=(\pm 2\cos x)^{2n}$, wo das Zeichen $+$ oder $-$ statt hat, je nachdem $\cos x$ positiv oder negativ ist. Man verbinde also auf diese Weise das Quadrat außerhalb der Klammern mit n, und setze $\frac{n}{2}$ statt n, so hat man eine Entwickelung von folgender Form:

$$5.\quad (\pm 2\cos x)^n = a_0+a_1\cos 2x+a_2\cos 4x+a_3\cos 6x+\dots.$$

Eine zweite Form der Entwickelung erhält man, wenn in dieser n in $n-1$ verwandelt und die Reihe sodann auf beiden Seiten mit $2\cos x$ multiplicirt wird. Werden sodann auf der rechten Seite des Gleichheitszeichens die Producte zweier Cosinus in einfache Cosinus verwandelt, so entspringt daraus die Form:

$$6.\quad \pm(\pm 2\cos x)^n = b_0\cos x+b_1\cos 3x+b_2\cos 5x+\dots.$$

In beiden Reihen (5.) und (6.) sind die Vorzeichen $+$ oder $-$ zu nehmen, je nachdem $\cos x$ positiv oder negativ ist. Durch Verwandlung des x in $x-\frac{\pi}{2}$ erhält man aus (5.) und (6.):

$$7.\quad (\pm 2\sin x)^n = a_0-a_1\cos 2x+a_2\cos 4x-a_3\cos 6x+\dots.$$

$$8.\quad \pm(\pm 2\sin x)^n = b_0\sin x-b_1\sin 3x+b_2\sin 5x-\dots.$$

in welchen beiden Gleichungen (7.) und (8.) die Vorzeichen $+$ oder $-$ zu nehmen sind, je nachdem $\sin x$ positiv oder negativ ist. Man denke sich nun ferner die beiden Reihen (6.) und (7.) mit einander multiplicirt, so erhält man, nachdem wieder die Producte zweier Cosinus in einfache Cosinus verwandelt worden, eine Reihe von folgender Form:

$$9.\quad \pm(\pm 4\sin x.\cos x)^n=\pm(\pm 2\sin 2x)^n=c_0\cos x+c_1\cos 3x+c_2\cos 5x+\dots.$$

In der Reihe (5.) werde nun x in $2x$ verwandelt, und mit der Reihe (9.) multiplicirt, so erhält man auf dieselbe Weise:

$$10.\quad \pm(\pm 4\sin 2x\cos 2x)^n$$
$$=\pm(2\sin 4x)^n = d_0\cos x+d_1\cos 3x+d_2\cos 5x+\dots;$$

ferner, in Gleichung (5.) x in $4x$ verwandelt, und mit (10.) multiplicirt, giebt eine Reihe von folgender Form:

$$11.\quad \pm(\pm 2\sin 8x)^n = e_0\cos x+e_1\cos 3x+e_2\cos 5x+\dots.$$

15*

Es ist klar, dafs dieselbe Methode der Multiplication zweier Reihen so oft wiederholt werden kann, als man will; dafs also, wenn k irgend eine ganze positive Zahl bedeutet, eine allgemeine Form gefunden ist, nämlich

$$12.\quad \pm(\pm\sin 2^k x)^n = C_0\cos x + C_1\cos 3x + C_2\cos 5x + \ldots\ldots$$

woraus man, indem $\frac{x}{2^k}$ statt x gesetzt wird, eine allgemeine Form der Entwickelung von $\pm(\pm\sin x)^n$ erhält. Aus den Bedingungen der Vorzeichen bei denjenigen Reihen, durch deren Multiplication diese entstanden ist, ersieht man leicht, dafs innerhalb der Klammern die Vorzeichen $+$ oder $-$ zu nehmen sind, je nachdem $\sin 2^k x$ positiv oder negativ ist, und dafs das Vorzeichen aufserhalb der Klammern $+$ oder $-$ ist, je nachdem $\cos x$ positiv oder negativ ist.

Nachdem so eine allgemeine Form der Entwickelung gefunden ist, so sind nun die Coefficienten dieser Reihe zu bestimmen. Die bekannte, schon von Euler angegebene Methode, die Coefficienten einer nach Sinus und Cosinus der vielfachen Bogen geordneten Reihe durch bestimmte Integrale auszudrücken, findet aber bei dieser Reihe keine Anwendung; denn es dürfen die Integrale, wegen des Wechsels der Zeichen in $(\pm\sin 2^k x)^n$ durchaus nicht über die Grenzen, innerhalb welcher die Vorzeichen dieselben bleiben, ausgedehnt werden, also nicht über die Grenzen $x = \frac{h\pi}{2^k}$ bis $x = \frac{(h+1)\pi}{2^k}$, wenn h irgend eine ganze Zahl bedeutet; bei einer Integration in diesen Grenzen würden aber die übrigen Glieder der Reihe (12.), aufser dem zu bestimmenden, nicht verschwinden. Es mufs daher die Reihe (12.) in eine andere verwandelt werden, bei welcher dieser Übelstand nicht Statt findet. Wird statt x gesetzt $x + \frac{2h\pi}{2^k}$, wo h eine ganze Zahl ist, so ist:

$$13.\quad \pm(\pm\sin 2^k x)^n$$
$$= C_0\cos\left(x+\frac{2h\pi}{2^k}\right) + C_1\cos 3\left(x+\frac{2h\pi}{2^k}\right) + C_2\cos 5\left(x+\frac{2h\pi}{2^k}\right) + \ldots\ldots$$

Diese Gleichung wird nun auf beiden Seiten mit $2\cos(2m+1)\left(x+\frac{2h\pi}{2^k}\right)$ multiplicirt, und nachdem die Producte zweier Cosinus auf der rechten Seite in einfache Cosinus verwandelt worden sind, erhält man folgende Gleichung:

$$14.\quad \pm(\pm\sin 2^k x)^n.2.\cos(2m+1)\left(x+\frac{2h\pi}{2^k}\right)$$
$$= C_m + \left.\begin{matrix}C_{m+1}\\ +C_{m-1}\end{matrix}\right\}\cos 2\left(x+\frac{2h\pi}{2^k}\right) + \left.\begin{matrix}C_{m+2}\\ +C_{m-2}\end{matrix}\right\}\cos 4\left(x+\frac{2h\pi}{2^k}\right)+\dots.$$

Es sollen nun dem h nach einander alle Werthe von -2^{k-2} bis $+2^{k-2}-1$ gegeben werden: dann erhält man, wenn alle daraus entstehenden Gleichungen addirt werden, vermittelst des gewöhnlichen Summenzeichens Σ,

$$15.\quad \Sigma\pm(\pm\sin 2^k x)^n.2\cos(2m+1)\left(x+\frac{2h\pi}{2^k}\right)$$
$$= \Sigma C_m + \left.\begin{matrix}C_{m+1}\\ +C_{m-1}\end{matrix}\right\}\Sigma\cos 2\left(x+\frac{2h\pi}{2^k}\right) + \left.\begin{matrix}C_{m+2}\\ +C_{m-2}\end{matrix}\right\}\Sigma\cos 4\left(x+\frac{2h\pi}{2^k}\right)+\dots.$$

für alle Werthe des h, von -2^{k-2} bis $+2^{k-2}-1$.

Es ist aber, wenn p eine ganze Zahl ist, für die angegebenen Werthe des h, $\Sigma\cos 2p\left(x+\frac{2h\pi}{2^k}\right)$ im allgemeinen $=0$, ausgenommen wenn p ein Vielfaches von 2^{k-1} ist, z. B. für $p=q.2^{k-1}$, wo auch q eine ganze Zahl ist: dann ist nämlich $\Sigma\cos 2^k q\left(x+\frac{2h\pi}{2^k}\right)=2^{k-1}\cos q.2^k x$. Die Reihe (15.) verwandelt sich also in folgenden Ausdruck:

$$16.\quad \Sigma\pm(\pm\sin 2^k x)^n.2\cos(2m+1)\left(x+\frac{2h\pi}{2^k}\right)$$
$$= 2^{k-1}(C_m + A\cos 2^k x + B\cos 2.2^k x + \dots).$$

Die hier angedeutete Summation in dem anderen Theile der Gleichung ist nun noch wirklich auszuführen, wobei die Bedingungen der Vorzeichen $+$ und $-$ wohl zu beachten sind. Nämlich für verschiedene Werthe des h, und in verschiedenen Grenzen des x, müssen diese andere und andere werden; wir wollen die Gleichung (16.) aber nur innerhalb der Grenzen $x=0$ bis $x=\frac{\pi}{2^k}$ betrachten. Es ist sehr leicht, aus den oben gefundenen Bedingungen der Vorzeichen in der Gleichung (12.) zu ersehen, daſs für einen jeden Werth des h, von $h=-2^{k-2}$ bis $h=+2^{k-2}-1$, innerhalb der Grenzen $x=0$ und $x=\frac{\pi}{2^k}$, die beiden positiven Zeichen Statt haben, daſs also in diesen Grenzen für die Gleichung (16.) zu nehmen ist: $+(+\sin 2^k x)^n$. Dies kann, da es in Beziehung auf die verschiedenen Werthe des h constant ist, vor das Summenzeichen gesetzt werden, so daſs dieser Theil der Gleichung (16.) wird:

$$2(\sin 2^k x)^n \Sigma \cos(2m+1)\left(x+\frac{2h\pi}{2^k}\right)$$
$$=\frac{2\cos m\pi}{\sin\frac{(2m+1)\pi}{2^k}}(\sin 2^k x)^n \cos(2m+1)\left(x-\frac{\pi}{2^k}\right);$$

denn die Summe dieser Reihe von Cosinus, deren Bogen in arithmetischer Progression fortschreiten, wird leicht gefunden. Es ist also aus der Gleichung (16.):

$$17.\qquad \frac{2\cos m\pi}{\sin\frac{(2m+1)\pi}{2^k}}(\sin 2^k x)^n \cos(2m+1)\left(x-\frac{\pi}{2^k}\right)$$
$$=2^{k-1}(C_m+A\cos 2^k x+B\cos 2.2^k x+\ldots.).$$

Wird endlich diese Gleichung mit dx multiplicirt und in den Grenzen von $x=0$ bis $x=\frac{\pi}{2^k}$, in welchen sie gilt, integrirt, so erhält man, weil nun aufser dem ersten Gliede alle übrigen verschwinden, eine Bestimmung des allgemeinen Coefficienten C_m der Reihe (12.), nämlich:

$$C_m=\frac{4\cos m\pi}{\pi\sin\frac{(2m+1)\pi}{2^k}}\int_0^{\frac{\pi}{2^k}}(\sin 2^k x)^n\cos(2m+1)\left(x-\frac{\pi}{2^k}\right)dx,$$

oder, wenn statt x gesetzt wird $\frac{\pi-z}{2^k}$,

$$18.\qquad C_m=\frac{4\cos m\pi}{2^k\pi\sin\frac{(2m+1)\pi}{2^k}}\int_0^{\pi}(\sin z)^n\cos\frac{(2m+1)z}{2^k}.dz.$$

Dieses bestimmte Integral läfst sich, wie später gezeigt werden wird, durch eine bekannte transcendente Function ausdrücken, so dafs wir die Coefficienten C_m als bekannt annehmen können; daher haben wir nun schon, wenn in der Gleichung (12.) x verwandelt wird in $\frac{x}{2^k}$, unendlich viele Entwickelungen von $(\sin x)^n$:

$$19.\qquad \pm(\pm\sin x)^n=C_0\cos\frac{x}{2^k}+C_1\cos\frac{3x}{2^k}+C_2\cos\frac{5x}{2^k}+\ldots.$$

Wenn nämlich für k andere und andere specielle Werthe ganzer Zahlen genommen werden, so gehen daraus eben so viele verschiedene Entwickelungen von $(\sin x)^n$ hervor. Es läfst sich aber sogar zeigen, wie diese Formel wieder nur ein sehr specieller Fall einer weit allgemeinern ist, welche sogar drei willkürliche ganze Zahlen enthält, so dafs jeder andere specielle Werth einer dieser ganzen Zahlen eine andere Entwickelung giebt. Dieses merkwürdige Resultat wird daraus gefolgert, dafs die Summe der Reihe (12.) sich nur in Hinsicht der Vorzeichen ändert, wenn statt x gesetzt wird $x \pm \frac{h\pi}{2^\lambda}$, wo h und λ ganze positive Zahlen sind, und λ nicht gröfser ist, als k. Setzt man also in der Formel (12.) $x + \frac{h\pi}{2^\lambda}$ statt x und $x - \frac{h\pi}{2^\lambda}$ statt x, und addirt diese beiden Gleichungen, so ist:

$$20.\quad 0 \text{ oder } \pm(\pm\sin 2^k x)^n = C_0 \cos\frac{h\pi}{2^\lambda}\cos x + C_1\cos\frac{3h\pi}{2^\lambda}\cos 3x + \ldots$$

Ob die Summe dieser Reihe $= 0$ oder $= \pm(\pm\sin 2^k x)^n$ sei, hängt von den Grenzen ab, in welchen $x \pm \frac{h\pi}{2^\lambda}$ liegt; es ist indessen nicht nöthig, dies genauer zu untersuchen. Die Reihe (20.) kann auch folgendermafsen geschrieben werden:

$$21.\quad 0 \text{ oder } \pm(\pm\sin 2^k x)^n$$
$$= \begin{cases} +\cos\frac{h\pi}{2^\lambda}(C_0\cos x + C_{2\lambda-1}\cos(2.2^\lambda-1)x + C_{2\lambda}\cos(2.2^\lambda+1)x + \ldots \\ +\cos\frac{3h\pi}{2^\lambda}(C_1\cos 3x + C_{2\lambda-2}\cos(2.2^\lambda-3)x + C_{2\lambda+1}\cos(2.2^\lambda+3)x + \ldots \\ \ldots\ldots\ldots\ldots\ldots\ldots \\ +\cos\frac{(2^\lambda-1)h\pi}{2^\lambda}(C_{2^{\lambda-1}-1}\cos(2^\lambda-1)x + C_{2^{\lambda-1}}\cos(2^\lambda+1)x + \ldots, \end{cases}$$

oder, wenn diese Reihen, wie sie auf einander folgen, durch B_0, B_1, B_2, etc. bezeichnet werden:

$$22.\quad 0 \text{ oder } \pm(\pm\sin 2^k x)^n$$
$$= \cos\frac{h\pi}{2^\lambda}B_0 + \cos\frac{3h\pi}{2^\lambda}B_1 + \ldots + \cos\frac{(2^\lambda-1)h\pi}{2^\lambda}B_{2^{\lambda-1}-1}.$$

Jede der durch B bezeichneten Reihen wird sich nachher als eine Entwickelung von $(\sin x)^n$ erweisen. Um deshalb das Gesetz, nach welchem sie gebildet sind, recht deutlich zu erschauen, wollen wir auch Coefficienten C mit negativem Index einführen. Der Ausdruck für diese Coefficienten in der Gleichung (18.) zeigt an, was unter einem solchen Coefficienten mit negativem Index zu verstehen sei. Es ist nämlich, diesem zufolge,

$$23.\quad C_{-m} = C_{m-1};$$

deshalb kann im allgemeinen vermittelst des Summenzeichens die Reihe B_μ folgendermaafsen ausgedrückt werden:

$$24.\quad B_\mu = \sum_{-\infty}^{+\infty}{}_m\, C_{m2^\lambda+\mu}\cos(m2^{\lambda+1} + 2\mu + 1)x.$$

In der Gleichung (22.) sollen nun dem h nach einander alle Werthe 0, 1, 2, ... bis $2^{\lambda-1}-1$ gegeben werden: dann erhält man eine Anzahl

$2^{\lambda-1}$ Gleichungen, aus denen die gleiche Anzahl der unbekannten Gröſsen B_0, B_1, etc. bestimmt werden kann. Es ist übrigens hierbei leicht zu zeigen, daſs diese Gleichungen nicht unter einander identisch sein können, in welchem Falle sich im allgemeinen B_μ aus ihnen nicht würde bestimmen lassen. Da nämlich in allen Gleichungen alle unbekannten Gröſsen vorkommen, so können nur dann identische unter ihnen sein, wenn entweder die eine Gleichung mit einer andern vollkommen gleich, oder ein Vielfaches derselben ist, welches beides, wie leicht zu sehen, hier nicht Statt findet. Es muſs sich also B_μ aus diesen Gleichungen bestimmen lassen. Dies jedoch auf dem gewöhnlichen Wege zu thun, würde zu weitläufig sein. Man findet die allgemeine Auflösung aller dieser Gleichungen, welche in (22.) enthalten sind, sehr leicht, wenn man nur die Form betrachtet, welche das Resultat haben muſs, nämlich

$$25.\quad B_\mu = R(\pm\sin 2^\lambda x)^n,$$

wo R eine Gröſse ist, welche aus den Coefficienten der in (22.) enthaltenen unbekannten B zusammengesetzt ist, und diese sind, wie wir sehen, von n und x vollkommen unabhängig. Nur wegen des Wechsels von 0, $+(\pm\sin 2^\lambda x)^n$ und $-(\pm\sin 2^\lambda x)^n$ kann R innerhalb anderer Grenzen des Bogens x auch andere Werthe erhalten. Diese Änderungen aber hängen nur von dem Incremente des Bogens x, nämlich $\frac{h\pi}{2^\lambda}$ ab; es muſs daher von einem Werthe desselben bis zum andern, also im allgemeinen von $x = \frac{h\pi}{2^\lambda}$ bis $x = \frac{(h+1)\pi}{2^\lambda}$, R durchaus unverändert bleiben. Wird nun in (25.) $n = 0$ gesetzt, so ist, weil R von dieser Gröſse n unabhängig,

$$26.\quad R = B_\mu \text{ (für } n=0).$$

Es folgt nun für $n = 0$ aus (18.)

$$C_m(\text{für } n=0) = \frac{4\cos m\pi}{2^\lambda\pi\sin\frac{(2m+1)\pi}{2^\lambda}}\int_0^\pi \cos\frac{(2m+1)z}{2^\lambda}\,dz.$$

$$C_m\ (\text{für } n=0) = \frac{4\cos m\pi}{\pi(2m+1)}.$$

Also ist nach Gleichung (24.):

$$27.\quad B_\mu(\text{für } n=0) = R = \frac{4\cos\mu\pi}{\pi}\sum_{-\infty}^{+\infty}{}_m \frac{\cos(m2^{\lambda+1}+2\mu+1)x}{m2^{\lambda+1}+2\mu+1}.$$

Es ist nun die Summe dieser doppelt unendlichen Reihe zu suchen, welches dadurch sehr erleichtert wird, daſs wir schon gesehen haben, daſs sie, oder die Quantität R, nur scheinbar von x abhängig sein kann, und innerhalb der einzelnen Grenzen $x=\frac{h\pi}{2^\lambda}$ und $x=\frac{(h+1)\pi}{2^\lambda}$ unverändert sein mufs. Um nämlich diese Reihe in diesen Grenzen zu bestimmen, reicht es hin, dem x den Werth $\frac{2h+1}{2^\lambda}\pi$ zu geben, woraus hervorgeht:

$$28.\quad R=\frac{4\cos\mu\pi.\cos\frac{(2h+1)(2\mu+1)\pi}{2^{\lambda+1}}}{\pi}\sum_{-\infty}^{+\infty}{}_m\frac{\cos m\pi}{m2^{\lambda+1}+2\mu+1},$$

in den Grenzen

$$x=\frac{h\pi}{2^\lambda}\text{ bis }x=\frac{(h+1)\pi}{2^\lambda}.$$

Setzt man für einen Augenblick $\frac{2\mu+1}{2^\lambda}=a$, so ist, wenn dem m alle Werthe von $-\infty$ bis $+\infty$ gegeben werden:

$$R=\frac{4\cos(2h+1)a\pi.\cos\mu\pi}{\pi.2^\lambda}\left\{\frac{1}{a}-\frac{1}{a+1}-\frac{1}{a-1}+\frac{1}{a+2}+\frac{1}{a-2}\dots\right\}.$$

Die Summe der in Klammern stehenden Reihe ist aber bekanntlich $\frac{\pi}{\sin a\pi}$; also, wenn für a sein Werth zurück gesetzt wird:

$$29.\quad R=\frac{4\cos\mu\pi.\cos\frac{(2h+1)(2\mu+1)\pi}{2^{\lambda+1}}}{2^{\lambda+1}\sin\frac{(2\mu+1)\pi}{2^{\lambda+1}}};$$

also nach Gleichung (25.):

$$(\pm\sin 2^k x)^n=\frac{2^{\lambda-1}\cos\mu\pi.\sin\frac{(2\mu+1)\pi}{2^{\lambda+1}}}{\cos\frac{(2h+1)(2\mu+1)\pi}{2^{\lambda+1}}}B_\mu,$$

oder, wenn endlich für B_μ der Ausdruck (24.) gesetzt und x in $\frac{x}{2^k}$ verwandelt wird:

$$30.\quad(\pm\sin x)^n=\frac{2^{\lambda-1}\cos\mu\pi\sin\frac{(2\mu+1)\pi}{2^{\lambda+1}}}{\cos\frac{(2h+1)(2\mu+1)\pi}{2^{\lambda+1}}}\sum_{+\infty}^{-\infty}{}_m C_{m2^\lambda+\mu}\cos\left(\frac{m2^{\lambda+1}+2\mu+1}{2^k}\right)x,$$

in den Grenzen $x=h.2^{k-\lambda}\pi$ bis $x=(h+1)2^{k-\lambda}\pi$.

Die ganzen Zahlen k, λ, μ sind willkürlich, nur mit der Einschränkung, dafs λ nie gröfser als k sein darf, und μ nicht gröfser als $2^{\lambda-1}-1$; denn ein Werth des μ, welcher gröfser wäre, würde zwar kein falsches Resultat geben, aber ein solches, was in denen von $\mu=0$ bis $\mu=2^{\lambda-1}-1$ schon enthalten wäre. Die Reihe (19.) ist, wie schon bei dieser bemerkt wurde, nur ein specieller Fall dieser allgemeinen Formel, welchen man daraus erhält, indem man $\lambda = 1$ und $\mu = 0$ setzt und statt h, $2h$ nimmt. Es wird sich bald zeigen, daſs diese allgemeine Formel nicht etwa leer und inhaltslos ist; denn wir werden verschiedene sehr elegante Reihen aufstellen, welche in ihr enthalten sind: zuvor aber ist es nöthig, den Coefficienten C_m, welcher bereits bei (18.) in Form eines bestimmten Integrales gefunden wurde, durch bekannte Functionen auszudrücken. Dies geschieht durch die Function Π nach Gauſs Bezeichnung. (Man sehe *Commentationes societatis Goettingensis cl. math. Tom. II. a.* 1812, worin die Abhandlung von Gauſs enthalten ist: *Disquisitionis generales circa seriem* $1 + \frac{\alpha.\beta}{1.\gamma}x + \ldots.$) Hier ist die Theorie der Function Π, auf wenigen Seiten vollständig auseinandergesetzt, nachzusehen. Etwas gewöhnlicher scheint die Bezeichnung dieser Function durch Γ zu sein, nach Legendre, welcher fast zu derselben Zeit, wie Gauſs, die Theorie derselben Function in seinen *Exercices de calcul intégral* gegeben, und, so wie auch Gauſs, eine Tafel derselben berechnet hat. Wem übrigens die Function Γ geläufiger ist, als die Function Π: der kann überall diese in jene verwandeln, indem er nur statt $\Pi(z)$ zu setzen hat $\Gamma(z+1)$. Durch diese Function wird folgendes Integral ausgedrückt:

$$31. \quad \int_0^\pi (\sin z)^n \cos rz . dz = \frac{\pi \cos \frac{r\pi}{2} \Pi(n)}{2^n \Pi\left(\frac{n+r}{2}\right) \Pi\left(\frac{n-r}{2}\right)},$$

wo r und n beliebige Zahlen sind. Da, wie ich glaube, dieses bestimmte Integral nicht unbekannt ist, so will ich mich mit Herleitung desselben, welche vermittelst der von Gauſs gefundenen Resultate leicht ausgeführt wird, nicht aufhalten. Wird $r = \frac{2m+1}{2^k}$ gesetzt, so erhält man nach der Gleichung (18.):

$$32. \quad C_m = \frac{\cos m\pi \, \Pi(n)}{2^{n+k-1} \pi . \sin\left(\frac{2m+1}{2^{k+1}}\right) \pi \, \Pi\left(\frac{n2^k + 2m + 1}{2^{k+1}}\right) \Pi\left(\frac{n2^k - 2m - 1}{2^{k+1}}\right)}.$$

Dieser Ausdruck des Coefficienten könnte nun in den Formeln substituirt werden; jedoch der Kürze wegen wollen wir die Bezeichnung durch C beibehalten.

Wenn man in der Gleichung (30.) x in $x - \frac{\pi}{2}$, und $x + \frac{\pi}{2}$ verwandelt, und addirt und subtrahirt, so erhält man, bei gehöriger Beachtung der angegebenen Grenzen:

33. $(\pm\cos x)^n$

$$=\frac{2^{\lambda-1}\cos\mu\pi\sin\frac{(2\mu+1)\pi}{2^{\lambda+1}}}{\cos\frac{(2h+1)(2\mu+1)\pi}{2^{\lambda+1}}}\sum_{-\infty}^{+\infty}{}_m\, C_{m2^\lambda+\mu}\cos\left(\frac{m2^{\lambda+1}+2\mu+1}{2^{k+1}}\right)\pi\cos\left(\frac{m2^{\lambda+1}+2\mu+1}{2^k}\right)x;$$

34. $$0=\sum_{+\infty}^{+\infty}{}_m\, C_{m2^\lambda+\mu}\sin\left(\frac{m2^{\lambda+1}+2\mu+1}{2^{k+1}}\right)\pi\sin\left(\frac{m2^{\lambda+1}+2\mu+1}{2^k}\right)x;$$

in den Grenzen $x=[h2^{k-\lambda}+\frac{1}{2}]\pi$ bis $x=[(h+1)2^{k-\lambda}-\frac{1}{2}]\pi$;

35. $(\pm\cos x)^n$

$$=\frac{2^{\lambda-1}\cos\mu\pi\,\text{tang}\,\frac{(2\mu+1)\pi}{2^{\lambda+1}}}{\cos\frac{h(2\mu+1)\pi}{2^\lambda}}\sum_{-\infty}^{+\infty}{}_m\, C_{m2^\lambda+\mu}\cos\left(\frac{m2^{\lambda+1}+2\mu+1}{2^{k+1}}\right)\pi\cos\left(\frac{m2^{\lambda+1}+2\mu+1}{2^k}\right)x;$$

36. $(\pm\cos x)^n$

$$=\frac{2^{\lambda-1}\cos\mu\pi}{\sin\frac{h(2\mu+1)\pi}{2^\lambda}}\sum_{-\infty}^{+\infty}{}_m\, C_{m2^\lambda+\mu}\sin\left(\frac{m2^{\lambda+1}+2\mu+1}{2^{k+1}}\right)\pi\cos\left(\frac{m2^{\lambda+1}+2\mu+1}{2^k}\right)x;$$

in den Grenzen $x=(h2^{k-\lambda}-\frac{1}{2})\pi$ bis $x=(h2^{k-\lambda}+\frac{1}{2})\pi$.

Die merkwürdigsten speciellen Fälle dieser Reihen sind nun folgende.

Wenn $\lambda=k$, und wenn $\frac{2\mu+1}{2^{k+1}}=\alpha$ gesetzt wird, so erhält man, nach einigen leichten Reductionen:

37. $$(\pm\cos x)^n=\frac{\Pi(n)}{2^n\cos 2h\alpha\pi}\sum_{-\infty}^{+\infty}{}_m\frac{\cos(2\alpha+2m)x}{\Pi\left(\frac{n}{2}+\alpha+m\right)\Pi\left(\frac{n}{2}-\alpha-m\right)};$$

38. $$(\pm\cos x)^n=\frac{\Pi(n)}{2^n\sin 2h\alpha\pi}\sum_{-\infty}^{+\infty}{}_m\frac{\sin(2\alpha+2m)x}{\Pi\left(\frac{n}{2}+\alpha+m\right)\Pi\left(\frac{n}{2}-\alpha-m\right)};$$

in den Grenzen $x=(h-\frac{1}{2})\pi$ bis $x=(h+\frac{1}{2})\pi$;

39. $$(\pm\sin x)^n=\frac{\Pi(n)}{2^n\cos(2h+1)\alpha\pi}\sum_{-\infty}^{+\infty}{}_m\frac{\cos m\pi\cos(2\alpha+2m)x}{\Pi\left(\frac{n}{2}+\alpha+m\right)\Pi\left(\frac{n}{2}-\alpha-m\right)};$$

40. $$(\pm\sin x)^n=\frac{\Pi(n)}{2^n\sin(2h+1)\alpha\pi}\sum_{-\infty}^{+\infty}{}_m\frac{\cos m\pi\sin(2\alpha+2m)x}{\Pi\left(\frac{n}{2}+\alpha+m\right)\Pi\left(\frac{n}{2}-\alpha-m\right)};$$

in den Grenzen $x=h\pi$ bis $x=(h+1)\pi$.

Es ist leicht, zu zeigen, dafs in diesen Formeln die Gröfse α vollkommen beliebig ist. Dieselbe müfste nämlich eigentlich von der Form $\frac{2\mu+1}{2^{k+1}}$ sein, wo μ und k ganze Zahlen sind; da jedoch weder k noch μ

16 *

in diesen Formeln mehr vorkommt, so kann man beide unendlich grofs annehmen, so dafs $\alpha = \frac{\infty}{\infty}$ wird, welches jeden beliebigen Werth haben kann. Oder man kann dadurch, dafs man dem μ und k sehr grofse Werthe giebt, allemal eine Zahl finden, welche sich von einer gegebenen, wenn auch irrationalen Zahl α, um so wenig unterscheidet, als man will. Diese Reihen haben auch die Eigenschaft, dafs sich die Transcendente Π als gemeinschaftlicher Factor aller Glieder heraushehen läfst; so kann z. B. die Reihe (37.) auf folgende Weise geschrieben werden:

$$41. \quad (\pm\cos x)^n$$

$$= P.\left\{\cos 2\alpha x \begin{array}{l} + \frac{n-2\alpha}{n+2\alpha+2}\cos(2\alpha+2)x + \frac{(n-2\alpha)(n-2\alpha-2)}{(n+2\alpha+2)(n+2\alpha+4)}\cos(2\alpha+4)x + \ldots \\ + \frac{n+2\alpha}{n-2\alpha+2}\cos(2\alpha-2)x + \frac{(n+2\alpha)(n+2\alpha+2)}{(n-2\alpha+2)(n-2\alpha+4)}\cos(2\alpha-4)x + \ldots \end{array}\right\},$$

wo der Kürze wegen gesetzt ist:

$$P = \frac{\Pi(n)}{2^n \cos 2h\alpha\pi\, \Pi\left(\frac{n}{2}+\alpha\right)\Pi\left(\frac{n}{2}-\alpha\right)}.$$

Diese Reihen umfassen nun wieder besonders zwei wesentlich von einander verschiedene Arten, nämlich erstens die bekannten, schon von Euler gefundenen Reihen, deren Grenzen aber erst in neuerer Zeit berichtigt worden sind. Für $\alpha = \frac{n}{2}$ hebt sich nämlich die Transcendente Π ganz hinweg und man erhält:

$$42. \quad (\pm\cos x)^n = \frac{1}{2^n \cos hn\pi}\left\{\cos nx + \frac{n}{1}\cos(n-2)x + \frac{n(n-1)}{1.2}\cos(n-4)x + \ldots\right\},$$

$$43. \quad (\pm\cos x)^n = \frac{1}{2^n \sin hn\pi}\left\{\sin nx + \frac{n}{1}\sin(n-2)x + \frac{n(n-1)}{1.2}\sin(n-4)x + \ldots\right\},$$

in den Grenzen $x = (h-\frac{1}{2})\pi$ bis $x = (h+\frac{1}{2})\pi$;

$$44. \quad (\pm\sin x)^n = \frac{1}{2^n \cos\frac{(2h+1)n\pi}{2}}\left\{\cos nx - \frac{n}{1}\cos(n-2)x + \frac{n(n-1)}{1.2}\cos(n-4)x - \ldots\right\},$$

$$45. \quad (\pm\sin x)^n = \frac{1}{2^n \sin\frac{(2h+1)n\pi}{2}}\left\{\sin nx - \frac{n}{1}\sin(n-2)x + \frac{n(n-1)}{1.2}\sin(n-4)x - \ldots\right\},$$

in den Grenzen $x = h\pi$ bis $x = (h+1)\pi$.

Die andere Art einfacher Entwickelungen wird aus den Formeln (37.) bis (40.) hergeleitet, indem in (37.) und (39.) gesetzt wird $\alpha = 0$, und in (37.) und (40.) $\alpha = \frac{1}{2}$. Für diese Werthe ist:

46. $$(\pm\cos x)^n = \frac{\Pi(n)}{2^n\left(\Pi\frac{n}{2}\right)^2}\left\{1+\frac{2n}{n+2}\cos 2x+\frac{2n(n-2)}{(n+2)(n+4)}\cos 4x+\ldots\right\},$$

47. $$(\pm\sin x)^n = \frac{\Pi(n)}{2^n\left(\Pi\frac{n}{2}\right)^2}\left\{1-\frac{2n}{n+2}\cos 2x+\frac{2n(n-2)}{(n+2)(n+4)}\cos 4x-\ldots\right\},$$

48. $$(\pm\cos x)^n = \frac{\cos h\pi\,\Pi(n+1)}{2^n\left(\Pi\frac{n+1}{2}\right)^2}\left\{\cos x+\frac{n-1}{n+3}\cos 3x+\frac{(n-1)(n-3)}{(n+3)(n+5)}\cos 5x+\ldots\right\},$$

49. $$(\pm\sin x)^n = \frac{\cos h\pi\,\Pi(n+1)}{2^n\left(\Pi\frac{n+1}{2}\right)^2}\left\{\sin x-\frac{n-1}{n+3}\sin 3x+\frac{(n-1)(n-3)}{(n+3)(n+5)}\sin 5x-\ldots\right\}.$$

Dies sind die obigen Reihen (5.), (6.), (7.) und (8.), deren Coefficienten also auf diese Weise bestimmt sind. Zuerst ist auf die Reihe (46.) Crelle gekommen (man sehe dessen „Theorie der analytischen Facultäten, pag. 366") durch Addition der Quadrate (42.) und (43.); die Coefficienten gingen so in Form unendlicher Reihen hervor. Nachher hat Poisson beide Reihen aus einer Differenzial-Gleichung hergeleitet, jedoch die transcendenten Factoren nur durch bestimmte Integrale ausgedrückt. (Man sehe Ferussac *Bulletin etc.* Tom. IV. pag. 344 etc.)

Als Beispiele sehr einfacher Reihen, welche wieder in diesen enthalten sind, nehme man $n=0$, 1, 2, 3 in den Reihen (46.) und (48.).

50. $$\pm\frac{\pi}{4} = \cos x-\frac{1}{3}\cos 3x+\frac{1}{5}\cos 5x-\frac{1}{7}\cos 7x+\ldots$$

51. $$\cos x = \pm\frac{4}{\pi}\left\{\frac{1}{2}+\frac{\cos 2x}{1.3}-\frac{\cos 4x}{3.5}+\frac{\cos 6x}{5.7}-\frac{\cos 8x}{7.9}+\ldots\right\},$$

52. $$\cos x^2 = \pm\frac{8}{\pi}\left\{\frac{\cos x}{1.1.3}+\frac{\cos 3x}{1.3.5}-\frac{\cos 5x}{3.5.7}+\frac{\cos 7x}{5.7.9}+\ldots\right\},$$

53. $$\cos x^3 = \pm\frac{12}{\pi}\left\{\frac{1}{3.1.1.3}+\frac{2\cos 2x}{1.1.3.5}+\frac{2\cos 4x}{1.3.5.7}-\frac{2\cos 6x}{3.5.7.9}+\ldots\right\},$$

Die beiden ersten von diesen finden sich in der *Theorie de la chaleur* von Fourier, wo sie auf eine höchst merkwürdige Weise hergeleitet sind.

Wenn in den Formeln (47.) bis (50.) n eine ganze Zahl ist, so verschwindet allemal die Transcendente Π. So erhält man z. B. für $n=1$ Entwickelungen der einfachen Sinus und Cosinus, welche nach Sinus und Cosinus der vielfachen Bogen geordnet sind. Ich will von diesen nur eine herschreiben, nämlich:

54. $$\cos x = \frac{-2\cos h\pi.\cos a\pi}{\cos 2ha\pi}\sum_{-\infty}^{+\infty}{}_m\frac{\cos m\pi\cos(2a+2m)x}{(2a+2m+1)(2a+2m-1)},$$

in den Grenzen $x=(h-\frac{1}{2})\pi$ bis $x=(h+\frac{1}{2})\pi$.

Dies giebt wieder, z. B. für $\alpha = \frac{1}{4}$, folgende Reihe:

$$55.\quad \cos x = \frac{8\cos h\pi \cos\frac{\pi}{2}}{\pi\cos\frac{h\pi}{2}}\left\{\frac{\cos\frac{x}{2}}{1.2}+\frac{\cos\frac{3x}{2}}{1.5}+\frac{\cos\frac{5x}{2}}{3.7}-\frac{\cos\frac{7x}{2}}{5.9}-\ldots\right\}.$$

Es ist leicht, aus den aufgestellten allgemeinen Formeln eine unendliche Menge ähnlicher einfacher Reihen zu ziehen, welches jetzt nicht in unserem Zwecke liegt. Daſs übrigens alle diese Reihen, welche in den allgemeinen Formeln enthalten sind, für jedes positive n convergiren, erhellt aus den zwei Aufsätzen in diesem Journal, welche Dirichlet und Dirksen über die Convergenz der trigonometrischen Reihen geliefert haben.

Sorau, im August 1832.

Über die hypergeometrische Reihe

$$1+\frac{\alpha\cdot\beta}{1\cdot\gamma}x+\frac{\alpha(\alpha+1)\beta(\beta+1)}{1\cdot 2\cdot\gamma(\gamma+1)}x^2+\frac{\alpha(\alpha+1)(\alpha+2)\beta(\beta+1)(\beta+2)}{1\cdot 2\cdot 3\cdot\gamma(\gamma+1)(\gamma+2)}x^3+\dots$$

Journal für die reine und angewandte Mathematik 15, 39–83, 127–172 (1836)

Die hypergeometrische Reihe, welche den Gegenstand dieser Abhandlung ausmachen soll, hat schon längst die Aufmerksamkeit der Mathematiker auf sich gezogen, theils weil sie eine sehr grofse Anzahl von Reihen-Entwickelungen bekannter Functionen in sich vereinigt, theils auch weil durch diese Reihe eine besondere Classe lineärer Differenzialgleichungen der zweiten Ordnung integrirt werden kann. Zuerst hat Euler in den *Actis Academiae Petrop.* zwei allgemeine Umformungen dieser Reihe gefunden, von der Art, dafs die umgeformte Reihe wieder eine hypergeometrische Reihe derselben Gattung ist, und diese Umformungen sind alsdann von Pfaff, Jacobi und Gudermann auf verschiedene Weisen hergeleitet und bewiesen worden. Aufserdem hat Gaufs in den *Comment. Soc. Gotting. Tom. II. a.* 1812, Untersuchungen über diese Reihe bekannt gemacht. Es ist bekannt, wie diese Abhandlung in der inhaltreichsten Kürze nicht nur viele Grundeigenschaften dieser hypergeometrischen Reihe, sondern auch die durchaus vollständigen Theorien zweier mit derselben in enger Verbindung stehender Transcendenten, und Anwendungen derselben auf Kettenbrüche und bestimmte Integrale enthält. Es ist aber diese Abhandlung nur der erste Theil einer gröfseren Abhandlung, welche jedoch nicht öffentlich erschienen ist, und namentlich fehlt noch die Vergleichung solcher hypergeometrischer Reihen unter einander, in welchen das letzte Element x verschieden ist. Dies wird daher ein Hauptgegenstand der gegenwärtigen Abhandlung sein; die zahlreichen Anwendungen der gefundenen Formeln werden alsdann vorzugsweise die elliptischen Transcendenten betreffen, von denen ein grofser Theil in der allgemeinen Reihe enthalten ist. Die Resultate der genannten Abhandlung von Gaufs, werden hier, wo es nöthig sein wird, als bekannt vorausgesetzt werden, so wie wir auch die von Gaufs eingeführten Bezeichnungen beibehalten wollen.

Abschnitt I.

Allgemeine Methode um Transcendenten unter einander zu vergleichen, welche als particuläre Integrale lineärer Differenzialgleichungen der zweiten Ordnung angesehen werden können.

§. 1.

Es seien $\varphi(x)$ und $\varphi_1(x)$ zwei Functionen von x, von der Art, dafs $y=\varphi(x)$ und $y=\varphi_1(x)$ zwei particuläre Integrale folgender lineären Differenzialgleichung sind:

$$1.\qquad \frac{d^2y}{dx^2}+p\frac{dy}{dx}+qy=0,$$

in welcher p und q Functionen von x bezeichnen. Eben so seien $\psi(z)$ und $\psi_1(z)$ zwei Functionen von z, von der Art, dafs $v=\psi(z)$ und $v=\psi_1(z)$ zwei particuläre Integrale der Gleichung

$$2.\qquad \frac{d^2v}{dz^2}+P\frac{dv}{dz}+Qv=0$$

sind, in welcher P und Q Functionen von z bezeichnen. Das vollständige Integral der Gleichung (1.) ist sodann

$$3.\qquad y=A\varphi(x)+B\varphi_1(x),$$

und eben so das vollständige Integral der Gleichung (2.)

$$4.\qquad v=A'\psi(z)+B'\psi_1(z),$$

wo A, B, A' und B' beliebige Constanten sind. Nur dann, wenn die angenommenen Functionen von der Art sind, dafs $\varphi(x)=\text{const.}\,\varphi_1(x)$, oder dafs $\psi(z)=\text{const.}\,\psi_1(z)$, werden die Gleichungen (3.) und (4.) nicht mehr die vollständigen, sondern nur particuläre Integrale der Differenzialgleichungen (1.) und (2.) sein.

Um nun unter den vier Functionen φ, φ_1, ψ und ψ_1, welche wir als die mit einander zu vergleichenden Transcendenten betrachten, einfache Relationen zu finden, soll jetzt z als Function von x betrachtet und die Bedingung gesetzt werden, dafs

$$y=w.v$$

der Differenzialgleichung (1.) genüge, wo w eine noch zu bestimmende Function von x ist, y und v aber durch die Gleichungen (1.) und (2.) bestimmt sind. Wenn man nämlich z und w als Functionen von x wirklich so bestimmt hat, dafs $y=w.v$ der Differenzialgleichung (1.) genügt, so ist nach Gleichung (3.) und (4.) sowohl $y = A\varphi(x) + B\varphi_1(x)$, als auch $y = A'w\psi(z) + B'w\psi_1(z)$, das vollständige Integral der Gleichung (1.). Die willkürlichen Constanten des vollständigen Integrales in der einen Form müssen sich aber immer so bestimmen lassen, daſs dieses dem vollständigen Integrale in der andern Form gleich werde; man hat also dann die Gleichung

$$5. \quad A\varphi(x) + B\varphi_1(x) = A'w\psi(z) + B'w\psi_1(z),$$

in welcher entweder A und B beliebig, und A' und B' danach zu bestimmen sind, oder umgekehrt A' und B' beliebig, und A und B nach diesen zu bestimmen. In dieser Gleichung sind nun folgende vier einfachere enthalten

$$6. \quad \begin{cases} \varphi(x) = a\,w\psi(z) + b\,w\psi_1(z), \\ \varphi_1(x) = a'w\psi(z) + b'w\psi_1(z), \\ w\psi(z) = a''\varphi(x) + b''\varphi_1(x), \\ w\psi_1(z) = a'''\varphi(x) + b'''\varphi_1(x). \end{cases}$$

Setzt man nämlich in der Gleichung (5.) $A = 1$, $B = 0$, wodurch $A' = a$ und $B' = b$ werde, so erhält man die erste der hier angegebenen Gleichungen; und eben so, indem man eine andere der Constanten A, B, A' und B', gleich 0 setzt, erhält man die anderen drei Gleichungen. Von dieser Form werden also die zu findenden Relationen der Functionen φ, φ_1, ψ und ψ_1 sein.

Von einer anderen Seite betrachtet: wenn man z und w als Functionen von x so bestimmen kann, daſs $y = w.v$ der Differenzialgleichung (1.) genügt, so wird man nun vier particuläre Integrale dieser einen Gleichung haben, nämlich $y = \varphi(x)$, $y = \varphi_1(x)$, $y = w\psi(z)$, und $y = w\psi_1(z)$, und aus den Gleichungen bei (6.) geht hervor, daſs zwischen je dreien derselben, welche durch $y_{,}$, $y_{,,}$, $y_{,,,}$, bezeichnet werden mögen, stets eine Bedingungsgleichung von der Form

$$7. \quad y_{,} = a y_{,,} + b y_{,,,}$$

statt haben muſs, wo a und b Constanten sind, deren Werthe nach den particulären Integralen $y_{,}$, $y_{,,}$, $y_{,,,}$ bestimmt werden müssen. Diese Bedingungsgleichung unter drei particulären Integralen ist auch leicht aus der Form der Differenzialgleichung (1.) zu erkennen. Wenn man ferner die Functionen z und w auf mehrere Arten so bestimmen kann, daſs $y = w.v$ der Differenzialgleichung (1.) genügt, so wird man nicht nur vier particuläre Integrale der Gleichung (1.) haben, sondern eine gröſsere Anzahl, und auch unter je dreien von diesen mufs nothwendig eine Bedingungsgleichung von der Form $y_{,}=ay_{,,}+by_{,,,}$ statt haben.

§. 2.

Es sollen nun die Quantitäten z und w als Functionen von x wirklich so bestimmt werden, dafs $y=w.v$ der Differenzialgleichung (1.) genüge. Indem man differenziirt, und dx als constant betrachtet, erhält man:

$$y=w.v,$$
$$\frac{dy}{dx}=\frac{dw}{dx}v+w\frac{dv}{dz}.\frac{dz}{dx},$$
$$\frac{d^2y}{dx^2}=\frac{d^2w}{dx^2}v+2\frac{dw}{dx}.\frac{dv}{dz}.\frac{dz}{dx}+w\frac{dv}{dz}.\frac{d^2z}{dx^2}+w\frac{d^2v}{dz^2}.\frac{dz^2}{dx^2}.$$

Werden diese Werthe von y, $\frac{dy}{dx}$, $\frac{d^2y}{dx^2}$ in der Gleichung (1.) substituirt, so erhält man

$$8.\quad w\frac{dz^2}{dx^2}.\frac{d^2v}{dz^2}+\left(2\frac{dw}{dx}.\frac{dz}{dx}+w\frac{d^2z}{dx^2}+pw\frac{dz}{dx}\right)\frac{dv}{dz}+\left(\frac{d^2w}{dx^2}+p\frac{dw}{dx}+qw\right)v=0.$$

Diese Gleichung, welche in Bezug auf v ebenfalls eine lineäre Differenzialgleichung der zweiten Ordnung ist, mufs nun mit der Gleichung (2.) identisch sein. Multiplicirt man nun die Gleichung (2.) mit $w\frac{dz^2}{dx^2}$, so ist

$$w\frac{dz^2}{dx^2}.\frac{d^2v}{dz^2}+w\frac{dz^2}{dx^2}P\frac{dv}{dz}+w\frac{dz^2}{dx^2}Qv=0,$$

und diese wird mit Gleichung (8.) identisch gemacht, indem die Coefficienten von v und $\frac{dv}{dz}$ in beiden gleich gesetzt werden. Dies giebt folgende zwei Bedingungsgleichungen für z und w:

$$9.\quad 2\frac{dw}{dx}.\frac{dz}{dx}+w\frac{d^2z}{dx^2}+pw\frac{dz}{dx}=Pw\frac{dz^2}{dx^2},$$
$$10.\quad \frac{d^2w}{dx^2}+p\frac{dw}{dx}+qw=w\frac{dz^2}{dx^2}Q,$$

und wenn diese beiden Gleichungen erfüllt sind, so ist $y=w.v$ ein richtiges Integral der Gleichung (1.).

Die erste dieser beiden Gleichungen läfst sich leicht integriren. Dividirt man dieselbe nämlich durch $w\frac{dz}{dx}$, so erhält man:

$$2\frac{dw}{w}+\frac{d^2z}{dz}+pdx-Pdz=0:$$

eine Gleichung, in welcher die drei Variabeln x, z und w getrennt sind. Die Integration giebt daher

$$2lw+l\frac{dz}{dx}+\int p\,dx-\int P\,dz = lc,$$

oder wenn von den Logarithmen zu den Zahlen übergegangen wird:

$$11.\qquad w^2 = c.e^{\int Pdz-\int pdx}.\frac{dx}{dz}.$$

Hätte man nun z als Function von x gefunden, so dürfte man nur den Werth desselben in dieser Gleichung substituiren, um sogleich auch die Quantität w zu haben, welche künftig der Multiplicator genannt werden soll. Um aber z als Function von x allein zu haben, muſs man aus den Gleichungen (9.) und (10.) w, $\frac{dw}{dx}$ und $\frac{d^2w}{dx^2}$ eliminiren. Diese Elimination, welche auſser einiger Weitläuftigkeit keine Schwierigkeiten hat, nach der gewöhnlichen Methode ausgeführt, giebt folgende Differenzialgleichung der dritten Ordnung:

$$12.\qquad 2\frac{d^3z}{dz\,dx^2}-3\left(\frac{d^2z}{dz\,dx}\right)^2-\left(2\frac{dP}{dz}+P^2-4Q\right)\frac{dz^2}{dx^2}+2\frac{dp}{dx}+p^2-4q = 0.$$

Wenn also z als Function von x durch diese Gleichung (12.) bestimmt ist, und wenn sodann der Multiplicator w durch die Gleichung (11.) gefunden ist, so haben, wie gezeigt worden ist, unter den Functionen $\varphi(x)$, $\varphi_1(x)$, $\psi(z)$ und $\psi_1(z)$ (den particulären Integralen der Gleichungen (1.) und (2.)) die Bedingungsgleichungen statt, welche bei (5.) und (6.) angegeben sind. Die einzige Schwierigkeit liegt also nur noch darin, mit Hilfe der Gleichung (12.) z als Function von x zu bestimmen, oder diese Gleichung zu integriren.

§. 3.

Wenn man nun aber überhaupt Transcendenten unter einander vergleicht, so sucht man nur algebraische Relationen derselben, oder man untersucht, wie man einer transcendenten Gleichung durch eine algebraische Gleichung genügen kann. Für den gegenwärtigen Fall also, wo die Transcendenten der Gleichung (5.)

$$A\varphi(x)+B\varphi_1(x) = A'w\psi(z)+B'w\psi_1(z)$$

mit einander verglichen werden sollen, muſs man nach der Natur der vorliegenden Aufgabe untersuchen, durch welche algebraische Gleichung zwischen z und x diese transcendente Gleichung erfüllt wird. Es handelt sich also darum, algebraische particuläre Integrale der Differenzialgleichung (12.) zu finden, und jeder algebraischen Gleichung, welche aus

6*

derselben hergeleitet werden kann, wird alsdann eine transcendente Gleichung von der Form der Gleichung (5.) entsprechen.

Die Aufgabe, alle particulären algebraischen Integrale einer gegebenen Differenzialgleichung zu finden, gehört unstreitig zu den schwierigsten, welche in neuerer Zeit aufgestellt worden sind; und besonders für die Differenzialgleichungen höherer Ordnungen, wie es die Gleichung (12.) ist, scheint die Lösung dieser Aufgabe im allgemeinen bis jetzt noch unausführbar zu sein. In dem Falle aber, für welchen wir diese allgemeine Methode gefunden haben, und auf welchen sie in dem Folgenden angewendet werden soll, wird sich zeigen, daß bei einer einfachen Voraussetzung alle algebraischen Integrale dieser Gleichung sich auf eine sehr leichte Weise ergeben.

Das vollständige Integral der Gleichung (12.), welches durch die Transcendenten $\varphi(x)$, $\varphi_1(x)$, $\psi(z)$, $\psi_1(z)$ ausgedrückt werden kann, hat zwar für den gegenwärtigen Zweck keinen besonderen Nutzen; da es jedoch sich aus dem Bisherigen sehr leicht ergiebt, und in anderer Beziehung von Wichtigkeit ist, so mag es hier einen Platz finden.

Die Gleichung (5.)

$$A\varphi(x) + B\varphi_1(x) = w(A'\psi(z) + B'\psi_1(z))$$

ist nämlich in der That schon ein vollständiges zweites Integral der Gleichung (12.), welches zwei beliebige Constanten, und nur noch den ersten Differenzialquotienten $\frac{dz}{dx}$, in der Quantität w, enthält. Wird nämlich diese Gleichung zum Quadrate erhoben, und für w^2 sein Werth aus der Gleichung (11.) gesetzt, so geht dieselbe in folgende über:

$$\frac{c \cdot e^{-\int p\, dx} \cdot dx}{(A\varphi(x) + B\varphi_1(x))^2} = \frac{e^{-\int P\, dz} \cdot dz}{(A'\psi(z) + B'\psi_1(z))^2}.$$

Durch nochmalige Integration dieser Gleichung, in welcher die Veränderlichen z und x getrennt sind, würde man das vollständige letzte Integral der Differenzialgleichung (12.) erhalten. Man erhält dieses Integral aber leichter, und in der einfachsten Form, auf folgende Weise. Wenn C und D zwei beliebige andere Constanten bezeichnen, als A und B in der Gleichung (5.), so hat man ebenfalls:

$$C\varphi(x) + D\varphi_1(x) = w(C'\psi(z) + D'\psi_1(z)),$$

und wenn man diese und die Gleichung (5.) durch einander dividirt, wodurch die Quantität w und das in derselben enthaltene $\frac{dz}{dx}$ eliminirt wird, so erhält man

$$\frac{A\varphi(x)+B\varphi_1(x)}{C\varphi(x)+D\varphi_1(x)}=\frac{A'\psi(z)+B'\psi_1(z)}{C'\psi(z)+D'\psi_1(z)},$$

als vollständiges Integral der Gleichung (12.), welches auch unter folgende bequemere Form gebracht werden kann:

$$13.\quad A\varphi(x)\psi(z)+B\varphi(x)\psi_1(z)+C\varphi_1(x)\psi(z)+D\varphi_1(x)\psi_1(z)=0.$$

Anmerkung. In einer Abhandlung zu dem Osterprogramm 1834 des Gymnasiums zu Liegnitz: *De generali quadam aequatione differentiali tertii ordinis,* habe ich die in diesem Abschnitte enthaltene Methode von einer etwas anderen Seite dargestellt. Ich gehe daselbst von der Differentialgleichung

$$2\frac{d^3z}{dz\,dx^2}-3\left(\frac{d^2z}{dz\,dx}\right)^2-Z\frac{dz^2}{dx^2}+X=0$$

aus, in welcher X und Z beliebige Functionen, respective von x und z sind, und ich zeige, wie die vollständige Integration dieser Gleichung auf die Integration zweier lineärer Differenzialgleichungen der zweiten Ordnung, von der Form der Gleichungen (1.) und (2.), reducirt wird.

Abschnitt II.

Anwendung der allgemeinen Methode auf die hypergeometrischen Reihen. Allgemeine Umformungen derselben; welche Statt haben, indem die drei Elemente α, β und γ beliebig sind.

§. 4.

Zu den Transcendenten, welche als particuläre Integrale lineärer Differenzialgleichungen der zweiten Ordnung angesehen werden können, gehört auch die bekannte hypergeometrische Reihe

$$1+\frac{\alpha.\beta}{1.\gamma}x+\frac{\alpha(\alpha+1)\beta(\beta+1)}{1.2.(\gamma+1)}x^2+\dots.$$

Dieselbe ist von den vier Elementen α, β, γ und x abhängig, und wird als Function derselben passend durch $F(\alpha,\beta,\gamma,x)$ bezeichnet, so daſs

$$F(\alpha,\beta,\gamma,x)=1+\frac{\alpha.\beta}{1.\gamma}x+\frac{\alpha(\alpha+1)\beta(\beta+1)}{1.2.\gamma(\gamma+1)}x^2+\dots.$$

Diese Reihe, oder die Function $F(\alpha,\beta,\gamma,x)$, welche wir durch diese Reihe definiren, soll nun den Gegenstand der folgenden Untersuchungen ausmachen, und zwar soll zunächst diese Function $F(\alpha,\beta,\gamma,x)$ nicht mit Transcendenten anderer Gattungen verglichen werden, sondern es sollen einfache Gleichungen gesucht werden, welche unter verschiedenen Functionen derselben Gattung statt haben.

Es werde nun für die allgemeine Gleichung (1.) des vorigen Abschnittes folgende specielle Gleichung angenommen:

$$1.\quad \frac{d^2y}{dx^2}+\frac{\gamma-(\alpha+\beta+1)x}{x(1-x)}\cdot\frac{dy}{dx}-\frac{\alpha.\beta.y}{x(1-x)}=0,$$

welcher $y=F(\alpha,\beta,\gamma,x)$ als particuläres Integral genügt. Da ferner nur Relationen der hypergeometrischen Reihen unter einander gesucht werden, so mufs für die Gleichung (2.) des vorigen Abschnittes eine Gleichung von derselben Form angenommen werden. Es sei also

$$2.\quad \frac{d^2v}{dz^2}+\frac{\gamma'-(\alpha'+\beta'+1)z}{z(1-z)}\cdot\frac{dv}{dz}-\frac{\alpha'.\beta'.v}{z(1-z)}=0,$$

welcher das particuläre Integral $v=F(\alpha',\beta',\gamma',z)$ genügt. Diese beiden Gleichungen, mit den entsprechenden Gleichungen (1.) und (2.) des vorigen Abschnittes verglichen, geben

$$p=\frac{\gamma-(\alpha+\beta+1)x}{x(1-x)},\qquad q=\frac{-\alpha.\beta}{x(1-x)},$$

$$P=\frac{\gamma'-(\alpha'+\beta'+1)z}{z(1-z)},\qquad Q=\frac{-\alpha'.\beta'}{z(1-z)}.$$

Hieraus folgt zunächst

$$e^{\int pdx}=x^{\gamma}(1-x)^{-\gamma+\alpha+\beta+1},\qquad e^{\int Pdz}=z^{\gamma'}(1-z)^{-\gamma'+\alpha'+\beta'+1}.$$

Wird dies in der Gleichung (11.) des vorigen Abschnittes substituirt, so erhält man für den Ausdruck des Multiplicators w:

$$3.\quad w^2=c.x^{-\gamma}(1-x)^{\gamma-\alpha-\beta-1}z^{\gamma'}(1-z)^{-\gamma'+\alpha'+\beta'+1}\frac{dx}{dz}.$$

Ferner ist nach den angenommenen Werthen von p, P, q, Q:

$$2\frac{dp}{dx}+p^2-4q=\frac{((\alpha-\beta)^2-1)x^2+(4\alpha\beta-2\gamma(\alpha+\beta-1))x+\gamma(\gamma-2)}{x^2(1-x)^2},$$

$$2\frac{dP}{dz}+P^2-4Q=\frac{((\alpha'-\beta')^2-1)z^2+(4\alpha'\beta'-2\gamma'(\alpha'+\beta'-1))z+\gamma'(\gamma'-2)}{z^2(1-z)^2},$$

und wenn diese Ausdrücke in der Gleichung (12.) des vorigen Abschnittes substituirt werden, so erhält man daraus die Gleichung

$$4.\quad 2\frac{d^3z}{dzdx^2}-3\left(\frac{d^2z}{dzdx}\right)^2-\frac{A'z^2+B'z+C'}{z^2(1-z)^2}\cdot\frac{dz^2}{dx^2}+\frac{Ax^2+Bx+C}{x^2(1-x)^2}=0,$$

wo der Kürze wegen gesetzt ist:

$$A=(\alpha-\beta)^2-1,\qquad A'=(\alpha'-\beta')^2-1,$$

$$B=4\alpha\beta-2\gamma(\alpha+\beta-1),\qquad B'=4\alpha'\beta'-2\gamma'(\alpha'+\beta'-1),$$

$$C=\gamma(\gamma-2),\qquad C'=\gamma'(\gamma'-2).$$

Die beiden Gleichungen (3.) und (4.) drücken nun, wie oben allgemein gezeigt worden ist, die Bedingungen aus, welche w und z erfüllen müssen, damit $y = w.v$, oder in dem gegenwärtigen Falle, $y = wF(\alpha', \beta', \gamma', z)$ der Differenzialgleichung (1.) dieses Abschnittes genüge.

§. 5.

Es sind nun die algebraischen particulären Integrale dieser Gleichung (4.) zu suchen, welche sodann für die Gleichung (1.) Integrale von der Form $wF(\alpha', \beta', \gamma', z)$ geben werden. Um die Aufsuchung der algebraischen particulären Integrale der Gleichung (4.) zu erleichtern, setze ich voraus, es soll z Function von x allein sein, also von α, β, γ, α', β', γ' ganz unabhängig; ferner sollen die Gröfsen α', β', γ', Functionen von α, β, γ sein, und zwar von folgender Form:

$$5.\quad \begin{cases} \alpha' = \lambda\alpha + \lambda'\beta + \lambda''\gamma + \lambda''', \\ \beta' = \mu\alpha + \mu'\beta + \mu''\gamma + \mu''', \\ \gamma' = \nu\alpha + \nu'\beta + \nu''\gamma + \nu''', \end{cases}$$

wo λ, λ', μ, ν, etc. constante Zahlencoefficienten sind. Durch diese beiden Annahmen wird scheinbar etwas von der Allgemeinheit der Untersuchung aufgegeben; denn es könnte vielleicht der Fall sein, dafs die Gleichung (1.) noch andere Integrale von der Form $y = wF(\alpha', \beta', \gamma', z)$ hätte, in welchen z nicht von α, β, γ unabhängig wäre, und auch α', β', γ', als Functionen von α, β, γ nicht die vorausgesetzte Form hätten. Es sollen überdies in diesem Abschnitte die drei Quantitäten α, β und γ als ganz beliebig und unabhängig von einander angesehen werden. Wenn man nämlich Bedingungs-Gleichungen unter denselben zuläfst, so dafs sie nicht mehr alle drei beliebig sind, so handelt es sich nicht mehr um die allgemeine Reihe $F(\alpha, \beta, \gamma, x)$, sondern um speciellere Reihen dieser Art, welche wir in den folgenden Abschnitten betrachten werden.

Wenn man nun nach den angenommenen Voraussetzungen diese Werthe der Quantitäten α', β' und γ' in der Gleichung (4.) substituirt, so erhält man eine Gleichung, welche für jeden beliebigen Werth der Quantitäten α, β und γ gelten mufs. Es müssen darum alle einzelnen Theile dieser Gleichung, welche α^2, β^2, γ^2, $\alpha\beta$, $\alpha\gamma$, $\beta\gamma$, α, β, γ zu Factoren haben für sich verschwinden, so dafs diese Gleichung in 10 einzelne Gleichungen zerfällt, die alle unter einander identisch sein, oder denselben Werth des z als Function von x gewähren müssen. Die Quantität $Ax^2 + Bx + C$, nach dem gegenwärtigen Zwecke entwickelt, wird

$$Ax^2+Bx+C$$
$$=x^2\alpha^2+x^2\beta^2+\gamma^2-(2x^2-4x)\alpha\beta-2x\alpha\gamma-2(1-x)\gamma-x^2;$$

ferner wird die Entwickelung von $A'z^2+B'z+C'$, nachdem die Werthe von α', β', γ' substituirt sind, folgende Form haben:

$$A'z^2+B'z+C'=h\alpha^2+k\beta^2+l.\gamma^2+m\alpha\beta+n\beta\gamma+p\alpha\gamma+q\alpha+r\beta+s\gamma+t,$$

wo die Quantitäten h, k, l, m, etc. sämmtlich Trinomien von der Form az^2+bz+c sind, deren nähere Bestimmung jetzt unnöthig sein würde. Es soll nun zunächst die allgemeinste Form gefunden werden, welche z als Function von x haben kann. Darum würde es auch unnöthig sein, alle zehn Gleichungen aufzustellen, in welche die Gleichung (4.) zerfällt; es reicht vielmehr hin, nur diejenigen drei zu betrachten, welche man erhält, indem die Theile, welche γ, β^2 und γ^2 zu Factoren haben, für sich verschwinden müssen. Wenn für die Quantitäten s, k und l, Trinomien von der Form az^2+bz+c gesetzt werden, erhält man so die drei Gleichungen:

$$6.\quad \frac{-2(1-x)}{x^2(1-x)^2}=\frac{az^2+bz+c}{z^2(1-z)^2}.\frac{dz^2}{dx^2},$$

$$7.\quad \frac{x^2}{x^2(1-x)^2}=\frac{a'z^2+b'z+c'}{z^2(1-z)^2}.\frac{dz^2}{dx^2},$$

$$8.\quad \frac{1}{x^2(1-x)^2}=\frac{a''z^2+b''z+c''}{z^2(1-z)^2}.\frac{dz^2}{dx^2}.$$

Die beiden Gleichungen (7.) und (8.) durch einander dividirt, geben nun

$$9.\quad x^2=\frac{a'z^2+b'z+c'}{a''z^2+b''z+c''}.$$

Die Gleichungen (6.) und (8.) durch einander dividirt, geben

$$10\quad 2x-2=\frac{az^2+bz+c}{a''z^2+b''z+c''}.$$

Aus dieser Gleichnng (10.) ersieht man, dafs x eine rationale Function von z sein mufs; deshalb mufs sich aus beiden Theilen der Gleichung (9.) die Quadratwurzel rational ausziehen lassen; also mufs x die Form haben:

$$x=\frac{az+b}{cz+d},$$

und umgekehrt mufs darum auch z, als Function von x, die Form haben:

$$11.\quad z=\frac{ax+b}{cx+d}.$$

§. 6.

Da die so allgemeinste Form gefunden worden ist, welche die Function z hat, so ist es leicht, alle particulären algebraischen Integrale der

Gleichung (4.), und somit auch alle Integrale von der Form $y = wF(\alpha', \beta', \gamma', z)$ zu finden, welche der Gleichung (1.) genügen. Setzt man nämlich in der Gleichung (4.)

$$z = \frac{ax+b}{cx+d},$$

so findet man zunächst, daſs für diesen Werth des z,

$$2\frac{d^3z}{dzdx^2} - 3\left(\frac{d^2z}{dzdx}\right)^2 = 0,$$

und deshalb geht die Gleichung (4.) in folgende über:

12. $$\frac{Ax^2+Bx+C}{x^2(1-x)^2} = (ad-bc)^2\frac{A'(ax+b)^2+B'(ax+b)(cx+d)+C'(cx+d)^2}{(ax+b)^2(cx+d)^2((c-a)x+d-b)^2}.$$

Zähler und Nenner der beiden Theile rechts und links vom Gleichheitszeichen können keine gemeinschaftlichen Factoren haben, weil α, β und γ beliebige Gröſsen und A, B, C, A', B', C' Functionen derselben sind; deshalb können die beiden Nenner, und eben so die beiden Zähler sich nur durch einen constanten Factor m unterscheiden. Man hat also folgende zwei Gleichungen:

13. $$mx^2(1-x)^2 = (ax+b)^2(cx+d)^2((c-a)x+d-b)^2,$$

14. $$m(Ax^2+Bx+C) = (ad-bc)^2(A'(ax+b)^2+B'(ax+b)(cx+d)+C'(cx+d)^2).$$

Die Gleichung (13.) giebt nun folgende sechs verschiedene Bestimmungen der Gröſsen a, b, c, d und m:

15. $$\begin{cases} 1) & c=0, & b=0, & a-d=0, & m=a^6, \\ 2) & c=0, & d-b=0, & a+b=0, & m=a^6, \\ 3) & a=0, & d=0, & c-b=0, & m=b^6, \\ 4) & a=0, & d-b=0, & c+d=0, & m=b^6, \\ 5) & c-a=0, & b=0, & c+d=0, & m=a^6, \\ 6) & c-a=0, & d=0, & a+b=0, & m=b^6, \end{cases}$$

und wenn diese Werthe in der Gleichung (11.) substituirt werden, so hat man folgende Werthe des z:

16. $$\begin{cases} 1)\ z=x, & 2)\ z=1-x, & 3)\ z=\frac{1}{x}, \\ 4)\ z=\frac{1}{1-x}, & 5)\ z=\frac{x}{x-1}, & 6)\ z=\frac{x-1}{x}. \end{cases}$$

Nachdem nun diese Werthe des z aus den Gleichungen (11.) und (13.) gefunden sind, müssen zunächst aus der Gleichung (14.) die Werthe der Gröſsen α', β' und γ' durch α, β und γ bestimmt werden, welche einem jeden dieser 6 Werthe des z zukommen.

Nimmt man den Werth $z=x$, für welchen $c=0$, $b=0$, $a-d=0$, $m=a^6$, und substituirt dies in der Gleichung (14.), so geht dieselbe über in:

$$Ax^2+Bx+C=A'x^2+B'x+C',$$

und weil diese Gleichung für jeden beliebigen Werth des x bestehen muſs, so hat man:

$$A=A',\qquad B=B',\qquad C=C',$$

und wenn die bei (4.) angegebenen Werthe dieser Quantitäten genommen werden:

$$(\alpha-\beta)^2=(\alpha'-\beta')^2,$$

$$4\alpha\beta-2\gamma(\alpha+\beta-1)=4\alpha'\beta'-2\gamma'(\alpha'+\beta'-1),\qquad \gamma(\gamma-2)=\gamma'(\gamma'-2),$$

welchen Gleichungen auf die vier verschiedene Arten genügt werden kann:

1) $\alpha'=\alpha$, $\beta'=\beta$, $\gamma'=\gamma$,
2) $\alpha'=\gamma-\alpha$, $\beta'=\gamma-\beta$, $\gamma'=\gamma$,
3) $\alpha'=\alpha-\gamma+1$, $\beta'=\beta-\gamma+1$, $\gamma'=2-\gamma$,
4) $\alpha'=1-\alpha$, $\beta'=1-\beta$, $\gamma'=2-\gamma$.

Indem man diese Werthe in der Gleichung (3.) substituirt, in welcher $z=x$ genommen werden muſs, findet man folgende vier Werthe des Multiplicators w, welche diesen vier Werthen von α', β', γ' entsprechen:

1) $w=c$, 2) $w=c(1-x)^{\gamma-\alpha-\beta}$, 3) $w=cx^{1-\gamma}$,
4) $w=cx^{1-\gamma}(1-x)^{\gamma-\alpha-\beta}$.

Man hat also endlich folgende vier particuläre Integrale der Gleichung (1.) von der Form $y=wF(\alpha',\beta',\gamma',z)$, welche dem Werthe $z=x$ angehören:

1) $y=F(\alpha,\beta,\gamma,x)$,
2) $y=(1-x)^{\gamma-\alpha-\beta}F(\gamma-\alpha,\gamma-\beta,\gamma,x)$,
3) $y=x^{1-\gamma}F(\alpha-\gamma+1,\beta-\gamma+1,2-\gamma,x)$,
4) $y=x^{1-\gamma}(1-x)^{\gamma-\alpha-\beta}F(1-\alpha,1-\beta,2-\gamma,x)$.

Auf dieselbe Weise kann man nun für die übrigen fünf Werthe des z sämmtliche Integrale der Gleichung (1.) finden, welche die Form $wF(\alpha',\beta',\gamma',z)$ haben. Man wird so, ebenfalls wie in diesem Falle, für jeden einzelnen Werth des z vier verschiedene Bestimmungen der Gröſsen α', β', γ' finden, und also auch vier verschiedene Integrale von der Form $y=wF(\alpha',\beta',\gamma',z)$, so daſs deren Gesammtzahl 24 beträgt.

§. 7.

Man hat jedoch nicht nöthig, diese 24 Integrale auf diese etwas weitläuftige Weise zu suchen, indem für die Auffindung derselben einige sehr einfache Bemerkungen hinreichen, welche, da sie auch um des Folgenden willen von Wichtigkeit sind, hier mitgetheilt werden sollen.

1. Die Gleichung (4.) bleibt unverändert, wenn man in derselben setzt: $\gamma'-\alpha'$ statt α', $\gamma'-\beta'$ statt β'. Dann verwandelt sich aber, nach Gleichung (3.), der Multiplicator w in $(1-z)^{\gamma'-\alpha'-\beta'}w$. Also wenn $y=wF(\alpha',\beta',\gamma',z)$ der Differenzialgleichung (1.) genügt, so muſs derselben auch das Integral $y=(1-z)^{\gamma'-\alpha'-\beta'}wF(\gamma'-\alpha',\gamma'-\beta',\gamma',z)$ genügen.

2. Die Gleichung (4.) bleibt unverändert, wenn man in derselben setzt: $2-\gamma'$ statt γ', $\alpha'-\gamma'+1$ statt α', $\beta'-\gamma'+1$ statt β'. Dann verwandelt sich aber, nach Gleichung (3.), w in $z^{1-\gamma'}w$. Also wenn $y=wF(\alpha',\beta',\gamma',z)$ der Differenzialgleichung (1.) genügt, so genügt derselben auch $y=z^{1-\gamma'}wF(\alpha'-\gamma'+1,\beta'-\gamma'+1,2-\gamma',z)$.

3. Die Gleichung (4.) bleibt unverändert, wenn man in derselben setzt: $2-\gamma'$ statt γ', $1-\alpha'$ statt α', $1-\beta'$ statt β'. Dann verwandelt sich aber, nach Gleichung (3.), w in $z^{1-\gamma'}(1-z)^{\gamma'-\alpha'-\beta'}w$. Also wenn das Integral $y=wF(\alpha',\beta',\gamma',z)$ der Differenzialgleichung (1.) genügt, so muſs derselben auch $y=z^{1-\gamma'}(1-z)^{\gamma'-\alpha'-\beta'}wF(\gamma'-\alpha',1-\beta',2-\gamma',z)$ genügen.

Durch diese drei Sätze, deren dritter eigentlich schon in den beiden ersten enthalten ist, wird man aus einem Integrale allemal drei andere herleiten können, welche denselben Werth des letzten Elementes z haben. Um noch alle übrigen Integrale für die anderen Werthe des z herleiten zu können, reichen folgende zwei Sätze hin.

4. Die Gleichung (4.) bleibt unverändert, wenn man in derselben setzt: $1-z$ statt z und $\alpha'+\beta'-\gamma'+1$ statt γ'. Aus der Gleichung (3.) ersieht man ferner, daſs auch w dann unverändert bleibt. Also wenn $y=wF(\alpha',\beta',\gamma',z)$ der Differenzialgleichung (1.) genügt, so genügt derselben auch das Integral $y=wF(\alpha',\beta',\alpha'+\beta'-\gamma'+1,1-z)$.

5. Die Gleichung (4.) bleibt unverändert, wenn man in derselben setzt: $\frac{z}{z-1}$ statt z und $\gamma'-\beta'$ statt β'. Dann verwandelt sich aber, nach Gleichung (3.), w in $(1-z)^{-\alpha'}w$. Also wenn $y=wF(\alpha',\beta',\gamma',z)$ der Differenzialgleichung (1.) genügt, so genügt derselben auch

$$y=(1-z)^{-\alpha'}wF\left(\alpha',\gamma'-\beta',\gamma',\frac{z}{z-1}\right).$$

7*

§. 8.

Vermittelst der fünf Sätze des vorigen Paragraphen kann man nun aus dem einzigen bekannten Integrale der Gleichung (1.), nämlich $y = F(\alpha, \beta, \gamma, x)$, folgende 24 herleiten, welches, wie wir oben gesehen haben, die Gesammtzahl der Integrale ist, die unter den gemachten Voraussetzungen Statt haben können:

1) $F(\alpha, \beta, \gamma, x)$,

2) $(1-x)^{\gamma-\alpha-\beta} F(\gamma-\alpha, \gamma-\beta, \gamma, x)$,

3) $x^{1-\gamma} F(\alpha-\gamma+1, \beta-\gamma+1, 2-\gamma, x)$,

4) $x^{1-\gamma}(1-x)^{\gamma-\alpha-\beta} F(1-\alpha, 1-\beta, 2-\gamma, x)$,

5) $F(\alpha, \beta, \alpha+\beta-\gamma+1, 1-x)$,

6) $x^{1-\gamma} F(\alpha-\gamma+1, \beta-\gamma+1, \alpha+\beta-\gamma+1, 1-x)$,

7) $(1-x)^{\gamma-\alpha-\beta} F(\gamma-\alpha, \gamma-\beta, \gamma-\alpha-\beta+1, 1-x)$,

8) $x^{1-\gamma}(1-x)^{\gamma-\alpha-\beta} F(1-\alpha, 1-\beta, \gamma-\alpha-\beta+1, 1-x)$,

9) $x^{-\alpha} F\left(\alpha, \alpha-\gamma+1, \alpha-\beta+1, \frac{1}{x}\right)$,

10) $x^{-\beta} F\left(\beta, \beta-\gamma+1, \beta-\alpha+1, \frac{1}{x}\right)$,

11) $x^{\alpha-\gamma}(1-x)^{\gamma-\alpha-\beta} F\left(1-\alpha, \gamma-\alpha, \beta-\alpha+1, \frac{1}{x}\right)$,

12) $x^{\beta-\gamma}(1-x)^{\gamma-\alpha-\beta} F\left(1-\beta, \gamma-\beta, \alpha-\beta+1, \frac{1}{x}\right)$,

13) $(1-x)^{-\alpha} F\left(\alpha, \gamma-\beta, \alpha-\beta+1, \frac{1}{1-x}\right)$,

14) $(1-x)^{-\beta} F\left(\beta, \gamma-\alpha, \beta-\alpha+1, \frac{1}{1-x}\right)$,

15) $x^{1-\gamma}(1-x)^{\gamma-\alpha-1} F\left(\alpha-\gamma+1, 1-\beta, \alpha-\beta+1, \frac{1}{1-x}\right)$,

16) $x^{1-\gamma}(1-x)^{\gamma-\beta-1} F\left(\beta-\gamma+1, 1-\alpha, \beta-\alpha+1, \frac{1}{1-x}\right)$,

17) $(1-x)^{-\alpha} F\left(\alpha, \gamma-\beta, \gamma, \frac{x}{x-1}\right)$,

18) $(1-x)^{-\beta} F\left(\beta, \gamma-\alpha, \gamma, \frac{x}{x-1}\right)$,

19) $x^{1-\gamma}(1-x)^{\gamma-\alpha-1} F\left(\alpha-\gamma+1, 1-\beta, 2-\gamma, \frac{x}{x-1}\right)$,

20) $x^{1-\gamma}(1-x)^{\gamma-\beta-1} F\left(\beta-\gamma+1, 1-\alpha, 2-\gamma, \frac{x}{x-1}\right)$,

21) $x^{-\alpha} F\left(\alpha, \alpha-\gamma+1, \alpha+\beta-\gamma+1, \frac{x-1}{x}\right)$,

$$22)\quad x^{-\beta}F\left(\beta,\ \beta-\gamma+1,\ \alpha+\beta-\gamma+1,\ \frac{x-1}{x}\right),$$

$$23)\quad x^{\alpha-\gamma}(1-x)^{\gamma-\alpha-\beta}F\left(1-\alpha,\ \gamma-\alpha,\ \gamma-\alpha-\beta+1,\ \frac{x-1}{x}\right),$$

$$24)\quad x^{\beta-\gamma}(1-x)^{\gamma-\alpha-\beta}F\left(1-\beta,\ \gamma-\beta,\ \gamma-\alpha-\beta+1,\ \frac{x-1}{x}\right).$$

Aus dem bekannten ersten Integrale folgen nämlich nach den drei ersten Sätzen des vorigen Paragraphen die Integrale 2, 3 und 4; aus 1, 2, 3, 4 folgen nach dem vierten Lehrsatze 5, 6, 7 und 8; aus diesen sodann nach dem fünften Satze 21, 22, 23 und 24; aus diesen nach dem vierten Lehrsatze 9, 10, 11 und 12; aus diesen wieder nach dem fünften Lehrsatze 13, 14, 15 und 16, und aus diesen endlich leitet man nach dem vierten Satze die Integrale 17, 18, 19 und 20 ab.

§. 9.

Da nun alle particulären Integrale der Gleichung (1.), welche die vorausgesetzte Form haben, gefunden sind, so sind nun die Gleichungen zu bilden, welche unter denselben statt haben müssen. Wenn nämlich $y_{,}$, $y_{,,}$ und $y_{,,,}$ drei beliebige dieser particulären Integrale bezeichnen, so findet unter denselben eine Gleichung von der Form

$$y_{,} = ay_{,,} + by_{,,,}$$

statt, wie im ersten Abschnitte gezeigt worden ist. Zunächst aber mag bemerkt werden, daſs es unter den 24 Integralen auch solche geben kann, für welche eine der Constanten a oder b gleich 0 wird, und welche sich also nur durch einen constanten Factor unterscheiden. In dieser Hinsicht soll folgender Satz bewiesen werden:

Wenn man mehrere Integrale der Gleichung (1.) hat, welche sich nach ganzen aufsteigenden Potenzen von x entwickeln lassen, so können sich dieselben nur durch constante Factoren von einander unterscheiden.*)

---

*) Dieser Satz muſs jedoch mit einiger Vorsicht angewendet werden, damit man nicht zu voreilig schlieſse, daſs ein Integral sich nach ganzen aufsteigenden Potenzen von x entwickeln lasse. So z. B. scheint das Integral

$$F(\alpha,\ \beta,\ \alpha+\beta-\gamma+1,\ 1-x)$$
$$=1+\frac{\alpha.\beta.(1-x)}{1(\alpha+\beta-\gamma+1)}+\frac{\alpha(\alpha+1)\beta(\beta+1)(1-x)^2}{1.2.(\alpha+\beta-\gamma+1)(\alpha+\beta-\gamma+2)}+\dots,$$

wenn die Potenzen von $1-x$ entwickelt werden, allerdings die Form anzunehmen:

Setzt man nämlich für y die Form $y = A + Bx + Cx^2 + \ldots$, so kann man aus der Gleichung (1.) nur das eine Integral $y = AF(\alpha, \beta, \gamma, x)$ erhalten: alle Integrale also, welche die Form $A + Bx + Cx^2 + \ldots$ annehmen können, oder sich nach ganzen steigenden Potenzen von x entwickeln lassen, werden sich von dem Integrale $A.F(\alpha, \beta, \gamma, x)$, und deshalb auch unter einander selbst, nur durch die constanten Factoren unterscheiden.

Solche Integrale nun, welche sich nach ganzen steigenden Potenzen von x entwickeln lassen, sind unter andern die Integrale 1, 2 und 17 des §. 8.:

$$F(\alpha, \beta, \gamma, x), \qquad (1-x)^{\gamma-\alpha-\beta} F(\gamma-\alpha, \gamma-\beta, \gamma, x) \quad \text{und}$$

$$(1-x)^{-\alpha} F\left(\alpha, \gamma-\beta, \gamma, \frac{x}{x-1}\right);$$

man hat also nach dem so eben bewiesenen Satze folgende zwei Gleichungen:

$$F(\alpha, \beta, \gamma, x) = A(1-x)^{\gamma-\alpha-\beta} F(\gamma-\alpha, \gamma-\beta, \gamma, x),$$

$$F(\alpha, \beta, \gamma, x) = A'(1-x)^{-\alpha} F\left(\alpha, \gamma-\beta, \gamma, \frac{x}{x-1}\right).$$

Setzt man $x = 0$, so werden die Werthe der beiden constanten Factoren bestimmt, nämlich $A = 1$, $A' = 1$. Man hat also die beiden einfachen Gleichungen:

$$17. \qquad F(\alpha, \beta, \gamma, x) = (1-x)^{\gamma-\alpha-\beta} F(\gamma-\alpha, \gamma-\beta, \gamma, x).$$

$$18. \qquad F(\alpha, \beta, \gamma, x) = (1-x)^{-\alpha} F\left(\alpha, \gamma-\beta, \gamma, \frac{x}{x-1}\right).$$

Dies sind jene beiden Umformungen dieser hypergeometrischen Reihe, welche zuerst von Euler gefunden, und nachher auf verschiedene Arten hergeleitet worden sind. Die einfachste Art, die Richtigkeit derselben *a posteriori* zu beweisen, besteht darin, dafs man die Theile rechts vom Gleichheitszeichen wirklich nach Potenzen von x entwickelt, wodurch diese Gleichungen identisch werden.

$$F(\alpha, \beta, \alpha+\beta-\gamma+1, 1-x) = A + Bx + Cx^2 + \ldots;$$

wenn man jedoch die Werthe der Coefficienten A, B, C, etc. näher untersucht, so findet man leicht, dafs im allgemeinen der $k$te Coefficient durch die unendliche Reihe $F(\alpha+k, \beta+k, \alpha+\beta-\gamma+k+1, 1)$ ausgedrückt wird. Diese Reihe hat aber nur dann einen bestimmten Werth, wenn sie wirklich convergirt, welches (vergl. Gaufs Abhdlg. pag. 19) nur dann der Fall ist, wenn $1-\gamma-k$ positiv. Die Coefficienten dieser Entwickelung von $F(\alpha, \beta, \alpha+\beta-\gamma+1, 1-x)$ werden deshalb, von einem bestimmten an, alle divergirende Reihen sein; woraus man schliefsen mufs, dafs dieses Integral eine Entwickelung von dieser Form nicht annehmen kann.

Es kann hier bemerkt werden, daſs die Gleichung (17.) sich auf sehr einfache Weise aus der Gleichung (18.) ableiten läſst. Vertauscht man nämlich in dieser α mit β, so erhält man

$$F(\beta,\alpha,\gamma,x) = (1-x)^{-\beta}F\left(\beta,\gamma-\alpha,\gamma,\frac{x}{x-1}\right),$$

und weil $F(\beta,\alpha,\gamma,x)=F(\alpha,\beta,\gamma,x)$, so folgt aus dieser und der Gleichung (18.):

$$(1-x)^{-\alpha}F\left(\alpha,\gamma-\beta,\gamma,\frac{x}{x-1}\right) = (1-x)^{-\beta}F\left(\beta,\gamma-\alpha,\gamma,\frac{x}{x-1}\right).$$

Setzt man hierin $\frac{x}{x-1}$ statt x, und $\gamma-\beta$ statt β, so erhält man

$$F(\alpha,\beta,\gamma,x) = (1-x)^{\gamma-\alpha-\beta}F(\gamma-\alpha,\gamma-\beta,\gamma,x);$$

welches die Gleichung (17.) ist.

§. 10.

Vermittelst der beiden Gleichungen (17.) und (18.) findet man nun, daſs von den 24 Integralen des §. 8. immer je vier einander gleich sind, nämlich 1, 2, 17 und 18; 3, 4, 19 und 20; 5, 6, 21 und 22; 7, 8, 23 und 24; 9, 12, 13 und 15; 10, 11, 14 und 16. Nimmt man daher von jeder dieser sechs Classen ein beliebiges Integral, so hat man nur sechs von einander verschiedene Gleichungen, aus welchen andere von der Form $y_{,}=ay_{,,}+by_{,,,}$ gebildet werden sollen. Als diese mögen angenommen werden die Integrale 1, 3, 5, 7, 13 und 14. Ich bemerke ferner, daſs die Integrale 5 und 7 mit den Integralen 13 und 14 nicht zu Gleichungen verbunden werden können, weil die einen allemal divergirende Reihen sind, für die Werthe des x, für welche die anderen convergiren, so lange wenigstens x einen realen Werth hat. Es sind also nur noch aus je dreien der Integrale 1, 3, 5 und 7, und aus je dreien der Integrale 1, 3, 13 und 14 die Gleichungen zu formiren. Man sieht aber leicht ein, daſs einer jeden Gleichung unter drei Reihen F, in welcher die unveränderte Function $F(\alpha,\beta,\gamma,x)$ nicht vorkommt, augenblicklich eine solche Form gegeben werden kann, daſs diese unveränderte Function darin vorkommt, so daſs alle Gleichungen zu dreien Reihen F, in welchen diese unveränderte Function $F(\alpha,\beta,\gamma,x)$, oder das Integral 1, nicht vorkommt, schon in denen enthalten sein müssen, in welchen dieselbe vorkommt. Es bleiben daher nur noch diejenigen 6 ursprüngliche Gleichungen zu bilden, welche unter den Integralen 1, 3 und 5; 1, 3 und 7; 1, 5 und 7; 1, 3 und 13; 1, 3 und 14, Statt haben.

Verbindet man zunächst die drei Integrale 1, 3 und 5 zu einer Gleichung von der Form $y_{,}=ay_{,,}+by_{,,,}$, so erhält man:

$$19.\quad F(\alpha,\beta,\gamma,x)$$
$$=Ax^{1-\gamma}F(\alpha-\gamma+1,\beta-\gamma+1,2-\gamma,x)+BF(\alpha,\beta,\alpha+\beta-\gamma+1,1-x).$$

Um nun die Constanten dieser Gleichung zu bestimmen, ist es nöthig, den wirklichen Werth der allgemeinen Reihe $F(\alpha,\beta,\gamma,x)$ für zwei bestimmte Werthe des letzten Elementes x zu kennen. Nun ist aber für $x=0$ die Summe der Reihe $F(\alpha,\beta,\gamma,0)=1$. Ein anderer Werth des x, für welchen man die Summe dieser Reihe ebenfalls durch bekannte Functionen ausdrücken kann, ist der Werth $x=1$. Die Summe der Reihe $F(\alpha,\beta,\gamma,1)$ läfst sich nämlich durch die transcendente Function Π ausdrücken, welche Gaufs unter dieser Bezeichnung in der erwähnten Abhandlung betrachtet hat. Dieselbe Function ist bekannter unter dem Namen der Function Gamma und dem Zeichen Γ, unter welchem sie von Legendre in den *Exercices de calcul intégral* behandelt worden ist. Gaufs hat pag. 28 der Abhandlung gezeigt, dafs

$$F(\alpha,\beta,\gamma,1)=\frac{\Pi(\gamma-1)\Pi(\gamma-\alpha-\beta-1)}{\Pi(\gamma-\alpha-1)\Pi(\gamma-\beta-1)}.$$

Um nun durch die Fälle $x=0$ und $x=1$ die Constanten der Gleichung (19.) zu bestimmen, setze ich voraus, es soll $1-\gamma$ positiv sein, damit für $x=0$ auch $x^{1-\gamma}=0$ werde und $F(\alpha,\beta,\alpha+\beta-\gamma+1,1)$ eine convergirende Reihe sei. Eben so setze ich voraus, es soll $\gamma-\alpha-\beta$ positiv sein, damit $F(\alpha,\beta,\gamma,1)$ und $F(\alpha-\gamma+1,\beta-\gamma+1,2-\gamma,1)$ convergirende Reihen seien. Dieses vorausgesetzt, erhält man durch $x=0$:

$$1=BF(\alpha,\beta,\alpha+\beta-\gamma+1,1),$$

und durch $x=1$:

$$F(\alpha,\beta,\gamma,1)=AF(\alpha-\gamma+1,\beta-\gamma+1,2-\gamma,1)+B:$$

also ist

$$B=\frac{1}{F(\alpha,\beta,\alpha+\beta-\gamma+1,1)},$$

$$A=\frac{F(\alpha,\beta,\gamma,1)F(\alpha,\beta,\alpha+\beta-\gamma+1,1)-1}{F(\alpha,\beta,\alpha+\beta-\gamma+1,1)F(\alpha-\gamma+1,\beta-\gamma+1,2-\gamma,1)}.$$

Drückt man nun diese Reihen F, deren letztes Element die Einheit ist, durch die Function Π aus, so erhält man nach den gehörigen Reductionen folgende Werthe der beiden Constanten A und B in der Gleichung (19):

$$20.\quad A=\frac{\Pi(\gamma-1)\Pi(\alpha-\gamma)\Pi(\beta-\gamma)}{\Pi(1-\gamma)\Pi(\alpha-1)\Pi(\beta-1)},\qquad B=\frac{\Pi(\alpha-\gamma)\Pi(\beta-\gamma)}{\Pi(\alpha+\beta-\gamma)\Pi(-\gamma)},$$

Es sind nun zwar diese Constanten unter der Voraussetzung bestimmt worden, dafs $1-\gamma$ und $\gamma-\alpha-\beta$ positiv seien, allein man kann sich überzeugen dafs dieselben Bestimmungen ebenfalls für alle anderen Fälle passen; denn hätte man zur Bestimmung dieser Constanten nicht grade die beiden Werthe $x=0$ und $x=1$ genommen, sondern zwei beliebige echte Brüche, so würden die genannten Bedingungen ganz überflüssig gewesen sein, und es ist klar, dafs man auch keine anderen Werthe dieser Constanten hätte finden können. Da aber die Allgemeingültigkeit der Formel (19.) mit den Werthen der Constanten, welche bei (20.) angegeben sind, von Wichtigkeit ist, so mag der Beweis noch direct geführt werden. Hierbei sind drei Fälle zu unterscheiden:

Wenn erstens in Formel (19.) $1-\gamma$ negativ und $\gamma-\alpha-\beta$ positiv ist, so verwandle man vor der Bestimmung der Constanten die dritte Function F dieser Gleichung nach Formel (17.), wodurch man erhält:

$$F(\alpha,\beta,\gamma,x) = Ax^{1-\gamma}F(\alpha-\gamma+1,\beta-\gamma+1,2-\gamma,x)$$
$$+Bx^{1-\gamma}F(\alpha-\gamma+1,\beta-\gamma+1,\alpha+\beta-\gamma+1,1-x).$$

Dividirt man nun durch $x^{1-\gamma}$, und setzt sodann $x=0$ und $x=1$, so erhält man:

$$0 = A+BF(\alpha-\gamma+1,\beta-\gamma+1,\alpha+\beta-\gamma+1,1),$$
$$F(\alpha,\beta,\gamma,1) = AF(\alpha-\gamma+1,\beta-\gamma+1,2-\gamma,1)+B,$$

und hieraus, indem man die Reihen F durch die Function Π ausdrückt, ganz dieselben Werthe der Constanten, welche bei (20.) gefunden worden sind.

Wenn zweitens $1-\gamma$ positiv und $\gamma-\alpha-\beta$ negativ ist, so verwandle man die beiden ersten Reihen F der Gleichung (19.) nach Formel (17.), wodurch

$$(1-x)^{\gamma-\alpha-\beta}F(\gamma-\alpha,\gamma-\beta,\gamma,x)$$
$$= Ax^{1-\gamma}(1-x)^{\gamma-\alpha-\beta}F(1-\alpha,1-\beta,2-\gamma,x)+BF(\alpha,\beta,\alpha+\beta-\gamma+1,1-x).$$

Man dividire nun durch $(1-x)^{\gamma-\alpha-\beta}$ und setze $x=0$ und $x=1$, so erhält man die beiden Gleichungen

$$F(\gamma-\alpha,\gamma-\beta,\gamma,1) = AF(1-\alpha,1-\beta,2-\gamma,1),$$
$$1 = BF(\alpha,\beta,\alpha+\beta-\gamma+1,1),$$

welche ganz dieselben Werthe der Constanten A und B geben.

Wenn endlich drittens $1-\gamma$ negativ und $\gamma-\alpha-\beta$ negativ, so verwandle man alle drei Reihen F der Gleichung (19.) nach Formel (17.), wodurch man erhält:

$$\begin{aligned}(1-x)^{\gamma-\alpha-\beta}F(\gamma-\alpha,\gamma-\beta,\gamma,x)\\ =Ax^{1-\gamma}(1-x)^{\gamma-\alpha-\beta}F(1-\alpha,1-\beta,2-\gamma,x)\\ +Bx^{1-\gamma}F(\alpha-\gamma+1,\beta-\gamma+1,\alpha+\beta-\gamma+1,1-x).\end{aligned}$$

Dividirt man nun durch $x^{1-\gamma}(1-x)^{\gamma-\alpha-\beta}$ und setzt $x=0$ und $x=1$, so ist

$$0=A+BF(\alpha-\gamma+1,\beta-\gamma+1,\alpha+\beta-\gamma+1,1),$$
$$F(\gamma-\alpha,\gamma-\beta,\gamma,1)=AF(1-\alpha,1-\beta,2-\gamma,1).$$

Auch aus diesen Gleichungen erhält man, nachdem die Reihen F durch die Function Π ausgedrückt sind, keine anderen Werthe der Constanten A und B als die obigen, so dafs dieselben also richtig sind, wenn die Quantitäten $1-\gamma$ und $\gamma-\alpha-\beta$ beliebig positiv oder negativ sind.

§. 11.

Zur besseren Übersicht wollen wir nun die sechs Gleichungen, welche aus den Integralen 1, 3 und 5; 1, 3 und 7; 1, 5 und 7; 1, 3 und 13; 1, 3 und 14; 1, 13 und 14 gebildet werden können, mit den zugehörigen Werthen ihrer Constanten hier zusammenstellen, wobei die unveränderte Function $F(\alpha,\beta,\gamma,x)$ einfach durch F bezeichnet werden soll.

$$21.\quad\begin{cases}F=Ax^{1-\gamma}F(\alpha-\gamma+1,\beta-\gamma+1,2-\gamma,x)+BF(\alpha,\beta,\alpha+\beta-\gamma+1,1-x),\\ A=\dfrac{\Pi(\gamma-1)\Pi(\alpha-\gamma)\Pi(\beta-\gamma)}{\Pi(1-\gamma)\Pi(\alpha-1)\Pi(\beta-1)},\qquad B=\dfrac{\Pi(\alpha-\gamma)\Pi(\beta-\gamma)}{\Pi(\alpha+\beta-\gamma)\Pi(-\gamma)},\end{cases}$$

$$22.\quad\begin{cases}F=A_1x^{1-\gamma}F(\alpha-\gamma+1,\beta-\gamma+1,2-\gamma,x)\\ \quad+B_1(1-x)^{\gamma-\alpha-\beta}F(\gamma-\alpha,\gamma-\beta,\gamma-\alpha-\beta+1,1-x),\\ A_1=\dfrac{\Pi(\gamma-1)\Pi(-\alpha)\Pi(-\beta)}{\Pi(1-\gamma)\Pi(\gamma-\alpha-1)\Pi(\gamma-\beta-1)},\qquad B_1=\dfrac{\Pi(-\alpha)\Pi(-\beta)}{\Pi(\gamma-\alpha-\beta)\Pi(-\gamma)},\end{cases}$$

$$23.\quad\begin{cases}F=A_2F(\alpha,\beta,\alpha+\beta-\gamma+1,1-x)\\ \quad+B_2(1-x)^{\gamma-\alpha-\beta}F(\gamma-\alpha,\gamma-\beta,\gamma-\alpha-\beta+1,1-x),\\ A_2=\dfrac{\Pi(\gamma-1)\Pi(\gamma-\alpha-\beta-1)}{\Pi(\gamma-\alpha-1)\Pi(\gamma-\beta-1)},\qquad B_2=\dfrac{\Pi(\gamma-1)\Pi(\alpha+\beta-\gamma+1)}{\Pi(\alpha-1)\Pi(\beta-1)},\end{cases}$$

$$24.\quad\begin{cases}F=A_3(1-x)^{1-\gamma}F(\alpha-\gamma+1,\beta-\gamma+1,2-\gamma,x)\\ \quad+B_3(1-x)^{-\alpha}F\left(\alpha,\gamma-\beta,\alpha-\beta+1,\dfrac{1}{1-x}\right),\\ A_3=\dfrac{\Pi(\gamma-1)\Pi(\alpha-\gamma)\Pi(-\beta)}{\Pi(1-\gamma)\Pi(\alpha-1)\Pi(\gamma-\beta-1)},\qquad B_3=\dfrac{\Pi(-\beta)\Pi(\alpha-\gamma)}{\Pi(\alpha-\beta)\Pi(-\gamma)},\end{cases}$$

$$25.\quad\begin{cases}F=A_4(1-x)^{1-\gamma}F(\alpha-\gamma+1,\beta-\gamma+1,2-\gamma,x)\\ \quad+B_4(1-x)^{-\beta}F\left(\beta,\gamma-\alpha,\beta-\alpha+1,\dfrac{1}{1-x}\right),\\ A_4=\dfrac{\Pi(\gamma-1)\Pi(\beta-\gamma)\Pi(-\alpha)}{\Pi(1-\gamma)\Pi(\beta-1)\Pi(\gamma-\alpha-1)},\qquad B_4=\dfrac{\Pi(-\alpha)\Pi(\beta-\gamma)}{\Pi(\beta-\alpha)\Pi(-\gamma)},\end{cases}$$

$$26.\quad \begin{cases} F = A_5(1-x)^{-\alpha}F\left(\alpha,\gamma-\beta,\alpha-\beta+1,\frac{1}{1-x}\right) \\ \qquad +B_5(1-x)^{-\beta}F\left(\beta,\gamma-\alpha,\beta-\alpha+1,\frac{1}{1-x}\right), \\ A_5 = \frac{\Pi(\gamma-1)\Pi(\beta-\alpha-1)}{\Pi(\beta-1)\Pi(\gamma-\alpha-1)}, \qquad B_5 = \frac{\Pi(\gamma-1)\Pi(\alpha-\beta-1)}{\Pi(\alpha-1)\Pi(\gamma-\beta-1)}. \end{cases}$$

Die Constanten dieser anderen fünf Gleichungen (22. bis 26.) sind nicht auf demselben, etwas mühsamen Wege gefunden worden, wie die der Gleichung (21.) oder (19.), sondern diese Gleichungen, zugleich mit den Werthen ihrer Constanten, sind alle aus der Gleichung (21.) hergeleitet worden. Setzt man nämlich in (21.) $\gamma-\alpha$ statt α, $\gamma-\beta$ statt β, und verwandelt die beiden ersten Reihen F dieser Gleichung nach Formel (17.), so erhält man die Gleichung (22.). Eliminirt man nun aus (21.) und (22.) die Function $F(\alpha-\gamma+1, \beta-\gamma+1, 2-\gamma, x)$, so erhält man die Gleichung (23.). Die Gleichung (24.) erhält man aus (21.), indem man in dieser die beiden Functionen $F(\alpha, \beta, \gamma, x)$ und $F(\alpha-\gamma+1, \beta-\gamma+1, 2-\gamma, x)$ nach der Formel (18.) verwandelt und sodann $\gamma-\beta$ statt β und $\frac{x}{x-1}$ statt x, setzt. Durch Vertauschung von α und β erhält man aus (24.) sogleich (25.), und aus diesen beiden wieder (26.) durch Elimination der Function $F(\alpha-\gamma+1, \beta-\gamma+1, 2-\gamma, x)$.

Alle übrigen Gleichungen, welche aus den 24 Integralen des §. 8. gebildet werden können, lassen sich aus diesen sechs ableiten, indem die eine, oder die andere, oder beide Functionen rechts vom Gleichheitszeichen nach den Formeln (17.) oder (18.) verwandelt werden. Es würde zu weitläuftig sein, alle diese leichten Verwandlungen wirklich auszuführen und hier aufzunehmen; es wird hinreichen, zu bemerken, dafs die Anzahl aller dieser Gleichungen, welche nicht mit einander identisch sind, 60 beträgt, wobei alle diejenigen nicht mitgerechnet sind, in welchen convergirende Reihen F mit divergirenden zusammen verbunden sein würden. Rechnet man von diesen noch diejenigen ab, welche blofs durch Vertauschung von α und β aus den andern abgeleitet sind, wie (25.) aus (24.), so ist die Anzahl derselben 50.

Wir haben oben bemerkt, dafs die Formel (17.) sich aus (18.) ableiten läfst; ferner ist gezeigt worden, wie die Formeln (21. bis 26.) sich alle aus (19.) ableiten lassen, und aus diesen wieder 54 andere. Alle bis jetzt gefundenen Formeln für die Verwandlung der Reihe $F(\alpha, \beta, \gamma, x)$,

8*

deren Gesammtzahl 62 ist, können aus folgenden zweien abgeleitet werden:

$$F(\alpha,\beta,\gamma,x) = (1-x)^{-\alpha} F\left(\alpha, \gamma-\beta, \gamma, \frac{x}{x-1}\right),$$

$$F(\alpha,\beta,\gamma,x,)$$
$$= A x^{1-\gamma} F(\alpha-\gamma+1, \beta-\gamma+1, 2-\gamma, x) + B F(\alpha, \beta, \alpha+\beta-\gamma+1, 1-x),$$

und diese können daher als Fundamentalgleichungen für die Verwandlung dieser Reihe gelten.

§. 12.

Verwandelt man in der Formel (26.) §. 11. die beiden Reihen rechts vom Gleichheitszeichen nach Formel (18.), so erhält man:

$$27. \quad F(\alpha,\beta,\gamma,x) = A_5(-x)^{-\alpha} F\left(\alpha, \alpha-\gamma+1, \alpha-\beta+1, \frac{1}{x}\right)$$
$$+ B_5(-x)^{-\beta} F\left(\beta, \beta-\gamma+1, \beta-\alpha+1, \frac{1}{x}\right).$$

Wenn in dieser Formel der absolute Werth von $x<1$ angenommen wird, so convergirt die Reihe links vom Gleichheitszeichen, die beiden andern aber divergiren; wird aber der absolute Werth von $x>1$ angenommen, so divergirt die erste Reihe, die beiden andern aber convergiren. Die Gleichung (27.) scheint daher ganz unbrauchbar zu sein. Nichtsdestoweniger aber hat auch eine solche Gleichung noch einen richtigen Sinn, und zwar den, dafs, wenn irgend eine Function von x für die Werthe des x, welche kleiner als die Einheit sind, in die Reihe links vom Gleichheitszeichen sich entwickeln läfst, dieselbe für die Werthe des x, welche gröfser als 1 sind, in die beiden Reihen rechts vom Gleichheitszeichen entwickelt werden kann. Setzt man zum Beispiel in der Formel (27.) $\alpha=\frac{1}{2}$, $\beta=1$, $\gamma=1$, $x=-z^2$, so erhält man, wenn mit z multiplicirt wird:

$$zF(\tfrac{1}{2}, 1, \tfrac{3}{2}, -z^2) = \frac{\pi}{2} - \frac{1}{z} F\left(\tfrac{1}{2}, 1, \tfrac{3}{2}, \frac{1}{-z}\right),$$

in der That läfst sich aber die Function arc. tang. z, wenn $z<1$ ist, in die Reihe $zF(\frac{1}{2}, 1, \frac{3}{2}, -z^2)$, und, wenn $z>1$ ist, in $\frac{\pi}{2}-\frac{1}{z}F\left(\frac{1}{2}, 1, \frac{3}{2}, -\frac{1}{z^2}\right)$ convergirend entwickeln. Aufserdem werden wir in der Folge noch einmal Gelegenheit haben, diese Formel (27.) auf eine gewisse Art der Verwandlung semiconvergenter Reihen in stets convergirende anzuwenden.

Was die Anwendung der hier gefundenen Formeln betrifft, so mag es für jetzt hinreichen, kurz anzudeuten, welchen Nutzen dieselben für die Berechnung numerischer Werthe der Reihe $F(\alpha,\beta,\gamma,x)$ gewähren. Durch die Formel (18.) kann man jede Reihe, in welcher das letzte Element x negativ ist, in eine andere umformen, in welcher dasselbe positiv ist. Ferner kann man durch die Formel (23.) jede Reihe $F(\alpha, \beta, \gamma, x)$, in welcher x positiv und $>\frac{1}{2}$, durch zwei andere ausdrücken, deren letztes Element $<\frac{1}{2}$ ist. Besonders diese Umformung ist für die numerische Berechnung höchst vortheilhaft; denn da die Reihe F nach Potenzen des letzten Elementes geordnet ist, so wird sie desto rascher convergiren, je kleiner dasselbe ist. Im ungünstigsten Falle, wo das letzte Element dem Werthe $\frac{1}{2}$ sehr nahe kommt, wird man die Werthe der Function $F(\alpha, \beta, \gamma, x)$ immer noch durch Reihen berechnen können, in denen jedes folgende Glied kleiner als die Hälfte des vorhergehenden ist. Indessen leidet diese Regel eine Ausnahme: die Reihe $F(\alpha, \beta, \gamma, x)$ läſst sich nämlich nicht durch zwei Reihen ausdrücken, deren letzte Elemente $1-x$ sind, sobald $\gamma-\alpha-\beta$ eine ganze positive oder negative Zahl ist; in diesem Falle schlieſst nämlich die Formel (23.) unendliche Quantitäten ein, und wird dadurch unbrauchbar.

§. 13.

Auſser diesen Gleichungen zwischen zwei und drei Functionen F läſst sich aus den gefundenen particulären Integralen der Gleichung (1.), welche im Paragraph 8. zusammengestellt sind, noch eine ganz andere Art von Gleichungen ableiten.

Wenn nämlich die Differenzialgleichung (1.) durch zwei Integrale erfüllt wird, welche ich durch $y_{,}$ und $y_{,,}$ bezeichne, so ist:

$$\frac{d^2 y_{,}}{dx^2}+\frac{\gamma-(\alpha+\beta+1)x}{x(1-x)}\cdot\frac{dy_{,}}{dx}-\frac{\alpha\beta y_{,}}{x(1-x)}=0,$$

$$\frac{d^2 y_{,,}}{dx^2}+\frac{\gamma-(\alpha+\beta+1)x}{x(1-x)}\cdot\frac{dy_{,,}}{dx}-\frac{\alpha\beta y_{,,}}{x(1-x)}=0.$$

Multiplicirt man die erste dieser beiden Gleichungen mit $y_{,,}$, die zweite mit $y_{,}$, und subtrahirt, so erhält man:

$$y_{,,}\frac{d^2 y'}{dx^2}-y_{,}\frac{d^2 y_{,,}}{dx^2}+\frac{\gamma-(\alpha+\beta+1)x}{x(1-x)}\left(y_{,,}\frac{dy_{,}}{dx}-y_{,}\frac{dy_{,,}}{dx}\right)=0.$$

Setzt man $y_{,,}\frac{dy_{,}}{dx}-y_{,}\frac{dy_{,,}}{dx}=V$, so geht diese Gleichung über in:

$$\frac{dV}{dx}+\frac{\gamma-(\alpha+\beta+1)x}{x(1-x)}.V=0,$$

und das Integral dieser Gleichung ist

$$V=C.x^{-\gamma}(1-x)^{\gamma-\alpha-\beta-1}.$$

Setzt man nun für V seinen Werth zurück, so hat man folgende Gleichung zwischen den zwei Integralen $y_{,}$ und $y_{,,}$ und ihren ersten Differenzialquotienten:

$$28.\quad y_{,,}\frac{dy_{,}}{dx}-y_{,}\frac{dy_{,,}}{dx}=C.x^{-\gamma}(1-x)^{\gamma-\alpha-\beta-1}.$$

Man vergleiche hierüber eine Abhandlung von **Abel** in diesem Journale Band II. pag. 22.

Nimmt man nun zunächst die beiden Integrale 1 und 3, §. 8.:

$$y_{,,}=F(\alpha,\beta,\gamma,x),\qquad y_{,}=x^{1-\gamma}F(\alpha-\gamma+1,\beta-\gamma+1,2-\gamma,x),$$

so wird:

$$\frac{dy_{,,}}{dx}=\frac{\alpha.\beta}{\gamma}F(\alpha+1,\beta+1,\gamma+1,x),$$

$$\frac{dy_{,}}{dx}=(1-\gamma)x^{-\gamma}F(\alpha-\gamma+1,\beta-\gamma+1,2-\gamma,x)$$
$$+\frac{(\alpha-\gamma+1)(\beta-\gamma+1)}{2-\gamma}x^{1-\gamma}F(\alpha-\gamma+2,\beta-\gamma+2,3-\gamma,x).$$

Diese Werthe in der Gleichung (28.) substituirt, geben, nachdem durch $x^{-\gamma}$ dividirt ist:

$$C.(1-x)^{\gamma-\alpha-\beta-1}=\frac{\alpha.\beta}{\gamma}xF(\alpha-\gamma+1,\beta-\gamma+1,2-\gamma,x)F(\alpha+1,\beta+1,\gamma+1,x)$$
$$-F(\alpha,\beta,\gamma,x)\Big((1-\gamma)F(\alpha-\gamma+1,\beta-\gamma+1,2-\gamma,x)$$
$$+\frac{(\alpha-\gamma+1)(\beta-\gamma+1)}{2-\gamma}xF(\alpha-\gamma+2,\beta-\gamma+2,3-\gamma,x)\Big).$$

Setzt man zur Bestimmung der Constante $x=0$, so findet man $C=\gamma-1$, und man kann diese Gleichung so darstellen:

$$29.\quad F(\alpha,\beta,\gamma,x)F(\alpha-\gamma+1,\beta-\gamma+1,2-\gamma,x)$$
$$+\frac{\alpha.\beta}{\gamma(\gamma-1)}xF(\alpha+1,\beta+1,\gamma+1,x)F(\alpha-\gamma+1,\beta-\gamma+1,2-\gamma,x)$$
$$+\frac{(\alpha-\gamma+1)(\beta-\gamma+1)}{(1-\gamma)(2-\gamma)}xF(\alpha,\beta,\gamma,x)F(\alpha-\gamma+2,\beta-\gamma+2,3-\gamma,x)=(1-x)^{\gamma-\alpha-\beta-1}.$$

Wir wollen noch eine andere Formel dieser Art herleiten aus den beiden Integralen 1, und 5, des §. 8.,

$$y_{,}=F(\alpha,\beta,\gamma,x),\qquad y_{,,}=F(\alpha,\beta,\alpha+\beta-\gamma+1,1-x),$$

woraus

$$\frac{dy_{,}}{dx}=\frac{\alpha.\beta}{\gamma}F(\alpha+1,\beta+1,\gamma+1,x),$$

$$\frac{dy_{,,}}{dx}=\frac{-\alpha.\beta}{\alpha+\beta-\gamma+1}F(\alpha+1,\beta+1,\alpha+\beta-\gamma+2,1-x).$$

Diese Werthe in der Gleichung (28.) substituirt, geben, wenn durch $\frac{\alpha.\beta}{\gamma}$

dividirt und dies mit der noch zu bestimmenden Constante C verbunden wird:

$$30.\quad F(\alpha,\beta,\alpha+\beta-\gamma+1,1-x)F(\alpha+1,\beta+1,\gamma+1,x)$$
$$+\frac{\gamma}{\alpha+\beta-\gamma+1}F(\alpha,\beta,\gamma,x)F(\alpha+1,\beta+1,\alpha+\beta-\gamma+2,1-x)$$
$$=Cx^{-\gamma}(1-x)^{\gamma-\alpha-\beta-1}.$$

Um die Constante C zu bestimmen, verwandle man die beiden Reihen $F(\alpha,\beta,\alpha+\beta-\gamma+1,1-x)$ und $F(\alpha+1,\beta+1,\alpha+\beta-\gamma+2,1-x)$ nach Formel (17.), so erhält man, nachdem durch $x^{-\gamma}$ dividirt ist,

$$31.\quad xF(\alpha-\gamma+1,\beta-\gamma+1,\alpha+\beta-\gamma+1,1-x)F(\alpha+1,\beta+1,\gamma+1,x)$$
$$+\frac{\gamma}{\alpha+\beta-\gamma+1}F(\alpha,\beta,\gamma,x)F(\alpha-\gamma+1,\beta-\gamma+1,\alpha+\beta-\gamma+2,1-x)$$
$$=C(1-x)^{\gamma-\alpha-\beta-1}.$$

Wird nun $x=0$ gesetzt so ist

$$32.\quad C=\frac{\gamma}{\alpha+\beta-\gamma+1}F(\alpha-\gamma+1,\beta-\gamma+1,\alpha+\beta-\gamma+2,1)$$
$$=\frac{\Pi(\alpha+\beta-\gamma)\Pi(\gamma)}{\Pi(\alpha)\Pi(\beta)}.$$

Die Gleichungen (29.) und (30.) lassen sich auf unendlich verschiedene Arten umformen und vervielfältigen; nämlich nicht nur durch die im §. 9. und §. 11. gefundenen Verwandlungen der Reihe $F(\alpha,\beta,\gamma,x)$, sondern auch durch die Reductionsformeln, welche Gauſs in seiner Abhandlung pag. 9 bis 12 unter dem Namen *relationes inter functiones contiguas* aufgestellt hat. Wir wollen einige dieser Verwandlungen auf die Formel (31.) anwenden.

Wenn in (31.) die beiden Reihen $F(\alpha,\beta,\gamma,x)$ und $F(\alpha+1,\beta+1,\gamma+1,x)$ nach Formel (17.) verwandelt werden, sodann durch $(1-x)^{\gamma-\alpha-\beta-1}$ dividirt und für C sein Werth gesetzt wird, so ist:

$$xF(\alpha-\gamma+1,\beta-\gamma+1,\alpha+\beta-\gamma+1,1-x)F(\gamma-\alpha,\gamma-\beta,\gamma+1,x)$$
$$+\frac{\gamma(1-x)}{\alpha+\beta+1-\gamma}F(\gamma-\alpha,\gamma-\beta,\gamma,x)F(\alpha-\gamma+1,\beta-\gamma+1,\alpha+\beta-\gamma+2,1-x)$$
$$=\frac{\Pi(\alpha+\beta-\gamma)\Pi(\gamma)}{\Pi(\alpha)\Pi(\beta)}.$$

Wird ferner $\gamma-\alpha$ statt α und $\gamma-\beta$ statt β gesetzt, so wird

$$33.\quad xF(1-\alpha,1-\beta,\gamma-\alpha-\beta+1,1-x)F(\alpha,\beta,\gamma+1,x)$$
$$+\frac{\gamma(1-x)}{\gamma-\alpha-\beta+1}F(\alpha,\beta,\gamma,x)F(1-\alpha,1-\beta,\gamma-\alpha-\beta+2,1-x)$$
$$=\frac{\Pi(\gamma-\alpha-\beta)\Pi(\gamma)}{\Pi(\gamma-\alpha)\Pi(\gamma-\beta)}.$$

Nun ist aber nach einer bekannten Reductionsformel (Gaufs Abhdl. pag. 9. Gl. 8.)

$$xF(\alpha,\beta,\gamma+1,x)=\frac{\gamma}{\gamma-\beta}(F(\alpha-1,\beta,\gamma,x)-(1-x)F(\alpha,\beta,\gamma,x)),$$

und daher auch

$$(1-x)F(1-\alpha,1-\beta,\gamma-\alpha-\beta+2,1-x)=$$
$$\frac{\gamma-\alpha-\beta+1}{\gamma-\alpha}(F(-\alpha,1-\beta,\gamma-\alpha-\beta+1,1-x)-xF(1-\alpha,1-\beta,\gamma-\alpha-\beta+1,1-x)).$$

Werden diese Werthe in (33.) substituirt, so erhält man, nach einigen Reductionen, folgende Gleichung:

$$\begin{aligned}34.\quad &(\gamma-\beta)F(\alpha,\beta,\gamma,x)F(-\alpha,1-\beta,\gamma-\alpha-\beta+1,1-x)\\ &+(\gamma-\alpha)F(\alpha-1,\beta,\gamma,x)F(1-\alpha,1-\beta,\gamma-\alpha-\beta+1,1-x)\\ &-(\gamma-\alpha+(\alpha-\beta)x)F(\alpha,\beta,\gamma,x)F(1-\alpha,1-\beta,\gamma-\alpha-\beta+1,1-x)\\ &=\frac{\Pi(\gamma-1)\Pi(\gamma-\alpha-\beta)}{\Pi(\gamma-\alpha-1)\Pi(\gamma-\beta-1)}.\end{aligned}$$

In der Folge werden wir Gelegenheit haben, von dieser Formel eines sehr wichtigen speciellen Falles zu erwähnen.

Abschnitt III.

Speciellere Umformungen der hypergeometrischen Reihe $F(\alpha,\beta,\gamma,x)$, welche statt haben, indem von den drei Elementen α, β, und γ nur zwei beliebig bleiben.

§. 14.

Da nun im vorigen Abschnitte alle Integrale von der Form $wF(\alpha',\beta',\gamma',z)$ gefunden sind, welche der Differenzialgleichung (1.) unter der Voraussetzung genügen, dafs die drei Elemente α, β, γ ganz unabhängig von einander sind, und da die aus denselben entspringenden Gleichungen, welche die allgemeinen Eigenschaften der Function $F(\alpha,\beta,\gamma,x)$ ausdrücken, gebildet worden sind: so ist nun noch zu untersuchen, ob vielleicht in specielleren Fällen, wo die drei Elemente α, β, γ nicht ganz unabhängig von einander sind, noch wesentlich andere Integrale von der Form $y=wF(\alpha',\beta',\gamma',z)$ und somit auch neue, wenn gleich speciellere, Gleichungen für die Function F sich ergeben möchten.

Es soll also angenommen werden, unter den Gröfsen α, β, γ finde eine Bedingungsgleichung Statt, von der Form

$$n\alpha+n'\beta+n''\gamma+n'''=0.$$

wo n', n'' etc. constante Zahlencoefficienten sind. Diese Gleichung mag unter folgende bequemere Form gesetzt werden:

$$1.\quad \gamma = m\alpha + m'\beta + m''.$$

Den Fall $n''=0$ in jener Form schliefst zwar diese aus: es soll aber später gezeigt werden, wie dieser Fall sich aus den anderen ableiten läfst. Die Aufgabe dieses Abschnittes kann nun auf eben dieselbe Weise gelöset werden, wie die des vorigen Abschnittes, indem untersucht wird, welche Integrale von der Form $wF(\alpha', \beta', \gamma', z)$ der Differenzialgleichung (1.) §. 4. genügen, wenn $\gamma = m\alpha + m'\beta + m''$ gesetzt wird, so dafs noch α und β beliebig bleiben. Es ist jedoch zweckmäfsiger, die Aufgabe hier etwas anders zu stellen, und zwar so:

Die Integrale von der Form $wF(\alpha, \beta, m\alpha+m'\beta+m''', z)$ zu finden, welche der Differenzialgleichung

$$2.\quad \frac{d^2y}{dx^2} + \frac{\gamma'-(\alpha'+\beta'+1)x}{x(1-x)}\cdot\frac{dy}{dx} - \frac{\alpha'\beta'y}{x(1-x)} = 0$$

genügen, wenn

$$3.\quad \begin{cases} \alpha' = \lambda\alpha + \lambda'\beta + \lambda'', \\ \beta' = \mu\alpha + \mu'\beta + \mu'', \\ \gamma' = \nu\alpha + \nu'\beta + \nu'' \end{cases}$$

und die aus diesen Integralen entspringenden Gleichungen zu bilden. Diese Änderung läuft nur darauf hinaus, die gestrichenen Gröfsen α', β', γ' mit den ungestrichenen α, β, γ zu vertauschen. Die Gleichungen, aus welchen w und z bestimmt werden, sind daher jetzt:

$$4.\quad w^2 = c.x^{-\gamma'}(1-x)^{\gamma'-\alpha'-\beta'-1}z^{\gamma}(1-z)^{-\gamma+\alpha+\beta+1}\frac{dx}{dz},$$

$$5.\quad 2\frac{d^3z}{dz\,dx^2} - 3\left(\frac{d^2z}{dz\,dx}\right)^2 - \frac{Az^2+Bz+C}{z^2(1-z)^2}\cdot\frac{dz^2}{dx^2} + \frac{A'x^2+Bx+C'}{x^2(1-x)^2} = 0,$$

wo A, B, C, A', B' und C' dieselben Bedeutungen haben, wie in der Gleichung (4.) des vorigen Abschnittes, und wo für γ sowohl als für α', β' und γ' die angenommenen Werthe aus (1.) und (3.) zu setzen sind. Substituirt man diese Werthe des γ und α', β', γ' in der Gleichung (5.), so erhält man eine Gleichung, in welcher α und β vorkommen; und da diese beiden Gröfsen ganz beliebig sein sollen, so müssen hier alle Theile dieser Gleichung, welche α^2, β^2, $\alpha\beta$, α, β zu Factoren haben, für sich verschwinden, so dafs in dem gegenwärtigen Falle die Gleichung (5.) in sechs einzelne Gleichungen zerfällt, welche alle denselben Werth des z geben müssen. Die Quantität Az^2+Bz+C für diesen Zweck entwickelt, wird

$$Az^2+Bz+C=(z-m)^2\alpha^2+(z-m')^2\beta^2+(-z^2-(m+m'-2)z+mm')2\alpha\beta$$
$$+((m-m'')z+m(m''-1))2\alpha+((m'-m'')z+m'(m''-1))2\beta+z^2+2m''z+m''(m-2).$$
Die Quantität $A'x^2+B'x+C'$ eben so entwickelt wird die Form haben:

$$A'x^2+B'x+C'=p.\alpha^2+q.\beta^2+r.2\alpha\beta+s.2\alpha+t.2\beta+u,$$

wo die Gröſsen p, q, r, s, t, u sämmtlich Trinomien von der Form ax^2+bx+c sind, deren nähere Bestimmung jetzt unnöthig sein würde. Werden also nun alle Theile der Gleichung (5.), welche α^2, β^2, $\alpha\beta$, α, β zu Factoren haben, einzeln gleich 0 gesetzt, so erhält man folgende sechs Gleichungen:

6. $\quad \dfrac{p}{x^2(1-x)^2}=\dfrac{(z-m)^2dz^2}{z^2(1-z)^2dx^2},$

7. $\quad \dfrac{q}{x^2(1-x)^2}=\dfrac{(z-m')^2dz^2}{z^2(1-z)^2dx^2},$

8. $\quad \dfrac{r}{x^2(1-x)^2}=\dfrac{-z^2+(2-m-m')z+mm'}{z^2(1-z)^2}.\dfrac{dz^2}{dx^2},$

9. $\quad \dfrac{s}{x^2(1-x)^2}=\dfrac{(m-m'')z+m(m''-1)}{z^2(1-z)^2}.\dfrac{dz^2}{dx^2},$

10. $\quad \dfrac{t}{x^2(1-x)^2}=\dfrac{(m'-m'')z+m'(m''-1)}{z^2(1-z)^2}.\dfrac{dz^2}{dx^2},$

11. $\quad \dfrac{u}{x^2(1-x)^2}=\dfrac{-z^2+2m''z+m''(m''-2)}{z^2(1-z)^2}.\dfrac{dz^2}{dx^2}-2\dfrac{d^3z}{dz\,dx^2}+3\left(\dfrac{d^2z}{dz\,dx}\right)^2.$

Aus diesen Gleichungen sollen nun zunächst wieder die allgemeinen Formen gesucht werden, welche z als Function von x haben kann.

Die Gleichungen (9.) und (10.) durch einander dividirt geben:

12. $\quad \dfrac{s}{t}=\dfrac{(m-m'')z+m(m''-1)}{(m'-m'')z+m'(m''-1)},$

also mit Ausnahme der Fälle $m=m'$, $m''=1$ und $m''=0$, in welchen Fällen z ganz aus der Gleichung (12.) verschwindet, kann z durch diese Gleichung als rationale Function von s und t dargestellt werden, und ist somit auch rationale Function von x.

Ferner die Gleichungen (6.) und (7.) durch einander dividirt geben:

13. $\quad \dfrac{p}{q}=\left(\dfrac{z-m}{z-m'}\right)^2.$

Da nun, mit Ausnahme der angegebenen Fälle, z eine rationale Function von x ist, so muſs sich aus beiden Theilen der Gleichung (13.) die Quadratwurzel rational ausziehen lassen, und deshalb müssen p und q beide vollständige Quadrate sein. Wenn dies aber der Fall ist, so erhält man aus Gleichung (13.) für z die Form:

$$z = \frac{ax+b}{cx+d}.$$

Diese Form des z ist aber schon im vorigen Abschnitte vollständig untersucht worden, und kann daher überall, wo sie hier vorkommt, verworfen werden. Es folgt also hieraus, daſs nur dann, wenn eine der Gleichungen

$$m = m', \qquad m'' = 1, \qquad m'' = 0$$

Statt hat, ein passender Werth des z gefunden werden kann.

§. 15.

Es soll nun zuerst der Fall untersucht werden, wo m nicht $= m'$, wo also entweder $m'' = 1$ oder $m'' = 0$ sein muſs. In diesem Falle erhält man aus (13.) für den Werth des z:

$$14. \qquad z = \frac{m'\sqrt{p} - m\sqrt{q}}{\sqrt{p}-\sqrt{q}};$$

und hieraus zieht man:

$$\frac{dz}{dx} = \frac{(m'-m)\left(p\frac{dq}{dx} - q\frac{dp}{dx}\right)}{2\sqrt{pq}(\sqrt{p}-\sqrt{q})^2},$$

$$z(1-z) = \frac{(m'\sqrt{p}-m\sqrt{q})((1-m')\sqrt{p}-(1-m)\sqrt{q})}{(\sqrt{p}-\sqrt{q})^2},$$

$$z-m = \frac{(m'-m)\sqrt{p}}{\sqrt{p}-\sqrt{q}}.$$

Werden diese Werthe in der Gleichung (6.) substituirt, so wird

$$\frac{p}{x^2(1-x)^2} = \frac{(m'-m)^4\left(p\frac{dq}{dx} - q\frac{dp}{dx}\right)^2}{4q(\sqrt{p}-\sqrt{q})^2(m'\sqrt{p}-m\sqrt{q})^2((1-m')\sqrt{p}-(1-m)\sqrt{q})^2}.$$

Der Theil rechts vom Gleichheitszeichen muſs nun rational sein, weil der andere Theil dieser Gleichung rational ist, und dies ist, wie man leicht sieht, nur in folgenden vier Fällen möglich:

$$16. \begin{cases} m = 1 \text{ und } m' = -1, & m = 0 \text{ und } m' = 2, \\ m = -1 \text{ und } m' = 1, & m = 2 \text{ und } m' = 0. \end{cases}$$

Die beiden letzten dieser Fälle können unberücksichtigt bleiben, da sie durch Vertauschung von α und β, m' und m, sich aus den beiden andern ableiten lassen.

Für den Fall $m = 1$, $m' = -1$ geht die Gleichung (15.) über in:

$$17. \qquad \frac{p^2 q}{x^2(1-x)^2} = \frac{\left(p\frac{dq}{dx} - q\frac{dp}{dx}\right)^2}{(p-q)^2},$$

und der andere Fall $m = 0$ und $m' = 2$ giebt genau dieselbe Gleichung, so daſs für beide Fälle sich aus dieser Gleichung (17.) dieselben Werthe

9*

von p und q ergeben müssen. Der eine Theil dieser Gleichung ist ein vollständiges Quadrat; also muſs es der andere auch sein, und deshalb muſs q ein vollständiges Quadrat sein. Setzt man also:

$$q=(a+bx)^2, \qquad p=a'+2b'x+c'x^2,$$

so erhält man aus der Gleichung (14.) folgende zwei Formen des z, in dem Falle, daſs m und m' einander nicht gleich sind:

Wenn $m=1$, $m'=-1$, so ist:

$$18. \qquad z=\frac{a+bx\pm\sqrt{(a'+2b'x+c'x^2)}}{a+bx\mp\sqrt{(a'+2b'x+c'x^2)}}.$$

Wenn $m=0$, $m'=2$:

$$19. \qquad z=\frac{\pm 2\sqrt{(a'+2b'x+c'x^2)}}{a+bx\pm\sqrt{(a'+2b'x+c'x^2)}}.$$

§. 16.

Nachdem nun für den Fall, daſs m nicht $=m'$, die Formen des z gefunden sind, so ist noch der andere Fall zu untersuchen, wo $m=m'$ ist. In diesem Falle geben die Gleichungen (6.) und (8.), durch einander dividirt:

$$20. \qquad \frac{r}{p}=\frac{m^2-2(m-1)z-z^2}{(m-z)^2},$$

und die Gleichungen (6.) und (9.) geben eben so:

$$21. \qquad \frac{s}{p}=\frac{m(m''-1)-(m''-m)z}{(m-z)^2}.$$

Aus diesen beiden Gleichungen folgt:

$$\frac{r+2s}{p}=\frac{m^2+2m(m''-1)-2(m''-1)z-z^2}{(m-z)^2},$$

und da der gemeinschaftliche Factor $m-z$ aus Zähler und Nenner sich hinweghebt:

$$22. \qquad \frac{r+2s}{p}=\frac{m+2m''-2+z}{m-z}.$$

Hieraus ist klar, daſs, den einzigen Fall ausgenommen, wo $m+2m''-2=-m$, d. i. $m''=1-m$ ist, z eine rationale Function von x sein muſs. Aus (20.) erhält man nun aber durch Auflösung der quadratischen Gleichung folgenden Werth des z:

$$23. \qquad z=\frac{mr-(m-1)p\pm p\sqrt{\left((2m^2-2m+1)-2m(m-1)\frac{r}{p}\right)}}{r+p},$$

und damit dieser in Beziehung auf $\frac{r}{p}$, oder, was dasselbe ist, in Beziehung auf x rational sei, muſs entweder $m=0$ oder $m=1$ sein.

Für den Fall $m=0$ und $m'=0$ ist aber

$$24. \qquad z=\frac{2p}{r+p}.$$

Für den Fall $m=1$, $m'=1$ ist

$$25. \qquad a=\frac{r-p}{r+p}.$$

Für den Fall $m''=1-m$, für welchen z nicht eine rationale Function sein mufste, mufs die in der Gleichung (23.) enthaltene allgemeinere Form genommen werden, welche sich jedoch sehr vereinfacht, indem hier, wie bald gezeigt werden soll, m nur den Werth $\frac{1}{2}$ haben kann.

Es mögen die in diesem Abschnitte erlangten Resultate der Hauptsache nach jetzt noch einmal kurz zusammengestellt werden.

Der Differenzialgleichung (2.) kann nur dann ein passendes Integral von der Form $y=wF(\alpha,\beta,m\alpha+m'\beta+m'',z)$ genügen, wenn

$$26. \quad \begin{cases} 1)\ m=1, & m'=1, \quad \text{also } y=wF(\alpha,\beta,\alpha-\beta+m'',z), \\ 2)\ m=0, & m'=2, \quad \text{also } y=wF(\alpha,\beta,2\beta+m'',z), \\ 3)\ m=0, & m'=0, \quad \text{also } y=wF(\alpha,\beta,m'',z), \\ 4)\ m=1, & m'=1, \quad \text{also } y=wF(\alpha,\beta,\alpha+\beta+m'',z), \\ 5)\ m=1-m'', & m'=1-m'', \quad \text{also } y=wF(\alpha,\beta,m\alpha+m\beta+1-m,z). \end{cases}$$

§. 17.

Es sollen nun zunächst nur für die Fälle 1) und 3) die Werthe des z wirklich bestimmt werden, weil nachher gezeigt werden wird, dafs aus diesen sich die Werthe, welche z in allen übrigen Fällen haben kann, sehr leicht ableiten lassen.

Für den Fall $m=1$, $m'=-1$ haben wir oben für z die Form gefunden:

$$27. \qquad z=\frac{\sqrt{q}+\sqrt{p}}{\sqrt{q}-\sqrt{p}},$$

wo

$$q=(a+bx)^2, \qquad p=a'+2b'x+c'x^2.$$

Diese Werthe in der Gleichung (17.) substituirt, geben, nachdem auf beiden Seiten die Quadratwurzel ausgezogen ist:

$$28. \qquad \frac{a'+2b'x+c'x^2}{x(1-x)}=\pm\frac{2(ba'-ab')+2(bb'-ac')x}{(a'-a^2)+2(b'-ab)x+(c'-b^2)x^2}.$$

Man darf in dieser Gleichung nur das obere Zeichen + berücksichtigen; denn die Werthe der a, b, a', b', c', welche dem Zeichen − entsprechen, erhält man, indem man die Vorzeichen vor a und b verändert, welches wieder darauf hinausläuft, $\sqrt{p}$ mit dem Zeichen $\pm$ zu nehmen. Werden nun die Nenner dieser Gleichung durch Multiplication hinweggebracht, und die Coefficienten der gleichen Potenzen von x auf beiden Seiten einander gleich gesetzt, so erhält man folgende fünf Gleichungen zur Bestimmung der fünf Gröfsen a, b, a', b', c':

$$29.\quad \begin{cases} 1)\ a'(a'-a^2)=0, \\ 2)\ c'(c'-b^2)=0, \\ 3)\ a'(b'-ab)+b'(a'-a^2)=ba'-ab', \\ 4)\ b'(c'-b^2)+c'(b'-ab)=ac'-bb', \\ 5)\ a'(c'-b^2)+4b'(b'-ab)+c'(a'-a^2)=2bb'-2ac'-2a'b+2ab'. \end{cases}$$

Alle möglichen Werthe der Quantitäten a, b, a', b', c' zu finden, welche diesen fünf Gleichungen genügen, hat gar keine Schwierigkeiten. Wenn man alle diejenigen verwirft, welche dem z in der Gleichung (27.) einen Werth von der Form $\frac{mx+n}{\mu x+\nu}$, oder welche $z=$ const. geben würden, so findet man folgende neun Bestimmungen dieser Gröfsen:

$$30.\quad \begin{cases} 1)\ a=0, & b=1, & a'=0, & b'=\tfrac{1}{2}, & c'=0. \\ 2)\ a=1, & b=0, & a'=0, & b'=\tfrac{1}{2}, & c'=0. \\ 3)\ a=1, & b=1, & a'=0, & b'=2, & c'=0. \\ 4)\ a=0, & b=-1, & a'=0, & b'=-\tfrac{1}{2}, & c'=1. \\ 5)\ a=1, & b=-1, & a'=0, & b'=-\tfrac{1}{2}, & c'=1. \\ 6)\ a=1, & b=-2, & a'=0, & b'=-2, & c'=4. \\ 7)\ a=-1, & b=0, & a'=1, & b'=-\tfrac{1}{2}, & c'=0. \\ 8)\ a=-1, & b=1, & a'=1, & b'=-\tfrac{1}{2}, & c'=0. \\ 9)\ a=-2, & b=1, & a'=4, & b'=-2, & c'=0. \end{cases}$$

Diesen entsprechen nun, nach Gleichung (27.), folgende Werthe des z:

$$31.\quad \begin{cases} 1)\ z=\frac{x\pm\sqrt{x}}{x\mp\sqrt{x}}, & 2)\ z=\frac{1\pm\sqrt{x}}{1\mp\sqrt{x}}, & 3)\ z=\frac{1+x\pm2\sqrt{x}}{1+x\mp2\sqrt{x}}, \\ 4)\ z=\frac{-x\pm\sqrt{(x^2-x)}}{-x\mp\sqrt{(x^2-x)}}, & 5)\ z=\frac{1-x\pm\sqrt{(x^2-x)}}{1-x\mp\sqrt{(x^2-x)}}, & 6)\ z=\frac{1-2x\pm2\sqrt{(x^2-x)}}{1-2x\mp2\sqrt{(x^2-x)}}, \\ 7)\ z=\frac{-1\pm\sqrt{(1-x)}}{-1\mp\sqrt{(1-x)}}, & 8)\ z=\frac{-1+x\pm\sqrt{(1-x)}}{-1+x\mp\sqrt{(1-x)}}, & 9)\ z=\frac{-2+x\pm2\sqrt{(1-x)}}{-2+x\mp2\sqrt{(1-x)}}, \end{cases}$$

welche dem Falle $m=1$, $m'=-1$ angehören, oder die Werthe des z, für welche $y=wF(\alpha,\beta,\alpha-\beta+m''\,z)$ der Differenzialgleichung (2.) genügt.

Eben so soll nun noch der Fall $m=0$, $m'=0$ untersucht werden, für welchen oben, Gleichung (24.), für z die Form gefunden wurde:

$$32.\qquad z = \frac{2p}{r+p}.$$

Diesen Werth des z in der Gleichung (6.) substituirt, giebt:

$$33.\qquad \frac{p}{x^2(1-x)^2} = \frac{4\left(r\frac{dp}{dx}-p\frac{dr}{dx}\right)^2}{(p+r)^2p(p-r)^2},$$

woraus man sogleich ersieht, daſs p ein vollständiges Quadrat sein muſs. Setzt man nun:

$$p = (a+bx)^2 \quad \text{und} \quad p+r = 2(a'+2b'x+c'x^2),$$

so verwandelt sich diese Gleichung in:

$$34.\qquad \frac{a'+2b'x+c'x^2}{x(1-x)} = \pm\frac{2(ba'-ab')+2(bb'-ac')x}{(a'-a^2)+2(b'-ab)x+(c'-b^2)x^2}.$$

Diese Gleichung ist ganz dieselbe, wie Gleichung (28.), und muſs deshalb auch dieselben Werthe der Quantitäten a, b, a', b', c' geben. Wenn man nun wieder diejenigen, welche $z=$ const., oder z von der Form $\frac{mx+n}{\mu x+\nu}$ geben würden, verwirft, so kann man von den bei (30.) gefundenen Werthen nur die drei Werthe (3.), (6.) und (9.) in dem gegenwärtigen Falle anwenden, muſs jedoch jetzt folgende drei:

$$a = -1,\quad b = 2,\quad a' = 1,\quad b' = 0,\quad c' = 0,$$
$$a = -2,\quad b = 1,\quad a' = 0,\quad b' = 0,\quad c' = 1,$$
$$a = 1,\quad b = 1,\quad a' = 0,\quad b' = -1,\quad c' = 1,$$

welche in dem vorigen Falle verworfen wurden, hier hinzunehmen. Man erhält so folgende sechs Werthe des z, welche dem Falle $m=0$, $m'=0$ angehören, oder für welche $y = wF(\alpha, \beta, m'', z)$ der Differenzialgleichung (2.) genügt:

$$35.\quad \begin{cases} 1)\ z = \frac{(1+x)^2}{4x}, & 2)\ z = (1-2x)^2, & 3)\ z = \left(\frac{2-x}{x}\right)^2, \\ 4)\ z = \left(\frac{1+x}{1-x}\right)^2, & 5)\ z = \frac{(1-2x)^2}{4x^2-4x}, & 6)\ z = \frac{(2-x)^2}{4-4x}. \end{cases}$$

§. 17.

Aus den im vorigen Paragraphen gefundenen Werthen des z sollen nun alle übrigen hergeleitet werden. Dies geschieht durch Anwendung der Sätze (4.) und (5.) des §. 7.

Wenn nämlich der Differenzialgleichung (2.) ein Integral $y = wF(\alpha, \beta, \alpha-\beta+m'', z)$ genügt, so geht aus dem Satze (4.) §. 7. hervor, daſs derselben auch das Integral $y = wF(\alpha, \beta, 2\beta-m''+1, 1-z)$ genügen muſs. Die Werthe des z also, welche dem Falle $m=0$, $m'=2$

angehören, erhält man unmittelbar aus den bei (31.) für den Fall $m=1$, $m'=-1$ gefundenen, indem man dieselben von der Einheit abzieht; welches auch genau mit den bei (18.) und (19.) gefundenen Formen dieser Werthe übereinstimmt. Diese Werthe des z, für welche $y=F(\alpha,\beta,2\beta+m'',z)$ der Differenzialgleichung (2.) genügt, sind daher:

$$36.\left\{\begin{array}{lll}1)\ z=\frac{\pm 2\sqrt{x}}{x\pm\sqrt{x}}, & 2)\ z=\frac{\pm 2\sqrt{x}}{1\pm\sqrt{x}}, & 3)\ z=\frac{\pm 4\sqrt{x}}{1+x\pm 2\sqrt{x}},\\ 4)\ z=\frac{\pm 2\sqrt{(x^2-x)}}{-x\pm\sqrt{(x^2-x)}}, & 5)\ z=\frac{\pm 2\sqrt{(x^2-x)}}{1-x\pm\sqrt{(x^2-x)}}, & 6)\ z=\frac{\pm 4\sqrt{(x^2-x)}}{1-2x\pm 2\sqrt{(x^2-x)}},\\ 7)\ z=\frac{\pm 2\sqrt{(1-x)}}{-1\pm\sqrt{(1-x)}}, & 8)\ z=\frac{\pm 2\sqrt{(1-x)}}{-1+x\pm\sqrt{(1-x)}}, & 9)\ z=\frac{\pm 4\sqrt{(1-x)}}{-2+x\pm 2\sqrt{(1-x)}}.\end{array}\right.$$

Wenn ferner der Differenzialgleichung (2.) das Integral $y=wF(\alpha,\beta,\alpha-\beta+m'',z)$ genügt, so muſs nach dem Satze (5.) §. 7. derselben auch das Integral $y=(1-z)^{-\alpha}wF\left(\alpha,\alpha-2\beta+m'',\alpha-\beta+m'',\frac{z}{z-1}\right)$ genügen: oder wenn statt β gesetzt wird $\frac{\alpha-\beta+m''}{2}$, so muſs der Differenzialgleichung (2.) (in welcher jedoch nun die Quantitäten α', β', γ' andere Werthe haben) das Integral $y=(1-z)^{-\alpha}wF\left(\alpha,\beta,\frac{\alpha+\beta+m''}{2},\frac{z}{z-1}\right)$ genügen. Ein solches Integral kann aber nicht Statt haben, auſser wenn $m''=1$, wo es mit dem fünften Falle bei (26.) zusammenstimmt. Die diesem Falle angehörenden Werthe des z lassen sich also ebenfalls aus den bei (31.) für den Fall $m=1$, $m'=-1$ gefundenen herleiten. Und zwar wenn ein beliebiger von diesen durch $z_{,}$ bezeichnet wird, so wird der entsprechende Werth, welcher dem Falle $m=m'=1-m''$ (oder, wie jetzt näher bestimmt worden, $m=\frac{1}{2}$, $m'=\frac{1}{2}$, $m''=\frac{1}{2}$) angehört, $\frac{z_{,}}{z_{,}-1}$ sein. Diese Werthe des z, für welche $y=wF\left(\alpha,\beta,\frac{\alpha+\beta+1}{2},z\right)$ der Differenzialgleichung (2.) genügt, sind daher:

$$37.\left\{\begin{array}{lll}1)\ z=\frac{x\pm\sqrt{x}}{\pm 2\sqrt{x}}, & 2)\ z=\frac{1\pm\sqrt{x}}{\pm 2\sqrt{x}}, & 3)\ z=\frac{1+x\pm 2\sqrt{x}}{\pm 4\sqrt{x}},\\ 4)\ z=\frac{-x\pm\sqrt{(x^2-x)}}{\pm 2\sqrt{(x^2-x)}}, & 5)\ z=\frac{1-x\pm\sqrt{(x^2-x)}}{\pm 2\sqrt{(x^2-x)}}, & 6)\ z=\frac{1-2x\pm 2\sqrt{(x^2-x)}}{\pm 4\sqrt{(x^2-x)}},\\ 7)\ z=\frac{-1\pm\sqrt{(1-x)}}{\pm 2\sqrt{(1-x)}}, & 8)\ z=\frac{-1+x\pm\sqrt{(1-x)}}{\pm 2\sqrt{(1-x)}}, & 9)\ z=\frac{-2+x\pm 2\sqrt{(1-x)}}{\pm 4\sqrt{(1-x)}}.\end{array}\right.$$

Auf dieselbe Weise werden aus den gefundenen sechs Werthen des z, welche dem Falle $m=m'=0$ angehören, diejenigen gefunden, welche dem Falle $m=m'=1$ entsprechen. Wenn nämlich ein Integral $y=wF(\alpha,\beta,m'',z)$ der Differenzialgleichung (2.) genügt, so folgt aus dem Satze (4.) §. 7., daſs derselbe auch das Integral $y=wF(\alpha,\beta,\alpha+\beta-m''+1,1-z)$ genügen muſs. Man findet also die Werthe des z, welche dem Falle $m=m'=1$ entsprechen, indem man die bei (35.) für den Fall $m=m'=0$ gefundenen von der Einheit abzieht. Dieselben sind daher:

$$38.\quad\begin{cases}1)\ z=\frac{-(1-x)^2}{4x}, & 2)\ z=4x(1-x), \quad 3)\ z=\frac{4(x-1)}{x^2},\\ 4)\ z=\frac{-4x}{(1-x)^2}, & 5)\ z=\frac{1}{4x(1-x)}, \quad 6)\ z=\frac{x^2}{4(x-1)}.\end{cases}$$

Wir haben zu Anfange dieses Abschnittes §. 14., jener Bedingungsgleichung $n\alpha+n'\beta+n''\gamma+n'''=0$, welche unter den Quantitäten α,β,γ Statt haben sollte, die Form gegeben $\gamma=m\alpha+m'\beta+m''$, und haben bemerkt, daſs diese Form den Fall $n''=0$ in der vorigen ausschlieſst. Dieser Fall muſs jetzt der Vollständigkeit wegen besonders betrachtet werden. Wenn $n''=0$, so kann dieser Bedingungsgleichung die Form $\beta=n\alpha+n'$ gegeben werden; es ist daher noch zu untersuchen, in welchen Fällen der Differenzialgleichung (2.) ein Integral von der Form $y=wF(\alpha,n\alpha+n',\gamma,z)$ genügen kann. Wenn nun ein solches Integral genügt, so muſs nach dem Satze (1.) §. 7. auch ein Integral $y=(1-z)^{\gamma-n\alpha-\alpha-n'}F(\gamma-\alpha,\gamma-n\alpha-n',\gamma,z)$ genügen, oder wenn gesetzt wird $\frac{\alpha-\beta-n'}{n-1}$ statt α und $\frac{n\alpha-\beta-n'}{n-1}$ statt γ, so muſs dieser Differenzialgleichung das Integral genügen: $y=(1-z)^{\frac{n\beta-\alpha+n'}{n-1}}wF\left(\alpha,\beta,\frac{n\alpha}{n-1}-\frac{\beta}{n-1}-\frac{n'}{n-1},z\right)$. Die Integrale von der Form $y=wF(\alpha,n\alpha+n',\gamma,z)$ können also keine anderen Werthe des z haben, als die von der Form $y=wF(\alpha,\beta,m\alpha+m'\beta+m'',z)$, welche oben gefunden worden sind, mit Ausnahme des einzigen Falles $n=1$; denn für diesen paſst die so eben vorgenommene Umformung nicht. Wenn nun aber ein Integral $y=wF(\alpha,\alpha+n',\gamma,z)$ genügen soll, so muſs nach dem Satze (4.) §. 7. auch das Integral $w(1-z)^{-\alpha}F\left(\alpha,\gamma-\alpha-n',\gamma,\frac{z}{z-1}\right)$ genügen, oder wenn $\gamma=\alpha+\beta+n'$ gesetzt wird, so muſs auch das Integral $y=w(1-z)^{-\alpha}F\left(\alpha,\beta,\alpha+\beta+n',\frac{1}{z-1}\right)$ genügen. Die diesem Integrale (oder der Form $m=1$, $m'=1$) angehörenden Werthe des z sind aber bei (38.) gefunden worden. Nennt man nun einen derselben z_1, so ist der entsprechende Werth in dem Integrale $y=wF(\alpha,\alpha+n',\gamma,z)$, gleich $\frac{z_1}{z_1-1}$. Diese Werthe, welche dem Integrale $y=wF(\alpha,\alpha+n',\gamma,z)$ angehören, sind daher:

$$39.\quad\begin{cases} 1)\ z=\left(\frac{1-x}{1+x}\right)^2, & 2)\ z=\frac{4x^2-4x}{4x^2-4x+1}, \quad 3)\ z=\frac{4-4x}{(2-x)^2}, \\ 4)\ z=\frac{4x}{(1+x)^2}, & 5)\ z=\frac{1}{(1-2x)^2}, \quad 6)\ z=\left(\frac{x}{2-x}\right)^2. \end{cases}$$

Die Gesammtzahl aller Werthe des z, welche Statt haben können, damit der Differenzialgleichung (2.) ein Integral $y=wF(\alpha,\beta,\gamma,z)$ genüge, indem unter den Quantitäten α, β, γ eine Bedingungsgleichung von der Form $n\alpha+n'\beta+n''\gamma+n'''=0$ Statt habe, ist also 72, und unter diesen sind 27, welche sich von 27 anderen nur durch die Vorzeichen vor den Wurzelgröfsen unterscheiden. Von diesen 72 Werthen des z gewährt wieder ein jeder vier Integrale der Gleichung (2.); die Anzahl aller dieser particulären Integrale der Gleichung (2.) ist daher 288. Die 72 Werthe des z haben ferner viele merkwürdige Beziehungen zu einander, von welchen hier nur folgende erwähnt werden mag, die aus dem vierten und fünften Satze des §. 7. hervorgeht, nemlich dafs, wenn ein beliebiger dieser Werthe durch z_1 bezeichnet wird, auch die Werthe $1-z_1$, $\frac{1}{z_1}$, $\frac{1}{1-z_1}$, $\frac{z_1}{z_1-1}$ und $\frac{z_1-1}{z}$ in den 72 Werthen des z enthalten sein müssen. Es können daher von diesen Werthen zwölf als die ursprünglichen betrachtet werden, aus denen die übrigen sich auf die bemerkte Weise ableiten lassen.

§. 18.

Von allen den gefundenen Werthen des z wollen wir jetzt nur zwei auswählen und für diese die zugehörigen Werthe der Quantitäten α', β', γ', und die particulären Integrale der Differenzialgleichung (2.) vollständig bestimmen. Diese werden dann zwei einfache Gleichungen zwischen zwei hypergeometrischen Reihen gewähren, aus welchen alle übrigen Gleichungen, welche unter den 288 Integralen Statt haben können, sich ableiten lassen werden.

Zunächst werde untersucht der Werth (31, 7.):

$$z=\frac{1-\sqrt{(1-x)}}{1+\sqrt{(1-x)}}.$$

Durch differenziiren giebt dieser:

$$\frac{dz}{z\,dx}=\frac{1}{x\sqrt{(1-x)}},\qquad \frac{d^2z}{dz\,dx}=\frac{3x-2+2\sqrt{(1-x)}}{2x(1-x)},$$

$$2\frac{d^3z}{dz\,dx^2}-3\left(\frac{d^2z}{dz\,dx}\right)^2=\frac{3}{4(1-x)^2},$$

und diese Werthe in der Gleichung (5.) substituirt, geben:

$$\frac{3}{4(1-x)^2}-\frac{A(1-\sqrt{(1-x)})^2+Bx+C(1+\sqrt{(1-x)})^2}{4x^2(1-x)^2}+\frac{A'x^2+B'x+C'}{x^2(1-x)^2}=0,$$

oder nach gehöriger Reduction:

$$(3+4A')x^2+(A-B+C+4B')x-2(A+C-2C')+2(A-C)\sqrt{(1-x)}=0.$$

Damit nun diese Gleichung für jeden Werth des x identisch sei, oder damit $z=\frac{1-\sqrt{(1-x)}}{1+\sqrt{(1-x)}}$ ein richtiges Integral der Gleichung (5.) sei, müssen folgende vier Gleichungen Statt haben:

$$3+4A'=0,\quad A-B+C+4B'=0,\quad A+C-2C'=0,\quad A-C=0,$$

oder

$$A'=-\tfrac{3}{4},\quad B'=\frac{B-2A}{4},\quad C'=C,\quad A=C.$$

Setzt man nun für A, B, C, A', B', C' ihre bei (4.) §. 4. angegebenen Werthe, so werden diese Gleichungen:

$$(\alpha'-\beta')^2=\tfrac{1}{4},\quad 8\alpha'\beta'-4\gamma'(\alpha'+\beta'-1)=2\alpha\beta-\gamma(\alpha+\beta-1)-(\alpha-\beta)^2-1,$$
$$\gamma'(\gamma'-2)=\gamma(\gamma-2),\quad (\alpha-\beta)^2=(\gamma-1)^2.$$

Diesen Gleichungen kann auf vier verschiedene Arten genügt werden. Wir wollen aber nur folgende Auflösung nehmen:

$$\alpha'=\frac{\alpha}{2},\quad \beta'=\frac{\alpha+1}{2},\quad \gamma'=\alpha-\beta+1,\quad \gamma=\alpha-\beta+1.$$

Substituirt man diese Werthe des α', β', γ' und γ in der Gleichung (4.), welche den Multiplicator giebt, so erhält man

$$w=c(1+\sqrt{(1-x)})^{-\alpha}.$$

Es genügt also $y=c(1+\sqrt{(1-x)})^{-\alpha}F\left(\alpha,\beta,\alpha-\beta+1,\frac{1-\sqrt{(1-x)}}{1+\sqrt{(1-x)}}\right)$ der Differenzialgleichung

$$\frac{d^2y}{dx^2}+\frac{\alpha-\beta+1-(\alpha+\frac{3}{2})x}{x(1-x)}\cdot\frac{dy}{dx}-\frac{\alpha(\alpha+1)y}{4x(1-x)}=0,$$

deren Integral ebenfalls $y=F\left(\frac{\alpha}{2},\frac{\alpha+1}{2},\alpha-\beta+1,x\right)$ ist. Da nun die beiden Integrale dieser Differenzialgleichung sich nach ganzen steigenden Potenzen von x entwickeln lassen, so können sie nur durch einen constanten Factor sich unterscheiden (man sehe §. 9.), und diesen findet man sogleich durch den Fall $x=0$, nämlich $c=2^\alpha$. Man hat daher die Gleichung

40. $$F\left(\frac{\alpha}{2},\frac{\alpha+1}{2},\alpha-\beta+1,x\right)=\left(\frac{1+\sqrt{(1-x)}}{2}\right)^{-\alpha}F\left(\alpha,\beta,\alpha-\beta+1,\frac{1-\sqrt{(1-x)}}{1+\sqrt{(1-x)}}\right)$$

10 *

Eben so wollen wir nun noch eine Gleichung herleiten, welche der Werth des z (31, 9.) gewährt, nämlich:

$$z=\left(\frac{1-\sqrt{(1-x)}}{1+\sqrt{(1-x)}}\right)^2.$$

Durch differenziiren erhält man hieraus:

$$\frac{dz}{z\,dx}=\frac{2}{x\sqrt{(1-x)}},\qquad \frac{d^2z}{dz\,dx}=\frac{3x-2+4\sqrt{(1-x)}}{2x(1-x)},$$

$$2\frac{d^3z}{dz\,dx^2}-3\left(\frac{d^2z}{dz\,dx}\right)^2=\frac{3x^2+12x-12}{4x^2(1-x)^2}.$$

Dies in der Gleichung (5.) substituirt, giebt:

$$\frac{3x^2+12x-12}{4x^2(1-x)^2}-\frac{A(1-\sqrt{(1-x)})^4+Bx^2+C(1+\sqrt{(1-x)})^4}{4x^2(1-x)^2}+\frac{A'x^2+B'x+C'}{x^2(1-x)^2}=0.$$

Damit diese Gleichung für jeden Werth des x statt habe, müssen folgende vier Gleichungen erfüllt werden:

$$3+4A'=A+B+C,\qquad 3+2A+2C+B'=0,$$
$$3+2A+2C-C'=0,\qquad A-C=0.$$

Setzt man nun für A, B, C, A', B' und C' ihre Werthe durch α, β, γ, α', β' und γ' ausgedrückt, so findet man leicht, daſs diesen vier Gleichungen folgende Werthe von α', β', γ', und γ genügen:

$$\alpha'=\alpha,\qquad \beta'=\alpha-\beta+\tfrac{1}{2},\qquad \gamma'=2\alpha+2\beta+1,\qquad \gamma=\alpha-\beta+1.$$

Substituirt man diese Werthe nebst denen von z und $\frac{dz}{dx}$ in der Gleichung (4.), so erhält man den Multiplicator

$$w=c(1+\sqrt{(1-x)})^{-2\alpha}.$$

Hieraus folgt, daſs das Integral

$$y=c(1+\sqrt{(1-x)})^{-2\alpha}F\left(\alpha,\beta,\alpha-\beta+1,\left(\frac{(1-\sqrt{(1-x)})}{(1+\sqrt{(1-x)})}\right)^2\right)$$

der Differenzialgleichung

$$\frac{d^2y}{dx^2}+\frac{2\alpha-2\beta+1-(2\alpha-\beta+\frac{3}{2})x}{x(1-x)}\cdot\frac{dy}{dx}-\frac{\alpha(\alpha-\beta+\frac{1}{2})y}{x(1-x)}=0$$

genügt. Da dieser Gleichung aber auch das Integral

$$y=F(\alpha,\alpha-\beta+\tfrac{1}{2},2\alpha-2\beta+1,x)$$

genügt, und diese beiden Integrale sich nach ganzen steigenden Potenzen von x entwickeln lassen, so können sie sich nur durch den constanten Factor unterscheiden. Wird dieser durch den Fall $x=0$ bestimmt, so hat man folgende Gleichung:

$$\textbf{41.}\quad F(\alpha,\alpha-\beta+\tfrac{1}{2},2\alpha-2\beta+1,x)$$
$$=\left(\frac{1+\sqrt{(1-x)}}{2}\right)^{-2\alpha}F\left(\alpha,\beta,\alpha-\beta+1,\left(\frac{1-\sqrt{(1-x)}}{1+\sqrt{(1-x)}}\right)^2\right).$$

§. 19.

Aus den beiden Gleichungen (40.) und (41.), verbunden mit den allgemeinen Formeln, welche im vorigen Abschnitte gefunden worden sind, werden wir nun alle Gleichungen herleiten können, welche unter je zweien oder je dreien der 288 Integrale der Differenzialgleichung (2.) Statt haben, oder, was dasselbe ist, die Gleichungen welche in dem Falle Statt haben, wo von den Quantitäten α, β und γ nur noch zwei beliebig sind. Zunächst mögen folgende acht aufgestellt werden:

42. $F(\alpha,\alpha+\frac{1}{2},\gamma,x)=\left(\frac{1+\sqrt{(1-x)}}{2}\right)^{-2\alpha}F\left(2\alpha,2\alpha-\gamma+1,\gamma,\frac{1-\sqrt{(1-x)}}{1+\sqrt{(1-x)}}\right)$,

43. $F(\alpha,\beta,2\beta,x)=\left(\frac{1+\sqrt{(1-x)}}{2}\right)^{-2\alpha}F\left(\alpha,\alpha-\beta+\frac{1}{2},2\alpha-2\beta+1,\left(\frac{1-\sqrt{(1-x)}}{1+\sqrt{(1-x)}}\right)^2\right)$.

44. $F(\alpha,\alpha+\frac{1}{2},\gamma,x)=(1\pm\sqrt{x})^{-2\alpha}F\left(2\alpha,\gamma-\frac{1}{2},2\gamma-1,\frac{\pm2\sqrt{x}}{1\pm\sqrt{x}}\right)$,

45. $F(\alpha.\beta,\alpha+\beta+\frac{1}{2},x)=\left(\frac{1+\sqrt{(1-x)}}{2}\right)^{-2\alpha}F\left(2\alpha,\alpha-\beta+\frac{1}{2},\alpha+\beta+\frac{1}{2},\frac{\sqrt{(1-x)}-1}{\sqrt{(1-x)}+1}\right)$,

46. $F(\alpha,\beta,\alpha+\beta+\frac{1}{2},x)=(\sqrt{(x-1)}\pm\sqrt{x})^{-2\alpha}F\left(2\alpha,\alpha+\beta,2\alpha+2\beta,\frac{\pm2\sqrt{x}}{\sqrt{(x-1)}\pm\sqrt{x}}\right)$,

47. $F(\alpha,\alpha+\frac{1}{2},\gamma,x)=(1-x)^{-\alpha}F\left(2\alpha,2\gamma-2\alpha-1,\gamma,\frac{\sqrt{(1-x)}-1}{2\sqrt{(1-x)}}\right)$,

48. $F(\alpha,\beta,2\beta,x)=(1-x)^{-\frac{\alpha}{2}}F\left(\alpha,2\beta-\alpha,\beta+\frac{1}{2},-\frac{(1-\sqrt{(1-x)})^2}{4\sqrt{(1-x)}}\right)$,

49. $F(\alpha,\beta,\alpha+\beta+\frac{1}{2},x)=F\left(2\alpha,2\beta,\alpha+\beta+\frac{1}{2},\frac{1-\sqrt{(1-x)}}{2}\right)$.

Die Gleichung (42.) ist mit (40.) identisch, und ist nur dadurch in diese Form gebracht, daſs 2α statt α, und $2\alpha-\gamma+1$ statt β gesetzt ist. Eben so ist (43.) aus (41.) abgeleitet, indem $\alpha-\beta+\frac{1}{2}$ statt β gesetzt ist. Die Formel (44.) erhält man auf folgende Weise aus (42.) und (43.). Man setze in (43.) 2α statt α, $\gamma-\frac{1}{2}$ statt β, und $\frac{\pm2\sqrt{x}}{1\pm\sqrt{x}}$ statt x, so verwandelt sich

$$\left(\frac{1-\sqrt{(1-x)}}{1+\sqrt{(1-x)}}\right)^2 \text{ in } \frac{1-\sqrt{(1-x)}}{1+\sqrt{(1-x)}}, \quad\text{und}\quad \left(\frac{1+\sqrt{(1-x)}}{2}\right)^2 \text{ in } \frac{1+\sqrt{(1-x)}}{2(1\pm\sqrt{x})},$$

weshalb (43.) übergeht in:

$$(1\pm\sqrt{x})^{-2\alpha}F\left(2\alpha,\gamma-\tfrac{1}{2},2\gamma-1,\frac{\pm2\sqrt{x}}{1\pm\sqrt{x}}\right)=\left(\frac{1+\sqrt{(1-x)}}{2}\right)^{-2\alpha}F\left(2\alpha,2\alpha-\gamma+1,\gamma,\frac{1-\sqrt{(1-x)}}{1+\sqrt{(1-x)}}\right),$$

aus welcher Gleichung, verbunden mit (42.), unmittelbar (44.) folgt. Verwandelt man ferner, in (42.) und (44.), x in $\frac{x}{x-1}$, γ in $\alpha+\beta+\frac{1}{2}$, und formt die Reihe $F\left(\alpha, \alpha+\frac{1}{2}, \alpha+\beta+\frac{1}{2}, \frac{x}{x-1}\right)$ nach Formel (18.) §. 9. um, so erhält man (45.) und (46.). Verwandelt man endlich, in (42.), (43.) (45.), die Reihen F rechts vom Gleichheitszeichen nach Formel (18.) §. 9., so erhält man (47.), (48.) und (49.).

Man kann dieselben acht Gleichungen auch in folgender Form darstellen:

$$50.\quad F(\alpha.\ \beta, \alpha-\beta+1, x) = (1+x)^{-\alpha} F\left(\frac{\alpha}{2}, \frac{\alpha+1}{2}, \alpha-\beta+1, \frac{4x}{(1+x)^2}\right),$$

$$51.\quad F(\alpha, \beta, \alpha-\beta+1, x) = (1\pm\sqrt{x})^{-2\alpha} F\left(\alpha, \alpha-\beta+\tfrac{1}{2}, 2\alpha-2\beta+1, \frac{\pm 4\sqrt{x}}{(1\pm\sqrt{x})^2}\right),$$

$$52.\quad F(\alpha, \beta, 2\beta, x) \quad = \left(1-\frac{x}{2}\right)^{-\alpha} F\left(\frac{\alpha}{2}, \frac{\alpha+1}{2}, \beta+\tfrac{1}{2}, \left(\frac{x}{2-x}\right)^2\right),$$

$$53.\quad F(\alpha, \beta, \alpha-\beta+1, x) = (1-x)^{-\alpha} F\left(\frac{\alpha}{2}, \frac{\alpha-2\beta+1}{2}, \alpha-\beta+1, \frac{-4x}{(1-x)^2}\right),$$

$$54.\quad F(\alpha, \beta, 2\beta, x) \quad = (1-x)^{-\frac{\alpha}{2}} F\left(\frac{\alpha}{2}, \beta-\frac{\alpha}{2}, \beta+\tfrac{1}{2}, \frac{x^2}{4(x-1)}\right),$$

$$55.\quad F\left(\alpha, \beta, \frac{\alpha+\beta+1}{2}, x\right) = (1-2x)^{-\alpha} F\left(\frac{\alpha}{2}, \frac{\alpha+1}{2}, \frac{\alpha+\beta+1}{2}, \frac{4x^2-4x}{4x^2-4x+1}\right),$$

$$56.\quad F\left(\alpha, \beta, \frac{\alpha+\beta+1}{2}, x\right) = (\sqrt{(1-x)}\pm\sqrt{(-x)})^{-2\alpha} F\left(\alpha, \frac{\alpha+\beta}{2}, \alpha+\beta, \frac{\pm 4\sqrt{(x^2-x)}}{(\sqrt{(1-x)}\pm\sqrt{(-x)})^2}\right),$$

$$57.\quad F\left(\alpha, \beta, \frac{\alpha+\beta+1}{2}, x\right) = F\left(\frac{\alpha}{2}, \frac{\beta}{2}, \frac{\alpha+\beta+1}{2}, 4x(1-x)\right).$$

Diese acht Gleichungen sind wesentlich dieselben, wie die vorigen acht. So z. B. ist (50.) mit (42.) identisch, wenn in dieser $\frac{\alpha}{2}$ statt α, $\alpha-\beta+1$ statt γ und $\frac{4x}{(1+x)^2}$ statt x gesetzt wird; und auf ähnliche Weise die übrigen.

Alle diese 16 Gleichungen enthalten 20 von den in §. 17. gefundenen Werthen des letzten Elementes z, und zwar grade alle diejenigen, welche zugleich mit x verschwinden; die übrigen Werthe des z geben keine Gleichungen unter zwei, sondern unter drei Functionen F. Mit Hülfe der Formel (17.) §. 9. können aus jeder dieser 16 Gleichungen noch drei andere hergeleitet werden, welche dieselben Werthe des letzten Elementes haben. Durch diese Formel kann man nämlich sowohl die eine als auch die andere Function F in jeder dieser Gleichungen, oder auch beide zugleich umformen; von den so erhaltenen Formeln werden jedoch viele unter einander identisch sein. Da die acht Gleichungen (42.) bis (49.) mit den Gleichungen (50.) bis (57.) identisch sind, so mag diese Umformung nur an den letzteren ausgeführt werden. Diese gewähren noch folgende neun Gleichungen, welche weder unter einander noch mit den vorigen identisch sind:

$$58.\quad F(\alpha,\beta,\alpha-\beta+1,x)$$
$$=(1-x)^{1-2\beta}(1+x)^{2\beta-\alpha-1}F\left(\frac{\alpha-2\beta+1}{2},\frac{\alpha-2\beta+2}{2},\alpha-\beta+1,\frac{4x}{(1+x)^2}\right),$$

$$59.\quad F(\alpha,\beta,\alpha-\beta+1,x)$$
$$=(1-x)^{1-2\beta}(1\pm\sqrt{x})^{4\beta-2\alpha-2}F\left(\alpha-2\beta+1,\alpha-\beta+\tfrac{1}{2},2\alpha-2\beta+1,\frac{\pm4\sqrt{x}}{(1\pm\sqrt{x})^2}\right),$$

$$60.\quad F(\alpha,\beta,2\beta,x)$$
$$=(1-x)^{\beta-\alpha}\left(1-\frac{x}{2}\right)^{\alpha-2\beta}F\left(\beta-\frac{\alpha}{2},\frac{2\beta-\alpha+1}{2},\beta+\tfrac{1}{2},\left(\frac{x}{2-x}\right)^2\right),$$

$$61.\quad F(\alpha,\beta,\alpha-\beta+1,x)$$
$$=(1+x)(1-x)^{-\alpha-1}F\left(\frac{\alpha+1}{2},\frac{\alpha}{2}-\beta+1,\alpha-\beta+1,\frac{-4x}{(1-x)^2}\right),$$

$$62.\quad F(\alpha,\beta,2\beta,x)$$
$$=\left(1-\frac{x}{2}\right)(1-x)^{\frac{-\alpha-1}{2}}F\left(\frac{\alpha+1}{2},\frac{2\beta-\alpha+1}{2},\beta+\tfrac{1}{2},\frac{x^2}{4(x-1)}\right),$$

$$63.\quad F\left(\alpha,\beta,\frac{\alpha+\beta+1}{2},x\right)$$
$$=(1-2x)F\left(\frac{\alpha+1}{2},\frac{\beta+1}{2},\frac{\alpha+\beta+1}{2},4x(1-x)\right),$$

$$64.\quad F(\alpha,1-\alpha,\gamma,x)$$
$$=(1-x)^{\gamma-1}(1-2x)^{1-\alpha-\gamma}F\left(\frac{\gamma+\alpha}{2},\frac{\gamma+\alpha+1}{2},\gamma,\frac{4x^2-4x}{4x^2-4x+1}\right),$$

$$65.\quad F(\alpha,1-\alpha,\gamma,x)$$
$$=(1-x)^{\gamma-1}(\sqrt{(1-x)}\pm\sqrt{(-x)})^{2-2\alpha-2\gamma}F\left(\gamma+\alpha-1,\gamma-\tfrac{1}{2},2\gamma-1,\frac{\pm4\sqrt{(x^2-x)}}{(\sqrt{(1-x)}\pm\sqrt{(-x)})^2}\right),$$

$$66.\quad F(\alpha,1-\alpha,\gamma,x)$$
$$=(1-x)^{\gamma-1}F\left(\frac{\gamma-\alpha}{2},\frac{\gamma+\alpha-1}{2},\gamma,4x(1-x)\right).$$

Wir werden später Gelegenheit haben, von den in diesem Paragraph gefundenen Formeln zahlreiche Anwendungen zu machen; hier mögen nur noch einige allgemeine Eigenschaften derselben erwähnt werden. In keiner dieser Formeln darf der Werth der Quantität x über die Grenzen -1 und $+1$ ausgedehnt werden, und auch innerhalb dieser Grenzen dürfen dem x nur solche Werthe gegeben werden, für welche der Werth des letzten Elementes rechts vom Gleichheitszeichen in den Grenzen -1 und $+1$ liegt. Besonders zu beachten sind die Formeln

(57.), (63.) und (66.) wegen der Grenzen des x, für welche dieselben gültig sind; das letzte Element $4x(1-x)$ erreicht die Grenze -1 für $x=\frac{1-\sqrt{x}}{2}$ und die Grenze $+1$ für $x=\frac{1}{2}$; über diese Grenzen hinaus dürfen diese Formeln nicht angewendet werden, obgleich für die Werthe des x von $\frac{1}{2}$ bis 1 das letzte Element $4x(1-x)$ wieder kleiner als 1 wird, und von 1 bis 0 abnimmt. Übrigens lassen sich alle diese Gleichungen dadurch *a posteriori* beweisen, daſs man die Theile rechts vom Gleichheitszeichen nach steigenden Potenzen von x entwickelt.

§. 20.

Es sind nun noch die Gleichungen zu bilden, welche unter drei Functionen F in dem Falle Statt haben, wo von den Gröſsen α, β, γ nur noch zwei beliebig sind. Man nehme zu diesem Zwecke die Gleichung (21.) des vorigen Abschnittes, in welcher x in z verwandelt werde:

$$F(\alpha,\beta,\gamma,z)=Az^{1-\gamma}F(\alpha-\gamma+1,\beta-\gamma+1,2-\gamma,z)+BF(\alpha,\beta,\alpha+\beta-\gamma+1,1-z).$$

Für z nehme man nun irgend einen der zwanzig Werthe, welche in den Gleichungen des §. 19. enthalten sind, und setze unter den Quantitäten α, β, γ eine Gleichung von der Art, daſs mit Hülfe dieser Formeln des vorigen Paragraph's $F(\alpha,\beta,\gamma,z)$ sich in $wF(\alpha',\beta',\gamma',x)$ verwandeln läſst. Wird diese Verwandlung ausgeführt, so hat man eine Gleichung, welche drei Functionen F verbindet, deren letzte Elemente x, z und $1-z$ sind; eben so verfahre man mit den anderen allgemeinen Formeln des §. 11., nämlich (22.) bis (26.), und mit allen, welche, wie wir daselbst gezeigt haben, sich noch aus diesen ableiten lassen. Man erhält so Gleichungen unter je drei Functionen F, deren letzte Elemente die Werthe x, z, $1-z$, $\frac{1}{z}$, $\frac{1}{1-z}$, $\frac{z}{z-1}$, $\frac{z-1}{z}$ enthalten, indem z einen der 20 Werthe des letzten Elementes bezeichnet, welche in den Gleichungen des vorigen Paragraphen vorkommen. Diese Gleichungen werden nun, wie man leicht übersehen kann, alle im §. 17. gefundenen 72 Werthe des z umfassen, auſser folgenden 12:

$$z=\frac{x\pm\sqrt{x}}{x\mp\sqrt{x}},\qquad z=\frac{\pm 2\sqrt{x}}{x\pm\sqrt{x}},\qquad z=\frac{x\pm\sqrt{x}}{\pm 2\sqrt{x}},$$

$$z=\frac{-x\pm\sqrt{(x^2-x)}}{-x\mp\sqrt{(x^2-x)}},\qquad z=\frac{\pm 2\sqrt{(x^2-x)}}{-x\pm\sqrt{(x^2-x)}},\qquad z=\frac{-x\pm\sqrt{(x^2-x)}}{\pm 2\sqrt{(x^2-x)}}.$$

Alle Gleichungen unter drei Functionen F aber, in welchen diese Werthe des letzten Elementes vorkommen, werden keine wesentlich neuen Gleichungen, sondern in den auf die oben angegebene Weise gefundenen schon enthalten sein; welches sich zeigt, indem für x eine neue veränderliche eingeführt wird. So z. B. die Gleichungen, in denen Functionen F vorkommen, deren letzte Elemente x und $\frac{x\pm\sqrt{x}}{2\sqrt{x}}$ sind, werden, indem statt x gesetzt wird $(1-2x)^2$, in andere verwandelt, deren letzte Elemente x oder $1-x$ und $(1-2x)^2$ sind, und welche also schon in den nach der obigen Methode gefundenen enthalten sein müssen. Eben so ist es mit den übrigen. Die Anzahl aller der Gleichungen unter drei Functionen F, welche Statt haben, indem noch zwei der Quantitäten α, β, γ beliebig bleiben, ist außerordentlich groß. Es mag daher hier hinreichen, einige der einfachsten und merkwürdigsten herzuleiten.

Setzt man in (23.) §. 11. $\gamma=\frac{\alpha+\beta+1}{2}$, so ist:

$$67.\quad \left\{\begin{aligned} &F\left(\alpha,\beta,\frac{\alpha+\beta+1}{2},x\right)\\ &=aF\left(\alpha,\beta,\frac{\alpha+\beta+1}{2},1-x\right)+b(1-x)^{\frac{1-\alpha-\beta}{2}}F\left(\frac{\alpha-\beta+1}{2},\frac{\beta-\alpha+1}{2},\frac{3-\alpha-\beta}{2},1-x\right),\\ &\text{wo}\quad a=\frac{\cos(\alpha-\beta)\frac{\pi}{2}}{\cos(\alpha+\beta)\frac{\pi}{2}},\qquad b=\frac{\Pi\left(\frac{\alpha+\beta-1}{2}\right)\Pi\left(\frac{\alpha+\beta-3}{2}\right)}{\Pi(\alpha-1)\,\Pi(\beta-1)}.\end{aligned}\right.$$

Es ist nun nach Formel (57.) §. 19., wenn daselbst x in $1-x$ verwandelt wird:

$$F\left(\alpha,\beta,\frac{\alpha+\beta+1}{2},1-x\right)=F\left(\frac{\alpha}{2},\frac{\beta}{2},\frac{\alpha+\beta+1}{2},4x(1-x)\right)$$

in den Grenzen $x=\frac{1}{2}$ bis $x=\frac{1+\sqrt{2}}{2}$.

(Jene Formel (57.) gilt nämlich, wie bemerkt worden, in den Grenzen $x=\frac{1-\sqrt{2}}{2}$ bis $x=\frac{1}{2}$; also diese, in welcher x in $1-x$ verwandelt worden, in den angegebenen Grenzen $x=\frac{1}{2}$ bis $x=\frac{1+\sqrt{2}}{2}$.) Dieser Werth von $F\left(\alpha,\beta,\frac{\alpha+\beta+1}{2},1-x\right)$ substituirt, giebt:

$$68.\quad F\left(\alpha,\beta,\frac{\alpha+\beta+1}{2},x\right)$$

$$=aF\left(\frac{\alpha}{2},\frac{\beta}{2},\frac{\alpha+\beta+1}{2},4x(1-x)\right)+b(1-x)^{\frac{1-\alpha-\beta}{2}}F\left(\frac{\alpha-\beta+1}{2},\frac{\beta-\alpha+1}{2},\frac{3-\alpha-\beta}{2},1-x\right)$$

in den Grenzen $x=\frac{1}{2}$ bis $x=1$.

Diese Formel bildet gleichsam die Ergänzung der Formel (57.) §. 19. Formet man die zweite Function F dieser Formel nach (18.) §. 9. um, so wird

$$69.\quad F\left(\alpha,\beta,\frac{\alpha+\beta+1}{2},x\right)=a(1-2x)^{-\alpha}F\left(\frac{\alpha}{2},\frac{\alpha+1}{2},\frac{\alpha+\beta+1}{2},\frac{4x^2-4x}{4x^2-4x+1}\right)$$
$$+b(1-x)^{\frac{1-\alpha-\beta}{2}}F\left(\frac{\alpha-\beta+1}{2},\frac{\beta-\alpha+1}{2},\frac{3-\alpha-\beta}{2},1-x\right)$$

in den Grenzen $x=\frac{2+\sqrt{2}}{4}$ bis $x=1$.

Diese Formel ist eben so die Ergänzung von (55.) §. 19., welche nur in den Grenzen $x=-1$ bis $x=\frac{2-\sqrt{2}}{4}$ gültig ist.

Setzt man in Formel (23.) §. 11. $\frac{\alpha}{2}$ statt α, $\frac{\beta}{2}$ statt β, $\gamma=\frac{\alpha+\beta+1}{2}$, und $4x(1-x)$ statt x, so erhält man:

$$70.\quad F\left(\frac{\alpha}{2},\frac{\beta}{2},\frac{\alpha+\beta+1}{2},4x(1-x)\right)=cF\left(\frac{\alpha}{2},\frac{\beta}{2},\frac{1}{2},(1-2x)^2\right)$$
$$-d(1-2x)F\left(\frac{\alpha+1}{2},\frac{\beta+1}{2},\frac{3}{2},(1-2x)^2\right),$$

wo

$$71.\quad c=\frac{\sqrt{\pi}\,\Pi\left(\frac{\alpha+\beta-1}{2}\right)}{\Pi\left(\frac{\alpha-1}{2}\right)\Pi\left(\frac{\beta-1}{1}\right)},\qquad d=\frac{2\sqrt{\pi}\,\Pi\left(\frac{\alpha+\beta-1}{2}\right)}{\Pi\left(\frac{\alpha}{2}-1\right)\Pi\left(\frac{\beta}{2}-1\right)}.$$

Hieraus folgt nach Gleichung (57.) §. 19.:

$$72.\quad F\left(\alpha,\beta,\frac{\alpha+\beta+1}{2},x\right)=c.F\left(\frac{\alpha}{2},\frac{\beta}{2},\frac{1}{2},(1-2x)^2\right)$$
$$-d(1-2x)F\left(\frac{\alpha+1}{2},\frac{\beta+1}{2},\frac{3}{2},(1-2x)^2\right).$$

Setzt man nun $\frac{1-\sqrt{x}}{2}$ statt x, so ist

$$73.\quad F\left(\alpha,\beta,\frac{\alpha+\beta+1}{2},\frac{1-\sqrt{x}}{2}\right)=cF\left(\frac{\alpha}{2},\frac{\beta}{2},\frac{1}{2},x\right)$$
$$-d\sqrt{x}\,F\left(\frac{\alpha+1}{2},\frac{\beta+1}{2},\frac{3}{2},x\right),$$

und wenn das Vorzeichen vor $\sqrt{x}$ geändert wird,

$$74.\quad F\left(\alpha,\beta,\frac{\alpha+\beta+1}{2},\frac{1+\sqrt{x}}{2}\right)=cF\left(\frac{\alpha}{2},\frac{\beta}{2},\frac{1}{2},x\right)$$
$$+d\sqrt{x}\,F\left(\frac{\alpha+1}{2},\frac{\beta+1}{2},\frac{3}{2},x\right).$$

Hieraus erhält man nun durch Addition und Subtraction:

$$75. \quad 2cF\left(\frac{\alpha}{2},\frac{\beta}{2},\frac{1}{2},x\right) = F\left(\alpha,\beta,\frac{\alpha+\beta+1}{2},\frac{1+\sqrt{x}}{2}\right) + F\left(\alpha,\beta,\frac{\alpha+\beta+1}{2},\frac{1-\sqrt{x}}{2}\right),$$

$$76. \quad 2d\sqrt{x}F\left(\frac{\alpha+1}{2},\frac{\beta+1}{2},\frac{3}{2},x\right) = F\left(\alpha,\beta,\frac{\alpha+\beta+1}{2},\frac{1+\sqrt{x}}{2}\right) - F\left(\alpha,\beta,\frac{\alpha+\beta+1}{2},\frac{1-\sqrt{x}}{2}\right).$$

Andere Gleichungen dieser Art, welche man nach dem jedesmaligen Bedürfnisse aus den gegebenen Grundgleichungen herleiten kann, übergehe ich; eben so auch die minder einfache Art von Gleichungen, welche für den Fall, dafs α, β, γ ganz unabhängig von einander waren, im §. 13. hergeleitet worden sind.

(Der Schlufs folgt im nächsten Heft.)

11*

Abschnitt IV.

Umformungen der hypergeometrischen Reihe $F(\alpha, \beta, \gamma, x)$ für den noch specielleren Fall, wo von den Quantitäten α, β, und γ nur eine noch beliebig bleibt.

§. 21.

So wie im vorigen Abschnitte etwas von der Allgemeinheit der Reihe $F(\alpha, \beta, \gamma, x)$ aufgegeben und unter den Quantitäten α, β, γ eine Bedingungsgleichung gesetzt wurde, wodurch wir eine sehr große Anzahl neuer, wenn auch specieller Gleichungen unter verschiedenen Functionen F erhalten haben: eben so soll in dem gegenwärtigen Abschnitte nun noch mehr von der Allgemeinheit der Reihe $F(\alpha, \beta, \gamma, x)$ aufgegeben werden, indem zwei Bedingungsgleichungen unter den Quantitäten α, β, γ gesetzt werden, oder nur eine derselben als beliebig beibehalten wird. Wenn dieser Fall eben so als der vorige behandelt wird, so zerfällt jetzt die Gleichung (4.) §. 4. (deren algebraischen particulären Integrale die Werthe des z geben) in drei besondere Gleichungen, welche mit einander identisch sein müssen. Eine Discussion der in diesen drei Gleichungen enthaltenen speciellen Fälle würde sich auf ähnliche Weise wie im vorigen Abschnitte ausführen lassen: die Anzahl der Werthe des z aber würde für diesen Fall außerordentlich groß sein, und die Aufgabe, alle diese Werthe des z zu finden, die ihnen zugehörigen particulären Integrale der Differenzialgleichung (1.) §. 4. und die aus diesen entspringenden Gleichungen zu bilden, würde zu allzugroßen Weitläuftigkeiten führen, und dennoch keine wesentlich neuen Gleichungen gewähren. Wir wollen uns

17*

daher hier nur darauf beschränken, diejenigen Gleichungen, welche sich aus denen der beiden vorhergehenden Abschnitte für den gegenwärtigen Fall entwickeln lassen, aufzustellen, und zwar auch von diesen nur die, welche unter zweien Functionen F statt haben.

Die Methode, diese Gleichungen aufzufinden, ist folgende. Man nimmt in je zweien der Gleichungen (42.) bis (66.) des §. 19. unter den Gröfsen α und β, oder, wo sie vorkommen, unter den Gröfsen α und γ eine Bedingungsgleichung von der Art an, dafs die Functionen F links vom Gleichheitszeichen mit einander identisch werden, weil sodann die Theile rechts vom Gleichheitszeichen auch einander gleich sein müssen. Alsdann gewähren diese allemal eine Gleichung für den gegenwärtigen Fall. Von den Gleichungen aber, welche man auf diese Weise erhält, erweisen sich viele, welche anfangs verschieden zu sein schienen, bei näherer Untersuchung als mit einander identich; andere Gleichungen dieser Art gehören ferner nicht transcendenten Reihen F an, sondern solchen, welche sich algebraisch oder durch Kreisfunctionen ausdrücken lassen. Diese alle übergehend, nehme ich nur folgende neun Gleichungen, in welchen x in r verwandelt ist:

1. $$\left(1-\frac{r}{2}\right)^{-\alpha} F\left(\frac{\alpha}{2}, \frac{\alpha+1}{2}, \frac{2\alpha+5}{6}, \left(\frac{r}{2-r}\right)^2\right)$$
$$= (1+r)^{-\alpha} F\left(\frac{\alpha}{2}, \frac{\alpha+1}{2}, \frac{2\alpha+2}{3}, \frac{4r}{(1+r)^2}\right),$$

2. $$\left(\frac{1+\sqrt{(1-r)}}{2}\right)^{-2\alpha} F\left(\alpha, \frac{4\alpha+1}{6}, \frac{2\alpha+5}{6}, \left(\frac{1-\sqrt{(1-r)}}{1+\sqrt{(1-r)}}\right)^2\right)$$
$$= (1+r)^{-\alpha} F\left(\frac{\alpha}{2}, \frac{\alpha+1}{2}, \frac{2\alpha+2}{3}, \frac{4r}{(1+r)^2}\right),$$

3. $$(1+\sqrt{r})^{-2\alpha} F\left(\alpha, \frac{4\alpha+1}{6}, \frac{4\alpha+1}{3}, \frac{4\sqrt{r}}{(1+\sqrt{r})^2}\right)$$
$$= \left(1-\frac{r}{2}\right)^{-\alpha} F\left(\frac{\alpha}{2}, \frac{\alpha+1}{2}, \frac{2\alpha+5}{6}, \left(\frac{r}{2-r}\right)^2\right),$$

4. $$(1+\sqrt{r})^{-2\alpha} F\left(\alpha, \frac{4\alpha+1}{6}, \frac{4\alpha+1}{3}, \frac{4\sqrt{r}}{(1+\sqrt{r})^2}\right)$$
$$= \left(\frac{1+\sqrt{(1-r)}}{2}\right)^{-2\alpha} F\left(\alpha, \frac{4\alpha+1}{6}, \frac{2\alpha+5}{6}, \left(\frac{1-\sqrt{(1-r)}}{1+\sqrt{(1-r)}}\right)^2\right),$$

5. $$(1+r)^{-\alpha} F\left(\frac{\alpha}{2}, \frac{\alpha+1}{2}, \frac{2\alpha+2}{3}, \frac{4r}{(1+r)^2}\right)$$
$$= (1-2r)^{-\alpha} F\left(\frac{\alpha}{2}, \frac{\alpha+1}{2}, \frac{2\alpha+2}{3}, \frac{4r^2-4r}{4r^2-4r+1}\right),$$

$$6.\quad (1+\sqrt{r})^{-2\alpha} F\left(\alpha, \frac{4\alpha+1}{6}, \frac{4\alpha+1}{3}, \frac{4\sqrt{r}}{(1+\sqrt{r})^2}\right)$$
$$= (1-2r)^{-\alpha} F\left(\frac{\alpha}{2}, \frac{\alpha+1}{2}, \frac{2\alpha+2}{3}, \frac{4r^3-4r}{4r^2-4r+1}\right),$$

$$7.\quad \left(\frac{1+\sqrt{(1-r)}}{2}\right)^{-2\alpha} F\left(2\alpha, \alpha+\tfrac{1}{4}, \alpha+\tfrac{3}{4}, \frac{\sqrt{(1-r)}-1}{\sqrt{(1-r)}+1}\right)$$
$$= (1+r)^{-\alpha} F\left(\frac{\alpha}{2}, \frac{\alpha+1}{2}, \alpha+\tfrac{3}{4}, \frac{4r}{(1+r)^2}\right),$$

$$8.\quad (1+\sqrt{r})^{-2\alpha} F\left(2\alpha, \alpha+\tfrac{1}{4}, 2\alpha+\tfrac{1}{2}, \frac{2\sqrt{r}}{1+\sqrt{r}}\right)$$
$$= (1-2r)^{-\alpha} F\left(\frac{\alpha}{2}, \frac{\alpha+1}{2}, \alpha+\tfrac{3}{4}, \frac{4r^2-4r}{4r^2-4r+1}\right),$$

$$9.\quad \left(\frac{1+\sqrt{(1-r)}}{2}\right)^{-2\alpha} F\left(2\alpha, \alpha+\tfrac{1}{4}, \alpha+\tfrac{3}{4}, \frac{\sqrt{(1-r)}-1}{\sqrt{(1-r)}+1}\right)$$
$$= (1+\sqrt{r})^{-2\alpha} F\left(\alpha, \alpha+\tfrac{1}{4}, 2\alpha+\tfrac{1}{2}, \frac{4\sqrt{r}}{(1+\sqrt{r})^2}\right).$$

Die Gleichung (1.) erhält man aus (50.) und (52.), wenn daselbst $\beta=\frac{\alpha+1}{3}$ genommen wird; eben so (2.) aus (50.) und (43.); (3.) aus (51.) und (52.); (4.) aus (51.) und (43.); (5.) aus (50.) und (55.), und (6.) aus (51.) und (55.). Die Gleichung (7.) erhält man aus (45.) und (50.), indem $\beta=\frac{1}{4}$ genommen wird; ferner (8.) aus (44.) und (45.), indem $\gamma=\alpha+\frac{3}{4}$, $\beta=\alpha+\frac{1}{2}$ gesetzt wird, und endlich (9.) aus (45.) und (51.), wenn in denselben $\beta=\frac{1}{4}$ gesetzt wird.

Diese neun Formeln nehmen folgende bequemere Gestalt an:

$$10.\quad F\left(\frac{\alpha}{2}, \frac{\alpha+1}{2}, \frac{2\alpha+5}{6}, x\right)$$
$$= (1\pm3\sqrt{x})^{-\alpha} F\left(\frac{\alpha}{2}, \frac{\alpha+1}{2}, \frac{2\alpha+2}{3}, \frac{\pm8\sqrt{x}(1\pm\sqrt{x})}{(1\pm3\sqrt{x})^2}\right),$$

$$11.\quad F\left(\alpha, \frac{4\alpha+1}{6}, \frac{4\alpha+1}{3}, x\right)$$
$$= (1\pm6\sqrt{x}+x)^{-\alpha} F\left(\frac{\alpha}{2}, \frac{\alpha+1}{2}, \frac{2\alpha+2}{3}, \frac{\pm16\sqrt{x}(1\pm\sqrt{x})^2}{(1\pm6\sqrt{x}+x)^2}\right),$$

$$12.\quad F\left(\alpha, \frac{4\alpha+1}{6}, \frac{4\alpha+1}{3}, x\right)$$
$$= \left(\frac{2-x+6\sqrt{(1-x)}}{8}\right)^{-\alpha} F\left(\frac{\alpha}{2}, \frac{\alpha+1}{2}, \frac{2\alpha+5}{6}, \frac{(1-\sqrt{(1-x)})^4}{(2-x+6\sqrt{(1-x)})^2}\right),$$

$$13.\quad F\left(\alpha, \frac{4\alpha+1}{6}, \frac{4\alpha+1}{3}, x\right)$$
$$= \left(\frac{1+\sqrt[4]{(1-x)}}{2}\right)^{-4\alpha} F\left(\alpha, \frac{4\alpha+1}{6}, \frac{2\alpha+5}{6}, \left(\frac{1-\sqrt[4]{(1-x)}}{1+\sqrt[4]{(1-x)}}\right)^4\right),$$

14. $F\left(\frac{\alpha}{2},\frac{\alpha+1}{2},\frac{2\alpha+2}{3},x\right)$

$=\left(\frac{3\sqrt{(1-x)}-1}{2}\right)^{-\alpha}F\left(\frac{\alpha}{2},\frac{\alpha+1}{2},\frac{2\alpha+2}{3},\frac{-8\sqrt{(1-x)}(\sqrt{(1-x)}-1)}{(3\sqrt{(1-x)}-1)^2}\right)$,

15. $F\left(\alpha,\frac{4\alpha+1}{6},\frac{4\alpha+1}{3},x\right)$

$=\left(\frac{x-2+6\sqrt{(1-x)}}{4}\right)^{-\alpha}F\left(\frac{\alpha}{2},\frac{\alpha+1}{2},\frac{2\alpha+2}{3},\frac{16\sqrt{(1-x)}(\sqrt{(1-x)}-1)^2}{(x-2+6\sqrt{(1-x)})^2}\right)$,

16. $F(2\alpha,\alpha+\frac{1}{4},\alpha+\frac{3}{4},x)$

$=(1-6x+x^2)^{-\alpha}F\left(\frac{\alpha}{2},\frac{\alpha+1}{2},\alpha+\frac{3}{4},\frac{-16x(1+x)^2}{(1-6x+x^2)^2}\right)$,

17. $F(2\alpha,\alpha+\frac{1}{4},2\alpha+\frac{1}{2},x)$

$=\left(\frac{4-4x-x^2}{4}\right)^{-\alpha}F\left(\frac{\alpha}{2},\frac{\alpha+1}{2},\alpha+\frac{3}{4},\frac{-16x^2(1-x)}{(4-4x-x^2)^2}\right)$,

18. $F(2\alpha,\alpha+\frac{1}{4},\alpha+\frac{3}{4},x)$

$=(1\pm\sqrt{(1-x)})^{-4\alpha}F\left(\alpha,\alpha+\frac{1}{4},2\alpha+\frac{1}{2},\frac{\pm 8(1-x)\sqrt{(1-x)}}{(1\pm\sqrt{(1-x)})^4}\right)$.

Wenn man nämlich in (1.) setzt $\left(\frac{r}{2-r}\right)^2=x$, so erhält man (10.); wenn man in (2.) setzt $\left(\frac{1-\sqrt{(1-r)}}{1+\sqrt{(1-r)}}\right)^2=x$, so erhält man (11.); und auf ähnliche Weise die übrigen hier aufgestellten Formeln.

Werden nun in diesen Gleichungen die Functionen F rechts vom Gleichheitszeichen nach Formel (18.) §. 9. umgeformt, so erhält man folgende acht andere Gleichungen:

19. $F\left(\frac{\alpha}{2},\frac{\alpha+1}{2},\frac{2\alpha+5}{6},x\right)$

$=(1\pm\sqrt{x})^{-\alpha}F\left(\frac{\alpha}{2},\frac{\alpha+1}{6},\frac{2\alpha+2}{3},\frac{\pm 8\sqrt{x}(1\mp\sqrt{x})}{(1\pm\sqrt{x})^2}\right)$,

20. $F\left(\alpha,\frac{4\alpha+1}{6},\frac{2\alpha+5}{6},x\right)$

$=(1\pm\sqrt{x})^{-2\alpha}F\left(\frac{\alpha}{2},\frac{\alpha+1}{6},\frac{2\alpha+2}{3},\frac{\pm 16\sqrt{x}(1\mp\sqrt{x})^2}{(1\pm\sqrt{x})^4}\right)$,

21. $F\left(\alpha,\frac{4\alpha+1}{6},\frac{4\alpha+1}{3},x\right)$

$=\left(\frac{\sqrt[4]{(1-x)}(1+\sqrt{(1-x)})}{2}\right)^{-\alpha}F\left(\frac{\alpha}{2},\frac{2-\alpha}{6},\frac{2\alpha+5}{6},\frac{-(1-\sqrt{(1-x)})^4}{16\sqrt{(1-x)}(1+\sqrt{(1-x)})^2}\right)$,

22. $F\left(\alpha,\frac{4\alpha+1}{6},\frac{4\alpha+1}{3},x\right)$

$=\left(\frac{\sqrt[4]{(1-x)}(1+\sqrt{(1-x)})}{2}\right)^{-\alpha}F\left(\alpha,\frac{2-\alpha}{3},\frac{2\alpha+5}{6},\frac{-(1-\sqrt[4]{(1-x)})^4}{8\sqrt[4]{(1-x)}(1+\sqrt{(1-x)})}\right)$,

23. $$F\left(\frac{\alpha}{2},\frac{\alpha+1}{2},\frac{2\alpha+2}{3},x\right)$$
$$=\left(\frac{1+\sqrt{(1-x)}}{2}\right)^{-\alpha}F\left(\frac{\alpha}{2},\frac{\alpha+1}{6},\frac{2\alpha+2}{3},\frac{8\sqrt{(1-x)}(1-\sqrt{(1-x)})}{(1+\sqrt{(1-x)})^2}\right),$$

24. $$F\left(\alpha,\frac{4\alpha+1}{6},\frac{4\alpha+1}{3},x\right)$$
$$=\left(\frac{1+\sqrt{(1-x)}}{2}\right)^{-2\alpha}F\left(\frac{\alpha}{2},\frac{\alpha+1}{6},\frac{2\alpha+2}{3},\frac{16\sqrt{(1-x)}(1-\sqrt{(1-x)})^2}{(1+\sqrt{(1-x)})^4}\right),$$

25. $$F(2\alpha,\alpha+\tfrac{1}{4},\alpha+\tfrac{3}{4},x)$$
$$=(1+x)^{-2\alpha}F\left(\frac{\alpha}{2},\frac{2\alpha+1}{4},\alpha+\tfrac{3}{4},\frac{16x(1-x)^2}{(1+x)^4}\right),$$

26. $$F(2\alpha,\alpha+\tfrac{1}{4},2\alpha+\tfrac{1}{2},x)$$
$$=\left(1-\frac{x}{2}\right)^{-2\alpha}F\left(\frac{\alpha}{2},\frac{2\alpha+1}{4},\alpha+\tfrac{3}{4},\frac{16x^2(1-x)}{(2-x)^4}\right).$$

Werden endlich noch die Functionen F links vom Gleichheitszeichen nach Formel (18.) §. 9. umgeformt, und wird x in $\frac{x}{x-1}$ verwandelt, so erhält man aus (10.), (11.), (16.), (18.), (19.), (20.), (23.) und (25.) noch folgende acht Formeln:

27. $$F\left(\frac{\alpha}{2},\frac{2-\alpha}{6},\frac{2\alpha+5}{6},x\right)$$
$$=(\sqrt{(1-x)}\pm3\sqrt{(-x)})^{-\alpha}F\left(\frac{\alpha}{2},\frac{\alpha+1}{2},\frac{2\alpha+2}{3},\frac{\pm8\sqrt{(-x)}(\sqrt{(1-x)}\pm\sqrt{(-x)})}{(\sqrt{(1-x)}\pm3\sqrt{(-x)})^2}\right),$$

28. $$F\left(\alpha,\frac{2-\alpha}{3},\frac{2\alpha+5}{6},x\right)$$
$$=(1-2x\pm6\sqrt{(x^2-x)})^{-\alpha}F\left(\frac{\alpha}{2},\frac{\alpha+1}{2},\frac{2\alpha+2}{3},\frac{\pm16\sqrt{(x^2-x)}(\sqrt{(1-x)}\pm\sqrt{(-x)})^2}{(1-2x\pm6\sqrt{(x^2-x)})^2}\right),$$

29. $$F(2\alpha,\tfrac{1}{2},\alpha+\tfrac{3}{4},x)$$
$$=(1+4x-4x^2)^{-\alpha}F\left(\frac{\alpha}{2},\frac{\alpha+1}{2},\alpha+\tfrac{3}{4},\frac{16x(1-x)}{(1+4x-4x^2)^2}\right),$$

30. $$F(2\alpha,\tfrac{1}{2},\alpha+\tfrac{3}{4},x)$$
$$=(\sqrt{(1-x)}\pm\sqrt{x})^{-4\alpha}F\left(\alpha,\alpha+\tfrac{1}{4},2\alpha+\tfrac{1}{2},\frac{\pm8\sqrt{(x-x^2)}}{(\sqrt{(1-x)}\pm\sqrt{x})^4}\right),$$

31. $$F\left(\frac{\alpha}{2},\frac{2-\alpha}{6},\frac{2\alpha+5}{6},x\right)$$
$$=(\sqrt{(1-x)}\pm\sqrt{(-x)})^{-\alpha}F\left(\frac{\alpha}{2},\frac{\alpha+1}{6},\frac{2\alpha+2}{3},\frac{\pm8\sqrt{(-x)}}{(\sqrt{(1-x)}\pm\sqrt{(-x)})^3}\right),$$

32. $$F\left(\alpha,\frac{2-\alpha}{3},\frac{2\alpha+5}{6},x\right)$$
$$=(\sqrt{(1-x)}\pm\sqrt{(-x)})^{-2\alpha}F\left(\frac{\alpha}{2},\frac{\alpha+1}{6},\frac{2\alpha+2}{3},\frac{\pm16\sqrt{(x^2-x)}}{(\sqrt{(1-x)}\pm\sqrt{(-x)})^6}\right),$$

33. $F\left(\frac{\alpha}{2}, \frac{\alpha+1}{6}, \frac{2\alpha+3}{3}, x\right) = \left(\frac{1+\sqrt{(1-x)}}{2}\right)^{-\alpha} F\left(\frac{\alpha}{2}, \frac{\alpha+1}{6}, \frac{2\alpha+2}{3}, \frac{-8x}{(1+\sqrt{(1-x)})^3}\right),$

34. $F(2\alpha, \frac{1}{2}, \alpha+\frac{3}{4}, x) = (1-2x)^{-2\alpha} F\left(\frac{\alpha}{2}, \frac{2\alpha+1}{4}, \alpha+\frac{3}{4}, \frac{-16x(1-x)}{(1-2x)^4}\right),$

§. 22.

In allen diesen Formeln haben die letzten Elemente der Functionen F rechts vom Gleichheitszeichen verschiedene Werthe; es ist leicht, aus diesen noch viele andere Formeln derselben Art herzuleiten, welche jedoch dieselben Werthe des letzten Elementes haben, indem man nämlich die eine oder die andere Function F dieser Formeln, oder auch beide zugleich, nach Formel (17.) §. 9. umformt; es würde jedoch zu weitläuftig sein, diese Umformungen hier aufzunehmen. Alle diese Formeln sind ferner nur in bestimmten Grenzen des x gültig, weil die letzten Elemente dieser Functionen, von dem Werthe 0 an, nur bis -1 auf der einen, und $+1$ auf der andern Seite ausgedehnt werden dürfen: sobald aber das letzte Element für einen Werth des x die Grenze -1 oder $+1$ erreicht hat, darf x nicht gröfser angenommen werden, wenn auch das letzte Element der andern Function dadurch wieder kleiner würde. So z. B. die Gleichung (26.) ist gültig in den Grenzen $x = -1$ bis $x = 2\sqrt{2}-2$; denn für den letzteren Werth des x erreicht $z = \frac{16x^2(1-x)}{(2-x)^4}$ zuerst die Grenze $+1$: nimmt man x etwas gröfser, so wird dadurch zwar z wieder kleiner als 1, aber die Gleichung (26.) hört auf, richtig zu sein. Nach derselben Methode, welche im vorigen Abschnitte zur Bildung der Gleichungen unter dreien Functionen F angewendet worden ist, können nun auch in diesem Falle aus den gefundenen Gleichungen unter zweien Functionen F, die Gleichungen unter dreien Functionen gebildet werden; aber auch diese wollen wir Kürze halber übergehen.

Nachdem nun die drei Fälle durchgegangen worden sind: erstens, wo α, β, γ von einander ganz unabhängig waren: zweitens, wo eine Bedingungsgleichung unter denselben statt fand, und drittens, wo zwei Bedingungsgleichungen statt fanden, so wäre nun noch viertens der Fall zu untersuchen, wo drei Bedingungsgleichungen unter denselben statt haben, oder wo diese Quantitäten α, β, γ bestimmte Werthe haben. Dieser Fall würde gewifs zu sehr interessanten Resultaten führen, da unter denselben zum Beispiel alle Verwandlungen der ganzen elliptischen Integrale, so wie mehrerer unbestimmter elliptischer Integrale enthalten sein müfsten, (denn diese sind, wie bald gezeigt werden soll, als specielle Fälle in der Reihe $F(\alpha, \beta, \gamma, x)$ enthalten); aber abgesehen von der Schwierigkeit, diesen speciellsten Fall vollständig zu erschöpfen, würde er sich auch zu sehr von der allgemeinen Untersuchung der Reihe $F(\alpha, \beta, \gamma, x)$ entfernen; weshalb er für jetzt übergangen werden soll.

Abschnitt V.

Summation der hypergeometrischen Reihe $F(\alpha, \beta, \gamma, x)$ für specielle Werthe des letzten Elementes x.

§. 23.

Da wir die Function $F(\alpha, \beta, \gamma, x)$, deren Haupt-Eigenschaften in den vorhergehenden drei Abschnitten entwickelt worden sind, durch eine unendliche Reihe definirt haben, so kann auch von einer Summe derselben die Rede sein, welche nichts anderes sein wird, als ein Ausdruck dieser Reihe durch bekannte Functionen. Im allgemeinen ist nun die Reihe $F(\alpha, \beta, \gamma, x)$ eine Transcendente eigener Art; in vielen speciellen Fällen aber läfst sie sich auf bekannte Functionen reduciren. Hierbei sind zunächst zwei Fälle zu unterscheiden: man kann nämlich die Summe der Reihe $F(\alpha, \beta, \gamma, x)$ suchen für specielle Werthe des letzten Elementes x, wie sie z. B. von Gaufs für den Fall $x=1$ gefunden worden ist: oder man kann die Summe dieser Reihe suchen, indem x als veränderlich beibehalten wird, für bestimmte Werthe der Quantitäten α, β, γ. Wir werden uns in diesem Abschnitte nur auf den ersten jener beiden Fälle beschränken, und was den zweiten Fall betrifft, so werden wir in dem folgenden Abschnitte untersuchen, unter welchen Bedingungen die Reihe $F(\alpha, \beta, \gamma, x)$ sich durch elliptische Transcendenten ausdrücken läfst; die zahlreichen Summationen aber, welche algebraisch oder durch logarithmische und Kreisfunctionen ausgeführt werden können, (für welche Gaufs in der erwähnten Abhandlung eine Sammlung gegeben hat), übergehen wir ganz, da die gegenwärtige Abhandlung nur die Theorie der höheren Transcendenten zum Zwecke hat.

Um nun die Summe der Reihe $F(\alpha, \beta, \gamma, x)$ für bestimmte Werthe des x zu finden, werden wir von dem Werthe $x=1$ ausgehen, für welchen, wie schon erwähnt worden, die Summe der Reihe durch die Transcendente Π von Gaufs gefunden worden ist. Durch Umformungen der Reihe, deren letztes Element gleich 1 ist, werden wir sodann Reihen mit anderen Werthen des letzten Elementes finden, welche sich also ebenfalls durch die Function Π müssen summiren lassen.

Setzt man in Formel (53.) §. 19. $x=-1$, so ist:

$$F(\alpha,\beta,\alpha-\beta+1,-1)=2^{-\alpha}F\left(\frac{\alpha}{2},\frac{\alpha-2\beta+1}{2},\alpha-\beta+1,1\right),$$

und wenn die Function F, rechts vom Gleichheitszeichen, deren letztes Element 1 ist, nach der allgemeinen Formel

$$F(\alpha,\beta,\gamma,1)=\frac{\Pi(\gamma-1)\,\Pi(\gamma-\alpha-\beta-1)}{\Pi(\gamma-\alpha-1)\,\Pi(\gamma-\beta-1)}$$

durch die Function Π ausgedrückt wird, so ist:

$$\text{1.}\qquad F(\alpha,\beta,\alpha-\beta+1,-1)=\frac{2^{-\alpha}\sqrt{\pi}\,\Pi(\alpha-\beta)}{\Pi\left(\frac{\alpha}{2}-\beta\right)\Pi\left(\frac{\alpha-1}{2}\right)}.$$

Setzt man ferner in Formel (57.) §. 19. $x=\frac{1}{2}$, so wird:

$$F\left(\alpha,\beta,\frac{\alpha+\beta+1}{2},\tfrac{1}{2}\right)=F\left(\frac{\alpha}{2},\frac{\beta}{2},\frac{\alpha+\beta+1}{2},1\right);$$

also wenn die Function F, deren letztes Element 1 ist, durch die Function Π ausgedrückt wird:

$$\text{2.}\qquad F\left(\alpha,\beta,\frac{\alpha+\beta+1}{2},\tfrac{1}{2}\right)=\frac{\sqrt{\pi}\,\Pi\left(\frac{\alpha+\beta-1}{2}\right)}{\Pi\left(\frac{\alpha-1}{2}\right)\Pi\left(\frac{\beta-1}{2}\right)}.$$

Diese Summation geht auch unmittelbar aus (73.) oder (74.) §. 20. hervor, wenn daselbst $x=0$ gesetzt wird.

Setzt man endlich in Formel (66.) §. 19. $x=\frac{1}{2}$, so ist:

$$F(\alpha,1-\alpha,\gamma,\tfrac{1}{2})=2^{1-\gamma}F\left(\frac{\gamma-\alpha}{2},\frac{\gamma+\alpha-1}{2},\gamma,1\right),$$

und daher

$$\text{3.}\qquad F(\alpha,1-\alpha,\gamma,\tfrac{1}{2})=\frac{2^{1-\gamma}\sqrt{\pi}\,\Pi(\gamma-1)}{\Pi\left(\frac{\gamma-\alpha-1}{2}\right)\Pi\left(\frac{\gamma+\alpha-2}{2}\right)}.$$

§. 24.

Aufser diesen drei Summationen der Reihe $F(\alpha,\beta,\gamma,x)$ für die Werthe $x=-1$ und $x=\frac{1}{2}$, wobei noch zwei der Quantitäten α, β, γ beliebig bleiben, gewähren die Formeln des dritten Abschnittes keine anderen derselben Art; indessen können diese noch verallgemeinert werden.

Im allgemeinen hat nämlich Gaufs l. c. pag. 11 von den drei Functionen $F(\alpha,\beta,\gamma,x)$, $F(\alpha+\lambda,\beta+\mu,\gamma+\nu,x)$ und $F(\alpha+\lambda',\beta+\mu',\gamma+\nu',x)$, in welchen λ, μ, ν, λ', μ', ν' beliebige ganze, positive oder negative Zahlen bedeuten, gezeigt, dafs aus zweien derselben die dritte durch Reductionsformeln hergeleitet werden kann. Setzt man nun in Gleichung (1.) $\alpha+1$ statt α, so ist:

$$F(\alpha+1,\beta,\alpha-\beta+2,-1)=\frac{2^{-\alpha-1}\sqrt{\pi}\,\Pi(\alpha-\beta+1)}{\Pi\left(\frac{\alpha-2\beta+1}{2}\right)\Pi\left(\frac{\alpha}{2}\right)}.$$

Aus $F(\alpha,\beta,\alpha-\beta+1,-1)$ und $F(\alpha+1,\beta,\alpha-\beta+2,-1)$ kann man aber nach dem angeführten Satze $F(\alpha,\beta,\alpha-\beta+k,-1)$ herleiten, wo k irgend eine beliebige ganze Zahl bedeutet; und deshalb läfst sich auch diese allgemeinere Reihe durch die Function Π summiren. Eben so aus dem gefundenen Ausdrucke für $F\left(\alpha,\beta,\frac{\alpha+\beta+1}{2},\frac{1}{2}\right)$, wenn $\alpha+1$ statt α und $\beta+1$ statt β gesetzt wird, erhält man auch $F\left(\alpha+1,\beta+1,\frac{\alpha+\beta+1}{2}+1,\frac{1}{2}\right)$ und aus diesen beiden vermittelst der Reductionsformeln $F\left(\alpha,\beta,\frac{\alpha+\beta+k}{2},\frac{1}{2}\right)$. Auf dieselbe Weise leitet man auch aus $F(\alpha,1-\alpha,\gamma,\frac{1}{2})$ die allgemeinere Reihe $F(\alpha,k-\alpha,\gamma,\frac{1}{2})$ ab. Hieraus folgt: erstens, die Reihe $F(\alpha,\beta,\gamma,-1)$ läfst sich durch die Function Π summiren, wenn $\gamma-\alpha+\beta$ oder $\gamma-\beta+\alpha$ eine ganze Zahl ist; zweitens, die Reihe $F(\alpha,\beta,\gamma,\frac{1}{2})$ läfst sich durch die Function Π summiren, wenn $2\gamma-\alpha-\beta$ oder $\alpha+\beta$ eine ganze Zahl ist.

§. 25.

So wie die Formeln des dritten Abschnittes diese Summationen gegeben haben: eben so geben die Formeln des vierten Abschnittes einige speciellere Summationen, bei welchen nur noch eine der Quantitäten α, β, γ beliebig bleibt.

In Formel (19.) §. 21. gesetzt $x=\frac{1}{9}$, giebt:

$$4.\quad F\left(\frac{\alpha}{2},\frac{\alpha+1}{2},\frac{2\alpha+5}{6},\frac{1}{9}\right)=\left(\tfrac{4}{3}\right)^{-\alpha}F\left(\frac{\alpha}{2},\frac{\alpha+1}{6},\frac{2\alpha+2}{3},1\right);$$

in (20.) gesetzt $x=\left(\frac{\sqrt{2}-1}{\sqrt{2}+1}\right)^2$, giebt:

$$5.\quad F\left(\alpha,\frac{4\alpha+1}{6},\frac{2\alpha+5}{6},\left(\frac{\sqrt{2}-1}{\sqrt{2}+1}\right)^2\right)=(4-2\sqrt{2})^{-2\alpha}F\left(\frac{\alpha}{2},\frac{\alpha+1}{6},\frac{2\alpha+2}{3},1\right);$$

in (23.) gesetzt $x=\frac{8}{9}$, giebt:

18*

$$6.\quad F\left(\frac{\alpha}{2},\frac{\alpha+1}{2},\frac{2\alpha+2}{3},\tfrac{8}{9}\right)=(\tfrac{2}{3})^{-\alpha}F\left(\frac{\alpha}{2},\frac{\alpha+1}{6},\frac{2\alpha+2}{3},1\right);$$

in (24.) gesetzt $x=\frac{4\sqrt{2}}{(1+\sqrt{2})^2}$, giebt:

$$7.\quad F\left(\alpha,\frac{4\alpha+1}{6},\frac{4\alpha+1}{3},\frac{4\sqrt{2}}{(1+\sqrt{2})^2}\right)=(2-\sqrt{2})^{-2\alpha}F\left(\frac{\alpha}{2},\frac{\alpha+1}{6},\frac{2\alpha+2}{3},1\right);$$

in (31.) gesetzt $x=-\frac{1}{8}$, giebt:

$$8.\quad F\left(\frac{\alpha}{2},\frac{2-\alpha}{6},\frac{2\alpha+5}{6},-\tfrac{1}{8}\right)=2^{-\frac{\alpha}{2}}F\left(\frac{\alpha}{2},\frac{\alpha+1}{6},\frac{2\alpha+2}{3},1\right);$$

in (32.) gesetzt $x=-\frac{(\sqrt{2}-1)^2}{4\sqrt{2}}$, giebt:

$$9.\quad F\left(\alpha,\frac{2-\alpha}{3},\frac{2\alpha+5}{6},-\frac{(\sqrt{2}-1)^2}{4\sqrt{2}}\right)=2^{-\frac{\alpha}{2}}F\left(\frac{\alpha}{2},\frac{\alpha+1}{6},\frac{2\alpha+2}{3},1\right);$$

in (25.) gesetzt $x=\frac{\sqrt{2}-1}{\sqrt{2}+1}$, giebt:

$$10.\quad F\left(2\alpha,\alpha+\tfrac{1}{4},\alpha+\tfrac{3}{4},\frac{\sqrt{2}-1}{\sqrt{2}+1}\right)=(4-2\sqrt{2})^{-2\alpha}F\left(\frac{\alpha}{2},\frac{2\alpha+1}{4},\alpha+\tfrac{3}{4},1\right);$$

in (26.) gesetzt $x=\frac{2}{\sqrt{2}+1}$, giebt:

$$11.\quad F\left(2\alpha,\alpha+\tfrac{1}{4},2\alpha+\tfrac{1}{2},\frac{2}{\sqrt{2}+1}\right)=(2-\sqrt{2})^{-2\alpha}F\left(\frac{\alpha}{2},\frac{2\alpha+1}{4},\alpha+\tfrac{3}{4},1\right);$$

in (34.) gesetzt $x=\frac{1-\sqrt{2}}{2}$, giebt:

$$12.\quad F\left(2\alpha,\tfrac{1}{2},\alpha+\tfrac{3}{4},\frac{1-\sqrt{2}}{2}\right)=2^{-\alpha}F\left(\frac{\alpha}{2},\frac{2\alpha+1}{4},\alpha+\tfrac{3}{4},1\right).$$

Für die beiden Reihen, welche hier rechts vom Gleichheitszeichen vorkommen: $F\left(\frac{\alpha}{2},\frac{\alpha+1}{6},\frac{2\alpha+2}{3},1\right)$ und $F\left(\frac{\alpha}{2},\frac{2\alpha+1}{4},\alpha+\frac{3}{4},1\right)$, darf man nur ihre Ausdrücke durch die Function Π setzen, nämlich:

$$F\left(\frac{\alpha}{2},\frac{\alpha+1}{6},\frac{2\alpha+2}{3},1\right)=\frac{\sqrt{\pi}\,\Pi\left(\frac{2\alpha-1}{3}\right)}{\Pi\left(\frac{\alpha-1}{2}\right)\Pi\left(\frac{\alpha-2}{6}\right)},$$

$$F\left(\frac{\alpha}{2},\frac{2\alpha+1}{4},\alpha+\tfrac{3}{4},1\right)=\frac{\sqrt{\pi}\,\Pi(\alpha-\frac{1}{4})}{\Pi\left(\frac{\alpha-1}{2}\right)\Pi\left(\frac{2\alpha-1}{4}\right)},$$

so erhält man diese neun Reihen durch die Function Π summirt. Man kann auch die Reihen links vom Gleichheitszeichen in diesen Formeln nach Gleichung (17.) §. 9. umformen, und wird dadurch neun andere Summationen erhalten, bei welchen jedoch die letzten Elemente der summirten Reihen dieselben sind, wie in (4.) bis (12.). Übrigens ist klar, dafs alle hier gefundenen Summationen sich eben so durch willkürliche ganze Zahlen verallgemeinern lassen, wie die des vorigen Paragraphs, oder, was dasselbe ist: es lassen sich, da diese einmal gefunden sind, auch alle diejenigen Reihen summiren, welche vermittelst der Reductionsformeln aus jenen abgeleitet werden können.

Die Formeln des zweiten, dritten und vierten Abschnittes gewähren ebenfalls eine grofse Anzahl noch speciellerer Summationen für den Fall, dafs von den Quantitäten α, β, γ keine mehr beliebig bleibt; von diesen mag es hinreichen, ein einziges merkwürdiges Beispiel zu geben.

Setzt man in (45.) §. 19. $\alpha=\frac{1}{4}$, $\beta=\frac{1}{2}$, so wird:

$$F(\tfrac{1}{2},\tfrac{1}{4},\tfrac{5}{4},x)=\left(\frac{1+\sqrt{(1-x)}}{2}\right)^{-\frac{1}{2}}F\left(\tfrac{1}{2},\tfrac{1}{4},\tfrac{5}{4},\frac{\sqrt{(1-x)}-1}{\sqrt{(1-x)}+1}\right),$$

setzt man ferner:

$$\frac{\sqrt{(1-x)}-1}{\sqrt{(1-x)}+1}=x',\quad \frac{\sqrt{(1-x')}-1}{\sqrt{(1-x')}+1}=x'',\quad \frac{\sqrt{(1-x'')}-1}{\sqrt{(1-x'')}+1}=x''' \text{ etc.},$$

so erhält man folgende Reihe von Gleichungen:

$$13.\quad \begin{cases} F(\tfrac{1}{2},\tfrac{1}{4},\tfrac{5}{4},x\ )=\sqrt{(1-x'\ )}\,F(\tfrac{1}{2},\tfrac{1}{4},\tfrac{5}{4},x'\ ),\\ F(\tfrac{1}{2},\tfrac{1}{4},\tfrac{5}{4},x'\ )=\sqrt{(1-x''\ )}\,F(\tfrac{1}{2},\tfrac{1}{4},\tfrac{5}{4},x''\ ),\\ F(\tfrac{1}{2},\tfrac{1}{4},\tfrac{5}{4},x''\ )=\sqrt{(1-x''')}\,F(\tfrac{1}{2},\tfrac{1}{4},\tfrac{5}{4},x'''),\\ \text{u. s. w.}\end{cases}$$

Wenn man nun für irgend einen Werth des x die Reihe $F(\frac{1}{2},\frac{1}{4},\frac{5}{4},x)$ summiren kann, so wird man vermittelst dieser Gleichungen daraus auch die Summe derselben Reihe für die entsprechenden Werthe x', x'', x''', etc. ableiten können. Es ist nun aber für $x=1$

$$F(\tfrac{1}{2},\tfrac{1}{4},\tfrac{5}{4},1)=\frac{\sqrt{\pi}\,\Pi(\frac{1}{4})}{\Pi(-\frac{1}{4})},$$

und die dem $x=1$ entsprechenden Werthe von x', x'', x''', etc. sind:

$$x'=-1,\quad x''=\frac{\sqrt{2}-1}{\sqrt{2}+1},\quad x'''=\frac{\sqrt{2}-\sqrt{(1+\sqrt{2})}}{\sqrt{2}+\sqrt{(1+\sqrt{2})}},\quad \text{etc.}$$

Für alle diese Werthe des letzten Elementes läfst sich also die Reihe $F(\frac{1}{2},\frac{1}{4},\frac{5}{4},x)$ summiren.

Die Function $F(\frac{1}{2},\frac{1}{4},\frac{5}{4},x)$ hat, wie man aus den Gleichungen (13.) ersieht, die merkwürdige Eigenschaft, dafs sich eine unendliche Reihe solcher Functionen bilden läfst, welche in bestimmten Verhältnissen zu einander stehen. Dies erinnert an die Eigenschaften der elliptischen Integrale, und es wird auch wirklich in dem folgenden Abschnitte gezeigt werden, dafs die Function $F(\frac{1}{2},\frac{1}{4},\frac{5}{4},x)$ sich durch ein elliptisches Integral der ersten Gattung ausdrücken läfst. Denkt man sich die Reihe der Gleichungen bei (13.) bis in's unendliche fortgesetzt und alle diese Gleichungen mit einander multiplicirt, so erhält man folgende Entwickelung in ein Product unendlich vieler Factoren:

$$F(\tfrac{1}{2},\tfrac{1}{4},\tfrac{5}{4},x) = \sqrt{}((1-x')(1-x'')(1-x''')\dots \text{ in inf.}),$$

welches, weil die Gröfsen x', x'', x''', etc. sich rasch der Grenze 0 nähern. recht gut convergirt.

Abschnitt VI.

Anwendungen der gefundenen Formeln auf verschiedene transcendente Functionen, welche in der allgemeinen Reihe $F(\alpha,\beta,\gamma,x)$ enthalten sind.

§. 26.

Als in der allgemeinen Reihe $F(\alpha,\beta,\gamma,x)$ enthalten, können auch folgende drei Reihen betrachtet werden:

1. $1+\frac{\alpha.y}{\gamma.1}+\frac{\alpha(\alpha+1)y^2}{\gamma(\gamma+1)1.2}+\frac{\alpha(\alpha+1)(\alpha+2)y^3}{\gamma(\gamma+1)(\gamma+2)1.2.3}+\dots$

2. $1+\frac{y}{\gamma.1}+\frac{y^2}{\gamma(\gamma+1)1.2}+\frac{y^3}{\gamma(\gamma+1)(\gamma+2)1.2.3}+\dots$

3. $1+\frac{\alpha.\beta}{1}y+\frac{\alpha(\alpha+1)\beta(\beta+1)}{1.2}y^2+\frac{\alpha(\alpha+1)(\alpha+2)\beta(\beta+1)(\beta+2)}{1.2.3}y^3+\dots$

Von diesen Reihen sind die beiden ersten immer convergent, die dritte aber wird von einem bestimmten Gliede an allemal divergent, und ist nur, wenn dem y sehr kleine Werthe gegeben werden, für eine gewisse Anzahl der ersten Glieder convergent; dieselbe gehört also zu der Classe der semiconvergenten Reihen. Die Reihe (1.) erhält man aus $F(\alpha,\beta,\gamma,x)$, wenn $\beta=m$, $x=\frac{y}{m}$ gesetzt, und m unendlich grofs angenommen wird. Die Reihe (2.) entspringt aus $F(\alpha,\beta,\gamma,x)$, indem $\alpha=m$, $\beta=m'$, $x=\frac{y}{m.m'}$ gesetzt wird, wo m und m' unendlich grofse Quantitäten bezeichnen. Die Reihe (3.) endlich erhält man, indem $\gamma=m$, $x=my$ und $m=\infty$ genommen wird. Einige der gefundenen Umformungen der Reihe $F(\alpha,\beta,\gamma,x)$ lassen sich nun auch auf diese Reihen anwenden.

Setzt man in Formel (17.) §. 9. $\beta=m$, $x=\frac{y}{m}$, so wird

$$F\left(\alpha,m,\gamma,\frac{y}{m}\right)=\left(1-\frac{y}{m}\right)^{\gamma-\alpha-m}F\left(\gamma-\alpha,\gamma-m,\gamma,\frac{y}{m}\right)$$

Wird nun $m=\infty$ gesetzt, so ist bekanntlich $\left(1-\frac{y}{m}\right)^{-m}=e^y$; also, wenn die Functionen F in Reihen entwickelt werden, hat man

$$4.\quad 1+\frac{\alpha.y}{\gamma.1}+\frac{\alpha(\alpha+1)y^2}{\gamma(\gamma+1)1.2}+\frac{\alpha(\alpha+1)(\alpha+2)y^2}{\gamma(\gamma+1)(\gamma+2)1.2.3}+\ldots=$$
$$e^y\left(1-\frac{(\gamma-\alpha)y}{\gamma.1}+\frac{(\gamma-\alpha)(\gamma-\alpha+1)y^2}{\gamma.(\gamma+1)1.2}-\frac{(\gamma-\alpha)(\gamma-\alpha+1)(\gamma-\alpha+2)y^2}{\gamma(\gamma+1)(\gamma+2)1.2.3}+\ldots\right),$$

eine Formel, durch welche jede Reihe (1.) in eine andere Reihe derselben Art verwandelt werden kann.

Setzt man in Formel (51.) §. 19. $\alpha=m$, $\beta=m-\gamma+1$, $x=\frac{y}{m^2}$, so ist

$$F\left(m,m-\gamma+1,\gamma,\frac{y}{m^2}\right)=\left(1\pm\frac{\sqrt{y}}{m}\right)^{-2m}F\left(m,\gamma-\tfrac{1}{2},2\gamma-1,\frac{\pm4\sqrt{y}}{m\left(1\pm\frac{\sqrt{y}}{m}\right)^2}\right).$$

Wird nun $m=\infty$ gesetzt, so ist $\left(1\pm\frac{\sqrt{y}}{m}\right)^{-2m}=e^{\mp2\sqrt{y}}$, und wenn die Functionen F entwickelt werden,

$$5.\quad 1+\frac{y}{\gamma.1}+\frac{y^2}{\gamma(\gamma+1)1.2}+\frac{y^3}{\gamma(\gamma+1)(\gamma+2)1.2.3}+\ldots=$$
$$e^{\pm2\sqrt{y}}\left(1\pm\frac{(\gamma-\frac{1}{2})4\sqrt{y}}{(2\gamma-2)1}+\frac{(\gamma-\frac{1}{2})(\gamma+\frac{1}{2})4^2y}{(2\gamma-1).2\gamma.1.2}\pm\frac{(\gamma-\frac{1}{2})(\gamma+\frac{1}{2})(\gamma+\frac{3}{2})4^3y\sqrt{y}}{(2\gamma-1).2\gamma(2\gamma+1)1.2.3}+\ldots\right).$$

Durch diese Formel kann eine jede Reihe (2.) in eine Reihe (1.) verwandelt werden; wenn y negativ wird, so muſs man derselben eine andere Form geben. Man erhält, wenn $y=-z$ gesetzt wird, durch Trennung der realen und der imaginären Theile:

$$6.\quad 1-\frac{z}{\gamma.1}+\frac{z^2}{\gamma(\gamma+1)1.2}-\frac{z^3}{\gamma(\gamma+1)(\gamma+2)1.2.3}+\ldots=$$
$$\cos(2\sqrt{z})\left(1-\frac{(\gamma-\frac{1}{2})(\gamma+\frac{1}{2})4^2z}{(2\gamma-1)2\gamma.1.2}+\frac{(\gamma-\frac{1}{2})(\gamma+\frac{1}{2})(\gamma+\frac{3}{2})(\gamma+\frac{5}{2})4^4z^2}{(2\gamma-1).2\gamma(2\gamma+1)(2\gamma+2)1.2.3.4}-\ldots\right)$$
$$-2\sqrt{z}\sin(2\sqrt{z})\left(1-\frac{(\gamma+\frac{1}{2})(\gamma+\frac{3}{2})4^2z}{2\gamma(2\gamma+1)2.3}+\frac{(\gamma+\frac{1}{2})(\gamma+\frac{3}{2})(\gamma+\frac{5}{2})(\gamma+\frac{7}{2})4^2z^2}{2\gamma(2\gamma+1)(2\gamma+2)(2\gamma+3)2.3.4.5}-\ldots\right)$$

und

$$0=\sin(2\sqrt{z})\left(1-\frac{(\gamma-\frac{1}{2})(\gamma+\frac{1}{2})4^2z}{(2\gamma-1)2\gamma.1.2}+\frac{(\gamma-\frac{1}{2})(\gamma+\frac{1}{2})(\gamma+\frac{3}{2})(\gamma+\frac{5}{2})4^4z^2}{(2\gamma-1).2\gamma(2\gamma+1)(2\gamma+2)1.2.3.4}-\ldots\right)$$
$$-2\sqrt{z}\cos(2\sqrt{z})\left(1-\frac{(\gamma+\frac{1}{2})(\gamma+\frac{3}{2})4^2z}{2\gamma(2\gamma+1)2.3}+\frac{(\gamma+\frac{1}{2})(\gamma+\frac{3}{2})(\gamma+\frac{5}{2})(\gamma+\frac{7}{2})4^2z^2}{2\gamma(2\gamma+1)(2\gamma+2)(2\gamma+3)2.3.4.5}-\ldots\right),$$

woraus man durch Elimination der zweiten Reihe erhält:

$$7.\quad 1-\frac{z}{\gamma.1}+\frac{z^2}{\gamma(\gamma+1)1.2}-\frac{z^3}{\gamma(\gamma+1)(\gamma+2)1.2.3}+\ldots=$$
$$\frac{1}{\cos(2\sqrt{z})}\left(1-\frac{(\gamma-\frac{1}{2})(\gamma+\frac{1}{2})4^2z}{(2\gamma-1)2\gamma.1.2}+\frac{(\gamma-\frac{1}{2})(\gamma+\frac{1}{2})(\gamma+\frac{3}{2})(\gamma+\frac{5}{2})4^4z^2}{(2\gamma-1)2\gamma(2\gamma+1)(2\gamma+2)1.2.3.4}-\ldots\right),$$

Aus dieser Formel (7.) folgt eine höchst merkwürdige Eigenschaft der in Klammern eingeschlossenen Reihe, nämlich dafs sie verschwinden mufs, sobald z einen der Werthe $\frac{\pi^2}{16}$, $\frac{9.\pi^2}{16}$, $\frac{25.\pi^2}{16}$, $\frac{49.\pi^2}{16}$, u. s. w. erhält, und zwar für jeden beliebigen Werth des γ. Wäre dies nicht der Fall, so müfste die stets convergirende Reihe

$$1-\frac{z}{\gamma.1}+\frac{z^2}{\gamma(\gamma+1)1.2}-\dots$$

für jeden beliebigen Werth des γ unendlich werden, sobald z einen der Werthe $\frac{\pi^2}{16}$, $\frac{9.\pi^2}{16}$, u. s. w. erhält.

Setzt man in Formel (52.) §. 19. $\alpha=m$, $x=\frac{y}{m}$, so ist:

$$F\left(m,\beta,2\beta,\frac{y}{m}\right)=\left(1-\frac{2}{2m}\right)^{-m}F\left(\frac{m}{2},\frac{m+1}{2},\beta+\tfrac{1}{2},\frac{y^2}{(2m-y)^2}\right),$$

und diese Gleichung, für $m=\infty$ entwickelt, giebt:

$$8.\quad 1+\frac{\beta.y}{2\beta.1}+\frac{\beta(\beta+1)y^2}{2\beta(2\beta+1)1.2}+\frac{\beta(\beta+1)(\beta+2)y^3}{2\beta(2\beta+1)(2\beta+2)1.2.3}+\dots$$
$$=e^{\frac{y}{2}}\left(1+\frac{y^2}{(\beta+\frac{1}{2})1.2^4}+\frac{y^4}{(\beta+\frac{1}{2})(\beta+\frac{3}{2})1.2.2^8}+\dots\right).$$

Diese Formel, welche eigentlich mit (5.) identisch ist, zeigt, wie diejenige Reihe (1.), in welcher $\gamma=2\beta$ ist, durch eine Reihe (2.) ausgedrückt werden kann.

Die semiconvergente Reihe (3.), kann, wie gezeigt werden soll, durch zwei, immer convergirende Reihen (1.) ausgedrückt werden. Setzt man nämlich in Formel (27.) §. 12. $\gamma=m$, $x=-\frac{m}{y}$, so wird

$$F\left(\alpha,\beta,m,-\frac{m}{y}\right)=$$
$$\frac{m^{-\alpha}\Pi(m-1)\Pi(\beta-\alpha-1)}{\Pi(m-\alpha-1)\Pi(\beta-1)}y^{\alpha}F\left(\alpha,\alpha-m+1,\alpha-\beta+1,-\frac{y}{m}\right)$$
$$+\frac{m^{-\beta}\Pi(m-1)\Pi(\alpha-\beta-1)}{\Pi(m-\beta-1)\Pi(\alpha-1)}y^{\beta}F\left(\beta,\beta-m+1,\beta-\alpha+1,-\frac{y}{m}\right).$$

Für $m=\infty$ ist aber (cfr. Gaufs Abhandlung pag. 27):

$$\frac{m^{-\alpha}\Pi(m-1)}{\Pi(m-\alpha-1)}=1,\quad\text{und daher auch}\quad\frac{m^{-\beta}\Pi(m-1)}{\Pi(m-\beta-1)}=1;$$

wenn also $m=\infty$ gesetzt wird, und die Functionen F entwickelt werden, so erhält man:

$$9.\quad 1-\frac{\alpha.\beta}{1.\gamma}+\frac{\alpha(\alpha+1)\beta(\beta+1)}{1.2.\gamma^2}-\frac{\alpha(\alpha+1)(\alpha+2)\beta(\beta+1)(\beta+2)}{1.2.3.\gamma^3}+\ldots$$
$$=\gamma^\alpha\frac{\Pi(\beta-\alpha-1)}{\Pi(\beta-1)}\left(1+\frac{\alpha.\gamma}{(\alpha-\beta+1).1}+\frac{\alpha(\alpha+1)\gamma^2}{(\alpha-\beta+1)(\alpha-\beta+2)1.2}+\ldots\right)$$
$$+\gamma^\beta\frac{\Pi(\alpha-\beta-1)}{\Pi(\beta-1)}\left(1+\frac{\beta.\gamma}{(\beta-\alpha+1).1}+\frac{\beta(\beta+1)\gamma^2}{(\beta-\alpha+1)(\beta-\alpha+2)1.2}+\ldots\right).$$

Für den Fall, wo β oder α eine ganze negative Zahl ist, bestehen die in dieser Formel vorkommenden Reihen nur aus einer endlichen Anzahl von Gliedern, und es läſst sich dann die Richtigkeit derselben leicht anderweitig beweisen.

§. 27.

Die Reihe $F(\alpha, \beta, \gamma, x)$ läſst sich auf folgende Weise durch bestimmte Integrale ausdrücken:

$$10.\quad F(\alpha,\beta,\gamma,x)=\frac{\int_0^1 u^{\beta-1}(1-u)^{\gamma-\beta-1}(1-xu)^{-\alpha}du}{\int_0^1 u^{\beta-1}(1-u)^{\gamma-\beta-1}du},$$

Entwickelt man nämlich den Theil rechts vom Gleichheitszeichen nach Potenzen von x, so erhält man im allgemeinen für den Coefficienten der Potenz x^k.

$$\frac{\alpha(\alpha+1)\ldots.(\alpha+k-1)\int_0^1 u^{\beta+k-1}(1-u)^{\gamma-\beta-1}du}{1.2\ldots.k\int_0^1 u^{\beta-1}(1-u)^{\gamma-\beta-1}du}.$$

Es ist aber (man sehe Gauſs Abh. pag. 30)

$$\int_0^1 u^{\beta-1}(1-u)^{\gamma-\beta-1}du=\frac{\Pi(\beta-1)\Pi(\gamma-\beta-1)}{\Pi(\gamma-1)},$$

also

$$\frac{\int_0^1 u^{\beta+k-1}(1-u)^{\gamma-\beta-1}du}{\int_0^1 u^{\beta-1}(1-u)^{\gamma-\beta-1}du}=\frac{\Pi(\beta+k-1)\Pi(\gamma-1)}{\Pi(\gamma+k-1)\Pi(\beta-1)}=\frac{\beta(\beta+1)\ldots.(\beta+k-1)}{\gamma(\gamma+1)\ldots.(\gamma+k-1)}.$$

Der Coefficient von x^k ist also

$$\frac{\alpha(\alpha+1)\ldots.(\alpha+k-1)\beta(\beta+1)\ldots.(\beta+k-1)}{1.2\ldots.k.\gamma(\gamma+1)\ldots.(\gamma+k-1)},$$

welches genau der Coefficient von x^k in der Reihe $F(\alpha,\beta,\gamma,x)$ ist, so daſs der zweite Theil der Gleichung (10.), nach Potenzen von x entwickelt, wirklich $F(\alpha,\beta,\gamma,x)$ giebt, und diese Gleichung deshalb richtig ist. Schreibt man anstatt des unbestimmten Integrales im Nenner seinen Ausdruck durch die Function Π, so ist:

$$12.\quad F(\alpha,\beta,\gamma,x,) = \frac{\Pi(\gamma-1)}{\Pi(\beta-1)\Pi(\gamma-\beta-1)}\int_0^1 u^{\beta-1}(1-u)^{\gamma-\beta-1}(1-xu)^{-\alpha}\,du.$$

Diese bestimmten Integrale haben aber, wie man sieht, nur dann endliche Werthe, wenn β und $\gamma-\beta$ positiv sind; in jedem anderen Falle werden sie unendlich grofs.

Man kann nun auch die Reihen (1.) und (2.) des vorigen Paragraph's durch bestimmte Integrale ausdrücken. Setzt man nämlich in (11.) $\alpha=m$, $x=\frac{y}{m}$ und $m=\infty$, so erhält man:

$$13.\quad 1+\frac{\beta.y}{\gamma.1}+\frac{\beta(\beta+1)y^2}{\gamma(\gamma+1)1.2}+\ldots. = \frac{\Pi(\gamma-1)}{\Pi(\beta-1)\Pi(\gamma-\beta-1)}\int_0^1 u^{\beta-1}(1-u)^{\gamma-\beta-1}e^{yu}\,du.$$

Wird nun $\gamma=2\beta$ gesetzt, so ist:

$$1+\frac{\beta y}{2\beta.1}+\frac{\beta(\beta+1)y^2}{2\beta(2\beta+1)1.2}+\ldots. = \frac{\Pi(2\beta-1)}{(\Pi(\beta-1))^2}\int_0^1 (u(1-u))^{\beta-1}e^{yu}\,du,$$

und, wenn diese Reihe nach der Formel (8.) umgeformt wird:

$$e^{\frac{y}{2}}\left(1+\frac{y^2}{(\beta+\frac{1}{2})1.2^4}+\frac{y^4}{(\beta+\frac{1}{2})(\beta+\frac{3}{2})1.2.2^8}+\ldots.\right) = \frac{\Pi(2\beta-1)}{(\Pi(\beta-1))^2}\int_0^1 (u(1-u))^{\beta-1}e^{yu}\,du,$$

und, wenn $y=4\sqrt{x}$, $\beta=\gamma-\frac{1}{2}$ gesetzt wird:

$$13.\quad 1+\frac{x}{\gamma.1}+\frac{x^2}{\gamma(\gamma+1)1.2}+\ldots. = \frac{\Pi(2\gamma-2)}{(\Pi(\gamma-\frac{1}{2}))^2}\int_0^1 (u-u^2)^{\gamma-\frac{3}{2}}e^{(2u-1)2\sqrt{x}}\,du.$$

Wenn x negativ $=-z$, so müssen die unmöglichen Exponentialgröfsen in Kreisfunctionen verwandelt werden, woraus hervorgeht:

$$14.\quad 1-\frac{z}{\gamma.1}+\frac{z^2}{\gamma(\gamma+1)1.2}-\ldots. = \frac{\Pi(2\gamma-2)}{(\Pi(\gamma-\frac{1}{2}))^2}\int_0^1 (u-u^2)^{\gamma-\frac{3}{2}}\cos((4u-2)\sqrt{z})\,du.$$

Dieses Integral besteht, wie man leicht sieht, aus zwei ganz gleichen Theilen, von denen der eine von $u=0$ bis $u=\frac{1}{2}$, der andere von $u=\frac{1}{2}$ bis $u=1$ geht. Es ist daher

$$1-\frac{z}{\gamma.1}+\frac{z^2}{\gamma(\gamma+1)1.2}-\ldots. = \frac{2\Pi(2\gamma-2)}{(\Pi(\gamma-\frac{1}{2}))^2}\int_0^{\frac{1}{2}} (u-u^2)^{\gamma-\frac{3}{2}}\cos((4u-2)\sqrt{z})\,du,$$

und, wenn $1-2u=v$ gesetzt wird,

$$15.\quad 1-\frac{z}{\gamma.1}+\frac{z}{\gamma(\gamma+1)1.2}-\ldots. = \frac{2^{3-2\gamma}\Pi(2\gamma-2)}{(\Pi(\gamma-\frac{1}{2}))^2}\int_0^1 (1-v^2)^{\gamma-\frac{3}{2}}\cos(2v\sqrt{z})\,du.$$

Dieses Resultat stimmt vollkommen mit dem überein, welches ich auf eine andere Weise in diesem Journal Bd. 12. pag. 145 hergeleitet habe, um das vollständige Integral der Riccatischen Gleichung durch bestimmte Integrale auszudrücken.

§. 28.

Zwei besonders merkwürdige Fälle der allgemeinen Reihe $F(\alpha,\beta,\gamma,x)$ sind die Fälle $\gamma=\beta+1$ und $\beta=1$. Setzt man in (10.) oder (11.) §. 27. $\gamma=\beta+1$, so erhält man

$$F(\alpha,\beta,\beta+1,x)=\beta\int_0^1 u^{\beta-1}(1-xu)^{-\alpha}du,$$

und daher, wenn $u=\frac{v}{x}$ gesetzt, und sodann das Zeichen v in x verwandelt wird:

$$16.\qquad F(\alpha,\beta,\beta+1,x)=\beta x^{-\beta}\int_0^x x^{\beta-1}(1-x)^{-\alpha}dx.$$

Formt man diese Reihe F nach Formel (17.) §. 9. um, und setzt alsdann $\beta-\alpha+1$ statt α und $\gamma-1$ statt β, so erhält man

$$17.\qquad F(\alpha,1,\gamma,x)=(\gamma-1)x^{1-\gamma}(1-x)^{\gamma-\alpha-1}\int_0^x x^{\gamma-2}(1-x)^{\alpha-\gamma}dx.$$

Die beiden Reihen $F(\alpha,\beta,\beta+1,x)$ und $F(\alpha,1,\gamma,x)$ lassen sich also durch unbestimmte Integrale ausdrücken. Durch Reductionsformeln kann man aber aus diesen Reihen die beiden allgemeineren $F(\alpha,\beta,\beta+k,x)$ und $F(\alpha,k,\gamma,x)$ ableiten, in welchen k eine beliebige ganze Zahl bedeutet, so dafs man also eine jede Reihe F, in welcher eines der beiden ersten Elemente eine ganze Zahl ist, oder in welcher das dritte Element von einem der beiden ersten um eine ganze Zahl unterschieden ist, durch unbestimmte Integrale ausdrücken kann. Von der andern Seite kann man nun auch jedes Integral von der Form

$$\int_0^z z^{\lambda-1}(1\pm z^\mu)^\nu dz$$

durch die Function F ausdrücken. Setzt man nämlich in (16.) $x=\pm z^\mu$ $\beta=\frac{\lambda}{\mu}$, $\alpha=-\nu$, so wird

$$18.\qquad F\left(-\nu,\frac{\lambda}{\mu},\frac{\lambda}{\mu}+1,\pm z^\mu\right)=\lambda z^{-\lambda}\int_0^z z^{\lambda-1}(1\mp z^\mu)^\nu dz,$$

und daher

$$19.\qquad \int_0^z z^{\lambda-1}(1\mp z^\mu)^\nu dz=\frac{z^\lambda}{\lambda}F\left(-\nu,\frac{\lambda}{\mu},\frac{\lambda}{\mu}+1,\pm z^\mu\right).$$

Für die Functionen $F(\alpha,1,\gamma,x)$ und $F(\alpha,\beta,\beta+1,x)$ vereinfachen sich auch die Formeln des §. 11. sehr, indem allemal eine der darin vorkommenden drei Functionen F sich algebraisch ausdrücken läfst.

In (21.) §. 11. gesetzt $\beta=1$, giebt:

$$20.\qquad F(\alpha,1,\gamma,x)$$
$$=\frac{\Pi(\gamma-1)\Pi(\alpha-\gamma)}{\Pi(\alpha-1)}x^{1-\gamma}(1-x)^{\gamma-\alpha-1}+\frac{\gamma-1}{\gamma-\alpha-1}F(\alpha,1,\alpha-\gamma+2,1-x).$$

18 *

In (22.) §. 11. gesetzt $\gamma=\beta+1$, giebt:

$$21.\quad F(\alpha,\beta,\beta+1,x)$$
$$=\frac{\Pi(\beta)\Pi(-\alpha)}{\Pi(\beta-\alpha)}x^{-\beta}+\frac{\beta}{\alpha-1}(1-x)^{1-\alpha}F(\beta-\alpha+1,1,2-\alpha,1-x).$$

In (24.) §. 11. gesetzt $\gamma=\beta+1$, giebt:

$$22.\quad F(\alpha,\beta,\beta+1,x)$$
$$=\frac{\Pi(\beta)\Pi(\alpha-\beta-1)}{\Pi(\alpha-1)}(-x)^{-\beta}+\frac{\beta(1-x)^{-\alpha}}{\beta-\alpha}F\left(\alpha,1,\alpha-\beta+1,\frac{1}{1-x}\right).$$

In (25.) §. 11. gesetzt $\beta=1$, giebt:

$$23.\quad F(\alpha,1,\gamma,x)$$
$$=\frac{\Pi(\gamma-1)\Pi(-\alpha)}{\Pi(\gamma-\alpha-1)}(-x)^{1-\gamma}(1-x)^{\gamma-\alpha-1}+\frac{\gamma-1}{(\alpha-1)(1-x)}F\left(\gamma-\alpha,1,2-\alpha,\frac{1}{1-x}\right).$$

Diese Gleichungen können mit Hülfe der beiden Formeln (17.) und (18.) des §. 9. auf verschiedene Weise umgeformt werden. Man kann auch statt der Functionen F ihre Ausdrücke durch bestimmte Integrale nehmen, und hat dadurch die Grundgleichungen für die Transcendenten, welche in der Form $\int_0^z z^{\lambda-1}(1\pm z^\mu)^\nu dz$ enthalten sind.

§. 29.

Setzt man in der Formel (11.) §. 27., in welcher die Reihe $F(\alpha,\beta,\gamma,x)$ durch ein bestimmtes Integral ausgedrückt ist, $\alpha=\frac{1}{2}$, $\beta=\frac{1}{2}$, $\gamma=1$, $x=c^2$, so erhält man daraus:

$$F(\tfrac{1}{2},\tfrac{1}{2},1,c^2)=\frac{1}{\pi}\int_0^1 u^{-\frac{1}{2}}(1-u)^{-\frac{1}{2}}(1-c^2u)^{-\frac{1}{2}}du,$$

und wenn $u=\sin\varphi^2$ genommen wird:

$$F(\tfrac{1}{2},\tfrac{1}{2},1,c^2)=\frac{2}{\pi}\int_0^{\frac{\pi}{2}}\frac{d\varphi}{\sqrt{(1-c^2\sin\varphi^2)}}.$$

Dieses Integral ist aber das ganze elliptische Integral der ersten Gattung, welches nach Legendre durch

$$\int_0^{\frac{\pi}{2}}\frac{d\varphi}{\sqrt{(1-c^2\sin\varphi^2)}}=\mathrm{F}^1(c)$$

bezeichnet wird. Man hat daher:

$$24.\quad \frac{2}{\pi}\mathrm{F}^1(c)=F(\tfrac{1}{2},\tfrac{1}{2},1,c^2).$$

Setzt man ferner in Formel (11.) §. 27. $\alpha=-\frac{1}{2}$, $\beta=\frac{1}{2}$, $\gamma=1$, $x=c^2$, so erhält man:

$$F(-\tfrac{1}{2},\tfrac{1}{2},1,c^2)=\frac{1}{\pi}\int_0^1 u^{-\frac{1}{2}}(1-u)^{-\frac{1}{2}}(1-c^2u)^{\frac{1}{2}}du,$$

und wenn $u = \sin\varphi^2$ genommen wird,

$$F(-\tfrac{1}{2},\tfrac{1}{2},1,c^2) = \frac{2}{\pi}\int_0^{\frac{\pi}{2}} \sqrt{(1-c^2\sin\varphi^2)}\,d\varphi,$$

Dies ist das ganze elliptische Integral der zweiten Gattung, nach Legendre bezeichnet durch

$$\int_0^{\frac{\pi}{2}} \sqrt{(1-c^2\sin\varphi^2)}\,d\varphi = \mathrm{E}^1(c).$$

Man hat daher:

$$25.\quad \frac{2}{\pi}\mathrm{E}^1(c) = F(-\tfrac{1}{2},\tfrac{1}{2},1,c^2).$$

Die ganzen elliptischen Integrale der ersten und zweiten Gattung (und folglich auch die der dritten Gattung) lassen sich also durch die Reihe F ausdrücken. Aus den beiden Formeln (24.) und (25.) können nun durch Verwandlung der Reihen $F(\frac{1}{2},\frac{1}{2},1,c^2)$ und $F(-\frac{1}{2},\frac{1}{2},1,c^2)$ eine groſse Anzahl anderer hergeleitet werden, von welchen wir einige der merkwürdigsten hier zusammenstellen wollen, wobei, wie es bei Legendre gebräuchlich ist, $b^2 = 1-c^2$ gesetzt werden mag:

$$26.\quad \frac{2}{\pi}\mathrm{F}^1(c) = \frac{1}{\sqrt{(1+c^2)}}F\left(\tfrac{1}{4},\tfrac{3}{4},1,\frac{4c^2}{(1+c^2)^2}\right),$$

$$27.\quad \frac{2}{\pi}\mathrm{F}^1(c) = F(\tfrac{1}{4},\tfrac{1}{4},1,4b^2c^2),$$

$$28.\quad \frac{2}{\pi}\mathrm{F}^1(c) = (1-2c^2)F(\tfrac{3}{4},\tfrac{3}{4},4b^2c^2),$$

$$29.\quad \frac{2}{\pi}\mathrm{F}^1(c) = \frac{1}{b+c}F\left(\tfrac{1}{4},\tfrac{1}{2},1,\frac{8bc^3}{(b+c)^4}\right),$$

$$30.\quad \frac{2}{\pi}\mathrm{F}^1(c) = \frac{1}{\sqrt{\left(1-\frac{c^2}{2}\right)}}F\left(\tfrac{1}{4},\tfrac{3}{4},1,\frac{c^4}{(2-c^2)^2}\right),$$

$$31.\quad \frac{2}{\pi}\mathrm{F}^1(c) = \frac{1}{\sqrt{(1+c^2)}}F\left(\tfrac{1}{8},\tfrac{3}{8},1,\frac{16c^2b^4}{(1+c^2)^4}\right),$$

$$32.\quad \frac{2}{\pi}\mathrm{F}^1(c) = \frac{\sqrt{\pi}}{(\Pi(-\frac{1}{4}))^2}F(\tfrac{1}{4},\tfrac{1}{4},\tfrac{1}{2},(1-2c^2)^2)$$
$$-\frac{2\sqrt{\pi}(1-2c^2)}{(\Pi(-\frac{3}{4}))^2}F(\tfrac{3}{4},\tfrac{3}{4},\tfrac{3}{2},(1-2c^2)^2),$$

$$33.\quad \frac{2}{\pi}\mathrm{F}^1(b) = \frac{\sqrt{\pi}}{(\Pi(-\frac{1}{4}))^2}F(\tfrac{1}{4},\tfrac{1}{4},\tfrac{1}{2},(1-2c^2)^2)$$
$$+\frac{2\sqrt{\pi}(1-2c^2)}{(\Pi(-\frac{3}{4}))^2}F(\tfrac{3}{4},\tfrac{3}{4},\tfrac{3}{2},(1-2c^2)^2).$$

Die Gleichung (26.) ist durch Verwandlung der Reihe $F(\frac{1}{2},\frac{1}{2},1,c^2)$ abgeleitet aus (50.) §. 19.; die drei folgenden, (27.), (28.) und (29.), welche nur in den Grenzen $c^2=0$ bis $c^2=\frac{1}{2}$ gelten, sind abgeleitet aus (57.) und (63.) des §. 19. und (34.) §. 21.; eben so (30) aus (52.) §. 19.; die Gleichung (31.), welche nur von $c=0$ bis $c=\sqrt{2}-1$ gültig ist, aus (25.) §. 21. Endlich die beiden Gleichungen (32.) und (33) sind aus Formel (72.) §. 20. abgeleitet und stimmen vollkommen mit denen überein, welche **Jacobi**, *Fundamenta nova etc.* pag. 67 und 68, aufgestellt hat.

Als einige von den mannigfaltigen Ausdrücken der Function $E^1(c)$, welche aus Gleichung (25.) durch Verwandlung der Reihe $F(-\frac{1}{2},\frac{1}{2},1,c^2)$ gefunden werden, wollen wir folgende aufstellen:

$$34.\quad \frac{2}{\pi}E^1(c)=b^2F(\tfrac{3}{2},\tfrac{1}{2},1,c^2),$$

$$35.\quad \frac{2}{\pi}E^1(c)=b\,F\Big(-\tfrac{1}{2},\tfrac{1}{2},1,\frac{-c^2}{b^2}\Big),$$

$$36.\quad \frac{2}{\pi}E^1(c)=\sqrt{\Big(1-\frac{c^2}{2}\Big)}\,F\Big(-\tfrac{1}{4},\tfrac{1}{4},1,\frac{c^4}{(2-c^2)^2}\Big),$$

$$37.\quad \frac{2}{\pi}E^1(c)=\sqrt{b}\,F\Big(-\tfrac{1}{4},\tfrac{3}{4},1,-\frac{c^4}{4b^2}\Big),$$

$$38.\quad \frac{2}{\pi}E^1(c)=\frac{1+b}{2}F\Big(-\tfrac{1}{2},-\tfrac{1}{2},1,\Big(\frac{1-b}{1+b}\Big)^2\Big),$$

$$39.\quad \frac{2}{\pi}E^1(c)=\sqrt{b}\,F\Big(-\tfrac{1}{2},\tfrac{3}{2},1,\frac{-(1-b)^2}{4b}\Big).$$

Diese sind der Reihe nach aus (17.) und (18.) §. 9. und (52.), (54.), (43.) und (48.) des §. 19. abgeleitet.

Umgekehrt kann man nun auch diese hier vorkommenden Reihen F durch die ganzen elliptischen Integrale ausdrücken, welches häufiger in Anwendung kommen wird, da die elliptischen Integrale, für welche überdies vollständige Tafeln berechnet sind, als bekanntere Functionen gelten müssen, als die Reihe $F(\alpha,\beta,\gamma,x)$. Wenn man alle möglichen durch die Formeln des zweiten, dritten und vierten Abschnittes zu bewirkenden Umformungen der Reihe $F(\frac{1}{2},\frac{1}{2},1,x)$ berücksichtigt, so wird man folgende hypergeometrische Reihen F durch ganze elliptische Integrale ausdrücken können:

$$40.\quad \left\{\begin{array}{l}
F(\tfrac{1}{2},\tfrac{1}{2},1,x),\; F(\tfrac{1}{4},\tfrac{1}{4},1,x),\; F(\tfrac{1}{4},\tfrac{3}{4},1,x),\; F(\tfrac{3}{4},\tfrac{3}{4},1,x),\; F(\tfrac{1}{8},\tfrac{3}{8},1,x),\\
F(\tfrac{1}{8},\tfrac{5}{8},1,x),\; F(\tfrac{5}{8},\tfrac{7}{8},1,x),\; F(\tfrac{3}{8},\tfrac{7}{8},1,x),\; F(\tfrac{1}{4},\tfrac{1}{2},1,x),\; F(\tfrac{3}{4},\tfrac{1}{2},1,x),\\
F(\tfrac{1}{4},\tfrac{1}{4},\tfrac{1}{2},x),\; F(\tfrac{1}{8},\tfrac{1}{8},\tfrac{1}{2},x),\; F(\tfrac{3}{8},\tfrac{3}{8},\tfrac{1}{2},x),\; F(\tfrac{1}{8},\tfrac{3}{8},\tfrac{1}{2},x),\; F(\tfrac{7}{8},\tfrac{7}{8},\tfrac{3}{2},x),\\
F(\tfrac{5}{8},\tfrac{7}{8},\tfrac{1}{2},x),\; F(\tfrac{3}{4},\tfrac{3}{4},\tfrac{3}{2},x),\; F(\tfrac{5}{8},\tfrac{5}{8},\tfrac{3}{2},x),\; F(\tfrac{1}{4},\tfrac{1}{2},\tfrac{3}{4},x),\; F(\tfrac{1}{4},\tfrac{1}{4},\tfrac{3}{4},x),\\
F(\tfrac{1}{8},\tfrac{5}{8},\tfrac{3}{4},x),\; F(\tfrac{1}{8},\tfrac{1}{8},\tfrac{3}{4},x),\; F(\tfrac{5}{8},\tfrac{5}{8},\tfrac{3}{4},x),\; F(\tfrac{1}{2},\tfrac{1}{2},\tfrac{3}{4},x),\; F(\tfrac{1}{2},\tfrac{3}{4},\tfrac{5}{4},x),\\
F(\tfrac{3}{4},\tfrac{3}{4},\tfrac{5}{4},x),\; F(\tfrac{3}{8},\tfrac{7}{8},\tfrac{3}{4},x).\; F(\tfrac{3}{8},\tfrac{3}{8},\tfrac{5}{4},x),\; F(\tfrac{1}{2},\tfrac{1}{2},\tfrac{5}{4},x),\; F(\tfrac{7}{8},\tfrac{7}{8},\tfrac{5}{4},x).
\end{array}\right.$$

Es soll nun überdies gezeigt werden, dafs wenn in diesen Reihen die drei ersten Elemente um beliebige ganze Zahlen vermehrt oder vermindert werden, auch die so entstandenen Reihen sich durch die elliptischen Integrale der ersten und zweiten Gattung ausdrücken lassen; oder im allgemeinen, wenn $F(\alpha,\beta,\gamma,x)$ sich durch ganze elliptische Integrale ausdrücken läfst, dafs dasselbe auch von $F(\alpha+\lambda,\beta+\mu,\gamma+\nu,x)$ gilt, wo λ, μ, ν beliebige ganze positive oder negative Zahlen bedeuten. Um dies zu zeigen setze ich

$$F(\alpha,\beta,\gamma,x)=P,$$

wo P ein Ausdruck ist, der die elliptischen Integrale F^1 und E^1 enthält. Durch Differentiation folgt hieraus

$$\frac{\alpha.\beta}{\gamma}F(\alpha+1,\beta+1,\gamma+1,x)=\frac{dP}{dx}.$$

Da nun die Differenzialquotienten der ganzen elliptischen Integrale wieder auf dieselben Functionen F^1 und E^1 zurückführen, so folgt, dafs $\frac{dP}{dx}$ und daher auch $F(\alpha+1,\beta+1,\gamma+1,x)$ durch diese elliptischen Integrale sich ausdrücken lassen müssen. Aus $F(\alpha,\beta,\gamma,x)$ und $F(\alpha+1,\beta+1,\gamma+1,x)$ kann man aber $F(\alpha+\lambda,\beta+\mu,\gamma+\nu,x)$ durch Reductionsformeln herleiten, so dafs auch diese allgemeinere Reihe sich durch elliptische Integrale ausdrücken lassen mufs. Jede einzelne der bei (40.) angegebenen Reihen, welche sich durch die elliptischen Integrale ausdrücken lassen, wird daher eine unendliche Anzahl anderer nach sich ziehen, welche dieselbe Eigenschaft haben.

Die bei (40.) zusammengestellten Reihen, nebst denen, welche sich auf die so eben angegebene Weise aus denselben ableiten lassen, erschöpfen aber noch nicht alle Fälle, in welchen die Reihe $F(\alpha,\beta,\gamma,x)$ durch ganze elliptische Integrale ausgedrückt werden kann. Man nehme z. B. das Integral

$$41.\qquad y=\int_0^{\frac{\pi}{2}}\frac{d\varphi}{\sqrt[3]{(1-c^2\sin\varphi^2)}},$$

welches Legendre (*Traité des fonctions elliptiques*, *Tom. I. page* 180 *et* 181) durch ein ganzes elliptisches Integral der ersten Gattung ausgedrückt hat. Dasselbe verwandelt sich, wenn $u=\sin\varphi^2$ gesetzt wird, in

$$y=\tfrac{1}{2}\int u^{-\frac{1}{2}}(1-u)^{-\frac{1}{2}}(1-c^2u)^{-\frac{1}{3}}du,$$

und es ist daher, nach Formel (11.) §. 27.,

$$42.\qquad y=\frac{\pi}{2}F(\tfrac{1}{3},\tfrac{1}{2},1,c^2).$$

Es mufs sich daher auch die Reihe $F(\frac{1}{3},\frac{1}{2},1,x)$ nebst allen ihren Umformungen durch ganze elliptische Integrale ausdrücken lassen, also:

$$43.\ \begin{cases} F(\frac{1}{3},\frac{1}{2},1,x),\ F(\frac{2}{3},\frac{1}{2},1,x),\ F(\frac{1}{3},\frac{1}{3},1,x),\ F(\frac{2}{3},\frac{2}{3},1,x),\ F(\frac{1}{3},\frac{2}{3},1,x), \\ F(\frac{1}{6},\frac{2}{3},1,x),\ F(\frac{1}{6},\frac{1}{3},1,x),\ F(\frac{5}{6},\frac{2}{3},1,x),\ F(\frac{5}{6},\frac{1}{3},1,x), \end{cases}$$

und folglich auch alle diejenigen Reihen F, welche aus diesen entstehen, indem die drei ersten Elemente um beliebige ganze Zahlen vermehrt, oder vermindert werden. Es folgt ferner hieraus, dafs auch die Reihe $F(\frac{1}{3},\frac{1}{2},1,z)$ eine Umformung der Reihe $F(\frac{1}{2},\frac{1}{2},1,x)$ sein mufs. Diese Umformung aber ist in den Formeln des zweiten, dritten und vierten Abschnittes nicht enthalten, weil wir daselbst nur diejenigen Umformungen gesucht haben, bei welchen wenigstens eine der Quantitäten α, β, γ beliebig bleibt.

§. 30.

Es hat im allgemeinen die Reihe $F(\alpha,\beta,\gamma,x)$, welche wir in dieser Abhandlung untersuchen, eine unverkennbare Analogie mit den elliptischen Transcendenten, und viele der gefundenen Formeln für die Reihe F. geben wichtige Resultate für die Theorie der elliptischen Functionen.

Setzt man in Formel (51.) §. 19. $\alpha=\frac{1}{2}$, $\beta=\frac{1}{2}$, $x=c^2$, so ist:

$$F(\tfrac{1}{2},\tfrac{1}{2},1.c^2)=\frac{1}{1+c}F\Big(\tfrac{1}{2},\tfrac{1}{2},1,\frac{4c}{(1+c)^2}\Big);$$

daher hat man, wenn diese beiden Reihen durch elliptische Functionen ausgedrückt werden,

$$44.\qquad F^1(c)=\frac{1}{1+c}F^1\Big(\frac{2\sqrt{c}}{1+c}\Big),$$

welches eine bekannte Eigenschaft der ganzen elliptischen Integrale der ersten Gattung ist. Eben so, wenn in Formel (43.) §. 19. gesetzt wird $\alpha=\frac{1}{2}$, $\beta=\frac{1}{2}$. $x=c^2$, erhält man:

$$45.\qquad F^1(c)=\frac{2}{1+b}F^1\Big(\frac{1-b}{1+b}\Big).$$

Setzt man in Formel (13.) §. 21. $\alpha=\frac{1}{2}$, $x=c^2$, so erhält man daraus:

$$46.\qquad F^1(c)=\Big(\frac{2}{1+\sqrt{b}}\Big)^2F^1\Big(\Big(\frac{1-\sqrt{b}}{1+\sqrt{b}}\Big)^2\Big),$$

welche Gleichung in dieser Form zwar neu erscheint, aber unter der Form

$$\frac{1}{1+c}F^1\Big(\frac{2\sqrt{c}}{1+c}\Big)=\frac{2}{1+b}F^1\Big(\frac{1-b}{1+b}\Big),$$

welche man aus (46.) erhält, indem statt c gesetzt wird $\frac{2\sqrt{c}}{1+c}$, sogleich als ein bekanntes Resultat erkannt wird.

Setzt man in der Formel (34.) §. 13. $\alpha=\frac{1}{2}$, $\beta=\frac{1}{2}$, $\gamma=1$, $x=c^2$, so erhält man daraus unmittelbar jene merkwürdige Gleichung, welche von **Legendre**, **Abel** und **Jacobi** auf sehr verschiedene Arten hergeleitet und bewiesen worden ist, nämlich:

$$47.\quad \mathrm{F}^1(c)\,\mathrm{E}^1(b)+\mathrm{F}^1(b)\,\mathrm{E}^1(c)-\mathrm{F}^1(b)\,\mathrm{F}^1(c)=\frac{\pi}{2}.$$

Betrachtet man ferner jene Differenzialgleichung der dritten Ordnung (4.) §. 4., welche die Bestimmung des z enthält, damit $wF(\alpha',\beta',\gamma',z)$ und $F(\alpha,\beta,\gamma,x)$ einer und derselben lineären Differenzialgleichung der zweiten Ordnung (1.) §. 4. als particuläre Integrale genügen, und setzt man in derselben $\alpha=\alpha'=\frac{1}{2}$, $\beta=\beta'=\frac{1}{2}$, $\gamma=\gamma'=1$, $x=k^2$, $z=\lambda^2$, so erhält man daraus:

$$48.\quad 2\frac{d^3\lambda}{d\lambda\,dk^2}-3\left(\frac{d^2\lambda}{d\lambda\,dk}\right)^2+\frac{1+2\lambda^2+\lambda^4}{\lambda^2(1-\lambda^2)^2}\cdot\frac{d\lambda^2}{dk^2}-\frac{1+2k^2+k^4}{k^2(1-k^2)^2}=0.$$

Dies ist die von **Jacobi** (*Fund. nova etc. pag.* 77) gefundene Differenzialgleichung, welcher alle Modulargleichungen als algebraische particuläre Integrale genügen.

Werden endlich dieselben Werthe der Quantitäten α, β, γ, α', β', γ', x und z in der Gleichung für den Multiplicator (3.) §. 4. substituirt, so erhält man für den Multiplicator der umgeformten elliptischen Integrale:

$$49.\quad w^2=c\,\frac{\lambda(1-\lambda^2)\,dk}{k(1-k^2)\,d\lambda},$$

welches genau mit dem von **Jacobi** (*Fund. nova etc. pag.* 75.) gefundenen Ausdrucke übereinstimmt.

§. 31.

Es lassen sich auch die unbestimmten elliptischen Integrale der ersten und zweiten Gattung für viele bestimmten Werthe des Modulus durch die Reihe F ausdrücken; umgekehrt läfst sich daher auch die Reihe F in vielen Fällen durch bestimmte elliptische Integrale ausdrücken. Dies soll in dem gegenwärtigen Paragraphen gezeigt werden.

Wir wollen zu diesem Zwecke folgendes unbestimmte Integral betrachten:

$$50.\quad z=\int_0 x^{-\frac{3}{4}}(1-x)^{-\frac{1}{2}}\,dx,$$

welches zugleich mit x verschwinden soll. Dasselbe läfst sich nach Formel (19.) §. 28. durch die Reihe F wie folgt ausdrücken:

$$z=4x^{\frac{1}{4}}F(\tfrac{1}{2},\tfrac{1}{4},\tfrac{5}{4},x).$$

setzt man aber in diesem Integrale $x=\left(\frac{1-\cos\varphi^2}{1+\cos\varphi^2}\right)^2$, so erhält man das umgeformte Integral:

$$z=2\sqrt{2}\int_0\frac{d\varphi}{\sqrt{(1-\frac{1}{2}\sin\varphi^2)}}=2\sqrt{2}\,\mathrm{F}(\sqrt{\tfrac{1}{2}},\varphi).$$

Werden diese beiden Ausdrücke des z einander gleich gesetzt, und wird für x sein Werth substituirt, so ist:

$$51.\quad \mathrm{F}(\sqrt{\tfrac{1}{2}},\varphi)=\sqrt{2}\sqrt{\left(\frac{1-\cos\varphi^2}{1+\cos\varphi^2}\right)}F\left(\tfrac{1}{2},\tfrac{1}{4},\tfrac{5}{4},\left(\frac{1-\cos\varphi^2}{1+\cos\varphi^2}\right)^2\right).$$

Aus dieser Formel können durch Umformung der Reihe F mehrere andern abgeleitet werden. Setzt man z. B. in Formel (45.) §. 19. $\alpha=\frac{1}{4}$, $\beta=\frac{1}{2}$ und $x=\left(\frac{1-\cos\varphi^2}{1+\cos\varphi^2}\right)^2$, so geht dieselbe über in:

$$F\left(\tfrac{1}{2},\tfrac{1}{4},\tfrac{5}{4},\left(\frac{1-\cos\varphi^2}{1+\cos\varphi^2}\right)^2\right)=\frac{\sqrt{2}\sqrt{(1+\cos\varphi^2)}}{1+\cos\varphi}F\left(\tfrac{1}{2},\tfrac{1}{4},\tfrac{5}{4},-\left(\operatorname{tang}\frac{\varphi}{2}\right)^4\right);$$

dies in (51.) substituirt, giebt:

$$52.\quad \mathrm{F}(\sqrt{\tfrac{1}{2}},\varphi)=2\operatorname{tang}\tfrac{1}{2}\varphi\,F(\tfrac{1}{2},\tfrac{1}{4},\tfrac{5}{4},-(\operatorname{tang}\tfrac{1}{2}\varphi)^4).$$

Setzt man ferner in Formel (43.) §. 19. $\alpha=\frac{1}{2}$, $\beta=\frac{3}{4}$, $x=1-\cos\varphi^4$, so wird

$$F(\tfrac{3}{4},\tfrac{1}{2},\tfrac{3}{2},1-\cos\varphi^4)=\frac{2}{1+\cos\varphi^2}F\left(\tfrac{1}{2},\tfrac{1}{4},\tfrac{5}{4},\left(\frac{1-\cos\varphi^2}{1+\cos\varphi^2}\right)^2\right),$$

und dies, in (51.) substituirt, giebt:

$$53.\quad \mathrm{F}(\sqrt{\tfrac{1}{2}},\varphi)=\sqrt{\left(\frac{1-\cos\varphi^4}{2}\right)}F(\tfrac{3}{4},\tfrac{1}{2},\tfrac{3}{2},1-\cos\varphi^4).$$

Verwandelt man die in dieser Formel enthaltene Reihe F weiter nach Formel (21.) §. 28., so wird

$$\mathrm{F}(\sqrt{\tfrac{1}{2}},\varphi)=\frac{\sqrt{(2\pi)}\,\Pi(\frac{1}{4})}{\Pi(-\frac{1}{4})}-\sqrt{2}.\cos\varphi\sqrt{(1-\cos\varphi^4)}\,F(\tfrac{3}{4},\tfrac{1}{2},\tfrac{5}{4},\cos\varphi^4),$$

und wenn diese Reihe endlich nach Formel (17.) §. 9. verwandelt wird:

$$54.\quad \mathrm{F}(\sqrt{\tfrac{1}{2}},\varphi)=\frac{\sqrt{(2\pi)}\,\Pi(\frac{1}{4})}{\Pi(-\frac{1}{4})}-\sqrt{2}\cos\varphi\,F(\tfrac{1}{2},\tfrac{1}{4},\tfrac{5}{4},\cos\varphi^4).$$

Diese Formel giebt, wenn $\varphi=\frac{\pi}{2}$ gesetzt wird,

$$\mathrm{F}^1(\sqrt{\tfrac{1}{2}})=\frac{\sqrt{(2\pi)}\,\Pi(\frac{1}{4})}{\Pi(-\frac{1}{4})}.$$

Auch das elliptische Integral der zweiten Gattung, dessen Modul $\sqrt{\frac{1}{2}}$ ist, kann durch die Reihe F ausgedrückt werden. Setzt man nämlich in

$$\mathrm{E}(\sqrt{\tfrac{1}{2}},\varphi)=\int_0 d\varphi\sqrt{(1-\tfrac{1}{2}\sin\varphi^2)}$$

$\cos\varphi^4=1-x$, so erhält man

$$\mathrm{E}(\sqrt{\tfrac{1}{2}},\varphi)=\frac{1}{4\sqrt{2}}\int_0 x^{-\frac{1}{2}}(1-x)^{-\frac{3}{4}}dx+\frac{1}{4\sqrt{2}}\int x^{-\frac{1}{2}}(1-x)^{-\frac{1}{4}}dx,$$

und wenn diese beiden Integrale durch die Reihe F ausgedrückt werden,

$$55.\quad \mathrm{E}(\sqrt{\tfrac{1}{2}},\varphi)=\frac{\sqrt{x}}{2\sqrt{2}}\left(F(\tfrac{3}{4},\tfrac{1}{2},\tfrac{3}{2},x)+F(\tfrac{1}{4},\tfrac{1}{2},\tfrac{3}{2},x)\right),$$

wo $x=1-\cos\varphi^4$.

Es soll ferner folgendes Integral betrachtet werden:

$$y=\int_0 x^{-\frac{5}{6}}(1-x)^{-\frac{1}{2}}dx,$$

welches, durch die Reihe F ausgedrückt, giebt:

$$y=6x^{\frac{1}{6}}F(\tfrac{1}{2},\tfrac{1}{6},\tfrac{7}{6},x).$$

Um dasselbe durch elliptische Integrale auszudrücken, nehme man:

$$x=\frac{\sin\frac{1}{2}\varphi^6}{(\sin\frac{1}{2}\varphi^2+\sqrt{3}\cos\frac{1}{2}\varphi^2)^3}\quad\text{oder}\quad 1+\sqrt{3}\,\mathrm{cotang}\tfrac{1}{2}\varphi^2=x^{-\frac{1}{3}},$$

und setze Kürze halber $\frac{2-\sqrt{3}}{4}=c^2$, so findet man das umgeformte Integral

$$y=3^{\frac{1}{4}}\int\frac{d\varphi}{\sqrt{(1-c^2\sin\varphi^2)}}=3^{\frac{1}{4}}\mathrm{F}(c,\varphi).$$

Dieser Ausdruck des y, mit den anderen verbunden, giebt

$$57.\quad \mathrm{F}(c,\varphi)=2.3^{\frac{1}{4}}x^{\frac{1}{6}}F(\tfrac{1}{2},\tfrac{1}{6},\tfrac{7}{6},x),$$

$$\text{wo}\quad c^2=\frac{2-\sqrt{3}}{4}\quad\text{und}\quad x=\frac{\sin\frac{1}{2}\varphi^6}{(\sin\frac{1}{2}\varphi^2+\sqrt{3}\cos\frac{1}{2}\varphi^2)^3}.$$

Geht man eben so von dem Integrale

$$y=\int z^{-\frac{5}{6}}(1+z)^{-\frac{1}{2}}dz$$

aus, so ist zunächst

$$y=6z^{\frac{1}{6}}F(\tfrac{1}{2},\tfrac{1}{6},\tfrac{7}{6},-z);$$

setzt man aber

$$z=\frac{\sin\frac{1}{2}\varphi^6}{(\sqrt{3}\cos\frac{1}{2}\varphi^2-\sin\frac{1}{2}\varphi^2)^3}\quad\text{und}\quad b^2=\frac{2+\sqrt{3}}{4},$$

so verwandelt sich dieses Integral in:

$$y=3^{\frac{1}{4}}\int\frac{d\varphi}{\sqrt{(1-b^2\sin\varphi^2)}}=3^{\frac{1}{4}}\mathrm{F}(b,\varphi);$$

man hat daher:

$$58.\quad \mathrm{F}(b,\varphi)=2.3^{\frac{1}{4}}z^{\frac{1}{6}}F(\tfrac{1}{2},\tfrac{1}{6},\tfrac{7}{6},-z),$$

$$\text{wo}\quad b^2=\frac{2+\sqrt{3}}{4}\quad\text{und}\quad z=\frac{\sin\frac{1}{2}\varphi^6}{(\sqrt{3}\cos\frac{1}{2}\varphi^2-\sin\frac{1}{2}\varphi^2)^3}.$$

Dies sind die einfachsten Ausdrücke der Functionen $\mathrm{F}(c,\varphi)$ und $\mathrm{F}(b,\varphi)$, aus welchen durch Verwandlungen der Reihe F leicht eine grofse Anzahl ähnlicher abgeleitet werden können. Es lassen sich für diese Werthe der

20 *

Moduln c und b auch die elliptischen Integrale der zweiten Gattung durch die Reihe F ausdrücken; da jedoch diese Ausdrücke minder einfach sind, so sollen sie hier übergangen werden.

Es sollen nun noch für zwei andere Werthe des Moduls die elliptischen Integrale der ersten Gattung durch die Reihe F ausgedrückt werden. Nimmt man nämlich das Integral:

$$59.\quad u=\int\frac{dz}{\sqrt{(z^4-8z^2+8)}},$$

und setzt in demselben $z=m.\sin\varphi$, wo $m^2=4-2\sqrt{2}$, und $k=\sqrt{2}-1$, so wird

$$u=\frac{m}{2\sqrt{2}}\int\frac{d\varphi}{\sqrt{(1-k^2\sin\varphi^2)}}=\frac{m}{2\sqrt{2}}\mathrm{F}(k,\varphi).$$

Um dasselbe Integral durch die Reihe F auszudrücken, setze man $z=\frac{2x}{1+x^2}$, so wird

$$u=\frac{1}{\sqrt{2}}\int\frac{dx}{\sqrt{(1+x^8)}}-\frac{1}{\sqrt{2}}\int\frac{x^2\,dx}{\sqrt{(1+x^8)}},$$

und daher nach Formel (19.) §. 28.:

$$u=\frac{x}{\sqrt{2}}F(\tfrac{1}{2},\tfrac{1}{8},\tfrac{9}{8},-x^8)-\frac{x^3}{3\sqrt{2}}F(\tfrac{1}{2},\tfrac{3}{8},\tfrac{11}{8},-x^8).$$

Aus den beiden Ausdrücken des u folgt:

$$60.\quad \frac{m}{2}\mathrm{F}(k,\varphi)=xF(\tfrac{1}{2},\tfrac{1}{8},\tfrac{9}{8},-x^8)-\frac{x^3}{3}F(\tfrac{1}{2},\tfrac{3}{8},\tfrac{11}{8},-x^8),$$

wo $m.\sin\varphi=\frac{2x}{1+x^2}$, und daher $x^2=\frac{1-\sqrt{(1-m^2\sin\varphi^2)}}{1+\sqrt{(1-m^2\sin\varphi^2)}}$,

$$m^2=4-2\sqrt{2},\qquad k=\sqrt{2}-1.$$

Auf gleiche Weise findet man einen ähnlichen Ausdruck des elliptischen Integrals $\mathrm{F}(\lambda,\varphi)$, dessen Modul $\lambda=\sqrt{(2\sqrt{2}-2)}$ ist, aus dem Integrale

$$61.\quad v=\int\frac{dz}{\sqrt{(z^4+8z^2+8)}}.$$

Setzt man nämlich $z=m\,\mathrm{tang}\,\psi$, wo $m^2=4-2\sqrt{2}$, und $\lambda^2=2\sqrt{2}-2$, so wird

$$v=\frac{m}{2\sqrt{2}}\int\frac{d\psi}{\sqrt{(1-\lambda^2\sin\psi^2)}}=\frac{m}{2\sqrt{2}}\mathrm{F}(\lambda,\psi);$$

setzt man aber $z=\frac{2x}{1-x^2}$, so wird

$$v=\frac{1}{\sqrt{2}}\int\frac{dx}{\sqrt{(1+x^8)}}+\frac{1}{\sqrt{2}}\int\frac{x^2\,dx}{\sqrt{(1+x^8)}},$$

also

$$v=\frac{x}{\sqrt{2}}F(\tfrac{1}{2},\tfrac{1}{8},\tfrac{9}{8},-x^8)+\frac{x^3}{3\sqrt{2}}F(\tfrac{1}{2},\tfrac{3}{8},\tfrac{11}{8},-x^8),$$

und aus den beiden Ausdrücken des v folgt:

$$62.\quad \frac{m}{2}\,\mathrm{F}(\lambda,\psi) = xF(\tfrac{1}{2},\tfrac{1}{8},\tfrac{9}{8},-x^8)+\frac{x^3}{3}F(\tfrac{1}{2},\tfrac{3}{8},\tfrac{11}{8},-x^8),$$

wo $m\,\mathrm{tang}\,\psi = \frac{2x}{1-x^2}$ und daher $x^2 = \frac{\sqrt{(1+m^2\,\mathrm{tang}\,\psi^2)}-1}{\sqrt{(1+m^2\,\mathrm{tang}\,\psi^2)}+1}$ und

$$m^2 = 4-2\sqrt{2},\qquad \lambda^2 = 2\sqrt{2}-2.$$

Werden die Formeln (60.) und (62.) addirt und subtrahirt, so erhält man umgekehrt für die Ausdrücke der beiden Reihen $F(\frac{1}{2},\frac{1}{8},\frac{9}{8},-x^8)$ und $F(\frac{1}{2},\frac{3}{8},\frac{11}{8},-x^8)$ durch elliptische Integrale:

$$63.\quad xF(\tfrac{1}{2},\tfrac{1}{8},\tfrac{9}{8},-x^8) = \frac{m}{4}(\mathrm{F}(\lambda,\psi)+\mathrm{F}(k,\varphi)),$$

$$64.\quad x^3F(\tfrac{1}{2},\tfrac{3}{8},\tfrac{11}{8},-x^8) = \frac{3m}{4}(\mathrm{F}(\lambda,\psi)-\mathrm{F}(k,\varphi)).$$

Wir haben hier die unbestimmten elliptischen Integrale der ersten Gattung für die Werthe der Moduln $\sqrt{\frac{1}{2}}$, $\sqrt{\left(\frac{2-\sqrt{3}}{4}\right)}$ und $\sqrt{2}-1$ durch die Reihe F ausgedrückt; hieraus folgt unmittelbar, dafs sich noch eine unendliche Anzahl anderer elliptischer Integrale ebenfalls durch die Reihe F ausdrücken läfst, nämlich alle diejenigen, deren Moduln als umgeformt aus diesen drei Moduln betrachtet werden können, zu welchen unter andern auch die Moduln $\sqrt{\left(\frac{2+\sqrt{3}}{4}\right)}$ und $\sqrt{(2\sqrt{2}-2)}$ gehören; die obigen drei Moduln aber sind ganz unabhängig von einander, oder können nicht in einander umgeformt werden. Von der andern Seite sind die hier vorkommenden Reihen F durch elliptische unbestimmte Integrale ausgedrückt, woraus folgt, dafs auch alle Umformungen dieser Reihen F sich durch unbestimmte elliptische Integrale ausdrücken lassen. Für andere Werthe des Moduls, welche von den genannten dreien unabhängig sind, ist es mir nicht gelungen, die elliptischen unbestimmten Integrale durch die Reihe F auszudrücken, man müfste denn die beiden äufsersten Werthe des Moduls 0 und 1 nehmen, welche aber nur Kreisbogen und Logarithmen geben. Übrigens sind grade diese drei Moduln in vielen Beziehungen besonders merkwürdig und haben unter andern die Eigenschaft mit einander gemein, dafs sie sich in ihre Complementair-Moduln umformen lassen.

Eine nur einigermafsen vollständige Sammlung solcher Reihen F zu geben, welche sich durch unbestimmte elliptische Integrale summiren lassen, würde zu weitläuftig sein. Man kann in dieser Hinsicht bemerken, dafs nur solche Reihen F diese Eigenschaft haben können, welche sich überhaupt durch unbestimmte Integrale ausdrücken lassen, und dies ist, wie wir oben §. 28. gesehen haben, bei denjenigen der Fall, in welchen entweder eines der beiden ersten Elemente α oder β eine ganze Zahl ist, oder in welchen das dritte Element γ um eine ganze Zahl gröfser ist, als eines der beiden ersten. Die Integrale, durch welche solche Reihen ausgedrückt werden, sind immer von der Form:

$$\int x^{\lambda-1}(1\pm x^{\mu})^{\nu}\,dx;$$

nachdem man also eine Reihe F, welche man durch elliptische Integrale summiren will, zunächst durch Integrale von dieser Form ausgedrückt hat, mufs man untersuchen, ob diese sich entweder durch die zahlreichen, von **Legendre** gegebenen Substitutionen, oder durch andere, in elliptische Integrale verwandeln lassen. Endlich kann noch gezeigt werden, dafs, wenn die Reihe $F(a,b,c,x)$ sich durch elliptische unbestimmte Integrale summiren läfst, dasselbe auch bei der Reihe $F(a+\lambda, b+\mu, c+\nu, x)$ der Fall sein wird, wenn λ, μ, ν, beliebige ganze Zahlen bedeuten. Aus $F(a,b,c,x)$ kann man nämlich $F(a+1, b+1, c+1, x)$ durch Differenziation herleiten, und aus diesen beiden Reihen sodann $F(a+\lambda, b+\mu, c+\nu, x)$ durch Reductionsformeln.

§. 32.

Zu den Transcendenten, welche in der allgemeinen Reihe $F(\alpha,\beta,\gamma,x)$ enthalten sind, gehören auch die Coefficienten der Entwickelung

65. $(1+a^2-2a\cos\varphi)^{-n} = P_0 + 2P_1\cos\varphi + 2P_2\cos 2\varphi + 2P_3\cos 3\varphi + \dots$

Diese Coefficienten sind schon sehr oft untersucht worden, und **Legendre** hat denselben die erste Abtheilung seines *Appendice au traité des fonctions elliptiques, Tom. II. pag.* 531. *etc.* gewidmet. Wir werden hier dieselben Bezeichnungen, welche **Legendre** gebraucht, beibehalten, und mit Hülfe der für die Reihe $F(\alpha,\beta,\gamma,x)$ gefundenen Formeln die Theorie dieser Transcendenten zu vervollständigen suchen. Wenn der allgemeine Coefficient der Entwickelung (65.) als Function seines Stellenzeigers λ und des Exponenten n, durch $P(\lambda,n)$ bezeichnet wird, und Kürze halber gesetzt wird:

$$\frac{n(n+1)\dots(n+\lambda-1)}{1.2\dots\lambda} = \Lambda,$$

so ist:

66. $$P(\lambda,n) = \Lambda a^{\lambda} F(n+\lambda, n, \lambda+1, a^2).$$

Indem man die Reihe $F(n+\lambda, n, \lambda+1, a^2)$ nach den im zweiten und dritten Abschnitte gefundenen Formeln verwandelt, findet man alle bis jetzt bekannten merkwürdigen Eigenschaften dieser Coefficienten, eben so, wie die allgemeinen Reductionsformeln der Reihe $F(\alpha, \beta, \gamma, x)$ alle Reductionsformeln dieser Coefficienten gewähren. Wir wollen uns nicht damit aufhalten, schon bekannte Eigenschaften zu entwickeln, sondern nur einige noch nicht bekannte Resultate aus dem Obigen herleiten. Alle Reihen, durch welche der Coefficient $P(\lambda, n)$ bis jetzt entwickelt worden ist, haben den Mangel, dafs sie, wenn die Quantität a der Einheit sehr nahe kommt, sehr langsam convergiren, und Legndre a. a. O. pag. 570 schlägt deshalb vor, in diesem Falle die Werthe derselben aus den Ausdrücken durch bestimmte Integrale nach der Methode der Quadraturen zu berechnen. Dieser Übelstand kann auf folgende Weise gehoben werden. Setzt man in Formel (23.) §. 11. $\alpha = n+\lambda$, $\beta = n$, $\gamma = \lambda+1$, $x = a^2$, so erhält man:

$$F(n+\lambda, n, \lambda+1, a^2) = \frac{\Pi(\lambda)\Pi(-2n)}{\Pi(\lambda-n)\Pi(-n)}F(n+\lambda, n, 2n, 1-a^2)$$
$$+\frac{\Pi(\lambda)\Pi(2n-2)}{\Pi(n+\lambda-1)\Pi(n-1)}(1-a^2)^{1-2n}F(1-n, 1+\lambda-n, 2-2n, 1-a^2).$$

Multiplicirt man diese Gleichung mit Λa^λ, so erhält man:

$$67.\quad P(\lambda, n) = \frac{\Pi(-2n)(-a)^\lambda}{\Pi(-n-\lambda)\Pi(-n+\lambda)}F(n+\lambda, n, 2n, 1-a^2)$$
$$+\frac{\Pi(2n-2)}{(\Pi(n-1))^2}a^\lambda(1-a^2)^{1-2n}F(1-n+\lambda, 1-n, 2-2n, 1-a^2).$$

Dieser Ausdruck des Coefficienten $P(\lambda, n)$ durch zwei Reihen, welche nach Potenzen von $1-a^2$ geordnet sind, ist grade, in dem Falle, wo a der Einheit sehr nahe kommt, zur numerischen Berechnung äufserst vortheilhaft; aber derselbe kann auch noch in einen andern umgeformt werden, dessen Reihen bei weitem rascher convergiren. Setzt man nämlich in Formel (43.) §. 19. $\alpha = n+\lambda$, $\beta = n$, $x = 1-a^2$, so erhält man:

$$F(n+\lambda, n, 2n, 1-a^2) = \left(\frac{1+a}{2}\right)^{-2n-2\lambda} F\left(n+\lambda, \lambda+\tfrac{1}{2}, n+\tfrac{1}{2}, \left(\frac{1-a}{1+a}\right)^2\right),$$

und wenn in derselben Formel (43.) gesetzt wird $\alpha = 1-n+\lambda$, $\beta = 1-n$, $x = 1-a^2$:

$$F(1-n+\lambda, 1-n, 2-2n, 1-a^2)$$
$$= \left(\frac{1+a}{2}\right)^{2n-2-2\lambda} F\left(1-n+\lambda, \lambda+\tfrac{1}{2}, \tfrac{3}{2}-n, \left(\frac{1-a}{1+a}\right)^2\right);$$

dies in der Formel (67.) substituirt, giebt:

$$68.\quad P(\lambda,n)=\frac{\Pi(-2n)(-a)^{\lambda}}{\Pi(-n-\lambda)\Pi(-n+\lambda)}\left(\frac{1+a}{2}\right)^{-2n-2\lambda}F\left(n+\lambda,\lambda+\tfrac{1}{2},n+\tfrac{1}{2},\left(\frac{1-a}{1+a}\right)^2\right)$$
$$+\frac{\Pi(2n-2)}{(\Pi(n-1))^2}a^{\lambda}(1-a^2)^{1-2n}\left(\frac{1+a}{2}\right)^{2n-2-2\lambda}F\left(1-n+\lambda,\lambda+\tfrac{1}{2},\tfrac{3}{2}-n,\left(\frac{1-a}{1+a}\right)^2\right).$$

Die beiden Reihen dieser Formel sind aufserordentlich convergent, sobald a nur einigermafsen der Einheit nahe kommt. So z. B. für $a=\frac{9}{10}$ ist $\left(\frac{1-a}{1+a}\right)^2=\frac{1}{361}$, so dafs die beiden Reihen in diesem Falle nach Potenzen von $\frac{1}{361}$ fortschreiten. Die durch die Function Π ausgedrückten Factoren findet man mit grofser Genauigkeit aus den Tafeln dieser Function, welche Gaufs und Legendre berechnet haben. Für die beiden Fälle: erstens, dafs n eine ganze Zahl ist, und zweitens, dafs n von der Form $k+\frac{1}{2}$ ist (für k eine ganze Zahl), sind die beiden Formeln (67.) und (68.) unbrauchbar, weil sie unendliche Quantitäten einschliefsen; in dem ersten Falle sind jedoch die Coefficienten $P(\lambda,n)$ nur algebraische Functionen, und im zweiten Falle können sie durch elliptische Functionen ausgedrückt werden, wie Legendre a. a. O. gezeigt hat. Es ist ferner leicht zu zeigen, dafs es aufserdem noch zwei Fälle giebt, in welchen diese Coefficienten alle durch die ganzen elliptischen Integrale der ersten und zweiten Gattung können ausgedrückt werden, nämlich: erstens, wenn n von der Form $k\pm\frac{1}{4}$, und zweitens, wenn n von der Form $k\pm\frac{1}{3}$ ist, wo k eine ganze Zahl. Es ist nämlich §. 29. bei (40.) bemerkt worden, dafs unter andern die beiden Reihen $F(\frac{1}{4},\frac{1}{4},1,x)$ und $F(\frac{3}{4},\frac{3}{4},1,x)$, und alle andern, welche aus diesen entstehen, indem die drei ersten Elemente um beliebige ganze Zahlen vermehrt oder vermindert werden, sich durch die ganzen elliptischen Integrale ausdrücken lassen; woraus unmittelbar folgt, dafs

$$P(\lambda,k\pm\tfrac{1}{4})=\Lambda.a^{\lambda}F(\lambda+k\pm\tfrac{1}{4},k\pm\tfrac{1}{4},\lambda+1,a^2),$$

oder jeder Coefficient der Entwickelung (65.) für $n=k\pm\frac{1}{4}$ sich durch die elliptischen Integrale ausdrücken läfst. Ferner ist §. 29. bei (43.) bemerkt worden, dafs unter andern die beiden Reihen $F(\frac{1}{3},\frac{1}{3},1,x)$ und $F(\frac{2}{3},\frac{2}{3},1,x)$ und alle, welche aus diesen entstehen, indem die drei ersten Elemente um ganze Zahlen vermehrt oder vermindert werden, sich durch die ganzen elliptischen Integrale ausdrücken lassen; woraus eben so folgt, dafs

$$P(\lambda,k\pm\tfrac{1}{3})=\Lambda.a^{\lambda}F(\lambda+k\pm\tfrac{1}{3},k\pm\tfrac{1}{3},\lambda+1,a^2),$$

oder jeder Coefficient der Entwickelung (65.) für $n=k\pm\frac{1}{3}$ sich durch die ganzen elliptischen Integrale ausdrücken läfst.

Abschnitt VII.

Über die Reihe $F(\alpha,\beta,\gamma,x)$, in welcher das letzte Element x imaginär ist.

§. 33.

Die Untersuchung der Reihe $F(\alpha,\beta,\gamma,x)$, welche wir bisher nur für reale Werthe der vier Elemente α, β, γ und x angestellt haben, könnte von einem weit allgemeineren Gesichtspuncte aus geführt werden, wenn man auch imaginäre Werthe dieser vier Elemente zuliefse. (Man vergleiche die Abhandlung von **Abel** über die Binomialreihe, welche ein specieller Fall der Reihe $F(\alpha,\beta,\gamma,x)$ ist, in diesem Journale Bd. 1. pag. 311.) Im allgemeinen aber würde eine Reihe, in welcher α, β, γ und x imaginär sind, nur durch höhere Transcendenten, welche von acht Elementen abhängig sein würden, real oder unter der Form $M+\sqrt{-1}\,N$ ausgedrückt werden können. Wir werden uns daher hier nur darauf beschränken, die Reihe $F(\alpha,\beta,\gamma,x)$ für imaginäre Werthe des letzten Elementes x zu betrachten.

Nimmt man $x=re^{v\sqrt{-1}}=r(\cos v+\sqrt{-1}\sin v)$, so zerfällt die Reihe $F(\alpha,\beta,\gamma,x)$ in folgende zwei Reihen:

$$1.\quad F(\alpha,\beta,\gamma,re^{v\sqrt{-1}})=1+\frac{\alpha.\beta}{1.\gamma}r\cos v+\frac{\alpha(\alpha+1)\beta(\beta+1)}{1.2.\gamma(\gamma+1)}r^2\cos 2v+\dots$$
$$+\sqrt{-1}\left(\frac{\alpha\,\beta}{1.\gamma}r\sin v+\frac{\alpha(\alpha+1)\beta(\beta+1)}{1.2.\gamma(\gamma+1)}r^2\sin 2v+\dots\right).$$

Diese Reihen können auf eben so viele Arten in andere Reihen von derselben Form verwandelt werden, wie die Reihe $F(\alpha,\beta,\gamma,x)$ mit realem letzten Elemente; denn jede der im zweiten, dritten und vierten Abschnitte gefundenen Formeln gewährt eine Formel für die Verwandlung dieser nach Potenzen von r und Sinus oder Cosinus der Vielfachen eines Bogens v fortschreitenden Reihen. Da es nur mit geringen Schwierigkeiten verknüpft ist, die oben gefundenen Formeln für den gegenwärtigen Zweck einzurichten, so mag es hinreichen, dies an einigen der Hauptformeln zu zeigen. Damit aber diese Formeln eine einfachere Gestalt gewinnen, wird es nöthig sein, zunächst einige passende Bezeichnungen einzuführen. Die Reihen, welche hier vorkommen, sollen, wie dies häufig geschieht, durch ihre allgemeinen Glieder bezeichnet werden, welchen das Zeichen Σ vorgesetzt wird; der Stellenzeiger des Gliedes soll stets durch k bezeichnet werden; ferner soll der $k$te Coefficient der Entwickelung von $F(\alpha,\beta,\gamma,x)$ durch $C_k(\alpha,\beta,\gamma)$ bezeichnet werden, so daſs

$$2.\quad C_k(\alpha,\beta,\gamma)=\frac{\alpha(\alpha+1)\dots(\alpha+k-1)\beta(\beta+1)\dots(\beta+k-1)}{1\dots k.\gamma(\gamma+1)\dots(\gamma+k-1)}.$$

Auf diese Weise wird die Gleichung (1.) folgendermaſsen dargestellt werden:

$$F(\alpha,\beta,\gamma,re^{v\sqrt{-1}})=\Sigma C_k(\alpha,\beta,\gamma)r^k\cos kv+\sqrt{-1}\,\Sigma C_k(\alpha,\beta,\gamma)r^k\sin kv.$$

Es soll nun zunächst die Formel (17.) §. 9. für den gegenwärtigen Zweck eingerichtet werden. Setzt man in derselben $x=re^{v\sqrt{-1}}$, so ist:

$$F(\alpha,\beta,\gamma,re^{v\sqrt{-1}})=(1-re^{v\sqrt{-1}})^{\gamma-\alpha-\beta}F(\gamma-\alpha,\gamma-\beta,\gamma,re^{v\sqrt{-1}}).$$

Setzt man nun ferner $1-re^{v\sqrt{-1}}=\varrho e^{-w\sqrt{-1}}$, oder

$$\varrho=\sqrt{(1-2\cos v.r+r^2)}\quad\text{und}\quad\operatorname{tang}w=\frac{r\sin v}{1-r\cos v},$$

so hat man nach der angenommenen Art der Bezeichnung:

$$\Sigma C_k(\alpha,\beta,\gamma)r^ke^{kv\sqrt{-1}}=\varrho^{\gamma-\alpha-\beta}\,\Sigma C_k(\gamma-\alpha,\gamma-\beta,\gamma)r^k.e^{(kv-(\gamma-\alpha-\beta)w)\sqrt{-1}},$$

und wenn die realen und die imaginären Theile getrennt werden:

$$3.\quad\Sigma C_k(\alpha,\beta,\gamma)r^k\cos kv=\varrho^{\gamma-\alpha-\beta}\Sigma C_k(\gamma-\alpha,\gamma-\beta,\gamma)r^k.\cos(kv-(\gamma-\alpha-\beta)w),$$

$$4.\quad\Sigma C_k(\alpha,\beta,\gamma)r^k\sin kv=\varrho^{\gamma-\alpha-\beta}\Sigma C_k(\gamma-\alpha,\gamma-\beta,\gamma)r^k.\sin(kv-(\gamma-\alpha-\beta)w).$$

Man kann diese beiden Formeln in eine einzige zusammenfassen. Multiplicirt man nämlich die erste mit $\cos\theta$, die zweite mit $\sin\theta$, wo θ eine ganz beliebige Quantität ist, und subtrahirt die Producte von einander, so ist:

$$5.\quad\Sigma C_k(\alpha,\beta,\gamma)r^k\cos(kv+\theta)$$
$$=\varrho^{\gamma-\alpha-\beta}\Sigma C_k(\gamma-\alpha,\gamma-\beta,\gamma)r^k\cos(kv-(\gamma-\alpha-\beta)w+\theta).$$

Auf dieselbe Weise kann man die Formel (18.) §. 9. behandeln, welche für $x=re^{v\sqrt{-1}}$ ist:

$$F(\alpha,\beta,\gamma,re^{v\sqrt{-1}})=(1-re^{v\sqrt{-1}})^{-\alpha}\left(\alpha,\gamma-\beta,\gamma,\frac{-re^{v\sqrt{-1}}}{1-re^{v\sqrt{-1}}}\right).$$

Setzt man, eben so wie oben, $\varrho=\sqrt{(1-2\cos v.r+r^2)}$ und $\operatorname{tang}w=\frac{r\sin v}{1-r\cos v}$, so wird

$$1-re^{v\sqrt{-1}}=\varrho e^{-w\sqrt{-1}}\quad\text{und}\quad\frac{-re^{v\sqrt{-1}}}{1-re^{v\sqrt{-1}}}=-\frac{r}{\varrho}.e^{(v+w)\sqrt{-1}};$$

daher kann diese Formel jetzt so dargestellt werden:

$$\Sigma C_k(\alpha,\beta,\gamma)r^ke^{kv\sqrt{-1}}=\varrho^{-\alpha}\Sigma C_k(\alpha,\gamma-\beta,\gamma).\left(\frac{-r}{\varrho}\right)^ke^{(k(v+w)+\alpha w)\sqrt{-1}},$$

und nach Trennung der realen und imaginären Theile:

$$6.\quad\Sigma C_k(\alpha,\beta,\gamma)r^k\cos kv=\varrho^{-\alpha}\Sigma C_k(\alpha,\gamma-\beta,\gamma)\left(\frac{-r}{\varrho}\right)^k\cos(k(v+w)+\alpha w),$$

$$7.\quad\Sigma C_k(\alpha,\beta,\gamma)r^k\sin kv=\varrho^{-\alpha}\Sigma C_k(\alpha,\gamma-\beta,\gamma)\left(\frac{-r}{\varrho}\right)^k\sin(k(v+w)+\alpha w).$$

Multiplicirt man hier wieder die erste Formel mit $\cos\theta$, die zweite mit $\sin\theta$ und subtrahirt, so werden diese beiden in folgende Formel zusammengefafst:

$$8.\quad \Sigma C_k(\alpha,\beta,\gamma)r^k\cos(kv+\theta)$$
$$=\varrho^{-\alpha}\Sigma C_k(\alpha,\gamma-\beta,\gamma)\left(\frac{-r}{\varrho}\right)^k\cos(k(v+w)+\alpha w+\theta).$$

Die beiden allgemeinen Formeln (5.) und (8.) gewähren sehr zahlreiche Umformungen bekannter, nach Sinus und Cosinus der Vielfachen eines Bogens geordneter Reihen, und zwar vorzüglich für den Fall $r=1$, welchen wir daher besonders betrachten wollen. Für $r=1$ wird

$$\varrho=\sqrt{(2-2\cos v)}=2\sin\frac{v}{2},\qquad \operatorname{tang} w=\operatorname{cotang}\frac{v}{2},$$

und daher $w=\frac{2h+1}{2}\pi-\frac{v}{2}$, wo h irgend eine ganze Zahl bedeutet. Diese Werthe, in Formel (5.) substituirt, geben:

$$9.\quad \Sigma C_k(\alpha,\beta,\gamma)\cos(kv+\theta=$$
$$\left(2\sin\frac{v}{2}\right)^{\gamma-\alpha-\beta}\Sigma C_k(\gamma-\alpha,\gamma-\beta,\gamma)\cos\left(kv+(\gamma-\alpha-\beta)\left(\frac{v}{2}-\frac{2h+1}{2}\pi\right)+\theta\right).$$

Es ist nun die ganze Zahl h zu bestimmen, welche in dem zweiten Theile dieser Gleichung vorkommt. Diese Zahl kann in verschiedenen Grenzen des v andere und andere Werthe bekommen; aber sie kann nur dann ihren Werth ändern, wenn dadurch die Continuität der Werthe der Reihe nicht unterbrochen wird; also nur dann, wenn $2\sin\frac{v}{2}=0$ oder $v=0$, $v=2\pi$, $v=4\pi$, $v=6\pi$, u. s. w.: innerhalb jeder der Grenzen des v, von 0 bis 2π, 2π bis 4π, 4π bis 6π, u. s. w. mufs die ganze Zahl h einen und denselben Werth behalten. Damit nun die Formeln etwas einfacher werden, wollen wir dieselben hier und in dem Folgenden stets nur für die ersten Intervallen des Bogens v betrachten, in welchen sie gültig sind, weil dieselben, indem $v-h\pi$ statt v gesetzt wird, leicht für alle übrigen Grenzen des v erweitert werden können. Um nun den Werth der Zahl h in den Grenzen $v=0$ bis $v=2\pi$ zu bestimmen, werde $v=\pi$ gesetzt; dies giebt

$$\Sigma C_k(\alpha,\beta,\gamma)(-1)^k\cos\theta=2^{\gamma-\alpha-\beta}\Sigma C_k(\gamma-\alpha,\gamma-\beta,\gamma)(-1)^k\cos(\theta-(\gamma-\alpha-\beta)h\pi),$$

welche Gleichung auch so dargestellt werden kann:

$$F(\alpha,\beta,\gamma,-1)=2^{\gamma-\alpha-\beta}F(\gamma-\alpha,\gamma-\beta,\gamma,-1).\frac{\cos(\theta-(\gamma-\alpha-\beta)h\pi)}{\cos\theta};$$

setzt man aber in Formel (17.) §. 9. $x=-1$, so ist

$$F(\alpha,\beta,\gamma,-1)=2^{\gamma-\alpha-\beta}F(\gamma-\alpha,\gamma-\beta,\gamma,-1).$$

Diese Gleichung, mit der vorhergehenden verglichen, giebt:

$$\cos\theta = \cos(\theta-(\gamma-\alpha-\beta)h\pi);$$

und damit diese Gleichung für jeden beliebigen Werth von α, β und γ Statt habe, mufs $h=0$ sein. Es ist also in den Grenzen $v=0$ bis $v=2\pi$, in Formel (9.), $h=0$; dieselbe wird daher

$$10.\quad \Sigma C_k(\alpha,\beta,\gamma)\cos(kv+\theta)$$
$$=\left(2\sin\frac{v}{2}\right)^{\gamma-\alpha-\beta}\Sigma C_k(\gamma-\alpha,\gamma-\beta,\gamma)\cos\left(kv+(\gamma-\alpha-\beta)\left(\frac{v-\pi}{2}\right)+\theta\right)$$

in den Grenzen $v=0$ bis $v=2\pi$.

Überdies ist wohl zu beachten, dafs in dieser Formel der Werth von $\gamma-\alpha-\beta$ in den Grenzen -1 und $+1$ enthalten sein mufs, damit beide darin vorkommende Reihen convergent seien.

Ganz auf dieselbe Weise, wie aus der Formel (5.) die Formel (10.) abgeleitet worden ist, findet man, indem in Formel (8.) $r=1$ gesetzt wird:

$$11.\quad \Sigma C_k(\alpha,\beta,\gamma)\cos(kv+\theta)$$
$$=\left(2\sin\frac{v}{2}\right)^{-\alpha}\Sigma C_k(\alpha,\gamma-\beta,\gamma)\left(\frac{-1}{2\sin\frac{v}{2}}\right)^k\cos\left(k\frac{v+\pi}{2}-\alpha\frac{v-\pi}{2}+\theta\right)$$

in den Grenzen $v=\frac{\pi}{3}$ bis $v=\frac{5\pi}{3}$.

Die allgemeinen Gleichungen des §. 11., welche unter dreien Functionen F Statt haben, gewähren ebenfalls jede eine Verwandlung der Reihe $\Sigma C_k(\alpha,\beta,\gamma)r^k\cos(kv+\theta)$, in zwei andere Reihen derselben Gattung. So z. B. wenn man die Formel (23.) §. 11. auf dieselbe Weise behandelt, wie es mit den beiden Formeln (17.) und (18.) geschehen ist, findet man:

$$12.\quad \Sigma C_k(\alpha,\beta,\gamma)r^k\cos(kv+\theta)=A_2\Sigma C_k(\alpha,\beta,\alpha+\beta-\gamma+1)\varrho^k\cos(kw-\theta)$$
$$+B_2\varrho^{\gamma-\alpha-\beta}\Sigma C_k(\gamma-\alpha,\gamma-\beta,\gamma-\alpha-\beta+1)\varrho^k\cos((k-\alpha-\beta+\gamma)w-\theta),$$

wo ϱ und w dieselben Bedeutungen haben, wie in den übrigen Formeln dieses Abschnittes, und A_2 und B_2 dieselben Constanten sind, wie in der Gleichung (23.) §. 11.

§. 34.

Auf dieselbe Weise können auch alle Formeln des dritten und vierten Abschnittes so verwandelt werden, dafs sie entsprechende Umformungen der nach Sinus oder Cosinus der Vielfachen eines Bogens und nach Potenzen zugleich geordneten Reihe

$$\Sigma C_k(\alpha,\beta,\gamma)r^k\cos(kv+\theta)$$

gewähren. Unter diesen sind aber einige besonders merkwürdig, durch welche eine Reihe dieser Art in eine andere nur nach Potenzen geordnete, oder in eine Reihe F mit realem letzten Elemente verwandelt wird. Diese wollen wir daher jetzt besonders betrachten.

Zwei sehr einfache Formeln dieser Art können aus den Gleichungen (75.) und (76.) §. 20. hergeleitet werden. Setzt man nämlich $x = -\tang v^2$, so erhält man unmittelbar:

$$13.\quad \Sigma C_k\left(\alpha,\beta,\frac{\alpha+\beta+1}{2}\right)\left(\frac{1}{2\cos v}\right)^k \cos kv = c\,F\left(\frac{\alpha}{2},\frac{\beta}{2},\frac{1}{2},-\tang v^2\right),$$

$$14.\quad \Sigma C_k\left(\alpha,\beta,\frac{\alpha+\beta+1}{2}\right)\left(\frac{1}{2\cos v}\right)^k \sin kv = d.\tang v\,F\left(\frac{\alpha+1}{2},\frac{\beta+1}{2},\frac{3}{2},-\tang v^2\right),$$

$$\text{wo}\quad c = \frac{\sqrt{\pi}\,\Pi\left(\frac{\alpha+\beta-1}{2}\right)}{\Pi\left(\frac{\alpha-1}{2}\right)\Pi\left(\frac{\beta-1}{2}\right)}\quad\text{und}\quad d = \frac{2\sqrt{\pi}\,\Pi\left(\frac{\alpha+\beta-1}{2}\right)}{\Pi\left(\frac{\alpha}{2}-1\right)\Pi\left(\frac{\beta}{2}-1\right)}.$$

Wir wollen auf die beiden Reihen links vom Gleichheitszeichen eine in Formel (8.) des vorigen Paragraphs enthaltene Umformung anwenden. Setzt man nämlich in dieser Formel $r = \frac{1}{2\cos v}$, wodurch $\varrho = \frac{1}{2\cos v}$, $\tang w = \tang v$ wird, so erhält man

$$15.\quad \Sigma C_k(\alpha,\beta,\gamma)\left(\frac{1}{2\cos v}\right)^k \cos(kv+\theta)$$
$$= (2\cos v)^\alpha \Sigma C_k(\alpha,\gamma-\beta,\gamma)(-1)^k \cos((\alpha+2k)v+\theta)$$

in den Grenzen $v = -\frac{\pi}{3}$ bis $v = +\frac{\pi}{3}$,

und wenn $\theta = 0$, $\gamma = \frac{\alpha+\beta+1}{2}$ gesetzt wird:

$$16.\quad \Sigma C_k\left(\alpha,\beta,\frac{\alpha+\beta+1}{2}\right)\left(\frac{1}{2\cos v}\right)^k \cos kv$$
$$= (2\cos v)^\alpha \Sigma C_k\left(\alpha,\frac{\alpha-\beta+1}{2},\frac{\alpha+\beta+1}{2}\right)(-1)^k \cos(\alpha+2k)v;$$

wenn aber $\theta = \frac{\pi}{2}$ und $\gamma = \frac{\alpha+\beta+1}{2}$ gesetzt wird:

$$17.\quad \Sigma C_k\left(\alpha,\beta,\frac{\alpha+\beta+1}{2}\right)\left(\frac{1}{2\cos v}\right)^k \sin kv$$
$$= (2\cos v)^\alpha \Sigma C_k\left(\alpha,\frac{\alpha-\beta+1}{2},\frac{\alpha+\beta+1}{2}\right)(-1)^k \sin(\alpha+2k)v.$$

Diese Werthe, in (13.) und (14.) substituirt, geben:

$$18.\quad \Sigma C_k\left(\alpha,\frac{\alpha-\beta+1}{2},\frac{\alpha+\beta+1}{2}\right)(-1)^k \cos(\alpha+2k)v$$
$$= c(2\cos v)^{-\alpha} F\left(\frac{\alpha}{2},\frac{\beta}{2},\frac{1}{2},-\tang v^2\right),$$

$$19.\quad \Sigma C_k\left(\alpha, \frac{\alpha-\beta+1}{2}, \frac{\alpha+\beta+1}{2}\right)(-1)^k \sin(\alpha+2k)v$$
$$= d.\operatorname{tang} v(2\cos v)^{-\alpha} F\left(\frac{\alpha+1}{2}, \frac{\beta+1}{2}, \frac{3}{2}, -\operatorname{tang} v^2\right).$$

Diese beiden Formeln erhalten eine noch einfachere Gestalt, wenn die beiden Reihen F nach Formel (18.) §. 9. umgeformt werden, und β in $1-\beta$ verwandelt wird. Alsdann hat man

$$20.\quad \Sigma C_k\left(\alpha, \frac{\alpha+\beta}{2}, \frac{\alpha-\beta+2}{2}\right)(-1)^k \cos(\alpha+2k)v$$
$$= f.F\left(\frac{\alpha}{2}, \frac{\beta}{2}, \frac{1}{2}, \sin v^2\right),$$

$$21.\quad \Sigma C_k\left(\alpha, \frac{\alpha+\beta}{2}, \frac{\alpha-\beta+2}{2}\right)(-1)^k \sin(\alpha+2k)v$$
$$= g.\sin v F\left(\frac{\alpha+1}{2}, \frac{\beta+1}{2}, \frac{3}{2}, \sin v^2\right)$$

in den Grenzen $v=-\frac{\pi}{2}$ bis $v=+\frac{\pi}{2}$,

$$\text{wo}\quad f=\frac{\sqrt{\pi}\,\Pi\left(\frac{\alpha-\beta}{2}\right)}{2^\alpha\,\Pi\left(\frac{\alpha-1}{2}\right)\Pi\left(-\frac{\beta}{2}\right)}\quad\text{und}\quad g=\frac{2\sqrt{\pi}\,\Pi\left(\frac{\alpha-\beta}{2}\right)}{2^\alpha\,\Pi\left(\frac{\alpha}{2}-1\right)\Pi\left(-\frac{1}{2}-\frac{\beta}{2}\right)}.$$

So wie in diesen Formeln die beiden Reihen $F\left(\frac{\alpha}{2}, \frac{\beta}{2}, \frac{1}{2}, \sin v^2\right)$ und $F\left(\frac{\alpha+1}{2}, \frac{\beta+1}{2}, \frac{3}{2}, \sin v^2\right)$, welche nach Potenzen von $\sin v^2$ geordnet sind, in andere nach Cosinus und Sinus der Vielfachen von v geordnete Reihen verwandelt sind: so läfst sich auch die Reihe $F\left(\alpha, \beta, \frac{\alpha+\beta+1}{2}, \sin v^2\right)$ verwandeln, und zwar auf folgende Weise. Man setze, Kürze halber,

$$22.\quad m=\frac{2^{\beta+\alpha}\,\Pi\left(\frac{\alpha+\beta-1}{2}\right)\Pi(-\beta)}{\sqrt{\pi}\,\Pi\frac{\alpha-\beta}{2}}$$

und multiplicire die Formel (20.) mit $m.\cos\frac{\beta\pi}{2}$ und (21.) mit $m.\sin\frac{\beta\pi}{2}$, so findet man zunächst, nach einigen leichten Umformungen der Function Π,

$$m.\cos\frac{\beta\pi}{2}.f=c \quad\text{und}\quad m.\sin\frac{\beta\pi}{2}.g=d,$$

wo c und d dieselben constanten Factoren bezeichnen, wie in (13.) und (14.). Durch Addition und Substraction der mit den angegebenen Quantitäten multiplicirten Gleichungen (20.) und (21.) erhält man daher

$$23.\quad m.\Sigma C_k\left(\alpha,\frac{\alpha+\beta}{2},\frac{\alpha-\beta+2}{2}\right)(-1)^k\cos\left((\alpha+2k)v-\frac{\beta\pi}{2}\right)$$
$$=cF\left(\frac{\alpha}{2},\frac{\beta}{2},\frac{1}{2},\sin v^2\right)+d.\sin v\,F\left(\frac{\alpha+1}{2},\frac{\beta+1}{2},\frac{3}{2},\sin v^2\right),$$
$$24.\quad m.\Sigma C_k\left(\alpha,\frac{\alpha+\beta}{2},\frac{\alpha-\beta+2}{2}\right)(-1)^k\cos\left((\alpha+2k)v+\frac{\beta\pi}{2}\right)$$
$$=cF\left(\frac{\alpha}{2},\frac{\beta}{2},\frac{1}{2},\sin v^2\right)-d.\sin v\,F\left(\frac{\alpha+1}{2},\frac{\beta+1}{2},\frac{3}{2},\sin v^2\right).$$

Aus Formel (74.) §. 20. ersieht man aber, indem daselbst $\sqrt{x}=\sin v$ gesetzt wird, dafs der zweite Theil der Gleichung (23.) gleich $F\left(\alpha,\beta,\frac{\alpha+\beta+1}{2},\frac{1+\sin v}{2}\right)$ ist, und eben so aus Formel (73.) §. 20., dafs der zweite Theil der Gleichung (24.) gleich $F\left(\alpha,\beta,\frac{\alpha+\beta+1}{2},\frac{1-\sin v}{2}\right)$ ist; substituirt man daher diese Werthe, und verwandelt überdiefs v in $\frac{\pi}{2}-2v$, so erhält man

$$25.\quad F\left(\alpha,\beta,\frac{\alpha+\beta+1}{2},\cos v^2\right)$$
$$=m.\Sigma C_k\left(\alpha,\frac{\alpha+\beta}{2},\frac{\alpha-\beta+2}{2}\right)\cos\left((2\alpha+4k)v-(\alpha-\beta)\frac{\pi}{2}\right),$$
$$26.\quad F\left(\alpha,\beta,\frac{\alpha+\beta+1}{2},\sin v^2\right)$$
$$=m.\Sigma C_k\left(\alpha,\frac{\alpha+\beta}{2},\frac{\alpha-\beta+2}{2}\right)\cos\left((2\alpha+4k)v-(\alpha+\beta)\frac{\pi}{2}\right)$$

in den Grenzen $v=0$ bis $v=\frac{\pi}{2}$.

Noch andere Verwandlungen der Reihe $F\left(\alpha,\beta,\frac{\alpha+\beta+1}{2},\sin v^2\right)$ erhält man aus der Gleichung (56.) §. 19. Dieselbe geht nämlich, wenn $x=\sin v^2$ gesetzt wird, über in:

$$F\left(\alpha,\beta,\frac{\alpha+\beta+1}{2},\sin v^2\right)=e^{-2\alpha v\sqrt{-1}}F\left(\alpha,\frac{\alpha+\beta}{2},\alpha+\beta,2\sin 2v.e^{\left(\frac{\pi}{2}-2v\right)\sqrt{-1}}\right);$$

wenn daher die realen und imaginären Theile getrennt werden, erhält man, nach der in diesem Abschnitte eingeführten Bezeichnung:

$$27.\quad F\left(\alpha,\beta,\frac{\alpha+\beta+1}{2},\sin v^2\right)$$
$$=\Sigma C_k\left(\alpha,\frac{\alpha+\beta}{2},\alpha+\beta\right)(2\sin 2v)^k\cos\left((2\alpha+2k)v-\frac{k\pi}{2}\right),$$
$$28.\quad 0=\Sigma C_k\left(\alpha,\frac{\alpha+\beta}{2},\alpha+\beta\right)(2\sin 2v)^k\sin\left((2\alpha+2k)v-\frac{k\pi}{2}\right)$$

in den Grenzen $v=0$ bis $v=\frac{\pi}{12}$.

Dafs die Reihe (28.), welche aufser v noch zwei ganz beliebige Elemente α und β enthält, in den angegebenen Grenzen allemal $=0$ wird, ist eine merkwürdige Erscheinung; es giebt jedoch viele nach Sinus oder Cosinus der Vielfachen eines Bogens geordnete Reihen, welche dieselbe Eigenschaft haben. Man kann den Gleichungen (27.) und (28.) auch eine andere Form geben, indem man nämlich erstere mit $\cos 2\alpha v$ letztere mit $\sin 2\alpha v$ multiplicirt und dieselben sodann addirt. Alsdann ist:

$$29.\quad \cos 2\alpha v\, F\left(\alpha, \beta, \frac{\alpha+\beta+1}{2}, \sin v^2\right)$$
$$= \Sigma C_k\left(\alpha, \frac{\alpha+\beta}{2}, \alpha+\beta\right)(2\sin 2v)^k \cos k\left(2v-\frac{\pi}{2}\right).$$

Wenn man aber (27.) mit $\sin 2\alpha v$ und (28.) mit $\cos 2\alpha v$ multiplicirt, und diese Gleichungen sodann subtrahirt, so ist:

$$30.\quad \sin 2\alpha v\, F\left(\alpha, \beta, \frac{\alpha+\beta+1}{2}, \sin v^2\right)$$
$$= \Sigma C_k\left(\alpha, \frac{\alpha+\beta}{2}, \alpha+\beta\right)(2\sin 2v)^k \sin k\left(\frac{\pi}{2}-2v\right).$$

§. 35.

Die allgemeine Reihe, deren Umformungen wir in diesem Abschnitte gezeigt haben, nämlich

$$\Sigma C_k(\alpha, \beta, \gamma) r^k \cos(kv+\theta),$$

enthält den gröfsten Theil aller nach Sinus oder Cosinus der Vielfachen eines Bogens geordneter Reihen, welche man als Reihen-Entwickelungen bekannter Functionen aufzustellen pflegt. Diese Reihen-Entwickelungen, und zahlreiche Umformungen derselben, sind in den Formeln dieses Abschnittes enthalten, wie wir es jetzt an einigen Beispielen zeigen wollen.

Setzt man in (8.) §. 33. $\alpha=1$, $\beta=1$, $\gamma=2$, $\theta=v$, so wird:

$$\Sigma C_k(1,1,2) r^k \cos(k+1)v = \frac{1}{\varrho}\Sigma C_k(1,1,2)\left(\frac{-r}{\varrho}\right)^k \cos(k+1)(v+w),$$

oder, wenn die Reihen entwickelt werden:

$$31.\quad \frac{\cos v}{1}+\frac{r\cos 2v}{2}+\frac{r^2\cos 3v}{3}+\dots$$
$$= \frac{1}{\varrho}\left(\frac{\cos(v+w)}{1}-\frac{r\cos 2(v+w)}{\varrho.2}+\frac{r^2\cos 3(v+w)}{\varrho^2.3}-\dots\right),$$
$$\text{wo}\quad \varrho=\sqrt{(1-2\cos v r+r^2)}\quad\text{und}\quad \operatorname{tang} w=\frac{r\sin v}{1-r\cos v}.$$

Die Summe der ersten Reihe ist bekanntlich $-\frac{1}{2r}l(1-2\cos vr+r^2)=-\frac{1}{r}l\varrho$: also ist

32. $$-l\varrho=\frac{r\cos(v+w)}{\varrho.1}-\frac{r^2\cos2(v+w)}{\varrho^2.2}+\frac{r^3\cos3(v+w)}{\varrho^3.3}-\dots$$

Für den speciellen Fall $v=\frac{\pi}{2}$, wodurch $r=\operatorname{tang}w$, $\varrho=\frac{1}{\cos w}$, hat man:

33. $$l\cos w=-\frac{\sin w\sin w}{1}+\frac{(\sin w)^2\cos2w}{2}+\frac{(\sin w)^3\sin3w}{3}-\dots$$

Setzt man ferner in (32.) $r=2\cos v$, wodurch $\varrho=1$, $w=-2v$, so wird:

34. $$0=\frac{2\cos v\cos v}{1}-\frac{(2\cos v)^2\cos2v}{2}+\frac{(2\cos v)^3\cos3v}{3}-\dots$$

Wird in der Formel (10.) §. 33. $\gamma=\alpha$, $\beta=-n$, $v=\pi-2x$ und $\theta=nx$ gesetzt, so giebt dieselbe:

$$\Sigma C_k(\alpha,-n,\alpha)(-1)^k\cos(n-2k)x=(2\cos x)^n,$$

oder, entwickelt,

35. $$\cos nx+\frac{n}{2}\cos(n-2)x+\frac{n(n-1)}{1.2}\cos(n-4)x+\dots=(2\cos x)^n$$

in den Grenzen $x=-\frac{\pi}{2}$ bis $x=+\frac{\pi}{2}$,

welches die bekannte, zuerst von **Euler** gefundene Entwickelung der Potenz des Cosinus ist.

Setzt man ferner in Formel (11.) §. 33. $\beta=0$, $\alpha=n$, $v=\pi-2x$ und $\theta=0$, so erhält man:

$$1=(2\cos x)^{-n}\,\Sigma C_k(n,\gamma,\gamma)\left(\frac{1}{2\cos x}\right)^k\cos(n-k)x,$$

und, wenn mit $(2\cos x)^n$ multiplicirt und die Reihe entwickelt wird,

36. $$(2\cos x)^n=\cos nx+\frac{n}{1}.\frac{\cos(n-1)x}{2\cos x}+\frac{n(n+1)}{1.2}.\frac{\cos(n-2)x}{(2\cos x)^2}+\dots$$

in den Grenzen $x=-\frac{\pi}{3}$ bis $x=+\frac{\pi}{3}$.

Eine Entwickelung der Potenz des Cosinus in eine Reihe von dieser Form ist, wie ich glaube, noch nicht versucht worden. Obgleich dieselbe nur in den angegebenen Grenzen gültig ist, so hat sie doch den Vortheil, dafs sie für alle negativen und positiven Werthe des Exponenten n anwendbar ist, während von den bekannten Entwickelungen keine in den Grenzen $n=-1$ bis $n=-\infty$ convergent ist.

Eine andere Entwickelung der Potenz des Cosinus geht aus Formel (20.) hervor, wenn $\alpha=1$, $\beta=-n$, $v=x$ gesetzt wird, nämlich:

37. $$(\cos x)^n=\frac{2\Pi\left(\frac{n}{2}\right)}{\sqrt{\pi}\,\Pi\left(\frac{n+1}{2}\right)}\left(\cos x+\frac{n-1}{n+3}\cos3x+\frac{(n-1)(n-3)}{(n+3)(n+5)}\cos5x+\dots\right),$$

auf welche zuerst **Poisson** aufmerksam gemacht hat. (Man sehe meine *Dissertatio de sinuum et cosinuum potestatibus etc. Halae* 1832, *pag.* 6 und 13.)

Wird in (20.) gesetzt $\beta=0$, $\alpha=-n$, so erhält man die Entwickelung einer constanten Quantität nach Cosinussen der Vielfachen eines in den angegebenen Grenzen ganz beliebigen Bogens, nämlich

$$38.\quad \frac{2^n\sqrt{\pi}\,\Pi\left(-\frac{n}{2}\right)}{n\,\Pi\left(\frac{-n-1}{2}\right)}=\frac{\cos nv}{n}+\frac{n}{1}\cdot\frac{\cos(n-2)v}{n-2}+\frac{n(n-1)}{1.2}\cdot\frac{\cos(n-4)v}{n-4}+\dots$$

in den Grenzen $v=-\frac{\pi}{2}$ bis $v=+\frac{\pi}{2}$,

wovon folgende bekannte Entwickelung ein specieller Fall ist:

$$\frac{\pi}{4}=\frac{\cos v}{1}-\frac{\cos 3v}{3}+\frac{\cos 5v}{5}-\dots$$

Setzt man in (21.) $\beta=-1$, $\alpha=-n$, so erhält man

$$39.\quad \frac{2^n\sqrt{\pi}\,\Pi\left(\frac{-n-1}{2}\right)}{(n+1)\,\Pi\left(-\frac{n}{2}-1\right)}\sin v$$

$$=\frac{\sin nv}{(n+1)(n-1)}+\frac{n}{1}\cdot\frac{\sin(n-2)v}{(n-1)(n-3)}+\frac{n(n-1)}{1.2}\cdot\frac{\sin(n-4)v}{(n-3)(n-5)}+\dots$$

in den Grenzen $v=-\frac{\pi}{2}$ bis $v=+\frac{\pi}{2}$.

Wird die Gleichung (38.) nach v differenziirt, so erhält man daraus

$$40.\quad 0=\sin nv+\frac{n}{1}\sin(n-2)v+\frac{n(n-1)}{1.2}\sin(n-4)v+\dots$$

in den Grenzen $v=-\frac{\pi}{2}$ bis $v=+\frac{\pi}{2}$,

und diese Reihe ist, wie die neueren Untersuchungen über die Entwickelung der Potenzen des Cosinus und Sinus streng bewiesen haben, wirklich in den angegebenen Grenzen gleich Null.

Wird in (39.), nachdem durch n dividirt worden ist, $n=0$ gesetzt, so erhält man

$$41.\quad \frac{\pi}{4}\sin v=\frac{v}{2}+\frac{\sin 2v}{1.2.3}-\frac{\sin 4v}{3.4.5}+\frac{\sin 6v}{5.6.7}-\dots,$$

und hieraus durch Differenziation:

$$42.\quad \frac{\pi}{4}\cos v=\tfrac{1}{2}+\frac{\cos 2v}{1.3}-\frac{\cos 4v}{3.5}+\frac{\cos 6v}{5.7}-\dots$$

Diese einfache Reihe hat zuerst **Fourier** gefunden (*Théorie de la chaleur* *pag.* 242). Eine unendliche Anzahl ähnlicher Reihen-Entwickelungen habe ich in meiner erwähnten Dissertation hergeleitet (pag. 25 und 30).

Die Formeln dieses Abschnittes enthalten auch einige merkwürdige neue Reihen-Entwickelungen der elliptischen Integrale. Setzt man in den Formeln (25.) und (26.) $\alpha=\frac{1}{2}$, $\beta=\frac{1}{2}$, so erhält man daraus, weil $F(\frac{1}{2},\frac{1}{2},1,c^2)=\frac{2}{\pi}F^1(c)$:

$$43.\quad F^1(\cos v)=\pi\left(\cos v+\left(\frac{1}{2}\right)^2\cos 5v+\left(\frac{1.3}{2.4}\right)^2\cos 9v+\left(\frac{1.3.5}{2.4.6}\right)^2\cos 13v+\dots\right),$$

$$44.\quad F^1(\sin v)=\pi\left(\sin v+\left(\frac{1}{2}\right)^2\sin 5v+\left(\frac{1.3}{2.4}\right)^2\sin 9v+\left(\frac{1.3.5}{2.4.6}\right)^2\sin 13v+\dots\right)$$

in den Grenzen $v=0$ bis $v=\frac{\pi}{2}$.

Diese ihrer Form wegen nicht uninteressanten Entwickelungen lassen sich auch aus der Theorie der elliptischen Functionen selbst herleiten; wobei es nur darauf ankommt die Richtigkeit folgender Gleichung zu beweisen:

$$45.\quad \sqrt{c}\,F^1(c)+\frac{1}{\sqrt{c}}F^1\left(\frac{1}{o}\right)=F^2\left(\frac{1+c}{2\sqrt{c}}\right).$$

Wird in der §. 29. gefundenen Formel (26.)

$$\frac{2}{\pi}F^1(c)=\frac{1}{\sqrt{(1+c^2)}}F\left(\frac{1}{4},\frac{3}{4},1,\frac{4c^2}{(1+e^2)^2}\right)$$

$c=\operatorname{tang}\frac{v}{2}$ gesetzt, so erhält man daraus

$$46.\quad F^1\left(\operatorname{tang}\frac{v}{2}\right)=\frac{\pi}{2}\cos\frac{v}{2}F(\tfrac{1}{4},\tfrac{3}{4},1,\sin v^2).$$

Setzt man daher in Formel (26.) $\alpha=\frac{1}{4}$ und $\beta=\frac{3}{4}$, so geht daraus hervor:

$$47.\quad F^1\left(\operatorname{tang}\frac{v}{2}\right)=\frac{\sqrt{\pi}\,\Pi(-\frac{3}{4})}{\Pi(-\frac{1}{4})}\cos\frac{v}{2}\left(\sin\frac{v}{2}+\frac{1.1}{3.2}\sin\frac{9v}{2}+\frac{1.5.1.3}{3.7.2.4}\sin\frac{17v}{2}+\dots\right)$$

in den Grenzen $v=0$ bis $v=\frac{\pi}{2}$.

Man kann den Factor dieser Formel auch durch ein elliptisches Integral ausdrücken. Es ist nämlich

$$48.\quad \frac{\sqrt{\pi}\,\Pi(-\frac{3}{4})}{\Pi(-\frac{1}{4})}=2\sqrt{2}\,F^1(\sqrt{\tfrac{1}{2}});$$

daher läſst sich, wenn $2v$ statt v gesetzt wird, diese Formel auch so darstellen:

$$49.\quad F^1\operatorname{tang}v)=2\sqrt{2}\,F^1(\sqrt{\tfrac{1}{2}})\cos v\left(\sin v+\frac{1.1}{3.2}\sin 9v+\frac{1.5.1.3}{3.7.2.4}\sin 17v+\dots\right)$$

in den Grenzen $v=0$ bis $v=\frac{\pi}{4}$.

Setzt man in Formel (26.) $\alpha=\frac{3}{4}$, $\beta=\frac{1}{4}$, so leitet man daraus ganz auf

22*

dieselbe Weise eine ähnliche Entwickelung von $F^1(\tang v)$ ab:

$$50.\quad F^1(\tang v)=\frac{\pi\sqrt{2}}{F^1(\sqrt{\frac{1}{2}})}\cos v\left(\sin 3v+\frac{3.1}{5.2}\sin 11v+\frac{3.7.1.3}{5.9.2.4}\sin 19v+\dots\right)$$

in den Grenzen $v=0$ bis $v=\frac{\pi}{4}$.

Noch einige andere Reihen-Entwickelungen der ganzen elliptischen Integrale kann man aus den Formeln (27.), (29.) und (30.) ableiten.

§. 36.

Wir haben in dem Paragraph 34. mehrere Reihen F in andere Reihen verwandelt, welche nach Sinussen und Cosinussen der Vielfachen eines Bogens geordnet sind; eine Umformung dieser Art aber haben wir noch unberücksichtigt gelassen, und zwar deshalb, weil die umgeformte Reihe nicht von der Form $\Sigma C_k(\alpha,\beta,\gamma)r^k\cos(kv+\theta)$ ist. Denkt man sich nämlich in der Reihe $F(\alpha,\beta,\gamma,\cos v^2)$ die Potenzen von $\cos v$ in Cosinus der Vielfachen von v verwandelt, so ist klar, dafs dieselbe in eine Reihe von folgender Form übergehen wird:

$$51.\quad F(\alpha,\beta,\gamma,\cos v^2)=A_0+2A_1\cos 2v+2A_2\cos 4v+2A_3\cos 6v+\dots$$

Die Coefficienten A_0, A_1, A_2, etc. lassen sich nach einer bekannten Methode durch bestimmte Integrale ausdrücken, so dafs im Allgemeinen

$$52.\quad A_k=\frac{2}{\pi}\int_0^{\frac{\pi}{2}}F(\alpha,\beta,\gamma,\cos v^2)\cos 2kv\,dv.$$

Es lassen sich ferner diese Coefficienten, welche im Allgemeinen höhere Transcendenten sind als die in der Reihe $F(\alpha,\beta,\gamma,x)$ enthaltenen, alle auf zwei derselben reduciren. Wendet man nämlich auf die Entwickelung (51.) die Differenzialgleichung

$$53.\quad 0=4\alpha\beta\sin 2v.y+2(2\gamma-\alpha-\beta-1-(\alpha+\beta)\cos 2v)\frac{dy}{dv}-\sin 2v\frac{d^2y}{dv^2}$$

an, welcher $y=F(\alpha,\beta,\gamma,\cos v^2)$ genügt, so findet man, dafs unter je dreien auf einander folgenden Coefficienten dieser Entwickelung folgende Gleichung bestehen mufs:

$$54.\quad (k+\alpha-1)(k+\beta-1)A_{k-1}-2k(2\gamma-\alpha-\beta-1)A_k-(k-\alpha+1)(k-\beta+1)A_{k+1}=0.$$

Man sieht schon hieraus, dafs im Allgemeinen die Entwickelung (51.) nicht so einfach sein wird, als die §. 34. gefundenen; denn bei diesen waren die Coefficienten so beschaffen, dafs jeder folgende aus dem vorhergehenden durch Hinzufügung einiger Factoren gebildet wurde. Es werden jedoch die Coefficienten der Entwickelung (51.) dieselbe Eigenschaft in dem speciellen Falle haben, wo $2\gamma-\alpha-\beta-1=0$ oder

$\gamma=\frac{\alpha+\beta+1}{2}$, in welchem Falle die Gleichung (54.) übergeht in

55. $$(k+\alpha-1)(k+\beta-1)A_{k-1}=(k-\alpha+1)(k-\beta+1)A_{k+1}.$$

Aus dieser Gleichung zieht man

$$A_2=\frac{\alpha.\beta}{(\alpha-2)(\beta-2)}A_0,\qquad A_3=\frac{(\alpha+1)(\beta+1)}{(\alpha-3)(\beta-3)}A_1,$$

$$A_4=\frac{(\alpha+2)(\beta+2)}{(\alpha-4)(\beta-4)}A_2,\qquad A_5=\frac{(\alpha+3)(\beta+3)}{(\alpha-5)(\beta-5)}A_3,$$

etc. etc.

so dafs die Entwickelung (51.) in folgende übergeht:

56. $$F\Big(\alpha,\beta,\frac{\alpha+\beta+1}{2},\cos v^2\Big)$$

$$=A_0\Big(1+\frac{2\alpha\beta}{(\alpha-2)(\beta-2)}\cos 4v+\frac{2\alpha(\alpha+2)\beta(\beta+2)}{(\alpha-2)(\alpha-4)(\beta-2)(\beta-4)}\cos 8v+\dots\Big)$$

$$+2A_1\Big(\cos 2v+\frac{(\alpha+1)(\beta+1)}{(\alpha-3)(\beta-3)}\cos 6v+\frac{(\alpha+1)(\alpha+3)(\beta+1)(\beta+3)}{(\alpha-3)(\alpha-5)(\beta-3)(\beta-5)}\cos 10v+\dots\Big).$$

Auch in dieser Formel lassen sich die constanten Factoren A_0 und A_1, wie gezeigt werden soll, durch die Function Π ausdrücken. Hierzu ist jedoch nöthig, erst noch eine Umformung dieser Formel vorzunehmen. Setzt man in derselben $\frac{\pi}{2}-v$, so erhält man:

$$F(\sin v^2)=A_0\Big(1+\frac{2\alpha\beta}{(\alpha-2)(\beta-2)}\cos 4v+\dots\Big)$$

$$-2A_1\Big(\cos 2v+\frac{(\alpha+1)(\beta+1)}{(\alpha-3)(\beta-3)}\cos 6v+\dots\Big),$$

wo Kürze halber $F(\sin v^2)$ statt $F\Big(\alpha,\beta,\frac{\alpha+\beta+1}{2},\sin v^2\Big)$ gesetzt ist. Addirt und subtrahirt man diese Gleichung und die vorige und setzt alsdann $\frac{v}{2}$ statt v, so erhält man:

57. $$\begin{cases}F\Big(\cos\frac{v^2}{2}\Big)+F\Big(\sin\frac{v^2}{2}\Big)=2A_0\Big(1+\frac{2\alpha\beta}{(\alpha-2)(\beta-2)}\cos 2v+\dots\Big),\\ F\Big(\cos\frac{v^2}{2}\Big)-F\Big(\sin\frac{v^2}{2}\Big)=4A_1\Big(\cos v+\frac{(\alpha+1)(\beta+1)}{(\alpha-3)(\beta-3)}\cos 3v+\dots\Big).\end{cases}$$

Setzt man aber in den Formeln (75.) und (76.) §. 20. $x=\cos v^2$, so wird

$$F\Big(\cos\frac{v}{2}\Big)+F\Big(\sin\frac{v^2}{2}\Big)=2cF\Big(\frac{\alpha}{2},\frac{\beta}{2},\frac{1}{2},\cos v^2\Big),$$

$$F\Big(\cos\frac{v}{2}\Big)-F\Big(\sin\frac{v^2}{2}\Big)=2d\cos v\,F\Big(\frac{\alpha+1}{2},\frac{\beta+1}{2},\frac{3}{2},\cos v^2\Big),$$

$$\text{wo}\quad c=\frac{\sqrt{\pi}\,\Pi\Big(\frac{\alpha+\beta-1}{2}\Big)}{\Pi\Big(\frac{\alpha-1}{2}\Big)\Pi\Big(\frac{\beta-1}{2}\Big)}\quad\text{und}\quad d=\frac{2\sqrt{\pi}\,\Pi\Big(\frac{\alpha+\beta-1}{2}\Big)}{\Pi\Big(\frac{\alpha}{2}-1\Big)\Pi\Big(\frac{\beta}{2}-1\Big)}.$$

Deshalb gehen nun die Formeln (57.) in folgende über:

58. $$F\left(\frac{\alpha}{2},\frac{\beta}{2},\frac{1}{2},\cos v^2\right)=\frac{A_0}{c}\left(1+\frac{2\alpha\beta}{(\alpha-2)(\beta-2)}\cos 2v+\dots\right),$$

59. $$\cos v\, F\left(\frac{\alpha+1}{2},\frac{\beta+1}{2},\frac{3}{2},\cos v^2\right)=\frac{2A_1}{d}\left(\cos v^2+\frac{(\alpha+1)(\beta+1)}{(\alpha-3)(\beta-3)}\cos 3v+\dots\right).$$

Aus diesen ergiebt sich:

$$\frac{A_0}{c}=\frac{2}{\pi}.\int_0^{\frac{\pi}{2}}F\left(\frac{\alpha}{2},\frac{\beta}{2},\frac{1}{2},\cos v^2\right)dv,$$

$$\frac{A_1}{d}=\frac{2}{\pi}.\int_0^{\frac{\pi}{2}}\cos v^2 F\left(\frac{\alpha+1}{2},\frac{\beta+1}{2},\frac{3}{2}\cos v^2\right)dv.$$

Entwickelt man die Functionen F unter den Integrationszeichen, und integrirt die Potenzen des Cosinus in den Grenzen 0 und $\frac{\pi}{2}$, so erhält man

$$\frac{A_0}{c}=1+\frac{\frac{\alpha}{2}.\frac{\beta}{2}.\frac{1}{2}}{1.\frac{1}{2}.1}+\frac{\frac{\alpha}{2}\left(\frac{\alpha}{2}+1\right)\frac{\beta}{2}\left(\frac{\beta}{2}+1\right).\frac{1}{2}.\frac{3}{2}}{1.2.\frac{1}{2}.\frac{3}{2}.1.2}+\dots,$$

$$\frac{2A_1}{d}=1+\frac{\left(\frac{\alpha+1}{2}\right)\left(\frac{\beta+1}{2}\right).\frac{3}{2}}{1.\frac{3}{2}.2}+\frac{\left(\frac{\alpha+1}{2}\right)\left(\frac{\alpha+3}{2}\right)\left(\frac{\beta+1}{2}\right)\left(\frac{\beta+3}{2}\right).\frac{3}{2}.\frac{5}{2}}{1.2.\frac{3}{2}.\frac{5}{2}.2.3}+\dots,$$

und weil in den einzelnen Gliedern dieser Reihen die gleichen Factoren des Zählers und Nenners $\frac{1}{2}$, $\frac{3}{2}$, $\frac{5}{2}$, ... sich hinweghoben, so findet man

$$\frac{A_0}{c}=F\left(\frac{\alpha}{2},\frac{\beta}{2},1,1\right)\quad\text{und}\quad\frac{2A_1}{d}=F\left(\frac{\alpha+1}{2},\frac{\beta+1}{2},2,1\right),$$

und folglich durch die Function Π ausgedrückt:

60. $$\frac{A_0}{c}=\frac{\Pi\left(\frac{-\alpha-\beta}{2}\right)}{\Pi\left(-\frac{\alpha}{2}\right)\Pi\left(-\frac{\beta}{2}\right)}\quad\text{und}\quad\frac{2A_1}{d}=\frac{\Pi\left(\frac{-\alpha-\beta}{2}\right)}{\Pi\left(\frac{1-\alpha}{2}\right)\Pi\left(\frac{1-\beta}{2}\right)}.$$

Substituirt man diese Werthe in den Formeln (58.) und (59.), so hat man

61. $$F\left(\frac{\alpha}{2},\frac{\beta}{2},\frac{1}{2},\cos v^2\right)=$$

$$\frac{\Pi\left(\frac{-\alpha-\beta}{2}\right)}{\Pi\left(-\frac{\alpha}{2}\right)\Pi\left(-\frac{\beta}{2}\right)}\left(1+\frac{2\alpha\beta}{(\alpha-2)(\beta-2)}\cos 2v+\frac{2\alpha(\alpha+2)\beta(\beta+2)}{(\alpha-2)(\alpha-4)(\beta-2)(\beta-4)}\cos 5v+\dots\right),$$

62. $$\cos v.F\left(\frac{\alpha+1}{2},\frac{\beta+1}{2},\frac{3}{2},\cos v^2\right)=$$

$$\frac{\Pi\left(\frac{-\alpha-\beta}{2}\right)}{\Pi\left(\frac{1-\alpha}{2}\right)\Pi\left(\frac{1-\beta}{2}\right)}\left(\cos v+\frac{(\alpha+1)(\beta+1)}{(\alpha-3)(\beta-3)}\cos 3v+\frac{(\alpha+1)(\alpha+3)(\beta+1)(\beta+3)}{(\alpha-3)(\alpha-5)(\beta-3)(\beta-5)}\cos 5v+\dots\right).$$

Substituirt man in den Gleichungen bei (60.) die Werthe des c und d, so erhält man aus denselben

63.
$$\begin{cases} A_0 = \dfrac{\sqrt{\pi}\,\Pi\left(\frac{\alpha+\beta-1}{2}\right)\Pi\left(\frac{-\alpha-\beta}{2}\right)}{\Pi\left(\frac{\alpha-1}{2}\right)\Pi\left(\frac{\beta-1}{2}\right)\Pi\left(-\frac{\alpha}{2}\right)\Pi\left(-\frac{\beta}{2}\right)}, \\ A_1 = \dfrac{\sqrt{\pi}\,\Pi\left(\frac{\alpha+\beta-1}{2}\right)\Pi\left(\frac{-\alpha-\beta}{2}\right)}{\Pi\left(\frac{\alpha}{2}-1\right)\Pi\left(\frac{\beta}{2}-1\right)\Pi\left(\frac{1-\alpha}{2}\right)\Pi\left(\frac{1-\beta}{2}\right)}. \end{cases}$$

Dies sind also die Werthe der constanten Factoren in der Formel (56.).

Es mögen nun auch von den Formeln dieses Paragraphs einige specielle Fälle erwähnt werden. Setzt man in den Formeln (61.) und (62.) $\alpha=n$, $\beta=-n$, $\frac{\pi}{2}-v$ statt v, und bemerkt, dafs

$$F\left(-\frac{n}{2}, \frac{n}{2}, \frac{1}{2}, \sin v^2\right) = \cos nv,$$

$$\sin v\, F\left(\frac{1+n}{2}, \frac{1-n}{2}, \frac{3}{2}, \sin v^2\right) = \frac{\sin nv}{n}$$

in den Grenzen $v=-\frac{\pi}{2}$ bis $v=+\frac{\pi}{2}$ (m. s. Gaufs Abh. pag. 5, XVI. und pag. 6, XX.), so erhält man

$$\cos nv = \frac{2n}{\pi}\sin\frac{n\pi}{2}\left(\frac{1}{n^2}-\frac{2\cos 2v}{(n-2)(n+2)}+\frac{\sin 4v}{(n-4)(n+4)}-\dots\right),$$

$$\sin nv = \frac{-4n}{\pi}\cos\frac{n\pi}{2}\left(\frac{\sin v}{(n-1)(n+1)}-\frac{\sin 3v}{(n-3)(n+3)}+\frac{\sin 5v}{(n-5)(n+5)}-\dots\right)$$

in den Grenzen $v=-\frac{\pi}{2}$ bis $v=+\frac{\pi}{2}$.

Wird in (56.) $\alpha=\frac{1}{2}$ und $\beta=\frac{1}{2}$ gesetzt, so erhält man eine neue Entwickelung des elliptischen Integrales:

66.
$$F^1(\cos v) = \frac{\pi}{2}A_0\left(1+2\left(\frac{1}{3}\right)^2\cos 4v+2\left(\frac{1.5}{3.7}\right)\cos 8v+\dots\right)$$
$$+\pi A_1\left(\cos 2v+\left(\frac{3}{5}\right)^2\cos 6v+\left(\frac{3.7}{5.9}\right)^2\cos 10v+\dots\right),$$

in welcher, nach Gleichung (63.),

$$A_0=\frac{\pi}{(\Pi-\frac{1}{4})^4},\qquad A_1=\frac{\pi}{(\Pi-\frac{1}{4})^2(\Pi\frac{1}{4})^2},$$

oder, durch elliptische Integrale ausgedrückt, weil $F^1(\sqrt{\tfrac{1}{2}})=\frac{\sqrt{(2\pi)}\,\Pi(\frac{1}{4})}{\Pi(-\frac{1}{4})}$:

$$A_0=\frac{4}{\pi^2}(F^1(\sqrt{\tfrac{1}{2}}))^2,\qquad A_1=\frac{1}{(F^1(\sqrt{\tfrac{1}{2}}))^2}.$$

Aus der Entwickelung (66.) erhält man folgende bestimmten Integrale:

$$\int_0^{\frac{\pi}{2}} F^1(\cos v).\cos 4kv\,dv = \left(\frac{1.5\dots(4k-3)}{3.7\dots(4k-1)}\right)^2 (F^1(\sqrt{\tfrac{1}{2}}))^2.$$

$$\int_0^{\frac{\pi}{2}} F^1(\cos v).\cos(4k+2)v\,dv = \left(\frac{3.7\dots(4k-1)}{5.9\dots(4k+1)}\right)^2 \frac{\pi^2}{4(F^1(\sqrt{\frac{1}{2}}))^2},$$

welche für $k=0$ auch so dargestellt werden können:

$$\int_0^1\int_0^1 \frac{dx\,dy}{\sqrt{(1-x^2)}\sqrt{(1-y^2)}\sqrt{(1-x^2y^2)}} = (F^1(\sqrt{\tfrac{1}{2}}))^2,$$

$$\int_0^1\int_0^1 \frac{(2x^2-1)\,dx\,dy}{\sqrt{(1-x^2)}\sqrt{(1-y^2)}\sqrt{(1-x^2y^2)}} = \frac{\pi^2}{4(F^1(\sqrt{\frac{1}{2}}))^2}.$$

Die Reihen-Entwickelungen, welche in diesem letzten Paragraphen enthalten sind, streifen eigentlich schon in ein fremdes Gebiet hinüber, indem sie nicht mehr der Reihe $F(\alpha,\beta,\gamma,x)$, sondern der allgemeineren hypergeometrischen Reihe

$$1+\frac{\alpha.\beta.\lambda}{1.\beta.\nu}x+\frac{\alpha(\alpha+1)\beta(\beta+1)\lambda(\lambda+1)}{1.2.\gamma(\gamma+1)\nu(\nu+1)}x^2+\dots$$

angehören. Obgleich diese Reihe viele Eigenschaften mit der specielleren $F(\alpha,\beta,\gamma,x)$ gemein hat, so fehlt ihr doch gerade diejenige, auf welcher die Formeln des zweiten und dritten Abschnittes beruhen, nämlich, daſs sie sich in andere Reihen derselben Art verwandeln läſst. Nur für den Fall $x=1$ habe ich zahlreiche Verwandlungen dieser Reihe entdecken können, z. B.:

$$1+\frac{\alpha.\beta.\lambda}{1.\gamma.\nu}+\frac{\alpha(\alpha+1)\beta(\beta+1)\lambda(\lambda+1)}{1.2.\gamma(\gamma+1)\nu(\nu+1)}+\dots$$

$$= C\left(1+\frac{(\gamma-\alpha)(\gamma-\beta)\lambda}{1.\gamma(\nu+\gamma-\alpha-\beta)}+\frac{(\gamma-\alpha)(\gamma-\alpha+1)(\gamma-\beta)(\gamma-\beta+1)\lambda(\lambda+1)}{1.2.\gamma(\gamma+1)(\nu+\gamma-\alpha-\beta)(\nu+\gamma-\alpha-\beta+1)}+\dots\right),$$

$$\text{wo}\quad C=\frac{\Pi(\nu-1)\,\Pi(\nu+\gamma-\lambda-\alpha-\beta-1)}{\Pi(\nu-\lambda-1)\,\Pi(\nu+\gamma-\alpha-\beta-1)}.$$

Auch läſst sich die Summe dieser Reihe für $x=1$ im Allgemeinen nicht durch die Function Π ausdrücken, sondern nur in specielleren Fällen, von welchen einer folgender ist:

$$1+\frac{\alpha.\beta}{\gamma(\alpha+\beta-\gamma+2)}+\frac{\alpha(\alpha+1)\beta(\beta+1)}{\gamma(\gamma+1)(\alpha+\beta-\gamma+2)(\alpha+\beta-\gamma+3)}+\dots$$

$$=\frac{(\alpha+\beta-\gamma+1)(\gamma-1)}{(\alpha-\gamma+1)(\beta-\gamma+1)}\left(\frac{\Pi(\gamma-2)\,\Pi(\alpha+\beta-\gamma)}{\Pi(\alpha-1)\,\Pi(\beta-1)}-1\right).$$

Übrigens muſs die Methode, welche für die allgemeine Untersuchung dieser Reihe angewendet werden soll, von der in dieser Abhandlung enthaltenen wesentlich verschieden sein, weil die Natur dieser allgemeineren Reihe durch eine lineäre Differenzialgleichung der dritten Orodnung ausgedrückt wird, während die Reihe $F(\alpha,\beta,\gamma,x)$ das Integral einer lineären Differenzialgleichung der zweiten Ordnung ist.

Eine neue Methode, die numerischen Summen langsam convergirender Reihen zu berechnen

Journal für die reine und angewandte Mathematik 16, 206–214 (1837)

In einer Abhandlung Bd. 13. pag. 171 dieses Journals habe ich einige Sätze erwiesen, welche für die Convergenz oder Divergenz einer jeden unendlichen Reihe, in welcher, von einem bestimmten Gliede an, alle folgenden positiv sind, ein allgemeingültiges Criterium enthalten. Ich habe daselbst pag. 181 bemerkt, daſs die willkürliche Function, welche in dem ersten und zweiten Satze vorkommt, ein leichtes Mittel an die Hand giebt, um zwei Grenzen zu finden, in denen die Summe aller Glieder einer solchen Reihe, welche auf ein bestimmtes Glied folgen, enthalten sein muſs, und ich habe dies a. a. O. allgemein und an einigen Beispielen gezeigt. Hierauf habe ich eine Methode gegründet, die numerischen Summen sehr langsam convergirender Reihen mit Leichtigkeit zu finden, indem ich nur eine geringe Anzahl der ersten Glieder der Reihe wirklich summire, den Werth aller übrigen aber in zwei Grenzen einschlieſse, welche ich so nahe als möglich zusammen bringe. Diese Methode will ich jetzt, unabhängig von den Resultaten jener Abhandlung, kürzlich auseinandersetzen.

Wenn die Reihe $\overset{1}{A}+\overset{2}{A}+\overset{3}{A}+\dots+\overset{k}{A}+\dots$ in inf. zu summiren ist, in welcher alle Glider positiv sein sollen, so kommt es darauf an, zwei Grenzen zu finden, in denen die Summe der Reihe $\overset{k+1}{A}+\overset{k+2}{A}+\overset{k+3}{A}+\dots$ in inf. enthalten sein muſs. Zu diesem Zwecke nehme ich eine willkürliche Function $\overset{k}{m}$ des Stellenzeigers k, welche ich jedoch so weit bestimme, daſs $\overset{k}{m}\overset{k}{A}$ nur positive Werthe haben, und, wenn k in's Unendliche wächst, sich der Grenze 0 in's Unendliche nähern soll, und daſs der Ausdruck $\frac{\overset{k}{m}\overset{k}{A}}{\overset{k+1}{A}}-\overset{k+1}{m}$, den ich kurz durch $f(k)$ bezeichne, positiv sein, und, wenn k in's Unendliche wächst, sich der Grenze 1 in's Unendliche nähern soll.

Dieses vorausgesetzt folgt aus der Gleichung $\frac{\overset{k}{m}\overset{k}{A}}{\overset{k+1}{A}} - \overset{k+1}{m} = f(k)$:

$$1.\quad \begin{cases} \overset{k}{m}\overset{k}{A} - \overset{k+1}{m}\overset{k+1}{A} = f(k).\overset{k+1}{A}, \\ \overset{k+1}{m}\overset{k+1}{A} - \overset{k+2}{m}\overset{k+2}{A} = f(k+1).\overset{k+2}{A}, \\ \overset{k+2}{m}\overset{k+2}{A} - \overset{k+3}{m}\overset{k+3}{A} = f(k+2).\overset{k+3}{A}, \\ \quad\text{etc.} \qquad\qquad \text{etc.} \end{cases}$$

Durch Addition aller dieser Gleichungen, bis in's Unendliche, erhält man:

$$2.\quad \overset{k}{m}\overset{k}{A} = f(k).\overset{k+1}{A} + f(k+1).\overset{k+2}{A} + f(k+2).\overset{k+3}{A} + \dots \text{ in inf.};$$

denn ein Glied $-\overset{k+\infty}{m}\overset{k+\infty}{A}$, welches dem Theile links vom Gleichheitszeichen noch hinzuzufügen wäre, verschwindet, weil vorausgesetzt worden ist, es soll $\overset{k}{m}\overset{k}{A} = 0$ sein, für $k = \infty$. Die Gleichung (2.) durch $f(k)$ dividirt, giebt:

$$3.\quad \frac{\overset{k}{m}\overset{k}{A}}{f(k)} = \overset{k+1}{A} + \frac{f(k+1)}{f(k)}\overset{k+2}{A} + \frac{f(k+2)}{f(k)}\overset{k+3}{A} + \dots$$

Es ist oben bestimmt worden, die Function $f(k)$ solle positiv sein und für $k = \infty$ die Grenze 1 erreichen: ich bestimme nun weiter, es solle k so grofs angenommen werden, dafs von dem Werthe $k = k$ bis $k = \infty$ die Function $f(k)$ entweder nur wachse oder nur abnehme (kein Maximum oder Minimum mehr habe). Im ersten Falle, wo $f(k)$, fortwährend wachsend, sich der Einheit nähert, hat man

$$f(k) < 1, \quad f(k+1) < 1, \quad f(k+2) < 1, \quad \dots \text{ etc.}$$

und

$$\frac{f(k+1)}{f(k)} > 1, \quad \frac{f(k+2)}{f(k)} > 1, \quad \frac{f(k+3)}{f(k)} > 1, \quad \dots \text{ etc.},$$

und deshalb geben die Gleichungen (2. und 3.):

$$\overset{k}{m}\overset{k}{A} < \overset{k+1}{A} + \overset{k+2}{A} + \overset{k+3}{A} + \dots \text{ in inf.},$$

$$\frac{\overset{k}{m}\overset{k}{A}}{f(k)} > \overset{k+1}{A} + \overset{k+2}{A} + \overset{k+3}{A} + \dots \text{ in inf.}$$

Im anderen Falle, wo $f(k)$, fortwährend abnehmend, sich der Grenze 1 nähert, hat man

$$f(k) > 1, \quad f(k+1) > 1, \quad f(k+2) > 1, \quad \text{etc.},$$

$$\frac{f(k+1)}{f(k)} < 1, \quad \frac{f(k+2)}{f(k)} < 1, \quad \frac{f(k+3)}{f(k)} < 1, \quad \text{etc.};$$

für diesen Fall also geben die Gleichungen (2. und 3.):

$$\overset{k}{m}\overset{k}{A} > \overset{k+1}{A} + \overset{k+2}{A} + \overset{k+3}{A} + \ldots \text{ in inf.},$$

$$\frac{\overset{k}{m}\overset{k}{A}}{f(k)} < \overset{k+1}{A} + \overset{k+2}{A} + \overset{k+3}{A} + \ldots \text{ in inf.}$$

Es ist also unter den angegebenen Voraussetzungen (dafs die Glieder der Reihe $\overset{1}{A} + \overset{2}{A} + \overset{3}{A} + \ldots$ in inf. alle positiv sind, dafs ferner $\overset{k}{m}\overset{k}{A}$ positiv ist und für $k = \infty$ verschwindet, und dafs der Ausdruck $f(k)$ von dem Werthe $k = k$ bis $k = \infty$ positiv ist, und entweder nur zunehmend oder nur abnehmend sich der Grenze 1 nähert, wenn k in's Unendliche wächst) die Summe aller Glieder, welche auf das k^{te} Glied folgen, stets in den beiden Grenzen eingeschlossen:

$$4. \quad \overset{k}{m}\overset{k}{A} \quad \text{und} \quad \frac{\overset{k}{m}\overset{k}{A}}{f(k)}.$$

Aus meiner erwähnten Abhandlung über die Convergenz geht hervor, dafs es, sobald die Reihe, deren allgemeines Glied $\overset{k}{A}$ ist, wirklich convergirt, stets eine unendliche Anzahl verschiedener Functionen $\overset{k}{m}$ giebt, welche den gesetzten Bedingungen genügen. Um nun aber durch die beiden Grenzen eine möglichst genaue Bestimmung des wahren Werthes zu haben, mufs man für $\overset{k}{m}$ eine Function wählen, welche bewirkt, dafs diese Grenzen so nahe als möglich zusammenfallen, und dies wird dann der Fall sein, wenn $f(k)$ der Einheit aufserordentlich nahe kommt.

Es soll nun für eine sehr oft vorkommende, und sehr umfassende Gattung sehr langsam convergirender Reihen eine passende Function $\overset{k}{m}$ bestimmt werden, und zwar für alle diejenigen, in welchen der Quotient zweier aufeinander folgender Glieder sich immer mehr der Einheit nähert, je gröfser der Stellenzeiger k wird, und bei denen dieser Quotient sich nach ganzen fallenden Potenzen von k entwickeln läfst, so dafs

$$5. \quad \frac{\overset{k}{A}}{\overset{k+1}{A}} = 1 + \frac{v_1}{k} + \frac{v_2}{k^2} + \frac{v_3}{k^3} + \frac{v_4}{k^4} + \ldots$$

Ich gebe der Function $\overset{k}{m}$ folgende Form eines rationalen Bruches:

$$6. \quad \overset{k}{m} = ck + c_1 + \frac{a_1 k^{n-1} + a_2 k^{n-2} + \ldots + a_n}{k^n + b_1 k^{n-1} + b_2 k^{n-2} + \ldots + b_n},$$

welcher in folgende recurrirende Reihe entwickelt werden mag:

$$7. \quad \overset{k}{m} = ck + c_1 + \frac{c_2}{k} + \frac{c_3}{k^2} + \frac{c_4}{k^3} + \ldots$$

Aus den Entwickelungen (5.) und (7.) bildet man leicht folgende Entwickelung für $f(k) = \frac{\overset{k}{m}\overset{k}{A}}{\overset{k+1}{A}} - \overset{k+1}{m}$:

$$8.\quad f(k) = c(v_1-1) + (c_1v_1+cv_2)\frac{1}{k} + (c_2(v_1+1)+c_1v_2+cv_3)\frac{1}{k^2} + (c_3(v_1+2)+c_2(v_2-1)+c_1v_3+cv_4)\frac{1}{k^3} + (c_4(v_1+3)+c_3(v_2-3)+c_2(v_3+1)+c_1v_4+cv_5)\frac{1}{k^4} + (c_5(v_1+4)+c_4(v_2-6)+c_3(v_3+4)+c_2(v_4-1)+c_1v_5+cv_6)\frac{1}{k^5} + \dots \text{ etc.}$$

Das Gesetz, nach welchem diese Entwickelung fortschreitet, ist klar; denn die darin vorkommenden Zahlen sind die Binomialcoëfficienten, mit abwechselnden Vorzeichen. Da für $k=\infty$, $f(k)=1$ sein soll, so muſs $c(v_1-1)=1$ genommen werden. Auſser c sind nun aber, in der bei (6.) angenommenen Form des $\overset{k}{m}$, $2n+1$ willkürliche Constanten enthalten, welche so bestimmt werden sollen, daſs dadurch die Coëfficienten von $\frac{1}{k}, \frac{1}{k^2}, \frac{1}{k^3} \dots$ bis $\frac{1}{k^{2n+1}}$ in der Entwickelung des $f(k)$ verschwinden: daſs also folgende Gleichungen Statt haben:

$$9.\quad \begin{cases} 1 = c(v_1-1), \\ 0 = c_1v_1+cv_2, \\ 0 = c_2(v_1+1)+c_1v_2+cv_3, \\ 0 = c_3(v_1+2)+c_2(v_2-1)+c_1v_3+cv_4, \\ 0 = c_4(v_1+3)+c_3(v_2-3)+c_2(v_3+1)+c_1v_4+cv_5, \\ \dots\dots\dots\dots\dots\dots \\ 0 = c_{2n+1}(v_1+2n)+c_{2n}\left(v_2-\frac{2n(2n-1)}{1.2}\right)+\dots+cv_{2n+2}. \end{cases}$$

Alsdann hat $f(k)$ folgende Form der Entwickelung:

$$f(k) = 1+\frac{p}{k^{2n+2}}+\frac{q}{k^{2n+3}}+\dots,$$

woraus man ersieht, daſs, wenn k und n nur einigermaſsen groſs angenommen werden, $f(k)$ der Einheit sehr nahe kommt, und folglich die beiden Grenzen bei (4.) sehr nahe zusammenfallen. Weil nun oben gesetzt worden ist:

$$\frac{a_1 k^{n-1} + a_2 k^{n-2} + \ldots + a_n}{k^n + b_1 k^{n-1} + b_2 k^{n-2} + \ldots + b_n} = \frac{c_2}{k} + \frac{c_3}{k^2} + \frac{c_4}{k^3} + \ldots,$$

so erhält man, indem man mit dem Nenner multiplicirt und die gleichen Potenzen von k mit einander vergleicht, folgende Gleichungen:

$$10.\quad \begin{cases} a_1 = c_2, \\ a_2 = c_3 + c_2 b_1, \\ a_3 = c_4 + c_3 b_1 + c_2 b_2, \\ \ldots\ldots\ldots\ldots \\ a_n = c_{n+1} + c_n b_1 + c_{n-1} b_2 + \ldots + c_2 b_{n-1}, \end{cases}$$

$$11.\quad \begin{cases} 0 = c_{n+2} + c_{n+1} b_1 + c_n b_2 + \ldots + c_2 b_n, \\ 0 = c_{n+3} + c_{n+2} b_1 + c_{n+1} b_2 + \ldots + c_3 b_n, \\ 0 = c_{n+4} + c_{n+3} b_1 + c_{n+2} b_2 + \ldots + c_4 b_n, \\ \ldots\ldots\ldots\ldots \\ 0 = c_{2n+1} + c_{2n} b_1 + c_{2n-1} b_2 + \ldots + c_{n+1} b_n. \end{cases}$$

Um nun $\overset{k}{m}$ zu finden, bestimmt man zuerst die $2n+2$ Gröfsen c, c_1, c_2, ... c_{2n+1}, durch die bekannten v_1, v_2, v_3, etc. aus den Gleichungen bei (9.). Die gefundenen Werthe dieser Quantitäten substituirt man in den n Gleichungen bei (11.) und bestimmt aus diesen die Gröfsen b_1, b_2, b_3, ... b_n; alsdann erhält man aus den Gleichungen (10.) unmittelbar auch a_1, a_2, a_3, ... a_n. Nachdem so die Function $\overset{k}{m}$ der Gleichung (6.) vollständig bestimmt ist, berechnet man $f(k)$, und sodann $\overset{k}{m}\overset{k}{A}$ und $\frac{\overset{k}{m}\overset{k}{A}}{f(k)}$, die beiden Grenzen der Reihe $\overset{k+1}{A} + \overset{k+2}{A} + \overset{k+3}{A} + \ldots$ in inf. Auf eben so viele Decimalstellen, als diese beiden Grenzen mit einander übereinstimmen, hat man den wahren Werth dieser Reihe genau, und wenn man hiezu noch die auf gewöhnlichem Wege gefundene Summe der ersten k Glieder addirt, so hat man die Summe der Reihe $\overset{1}{A} + \overset{2}{A} + \overset{3}{A} + \overset{4}{A} + \ldots$ in inf.

Wir wollen nun diese Methode auf die Summation einiger Reihen anwenden:

Beispiel 1. Die Summe folgender Reihe zu berechnen:

$$R = 1 + \frac{1}{2^3} + \frac{1}{3^3} + \frac{1}{4^3} + \frac{1}{5^3} + \ldots \text{ in inf.}$$

In diesem Falle ist $\overset{k}{A} = \frac{1}{k^3}$, also

$$\frac{\overset{k}{A}}{\overset{k+1}{A}} = 1 + \frac{3}{k} + \frac{3}{k^2} + \frac{1}{k^3},$$

und folglich

$$v_1 = 3, \quad v_2 = 3, \quad v_3 = 1, \quad v_4 = v_5 = v_6 = \ldots\ldots = 0.$$

Für diese Werthe der v_1, v_2, v_3, etc. erhält man aus den Gleichungen (10.):

$$c = \tfrac{1}{2}, \quad c_1 = -\tfrac{1}{2}, \quad c_2 = +\tfrac{1}{4}, \quad c_3 = 0, \quad c_4 = -\tfrac{1}{12}, \quad c_5 = 0,$$
$$c_6 = +\tfrac{1}{12}, \quad c_7 = 0, \quad c_8 = -\tfrac{3}{20}, \quad c_9 = 0, \quad c_{10} = \tfrac{5}{12}, \quad c_{11} = 0.$$

Aus diesen Werthen erhält man ferner durch die Gleichungen bei (12.), wenn $n = 5$ angenommen wird:

$$b_1 = 0, \quad b_2 = 4, \quad b_3 = 0, \quad b_4 = \tfrac{22}{10}, \quad b_5 = 0,$$

und hieraus endlich, durch die Gleichungen (11.):

$$a_1 = \tfrac{1}{4}, \quad a_2 = 0, \quad a_3 = \tfrac{11}{12}, \quad a_4 = 0, \quad a_5 = \tfrac{3}{10}.$$

Substituirt man nun diese Werthe in der Form des $\overset{k}{m}$ bei (6.), so wird:

$$\overset{k}{m} = \frac{k}{2} - \frac{1}{2} + \frac{30k^4 + 110k^2 + 36}{120k^5 + 480k^3 + 264k}.$$

Nimmt man nun $k = 10$, so berechnet man leicht:

$$\overset{10}{m} = 4{,}52491\,74854\,03728\ldots, \qquad \overset{11}{m} = 5{,}02266\,51730\,6974\ldots,$$

und hieraus

$$f(10) = 1{,}00000\,00000\,0261\ldots;$$

ferner

$$\overset{10}{m}\overset{10}{A} = 0{,}00452\,49174\,85403\,73\ldots, \qquad \frac{\overset{10}{m}\overset{10}{A}}{f(10)} = 0{,}00452\,49174\,85391\,91\ldots,$$

welches die beiden Grenzen sind, in welchen die Summe der Reihe

$$\frac{1}{11^3} + \frac{1}{12^3} + \frac{1}{13^3} + \ldots \text{ in inf.}$$

enthalten ist. Addirt man hiezu noch die Summe der ersten zehn Glieder:

$$1 + \frac{1}{2^3} + \frac{1}{3^3} + \ldots + \frac{1}{10^3} = 1{,}19753\,19856\,74193\,25\ldots,$$

so erhält man die Summe der Reihe:

$$R < 1{,}20205\,69031\,59596\,98\ldots, \qquad R > 1{,}20205\,69031\,59585\,16\ldots,$$

so daſs nach dieser Methode, indem wir nur die ersten zehn Glieder wirklich durch Addition summirt haben, der wahre Werth der Reihe bis zur vierzehnten Decimalstelle genau gefunden worden ist. Übrigens läſst sich zeigen, daſs man, nach der gewöhnlichen Art zu summiren, um dieselbe Genauigkeit zu erreichen, mehr als Zehn Millionen Glieder der Reihe summiren müſste.

Beispiel 2. Es sei folgende unendliche Reihe zu summiren:

$$y = 1 + \left(\frac{1}{2}\right)^3 + \left(\frac{1.3}{2.4}\right)^3 + \left(\frac{1.3.5}{2.4.6}\right)^3 + \left(\frac{1.3.5.7}{2.4.6.8}\right)^3 + \ldots \text{ in inf.}$$

Das k^{te} Glied dieser Reihe ist:

$$\overset{k}{A} = \left(\frac{1.3.5\ldots.(2k-3)}{2.4.6\ldots.(2k-2)}\right)^3,$$

folglich

$$\frac{\overset{k}{A}}{\overset{k+1}{A}} = \left(\frac{2k}{2k-1}\right)^3 = 1 + \frac{3}{2k} + \frac{6}{2^2 k^2} + \frac{10}{2^3 k^3} + \frac{15}{2^4 k^4} + \ldots.$$

also

$$v_1 = \frac{3}{2}, \quad v_2 = \frac{6}{4}, \quad v_3 = \frac{10}{2^3}, \quad v_4 = \frac{15}{2^4}, \quad v_5 = \frac{21}{2^5}, \quad v_6 = \frac{28}{2^6},$$
$$v_7 = \frac{36}{2^7}, \quad v_8 = \frac{45}{2^8}.$$

In der Form des $\overset{k}{m}$, Gleichung (6.), nehme ich, weil dies eine grofse Genauigkeit geben wird, $n = 3$; ich erhalte alsdann aus den Gleichungen (9.):

$$c = 2, \quad c_1 = -2, \quad c_2 = \tfrac{1}{5}, \quad c_3 = \tfrac{3}{20}, \quad c_4 = \tfrac{3}{40}, \quad c_5 = 0,$$
$$c_6 = \frac{-81}{13.160}, \quad c_7 = \frac{-81}{13.320}.$$

Hieraus durch die Gleichungen (11.):

$$b_1 = -\tfrac{9}{4}, \quad b_2 = \tfrac{243}{104}, \quad b_3 = -\tfrac{189}{208};$$

und endlich aus den Gleichungen bei (10.):

$$a_1 = \tfrac{1}{5}, \quad a_2 = -\tfrac{3}{10}, \quad a_3 = \tfrac{213}{1040};$$

so dafs für diesen Fall ist:

$$\overset{k}{m} = 2k - 2 + \frac{208k^2 - 312k + 213}{1040k^3 - 2340k^2 + 2430k - 945}.$$

Nimmt man wieder $k = 10$, so findet man durch leichte Rechnung:

$$\overset{10}{m} = 18{,}02157\,45971\,26\ldots., \qquad \overset{11}{m} = 20{,}01947\,75864\,35\ldots.,$$
$$f(10) = 1{,}00000\,00019\,0\ \ldots.,$$
$$\overset{10}{m}\overset{10}{A} = 0{,}11497\,88158\,3\ \ldots., \qquad \frac{\overset{10}{m}\overset{10}{A}}{f(10)} = 0{,}11497\,88156\,1\ \ldots.$$

Addirt man hiezu noch die Summe der ersten zehn Glieder, welche $1{,}27822\,51138\,68\ldots.$ ist, so erhält man die Summe der Reihe y:

$$y < 1{,}39320\,39297\,0\ldots., \qquad y > 1{,}39320\,39294\,8\ldots.,$$

also

$$y = 1{,}39320\,39296\ldots.,$$

wo höchstens die letzte Stelle um zwei Einheiten unrichtig sein kann.

Ich bemerke hier, daſs die Reihe y durch folgendes bestimmte Integral ausgedrückt werden kann:

$$y = \frac{4}{\pi^2}\int_0^1\int_0^1 \frac{dx\,dy}{\sqrt{(1-x^2)}\sqrt{(1-y^2)}\sqrt{(1-x^2y^2)}},$$

und dieses bestimmte Integral wieder durch elliptische Transcendenten, so daſs

$$y = \frac{4}{\pi^2}(F'(\sqrt{\tfrac{1}{2}}))^2.$$

Der Zahlenwerth des y nach dieser Formel berechnet, stimmt genau mit dem obigen überein.

Man kann diese Methode der Summation noch aus einem anderen Gesichtspuncte auffassen, nämlich, wenn man von der Form eines rationalen Bruches, welche der Function $\overset{k}{m}$ gegeben worden ist, ganz absieht, und nur die Form der Reihenentwickelung, Gleichung (7.), berücksichtigt. Betrachtet man nämlich die Gleichungen (9.) als Recursionsformeln, und denkt man sich dieselben bis in's Unendliche fortgesetzt, und die Gröſsen c, c_1, c_2, c_3 bis in's Unendliche daraus bestimmt, so ist für jeden Werth des k, $f(k) = 1$, also fallen für jeden Werth des k die beiden Grenzen $\overset{k}{m}\overset{k}{A}$ und $\frac{\overset{k}{m}\overset{k}{A}}{f(k)}$ zusammen, und man hat

$$(12.)\qquad \overset{k}{A}\left(ck + c_1 + \frac{c_2}{k} + \frac{c_3}{k^2} + \dots\right) = \overset{k+1}{A} + \overset{k+2}{A} + \overset{k+3}{A} + \dots,$$

wenn

$$\frac{\overset{k}{A}}{\overset{k+1}{A}} = 1 + \frac{v_1}{k} + \frac{v_2}{k^2} + \frac{v_3}{k^3} + \dots$$

und

$$\begin{aligned}
1 &= c(v_1 - 1),\\
0 &= c_1 v_1 + c v_2,\\
0 &= c_2(v_1+1) + c_1 v_2 + c v_3,\\
0 &= c_3(v_1+2) + c_2(v_2-1) + c_1 v_3 + c v_4,\\
0 &= c_4(v_1+3) + c_3(v_2-3) + c_2(v_3+1) + c_1 v_4 + c v_5,\\
0 &= c_5(v_1+4) + c_4(v_2-6) + c_3(v_3+4) + c_2(v_4-1) + c_1 v_5 + c v_6,\\
&\text{etc.} \qquad \text{etc.}
\end{aligned}$$

Dies ist eine neue, ziemlich allgemeine Summationsformel, und zwar unter allen wohl diejenige, welche durch am meisten elementare Methoden hergeleitet werden kann. Sie hat auch einige Vorzüge vor der gewöhnlichen, welche für den gegenwärtigen Zweck wie folgt dargestellt werden kann:

$$13.\quad \overset{k+1}{A}+\overset{k+2}{A}+\overset{k+3}{A}+\dots \text{ in inf.}$$

$$=\int_k^\infty \overset{k}{A}\,dk-\tfrac{1}{2}\overset{k}{A}-\frac{\overset{1}{B}}{1.2}\cdot\frac{d\overset{k}{A}}{dk}+\frac{\overset{2}{B}}{1.2.3.4}\cdot\frac{d^3\overset{k}{A}}{dk^3}-\dots,$$

wo $\overset{1}{B}=\frac{1}{6}$, $\overset{2}{B}=\frac{1}{30}$, etc. die Bernoullischen Zahlen sind. Diese Formel kann in vielen Fällen ebenfalls dazu angewendet werden, die numerischen Summen sehr langsam convergirender Reihen zu berechnen; wenn aber $\overset{k}{A}$ eine unentwickelbare Function ist, wie in dem obigen zweiten Beispiele, so haben Integrale und Differenzialquotienten derselben an sich keinen Sinn. Nur in dem Falle, wo $\overset{k}{A}=\frac{1}{k^m}$, stimmen die beiden Summationsformeln (12.) und (13.) vollständig mit einander überein.

Liegnitz, den 10. November 1834.

De integralibus definitis et seriebus infinitis

Journal für die reine und angewandte Mathematik 17, 210–227 (1837)

In commentatione hujus diarii, tom. XII. pag. 144, dedimus theorema, cujus ope series infinitae, quas aequationis Riccatianae integrale completum continet, per integralia definita exprimi potuerunt, ibique adnotavimus, plura etiam theoremata similia nos alio loco esse exhibituros. Quae theoremata nunc proferemus. Quum enim series infinitae et integralia definita formae sint simplicissimae et usitatissimae, quibus functiones transcendentes exprimi possunt, alterius formae transformatio in alteram magni momenti est habenda. Integralium definitorum transformatio in series, per evolutionem functionis integrandae, fere semper facile perficitur, sed multo difficilius est alterum problema, de serierum infinitarum transformatione in integralia definita. In hoc enim problemate solvendo deest methodus generalis, quae successum certum habeat, et paucis solum casibus artificia singularia, sive methodi nonnullae singulares, ad finem propositum perducunt. Nostra etiam theoremata methodos aliquas speciales continent, et certis solum serierum classibus applicari possunt, omnes autem originem trahunt ex fonte communi, et quodammodo exempla sunt methodi generalis, quam primum explicaturi sumus.

Quem ad finem in usum vocamus integrale definitum

$$\int_a^b U.f(u,k)\,du,$$

in quo U sit functio variabilis u, $f(u,k)$ functio quantitatum u et k, et k sit numerus integer, et faciamus hoc integrale satisfacere aequationi

$$1.\qquad \int_a^b U.f(u,k)\,du = B_k\int_a^b U.f(u,0)\,du$$

in qua B_k est functio data numeri k. Porro accipiamus seriem infinitam:

$$2.\qquad A_0 f(u,0) + A_1 f(u,1) + A_2 f(u,2) + \ldots\text{ etc.} = \varphi(u)$$

cujus summa $\varphi(u)$ per functiones notas exprimi possit. Quibus positis erit:

$$\int_a^b U\varphi(u)\,du$$

$$= A_0\int_a^b Uf(u,0)\,du + A_1\int_a^b Uf(u,1)\,du + A_2\int_a^b Uf(u,2)\,du + \ldots\text{ etc.}$$

et per formulam (1.)

$$\int_a^b U\,\Phi(u)\,du = \int_a^b U f(u,0)\,du\,[A_0 B_0 + A_1 B_1 + A_2 B_2 + \dots \text{ etc.}]$$

sive

$$3.\quad A_0 B_0 + A_1 B_1 + A_2 B_2 + \dots = \frac{\int_a^b U\,\Phi(u)\,du}{\int_a^b U f(u,0)\,du}.$$

Hac methodo si series aliqua per integralia definita exprimenda proponitur, factores certi A_0, A_1, A_2 etc. a terminis singulis sunt sejungendi, iique ita sunt accipiendi, ut seriei (2.) summa facili negotio possit inveniri; eo consilio etiam functio $f(u, k)$ apte eligenda est, postea superest ut functio U inveniatur, quae satisfaciat aequationi (1.). Generaliter igitur cujuslibet seriei summam per integralia definita exprimere possemus, dummodo functionis U determinatio idonea succederet. De hoc vero problemate, quod difficilioribus adnumerandum est, et methodos sibi singulares poscit, alio loco commentari nobis proposuimus, hic autem ex cognitis nonnullis integralibus, quae aequationi (1.) satisfaciunt, serierum infinitarum formas quasdam, per integralia definita expressas, inveniemus, et theoremata nonnulla methodi modo traditae auxilio deducemus.

Primum accipiamus integrale $\int_0^\infty e^{-u}.u^{\alpha+k-1}\,du$, quod Cl. *Gauss* designat $\Pi(\alpha+k-1)$, cujus nota est formula reductionis:

$$4.\quad \int_0^\infty e^{-u}\,u^{\alpha+k-1}\,du = \alpha(\alpha+1)\dots(\alpha+k-1)\int_0^\infty e^{-u}\,u^{\alpha-1}\,du,$$

quae comparata cum aequatione (1.) dat $U = e^{-u}u^{\alpha-1}$, $f(u,k) = u^k$, $B_k = \alpha(\alpha+1)\dots(\alpha+k-1)$, quibus valoribus substitutis in aequationibus (2.) et (3.), habemus

Theorema I. „Si cognita est summa seriei

$$5.\quad A_0 + A_1 u + A_2 u^2 + A_3 u^3 + \dots = \Phi(u)$$

habetur

$$6.\quad A_0 + \alpha A_1 + \alpha(\alpha+1)A_2 + \alpha(\alpha+1)(\alpha+2)A_3 + \dots = \frac{\int_0^\infty e^{-u}\,u^{\alpha-1}\,\Phi(u)\,du}{\int_0^\infty e^{-u}\,u^{\alpha-1}\,du}$$

sive

$$7.\quad A_0 + \alpha A_1 + \alpha(\alpha+1)A_2 + \dots \text{ etc.} = \frac{1}{\Pi(\alpha-1)}\int_0^\infty e^{-u}u^{\alpha-1}\Phi(u)\,du."$$

Hujus theorematis usum exemplis nonnullis explicabimus. Si ponitur $\Phi(u) = \cos(u.\operatorname{tang} x)$, est $A_0 = 1$, $A_1 = 0$, $A_2 = -\frac{\operatorname{tang}^2 x}{1.2}$, $A_3 = 0$,

$A_4 = +\frac{\operatorname{tang}^4 x}{1.2.3.4}$ etc. itaque per aequationem (7.)

$$1 - \frac{\alpha(\alpha+1)}{1.2}\operatorname{tang}^2 x + \frac{\alpha(\alpha+1)(\alpha+2)(\alpha+3)}{1.2.3.4}\operatorname{tang}^4 x \ldots.$$
$$= \frac{1}{\Pi(\alpha-1)}\int_0^\infty e^{-u}\, u^{\alpha-1}\cos(u \operatorname{tang} x)\, du,$$

hujus autem seriei summam notam $(\cos x)^\alpha \cos(\alpha x)$ substituentes habemus:

$$8. \quad \int_0^\infty e^{-u}\, u^{\alpha-1}\cos(u\operatorname{tang} x)\, du = \Pi(\alpha-1)(\cos x)^\alpha\cos(\alpha x).$$

Simili modo, si sumitur $\varphi(u) = \sin(u \operatorname{tang} x)$ unde $A_0 = 0$, $A_1 = \frac{\operatorname{tang} x}{1}$, $A_2 = 0$, $A_3 = -\frac{\operatorname{tang}^3 x}{1.2.3}$ etc., est per aequationem (7.)

$$\frac{\alpha}{1}\operatorname{tang} x - \frac{\alpha(\alpha+1)(\alpha+2)}{1.2.3}\operatorname{tang}^3 x + \ldots = \frac{1}{\Pi(\alpha-1)}\int_0^\infty e^{-u} u^{\alpha-1}\sin(u\operatorname{tang} x)\, du,$$

et quum hujus seriei summa nota sit $(\cos x)^\alpha \sin \alpha x$, sequitur:

$$9. \quad \int_0^\infty e^{-u}\, u^{\alpha-1}\sin(u\operatorname{tang} x)\, du = \Pi(\alpha-1)(\cos x)^\alpha \sin(\alpha x).$$

Integralia duo, (8.) et (9.), quae theorematis auxilio invenimus, jamdudum a geometris inventa sunt, et variis modis demonstrata, attamen haec demonstratio nostra eo videtur aliis praestare, quod quantitatum imaginariarum ope non eget, et pro quolibet valore positivo, integro vel fracto numeri α, aeque valet. Generaliter si quantitates A_0, A_1 etc. ita accipiuntur, ut non solum $\varphi(u)$, sed etiam seriei $A_0 + \alpha A_1 + \alpha(\alpha+1)A_2 + \ldots$ summa per functiones notas exprimi possit, integralium definitorum valores inveniuntur. Ita si ponitur $\varphi(u) = \cos(2\sqrt{(xu)})$, est $A_0 = 1$, $A_1 = \frac{-x}{\frac{1}{2}.1}$, $A_2 = \frac{x^2}{\frac{1}{2}.\frac{3}{2}.1.2}$, etc. ideoque

$$10. \quad 1 - \frac{\alpha . x}{\frac{1}{2}.1} + \frac{\alpha(\alpha+1)x^2}{\frac{1}{2}.\frac{3}{2}.1.2} - \ldots = \frac{1}{\Pi(\alpha-1)}\int_0^\infty e^{-u}\, u^{\alpha-1}\cos(2\sqrt{(xu)})\, du$$

praeterea si ponitur $\alpha = \frac{1}{2}$, haec series transit in evolutionem ipsius e^{-x}, et fit $\Pi(\alpha-1) = \Pi(-\frac{1}{2}) = \sqrt{\pi}$, itaque est

$$\int_0^\infty e^{-u}\, u^{-\frac{1}{2}}\cos(2\sqrt{(xu)})\, du = \sqrt{\pi}.e^{-x},$$

sive posito $u = v^2$ et $x = z^2$:

$$\int_0^\infty e^{-v^2}\cos(2zv)\, dv = \frac{\sqrt{\pi}.e^{-z^2}}{2}.$$

Aliud theorema deducemus ex integrali

$$\int_0^1 u^{\alpha-1}\left(l\frac{1}{u}\right)^{\beta-1} du = \alpha^{-\beta}\,\Pi(\beta-1),$$

quod hanc habet formulam reductionis:

$$11. \quad \int_0^1 u^{\alpha+k-1}\left(l\frac{1}{u}\right)^{\beta-1} du = \frac{\alpha^\beta}{(\alpha+k)^\beta}\int_0^1 u^{\alpha-1}\left(l\frac{1}{u}\right)^{\beta-1} du.$$

Per comparationem hujus formulae et aequationis (1.) habemus pro hoc casu $f(u,k) = u^k$, $U = u^{\alpha-1}\left(l\frac{1}{u}\right)^{\beta-1}$, $B_k = \left(\frac{\alpha}{\alpha+k}\right)^\beta$, itaque ex aequationibus (2.) et (3.) sequitur

Theorema II. „Ex cognita summa seriei

$$13. \quad A_0 + A_1 u + A_2 u^2 + \ldots = \varphi(u)$$

sequitur

$$14. \quad A_0 + \left(\frac{\alpha}{\alpha+1}\right)^\beta A_1 + \left(\frac{\alpha}{\alpha+2}\right)^\beta A_2 + \ldots = \frac{\int_0^1 u^{\alpha-1}\left(l\frac{1}{u}\right)^{\beta-1}\varphi(u)\,du}{\int_0^1 u^{\alpha-1}\left(l\frac{1}{u}\right)^{\beta-1} du}$$

sive

$$15. \quad \frac{A_0}{\alpha^\beta} + \frac{A_1}{(\alpha+1)^\beta} + \frac{A_2}{(\alpha+2)^\beta} + \ldots = \frac{1}{\Pi(\beta-1)}\int_0^1 u^{\alpha-1}\left(l\frac{1}{u}\right)^{\beta-1}\varphi(u)\,du."$$

Exempli gratia accipiamus

$$\varphi(u) = \frac{x\cos\omega - x^2 u}{1-2xu\cos\omega + x^2u^2} = x\cos\omega + x^2 u\cos 2\omega + x^3u^2\cos 3\omega + \ldots$$

unde fit $A_0 = x\cos\omega$, $A_1 = x^2\cos 2\omega$, $A_2 = x_3\cos 3\omega$ etc., itaque per aequat. (15.)

$$16. \quad \frac{x\cos\omega}{\alpha^\beta} + \frac{x^2\cos 2\omega}{(\alpha+1)^\beta} + \frac{x^3\cos 3\omega}{(\alpha+2)^\beta} + \ldots$$
$$= \frac{1}{\Pi(\beta-1)}\int_0^1 \frac{u^{\alpha-1}\left(l\frac{1}{u}\right)^{\beta-1}(x\cos\omega - x^2u)\,du}{1-2xu\cos\omega + x^2u^2}.$$

Idem integrale, cujus ope theorema II. inventum est, aliud nobis theorema praebebit per formulam

$$17. \quad \int_0^1 u^{\alpha+k-1}\left(l\frac{1}{u}\right)^{\beta+k-1} du = \frac{\beta(\beta+1)\ldots(\beta+k-1)\alpha^\beta}{(\alpha+k)^{\beta+k}}\int_0^1 u^{\alpha-1}\left(l\frac{1}{u}\right)^{\beta-1} du,$$

quae, cum aequatione (1.) comparata, dat:

$$f(u,k) = \left(ul\frac{1}{u}\right)^k, \quad U = u^{\alpha-1}\left(l\frac{1}{u}\right)^{\beta-1}, \quad B_k = \frac{\beta(\beta+1)\ldots(\beta+k-1)\alpha^\beta}{(\alpha+k)^{\beta+k}}.$$

ex quibus substitutis in aequat. (2.) et (3.) sequitur:

Theorema III. „Per cognitam summam seriei:

$$18. \quad A_0 + A_1 ul\frac{1}{u} + A_2\left(ul\frac{1}{u}\right)^2 + \ldots = \varphi\left(ul\frac{1}{u}\right),$$

habetur hujus etiam seriei summa per integralia definita expressa:

28*

$$19.\quad A_0+\frac{\beta.\alpha^\beta}{(\alpha+1)^{\beta+1}}A_1+\frac{\beta(\beta+1)\alpha^\beta}{(\alpha+2)^{\beta+2}}A_2+\ldots = \frac{\int_0^1 u^{\alpha-1}\left(l\frac{1}{u}\right)^{\beta-1}\varphi\left(ul\frac{1}{u}\right)du}{\int_0^1 u^{\alpha-1}\left(l\frac{1}{u}\right)^{\beta-1}du}$$

sive

$$20.\quad \frac{A_0}{\alpha^\beta}+\frac{\beta.A_1}{(\alpha+1)^{\beta+1}}+\frac{\beta(\beta+1)A_2}{(\alpha+2)^{\beta+2}}+\ldots$$
$$=\frac{1}{\Pi\,\beta-1}\int_0^1 u^{\alpha-1}\left(l\frac{1}{u}\right)^{\beta-1}\varphi\left(ul\frac{1}{u}\right)du.$$

Hoc theoremate uti possumus ad inveniendam summam seriei $1+\frac{x}{2^2}+\frac{x^2}{3^3}+\frac{x^3}{4^4}+\ldots$, nam si sumitur $\alpha=1$, $\beta=1$, et $\varphi\left(ul\frac{1}{u}\right)=e^{xul\frac{1}{u}}=u^{-ux}$, est $A_0=1$, $A_1=\frac{x}{1}$, $A_2=\frac{x^2}{1.2}$ etc., itaque per aequationem (20.)

$$21.\quad 1+\frac{x}{2^2}+\frac{x^2}{3^3}+\frac{x^3}{4^4}+\ldots=\int_0^1 u^{-ux}\,du.$$

Hic etiam illud theorema recipiemus, quod in hoc diario tom. XII. pag. 144 jam prosuimus, eoque ad integralia nonnulla invenienda utemur. Quem ad finem consideremus integrale

$$\int_0^1 u^{\alpha-1}(1-u)^{\beta-\alpha-1}\,du,$$

quod hoc modo per functionem Π exprimitur,

$$\int_0^1 u^{\alpha-1}(1-u)^{\beta-\alpha-1}.du=\frac{\Pi(\alpha-1)\,\Pi(\beta-\alpha-1)}{\Pi(\beta-1)}$$

et hanc habet formulam reductionis:

$$22.\quad \int_0^1 u^{\alpha+k-1}(1-u)^{\beta-\alpha-1}du=\frac{\alpha(\alpha+1)\ldots(\alpha+k-1)}{\beta(\beta+1)\ldots(\beta+k-1)}\int_0^1 u^{\alpha-1}(1-u)^{\beta-\alpha-1}du.$$

Quae si comparatur cum formula (1.), est $f(u,k)=u^k$,

$$U=u^{\alpha-1}(1-u)^{\beta-\alpha-1},\quad B_k=\frac{\alpha(\alpha+1)\ldots(\alpha+k-1)}{\beta(\beta+1)\ldots(\beta+k)-1)}$$

iisque substitutis in aequat. (2.) et (3.) habemus

Theorema IV. „Ex cognita summa seriei

$$23.\quad A_0+A_1u+A_2u^2+A_3u^3+\ldots=\varphi(u)$$

sequitur haec summa seriei

$$24.\quad A_0+\frac{\alpha}{\beta}A_1+\frac{\alpha(\alpha+1)}{\beta(\beta+1)}A_2+\ldots=\frac{\int_0^1 u^{\alpha+1}(1-u)^{\beta-\alpha-1}\varphi(u)\,du}{\int_0^1 u^{\alpha-1}(1-u)^{\beta-\alpha-1}\,du}.$$

sive

$$25.\quad A_0+\frac{\alpha}{\beta}A_1+\frac{\alpha(\alpha+1)}{\beta(\beta+1)}A_2+\ldots$$
$$=\frac{\Pi(\beta-1)}{\Pi(\alpha-1)\Pi(\beta-\alpha-1)}\int_0^1 u^{\alpha-1}(1-u)^{\beta-\alpha-1}\varphi(u)\,du.\text{“}$$

Aequationi (25.) ponendo $u = \sin^2 v$ hanc formam dare possumus

$$26.\quad A_0 + \frac{\alpha}{\beta} A_1 + \frac{\alpha(\alpha+1)}{\beta(\beta+1)} A_2 + \dots$$
$$= \frac{2\Pi(\beta-1)}{\Pi(\alpha-1)\Pi(\beta-\alpha-1)} \int_0^{\frac{\pi}{2}} (\sin v)^{2\alpha-1} (\cos v)^{2\beta-2\alpha-1} \Phi(\sin^2 v)\, dv.$$

Nunc si ponitur $\Phi(\sin^2 v) = \cos(2\beta v)$, ex evolutione nota

$$\cos(2\beta v) = 1 - \frac{\beta.\beta}{\frac{1}{2}.1} \sin^2 v + \frac{\beta(\beta+1)\,\beta(\beta-1)}{\frac{1}{2}.\frac{3}{2}.1.2} \sin^4 v - \dots$$

sequitur $A_0 = 1$, $A_1 = -\frac{\beta.\beta}{\frac{1}{2}.1}$, $A_2 = +\frac{\beta(\beta+1)\,\beta(\beta-1)}{\frac{1}{2}.\frac{3}{2}.1.2}$ etc. quibus substitutis in aequatione (26.), est

$$27.\quad 1 - \frac{\alpha.\beta}{\frac{1}{2}.1} + \frac{\alpha(\alpha+1)\,\beta(\beta-1)}{\frac{1}{2}.\frac{3}{2}.1.2} - \dots$$
$$= \frac{2\Pi(\beta-1)}{\Pi(\alpha-1)\Pi(\beta-\alpha-1)} \int_0^{\frac{\pi}{2}} (\sin v)^{2\alpha-1} (\cos v)^{2\beta-2\alpha-1} \cos(2\beta v)\, dv,$$

hujus autem seriei summa per functionem Π assignari potest (vide *Gauss* disquisit. gen. c. seriem inf. etc. pag. 28)

$$1 - \frac{\alpha.\beta}{\frac{1}{2}.1} + \frac{\alpha(\alpha+1)\,\beta(\beta-1)}{\frac{1}{2}.\frac{3}{2}.1.2} - \dots = \frac{\Pi(-\frac{1}{2})\,\Pi(\beta-\alpha-\frac{1}{2})}{\Pi(\beta-\frac{1}{2})\,\Pi(-\alpha-\frac{1}{2})},$$

inde aequatio (27.) transit in hanc:

$$\int_0^{\frac{\pi}{2}} (\sin v)^{2\alpha-1} (\cos v)^{2\beta-2\alpha-1} \cos(2\beta v)\, dv = \frac{\Pi(-\frac{1}{2})\Pi(\beta-\alpha-\frac{1}{2})\Pi(\alpha-1)\Pi(\beta-\alpha-1)}{2\Pi(\beta-1)\,\Pi(\beta-\frac{1}{2})\,\Pi(-\alpha-\frac{1}{2})},$$

haec expressio per formulas fundamentales functionis Π non parum simplificatur, et formam simplicissimam obtinet, si mutatur α in $\frac{\alpha}{2}$, β in $\frac{\alpha+\beta}{2}$, quo facto prodit:

$$28.\quad \int_0^{\frac{\pi}{2}} (\sin v)^{\alpha-1} (\cos v)^{\beta-1} \cos(\alpha+\beta) v\, dv = \frac{\cos\frac{\alpha\pi}{2}\,\Pi(\alpha-1)\,\Pi(\beta-1)}{\Pi(\alpha+\beta-1)}.$$

Simili modo si in formula (26.) ponitur

$$\Phi(\sin^2 v) = \frac{\sin(2\beta-1)v}{(2\beta-1)\sin v}$$

invenietur integrale

$$29.\quad \int_0^{\frac{\pi}{2}} (\sin v)^{\alpha-1} (\cos v)^{\beta-1} \sin(\alpha+\beta) v\, dv = \frac{\sin\frac{\alpha\pi}{2}\,\Pi(\alpha-1)\,\Pi(\beta-1)}{\Pi(\alpha+\beta-1)}.$$

Sed facile etiam hoc integrale ex illo deducitur, nam si in illo v mutatur in $\frac{\pi}{2} - v$, α in β et β in α, prodit

$$\cos(\alpha+\beta)\frac{\pi}{2}\int_0^{\frac{\pi}{2}}(\sin v)^{\alpha-1}(\cos v)^{\beta}\cos(\alpha+\beta)v\,dv$$

$$+\sin(\alpha+\beta)\frac{\pi}{2}\int_0^{\frac{\pi}{2}}(\sin v)^{\alpha-1}(\cos v)^{\beta-1}\sin(\alpha+\beta)v\,dv=\frac{\cos\frac{\beta\pi}{2}\Pi(\alpha-1)\Pi(\beta-1)}{\Pi(\alpha+\beta-1)}$$

ex quo per formulam (28.) sequitur

$$\int_0^{\frac{\pi}{2}}(\sin v)^{\alpha-1}(\cos v)^{\beta-1}\sin(\alpha+\beta)v\,dv$$

$$=\frac{\left(\cos\frac{\beta\pi}{2}-\cos\frac{\alpha\pi}{2}\cos(\alpha+\beta)\frac{\pi}{2}\right)\Pi(\alpha-1)\Pi(\beta-1)}{\sin(\alpha+\beta)\frac{\pi}{2}.\Pi(\alpha+\beta-1)},$$

quae formula cum aequatione (29.) identica est, quia

$$\frac{\cos\frac{\beta\pi}{2}-\cos\frac{\alpha\pi}{2}\cos(\alpha+\beta)\frac{\pi}{2}}{\sin(\alpha+\beta)\frac{\pi}{2}}=\sin\frac{\alpha\pi}{2}.$$

Aliud integrale theorematis quarti ope invenitur, ponendo $\alpha=\frac{1}{2}$, $\Phi(\sin^2 v)=\cos(\gamma v)$, inde per evolutionem notam

$$\cos(\gamma v)=1-\frac{\frac{\gamma}{2}.\frac{\gamma}{2}}{\frac{1}{2}.1}\sin^2 v+\frac{\frac{\gamma}{2}\left(\frac{\gamma}{2}+1\right)\frac{\gamma}{2}\left(\frac{\gamma}{2}-1\right)}{\frac{1}{2}.\frac{3}{2}.1.2}\sin^4 v-\ldots$$

habemus

$$A_0=1,\quad A_1=-\frac{\frac{\gamma}{2}.\frac{\gamma}{2}}{\frac{1}{2}.1},\quad A_2=-\frac{\frac{\gamma}{2}\left(\frac{\gamma}{2}+1\right)\frac{\gamma}{2}\left(\frac{\gamma}{2}-1\right)}{\frac{1}{2}.\frac{3}{2}.1.2},\ \text{etc.}$$

quibus substitutis prodit

$$1-\frac{\frac{\gamma}{2}.\frac{\gamma}{2}}{\beta.1}+\frac{\frac{\gamma}{2}\left(\frac{\gamma}{2}+1\right)\frac{\gamma}{2}\left(\frac{\gamma}{2}-1\right)}{\beta(\beta+1)1.2}-\ldots$$

$$=\frac{2\Pi(\beta-1)}{\Pi(-\frac{1}{2})\Pi(\beta-\frac{1}{2})}\int_0^{\frac{\pi}{2}}(\cos v)^{2\beta-2}\cos(\gamma v)\,dv,$$

et quum hujus seriei summa per functionem Π exprimi possit hoc modo:

$$\frac{\Pi(\beta-1)\Pi(\beta-1)}{\Pi\left(\beta+\frac{\gamma}{2}-1\right)\Pi\left(\beta-\frac{\gamma}{2}-1\right)}$$

est

$$\int_0^{\frac{\pi}{2}}(\cos v)^{2\beta-2}\cos(\gamma v)\,dv=\frac{\Pi(-\frac{1}{2})\Pi(\beta-1)\Pi(\beta-\frac{1}{2})}{2\Pi\left(\beta+\frac{\gamma}{2}-1\right)\Pi\left(\beta-\frac{\gamma}{2}-1\right)},$$

denique si β mutatur in $\frac{\beta+2}{2}$, et $\Pi\left(\frac{\beta}{2}\right)\Pi\left(\frac{\beta-1}{2}\right)$ transformatur in

$\sqrt{\pi}.2^{-\beta}\Pi(\beta)$, hoc integrale accipit formam:

$$30.\quad \int_0^{\frac{\pi}{2}} (\cos v)^\beta \cos(\gamma v)\, da = \frac{\pi\,\Pi(\beta)}{2^{\beta+1}\,\Pi\left(\frac{\beta+\gamma}{2}\right)\Pi\left(\frac{\beta-\gamma}{2}\right)}.$$

Eadem methodo inveniri possunt integralia duo

$$\int_0^\pi (\sin v)^\beta \cos(\gamma v)\, dv \quad \text{et} \quad \int_0^\pi (\sin v)^\beta \sin(\gamma v)\, dv,$$

sed faciliori negotio deducuntur ex eo, quod modo invenimus, quod hunc ad finem ita repraesentari potest

$$\int_{-\frac{\pi}{2}}^{+\frac{\pi}{2}} (\cos v)^\beta \cos(\gamma v)\, dv = \frac{\pi\,\Pi(\beta)}{2^\beta\,\Pi\left(\frac{\beta+\gamma}{2}\right)\Pi\left(\frac{\beta-\gamma}{2}\right)}$$

et ex hoc

$$\int_{-\frac{\pi}{2}}^{+\frac{\pi}{2}} (\cos v)^\beta \sin(\gamma v)\, dv = 0,$$

cujus veritas sponte elucet. Nam si illud ducitur in $\cos\frac{\gamma\pi}{2}$, hoc in $\sin\frac{\gamma\pi}{2}$, fit per additionem:

$$\int_{-\frac{\pi}{2}}^{+\frac{\pi}{2}} (\cos v)^\beta \cos\left(\gamma v - \frac{\gamma\pi}{2}\right) dv = \frac{\pi\cos\frac{\gamma\pi}{2}\,\Pi(\beta)}{2^\beta\,\Pi\left(\frac{\beta+\gamma}{2}\right)\Pi\left(\frac{\beta-\gamma}{2}\right)},$$

si vero alterum ducitur in $\sin\frac{\gamma\pi}{2}$, alterum in $\cos\frac{\gamma\pi}{2}$, per subtractionem eorum fit:

$$\int_{-\frac{\pi}{2}}^{+\frac{\pi}{2}} (\cos v)^\beta \sin\left(\frac{\gamma\pi}{2} - \gamma v\right) dv = \frac{\pi\sin\frac{\gamma\pi}{2}\,\Pi(\beta)}{2^\beta\,\Pi\left(\frac{\beta+\gamma}{2}\right)\Pi\left(\frac{\beta-\gamma}{2}\right)},$$

denique si v mutatur in $\frac{\pi}{2} - v$, habemus

$$31.\quad \int_0^\pi (\sin v)^\beta \cos(\gamma v)\, dv = \frac{\pi\cos\left(\frac{\gamma\pi}{2}\right)\Pi(\beta)}{2^\beta\,\Pi\left(\frac{\beta+\gamma}{2}\right)\Pi\left(\frac{\beta-\gamma}{2}\right)},$$

$$32.\quad \int_0^\pi (\sin v)^\beta \sin(\gamma v)\, dv = \frac{\pi\sin\frac{\gamma\pi}{2}\,\Pi(\beta)}{2^\beta\,\Pi\left(\frac{\beta+\gamma}{2}\right)\Pi\left(\frac{\beta-\gamma}{2}\right)}.$$

Ex invento valore integralis (30.) sive aliis modis facile deducitur formula reductionis:

$$\int_0^{\frac{\pi}{2}} (\cos u)^{\beta+2k-1} \cos(\gamma u)\, du = B_k \int_0^{\frac{\pi}{2}} (\cos u)^{\beta-1} \cos(\gamma u)\, du,$$

in qua B_k significat hanc expressionem:

$$B_k = \frac{\beta(\beta+1)(\beta+2)\dots(\beta+2k-1)}{(\beta+\gamma+1)(\beta+\gamma+3)\dots(\beta+\gamma+2k-1)(\beta-\gamma+1)(\beta-\gamma+3)\dots(\beta-\gamma+2k-1)}.$$

haec formula praebet theorema:

Theorema V. „Si ponitur

$$33.\quad A_0 + A_1 \cos^2 u + A_2 \cos^4 u + A_3 \cos^6 u + \dots = \varphi(\cos^2 u)$$

et

$$34.\quad R = A_0 + \frac{\beta(\beta+1) A_1}{(\beta+\gamma+1)(\beta-\gamma+1)} + \frac{\beta(\beta+1)(\beta+2)(\beta+3) A_2}{(\beta+\gamma+1)(\beta+\gamma+2)(\beta-\gamma+1)(\beta-\gamma+2)} + \dots$$

est

$$35.\quad R = \frac{\int_0^{\frac{\pi}{2}} (\cos u)^{\beta-1} \cos(\gamma u)\, \varphi(\cos^2 u)\, du}{\int_0^{\frac{\pi}{2}} (\cos u)^{\beta-1} \cos(\gamma u)\, du}$$

sive

$$36.\quad R = \frac{2^\beta\, \Pi\left(\frac{\beta+\gamma-1}{2}\right) \Pi\left(\frac{\beta-\gamma-1}{2}\right)}{\pi\, \Pi(\beta-1)} \int_0^{\frac{\pi}{2}} (\cos u)^{\beta-1} \cos(\gamma u)\, \varphi(\cos^2 u)\, du."$$

Hujus theorematis exemplum simplex habemus ponendo $\beta = 1$, $\gamma = 2\alpha$, $\varphi(\cos^2 u) = \cos(2z\cos u)$ unde $A_0 = 1$, $A_1 = -\frac{2^2 z^2}{1.2}$, $A_2 = +\frac{2^4 z^4}{1.2.3.4}$ etc., quibus valoribus in aequatione (36.) substitutis est:

$$37.\quad 1 - \frac{z^2}{(1+\alpha)(1-\alpha)} + \frac{z^4}{(1+\alpha)(2+\alpha)(1-\alpha)(2-\alpha)} - \dots$$
$$= \frac{2\alpha}{\sin \alpha\pi} \int_0^{\frac{\pi}{2}} \cos(2\alpha u) \cos(2z\cos u)\, du.$$

Aliud theorema deducitur ex formula

$$\int_0^{\frac{\pi}{2}} (\cos v)^{\beta-\alpha-1} \cos(\beta+\alpha+2k-1) v\, dv = B_k \int_0^{\frac{\pi}{2}} (\cos v)^{\beta-\alpha-1} (\beta+\alpha-1) v\, dv.$$

ubi

$$B_k = (-1)^k \frac{\alpha(\alpha+1)\dots(\alpha+k-1)}{\beta(\beta+1)\dots(\beta+k-1)},$$

quae per aequationem (30.) sive aliis modis facile demonstratur. Per comparationem hujus formulae cum aequatione (1.) videmus hoc casu statuendum esse

$$f(u,k) = \cos(\beta+\alpha+2k-1)u, \qquad U = (\cos u)^{\beta-\alpha-1},$$

qui valores in aequationibus (2.) et (3.) positi dant.

Theorema VI. „Si cognita est summa seriei

38. $A_0\cos(\alpha+\beta-1)u + A_1\cos(\alpha+\beta+1)u + A_2\cos(\alpha+\beta+3)u + \dots = \Phi(u)$

habetur etiam hujus seriei summa:

39. $$A_0 - \frac{\alpha}{\beta}A_1 + \frac{\alpha(\alpha+1)}{\beta(\beta+1)}A_2 - \dots = \frac{\int_0^{\frac{\pi}{2}} (\cos u)^{\beta-\alpha-1}\varphi(u)\,du}{\int_0^{\frac{\pi}{2}} (\cos u)^{\beta-\alpha-1}\cos(\beta+\alpha-1)u\,du}$$

sive

40. $$A_0 - \frac{\alpha}{\beta}A_1 + \frac{\alpha(\alpha+1)}{\beta(\beta+1)}A_2 - \dots = \frac{2^{\beta-1}\Pi(\beta-1)\Pi(-\alpha)}{\pi\,\Pi(\beta-\alpha-1)}\int_0^{\frac{\pi}{2}}(\cos u)^{\beta-\alpha-1}\Phi(u)du."$$

Hoc theoremate si uti volumus ad inveniendam summam seriei $1+\frac{x}{\beta.1}+\frac{x^2}{\beta(\beta+1)1.2}+\dots$, fieri debet $\alpha=\frac{1}{2}$ et $A_0=1$, $A_1=-\frac{x}{\frac{1}{2}.1}$, $A_2=+\frac{x^2}{\frac{1}{2}.\frac{3}{2}.1.2}$ etc., itaque invenienda est summa seriei

$$\Phi(u) = \cos(\beta-\tfrac{1}{2})u - \frac{x\cos(\beta+\frac{3}{2})u}{\frac{1}{2}.1} + \frac{x^2\cos(\beta+\frac{7}{2})u}{\frac{1}{2}.\frac{3}{2}.1.2} - \dots,$$

quae per methodos notas derivatur ex hoc

$$\cos(2\sqrt{x}) = 1 - \frac{x}{\frac{1}{2}.1} + \frac{x^2}{\frac{1}{2}.\frac{3}{2}.1.2} - \dots$$

scilicet

$$\Phi(u) = \tfrac{1}{2}e^{2\sqrt{x}\sin u}\cos((\beta-\tfrac{1}{2})u - 2\sqrt{x}\cos u) + \tfrac{1}{2}e^{-2\sqrt{x}\sin u}\cos((\beta-\tfrac{1}{2})u + 2\sqrt{x}\cos u),$$

quibus in aequat. (40.) substitutis habemus

$$1+\frac{x}{\beta.1}+\frac{x^2}{\beta(\beta+1)1.2}+\dots = \frac{2^{\beta-\frac{1}{2}}\Pi(\beta-1)}{\sqrt{\pi}\,\Pi(\beta-\frac{1}{2})}\int_0^{\frac{\pi}{2}}(\cos u)^{\beta-\frac{3}{2}}\Phi(u)\,du.$$

Functio $\Phi(u)$ duabus partibus constat, quae inter se non nisi signis oppositis quantitatis $\sqrt{x}$ differunt et facile patet, si utramque partem seorsim integramus et in altera ponimus $-v$ loco v, haec duo integralia non nisi limitibus differre, qui pro altero sunt $-\frac{\pi}{2}$ et 0, pro altero 0 et $+\frac{\pi}{2}$. Iis igitur integralibus in unum conjunctis habemus

41. $$1+\frac{x}{\beta.1}+\frac{x^2}{\beta(\beta+1)1.2}+\dots$$
$$= \frac{2^{\beta-\frac{1}{2}}\Pi(\beta-1)}{\sqrt{\pi}\,\Pi(\beta-\frac{1}{2})}\int_{-\frac{\pi}{2}}^{+\frac{\pi}{2}}(\cos u)^{\beta-\frac{3}{2}}e^{2\sqrt{x}\sin u}\cos((\beta-\tfrac{1}{2})u - 2\sqrt{x}\cos u)\,du.$$

Revertamur ad integrale supra inventum aequat. (11.)

$$\int_0^\infty e^{-v^2}\cos(2zv)\,dv = \frac{\sqrt{\pi}}{2}e^{-z^2}$$

quod posito $z = \alpha\sqrt{\left(l\frac{1}{q}\right)}$ transformatur in

$$\int_0^\infty e^{-v^2}\cos\left(2\alpha v\sqrt{\left(l\frac{1}{q}\right)}\right)dv = \frac{\sqrt{\pi}}{2}q^{\alpha^2},$$

inde, si ponitur $\alpha+k$ loco α, deducitur haec formula

$$42.\quad \int_0^\infty e^{-v^2}\cos\left(2(\alpha+k)v\sqrt{\left(l\frac{1}{q}\right)}\right)dv$$
$$= q^{k^2+2\alpha k}\int_0^\infty e^{-v^2}\cos\left(2\alpha v\sqrt{\left(l\frac{1}{q}\right)}\right)dv.$$

Haec formula novum nobis theorema notatu dignissimum praebebit. Nam per comparationem cum aequatione (1.) habemus $f(u,k) = \cos\left(2(\alpha+k)v\sqrt{\left(l\frac{1}{q}\right)}\right)$, $U = e^{-v^2}$, $B_k = q^{k^2+2\alpha k}$ itaque ex aequationibus (2.) et (3.) sequitur.

Theorema VII. „Si cognita est summa seriei

$$43.\quad A_0\cos\left(2\alpha v\sqrt{\left(l\frac{1}{q}\right)}\right) + A_1\cos\left(2(\alpha+1)v\sqrt{\left(l\frac{1}{q}\right)}\right)$$
$$+ A_2\cos\left(2(\alpha+2)v\sqrt{\left(l\frac{1}{q}\right)}\right) + \dots = \Phi(v)$$

habetur etiam hujus seriei summa

$$44.\quad A_0 + A_1 q^{1+2\alpha} + A_2 q^{4+4\alpha} + A_3 q^{9+6\alpha} + \dots = \frac{\int_0^\infty e^{-v^2}\varphi(v)\,dv}{\int_0^\infty e^{-v^2}\cos\left(2v\alpha\sqrt{\left(l\frac{1}{q}\right)}\right)dv}$$

sive

$$45.\quad A_0 + A_1 q^{1+2\alpha} + A_2 q^{4+4\alpha} + A_3 q^{9+6\alpha} + \dots = \frac{2q^{-\alpha^2}}{\sqrt{\pi}}\int_0^\infty e^{-v^2}\Phi(v)\,dv.\text{“}$$

Hujus theorematis auxilio inveniri possunt summae serierum, secundum eas potestates quantitatis q dispositarum, quarum exponentes in serie arithmetica *secundi* ordinis progrediantur. Ejusmodi series aliquae persimplices in theoria functionum ellipticarum reperiuntur, ad quas prae ceteris methodum nostram applicabimus. Quem ad finem accipiamus

$$\Phi(v) = \cos\left(2\beta v\sqrt{\left(l\frac{1}{q}\right)}\right) + x\cos\left(2(\beta-1)v\sqrt{\left(l\frac{1}{q}\right)}\right)$$
$$+ x^2\cos\left(2(\beta-2)v\sqrt{\left(l\frac{1}{q}\right)}\right) + \dots$$

cujus seriei summa est

$$\Phi v = \frac{\cos\left(2\beta v\sqrt{\left(l\frac{1}{q}\right)}\right) - x\cos\left(2(\beta+1)v\sqrt{\left(l\frac{1}{q}\right)}\right)}{1-2x\cos\left(2v\sqrt{\left(l\frac{1}{q}\right)}\right)+x^2}$$

unde est $A_0 = 1$, $A_1 = x$, $A_2 = x^2$ etc., $\alpha = -\beta$, iis valoribus in aequatione (45.) substitutis habemus

$$46. \quad 1 + xq^{1-2\beta} + x^2 q^{4-4\beta} + x^3 q^{9-6\beta} + \dots$$

$$= \frac{2q^{-\beta^2}}{\sqrt{\pi}} \int_0^\infty \frac{e^{-v^2}\left[\cos\left(2\beta v \sqrt{\left(l\frac{1}{q}\right)}\right) - x\cos\left(2(\beta+1)v\sqrt{\left(l\frac{1}{q}\right)}\right)\right]}{1 - 2x\cos\left(2v\sqrt{\left(l\frac{1}{q}\right)}\right) + x^2} dv$$

et, si ponitur $x = zq^{2\beta}$,

$$47. \quad 1 + zq + z^2 q^4 + z^3 q^9 + z^4 q^{16} + \dots$$

$$= \frac{2q^{-\beta^2}}{\sqrt{\pi}} \int_0^\infty \frac{e^{-v^2}\left[\cos\left(2\beta v \sqrt{\left(l\frac{1}{q}\right)}\right) - zq^{2\beta}\cos\left(2(\beta+1)v\sqrt{\left(l\frac{1}{q}\right)}\right)\right]}{1 - 2zq^{2\beta}\cos\left(2v\sqrt{\left(l\frac{1}{q}\right)}\right) + z^2 q^{4\beta}} dv.$$

Quantitas β, que in altera aequationis parte non inest, ex arbitrio potest eligi, attamen monendum est, eam ita accipiendam esse, ut $x = zq^{2\beta}$ sit unitate minor, ne $\Phi(v)$ sit series divergens. Integrale formam simplicissimam obtineret posito $\beta = 0$; tum vero in hac formula quantitati z valorem $z = 1$ tribuere non liceret. Qua de causa accipiamus $\beta = \frac{1}{2}$, et ponamus praeterea $z = +1$ et $z = -1$; unde obtinemus has series

$$48. \quad 1 + q + q^4 + q^9 + q^{16} + \dots$$

$$= \frac{2}{\sqrt{\pi}\sqrt[4]{q}} \int_0^\infty \frac{e^{-v^2}\left[\cos\left(v\sqrt{\left(l\frac{1}{q}\right)}\right) - q\cos\left(3v\sqrt{\left(l\frac{1}{q}\right)}\right)\right]}{1 - 2q\cos\left(2v\sqrt{\left(l\frac{1}{q}\right)}\right) + q^2} dv,$$

$$49. \quad 1 - q + q^4 - q^9 + q^{16} - \dots$$

$$= \frac{2}{\sqrt{\pi}\sqrt[4]{q}} \int_0^\infty \frac{e^{-v^2}\left[\cos\left(v\sqrt{\left(l\frac{1}{q}\right)}\right) + q\cos\left(3v\sqrt{\left(l\frac{1}{q}\right)}\right)\right]}{1 + 2q\cos\left(2v\sqrt{\left(l\frac{1}{q}\right)}\right) + q^2} dv.$$

Easdem series duas invenit Cl. *Jacobi* (Fund. nova theor. f. ell. p. 184)

$$1 + q + q^4 + q^9 + q^{16} + \dots = \tfrac{1}{2} + \tfrac{1}{2}\sqrt{\left(\frac{2K}{\pi}\right)},$$

$$1 - q + q^4 - q^9 + q^{16} - \dots = \tfrac{1}{2} + \tfrac{1}{2}\sqrt{\left(\frac{2k'K}{\pi}\right)},$$

ubi quantitates q, K, et k' ita a variabili k pendent, ut sit

$$k' = \sqrt{(1-k^2}, \quad K = \int_0^{\frac{\pi}{2}} \frac{d\varphi}{\sqrt{(1-k^2\sin^2\varphi)}}, \quad K' = \int_0^{\frac{\pi}{2}} \frac{d\varphi}{\sqrt{(1-k'^2\sin^2\varphi)}},$$

$$q = e^{-\frac{\pi K'}{K}}.$$

29 *

Simili modo in theoremate VII. accipiamus

$$\varphi(v) = \cos\left(2(\beta-1)v\sqrt{\left(l\frac{1}{q}\right)}\right) + x\cos\left(2(\beta-3)v\sqrt{\left(l\frac{1}{q}\right)}\right) + x^2\cos\left(2(\beta-5)v\sqrt{\left(l\frac{1}{q}\right)}\right) + \dots$$

unde sequitur $\alpha = -\beta$ et $A_0 = 0$, $A = 1$, $A_2 = 0$, $A_3 = x$, $A_4 = 0$, $A_5 = x^2$ etc. Seriei $\varphi(v)$ summa facillime invenitur

$$\varphi(v) = \frac{\cos\left(2(\beta-1)v\sqrt{\left(l\frac{1}{q}\right)}\right) - x\cos\left(2(\beta+1)v\sqrt{\left(l\frac{1}{q}\right)}\right)}{1-2x\cos\left(4v\sqrt{\left(l\frac{1}{q}\right)}\right)+x^2},$$

inde per aequationem (45.) habemus

$$50.\quad q^{1-2\beta} + xq^{9-6\beta} + x^2q^{25-10\beta} + x^3q^{49-14\beta} + \dots$$
$$= \frac{2q^{-\beta^2}}{\sqrt{\pi}}\int_0^\infty \frac{e^{-v^2}\left[\cos\left(2(\beta-1)v\sqrt{\left(l\frac{1}{q}\right)}\right) - x\cos\left(2(\beta+1)v\sqrt{\left(l\frac{1}{q}\right)}\right)\right]}{1-2x\cos\left(4v\sqrt{\left(l\frac{1}{q}\right)}\right)+x^2}\,dv,$$

ponendo $x = zq^{4\beta}$ et $\beta = 1$, et multiplicando per q^2, fit

$$51.\quad q + zq^9 + z^2q^{25} + z^3q^{49} + \dots$$
$$= \frac{2q}{\sqrt{\pi}}\int_0^\infty \frac{e^{-v^2}\left[1-zq^4\cos\left(4v\sqrt{\left(l\frac{1}{q}\right)}\right)\right]}{1-2zq^4\cos\left(4v\sqrt{\left(l\frac{1}{q}\right)}\right)+z^2q^8}\,dv,$$

si q mutatur in $\sqrt[4]{q}$, haec formula transit in hanc

$$52.\quad \sqrt[4]{q} + z\sqrt[4]{q^9} + z^2\sqrt[4]{q^{25}} + z^3\sqrt[4]{q^{49}} + \dots$$
$$= \frac{2\sqrt[4]{q}}{\sqrt{\pi}}\int_0^\infty \frac{e^{-v^2}\left[1-zq\cos\left(2v\sqrt{\left(l\frac{1}{q}\right)}\right)\right]}{1-2zq\cos\left(2v\sqrt{\left(l\frac{1}{q}\right)}\right)+z^2q^2}\,dv,$$

denique ponendo $z = 1$ et $z = -1$ habemus series duas

$$53.\quad \sqrt[4]{q} + \sqrt[4]{q^9} + \sqrt[4]{q^{25}} + \sqrt[4]{q^{49}} + \dots$$
$$= \frac{2\sqrt[4]{q}}{\sqrt{\pi}}\int_0^\infty \frac{e^{-v^2}\left[1-q\cos\left(2v\sqrt{\left(l\frac{1}{q}\right)}\right)\right]}{1-2q\cos\left(2v\sqrt{\left(l\frac{1}{q}\right)}\right)+q^2}\,dv,$$

$$54.\quad \sqrt[4]{q} - \sqrt[4]{q^9} + \sqrt[4]{q^{25}} - \sqrt[4]{q^{49}} + \dots$$
$$= \frac{2\sqrt[4]{q}}{\sqrt{\pi}}\int_0^\infty \frac{e^{-v^2}\left[1+q\cos\left(2v\sqrt{\left(l\frac{1}{q}\right)}\right)\right]}{1+2q\cos\left(2v\sqrt{\left(l\frac{1}{q}\right)}\right)+q^2}\,dv,$$

quarum alteram Cl. *Jacobi* invenit l. c.

$$\sqrt[4]{q}+\sqrt[4]{q^9}+\sqrt[4]{q^{25}}+\sqrt[4]{q^{49}}+\ldots = \sqrt{\left(\frac{kK}{2\pi}\right)}.$$

Eadem methodo inveniri possunt summae serierum generaliorum

$$\Theta\left(\frac{2Kx}{\pi}\right) = 1-2q\cos x+2q^4\cos 4x-2q^9\cos 6x+\ldots,$$

$$\mathrm{H}\left(\frac{2Kx}{\pi}\right) = 2\sqrt[4]{q}.\sin x-2\sqrt[4]{q^9}.\sin 3x+2\sqrt[4]{q^{25}}.\sin 5x-\ldots,$$

quae in theoria functionum ellipticarum plurimum valent, quarum vero expressiones per integralia definita, quum minus simplices evadant, hoc loco ommittimus.

Ex integrali cognito

$$\int_0^1 \frac{u^{\alpha-1}-u^{\beta-1}}{l(u)}\,du = l\left(\frac{\alpha}{\beta}\right)$$

sponte prodit.

Theorema VIII. „Si ponitur

$$56.\quad A_0+A_1u+A_2u^2+A_3u^3+\ldots = \varphi(u)$$

est

$$57.\quad A_0\,l\left(\frac{\alpha}{\beta}\right)+A_1\,l\left(\frac{\alpha+1}{\beta+1}\right)+A_2\,l\left(\frac{\alpha+2}{\beta+2}\right)+\ldots = \int_0^1\frac{u^{\alpha-1}-u^{\beta-1}}{l(u)}\varphi(u)\,du."$$

Cujus theorematis exemplum notatu dignum obtinemus ponendo

$$\varphi(u) = 1-u+u^2-u^3+\ldots+u^{2n} = \frac{1+u^{2n+1}}{1+u},$$

unde fit:

$$58.\quad l\left(\frac{\alpha}{\beta}\right)-l\left(\frac{\alpha+1}{\beta+1}\right)+l\left(\frac{\alpha+2}{\beta+2}\right)-\ldots+l\left(\frac{\alpha+2n}{\beta+2n}\right) = \int_0^1\frac{(u^{\alpha-1}-u^{\beta-1})(1+u^{2n+1})}{(1+u)\,l(u)}\,du,$$

haec summa logarithmorum colligitur in unum logarithmum hujus producti

$$\frac{\alpha(\alpha+2)\ldots(\alpha+2n)(\beta+1)(\beta+3)\ldots(\beta+2n-1)}{\beta(\beta+2)\ldots(\beta+2n)(\alpha+1)(\alpha+3)\ldots(\alpha+2n-1)}$$

et, si auctore Cl. *Gauss* ponimus

$$\Pi(k,z) = \frac{1.2.3\ldots k.k^z}{(z+1)(z+2)\ldots(z+k)}$$

hoc productum ita repraesentari potest:

$$\left(\frac{n}{n+1}\right)^{\frac{\beta-\alpha}{2}}.\frac{\Pi\left(n+1,\frac{\beta}{2}-1\right)\Pi\left(n,\frac{\alpha-1}{2}\right)}{\Pi\left(n+1,\frac{\alpha}{2}-1\right)\Pi\left(n,\frac{\beta-1}{2}\right)},$$

itaque est

$$59.\quad \int_0^1\frac{(u^{\alpha-1}-u^{\beta-1})(1+u^{2n+1})}{(1+u)\,l(u)}\,du = l\left\{\left(\frac{n}{n+1}\right)^{\frac{\beta-1}{2}}\frac{\Pi\left(n+1,\frac{\beta}{2}-1\right)\Pi\left(n,\frac{\alpha-1}{2}\right)}{\Pi\left(n+1,\frac{\alpha}{2}-1\right)\Pi\left(n,\frac{\beta-1}{2}\right)}\right\},$$

si numerus n ponitur infinite magnus, u^{2n+1} sub integrationis signo evanescit et $\Pi(n,z)$ transit in $\Pi(z)$ unde fit:

$$60.\quad \int_0^1 \frac{u^{\alpha-1}-u^{\beta-1}}{(1+u)\,l(u)}\,du = l\left(\frac{\Pi\left(\frac{\beta}{2}-1\right)\Pi\left(\frac{\alpha-1}{2}\right)}{\Pi\left(\frac{\alpha}{\beta}-1\right)\Pi\left(\frac{\beta-1}{2}\right)}\right).$$

Ex hoc integrali, quod novum esse putamus, sequitur etiam casus specialis

$$61.\quad \int_0^1 \frac{u^{\alpha-1}-u^{-\alpha}}{(1+u)\,l(u)}\,du = l\left(\operatorname{tang}\frac{\alpha\pi}{2}\right).$$

Alia etiam theoremata permulta ex aliis integralium definitorum valoribus et reductionibus cognitis, secundum methodum generalem supra traditam, deduci possunt, quae vero omnia colligere longum esset. Imo ea, quae hic dedimus, tanquam exempla methodi generalis sufficiant. Hic autem theorema alius generis addere placet, quod quodammodo cum illis conjunctum est, eorumque auxilio demonstratur.

Theorema IX. „Si functio quaedam patitur hanc formam evolutionis

$$62.\quad \Phi(\cos^2 u) = A_0 + A_1\cos^2 u + A_2\cos^4 u + A_3\cos^6 u + \ldots.$$

et eadem functio evolvitur in seriem hujus formae:

$$63.\quad \Phi(\cos^2 u) = B_0 + \frac{B_1\cos u}{2\cos u} + \frac{B_2\cos 2u}{(2\cos u)^2} + \frac{B_3\cos 3u}{(2\cos u)^3} + \ldots.$$

coefficientes B_0, B_1, B_2, etc. ita per integralia definita determinantur, ut sit generaliter

$$64.\quad B_h = \frac{4}{\pi}\int_0^{\frac{\pi}{2}} (2\cos u)^{h-1}\cos(h+1)u\,\Phi(\cos^2 u)\,du."$$

Cujus theorematis demonstratio innititur formulae

$$65.\quad (\cos u)^{2k} = \frac{1.3.5\ldots.(2k-1)}{2.4.6\ldots.2k}\left(1 + \frac{2k}{k+1}\cdot\frac{\cos u}{2\cos u} + \frac{2k(2k+1)}{(k+1)(k+2)}\cdot\frac{\cos 2u}{(2\cos u)^2} + \ldots\right),$$

quae ex formula generaliori, quam proposui in hoc diario (tom. XV. p. 161. form. 13.) facile deducitur. Nam si in aequatione

$$\Phi(\cos^2 u) = A_0 + A_1\cos^2 u + A_2\cos^4 u + \ldots$$

loco potestatum cosinus substituuntur earum expressiones, quas aequatio (65.) praebet, est

$$65.\quad \varPhi(\cos^2 u) = A_0$$
$$+\frac{1}{2}A_1\left(1+\frac{2}{2}\cdot\frac{\cos u}{2\cos u}+\frac{2.3}{2.3}\cdot\frac{\cos 2u}{(2\cos u)^2}+\frac{2.3.4}{2.3.4}\cdot\frac{\cos 3u}{(2\cos u)^3}+\dots\right)$$
$$+\frac{1.3}{2.4}A_2\left(1+\frac{4}{3}\cdot\frac{\cos u}{2\cos u}+\frac{4.5}{3.4}\cdot\frac{\cos 2u}{(2\cos u)^2}+\frac{4.5.6}{3.4.5}\cdot\frac{\cos 3u}{(2\cos u)^3}+\dots\right)$$
$$+\frac{1.3.5}{2.4.6}A_3\left(1+\frac{6}{4}\cdot\frac{\cos u}{2\cos u}+\frac{6.7}{4.5}\cdot\frac{\cos 2u}{(2\cos u)^2}+\frac{6.7.8}{4.5.6}\cdot\frac{\cos 3u}{(2\cos u)^3}+\dots\right)$$

etc.

quae evolutio comparata cum hac:

$$\varPhi(\cos^2 u) = B_0 + B_1\frac{\cos u}{2\cos u} + B_2\frac{\cos 2u}{(2\cos u)^2} + B_3\frac{\cos 3u}{(2\cos u)^3} + \dots$$

dat

$$66.\quad B_0 = A_0 + \frac{1}{2}A_1 + \frac{1.3}{2.4}A_2 + \frac{1.3.5}{2.4.6}A_3 + \dots,$$
$$67.\quad B_1 = \frac{1}{2}A_1 + \frac{1.3.4}{2.4.3}A_2 + \frac{1.3.5.6}{2.4.6.4}A_3 + \dots,$$
$$68.\quad B_2 = \frac{1}{2}A_1 + \frac{1.3}{2.4}\,\frac{4.5}{3.4}A_2 + \frac{1.3.5}{2.4.6}\cdot\frac{6.7}{4.3}A_3 + \dots,$$

et facile intelligitur esse generaliter

$$69.\quad B_h = \frac{1}{2}A_1 + \frac{1.3}{2.4}\cdot\frac{h+3}{3}A_2 + \frac{1.3.5}{2.4.6}\cdot\frac{(h+4)(h+5)}{4.5}A_3 + \dots,$$

cujus seriei terminus generalis est:

$$\frac{1.3.5\dots(2p-1).(h+p+1)(h+p+2)\dots(h+2p-1)}{2.4.6\dots 2p.(p+1)(p+2)\dots(2p-1)},$$

qui facile transformatur in hanc formam simpliorem

$$\frac{(h+p+1)(h+p+2)\dots(h+2p-1)}{2^{2p-1}.2.3\dots(p-1)}A_p,$$

quare series B_h hanc formam induit:

$$70.\quad B_h = \frac{A_1}{2} + \frac{h+3}{2^3.1}A_2 + \frac{(h+4)(h+5)}{2^5.1.2}A_3 + \dots$$

Hujus seriei summa per theorema V. deducitur ex hac

$$\psi(\cos^2 u) = A_1 + A_2\cos^2 u + A_3\cos^4 u + \dots$$

nam si in aequationibus hujus theorematis V. ponitur $\beta = h+2$, $\gamma = h+1$, A_0 in A_1, A_1 in A_2, A_2 in A_3 etc., et $\varPhi(\cos^2 u)$ in $\psi(\cos^2 u)$ prodit:

$$A_1 + \frac{h+3}{2^2.1}A_2 + \frac{(h+4)(h+5)}{2^4.1.2}A_3 + \dots = \frac{2^{h+2}}{\pi}\int_0^{\frac{\pi}{2}}(\cos u)^{h+1}\cos(h+1)u\,\psi(\cos^2 u)\,du$$

itaque est

$$B_h = \frac{2^{h+1}}{\pi}\int_0^{\frac{\pi}{2}}(\cos u)^{h+1}\cos(h+1)u\,\psi(\cos^2 u)\,du,$$

quum autem sit $\psi(\cos^2 u) = \frac{\varphi(\cos^2 u) - A_0}{\cos^2 u}$, est

$$B_h = \frac{2^{h+1}}{\pi}\int_0^{\frac{\pi}{2}} (\cos u)^{h-1} \cos(h+1)u\, \Phi(\cos^2 u)\, du$$

$$- \frac{A_0 2^{h+1}}{\pi}\int_0^{\frac{\pi}{2}} (\cos u)^{h-1} \cos(h+1)u\, du,$$

et quia pro quovis valore positivo numeri h est

$$\int_0^{\frac{\pi}{2}} (\cos u)^{h-1} \cos(h+1)u\, du = 0$$

fit

$$71. \quad B_h = \frac{4}{\pi}\int_0^{\frac{\pi}{2}} (2\cos u)^{h-1} \cos(h+1)u\, \Phi(\cos^2 u)\, du.$$

Ab hac coefficientium determinatione excipiendus esse videtur casus quo $h = 0$, namque series B_0 eo discrepat a ceteris, quod terminum A_0 continet, facile autem per theorema IV. sive V. invenitur hanc seriem exprimi per integrale

$$B_0 = \frac{2}{\pi}\int_0^{\frac{\pi}{2}} \Phi(\cos^2 u)\, du$$

unde elucet primum coefficientem sequi eandem legem ac ceteros.

Notatu digna est relatio quae inter coefficientes harum serierum locum habet

$$72. \quad \Phi(\cos^2 u) = B_0 + B_1 \frac{\cos u}{2\cos u} + B_2 \frac{\cos 2u}{(2\cos u)^2} + B_3 \frac{\cos 3u}{(2\cos u)^3} + \dots$$

et

$$73. \quad \Phi(\cos^2 u) = C_0 + C_1 \cos 2u + C_2 \cos 4u + C_3 \cos 6u + \dots,$$

nam si in aequatione (71.) loco $\Phi(\cos^2 u)$ haec series substituitur, fit

$$74. \quad B_h = \frac{4}{\pi}\int_0^{\frac{\pi}{2}} (2\cos u)^{h-1} \cos(h+1)u\,(C_0 + C_1\cos 2u + C_2 \cos 4u + \dots)\, du,$$

ubi integrandi sunt termini singuli hujus formae

$$\frac{4}{\pi}\int_0^{\frac{\pi}{2}} (2\cos u)^{h-1} \cos(h+1)u \cos(2ku)\, du.$$

quod integrale dividitur in haec duo

$$\frac{2}{\pi}\int_0^{\frac{\pi}{2}} (2\cos u)^{h-1} \cos(h+2k+1)u\, du + \frac{2}{\pi}\int_0^{\frac{\pi}{2}} (2\cos u)^{h-1} \cos(h-2k+1)u\, du,$$

quae secundum formulam (30.) hoc modo per functionem Π exprimuntur:

$$\frac{\Pi(h-1)}{\Pi(h+k)\,\Pi(-k-1)} + \frac{\Pi(h-1)}{\Pi(h-k)\,\Pi(k-1)}$$

prior pars semper evanescit, quia $\Pi(-k-1)=\infty$, pro quolibet numero integro positivo k, altera pars evanescit si $h-k$ est numerus positivus, sive si $k>h$, si vero $k \leqq h$ abit in

$$\frac{(h-1)(h-2)\dots.(h-k+1)}{1.2\dots.(k-1)},$$

itaque est

$$\frac{4}{\pi}\int_0^{\frac{\pi}{2}}(2\cos u)^{h-1}\cos(h+1)u\cos(2ku)\,du = \frac{(h-1)(h-2)\dots.(h-k+1)}{1.2.3\dots.(k-1)},$$

inde aequatio (74.) transit in hanc

$$75. \quad B_h = C_1 + \frac{h-1}{1}C_2 + \frac{(h-1)(h-2)}{1.2}C_3 + \dots + C_h$$

praeterea, quia terminus primus seriei (73.) exprimitur per integrale

$$C_0 = \frac{2}{\pi}\int_0^{\frac{\pi}{2}}\varphi(\cos^2 u)\,du$$

sequitur

$$B_0 = C_0,$$

itaque coefficientes evolutionis (72.) facillime ex coefficientibus seriei (73.) inveniri possunt.

Lignicii, m. Majo, a. 1836.

De integralibus quibusdam definitis et seriebus infinitis

Journal für die reine und angewandte Mathematik 17, 228–242 (1837)

Integralia definita, quae nunc tractare mihi proposui, arctissime conjuncta sunt cum seriebus infinitis, de quibus egi in commentatione hujus diarii de serie hypergeometrica, Tom. XV. pag. 138 sq. quas, ut faciliori modo repraesentari possint, his signis functionalibus designabo:

$$1.\quad 1+\frac{\alpha.x}{\beta.1}+\frac{\alpha(\alpha+1).x^2}{\beta(\beta+1).1.2}+\frac{\alpha(\alpha+1)(\alpha+2).x^3}{\beta(\beta+1)(\beta+2).1.2.3}+\ldots=\varphi(\alpha,\beta,x),$$

$$2.\quad 1+\frac{x}{\alpha.1}+\frac{x^2}{\alpha(\alpha+1).1.2}+\frac{x^3}{\alpha(\alpha+1)(\alpha+2).1.2.3}+\ldots=\psi(\alpha,x),$$

$$3.\quad 1-\frac{\alpha.\beta}{1.x}+\frac{\alpha(\alpha+1)\beta(\beta+1)}{1.2.x^2}-\frac{\alpha(\alpha+1)(\alpha+2)\beta(\beta+1)(\beta+2)}{1.2.3.x^3}+\ldots=\chi(\alpha,\beta,x).$$

Inde earum serierum transformationes loco citato inventae hoc modo exhiberi possunt:

$$4.\quad \varphi(\alpha,\beta,x)=e^x.\varphi(\beta-\alpha,\beta,-x),$$

$$5.\quad \psi(\alpha,x)=e^{\pm 2\sqrt{x}}\varphi(\alpha-\tfrac{1}{2},2\alpha-1,\pm 4\sqrt{x}),$$

quae formula eadem est ac

$$6.\quad \varphi(\alpha,2\alpha,x)=e^{\frac{x}{2}}\psi\left(\alpha+\frac{1}{2},\frac{x^2}{16}\right)$$

et

$$7.\quad \chi(\alpha,\beta,x)=\frac{x^\alpha\Pi(\beta-\alpha-1)}{\Pi(\beta-1)}\varphi(\alpha,\alpha-\beta+1,x)+\frac{x^\beta\Pi(\alpha-\beta-1)}{\Pi(\alpha-1)}\varphi(\beta,\beta-\alpha+1,x).$$

Quibus praeparatis primum quaestionem instituam de integrali

$$8.\quad y=\int_0^\infty u^{\alpha-1}.e^{-u}.e^{-\frac{x}{u}}\,du,$$

ex quo sequitur

$$\frac{dy}{dx}=-\int_0^\infty u^{\alpha-2}.e^{-u}.e^{-\frac{x}{u}}\,du,\qquad \frac{d^2y}{dx^2}=\int_0^\infty u^{\alpha-3}.e^{-u}.e^{-\frac{x}{u}}\,du,$$

per differentiationem quantitatis $u^{\alpha-1}.e^{-u}.e^{-\frac{u}{x}}$ est:

$$d\left(u^{\alpha-1}.e^{-u}.e^{-\frac{x}{u}}\right)$$

$$=-u^{\alpha-1}.e^{-u}.e^{-\frac{x}{u}}\,du+(\alpha-1)u^{\alpha-2}.e^{-u}.e^{-\frac{x}{u}}\,du+x.u^{\alpha-3}.e^{-u}.e^{-\frac{x}{u}}\,du,$$

et per integrationem intra limites 0 et ∞

$$0=-\int_0^\infty u^{\alpha-1}.e^{-u}.e^{-\frac{x}{u}}du+(\alpha-1)\int_0^\infty u^{\alpha-2}.e^{-u}.e^{-\frac{x}{u}}du$$
$$+x\int_0^\infty u^{\alpha-3}.e^{-u}.e^{-\frac{x}{u}}du,$$

sive quod idem est

$$9.\quad 0=y+(\alpha-1)\frac{dy}{dx}-x\frac{d^2y}{dx^2},$$

Aequationis hujus integrale completum per series, quas signo functionali ψ designavimus, facile invenitur

$$10.\quad y=A.\psi(1-\alpha,x)+B.x^\alpha.\psi(1+\alpha,x),$$

ubi A et B sunt constantes arbitrariae. Inde sequitur integralis propositi expressio haec

$$\int_0^\infty u^{\alpha-1}.e^{-u}.e^{-\frac{x}{u}}du=A.\psi(1-\alpha,x)+B.x^\alpha.\psi(1+\alpha,x).$$

Constantis A determinatio facilis est; nam si quantitatem α positivam accipimus, et ponimus $x=0$, habemus

$$\int_0^\infty u^{\alpha-1}.e^{-u}\,du=A$$

sive

$$A=\Pi(\alpha-1).$$

Ut eodemmodo constans B determinari possit, integrale y per substitutionem $u=\frac{x}{v}$ transformari debet, unde fit

$$\int_0^\infty u^{\alpha-1}.e^{-u}.e^{-\frac{x}{u}}du=x^\alpha\int_0^\infty v^{-\alpha-1}.e^{-v}.e^{-\frac{x}{v}}dv,$$

hac integralis transformatione adhibita aequatio (11.) transit in hanc:

$$\int_0^\infty v^{-\alpha-1}.e^{-v}.e^{-\frac{x}{v}}dv=A.x^{-\alpha}\psi(1-\alpha,x)+B.\psi(1+\alpha,x),$$

inde, si quantitatem α negativam accipimus et ponimus $x=0$, habemus

$$\int_0^\infty v^{-\alpha-1}e^{-v}\,dv=B$$

sive

$$B=\Pi(-\alpha-1),$$

quibus denique constantium valoribus substitutis est:

$$12.\quad \int_0^\infty u^{\alpha-1}.e^{-u}.e^{-\frac{x}{u}}du=\Pi(\alpha-1)\psi(1-\alpha,x)+\Pi(-\alpha-1)x^\alpha\psi(1+\alpha,x).$$

Ab hac constantium determinatione dubia quaedam removenda sunt, quae inde oriri possint, quod constans altera inventa est posito $\alpha>0$, alterius vero constantis determinatio hypothesin contrariam poscit. Attamen ap-

30 *

paret eas conditiones superfluas fuisse, si in constantibus determinandis non valore $x=0$, sed aliis quibuscunque valoribus positivis usi essemus, neque alios inde constantium valores exstitisse. Praeterea monendum est formulam (12.) non valere nisi x sit quantitas positiva, alioqui integrale illud infinitum evaderet; si vero x est positivum hoc integrale valorem finitum habet, quaecunque sit quantitas α, positiva seu negativa.

Ex hac formula (12.) aliud integrale deduci potest, quod per series duas formae $\varphi(\alpha, \beta, x)$ exprimitur. Ponendo xv loco x, multiplicando per $e^{-v}.v^{\beta-1}.dv$ et integrando intra limites 0 et ∞, est

$$\int_0^\infty\int_0^\infty u^{\alpha-1}.e^{-u}.v^{\beta-1}.e^{-v}.e^{-\frac{xv}{u}}du\,dv=\Pi(\alpha-1)\int_0^\infty v^{\beta-1}.e^{-v}.\psi(1-\alpha,xv)dv$$
$$+\Pi(-\alpha-1)x^\alpha\int_0^\infty v^{\alpha+\beta-1}.e^{-v}\psi(1+\alpha,xv)dv,$$

integrationes secundum variabilem v facile peraguntur; est enim

$$\int_0^\infty v^{\beta-1}e^{-v}\psi(1-\alpha,xv)dv=\Pi(\beta-1)\varphi(\beta,1-\alpha,x),$$
$$\int_0^\infty v^{\alpha+\beta-1}.e^{-v}\psi(1+\alpha,xv)dv=\Pi(\alpha+\beta-1)\varphi(\alpha+\beta,1+\alpha,x),$$
$$\int_0^\infty v^{\beta-1}.e^{-u}.e^{-\frac{xv}{u}}dv=\frac{\Pi(\beta-1)}{\left(1+\frac{x}{u}\right)^\beta}$$

unde

$$\int_0^\infty\int_0^\infty u^{\alpha-1}.e^{-u}.v^{\beta-1}.e^{-v}.e^{-\frac{xv}{u}}du\,dv=\Pi(\beta-1)\int_0^\infty\frac{u^{\alpha-1}e^{-u}du}{\left(1+\frac{x}{u}\right)^\beta},$$

quod integrale ponendo ux loco u mutatur in

$$\Pi(\beta-1)x^\alpha\int_0^\infty\frac{u^{\alpha+\beta-1}.e^{-ux}du}{(1+u)^\beta},$$

quibus denique substitutis habemus

$$\Pi(\beta-1)x^\alpha\int_0^\infty\frac{u^{\alpha+\beta-1}.e^{-ux}du}{(1+u)^\beta}$$
$$=\Pi(\alpha-1)\Pi(\beta-1)\varphi(\beta,1-\alpha,x)+\Pi(-\alpha-1)\Pi(\alpha+\beta-1)x^\alpha\varphi(\alpha+\beta,1+\alpha,x),$$

quae formula, mutando α in $\alpha-\beta$, in hanc formam commodiorem redigitur

$$13.\quad\frac{x^\alpha}{\Pi(\alpha-1)}\int_0^\infty\frac{u^{\alpha-1}.e^{-ux}.du}{(1+u)^\beta}$$
$$=\frac{\Pi(\alpha-\beta-1)}{\Pi(\alpha-1)}x^\beta.\varphi(\beta,\beta-\alpha+1,x)+\frac{\Pi(\beta-\alpha-1)}{\Pi(\beta-1)}x^\alpha.\varphi(\alpha,\alpha-\beta+1,x).$$

Quia aequationis hujus altera pars, quantitatibus α et β inter se permutatis, eadem manet, esse debet

$$14.\quad \frac{x^\alpha}{\Pi(\alpha-1)}\int_0^\infty \frac{u^{\alpha-1}.e^{-ux}.du}{(1+u)^\beta} = \frac{x^\beta}{\Pi(\beta-1)}\int_0^\infty \frac{u^{\beta-1}.e^{-ux}du}{(1+u)^\alpha}.$$

Si ad formulam (13.) transformatio applicatur, quam aequatio (7.) continet, est

$$15.\quad \frac{x^\alpha}{\Pi(\alpha-1)}\int_0^\infty \frac{u^{\alpha-1}.e^{-ux}.du}{(1+u)^\beta} = \chi(\alpha,\beta,x).$$

Quum series $\chi(\alpha,\beta,x)$ ad classem serierum semiconvergentium pertineat, necessarium videtur formulam (15.) demonstratione singulari munire, e qua simul prodeat, per computationem numeri certi terminorum primorum hujus seriei valorem proximum integralis hujus inveniri. Quem ad finem adhibeo aequationem cognitam

$$1-\frac{\beta}{1}z+\frac{\beta(\beta+1)}{1.2}z^2-\ldots.(-1)^{k-1}\frac{\beta(\beta+1)\ldots.(\beta+k-2)}{1.2\ldots(k-1)}z^{k-1}$$
$$= \frac{1}{(1+z)^\beta}-\frac{(-1)^k\beta(\beta+1)\ldots.(\beta+k-1)}{1.2.3\ldots.k}z^k\int_0^1\frac{(1-u)^{k-1}du}{(1+zu)^{\beta+k}},$$

ponendo $z=\frac{v}{x}$, multiplicando per $v^{\alpha-1}.e^{-v}.dv$ tum integrando ab $v=0$ usque ad $v=\infty$ et dividendo par $\Pi(\alpha-1)$ fit

$$16.\quad 1-\frac{\alpha.\beta}{1.x}+\frac{\alpha(\alpha+1)\beta(\beta+1)}{1.2.x^2}-\ldots.(-1)^{k-1}\frac{\alpha(\alpha+1)\ldots.(\alpha+k-2)\beta(\beta+1)\ldots.(\beta+k-2)}{1.2.3\ldots.(k-1).x^{k-1}}$$
$$=\frac{1}{\Pi(\alpha-1)}\int_0^\infty\frac{v^{\alpha-1}.e^{-v}.dv}{\left(1+\frac{v}{x}\right)^\beta}-\frac{(-1)^k\beta(\beta+1)\ldots.(\beta+k-1)}{\Pi(\alpha-1)1.2.3\ldots.(k-1)x^k}\int_0^1\int_0^\infty\frac{(1-u)^{k-1}.v^{\alpha+k-1}.e^{-v}.dv.du}{\left(1+\frac{uv}{x}\right)^{\beta+k}},$$

hoc integrale duplex cum coefficiente suo errorem indicat, qui committitur si integrale

$$\frac{1}{\Pi(\alpha-1)}\int_0^\infty\frac{v^{\alpha-1}.e^{-v}.dv}{\left(1+\frac{v}{x}\right)^\beta},\ \text{sive quod idem est,}\ \frac{x^\alpha}{\Pi(\alpha-1)}\int_0^\infty\frac{v^{\alpha-1}.e^{-vx}.dv}{(1+v)^\beta}$$

per seriei illius terminos primos, quorum numerus est k, computatur. Si k tam magnum est ut $\beta+k$ sit positivum illa quantitas, quam erroris nomine designavimus, signum mutat simulac k transit in $k+1$, sive, si seriei illius terminorum certus numerus computatur, haec summa aut major est aut minor quam integrale quaesitum, si vero terminus subsequens seriei adjicitur, haec nova summa est minor quam integrale quaesitum, si illa major erat, et major est si illa minor erat. Itaque summae, quas series illa praebet alternatim sunt nimis magnae et nimis parvae, atque elucet valorem proximum inveri, si computatio usque ad terminos minimos seriei semiconvergentis extendatur. Eadem res ex aequatione (16.) hoc modo demonstrari potest. Manifesto pro positivo $\beta+k$ est:

$$\int_0^1\int_0^\infty \frac{(1-u)^{k-1}.v^{\alpha+k-1}\,e^{-v}\,dv\,du}{\left(1+\frac{uv}{x}\right)^{\beta+k}} < \int_0^1\int_0^\infty (1-u)^{k-1}.v^{\alpha-k-1}.e^{-v}.dv\,du$$

et

$$\int_0^1\int_0^\infty (1-u)^{k-1}.e^{-v}.v^{\alpha+k-1}\,dv\,du = \frac{\Pi(\alpha+k-1)}{k},$$

ergo error, qui per integrale illud duplex exprimitur, semper minor est quam

$$\frac{\beta(\beta+1)\ldots.(\beta+k-1)\,\Pi(\alpha+k-1)}{1.2.3\ldots.k.\Pi(\alpha-1)\,x^k},$$

qui cum sit terminus primus neglectus, sequitur errorem semper minorem esse quam eum terminum seriei, usque ad quem summatio extendatur.

Posito $\beta=1-\alpha$ aequatio (15.) transit in hanc:

$$\frac{x^\alpha}{\Pi(\alpha-1)}\int_0^\infty (u+u^2)^{\alpha-1}.e^{-ux}.du$$
$$= \frac{\Pi(2\alpha-2)}{\Pi(\alpha-1)}\,x^{1-\alpha}.\Phi(1-\alpha, 2-2\alpha, x) + \frac{\Pi(-2\alpha)}{\Pi(-\alpha)}\,x^\alpha.\Phi(\alpha, 2\alpha, x),$$

quibus seriebus secundum formulam (6.) transformatis, est

$$\frac{x^\alpha}{\Pi(\alpha-1)}\int_0^\infty (u+u^2)^{\alpha-1}.e^{-ux}\,du$$
$$= \frac{\Pi(2\alpha-2)}{\Pi(\alpha-1)}\,x^{1-\alpha}.e^{\frac{x}{2}}.\psi\left(\tfrac{3}{2}-\alpha, \frac{x^2}{16}\right) + \frac{\Pi(-2\alpha)}{\Pi(-\alpha)}\,x^\alpha.e^{\frac{x}{2}}.\psi\left(\tfrac{1}{2}+\alpha, \frac{x^2}{16}\right)$$

porro si x mutatur in $4\sqrt{x}$, α in $\alpha+\frac{1}{2}$, per reductiones paucas habemus

$$17.\qquad \frac{2^{2\alpha+1}.\sqrt{\pi}.x^\alpha.e^{-2\sqrt{x}}}{\Pi(\alpha-\frac{1}{2})}\int_0^\infty (u+u^2)^{\alpha-\frac{1}{2}}.e^{-4u\sqrt{x}}.du$$
$$= \Pi(\alpha-1)\,\psi(1-\alpha, x) + \Pi(-\alpha-1)\,x^\alpha\,\psi(1+\alpha, x),$$

inde per comparationem cum formula (12.) sequitur

$$\int_0^\infty u^{\alpha-1}.e^{-u}.e^{-\frac{x}{u}}.du = \frac{2^{2\alpha+1}\sqrt{\pi}.x^\alpha.e^{-2\sqrt{x}}}{\Pi(\alpha-\frac{1}{2})}\int_0^\infty (u+u^2)^{\alpha-\frac{1}{2}}.e^{-4u\sqrt{x}}.du,$$

ex hac formula, aut si mavis e formula (12.), posito $\alpha=\frac{1}{2}$, facile deducitur valor persimplex integralis

$$18.\qquad \int_0^\infty e^{-u^2}.e^{-\frac{x}{u^2}}.du = \frac{\sqrt{\pi}}{2}.e^{-2\sqrt{x}}.$$

Integralia, quae modo invenimus, applicationes multas habent in analysi, ex. gr. in integranda aequatione Riccatiana, quae per substitutiones faciles in formam aequationis (9.) mutari potest; in iis autem non immorabor, sed de aliis etiam integralibus similibus quaestionem instituam, quorum primum accipio hoc:

$$19.\qquad z = \int_0^{\frac{\pi}{2}} \cos v^{\alpha-1}.\cos(\tfrac{1}{2}\,x\tan v+\beta v)\,dv.$$

Quantitatem x semper positivam accipio, quum ejus signum negativum in quantitatem β transferri possit. Per differentiationem quantitatis

$$\cos v^{\alpha-1}.\sin(\tfrac{1}{2}x\tang v+\beta v)$$

est

$$d(\cos v^{\alpha-1}\sin(\tfrac{1}{2}x\tang v+\beta v))=-(\alpha-1)\cos v^{\alpha-2}.\sin v.\sin(\tfrac{1}{2}x\tang v+\beta v)\,dv$$
$$+\left(\frac{x}{2\cos v^2}+\beta\right)\cos v^{\alpha-1}\cos(\tfrac{1}{2}x\tang v+\beta v)\,dv,$$

et integrando intra limites $v=0$ et $v=\frac{\pi}{2}$

$$20.\quad 0=-(\alpha-1)\int_0^{\frac{\pi}{2}}\cos v^{\alpha-2}.\sin v.\sin(\tfrac{1}{2}x\tang v+\beta v)\,dv$$
$$+\frac{x}{2}\int_0^{\frac{\pi}{2}}\cos v^{\alpha-3}.\cos(\tfrac{1}{2}x\tang v+\beta v)\,dv$$
$$+\beta\int_0^{\frac{\pi}{2}}\cos v^{\alpha-1}.\cos(\tfrac{1}{2}x\tang v+\beta v)\,dv,$$

porro est

$$\frac{dz}{dx}=-\tfrac{1}{2}\int_0^{\frac{\pi}{2}}\cos v^{\alpha-2}.\sin v.\sin(\tfrac{1}{2}x\tang v+\beta v)\,dv,$$
$$\frac{d^2z}{dx^2}=-\tfrac{1}{4}\int_0^{\frac{\pi}{2}}\cos v^{\alpha-3}.\sin v^2.\cos(\tfrac{1}{2}x\tang v+\beta v)\,dv,$$

itaque

$$z-4\frac{d^2z}{dx^2}=\int_0^{\frac{\pi}{2}}\cos v^{\alpha-3}\cos(\tfrac{1}{2}x\tang v+\beta v)\,dv,$$

quibus substitutis aequatio (30.) transit in hanc

$$21.\quad 0=(x+2\beta)z+4(\alpha-1)\frac{dz}{dx}-4x\frac{d^2z}{dx^2},$$

haec aequatio per substitutionem $z=e^{-\frac{x}{2}}y$ transformatur in hanc

$$0=\frac{\beta-\alpha+1}{2}y+(\alpha-1+x)\frac{dy}{dx}-x\frac{d^2y}{dx^2},$$

cujus integrale completum est:

$$y=A\varphi\left(\frac{\beta-\alpha+1}{2},1-\alpha,x\right)+Bx^{\alpha}\varphi\left(\frac{\beta+\alpha+1}{2},1+\alpha,x\right),$$

et quia $z=e^{-\frac{x}{2}}.y$, est

$$22.\quad \int_0^{\frac{\pi}{2}}\cos v^{\alpha-1}.\cos(\tfrac{1}{2}x\tang v+\beta v)\,dv$$
$$=A.\varphi\left(\frac{\beta-\alpha+1}{2},1-\alpha,x\right)+Bx^{\alpha}\varphi\left(\frac{\beta+\alpha+1}{2},1+\alpha,x\right).$$

Constantis A determinatio facile obtinetur ponendo $x=\infty$ si α est quantitas positiva, alterius vero constantis determinatio artificia peculiaria poscit; utramque simul constantem obtinebimus hac methodo. Aequatio (22.) multiplicetur per $x^{\lambda-1}e^{-\frac{x}{2}}dx$ et integretur intra limites $x=0$ et $x=\infty$, quo facto est

$$23. \quad \int_0^\infty\int_0^{\frac{\pi}{2}} \cos v^{\alpha-1}.x^{\lambda-1}e^{-\frac{x}{2}}\cos(\tfrac{1}{2}x\tang v+\beta v)\,dv\,dx$$
$$= A\int_0^\infty x^{\lambda-1}.e^{-x}\Phi\left(\frac{\beta-\alpha+1}{2},1-\alpha,x\right)dx$$
$$+B\int_0^\infty x^{\lambda+\alpha-1}e^{-x}\,\Phi\left(\frac{\beta+\alpha+1}{2},1+\alpha,x\right)dx.$$

Omnium horum integralium valores per functiones notas exprimi possunt, est enim

$$\int_0^\infty x^{c-1}.e^{-x}.\Phi(a,b,x)\,dx = \Pi(c-1)\,F(c,a,b,1),$$

ubi F designat notam seriem hypergeometricam, qua per functionem Π expressa est

$$\int_0^\infty x^{c-1}.e^{-x}\,\Phi(a,b,x)\,dx = \frac{\Pi(c-1)\,\Pi(b-1)\,\Pi(b-a-c-1)}{\Pi(b-a-1)\,\Pi(b-c-1)},$$

porro est

$$\int_0^\infty x^{\lambda-1}.e^{-\frac{x}{2}}.\cos(\tfrac{1}{2}x\tang v+\beta v)\,dx = 2^\lambda\,\Pi(\lambda-1)\cos v^\lambda.\cos(\lambda+\beta)v,$$

unde illud integrale duplex transit in hoc

$$2^\lambda\,\Pi(\lambda-1)\int_0^{\frac{\pi}{2}}\cos v^{\alpha+\lambda-1}.\cos(\lambda+\beta)v.dv,$$

cujus valor per functionem Π hoc modo exprimitur

$$\frac{\pi.\Pi(\lambda-1)\,\Pi(\alpha+\lambda-1)}{2^\alpha\,\Pi\left(\frac{\alpha-\beta-1}{2}\right)\Pi\left(\frac{\alpha+\beta-1}{2}+\lambda\right)},$$

quibus substitutis aequatio (23.) transit in hanc:

$$\frac{\pi.\Pi(\lambda-1)\,\Pi(\alpha+\lambda-1)}{2^\alpha\,\Pi\left(\frac{\alpha-\beta-1}{2}\right)\Pi\left(\frac{\alpha+\beta-1}{2}+\lambda\right)}$$

$$= A\,\frac{\Pi(\lambda-1)\,\Pi(-\alpha)\,\Pi\left(-\frac{\alpha+\beta+1}{2}-\lambda\right)}{\Pi\left(-\frac{\alpha+\beta+1}{2}\right)\Pi(-\alpha-\lambda)} + B\,\frac{\Pi(\alpha+\lambda-1)\,\Pi(\alpha)\,\Pi\left(-\frac{\alpha+\beta+1}{2}-\lambda\right)}{\Pi\left(\frac{\alpha-\beta-1}{2}\right)\Pi(-\lambda)},$$

haec aequatio facile reducitur ad hanc formam commodiorem

$$\frac{\pi.\cos\left(\frac{\alpha+\beta}{2}+\lambda\right)\pi}{2^\alpha\,\Pi\left(\frac{\alpha-\beta-1}{2}\right)} = \frac{A.\Pi(-\alpha)\sin(\alpha+\lambda)\pi}{\Pi\left(-\frac{\alpha+\beta+1}{2}\right)} + \frac{B.\Pi(\alpha)\sin\lambda\pi}{\Pi\left(\frac{\alpha-\beta-1}{2}\right)},$$

quae, quum pro quolibet valore quantitatis λ locum habere debeat, in has duas dilabitur

$$\frac{\pi\cos\frac{\alpha+\beta}{2}\pi}{2^\alpha\,\Pi\left(\frac{\alpha-\beta-1}{2}\right)} = \frac{A.\sin(\alpha\pi)\,\Pi(-\alpha)}{\Pi\left(-\frac{\alpha+\beta+1}{2}\right)},$$

$$-\frac{\pi\sin\frac{\alpha+\beta}{2}\pi}{2^\alpha\,\Pi\left(\frac{\alpha-\beta-1}{2}\right)} = \frac{A.\cos\alpha\pi.\Pi(-\alpha)}{\Pi\left(-\frac{\alpha+\beta+1}{2}\right)} + \frac{B.\Pi(\alpha)}{\Pi\left(\frac{\alpha-\beta-1}{2}\right)},$$

e quibus facile inveniuntur constantium A et B valores

$$A = \frac{\pi.\Pi(\alpha-1)}{2^\alpha\,\Pi\left(\frac{\alpha-\beta-1}{2}\right)\Pi\left(\frac{\alpha+\beta-1}{2}\right)},\qquad B = -\frac{\pi.\cos\left(\frac{\alpha-\beta}{2}\right)\pi}{2^\alpha.\sin\alpha\pi\,\Pi(\alpha)},$$

quibus denique constantium valoribus in aequatione (22.) substitutis, est

$$24.\quad \int_0^{\frac{\pi}{2}} \cos v^{\alpha-1}.\cos(\tfrac{1}{2}x\,\mathrm{tang}\,v+\beta v)\,dv$$
$$= \frac{\pi.\Pi(\alpha-1)e^{-\frac{x}{2}}.\varphi\left(\frac{\beta-\alpha+1}{2},1-\alpha,x\right)}{2^\alpha\,\Pi\left(\frac{\alpha-\beta-1}{2}\right)\Pi\left(\frac{\alpha+\beta-1}{2}\right)} - \frac{\pi.\cos\frac{\alpha-\beta}{2}\pi.x^\alpha.e^{-\frac{x}{2}}\varphi\left(\frac{\beta+\alpha+1}{2},1+\alpha,x\right)}{2^\alpha\sin\alpha\pi\,\Pi(\alpha)}.$$

Hujus formulae casus speciales persimplices sunt:

$$25.\quad \int_0^{\frac{\pi}{2}} \cos v^{\alpha-1}.\cos(x\,\mathrm{tang}\,v-(\alpha+1)v)\,dv = \frac{\pi.x^\alpha.e^{-x}}{\Pi(\alpha)},$$

$$26.\quad \int_0^{\frac{\pi}{2}} \cos v^{\alpha-1}.\cos(x\,\mathrm{tang}\,v+(\alpha+1)v)\,dv = 0,$$

quorum alter obtinetur posito $\beta=-\alpha-1$, alter posito $\beta=\alpha+1$. E conjunctis formulis (25.) et (26.) sequuntur etiam hae

$$27.\quad \int_0^{\frac{\pi}{2}} \cos v^{\alpha-1}.\cos(x\,\mathrm{tang}\,v)\cos(\alpha+1)v.dv = \frac{\pi.x^\alpha.e^{-x}}{2\Pi(\alpha)},$$

$$28.\quad \int_0^{\frac{\pi}{2}} \cos v^{\alpha-1}.\sin(x\,\mathrm{tang}\,v)\sin(\alpha+1)v.dv = \frac{\pi.x^\alpha.e^{-x}}{2\Pi(\alpha)}.$$

Formulae (25.) et (26.) cum formula ab Ill. *Laplace* inventa consentiunt, quam postea alii aliis modis demonstrarunt, cfr. huj. diarii tom. XIII. p. 231, ubi Cl. *Liouville* per mothodum differentiationis ad indices qualescunque invenit

$$\int_{-\infty}^{+\infty} \frac{e^{\alpha\sqrt{-1}}.\,d\alpha}{(x+\alpha\sqrt{-1})^{\mu}} = \frac{2\pi.\,e^{-x}}{\Gamma(\mu)}.$$

Persimplex aliud integrale praebet formula (24.) posito $\beta=\alpha-1$

$$29.\quad \int_0^{\frac{\pi}{2}} \cos v^{\alpha-1}.\cos(x \operatorname{tang} v + (\alpha-1)v)\,dv = \frac{\pi e^{-x}}{2^{\alpha}}.$$

Series duae, quae in altera parte aequationis (24.) insunt, posito $\beta=0$, fiunt $\varphi\left(\frac{1-\alpha}{2}, 1-\alpha, x\right)$ et $\varphi\left(\frac{1+\alpha}{2}, 1+\alpha, x\right)$, eaeque per formulam (6.) in series generis ψ transformari possunt. Iis transformationibus peractis, si mutatur α in 2α, x in $4\sqrt{x}$ prodit formula

$$10.\quad \frac{2\Pi(\alpha-\frac{1}{2})}{\sqrt{\pi}} \int_0^{\frac{\pi}{2}} \cos v^{2\alpha-1}.\cos(2\sqrt{x} \operatorname{tang} v)\,dv$$
$$= \Pi(\alpha-1)\,\psi(1-\alpha, x) + \Pi(-\alpha-1).\,x^{\alpha}.\,\psi(1+\alpha, x),$$

inde per comparationem cum formula (12.) est

$$31.\quad \frac{2\Pi(\alpha-\frac{1}{2})}{\sqrt{\pi}} \int_0^{\frac{\pi}{2}} \cos v^{2\alpha-1}.\cos(2\sqrt{x} \operatorname{tang} v)\,dv = \int_0^{\infty} u^{\alpha-1}.\,e^{-u}.\,e^{-\frac{x}{u}}.\,du.$$

Simili modo demonstrari potest nexus duorum integralium, quae in aequationibus (13.) et (24.) continentur; haec enim formula (24.), si ponitur $\alpha-\beta$ loco α, $\alpha+\beta-1$ loco β et multiplicatur per $\frac{1}{\pi}\Pi(-\beta).2^{\alpha}.e^{\frac{x}{2}}.x^{\beta}$, accipit formam

$$32.\quad \frac{2\Pi(-\beta).e^{\frac{x}{2}}.x^{\beta}}{\pi} \int_0^{\frac{\pi}{2}} (2\cos v)^{\alpha-\beta-1}.\cos(\tfrac{1}{2}x \operatorname{tang} v + (\alpha+\beta-1)v)\,dv$$
$$= \frac{\Pi(\alpha-\beta-1)}{\Pi(\alpha-1)} x^{\beta}\,\varphi(\beta, \beta-\alpha+1, x) + \frac{\Pi(\beta-\alpha-1)}{\Pi(\beta-1)} x^{\alpha}\,\varphi(\alpha, \alpha-\beta+1, x),$$

qua comparata cum formula (13.) cognoscitur esse

$$33.\quad \int_0^{\infty} \frac{u^{\beta-1}.\,e^{-ux}.\,du}{(1+u)^{\alpha}}$$
$$= \frac{2.\,e^{\frac{x}{2}}}{\sin\beta\pi} \int_0^{\frac{\pi}{2}} (2\cos v)^{\alpha-\beta-1}.\cos(\tfrac{1}{2}x \operatorname{tang} v + (\alpha+\beta-1)v)\,dv,$$

praeterea, si aequationis (32.) altera pars per formulam (7.) transformatur, est

$$34.\quad \frac{2\Pi(-\beta)e^{\frac{x}{2}}.x^{\beta}}{\pi} \int_0^{\frac{\pi}{2}} (2\cos v)^{\alpha-\beta-1}.\cos(\tfrac{1}{2}x \operatorname{tang} v + (\alpha+\beta-1)v)\,dv = \chi(\alpha, \beta, x).$$

Generalius etiam integrale simili modo tractabimus

$$y=\int_0^{\frac{\pi}{2}} \sin v^{\alpha-1}.\cos v^{\beta-1}.\cos(x\operatorname{tang} v+\gamma v)\,dv$$

eosque casus eligemus, quibus per series supra citatas exprimi possit. Quantitatem x etiam in hoc integrali semper positivam accipimus, quum ejus signum negativum in quantitatem γ transferre liceat. Differentiando formam $\sin v^{\alpha}.\cos v^{\beta}.\cos(x\operatorname{tang} v+\gamma v)$, deinde integrando ab $u=0$ usque ad $u=\frac{\pi}{2}$, fit

$$0=\alpha\int_0^{\frac{\pi}{2}} \sin v^{\alpha-1}.\cos v^{\beta+1}.\cos(x\operatorname{tang} v+\gamma v)\,dv$$

$$-\beta\int_0^{\frac{\pi}{2}} \sin v^{\alpha+1}.\cos v^{\beta-1}.\cos(x\operatorname{tang} v+\gamma v)\,dv$$

$$-x\int_0^{\frac{\pi}{2}} \sin v^{\alpha}.\cos v^{\beta-2}.\sin(x\operatorname{tang} v+\gamma v)\,dv$$

$$-\gamma\int_0^{\frac{\pi}{2}} \sin v^{\alpha}.\cos v^{\beta}.\sin(x\operatorname{tang} v+\gamma v)\,dv,$$

ex hac aequatione, si integralia per y eiusque differentialia exprimuntur, facile deducitur haec aequatio differentialis tertii ordinis:

$$35.\quad 0=\alpha y+(\gamma+x)\frac{dy}{dx}+(\beta-2)\frac{d^2y}{dx^2}-x\frac{d^3y}{dx^3},$$

nunc si ponitur

$$36.\quad y=A_0+A_1x+A_2x^2+A_3x^3+\dots,$$

facile inveniuntur aequationes conditionales, quae inter coëfficientes hujus seriei locum habere debunt, ut aequationi differentiali haec series satisfaciat:

$$\alpha A_0+\gamma.1.A_1-1.2.(2-\beta)A_2,$$
$$(\alpha+1)A_1+\gamma.2.A_2-2.3.(3-\beta)A_3,$$

et generaliter

$$37.\quad (\alpha+k)A_k+\gamma.(k+1)A_{k+1}-(k+1)(k+2)(k+2-\beta)A_{k+2}.$$

Eodem modo si ponitur

$$38.\quad y=x^{\beta}(B_0+B_1x+B_2x^2+B_3x^3+\dots)$$

inveniuntur hae coëfficientium relationes

$$\gamma.\beta.B_0-\beta(\beta+1).1.B_1,$$
$$(\alpha+\beta)B_0+\gamma(\beta+1)B_1-(\beta+1)(\beta+2).2.B_2,$$

et generaliter

$$39.\quad (\alpha+\beta+k)B_k+\gamma(\beta+k+1)B_{k+1}-(\beta+k+1)(\beta+k+2)(k+2)B_{k+2},$$

inde patet aequationis (35.) integrale completum esse

31*

$$40. \quad y = A_0 + A_1 x + A_2 x^2 + \ldots + x^\beta (B_0 + B_1 x + B_2 x^2 \ldots),$$

nam per aequationes (37.) quantitatum A_0, A_1, A_2 etc. duae, et per aequationes (39.) quantitatum B_0, B_1, B_2 etc. una arbitrariae manent, ita ut hoc integrale tres constantes arbitrarias contineat. Itaque, si pro y integrale supra propositum restituitur, est

$$41. \quad \int_0^{\frac{\pi}{2}} \sin v^{\alpha-1} . \cos v^{\beta-1} . \cos(x \operatorname{tang} v + \gamma v)\, dv$$
$$= A_0 + A_1 x + A_2 x^2 + \ldots + x^\beta (B_0 + B_1 x + B_2 x^2 + \ldots).$$

E relationibus coëfficientium facile cognoscitur, has series et hoc integrale generale transcendentes altiores esse quam eas de quibus hic agere constituimus; attamen casibus quibusdam specialibus cum illis congruunt. Primum, si accipimus $\gamma = \alpha + \beta$, ex aequationibus (39.) sequitur

$$B_1 = \frac{\alpha + \beta}{1(1+\beta)} B_0,$$
$$B_2 = \frac{(\alpha+\beta)(\alpha+\beta+1)}{1.2.(1+\beta)(2+\beta)} B_0,$$
$$B_3 = \frac{(\alpha+\beta)(\alpha+\beta+1)(\beta+\beta+2)}{1.2.3(1+\beta)(2+\beta)(3+\beta)} B_0$$
$$\text{etc.} \qquad \text{etc.}$$

Porro, si β est positivum, posito $x = 0$, ex aequat. (41.) sequitur

$$A_0 = \int_0^{\frac{\pi}{2}} \sin v^{\alpha-1} . \cos v^{\beta-1} . \cos(\alpha+\beta) v . dv = \frac{\cos \frac{\alpha\pi}{2} \Pi(\alpha-1) \Pi(\beta-1)}{\Pi(\alpha+\beta-1)},$$

eodem modo si aequatio (41.) differentiatur secundum x et postea ponitur $x = 0$, fit

$$A_1 = -\int_0^{\frac{\pi}{2}} \sin v^{\alpha} . \cos v^{\beta-2} . \sin(\alpha+\beta) v\, dv = -\frac{\cos \frac{\alpha\pi}{2} . \Pi(\alpha) \Pi(\beta-2)}{\Pi(\alpha+\beta-1)}$$

est igitur

$$A_1 = \frac{\alpha}{1(1-\beta)} A_0,$$

inde ex aequationibus (37.) facile sequitur

$$A_2 = \frac{\alpha(\alpha+1) A_0}{1.2(1-\beta)(2-\beta)},$$
$$A_1 = \frac{\alpha(\alpha+1)(\alpha+2) A_0}{1.2.3(1-\beta)(2-\beta)(3-\beta)}$$
$$\text{etc.} \qquad \text{etc.}$$

Hoc igitur casu, quo $\gamma = \alpha + \beta$, series duae, per quas integrale nostrum expressimus, ad hoc genus serierum pertinent, quod supra per Φ designavimus, et formula (41.) transit in hanc:

$$\int_0^{\frac{\pi}{2}} \sin v^{\alpha-1} . \cos v^{\beta-1} . \cos(x \operatorname{tang} v + (\alpha+\beta) v)\, dv$$

$$= \frac{\cos\frac{\alpha\pi}{2}\, \Pi(\alpha-1)\,\Pi(\beta-1)}{\Pi(\alpha+\beta-1)}\, \Phi(\alpha, 1-\beta, x) + B_0 x^\beta \Phi(\alpha+\beta, 1+\beta, x).$$

In determinanda constante B_0 methodo eadem utemur ac supra in determinandis constantibus aequationis (22.). Multiplicando per $x^{\lambda-1}.e^{-x}.dx$ et integrando intra limites 0 et ∞ fit

$$\Pi(\lambda-1)\int_0^{\frac{\pi}{2}} \sin v^{\alpha-1} . \cos v^{\beta+\lambda-1} . \cos(\alpha+\beta+\lambda) v\, dv$$

$$= \frac{\cos\frac{\alpha\pi}{2}\, \Pi(\alpha-1)\,\Pi(\beta-1)\,\Pi(\lambda-1)}{\Pi(\alpha+\beta-1)}\, F(\lambda, \alpha, 1-\beta, 1)$$

$$+ B_0\, \Pi(\beta+\lambda-1)\, F(\lambda+\beta, \alpha+\beta, 1+\beta, 1),$$

iisque seriebus hypergeometricis cum integrali per functionem Π expressis, est

$$\frac{\cos\frac{\alpha\pi}{2}\, \Pi(\lambda-1)\,\Pi(\alpha-1)\,\Pi(\beta+\lambda-1)}{\Pi(\alpha+\beta+\lambda-1)}$$

$$= \frac{\cos\frac{\alpha\pi}{2}\, \Pi(\lambda-1)\,\Pi(\alpha-1)\,\Pi(\beta-1)\,\Pi(-\beta)\,\Pi(-\beta-\alpha-\lambda)}{\Pi(\alpha+\beta-1)\,\Pi(-\alpha-\beta)\,\Pi(-\beta-\lambda)}$$

$$+ B_0 \frac{\Pi(\beta+\lambda-1)\,\Pi(\beta)\,\Pi(-\beta-\alpha-\lambda)}{\Pi(-\alpha)\,\Pi(-\beta)}$$

post reductiones nonnullas quantitas λ, quod debet, omnino evanescit, et prodit valor persimpex constantis B_0

$$B_0 = \cos\frac{\alpha\pi}{2}\, \Pi(-\beta-1),$$

quo denique substituto habemus

$$42. \quad \int_0^{\frac{\pi}{2}} \sin v^{\alpha-1} . \cos v^{\beta-1} . \cos(x \operatorname{tang} v + (\alpha+\beta) v)$$

$$= \frac{\cos\frac{\alpha\pi}{2}\, \Pi(\alpha-1)\,\Pi(\beta-1)}{\Pi(\alpha+\beta-1)}\, \Phi(\alpha, 1-\beta, x)$$

$$+ x^\beta \cos\frac{\alpha\pi}{2}\, \Pi(-\beta-1)\, \Phi(\alpha+\beta, 1+\beta, x).$$

Formula similis ex hac deducitur mutando α in $\alpha-1$, β in $\beta+1$ et differentiando

$$42. \quad \int_0^{\frac{\pi}{2}} \sin v^{\alpha-1}.\cos v^{\beta-1}.\sin(x \tang v + (\alpha+\beta)v)\,dv$$

$$= \frac{\sin\frac{\alpha\pi}{2}\Pi(\alpha-1)\Pi(\beta-1)}{\Pi(\alpha+\beta-1)}\Phi(\alpha, 1-\beta, x)$$

$$+ x^\beta \sin\frac{\alpha\pi}{2}\Pi(-\beta-1)\Phi(\alpha+\beta, 1+\beta, x)$$

iisque formulis inter se comparatis, cognoscitur nexus duorum integralium

$$43. \quad \cos\frac{\alpha\pi}{2}\int_0^{\frac{\pi}{2}} \sin v^{\alpha-1}.\cos v^{\beta-1}.\sin(x \tang v + (\alpha+\beta)v)\,dv$$

$$= \sin\frac{\alpha\pi}{2}\int_0^{\frac{\pi}{2}} \sin v^{\alpha-1}.\cos v^{\beta-1}.\cos(x \tang v + (\alpha+\beta)v)\,dv,$$

quae formula etiam hoc modo exhiberi potest

$$44. \quad \int_0^{\frac{\pi}{2}} \sin v^{\alpha-1}.\cos v^{\beta-1}.\sin\left(x \tang v + (\alpha+\beta)v - \frac{\alpha\pi}{2}\right)dv = 0.$$

Notatu dignus est formulae (42.) casus specialis, quo $\alpha = 0$

$$45. \quad \int_0^{\frac{\pi}{2}} \frac{\cos v^{\beta-1}.\sin(x \tang v + \beta v)}{\sin v}\,dv = \frac{\pi}{2},$$

cujus casum specialiorem, valori $x = 0$ respondentem cl. *Liouville* invenit hoc diario tom. XIII. pag. 232. Praeterea e comparatis formulis (42.) et (13.) sine ulla difficultate cognoscitur nexus hujus integralis cum illis quae supra tractavimus

$$46. \quad \frac{\cos\frac{\alpha\pi}{2}\Pi(\alpha-1)}{\Pi(\alpha+\beta-1)} x^\beta \int_0^\infty \frac{u^{\alpha+\beta-1}.e^{-ux}\,du}{(1+u)^\alpha}$$

$$= \int_0^{\frac{\pi}{2}} \sin v^{\alpha-1}.\cos v^{\beta-1}.\cos(x \tang v + (\alpha+\beta)v)\,dv.$$

Alius casus, quo series formulae (41.) in series per characterem Φ designatas redeunt, est $\gamma = -\alpha-\beta$, hoc enim casu facile eodem modo ac supra invenitur formulam (41.) transire in hanc:

$$\int_0^{\frac{\pi}{2}} \sin v^{\alpha-1}\cos v^{\beta-1}.\cos(x \tang v - (\alpha+\beta)v)\,dv$$

$$= \frac{\cos\frac{\alpha\pi}{2}\Pi(\alpha-1)\Pi(\beta-1)}{\Pi(\alpha+\beta-1)}\Phi(\alpha, 1-\beta, -x) + B_0 x^\beta \Phi(\alpha+\beta, 1+\beta, -x),$$

sed hoc casu constans B_0 alium valorem accipit, quem invenimus multiplicando per $x^{\gamma+\beta}.e^{-x}\,dx$ et integrando intra limites $x = 0$ et $x = \infty$, iis integrationibus peractis fit:

$$\Pi(\alpha+\beta-1)\int_0^{\frac{\pi}{2}} \sin v^{\alpha-1}.\cos v^{\alpha+2\beta-1}.dv$$
$$=\cos\frac{\alpha\pi}{2}\Pi(\alpha-2)\Pi(\beta-1)F(\alpha+\beta,\alpha,1-\beta,-1)$$
$$+B_0\Pi(\alpha+2\beta-1)F(\alpha+2\beta,\alpha+\beta,1+\beta,-1),$$

etiam hae series hypergeometricae, quarum elementum quartum est $=-1$, per functionem Π exprimi possunt secundum formulam

$$F(\alpha,\beta,\alpha-\beta+1,-1)=\frac{2^{-\alpha}\sqrt{\pi}\,\Pi(\alpha-\beta)}{\Pi\left(\frac{\alpha}{2}-\beta\right)\Pi\left(\frac{\alpha-1}{2}\right)},$$

quam demonstravi in commentatione de serie hypergeometrica h. diar. tom. XV. pag. 135. Inde si integrale illud et series hypergeometrica per functionem Π exprimuntur, post faciles quasdam reductiones prodit:

$$B_0=\cos\left(\frac{\alpha}{2}+\beta\right)\pi\,\Pi(-\beta-1),$$

eoque constantis valore substituta est:

$$47.\quad\int_0^{\frac{\pi}{2}}\sin v^{\alpha-1}.\cos v^{\beta-1}.\cos(x\,\mathrm{tang}\,v-(\alpha+\beta)v)\,dv$$
$$=\frac{\cos\frac{\alpha\pi}{2}\Pi(\alpha-1)\Pi(\beta-1)}{\Pi(\alpha+\beta-1)}\varPhi(\alpha,1-\beta,-x)$$
$$+x^{\beta}\cos\left(\frac{\alpha}{2}+\beta\right)\pi\,\Pi(-\beta-1)\,\varPhi(\alpha+\beta,1+\beta,-x).$$

Formula similis ex hac facile deducitur mutando α in $\alpha-1$, β in $\beta+1$ et differentiando secundum variabilem x

$$48.\quad\int_0^{\frac{\pi}{2}}\sin v^{\alpha-1}.\cos v^{\beta-1}.\sin(x\,\mathrm{tang}\,v-(\alpha+\beta)v)$$
$$=-\frac{\sin\frac{\alpha\beta}{2}\Pi(\alpha-1)\Pi(\beta-1)}{\Pi(\alpha+\beta-1)}\varPhi(\alpha,1-\beta,-x)$$
$$-x^{\beta}.\sin\left(\frac{\alpha}{2}+\beta\right)\pi\,\Pi(-\beta-1)\,\varPhi(\alpha+\beta,1+\beta,-x).$$

Hae formulae (47.) et (48.) duobus modis facile ita conjungi possunt, ut has formas simpliciores obtineant:

$$49.\quad\int_0^{\frac{\pi}{2}}\sin v^{\alpha-1}.\cos v^{\beta-1}.\sin\left(x\,\mathrm{tang}\,v-(\alpha+\beta)v+\left(\frac{\alpha}{2}+\beta\right)\pi\right)dv$$
$$=\frac{\pi\,\Pi(\alpha-1)\,\varphi(\alpha,1-\beta,-x)}{\Pi(-\beta)\,\Pi(\alpha+\beta-1)},$$

$$50.\quad \int_0^{\frac{\pi}{2}} \sin v^{\alpha-1}.\cos v^{\beta-1}.\sin\left(x\tang v-(\alpha+\beta)v+\frac{\alpha\pi}{2}\right)dv$$

$$=\frac{\pi x^\beta}{\Pi(\beta)}\Phi(\alpha+\beta,1+\beta,-x).$$

In omnibus integralibus que hic tractata sunt, uti jam supra monuimus, x semper esse debet quantitas positiva, si vero x acciperetur negativum, omnes summae inventae falsae essent; in eo praecipue notatu dignum est integrale aequationis (50.), quod pro positivo x seriei illi aequale est, sed pro negativo x evanescit, cfr. aequat. (44.).

d. Lignicii, mense aprili a. 1837.

Note sur l'intégration de l'équation $\frac{d^n y}{dx^n} = x^m \cdot y$ par des intégrales définies

Journal für die reine und angewandte Mathematik 19, 286–288 (1839)

Dans un mémoire de ce Journal tome XVII. page 371 *M. Lobatto* a proposé cette équation différentielle comme un objet de recherches utiles aux progrès de l'analyse. C'est par cette raison, que j'exposerai ici en peu de mots un résultat qui servira à intégrer cette équation par des intégrales définies, toutes-les-fois que l'exposant m est un nombre entier positif.

Soit $z = \psi(x)$ l'intégrale complète de l'équation

$$1. \quad \frac{d^{n+1} z}{d x^{n+1}} = x^{m-1}.z,$$

je dis qu'on aura l'intégrale complète de l'équation semblable

$$2. \quad \frac{d^n y}{d x^n} = x^m.y$$

exprimée par l'intégrale définie

$$3. \quad y = \int_0^\infty u^{m-1}.e^{-\frac{u^{m+n}}{m+n}}.\psi(xu)\,du,$$

en établissant une équation de condition convenable entre les $n+1$ constantes arbitraires de l'équation (1.).

Pour démontrer cela je différencie l'équation (2.), ce qui donne

$$4. \quad \frac{d^{n+1} y}{d x^{n+1}} = x^m.\frac{dy}{dx} + m x^{m-1}.y.$$

Substituant dans cette équation les valeurs de y, $\frac{dy}{dx}$ et $\frac{d^{n+1}y}{dx^{n+1}}$, tirées de l'équation (3.) et observant que l'équation (1.) donne

$$\frac{d^{n+1}\psi(xu)}{dx^{n+1}} = x^{m-1}.u^{m+n}\psi(x.u),$$

on a

$$5. \quad x^{m-1}\int_0^\infty u^{2m+n-1}.e^{-\frac{u^{m+n}}{m+n}}.\psi(x.u)\,du$$

$$= x^m\int_0^\infty u^m.e^{-\frac{u^{m+n}}{m+n}}.\psi'(xu)\,du + m x^{m-1}\int_0^\infty u^{m-1}.e^{-\frac{u^{m+n}}{m+n}}.\psi(x.u)\,du.$$

La legitimité de cette équation se démontre facilement au moyen d'une simple différentiation de la quantité $u^m . e^{-\frac{u^{m+n}}{m+n}} . \psi(xu)$ par rapport à la variable u, d'où l'on tire

$$d\left(u^m . e^{-\frac{u^{m+n}}{m+n}} . \psi(xu)\right) = m u^{m-1} . e^{-\frac{u^{m+n}}{m+n}} . \psi(xu)\, du$$
$$- u^{2m+n-1} . e^{-\frac{u^{m+n}}{m+n}} . \psi(xu)\, du + x . u^m . e^{-\frac{u^{m+n}}{m+n}} . \psi'(xu)\, du.$$

Cette équation, étant multipliée par x^{m-1} et intégrée entre les limites 0 et ∞, donne précisement l'équation (5.). De là suit que la valeur donnée de y est l'intégrale complète de l'équation (4.) et par conséquent elle exprimera aussi l'intégrale complète de l'équation (2.), si les $n+1$ constantes arbitraires qu'elle contient, satisfont à une certaine équation de condition, qu'on trouvera facilement dans chaque cas particulier.

L'application répétée du théorème que nous venons de démontrer donne successivement les intégrales de l'équation proposée pour les cas $m = 1$, $m = 2$, $m = 3$ etc., au moyen de l'intégrale connue de l'équation $\frac{d^n z}{dx^n} = z$. Si l'on désigne cette intégrale par $\psi(n, x)$, ainsi que

$$\psi(n, x) = C e^x + C_1 e^{x . e^{\frac{2\pi i}{n}}} + C_2 e^{x . e^{\frac{4\pi i}{n}}} + \dots + C_{n-1} e^{x . e^{\frac{2(n-1)\pi i}{n}}};$$

on aura l'intégrale de l'équation

$$\frac{d^n y}{dx^n} = xy:$$

$$y = \int_0^\infty e^{-\frac{u^{n+1}}{n+1}} \psi(n+1, xu)\, du,$$

et observant qu'on doit avoir $\frac{d^n y}{dx^n} = 0$ pour $x = 0$, on trouve l'équation de condition

$$C + e^{-\frac{2\pi i}{n+1}} C_1 + e^{-\frac{4\pi i}{n+1}} C_2 + \dots + e^{-\frac{2n\pi i}{n+1}} C_n = 0,$$

ce qui s'accorde avec le résultat que Mr. *Jacobi* a donné dans ce journal tome X. page 279.

Pour le cas $m = 2$ on aura l'intégrale de l'équation

$$\frac{d^n y}{dx^n} = x^2 . y:$$

$$y = \int_0^\infty \int_0^\infty v . e^{-\frac{u^{n+2} + v^{n+2}}{n+2}} . \psi(n+2, xuv)\, du . dv,$$

et parcequ'on doit avoir $\frac{d^n y}{d x^n} = 0$ et $\frac{d^{n+1} y}{d x^{n+1}} = 0$ pour $x = 0$, on aura dans ce cas les deux équations de condition

$$C + e^{-\frac{2\pi i}{n+2}} C_1 + e^{-\frac{4\pi i}{n+2}} C_2 + \ldots + e^{-\frac{2(n+1)\pi i}{n+2}} C_{n+1} = 0,$$

$$C + e^{-\frac{4\pi i}{n+2}} C_1 + e^{-\frac{8\pi i}{n+2}} C_2 + \ldots + e^{-\frac{4(n+)\pi i}{n+2}} C_{n+1} = 0.$$

De la même manière on trouve l'intégrale de l'équation

$$\frac{d^n y}{d x^n} = x^3 . y:$$

$$y = \int_0^\infty \int_0^\infty \int_0^\infty v . w^2 . e^{-\frac{u^{n+3} + v^{n+3} + w^{n+3}}{n+3}} . \psi(n+3, xuvw)\, du\, dv\, dw$$

avec les trois équations de condition

$$C + e^{-\frac{2\pi i}{n+3}} C_1 + e^{-\frac{4\pi i}{n+3}} C_2 + \ldots + e^{-\frac{2(n+2)\pi i}{n+3}} C_{n+2} = 0,$$

$$C + e^{-\frac{4\pi i}{n+3}} C_1 + e^{-\frac{8\pi i}{n+3}} C_2 + \ldots + e^{-\frac{4(n+2)\pi i}{n+3}} C_{n+2} = 0,$$

$$C + e^{-\frac{6\pi i}{n+3}} C_1 + e^{-\frac{12\pi i}{n+3}} C_2 + \ldots + e^{-\frac{6(n+2)\pi i}{n+3}} C_{n+2} = 0.$$

En continuant ainsi, on trouvera les intégrales de l'équation $\frac{d^n y}{d x^n} = x^m . y$ pour toutes les valeurs entières et positives de l'exposant m.

Sur quelques transformations générales des intégrales définies

Journal für die reine und angewandte Mathematik 20, 1–10 (1840)

En m'occupant d'une question concernant le calcul des différentielles à indices quelconques, que Mr. *Liouville* a proposé dans ce journal et dans celui de l'Ecole polytechnique, j'ai trouvé quelques formules générales rélatives à la transformation des intégrales définies, que je vais exposer aux géomètres. Voici la première de ces formules

$$1.\quad \int_{-\frac{1}{2}\pi}^{+\frac{1}{2}\pi} \varphi(x.2\cos v.e^{vi}).e^{2nvi}.dv = \sin n\pi \int_0^1 (1-u)^{n-1} \varphi(xu)\,du,$$

dans laquelle i désigne la quantité imaginaire $\sqrt{-1}$, e le nombre dont le logarithme naturel est égal à l'unité et $\varphi(x)$ une fonction arbitraire, soumise à une condition, qui sera énoncée plus bas. Pour la démontrer je me sers du théorème de *Taylor*

$$\varphi(x+\alpha) = \varphi(x) + \frac{\alpha}{1}.\frac{d\varphi(x)}{dx} + \frac{\alpha^2}{1.2}.\frac{d^2\varphi(x)}{dx^2} + \dots,$$

je prends $\alpha = -xe^{2vi}$, ce qui donne $x+\alpha = x.2\cos v.e^{vi}$ et par conséquent

$$\varphi(x.2\cos v.e^{vi}) = \varphi(x) - \frac{xe^{2vi}}{1}.\frac{d\varphi(x)}{dx} + \frac{x^2e^{4vi}}{1.2}.\frac{d^2\varphi(x)}{dx^2} - \dots$$

Multipliant par $e^{2nvi}dv$ et intégrant entre les limites $v = -\frac{1}{2}\pi$ et $v = +\frac{1}{2}\pi$, on a

$$\int_{-\frac{1}{2}\pi}^{+\frac{1}{2}\pi} \varphi(x.2\cos v.e^{vi}).e^{2nvi}.dv = \sin n\pi \left(\frac{\varphi(x)}{n} - \frac{x\,d\varphi(x)}{1.(n+1)\,dx} + \frac{x^2\,d^2\varphi(x)}{1.2.(n+2)\,dx^2} - \dots\right).$$

De même, faisant $\alpha = -xw$, on a

$$\varphi(x-xw) = \varphi(x) - \frac{xw}{1}.\frac{d\varphi(x)}{dx} + \frac{x^2w^2}{1.2}.\frac{d^2\varphi(x)}{dx^2} - \dots,$$

d'où en multipliant par $w^{n-1}\,dw$ et intégrant entre les limites $w = 0$ et $w = 1$, on trouve la même série exprimée par cette autre intégrale

$$\int_0^1 w^{n-1}\varphi(x-xw)\,dw = \frac{\varphi(x)}{n} - \frac{x\,d\varphi(x)}{1.(n+1)\,dx} + \frac{x^2\,d^2\varphi(x)}{1.2.(n+2)\,dx^2} - \dots$$

Les deux expressions de cette série que nous venons de trouver, étant égalées entre elles, donnent l'équation

$$\int_{-\frac{1}{2}\pi}^{+\frac{1}{2}\pi} \varphi(x.2\cos v.e^{vi}).e^{2nvi}.dv = \sin n\pi \int_0^1 w^{n-1}\varphi(x - xw)\,dw,$$

qui se réduit à la forme proposée par la substitution $\omega = 1 - u$. La démonstration que nous venons de donner est très générale, mais elle suppose que la série par laquelle nous avons exprimé ces deux intégrales, savoir

$$\frac{\varphi(x)}{n} - \frac{x\,d\varphi(x)}{1.(n+1)\,dx} + \frac{x^2\,d^2\varphi(x)}{1.2.(n+2)\,dx^2} - \ldots$$

ait une valeur définie, ou qu'elle soit convergente. Si l'on vouloit appliquer cette formule à d'autres fonctions $\varphi(x)$, qui ne satisfont pas à la condition susdite, on pourroit facilement tomber en erreur.

Maintenant ayant démontré la formule générale, nous allons en déduire quelques cas particuliers. Soit par exemple $\varphi(x) = x^m$, nous aurons après avoir chassé les imaginaires et divisé par x^m

$$2.\quad 2\int_0^{\frac{1}{2}\pi} (2\cos v)^m \cos(m+2n)v.dv = \sin n\pi \int_0^1 u^m(1-u)^{n-1}\,du.$$

L'une de ces intégrales est bien connue sous le nom d'intégrale Eulerienne de la première espèce; elle s'exprime par les fonctions Γ de la manière suivante:

$$\int_0^1 u^m(1-u)^{n-1}\,du = \frac{\Gamma(m+1)\,\Gamma(n)}{\Gamma(m+n+1)}$$

de là on aura aussi l'expression en fonctions Gamma de l'autre intégrale

$$\int_0^{\frac{1}{2}\pi} (2\cos v)^m \cos(m+2n)v\,dv = \frac{\sin n\pi\,\Gamma(m+1)\,\Gamma(n)}{2\Gamma(m+n+1)},$$

qui s'accorde également avec un résultat connu. Si au contraire on vérifie l'équation (2.) au moyen des expressions connues en fonctions Gamma, de ces intégrales, on en pourra déduire une nouvelle démonstration de la transformation générale, au cas où la fonction $\varphi(x)$ soit développable en série ordonnée suivant les puissances positives de x. En effet, si on développe la fonction $\varphi(x)$ dans les deux membres de l'équation (1.) et qu'on intègre séparement les termes de ces développements, on trouve au moyen de la formule (2.) que les termes correspondans de part et d'autre sont égaux.

Pour donner un autre exemple de la formule générale, prenons $\varphi(x) = \frac{\cos(2\sqrt{x})}{\sqrt{x}}$: nous aurons après quelques simples réductions

$$3.\quad \int_{-\frac{1}{2}\pi}^{\frac{1}{2}\pi} e^{-2\sin\frac{1}{2}v.\sqrt{(2x\cos v)}}.\cos\left(2\cos\tfrac{1}{2}v.\sqrt{(2x\cos v)} + (2n-\tfrac{1}{2})v\right)\frac{dv}{\sqrt{(2\cos v)}}$$
$$= \sin n\pi \int_0^1 u^{-\frac{1}{2}}(1-u)^{n-1}\cos(2\sqrt{(xu)}).du.$$

Les deux intégrales, dont la rélation est exprimée dans cette équation, sont rémarquables en ce qu'étant développées en séries ordonnées suivant les puissances entières positives de x, elles produisent l'une et l'autre une série connue, car on trouve

$$4.\quad \int_{-\frac{1}{2}\pi}^{+\frac{1}{2}\pi} e^{-2\sin\frac{1}{2}v\sqrt{(2x\cos v)}}.\cos\left(2\cos\tfrac{1}{2}v.\sqrt{(2x\cos v)}+(2n-\tfrac{1}{2})v\right)\frac{dv}{\sqrt{(2\cos v)}}$$
$$=\frac{\sin n\pi\,\Gamma(\frac{1}{2})\Gamma(n)}{\Gamma(n+\frac{1}{2})}\left[1-\frac{x}{1(n+\frac{1}{2})}+\frac{x^2}{1.2.(n+\frac{1}{2})(n+\frac{3}{2})}-\ldots\right].$$

Voilà la série dont j'ai cherché autrefois la somme dans un mémoire de ce journal Tome XII. page 145, pour exprimer l'intégrale de l'équation de *Riccati* par des intégrales définies. Cette nouvelle expression, quoique un peu plus compliquée, a l'avantage de convenir également à toutes les valeurs positives ou négatives de la quantité n. Si n est un nombre entier positif, cette intégrale est égale à zéro: il faut alors diviser par $\sin n\pi$ et déterminer d'après les règles connues la véritable valeur de la première partie, qui devient $\frac{0}{0}$. Faisant $n=0$, $x=\frac{z^2}{4}$, on trouve la valeurs très simple de l'intégrale

$$\int_{-\frac{1}{2}\pi}^{+\frac{1}{2}\pi} e^{-z\sin\frac{1}{2}v\sqrt{(2\cos v)}}.\cos\left(z\cos\tfrac{1}{2}v.\sqrt{(2\cos v)}-\tfrac{1}{2}v\right)\frac{dv}{\sqrt{(2\cos v)}}=\pi\cos z.$$

Considérons encore le cas particulier de la formule générale, qu'on obtient en prenant $\varphi(x)=x^m.e^{-\frac{1}{x}}$. Après avoir fait disparaître les imaginaires, on a dans ce cas

$$2e^{-\frac{1}{2x}}\int_0^{\frac{1}{2}\pi}(2\cos v)^m\cos\left(\frac{\operatorname{tang} v}{x}+(m+2n)v\right)dv$$
$$=\sin n\pi\int_0^1 u^m(1-u)^{n-1}.e^{-\frac{1}{xu}}du.$$

Faisant $u=\frac{1}{1+z}$, $m=\beta-1$, $n=\alpha-\beta$ et changeant x en $\frac{1}{x}$, on ramenera cette formule à la forme plus commode

$$5.\quad 2e^{\frac{1}{2}x}\int_0^{\frac{1}{2}\pi}(2\cos v)^{\alpha-\beta-1}(\tfrac{1}{2}x\operatorname{tang} v+(\alpha+\beta-1)v)\,dv$$
$$=\sin\beta\pi\int_0^\infty\frac{z^{\beta-1}.e^{-xz}dz}{(1+z)^\alpha}.$$

C'est la même rélation que j'ai trouvée par une méthode très différente dans un mémoire de ce journal (T. 17. p. 286), ayant pour titre: „De integralibus quibusdam definitis et seriebus infinitis." On y trouve aussi les développements en séries infinies, et plusieurs cas particuliers de ces intégrales.

Examinons maintenant le cas de la formule (1.) ou $n = k$ est un nombre entier positif. Dans ce cas le facteur $\sin k\pi$ de l'intégrale $\int_0^1 (1-u)^{k-1}\varphi(xu)\,du$ est égal à zéro, et par conséquent toutes les fois que cette intégrale a une valeur finie, on aura

$$\int_{\frac{1}{2}\pi}^{+\frac{1}{2}\pi} \varphi(x.2\cos v.e^{vi}).e^{2kvi}.dv = 0,$$

k étant un nombre entier positif. Alors divisant l'équation (1.) par $\sin n\pi$, et déterminant la valeur de la première partie, qui devient $\frac{0}{0}$ pour $n = k =$ un entier positif, on obtient

$$6.\quad \frac{2i\cos k\pi}{\pi}\int_{-\frac{1}{2}\pi}^{+\frac{1}{2}\pi} \varphi(x.2\cos v.e^{vi})\,e^{2kvi}.v.dv = \int_0^1 (1-u)^{k-1}\varphi(xu)\,du.$$

L'intégrale $\int_0^1 (1-u)^{k-1}\varphi(xu)\,du$ sert, comme on sait, à exprimer les intégrations répétées d'une fonction quelconque $\varphi(x)$, par une intégrale définie; on pourra donc pour cela, quand on le jugera convenable, se servir aussi de l'intégrale transformée, contenue dans l'equation (6.). Le cas ou l'on a $k = 1$ mérite une attention particulière. Dans ce cas on a

$$7.\quad \frac{2}{i\pi}\int_{-\frac{1}{2}\pi}^{+\frac{1}{2}\pi} \varphi(x.2\cos v.e^{vi})\,e^{2vi}.v.dv = \int_0^1 \varphi(xu)\,du.$$

Voilà une nouvelle formule de transformation, aussi générale que la formule (1.); la fonction $\varphi(x)$ est également soumise à la seule condition, que la série

$$\frac{\varphi(x)}{n} - \frac{x\,d\varphi(x)}{1.(n+1)\,dx} + \frac{x^2 d^2\varphi(x)}{1.2.(n+2)\,dx^2} - \dots$$

soit convergente. Pour en donner un exemple, cherchons la transformation de l'intégrale connue

$$y = \int_z^\infty \frac{e^{-z}dz}{z}.$$

Si l'on change z en $\frac{z}{u}$, en considérant u comme variable, on trouve

$$y = \int_0^1 \frac{e^{-\frac{z}{u}}du}{u}.$$

Prenant donc $x = 1$ et $\varphi(u) = \frac{e^{-\frac{z}{u}}}{u}$ on aura d'après l'équation (7.):

$$y = \frac{2}{i\pi}\int_{-\frac{1}{2}\pi}^{\frac{1}{2}\pi} \frac{e^{-\frac{z e^{-vi}}{2\cos v}}.e^{vi}.v.dv}{2\cos v},$$

qu'on peut présenter sous la forme réelle

$$8.\quad \int_z^{\infty} \frac{e^{-z}\,dz}{z} = \frac{2.e^{-\frac{1}{2}z}}{\pi}\int_0^{\frac{1}{2}\pi} \frac{\sin(\frac{1}{2}z\,\mathrm{tang}\,v+v).v.dv}{\cos v}.$$

Nous aurons un autre exemple très simple en prenant $\varphi(x)=x^{n-1}$. Dans ce cas l'équation (7.) donne

$$\frac{2}{i\pi}\int_{-\frac{1}{2}\pi}^{+\frac{1}{2}\pi} (2\cos v)^{n-1}.e^{(n+1)vi}.v.dv = \frac{1}{n},$$

et de là, faisant disparaître les imaginaires, on tire

$$9.\quad \int_0^{\frac{1}{2}\pi} (2\cos v)^{n-1}\sin(n+1)v.v.dv = \frac{\pi}{4n}.$$

Ce résultat est un cas particulier de l'intégrale plus générale

$$\int_0^{\frac{1}{2}\pi} (2\cos v)^{n-1}.\sin mv.v.dv = \frac{\pi\,\Gamma(n)\left(Z\left(\frac{n+m+1}{2}\right)-Z\left(\frac{n-m+1}{2}\right)\right)}{4\,\Gamma\left(\frac{n+m+1}{2}\right).\Gamma\left(\frac{n-m+1}{2}\right)},$$

où $Z(a)$ désigne la fonction connue $\frac{d.l\Gamma(a)}{da}$, et cette formule se déduit de la suivante

$$\int_0^{\frac{1}{2}\pi} (2\cos v)^{n-1}\cos mv.dv = \frac{\pi\,\Gamma(n)}{2\,\Gamma\left(\frac{n+m+1}{2}\right)\Gamma\left(\frac{n-m+1}{2}\right)}$$

au moyen d'une simple différentiation par rapport à la quantité m.

Les deux formules générales peuvent être représentées sous plusieurs formes différentes, qu'on obtient par les transformations des intégrales. Si on prend $\psi(z-x)$ au lieu de $\varphi(x)$ on aura

$$\int_{-\frac{1}{2}\pi}^{+\frac{1}{2}\pi} \psi(z-x.2\cos v.e^{vi})\,e^{2nvi}.dv = \sin n\pi.\int_0^1 (1-u)^{n-1}\psi(z-xu)\,du$$

et

$$\frac{2}{i\pi}\int_{-\frac{1}{2}\pi}^{+\frac{1}{2}\pi} \psi(z-x.2\cos v.e^{vi})\,e^{2vi}.v.dv = \int_0^1 \psi(z-xu)\,du$$

sous condition, que la série $\frac{\psi(z-x)}{n}+\frac{x\,d\,\psi(z-x)}{1.(n+1)\,dx}+\frac{x^2\,d^2\,\psi(z-x)}{1.2.(n+2)\,dx^2}+\dots$ soit convergente. Donc en faisant $z=x$ et $1-u=w$ on aura

$$10.\quad \int_{-\frac{1}{2}\pi}^{+\frac{1}{2}\pi} \psi(-xe^{2vi}).e^{2nvi}.dv = \sin n\pi.\int_0^1 w^{n-1}\psi(x.w)\,dw$$

et

$$11. \quad \frac{2}{i\pi}\int_{-\frac{1}{2}\pi}^{+\frac{1}{2}\pi} \psi(-x.e^{2vi})\, e^{2vi}.v.dv = \int_0^1 \psi(xw)\, dw$$

sous condition, que $\frac{\psi(0)}{n} + \frac{x\, d\psi(0)}{1.(n+1)dx} + \frac{x^2 d^2 \psi(0)}{1.2.(n+2)\, dx^2} + \dots$ soit une série convergente, ou, ce qui est la même chose, que la fonction $\psi(x)$ soit développable en série ordonnée suivant les puissances entières positives de x.

Prenant $\varphi(x) = x^{m-1}\psi\left(\frac{1}{x}\right)$ et changeant $\frac{1}{x}$ en x on aura cette autre forme des formules (1.) et (7.):

$$12. \quad \int_{-\frac{1}{2}\pi}^{+\frac{1}{2}\pi} (2\cos v)^{m-1}.e^{(2n+m-1)vi}.\psi\left(\frac{x.e^{-vi}}{2\cos v}\right) dv$$
$$= \sin n\pi \int_0^1 u^{m-1}(1-u)^{n-1}\psi\left(\frac{x}{u}\right) du,$$

$$13. \quad \frac{2}{i\pi}\int_{-\frac{1}{2}\pi}^{+\frac{1}{2}\pi} (2\cos v)^{m-1}.e^{(m+1)vi}.\psi\left(\frac{x.e^{-vi}}{2\cos v}\right) dv = \int_0^1 u^{m-1}\psi\left(\frac{x}{u}\right) du$$

sous condition que la série

$$\frac{x^{-m+1}\psi(x)}{n} - \frac{x\, d(x^{-m+1}\psi x)}{1.(n+1)\, d\frac{1}{x}} + \frac{x^2 d^2(x^{-m+1}\psi x)}{1.2.(n+2)\left(d\frac{1}{x}\right)^2} - \dots$$

soit convergente.

Les intégrales contenues dans l'équation (12.) méritent une attention particulière à l'égard du calcul des différentielles à indices quelconques, puisque dans le cas $n = -m$ elles servent à exprimer par des intégrales définies ce nouveau genre des intégrales et des différentielles. Car en adoptant la définition de ces différentielles, que Mr. *Liouville* a donné dans le journal de l'Ecole polytechnique cah. XXI. page 3 et 72, on a

$$14. \quad \int_0^1 u^{-n-1}(1-u)^{n-1}\psi\left(\frac{x}{u}\right) du = (-1)^n x^{-n}\Gamma(n)\int_0^{(n)} \psi(x)\, dx^n$$

et

$$15. \quad \int_{-\frac{1}{2}\pi}^{+\frac{1}{2}\pi} (2\cos v)^{m-1}.e^{-(m+1)vi}\psi\left(\frac{x.e^{-vi}}{2\cos v}\right) dv = \frac{(-1)^m x^m \pi}{\Gamma(m+1)}.\frac{d^m\psi(x)}{dx^m}.$$

La première de ces formules est la même que Mr. *Liouville* a trouvée et démontrée Tome XII. page 273 de ce journal. Elle suppose que n soit positif et par conséquent elle ne peut s'appliquer qu'aux intégrales à indices positifs. Pour démontrer la seconde, partons de la formule connue

$$\int_0^{\frac{1}{2}\pi} \cos v^{m-1}\cos(x\tan v - (m+1)n)\, dv = \frac{\pi.x^m.e^{-x}}{\Gamma(m+1)},$$

qui peut être présentée sous la forme

$$\int_{-\frac{1}{2}\pi}^{+\frac{1}{2}\pi}(2\cos v)^{m-1}.e^{-(m+1)vi}.e^{\frac{x e^{-vi}}{2\cos v}}.dv = \frac{\pi . x^m . e^{-x}}{\Gamma(m+1)}$$

et qui a lieu sous condition que x et $m+1$ soient positifs. Si on change x en hx (h étant positif) et qu'après avoir multiplié par le coëfficient A_h on prenne de part et d'autre la somme rélative aux valeurs différentes de h, on aura

$$\int_{-\frac{1}{2}\pi}^{+\frac{1}{2}\pi}(2\cos v)^{m-1}.e^{-(m+1)vi}\Sigma A_h e^{-\frac{h x e^{-vi}}{2\cos v}}.dv = \frac{\pi x^m}{\Gamma(m+1)}\Sigma A_h e^{-hx}.h^m.$$

Maintenant, si l'on fait $\Sigma A_h e^{-hx} = \psi(x)$, on a d'après la définition de Mr. *Liouville* $(-1)^m \Sigma A_h e^{-hx}.h^m = \frac{d^m \psi(x)}{dx^m}$, et de là

$$\int_{-\frac{1}{2}\pi}^{+\frac{1}{2}\pi}(2\cos v)^{m-1}.e^{-(m+1)vi}\,\psi\left(\frac{x.e^{-vi}}{2\cos v}\right)dv = \frac{(-1)^m x^m.\pi}{\Gamma(m+1)}.\frac{d^m\psi(x)}{dx^m}$$

sous condition que dans le développement exponentiel de la fonction $\psi(x)$ tous les exposants soient négatifs et que $m+1$ et x soient positifs. Nous observons encore que faisant $\tang v = \frac{t}{x}$ on aura cette autre forme de l'équation (15.):

$$15.\quad \int_{-\infty}^{+\infty}\frac{\psi\left(\frac{x-ti}{2}\right)dt}{\left(\frac{x+ti}{2}\right)^{m+1}} = \frac{2(-1)^m\pi.d^m\psi(x)}{\Gamma(m+1)\,dx^m}.$$

La même méthode dont nous avons fait usage pour démontrer la formule (1.) servira aussi à trouver une nouvelle formule semblable. Pour cela je développe d'après le théorème de *Taylor* la fonction

$$\varphi(x+\alpha) = \varphi(x) + \frac{\alpha}{1}.\frac{d\varphi(x)}{dx} + \frac{\alpha^2}{1.2}.\frac{d^2\varphi(x)}{dx^2} + \ldots;$$

je prends $\alpha = xi\sin v.e^{vi}$, ce qui donne $x+\alpha = x\cos v.e^{vi}$, et par conséquent

$$\varphi(x\cos v.e^{vi}) = \varphi(x) + \frac{ix\sin v.e^{vi}\,d\varphi(x)}{1.dx} + \frac{i^2x^2\sin^2 v.e^{2vi}\,d^2\varphi(x)}{1.2.dx^2} + \ldots.$$

Si l'on multiplie cette équation par $(\sin v)^{n-1}e^{(n+1)vi}dv$, et qu'on prenne de part et d'autre l'intégrale depuis $v=0$ jusqu'à $v=\frac{1}{2}\pi$, on aura cette série:

$$16.\quad \int_0^{\frac{1}{2}\pi}\sin^{n-1}v.e^{(n+1)vi}\varphi(x\cos v.e^{vi})\,dv$$

$$= \varphi(x)\int_0^{\frac{1}{2}\pi}\sin^{n-1}v.e^{(n+1)vi}dv + \frac{ix.d\varphi(x)}{1.dx}\int_0^{\frac{1}{2}\pi}\sin^{n-1}v.e^{(n+2)vi}dv + \ldots,$$

dont le terme général est

$$\frac{i^k x^k \, d\varphi(x)}{1.2.3\ldots.k.dx^k}\int_0^{\frac{1}{2}\pi} \sin^{n+k-1} v.e^{(n+k+1)vi}.dv.$$

Effectuant l'intégration au moyen de la formule facile à démontrer

$$\int_0^{\frac{1}{2}\pi} \sin^{m-1} v.e^{(m+1)vi}\, dv = \frac{1}{m} e^{\frac{m\pi i}{2}},$$

et observant qu'on a $i^k = e^{\frac{k\pi i}{2}}$, on trouve que ce terme général se réduit à

$$\frac{(-1)^k e^{\frac{n\pi i}{2}}.x^k d^k\varphi(x)}{1.2.3\ldots.k(n+k)dx^k}.$$

Par là l'équation (16.) prend la forme

$$\int_0^{\frac{1}{2}\pi} \sin^{n-1} v.e^{(n+1)vi}.\Phi(x.\cos v.e^{vi})\,dv$$

$$= e^{\frac{n\pi i}{2}}\left(\frac{\varphi(x)}{n} - \frac{x\,d\varphi(x)}{1.(n+1)dx} + \frac{x^2 d^2\varphi(x)}{1.2.(n+2)dx^2} - \ldots.\right).$$

Mais ayant déjà trouvé la même série exprimée par cette autre intégrale

$$\int_0^1 (1-u)^{n-1}\Phi(xu)\,du = \frac{\varphi(x)}{n} - \frac{x\,d\varphi(x)}{1.(n+1)} + \frac{x^2\, d^2\varphi(x)}{1.2.(n+2)} - \ldots.,$$

en égalant ces deux expressions de la série, nous aurons la nouvelle formule générale

$$17. \quad e^{-\frac{n\pi i}{2}}\int_0^{\frac{1}{2}\pi} \sin^{n-1} v.e^{(n+1)vi}\,\Phi(x\cos v.e^{vi})\,dv = \int_0^1 (1-u)^{n-1}\,\Phi(xu)\,du,$$

qui sera également soumise à la condition, que la série

$$\frac{\varphi(x)}{n} - \frac{x\,d\varphi(x)}{1.(n+1)} + \frac{x^2\, d^2\varphi(x)}{1.2.(n+2)} - \ldots.$$

soit convergente. Combinant ce résultat avec l'équation (1.), nous aurons

$$18. \quad \sin n\pi.e^{-\frac{n\pi i}{2}}\int_0^{\frac{1}{2}\pi} \sin^{n-1} v.e^{(n+1)vi}\,\Phi(x\cos v\, e^{vi})\,dv$$

$$= \int_{-\frac{1}{2}\pi}^{+\frac{1}{2}\pi} \Phi(x.2\cos v\, e^{vi})\, e^{2nvi}.dv$$

et faisant $n = 1$ dans l'équation (17.), puis comparant avec la formule (7.), nous aurons aussi

$$19. \quad \int_0^{\frac{1}{2}\pi} \Phi(x.\cos v.e^{vi})e^{2vi}.dv = \frac{2}{\pi}\int_{-\frac{1}{2}\pi}^{+\frac{1}{2}\pi} \Phi(x.2\cos v.e^{vi})\, e^{2vi}.v.dv.$$

Pour faire voir l'usage de ces formules nous en donnerons quelques exemples.

Soit $\varphi(x) = x^{m-1}$, on aura par la formule (17.)

$$\int_0^{\frac{1}{2}\pi} \sin^{n-1} v . \cos^{m-1} v . e^{(m+n)vi} . dv = e^{\frac{n\pi i}{2}} \int_0^1 (1-u)^{n-1} . u^{m-1} du,$$

d'où en séparant la partie réelle de la partie imaginaire et en substituant au lieu de l'intégrale connue à droite sa valeur exprimée en fonctions Gamma, on trouve

$$\int_0^{\frac{1}{2}\pi} \sin^{n-1} v . \cos^{m-1} v . \cos(m+n) v . dv = \frac{\cos\frac{n\pi}{2} \Gamma(m)\Gamma(n)}{\Gamma(m+n)},$$

$$\int_0^{\frac{1}{2}\pi} \cos^{n-1} v . \sin^{m-1} v . \sin(m+n) v . dv = \frac{\sin\frac{n\pi}{2} \Gamma(m)\Gamma(n)}{\Gamma(m+n)},$$

Voilà les mêmes résultats, que j'ai trouvés par une autre méthode dans un mémoire intitulé „De intégralibus definitis et seriebus infinitis" inséré dans ce journal (T. XVII. p. 215). Remarquons encore que prennant $n = 1$, on a le cas le plus simple de formules suivantes:

$$\int_0^{\frac{1}{2}\pi} \cos^{m-1} v . \cos(m+1) v . dv = 0,$$

$$\int_0^{\frac{1}{2}\pi} \cos^{m-1} v . \sin(m+1) v . dv = \frac{1}{m}.$$

Pour donner une seconde application de la formule (17.) posons $\varphi(x) = x^{n-1} . e^{-\frac{1}{x}}$, nous aurons

$$\int_0^{\frac{1}{2}\pi} \sin^{n-1} v . \cos^{m-1} v . e^{(m+n)vi} . e^{-\frac{e^{-vi}}{x . \cos v}} . dv = e^{\frac{n\pi i}{2}} \int_0^1 u^{m-1} (1-u)^{n-1} . e^{-\frac{1}{xu}} . du,$$

d'où l'on tire sans difficulté ces deux équations dégagées des imaginaires

$$e^{-\frac{1}{x}} \int_0^{\frac{1}{2}\pi} \sin^{n-1} v . \cos^{m-1} v . \cos\left(\frac{1}{x} \operatorname{tang} v + (m+n) v\right) dv$$
$$= \cos\frac{n\pi}{2} \int_0^1 u^{m-1} (1-u)^{n-1} . e^{-\frac{1}{xu}} . du,$$

$$e^{-\frac{1}{x}} \int_0^{\frac{1}{2}\pi} \sin^{n-1} v . \cos^{m-1} v . \sin\left(\frac{1}{x} \operatorname{tang} v + (m+n) v\right) dv$$
$$= \sin\frac{n\pi}{2} \int_0^1 u^{m-1} (1-u)^{n-1} . e^{-\frac{1}{xu}} . du.$$

Changeant $\frac{1}{x}$ en x, m en $m-n$ et faisant $u = \frac{1}{1+z}$, on peut présenter ces deux équations de la manière suivante

$$\int_0^{\frac{1}{2}\pi} \sin^{n-1} v.\cos^{m-n-1} v.\cos(x \operatorname{tang} v + mv)\, dv = \cos\frac{n\pi}{2}\int_0^{\infty} \frac{z^{n-1}.e^{-xz}.dz}{(1+z)^m},$$

$$\int_0^{\frac{1}{2}\pi} \sin^{n-1} v.\cos^{m-n-1} v.\sin(x \operatorname{tang} v + mv)\, dv = \sin\frac{n\pi}{2}\int_0^{\infty} \frac{z^{n-1}.e^{-xz}.dz}{(1+z)^m},$$

ce qui s'accorde aussi avec les résultats du mémoire cité.

En général l'équation (17.) donne toujours deux résultats en même temps, puisque la partie réelle de l'intégrale à gauche doit être égale à l'intégrale réelle à droite, et la partie imaginaire doit être égale à zéro. Transportant le facteur $e^{\frac{n\pi i}{2}}$ à l'autre partie et égalant les parties réelles et les parties imaginaires on aura

$$\int_0^{\frac{1}{2}\pi} \sin^{n-1} v \left(\frac{e^{(n+1)vi}\varphi(x\cos v.e^{vi}) + e^{-(n+1)vi}\varphi(x\cos v.e^{-vi})}{2}\right) dv$$

$$= \cos\frac{n\pi}{2}\int_0^1 (1-u)^{n-1}\,\Phi(xu)\,du,$$

$$\int_0^{\frac{1}{2}\pi} \sin^{n-1} v \left(\frac{e^{(n+1)vi}\varphi(x\cos v.e^{vi}) - e^{(n+1)vi}\varphi(x\cos v.e^{-vi})}{2i}\right) dv$$

$$= \sin\frac{n\pi}{2}\int_0^1 (1-u)^{n-1}\,\Phi(xu)\,du.$$

Considérons le cas particulier de cette dernière formule où l'on a $n=0$. Dans ce cas la partie à droite devient $0.\infty$; mais on trouve sans difficulté que la véritable valeur de cette expression est égale à $\frac{1}{2}\pi\,\Phi(x)$, et de là on a

$$\int_0^{\frac{1}{2}\pi} \frac{e^{vi}\varphi(x\cos v.e^{vi}) - e^{vi}\varphi(x\cos v.e^{-vi})}{2i\sin v}\,dv = \tfrac{1}{2}\pi\,\Phi(x),$$

ou en réunissant les deux parties de cette intégrale:

$$\frac{1}{\pi i}\int_0^{+\frac{1}{2}\pi} \frac{e^{vi}\varphi(x\cos v.e^{vi})\,dv}{\sin v} = \Phi(x).$$

Si l'on fait $\Phi(x) = x^{n-1}.e^{-\frac{m}{x}}.\psi(x)$, les quantités m et n étant positives, on pourra donner à cette équation une forme qui parait être plus générale à cause de deux quantités arbitraires qui entrent dans l'intégrale, car on a par la substitution indiquée

$$\frac{1}{\pi i}\int_{-\frac{1}{2}\pi}^{+\frac{1}{2}\pi} \cos^{n-1} v.e^{\left(nv+\frac{m}{x}\operatorname{tang} v\right)i}.\psi(x\cos v.e^{vi})\frac{dv}{\sin v} = \psi(x)$$

et de là, prenant $\psi(x)=1$, $x=1$, on obtient l'intégrale rémarquable

$$\int_0^{\frac{1}{2}\pi} \frac{\cos^{n-1} v\sin(m\operatorname{tang} v + nv)\,dv}{\sin v} = \tfrac{1}{2}\pi,$$

que j'ai trouvé également dans le mémoire cité.

Über die Transcendenten, welche aus wiederholten Integrationen rationaler Formeln entstehen

Journal für die reine und angewandte Mathematik 21, 74–90, 193–225, 328–371 (1840)

Die Reihen der reciproken Potenzzahlen von der Form $1+\frac{1}{2^n}+\frac{1}{3^n}+\ldots$ können, wie bekannt, wenn der Potenz-Exponent n eine gerade Zahl ist, durch die Potenzen der Zahl π summirt werden. Für ungerade Potenz-Exponenten aber hat man bis jetzt vergeblich versucht, dieselben durch bekannte Gröfsen auszudrücken. Es war mir nicht unwahrscheinlich, dafs sich auch diese Reihen durch die Zahl π und durch Logarithmen würden summiren lassen. Ich unternahm deshalb, zunächst nur auf den angegebenen besonderen Zweck ausgehend, eine Untersuchung der Reihe $\frac{x}{1^2}+\frac{x^2}{2^3}+\frac{x^3}{3^3}+\ldots$. Da diese Reihe durch das dreifache Integral $\int\frac{dx}{x}\int\frac{dx}{x}\int\frac{dx}{1-x}$ ausgedrückt wird, und da die Methoden, welche ich zur Untersuchung desselben anwendete, auch für bei weitem allgemeinere vielfache Integrale ausreichten, so stellte ich den besonderen Zweck alsbald bei Seite, und ging an die allgemeine Untersuchung der Transcendenten, welche aus wiederholten Integrationen rationaler Formeln entstehen. Die erste Integration einer rationalen Formel $\int P dx$ läfst sich bekanntlich immer vermittelst Logarithmen und Kreisbogen ausführen. Multiplicirt man aber ein solches Integral wieder mit einer rationalen Function Q und integrirt zum zweitenmale, so erhält man die Form $\int Q\int P dx.dx$. Die in dieser allgemeinen Form enthaltenen Transcendenten nenne ich logarithmische Integrale zweiter Ordnung. Wird die allgemeine Form dieser Integrale wieder mit einer rationalen Formel R multiplicirt und integrirt, so erhält man $\int R\int Q\int P dx.dx.dx$, und ich nenne die in dieser allgemeinen Form enthaltenen Transcendenten logarithmische Integrale dritter Ordnung. Multiplicirt man immer wieder mit einer rationalen Formel und integrirt, so erhält man eben so die allgemeinen Formen der logarithmischen Integrale vierter, fünfter u. s. w. Ordnung. Die logarithmischen Integrale erster Ordnung, welche nur Logarithmen und Kreisbogen sind, werden, als bekannt, übergangen. Ueber die logarithmischen Integrale zweiter Ordnung finden sich in *Legendre Exerçices de Calcul intégral* nur einzelne Resultate, und erst in neuerer Zeit hat *Hill* dieselben zu einem besonderen Gegenstande von Untersuchungen gemacht. Dieser scharfsinnige Analytiker, angereizt durch die glänzenden Erfolge, welche die Theorie der elliptischen Functionen, oder allgemeiner die Theorie der in der Form $\int P\sqrt{Q}\,dx$ enthaltenen Transcendenten gehabt hat, hat eine ähnliche Untersuchung der durch die allgemeinen Formen $\int P \log Q\,d.x$ und $\int P.\operatorname{Arc\,tang} Q.dx$ ausgedrückten Transcendenten angestellt und hierüber zwei Abhandlungen herausgegeben. Die erste derselben ist in dem gegenw. *Journale der Mathematik Bd. III.* abgedruckt, die zweite aber, unter dem Titel *Specimen exercitii analytici functionem integralem* $\int \frac{dx}{x} \log(1+2x\cos\alpha+x^2)$ *tum quoad amplitudinem tum quoad modulum comparandi modum exhibentis, Londini Gothorum 1830,* scheint, als akademische Gelegenheitsschrift, nur wenig bekannt zu sein. Eine neue Behandlung dieser logarithmischen Integrale zweiter Ordnung wird den ersten Theil der gegenwärtigen Abhandlung ausmachen. Obgleich nämlich *Hill* in seiner zweiten Abhandlung die eine dieser Transcendenten so vollständig behandelt hat, dafs wir, auf die wesentlichsten Eigenschaften derselben uns beschränkend, für dieselbe nur wenig neues hinzufügen können, so erschien uns dennoch auch diese einer neuen Behandlung werth, weil die von *Hill* gefundenen Resultate sich alle noch aufserordentlich vereinfachen lassen, und weil nach der Methode, welche wir zum Grunde legen, die Resultate, die bei *Hill* vereinzelt dastehen und fast alle nicht sowohl entwickelt, als vielmehr nur aufgestellt und mit besonderen Beweisen versehen werden, aus einer gemeinschaftlichen Quelle abgeleitet werden können. Aufserdem wird eine neue Behandlung dieser Transcendenten durch die Wichtigkeit des Gegenstandes gerechtfertigt. Denn wenn wir gleich nicht so weit gehen wie *Hill,* welcher diese Theorie für wichtiger und nützlicher hält als die Theorie der elliptischen Functionen, so glauben wir doch, dafs aus derselben der Analysis eine schöne Bereicherung erwachse. Der zweite Theil der gegenwärtigen Abhandlung wird die Theorie der logarithmischen Integrale dritter Ordnung enthalten. Für diese ist bisher noch fast gar nichts gethan worden, so dafs, mit Ausnahme geringer Einzelheiten, alles was wir

10 *

über dieselben sagen werden, für neu zu erachten ist. Für die logarithmischen Integrale höherer Ordnungen lassen wir die Allgemeinheit der Untersuchung fallen, da eine nur einigermafsen vollständige Theorie derselben uns zu weit führen würde, und da auch die Formeln, welche die Eigenschaften dieser logarithmischen Integrale ausdrücken, für jede höhere Ordnung bedeutend weitläuftiger werden. Deshalb beschränken wir uns hier darauf, für die logarithmischen Integrale vierter und fünfter Ordnung nur die Grundeigenschaften der einfachsten in ihnen enthaltenen Transcendenten zu entwickeln, die mit der Reihe $\frac{x}{1^n}+\frac{x^2}{2^n}+\frac{x^3}{3^n}+\dots$ in einem solchen Zusammenhange stehen, dafs die gefundenen Eigenschaften derselben sich auch als Eigenschaften dieser merkwürdigen Reihe darstellen lassen.

Erster Theil.

Ueber die logarithmischen Integrale zweiter Ordnung.

§. 1.

Logarithmische Integrale zweiter Ordnung sind nach unserer Erklärung die in der allgemeinen Form $\int Q\int P.dx.dx$, wo P und Q rationale Functionen von x sind, enthaltenen Transcendenten; mit Ausschlufs der Logarithmen und Kreisbogen. Darum haben wir zunächst diese allgemeine Form in ihre einfachsten Bestandtheile zu zerlegen und so die einfachsten Formen der logarithmischen Integrale zweiter Ordnung zu suchen. Es kann zunächst angenommen werden, dafs P und Q rationale gebrochene Functionen von x sind, von der Art, dafs sie keine ganzen Theile enthalten, oder, was dasselbe ist, dafs in den Nennern derselben höhere Potenzen von x vorkommen als in den Zählern; denn ist dies nicht der Fall, so kann man die ganzen Theile davon absondern und $q+Q$ statt Q und $p+P$ statt P nehmen, wo q und p ganze rationale Functionen von x sind; dadurch zerfällt dann das obige Integral in folgende vier:

$$\int q\int p dx.dx,\quad \int q\int P dx.dx,\quad \int Q\int p dx.dx,\quad \int Q\int P dx.dx$$

Da nun das Integral einer ganzen rationalen Function von x wieder eine solche Function ist, so ist klar, dafs das erste Integral nur eine ganze

Function giebt, und daſs das zweite und dritte nur Logarithmen und Kreisbogen enthalten. Es bleibt daher nur das vierte Integral übrig, in welchem P und Q keine ganzen Theile mehr enthalten. Werden nun P und Q in Partialbrüche von der Form $\frac{a}{(b+cx)^m}$ zerlegt, wo a, b, c auch imaginär sein können und m eine ganze positive Zahl ist, so zerfällt das allgemeine Integral von selbst in eine Summe mehrerer einzelner Integrale von der Form

$$\int \frac{a.dx}{(b+cx)^m} \int \frac{e\,dx}{(f+gx)^n}.$$

Dieses Integral kann aber, wenn m und n nicht beide zugleich der Einheit gleich sind, immer rational oder durch Logarithmen und Kreisbogen integrirt werden, so daſs wieder nur der Fall $m=1$ und $n=1$ zu betrachten übrig bleibt. Für diesen Fall aber erhält man durch Ausführung der ersten Integration folgende Form:

$$\int \frac{l(f+gx)dx}{b+cx}.$$

Setzt man jetzt, um zu vereinfachen,

$$f+gx=kz, \qquad k=\frac{bg-fc}{c},$$

so wird $b+c.x=\frac{ck(1+z)}{g}$, und das Integral geht in folgende zwei über:

$$\frac{a}{c}\int \frac{lz\,dz}{1+z}+\frac{al(k)}{c}\int \frac{dz}{1+z}.$$

Da das zweite dieser Integrale nur einen Logarithmus giebt, so ist das Integral $\int \frac{lz.dz}{1+z}$ im Grunde das einzige in der obigen allgemeinen Form enthaltene. Da aber z auch imaginär sein kann, so zerfällt dasselbe, wie wir alsbald zeigen werden, durch die Sonderung des realen und imaginären Theiles, in zwei verschiedene. Es ist zweckmäſsig, für dieses Integral ein besonderes Functionszeichen einzuführen, welches demselben namentlich dann zukommt, wenn z real ist; wo dann der Buchstabe x dafür gesetzt werden soll. Da ferner lx nur für positive Werthe des x real sein würde, so wollen wir dafür $l(\pm x)$ setzen, unter der Bedingung, daſs $\pm x$ immer positiv zu nehmen sei; denn die Bedingung, daſs x nur positiv sein darf, würde den bald zu entwickelnden Formeln eine störende Beschränkung auferlegen*). Als Functionszeichen für dieses Integral wähle ich den Buchstaben Λ, und nehme das Integral so, dafs es zugleich mit x verschwindet, also so, dafs

$$\Lambda(x) = \int_0^x \frac{l(\pm x)\,dx}{1+x}.$$

Wenn aber z imaginär ist, so nehme ich $z = xe^{\alpha i}$, wo x und α real sind und $i = \sqrt{-1}$ ist. Hierdurch wird dieses Integral

$$\int \frac{(l(\pm x) + \alpha i)\, e^{\alpha i}\, dx}{1 + xe^{\alpha i}},$$

oder, durch Trennung der realen und imaginären Theile,

$$\int \frac{(x+\cos\alpha)\, l(\pm\alpha) - \alpha\sin\alpha}{1+2x\cos\alpha+x^2} + i\int \frac{\sin\alpha\, l(\pm x) + \alpha\,(x+\cos\alpha)}{1+2x\cos\alpha+x^2}\,dx.$$

Sondert man hiervon wieder diejenigen Theile ab, welche durch Logarithmen und Kreisbogen sich integriren lassen, so bleiben nur die beiden Integrale

$$\int \frac{l(\pm x)\,(x+\cos\alpha)\,dx}{1+2x\cos\alpha+x^2} \quad \text{und} \quad \int \frac{l(\pm x)\,.\sin\alpha\,.\,d\alpha}{1+2x\cos\alpha+x^2}$$

als die einzigen realen Integrale übrig, welche in der oben aufgestellten allgemeinen Form enthalten sind; denn das Integral $\Lambda(x)$ ist nur ein specieller Fall des ersteren von diesen, welchen man erhält, wenn man $\alpha = 0$ nimmt. Wir nehmen auch diese Integrale so, dafs sie zugleich mit x verschwinden und bezeichnen dieselben, als Functionen zweier veränderlichen Gröfsen, durch $D(x, \alpha)$ und $E(x, \alpha)$, so dafs

$$D(x, \alpha) = \int_0^x \frac{l(\pm x)(x+\cos\alpha)\,dx}{1+2x\cos\alpha+x^2},$$

$$E(x, \alpha) = \int_0^x \frac{l(\pm x)\,.\sin\alpha\,.\,dx}{1+2x\cos\alpha+x^2}.$$

Die imaginäre Function $\Lambda(xe^{\alpha i})$ wird nun durch die Functionen $D(x, \alpha)$ und $E(x, \alpha)$ auf folgende Art ausgedrückt:

$$\Lambda(xe^{\alpha i}) = D(x,\alpha) - \alpha \operatorname{Arc tang}\frac{x\sin\alpha}{1+x\cos\alpha} + iE(x,\alpha) + \frac{i\alpha}{2}\, l(1+2x\cos\alpha+x^2).$$

Es hat jetzt durchaus keine Schwierigkeiten, irgend ein gegebenes Integral von der Form $\int P \int Q\,dx\,dx$, unter welche Form auch die von *Hill* ge-

---

*) Ueberall wo Logarithmen aus der Integration rationaler Formeln entstehen, wie es hier durchgehends der Fall ist, kann man unter dem Logarithmenzeichen mit gleichem Rechte beide Vorzeichen $+$ und $-$ gelten lassen, und diese sind dann, wo es sich um reale Gröfsen handelt, so zu bestimmen, dafs die Quantität, deren Logarithmus zu nehmen ist, immer positiv sei. Deshalb ersuchen wir den Leser, zu den sämmtlichen Logarithmenzeichen, welche in dieser Abhandlung vorkommen werden, sich immer das Zeichen $\pm$ hinzuzudenken und es so zu bestimmen, dafs dadurch die Gröfse, vor welcher es steht, positiv werde.

wählten Formen $\int P \log Q\, dx$ und $\int P \operatorname{Arctang} Q\, dx$ gehören, durch rationale Functionen, durch Logarithmen und durch die beiden Functionen $D(x, \alpha)$ und $E(x, \alpha)$ zu integriren. Zu diesem Zwecke darf man nur, wie wir es gezeigt haben, durch Zerlegung in Partialbrüche das Integral in Theile zerlegen, welche sich rational oder nur durch Logarithmen und durch die Function Λ integriren lassen. Die Functionen Λ, welche unmögliche Gröfsen enthalten, zerlegt man alsdann nach der hier gegebenen Formel in Functionen D und E und Logarithmen und Kreisbogen; und eben so zerlegt man, nach bekannten Formeln, die unmöglichen Logarithmen in Logarithmen und Kreisbogen: alsdann verschwinden die unmöglichen Gröfsen von selbst und man hat die verlangte Integration ausgeführt.

Die beiden Integrale $D(x, \alpha)$ und $E(x, \alpha)$ nehmen noch eine einfachere Form an, wenn statt x eine andere veränderliche Gröfse u eingeführt wird, welche durch die Gleichung

$$\operatorname{tang} u = \frac{-x \sin\alpha}{1+x\cos\alpha} \quad \text{oder} \quad x = \frac{-\sin u}{\sin(u+\alpha)}$$

bestimmt ist. Hierdurch wird nämlich

$$D\left(\frac{-\sin u}{\sin(u+\alpha)}, \alpha\right) = -\int_0 l\left(\frac{\pm\sin u}{\sin(u+\alpha)}\right) \operatorname{cotang} u \,.\, du,$$

$$E\left(\frac{-\sin u}{\sin(u+\alpha)}, \alpha\right) = -\int_0 l\left(\frac{\pm\sin u}{\sin(u+\alpha)}\right) du.$$

Diese Substitution zeigt auch, dafs das Integral $E(x, \alpha)$ sich in einfachere, nur von einem Elemente abhängige Integrale von der Form $\int l(\pm\sin u)\, du$ zerlegen läfst. Diese Integrale aber lassen sich wieder durch die specielle Function $E(-1, \alpha)$ ausdrücken, so dafs die allgemeine Function $E(x, \alpha)$ sich immer durch Functionen derselben Art ausdrücken läfst, in welchen das erste Element den bestimmten Werth -1 hat. Um dies zu zeigen differenzüre man $E(x, \alpha)$ in Beziehung auf α, welches

$$\frac{dE(x, \alpha)}{d\alpha} = \frac{x(x+\cos\alpha)\, l(\pm x)}{1+2x\cos\alpha+x^2} - \tfrac{1}{2} l(1+2x\cos\alpha+x^2)$$

giebt. Hieraus folgt für $x = -1$

$$\frac{dE(-1, \alpha)}{d\alpha} = -\tfrac{1}{2} l(2-2\cos\alpha) = -l(2\sin\tfrac{1}{2}\alpha),$$

also, durch Integration,

$$E(-1, \alpha) = -\int l(\sin\tfrac{1}{2}\alpha) \,.\, d\alpha - \alpha l 2 + \text{const.},$$

und, wenn $\alpha = 2u$ gesetzt wird,

$$\int l(\sin u)\, du = -\tfrac{1}{2} E(-1, 2u) - u l 2 + \text{const.}$$

Da aber

$$E(x, \alpha) = -\int l(\sin u).du + \int l \sin(u+\alpha).du,$$

so hat man

$$E(x, \alpha) = \tfrac{1}{2}E(-1, 2u) - \tfrac{1}{2}E(-1, 2u+2\alpha) + \text{const.}$$

und endlich, wenn die Constante durch $u = 0$, und auch $x = 0$, bestimmt wird, so hat man

$$E(x, \alpha) = \tfrac{1}{2}E(-1, 2u) + \tfrac{1}{2}E(-1, 2\alpha) - \tfrac{1}{2}E(-1, 2u+2\alpha)$$

$$\text{wenn } x = \frac{-\sin u}{\sin(u+\alpha)}.$$

Da die Integrale $D(x, \alpha)$ und $E(x, \alpha)$ die einfachste Gestalt erhalten, wenn $x = \frac{-\sin u}{\sin(u+\alpha)}$ gesetzt wird, so werden wir in der Folge einfacher

$$D\left(\frac{-\sin u}{\sin(u+\alpha)}, \alpha\right) \text{ durch } D(u, \alpha)$$

$$E\left(\frac{-\sin u}{\sin(u+\alpha)}, \alpha\right) \text{ durch } E(u, \alpha)$$

bezeichnen. Da jedoch einige der zu entwickelnden Formeln sich leichter ausdrücken lassen, wenn dem x sein ursprünglicher Werth gelassen wird, so werden wir auch ferner von den Functionen $D(x, \alpha)$ und $E(x, \alpha)$ Gebrauch machen. Zu erinnern ist, dafs man nicht meinen müsse, $D(x, \alpha)$ und $D(u, \alpha)$ seien einander gleich für $x = u$: sie sind vielmehr einander gleich, wenn $x = \frac{-\sin u}{\sin(u+\alpha)}$ genommen wird. Eben so ist es mit $E(x, \alpha)$ und $E(u, \alpha)$. Diese Function ist zwar durch die einfachere, nur von einem Elemente abhängige Function $E(-1, \alpha)$ überflüssig gemacht; da sie aber viele einfache Eigenschaften hat, welche denen der Function $D(u, \alpha)$ analog sind, so werden wir auch sie beibehalten.

Die hier gegebene Zerlegung der allgemeinen Form des Integrales $\int P \int Q\,dx\,dx$ in seine einfachsten Bestandtheile enthält ungefähr die Resultate der ersten Abhandlung von *Hill;* denn die daselbst untersuchten allgemeinen Formen $\int P l Q\,dx$ und $\int P \operatorname{Arctang} Q\,dx$ sind beide in der obigen Form enthalten. Den einfachsten Functionen aber, welche in dieser Form enthalten sind, haben wir etwas andere Gestalten geben müssen, nicht nur weil so die Eigenschaften derselben einfachere Ausdrücke annehmen, sondern auch um die Analogie mit den später zu entwickelnden logarithmischen Integralen von höheren Ordnungen zu erhalten.

§. 2.

Wir entwickeln nun zuerst die Grundformeln für die Function $\Lambda(x)$; denn wenn gleich dieselbe nur ein specieller Fall von $D(x, \alpha)$ ist, so dient sie doch der ganzen Theorie der logarithmischen Integrale zweiter Ordnung zur Grundlage, da die Grunformeln der Functionen $D(x, \alpha)$ und $E(x, \alpha)$ sich leicht aus denen der Function $\Lambda(x)$ entwickeln lassen. Die im §. 1. gezeigte Zerlegung des Integrals $\int P\int Q\,dx\,dx$ in seine einfachsten Bestandtheile giebt hier sogleich eine Methode, welche hinreicht, eine unendliche Zahl von Formeln für die Function $\Lambda(x)$ zu finden. Setzt man nämlich statt x irgend eine rationale Function $\frac{p}{q}$ von der Art, dafs p, q und $p+q$ nur reale Factoren ersten Grades enthalten, so hat man

$$\Lambda\left(\frac{p}{q}\right) = \int \frac{l\left(\frac{p}{q}\right)(q\,\partial p - p\,\partial q)}{q(q+p)}.$$

Zerlegt man nun dieses Integral nach der oben gezeigten Methode in seine einfachen Bestandtheile, so erhält man $\Lambda\left(\frac{p}{q}\right)$ ausgedrückt durch ein Aggregat derselben Functionen Λ und durch Logarithmen, welche alle real sind, indem wir vorausgesetzt haben, dafs p, q und $p+q$ nur reale Factoren ersten Grades enthalten sollen. Die einfachsten Formeln dieser Art wird man unstreitig erhalten, wenn man für p und q ganze rationale Functionen ersten Grades nimmt. Es sei deshalb $p = a+bx$, $q = c+dx$, so wird

$$\Lambda\left(\frac{a+bx}{c+dx}\right) = \int l\left(\frac{a+bx}{c+dx}\right)\frac{(bc-ad)\,\partial x}{(c+dx)(a+c+(b+d)x)},$$

und da

$$\frac{bc-ad}{(c+dx)(a+c+(b+d)x)} = \frac{b+d}{a+c+(b+d)x} - \frac{d}{c+dx},$$

so wird dieses Integral in folgende vier zerlegt:

$$\Lambda\left(\frac{a+bx}{c+dx}\right) = \int\frac{l(a+bx).(b+d)\,\partial x}{a+c+(b+d)x} - \int\frac{l(c+dx)(b+d)\,\partial x}{a+c+(b+d)x}$$
$$-\int\frac{l(a+bx).d.\partial x}{c+dx} + \int\frac{l(c+dx).d.\partial x}{c+dx}.$$

Drückt man diese vier Integrale einzeln durch die Function Λ und durch Logarithmen aus, so erhält man, nach einigen leichten Reductionen des logarithmischen Theiles,

$$\Lambda\left(\frac{a+bx}{c+dx}\right) = \Lambda\left(\frac{(b+d)(a+bx)}{bc-ad}\right) - \Lambda\left(\frac{-(b+d)(c+dx)}{bc-ad}\right)$$
$$-\Lambda\left(\frac{d(a+bx)}{bc-ad}\right) + \tfrac{1}{2}\left(l\left(\frac{d(c+dx)}{bc-ad}\right)\right)^2 + \text{Const.}$$

Die grofse Allgemeinheit dieser Formel, welche fünf von einander unabhängige, nach Belieben zu bestimmende Gröfsen enthält, ist nur scheinbar, da die Anzahl dieser Gröfsen durch passende Substitutionen sich auf zwei einschränken läfst. Setzt man nämlich $\frac{d(a+bx)}{bc-ad}=-z$, $\frac{b+d}{d}=y$, so erhält die Formel die einfachere Gestalt:

$$\varLambda\left(\frac{z(1-y)}{1-z}\right)=\varLambda(-yz)-\varLambda\left(\frac{y(1-z)}{1-y}\right)-\varLambda(-z)+\tfrac{1}{2}\left(l\,\frac{1-z}{1-y}\right)^2+\text{Const.}$$

Nimmt man Const. $=-\varLambda(-y)-C$ und verwandelt wieder z in x, so kann man die Formel auch so darstellen:

$$\varLambda(-xy)=\varLambda(-x)+\varLambda(-y)+\varLambda\left(\frac{x(1-y)}{1-x}\right)+\varLambda\left(\frac{y(1-x)}{1-y}\right)-\tfrac{1}{2}\left(l\,\frac{1-x}{1-y}\right)^2+C.$$

Die Constante C in dieser Formel ist von x unabhängig. Da man aber x und y mit einander vertauschen kann, ohne dafs die Formel sich änderte, so mufs diese Constante auch von y unabhängig sein, und deshalb ist sie rein numerisch. Ehe wir diese Constante allgemein bestimmen, wollen wir den speciellen Fall betrachten, wo $y=x$ ist. Für diesen geht die Gleichung über in

$$\varLambda(-x^2)=2\varLambda(-x)+2\varLambda(x)+C.$$

Setzt man zur Bestimmung der Constante $x=0$, so erhält man $C=0$; und dieser Werth mufs in dem ganzen Intervalle von $x=-\infty$ bis $x=+\infty$ gültig sein, weil in demselben keine Discontinuität eintritt. Man hat daher

$$1.\quad \varLambda(-x^2)=2\varLambda(-x)+2\varLambda(x).$$

Um nun die Constante der allgemeineren Formel zu bestimmen, mufs man zunächst bemerken, dafs die Continuität der darin vorkommenden Functionen unterbrochen wird, sobald $1-x$ oder $1-y$ aus dem Positiven in's Negative übergeht, und umgekehrt; sobald aber die Continuität unterbrochen wird, kann auch die Constante der Integration plötzlich ihren Werth ändern. Deshalb sind hier vier Fälle zu unterscheiden, für welche die Constante besonders zu bestimmen ist; 1) wenn $1-x$ positiv und $1-y$ positiv, 2) wenn $1-x$ positiv und $1-y$ negativ, 3) wenn $1-x$ negativ und $1-y$ positiv, 4) wenn $1-x$ negativ und $1-y$ negativ ist. In dem ersten Falle findet man, indem man $x=0$ und $y=0$ setzt, auch $C=0$. In dem zweiten Falle setze man $x=0$ und $y=2$, so wird $C=-2\varLambda(-2)$, und man findet denselben Werth der Constante für den dritten Fall, wenn man $x=2$ und $y=0$ setzt. Um endlich die Constante für den vierten Fall zu bestimmen setze man $x=2$ und $y=2$, wodurch man erhält

$\Lambda(-4) = 2\Lambda(-2) + 2\Lambda(2) + C$. Dieser Werth der Constante wird vermöge Formel (1.) zu $C = 0$. Die Constante der allgemeinen Formel hat also nur die beiden verschiedenen Werthe $C = 0$ und $C = -2\Lambda(-2)$, und zwar den ersten, wenn $1-x$ und $1-y$ gleiche Vorzeichen haben, den zweiten, wenn die Vorzeichen dieser Gröfsen verschieden sind, oder, was dasselbe ist: er ist $C = 0$ wenn $\frac{1-x}{1-y}$ positiv und $C = -2\Lambda(-2)$ wenn $\frac{1-x}{1-y}$ negativ ist. Setzt man in der allgemeinen Formel für den zweiten dieser Fälle $1-x = +w$ und $1-y = -w$ und nimmt w unendlich klein, so erhält man $C = -3\Lambda(-1)$. Es ist daher $2\Lambda(-2) = 3\Lambda(-1)$, und da $\Lambda(-1) = 1 + \frac{1}{2^2} + \frac{1}{3^2} + \dots = \frac{\pi^2}{6}$, so ist $C = -\frac{\pi^2}{2}$. Wir haben daher folgende Grundformel für die Function Λ:

$$2.\quad \Lambda(-xy)$$
$$= \Lambda(-x) + \Lambda(-y) + \Lambda\left(\frac{x(1-y)}{1-x}\right) + \Lambda\left(\frac{y(1-x)}{1-y}\right) - \tfrac{1}{2}\left(l\,\frac{1-x}{1-y}\right)^2 + C;$$

wo $C = 0$ wenn $\frac{1-x}{1-y}$ positiv und $C = -\frac{\pi^2}{2}$ wenn $\frac{1-x}{1-y}$ negativ ist.

Diese Formel stimmt mit derjenigen überein, welche *Hill* in seiner zweiten Abhandlung aufgestellt und durch Differenziiren bewiesen hat. Da aber nach der von *Hill* gewählten Definition der Function $\Lambda(x)$ dieselbe imaginär wird, sobald $1-x$ negativ ist, so konnte er nur den einen Fall betrachten, wo $1-x$ und $1-y$ beide positiv sind. In dieser Formel sind alle bisher bekannten Eigenschaften der Function $\Lambda(x)$ als specielle Fälle enthalten; welche wir jetzt aus derselben ableiten wollen.

Setzt man $y = \frac{1}{x}$ und verwandelt sodann x in $-x$, so erhält man

$$3.\quad \Lambda(x) + \Lambda\left(\frac{1}{x}\right) = \tfrac{1}{2}(l \pm x)^2 + K;$$

wo $K = -\frac{\pi^2}{6}$ wenn x positiv und $K = \frac{\pi^2}{3}$ wenn x negativ ist.

Setzt man $y = 0$, so erhält man

$$4.\quad \Lambda(-x) + \Lambda\left(\frac{x}{1-x}\right) = \tfrac{1}{2}(l(1-x))^2 + K;$$

wo $K = 0$ wenn $1-x$ positiv und $K = \frac{\pi^2}{2}$ wenn $1-x$ negativ ist.

Verwandelt man hierin x in $1-x$, addirt die so erhaltene Formel zu jener und verwandelt die Summe der beiden Functionen $\Lambda\left(\frac{x}{1-x}\right) + \Lambda\left(\frac{1-x}{x}\right)$ nach Formel (3), so erhält man

$$5.\quad \Lambda(-x) + \Lambda(x-1) = lx\,l(1-x) + \frac{\pi^2}{6}.$$

Subtrahirt man ferner (4) und (5) von einander und verwandelt x in $1-x$, so hat man

$$6.\quad \Lambda(-x)-\Lambda\left(\frac{1-x}{x}\right) = lx\, l(1-x)-\tfrac{1}{2}(lx)^2+K;$$

wo $K=\frac{\pi^2}{6}$ wenn x positiv und $K=-\frac{\pi^2}{3}$ wenn x negativ ist.

Verwandelt man endlich hierin wieder x in $\frac{1}{1-x}$, so hat man

$$7.\quad \Lambda(-x)-\Lambda\left(\frac{-1}{1-x}\right) = lx\, l(1-x)-\tfrac{1}{2}(l(1-x))^2+K;$$

wo $K=-\frac{\pi^2}{6}$ wenn $1-x$ positiv und $K=+\frac{\pi^2}{3}$ wenn $1-x$ negativ ist.

Diese Gleichungen (3 bis 7), welche wir aus der allgemeinen Formel (2) abgeleitet haben, enthalten die einfachsten Eigenschaften der Function $\Lambda(x)$, indem sie nur zwei solche Functionen mit einander verbinden, deren Summe oder Differenz sich durch Logarithmen ausdrücken läfst. Durch dieselben kann man aus dem einen bekannten Werthe der Function $\Lambda(-1)=\frac{\pi^2}{6}$ noch mehrere andere Werthe dieser Function ableiten. Setzt man in Formel (1) $x=1$, so hat man $2\Lambda(+1)+\Lambda(-1)=0$, also $\Lambda(+1)=-\frac{\pi^2}{12}$. Setzt man weiter in der Formel (5) $x=2$, so hat man $\Lambda(-2)=\frac{\pi^2}{6}-\Lambda(+1)$, also $\Lambda(-2)=\frac{\pi^2}{4}$. Setzt man endlich $x=\frac{1}{2}$ in Formel (5), so ist $\Lambda(-\frac{1}{2})=\frac{1}{2}(\Lambda 2)^2+\frac{\pi^2}{12}$. Aufser diesen lassen sich noch einige andere besondere Werthe der Function $\Lambda(x)$ durch Logarithmen und durch die Zahl π ausdrücken. Nimmt man nämlich $x=\frac{\sqrt{5}-1}{2}$, welchen Werth ich kurz durch r bezeichne, so ist $r^2=1-x$, $\frac{1-r}{r}=r$: also erhält man durch Formel (1) und (5)

$$\Lambda(-r^2) = 2\Lambda(-r)+2\Lambda(r)$$

$$\Lambda(-r)+\Lambda(-r^2) = 2(lr)^2+\frac{\pi^2}{6},$$

woraus durch Elimination des $\Lambda(-r^2)$ folgt:

$$3\Lambda(-r)+2\Lambda(r) = 2(lr)^2+\frac{\pi^2}{6}.$$

Ferner giebt Formel (6), wenn $x=r$ gesetzt wird,

$$\Lambda(-r)-\Lambda(r) = \tfrac{3}{2}(lr)^2+\frac{\pi^2}{6};$$

und aus diesen beiden Gleichungen erhält man sogleich die Werthe von $\Lambda(-r)$ und $\Lambda(+r)$, nämlich:

$$\Lambda\left(\frac{\sqrt{5}-1}{2}\right) = -\tfrac{1}{2}\left(l\,\frac{\sqrt{5}-1}{2}\right)^2 - \frac{\pi^2}{15}, \quad \Lambda\left(\frac{1-\sqrt{5}}{2}\right) = \left(l\,\frac{\sqrt{5}-1}{2}\right)^2 + \frac{\pi^2}{10}.$$

Hieraus aber kann man durch Anwendung der Formeln (3 bis 7) leicht folgende ableiten:

$$\Lambda\left(\frac{\sqrt{5}-3}{2}\right) = \left(l\,\frac{\sqrt{5}-1}{2}\right)^2 + \frac{\pi^2}{15}, \quad \Lambda\left(\frac{-\sqrt{5}-3}{2}\right) = \left(l\,\frac{\sqrt{5}-1}{2}\right)^2 + \frac{4\pi^2}{15},$$

$$\Lambda\left(\frac{\sqrt{5}+1}{2}\right) = \left(l\,\frac{\sqrt{5}-1}{2}\right)^2 - \frac{\pi^2}{10}, \quad \Lambda\left(\frac{-\sqrt{5}-1}{2}\right) = -\tfrac{1}{2}\left(l\,\frac{\sqrt{5}-1}{2}\right)^2 + \frac{7\pi^2}{30}.$$

Einige andere Formeln, welche als specielle Fälle in der Formel (2) enthalten sind, in denen aber mehr als zwei Functionen Λ vorkommen, sind folgende:

$$8. \quad \Lambda(-4x(1-x)) = 2\Lambda(-2x) + 2\Lambda(2x-2) - \frac{\pi^2}{2}.$$

$$9. \quad \Lambda(-x(1-x)) = \Lambda\left(\frac{x^2}{1-x}\right) - \Lambda\left(\frac{x}{(1-x)^2}\right) - 2lx\,l(1-x) + \tfrac{3}{2}(l(1-x))^2 + K;$$

wo $K = 0$ wenn $1-x$ positiv und $K = -\frac{\pi^2}{2}$ wenn $1-x$ negativ ist.

$$10. \quad \Lambda\left(\frac{x^2}{4-4x}\right) = 2\Lambda\left(\frac{-x}{2}\right) + 2\Lambda\left(\frac{x}{2-2x}\right) - \tfrac{1}{2}(l(1-x))^2 + K;$$

wo $K = 0$ wenn $1-x$ positiv und $K = -\frac{\pi^2}{2}$ wenn $1-x$ negativ ist.

$$11. \quad \Lambda(x^2) - \tfrac{1}{2}\Lambda(-x^2) = \Lambda\left(\frac{x(1+x)}{1-x}\right) + \Lambda\left(\frac{-x(1-x)}{1+x}\right) - \tfrac{1}{2}\left(l\,\frac{1-x}{1+x}\right)^2 + K;$$

wo $K = 0$ wenn $\frac{1-x}{1+x}$ positiv und $K = -\frac{\pi^2}{2}$ wenn $\frac{1-x}{1+x}$ negativ ist.

Die Formel (8) ist aus (2) entstanden, indem x in $2x$ verwandelt und $y = 2-2x$ gesetzt worden ist, und die Formel (9) durch den besonderen Werth $y = 1-x$, mit Zuziehung der Formeln (3) und (5). Ferner ist (10) aus (2) entstanden, indem x in $\frac{x}{2}$ verwandelt und $y = \frac{-x}{2-2x}$ gesetzt worden ist, und Formel (11) durch den besonderen Werth $y = -x$, mit Anwendung von Formel (1). Uebrigens ist klar, daſs sich diese Formeln auſserordentlich vervielfältigen lassen, da dem y in der allgemeinen Formel alle beliebigen Werthe gegeben werden können. Man kann aber auch die in diesen Formeln vorkommenden Functionen Λ mit Hülfe der obigen fünf einfachen Gleichungen umformen, und diese Verwandlungen lassen sich auch mit der allgemeinen Formel (2) selbst vornehmen, so daſs sie viele verschiedene Gestalten annimmt. Verwandelt man z. B. die vierte und fünfte Function Λ dieser Formel nach Formel (4), so erhält man

$$12.\quad \Lambda(-xy) =$$
$$\Lambda(-x)+\Lambda(-y)-\Lambda\left(\frac{-x(1-y)}{1-xy}\right)-\Lambda\left(\frac{-y(1-x)}{1-xy}\right)+l\left(\frac{1-x}{1-xy}\right).l\left(\frac{1-y}{1-xy}\right)+K,$$

wo immer $K=0$, mit Ausnahme des Falles, dafs $1-x$ und $1-y$ gleiche Vorzeichen haben und $1-xy$ das entgegengesetzte von dem wenn $K=\pi^2$ ist.

Besonders merkwürdig ist folgende Umgestaltung der Formel (2), bei welcher der logarithmische Theil ganz verschwindet. Um dieselbe zu erhalten verwandle man in der Formel (2) zunächst y in $\frac{1}{y}$. Dieses giebt

$$\Lambda\left(-\frac{x}{y}\right) =$$
$$\Lambda(-x)+\Lambda\left(-\frac{1}{y}\right)+\Lambda\left(-\frac{x(1-y)}{y(1-x)}\right)+\Lambda\left(-\frac{1-x}{1-y}\right)-\tfrac{1}{2}\left(l\,\frac{y(1-x)}{1-y}\right)^2+C.$$

Ferner verwandle man in dieser Formel wieder x in $\frac{-x(1-y)}{1-x}$ und y in $\frac{-y(1-x)}{1-y}$, so erhält man

$$\Lambda\left(-\frac{x(1-y)^2}{y(1-x)^2}\right) =$$
$$\Lambda\left(\frac{x(1-y)}{1-x}\right)+\Lambda\left(\frac{1-y}{y(1-x)}\right)+\Lambda\left(-\frac{x(1-y)}{y(1-x)}\right)+\Lambda\left(-\frac{1-y}{1-x}\right)-\tfrac{1}{2}(ly)^2+C.$$

Addirt man jetzt diese beiden Formeln und die ursprüngliche (2) und führt die Vereinfachungen aus, welche die Formel (3) gewährt, so erhält man

$$13.\quad \Lambda(-xy)+\Lambda\left(-\frac{x}{y}\right)+\Lambda\left(-\frac{x(1-y)^2}{y(1-x)^2}\right) =$$
$$2\Lambda(-x)+2\Lambda\left(-\frac{x(1-y)}{y(1-x)}\right)+2\Lambda\left(\frac{x(1-y)}{1-x}\right)+C,$$

und es ist $C=0$, mit Ausnahme des Falles, wenn y und $1-x$ beide negativ sind, für welchen Fall $C=-2\pi^2$ ist. Setzt man in dieser Formel $x=\operatorname{tang}\alpha.\operatorname{tang}\beta$, $y=-\frac{\operatorname{tang}\alpha}{\operatorname{tang}\beta}$, so nimmt sie folgende Gestalt an:

$$14.\quad \Lambda(\operatorname{tang}^2\alpha)+\Lambda(\operatorname{tang}^2\beta)+\Lambda(\operatorname{tang}^2(\alpha+\beta)) =$$
$$2\Lambda(-\operatorname{tang}\alpha\operatorname{tang}\beta)+2\Lambda(-\operatorname{tang}\alpha\operatorname{tang}(\alpha+\beta))+2\Lambda(-\operatorname{tang}\beta\operatorname{tang}(\alpha+\beta))+C,$$

wo $C=0$ ist, mit Ausnahme des Falles, dafs $\operatorname{tang}\alpha$ und $\operatorname{tang}\beta$ gleiche Vorzeichen haben und $\operatorname{tang}(\alpha+\beta)$ das entgegengesetzte von dem wenn $C=-2\pi^2$ ist. Einen einfachen speciellen Fall der Formel (13) erhält man, wenn man $y=-1$ setzt, nämlich

15. $\Lambda\left(\frac{4x}{(1-x)^2}\right) = 4\Lambda\left(\frac{2x}{1-x}\right) + 2\Lambda(-x) - 2\Lambda(x) + C;$

wo $C=0$ wenn $1-x$ positiv und $C=-2\pi^2$ wenn $1-x$ negativ ist.

Alle bisher gefundenen Formeln haben wir dadurch abgeleitet, dafs wir in dem Integrale, welches die Function $\Lambda(x)$ darstellt, statt x eine rationale gebrochene Function ersten Grades substituirt und das Integral sodann nach der allgemeinen Methode der Zerlegung in mehrere andere zerfället haben. Wir haben ferner bemerkt, dafs die Methode mit demselben Erfolge auch angewendet werden kann, wenn für x irgend eine rationale Function von höherem Grade gesetzt wird. Wählt man hierzu die allgemeine Form einer rationalen gebrochenen Function zweiten Grades, so erhält man eine andere noch allgemeinere Formel als die Formel (2), in welcher, wenn die überflüssige, nur scheinbare Allgemeinheit, welche die vielen von einander unabhängigen Gröfsenzeichen anzeigen, durch passende Substitutionen aufgehoben wird, noch vier von einander unabhängige Quantitäten übrig bleiben, die aber nicht weniger als 25 besondere Functionen Λ enthält. Beschränkt man sich hierbei auf speciellere Fälle, so vermindert sich zwar bei passender Bestimmung einer oder mehrerer der unabhängigen Gröfsen die Anzahl der in der Formel enthaltenen Functionen Λ beträchtlich: aber die einfachsten speciellen Fälle sind immer nur diejenigen, für welche die rationale Function zweiten Grades in éine ersten Grades übergeht; welche Fälle also schon in den hier gefundenen Formeln enthalten sein müssen. Wir wollen deshalb diese Formel, welche eine rationale Function zweiten Grades giebt, und um so mehr die höheren Graden entsprechenden übergehen und es bei den oben gefundenen Formeln, welche die einfachsten Eigenschaften der Function $\Lambda(x)$ ausdrücken, bewenden lassen.

§. 3.

Wir haben nun noch zu zeigen, auf welche Weise die Werthe der Function $\Lambda(x)$ zu berechnen sind, und wollen deshalb zunächst den Gang dieser Function genauer untersuchen. Da der erste Differenzialquotient derselben, $\frac{l(\pm x)}{1+x}$ von $x=-\infty$ bis $x=+1$ negativ ist, von $x=+1$ bis $x=+\infty$ aber positiv, so nimmt die Function $\Lambda(x)$ in dem ganzen ersten Intervalle continuirlich ab; in dem zweiten Intervalle aber nimmt sie continuirlich zu, und für $x=1$ hat sie ihr Minimum $\Lambda(1)=-\frac{\pi^2}{12}$ erreicht. Da ferner $\Lambda(0)=0$ ist, so folgt, dafs $\Lambda(x)$ für alle negativen Werthe des x positiv, für positive Werthe des x aber $\Lambda(x)$ anfänglich negativ ist, bis es, wenn x wächst, wieder positiv wird und dann mit x zugleich ins unendliche wächst. Für sehr grofse positive Werthe des x ist nämlich $\Lambda(x)$ sehr nahe gleich $\frac{1}{2}(lx)^2-\frac{\pi^2}{6}$, und für sehr grofse negative Werthe des x sehr nahe gleich $\frac{1}{2}(l-x)^2+\frac{\pi^2}{3}$; wie unmittelbar aus der Formel (3) hervorgeht. Damit man sich von dem Gange dieser Function eine genauere Vorstellung bilden könne, haben wir folgende Werthe derselben berechnet.

$\Lambda(0) = \quad 0{,}00000000000.$	$\Lambda(-1) = 1{,}64493406685.$
$\Lambda(1) = -0{,}82246703342.$	$\Lambda(-2) = 2{,}46740110027.$
$\Lambda(2) = -0{,}67524635647.$	$\Lambda(-3) = 3{,}08168043373.$
$\Lambda(3) = -0{,}41637539993.$	$\Lambda(-4) = 3{,}58430948761.$
$\Lambda(4) = -0{,}13878509442.$	$\Lambda(-5) = 4{,}01487386385.$
$\Lambda(5) = +0{,}13444649368.$	$\Lambda(-6) = 4{,}39421319291.$
$\Lambda(6) = +0{,}39666088475.$	$\Lambda(-7) = 4{,}73487611794.$
$\Lambda(7) = +0{,}64624435589.$	$\Lambda(-8) = 5{,}04509611128.$
$\Lambda(8) = +0{,}88332406176.$	$\Lambda(-9) = 5{,}33061006760.$
$\Lambda(9) = +1{,}10863277949.$	$\Lambda(-10) = 5{,}59559784509.$
$\Lambda(10) = +1{,}32308002285.$	$\Lambda(-11) = 5{,}84321195371.$

Der zweite Werth des x, für welchen $\Lambda(x)=0$ wird, liegt, wie man aus dieser Tabelle sieht, zwischen 4 und 5: derselbe ist, wie wir durch genaue Rechnung gefunden haben, $\Lambda(x)=0$ für $x=4{,}50374185563$.

Die Berechnung der numerischen Werthe der Function $\Lambda(x)$ wird durch die oben gefundenen Formeln aufserordentlich erleichtert. Zunächst zeigen dieselben, wie alle diese Functionen sich auf andere reduciren lassen, für welche x in dem Intervalle $x=0$ bis $x=-\frac{1}{2}$, oder auch in dem Intervalle $x=-\frac{1}{2}$ bis $x=-1$ liegt. Durch die Formel (3) kann man zunächst jede Function $\Lambda(x)$, in welcher x, vom Vorzeichen abgesehen, gröfser als 1 ist, in eine andere verwandeln, in welcher x kleiner als 1 ist; es bleibt also nur das Intervall $x=-1$ bis $x=+1$. Durch die Formel (4) wird ferner jede Function $\Lambda(x)$, in welcher x in den Grenzen $x=+1$ bis $x=0$ liegt, in eine andere verwandelt, in welcher x in den Grenzen $x=-1$ bis $x=0$ liegt; und dieses Intervall wird endlich durch die Formel (5) auf die Hälfte reducirt, so dafs man also die Function $\Lambda(x)$ nur für diejenigen Werthe des x besonders zu berechnen hat, welche in den Grenzen $x = -\frac{1}{2}$ bis $x = 0$ liegen. Das Intervall $-\frac{1}{2}$ bis 0 läfst sich vermittelst der gefundenen Formeln weiter einschränken, auf $-\frac{1}{3}$ bis 0, dieses wieder auf $-\frac{1}{4}$ bis 0 und dieses wieder auf $-\frac{1}{5}$ bis 0 und so fort in's unendliche: oder es läfst sich jede Function $\Lambda(x)$ durch andere solche Functionen ausdrücken, deren Elemente negativ sind und von 0 so wenig verschieden, als man nur will. Um dies zu zeigen, nehme ich die Formel $\Lambda(-x^2) = 2\Lambda(-x) + 2\Lambda(x)$ und verwandele in derselben $\Lambda(-x)$ nach der Formel (4), wodurch ich erhalte

$$16. \quad \Lambda(x) = \Lambda\left(\frac{x}{1-x}\right) + \tfrac{1}{2}\Lambda(-x^2) - \tfrac{1}{2}(\Lambda(1-x))^2,$$

wenn $1-x$ positiv ist. Mit Hülfe dieser Formel wird jede Function $\Lambda(x)$, deren Element x in den Grenzen $-\frac{1}{2}$ und $-\frac{1}{3}$ liegt, durch zwei andere ausgedrückt, deren Elemente in den Grenzen $-\frac{1}{3}$ und 0 liegen. Ferner wird durch dieselbe Formel jede Function $\Lambda(x)$, deren Element x in den Grenzen $-\frac{1}{3}$ und $-\frac{1}{4}$ liegt, durch zwei andere ausgedrückt, deren Elemente in den Grenzen $-\frac{1}{4}$ und 0 liegen. Von diesem Intervalle wird wieder der Theil zwischen $-\frac{1}{4}$ und $-\frac{1}{5}$ durch den anderen Theil bestimmt, und es werden so nach einander noch von dem Intervalle $-\frac{1}{5}$ bis 0 die einzelnen Intervalle $-\frac{1}{5}$ bis $-\frac{1}{6}$, $-\frac{1}{6}$ bis $-\frac{1}{7}$ u. s. w. abgesondert, so dafs nur das Intervall $-\frac{1}{n}$ bis 0 bleibt, in welchem man n so grofs machen kann, als man will. Es liefse sich, wie man leicht sieht, hierauf eine Methode der näherungsweisen Berechnung der Function $\Lambda(x)$ gründen, welche jedoch von keinem practischen Nutzen sein würde, da die Annäherung an den Grenzwerth $\Lambda(0)$ viel zu langsam ist. Eine oder zwei solche Reductionen aber, welche das Element x der zu berechnenden Function kleiner als $-\frac{1}{3}$ oder kleiner als $-\frac{1}{4}$ machen, werden in vielen Fällen förderlich sein, da die Function $\Lambda(x)$ am leichtesten durch eine einfache, nach Potenzen von x geordnete Reihe berechnet wird.

Um die Reihen-Entwickelungen des Integrals $\Lambda(x)$ zu erhalten, verwandle ich dasselbe durch theilweise Integration in

$$\Lambda(x) = lx\, l(1+x) - \int \frac{dx}{x}\, l(1+x).$$

Wird nun $l(1+x)$ in eine Reihe entwickelt und die Integration ausgeführt, so erhält man

$$17.\quad \Lambda(x) = lx\,l(1+x) - \left(\frac{x}{1^2} - \frac{x^2}{2^2} + \frac{x^3}{3^2} - \ldots\right)$$

in den Grenzen $x = -1$ bis $x = +1$. Aus dieser Reihen-Entwickelung erhält man sogleich noch fünf andere, indem man mit Hülfe der fünf einfachen Gleichungen (3 bis 7, §. 2.) die Function $\Lambda(x)$ umformt und alsdann durch eine passende Substitution für x, $\Lambda(x)$ wieder herstellt. Diese Reihen sind

$$18.\quad \Lambda(x) = K + lx\,l(1+x) - \tfrac{1}{2}(lx)^2 + \left(\frac{1}{1^2 x} - \frac{1}{2^2 x^2} + \frac{1}{3^3 x^3} - \ldots\right),$$

wo $K = -\frac{\pi^2}{6}$ ist, in den Grenzen $x = +1$ bis $x = +\infty$,

und $K = +\frac{\pi^2}{3}$ in den Grenzen $x = -\infty$ bis $x = -1$;

$$19.\quad \Lambda(x) = \frac{\pi^2}{6} - \left(\frac{1+x}{1^2} + \frac{(1+x)^2}{2^2} + \frac{(1+x)^3}{3^2} + \ldots\right)$$

in den Grenzen $x = -2$ bis $x = 0$;

$$20.\quad \Lambda(x) = K + \tfrac{1}{2}(l(1+x))^2 + \left(\frac{1}{1+x} + \frac{1}{2^2(1+x)^2} + \frac{1}{3^2(1+x)^3} + \ldots\right),$$

wo $K = -\frac{\pi^2}{6}$ ist, in den Grenzen $x = 0$ bis $x = \infty$,

und $K = +\frac{\pi^2}{3}$ in den Grenzen $x = -\infty$ bis $x = -2$;

$$21.\quad \Lambda(x) = lx\,l(1+x) - \tfrac{1}{2}(l(1+x))^2 - \left(\frac{x}{1+x} + \frac{x^2}{2^2(1+x)^2} + \frac{x^3}{3^2(1+x)^3} + \ldots\right)$$

in den Grenzen $x = -\frac{1}{2}$ bis $x = +\infty$;

$$22.\quad \Lambda(x) = \frac{\pi^2}{6} + \tfrac{1}{2}(l-x)^2 + \left(\frac{1+x}{x} + \frac{(1+x)^2}{2^2 x^2} + \frac{(1+x)^3}{2^3 x^3} + \ldots\right)$$

in den Grenzen $x = -\infty$ bis $x = -\frac{1}{2}$.

Diese Reihen-Entwickelungen dienen zur unmittelbaren Berechnung der Function $\Lambda(x)$ für alle möglichen Werthe des x, und zwar dienen die Reihen (17) und (21) vorzüglich für den Fall, wenn x dem Werthe 0 nahe liegt; die Reihen (19) und (22) für den Fall, wenn x dem Werthe -1 nahe liegt, und die Reihen (18) und (20) für grofse positive und negative Werthe des x.

(Die Fortsetzung folgt im nächsten Hefte.)

4.

Wir wenden uns nun zur Untersuchung des Integrales

$$D(x,\alpha) = \int \frac{l(\pm x)(x+\cos\alpha)\,dx}{1+2x\cos\alpha+x^2}.$$

Aus der Definition folgen zunächst unmittelbar folgende Eigenschaften desselben:

$$D(x,-\alpha) = D(x,\alpha), \qquad D(x,\alpha+\pi) = D(-x,\alpha),$$

oder allgemeiner, wenn k irgend eine ganze Zahl bedeutet,

$$D(x,\pm\alpha+2k\pi) = D(x,\alpha), \quad D(x,\pm\alpha+(2k+1)\pi) = D(-x,\alpha).$$

Da hiernach jede beliebige Function $D(x,\alpha)$ auf eine andere reducirt wird, für welche α in den Grenzen 0 und π liegt, so werden wir unbeschadet der Allgemeinheit der zu entwickelnden Formeln gewöhnlich voraussetzen, daſs dieses zweite Element α in den Grenzen 0 und π liegt. Wird nun $x = \frac{-\sin u}{\sin(u+\alpha)}$ gesetzt, wodurch $D(x,\alpha)$ in $D(u,\alpha)$ übergeht, so hat man für dieses Integral in der Form $D(u,\alpha)$

$$D(u,\alpha\pm k\pi) = D(u,\alpha), \qquad D(u\pm k\pi,\alpha) = D(u,\alpha),$$

$$D(-u,-\alpha) = D(u,\alpha),$$

so daſs die Function $D(u,\alpha)$ sich gar nicht ändert, wenn zu einem ihrer beiden Elemente, oder auch zu beiden, beliebige Vielfachen von π hinzugethan oder davon weggenommen werden, und eben so, wenn ihre Elemente beide zugleich mit umgekehrten Vorzeichen genommen werden. Die Continuität dieser Function wird unterbrochen, oder $D(u,\alpha)$ wird unendlich groſs, sobald $\sin(u+\alpha) = 0$ wird; deshalb werden wir gewöhnlich $u+\alpha$ als in den Grenzen 0 und π liegend betrachten, welchen in $D(x,\alpha)$ die Grenzen $x = -\infty$ und $x = +\infty$ entsprechen. Für $\alpha = 0$ geht $D(x,\alpha)$ über in $\Lambda(x)$, aber $D(u,\alpha)$ in $\Lambda(-1)$, oder es wird $D(u,0) = \frac{\pi^2}{6}$. Wenn aber

u und α zugleich verschwinden, so geht $D(u,\alpha)$ über in $\Lambda(z)$, wo z den Werth bedeutet, welchem der Quotient $\frac{-\sin u}{\sin(u+\alpha)}$ oder $\frac{-u}{u+\alpha}$ sich unendlich nähert, wenn u und α unendlich klein werden.

Die Differenzialquotienten des $D(x,\alpha)$ in Beziehung auf x und α sind folgende:

$$\frac{dD(x,\alpha)}{dx} = \frac{l(\pm x)(x+\cos\alpha)}{1+2x\cos\alpha+x^2},$$

$$\frac{dD(x,\alpha)}{d\alpha} = -\frac{x\,l(\pm x)\sin\alpha}{1+2x\cos\alpha+x^2} + \text{arc tang}\frac{x\sin\alpha}{1+x\cos\alpha}$$

und deshalb ist das vollständige Differenzial, wenn beide Elemente x und α zugleich veränderlich sind,

$$d.D(x,\alpha) = \frac{l(\pm x)((x+\cos\alpha)\,dx - x\sin\alpha\,d\alpha)}{1+2x\cos\alpha+x^2} + \text{arc tang}\frac{x\sin\alpha}{1+x\cos\alpha}.d\alpha$$

oder

$$d.D(x,\alpha) = \tfrac{1}{2}l(\pm x)\,dl(1+2x\cos\alpha+x^2) + \text{arc tang}\frac{x\sin\alpha}{1+x\cos\alpha}.d\alpha.$$

Der Kreisbogen, welcher in den in Beziehung auf α genommenen Differenzialen vorkommt, hat bekanntlich unendlich viele verschiedene Werthe und mufs deshalb näher bestimmt werden.

Für $x=0$ ist $D(x,\alpha)=0$, folglich auch $\frac{dD(x,\alpha)}{d\alpha}=0$. Deshalb mufs für diesen Werth des x auch der Kreisbogen $=0$ werden. Wenn nun α in den Grenzen 0 und π liegt, so wächst der Kreisbogen continuirlich zugleich mit x und erhält für $x=\infty$ den Werth α: wenn aber x abnimmt, so nimmt auch der Kreisbogen continuirlich ab und für $x=-\infty$ wird derselbe gleich $\alpha-\pi$, so dafs dieser Kreisbogen immer in den Grenzen $\alpha-\pi$ und α eingeschlossen ist, wenn nämlich α in den Grenzen 0 und π liegt und x in den Grenzen $-\infty$ bis $+\infty$.

Setzt man $x=\frac{-\sin u}{\sin(u+\alpha)}$, so erhält man hieraus auch die Differenzialquotienten und das vollständige Differenzial von $D(u,\alpha)$, nämlich

$$\frac{d.D(u,\alpha)}{du} = -l\left(\frac{\pm\sin u}{\sin(u+\alpha)}\right)\text{cotang}(u+\alpha),$$

$$\frac{d.D(u,\alpha)}{d\alpha} = l\left(\frac{\pm\sin u}{\sin(n+\alpha)}\right).\frac{\sin u}{\sin\alpha.\sin(u+\alpha)} - u,$$

$$d.D(u,\alpha) = -l\left(\frac{\pm\sin u}{\sin(u+\alpha)}\right)(\text{cotang}(u+\alpha)(du+d\alpha) - \text{cotang}\,\alpha.d\alpha) - u\,d\alpha,$$

welches auch so dargestellt werden kann:

$$d.D(u,\alpha) = l\left(\frac{\pm\sin u}{\sin(u+\alpha)}\right)dl\left(\frac{\pm\sin\alpha}{\sin(u+\alpha)}\right) - u.d\alpha,$$

wenn α und $u+\alpha$ in den Grenzen 0 und π liegen. Sind diese Bedingungen nicht erfüllt, so kann man diese Formeln nicht unmittelbar zum differenziiren von $D(u,\alpha)$ anwenden, sondern man mufs dann zuvor den Elementen u und α gewisse Vielfachen von π nehmen oder dazu hinzuthun, von der Art, dafs diese Bedingungen erfüllt werden.

Nach diesen Vorbereitungen wollen wir nun die Formeln suchen, welche die Eigenschaften der Function $D(x,\alpha)$ oder $D(u,\alpha)$ enthalten. Zu diesem Zwecke bietet sich hier wieder dieselbe Methode dar, welche wir für die Function $\Lambda(x)$ angewendet haben, nämlich in $D(x,\alpha)$ statt x irgend eine rationale Function von x zu nehmen und alsdann dieses Integral in seine einfachen Bestandtheile zu zerlegen. Zunächst wollen wir $-x^n$ statt x nehmen, wo n eine ganze positive Zahl sein soll, und wollen α in $n\alpha$ verwandeln. Hierdurch wird

$$D(-x^n, n\alpha) = n\int_0 \frac{l(\pm x)\,(x^n-\cos n\alpha)\,n x^{n-1}.\,dx}{1-2x^n\cos n\alpha + x^{2n}}.$$

Die gebrochene rationale Function, welche in diesem Integrale enthalten ist, wird aber bekanntlich folgendermaafsen in ihre Partialbrüche zerlegt:

$$\frac{(x^n-\cos n\alpha)\,n x^{n-1}}{1-2x^n\cos n\alpha+x^{2n}} = \sum_0^{n-1}{}_k \frac{x-\cos\left(\alpha+\frac{2k\pi}{n}\right)}{1-2x\cos\left(\alpha+\frac{2k\pi}{n}\right)+x^2},$$

und deshalb hat man sogleich durch die Integration der einzelnen Theile:

$$23.\qquad D(-x^n,\, n\alpha) = n\sum_0^{n-1}{}_k D\left(-x,\alpha+\frac{2k\pi}{n}\right).$$

Verwandelt man α in $\alpha+\frac{\pi}{n}$, so erhält man hieraus

$$24.\qquad D(+x^n, n\alpha) = n\sum_0^{n-1}{}_k D\left(-x,\alpha+\frac{(2k+1)\pi}{n}\right).$$

Dies sind längst bekannte Resultate, welche auch gewöhnlich auf ähnliche Weise hergeleitet werden. Auf andere Werthe aber als $-x^n$ und $+x^n$ hat man diese Methode noch nicht angewendet, um eine Function derselben Art zu verwandeln, obgleich solches mit demselben guten Erfolge geschehen kann. Aus der oben angegebenen allgemeinen Methode der Zerlegung der in der Form $\int P\int Q\,dx\,dx$ enthaltenen Integrale folgt nämlich von selbst, dafs man, indem man für x irgend beliebige rationale Functionen in $D(x,\alpha)$ substituirt, eine unendliche Anzahl verschiedener Formeln erhalten mufs, in welchen eine solche Function als Aggregat mehrerer Functionen derselben Art dargestellt wird. Obgleich nun aber

26*

diese Methode nothwendig zu den gesuchten Resultaten führen mufs, so werden wir doch hier nicht weiter von derselben Gebrauch machen, weil wir leichter zum Ziele kommen, indem wir die Theorie der Function (Dx, α) auf die der einfacheren Function $\Lambda(x)$ gründen, deren Grund-Eigenschaften wir bereits entwickelt haben. Eben so werden wir auch die Theorie der Function $E(x, \alpha)$ auf die der Function $\Lambda(x)$ gründen. Der Uebergang von $\Lambda(x)$ zu $D(x, \alpha)$ und $E(x, \alpha)$ geschieht durch Einführung eines imaginären Elementes $x e^{\alpha i}$ und es kann vermittelst der oben gefundenen Gleichung

$$\Lambda(x e^{\alpha i}) = D(x, \alpha) - \alpha \operatorname{arc\,tang} \frac{x \sin\alpha}{1 + x\cos\alpha} + iE(x, \alpha) + \frac{\alpha i}{2} l(1 + 2x\cos\alpha + x^2)$$

jede Eigenschaft der Function $\Lambda(x)$ auf die Functionen $D(x, \alpha)$ und $E(x, \alpha)$ übertragen werden. Die Bestimmung der Grenzen, in welchen die Kreisbogen der so erhaltenen Formeln liegen, macht hierbei einige Schwierigkeiten; wir werden die Grenzen sammt den Theilen der Formeln, welche von Logarithmen und Kreisbogen abhängig sind, anderweitig bestimmen, und zwar so, dafs die Formeln dadurch andere, von der Betrachtung des Imaginären ganz unabhängige Beweise erhalten. Da die Formel (2) des §. 2. die Grundformel für die Function $\Lambda(x)$ ist, aus welcher alle übrigen sich ableiten lassen, so werden wir nur die dieser entsprechende Grundformel für die Function $D(x, \alpha)$ herleiten, und aus dieser alsdann wieder die andern specielleren, deren Anzahl aufserordentlich grofs ist. Zu diesem Zwecke werde in der Formel (2) §. 2. x in $x e^{\alpha i}$, y in $y e^{\beta i}$ verwandelt, und es werde aufserdem gesetzt

$$1 - x e^{\alpha i} = r . e^{-ui}, \qquad 1 - y e^{\beta i} = \varrho e^{-vi},$$

oder, was dasselbe ist,

$$x \sin\alpha = r \sin u, \qquad y \sin\beta = \varrho \sin v,$$

$$1 - x\cos\alpha = r\cos u, \qquad 1 - y\cos\beta = \varrho\cos v,$$

$$x = \frac{\sin u}{\sin(u+\alpha)}, \qquad y = \frac{\sin v}{\sin(v+\beta)},$$

$$r = \frac{\sin\alpha}{\sin(u+\alpha)}, \qquad \varrho = \frac{\sin\beta}{\sin(v+\beta)}.$$

Hierdurch erhält man

$$\Lambda(-xy\, e^{(\alpha+\beta)i}) = \Lambda(-x e^{\alpha i}) + \Lambda(y e^{\beta i}) + \Lambda\left(\frac{x\varrho}{r}\, e^{(\alpha+u-v)i}\right)$$
$$+ \Lambda\left(\frac{yr}{\varrho}\, e^{(\beta+v-u)i}\right) - \tfrac{1}{2}\left(l\left(\frac{\varrho}{r}\, e^{(u-v)i}\right)\right)^2 + C.$$

Zerlegt man jetzt die Functionen Λ dieser Formel in ihre realen und imaginären Theile, so zerfällt die ganze Formel in einen realen und einen imaginären Theil. Zieht man ferner hier, wo es sich um die Function $D(x, \alpha)$ handelt, nur den realen Theil in Betracht und bezeichnet alle Logarithmen und Kreisbogen, welche er enthält, einfach mit L, so erhält man

$$D(-xy, \alpha+\beta) = D(-x, \alpha) + D(-y, \beta) + D\left(\frac{x\varrho}{r}, \alpha+u-v\right) + D\left(\frac{yr}{\varrho}, \beta+v-u\right) + L.$$

Substituirt man für x, y, r, ϱ ihre Werthe, ausgedrückt durch u, v, α, β, so hat diese Formel vier von einander unabhängige Grössen. Außer diesen führen wir noch einen Hülfswinkel Φ ein, welcher dazu dient, die Formel selbst und die zur Bestimmung ihres logarithmischen Theiles L nöthige Rechnung bedeutend zu vereinfachen. Dieser Winkel soll durch folgende Gleichung bestimmt werden:

$$\tang \Phi = \frac{xy \sin(\alpha+\beta)}{1 - xy\cos(\alpha+\beta)},$$

oder, was dasselbe ist,

$$\tang \Phi = \frac{\sin u \sin v \sin(\alpha+\beta)}{\sin(u+\alpha)\sin(v+\beta) - \sin u \sin v \cos(\alpha+\beta)}.$$

Hieraus hat man nämlich durch einfache Rechnungen

$$\frac{\sin\varphi}{\sin(\varphi+\alpha+\beta)} = \frac{\sin u \sin v}{\sin(u+\alpha)\sin(v+\beta)} = xy,$$

$$\frac{-\sin(\varphi-u)}{\sin(\varphi+\alpha-v)} = \frac{\sin u \sin\beta}{\sin\alpha \sin(v+\beta)} = \frac{x\varrho}{r},$$

$$\frac{-\sin(\varphi-v)}{\sin(\varphi+\beta-u)} = \frac{\sin v \sin\alpha}{\sin\beta \sin(u+\alpha)} = \frac{yr}{\varrho}.$$

Substituirt man diese Werthe in der obigen Formel, und macht zugleich von der einfacheren Art der Bezeichnung $D\left(\frac{-\sin u}{\sin(u+\alpha)}, \alpha\right) = D(u, \alpha)$ Gebrauch, so hat man

$$D(\Phi, \alpha+\beta) =$$
$$D(u, \alpha) + D(v, \beta) + D(\Phi-u, \alpha+u-v) + D(\Phi-v, \beta+v-u) + L.$$

Um nun den von Logarithmen und Kreisbogen abhängigen Theil L zu bestimmen, werde ich diese Formel zuerst differenziiren und nachher wieder integriren. Damit aber die Differenziation nach Anleitung der oben gegebenen Formeln genau ausgeführt werden könne, müssen zunächst die Grenzen bestimmt werden, in welchen die Grössen α, β, $u+\alpha$, $v+\beta$, Φ, $\alpha+\beta$, $\alpha+u-v$ u. s. w. liegen. Von den vier Grössen α, β. $u+\alpha$, $v+\beta$ wollen wir festsetzen, daſs sie alle in den Grenzen 0 und π liegen, da dies unbeschadet der Allgemeinheit geschehen kann. Der Bogen Φ

ist durch die obige Gleichung nicht vollständig bestimmt. Um ihn daher unzweideutig zu bestimmen, wollen wir festsetzen, dafs zugleich mit $u=0$ auch $\varphi=0$ sei, (und nicht $\varphi=\pi$, $\varphi=2\pi$, oder dergleichen; welches nach jener Formel ebenfalls Statt haben könnte). Ich füge jetzt den Gröfsen φ, $\varphi-u$, $\varphi-v$, $\alpha+\beta$, $\alpha+u-v$, $\beta+v-u$ gewisse Vielfachen von π zu, oder ich nehme statt derselben resp. $\varphi+\lambda\pi$, $\varphi-u+\lambda'\pi$, $\varphi-v+\lambda''\pi$, $\alpha+\beta+k\pi$, $\alpha+u-v+k'\pi$ und $\beta+v-u+k''\pi$, wo λ, λ', λ'', k, k', k'' positive oder negative ganze Zahlen sind, von der Art, dafs die Gröfsen

$$\begin{array}{ll}\alpha+\beta+k\pi, & \varphi+\alpha+\beta+\lambda\pi+k\pi,\\ \alpha+u-v+k'\pi, & \varphi+\alpha-v+\lambda'\pi+k'\pi,\\ \beta+v-u+k''\pi, & \varphi+\beta-u+\lambda''\pi+k''\pi,\end{array}$$

alle in den Grenzen 0 und π liegen sollen. Hierdurch vermeidet man viele weitläuftige Erörterungen; denn um z. B. zu sagen $\alpha+\beta$ liege in den Grenzen π und 2π, darf man nur sagen, es sei $k=-1$: statt $\alpha+u-v$ liege in den Grenzen $-\pi$ und 0, heifst es $k'=+1$ u. s. w. Auch erlangt man hierdurch den Vortheil, dafs die Formeln für das vollständige Differenzial der Function $D(u,\alpha)$, welche wir oben gegeben haben, unmittelbare Anwendung finden, da dieselben voraussetzen, dafs das zweite Element und die Summe beider Elemente der zu differenziirenden Function in den Grenzen 0 und π liegen. Statt der obigen Formel nehmen wir also folgende ihr völlig gleiche:

$$\begin{aligned} & D(\varphi+\lambda\pi,\ \alpha+\beta+k\pi)\\ = {} & D(u,\alpha)+D(v,\beta)+D(\varphi-u+\lambda'\pi,\ \alpha+u-v+k'\pi)\\ & +D(\varphi-v+\lambda''\pi,\ \beta+v-u+k''\pi)+L.\end{aligned}$$

Diese Formel differenziire ich, indem ich alle vier unabhängigen Gröfsen α, β, u und v als veränderlich betrachte und erhalte so:

$$\begin{aligned} & l\Big(\frac{\sin\varphi}{\sin(\varphi+\alpha+\beta)}\Big)\,dl\Big(\frac{\sin(\alpha+\beta)}{\sin(\varphi+\alpha+\beta)}\Big)-(\varphi+\lambda\pi)(d\alpha+d\beta)\\ = {} & l\Big(\frac{\sin u}{\sin(u+\alpha)}\Big)\,dl\Big(\frac{\sin\alpha}{\sin(u+\alpha)}\Big)-u\,d\alpha+l\Big(\frac{\sin v}{\sin(v+\beta)}\Big)\,dl\Big(\frac{\sin\beta}{\sin(v+\beta)}\Big)-v\,d\beta\\ & +l\Big(\frac{\sin(\varphi-u)}{\sin(\varphi+\alpha-v)}\Big)\,dl\Big(\frac{\sin(\alpha+u-v)}{\sin(\varphi+\alpha-v)}\Big)-(\varphi-u+\lambda'\pi)(d\alpha+du-dv)\\ & +l\Big(\frac{\sin(\varphi-v)}{\sin(\varphi+\beta-u)}\Big)\,dl\Big(\frac{\sin(\beta+v-u)}{\sin(\varphi+\beta-u)}\Big)-(\varphi-v+\lambda''\pi)(d\beta+dv-du)+dL.\end{aligned}$$

Setzt man jetzt $1-2xy\cos(\alpha+\beta)+x^2y^2=R^2$, so findet man leicht:

$$\frac{\sin(\alpha+\beta)}{\sin(\varphi+\alpha+\beta)}=R,\qquad \frac{\sin\varphi}{\sin(\varphi+\alpha+\beta)}=xy,$$
$$\frac{\sin(\alpha+u-v)}{\sin(\varphi+\alpha-v)}=\frac{R}{r},\qquad \frac{-\sin(\varphi-u)}{\sin(\varphi+\alpha-v)}=\frac{x\varrho}{r},$$
$$\frac{\sin(\beta+v-u)}{\sin(\varphi+\beta-u)}=\frac{R}{\varrho},\qquad \frac{-\sin(\varphi-v)}{\sin(\varphi+\beta-u)}=\frac{yr}{\varrho};$$

also, indem man diese Werthe substituirt,

$$dL=l(xy)\frac{dR}{R}-l(x)\frac{dr}{r}-l(y)\frac{d\varrho}{\varrho}-l\Big(\frac{x\varrho}{r}\Big)\Big(\frac{dR}{R}-\frac{dr}{r}\Big)-l\Big(\frac{yr}{\varrho}\Big)\Big(\frac{dR}{R}-\frac{d\varrho}{\varrho}\Big)$$
$$-(\lambda\pi-\lambda'\pi)\,d\alpha-(\lambda\pi-\lambda''\pi)\,d\beta-(u-v-\lambda'\pi+\lambda''\pi)(du-dv),$$

welches sich sogleich vereinfacht in

$$dL=-l\Big(\frac{r}{\varrho}\Big)\Big(\frac{dr}{r}-\frac{d\varrho}{\varrho}\Big)-(\lambda\pi-\lambda'\pi)\,d\alpha-(\lambda\pi-\lambda''\pi)\,d\beta$$
$$-(u-v-\lambda'\pi+\lambda''\pi)(du-dv),$$

und hieraus hat man durch Integration,

$$L=-\tfrac{1}{2}\Big(l\frac{r}{\varrho}\Big)^2-(\lambda-\lambda')\alpha\pi-(\lambda-\lambda'')\beta\pi-\tfrac{1}{2}(u-v-\lambda'\pi+\lambda''\pi)^2+\text{const.}$$

Damit nun die Formel völlig bestimmt sei, sind nur noch die ganzen Zahlen λ, λ' und λ'', und die Constante zu bestimmen. Zu diesem Zwecke betrachte ich zunächst den Differenzialquotienten des Bogens φ in Beziehung auf u:

$$\frac{d\varphi}{du}=\frac{\sin v\sin(\alpha+\beta)\sin\alpha}{\sin(v+\beta)\sin^2(u+\alpha)R^2},$$

aus welchem hervorgeht, daſs φ zugleich mit u wächst, sobald $\sin v.\sin(\alpha+\beta)$ positiv ist, daſs aber, wenn $\sin v\sin(\alpha+\beta)$ negativ ist, der Bogen φ abnimmt, sobald u zunimmt, und umgekehrt. ($\sin\alpha$ und $\sin(v+\beta)$ sind nämlich immer positiv, weil α und $v+\beta$ nach der Voraussetzung in den Grenzen 0 und π liegen.) Ferner folgt aus der Gleichung

$$\frac{\sin\varphi}{\sin(\varphi+\alpha+\beta)}=\frac{\sin u.\sin v}{\sin(u+\alpha)\sin(v+\beta)},$$

daſs nur dann $\sin(\varphi+\alpha+\beta)=0$ sein kann, wenn zugleich $\sin\varphi=0$ ist. Da aber nur für $u=0$, $\sin\varphi=0$ ist, so folgt, daſs $\sin(\varphi+\alpha+\beta)$ innerhalb der Grenzen $u=-\alpha$ und $u=\pi-\alpha$ niemals sein Vorzeichen ändern kann. $\varphi+\alpha+\beta$ liegt also immer in denselben Grenzen, in welchen $\alpha+\beta$ liegt, und da $\alpha+\beta+k\pi$ und $\varphi+\alpha+\beta+\lambda\pi+k\pi$ in den Grenzen 0 und π liegen, so folgt, daſs immer $\lambda=0$ ist. Um nun λ' zu bestimmen, betrachte ich die Gleichung

$$\frac{-\sin(\varphi-u)}{\sin(\varphi+\alpha-v)}=\frac{\sin u\sin\beta}{\sin\alpha\sin(v+\beta)},$$

aus welcher hervorgeht, dafs nur dann $\sin(\varphi+\alpha-v)=0$ werden kann, wenn zugleich $\sin(\varphi-u)=$ wird: ist dies beides der Fall, so wird offenbar auch $\sin(\alpha+u-v)=0$. Für $u=0$ aber ist $\varphi+\alpha-v=\alpha+u-v$, also müssen diese beiden Gröfsen gemeinschaftlich in denselben Grenzen liegen, in welchen $\alpha-v$ liegt, und hieraus folgt, dafs dieselben immer in denselben Grenzen liegen müssen, wenn φ zugleich mit u wächst oder $\sin v \sin(\alpha+\beta)$ positiv ist. In diesem Falle hat man daher $\lambda'=0$. Wenn aber $\sin v.\sin(\alpha+\beta)$ negativ ist, so sind zwei Fälle zu unterscheiden: erstens, wenn $\alpha+\beta$ in den Grenzen 0 und π liegt und v in den Grenzen $-\beta$ und 0, und zweitens, wenn $\alpha+\beta$ in den Grenzen π und 2π liegt und v in den Grenzen 0 und $\pi-\beta$. In dem ersten dieser Fälle liegt zunächst $\alpha-v$ in den Grenzen 0 und π, denn der gröfste Werth desselben ist $\alpha+\beta$ und der kleinste α; deshalb liegen auch $\varphi+\alpha-v$ und $\alpha+u-v$ gemeinschaftlich in den Grenzen 0 und π, oder, wenn $k'=0$, so ist auch $\lambda'=0$. Wenn aber, indem u wächst, $\alpha+u-v$ die Grenze π überschreitet, so überschreitet zugleich $\varphi+\alpha-v$ abnehmend die Grenze 0; oder wenn $k'=-1$, so ist $\lambda'=+2$, und in diesem Falle ist überdies $k''=+1$. In dem zweiten Falle, wo $\alpha+\beta$ in den Grenzen π und 2π liegt und v in den Grenzen 0 und $\pi-\beta$, ist ebenfalls $\alpha-v$ in den Grenzen 0 und π enthalten, weil der gröfste Werth desselben α ist und der kleinste $\alpha+\beta-\pi$; deshalb liegen hier $\varphi+\alpha-v$ und $\alpha+u-v$ ebenfalls gemeinschaftlich in den Grenzen 0 und π, oder, wenn in diesem Falle $k'=0$ ist, so ist auch $\lambda'=0$: wenn aber, indem u abnimmt, $\alpha+u-v$ die Grenze 0 überschreitet, so überschreitet zugleich $\varphi+\alpha-v$ zunehmend die Grenze π, d. h. wenn $k'=+1$, so ist hier $\lambda'=-2$ und überdies $k''=-1$. Da die Formel selbst und die Voraussetzungen über die Grenzen der darin vorkommenden Quantitäten ungeändert bleiben, wenn zugleich α und β, u und v, k' und k'', λ' und λ'' mit einander vertauscht werden, so folgt, dafs diese Resultate, welche wir für die Zahl λ' erhalten haben, auch für λ'' gelten. Wir ordnen nun die gefundenen Grenzbestimmungen in folgende fünf Fälle.

1. Wenn $k'=0$ oder $k''=0$, so ist $\lambda'=0$ und $\lambda''=0$.
2. Wenn $k=0$, $k'=-1$, $k''=+1$, so ist $\lambda'=+2$, $\lambda''=0$.
3. Wenn $k=-1$, $k'=-1$, $k''=+1$, so ist $\lambda'=0$, $\lambda''=-2$.
4. Wenn $k=0$, $k'=+1$, $k''=-1$, so ist $\lambda'=0$, $\lambda''=+2$.
5. Wenn $k=-1$, $k'=+1$, $k''=-1$, so ist $\lambda'=-2$, $\lambda''=0$.

λ ist unter allen Bedingungen $=0$.

Da nun die Zahlen λ, λ' und λ'', welche in dem Theile L der allgemeinen Formel vorkommen, vollständig in allen einzelnen Fällen bestimmt sind, so ist nur noch die Constante zu bestimmen, welche keine der Gröfsen α, β, u, v enthält, also rein numerisch ist. Da die in der Formel vorkommenden Functionen niemals unendlich werden, sobald α, β, $u+\alpha$, $v+\beta$, wie wir vorausgesetzt haben, in den Grenzen 0 und π liegen, und die Continuität nur dadurch unterbrochen wird, dafs λ' und λ'' plötzlich andere Werthe bekommen: so folgt, dafs die Constante nur dann ihren Werth ändern kann, wenn λ' und λ'' ihre Werthe ändern; und da, wie wir so eben gefunden haben, λ' und λ'' in fünf besonderen Fällen besondere Werthe haben, so folgt, dafs auch die Constante fünf verschiedene, jenen Fällen entsprechende Werthe haben kann, welche wir jetzt bestimmen wollen.

In dem ersten Falle, wo $\lambda'=0$ und $\lambda''=0$, hat man unmittelbar, indem man $n=0$ und $v=0$ setzt, auch const. $=0$.

In dem zweiten Falle setze man $\alpha+u-v=\pi+4w$, $\beta+v-u=-8w$, wodurch $\alpha+\beta=\pi-4w$ wird, also, wenn w positiv $<\frac{1}{8}\pi$, $k=0$, $k'=-1$, $k''=+1$ und deshalb $\lambda'=2$, $\lambda''=0$. Aufserdem setze man $u=\frac{1}{2}\pi+w$, $v=-\frac{1}{2}\pi-w$, so wird $\alpha=2w$, $\beta=\pi-6w$, $\alpha+u=\frac{1}{2}\pi+3w$, $\beta+v=\frac{1}{2}\pi-7w$; man nehme w unendlich klein, so wird $\varphi=-\frac{1}{2}\pi-5w$. Substituirt man diese Werthe in der allgemeinen Formel, indem man für L den gefundenen Ausdruck nimmt, so erhält man, mit Berücksichtigung, dafs $D(aw,bw)=\varLambda\left(\frac{-a}{a+b}\right)$, für w unendlich klein:

$$\varLambda(-1)=2\varLambda(-1)+\varLambda(-3)+\varLambda(-\tfrac{1}{3})-\tfrac{1}{2}(l3)^3-\tfrac{1}{2}\pi^2+\text{const.},$$

und da $\varLambda(-3)+\varLambda(-\frac{1}{3})-\frac{1}{2}(l3)^3=\frac{1}{3}\pi^2$, $\varLambda(-1)=\frac{1}{6}\pi^2$, so ist auch in diesem zweiten Falle const. $=0$.

In dem dritten Falle setze man, um die Constante zu bestimmen, ähnlicherweise $\alpha+u-v=\pi+8w$, $\beta+v-u=-4w$, wodurch $\alpha+\beta=\pi+4w$, also, wenn w positiv kleiner als $\frac{1}{8}\pi$ ist, $k=-1$, $k'=-1$, $k''=+1$ und dadurch $\lambda'=0$, $\lambda''=-2$ wird. Aufserdem nehme man $u=\frac{1}{2}\pi+w$, $v=-\frac{1}{2}\pi-w$, wodurch $\alpha=6w$, $\beta=\pi-2w$, $u+\alpha=\frac{1}{2}\pi+7w$, $v+\beta=\frac{1}{2}\pi-3w$, und, wenn w unendlich klein genommen wird, $\varphi=-\frac{1}{2}\pi+5w$. Substituirt man diese Werthe, indem man w unendlich klein nimmt, so erhält man

$$\varLambda(-1)=2\varLambda(-1)+\varLambda(-\tfrac{1}{3})+\varLambda(-3)-\tfrac{1}{2}(l3)^2-\tfrac{1}{2}\pi^2-2\pi^2+\text{const.}$$

oder, vereinfacht, const. $=2\pi^2$.

Für den vierten und fünften Fall könnte man die Constante auf ähnliche Weise bestimmen, wie wir es hier für den zweiten und dritten Fall gethan haben. Da aber diese beiden Fälle aus den beiden vorigen hervorgehen, wenn zugleich α und β, u und v, λ' und λ'' mit einander vertauscht werden, so folgt, dafs der vierte Fall dieselbe Constante haben mufs, als der zweite, nämlich const. $= 0$, und der fünfte dieselbe Constante, als der dritte, nämlich const. $= 2\pi^2$.

Die nun völlig bestimmte Grundformel, aus welcher wir alle übrigen Eigenschaften der Function $D(u,\alpha)$ zu entwickeln gedenken, kann jetzt vollständig folgendermaafsen dargestellt werden.

Wenn der Hülfswinkel φ durch folgende Gleichung bestimmt wird:

$$\operatorname{tang}\varphi = \frac{\sin u \sin v \sin(\alpha+\beta)}{\sin(u+\alpha)\sin(v+\beta) - \sin u \sin v \cos(\alpha+\beta)},$$

und wenn die vier Gröfsen α, β, $u+\alpha$, $v+\beta$, alle in den Grenzen 0 und π liegen, so ist:

$$25. \quad D(\varphi,\alpha+\beta) = D(u,\alpha) + D(v,\beta) + D(\varphi-u,\alpha+u-v)$$
$$+ D(\varphi-v,\beta+v-u) - \tfrac{1}{2}\left(l\,\frac{\sin\alpha\sin(v+\beta)}{\sin\beta\sin(u+\alpha)}\right)^2 + B,$$

wo B, der von Kreisbogen abhängige Theil, folgende Werthe hat:

1. $B = -\frac{1}{2}(u-v)^2$, wenn $\alpha+u-v$, oder $\beta+v-u$, oder beide zugleich in den Grenzen 0 und π liegen;
2. $B = -\frac{1}{2}(u-v-2\pi)^2 + 2\pi\alpha$, wenn $\alpha+u-v$ in den Grenzen π und 2π, $\beta+v-u$ in den Grenzen $-\pi$ und 0, $\alpha+\beta$ in den Grenzen 0 und π liegen;
3. $B = -\frac{1}{2}(u-v-2\pi)^2 + 2\pi(\pi-\beta)$, wenn $\alpha+u-v$ in den Grenzen π und 2π, $\beta+v-u$ in den Grenzen $-\pi$ und 0, $\alpha+\beta$ in den Grenzen π und 2π sind;
4. $B = -\frac{1}{2}(u-v+2\pi)^2 + 2\beta\pi$, wenn $\alpha+u-v$ in den Grenzen $-\pi$ und 0, $\beta+v-u$ in den Grenzen π und 2π, $\alpha+\beta$ in den Grenzen 0 und π sind;
5. $B = -\frac{1}{2}(u-v+2\pi)^2 + 2(\alpha-\pi)\pi$, wenn $\alpha+u-v$ in den Grenzen $-\pi$ und 0, $\beta+v-u$ in den Grenzen π und 2π, $\alpha+\beta$ in den Grenzen π und 2π liegen.

§. 5.

Aus dieser allgemeinen Formel wollen wir nun die specielleren und einfacheren Eigenschaften der Function $D(u,\alpha)$ entwickeln. Wir betrachten zunächst den Fall, wo $\alpha+\beta=\pi$ ist; für diesen vereinigen sich die beiden Fälle **2.** und **3.**, und eben so **4.** und **5.** in einen einzigen, indem die Werthe des von Kreisbogen abhängigen Theiles B einander gleich werden. Ferner ist für $\alpha+\beta=\pi$, $\Phi=0$, so dafs die erste Function $D(\Phi,\alpha+\beta)$ die Form $D(0,\pi)$ oder, was dasselbe ist, $D(0,0)$ erhält, welche, wie wir oben gezeigt haben, in die einfachere Function Λ übergeht, und zwar hier in $\Lambda\left(\frac{-\sin u\sin v}{\sin(u+\alpha)\sin(v+\alpha)}\right)$. Man hat daher, wenn überdies v in $-v$ verwandelt wird,

$$\mathbf{26.}\quad \Lambda\left(\frac{-\sin u\sin v}{\sin(u+\alpha)\sin(v+\alpha)}\right)=D(u,\alpha)+D(v,\alpha)+D(-u,\alpha+u+v)$$
$$+D(-v,\alpha+u+v)-\tfrac{1}{2}\left(l\frac{\sin(u+\alpha)}{\sin(v+\alpha)}\right)^2+B,$$

und es ist unter der Voraussetzung, dafs α, $u+\alpha$, $v+\alpha$ in den Grenzen 0 und π liegen:

1. $B=-\frac{1}{2}(u+v)^2$, wenn $\alpha+u+v$ in den Grenzen 0 und π liegt;
2. $B=-\frac{1}{2}(u+v-2\pi)^2+2\pi\alpha$, wenn $\alpha+u+v$ in den Grenzen π und 2π liegt;
3. $B=-\frac{1}{2}(u+v+2\pi)^2+2\pi(\pi-\alpha)$, wenn $\alpha+u+v$ in den Grenzen $-\pi$ und 0 liegt.

Eine ähnliche Formel erhält man, wenn man in der allgemeinen Formel (25) $u=v+\beta$ oder $u=v+\beta-\pi$ setzt, für welche beide Werthe der dort angegebene erste Fall Statt hat; auch wird für diese beiden Werthe $\Phi=v$ und es verschwinden deshalb die beiden Elemente der letzten Function $D(\Phi-v,\beta+v-u)$, welche in eine Function Λ übergeht. Man erhält hierdurch folgende Formel:

$$\mathbf{27.}\quad D(v,\alpha+\beta)=D(v+\beta,\alpha)+D(v,\beta)+D(-\beta,\alpha+\beta)$$
$$+\Lambda\left(\frac{\sin\alpha\sin v}{\sin\beta\sin(v+\alpha+\beta)}\right)-\tfrac{1}{2}\left(l\frac{\sin\alpha\sin(v+\beta)}{\sin\beta\sin(v+\alpha+\beta)}\right)^2+B,$$

und es ist unter der Voraussetzung, dafs α, β, $v+\beta$ in den Grenzen 0 und π liegen,

1. $B=-\frac{1}{2}\beta^2$; wenn $v+\alpha+\beta$ in den Grenzen 0 und π liegt;
2. $B=-\frac{1}{2}(\pi-\beta)^2$; wenn $v+\alpha+\beta$ in den Grenzen π und 2π liegt.

Setzt man in Formel (26) $v=-\alpha-u$ und $v=\pi-\alpha-u$, und bemerkt, dafs $\Lambda(-1)=\frac{1}{6}\pi^2$, so erhält man

$$\mathbf{28.}\quad D(u,\alpha)+D(-u-\alpha,\alpha)=\tfrac{1}{2}\left(l\frac{\sin u}{\sin(u+\alpha)}\right)^2+B,$$

27*

und wenn α und $u+\alpha$ in den Grenzen 0 und π liegen, so ist

1. $B=\frac{1}{2}(\alpha-\pi)^2-\frac{1}{6}\pi^2$, wenn u in den Grenzen 0 und π liegt;
2. $B=\frac{1}{2}\alpha^2-\frac{1}{6}\pi^2$, wenn u in den Grenzen $-\pi$ und 0 liegt.

Setzt man in Formel (26) $v=0$, so kann nur der erste der dort angegebenen Fälle Statt haben; es ist daher

$$29.\quad D(u,\alpha)+D(-u,\alpha+u) = \tfrac{1}{2}\left(l\frac{\sin\alpha}{\sin(u+\alpha)}\right)^2+\tfrac{1}{2}u^2;$$

wenn α und $u+\alpha$ in den Grenzen 0 und π liegen.

Verwandelt man in (28) α in $\pi-\alpha-u$ und vertauscht in Formel (29) α und u, so erhält man durch Subtraction dieser beiden Gleichungen und durch Addition der unveränderten Formel (29):

$$30.\quad D(u,\alpha)+D(\alpha,u) = l\left(\frac{\sin u}{\sin(u+\alpha)}\right)l\left(\frac{\sin\alpha}{\sin(u+\alpha)}\right)+B,$$

und wenn α und $u+\alpha$ in den Grenzen 0 und π liegen, so ist

1. $B=-\alpha u+\frac{1}{6}\pi^2$, wenn u in den Grenzen 0 und π liegt;
2. $B=-(\alpha-\pi)u+\frac{1}{6}\pi^2$, wenn u in den Grenzen $-\pi$ und 0 liegt.

Subtrahirt man die Formeln (30) und (29) von einander und vertauscht alsdann α und u, so erhält man

$$31.\quad D(u,\alpha)-D(-\alpha,u+\alpha)=l\left(\frac{\sin u}{\sin(u+\alpha)}\right)l\left(\frac{\sin\alpha}{\sin(u+\alpha)}\right)-\tfrac{1}{2}\left(l\frac{\sin u}{\sin(u+\alpha)}\right)^2+B;$$

und wenn α und $u+\alpha$ in den Grenzen 0 und π liegen, so ist

1. $B=-\alpha u-\frac{1}{2}\alpha^2+\frac{1}{6}\pi^2$, wenn u in den Grenzen 0 und π liegt;
2. $B=-(\alpha-\pi)u-\frac{(\alpha-\pi)^2}{2}+\frac{1}{6}\pi^2$, wenn u in den Grenzen $-\pi$ und 0 liegt.

Verbindet man eben so die Gleichungen (28) und (30) mit einander, so erhält man

$$32.\quad D(u,\alpha)-D(-u-\alpha,u)=l\left(\frac{\sin u}{\sin(u+\alpha)}\right)l\left(\frac{\sin\alpha}{\sin(u+\alpha)}\right)-\tfrac{1}{2}\left(l\frac{\sin\alpha}{\sin(u+\alpha)}\right)^2+B,$$

und wenn α und $u+\alpha$ in den Grenzen 0 und π liegen, so ist

1. $B=-\alpha u-\frac{(u-\pi)^2}{2}+\frac{1}{3}\pi^2$, wenn u in den Grenzen 0 und π liegt;
2. $B=-(\alpha-\pi)u-\frac{(u+\pi)^2}{2}+\frac{1}{3}\pi^2$, wenn u in den Grenzen $-\pi$ und 0 liegt.

Diese fünf Formeln (28 bis 32), von welchen sich bei *Hill* zwei finden, aber ohne genaue Bestimmung der Grenzen für die Kreisbogen, sind die einfachsten, welche überhaupt Statt haben, indem durch sie die Summe oder Differenz zweier Functionen D durch Logarithmen und Kreisbogen ausgedrückt wird. Sie entsprechen auch genau den oben für die Function $\Lambda(x)$ gefundenen fünf einfachen Gleichungen, und sie können aus diesen eben so abgeleitet werden, wie wir die allgemeine Formel (25) aus der entsprechenden Formel (2) abgeleitet haben.

Von vorzüglichem Nutzen für die Theorie der Function $D(u,\alpha)$ ist besonders die Formel (30), weil man durch dieselbe alle Veränderungen, welche man mit dem einen der beiden Elemente vorgenommen hat, auf das andere Element übertragen kann.

Wir wollen diese einfachen Formeln zunächst wieder dazu benutzen, einige specielle Werthe der Function $D(u,\alpha)$ zu finden, welche sich durch Logarithmen und Kreisbogen ausdrücken lassen. Setzt man in (28) $\alpha = -2u$, so erhält man

$D(u, -2u) = u^2 - \frac{1}{12}\pi^2$, wenn u in den Grenzen 0 und $\frac{1}{2}\pi$ liegt;

$D(u, -2u) = (u-\pi)^2 - \frac{1}{12}\pi^2$, wenn u in den Grenzen $\frac{1}{2}\pi$ und π liegt;

welche beide in folgende zusammengefasst werden können:

33. $D(\alpha, -2\alpha) = \alpha^2 - \frac{1}{12}\pi^2$, wenn α in den Grenzen $-\frac{1}{2}\pi$ und $+\frac{1}{2}\pi$ liegt.

Setzt man in Formel (29) $u = \pi - 2\alpha$, so erhält man

34. $D(-2\alpha, \alpha) = \frac{1}{4}(\pi - 2\alpha)^2$, wenn α in den Grenzen 0 und π liegt.

Wird endlich in Formel (30) $u = \alpha$ gesetzt, so erhält man:

$D(\alpha,\alpha) = \frac{1}{2}(l2\cos\alpha)^2 - \frac{1}{2}\alpha^2 + \frac{1}{12}\pi^2$, wenn α in den Grenzen 0 und $\frac{1}{2}\pi$ und

$D(\alpha,\alpha) = \frac{1}{2}(l2\cos\alpha)^2 - \frac{(\alpha-\pi)^2}{2} + \frac{1}{12}\pi^2$, wenn α in den Grenzen $\frac{1}{2}\pi$ und π liegt;

welche beide in folgende zusammengefasst werden können:

35. $D(\alpha,\alpha) = \frac{1}{2}(l2\cos\alpha)^2 - \frac{1}{2}\alpha^2 + \frac{1}{12}\pi^2$, wenn α in den Grenzen $-\frac{1}{2}\pi$ bis $+\frac{1}{2}\pi$ liegt.

Die Formeln, welche nun in Beziehung auf Einfachheit zunächst folgen, sind diejenigen, in welchen die Summe oder Differenz zweier Functionen $D(u,\alpha)$ durch Logarithmen und Kreisbogen und durch die einfachere Function $\Lambda(x)$ ausgedrückt wird. Da aber die Anzahl dieser Formeln ausserordentlich gross ist, so werden wir uns hier darauf beschränken, einige der einfachsten herzuleiten.

Wird in Formel (26) $v = u$ gesetzt, so ist

36. $D(u,\alpha) + D(u, -\alpha - 2u) = \frac{1}{2}\Lambda\left(\frac{-\sin^2 u}{\sin^2(u+\alpha)}\right) + B,$

und wenn α und $u+\alpha$ in den Grenzen 0 und π liegen, so ist

1. $B=u^2$, wenn $\alpha+2u$ in den Grenzen 0 und π liegt;
2. $B=(u-\pi)^2-\alpha\pi$, wenn $\alpha+2u$ in den Grenzen π und 2π liegt;
3. $B=(u+\pi)^2+(\alpha-\pi)\pi$, wenn $\alpha+2u$ in den Grenzen $-\pi$ und 0 liegt.

Wird ferner in Formel (26) $u+v=0$, $u+v=\pi$ und $u+v=-\pi$ gesetzt, so erhält man:

$$37.\quad D(u,\alpha)+D(-u,\alpha)=\tfrac{1}{2}\Lambda\Big(\frac{-\sin^2 u}{\sin(u+\alpha)\sin(u-\alpha)}\Big)+\tfrac{1}{4}\Big(l\frac{\sin(u+\alpha)}{\sin(u-\alpha)}\Big)^2+B,$$

und es ist, wenn α und $u+\alpha$ in den Grenzen 0 und π liegen,

1. $B=0$, wenn $\alpha-u$ in den Grenzen 0 und π liegt;
2. $B=-\alpha\pi+\frac{1}{4}\pi^2$, wenn $\alpha-u$ in den Grenzen $-\pi$ und 0 liegt;
3. $B=-(\pi-\alpha)\pi+\frac{1}{4}\pi^2$, wenn $\alpha-u$ in den Grenzen π und 2π liegt.

Man kann aus diesen Formeln eine sehr grofse Anzahl ähnlicher ableiten, indem man die darin vorkommenden Functionen D mit Hülfe der fünf einfachen Gleichungen (28) bis (32) verwandelt, wobei man zugleich, wo es zur Vereinfachung zweckmäfsig ist, die Function Λ mit verwandeln kann. Eine merkwürdige Verwandlung dieser Art erhält man, wenn man die Function $D(u,-\alpha-2u)$ der Formel (36) nach Formel (29) umformt, nämlich:

$$38.\quad D(u,\alpha)-D(u,\alpha+u)=\tfrac{1}{2}\Lambda\Big(\frac{-\sin^2 u}{\sin^2(u+\alpha)}\Big)-\tfrac{1}{2}\Big(l\frac{\sin(u+2\alpha)}{(\sin(u+\alpha)}\Big)^2+B,$$

und wenn α und $\alpha+u$ in den Grenzen 0 und π liegen, so ist

1. $B=\frac{1}{2}u^2$, wenn $\alpha+2u$ in den Grenzen 0 und π liegt;
2. $B=\frac{1}{2}(\pi-u)^2-\pi\alpha$, wenn $\alpha+2u$ in den Grenzen π und 2π liegt;
3. $B=\frac{1}{2}(\pi+u)^2-\pi(\pi-\alpha)$, wenn $\alpha+2u$ in den Grenzen $-\pi$ und 0 liegt.

Vertauscht man in dieser Formel u und α, und verwandelt die beiden Functionen $D(\alpha,u)$ und $D(\alpha,u+\alpha)$ nach Formel (30) und die Function $\Lambda\Big(\frac{-\sin^2\alpha}{\sin^2(u+\alpha)}\Big)$ nach Formel (5), so erhält man, nach den gehörigen Reductionen, welche der logarithmische Theil zuläfst:

$$39.\quad D(u,\alpha)-D(u+\alpha,\alpha)=\tfrac{1}{2}\Lambda\Big(\frac{-\sin u\sin(u+2\alpha)}{\sin^2(u+\alpha)}\Big)-\tfrac{1}{2}\Big(l\frac{\sin(u+2\alpha)}{\sin(u+\alpha)}\Big)^2+B,$$

und wenn α und $u+\alpha$ in den Grenzen 0 und π liegen, so ist

1. $B=\frac{1}{2}\alpha^2-\frac{1}{12}\pi^2$, wenn $u+2\alpha$ in den Grenzen 0 und π liegt;
2. $B=\frac{(\alpha-\pi)^2}{2}-\frac{1}{12}\pi^2$, wenn $u+2\alpha$ in den Grenzen π und 2π liegt.

Die beiden Formeln (38) und (39) können leicht so verallgemeinert werden, dafs in der einen die Differenz $D(u,\alpha)-D(u,\alpha+nu)$ und in der andern $D(u,\alpha)-D(u+n\alpha,\alpha)$ durch die Function Λ, durch Logarithmen und Kreisbogen ausgedrückt werden. Verwandelt man nämlich in (38) nach einander α in $\alpha+u$, $\alpha+2u$, $\alpha+3u$, ... $\alpha+(n-1)u$ und addirt alle diese Gleichungen, so erhält man

$$40.\quad D(u,\alpha)-D(u,a+nu)$$
$$=\tfrac{1}{2}\sum_1^n{}_k\Lambda\Big(\frac{-\sin^2 u}{\sin^2(\alpha+ku)}\Big)-\tfrac{1}{2}\sum_1^n{}_k\Big(l\,\frac{\sin(\alpha+(k+1)u)}{\sin(\alpha+ku)}\Big)^2+B,$$

und wenn α und u beide in den Grenzen 0 und π liegen und $\alpha+(n+1)u$ in den Grenzen $\lambda\pi$ und $(\lambda+1)\pi$, wo λ eine positive ganze Zahl ist, so ist

1. $B=\frac{nu^2}{2}-\frac{\lambda\pi^2}{2}$, wenn $\alpha+u$ in den Grenzen 0 und π, und $\alpha+nu$ in den Grenzen $\lambda\pi$ und $(\lambda+1)\pi$ liegt;
2. $B=\frac{nu^2}{2}-(\alpha+nu)\pi+\frac{\lambda\pi^2}{2}$, wenn $\alpha+u$ in den Grenzen 0 und π, und $\alpha+nu$ in den Grenzen $(\lambda-1)\pi$ und $\lambda\pi$ liegt;
3. $B=\frac{nu^2}{2}+\alpha\pi-\frac{(\lambda+1)\pi^2}{2}$, wenn $\alpha+u$ in den Grenzen π und 2π, und $\alpha+nu$ in den Grenzen $\lambda\pi$ und $(\lambda+1)\pi$ liegt;
4. $B=\frac{nu^2}{2}-nu\pi+\frac{(\lambda-1)\pi^2}{2}$, wenn $\alpha+u$ in den Grenzen π und 2π, und $\alpha+nu$ in den Grenzen $(\lambda-1)\pi$ und $\lambda\pi$ liegt;

Verfährt man eben so mit Gleichung (39), so erhält man

$$41.\quad D(u,\alpha)-D(u+n\alpha,\alpha)$$
$$=\tfrac{1}{2}\sum_1^n{}_k\Lambda\Big(\frac{-\sin(u+(k-1)\alpha)\sin(u+(k+1)\alpha)}{\sin^2(u+k\alpha)}\Big)-\tfrac{1}{2}\sum_1^n{}_k\Big(l\,\frac{\sin(u+(k+1)\alpha)}{\sin(u+k\alpha)}\Big)^2$$
$$+\frac{n\alpha^2}{2}-\frac{n\pi^2}{12}-\lambda\alpha\pi+\frac{\lambda\pi^2}{2},$$

wenn α und $u+\alpha$ in den Grenzen 0 und π liegen und $u+(n+1)\alpha$ in den Grenzen $\lambda\pi$ und $(\lambda+1)\pi$.

Diese beiden Formeln (40) und (41) gewähren viele sehr interessante Folgerungen. Setzt man in der ersteren $\alpha=0$, so erhält man

$$42.\quad D(u,nu)=-\tfrac{1}{2}\sum_1^n{}_k\Lambda\Big(\frac{-\sin^2 u}{\sin^2 ku}\Big)+\tfrac{1}{2}\sum_1^n{}_k\Big(l\,\frac{\sin(k+1)u}{\sin ku}\Big)^2+B,$$

und es ist, wenn u in den Grenzen 0 und π liegt und $(n+1)u$ in den Grenzen $\lambda\pi$ und $(\lambda+1)\pi$:

1. $B = -\frac{nu^2}{2} + \frac{\lambda\pi^2}{2} + \frac{\pi^2}{6}$, wenn nu in den Grenzen $\lambda\pi$ und $(\lambda+1)\pi$ und

2. $B = -\frac{nu^2}{2} + nu\pi - \frac{\lambda\pi^2}{2} + \frac{\pi^2}{6}$, wenn nu in den Grenzen $(\lambda-1)\pi$ und $\lambda\pi$ liegt.

Eben so giebt Formel (41), wenn man in derselben $u = 0$ setzt,

$$43.\quad D(n\alpha, \alpha) = -\tfrac{1}{2}\sum_1^n{}_k\, \varLambda\left(\frac{-\sin(k-1)\alpha \sin(k+1)\alpha}{\sin^2 k\alpha}\right) + \tfrac{1}{2}\sum_1^n{}_k \left(l\frac{\sin(k+1)\alpha}{\sin k\alpha}\right)^2 + \frac{n\alpha^2}{2} - \frac{n\pi^2}{12} - \lambda\alpha\pi + \frac{\lambda\pi^2}{2},$$

wenn α in den Grenzen 0 und π und $(n+1)\alpha$ in den Grenzen $\lambda\pi$ und $(\lambda+1)\pi$ liegt.

Nach diesen beiden Formeln (42) und (43) kann man jede Function $D(u, \alpha)$, in welcher das erste Element ein Vielfaches des zweiten, oder das zweite Element ein Vielfaches des ersten ist, durch die einfachere Function $\varLambda$ und Kreisbogen und Logarithmen ausdrücken. Dieses Resultat aber ist nur ein specieller Fall weit allgemeinerer Resultate, welche wir alsbald entwickeln werden. Für jetzt wollen wir aus diesen Formeln noch einige interessante, die Function $\varLambda(x)$ betreffende Resultate ziehen. Nimmt man in (40) $\alpha = x.u$ und nimmt sodann u unendlich klein, so erhält man

$$44.\quad \varLambda\left(\frac{-1}{1+x}\right) - \varLambda\left(\frac{-1}{n+1+x}\right) = \tfrac{1}{2}\sum_1^n{}_k\, \varLambda\left(\frac{-1}{(x+k)^2}\right) - \tfrac{1}{2}\sum_1^n{}_k\left(l\frac{x+k+1}{x+k}\right)^2,$$

wenn $1+x$ positiv ist. Man kann derselben auch folgende Gestalt geben:

$$45.\quad \varLambda(-1-x) - \varLambda(-n-1-x)$$
$$= \tfrac{1}{2}\sum_1^n{}_k\, \varLambda(-(x+k)^2) - \sum_1^n{}_k\, l(x+k)\, l(x+k+1) - \frac{n\pi^2}{6}.$$

Nimmt man $x = 0$ und verwandelt $\varLambda(-k^2)$ nach Formel (1), so erhält man

$$46.\quad \sum_{-(n+1)}^{+n}{}_k\, \varLambda(k) = \sum_1^n{}_k\, lk\, l(k+1) + \frac{(n+1)\pi^2}{6}.$$

Diese Formel hat dazu gedient die Richtigkeit der oben berechneten Werthe der Function $\varLambda(x)$ zu prüfen. Uebrigens kann man diese Formeln auch aus den oben gefundenen einfachen Formeln für die Function $\varLambda(x)$ leicht zusammensetzen. Zwei neue allgemeine Formeln für diese Function, welche in denen des zweiten Paragraphen nicht enthalten sind, erhält man aber aus (40) und (41), wenn man in jener $u = \frac{m\pi}{n}$ und in dieser $\alpha = \frac{m\pi}{n}$ setzt, wo m eine ganze positive Zahl vorstellt, welche kleiner als n sein soll. Da jedoch die beiden Formeln nicht wesentlich von einander verschieden sind, indem die eine aus der andern sich leicht ableiten läfst, so wollen wir nur die erste derselben hier aufstellen, nemlich:

$$47.\quad \sum_0^{n-1}{}_k \Lambda\left(\frac{-\sin^2\frac{m\pi}{n}}{\sin^2\left(\alpha+\frac{km\pi}{n}\right)}\right) = \sum_0^{n-1}{}_k\left(l\,\frac{\sin\left(\alpha+\frac{(k+1)m\pi}{n}\right)}{\sin\left(\alpha+\frac{km\pi}{n}\right)}\right)^2+\frac{m(n-m)\pi^2}{n}.$$

Nimmt man hierin $n=2$, $m=1$, so erhält man die bekannte Formel (1) §. 2. Nimmt man aber für n und m irgend andere bestimmte Werthe, so erhält man eine unendliche Anzahl neuer Formeln; z. B. für $n=3$. $m=1$ erhält man

$$48.\quad \Lambda\left(\frac{-3}{4\sin^2\alpha}\right)+\Lambda\left(\frac{-3}{4\sin^2(\alpha+\frac{1}{3}\pi)}\right)+\Lambda\left(\frac{-3}{4\sin^2(\alpha+\frac{2}{3}\pi)}\right)$$
$$=\left(l\,\frac{\sin\alpha}{\sin(\alpha+\frac{1}{3}\pi)}\right)^2+\left(l\,\frac{\sin(\alpha+\frac{1}{3}\pi)}{\sin(\alpha+\frac{2}{3}\pi)}\right)^2+\left(\frac{\sin\alpha+\frac{2}{3}\pi}{\sin\alpha}\right)^2+\tfrac{2}{3}\pi^2.$$

§. 6.

Wir kehren nun zur Theorie der Function $D(u,\alpha)$ zurück; und zwar wollen wir jetzt eine merkwürdige Art von Formeln in Betracht ziehen, in denen drei Functionen D vorkommen, deren zweite Elemente, oder deren erste Elemente unter einander gleich sind, und welche drei von einander unabhängige Quantitäten enthalten. Zu diesem Zwecke nehme ich die Formel (26), in welcher ich die drei verschiedenen Fälle, wo der von Kreisbogen abhängige Theil andere Werthe hat, folgendermaafsen vereinige:

$$B=-\tfrac{1}{2}(u+v+2k\pi)^2-2k\pi\alpha+k(k+1)\pi^2,$$

wenn α, $u+\alpha$, $v+\alpha$ und $\alpha+u+v+k\pi$ in den Grenzen 0 und π liegen. Ich verwandle jetzt v in $-2\alpha-u-v-(k-1)\pi$ und erhalte so

$$\Lambda\left(\frac{-\sin u\sin(2\alpha+u+v)}{\sin(u+\alpha)\sin(\alpha+u+v)}\right)=D(u,\alpha)+D(-2\alpha-u-v,\alpha)+D(u,\alpha+v)$$
$$+D(-2\alpha-u-v,\alpha+v)-\tfrac{1}{2}\left(l\,\frac{\sin(u+\alpha)}{\sin(u+v+\alpha)}\right)^2-B',$$

$$\text{wo } B'=-\tfrac{1}{2}(2\alpha+v-(k+1)\pi)^2-2k\pi\alpha+k(k+1)\pi^2,$$

wenn α, $u+\alpha$, $v+\alpha$ und $\alpha+u+v+k\pi$ in den Grenzen 0 und π liegen.

Vertauscht man in dieser Gleichung u und v, wodurch B' in B'' übergehen soll, und addirt diese bei den Gleichungen, sammt der unveränderten Gleichung (26), so erhält man

$$\Lambda\left(\frac{-\sin u\sin v}{\sin(u+\alpha)\sin(v+\alpha)}\right)+\Lambda\left(\frac{-\sin u\sin(2\alpha+u+v)}{\sin(u+\alpha)\sin(\alpha+u+v)}\right)+\Lambda\left(\frac{-\sin v\sin(2\alpha+u+v)}{\sin(v+\alpha)\sin(\alpha+u+v)}\right)$$
$$=2D(u,\alpha)+2D(v,\alpha)+2D(-2\alpha-u-v,\alpha)+D(u,\alpha+v)+D(u,-\alpha-u-v)$$
$$+D(v,\alpha+u)+D(v,-\alpha-u-v)+D(-2\alpha-u-v,\alpha+v)+D(-2\alpha-u-v,\alpha+u)$$
$$-\tfrac{1}{2}\left(l\frac{\sin(u+\alpha)}{\sin(v+\alpha)}\right)^2-\tfrac{1}{2}\left(l\frac{\sin(\alpha+u+v)}{\sin(\alpha+u)}\right)^2-\tfrac{1}{2}\left(l\frac{\sin(\alpha+u+v)}{\sin(\alpha+v)}\right)^2+B+B'+B'',$$

wenn α, $u+\alpha$, $v+\alpha$ und $\alpha+u+v+k\pi$ in den Grenzen 0 und π liegen. Die letzten 6 Functionen D, sammt den drei logarithmischen Theilen, heben sich vermöge der Formel (29) vollständig auf; denn nach dieser Formel ist

$$D(u,\alpha+v)+D(u,-\alpha-u-v)-\tfrac{1}{2}\left(l\frac{\sin(\alpha+u+v)}{\sin(\alpha+u)}\right)^2=\tfrac{1}{2}(u+k\pi)^2,$$
$$D(v,\alpha+u)+D(v,-\alpha-u-v)-\tfrac{1}{2}\left(l\frac{\sin(\alpha+u+v)}{\sin(\alpha+u)}\right)^2=\tfrac{1}{2}(v+k\pi)^2,$$
$$D(-2\alpha-u-v,\alpha+u)+D(-2\alpha-u-v,\alpha+v)-\tfrac{1}{2}\left(l\frac{\sin(\alpha+u)}{\sin(\alpha+v)}\right)^2$$
$$=\tfrac{1}{2}(\pi-2\alpha-u-v)^2,$$

wenn α, $u+\alpha$, $v+\alpha$ und $\alpha+u+v+k\pi$ in den Grenzen 0 und π liegen. Substituirt man diese Werthe und setzt der Kürze wegen

$$\frac{\sin u}{\sin(u+\alpha)}=x;\quad \frac{\sin v}{\sin(v+\alpha)}=y;\quad \frac{\sin(2\alpha+u+v)}{\sin(\alpha+u+v)}=z,$$

so erhält man

$$49.\quad \Lambda(-xy)+\Lambda(-xz)+\Lambda(-yz)$$
$$=2D(u,\alpha)+2D(v,\alpha)+2D(-2\alpha-u-v,\alpha)+C,$$

wo C der von Kreisbogen abhängige Theil ist, welcher folgende einfache Form annimmt:

$$C=-2\alpha^2-\tfrac{1}{2}\pi^2-2(k-1)\pi\alpha+k(k+1)\pi^2,$$

wenn α, $u+\alpha$, $v+\alpha$ und $\alpha+u+v+k\pi$ in den Grenzen 0 und π liegen.

Eine Formel, welche dieser ähnlich aber minder einfach ist, hat *Hill* in seiner zweiten Abhandlung bewiesen, und hat auf dieselbe ein Verfahren gegründet, welches mit der Addition, Subtraction, Multiplication und Division der elliptischen Integrale einige Aehnlichkeit hat. Hierzu ist jedoch eine andere Formel besser geeignet, welche wir sogleich aus dieser ableiten werden. Setzt man $v=0$, so erhält man aus Formel (49)

$$2D(-2\alpha-u,\alpha)+2D(u,\alpha)=\Lambda\left(\frac{-\sin u\sin(2\alpha+u)}{\sin^2(\alpha+u)}\right)+2\alpha^2-2\pi\alpha+\tfrac{1}{2}\pi^2,$$

wenn α in den Grenzen 0 und π liegt. Verwandelt man hierin u in $u+v$, schafft aus dieser und der vorigen Formel $D(-2\alpha-u-v,\alpha)$ hinweg, und setzt aufserdem der Kürze wegen

$$\frac{\sin(u+v)}{\sin(u+v+\alpha)}=t,$$

so erhält man

$$50.\quad D(u+v,\alpha)=D(u,\alpha)+D(v,\alpha)+\tfrac{1}{2}\Lambda(-tz)-\tfrac{1}{2}\Lambda(-xy)$$
$$-\tfrac{1}{2}\Lambda(-xz)-\tfrac{1}{2}\Lambda(-yz)-k\pi\alpha+\frac{k(k+1)\pi^2}{2},$$

wenn α, $u+\alpha$, $v+\alpha$ und $u+v+\alpha+k\pi$ in den Grenzen 0 und π liegen. Bezeichnet man den Theil dieser Formel, welcher die vier Functionen Λ und den Kreisbogen α enthält, durch $T(u,v,\alpha)$, so läfst sich die Formel (50) einfacher so darstellen:

$$D(u+v,\alpha)=D(u,\alpha)+D(v,\alpha)+T(u,v,\alpha)$$

oder

$$D(u,\alpha)+D(v,\alpha)=D(u+v,\alpha)-T(u,v,\alpha).$$

Dies ist dieselbe Form, welche die Fundamentalgleichungen der elliptischen Integrale der zweiten und dritten Art haben, nur mit dem Unterschiede, dafs dort der hinzuzufügende Theil algebraisch oder durch Logarithmen und Kreisbogen bestimmbar ist, während er hier selbst wieder transcendent ist, aber nur die einfachere Transcendente Λ enthält. Einfacher als die entsprechenden Gleichungen für die elliptischen Integrale ist diese aber darin, dafs das erste Element derjenigen Function, in welche die Summe der beiden anderen verwandelt wird, hier die blofse Summe der beiden ersten Elemente jener Functionen ist, während dasselbe Element bei den elliptischen Integralen einen weit complicirteren Ausdruck hat. Vermöge der Formel (50) kann man also mit der Function $D(u,\alpha)$ dieselben Operationen der Addition, Subtraction, Multiplication und Division vornehmen, wie bei den elliptischen Integralen. Man kann also zunächst eine jede beliebige Summe solcher Functionen, welche alle dasselbe zweite Element haben, in eine einzige Function verwandeln; z. B. für die Summe dreier Functionen hat man

$$51.\quad D(u,\alpha)+D(v,\alpha)+D(w,\alpha)$$
$$=D(u+v+w,\alpha)-T(u,v+w,\alpha)-T(u,w,\alpha).$$

Die Subtraction dieser Functionen ist nicht wesentlich verschieden von der Addition. Setzt man nämlich $u-v$ statt u in Formel (50), so hat man

$$52.\quad D(u,\alpha)-D(v,\alpha)=D(u-v,\alpha)+T(u-v,v,\alpha).$$

Die allgemeine Formel für die Multiplication dieser Function erhält man

28*

sogleich, wenn man in Formel (50) nach einander $v = u, 2u, 3u, \ldots.$ $(n-1)u$ setzt und die so erhaltenen Gleichungen summirt, nemlich

$$53. \quad nD(u, \alpha)$$
$$D(nu, \alpha) - T(u, u, \alpha) - T(u, 2u, \alpha) - \ldots. - T(u, (n-1)u, \alpha).$$

Setzt man hierin $\frac{u}{n}$ statt u, so hat man zugleich die allgemeine Formel für die Division:

$$54. \quad \frac{1}{n} D(u, \alpha)$$
$$= D\left(\frac{u}{n}, \alpha\right) + \frac{1}{n}\left(T\left(\frac{u}{n}, \frac{u}{n}, \alpha\right) + T\left(\frac{u}{n}, \frac{2u}{n}, \alpha\right) + \ldots. + T\left(\frac{u}{n}, \frac{(n-1)u}{n}, \alpha\right)\right).$$

Setzt man hierin wieder mu statt u und verwandelt $D(mu, \alpha)$ nach Formel (53) in $mD(u, \alpha)$, so erhält man

$$55. \quad \frac{m}{n} D(u, \alpha) =$$
$$D\left(\frac{mu}{n}, \alpha\right) + \frac{1}{n}\left[\left(T\frac{mu}{n}, \frac{mu}{n}, \alpha\right) + T\left(\frac{mu}{n}, \frac{2mu}{n}, \alpha\right) + \ldots. + T\left(\frac{mu}{n}, \frac{m(n-1)u}{n}, \alpha\right)\right]$$
$$- \frac{1}{n}\left(T(u, u, \alpha) + T(u, 2u, \alpha) + \ldots. + T(u, (m-1)u, \alpha)\right),$$

welche Formel die Multiplication und Division dieser Function zugleich enthält. Wir übergehen hier, um diese Abhandlung nicht zu weit auszudehnen, die interessanten besonderen Fälle, welche in diesen Formeln enthalten sind, und wollen nur einige allgemeine Folgerungen aus denselben ziehen. Nimmt man in Formel (55) $u = \pi$, so verschwindet $D(\pi, \alpha)$, und man hat die Function $D\left(\frac{m\pi}{n}, \alpha\right)$, ausgedrückt durch die Functionen Λ. Nach Formel (30) kann man ferner diese Function in $D\left(\alpha, \frac{m\pi}{n}\right)$ verwandeln, so dafs eben sowohl $D\left(\alpha, \frac{m\pi}{n}\right)$ durch die Function Λ ausgedrückt werden kann. Setzt man ferner in Formel (55) $u = \alpha$, so ist, wie wir oben gefunden haben, $D(\alpha, \alpha) = \frac{1}{2}(l\,2\cos\alpha)^2 - \frac{1}{2}\alpha^2 + \frac{1}{12}\pi^2$: man erhält daher $D\left(\frac{m\alpha}{n}, \alpha\right)$, ausgedrückt durch die einfachere Function Λ. Fafst man diese Resultate zusammen, so zeigt sich, dafs die Function $D(u, \alpha)$ sich in ein Aggregat mehrer einfacher Functionen $\Lambda(x)$ zerlegen läfst, wenn eines der beiden Elemente ein rationales Verhältnifs zur Zahl π hat, oder wenn beide Elemente ein rationales Verhältnifs zu einander haben. Der Theil $T(u, v, \alpha)$, welcher vier Functionen Λ enthält, kann nach den §. 2. gefundenen Formeln in mannigfache Formen gebracht werden: namentlich können die vier Functionen Λ, welche er enthält, allemal auf drei reducirt werden. Wir übergehen aber der Kürze wegen diese Umformungen.

Zu der allgemeinen Formel (50), auf welche sich die Addition, Subtraction, Multiplication und Division der Function $D(u,\alpha)$ gründet, giebt es noch eine andere, entsprechende, in welcher die drei Functionen dasselbe erste Element haben, und vermöge welcher man dieselben Veränderungen, welche hier mit dem ersten Elemente vorgenommen worden sind, auch in Beziehung auf das zweite Element ausführen kann. Diese entsprechende Formel findet man sogleich durch Anwendung der Formel (30). Verwandelt man nämlich alle drei Functionen $D(u+v,\alpha)$, $D(u,\alpha)$ und $D(v,\alpha)$ nach dieser Formel, und die vier Functionen Λ nach Formel (5), und verwandelt sodann die Buchstaben α in u, u in α, v in β, so erhält man, nach gehöriger Vereinfachung, wenn der Kürze halber gesetzt wird

$$\frac{\sin u}{\sin(u+\alpha)} = \xi, \qquad \frac{\sin u}{\sin(u+\beta)} = \eta, \qquad \frac{\sin u}{\sin(u+\alpha+\beta)} = \zeta,$$

$$56. \quad D(u,\alpha+\beta) = D(u,\alpha) + D(u,\beta) + \tfrac{1}{2}\Lambda(-\zeta^2) - \tfrac{1}{2}\Lambda\left(\frac{-\xi\eta}{\eta}\right)$$
$$-\tfrac{1}{2}\Lambda\left(\frac{-\xi\zeta}{\eta}\right) - \tfrac{1}{2}\Lambda\left(\frac{-\eta\zeta}{\xi}\right) + C,$$

wo C, der von Kreisbogen abhängige Theil, unter der Voraussetzung, dafs α, β, $u+\alpha+\beta$ in den Grenzen 0 und π liegen, folgende acht verschiedene Werthe hat:

I. Wenn $\alpha+\beta$ in den Grenzen 0 und π liegt.

1. $C=0$, wenn $u+\alpha$ in den Grenzen 0 und π, $u+\beta$ in den Grenzen 0 und π ist.
2. $C=\pi\alpha$, wenn $u+\alpha$ in den Grenzen $-\pi$ und 0, $u+\beta$ in den Grenzen 0 und π liegt.
3. $C=\pi\beta$, wenn $u+\alpha$ in den Grenzen 0 und π, $u+\beta$ in den Grenzen $-\pi$ und 0 liegt.
4. $C=-\pi(\pi-\alpha-\beta)$, wenn $u+\alpha$ in den Grenzen $-\pi$ und 0, $u+\beta$ in den Grenzen $-\pi$ und 0 ist.

II. Wenn $\alpha+\beta$ in den Grenzen π und 2π liegt.

1. $C=0$, wenn $u+\alpha$ in den Grenzen $-\pi$ und 0, $v+\beta$ in den Grenzen $-\pi$ und 0 liegt.
2. $C=\pi(\pi-\alpha)$, wenn $u+\alpha$ in den Grenzen 0 und π, $v+\beta$ in den Grenzen $-\pi$ und 0 liegt.
3. $C=\pi(\pi-\beta)$, wenn $u+\alpha$ in den Grenzen $-\pi$ und 0, $v+\beta$ in den Grenzen 0 und π liegt.

4. $C = -\pi(\alpha+\beta-\pi)$, wenn $u+\alpha$ in den Grenzen 0 und π, $v+\beta$ in den Grenzen 0 und π liegt.

Vermittelst dieser Formel, welche, in sehr complicirter Form und ohne genaue Bestimmung des von Kreisbogen abhängigen Theiles, sich ebenfalls in *Hill's* Abhandlung findet, kann man jede beliebige Anzahl von Functionen D, deren erste Elemente alle gleich sind, so summiren, dafs sie durch eine solche Function ausgedrückt werden; mit Hinzufügung eines von der einfachen Transcendente $\Lambda(x)$ abhängigen Theiles; oder man kann

$$D(u,\alpha) \pm D(u,\beta) \pm D(u,\gamma) + \dots$$

durch eine einzige Function D und mehrere Functionen Λ ausdrücken. Ferner kann man die Function $D\left(u, \frac{m\alpha}{n}\right)$ durch die Function $D(u,\alpha)$ und durch Functionen Λ ausdrücken. Eine nähere Entwickelung dieser Operationen aber, welche aufserordentlich leicht und einfach sind, übergehen wir.

Man kann auch die hier gefundenen Resultate benutzen, um daraus neue Eigenschaften der einfachen Function $\Lambda(x)$ abzuleiten. Um hiervon ein Beispiel zu geben, wollen wir in der Formel (51) u und v vertauschen und sie dann von dieser abziehen, dies giebt:

$$T(u, v+w, \alpha) + (v, w, \alpha) = T(v, u+w, \alpha) + T(u, w, \alpha).$$

Diese Gleichung, gehörig entwickelt und vereinfacht, giebt eine neue Formel für die Function Λ, welche zwölf dieser Transcendenten enthält, aber allgemeiner ist als die in §. 2. gefundenen, da sie vier von einander unabhängige Gröfsen u, v, w und α enthält, während die oben entwickelten Formeln nur zwei unabhängige Gröfsen enthalten.

§. 7.

Nachdem wir nun die Formeln aufgestellt haben, welche die einfachsten Eigenschaften der Function $D(u,\alpha)$ ausdrücken, wollen wir noch die einfachsten Reihen-Entwickelungen angeben, welche zur numerischen Berechnung dieser Function dienen.

Setzen wir, wie wir schon oben thaten,

$$1 - x e^{\alpha i} = r e^{-ui} \quad \text{oder} \quad x = \frac{\sin u}{\sin(u+\alpha)}, \quad r = \frac{\sin\alpha}{\sin(u+\alpha)},$$

$$r^2 = 1 - 2\cos\alpha + x^2, \qquad \operatorname{tang} u = \frac{x\sin\alpha}{1 - x\cos\alpha},$$

so giebt die theilweise Integration:

$$D(u,\alpha) = lx\,lr - \int_0 lr\frac{dx}{x},$$

und wenn statt $lr = \frac{1}{2}l(1-2x\cos\alpha+x^2)$ die bekannte Reihen-Entwicklung genommen und integrirt wird,

$$57.\quad D(u,\alpha) = lx\,lr + \left(\frac{x\cos\alpha}{1^2}+\frac{x^2\cos 2\alpha}{2^2}+\frac{x^3\cos 3\alpha}{3^3}+\ldots\right),$$

in den Grenzen $u=-\frac{1}{2}\alpha$ bis $u=\frac{1}{2}(\pi-\alpha)$, wenn α in den Grenzen 0 und π liegt.

Verwandelt man u in $\pi-u-\alpha$, wodurch x in $\frac{1}{x}$ übergeht, und formt sodann $D(-u-\alpha,\alpha)$ nach Formel (28) in $D(u,\alpha)$ um, so erhält man

$$58.\quad D(u,\alpha) = B + lx\,lr - \tfrac{1}{2}(lx)^2 - \left(\frac{\cos\alpha}{1^2 x}+\frac{\cos 2\alpha}{2^2 x^2}+\frac{\cos 3\alpha}{3^2 x^3}+\ldots\right);$$

und wenn α in den Grenzen 0 und π liegt, ist

$B=\frac{1}{2}\alpha^2-\frac{1}{6}\pi^2$, von $u=-\alpha$ bis $u=-\frac{1}{2}\alpha$.

$B=\frac{1}{2}(\alpha-\pi)^2-\frac{1}{6}\pi^2$, von $u=\frac{1}{2}(\pi-\alpha)$ bis $u=\pi-\alpha$.

Vertauscht man in diesen beiden Reihen-Entwickelungen u und α, wodurch x in r übergeht, und verwandelt alsdann wieder die Function $D(\alpha,u)$ nach Formel (30) in $D(u,\alpha)$, so erhält man

$$59.\quad D(u,\alpha) = B - \left(\frac{r\cos u}{1^2}+\frac{r^2\cos 2u}{2^2}+\frac{r^2\cos 3u}{3^2}+\ldots\right).$$

Wenn α in den Grenzen 0 und $\frac{1}{2}\pi$ liegt, so ist

1. $B=-\alpha u+\frac{1}{6}\pi^2$ in den Grenzen $u=0$ bis $u=\pi-2\alpha$;

wenn aber α in den Grenzen $\frac{1}{2}\pi$ und π liegt, so ist

2. $B=-(\alpha-\pi)u+\frac{1}{6}\pi^2$ in den Grenzen $u=-(2\alpha-\pi)$ bis $u=0$.

Man erhält für

$$60.\quad D(u,\alpha) = B + \tfrac{1}{2}(lr)^2 + \left(\frac{\cos u}{1^2.r}+\frac{\cos 2u}{2^2.r^2}+\frac{\cos 3u}{3^2\,r^3}+\ldots\right),$$

1. $B=-\alpha u-\frac{(u-\pi)^2}{2}+\frac{1}{3}\pi^2$, wenn α in den Grenzen 0 und $\frac{1}{2}\pi$ und $u+\alpha$ in den Grenzen $\pi-\alpha$ und π liegt; oder wenn α in den Grenzen $\frac{1}{2}\pi$ bis π, und $u+\alpha$ in den Grenzen α und π ist;

2. $B=-(\alpha-\pi)u-\frac{(u+\pi)^2}{2}+\frac{1}{3}\pi^2$, wenn α in den Grenzen 0 und $\frac{1}{2}\pi$ und $u+\alpha$ in den Grenzen 0 und α, oder wenn α in den Grenzen $\frac{1}{2}\pi$ und π, und $u+\alpha$ in den Grenzen 0 und $\pi-\alpha$ liegt.

Setzt man in (57) und (58) $\pi-\alpha-u$ statt α, wodurch x in $\frac{x}{r}$ übergeht und verwandelt $D(u,-\alpha-u)$ nach Formel (29) in $D(u,\alpha)$, so erhält man:

$$61.\quad D(u,\alpha) =$$

$$-\frac{u^2}{2}+lx\,lr-\tfrac{1}{2}(lr)^2+\left(\frac{x\cos(\alpha+u)}{r}-\frac{x^2\cos 2(\alpha+u)}{2^2.r^2}+\frac{x^3\cos 3(\alpha+u)}{3^2\,r^3}-\ldots\right),$$

wenn α in den Grenzen 0 und $\frac{1}{2}\pi$ liegt und $u+\alpha$ in den Grenzen 0 und 2α; oder wenn α in den Grenzen $\frac{1}{2}\pi$ und π liegt und $u+\alpha$ in den Grenzen $2\alpha-\pi$ bis π. Ferner für

$$D(u,\alpha)=B+\tfrac{1}{2}(lx)^2-\left(\frac{r\cos(\alpha+u)}{x}-\frac{r^2\cos 2(\alpha+u)}{2^2.x^2}+\frac{r^3\cos 3(\alpha+u)}{3^2.x^3}-\dots\right),$$

1. $B=-\alpha u-\frac{1}{2}\alpha^2+\frac{1}{6}\pi^2$, wenn α in den Grenzen 0 und $\frac{1}{2}\pi$ und $u+\alpha$ in den Grenzen 2α und π liegt;

2. $B=-(\alpha-\pi)u-\frac{(\alpha-\pi)^2}{2}+\frac{1}{6}\pi^2$, wenn α in den Grenzen $\frac{1}{2}\pi$ und π, und $u+\alpha$ in den Grenzen 0 und $2\alpha-\pi$ liegt.

Die hier gegebenen sechs Reihen-Entwickelungen, von welchen man für jeden besonderen Fall die am besten convergirende zur Berechnung wählen kann, reichen zur Berechnung der Function $D(u,\alpha)$ vollständig aus.

§. 8.

Nachdem wir nun die Grundformeln der Function $D(u,\alpha)$ entwickelt haben, wenden wir uns zu einer ähnlichen Behandlung des andern logarithmischen Integrals der zweiten Ordnung

$$E(x,\alpha)=\int_0 \frac{l(\pm x)\sin\alpha\, dx}{1+2x\cos\alpha+x^2}.$$

Die Eigenschaften dieser Function sind grofsentheils denen der Function $D(x,\alpha)$ sehr ähnlich, und lassen sich ganz nach denselben Methoden entwickeln. Im Ganzen ist jedoch die Theorie der Function $E(x,\alpha)$ bei weitem einfacher; welches schon daraus hervorgeht, dafs sie sich durch andere Functionen derselben Art ausdrücken läfst, in welchen das Element x den bestimmten Werth $x=-1$ hat; welche also nur von einem einzigen Elemente abhängig sind. Auch dadurch wird die Behandlung dieser Function leichter und angenehmer, dafs in den Formeln keine Kreisbogen vorkommen, die für die Function $D(x,\alpha)$ so viele Weitläuftigkeiten verursachen. Ferner wird diese Function in keinem Falle unendlich grofs, sondern bleibt immer continuirlich, selbst wenn x unendlich grofs wird, so dafs auch die Distinctionen der verschiedenen Intervalle, innerhalb deren die Continuität Statt hat, hier wegfallen. Schon hieraus kann man erkennen, dafs in den Formeln auch keine Logarithmen vorkommen werden; denn diese würden für bestimmte Werthe der Variabeln unendlich werden; welches der Natur der Function $E(x,\alpha)$ zuwider ist. Aus der Definition folgen zunächst wieder folgende Eigenschaften:

$$E(x,-\alpha) = -E(x,\alpha);\quad E(x,\alpha+\pi) = E(-x,\alpha);$$
$$E(x,\pm\alpha+2k\pi) = \pm E(x,\alpha);\quad E(x,\pm\alpha+(2k+1)\pi) = \pm E(-x,\alpha);$$

oder, wenn $x = \frac{-\sin u}{\sin(u+\alpha)}$ gesetzt und $E\left(\frac{-\sin u}{\sin(u+\alpha)}, \alpha\right)$ einfach durch $E(u,\alpha)$ bezeichnet wird, wie wir schon oben gethan haben,

$$E(u,\alpha+k\pi) = E(u,\alpha);\quad E(u+k\pi,\alpha) = E(u,\alpha);$$
$$E(-u,-\alpha) = -E(u,\alpha);\qquad E(u,0) = 0.$$

Ferner ist das vollständige Differenzial der Function $E(x,\alpha)$

$$d.E(x,\alpha) = l(\pm x)\,d\,\text{Arc tang}\,\frac{x\sin\alpha}{1+x\cos\alpha} - \tfrac{1}{2}l(1+2x\cos\alpha+x^2)\,d\alpha,$$

oder, wenn $x = \frac{-\sin u}{\sin(u+\alpha)}$ gesetzt wird,

$$dE(u,\alpha) = -l\left(\frac{\sin u}{\sin(u+\alpha)}\right)du - l\left(\frac{\sin\alpha}{\sin(u+\alpha)}\right)d\alpha.$$

Nach diesen Vorbereitungen können wir nun, genau denselben Gang verfolgend, welchen wir für die Entwickelung der Eigenschaften der Function $D(x,\alpha)$ gewählt haben, zunächst wieder x in $-x^n$, α in $n\alpha$ verwandeln und das Integral $E(-x^n, n\alpha)$ in seine einfachen Bestandtheile zerlegen. Hierdurch wird

$$E(-x^n, n\alpha) = -n\int\frac{l(\pm x)\sin n\alpha.nx^{n-1}dx}{1-2x^n\cos n\alpha+x^{2n}};$$

und da sich die rationale Function unter dem Integrationszeichen bekanntlich folgendermaafsen in Partialbrüche zerlegen läfst:

$$\frac{nx^{n-1}\sin n\alpha}{1-2x^n\cos n\alpha+x^{2n}} = \sum_0^{n-1}{}_k\,\frac{\sin\left(\alpha+\frac{2k\pi}{n}\right)}{1-2x\cos\left(\alpha+\frac{2k\pi}{n}\right)+x^2},$$

so erhält man durch Ausführung der Integration der einzelnen Theile sogleich

$$62.\quad E(-x^n, n\alpha) = n\sum_0^{n-1}{}_k\,E\left(-x, \alpha+\frac{2k\pi}{n}\right).$$

Verwandelt man α in $\alpha+\frac{\pi}{n}$, so erhält man daraus

$$63.\quad E(+x^n, n\alpha) = n\sum_0^{n-1}{}_k\,E\left(-x, \alpha+\frac{(2k+1)\pi}{n}\right).$$

Setzt man ferner in dem Integrale $E(x,\alpha)$, $\frac{1}{x}$ statt x, so bleibt dasselbe völlig ungeändert; woraus die einfache Formel hervorgeht

$$64.\quad E\left(\frac{1}{x}, \alpha\right) = E(x, \alpha).$$

Dies sind diejenigen Eigenschaften der Function $E(x, \alpha)$, welche sich unter dieser Form am einfachsten darstellen lassen. Für die Entwickelung der übrigen werden wir von der Form $E(u, \alpha)$ Gebrauch machen und auch hier dieselben Methoden wie oben für die Function $D(u, \alpha)$ anwenden. Wir setzen deshalb auch hier in der für die Function $\Lambda(x)$ gefundenen allgemeinen Formel (2) $xe^{\alpha i}$ statt x und $ye^{\beta i}$ statt y, $1-xe^{\alpha i} = re^{-ui}$ und $1-ye^{\beta i} = \varrho e^{-vi}$ und zerlegen die imaginären Functionen Λ in ihre realen und imaginären Theile, von welchen wir hier nur die letzteren in Betracht ziehen und welche

$$E(-xy, \alpha+\beta)$$
$$= E(-x, \alpha) + E(-y, \beta) + E\left(\frac{x\varrho}{r}, \alpha+u-v\right) + E\left(\frac{yr}{\varrho}, \beta+v-u\right) + L$$

geben, wo L wieder der von Logarithmen und Kreisbogen abhängige Theil ist, oder vielmehr der Theil der Formel, welcher Logarithmen und Kreisbogen enthalten kann, von welchem wir aber sogleich zeigen werden, dafs er weder die einen, noch die anderen enthält. Wird jetzt wieder der Hülfswinkel φ eingeführt, welcher durch die Gleichung

$$\operatorname{tang}\varphi = \frac{\sin u \sin v \sin(\alpha+\beta)}{\sin(u+\alpha)\sin(v+\beta) - \sin u \sin v \cos(\alpha+\beta)}$$

bestimmt ist, so hat man, eben so wie oben,

$$xy = \frac{\sin\varphi}{\sin(\varphi+\alpha+\beta)}; \quad x = \frac{\sin u}{\sin(u+\alpha)}; \quad y = \frac{\sin v}{\sin(v+\beta)};$$
$$\frac{x\varrho}{r} = \frac{-\sin(\varphi-u)}{\sin(\varphi+\alpha-v)}; \quad \frac{yr}{\varrho} = \frac{-\sin(\varphi-v)}{\sin(\varphi+\beta-u)};$$

und wenn man diese Werthe substituirt und von der einfacheren Art der Bezeichnung Gebrauch macht,

$$E(\varphi, \alpha+\beta) =$$
$$E(u, \alpha) + E(v, \beta) + E(\varphi-u, \alpha+u-v) + E(\varphi-v, \beta+v-u) + L.$$

Um nun L zu bestimmen, werden wir diese Formel differenziiren, wobei die Grenzen, innerhalb deren α, u, β, v liegen, vollkommen gleichgültig sind, da das Differenzial von $E(u, \alpha)$ keine Kreisbogen enthält. Ferner würde es hier auch ganz überflüssig sein, in Beziehung auf alle vier unabhängige Variabeln zugleich, die Differenziation auszuführen, wie wir es oben für die Function $D(u, \alpha)$ gethan haben; denn es reicht hier vollständig hin, nur eine dieser Gröfsen, als welche ich u nehme, als veränderlich zu betrachten. Wird die Differenziation in Beziehung auf u ausgeführt, so erhält man

$$-l\left(\frac{\sin\varphi}{\sin(\varphi+\alpha+\beta)}\right)d\Phi = -l\left(\frac{\sin u}{\sin(u+\alpha)}\right)du - l\left(\frac{\sin(\varphi-u)}{\sin(\varphi+\alpha-v)}\right)(d\Phi-du)$$
$$-l\left(\frac{\sin(\alpha+u-v)}{\sin(\varphi+\alpha-v)}\right)du - l\left(\frac{\sin(\varphi-v)}{\sin(\varphi+\beta-u)}\right)d\Phi + l\left(\frac{\sin(\beta+v+u)}{\sin(\varphi+\beta+u)}\right)du + dL.$$

Die Glieder dieser Gleichung, welche $d\Phi$ enthalten, verschwinden für sich, und eben so die Glieder, welche du enthalten; es bleibt also nur $dL=0$, oder es ist L von u unabhängig. Hieraus folgt zugleich, dafs L auch von v unabhängig sein mufs; denn man kann in der obigen Formel u und v mit einander vertauschen, wenn zugleich α und β vertauscht werden, ohne dafs diese Formel sich ändert. Da also L von u und von v unabhängig ist, so setze ich $u=0$ und $v=0$, wodurch zugleich $\Phi=0$ wird, und da dann alle Glieder der Formel verschwinden, so ist $L=0$, und diese Bestimmung der Constante mufs für alle beliebigen Werthe der Variabeln gelten, weil unter keiner Bedingung in der Formel eine Discontinuität Statt findet. Es ist also

$$65.\quad E(\Phi,\alpha+\beta)$$
$$= E(u,\alpha)+E(v,\beta)+E(\Phi-u,\alpha+u-v)+E(\Phi-v,\beta+u-v),$$
$$\text{wenn } \operatorname{tang}\Phi = \frac{\sin u\sin v\sin(\alpha+\beta)}{\sin(u+\alpha)\sin(v+\beta)-\sin u\sin v\cos(\alpha+\beta)}.$$

Aus dieser allgemeinen Formel leiten wir nun wieder die speciellern Formeln her. Setzt man $\alpha+\beta=0$, wodurch $\Phi=0$, so erhält man

$$66.\quad E(u,\alpha)+E(-u,\alpha+u+v) = E(v,\alpha)+E(-v,\alpha+u+v);$$

setzt man aber $u=\beta+v$, wodurch $\Phi=v$, so erhält man

$$67.\quad E(v,\alpha+\beta) = E(v+\beta,\alpha)+E(v,\beta)+E(-\beta,\alpha+\beta).$$

Diese beiden Formeln entsprechen den für die Function $D(u,\alpha)$ gefundenen Formeln (26) und (27). Aus ihnen erhält man leicht auch die den fünf einfachen Gleichungen (28) bis (32) entsprechenden Ausdrücke:

$$68.\quad E(u,\alpha) = E(-u-\alpha,\alpha),$$
$$69.\quad E(u,\alpha) = E(u,-u-\alpha),$$
$$70.\quad E(u,\alpha) = E(\alpha,u),$$
$$71.\quad E(u,\alpha) = E(\alpha,-u-\alpha),$$
$$72.\quad E(u,\alpha) = E(-u-\alpha,u).$$

Die erste dieser fünf Formeln erhält man aus (66), wenn man $v=-\alpha-u$ nimmt; die zweite, wenn man $v=0$ nimmt; und die übrigen drei entstehen aus der Verbindung der beiden ersten. Die merkwürdigste dieser Formeln ist die dritte, welche zeigt, dafs man die beiden Elemente der Function $E(u,\alpha)$ unter einander vertauschen kann. Diese Eigenschaft

29*

kann man aber auch sogleich an dem oben gegebenen vollständigen Differenziale der Function $E(u, \alpha)$ erkennen. Zu den übrigen Formeln für die Function $D(u, \alpha)$, namentlich zu denen des §. 6., auf welchen die Addition, Subtraction, Multiplication und Division dieser Function beruhet, giebt es keine entsprechenden Formeln für die Function $E'(u, \alpha)$. Dafür hat aber diese Function eine eigenthümliche Formel, welche mehr leistet als alle jene zusammen. Man erhält dieselbe indem man in (65) setzt: $u = \frac{\pi - \alpha}{2}$, $v = \frac{\pi - \beta}{2}$, wodurch $\varphi = \frac{\pi - \alpha - \beta}{2}$ wird, nämlich:

$$E\left(\frac{\pi - \alpha - \beta}{2}, \alpha + \beta\right)$$
$$= E\left(\frac{\pi - \alpha}{2}, \alpha\right) + E\left(\frac{\pi - \beta}{2}, \beta\right) + E\left(\frac{-\beta}{2}, \frac{\alpha + \beta}{2}\right) + E\left(\frac{-\alpha}{2}, \frac{\alpha + \beta}{2}\right).$$

Da aber nach Gleichung (69) und (71) $E\left(-\frac{\beta}{2}, \frac{\alpha + \beta}{2}\right) + E\left(\frac{-\alpha}{2}, \frac{\alpha + \beta}{2}\right)$ $= -2E(\frac{1}{2}\beta, \frac{1}{2}\alpha)$, so hat man, wenn man α in 2α und β in $2u$ verwandelt,

$$73. \quad 2E(u, \alpha)$$
$$= E(\tfrac{1}{2}\pi - \alpha, 2\alpha) + E(\tfrac{1}{2}\pi - \beta, 2\beta) - E(\tfrac{1}{2}\pi - \alpha - \beta, 2\alpha + 2\beta).$$

Diese Formel ist wesentlich dieselbe, welche wir schon zu Ende des §. 1. gegeben haben; sie zeigt nämlich die Zerlegung der von zwei Elementen abhängigen Function in Functionen derselben Art, welche nur von einem Elemente abhängig sind. Die Function $E\left(\frac{\pi - \alpha}{2}, \alpha\right)$ ist nämlich dieselbe, welche nach der andern Art der Bezeichnung dargestellt wird als $E(-1, \alpha)$, und da sie nur von einem Elemente abhängig ist, so wollen wir sie in dem Folgenden einfach durch $E'(\alpha)$ bezeichnen, so dafs

$$E'(\alpha) = -\int_0^1 \frac{lx \sin\alpha \,.\, dx}{1 - 2x\cos\alpha + x^2}.$$

Dieselbe Function kann auch, wie wir schon oben gefunden haben, definirt werden als

$$E'(\alpha) = -\int_0^\alpha l(\pm 2 \sin \tfrac{1}{2}\alpha)\, d\alpha,$$

in welcher Form sie häufig vorkommt, so dafs *Clausen* die Mühe übernommen hat, eine Tafel derselben zu berechnen, welche sich im gegenwärtigen Journale Bd. VIII. pag. 298 abgedruckt findet. Die Eigenschaften dieser Function, welche unmittelbar aus der Definition folgen, sind:

$$E'(-\alpha) = -E'(\alpha); \quad E'(\alpha + 2k\pi) = E'(\alpha); \quad E'(k\pi) = 0.$$

Um die anderen Eigenschaften zu finden, können wir in den bereits entwickelten Formeln die Functionen $E(u,\alpha)$ durch diese einfache Function $E(\alpha)$ ausdrücken nach der Formel:

$$74.\quad 2E(u,\alpha) = E'(2u) + E'(2\alpha) - E'(2u+2\alpha).$$

Wird dies zunächst bei der allgemeinen Formel (65) ausgeführt, so erhält man:

$$75.\quad E'(2\varphi) + E'(2\alpha+2\beta) - E'(2\varphi+2\alpha+2\beta)$$
$$= E'(2u) + E'(2\alpha) - E'(2u+2\alpha) + E'(2v) + E'(2\beta) - E'(2v+2\beta)$$
$$+ E'(2\varphi-2u) + E'(2\alpha+2u-2v) - E'(2\varphi+2\alpha-2v) + E'(2\varphi-2v)$$
$$+ E'(2\beta+2v-2u) - E'(2\varphi+2\beta-2u),$$
$$\text{wenn } \tang\varphi = \frac{\sin u \sin v \sin(\alpha+\beta)}{\sin(u+\alpha)\sin(v+\beta) - \sin u \sin v \cos(\alpha+\beta)}.$$

Diese Formel ist zwar an sich merkwürdig genug, aber sie enthält zu viele solche Functionen um practisch brauchbar zu sein; auch enthält sie, obgleich sie sehr allgemein ist, nur wenig interessante specielle Fälle; die meisten besonderen Bestimmungen einer oder mehrerer der vier unabhängigen Gröfsen u, v, α, β, welche die Formel vereinfachen sollen, machen sie rein identisch. Ein specieller Fall, welcher der Erwähnung werth ist, ist der, welchen man erhält, wenn man $\alpha = \beta$ und $u = v$ setzt, nemlich:

$$76.\quad E'(2\varphi) - E'(2\varphi+4\alpha) - 2E'(2\varphi-2u) + E'(4\alpha) + 2E'(2u+2\alpha)$$
$$-4E'(2\alpha) + 2E'(2\varphi+2\alpha-2u) - 2E'(2u) = 0,$$
$$\text{wenn } \tang\varphi = \frac{2\sin^2 u \cos\alpha}{\sin\alpha + \sin 2u\cos\alpha};$$

Die specielleren Formeln (66) bis (72) geben alle nur identische Gleichungen, wenn man in ihnen die von zwei Elementen abhängigen Functionen ausdrückt. Eine wichtige allgemeine Formel aber erhält man unmittelbar aus Formel (62), wenn man $x=1$ nimmt, wodurch $E(-x,\alpha)$ in $E'(\alpha)$ übergeht, nemlich

$$77.\quad E'(n\alpha) = n\sum_0^{n-1}{}_k E'\left(\alpha + \frac{2k\pi}{n}\right),$$

deren specielle Fälle für $n = 2, 3, 4$, folgende sind:

$$E'(2\alpha) = 2E'(\alpha) + 2E'(\alpha+\pi),$$
$$E'(3\alpha) = 3E'(\alpha) + 3E'(\alpha+\tfrac{2}{3}\pi) + 3E'(\alpha+\tfrac{4}{3}\pi),$$
$$E'(4\alpha) = 4E'(\alpha) + 4E'(\alpha+\tfrac{1}{2}\pi) + 4E'(\alpha+\pi) + 4E'(\alpha+\tfrac{3}{2}\pi).$$

Dies sind bekannte Eigenschaften dieser Function. Man kann aber auch aus Formel (62) eine allgemeinere Formel ähnlicher Art ableiten, welche zwei unabhängige Gröfsen enthält. Da nämlich die Function $E(x,\alpha)$ nicht nur für $x=-1$, sondern auch für jeden beliebigen Werth des x

sich durch die einfache Function $E(\alpha)$ ausdrücken läfst, so darf man nur diese Verwandlung allgemein ausführen, um die gesuchte Formel zu erhalten. Zu diesem Zwecke setze ich $x = \frac{\sin w}{\sin(w+\alpha)}$ und bestimme die Gröfsen $w_1, w_2, w_3, \ldots\ldots w_k, \ldots\ldots w_{n-1}$ so, dafs im Allgemeinen

$$\frac{\sin w}{\sin(w+\alpha)} = \frac{\sin(w_k)}{\sin\left(w_k+\alpha+\frac{2k\pi}{n}\right)};$$

aufserdem setze ich $x^n = \frac{\sin\psi}{\sin(\psi+n\alpha)}$, woraus man leicht zeigen kann, dafs $\psi = w + w_1 + w_2 + \ldots\ldots + w_{n-1}$ ist. Ich behalte aber der Kürze wegen für diese Summe das Zeichen ψ bei und habe so die Gleichung (62) unter folgender Form:

$$E(\psi, n\alpha) = n\sum_0^{n-1}{}_k E\left(w_k, \alpha+\frac{2k\pi}{n}\right).$$

Werden jetzt die Functionen $E(\psi, n\alpha)$ und $E\left(w_k, \alpha+\frac{2k\pi}{n}\right)$ zerlegt nach der Formel $2E(u,\alpha) = E(2u)+E(2\alpha)-E(2u+2\alpha)$, so erhält man:

$$E'(2\psi)+E'(2n\alpha)-E'(2\psi+2n\alpha) =$$
$$n\sum_0^{n-1}{}_k E'\left(2\alpha+\frac{4k\pi}{n}\right)+n\sum_0^{n-1}{}_k E'(2w_k)-n\sum_0^{n-1}{}_k E'\left(2w_k+2\alpha+\frac{4k\pi}{n}\right).$$

Diese Formel läfst sich noch vereinfachen; denn aus (77) folgt dafs

$$n\sum_0^{n-1}{}_k E'\left(2\alpha+\frac{4k\pi}{n}\right) = E'(2n\alpha)$$

wenn n ungerade, dafs aber dieselbe Summe gleich $4E(n\alpha)$, wenn n grade ist. Man hat daher

$$78. \quad E'(2\psi)-E'(2\psi+2n\alpha)$$
$$= n\sum_0^{n-1}{}_k E'(2w_k)-n\sum_0^{n-1}{}_k E'\left(2w_k+2\alpha+\frac{4k\pi}{n}\right),$$

wenn n ungerade ist, und

$$79. \quad E'(2\psi)-E'(2\psi+2n\alpha)+2E'(2n\alpha)-4E'(n\alpha)$$
$$= n\sum_0^{n-1}{}_k E'(2w_k)-n\sum_0^{n-1}{}_k E'\left(2w_k+2\alpha+\frac{4k\pi}{n}\right),$$

wenn n grade ist.

Es ist leicht zu übersehen, dafs es auch für die Function $E'(\alpha)$ mehrere, ja unendlich viele ähnliche Formeln giebt; denn da es für die Function $\Lambda(x)$ unendlich viele Formeln giebt, und da jede derselben eine entsprechende Formel für die Function $E(u,\alpha)$ gewährt, diese aber wieder auf die einfache Function $E(\alpha)$ reducirt wird, so kann man auch für diese eine unendliche Anzahl von Formeln finden. Da aber die anderen auf diese Weise zu findenden Formeln zu complicirt sein würden, so übergehen wir dieselben.

§. 9.

Die einfachen Reihen-Entwickelungen der Functionen $E(u,\alpha)$ und $E(\alpha)$, welche wir hier noch kurz angeben wollen, haben zwar für die numerische Berechnung derselben nur geringen Werth, da $E(u,\alpha)$ immer durch $E(\alpha)$ einfach ausgedrückt werden kann, für welche letztere Function, wie wir schon oben bemerkt haben, eine vollständige Tafel vorhanden ist: in theoretischer Beziehung aber haben sie denselben Werth als die Reihen-Entwickelungen der Function $D(u,\alpha)$, mit welchen sie sehr grofse Aehnlichkeit haben.

Setzt man wieder $1-xe^{\alpha i}=re^{-ui}$, wodurch $x=\frac{\sin u}{\sin(u+\alpha)}$, $r=\frac{\sin\alpha}{\sin(u+\alpha)}$, $\operatorname{tang} u=\frac{x\sin\alpha}{1-x\cos\alpha}$ wird, so hat man

$$E(u,\alpha)=-\int l(x)\,du,$$

und daher, durch theilweise Integration:

$$E(u,\alpha)=-ulx+\int u.\frac{dx}{x}.$$

Entwickelt man aber den Kreisbogen $u=\operatorname{arc\,tang}\frac{x\sin\alpha}{1-x\cos\alpha}$ nach Potenzen von x, und integrirt, so hat man:

$$80.\quad E(u,\alpha)=-ulx+\left(\frac{x\sin\alpha}{1^2}+\frac{x^2\sin 2\alpha}{2^2}+\frac{x^3\sin 3\alpha}{3^2}+\dots\right),$$

wenn α in den Grenzen 0 und π und $u+\alpha$ in den Grenzen $\frac{1}{2}\alpha$ und $\frac{1}{2}(\pi+\alpha)$ liegt.

Setzt man $\pi-u-\alpha$ statt u, so wird $E(-u-\alpha,\alpha)=E(u,\alpha)$ nach Formel (68), und x geht über in $\frac{1}{x}$; man erhält also:

$$81.\quad E(u,\alpha)=(\pi-u-\alpha)lx+\left(\frac{\sin\alpha}{1^2.x}+\frac{\sin 2\alpha}{2^2.x^2}+\frac{\sin 3\alpha}{3^2.x^3}+\dots\right)$$

wenn α in den Grenzen 0 und π, $u+\alpha$ in den Grenzen $\frac{1}{2}(\pi+\alpha)$ und $\pi+\frac{1}{2}\alpha$ liegt.

Vertauscht man in diesen beiden Formeln u und α, wodurch x in r übergeht und $E(u,\alpha)$ ungeändert bleibt, so hat man:

$$82.\quad E(u,\alpha)=-\alpha lr+\left(\frac{r\sin u}{1^2}+\frac{r^2\sin 2u}{2^2}+\frac{r^3\sin 3u}{3^2}+\dots\right),$$

wenn α in den Grenzen 0 und π, und $u+\alpha$ in den Grenzen α und $\pi-\alpha$,

83. $E(u, \alpha) = (\pi - u - \alpha)\, lr + \left(\frac{\sin u}{1^2 . r} + \frac{\sin 2u}{2^2 . r^2} + \frac{\sin 3u}{3^2 . r^3} + \dots\right)$,
wenn α in den Grenzen 0 und $\frac{1}{2}\pi$, $u + \alpha$ in den Grenzen $\pi - \alpha$ und $\pi + \alpha$, oder wenn α in den Grenzen $\frac{1}{2}\pi$ und π, $u + \alpha$ in den Grenzen α und $2\pi - \alpha$ liegt.

Verwandelt man ferner in Formel (80) α in $\pi - \alpha - u$, wodurch x übergeht in $-\frac{x}{r}$, und $E(u, -u-\alpha)$ in $E(u, \alpha)$, so hat man:

84. $E(u, \alpha)$
$$= -ul\left(\frac{x}{r}\right) - \left(\frac{x \sin(u+\alpha)}{1^2 . r^2} - \frac{x^2 \sin 2(u+\alpha)}{2^2 . r^2} + \frac{x^3 \sin 3(u+\alpha)}{3^2 . r^3} - \dots\right)$$
wenn α in den Grenzen 0 und $\frac{1}{2}\pi$, $u + \alpha$ in den Grenzen 0 und 2α, oder wenn α in den Grenzen $\frac{1}{2}\pi$ und π, $u + \alpha$ in den Grenzen $2\alpha - \pi$ und π liegt.

Vertauscht man hierin wieder u und α, so hat man endlich:

85. $E(u, \alpha)$
$$= -\alpha l\left(\frac{r}{x}\right) - \left(\frac{r \sin(u+\alpha)}{1^2 . x} - \frac{r^2 \sin 2(u+\alpha)}{2^2 . x^2} + \frac{r^3 \sin 3(u+\alpha)}{3^2 . x^3} - \dots\right),$$
wenn α in den Grenzen 0 und $\frac{1}{2}\pi$, $u + \alpha$ in den Grenzen 2α und π, oder wenn α in den Grenzen $\frac{1}{2}\pi$ und π, $u + \alpha$ in den Grenzen 0 und $2\alpha - \pi$ liegt.

Hieraus erhält man ferner die Reihen-Entwickelungen für die einfache Function $E(\alpha)$, wenn man $u = \frac{1}{2}(\pi - \alpha)$ setzt, wodurch $x = +1$ und $r = 2 \sin \frac{1}{2}\alpha$ wird, nemlich:

86. $$E'(\alpha) = \frac{\sin \alpha}{1^2} + \frac{\sin 2\alpha}{2^2} + \frac{\sin 3\alpha}{3^2} + \frac{\sin 4\alpha}{4^2} + \dots$$

87. $E'(\alpha) =$
$$-\alpha l(2 \sin \tfrac{1}{2}\alpha) + \left(\frac{2 \sin \frac{1}{2}\alpha . \cos \frac{1}{2}\alpha}{1^2} + \frac{(2 \sin \frac{1}{2}\alpha)^2 \sin \alpha}{2^2} - \frac{(2 \sin \frac{1}{2}\alpha)^3 \cos \frac{3}{2}\alpha}{3^2} - \dots\right),$$
wenn α in den Grenzen $-\frac{1}{6}\pi$ und $+\frac{1}{6}\pi$ und

88. $E'(\alpha) =$
$$\tfrac{1}{2}(\pi - \alpha)\, l(2 \sin \tfrac{1}{2}\alpha) + \frac{\cos \frac{1}{2}\alpha}{1^2\, 2 \sin \frac{1}{2}\alpha} + \frac{\sin \alpha}{2^2 . (2 \sin \frac{1}{2}\alpha)^2} - \frac{\cos \frac{3}{2}\alpha}{3^2 . (2 \sin \frac{1}{2}\alpha)^3} - \dots$$
wenn α in den Grenzen $\frac{1}{3}\pi$ bis $\frac{5}{3}\pi$ liegt.

Für diese einfache Function $E(\alpha)$ erhält man auch leicht eine zur numerischen Berechnung brauchbarere Entwickelung aus der bekannten Reihe
$$l(2 \sin \tfrac{1}{2}\alpha) = l\alpha - \frac{B_1 \alpha^2}{1.2.2} - \frac{B_2 \alpha^4}{1.2.3.4.4} - \frac{B_3 \alpha^6}{1.2.3.4.5.6.6} - \dots$$

in welcher $B_1 = \frac{1}{6}$, $B_2 = \frac{1}{30}$, $B_3 = \frac{1}{42}$ die *Bernoulli*schen Zahlen sind. Multiplicirt man diese Reihe mit $d\alpha$ und integrirt, so erhält man

$$89.\quad E'(\alpha) = -\alpha l\alpha + \alpha + \frac{B_1\alpha^3}{1.2.2.3} + \frac{B_2\alpha^5}{1.2.3.4.4.5} + \frac{B_3\alpha^7}{1.2.3.4.5.6.6.7} + \dots$$

Verwandelt man hier wieder α in 2α, so erhält man die Entwickelung von $E'(2\alpha)$ und vermöge der Formel $E'(2\alpha) = 2E'(\alpha) + 2E'(\alpha+\pi)$, welche auch dargestellt werden kann durch $E'(2\alpha) = 2E'(\alpha) - 2E'(\pi-\alpha)$, erhält man die Entwickelung von $E'(\pi-\alpha)$, nämlich

$$90.\quad E'(\pi-\alpha) = \alpha l2 - \frac{(2^2-1)B_1\alpha^3}{1.2.2.3} - \frac{(2^4-1)B_2\alpha^5}{1.2.3.4.4.5} - \frac{(2^6-1)B_3\alpha^7}{1.2.3.4.5.6.6.7} - \dots$$

Diese beiden Reihen-Entwickelungen stimmen im Wesentlichen mit denen überein, welche *Clausen* zur Berechnung dieser Function angewendet hat. Wendet man die erstere in dem Intervalle $\alpha = 0$ bis $\alpha = \frac{2}{3}\pi$ an, so convergirt sie im ungünstigsten Falle, wo α dem Werthe $\frac{2}{3}\pi$ sehr nahe liegt, immer noch so gut, daſs jedes folgende Glied kleiner ist als der neunte Theil des vorhergehenden. Für das Intervall $\frac{2}{3}\pi$ bis π wird man aber die zweite Reihe anwenden, welche im ungünstigsten Falle, wo α dem Werthe $\frac{1}{3}\pi$ sehr nahe liegt, ebenfalls so gut convergirt, daſs jedes folgende Glied kleiner ist als der neunte Theil des vorhergehenden. Die von *Clausen* angewendeten Reihen aber sind durch Absonderung gewisser logarithmischer Theile noch bei weitem besser convergirend gemacht.

(Der Schluſs folgt.)

Zweiter Theil.

Ueber die logarithmischen Integrale dritter Ordnung.

§. 10.

Die allgemeine Form der logarithmischen Integrale dritter Ordnung, $\int R \int Q \int P\, dx . dx . dx$, enthält aufser den ihr eigenthümlichen Transcendenten auch die in dem ersten Theile untersuchten logarithmischen Integrale zweiter Ordnung, und aufserdem die von erster Ordnung, oder Logarithmen und Kreisbogen in sich. Diese Transcendenten niederer Ordnungen aber sollen hier unberücksichtigt bleiben und, wo sie sich zeigen, als bekannt oder bereits untersucht angesehen werden. Zerlegt man nun die drei rationalen Functionen P, Q und R in ihre einzelnen Theile von der Form $\frac{A}{(a+bx)^l}$, wo l auch eine ganze negative Zahl sein kann, (wenn nämlich diese rationale Functionen ganze Theile enthalten, oder in den Zählern höhere Potenzen von x haben als in den Nennern), so zerfällt die obige allgemeine Formel in eine Summe einzelner Theile von der Form

$$\int \frac{A}{(a+bx)^l} \int \frac{B}{(c+\partial x)^m} \int \frac{C}{(e+fx)^n}\, dx . dx . dx.$$

Diese Form giebt aber, wenn nicht die ganzen Zahlen l, m und n alle drei gleich 1 sind, nur logarithmische Integrale von der zweiten und ersten Ordnung. Denn wenn zunächst n nicht $= 1$ ist, so hat man, indem man die erste Integration ausführt, nur ein zweifaches Integral rationaler Functionen, welches im ersten Theile untersucht ist; wenn aber, zweitens, m nicht $= 1$ ist, so verwandelt sich diese Form durch theilweise Integration in

$$\int \frac{-A . B}{(m-1)\, \partial\, (a+bx)^l (c+\partial x)^{m-1}} \int \frac{C}{(e+fx)^n}\, dx . dx$$

$$+ \int \frac{A}{(a+bx)^l} \int \frac{B . C}{(m-1)\, \partial\, (c+\partial x)^{m-1} (e+fx)^n}\, dx . dx$$

und enthält also ebenfalls nur logarithmische Integrale von der zweiten und ersten Ordnung. Wenn endlich l nicht $=1$ ist, so verwandelt sich die obige Form durch theilweise Integration in

$$-\frac{A}{b(l-1)(a+bx)^{l-1}}\int\frac{B}{(c+dx)^m}\,dx.dx$$

$$+\int\frac{A.B}{b(l-1)(a+bx)^{l-1}(c+\partial x)^m}\int\frac{C}{(e+fx)^n}\,dx.dx.$$

Da diese Formel ebenfalls nur logarithmische Integrale von niederen Ordnungen enthält, so bleibt der einzige Fall übrig, wo $l=1$, $m=1$ und $n=1$ ist, oder die Form

$$\int\frac{A}{a+bx}\int\frac{B}{c+\partial x}\int\frac{C}{e+fx}\,dx.dx.dx.$$

Diese wird durch theilweise Integration verwandelt in:

$$\frac{A}{b}l(a+bx)\int\frac{B}{c+\partial x}\int\frac{C}{e+fx}\,dx.dx-\frac{A}{b}\int l(a+bx)\frac{B}{e+\partial x}\int\frac{C}{e+fx}\,dx.dx.$$

Der erste Theil fällt hier wieder hinweg; der zweite aber verwandelt sich, wenn man die erste Integration ausführt und die constanten Factoren wegläfst, in

$$\int l(a+bx).l(e+fx)\frac{dx}{c+\partial x}.$$

Diese Form der logarithmischen Integrale dritter Ordnung läfst sich noch bedeutend vereinfachen; namentlich kann sie immer dahin reducirt werden, dafs nicht ein Product zweier verschiedener Logarithmen unter dem Integrationszeichen steht, sondern nur das Quadrat eines Logarithmen. Es ist nämlich

$$2l(a+bx)\,l(e+fx)=(l(a+bx))^2+(l(e+fx))^2-\left(l\left(\frac{a+bx}{e+fx}\right)\right)^2.$$

Multiplicirt man diese Gleichung mit $\frac{dx}{c+\partial x}$, integrirt und setzt $\frac{a+bx}{e+fx}=z$, so erhält man

$$2\int l(a+bx)\,l(e+fx)\frac{dx}{c+\partial x}=$$

$$\int(l(a+bx))^2\frac{dx}{c+\partial x}+\int(l(e+fx))^2\frac{dx}{c+\partial x}-\int\frac{(lz)^2(de-fc)\,dz}{\partial(cb-\partial a+(\partial e-fc)z)}-\int\frac{(lz)^2 f\,dz}{d(b-fz)}.$$

Es läfst sich also jedes Integral von der Form

$$\int l(a+bx)\,l(e+fx)\frac{dx}{c+\partial x}$$

durch vier Integrale von folgender Form ausdrücken:

$$\int(l(a+bx))^2\frac{dx}{c+\partial x},$$

und folglich sind in dieser Form alle logarithmischen Integrale dritter Ordnung enthalten. Um endlich noch dieses Integral in seiner einfachsten Form darzustellen, setze ich $a+bx=kz$ und $k=\frac{bc-a\partial}{\partial}$, was $c+\partial x$ $\partial.k(1+z)$ giebt, und erhalte so die Form

$$\int (l(kz))^2 \frac{dz}{1+z}.$$

Wird hierin noch $(l(kz))^2$ in $(lz)^2+2lk\,lz+(lk)^2$ entwickelt, so bleibt für die logarithmischen Integrale dritter Ordnung die einfachste Form

$$\int (lz)^2 \frac{dz}{1+z}.$$

Dieses Integral hat mit dem Integrale $\Lambda(x)$ die gröfste Aehnlichkeit, und da es für die logarithmischen Integrale dritter Ordnung dasselbe ist wie jenes für die zweiter Ordnung, so wollen wir es ebenfalls mit dem Functionszeichen Λ bezeichnen, welchem aber hier der Index 3 zugefügt werden soll. Eben so werden wir auch später die entsprechenden Integrale vierter und fünfter Ordnung mit demselben Functionszeichen Λ bezeichnen, welchem die Ordnungszahl als Index beigegeben wird. Den im ersten Theile behandelten logarithmischen Integralen von der zweiten Ordnung kommt eigentlich eben so der Index 2 zu: es scheint aber nicht nöthig, diesen ihren Index beizufügen, da ja auch der Index 2, welcher den Quadratwurzeln zukommt, fast durchgehends weggelassen wird. Es sei demnach

$$\Lambda_3(x)=\int_0 \frac{(l\pm x)^2\,dx}{1+x}.$$

Wenn das Element dieser Function imaginär ist, so führt die Zerlegung in den realen und imaginären Theil wieder auf zwei verschiedene Integrale, welche den im ersten Theile behandelten $D(x,\alpha)$ und $E(x,\alpha)$ analog sind. Es ist nämlich

$$\Lambda_3(xe^{\alpha i})=\int_0 \frac{(l\pm xe^{\alpha i})^2\,e^{\alpha i}\,dx}{1+xe^{\alpha i}},$$

oder, wenn der reale und der imaginäre Theil von einander getrennt werden,

$$\Lambda_3(xe^{\alpha i})=\int_0 \frac{(l\pm x)^2(\cos\alpha+x)-2\alpha\sin\alpha\; l(\pm x)-\alpha^2(\cos\alpha+x)}{1+2x\cos\alpha+x^2}\,dx$$

$$+i\int_0 \frac{(l\pm x)^2\sin\alpha+2\alpha\; l(\pm x)(\cos\alpha+x)-\alpha^2\sin\alpha}{1+2x\cos\alpha+x^2}\,dx.$$

Hierin sind nur Logarithmen und Kreisbogen enthalten, so wie auch die logarithmischen Integrale von der zweiten Ordnung $D(x,\alpha)$ und $E(x,\alpha)$, und außerdem die beiden Integrale

$$\int_0 \frac{(l\pm x)^2(\cos\alpha+x)\,dx}{1+2x\cos\alpha+x^2} \quad \text{und} \quad \int_0 \frac{(l\pm x)^2\sin\alpha.\,dx}{1+2x\cos\alpha+x^2}.$$

Diese sollen nun ebenfalls durch die Functionszeichen D und E bezeichnet werden, welchen der Index 3 beigegeben wird. Es sei daher

$$D_3(x,\alpha)=\int_0 \frac{(l\pm x)^2(\cos\alpha+x)\,dx}{1+2x\cos\alpha+x^2}, \quad E_3(x,\alpha)=\int_0 \frac{(l\pm x)^2\sin\alpha.\,dx}{1+2x\cos\alpha+x^2}.$$

Hiernach läfst sich die Zerlegung der Function $\Lambda_3(xe^{\alpha i})$ in ihre realen und imaginären Theile folgendermaafsen darstellen:

$$\Lambda_2(xe^{\alpha i})=D_3(x,\alpha)-2\alpha E_2(x,\alpha)-\tfrac{1}{2}\alpha^2 l(1+2x\cos\alpha+x^2)$$
$$+i\left(E_3(x,\alpha)+2\alpha D_2(x,\alpha)-\alpha^2 \operatorname{arc\,tang}\frac{x\sin\alpha}{1+x\cos\alpha}\right).$$

Es hat nun durchaus keine Schwierigkeit, irgend ein gegebenes Integral von der oben aufgestellten allgemeinen Form durch die Functionen $D_3(x,\alpha)$, $E_3(x,\alpha)$, $D_2(x,\alpha)$, $E_2(x,\alpha)$ und durch Logarithmen und Kreisbogen zu integriren; denn man darf nur das Integral zunächst durch die Functionen $\Lambda_3(x)$, $\Lambda_2(x)$ und durch Logcrithmen integriren, und diese, wo sie imaginär sind, in ihre realen und imaginären Theile zerlegen, wodurch das Imaginäre wieder verschwindet. Ganz auf dieselbe Weise lassen sich auch die allgemeinen Formen

$$\int PlQ\,lR\,dx, \quad \int PlQ\operatorname{arc\,tang}R\,dx, \quad \int P\operatorname{arc\,tang}Q\operatorname{arc\,tang}R\,dx,$$

wo P, Q und R beliebige rationale Functionen von x sind, durch diese logarithmischen Integrale von der dritten, zweiten und ersten Ordnung integriren; denn diese Formen sind, wie sich leicht zeigen läfst, alle in der oben aufgestellten allgemeinen Form enthalten. Die Functionen $D_3(x,\alpha)$ und $E_3(x,\alpha)$ sind die beiden einzigen logarithmischen Integrale von der dritten Ordnung, da $\Lambda_3(x)$ nur ein specieller Fall von $D_3(x,\alpha)$ ist. Es wird aber auch hier zweckmäfsig sein, die speciellere Function $\Lambda_3(x)$ zunächst zu behandeln und dann aus den gefundenen Eigenschaften derselben die der allgemeineren Functionen $D_3(x,\alpha)$ und $E_3(x,\alpha)$ abzuleiten. Da ferner die meisten Formeln für diese sich beträchtlich vereinfachen, wenn $x=\frac{-\sin u}{\sin(u+\alpha)}$ gesetzt wird, so werden wir auch hier diese Substitution anwenden und, eben so wie für die Functionen zweiter Ordnung, $D_3\left(\frac{-\sin u}{\sin(u+a)},\alpha\right)$

durch $D_3(u, \alpha)$ und $E_3\left(\frac{-\sin n}{\sin(u+\alpha)}, \alpha\right)$ durch $E_3(u, \alpha)$ bezeichnen. Eine Zerlegung eines dieser Integrale in einfachere, nur von einem Elemente abhängige, wie bei der Function $E_2(u, \alpha)$, wird durch diese Substitution nicht erlangt; auch ist uns eine solche Zerlegung auf keine andere Weise gelungen.

§. 11.

Dieselbe Methode, welche wir §. 2. für das einfache logarithmische Integral von der zweiten Ordnung $\Lambda(x)$ angewendet haben, um die Formeln zu finden, welche die Grundeigenschaften desselben ausdrücken, kann mit demselben Erfolge auch für das entsprechende logarithmische Integral dritter Ordnung

$$\Lambda_3(x) = \int_0 \frac{(l \pm x)^2\, dx}{1+x}$$

angewendet werden. Setzt man nämlich statt x irgend eine rationale Function von x, welche ich z nenne, von der Art, dafs z und $1+z$ im Zähler und Nenner nur reale lineäre Factoren haben, so kann man das Integral $\Lambda_3(z)$ nach der in §. 10. angegebenen Methode in seine einfachen Bestandtheile zerlegen, welche wieder solche Integrale sind. Es scheint nun das zweckmäfsigste zu sein, auch hier wieder für x zunächst eine gebrochene rationale Function vom ersten Grade zu setzen, um dadurch die einfachsten Grundgleichungen zu finden. Setzt man $\frac{a+bx}{c+\partial x}$ statt x, so erhält man

$$\Lambda_3\left(\frac{a+bx}{c+\partial x}\right) = \int \left(l\frac{a+bx}{c+\partial x}\right)^2 \left(\frac{(b+\partial)\,dx}{a+c+(b+d)x} - \frac{\partial.\,dx}{c+\partial x}\right).$$

Entwickelt man das Quadrat dieses Logarithmus und integrirt sodann die einzelnen Theile, so kommt man auf das Integral

$$\int l(a+bx)\, l(c+\partial x) \frac{(b+\partial)\,dx}{a+c+(b+\partial)x},$$

welches, wie wir oben gezeigt haben, durch vier Functionen $\Lambda_3(x)$ ausgedrückt werden kann. Behandelt man dasselbe aber so wie es oben gezeigt worden ist, so erhält man gar keine Formel, sondern nur eine rein identische Gleichung. Deshalb giebt die Substitution einer rationalen Function vom ersten Grade nur dann eine Formel, wenn das genannte Integral entweder anderweitig sich integriren läfst, oder ganz wegfällt; das Erstere ist der Fall, wenn $b = 0$, das Letztere, wenn $b + \partial = 0$ ist. Nimmt man zunächst $b = 0$, so kann man, unbeschadet der Allgemeinheit, auch $a = 1$

setzen, und man erhält

$$\Lambda_3\left(\frac{1}{c+\partial x}\right) = \int (l(c+\partial x))^2 \left(\frac{\partial . dx}{1+c+\partial x} - \frac{\partial . dx}{c+\partial x}\right),$$

und nach Ausführung der Integration,

$$\Lambda_3\left(\frac{1}{c+\partial x}\right) = \Lambda_3(c+\partial x) - \tfrac{1}{3}(l(c+\partial x))^3 + C,$$

oder, wenn $c+\partial x$ in x verwandelt wird,

$$\Lambda_3\left(\frac{1}{x}\right) = \Lambda_3(x) - \tfrac{1}{3}(lx)^3 + C.$$

Die Constante dieser Formel ist für die beiden Intervalle von $x = -\infty$ bis $x = 0$ und von $x = 0$ bis $x = +\infty$ besonders zu bestimmen, weil für die Grenzwerthe $x = \pm\infty$ und $x = 0$ Discontinuität der in der Formel vorkommenden Functionen eintritt. Setzt man aber, um die Constante in dem ersten Intervalle zu bestimmen, $x = -1$, und in dem zweiten Intervalle $x = +1$, so erhält man beidemale $C = 0$. Es ist also für jeden beliebigen Werth des x die Formel

$$91. \quad \Lambda_3(x) - \Lambda_3\left(\frac{1}{x}\right) = \tfrac{1}{3}(lx)^3$$

gültig. Nimmt man zweitens $b+\partial = 0$, so erhält man

$$\Lambda_3\left(\frac{a+bx}{c-bx}\right) = \int \left(l\frac{a+bx}{c-bx}\right)^2 \frac{b\,dx}{c-bx},$$

oder, wenn $a+bx = (a+c)z$ gesetzt wird, was $c-bx = (a+c)(1-z)$ giebt,

$$\Lambda_3\left(\frac{z}{1-z}\right) = \int \left(l\frac{z}{1-z}\right)^2 \frac{dz}{1-z},$$

also, entwickelt,

$$\Lambda_3\left(\frac{z}{1-z}\right) = \int (lz)^2 \frac{dz}{1-z} - 2\int lz\, l(1-z) \frac{dz}{1-z} + \int (l(1-z))^2 \frac{dz}{1-z};$$

und, da man durch theilweise Integration

$$-2\int lz\, l(1-z) \frac{dz}{1-z} = lz(l(1-z))^2 - \int (l(1-z))^2 \frac{dz}{z}$$

findet, so erhält man, indem man diese Integrale durch die Function Λ_3 und Logarithmen ausdrückt:

$$\Lambda_3\left(\frac{z}{1-z}\right) = -\Lambda_3(-z) - \Lambda_3(z-1) + lz(l(1-z))^2 - \tfrac{1}{3}(l(1-z))^3 + C.$$

Die Constante dieser Formel ist wieder für die beiden Intervalle von $z = -\infty$ bis $z = +1$, und von $z = +1$ bis $z = +\infty$ besonders zu bestimmen, weil für die Werthe $z = 1$, $z = +\infty$ und $z = -\infty$ die Continuität unterbrochen wird. Setzt man $z = 0$, so hat man $C = \Lambda_3(-1)$, in den Grenzen $z = -\infty$ und

$z=+1$; setzt man aber $z=2$, so erhält man $C=2\Lambda_3(-2)+\Lambda_3(+1)$ in den Grenzen $z=+1$ und $z=+\infty$. Diese beiden Werthe der Constante sind aber in der That nicht verschieden von einander. Um dies zu zeigen, setze ich $z=\frac{1}{2}$, welchem Werthe, da er in dem ersten Intervalle liegt, der Werth der Constante $C=\Lambda_3(-1)$ zukommt. Dies giebt $\Lambda_3(1)$ $=-2\Lambda_3(-\frac{1}{2})-\frac{2}{3}(l2)^3+\Lambda_3(-1)$. Setzt man aber in der Gleichung (91.) $x=-2$, so hat man $\Lambda_3(-2)-\Lambda_3(-\frac{1}{2})=\frac{1}{3}(l2)^3$, und wenn man aus diesen beiden Gleichungen $\Lambda_3(-\frac{1}{2})$ eliminirt, so hat man $\Lambda_3(-1)=$ $2\Lambda_3(-2)+\Lambda_3(+1)$, welche Gleichung zeigt, dafs die beiden Werthe des C einander gleich sind. Man hat daher, wenn z in x verwandelt wird, für jedes beliebige x allgemeingültig die Formel

$$92.\quad \Lambda_3\left(\frac{x}{1-x}\right)+\Lambda_3(x-1)+\Lambda_3(-x)=lx(l(1-x))^2-\tfrac{1}{3}(l(1-x))^3+\Lambda_3(-1).$$

Diese Formel, welcher man noch einige andere Gestalten geben kann, indem man die darin vorkommenden Functionen nach der Formel (91.) verwandelt, und die Formel (91.) selbst, sind die beiden einzigen, welche man erhält, wenn man in $\Lambda_3(x)$ statt x eine rationale Function vom ersten Grade setzt. Eine dieser entsprechende Formel findet sich in *Legendre Exercices de calcul intégral;* alle übrigen Formeln aber, welche wir noch entwickeln werden, sind für neu zu erachten. Da die Substitution einer rationalen gebrochenen Function vom ersten Grade nur diese beiden Formeln gegeben hat, welche nur eine einzige unabhängige Variable enthalten und deshalb weniger allgemein sind als die Formeln für die Function $\Lambda_2(x)$, welche wir oben entwickelt haben: so sind wir hier genöthigt, zu der Substitution einer rationalen gebrochenen Function zweiten Grades unsere Zuflucht zu nehmen. Wird eine solche aber in ihrer allgemeinsten Form substituirt, so wächst die daraus entspringende Formel zu einer enormen Gröfse an und wird dadurch fast ganz unbrauchbar. Deshalb wollen wir dieser rationalen Function folgende speciellere bestimmte Form geben:

$$z=-\frac{x(1-y)^2}{y(1-x)^2}.$$

Hierdurch wird

$$1+z=\frac{(y-x)(1-xy)}{y(1-x)^2},\qquad \frac{dz}{1+z}=\frac{-dx}{y-x}-\frac{y\,dx}{1-yx}+\frac{2\,dx}{1-x};$$

man erhält also

$$\Lambda_3\left(-\frac{x(1-y)^2}{y(1-x)^2}\right)=\int\left(l\frac{x(1-y)^2}{y(1-x)^2}\right)^3\left(\frac{-dx}{y-x}-\frac{y\,dx}{1-yx}+\frac{2\,dx}{1-x}\right).$$

Wird nun dieses Integral genau nach den in §. 10. gegebenen Regeln zerlegt, so findet man die gesuchte Formel ohne andere Schwierigkeiten als etwas weitläuftige Rechnungen. Um jedoch auch diese so viel es sich thun läfst zu vermeiden, wollen wir diese Zerlegung auf folgende, dem bestimmten Falle angemessenere Art ausführen. Da für jeden beliebigen Werth von a und b,

$$(l\,ab^2)^2+(l a)^2-2(l\,ab)^2-2(lb)^2=0$$

ist, so hat man, wenn man $a=\frac{x}{y}$, $b=\frac{1-y}{1-x}$ setzt,

$$\left(l\frac{x(1-y)^2}{y(1-x)^2}\right)^2+\left(l\frac{x}{y}\right)^2-2\left(l\frac{x(1-y)}{y(1-x)}\right)^2-2\left(l\frac{1-y}{1-x}\right)^2=0$$

und, wenn man $a=xy$, $b=\frac{1-y}{y(1-x)}$ setzt,

$$\left(l\frac{x(1-y)^2}{y(1-x)^2}\right)^2+(l\,xy)^2-2\left(l\frac{x(1-y)}{1-x}\right)^2-2\left(l\frac{1-y}{y(1-x)}\right)^2=0.$$

Multiplicirt man die erste dieser beiden Gleichungen mit $\frac{-dx}{y-x}+\frac{dx}{1-x}$, die zweite mit $\frac{-y\,dx}{1-yx}+\frac{dx}{1-x}$ und addirt beide, so erhält man, bei gehöriger Anordnung der einzelnen Theile:

$$\left(l\frac{x(1-y)^2}{y(1-x)^2}\right)^2\left(\frac{-dx}{y-x}-\frac{y\,dx}{1-yx}+\frac{2\,dx}{1-x}\right)-\left(l\frac{x}{y}\right)^2\frac{dx}{y-x}-(l\,xy)^2\frac{y\,dx}{1-yx}$$
$$-2\left(l\frac{x(1-y)}{y(1-x)}\right)^2\left(\frac{-dx}{y-x}+\frac{dx}{1-x}\right)-2\left(l\frac{x(1-y)}{1-x}\right)^2\left(\frac{-y\,dx}{1-yx}+\frac{dx}{1-x}\right)$$
$$-2\left(l\frac{1-y}{1-x}\right)^2\left(\frac{-dx}{y-x}+\frac{dx}{1-x}\right)$$
$$-2\,l\left(\frac{1-y}{y(1-x)}\right)^2\left(\frac{-y\,dx}{1-yx}+\frac{dx}{1-x}\right)+\left(\left(l\frac{x}{y}\right)^2+(l\,xy)^2\right)\frac{dx}{1-y}=0.$$

Die einzelnen Glieder dieser Formel sind hier so zusammengestellt, dafs sie sich alle unmittelbar durch die Function Λ_3 integriren lassen. Führt man daher die Integration aus, so hat man

$$\Lambda\left(-\frac{x(1-y)^2}{y(1-x)^2}\right)+\Lambda_3\left(-\frac{x}{y}\right)+\Lambda_3(-xy)-2\Lambda_3\left(-\frac{x(1-y)}{y(1-x)}\right)-2\Lambda_3\left(\frac{x(1-y)}{1-x}\right)$$
$$-2\Lambda_3\left(-\frac{1-y}{1-x}\right)-2\Lambda_3\left(\frac{1-y}{y(1-x)}\right)-2\Lambda_3(-x)-2(ly)^2\,l(1-x)+C.$$

Da einige der in dieser Formel vorkommenden Functionen unendlich grofs werden, sobald x den Werth $+1$ erhält, so kann die Constante auch hier wieder zwei von einander verschiedene Werthe haben, von welchen der eine dem Intervalle von $x=-\infty$ bis $x=+1$, der andere dem Intervalle von

44*

$x=+1$ bis $x=+\infty$ zugehört. Es wird sich aber zeigen, dafs in dieser Formel, so wie in allen, welche wir für die Function $\Lambda_3(x)$ herleiten werden, die Constante in den verschiedenen Intervallen des x stets unverändert bleibt; wodurch sich diese Formeln von den für das entsprechende logarithmische Integral der zweiten Ordnung im ersten Theile gefundenen wesentlich unterscheiden. Setzt man, um die Constante in dem ersten Intervalle zu bestimmen, $x=0$, so erhält man

$$-2\Lambda_3(y-1)-2\Lambda_3\left(\frac{1-y}{y}\right)+C=0.$$

Um nun die Constante in dem anderen Intervalle von $x=+1$ bis $x=\infty$ zu bestimmen, nehme ich einen der Grenzwerthe, nämlich $x=m$, wo m unendlich grofs ist. Da nach Formel (91.)

$$\Lambda_3(-my)=\tfrac{1}{6}(lmy)^3;\qquad \Lambda_3\left(-\frac{m}{y}\right)=\tfrac{1}{6}\left(l\frac{m}{y}\right)^3;\qquad \Lambda_3(-m)=\tfrac{1}{6}(lm)^3$$

für $m=\infty$ ist, so giebt dieser Werth

$$\tfrac{1}{6}\left(l\frac{m}{y}\right)^3+\tfrac{1}{6}(lmy)^3-2\Lambda_3\left(\frac{1-y}{y}\right)-2\Lambda_3(y-1)-\tfrac{2}{6}(lm)^3-2(ly)^2lm+C=0,$$

oder, da m sich von selbst hinweghebt,

$$-2\Lambda_3\left(\frac{1-y}{y}\right)-2\Lambda_3(y-1)+C=0;$$

welches genau mit dem in dem anderen Intervalle des x geltenden Werthe übereinstimmt. Setzt man in der Formel (91.) $x=1-y$, so sieht man sogleich, dafs der Werth des C auch folgende Form annimmt:

$$C=-2\Lambda_3(-y)-\tfrac{2}{3}(ly)^3+2(ly)^2l(1-y)+2\Lambda_3(-1).$$

Substituirt man nun diesen Werth des C, so läfst sich die gefundene Formel folgendermafsen darstellen:

$$\textbf{93.}\quad \Lambda_3\left(-\frac{x(1-y)^2}{y(1-x)^2}\right)+\Lambda_3\left(-\frac{x}{y}\right)+\Lambda_3(-xy)$$
$$=2\Lambda_3\left(-\frac{x(1-y)}{y(1-x)}\right)+2\Lambda_3\left(\frac{x(1-y)}{1-x}\right)+2\Lambda_3\left(-\frac{1-y}{1-x}\right)+2\Lambda_3\left(\frac{1-y}{y(1-x)}\right)$$
$$+2\Lambda_3(-x)+2\Lambda_3(-y)-2(ly)^2l\left(\frac{1-x}{1-y}\right)+\tfrac{2}{3}(ly)^3-2\Lambda_3(-1).$$

Diese Formel soll nun für die logarithmischen Integrale dritter Ordnung eben so als Grundformel benutzt werden, wie wir die Formel (2.) als Grundformel für die ganze Theorie der logarithmischen Integrale zweiter Ordnung gebraucht haben. Sie ist zwar im Vergleich mit jener complicirt zu nennen, weil sie neun solche Functionen in sich enthält: aber dies liegt in der Natur der Sache, da die einfachen Eigenschaften der logarithmischen Integrale immer mehr verschwinden, je höher die Ordnung derselben wird. Es giebt zum Beispiel für die einfache logarithmische Function von der dritten Ordnung $\Lambda_3(x)$ aufser der Formel (91.) keine andere, in welcher nur zwei solche Functionen mit einander verbunden wären, und aufser der Formel (92.) giebt es nur noch eine einzige, in welcher drei solche Functionen vorkommen, nämlich die Formel

$$94.\quad \Lambda_3(-x)^2 = 4\Lambda_3(-x) + 4\Lambda_3(+x),$$

welche man aus (93.) erhält, wenn man $y = x$ setzt. In allen übrigen Formeln, welche wir gefunden haben, kommen mehr als drei dieser Functionen vor. Einige der einfachsten sind folgende:

$$95.\quad \Lambda_3\left(\frac{4x}{(1-x)^2}\right) + 2\Lambda_3(x)$$
$$= 4\Lambda_3\left(\frac{2x}{1-x}\right) + 4\Lambda_3\left(\frac{-2}{1-x}\right) + 2\Lambda_3(-x) - 4\Lambda_3(-2),$$

welche Formel man aus (93.) erhält, wenn man $y = -1$ setzt; ferner

$$96.\quad \Lambda_3(x^3) + \Lambda_3\left(\frac{x}{(1-x)^2}\right)$$
$$= 2\Lambda_3\left(\frac{x^2}{1-x}\right) + 2\Lambda_3(-x(1-x)) + 6\Lambda_3(-x) + 9\Lambda_3(x) - 2(l(1-x))^3;$$

diese erhält man aus (93.), wenn man $y = 1-x$ setzt und alsdann x in $\frac{-x}{1-x}$ verwandelt, oder indem man $x = y^2$ setzt und alsdann y in $-x$ verwandelt. Setzt man in (93.) $y = -x$ und wendet die Formel (94.) zur Vereinfachung an, so erhält man

$$97.\quad \Lambda_3(z^2) - \tfrac{1}{2}\Lambda_3(-z^2) + \Lambda_3(x^2) - \tfrac{1}{2}\Lambda_3(-x^2)$$
$$= 2\Lambda_3(xz) + 2\Lambda_3\left(\frac{z}{x}\right) + \tfrac{2}{3}(lx)^3 - 2(lx)^2 lz - \tfrac{5}{4}\Lambda_3(-1),$$

wo Kürze halber $\frac{1+x}{1-x} = z$ gesetzt ist.

Die Anzahl dieser specielleren Formeln läfst sich leicht beträchtlich vermehren, wenn einer der beiden Gröfsen x oder y andere, besondere Werthe gegeben werden; auch lassen sich dieselben in vielen anderen Gestalten darstellen und mannigfach unter einander verbinden. Von diesen Verbindungen wollen wir aber nur einer erwähnen, welche man aus (92. und 94.) leicht erhält, nemlich der Verbindung

$$98.\quad \Lambda_3(-x) =$$
$$\Lambda_3\left(\frac{x-1}{x}\right) - \Lambda_3(x-1) - \tfrac{1}{4}\Lambda_3\left(-\left(\frac{1-x}{x}\right)^2\right) + (lx)^2 l(1-x) - \tfrac{1}{3}(lx)^3 + \Lambda_3(-1).$$

Diese Formel ist nemlich für die numerische Berechnung der Function $\Lambda_3 x$, von Wichtigkeit; wie wir alsbald zeigen werden.

§. 12.

Die Function Λ_3 nimmt fortwährend ab, von $x = -\infty$ bis $x = -1$: von $x = -1$ bis $x = +\infty$ aber nimmt sie fortwährend zu; denn der erste Differenzialquotient $\frac{(\Lambda \pm x)^2}{1+x}$ ist in dem ganzen ersten Intervalle negativ, in dem zweiten Intervalle aber positiv. Für $x = -1$ hat diese Function ein Minimum, dessen numerischer Werth $\Lambda_3(-1) = -2{,}4041138063$ oder $\Lambda_3(-1) = 2 S_3$ ist, wenn nach *Legendre* durch S_3 die Reihe $1 + \frac{1}{2^3} + \frac{1}{3^3} + \dots$ bezeichnet wird. Da ferner $\Lambda_3(0) = 0$ ist, so folgt, dafs für alle positiven Werthe von x auch $\Lambda_3(x)$ positiv ist, und die Formel (91.) zeigt, dafs wenn x sehr grofs ist, $\Lambda_3(x)$ sehr nahe gleich $\frac{1}{3}(lx)^3$ wird. Für negative Werthe des x ist $\Lambda_3(x)$ anfangs negativ, kehrt aber bald wieder ins Positive zurück und wird, auch wenn x negativ sehr grofs ist, sehr nahe gleich $\frac{1}{3}(l-x)^3$. Die numerische Berechnung dieser Function wird durch die gefundenen Formeln aufserordentlich erleichtert; denn vermittelst derselben kann man jede Function $\Lambda_3(x)$ durch andere ausdrücken, in welchen das Element x in bestimmte, sehr enge Grenzen eingeschlossen ist, so dafs eine ausreichende Tafel dieser Function nur ein sehr kleines Intervall umfassen dürfte. Zunächst kann man nemlich durch die Formel (91.) jede Function $\Lambda_3(x)$, in welcher der absolute Werth des x gröfser als die Einheit ist, durch eine andere ausdrücken, in welcher x in den Grenzen -1 und $+1$ liegt; ferner kann man nach der Formel (94.) jede solche Function mit positivem Elemente durch zwei andere ausdrücken, deren Elemente negativ sind, so dafs nur noch das Intervall von -1 bis 0 zu berechnen bleibt. Dieses wird nun durch die Formel (98.) noch weiter eingeschränkt; denn durch dieselbe wird jede Function $\Lambda_3(x)$, deren Element x in den Grenzen -1 und $-\frac{1}{2}(\sqrt{5}-1)$ liegt, auf drei andere reducirt, deren Elemente in den Grenzen $-\frac{1}{2}(\sqrt{5}-1)$ und 0 liegen. Durch Anwendung der Formel (96.) kann man sogar die Grenzen dieses Intervalles wieder so weit verengern als man will. Da aber diese weiteren Reductionen zu weitläuftig sind, um praktisch mit gutem Erfolge angewendet zu werden, so übergehen wir dieselben.

Um nun $\Lambda_3(x)$ in Reihen zu entwickeln, verwandeln wir dieses Integral durch theilweise Integration folgendermafsen:

$$\int\frac{(lx^2)\,dx}{1+x} = -(lx)^2 l(1+x) + 2lx\int\frac{lx\,dx}{1+x} + 2\int\frac{dx}{x}\int\frac{dx}{x}l(1+x).$$

Wird $l(1+x)$ entwickelt und die doppelte Integration ausgeführt, so hat man

$$99.\quad \Lambda_3(x) = -(lx)^2 l(1+x) + 2lx.\Lambda_2(x) + 2\left(\frac{x}{1^3} - \frac{x^2}{2^3} + \frac{x^3}{3^3} - \frac{x^4}{4^3} + \ldots\right).$$

Diese Reihen-Entwickelung, durch welche man $\Lambda_3(x)$ für alle Werthe des x in den Grenzen -1 und $+1$ berechnen kann, setzt das entsprechende logarithmische Integral der zweiten Ordnung $\Lambda_2(x)$ als bekannt voraus. Ist dasselbe unbekannt, so mufs man dafür die Reihen-Entwickelung aus §. 3. substituiren, wodurch man erhält:

$$100.\quad \Lambda_3(x) = (lx)^2 l(1+x) - 2lx\left(\frac{x}{1^2} - \frac{x^2}{2^2} + \frac{x^3}{3^2} - \frac{x^4}{4^2} + \ldots\right) + 2\left(\frac{x}{1^3} - \frac{x^2}{2^3} + \frac{x^3}{3^3} - \frac{x^4}{4^3} + \ldots\right).$$

Wenn man x in $\frac{1}{x}$ verwandelt und alsdann $\Lambda_3\left(\frac{1}{x}\right)$ nach der Formel (91.) in $\Lambda_3(x) - \frac{1}{3}(lx)^3$ verwandelt, so erhält man eine Reihen-Entwickelung, welche nach negativen Potenzen von x fortschreitet und welche dazu dient, diese Function für Werthe des x zu berechnen, welche gröfser als 1 sind, nemlich die Reihen-Entwickelung

$$101.\quad \Lambda_3(x) = -\tfrac{2}{3}(lx)^3 + (lx)^2 l(1+x) + 2lx\left(\frac{1}{1^2x} - \frac{1}{2^2x^2} + \frac{1}{3^2x^3} - \frac{1}{4^2x^4} + \ldots\right) + 2\left(\frac{1}{1^3x} - \frac{1}{2^3x^2} + \frac{1}{3^3x^3} - \frac{1}{4^3x^4} + \ldots\right).$$

Für den Fall, dafs x dem Werthe $+1$ oder -1 sehr nahe liegt, convergiren diese Reihen nur sehr langsam. In diesem Falle mufs man, um dieselben mit Vortheil anwenden zu können, die Function $\Lambda_3(x)$, wie wir oben gezeigt haben, durch andere Functionen derselben Art ausdrücken, in welchen x dem Werthe 0 näher liegt. Da dies aber Weitläuftigkeiten verursacht, so wollen wir für diesen Fall andere Reihen-Entwickelungen herleiten, welche nach Potenzen von lx geordnet sind und deshalb grade für den Fall, dafs x der Eins nahe liegt, sehr gut convergiren. Da diese Art der Reihen-Entwickelungen nicht nur dem logarithmischen Integrale dritter Ordnung $\Lambda_3(x)$, sondern eben so den entsprechenden logarithmischen Integralen aller Ordnungen zukommt, so wollen wir dieselben sogleich allgemein für das Integral

$$\mathcal{A}_n(x) = \int_0 \frac{(l \pm x)^{n-1}\, dx}{1+x}$$

geben. Setzt man $x = -e^z$, so verwandelt sich das Integral in

$$\mathcal{A}_n(-e^z) = -\int_0 \frac{z^{n-1}.e^z\, dz}{1-e^z} + \mathcal{A}_n(-1).$$

Es ist aber, nach Potenzen von z entwickelt,

$$\frac{-e^z}{1-e^z} = \frac{1}{z} + \tfrac{1}{2} + \frac{B_1 z}{1.2} - \frac{B_2 z^3}{1.2.3.4} + \frac{B_3 z^5}{1.2.3.4.5.6} - \dots;$$

wo $B_1 = \frac{1}{6}$, $B_2 = \frac{1}{30}$, $B_3 = \frac{1}{42}$, etc. die *Bernoulli*schen Zahlen sind. Wird nun diese Reihen-Entwickelung substituirt und die Integration ausgeführt, so hat man

$$\mathcal{A}_n(-e^z) = \mathcal{A}_n(-1) + \frac{z^{n-1}}{n-1} + \frac{z^n}{2.n} + \frac{B_1 z^{n+1}}{1.2(n+1)} - \frac{B_2 z^{n+3}}{1.2.3.4(n+3)} + \dots$$

Diese Reihe ist convergent in den Grenzen $x = -2\pi$ und $+2\pi$, wie man aus dem bekannten Gesetze ersieht, nach welchem die Reihe der *Bernoulli*schen Zahlen zunimmt. Auf ähnliche Weise hat man auch

$$\mathcal{A}_n(e^z) = \int_0 \frac{z^{n-1}\, e^z\, dz}{1+e^z} + \mathcal{A}_n(1),$$

und da bekanntlich

$$\frac{e^z}{1+e^z} = \tfrac{1}{2} + \frac{(2^2-1)B_1 z}{1.2} - \frac{(2^4-1)B_2 z^3}{1.2.3.4} + \frac{(2^6-1)B_3 z^5}{1.2.3.4.5.6}$$

ist, so erhält man ebenfalls

$$\mathcal{A}_n(e^z) = \mathcal{A}_n(1) + \frac{z^n}{2.n} + \frac{(2^2-1)B_1 z^{n+1}}{1.2(n+1)} - \frac{(2^4-1)B_2 z^{n+3}}{1.2.3.4(n+3)} + \dots;$$

welche Reihe in den Grenzen $z = -\pi$ und $z = +\pi$ convergirt. Für den besonderen Fall $n = 3$, um welchen es sich hier handelt, hat man daher

$$102. \quad \mathcal{A}_3(-e^z)$$

$$= \mathcal{A}_3(-1) + \frac{z^2}{2} + \frac{z^3}{6} + \frac{B_1 z^4}{1.2.4} - \frac{B_2 z^6}{1.2.3.4.6} + \frac{B_3 z^8}{1.2.3.4.5.6.8} - \dots,$$

$$103. \quad \mathcal{A}_3(+e^z)$$

$$= \mathcal{A}_3(+1) + \frac{z^3}{6} + \frac{(2^2-1)B_1 z^4}{1.2.4} - \frac{(2^4-1)B_2 z^6}{1.2.3.4.6} + \frac{(2^6-1)B_3 z^8}{1.2.3.4.5.6.8} - \dots$$

Bestimmte Werthe des x, für welche sich die Function $\mathcal{A}_3(x)$ durch bekannte Functionen, namentlich durch Logarithmen und Kreisbogen ausdrücken liefse, sind bis jetzt noch nicht bekannt, obgleich schon *Jacob* und *Johann Bernoulli* und später *Euler* und andere Mathematiker darauf ausgegangen sind, besonders den Werth des $\mathcal{A}_3(-1)$, oder was dasselbe ist, den Werth der Reihe $S_3 = 1 + \frac{1}{2^3} + \frac{1}{3^3} + \frac{1}{4^3} + \dots$

durch die Zahl π oder durch Logarithmen auszudrücken. Auch von den hier gefundenen Formeln giebt keine einen solchen Ausdruck, weder für $x = -1$, noch für irgend einen anderen Werth des x. Zu bemerken ist in dieser Beziehung, dafs man aus dem gefundenen Werthe von $\Lambda_3(-1)$ sogleich die Werthe von $\Lambda_3(+1)$, $\Lambda_3(-2)$ und $\Lambda_3(-\frac{1}{2})$ ableiten könnte; denn nach den obigen Formeln ist $\Lambda_3(+1) = -\frac{3}{4}\Lambda_3(-1)$, $\Lambda_3(-2) = \frac{7}{8}\Lambda_3(-1)$ und $\Lambda_3(-\frac{1}{2}) = \frac{7}{8}\Lambda_3(-1) - \frac{1}{8}(l2)^3$.

§. 13.

Nachdem wir die Haupteigenschaften des einfachen logarithmischen Integrals dritter Ordnung $\Lambda_3(x)$ entwickelt haben, gehen wir zur Behandlung der allgemeineren, von zwei Elementen abhängigen Functionen $D_3(x, \alpha)$ und $E_3(x, \alpha)$ über. Da $D_3(x, \alpha)$ durch folgendes Integral definirt wird:

$$D_3(x, \alpha) = \int_0 \frac{(l \pm x)^2 \, (\cos\alpha + x)\, dx}{1 + 2x\cos\alpha + x^2},$$

so hat man unmittelbar folgende Eigenschaften desselben:

$$D_3(x, -\alpha) = D_3(x, \alpha); \qquad D_3(x, \alpha + 2\varkappa\pi) = D_3(x, \alpha);$$
$$D_3(x, \alpha + (2\varkappa + 1)\pi) = D_3(-x, \alpha); \qquad D_3(x, 0) = \Lambda_3(x);$$
$$D_3(x, \pi) = \Lambda_3(-x); \qquad D_3(x, \tfrac{1}{2}\pi) = \tfrac{1}{8}\Lambda_3(-x^2),$$

oder wenn $x = \frac{-\sin u}{\sin(u + \alpha)}$ gesetzt und $D_3\left(\frac{-\sin u}{\sin(u + \alpha)}, \alpha\right)$ durch $D(u, \alpha)$ bezeichnet wird:

$$D_3(-u, -\alpha) = D_3(u, \alpha); \qquad D_3(u + \varkappa\pi, \alpha) = D_3(u, \alpha);$$
$$D_3(u, \alpha + \varkappa\pi) = D_3(u, \alpha); \qquad D_3(u, 0) = \Lambda_3(-1);$$
$$D_3(u, \pi) = \Lambda_3(+1); \qquad D_3(u, \tfrac{1}{2}\pi) = \tfrac{1}{8}\Lambda_3(\operatorname{tang}^2 u).$$

Wenn ferner u und α zugleich verschwinden, so geht $D_3(u, \alpha)$ in $\Lambda_3(-z)$ über, wo z der Grenzwerth ist, welchen der Quotient $\frac{u}{u + \alpha}$ erhält, wenn u und α zugleich verschwinden, oder in

$$D_3(u.\omega, \alpha.\omega) = \Lambda_3\left(\frac{-u}{u + \alpha}\right), \text{ wenn } \omega \text{ unendlich klein ist.}$$

Die Differenzialquotienten des $D_3(x, \alpha)$, in Beziehung auf x und α, sind

$$\frac{dD_3(x, \alpha)}{dx} = \frac{(l \pm x)^2\,(x + \cos\alpha)}{1 + 2x\cos\alpha + x^2},$$
$$\frac{dD_3(x, \alpha)}{d\alpha} = \frac{-x(l \pm x)^2 \sin\alpha}{1 + 2x\cos\alpha + x^2} + 2E_2(x, \alpha).$$

Also ist das vollständige Differenzial

$$dD(x,\alpha) = \frac{(l\pm x)^2 (x+\cos\alpha)\,dx}{1+2x\cos\alpha+x^2} - \frac{x(l\pm x)\sin\alpha\,d\alpha}{1+2x\cos\alpha+x^2} + 2E_2(x,\alpha)\,d\alpha,$$

welches auch auf folgende einfachere Form gebracht werden kann:

$$dD(x,\alpha) = \tfrac{1}{2}(l\pm x)^2\,dl(1+2x\cos\alpha+x^2) + 2E_2(x,\alpha)\,d\alpha.$$

Setzt man $x = \frac{-\sin u}{\sin(u+\alpha)}$, so erhält man hieraus für das vollständige Differenzial von $D(u,\alpha)$:

$$dD(u,\alpha) = \tfrac{1}{2}\Big(l\frac{\sin u}{\sin(u+\alpha)}\Big)^2 dl\Big(\frac{\sin\alpha}{\sin(u+\alpha)}\Big) + 2E_2(u,\alpha)\,d\alpha.$$

Wir leiten nun zunächst wieder die Formeln her, durch welche $D_3(-x^n, n\alpha)$ und $D_3(+x^n, n\alpha)$ in andere Functionen von derselben Art zerlegt werden können; denn diese Formeln kommen den logarithmischen Integralen D und E aller Ordnungen zu. Da

$$D_3(-x^n, n\alpha) = n^2\int_0 \frac{(l\pm x)^2 (x^n-\cos n\alpha)\,n x^{n-1}\,dx}{1-2x^n\cos n\alpha+x^{2n}}$$

ist, so hat man, wenn der rationale Bruch unter dem Integrationszeichen in seine Partialbrüche zerlegt wird, und wenn diese einzeln integrirt werden:

104. $$D_3(-x^n, n\alpha) = \sum_0^{n-1}{}_{\varkappa}\, n^2.D_3\Big(-x, \alpha+\frac{2\varkappa\pi}{n}\Big),$$

und wenn α in $\alpha+\frac{\pi}{n}$ verwandelt wird,

105. $$D_3(+x^n, n\alpha) = \sum_0^{n-1}{}_{\varkappa}\, n^2 D_3\Big(-x, \alpha+\frac{(2\varkappa+1)\pi}{n}\Big).$$

Setzt man in $D_3(x,\alpha)$, $\frac{1}{x}$ statt x, so erhält man

$$D_3\Big(\frac{1}{x},\alpha\Big) = \int (l\pm x)^2\Big(\frac{(x+\cos\alpha)\,dx}{1+2x\cos\alpha+x^2} - \frac{dx}{x}\Big),$$

und wenn die Integration ausgeführt wird:

$$D_3\Big(\frac{1}{x},\alpha\Big) = D_3(x,\alpha) - \tfrac{1}{3}(l\pm x)^3 + C.$$

Da für $x=0$ die Continuität der in der Formel vorkommenden Functionen unterbrochen wird, so mufs die Constante für die beiden Intervalle von $x=-\infty$ bis 0 und von $x=0$ bis $+\infty$ besonders bestimmt werden. Setzt man aber $x=-1$ und $x=+1$, so zeigt sich, dafs die Constante in beiden Fällen gleich 0 ist. Deshalb hat man

106. $$D_3(x,\alpha) - D_3\Big(\frac{1}{x},\alpha\Big) = \tfrac{1}{3}(l\pm x)^3.$$

Setzt man $x = \frac{-\sin u}{\sin(u+\alpha)}$, so kann man, nach der anderen Art der Bezeichnung, diese Formel auch folgendermafsen darstellen:

$$107. \quad D_3(u,\alpha) - D_3(-u-\alpha,\alpha) = \tfrac{1}{2}\left(l\frac{\pm\sin u}{\sin(u+\alpha)}\right)^3.$$

Die übrigen Formeln für die Function $D_3(x,\alpha)$ entwickeln wir aus den bereits gefundenen Formeln für die einfache Function $\Lambda_3(x)$, indem wir das Element x imaginär nehmen und alsdann diese Functionen in ihre realen und imaginären Theile zerlegen. Setzt man so zunächst in Formel (92.) $x e^{\alpha i}$ statt x und $1 - x e^{\alpha i} = r e^{-ui}$ und zerlegt diese Functionen in ihre realen und imaginären Theile, von welchen hier nur die realen berücksichtigt werden, so erhält man

$$D_3\left(\frac{x}{r}, \alpha+u\right) + D_3(-r,u) + D_3(-x,\alpha) = L,$$

wo die logarithmischen Integrale zweiter und erster Ordnung, welche in der Formel vorkommen können, mit L bezeichnet sind. Da $1 - xe^{\alpha i} = re^{-ui}$ ist, so ist

$$x = \frac{-\sin u}{\sin(u+\alpha)}, \quad r = \frac{\sin\alpha}{\sin(u+\alpha)}, \quad \frac{x}{r} = \frac{\sin u}{\sin\alpha},$$

und deshalb kann, nach der anderen Art der Bezeichnung, diese Formel auch folgendermafsen dargestellt werden:

$$D_3(-u,\alpha+u) + D_3(\alpha,u) + D_3(u,\alpha) = L.$$

Differenziirt man jetzt in Beziehung auf u, so erhält man

$$\left(l\frac{\sin u}{\sin\alpha}\right)^2 \operatorname{cotg}(u+\alpha) + 2E_2(-u,\alpha+u) + \left(l\frac{\sin\alpha}{\sin(u+\alpha)}\right)^2 (\operatorname{cotg} u - \operatorname{cotg}(u+\alpha))$$
$$+ 2E_2(u,\alpha) - \left(l\frac{\sin u}{\sin(u+\alpha)}\right)^2 \operatorname{cotg}(u+\alpha) = \frac{dL}{du}.$$

Die beiden Functionen E_2 fallen von selbst hinweg, weil nach Formel (69.) §. 8. $E(u,\alpha) = E(u,-\alpha-u)$ ist. Das Uebrige aber vereinfacht sich leicht, so dafs man erhält:

$$\frac{dL}{du} = -2l\left(\frac{\sin u}{\sin(u+\alpha)}\right) l\left(\frac{\sin\alpha}{\sin(u+\alpha)}\right) \operatorname{cotg}(u+\alpha) + \left(l\frac{\sin\alpha}{\sin(u+\alpha)}\right)^2 \operatorname{cotg} u.$$

Die Integration giebt hierauf

$$L = l\frac{\sin u}{\sin(u+\alpha)}\left(l\frac{\sin\alpha}{\sin(u+\alpha)}\right)^2 - \tfrac{1}{3}\left(l\frac{\sin\alpha}{\sin(u+\alpha)}\right)^3 + C.$$

Um die Constante zu bestimmen, bemerke ich, dafs wenn α und $u+\alpha$ beide in den Grenzen 0 und π liegen, die Continuität der in der Formel vorkommenden Functionen niemals unterbrochen wird und dafs also die Con-

45 *

stante dann nur einen bestimmten Werth haben kann. Setzt man, um diesen zu bestimmen, $u=0$, so erhält man $C = \Lambda_3(-1)$. Dies giebt die Formel

$$108.\quad D_3(-u, \alpha+u) + D_3(\alpha, u) + D_3(u, \alpha)$$
$$= l\,\frac{\sin u}{\sin(u+\alpha)}\left(l\,\frac{\sin\alpha}{\sin(u+\alpha)}\right)^2 - \tfrac{1}{3}\left(l\,\frac{\sin\alpha}{\sin(u+\alpha)}\right)^3 + \Lambda_3(-1)$$

für jeden beliebigen Werth des u und α; denn obgleich die Constante unter der Voraussetzung gefunden worden ist, dafs α und $u+\alpha$ in den Grenzen 0 und π liegen, so gilt doch dieser Werth der Constante ganz allgemein, da man α und u um beliebige Vielfache von π vermehren und vermindern kann, ohne dafs die Formel sich änderte.

Um nun auf ähnliche Weise auch aus der allgemeinen Grundformel für die Function Λ_3 die entsprechende Formel für die Function D_3 herzuleiten, verwandle man in der Formel (93.) x in $xe^{\alpha i}$ und y in $ye^{\beta i}$ und setze überdies $1-xe^{\alpha i} = re^{-ui}$ und $1-ye^{\beta i} = re^{-vi}$. Werden nun die einzelnen Functionen in ihre realen und imaginären Theile zerlegt, so erhält man, wenn hier nur die realen Theile berücksichtigt werden, folgende Formel:

$$D_3\left(-\frac{x\varrho^2}{yr^2}, \alpha-\beta+2u-2v\right) + D_3\left(-\frac{x}{y}, \alpha-\beta\right) + D_3(-x.y, \alpha+\beta) =$$
$$2D_3\left(-\frac{x\varrho}{yr}, \alpha-\beta+u-v\right) + 2D_3\left(\frac{x\varrho}{r}, \alpha+u-v\right) + 2D_3\left(-\frac{\varrho}{r}, u-v\right)$$
$$+2D_3\left(-\frac{\varrho}{yr}, \beta+v-u\right) + 2D_3(-x, \alpha) + 2D_3(-y, \beta) + L,$$

wo L die logarithmischen Integrale von der zweiten und ersten Ordnung bezeichnet, welche in der Formel vorkommen können. Dieser Theil L wird am leichtesten durch Differenziation der ganzen Formel gefunden; wodurch solche zugleich einen eigenthümlichen, von der Betrachtung des Imaginären unabhängigen Beweis erhält. Um aber die Differenziation mit Leichtigkeit ausführen zu können, treffen wir noch folgende Vorbereitungen. Aus $1-xe^{\alpha i} = re^{-ui}$ und $1-ye^{\beta i} = \varrho e^{-vi}$ folgt

$$1-2x\cos\alpha + x^2 = r^2; \quad 1-2y\cos\beta + y^2 = \varrho^2.$$

Aufserdem führen wir folgende abkürzende Bezeichnungen ein:

$$1-2xy\cos(\alpha+\beta) + x^2y^2 = p^2; \quad 1-2\frac{x}{y}\cos(\alpha-\beta) + \frac{x^2}{y^2} = q^2.$$

Hierdurch wird

$$1-2\frac{x\varrho}{yr}\cos(\alpha-\beta+u-v)+\frac{x^2\varrho^2}{y^2r^2}=\frac{q^2}{r^2};\quad 1+\frac{2x\varrho}{r}\cos(\alpha+u-v)+\frac{x^2\varrho^2}{r^2}=\frac{p^2}{r^2};$$

$$1-\frac{2\varrho}{r}\cos(u-v)+\frac{\varrho^2}{r^2}=\frac{y^2.q^2}{r^2};\qquad 1+\frac{2\varrho}{yr}\cos(\beta+v-u)+\frac{\varrho^2}{y^2r^2}=\frac{p^2}{y^2r^2};$$

$$1-2\frac{x\varrho^2}{yr^2}\cos(\alpha-\beta+2u-2v)+\frac{x^2\varrho^4}{y^2r^4}=\frac{p^2.q^2}{r^4}.$$

Da in dem Differenziale der Function $D_3(x,\alpha)$ der Ausdruck $dl(1+2x\cos\alpha+x^2)$ vorkommt, so sind die einfachen Ausdrücke, welche diese leicht zu beweisenden Gleichungen gewähren, von sehr grofsem Vortheil für die Differenziation. In dem vollständigen Differenziale der Function $D_3(x,\alpha)$ ist ferner auch das logarithmische Integral zweiter Ordnung $E_2(x,\alpha)$ enthalten, welches nur dann verschwindet, wenn das zweite Element der zu differenziirenden Function constant ist. Da nun aus dem Endresultate diese logarithmischen Integrale zweiter Ordnung verschwinden, so wird es zweckmäfsig sein, die Differenziation so einzurichten, dafs dieselben gar nicht erst in die Rechnung hineinkommen. Dies wird erreicht, wenn u und v zugleich als variabel betrachtet werden, die Differenz $u-v$ aber als constant, so wie auch α und β als constant. Das Differenzial der allgemeinen Formel, in Beziehung auf u und v genommen, jedoch so, dafs $u-v$ constant ist, oder $du-dv=0$, läfst sich nun folgendermafsen darstellen:

$$\left(l\frac{x\varrho^2}{yr^2}\right)^2\left(\frac{dp}{p}+\frac{dq}{q}-\frac{2dr}{r}\right)+\left(l\frac{x}{y}\right)^2\frac{dq}{q}+(lxy)^2\frac{dp}{p}$$
$$=2\left(l\frac{x\varrho}{yr}\right)^2\left(\frac{dq}{q}-\frac{dr}{r}\right)+2\left(l\frac{x\varrho}{r}\right)^2\left(\frac{dp}{p}-\frac{dr}{r}\right)+2\left(l\frac{\varrho}{r}\right)^2\left(\frac{dq}{q}-\frac{dr}{r}+\frac{dy}{y}\right)$$
$$+2\left(l\frac{\varrho}{yr}\right)^2\left(\frac{dp}{p}-\frac{dr}{r}-\frac{dy}{y}\right)+2(lx)^2\frac{dr}{r}+2(ly)^2\frac{d\varrho}{\varrho}+dL.$$

Sammelt man jetzt die einzelnen Glieder, welche $\frac{dp}{p}$ enthalten, und eben so die, welche $\frac{dq}{q}$ enthalten, so verschwinden dieselben für sich, wie man sogleich aus der für jedes beliebige a und b gültigen Formel

$$(lab^2)^2+(la)^2-2(lab)^2-2(lb)^2=0$$

ersieht, von welcher wir schon oben Gebrauch gemacht haben. Die Glieder, welche $\frac{dr}{r}$ enthalten, verschwinden zwar nicht vollständig, werden aber leicht vereinfacht, so dafs endlich nur folgender Ausdruck von dL übrig bleibt:

$$dL=-2(ly)^2\left(\frac{d\varrho}{\varrho}-\frac{dr}{r}\right)-4l\left(\frac{\varrho}{r}\right)ly.\frac{dy}{y}+2(ly)^2\frac{dy}{y},$$

woraus man durch Integration

$$L = -2(ly)^2 l\frac{\varrho}{r} + \tfrac{2}{3}(ly)^3 + \text{const.}$$

erhält. Die Constante welche nun zu bestimmen ist, kann zwar $u-v$ enthalten, weil dies bei der Differenziation als constant betrachtet worden ist: setzt man aber $u-v=\gamma$ oder $u=v+\gamma$, so kann die Constante nur die Gröfsen α, β und γ enthalten, aber nicht die Variable v. Wird $u=v+\gamma$ gesetzt, so haben die Gröfsen x, y, r und ϱ folgende Werthe:

$$x=\frac{\sin(v+\gamma)}{\sin(v+\gamma+\alpha)};\quad y=\frac{\sin v}{\sin(v+\beta)};\quad r=\frac{\sin\alpha}{\sin(v+\gamma+\alpha)};\quad \varrho=\frac{\sin\beta}{\sin(v+\beta)}.$$

Hieraus ersieht man, dafs nur dann in der allgemeinen Formel eine Discontinuität Statt haben kann, wenn, indem v seinen Werth ändert, eine der Gröfsen $\sin(u+\gamma+\alpha)$, $\sin v$ und $\sin(v+\beta)$ gleich Null wird. In diesen Fällen könnte daher auch eine Aenderung der Constante Statt haben. Wir werden aber zeigen, dafs die Constante auch in diesen Fällen unverändert ihren Werth behält und dafs sie keine der Gröfsen α, β und γ enthält, sondern den einfachen, rein numerischen Werth $-2A_3(-1)$ hat. Um erstens zu zeigen, dafs die Constante unverändert bleibt, wenn $\sin(v+\gamma+\alpha)$ $=0$ wird, oder sein Vorzeichen ändert, setze ich $\sin(v+\gamma+\alpha)=\omega$, wo ω unendlich klein sein soll. Wird nun ω positiv unendlich klein angenommen, so mufs man den einen Werth der Constante erhalten, und wenn ω negativ ist, den andern: wenn aber ω ganz aus der Gleichung hinwegfällt, so sind beide Werthe einander gleich oder es tritt keine Aenderung der Constante ein. Die Annahme $\sin(v+\gamma+\alpha)=\omega$ giebt

$$x=\frac{-\sin\alpha}{\omega};\quad y=\frac{\sin(\gamma+\alpha)}{\sin(\gamma+\alpha-\beta)},\quad r=\frac{\sin\alpha}{\omega};\quad \varrho=\frac{-\sin\beta}{\sin(\gamma+\alpha-\beta)}.$$

Ferner ist nach Formel (106.) $D\left(\frac{z}{\omega},\alpha\right)=\frac{1}{3}\left(l\frac{z}{\omega}\right)^3$ für ω unendlich klein. Deshalb erhält man

$$\tfrac{1}{3}\left(l\frac{\sin\alpha}{\omega . y}\right)^3+\tfrac{1}{3}\left(l\frac{\sin\alpha\, y}{\omega}\right)^3 = 2D_3\left(\frac{\varrho}{y},\alpha-\beta+\gamma\right)+2D_3(-\varrho,\alpha+\gamma)$$
$$+\tfrac{2}{3}\left(l\frac{\sin\alpha}{\omega}\right)^3+2D_3(-y,\beta)-2(ly)^2 l\left(\frac{\varrho\,\omega}{\sin\alpha}\right)+\tfrac{2}{3}(ly)^3+C.$$

Aus dieser Gleichung hebt sich ω von selbst hinweg und es bleibt

$$0=2D_3\left(\frac{\varrho}{y},\alpha-\beta+\gamma\right)+2D_3(-\varrho,\alpha+\gamma)+2D_3(-y,\beta)-2(ly)^2 l\varrho$$
$$+\tfrac{2}{3}(ly)^3+C.$$

Die Constante bleibt also ungeändert, wenn $\sin(v+\gamma+\alpha)$, indem v sich ändert, den Werth 0 passirt. Da ganz auf dieselbe Weise auch bewiesen wird, dafs die Constante ungeändert bleibt, wenn $\sin v$ oder $\sin(v+\beta)$ gleich Null wird, so wollen wir die Beweise hierfür nicht erst herschreiben, sondern diesen gefundenen Werth der Constante, welcher unter allen Umständen gültig ist, noch durch Formel (108.) in seiner einfachsten Gestalt darstellen. Setzt man in der Formel (108.) $-\alpha-\gamma$ statt u, und β statt α, so stimmt dieselbe genau mit der Gleichung für die Constante überein und man erhält aus der Vergleichung beider sogleich $C=-2\Lambda_3(-1)$. Die jetzt völlig bestimmte Grundformel für das logarithmische Integral dritter Ordnung $D_3(x,\alpha)$ kann nun folgendermafsen dargestellt werden:

$$\begin{aligned}
109.\quad & D_3\left(-\frac{x\varrho^2}{yr^2}, \alpha-\beta+2u-2v\right)+D_3\left(-\frac{x}{y}, \alpha-\beta\right)+D_3(-xy, \alpha+\beta) \\
&= 2D_3\left(-\frac{x\varrho}{yr}, \alpha-\beta+u-v\right)+2D_3\left(\frac{x\varrho}{r}, \alpha+u-v\right)+2D_3\left(-\frac{\varrho}{r}, u-v\right) \\
&\quad +2D_3\left(\frac{\varrho}{yr}, \beta+v-u\right)+2D_3(-x,\alpha)+2D_3(-y,\beta)-2(ly)^2 l\left(\frac{\varrho}{r}\right) \\
&\quad +\tfrac{2}{3}(ly)^3-2\Lambda_3(-1),
\end{aligned}$$

$$\text{wenn } x=\frac{\sin u}{\sin(u+\alpha)},\quad y=\frac{\sin v}{\sin(v+\beta)},\quad r=\frac{\sin\alpha}{\sin(u+\alpha)},\quad \varrho=\frac{\sin\beta}{\sin(v+\beta)}.$$

Wir haben bisher den logarithmischen Integralen, welche in dieser Formel enthalten sind, die Form $D_3(x,\alpha)$ gelassen: sie können aber auch auf einfache Weise auf die Form $D_3(u,\alpha)$ gebracht werden. Zu diesem Zwecke sind zwei Hülfswinkel nöthig, welche durch folgende Gleichungen bestimmt werden:

$$\operatorname{tang}\varphi=\frac{xy\sin(\alpha+\beta)}{1-xy\cos(\alpha+\beta)},\qquad \operatorname{tang}\psi=\frac{x\sin(\alpha-\beta)}{y-x\cos(\alpha-\beta)}.$$

Durch diese Winkel wird, wie leicht zu beweisen ist,

$$\begin{aligned}
xy &= \frac{\sin\varphi}{\sin(\varphi+\alpha+\beta)}, & \frac{x}{y} &= \frac{\sin\psi}{\sin(\psi+\alpha-\beta)}, \\
\frac{x\varrho}{r} &= \frac{-\sin(\varphi-u)}{\sin(\varphi+\alpha-v)}, & \frac{x\varrho}{yr} &= \frac{\sin(\psi-u)}{\sin(\psi+\alpha-\beta-v)}, \\
\frac{\varrho}{yr} &= \frac{-\sin(\varphi+\beta-u)}{\sin(\varphi-v)}, & \frac{\varrho}{r} &= \frac{\sin(\psi-\beta-u)}{\sin(\psi-\beta-v)}, \\
\frac{x\varrho^2}{yr^2} &= \frac{\sin(\varphi+\psi-2u)}{\sin(\varphi+\psi+\alpha-\beta-2v)}.
\end{aligned}$$

Substituirt man diese Werthe, so hat man nach der oben eingeführten einfacheren Art der Bezeichnung:

$$110.\quad D_3(\varphi+\psi-2u,\alpha-\beta+2u-2v)+D_3(\psi,\alpha-\beta)+D_3(\varphi,\alpha+\beta)$$
$$=2D_3(\psi-u,\alpha-\beta+u-v)+2D_3(\varphi-u,\alpha+u-v)+2D_3(\psi-\beta-u,u-v)$$
$$+2D_3(\varphi+\beta-u,-\beta+u-v)+2D_3(u,\alpha)+2D_3(v,\beta)$$
$$-2\left(l\frac{\sin v}{\sin(v+\beta)}\right)^2 l\left(\frac{\sin\beta\sin(u+\alpha)}{\sin\alpha\sin(v+\beta)}\right)+\tfrac{2}{3}\left(l\frac{\sin v}{\sin(v+\beta)}\right)^3-2\Lambda_3(-1).$$

Aus dieser allgemeinen Formel wollen wir nun wieder einige der merkwürdigsten speciellen Fälle entwickeln. Setzt man $\beta=\alpha$ und $v=u+\alpha$, so wird $\varphi=u$ und $\psi=0$ und man erhält

$$111.\quad D(u,2\alpha)=2D_3(u,\alpha)+2D_3(u+\alpha,\alpha)+\Lambda_3\left(\frac{\sin u}{\sin(u+2\alpha)}\right)$$
$$-\tfrac{1}{2}\Lambda_3\left(\frac{-\sin u\sin(u+2\alpha)}{\sin^2(u+\alpha)}\right)+D_3(-\alpha,2\alpha)-\tfrac{2}{3}\left(l\frac{\sin(u+\alpha)}{\sin(u+2\alpha)}\right)^3-\Lambda_3(-1).$$

Wenn man die Functionen D_3, welche in dieser Formel enthalten sind, nach Formel (107.) umformt, so kann man derselben noch einige andere Gestalten geben, z. B.

$$112.\quad D_3(u,2\alpha)=2D_3(u,\alpha)+2D_3(-u-2\alpha,\alpha)+\Lambda_3\left(\frac{\sin u}{\sin(u+2\alpha)}\right)$$
$$-\tfrac{1}{2}\Lambda_3\left(\frac{-\sin u\sin(u+2\alpha)}{\sin^2(u+\alpha)}\right)-2D_3(-2\alpha,\alpha),$$

$$113.\quad D_3(u-\alpha,2\alpha)=2D_3(u,\alpha)+2D_3(-u,\alpha)+\Lambda_3\left(\frac{\sin(u-\alpha)}{\sin(u+\alpha)}\right)$$
$$-\tfrac{1}{2}\Lambda_3\left(\frac{-\sin(u+\alpha)\sin(u-\alpha)}{\sin^2 u}\right)-\tfrac{2}{3}\left(l\frac{\sin u}{\sin(u+\alpha)}\right)^3-\tfrac{2}{3}\left(l\frac{\sin u}{\sin(u-\alpha)}\right)^3$$
$$+D_3(-\alpha,2\alpha)-\Lambda_3(-1).$$

Eine andere, noch ziemlich einfache Formel erhält man aus der allgemeinen Formel (110.), wenn man $\beta=\alpha$, $v=\frac{1}{2}\pi-u$ nimmt, wodurch $\psi=0$ und $\varphi=2u$ wird, nemlich

$$114.\quad D_3(2u,2\alpha)=2D_3(u,\alpha)+2D_3(u+\tfrac{1}{2}\pi,\alpha)+2D_3(u,\alpha+\tfrac{1}{2}\pi)$$
$$+2D_3(u+\tfrac{1}{2}\pi,\alpha+\tfrac{1}{2}\pi)-\Lambda_3\left(\frac{-\operatorname{tang}u}{\operatorname{tang}(u+\alpha)}\right)-\Lambda_3(\operatorname{tang}u\operatorname{tang}(u+\alpha))$$
$$+\tfrac{1}{4}\Lambda_3(\operatorname{tang}^2u)+\tfrac{1}{4}\Lambda_3(\operatorname{tang}^2(u+\alpha))+\tfrac{2}{3}(l\operatorname{tang}(u+\alpha))^3$$
$$-2\left(l\frac{\cos u}{\cos(u+\alpha)}\right)(l\operatorname{tang}(u+\alpha))^2-2\Lambda_3(-1).$$

In der Formel, welche wir jetzt aus der allgemeinen Formel (110.) herleiten werden, spielt die specielle Function $D_3(\frac{1}{2}(\pi-\alpha),\alpha)$ eine Hauptrolle. Diese steht zu der allgemeinen Function $D_3(u,\alpha)$ in einem ähnlichen Verhältnisse, wie bei den logarithmischen Integralen zweiter Ordnung $E(\frac{1}{2}(\pi-\alpha),\alpha)$ zu $E(u,\alpha)$, und deshalb wollen wir, wie wir oben $E(\frac{1}{2}(\pi-\alpha),\alpha)$ einfach durch $E'(\alpha)$ bezeichnet haben, so auch hier $D_3(\frac{1}{2}(\pi-\alpha),\alpha)$ einfach durch

$D_3(\alpha)$ bezeichnen. Für die logarithmischen Integrale zweiter Ordnung konnte $E(u,\alpha)$ vollständig durch die einfache Function $E'(\alpha)$ ausgedrückt werden: hier aber, für die logarithmischen Integrale dritter Ordnung, kann nicht jedes Integral $D_3(u,\alpha)$ für sich selbst durch die einfache Function $D'_3(\alpha)$ ausgedrückt werden, sondern nur die Summe zweier zusammengehörigen Integrale; wie wir sogleich zeigen werden. Setzt man nämlich in der allgemeinen Formel (110.) $u=\frac{1}{2}(\pi-\alpha)$ und $v=\frac{1}{2}(\pi-\beta)$, was $\varphi=\frac{1}{2}(\pi-\alpha-\beta)$ und $\psi=\frac{1}{2}(\pi-\alpha+\beta)$ giebt, so erhält man, wenn man von der angegebenen einfacheren Bezeichnung Gebrauch macht:

$$115.\quad D_3(\tfrac{1}{2}\beta,\tfrac{1}{2}(\alpha-\beta))+D_3(-\tfrac{1}{2}\beta,\tfrac{1}{2}(\alpha+\beta))=\tfrac{1}{4}D'_3(\alpha-\beta)+\tfrac{1}{4}D'_3(\alpha+\beta)$$
$$-\tfrac{1}{2}D'_3(\alpha)-\tfrac{1}{2}D'_3(\beta)+\tfrac{1}{4}\Lambda_3\Big(\frac{-\sin^2\frac{1}{2}\beta}{\sin^2\frac{1}{2}\alpha}\Big)+\tfrac{1}{2}\Lambda_3(-1).$$

Setzt man hierin weiter $\beta=\pi$ und $2\alpha+\pi$ statt α, so hat man

$$116.\quad D_3(\tfrac{1}{2}\pi,\alpha)=\tfrac{1}{4}D'_3(2\alpha)-\tfrac{1}{4}D'_3(\pi-2\alpha)+\tfrac{1}{8}\Lambda_3\Big(\frac{-1}{\cos^2\alpha}\Big)+\tfrac{7}{16}\Lambda_3(-1).$$

Die Grund-Eigenschaften der Function $D'_3(\alpha)$, welche unmittelbar aus der Definition folgen, sind:

$$D'_3(-\alpha)=D'_3(\alpha),\quad D'_3(\alpha+2\varkappa\pi)=D'_3(\alpha),\quad D'_3(0)=\Lambda_3(-1),$$
$$D'_3(\pi)=\Lambda_3(+1)=-\tfrac{4}{3}\Lambda_3(-1),$$

und da für $x=1$, $D_3(-x,\alpha)$ in $D'_3(\alpha)$ übergeht, so hat man aus (104.) unmittelbar folgende Formel:

$$117.\quad D'_3(n\alpha)=n^2\sum_0^{n-1}{}_{\varkappa}D'_3\Big(\alpha+\frac{2\varkappa\pi}{n}\Big),$$

deren specielle Fälle für $n=2$, $n=3$ und $n=4$ folgende sind:

$$D'_3(2\alpha)=4D'_3(\alpha)+4D'_3(\alpha+\pi),$$
$$D'_3(3\alpha)=9D'_3(\alpha)+9D'_3(\alpha+\tfrac{2}{3}\pi)+9D'_3(\alpha+\tfrac{4}{3}\pi),$$
$$D'_3(4\alpha)=16D'_3(\alpha)+16D'_3(\alpha+\tfrac{1}{2}\pi)+16D'_3(\alpha+\pi)+16D'_3(\alpha+\tfrac{3}{2}\pi).$$

Andere specielle Formeln, welche man sich nach Belieben aus der allgemeinen Formel (110.) verschaffen kann, übergehen wir, da sie fast alle den hier gegebenen an Einfachheit nachstehen. Ueberhaupt bietet die Function $D_3(u,\alpha)$ nicht eine so grofse Mannigfaltigkeit einfacher Eigenschaften dar, als das entsprechende logarithmische Integral zweiter Ordnung; wovon wir den Grund in einer Schlufsbemerkung zu diesem Theile der Abhandlung zu zeigen gedenken.

§. 14.

Wir haben nun noch die einfachen Reihen-Entwickelungen herzuleiten, welche zur numerischen Berechnung der Function D_3 dienen. Hierzu wählen wir die ursprüngliche Form dieses Integrales, nämlich:

$$D_3(x,\alpha) = \int_0 \frac{(l\pm x)^2(\cos\alpha + x)\,dx}{1+2x\cos\alpha + x^2}.$$

Setzt man der Kürze wegen $r^2 = 1+2x\cos\alpha + x^2$, so ist

$$D_3(x,\alpha) = \int_0 (l\pm x)^2\,d\,l\,r,$$

und hieraus hat man durch theilweise Integration:

$$D_3(x,\alpha) = lr(lx)^2 - 2lx\int\frac{dx}{x}lr + 2\int\frac{dx}{x}\int\frac{dx}{x}lr.$$

Da aber bekanntlich

$$l(r) = \frac{x\cos\alpha}{1} - \frac{x^2\cos 2\alpha}{2} + \frac{x^3\cos 3\alpha}{3} - \dots$$

ist, so findet sich durch Ausführung der Integrationen:

$$118.\quad D_3(x,\alpha) = (lx)^2 lr - 2lx\left(\frac{x\cos\alpha}{1^2} - \frac{x^2\cos 2\alpha}{2^2} + \frac{x^3\cos 3\alpha}{3^2} - \dots\right) + 2\left(\frac{x\cos\alpha}{1^3} - \frac{x^2\cos 2\alpha}{2^3} + \frac{x^3\cos 3\alpha}{3^3} - \dots\right).$$

Setzt man $\frac{1}{x}$ statt x und nimmt $D_3\left(\frac{1}{x},\alpha\right) = D_3(x,\alpha) - \frac{1}{3}(lx)^3$ nach Formel (106.), so erhält man folgende nach negativen Potenzen von x geordnete Reihen-Entwickelung:

$$119.\quad D_3(x,\alpha) = (lx)^2 lr - \tfrac{2}{3}(lx)^3 + 2lx\left(\frac{\cos\alpha}{1^2.x} - \frac{\cos 2\alpha}{2^2.x^2} + \frac{\cos 3\alpha}{3^2.x^3} - \dots\right) + 2\left(\frac{\cos\alpha}{1^3.x} - \frac{\cos 2\alpha}{2^3.x^2} + \frac{\cos 3\alpha}{3^3.x^3} - \dots\right).$$

Diese beiden Reihen-Entwickelungen reichen zur Berechnung der numerischen Werthe der Function $D_3(x,\alpha)$ aus, weil die eine convergirt, wenn $x<1$, die andere, wenn $x>1$ ist; vom Vorzeichen abgesehen. In dem Falle aber, wo x einem der Werthe $+1$ oder -1 nahe liegt, convergiren diese Reihen nur sehr langsam. In diesem Falle ist es daher vortheilhaft, die Function $D(x,\alpha)$ in eine Reihe zu entwickeln, welche nach Potenzen von $l(\pm x)$ geordnet ist, oder, was dasselbe ist, die Functionen $D_3(-e^z,\alpha)$ und $D_3(+e^z,\alpha)$ nach Potenzen von z zu entwickeln. Zu diesem Zwecke braucht man eine nach Potenzen von z geordnete Entwickelung von

$$\frac{e^{2z} - e^z\cos\alpha}{1-2e^z\cos\alpha + e^{2z}}.$$

Dieser Ausdruck läfst sich auf folgende Form bringen:

$$\frac{e^{2z}-e^z\cos\alpha}{1-2e^z\cos\alpha+e^{2z}} = \tfrac{1}{2}+\tfrac{1}{4}i\,\text{cotang}(\tfrac{1}{2}(\alpha+iz))-\tfrac{1}{4}i\,\text{cotang}(\tfrac{1}{2}(\alpha-iz)),$$

wo $i=\sqrt{-1}$. Hiernach erhält man unmittelbar durch Anwendung des *Taylor*schen Satzes:

$$\frac{e^{2z}-e^z\cos\alpha}{1-2e^z\cos\alpha+e^{2z}} = \tfrac{1}{2}\Big(1-\frac{d\,\text{cotang}\,\frac{1}{2}\alpha}{d\alpha}\cdot\frac{z}{1}+\frac{d^3\,\text{cotang}\,\frac{1}{2}\alpha}{d\alpha^3}\cdot\frac{z^3}{1.2.3}-\ldots\Big).$$

Multiplicirt man nun mit $z^2.dz$ und integrirt, so hat man

$$120.\quad D_3(-e^z,\alpha)$$

$$= D_3(-1,\alpha)+\tfrac{1}{2}\Big(\frac{z^3}{3}-\frac{d\,\text{cotang}\,\frac{1}{2}\alpha}{d\alpha}\cdot\frac{z^4}{1.4}+\frac{d^3\,\text{cotang}\,\frac{1}{2}\alpha}{d\alpha^3}\cdot\frac{z^6}{1.2.3.6}-\ldots\Big).$$

Die Differenzialquotienten von $\text{cotang}\,\frac{1}{2}\alpha$, welche in dieser Entwickelung vorkommen, haben folgende Werthe:

$$\frac{d\,\text{cotg}\,\frac{1}{2}\alpha}{d\alpha} = \frac{-2}{(2\sin\frac{1}{2}\alpha)^2},\quad \frac{d^3\,\text{cotg}\,\frac{1}{2}\alpha}{d\alpha^3} = \frac{-4(\cos\alpha+2)}{(2\sin\frac{1}{2}\alpha)^4},\quad \frac{d^5\,\text{cotg}\,\frac{1}{2}\alpha}{d\alpha^5} =$$

$$\frac{-4(\cos 2\alpha+26\cos\alpha+33)}{(2\sin\frac{1}{2}\alpha)^6},\quad \frac{d^7\,\text{cotg}\,\frac{1}{2}\alpha}{d\alpha^7} = \frac{-4(\cos 3\alpha+120\cos 2\alpha+1191\cos\alpha+1208)}{(2\sin\frac{1}{2}\alpha)^8}.$$

Ueber das Gesetz der hierin vorkommenden Zahlencoefficienten sehe man *Euleri institutiones calculi differentialis Cap. VII. p. 486.* Die Reihen-Entwickelung von $D_3(+e^z,\alpha)$ erhält man aus dieser, wenn man α in $\alpha-\pi$ verwandelt. Dafs diese Reihen-Entwickelung convergirt, wenn z klein genug genommen wird, ist leicht zu zeigen. Man kann aber auch die Grenzen genau finden, innerhalb deren sie convergirt; dieselben sind $z=-\alpha$ bis $z=+\alpha$, wenn α in den Grenzen $-\pi$ und $+\pi$ liegt.

Wir haben nun noch die Reihen-Entwickelungen der Function $D_3(x,\alpha)$ für den besondern Fall herzuleiten, wo $x=-1$ ist, in welchem Falle wir statt $D_3(-1,\alpha)$ oder $D_3(\frac{1}{2}(\pi-\alpha),\alpha)$ das Zeichen $D'_3(\alpha)$ eingeführt haben. Setzt man in (118.) $x=-1$, so erhält man zunächst

$$121.\quad D'_3(\alpha) = -2\Big(\frac{\cos\alpha}{1^3}+\frac{\cos 2\alpha}{2^3}+\frac{\cos 3\alpha}{3^3}+\ldots\Big).$$

Diese Reihe aber ist wegen ihrer geringen Convergenz zur numerischen Berechnung nicht brauchbar. Eine sehr gut convergirende Reihe erhält man dagegen aus der oben gefundenen Entwickelung von $E'_2(\alpha)$, weil $\frac{dD'_3(\alpha)}{d\alpha} = 2E'_2(\alpha)$ und

$$E'_2(\alpha) = -\alpha\, l\alpha+\alpha+\frac{B_1\alpha^3}{1.2.3.2}+\frac{B_2\alpha^5}{1.2.3.4.5.4}+\frac{B_3\alpha^7}{1.2.3.4.5.6.7.6}+\ldots$$

ist. Integrirt man diese Reihe und bestimmt die Constante durch den Werth

46*

$\alpha = 0$, so hat man

$$122. \quad D_3'(\alpha) =$$
$$A_3(-1) - \alpha^2 l\alpha + \tfrac{3}{2}\alpha^2 + \frac{B_1 \alpha^4}{1.2.3.4.1} + \frac{B_2 \alpha^6}{1.2.3.4.5.6.2} + \frac{B_3 \alpha^8}{1.2.3.4.5.6.7.8.3} + \dots$$

Nach der Formel $D_3'(2\alpha) = 4D_3'(\alpha) + 4D_3'(\pi - \alpha)$ erhält man hieraus auch folgende Entwickelung von $D_3'(\pi - \alpha)$:

$$123. \quad D_3'(\pi - \alpha) =$$
$$A_3(+1) - \alpha^2 l2 + \frac{(2^2-1)B_1 \alpha^4}{1.2.3.4.1} + \frac{(2^4-1)B_2 \alpha^6}{1.2.3.4.5.6.2} + \frac{(2^6-1)B_3 \alpha^8}{1.2.3.4.5.6.7.8.3} + \dots$$

§. 15.

Genau denselben Gang verfolgend, welchen wir für die Function $D_3(x, \alpha)$ genommen haben, untersuchen wir jetzt das andere von zwei Elementen abhängige logarithmische Integral dritter Ordnung

$$E_3(x, \alpha) = \int_0 \frac{(l \pm x)^2 \sin\alpha \,.\, dx}{1 + 2x\cos\alpha + x^2}.$$

Unmittelbar aus der Definition ersieht man, dafs

$$E_3(x, -\alpha) = -E_3(x, \alpha), \qquad E_3(x, \alpha + 2\varkappa\pi) = E_3(x, \alpha),$$
$$E_3(x, \alpha + (2\varkappa + 1)\pi) = E_3(-x, \alpha), \qquad E_3(x, 0) = 0.$$

Wenn $x = \frac{-\sin u}{\sin(u + \alpha)}$ gesetzt und $E_3\left(\frac{-\sin u}{\sin(u+\alpha)}, \alpha\right)$ durch $E_3(u, \alpha)$ bezeichnet wird, so lassen sich diese Eigenschaften auch folgendermafsen darstellen:

$$E_3(-u, -\alpha) = -E_3(u, \alpha), \qquad E_3(u + \varkappa\pi, \alpha) = E_3(u, \alpha),$$
$$E_3(u, \alpha + \varkappa\pi) = E_3(u, \alpha), \qquad E_3(u, 0) = 0.$$

Auch wenn u und α zugleich verschwinden, ist $E_3(u, \alpha), = 0$. Das vollständige Differenzial der Function $E_3(x, \alpha)$, wenn die beiden Elemente x und α zugleich als veränderlich genommen werden, ist

$$dE_3(x, \alpha) = \frac{(l \pm x)^2 \sin\alpha \,.\, dx}{1 + 2x\cos\alpha + x^2} + \frac{x(l \pm x)^2 (x + \cos\alpha)\, d\alpha}{1 + 2x\cos\alpha + x^2} - 2D_2(x, \alpha)\, d\alpha,$$

welches auch kürzer folgendermafsen dargestellt werden kann:

$$dE_3(x, \alpha) = (l \pm x)^2 d \operatorname{arc\,tang} \frac{x \sin\alpha}{1 + x\cos\alpha} - 2D_2(x, \alpha)\, d\alpha.$$

Setzt man $x = \frac{-\sin u}{\sin(u + \alpha)}$, so findet sich hieraus

$$dE_3(u, \alpha) = -\left(l \frac{\sin u}{\sin(u + \alpha)}\right)^2 du - 2D_2(u, \alpha)\, d\alpha.$$

Nach diesen Vorbereitungen suchen wir die Formeln, welche die Eigenschaften der Function $E_3(x, \alpha)$ enthalten. Zunächst findet man sogleich, dafs für diese Function eben so wie für die Function $D_3(x, \alpha)$ folgende Formeln gelten:

124. $$E_3(-x^n, n\alpha) = n^2 \sum_0^{n-1}{}_\varkappa E_3\left(-x, \alpha + \frac{2\varkappa\pi}{n}\right),$$

125. $$E_3(+x^n, n\alpha) = n^2 \sum_0^{n-1}{}_\varkappa E_3\left(-x, \alpha + \frac{(2\varkappa+1)\pi}{n}\right).$$

Setzt man ferner $\frac{1}{x}$ statt x, so erhält man

$$E_3\left(\frac{1}{x}, \alpha\right) = -E_3(x, \alpha) + C.$$

Die Constante dieser Formel hat zwei von einander verschiedene Werthe. So lange nemlich x continuirlich sich verändert, von $x = -\infty$ bis $x = +\infty$, verändert sich auch $E_3(x, \alpha)$ continuirlich, und behält auch, wenn x unendlich grofs wird, immer einen endlichen Werth: wenn aber x von dem Werthe $-\infty$ auf den Werth $+\infty$ überspringt, oder wenn in $E_3\left(\frac{1}{x}, \alpha\right)$ x aus dem Negativen in's Positive übergeht, so macht der Werth dieser Function einen Sprung. Deshalb ist die Constante dieser Gleichung für die beiden Fälle, wenn x positiv und wenn x negativ ist, besonders zu bestimmen nöthig. Setzt man in dem ersten Falle $x = 1$, so hat man $C = 2E_3(1, \alpha)$; setzt man für den zweiten Fall $x = -1$, so hat man $C = 2E_3(-1, \alpha)$. Diese beiden Werthe der Constante lassen sich aber leicht durch Kreisbogen ausdrücken; denn für $x = 1$ ist

$$dE_3(1, \alpha) = -2D_2(1, \alpha)\, d\alpha,$$

und da, wie wir oben §. 5. (33.) gefunden haben, $D_2(\alpha, -2\alpha) = \alpha^2 - \frac{1}{12}\pi^2$, oder, was dasselbe ist, $D_2(1, \alpha) = \frac{1}{4}\alpha^2 - \frac{1}{12}\pi^2$ ist, in den Grenzen $\alpha = -\pi$ bis $\alpha = +\pi$, so hat man

$$dE_3(1, \alpha) = -\tfrac{1}{2}\alpha^2\, d\alpha + \tfrac{1}{6}\pi^2\, d\alpha,$$

und nach Ausführung der Integration

126. $$E_3(1, \alpha) = -\tfrac{1}{6}\alpha^3 + \tfrac{1}{6}(\pi^2\alpha) = -\tfrac{1}{6}(\alpha+\pi)\,\alpha(\alpha-\pi),$$

in den Grenzen $\alpha = -\pi$ bis $\alpha = +\pi$. Setzt man $\alpha - \pi$ statt α, so erhält man zugleich

127. $$E_3(-1, \alpha) = -\tfrac{1}{6}\alpha^3 + \tfrac{1}{2}\alpha^2\pi - \tfrac{1}{3}\alpha\pi^2 = -\tfrac{1}{6}\,\alpha(\alpha-\pi)(\alpha-2\pi)$$

in den Grenzen $\alpha = 0$ bis $\alpha = 2\pi$.

Hiernach hat man die Formeln

128. $$E_3(x,\alpha)+E_3\left(\frac{1}{x},\alpha\right)=-\tfrac{1}{3}(\alpha+\pi)\alpha(\alpha-\pi),$$
wenn x positiv ist und α in den Grenzen $-\pi$ und $+\pi$ liegt, und
$$E_3(x,\alpha)+E_3\left(\frac{1}{x},\alpha\right)=-\tfrac{1}{3}\alpha(\alpha-\pi)(\alpha-2\pi),$$
wenn x negativ ist und α in den Grenzen 0 und 2π liegt.

Setzt man $x=\frac{-\sin u}{\sin(u+\alpha)}$, so kann man die Formeln auch folgendermaſsen darstellen:

$$129.\quad E_3(u,\alpha)+E_3(-u-\alpha,\alpha)=L,$$

wo unter der Voraussetzung, daſs α und $u+\alpha$ in den Grenzen 0 und π liegen,

$L=-\frac{1}{3}(\alpha+\pi)\alpha(\alpha-\pi)$ ist, wenn u in den Grenzen $-\pi$ und 0,

$L=-\frac{1}{3}\alpha(\alpha-\pi)(\alpha-2\pi)$, wenn u in den Grenzen 0 und π liegt.

Die übrigen Formeln entwickeln wir wieder aus denen für die Function $\Lambda_3(x)$ auf dieselbe Weise, wie wir die Formeln der Function $D_3(x,\alpha)$ oben gefunden haben. Wird in der Formel (92.) §. 11. $xe^{\alpha i}$ statt x gesetzt und auſserdem $1-xe^{\alpha i}=re^{-ui}$, so giebt der imaginäre Theil dieser Formel

$$E_3\left(\frac{x}{r},\alpha+u\right)-E_3(-r,u)+E_3(-x,\alpha)=L,$$

wo L der Theil der Formel ist, welcher die logarithmischen Integrale von der zweiten und ersten Ordnung enthält. Da ferner $1-xe^{\alpha i}=re^{-ui}$ gesetzt ist, so ist

$$x=\frac{\sin u}{\sin(u+\alpha)},\qquad r=\frac{\sin\alpha}{\sin(u+\alpha)},\qquad \frac{x}{r}=\frac{\sin u}{\sin\alpha}.$$

Substituirt man diese Werthe, so hat man, nach der einfacheren Art der Bezeichnung:

$$E_3(-u,u+\alpha)-E_3(\alpha,u)+E_3(u,\alpha)=L.$$

Differenziirt man nun in Beziehung auf u, so findet sich

$$\left(l\frac{\sin u}{\sin\alpha}\right)^2-2D_2(-u,u+\alpha)+2D_2(\alpha,u)-\left(l\frac{\sin u}{\sin(u+\alpha)}\right)^2=\frac{dL}{du}.$$

Vertauscht man jetzt in der Formel (31.) §. 5. u und α, so zeigt sich, daſs

$\frac{dL}{du}=-2\alpha u-u^2+\frac{1}{3}\pi^2$ ist, wenn α, $u+\alpha$ und u in den Grenzen 0 und π liegen, und

$\frac{dL}{du}=-2(\alpha-\pi)u-u^2+\frac{1}{3}\pi^2$, wenn α und $u+\alpha$ in den Grenzen 0 und π liegen und u in den Grenzen $-\pi$ und 0.

Die Integration giebt daher

$L = -\alpha u^2 - \frac{1}{3}u^3 + \frac{1}{3}\pi^2 u + \text{const.}$, wenn α, $u+\alpha$ und u in den Grenzen 0 und π liegen, und

$L = -(\alpha-\pi)u^2 - \frac{1}{3}u^3 + \frac{1}{3}\pi^2 u + \text{const.}$, wenn α und $u+\alpha$ in den Grenzen 0 und π liegen und u in den Grenzen $-\pi$ und 0.

Bestimmt man jetzt die Constanten durch den Fall $u=0$, so findet sich dafs sie beide gleich Null zu nehmen sind, und man hat die Formel

$$130.\quad E_3(-u, u+\alpha) - E_3(\alpha, u) + E_3(u, \alpha) = L,$$

wo, unter der Voraussetzung dafs α und $u+\alpha$ in den Grenzen 0 und π liegen,

$L = -\alpha u^2 - \frac{1}{3}u^3 + \frac{1}{3}\pi^2 u$ ist, wenn u in den Grenzen 0 und π,

$L = -(\alpha-\pi)u^2 - \frac{1}{3}u^3 + \frac{1}{3}\pi^2 u$ wenn u in den Grenzen $-\pi$ und 0 liegt.

Um nun die allgemeinere Grundformel für die Function $E_3(x, \alpha)$ herzuleiten, welche der Formel (110.) für die Function $D_3(x, \alpha)$ und der Formel (93.) für die Function $\Lambda_3(x)$ entspricht, setze man wieder in dieser $x e^{\alpha i}$ statt x und $y e^{\beta i}$ statt y und aufserdem $1 - x e^{\alpha i} = r e^{-ui}$, $1 - y e^{\beta i} = \varrho e^{-vi}$. Werden alsdann die imaginären Functionen Λ_3 in ihre realen und imaginären Theile zerlegt, von welchen hier nur die letzteren zu berücksichtigen sind, und bezeichnet man alle logarithmischen Integrale von der zweiten und ersten Ordnung, welche darin vorkommen können, einfach durch L, so erhält man

$$E_3\left(\frac{-x\varrho^2}{yr^2}, \alpha-\beta+2u-2v\right) + E_3\left(-\frac{x}{y}, \alpha-\beta\right) + E_3(-xy, \alpha+\beta) =$$
$$2E_3\left(\frac{-x\varrho}{yr}, \alpha-\beta+u-v\right) + 2E_3\left(\frac{x\varrho}{r}, \alpha+u-v\right) + 2E_3\left(-\frac{\varrho}{r}, u-v\right)$$
$$+ 2E_3\left(\frac{yr}{\varrho}, \beta-u+v\right) + 2E_3(-x, \alpha) + 2E_3(-y, \beta) + L.$$

Die Richtigkeit dieser Formel wird wieder durch Differenziation bewiesen, durch welche zugleich der Theil L näher bestimmt wird. Hierzu wenden wir wieder die beiden Hülfswinkel φ und ψ an, welche wir schon oben §. 13. benutzt haben, nemlich

$$\varphi = \operatorname{arc\,tang}\frac{xy\sin(\alpha+\beta)}{1-xy\cos(\alpha+\beta)},\qquad \psi = \operatorname{arc\,tang}\frac{x\sin(\alpha-\beta)}{y-x\cos(\alpha-\beta)}.$$

Durch diese beiden Hülfswinkel wird

$$\varphi - u = \operatorname{arc\,tang}\frac{-x\varrho\sin(\alpha+u-v)}{r+x\varrho\cos(\alpha+u-v)};\quad \psi - u = \operatorname{arc\,tang}\frac{x\varrho\sin(\alpha-\beta+u-v)}{yr-x\varrho\cos(\alpha-\beta+u-v)};$$

$$\varphi - v = \operatorname{arc\,tang}\frac{-yr\sin(\beta+v-u)}{\varrho+yr\cos(\beta+v-u)};\quad \psi-\beta-u = \operatorname{arc\,tang}\frac{\varrho\sin(u-v)}{r-\varrho\cos(u-v)};$$

$$\varphi+\psi-2u = \operatorname{arc\,tang}\frac{x\varrho^2\sin(\alpha-\beta+2u-2v)}{yr^2-x\varrho^2\cos(\alpha-\beta+2u-2v)}.$$

Diese Kreisbogen kommen alle in den Differenzialen der Functionen E_3 vor, welche die zu differenziirende Formel enthält, und deshalb wird durch diese einfachen Ausdrücke derselben die Rechnung aufserordentlich vereinfacht. Das vollständige Differenzial der Function E_3 enthält aufserdem noch das logarithmische Integral zweiter Ordnung D_2, welches nur dann wegfällt, wenn das zweite Element constant ist. Damit nun diese Functionen D_2, welche in dem Endresultate von selbst wegfallen, nicht erst in die Rechnung hineingezogen werden dürfen, wollen wir auch hier die Differenziation in Beziehung auf u und v ausführen, jedoch so, dafs $u-v=\gamma$ constant genommen wird, oder $du-dv=0$. Hiernach giebt die Differenziation der obigen Formel:

$$-\left(l\frac{x\varrho^2}{\gamma\varrho^2}\right)^2(d\varphi+d\psi-2du)-\left(l\frac{x}{y}\right)^2 d\psi-(lxy)^2 d\varphi =$$
$$-2\left(l\frac{x\varrho}{yr}\right)^2(d\psi-du)-2\left(l\frac{x\varrho}{r}\right)^2(d\varphi-du)-2\left(l\frac{\varrho}{r}\right)^2(d\psi-du)$$
$$-2\left(l\frac{yr}{\varrho}\right)^2(d\varphi-du)-2(lx)^2du-2(ly)^2du+dL.$$

Sammelt man jetzt die Glieder, welche $d\psi$, $d\varphi$ und du enthalten einzeln, so sieht man, dafs sie alle für sich verschwinden und es bleibt nur $dL=0$; also $L=$ const., das heifst, L ist unabhängig von u und v, kann aber die Differenz $u-v$ enthalten, welche bei der Differenziation als constant betrachtet worden ist. Setzt man daher $u=v+\gamma$, so dafs die Formel nur die vier Gröfsen v, α, β, γ enthält, so ist L unabhängig von v, also eine Function von α, β und γ. Um nun die Constante L zu bestimmen, setze ich $v=-\gamma$, was $u=0$, $x=0$, $r=1$ giebt, und erhalte so

$$2E_3(-\varrho,\gamma)+2E_3\left(\frac{y}{\varrho},\beta-\gamma\right)+2E_3(-y,\beta)-L=0,$$

$$\text{wo}\quad y=\frac{-\sin\gamma}{\sin(\beta-\gamma)},\quad \varrho=\frac{\sin\beta}{\sin(\beta-\gamma)}.$$

Vergleicht man diesen Werth des L mit der Formel (129.), so findet man

$$L=2\beta\gamma^2-\tfrac{2}{3}\gamma^3+\tfrac{2}{3}\pi^2\gamma,$$

wenn β und $\beta-\gamma$ in den Grenzen 0 und π liegen und γ in den Grenzen $-\pi$ und 0, und

$$L=2(\beta-\pi)\gamma^2-\tfrac{2}{3}\gamma^3+\tfrac{2}{3}\pi^2\gamma,$$

wenn β und $\beta-\gamma$ in den Grenzen 0 und π liegen und γ in den Grenzen 0 und π.

Diese Bestimmung der Constante L paſst aber nur für diejenigen Werthe des v, welche dem bestimmten Werthe $v = -\gamma$ nahe genug liegen: denn sobald, indem v wächst oder abnimmt, die ersten Elemente einer oder mehrerer von den in der Formel enthaltenen Functionen E_3 unendlich werden, findet eine Discontinuität Statt, und L ändert plötzlich seinen Werth. Dies ist allemal dann der Fall, wenn $\sin v$ oder $\sin(v+\beta)$ oder $\sin(v+\alpha+\gamma)$ gleich Null wird. Man kann sich aber leicht überzeugen, daſs bei allen Veränderungen, welche die Constante erleidet, dieselbe immer eine ganze rationale Function dritten Grades der Kreisbogen α, β und γ bleibt. Da nämlich die Veränderungen der Constante nur daher kommen, daſs die ersten Elemente einiger Functionen E_3 von dem Werthe $+\infty$ auf $-\infty$ überspringen, so darf man nur untersuchen, welche discontinuirliche Veränderung die Function E_3 bei dieser Gelegenheit erleidet. Nach der Formel (128.) ist

$$E_3(+\infty,\alpha) = -\tfrac{1}{3}(\alpha+\pi)\alpha(\alpha-\pi); \quad E_3(-\infty,\alpha) = -\tfrac{1}{3}\alpha(\alpha-\pi)(\alpha-2\pi).$$

Die discontinuirliche Veränderung bei dem Uebergange aus einem dieser Werthe in den andern beträgt also

$$-\tfrac{1}{3}(\alpha+\pi)\alpha(\alpha-\pi) + \tfrac{1}{3}\alpha(\alpha-\pi)(\alpha-2\pi) = -\pi\alpha(\alpha-\pi).$$

Die Veränderungen der Constante können daher nur darin bestehen, daſs gewisse Theile von dieser Form zu denselben hinzutreten; und da diese ganz und rational und nur vom zweiten Grade sind, so muſs die Constante immer eine ganze rationale Function dritten Grades der Kreisbogen α, β und γ bleiben. Die Bestimmung aller besonderen Werthe des L, welche den verschiedenen Intervallen der Veränderlichen v angehören, hat durchaus keine Schwierigkeiten, wenn man für v diejenigen Werthe nimmt, welche von den Grenzwerthen der Intervalle unendlich wenig verschieden sind. Da aber dabei 24 besondere Fälle zu unterscheiden sind, wodurch die Rechnung weitläuftig wird, so übergehen wir die nähere Bestimmung des L für diese allgemeine Formel und werden diesen Theil nur für die einfacheren specielleren Formeln genau bestimmen, welche wir aus der allgemeinen ableiten werden.

Durch Einführung der beiden Hülfswinkel φ und ψ und durch die andere Art der Bezeichnung, nach welcher $E_3\left(\frac{-\sin u}{\sin(u+\alpha)}, \alpha\right) = E_3(u, \alpha)$ ist, kann die allgemeine Formel auch folgendermaſsen dargestellt werden:

131. $E_3(\varphi+\psi-2u, \alpha-\beta+2u-2v)+E_3(\psi, \alpha-\beta)+E_3(\varphi, \alpha+\beta) =$
$2E_3(\varphi-u, \alpha-\beta+u-v)+2E_3(\varphi-u, \alpha+u-v)+2E_3(\psi-\beta-u, u-v)$
$+2E_3(\varphi-v, \beta+v-u)+2E_3(u, \alpha)+2E_3(v, \beta)+L,$

wo $\tang\varphi = \frac{\sin u \sin v \sin(\alpha+\beta)}{\sin(u+\alpha)\sin(v+\beta)-\sin u \sin v \cos(\alpha+\beta)}$,

$\tang\psi = \frac{\sin u \sin(v+\beta)\sin(\alpha-\beta)}{\sin(u+\alpha)\sin v - \sin u \sin(v+\beta)\cos(\alpha-\beta)}$,

und L eine rationale Function vom dritten Grade der Gröfsen α, β und $u-v$ ist.

Einen einfacheren, speciellen Fall dieser Formel erhält man, wenn man $u=v$ nimmt, so dafs $\psi=v+\beta$ ist. Dann ist

132. $E_3(\varphi-v+\beta, \alpha-\beta)+E_3(v+\beta, \alpha-\beta)+E_3(\varphi, \alpha+\beta) =$
$2E_3(\beta, \alpha-\beta)+2E_3(\varphi-v, \alpha)+2E_3(\varphi-v, \beta)+2E_3(v, \alpha)+2E_3(v, \beta)+L,$

wenn $\tang\varphi = \frac{\sin^2 v \sin(\alpha+\beta)}{\sin(v+\alpha)\sin(v+\beta)-\sin^2 v\cos(\alpha+\beta)}$

ist und wenn α, β und $v+\beta$ in den Grenzen 0 und π liegen. Ferner ist

1) $L=0$, wenn $v+\alpha$ in den Grenzen 0 und π liegt;

2) $L=-2\pi\beta(2\beta-\pi)$, wenn $v+\alpha$ in den Grenzen π und 2π und $\alpha+\beta$ in den Grenzen 0 und π liegt;

3) $L=-2\pi\beta(2\beta-\pi)+2\pi(\alpha+\beta-\pi)^2$, wenn $v+\alpha$ in den Grenzen π und 2π, und $\alpha+\beta$ in den Grenzen π und 2π liegt;

4) $L=2\pi(\beta-\pi)(2\beta-\pi)-2\pi(\alpha+\beta-\pi)^2$, wenn $v+\alpha$ in den Grenzen $-\pi$ und 0, und $\alpha+\beta$ in den Grenzen 0 und π liegt;

5) $L=2\pi(\beta-\pi)(2\beta-\pi)$, wenn $v+\alpha$ in den Grenzen $-\pi$ und 0 und $\alpha+\beta$ in den Grenzen π und 2π liegt.

Setzt man hierin weiter $\alpha=\beta$, so kann nur der erste der angegebenen fünf Fälle Statt haben und es ist

133. $E_3(\varphi, 2\alpha) = 4E_3(\varphi-v, \alpha)+4E_3(v, \alpha),$

wenn $\tang\varphi = \frac{\sin^2 \sin 2\alpha}{\sin^2(v+\alpha)-\sin^2 v\cos 2\alpha}$.

Diese Formel stimmt mit der in dem allgemeinen Ausdruck (124.) enthaltenen Formel $E_3(-x^2, 2\alpha) = 4E_3(-x, \alpha)+4E_3(+x, \alpha)$ vollständig überein.

Eine elegante Formel erhält man aus der allgemeinen Formel (131.), wenn man $\alpha=\frac{1}{2}\pi$ und $\beta=\frac{1}{2}\pi$ nimmt und alsdann einige der Functionen E_3 nach der Formel (129.) verwandelt und $u-v=\gamma$ setzt; nämlich:

134. $E_3(2v, 2\gamma) = 2E_3(v, \gamma)+2E_3(v+\frac{1}{2}\pi, \gamma)+2E_3(v, \gamma+\frac{1}{2}\pi)$
$+2E_3(v+\frac{1}{2}\pi, \gamma+\frac{1}{2}\pi)-2E_3(v+\gamma, \frac{1}{2}\pi)-2E_3(v, \frac{1}{2}\pi)+L.$

In dieser Formel ist unter der Voraussetzung, dafs v und γ beide in den Grenzen $-\frac{1}{2}\pi$ und $+\frac{1}{2}\pi$ liegen:

1) $L=\frac{1}{4}\pi^2(2\gamma-\pi)$, wenn $v+\gamma$ in den Grenzen 0 und $\frac{1}{2}\pi$ oder in den Grenzen $-\pi$ und $-\frac{1}{2}\pi$ liegt;

2) $L=\frac{1}{4}\pi^2(2\gamma+\pi)$, wenn $v+\gamma$ in den Grenzen $-\frac{1}{2}\pi$ und 0 oder in den Grenzen $\frac{1}{2}\pi$ und π liegt.

Andere specielle Formeln, welche man nach Belieben aus der allgemeinen Formel (131.) ableiten kann, übergehen wir, weil sie fast alle weniger einfach ausfallen.

§. 16.

Die Reihen-Entwickelungen der Function $E_3(x, \alpha)$ sind denen der Function $D_3(x, \alpha)$ ganz entsprechend und werden auf dieselbe Weise gefunden. Setzt man nämlich

$$\operatorname{arc\,tang}\frac{x\sin\alpha}{1+x\cos\alpha}=t,$$

so hat man durch theilweise Integration:

$$E_3(x,\alpha)=(lx)^2\,t-2lx\int\frac{dx}{x}t+2\int\frac{dx}{x}\int\frac{dx}{x}t.$$

Entwickelt man nun t in eine Reihe, so hat man bekanntlich

$$t=\frac{x\sin\alpha}{1}-\frac{x^2\sin 2\alpha}{2}+\frac{x^3\sin 3\alpha}{3}-\dots$$

Setzt man statt t diese Reihe und führt die angedeuteten Integrationen aus, so hat man

$$135.\quad E_3(x,\alpha)=$$
$$(lx)^2\operatorname{arc\,tang}\frac{x\sin\alpha}{1+x\cos\alpha}-2lx\Big(\frac{x\sin\alpha}{1^2}-\frac{x^2\sin2\alpha}{2^2}+\frac{x^3\sin3\alpha}{3^2}-\dots\Big)$$
$$+2\Big(\frac{x\sin\alpha}{1^3}-\frac{x^2\sin2\alpha}{2^3}+\frac{x^3\sin3\alpha}{3^3}-\dots\Big).$$

Setzt man hierin $\frac{1}{x}$ statt x und verwandelt sodann $E_3\left(\frac{1}{x},\alpha\right)$ in $E_3(x,\alpha)$ nach der Formel (128.), so hat man

$$136.\quad E_3(x,\alpha)=$$
$$C-(lx)^2\operatorname{arc\,tang}\frac{\sin\alpha}{x+\cos\alpha}-2lx\Big(\frac{\sin\alpha}{1^2\,x}-\frac{\sin2\alpha}{2^2\,x^2}+\frac{\sin3\alpha}{3^2\,x^3}-\dots\Big)$$
$$-2\Big(\frac{\sin\alpha}{1^3\,x}-\frac{\sin2\alpha}{2^3\,x^2}+\frac{\sin3\alpha}{3^3\,x^3}-\dots\Big),$$

47 *

wo $C = -\frac{1}{3}(\alpha+\pi)\,\alpha(\alpha-\pi)$, wenn x positiv ist und α in den Grenzen $-\pi$ und $+\pi$ liegt;

$C = -\frac{1}{3}\alpha(\alpha-\pi)(\alpha-2\pi)$, wenn x negativ ist und α in den Grenzen 0 und 2π liegt.

Von diesen beiden Reihen dient die eine dazu, die Werthe des $E_3(x,\alpha)$ zu berechnen, wenn der absolute Werth des x kleiner als Eins ist; die andere, wenn derselbe gröfser als Eins ist. Nur für den Fall, dafs x einem der Werthe $+1$ oder -1 sehr nahe kommt, sind sie nicht wohl anwendbar, weil sie alsdann zu langsam convergiren. Für diesen Fall aber erhält man wieder leicht eine nach Potenzen von lx geordnete Reihen-Entwickelung, oder, was dasselbe ist, eine nach Potenzen von z geordnete Entwickelung der Function

$$E_3(-e^z,\alpha) = -\int_0 \frac{z^2 e^z \sin\alpha\, dz}{1-2e^z\cos\alpha+e^{2z}} + E_3(-1,\alpha).$$

Der Ausdruck unter dem Integrationszeichen wird leicht auf folgende Form gebracht:

$$\frac{e^z\sin\alpha}{1-2e^z\cos\alpha+e^{2z}} = \tfrac{1}{4}\cotg\tfrac{1}{2}(\alpha+iz)+\tfrac{1}{4}\cotg\tfrac{1}{2}(\alpha-iz),$$

wo $i=\sqrt{-1}$ ist. Entwickelt man daher nach dem *Taylor*schen Satze, so hat man

$$\frac{e^z\sin\alpha}{1-2e^z\cos\alpha+e^{2z}} = \tfrac{1}{2}\Big(\cotg\tfrac{1}{2}\alpha-\frac{d^2\cotg\frac{1}{2}\alpha}{d\alpha^2}\,\frac{z^2}{1.2}+\frac{d^4\cotg\frac{1}{2}\alpha}{d\alpha^4}\,\frac{z^4}{1.2.3.4}-\dots\Big),$$

und wenn man mit z^2dz multiplicirt und integrirt,

$$137.\quad E_3(-e^z,\alpha) =$$
$$E_3(-1,\alpha)-\tfrac{1}{2}\Big(\cotg\tfrac{1}{2}\alpha.\frac{z^3}{3}-\frac{d^2\cotg\frac{1}{2}\alpha}{d\alpha^2}\,\frac{z^5}{1.2.5}+\frac{d^4\cotg\frac{1}{2}\alpha}{d\alpha^4}\,\frac{z^7}{1.2.3.4.7}-\dots\Big),$$

Die hierin vorkommenden Differenzialquotienten von $\cotg\frac{1}{2}\alpha$ haben folgende Werthe:

$$\frac{d^2\cotg\frac{1}{2}\alpha}{d\alpha^2} = \frac{4\cos\frac{1}{2}\alpha}{(2\sin\frac{1}{2}\alpha)^3},\qquad \frac{d^4\cotg\frac{1}{2}\alpha}{d\alpha^4} = \frac{4(\cos\frac{3}{2}\alpha+11\cos\frac{1}{2}\alpha)}{(2\sin\frac{1}{2}\alpha)^5},$$

$$\frac{d^6\cotg\frac{1}{2}\alpha}{d\alpha^6} = \frac{4(\cos\frac{5}{2}\alpha+57\cos\frac{3}{2}\alpha+302\cos\frac{1}{2}\alpha)}{(2\sin\frac{1}{2}\alpha)^7}.$$

Diese Reihen-Entwickelung ist in den Grenzen $z=-\alpha$ und $z=+\alpha$ convergent, wenn α ein in den Grenzen $-\pi$ und $+\pi$ liegender Bogen ist. Die Entwickelung von $E_3(+e^z,\alpha)$ erhält man aus ihr leicht, wenn man $\alpha-\pi$ statt α setzt. Bemerkenswerth ist der specielle Fall $\alpha=\frac{1}{2}\pi$, für welchen die Differenzialquotienten von $\cotg\frac{1}{2}\alpha$ gerader Ordnungen in die bekannten Coefficienten der Secantenreihe übergehen.

Für diesen Fall hat man daher

$$138. \quad E_3(-e^z, \tfrac{1}{2}\pi) =$$

$$\tfrac{1}{16}\pi^3 - \tfrac{1}{2}\left(\frac{z^3}{3} - \frac{5.z^5}{1.2.5} + \frac{61 z^7}{1.2.3.4.7} - \frac{1385 z^9}{1.2.3.4.5.6.9} + \ldots\right).$$

§. 17.

Es ist nicht uninteressant, die Eigenschaften der logarithmischen Integrale von der dritten Ordnung, welche wir hier entwickelt haben, mit denen zweiter Ordnung zu vergleichen. Die Grundformeln für beide Ordnungen stimmen darin überein, dafs in ihnen gewisse Aggregate von zwei oder mehreren solchen Transcendenten durch Logarithmen und Kreisbogen ausgedrückt werden, und dies scheint eine durchgehende Eigenschaft der logarithmischen Integrale aller Ordnungen zu sein, welche wir auch an einigen specielleren logarithmischen Integralen von der vierten und fünften Ordnung aufzeigen werden. Für die Integrale der höheren Ordnungen aber verlieren die Grundformeln immer mehr und mehr ihre Einfachheit, indem namentlich die Anzahl der in den Formeln vorkommenden Transcendentnn immer beträchtlicher wird. Der Grund hiervon liegt darin, dafs jede Formel für logarithmische Integrale von einer höheren Ordnung, mehrere einzelne Formeln für die entsprechenden Integrale der nächst niederen Ordnung in sich vereinigt und gewissermafsen als Bestandtheile enthält, in welche sie zerlegt werden kann. Dies läfst sich an den hier behandelten logarithmischen Integralen von der dritten und zweiten Ordnung sehr klar zeigen. Nimmt man z. B. die Formel (108.) §. 13.

$$D_3(-u, u+\alpha) + D_3(u, \alpha) + D_3(\alpha, u) = L$$

und differenziirt sie in Beziehung auf u, so erhält man $E_2(-u, u+\alpha) + E_2(\alpha, u) = 0$. Differenziirt man sie in Beziehung auf α, so erhält man $E_2(-u, u+\alpha) + E_2(u, \alpha) = 0$. Nimmt man aber $u+\alpha =$ const. und differenziirt, so wird $E_2(u, \alpha) - E_2(\alpha, u) = 0$. Diese drei Formeln für das logarithmische Integral zweiter Ordnung E_2, welche mit den oben § 8. gefundenen (67., 70. und 71.) übereinstimmen, sind also vereint in der entsprechenden Formel für das logarithmische Integral dritter Ordnung enthalten, weshalb diese Formel nothwendigerweise complicirter sein mufs als jene. Ueberhaupt kann man durch Differenziation aus den gefundenen Ausdrücken für die logarithmischen Integrale dritter Ordnung eine grofse Anzahl von Formeln für die Integrale zweiter Ordnung gewinnen, welche zum Theil mit den bereits gefundenen übereinstimmen, theils aber neu sind. Nimmt man z. B. die allgemeine Grundformel (131.) für die Function E_3 und differenziirt dieselbe in Beziehung auf α und β, jedoch so, dafs $\alpha-\beta$ constant genommen wird, so erhält man genau die allgemeine Grundformel (25.) §. 4. für die Function D_2: differenziirt man aber die Formel (131.) so, dafs β, u und v als constant und α allein als variabel betrachtet wird, so erhält man eine Formel von folgender Art:

139. $$D_2(\varphi+\psi-2u, \alpha-\beta+2u-2v)+D_2(\psi, \alpha-\beta)+D_2(\varphi, \alpha+\beta) = 2D_2(\psi-u, \alpha-\beta+u-v)+2D_2(\varphi-u, \alpha+u-v)+2D_2(u, \alpha)+M,$$

wo φ und ψ dieselben Bedeutungen haben wie in Formel (131.) und M ein von Kreisbogen abhängiger Theil ist. Differenziirt man die Formel (134.) in Beziehung auf γ, so erhält man eine neue Formel für die Function D_2, nämlich die Formel

140. $$D_2(2v, 2\gamma) = D_2(v, \gamma)+D_2(v+\tfrac{1}{2}\pi, \gamma)+D_2(v, \gamma+\tfrac{1}{2}\pi) + D_2(v+\tfrac{1}{2}\pi, \gamma+\tfrac{1}{2}\pi)-\tfrac{1}{2}(l\,\mathrm{tang}(v+\gamma))^2,$$

und diese ist wieder nur ein specieller Fall einer allgemeineren Formel, welche folgendermafsen dargestellt werden kann:

141. $$D_2(nv, n\gamma) = \sum_0^{n-1}{}_{\varkappa} \sum_0^{n-1}{}_{h} D_2\left(v+\frac{\varkappa\pi}{n}, \gamma+\frac{h\pi}{n}\right)-\tfrac{1}{4}\sum_0^{n-1}{}_{\varkappa} \sum_0^{n-1}{}_{h}\left(l\frac{\sin\left(v+\gamma+\frac{\varkappa\pi}{n}\right)}{\sin\left(v+\gamma+\frac{h\pi}{n}\right)}\right)^2.$$

Dritter Theil.

Ueber einige logarithmische Integrale von der vierten und fünften Ordnung.

§. 18.

Nach denselben Principien, welche wir für die Untersuchung der logarithmischen Integrale zweiter und dritter Ordnung in Anwendung gebracht haben, könnte man auch die von der vierten Ordnung und überhaupt von allen höheren Ordnungen behandeln. Es reichen aber schon für die vierte Ordnung nicht mehr die beiden von zwei Elementen abhängigen Transcendenten aus, welche den Integralen D und E zweiter und dritter Ordnung entsprechen, sondern man würde zu diesen noch eine von vier Elementen abhängige Transcendente hinzunehmen müssen. Aus diesem Grunde, und da die Grundformeln für die höheren Transcendenten immer complicirter werden, lassen wir die Vollständigkeit der Untersuchung fallen und wollen hier nur die Grundformeln für das einfachste logarithmische Integral vierter Ordnung

$$\Lambda_4(x) = \int_0 \frac{(l\pm x)^3\,dx}{1+x}$$

und für das diesem entsprechende Integral fünfter Ordnung herleiten.

Verwandelt man zunächst x in $\frac{1}{x}$, so erhält man

$$\Lambda_4\left(\frac{1}{x}\right) = -\int (l\pm x)^3\left(\frac{dx}{1+x}-\frac{dx}{x}\right)$$

oder

$$\Lambda_4(x)+\Lambda_4\left(\frac{1}{x}\right) = \tfrac{1}{4}(l\pm x)^4 + C.$$

Für $x=0$ und $x=\pm\infty$ wird die Continuität der in der Formel vorkommenden Functionen unterbrochen, weshalb die Constante für die beiden Intervalle $x=-\infty$ bis $x=0$ und $x=0$ bis $x=+\infty$ besonders zu bestimmen ist. Setzt man $x=+1$, so erhält man $C=2\Lambda_4(+1)$; setzt man aber $x=-1$, so erhält man $C=2\Lambda_4(-1)$. Es ist daher

$$142.\quad \Lambda_4(x)+\Lambda_4\left(\frac{1}{x}\right) = \tfrac{1}{4}(l\pm x)^4 + 2\Lambda_4(\pm 1),$$

wo die oberen Zeichen gelten, wenn x positiv, die unteren, wenn x negativ ist. Statt $\Lambda_4(+1)$ und $\Lambda_4(-1)$ kann man auch ihre Ausdrücke durch die Zahl π setzen, denn es ist bekanntlich

$$\Lambda_4(+1) = \tfrac{7}{120}\pi^4,\qquad \Lambda_4(-1) = -\tfrac{1}{15}\pi^4.$$

Eine andere einfache Grundformel erhält man, wenn man x in $-x^2$ verwandelt und sodann das Integral $\Lambda_4(-x^2)$ in zwei Integrale von derselben Art zerlegt, nämlich in

$$143.\quad \Lambda_4(-x^2) = 8\Lambda_4(-x)+8\Lambda_4(+x).$$

Um nun eine allgemeine Grundformel zu erhalten, welche zwei von einander unabhängige Gröfsen x und y in sich enthält, wende ich eine ähnliche Methode an, wie für die Herleitung der entsprechenden Grundformel (93.) der Function $\Lambda_3(x)$, und bezeichne hier, damit die Rechnung und die Formel selbst einfacher werden,

$$1-x \text{ durch } \xi \quad\text{und}\quad 1-y \text{ durch } \eta.$$

Ich mache nun von folgender identischen Gleichung Gebrauch:

$$(la^2b)^3+(lab^2)^3-6(lab)^3-3(la)^3-3(lb)^3=0,$$

und substituire für a und b nach einander folgende vier Werthe:

$$a=\frac{x\eta}{\xi} \text{ und } b=\frac{y\xi}{\eta},\qquad a=y\xi \text{ und } b=\frac{x}{\eta\xi},$$

$$a=\frac{x}{\eta} \text{ und } b=\frac{y}{\xi},\qquad a=x\eta \text{ und } b=\frac{y}{\eta\xi};$$

was folgende vier Gleichungen giebt:

$$\left(l\frac{x^2y\eta}{\xi}\right)^3+\left(l\frac{x\xi y^2}{\eta}\right)^3-6(lxy)^3-3\left(l\frac{x\eta}{\xi}\right)^3-3\left(l\frac{y\xi}{\eta}\right)^3=0,$$

$$\left(l\frac{x\xi y^2}{\eta}\right)^3+\left(l\frac{x^2y}{\xi\eta^2}\right)^3-6\left(l\frac{xy}{\eta}\right)^3-3(ly\xi)^3-3\left(l\frac{x}{\eta\xi}\right)^3=0,$$

$$\left(l\frac{x^2y}{\xi\eta^2}\right)^3+\left(l\frac{xy^2}{\xi^2\eta}\right)^3-6\left(l\frac{xy}{\xi\eta}\right)^3-3\left(l\frac{x}{\eta}\right)^3-3\left(l\frac{y}{\xi}\right)^3=0,$$

$$\left(l\frac{x^2y\eta}{\xi}\right)^3+\left(l\frac{xy^2}{\xi^2\eta}\right)^3-6\left(l\frac{xy}{\xi}\right)^3-3(lx\eta)^3-3\left(l\frac{y}{\eta\xi}\right)^3=0.$$

Ich setze ferner der Kürze wegen

$$1-xy=\alpha,\qquad 1-x\eta=\gamma,\qquad 1-\frac{x}{\eta}=\delta,\qquad 1-\frac{yx}{\eta}=\varepsilon.$$

Dieses giebt

$$1+\frac{x^2y\eta}{\xi}=\frac{\alpha.\gamma}{\xi},\qquad dl\left(1+\frac{x^2y\eta}{\xi}\right)=\frac{d\alpha}{\alpha}+\frac{d\gamma}{\gamma}-\frac{d\xi}{\xi},$$

$$1+\frac{x\xi y^2}{\eta}=\alpha\varepsilon,\qquad dl\left(1+\frac{x\xi y^2}{\eta}\right)=\frac{d\alpha}{\alpha}+\frac{d\varepsilon}{\varepsilon},$$

$$1-\frac{x^2y}{\xi\eta^2}=\frac{\delta.\varepsilon}{\xi},\qquad dl\left(1-\frac{x^2y}{\xi\eta^2}\right)=\frac{d\delta}{\delta}+\frac{d\varepsilon}{\varepsilon}-\frac{d\xi}{\xi},$$

$$1-\frac{xy^2}{\xi^2\eta}=\frac{\gamma.\delta}{\xi^2},\qquad dl\left(1-\frac{xy^2}{\xi^2\eta}\right)=\frac{d\gamma}{\gamma}+\frac{d\delta}{\delta}-\frac{2d\xi}{\xi}.$$

Ich multiplicire jetzt die erste der obigen vier Gleichungen mit $\frac{d\alpha}{\alpha}$, die zweite mit $\frac{d\varepsilon}{\varepsilon}$, die dritte mit $\frac{d\delta}{\delta}-\frac{d\xi}{\xi}$, die vierte mit $\frac{d\gamma}{\gamma}-\frac{d\xi}{\xi}$, und addire alsdann alle vier Gleichungen. Dies giebt folgende Gleichung:

$$\left(l\frac{x^2y\eta}{\xi}\right)^3\left(\frac{d\alpha}{\alpha}+\frac{d\gamma}{\gamma}-\frac{d\xi}{\xi}\right)+\left(l\frac{x\xi y^2}{\eta}\right)^3\left(\frac{d\alpha}{\alpha}+\frac{d\varepsilon}{\varepsilon}\right)+\left(l\frac{x^2y}{\xi\eta^2}\right)\left(\frac{d\delta}{\delta}+\frac{d\varepsilon}{\varepsilon}-\frac{d\xi}{\xi}\right)$$

$$+\left(l\frac{xy^2}{\xi^2\eta}\right)^3\left(\frac{d\gamma}{\gamma}+\frac{d\delta}{\delta}-\frac{2d\xi}{\xi}\right)-6(lxy)^3\frac{d\alpha}{\alpha}-6\left(l\frac{yx}{\eta}\right)^3\frac{d\varepsilon}{\varepsilon}-6\left(l\frac{xy}{\xi\eta}\right)^3\left(\frac{d\delta}{\delta}+\frac{d\xi}{\xi}\right)$$

$$-6\left(l\frac{xy}{\xi}\right)^3\left(\frac{d\gamma}{\gamma}-\frac{d\xi}{\xi}\right)-3\left(l\frac{y\xi}{\eta}\right)^3\frac{d\alpha}{\alpha}-3(ly\xi)^3\frac{d\varepsilon}{\varepsilon}-3\left(l\frac{y}{x}\right)^3\left(\frac{d\delta}{\delta}-\frac{d\xi}{\xi}\right)$$

$$-3\left(l\frac{y}{\xi\eta}\right)^3\left(\frac{d\gamma}{\gamma}-\frac{d\xi}{\xi}\right)-3\left(l\frac{x\eta}{\xi}\right)^3\left(\frac{d\alpha}{\alpha}-\frac{d\xi}{\xi}\right)-3\left(l\frac{x}{\eta\xi}\right)^3\left(\frac{d\varepsilon}{\varepsilon}-\frac{d\xi}{\xi}\right)$$

$$-3\left(l\frac{x}{\eta}\right)^3\frac{d\delta}{\delta}-3(lx\eta)^3\frac{d\gamma}{\gamma}-3\left(\left(l\frac{x\eta}{\xi}\right)^3+\left(l\frac{x}{\eta\xi}\right)^3-\left(l\frac{x}{\eta}\right)^3-(lx\eta)^3\right)\frac{d\xi}{\xi}=0.$$

Wenn man jetzt erwägt, dafs $d\Lambda_4(x) = l(x)dl(1+x)$ und $d\Lambda_4(-x) = d(x)dl(1-x)$ ist, so sieht man sogleich, dafs alle einzelnen Theile dieser Gleichung die Differenziale von bestimmten Functionen Λ_4 sind. Nur der letzte Theil macht davon eine Ausnahme. Verwandelt man ihn aber in $-6\left(l\frac{x}{\xi}\right)^3\frac{d\xi}{\xi}+6(lx)^3\frac{d\xi}{\xi}+18(l\eta)^2 l\xi\frac{d\xi}{\xi}$, so läfst er sich ebenfalls durch die Function Λ_4 und durch Logarithmen unmittelbar integriren und man erhält durch Ausführung der Integration:

$$\Lambda_4\left(\frac{x^2y\eta}{\xi}\right)+\Lambda_4\left(\frac{y^2x\xi}{\eta}\right)+\Lambda_4\left(-\frac{x^2y}{\eta^2\xi}\right)+\Lambda_4\left(-\frac{xy^2}{\xi^2\eta}\right)$$
$$-6\Lambda_4(-xy)-6\Lambda_4\left(\frac{xy}{\eta}\right)-6\Lambda_4\left(-\frac{xy}{\xi\eta}\right)-6\Lambda_4\left(\frac{xy}{\xi}\right)$$
$$-3\Lambda_4\left(\frac{y\xi}{\eta}\right)-3\Lambda_4(-y\xi)-3\Lambda_4\left(-\frac{y}{\xi}\right)-3\Lambda_4\left(\frac{y}{\eta\xi}\right)$$
$$-3\Lambda_4\left(\frac{x\eta}{\xi}\right)-3\Lambda_4\left(\frac{x}{\eta\xi}\right)-3\Lambda_4\left(-\frac{x}{\eta}\right)-3\Lambda_4(-x\eta)$$
$$+6\Lambda_4(-x)+6\Lambda_4\left(\frac{x}{\xi}\right)+9(l\eta)^2(l\xi)^2+\text{const.}=0.$$

Da die Constante nur eine Function von y sein kann, so kann man ihr den Werth $6\Lambda_4(-y)+6\Lambda_4\left(\frac{y}{\eta}\right)+K$ geben. Bei diesem Werthe kann man in der Formel die Gröfsen x und y mit einander vertauschen, ohne dafs die Formel eine Aenderung erleidet; und hieraus folgt, dafs die neue Constante K nicht nur von x, sondern auch von y unabhängig sein mufs. Diese Constante kann nur dann ihren Werth ändern, wenn in der Formel eine Discontinuität Statt hat; welches der Fall ist, wenn ξ oder η gleich Null werden, oder, was dasselbe ist, wenn x oder y gleich Eins werden. Die Constante ist also für folgende vier Fälle besonders zu bestimmen: 1) wenn $1-x$ und $1-y$ beide positiv sind; 2) wenn $1-x$ positiv und $1-y$ negativ ist; 3) wenn $1-x$ negativ und $1-y$ positiv ist; 4) wenn $1-x$ und $1-y$ beide negativ sind. Für die beiden ersten Fälle hat man sogleich $K=0$, wenn man $x=0$ setzt. Eben so hat man auch für den dritten Fall $K=0$, wenn man $y=0$ setzt. Für den vierten Fall aber erhält man, wenn man $x=2$ und $y=2$ setzt, wodurch $\xi=-1$ und $\eta=-1$ wird:

$$4\Lambda_4(8)-24\Lambda_4(-4)-24\Lambda_4(+2)+24\Lambda_4(-2)+K=0.$$

Dieser Ausdruck der Constante ist zu complicirt und es läfst sich aus demselben die Gröfse von K nur mühsam berechnen. Einen sehr einfachen

Ausdruck aber findet man, wenn man für x und y die Grenzwerthe des vierten Falles nimmt, nämlich $x=m$ und $y=m$, wo $m=+\infty$. Hierdurch wird $\xi=-m$ und $\eta=-m$ und man erhält

$$2\Lambda_4(m^3)-6\Lambda_4(-m^2)-6\Lambda_4(m^2)-6\Lambda_4(m)+6\Lambda_4(-1)$$
$$-4\Lambda_4(+1)+9(lm)^4+K=0.$$

Da aber nach der Formel (142.) für $m=\infty$,

$$\Lambda_4(m^3)=\tfrac{81}{4}(lm)^4+2\Lambda_4(+1),\quad \Lambda_4(-m^2)=4(lm)^4+2\Lambda_4(-1),$$
$$\Lambda_4(+m^2)=4(lm)^4+2\Lambda_4(+1),\qquad \Lambda_4(m)=\tfrac{1}{4}(lm)^4+2\Lambda_4(+1)$$

ist, so erhält man durch Substitution dieser Werthe

$$K=24\Lambda_4(+1)+6\Lambda_4(-1)\qquad\text{oder}\qquad K=\pi^4,$$

da $\Lambda_4(-1)=-\frac{1}{15}\pi^4$ und $\Lambda_4(+1)=\frac{7}{120}\pi^4$ ist.

Die gefundene Formel kann nun vollständig folgendermafsen dargestellt werden:

144. $$\Lambda_4\Big(\frac{x^2y\eta}{\xi}\Big)+\Lambda_4\Big(\frac{y^2x\xi}{\eta}\Big)+\Lambda_4\Big(\frac{-x^2y}{\eta^2\xi}\Big)+\Lambda_4\Big(\frac{-y^2x}{\xi^2\eta}\Big)$$
$$=6\Lambda_4(-xy)+6\Lambda_4\Big(-\frac{xy}{\xi\eta}\Big)+6\Lambda_4\Big(\frac{xy}{\eta}\Big)+6\Lambda_4\Big(\frac{xy}{\xi}\Big)$$
$$+3\Lambda_4(-x\eta)+3\Lambda_4(-y\xi)+3\Lambda_4\Big(-\frac{x}{\eta}\Big)+3\Lambda_4\Big(-\frac{y}{\xi}\Big)$$
$$+3\Lambda_4\Big(\frac{x\eta}{\xi}\Big)+3\Lambda_4\Big(\frac{y\xi}{\eta}\Big)+3\Lambda_4\Big(\frac{x}{\eta\xi}\Big)+3\Lambda_4\Big(\frac{y}{\eta\xi}\Big)$$
$$-6\Lambda_4(-x)-6\Lambda_4(-y)-6\Lambda_4\Big(\frac{x}{\xi}\Big)-6\Lambda_4\Big(\frac{y}{\eta}\Big)-9(l\xi)^2(l\eta)^2-K,$$

wo immer $K=0$ ist, mit Ausnahme des Falles wo $1-x$ und $1-y$ beide negativ sind; in welchem Falle $K=\pi^2$ ist.

Bemerkenswerth ist der specielle Fall dieser Formel, in welchem $y=x$ ist. Für diesen erhält man durch Anwendung der Formel (143.):

145. $$\Lambda_4(x^3)+\Lambda_4\Big(-\frac{x^3}{\xi^3}\Big)=3\Lambda_4(-x\xi)+3\Lambda_4\Big(\frac{x}{\xi^2}\Big)+6\Lambda_4\Big(\frac{x^2}{\xi}\Big)$$
$$+18\Lambda_4(-x)+18\Lambda_4\Big(\frac{x}{\xi}\Big)+27\Lambda_4(x)+27\Lambda_4\Big(-\frac{x}{\xi}\Big)-\tfrac{9}{2}(lx)_4-K,$$

wo $K=0$, wenn $1-x$ positiv und $K=\frac{1}{2}\pi^4$, wenn $1-x$ negativ ist. Diese Formel scheint nächst den Formeln (142.) und (143.) die einfachste zu sein, welche es für die Function $\Lambda_4(x)$ überhaupt giebt; wenigstens haben die hier angewendeten Methoden keine einfachere gegeben.

§. 19.

Das einfache logarithmische Integral von der fünften Ordnung

$$\int \frac{(l \pm x)^4\, dx}{1+x} = \Lambda_5(x)$$

hat zunächst wieder folgende zwei Ausdrücke, welche den Integralen Λ aller Ordnungen zukommen:

$$146. \quad \Lambda_5(x) - \Lambda_5\left(\frac{1}{x}\right) = \tfrac{1}{5}(lx)^5,$$

$$147. \quad \Lambda_5(-x^2) = 16\Lambda_5(-x) + 16\Lambda_5(+x);$$

die allgemeinere Grundformel aber, welche zwei von einander unabhängige Quantitäten x und y enthält, wird auf ähnliche Weise gefunden, wie für das entsprechende Integral von der vierten Ordnung. Hierzu wird folgende identische Gleichung benutzt:

$$(la^2b) + (lab^2)^4 + \left(l\frac{a}{b}\right)^4 - 9(lab)^4 - 9(la)^4 - 9(lb)^4 = 0.$$

Substituirt man in derselben für a und b nach einander folgende sechs Werthe:

$$a = \frac{x\eta}{\xi} \text{ und } b = \frac{y\xi}{\eta}, \qquad a = \frac{x\eta}{y\xi} \text{ und } b = \frac{\xi}{\eta},$$

$$a = \frac{xy}{\xi} \text{ und } b = \frac{\eta\xi}{y}, \qquad a = \frac{xy}{\xi\eta} \text{ und } b = \frac{\xi}{y},$$

$$a = \frac{x}{\xi\eta} \text{ und } b = y\xi, \qquad a = \frac{x}{\xi y} \text{ und } b = \eta\xi,$$

so erhält man die sechs Gleichungen:

$$\left(l\frac{x^2y\eta}{\xi}\right)^4 + \left(l\frac{x\xi y^2}{\eta}\right)^4 + \left(l\frac{x\eta^2}{y\xi^2}\right)^4 - 9(lxy)^4 - 9\left(l\frac{x\eta}{\xi}\right)^4 - 9\left(l\frac{\xi y}{\eta}\right)^4 = 0,$$

$$\left(l\frac{x^2\eta}{\xi y^2}\right)^4 + \left(l\frac{x\xi}{y\eta}\right)^4 + \left(l\frac{x\eta^2}{y\xi^2}\right)^4 - 9\left(l\frac{x}{y}\right)^4 - 9\left(l\frac{x\eta}{\xi y}\right)^4 - 9\left(l\frac{\xi}{\eta}\right)^4 = 0,$$

$$\left(l\frac{x^2y\eta}{\xi}\right)^4 + \left(l\frac{x\xi\eta^2}{y}\right)^4 + \left(l\frac{xy^2}{\eta\xi^2}\right)^4 - 9(lx\eta)^4 - 9\left(l\frac{xy}{\xi}\right)^4 - 9\left(l\frac{\xi\eta}{y}\right)^4 = 0,$$

$$\left(l\frac{x^2y}{\xi\eta^2}\right)^4 + \left(l\frac{x\xi}{y\eta}\right)^4 + \left(l\frac{xy^2}{\eta\xi^2}\right)^4 - 9\left(l\frac{x}{\eta}\right)^4 - 9\left(l\frac{xy}{\xi\eta}\right)^4 - 9\left(l\frac{\xi}{y}\right)^4 = 0,$$

$$\left(l\frac{x^2y}{\xi\eta^2}\right)^4 + \left(l\frac{x\xi y^2}{\eta}\right)^4 + \left(l\frac{x}{\xi^2y\eta}\right)^4 - 9\left(l\frac{xy}{\eta}\right)^4 - 9\left(l\frac{x}{\xi\eta}\right)^4 - 9(l\xi y)^4 = 0,$$

$$\left(l\frac{x^2\eta}{\xi y^2}\right)^4 + \left(l\frac{x\xi\eta^2}{y}\right) + \left(l\frac{x}{\xi^2y\eta}\right)^4 - 9\left(l\frac{x\eta}{y}\right)^4 - 9\left(l\frac{x}{\xi y}\right)^4 - 9(l\xi\eta)^4 = 0.$$

Aufser diesen wird noch folgende identische Gleichung gebraucht, deren Richtigkeit sich leicht beweisen läfst:

$$\left(l\frac{x^2y\eta}{\xi}\right)^4+\left(l\frac{x^2y}{\xi\eta^2}\right)^4+\left(l\frac{x^2\eta}{\xi y^2}\right)^4+2\left(l\frac{x}{\xi^2y\eta}\right)^4+2\left(l\frac{xy^2}{\xi^2\eta}\right)^4+2\left(l\frac{x\eta^2}{\xi^2y}\right)^4$$
$$-9\left(l\frac{xy}{\xi}\right)^4-9\left(l\frac{x}{\xi y}\right)^4-9\left(l\frac{x\eta}{\xi}\right)^4-9\left(l\frac{x}{\eta\xi}\right)^4-9\left(l\frac{xy}{\xi\eta}\right)^4-9\left(\frac{x\eta}{\xi y}\right)^4$$
$$-9\left(l\frac{\xi}{y}\right)^4-9\left(l\frac{\xi}{\eta}\right)^4-9\left(l\frac{\xi\eta}{y}\right)^4-18(lx)^4+18\left(l\frac{x}{\xi}\right)^4+72\,l\left(\frac{x}{y}\right)(l\xi)^3$$
$$-36(l\xi)^4+72(l\eta)^3l\xi-216\,ly(l\eta)^2l\xi=0.$$

Setzt man nun der Kürze wegen

$$1-xy=\alpha,\quad 1-\frac{x}{y}=\beta,\quad 1-x\eta=\gamma,$$
$$1-\frac{x}{\eta}=\delta,\quad 1+\frac{xy}{\eta}=\varepsilon,\quad 1+\frac{x\eta}{y}=\zeta,$$

so erhält man

$$1+\frac{x^2y\eta}{\xi}=\frac{\alpha\gamma}{\xi},\quad 1+\frac{x\xi y^2}{\eta}=\alpha.\varepsilon,\quad 1-\frac{x\eta^2}{\xi^2y}=\frac{\alpha.\beta}{\xi^2},$$
$$1-\frac{x^2y}{\xi\eta^2}=\frac{\delta.\varepsilon}{\xi},\quad 1+\frac{x\xi\eta^2}{y}=\gamma.\zeta,\quad 1-\frac{xy^2}{\xi^2\eta}=\frac{\gamma.\delta}{\xi^2},$$
$$1-\frac{x^2\eta}{\xi y^2}=\frac{\beta.\zeta}{\xi},\quad 1-\frac{x\xi}{y\eta}=\beta.\delta,\quad 1+\frac{x}{\xi^2y\eta}=\frac{\varepsilon.\zeta}{\xi^2}.$$

Nach diesen Vorbereitungen erhält man die gesuchte Formel leicht auf folgende Weise. Man multiplicire die obigen sechs Gleichungen einzeln, wie sie auf einander folgen, mit $\frac{d\alpha}{\alpha}$, $\frac{d\beta}{\beta}$, $\frac{d\gamma}{\gamma}$, $\frac{d\delta}{\delta}$, $\frac{d\varepsilon}{\varepsilon}$ und $\frac{d\zeta}{\zeta}$ und addire die Producte; ferner multiplicire man die siebente Gleichung mit $\frac{d\xi}{\xi}$ und subtrahire das Product von den vorigen; in der hierdurch erhaltenen Gleichung, wenn sie so geordnet wird, daſs alle Glieder, welche denselben Logarithmus zur vierten Potenz erhoben enthalten, in eins zusammengefaſst werden, sind alle einzelnen Glieder die Differenziale gewisser Functionen Λ_5, welche leicht zu erkennen sind. Führt man daher die Integrationen aus, so erhält man die folgende Formel:

148. $$\Lambda_5\left(\frac{x^2y\eta}{\xi}\right)+\Lambda_5\left(-\frac{x^2y}{\xi\eta^2}\right)+\Lambda_5\left(-\frac{x^2\eta}{\xi y^2}\right)+\Lambda_5\left(-\frac{x\xi}{y\eta}\right)+\Lambda_5\left(\frac{x\xi\eta^2}{y}\right)+\Lambda_5\left(\frac{x\xi y^2}{\eta}\right)$$
$$+\Lambda_5\left(\frac{x}{\xi^2y\eta}\right)+\Lambda_5\left(-\frac{x\eta^2}{\xi^2\eta}\right)+\Lambda_5\left(-\frac{xy^2}{\xi^2\eta}\right)-9\Lambda_5(-xy)-9\Lambda_5\left(\frac{-x}{y}\right)-9\Lambda_5(-x\eta)$$
$$-9\Lambda_5\left(\frac{-x}{\eta}\right)-9\Lambda_5\left(\frac{xy}{\eta}\right)-9\Lambda_5\left(\frac{x\eta}{y}\right)-9\Lambda_5\left(\frac{xy}{\xi}\right)-9\Lambda_5\left(\frac{x}{y\xi}\right)-9\Lambda_5\left(\frac{x\eta}{\xi}\right)$$
$$-9\Lambda_5\left(\frac{x}{\eta\xi}\right)-9\Lambda_5\left(\frac{-xy}{\xi\eta}\right)-9\Lambda_5\left(\frac{-x\eta}{\xi y}\right)-9\Lambda_5(-\xi y)-9\Lambda_5(-\xi\eta)-9\Lambda_5\left(\frac{\xi y}{\eta}\right)$$
$$-9\Lambda_5\left(\frac{-y}{\xi}\right)-9\Lambda_5\left(\frac{-\eta}{\xi}\right)-9\Lambda_5\left(\frac{y}{\eta\xi}\right)+18\Lambda_5(-x)+18\Lambda_5(-\xi)+18\Lambda_5\left(\frac{x}{\xi}\right)$$
$$+18\Lambda_5(-y)+18\Lambda_5(-\eta)+18\Lambda_5\left(\frac{y}{\eta}\right)-18\,l\left(\frac{x}{y}\right)(l\xi)^4+108\,ly(l\eta)^2(l\xi)^2$$
$$+\tfrac{36}{5}(l\xi)^5-36(l\eta)^3(l\xi)^2-18\Lambda_5(-1)=0.$$

Die Constante dieser langen Formel ist durch den Fall $x=0$ bestimmt worden, also zunächst nur gültig, wenn $1-x$ positiv ist; es ist aber leicht zu zeigen, daſs diese Constante ungeändert bleibt, wenn $1-x$ aus dem Positiven in's Negative übergeht, so daſs dieselbe also ganz allgemein gültig ist. Die Formel zeichnet sich durch eine besondere Art von Symmetrie aus, nemlich daſs immer die sechs Werthe x, $\frac{1}{x}$, $1-x$, $\frac{1}{1-x}$, $\frac{-x}{1-x}$ und $\frac{1-x}{-x}$ wiederkehren, und eben so die Werthe y, $\frac{1}{y}$, $1-y$, $\frac{1}{1-y}$, $\frac{-y}{1-y}$, $\frac{1-y}{-y}$; und wenn man für x oder y irgend einen anderen dieser sechs Werthe substituirt, so erleiden die in der Formel enthaltenen Functionen Λ_5 zusammengenommen keine andere Aenderung, als daſs in einigen derselben die umgekehrten Werthe ihrer Elemente vorkommen, welche nach der Formel $\Lambda_5(x)-\Lambda_5\left(\frac{1}{x}\right)=\frac{1}{5}(l\,x)^5$ wieder in die alte Form gebracht werden können. Deshalb läſst sich die Formel kürzer so darstellen:

$$\Sigma\Sigma\Lambda_5\left(-\frac{x(1-x)}{y(1-y)}\right)-\Sigma\Sigma\, 18\Lambda_5\left(-\frac{x}{y}\right)+\Sigma\, 36\Lambda(-x)+\Sigma\, 36\Lambda(-y)=L,$$

wo L ein logarithmischer Theil ist und die Summenzeichen andeuten, daſs dem x nach einander die Werthe x, ξ, $\frac{1}{x}$, $\frac{1}{\xi}$, $\frac{-x}{\xi}$, $\frac{-\xi}{x}$ und dem y die Werthe y, $\frac{1}{y}$, η, $\frac{1}{\eta}$, $\frac{-y}{\eta}$ und $\frac{-\eta}{y}$ zu geben sind.

Den einfachsten speciellen Fall der allgemeinen Formel erhält man, wenn man $y=x$ nimmt und nach den Formeln (146.) und (147.) einige Vereinfachungen ausführt, nämlich:

149. $$\Lambda_5(x^3)+\Lambda_5(\xi^3)+\Lambda_5\left(\frac{-x^3}{\xi^3}\right)-9\Lambda_5\left(\frac{x^2}{\xi}\right)-9\Lambda_5\left(\frac{x}{\xi^2}\right)-9\Lambda_5(-x\xi)$$
$$-54\Lambda_5(-x)-54\Lambda_5(-\xi)-54\Lambda_5\left(\frac{x}{\xi}\right)-81\Lambda_5(x)-81\Lambda_5(\xi)-81\Lambda_5\left(\frac{-x}{\xi}\right)$$
$$+54\,lx\,(l\xi)^4-\tfrac{189}{5}(l\xi)^5-21\Lambda_5(-1)=0.$$

Da es hier gelungen ist, für die Transcendenten Λ_2, Λ_3, Λ_4 und Λ_5 allgemeine Formeln zu finden, in welchen eine Summe mehrerer solcher Functionen durch Logarithmen ausgedrückt wird, so kann man nach der Analogie schlieſsen, daſs wohl auch für die entsprechenden logarithmischen Transcendenten aller höheren Ordnungen ähnliche Formeln Statt haben mögen. Ob dies aber wirklich der Fall sei, müssen wir dahingestellt sein lassen und können in dieser Beziehung nur Folgendes bemerken. Die

Grundformel für die Function $A_2(x)$ enthält nur rationale Brüche in sich, welche in Beziehung auf x sowohl, als auch auf y, vom ersten Grade sind. Die drei Grundformeln für die Functionen $A_3(x)$, $A_4(x)$ und $A_5(x)$ enthalten aufserdem Brüche in sich, welche in Beziehung auf x und y vom zweiten Grade sind. Eine entsprechende Formel für die Functionen A der höheren Ordnungen aber müfste aufser diesen auch Brüche enthalten, welche in Beziehung auf jede der beiden Variabeln von einem höheren Grade sein müfsten. Die Versuche, eine ähnliche Formel für das logarithmische Integral der sechsten Ordnung $A_6(x)$ zu finden, sind mir bisher nicht gelungen, weil, aufser der ungewöhnlichen Gröfse, welche eine solche Formel haben müfste, noch ganz eigenthümliche Schwierigkeiten eintreten. Es bleibt daher zweifelhaft, ob für die logarithmischen Integrale der höheren Ordnungen überhaupt Formeln Statt haben, welche den hier gegebenen ähnlich sind.

§. 20.

Die ganze hier angestellte Untersuchung kann man noch aus einem anderen Gesichtspuncte auffassen, nämlich als die Theorie der Reihen

$$\frac{x}{1^n}-\frac{x^2}{2^n}+\frac{x^3}{3^n}-\frac{x^4}{4^n}+\dots$$

$$\frac{x\cos\alpha}{1^n}-\frac{x^2\cos 2\alpha}{2^n}+\frac{x^3\cos 3\alpha}{3^n}-\dots$$

$$\frac{x\sin\alpha}{1^n}-\frac{x^2\sin 2\alpha}{2^n}+\frac{x^3\sin 3\alpha}{3^n}-\dots;$$

denn diese Reihen sind für $n=2, 3, 4, 5$ u. s. w. logarithmische Transcendenten resp. von der zweiten, dritten, vierten, fünften u. s. w. Ordnung, und zwar in der Art, dafs sie vollständig die Stelle der Functionen $A_n(x)$, $D_n(x,\alpha)$ und $E_n(x,\alpha)$ ersetzen, da man leicht die Reihen durch diese Integrale und eben so, umgekehrt, diese Integrale durch die Reihen ausdrücken kann. Alle gefundenen Eigenschaften dieser Integrale lassen sich daher auch als Eigenschaften der Reihen darstellen. Der Kürze wegen aber wollen wir hier nur den Zusammenhang der ersten Reihe mit dem logarithmischen Integrale $A_n(x)$ etwas näher entwickeln. Bezeichnet man diese erste Reihe durch R_n, so dafs

$$R_n=\frac{x}{1^n}-\frac{x^2}{2^n}+\frac{x^3}{3^n}-\frac{x^4}{4^n}+\dots,$$

so hat man $R_1=\int\frac{dx}{1+x}$, $R_2=\int\frac{dx}{x}\int\frac{dx}{1+x}$, $R_3=\int\frac{dx}{x}\int\frac{dx}{x}\int\frac{dx}{1+x}$

u. s. w. und hieraus findet man leicht durch theilweise Integration:

$$1.R_2(x) = -\Lambda_2(x) + lx\,l(1+x),$$

$$1.2.R_3(x) = \Lambda_3(x) - 2lx\Lambda_2(x) + (lx)^2 l(1+x),$$

$$1.2.3.R_4(x) = -\Lambda_4(x) + 3lx\Lambda_3(x) - 3(lx)^2\Lambda_2(x) + (lx)^3 l(1+x),$$

$$1.2.3.4.R_5(x) = \Lambda_5(x) - 4lx\Lambda_4(x) + 6(lx)^2\Lambda_3(x) - 4(lx)^3\Lambda_2(x) + (lx)^4 l(1+x)$$

u. s. w. und umgekehrt

$$\Lambda_2(x) = -R_2(x) + lx\,l(1+x),$$

$$\Lambda_3(x) = 2R_3(x) - 2lxR_2(x) + (lx)^2 l(1+x),$$

$$\Lambda_4(x) = -6R_4(x) + 6lxR_3x - 3(lx)^2 R_2(x) + (lx)^3 l(1+x),$$

$$\Lambda_5(x) = 24R_5(x) - 24lxR_4(x) + 12(lx)^2 R_3(x) - 4(lx)^3 R_2(x) + (lx)^4 l(1+x)$$

u. s. w.

Substituirt man diese Werthe der Functionen Λ in den für dieselben gefundenen Formeln, so erhält man die entsprechenden Formeln für die Reihen R. Hierbei tritt nun ein eigenthümlicher Umstand ein, welcher eine grofse Vereinfachung der Formeln erzeugt. Substituirt man nämlich den Werth von $\Lambda_2(x)$ in den Formeln des §. 2., so kommen dadurch nur die eine Transcendente $R_2(x)$ in die neue Formel, und aufser dieser nur Logarithmen: drückt man aber in den Formeln des §. 11. $\Lambda_3(x)$ durch die Reihen R aus, so kommt dadurch nicht nur R_3, sondern auch R_2 in die Formeln hinein: diejenigen Theile aber, welche R_2 enthalten, lassen sich dann allemal für sich durch Logarithmen ausdrücken, so dafs sie aus der Formel ganz wegfallen. Wenn man ferner in den Formeln des §. 18. Λ_4 durch die Reihen R_2, R_3 und R_4 ausdrückt, so lassen sich die Glieder, welche R_3 und R enthalten, für sich durch Logarithmen ausdrücken, so dafs nur die Reihen R von der vierten Ordnung in der Formel bleiben. Dasselbe ist der Fall, wenn man in den gefundenen Formeln für die Function Λ_5 diese Transcendenten durch die Reihen R_5; R_4, R_3 und R_2 ausdrückt; die Glieder, welche R_4, R_3 und R_2 enthalten, lassen sich dann ganz aus der Formel entfernen, so dafs nur die Reihen von der fünften Ordnung in derselben bleiben. Aus diesem Grunde sind die Formeln für die Reihen R_2, R_3, R_4 und R_5 denen für die Functionen Λ_2, Λ_3, Λ_4 und Λ_5 in ihren eigentlich transcendenten Theilen vollkommen gleich und nur die logarithmischen Theile derselben sind etwas verschieden. Da nun die Uebertragung der Eigenschaften der Functionen Λ auf die Reihen R keine Schwierigkeiten hat und wegen der Gröfse der Formeln blofs grofse Weitläuftigkeiten mit sich führen würde, so können wir dieselbe füglich hier übergehen.

Bemerkungen über die cubische Gleichung, durch welche die Haupt-Axen der Flächen zweiten Grades bestimmt werden

Journal für die reine und angewandte Mathematik 26, 268–272 (1843)

Die Aufgabe, eine homogene ganze Function zweiten Grades von drei Variabeln durch lineäre Substitutionen in eine solche zu verwandeln, in welcher die drei Producte der Variabeln fehlen, kommt bekanntlich in der Analysis und in ihren Anwendungen auf Geometrie und Mechanik häufig vor, und ist darum auch schon vielfältig behandelt worden. Dafs die cubische Gleichung, von welcher die Lösung abhängt, immer drei reale Wurzeln hat, ist auch schon auf mehrere Arten bewiesen worden; die directeste Beweis-Art aber, nämlich den algebraischen Ausdruck, von dessen Vorzeichen es abhängt, ob die cubische Gleichung drei oder eine reale Wurzel hat, als eine Summe von Quadraten darzustellen, wodurch das Vorzeichen vollständig bestimmt wird, hat man bisher noch nicht versucht. Diese Zerfällung in Quadrate werde ich in Folgendem mittheilen, und zugleich den Fall, wo zwei Wurzeln der Gleichung einander gleich sind, über welchen, namentlich wenn imaginäre Coëfficienten zugelassen werden, noch einige Unklarheiten herrschen, in ein helleres Licht zu stellen suchen.

Wenn der Ausdruck $Ax^2+By^2+Cz^2+2Dyz+2Exz+2Fxy$ durch die Substitution

$$x = ax'+a'y'+a''z',$$
$$y = bx'+b'y'+b''z',$$
$$z = cx'+c'y'+c''z',$$

wo

$$a^2+b^2+c^2=1, \qquad aa'+bb'+cc'=0,$$
$$a'^2+b'^2+c'^2=1, \qquad aa''+bb''+cc''=0,$$
$$a''^2+b''^2+c''^2=1, \qquad a'a''+b'b''+c'c''=0$$

ist, auf die Form $A'x'^2+B'y'^2+C'z'^2$ gebracht werden soll, so sind bekanntlich $A=A'$, $A=B'$, $A=C'$ die drei Wurzeln der Gleichung

$$A^3-(A+B+C)A^2+(AB+AC+BC-D^2-E^2-F^2)A$$
$$-(ABC+2DEF-AD^2-BE^2-CF^2)=0;$$

welche auch in folgenden Formen dargestellt werden kann:

$$(A-A)(A-B)(A-C)-D^2(A-A)-E^2(A-B)-F^2(A-C)-2DEF=0,$$

$$\frac{EF}{D(A-A)+EF}+\frac{DF}{E(A-B)+DF}+\frac{DE}{F(A-C)+DE}-1=0.$$

Setzt man nun zur Abkürzung

$$P=A+B+C,$$
$$Q=AB+AC+BC-D^2-E^2-F^2,$$
$$R=ABC+2DEF-AD^2-BE^2-CF^2,$$

so ist die bekannte Bedingung, dafs die cubische Gleichung $A^3-PA^2+QA-R=0$ zwei gleiche Wurzeln habe, folgende:

$$P^2Q^2-4P^3R+18PQR-4Q^3-27R^2=0.$$

Ist dieser Ausdruck aber nicht gleich Null, sondern positiv, so hat die cubische Gleichung drei verschiedene reale Wurzeln, und ist er negativ, nur eine reale Wurzel. Substituirt man nun für P, Q und R die obigen Werthe, so findet man, nach gehöriger Anordnung der Glieder, dafs der Ausdruck nicht sowohl die Gröfsen A, B, C selbst, sondern nur deren Differenzen enthält, oder dafs er ungeändert bleibt, wenn man zugleich alle drei Gröfsen A, B und C um dieselbe Gröfse vermehrt oder vermindert. Dies ist auch aus dem blofsen Anblicke der cubischen Gleichung in der zweiten oder dritten Form klar, weil durch diese Aenderung die drei Wurzeln der Gleichung um diese Gröfse vermehrt oder vermindert werden. Ich setze also Kürze wegen

$$B-C=\alpha,\quad C-A=\beta,\quad A-B=\gamma,$$

wodurch $\alpha+\beta+\gamma=0$ wird, und ordne die Formel nach den Dimensionen von D, E, F, wodurch sie folgende Gestalt bekommt:

$$\alpha^2\beta^2\gamma^2+2\beta\gamma(\alpha^2+2\beta\gamma)D^2+2\alpha\gamma(\beta^2+2\alpha\gamma)E^2+2\alpha\beta(\gamma^2+2\alpha\beta)F^2$$
$$+4(\beta-\gamma)(\gamma-\alpha)(\alpha-\beta)DEF$$
$$+(\alpha^2+8\beta\gamma)D^4+(\beta^2+8\alpha\gamma)E^4+(\gamma+8\alpha\beta)F^4+2(10\alpha^2-\beta\gamma)E^2F^2$$
$$+2(10\beta^2-\alpha\gamma)D^2F^2$$
$$+2(10\gamma^2-\alpha\beta)D^2E^2-36DEF((\beta-\gamma)D^2+(\gamma-\alpha)E^2+(\alpha-\beta)F^2)$$
$$+4(D^2+E^2+F^2)^3-108D^2E^2F^2=0.$$

Dies ist nun der Ausdruck, welcher als eine Summe von Quadraten dargestellt werden soll. Man wird wohl kaum erwarten, dafs zu diesem Zwecke eine directe Methode gefunden und angewendet werden solle, da eine solche schwerlich zu finden sein möchte; es bleibt also nichts übrig, als durch Versuche die gewünschte Form zu ermitteln. Ich habe diese Versuche so eingerichtet, dafs ich die Zerlegung in Quadrate zunächst für besondere Werthe von α, β, γ, D, E, F ausführte; für welche die Formel sich bedeutend vereinfacht. Ein solcher Fall ist der, wo $\alpha = \beta = \gamma = 0$ ist, in welchem die Formel

$$4(D^2+E^2+F^2)^3 - 108\,D^2E^2F^2 = 0$$

in Quadrate zu zerlegen ist. Für sie findet man ohne grofse Schwierigkeit folgende Form:

$$\begin{aligned}15\,D^2(E^2-F^2)^2+15\,E^2(F^2-D^2)^2+15\,F^2(D^2-E^2)^2+D^2(2\,D^2-E^2-F^2)^2\\ +E^2(2\,E^2-F^2-D^2)^2+F^2(2\,F^2-D^2-E^2)^2 = 0.\end{aligned}$$

Indem ich vorzüglich diese specielle Formel als Anhaltspunct benutzt habe, bin ich zu folgender Darstellung der allgemeinen Formel in Form einer Summe positiver Quadrate gelangt:

$$1.\quad \left\{\begin{aligned} &15\,[EF\alpha+D(E^2-F^2)]^2+15\,[FD\beta+E(F^2-D^2)]^2\\ &\qquad\qquad +15\,[DE\gamma+F(D^2-E^2)]^2\\ &+[2\beta\gamma D+(\gamma-\beta)EF+D(2D^2-E^2-F^2)]^2\\ &\qquad +[2\gamma\alpha E+(\alpha-\gamma)FD+E(2E^2-F^2-D^2)]^2\\ &+[2\alpha\beta F+(\beta-\alpha)DE+F(2F^2-D^2-E^2)]^2\\ &\qquad\qquad +[\alpha\beta\gamma+\alpha D^2+\beta E^2+\gamma F^2)]^2 = 0.\end{aligned}\right.$$

Da dieser Ausdruck nie negativ werden kann, so folgt zunächst, dafs die obige cubische Gleichung stets drei reale Wurzeln hat, wenn nämlich A, B, C, D, E, F reale Gröfsen sind. Damit ferner die cubische Gleichung zwei gleiche Wurzeln habe, müssen diese sieben Quadrate jedes für sich gleich Null werden, wodurch man scheinbar sieben Gleichungen erhält. Es ist aber leicht zu zeigen, dafs sie alle erfüllt werden, wenn nur die zwei ersten Statt haben, nämlich die Gleichungen

$$2.\quad EF\alpha+D(E^2-F^2) = 0 \quad \text{und} \quad FD\beta+E(F^2-D^2) = 0.$$

Dies sind also die beiden nothwendigen Bedingungen; welche auch hinreichend sind, wenn nicht zugleich zwei der Gröfsen D, E, F der Null gleich sind; denn in diesem Falle würde noch eine der drei Bedingungen $F^2-\alpha\beta = 0$, $D^2-\beta\gamma = 0$ und $E^2-\alpha\gamma = 0$ hinzutreten müssen.

Anders verhält es sich aber, wenn man auch imaginäre Werthe von A, B, C, D, E, F zuläfst. Alsdann giebt die Formel (1.) nicht zwei, sondern nur eine Bedingungsgleichung dafür, dafs zwei der Gröfsen A', B', C' einander gleich werden; und wenn nur diese erfüllt ist, so kann man im Allgemeinen aus der Formel $Ax^2+By^2+Cz^2+2Dyz+2Exz+2Fxy$ durch die obige Substitution die Producte gar nicht hinwegschaffen; es ist dann, damit dies gelinge, noch die Erfüllung einer zweiten Bedingungsgleichung nöthig. Ich bin auf diesen merkwürdigen Umstand, über welchen die Mathematiker grofsentheils noch im Unklaren zu sein scheinen, durch *Jacobi* aufmerksam gemacht worden, als ich ihm die obige Zerfällung in Quadrate mitgetheilt hatte, und ich will den Umstand hier näher erörtern. Der Grund davon liegt in den neun Gröfsen a, a', a'', b, b', b'', c, c', c'', welche bekanntlich folgende Werthe haben:

$$a^2=\frac{D^2-(A'-B)(A'-C)}{(C'-A')(A'-B')},\quad a'^2=\frac{D^2-(B'-B)(B'-C)}{(C'-A')(A'-B')},\quad a''^2=\frac{D^2-(C'-B)(C'-C)}{(C'-A')(A'-B')},$$

$$b^2=\frac{E^2-(A'-A)(A'-C)}{(A'-B')(B'-C')},\quad b'^2=\frac{E^2-(B'-A)(B'-C)}{(A'-B')(B'-C')},\quad b''^2=\frac{E^2-(C'-A)(C'-C)}{(A'-B')(B'-C')},$$

$$c^2=\frac{F^2-(A'-A)(A'-B)}{(B'-C')(C'-A')},\quad c'^2=\frac{F^2-(B'-A)(B'-B)}{(B'-C')(C'-A')};\quad c''^2=\frac{F^2-(C'-A)(C'-B)}{(B'-C')(C'-A')},$$

Wenn nun die obige Bedingungsgleichung 1. erfüllt wird, so dafs zwei Wurzeln der cubischen Gleichung, für welche ich A' und B' nehme, einander gleich sind, so werden die Nenner der sechs Gröfsen a, a', a'', b, b', b'' (wegen des Factors $A'-B'=0$) der Null gleich, also diese Gröfsen selbst unendlich grofs: also ist in diesem Falle die obige Substitution unstatthaft, und die Aufgabe, die Producte hinwegzuschaffen, unlösbar. Nur dann, wenn aufserdem auch die sechs Zähler der Null gleich werden, können diese Gröfsen wieder endlich werden. Damit also in diesem Falle die Wegschaffung der Producte möglich werde, mufs diese Bedingung zugleich mit erfüllt werden. Bezeichnet nun A eine der drei Wurzeln A', B', C', so mufs zugleich $D^2-(A-B)(A-C)=0$ sein, damit für $A'=B'$ die drei Gröfsen a, a', a'' endlich seien. Diese Gleichung, verbunden mit der cubischen Gleichung für A, giebt, nach der Elimination des A:

$$EF(B-C)+D(E^2-F^2)=0.$$

Damit aufserdem die Zähler der Werthe von b, b', b'' der Null gleich werden, mufs $E^2-(A-A)(A-C)=0$ sein; welches, mit der cubischen

Gleichung für A verbunden, folgende Bedingungsgleichung giebt:

$$FD(C-A)+E(F^2-D^2)=0.$$

Dies sind aber die oben bei 2. gefundenen Bedingungsgleichungen, mit welchen zugleich auch allemal die Bedingungsgleichung 1. erfüllt wird. Daraus folgt, dafs, wenn die Gleichung 1. für sich allein besteht, ohne die beiden Gleichungen bei 2. (welches nur für imaginäre Coëfficienten möglich ist): dafs dann die Producte aus dem Ausdrucke $Ax^2+By^2+Cz^2+2Dyz+2Exz+2Fxy$ sich nicht wegschaffen lassen; dafs aber, wenn die Gleichungen bei 2. erfüllt werden, (mit welchen allemal auch die Gleichung 1. erfüllt wird), die Lösung der Aufgabe wieder möglich ist; und zwar unbestimmt, so, dafs es unendlich viele Lösungen giebt.

Beitrag zur Theorie der Function $\Gamma(x) = \int_0^\infty e^{-v} v^{x-1} dv$

Journal für die reine und angewandte Mathematik 35, 1-4 (1847)

Stellt man sich irgend eine Function $f(x)$ in eine nach Sinus und Cosinus der Vielfachen von $2\pi x$ geordnete Reihe entwickelt vor, so dass

$$f(x) = A + 2A_1 \cos 2\pi x + 2A_2 \cos 4\pi x + 2A_3 \cos 6\pi x + \ldots.$$
$$+ 2B_1 \sin 2\pi x + 2B_2 \sin 4\pi x + 2B_3 \sin 6\pi x + \ldots.$$

in den Grenzen $x = 0$ bis $x = 1$ ist, verwandelt sodann x in $x + \frac{1}{n}$, $x + \frac{2}{n} \ldots . x + \frac{n-1}{n}$, und addirt diese Gleichungen, so fallen alle Glieder der Reihen-Entwicklung mit Ausnahme derer heraus, welche Sinus oder Cosinus von Bogen enthalten, die Vielfache von $2n\pi x$ sind, und man erhält

$$f(x) + f(x + \tfrac{1}{n}) + f(x + \tfrac{2}{n}) + \ldots . + f(x + \tfrac{n-1}{n})$$
$$= n(A + 2A_n \cos 2n\pi x + 2A_{2n} \cos 4n\pi x + 2A_{3n} \cos 6n\pi x + \ldots.$$
$$+ n(2B_n \sin 2n\pi x + 2B_{2n} \sin 4n\pi x + 2B_{3n} \sin 6n\pi x + \ldots.,$$

in den Grenzen $x = 0$ bis $x = \frac{1}{n}$. Setzt man nun weiter

$$F(x) = A + 2A_n \cos 2\pi x + 2A_{2n} \cos 4\pi x + 2A_{3n} \cos 6\pi x + \ldots.$$
$$+ 2B_n \sin 2\pi x + 2B_{2n} \sin 4\pi x + 2B_{3n} \sin 6\pi x + \ldots.,$$

so ergiebt sich

$$f(x) + f(x + \tfrac{1}{n}) + f(x + \tfrac{2}{n}) + \ldots . + f(x + \tfrac{n-1}{n}) = nF(nx).$$

Setzt man ferner $f(x) = l\varphi(x)$ und $nF(x) = l\Phi(x)$, so ist

$$\varphi(x)\varphi(x + \tfrac{1}{n})\varphi(x + \tfrac{2}{n}) \ldots . \varphi(x + \tfrac{n-1}{n}) = \Phi(nx).$$

Man hat also so zwei allgemeine Formen von Gleichungen erhalten, die in der Analysis häufig vorkommen; namentlich in der Theorie der transcendenten Functionen. Die Entwickelung einer Function $f(x)$ in eine nach Cosinus und Sinus der Vielfachen von $2\pi x$ geordnete Reihe führt jedesmal zu einer solchen

Formel, welche aber nur dann von besonderem Interesse ist, wenn die Function $F(x)$ einen anderweiten einfachen Zusammenhang mit $f(x)$ hat.

Auf die obige Art lässt sich auch ein leichter Beweis der bekannten Formel für die Function Gamma finden, welche eine sehr einfache, wie ich glaube bisher noch nicht bekannte Reihen-Entwicklung nach Sinus und Cosinus der Vielfachen von $2\pi x$ enthält.

Setzt man nemlich

$$l\Gamma(x) = A_0 + 2A_1 \cos 2\pi x + 2A_2 \cos 4\pi x + 2A_3 \cos 6\pi x + \dots$$
$$+ 2B_1 \sin 2\pi x + 2B_2 \sin 4\pi x + 2B_3 \sin 6\pi x + \dots,$$

in den Grenzen $x = 0$ bis $x = 1$, so ergiebt sich bekanntlich

$$A_k = \int_0^1 l\Gamma(x) \cos. 2k\pi x. dx, \qquad B_k = \int_0^1 l\Gamma(x) \sin. 2k\pi x. dx.$$

Die Coefficienten A_k lassen sich leicht bestimmen, ohne dass man der Ausdrücke durch bestimmte Integrale bedarf; nämlich vermittelst der Grund-Eigenschaft der Function Gamma:

$$l\Gamma(x) + l\Gamma(1-x) = l(2\pi) - l(2\sin \pi x).$$

Setzt man in dieser Formel für $l\Gamma(x)$ und $l\Gamma(1-x)$ ihre Reihen-Entwickelungen, und auch für $l(2\sin \pi x)$ die bekannte Reihe

$$- l(2\sin \pi x) = \cos 2\pi x + \tfrac{1}{2}(\cos 4\pi x) + \tfrac{1}{3}(\cos 6\pi x) + \dots,$$

so erhält man

$$2A_0 + 4A_1 \cos 2\pi x + 4A_2 \cos 4\pi x + 4A_3 \cos 6\pi x + \dots$$
$$= l(2\pi) + \cos 2\pi x + \tfrac{1}{2}(\cos 4\pi x) + \tfrac{1}{3}(\cos 6\pi x) + \dots,$$

in den Grenzen $x = 0$ bis $x = 1$; und da nun nach bekannten Sätzen beide Entwickelungen identisch sein müssen, so findet sich

$$A_0 = \tfrac{1}{2}l(2\pi) \qquad \text{und} \qquad A_k = \frac{1}{4x}.$$

Um weiter die Coefficienten B_k zu bestimmen, setzen wir in dem Ausdrucke

$$B_k = \int_0^1 l\Gamma(x) \sin. 2k\pi x. dx$$

statt $l\Gamma(x)$ den bekannten, oder wenigstens aus bekannten leicht zu entwickelnden Ausdruck durch ein bestimmtes Integral:

$$l\Gamma(x) = \int_0^1 \left(\frac{1-z^{x-1}}{1-z} - x + 1\right) \frac{dz}{l(z)} \qquad (x > 0).$$

Dieser giebt

$$B_k = \int_0^1 \int_0^1 \left(\frac{1-z^{x-}}{1-z} - x + 1\right) \frac{\sin 2k\pi x\, dz\, dx}{l(z)}.$$

Wird nun die Integration in Beziehung auf x ausgeführt, so erhält man

$$\int_0^1 \sin.2k\pi x.dx = 0, \qquad \int_0^1 x\sin.2k\pi x.dx = \frac{-1}{2k\pi},$$

$$\int_0^1 z^{x-1}\sin.2k\pi x.dx = \frac{(1-z)2k\pi}{z(l(z)^2+4k^2\pi^2)},$$

also

$$B_k = \int_0^1 \left(\frac{-2k\pi}{z(l(z)^2+4k^2\pi^2)} + \frac{1}{2k\pi}\right)\frac{dz}{l(z)},$$

oder, wenn $z = e^{-2k\pi t}$ gesetzt wird:

$$B_k = \frac{1}{2k\pi}\int_0^\infty \left(\frac{1}{1+t^2} - e^{-2k\pi t}\right)\frac{dt}{t}.$$

Hieraus folgt:

$$kB_k - B_1 = \frac{1}{2\pi}\int_0^\infty (e^{-2\pi t} - e^{-2k\pi t})\frac{dt}{t},$$

und da bekanntlich

$$\int_0^\infty (e^{-t} - e^{-kt})\frac{dt}{t} = l(k),$$

so ist

$$kB_k - B_1 = \frac{1}{2\pi}l(k).$$

Es bleibt jetzt nur noch B_1 zu suchen; zu welchem Zwecke das Integral

$$\int_0^\infty \left(e^{-t} - \frac{1}{1+t}\right)\frac{dt}{t} = C = 0{,}577\,215\,664\,9$$

dient, welches die bekannte Constante des Integral-Logarithmen giebt. Dieses, mit dem Ausdrucke des B_1 verbunden, giebt

$$B_1 - \frac{1}{2\pi}C = \frac{1}{2\pi}\int_0^\infty \left(\frac{1}{1+t^2} - \frac{1}{1+t} + e^{-t} - e^{-2\pi t}\right)\frac{dt}{t},$$

also

$$B_1 - \frac{1}{2\pi}C = \frac{1}{2\pi}l(2\pi) - \frac{1}{2\pi}\int_0^\infty \left(\frac{1}{1+t^2} - \frac{1}{1+t}\right)\frac{dt}{t}.$$

Dieses letzte Integral hat aber den Werth Null, wovon man sich leicht überzeugt, wenn man t in $\frac{1}{t}$ verwandelt, wodurch es ungeändert bleibt, aber das entgegengesetzte Vorzeichen bekommt. Also ist endlich

$$B_1 = \frac{1}{2\pi}C + \frac{1}{2\pi}l(2\pi).$$

Da jetzt alle Coefficienten der Reihen-Entwickelung für $l\Gamma(x)$ gefunden sind, so können wir dieselbe folgendermaassen darstellen:

$$l\Gamma(x) = \tfrac{1}{2}l(2\pi) + \tfrac{1}{2}(\cos 2\pi x) + \tfrac{1}{4}(\cos 4\pi x) + \tfrac{1}{6}(\cos 6\pi x) + \ldots.$$
$$+ \frac{1}{\pi}(C + l(3\pi))\,(\sin 2\pi x + \tfrac{1}{2}(\sin 4\pi x) + \tfrac{1}{3}(\sin 6\pi x) + \ldots.)$$
$$+ \frac{1}{\pi}(l(1)\sin 2\pi x + \tfrac{1}{2}(l(2))\sin 4\pi x + \tfrac{1}{3}(l(3))\sin 6\pi x + \ldots.),$$

1*

in den Grenzen $x=0$ bis $x=1$. Anstatt der beiden ersten Reihen kann man auch die bekannten Summenausdrücke derselben setzen und erhält

$$l\Gamma(x)-\tfrac{1}{2}l(2\pi)+\tfrac{1}{2}l(2\sin\pi x)-(C+l(2\pi))(1-2x)$$
$$=\frac{1}{\pi}(l(1)\sin 2\pi x+\tfrac{1}{2}l(2)\sin 4\pi x+\tfrac{1}{3}l(3)\sin 6\pi x+\ldots),$$

in den Grenzen $x=0$ bis $x=1$.

Aus dieser Reihen-Entwickelung findet sich nun die erwähnte Hauptformel für die Function Gamma durch Verwandlung des x in $x+\frac{1}{n}$, $x+\frac{2}{n}, \ldots x+\frac{n-1}{n}$, und durch Addition dieser Gleichungen. Diese Operation giebt

$$l\Gamma(x)+l\Gamma(x+\tfrac{1}{n})+l\Gamma(x+\tfrac{2}{n})+\ldots+l\Gamma(x+\tfrac{n-1}{n})$$
$$=\tfrac{1}{2}nl(2\pi)+\tfrac{1}{2}n(\frac{\cos 2n\pi x}{n}+\frac{\cos 4n\pi x}{2n}+\frac{\cos 6n\pi x}{6n}+\ldots)$$
$$+\frac{n}{\pi}(C+l(2\pi))(\frac{\sin 2n\pi x}{n}+\frac{\sin 4n\pi x}{2n}+\frac{\sin 6n\pi x}{6n}+\ldots)$$
$$+\frac{n}{\pi}(\frac{l(n)}{n}\sin 2n\pi x+\frac{l(2n)}{2n}\sin 4n\pi x+\frac{l(3n)}{3n}\sin 6n\pi x+\ldots),$$

in den Grenzen $x=0$ bis $x=\frac{1}{n}$. Subtrahirt man hiervon $l\Gamma(nx)$, so bleibt

$$l\Gamma(x)+l\Gamma(x+\tfrac{1}{n})+l\Gamma(x+\tfrac{2}{n})+\ldots+l\Gamma(x+\tfrac{n-1}{n})-l\Gamma(nx)$$
$$=\tfrac{1}{2}(n-1)l(2\pi)+\frac{l(n)}{\pi}(\sin 2n\pi x+\tfrac{1}{2}(\sin 4n\pi x)+\tfrac{1}{3}(6n\pi x)+\ldots);$$

und wenn für diese Reihe wieder der bekannte Summen-Ausdruck gesetzt wird, so erhält man

$$l\Gamma(x)+l\Gamma(x+\tfrac{1}{n})+l\Gamma(x+\tfrac{2}{n})+\ldots+l\Gamma(x+\tfrac{n-1}{n})-l\Gamma(nx)$$
$$=\tfrac{1}{2}(n-1)l(2\pi)+\tfrac{1}{2}(1-2nx)l(n).$$

Geht man endlich von den Logarithmen zu den Zahlen über, so erhält man die gesuchte Formel

$$\Gamma(x)\Gamma(x+\tfrac{1}{n})\Gamma(x+\tfrac{2}{n})\ldots\Gamma(x+\tfrac{n-1}{n})=(2\pi)^{\frac{1}{2}(n-1)}.n^{\frac{1}{2}(1-2nx)}\Gamma(nx).$$

Nach der oben ausgeführten Herleitung dieser Formel ist deren Gültigkeit zwar nur in den Grenzen $x=0$ bis $x=\frac{1}{n}$ bewiesen: es ist aber damit zugleich die Allgemeingültigkeit gegeben, da vermöge der Fundamental-Eigenschaft $\Gamma(x+1)=x\Gamma(x)$ die Formel bei der Verwandlung des x in $x+\frac{1}{n}$ ungeändert bleibt.

Über Systeme von Curven, welche einander überall rechtwinklig durchschneiden

Journal für die reine und angewandte Mathematik 35, 5–12 (1847)

Bekanntlich hat, wie von *Leibnitz* zuerst bemerkt worden ist, ein System von confocalen Kegelschnitten die merkwürdige Eigenschaft, dass alle Hyperbeln, welche es enthält, mit allen Ellipsen sich überall rechtwinklig durchschneiden. Eben so hat ein System von Parabeln, welche den Brennpunct und die Hauptaxe gemein haben, die Eigenschaft, dass alle nach der einen Richtung der Axe liegenden Parabeln mit allen nach der entgegengesetzten Richtung liegenden sich stets unter rechten Winkeln schneiden. Da mit diesen Sätzen über die confocalen Kegelschnitte viele andere sehr schöne Eigenschaften derselben zusammenhangen, so schien es mir der Mühe werth, dergleichen Systeme einander überall rechtwinklig schneidender Curven auch für beliebige höhere Grade zu suchen. Es ist mir gelungen, die unmittelbare Quelle für dergleichen Systeme von Curven zu finden, aus welcher sich eine unendliche Anzahl derselben herleiten lässt; wie sich in dem Folgenden zeigen wird.

Es sei $f(x,y,\alpha)=0$ die Gleichung eines Systems von Curven, in welcher α ein veränderlicher Parameter ist: so ist der Differentialquotient $\frac{dy}{dx}$ ebenfalls eine Function von α, x und y. Giebt man nun den Coordinaten x und y beliebige, aber constante Werthe, so kann man aus der Gleichung $f(x,y,\alpha)=0$, wenn dieselbe algebraisch und vom $n$ten Grade ist, n Werthe des α finden. Diese sodann in dem Ausdrucke des ersten Differentialquotienten substituirt, giebt n Werthe desselben; d. h. durch einen in der Ebene des Systems beliebig gewählten Punct gehen immer n Aeste (reale oder imaginäre) hindurch. Dass n durch einen Punct gehende Aeste sich rechtwinklig durchschneiden, hat keinen Sinn; die Bedeutung passt nur für *zwei* derselben, oder auch für mehrere *Paare* unter sich. Es seien also $\alpha_1, \alpha_2, \alpha_3, \ldots \alpha_n$ die n Wurzeln der Gleichung $f(x,y,\alpha)=0$, so lässt sich dieselbe auf die Form

$(\alpha-\alpha_1)(\alpha-\alpha_2)(\alpha-\alpha_3)\dots(\alpha-\alpha_n)=0$ bringen, und wenn nun α_1 und α_5 zwei Werthe des α sind, für welche die zugehörigen, in dem Puncte x, y sich schneidenden Aeste rechtwinklig auf einander stehen sollen, so kann man von den übrigen Factoren der Gleichung $f(x,y,\alpha)=0$ ganz absehen und nur die Gleichung $(\alpha-\alpha_r)(\alpha-\alpha_s)=0$ in Betracht ziehen: das heisst, man hat es überall nur mit Systemen von Curven zu thun, welche in Beziehung auf den veränderlichen Parameter vom *zweiten* Grade sind. Dieselben können freilich, wenn sie dazu vorbereitet sind, in Beziehung auf x und y alle die Irrationalitäten enthalten, welche die Auflösung von Gleichungen höherer Grade mit sich führt, und wenn sie sodann rational gemacht werden, kann auch der Parameter α in ihnen zu beliebig hohen Graden aufsteigen. Die allgemeinste zu untersuchende Form der in Rede stehenden Systeme wird also $u\alpha^2+v\alpha+w=0$ sein, wo u, v, w Functionen von x und y sind; dividirt man aber durch u und setzt $\frac{v}{u}=2z$, $\frac{w}{u}=-z_1^2$ (die Form eines negativen Quadrates für dieses letzte Glied erweiset sich in dem Folgenden als die passendste), wo z und z_1 wieder Functionen von x und y sein können, so erhält man

$$1.\qquad \alpha^2+2\alpha z-z_1^2=0$$

für die weiter zu behandelnde Gleichung des Systems, in welcher z und z_1 die zu bestimmenden Grössen sind. Setzt man, nach der gewohnten Art der Bezeichnung der partiellen Differentialquotienten, $dz=p\,dx+q\,dy$ und $dz_1=p_1dx+q_1dy$, so giebt die Differentiation in Beziehung auf x und y:

$$\alpha(pdx+qdy)-z_1(p_1dx+q_1dy)=0,$$

also

$$2.\qquad \frac{dy}{dx}=-\frac{p\alpha-p_1z_1}{q\alpha-q_1z_1}.$$

Die Bedingung des rechtwinkligen Schneidens der beiden durch den Punct x, y gehenden Aeste des Systems ist nun die, dass das Product der beiden Differentialquotienten, welche den beiden Werthen des α angehören, gleich -1 sei Also hat man, wenn die beiden aus der Gleichung (1.) zu entnehmenden Werthe von α durch α_1 und α_2 bezeichnet werden:

$$\left(\frac{p\alpha_1-p_1z_1}{q\alpha_1-q_1z_1}\right)\cdot\left(\frac{p\alpha_2-p_1z_1}{q\alpha_2-q_1z_1}\right)=-1,$$

oder, entwickelt,

$$(p^2+q^2)\alpha_1\alpha_2-z_1(pp_1+qq_1)(\alpha_1+\alpha_2)+(p_1^2+q_2^2)z_1^2=0;$$

und da aus der quadratischen Gleichung (1.) $\alpha_1\alpha_2 = -z_1^2$, $\alpha_1+\alpha_2 = -2z$ folgt, so erhält man, nach Weglassung des gemeinschaftlichen Factors z_1:

$$3.\quad z_1(p^2+q^2-p_1^2-q_1^2)-2z(pp_1+qq_1)=0.$$

Die Bestimmung von z und z_1, und mit ihr die vollständige Lösung der Aufgabe, hangt also von der Integration dieser partiellen Differentialgleichung von vier Variabeln, den zwei abhängigen z und z_1 und den zwei unabhängigen x und y ab.

Die allgemeine Integration der Gleichung (3.) lässt sich enweder gar nicht, oder doch sicherlich nur in einer Form ausführen, welche dem Zwecke, einfache Systeme von Curven zu finden, nicht entsprechen würde. Dies zeigt sich schon darin, dass das vollständige Integral, wie leicht zu sehen, eine unendliche Anzahl willkürlicher Functionen enthalten müsste. Wir verzichten deshalb auf die vollständige Allgemeinheit und suchen nur einfache, wenn auch besondere Auflösungen der Differentialgleichung.

Zu diesem Zwecke bietet sich zunächst das Mittel dar, der Gleichung (3.) durch folgende zwei zu entsprechen:

$$4.\quad p^2+q^2-p_1^2-q_1^2=0 \quad \text{und} \quad pp_1+qq_1=0.$$

Aus der Verbindung dieser beiden Gleichungen folgt, wenn q_1 eliminirt wird: $q^2=p_1^2$, also

$$p_1=\pm q \quad \text{und} \quad q_1=\mp p.$$

Nennt man nun, wie gewöhnlich, r, s, t die drei zweiten partiellen Differentialquotienten des z, und r_1, s_1, t_1 die des z_1, so geben diese beiden Gleichungen, wenn die erste nach y, die andere nach x differentiirt wird:

$$s_1=\mp t \quad \text{und} \quad s_1=\mp r, \quad \text{also} \quad r+t=0.$$

Das vollständige Integral dieser Gleichung ist bekanntlich

$$5.\quad z=f(x+iy)+f(x-iy)-iF(x+iy)+iF(x-iy),$$

wo $i=\sqrt{-1}$. Hieraus folgt dann, vermittelst der Gleichung $p=\mp q_1$, der Werth des z_1, nämlich:

$$6.\quad z_1=if(x+iy)-if(x-iy)+F(x+iy)+F(x-iy);$$

wo das doppelte Vorzeichen, auf welches hier nichts ankommt, weggelassen ist. Diese Werthe des z und z_1, welche den beiden Gleichungen (4.) und folglich auch der Gleichung (3.) genügen, geben, in der Gleichung $\alpha^2+2\alpha z-z_1^2=0$ substituirt, die erste allgemeine Formel für die gesuchten Systeme einander rechtwinklig schneidender Curven. Bestimmt man die beiden willkürlichen Functionen so, dass $f(x+iy)=\frac{1}{2}(x+iy)$ und $F(x+iy)=0$ ist, so erhält man, als speciellen Fall:

$$\alpha^2 + 2\alpha x - y^2 = 0,$$

welches das System der confocalen Parabeln ist. Nimmt man, etwas allgemeiner, $f(x+iy) = \frac{1}{2}a(x+iy)^m$ und $F(x+iy = \frac{1}{2}b(x+iy)^n$ und führt die Polarcoordinaten, $x = \varrho \cos\varphi$, $y = \varrho \sin\varphi$ ein, so erhält man folgende Gleichung:

$$7.\quad \alpha^2 + 2\alpha(a\varrho^m \cos m\varphi + b\varrho^n \sin n\varphi) - (a\varrho^m \sin m\varphi - b\varrho^n \cos n\varphi)^2 = 0.$$

Wir wollen uns auf eine nähere Discussion der durch diese Formel ausgedrückten Curven, welche, je nachdem m und n ganze oder gebrochene, positive oder negative Zahlen sind, stets einen andern Character haben, nicht einlassen, sondern gehen zur Integration der Gleichung (3.) zurück.

Das bisher angewendete Integrations-Verfahren lässt sich nämlich erweitern, dadurch, dass z als Function von z_1 und einer neuen, später passend zu bestimmenden Variabel z_2 angenommen wird. Wenn $dz_2 = p_2 dx + q_2 dy$ gesetzt wird, so erhält man durch Differentiation nach x und nach y:

$$p = \frac{\partial z}{\partial z_1} p_1 + \frac{\partial z}{\partial z_2} p_2, \qquad q = \frac{\partial z}{\partial z_1} q_1 + \frac{\partial z}{\partial z_2} q_2.$$

Diese Werthe von p und q in der Gleichung (3.) substituirt, geben

$$\left(z_1\left(\frac{\partial z}{\partial z_1}\right)^2 - z_1 - 2z\frac{\partial z}{\partial z_1}\right)(p_1^2 + q_1^2) + z_1\left(\frac{\partial z}{\partial z_2}\right)^2(p_2^2 + q_2^2)$$
$$+ 2\left(z_1 \frac{\partial z}{\partial z_1}\,\frac{\partial z}{\partial z_1} - z\frac{\partial z}{\partial z_2}\right)(p_1 p_2 + q_1 q_2) = 0.$$

Bestimmt man jetzt die beiden Variabeln z_1 und z_2 durch die Gleichungen $p_1^2 + q_1^2 - p_2^2 - q_2^2 = 0$ und $p_1 p_2 + q_1 q_2 = 0$, deren vollständige Lösung gefunden ist, so geht diese Gleichung in

$$8.\quad z_1\left(\left(\frac{\partial z}{\partial z_1}\right)^2 + \left(\frac{\partial z}{\partial z_2}\right)^2 - 1\right) - 2z\frac{\partial z}{\partial z_1} = 0$$

über. Ein particuläres Integral derselben, welches sich von selbst ergiebt, ist

$$2z = 1 - z_1^2 - z_2^2.$$

Dieses giebt sogleich folgende neue allgemeine Formel für Systeme rechtwinklig einander sich schneidender Curven:

$$\alpha^2 + \alpha(1 - z_1^2 - z_2^2) - z_1^2 = 0,$$

welcher auch folgende Form gegeben werden kann:

$$9.\quad \frac{z_1^2}{\alpha} + \frac{z_2^2}{\alpha+1} = 1,$$

wo

$$z_1 = f(x+iy) + f(x-iy) - iF(x+iy) + iF(x-iy),$$
$$z_2 = if(x+iy) - if(x-iy) + F(x+iy) + F(x-y).$$

Der einfachste besondere Fall dieser Formel, nämlich wenn $f(x+iy) = \frac{1}{2}(x+iy)$

und $F(x+iy) = 0$ angenommen wird, giebt das System der Kegelschnitte mit zwei gemeinschaftlichen Brennpuncten, nämlich:

$$\frac{x^2}{\alpha} + \frac{y^2}{\alpha+1} = 1.$$

Setzt man ferner, wie oben, etwas allgemeiner, $f(x+iy) = \frac{1}{2}a(x+iy)^m$ und $F(x+iy) = \frac{1}{2}b(x+iy)^n$, und führt Polarcoordinaten ein, so erhält man folgende Gleichung:

$$10. \quad \frac{(a\varrho^m \cos m\varphi + b\varrho^n \sin n\varphi)^2}{\alpha} + \frac{(a\varrho^m \sin m\varphi + b\varrho^n \sin n\varphi)^2}{\alpha+1} = 1,$$

welche eine sehr reiche Auswahl einfacher und interessanter Curven bezeichnet.

Die partielle Differentialgleichung (8.) lässt sich auch allgemein integriren, und liefert dann eine noch weit allgemeinere, drei willkürliche Functionen enthaltende Formel für die gesuchten Systeme von Curven. Man findet durch die bekannten Methoden das Integral der Gleichung (8.), als Resultat der Elimination der Grösse c, aus folgenden beiden Gleichungen:

$$11. \quad \begin{cases} 2cz - c^2 z_1^2 - (cz_2 + \varphi(c))^2 + 1 = 0 \quad \text{und} \\ z - c z_1^2 - (cz_2 + \varphi(c))(z_2 + \varphi'(c)) = 0, \end{cases}$$

wo $\varphi(c)$ die willkürliche Function und $\varphi'(c)$ der erste Differentialquotient derselben ist. Wird der aus der zweiten dieser Gleichungen entnommene Werth von z in der Gleichung $\alpha^2 + 2\alpha z - z_1^2 = 0$ substituirt, und ausserdem z aus den beiden Gleichungen (11.) eliminirt, so erhält man

$$12. \quad \begin{cases} \alpha^2 + 2\alpha(cz_1^2 + (cz_2 + \varphi(c))(z_2 + \varphi'(c)) - z_1^2 = 0, \\ c^2 z_1^2 + (cz_2 + \varphi(c))(cz_2 + 2c\varphi'(c) - \varphi(c)) + 1 = 0. \end{cases}$$

Diese beiden Gleichungen enthalten die gesuchte Formel mit drei willkürlichen Functionen, wenn nämlich c eliminirt wird und für z_1 und z_2 die bei (9.) angegebenen Werthe gesetzt werden. Auf ähnliche Weise lassen sich noch viele andere, mehr oder weniger complicirte Integrationen der Differentialgleichung (3.) ausführen und dadurch allgemeine Formeln für Systeme sich selbst rechtwinklig schneidender Curven finden. Wir wollen diese Formeln nicht häufen, sondern in dieser Beziehung nur eine allgemeine Bemerkung machen, zu welcher die beiden Formeln

$$\alpha^2 + 2\alpha z_1 - z_2^2 = 0 \quad \text{und} \quad \frac{z_1^2}{\alpha} + \frac{z_2^2}{\alpha+1} = 1$$

Anlass geben. Dieselben entstehen aus den bekannten beiden Systemen von confocalen Kegelschnitten, nämlich:

$$\alpha^2 + 2\alpha x - y^2 = 0 \quad \text{und} \quad \frac{x^2}{\alpha} + \frac{y^2}{\alpha+1} = 1$$

unmittelbar, wenn z_1 statt x und z_2 statt y gesetzt wird. Im Allgemeinen lässt sich nun leicht zeigen, dass, wenn in der die Coordinaten x und y enthaltenden Gleichung irgend eines Systems sich selbst rechtwinklig schneidender Curven z_1 statt x und z_2 statt y gesetzt wird, dadurch wieder die Gleichung eines ebenso beschaffenen Systems hervorgeht. Es sei nämlich, wie oben, $dz_1 = p_1 dx + q_1 dy$ und $dz_2 = p_2 dx + q_2 dy$; ferner seien u und u_1 zwei Functionen von x und y, welche machen, dass $\alpha^2 + 2\alpha u - u_1^2 = 0$ die Gleichung eines der sich selbst rechtwinklig schneidenden Systeme von Curven ist: so muss, wie wir oben sahen, folgende Gleichung Statt haben:

$$13. \quad u_1\left(\left(\frac{\partial u}{\partial x}\right)^2 + \left(\frac{\partial u}{\partial y}\right)^2 - \left(\frac{\partial u_1}{\partial x}\right)^2 - \left(\frac{\partial u_1}{\partial y}\right)^2\right) - 2u\left(\frac{\partial u}{\partial x}\,\frac{\partial u_1}{\partial x} + \frac{\partial u}{\partial y}\cdot\frac{\partial u_1}{\partial y}\right) = 0;$$

und umgekehrt: wenn diese Gleichung befriedigt ist, so ist $\alpha^2 + 2\alpha u - u_1^2 = 0$ die Gleichung eines solchen Systems. Betrachtet man nun u und u_1 als Functionen von z_1 und z_1, welche wieder die bekannten, durch die Gleichungen bei (9.) bestimmten Functionen von x und y sind, so erhält man durch Differentiation:

$$\frac{\partial u}{\partial x} = \frac{\partial u}{\partial z_1} p_1 + \frac{\partial u}{\partial z_2} p_2, \qquad \frac{\partial u}{\partial y} = \frac{\partial u}{\partial z_1} q_1 + \frac{\partial u}{\partial z_2} q_2,$$
$$\frac{\partial u_1}{\partial x} = \frac{\partial u_1}{\partial z_1} p_1 + \frac{\partial u_1}{\partial z_2} p_2, \qquad \frac{\partial u_1}{\partial y} = \frac{\partial u_1}{\partial z_1} q_1 + \frac{\partial u_1}{\partial z_2} q_2.$$

Substituirt man diese Werthe der nach x und y genommenen Differentialquotienten in der Gleichung (13.), und macht von den beiden Gleichungen $p_1^2 + q_1^2 - p_2^2 - q_2^2 = 0$ und $p_1 p_2 + q_1 q_2 = 0$ Gebrauch, so erhält man die Gleichung:

$$14. \quad u_1\left(\left(\frac{\partial u}{\partial z_1}\right)^2 + \left(\frac{\partial u}{\partial z_2}\right)^2 - \left(\frac{\partial u_1}{\partial z_1}\right)^2 - \left(\frac{\partial u_1}{\partial z_2}\right)^2\right) - 2u\left(\frac{\partial u}{\partial z_1}\,\frac{\partial u_1}{\partial z_1} + \frac{\partial u}{\partial z_2}\,\frac{\partial u_1}{\partial z_2}\right) = 0,$$

welche sich von der Gleichung (13.) nur dadurch unterscheidet, dass statt x und y hier z_1 und z_2 steht. Mit der Gleichung (13.) wird nun allemal diese Gleichung (14.) befriedigt; woraus die Richtigkeit der obigen Bemerkung klar ist.

Nachdem wir hinlänglich die Mittel gezeigt haben, wie man Systeme einander überall rechtwinklig schneidender Curven finden kann, wollen wir noch eine allgemeine Eigenschaft dieser Systeme nachweisen, nämlich die, dass sie immer eine bestimmte Anzahl von Brennpuncten haben, welche allen Curven eines Systems gemeinsam sind. Bekanntlich hat *Plücker* zuerst eine allgemeine Definition für die Brennpuncte der Curven beliebiger Ordnungen gegeben, welcher zufolge sie diejenigen Puncte in der Ebene einer Curve sind, von denen aus sich zwei imaginäre Tangenten an die Curve ziehen lassen, welche mit der Abscissenaxe (also mit einer beliebigen Graden) Winkel bilden, deren trigonometrische Tangenten die Werthe $+\sqrt{-1}$ und $-\sqrt{-1}$ haben. Für unsern gegenwärtigen Zweck, wo es sich nur um die allen Curven eines Systems gemeinsamen Brennpuncte handelt, werden wir zwar auf eine andere Weise zu den Brennpuncten gelangen, aber dann nachweisen, dass dieselben auch in dem allgemeinen Sinne Brennpuncte sind, welchen *Plücker* diesen Puncten treffend gegeben hat.

In einem Systeme von Curven, welche einander überall rechtwinklig schneiden, dürfen zwei unendlich nahe Curven durchaus nicht reale Durchschnittspuncte haben: denn wären dergleichen vorhanden, so würden in ihnen die sich schneidenden unendlich nahen Curven nicht einen rechten, sondern einen verschwindend kleinen Winkel bilden. Das System darf darum keine reale Grenzcurve haben. Sucht man nun die Grenzcurve unseres Systems, so erhält man durch Elimination des α aus den beiden Gleichungen

$$\alpha^2 + 2\alpha z - z_1^2 = 0 \quad \text{und} \quad \alpha + z = 0,$$

folgende Gleichung der Grenzcurve:

$$z^2 + z_1^2 = 0\,^*),$$

welche wirklich, weil wir dem dritten Gliede unserer allgemeinen Gleichung die Form eines negativen Quadrats gaben, wenn z und z_1 nicht etwa einen gemeinschaftlichen Factor haben, eine reale Linie *nicht* giebt. Die imaginären Aeste derselben aber haben reale Durchschnittspuncte, welche durch die beiden Gleichungen

$$z = 0 \quad \text{und} \quad z_1 = 0$$

bestimmt werden und welche eben die für alle Curven des Systems constanten Brennpuncte sind, um welche es sich handelt. Um nun nachzuweisen, dass dieselben auch nach der Definition von *Plücker* Brennpuncte sind, betrachte ich zwei Curven des Systems, nämlich

---

*) Es ist kaum nöthig, zu erinnern, dass hier z und z_1 nicht die beschränkte, durch die Gleichungen (5.) und (6.) angegebene Bedeutung haben, sondern dass es irgend Functionen von x und y sind, welche der Gleichung (3) genügen.

2*

$$\alpha^2 + 2\alpha z - z_1^2 = 0 \quad \text{und} \quad \beta^2 + 2\beta z - z_1^2 = 0.$$

Die respectiven Differentialquotienten für dieselben sind

$$\frac{dy}{dx} = -\frac{p\alpha - p_1 z_1}{q\alpha - q_1 z_1} \quad \text{und} \quad \frac{dy}{dx} = -\frac{p\beta - p_1 z_1}{q\beta - q_1 z_1}.$$

Für diejenigen Puncte nun, in welchen diese beiden Curven sich schneiden, es geschehe real oder imaginair, ist das Product dieser Differentialquotienten gleich -1: nimmt man also β unendlich wenig verschieden von α an, so werden die beiden Differentialquotienten einander gleich, also das Product derselben zu einem Quadrate, und man erhält

$$\left(\frac{dy}{dx}\right)^2 = -1 \quad \text{und} \quad \frac{dy}{dx} = \pm\sqrt{-1},$$

für alle Puncte, in welchen zwei unendlich nahe Curven eines Systems sich schneiden, mithin auch für alle Puncte der Grenzcurve. Legt man nun Tangenten an die Grenzcurve, in den durch die Gleichungen $z = 0$ und $z_1 = 0$ bestimmten Puncten, so sind dieselben zugleich Tangenten gewisser Curven des Systems: die von ihnen mit der Abscissenaxe gebildeten Winkel haben die trigonometrischen Tangenten $\pm\sqrt{-1}$; sie sind also Brennpuncte für diese bestimmten Curven des Systems, und da dieses Resultat von α ganz unabhängig ist, so sind es gemeinsame Brennpuncte für alle Curven des Systems.

Breslau im September 1847.

Über atmosphärische Strahlenbrechung

Journal für die reine und angewandte Mathematik 61, 263–275 (1863)

Die atmosphärische Strahlenbrechung ist bisher fast ausschliesslich nur unter Zugrundelegung der Grössenverhältnisse, welche für unsere Erde zufällig Statt haben, für den praktischen Gebrauch der Astronomie und Geodäsie bearbeitet worden. Man hat darum eine Reihe sehr interessanter Erscheinungen, welche diese Theorie darbietet, wenn sie von einem allgemeineren, mehr mathematischen Gesichtspunkte aus betrachtet wird, wie es scheint, bisher ganz unbeachtet gelassen. Eine kurze Entwickelung dieser Erscheinungen, welche ich hier geben will, wird vielleicht auch darum von Interesse sein, weil dieselben, wenn sie gleich auf unserer Erde nicht eintreten, doch auf den grösseren Himmelskörpern, wie z. B. dem Jupiter, wirklich Statt haben müssen, selbst wenn die Stärke der Atmosphäre eines solchen Himmelskörpers bedeutend geringer sein sollte, als die der Erdatmosphäre.

1. Die krummlinige Bahn eines Lichtstrahls in einem nicht homogenen, durchsichtigen, einfach brechenden Mittel, dessen absoluter Brechungsexponent n eine continuirliche Function der rechtwinkligen Coordinaten x, y, z des Ortes ist, wird durch folgende Differentialgleichungen bestimmt:

$$d\left(n\frac{dx}{ds}\right) = \frac{\partial n}{\partial x}ds,$$

$$d\left(n\frac{dy}{ds}\right) = \frac{\partial n}{\partial y}ds,$$

$$d\left(n\frac{dz}{ds}\right) = \frac{\partial n}{\partial z}ds,$$

in welchen ds das Differential des Bogens, und

$$\frac{\partial n}{\partial x}, \quad \frac{\partial n}{\partial y}, \quad \frac{\partial n}{\partial z}$$

die partiellen Differentialquotienten von n bezeichnen. Von diesen drei Gleichungen ist eine, wie leicht zu zeigen, eine Folge der beiden anderen, so dass zwei derselben zur Bestimmung der Bahn des Lichtstrahls vollkommen hinreichen.

Vergleicht man diese Gleichungen mit den bekannten Differentialgleichungen, durch welche die Gleichgewichtslage eines unter der Wirkung gegebener Kräfte stehenden, biegsamen Fadens bestimmt wird, so bemerkt man, dass sie mit diesen vollkommen identisch sind, wenn der Brechungsexponent n dieselbe Function von x, y, z ist als die Spannung T in jedem Punkte des Fadens. Den Grund dieser Identität erkennt man fast unmittelbar, wenn man zur Herleitung der einen und der anderen Gleichungen das Princip der kleinsten Wirkung anwendet. Der Brechungsexponent n ist bekanntlich umgekehrt proportional der Geschwindigkeit des Lichtes in dem betreffenden Punkte, man hat also

$$\frac{ds}{dt} = \frac{1}{n}, \qquad dt = n\,ds,$$

und da die Bewegung des Lichtes von einem Punkte zu einem anderen in der kürzesten Zeit erfolgt, so muss

$$\int n\,ds$$

ein Minimum sein. Andererseits erfordert das Gleichgewicht des biegsamen Fadens, dass die Summe aller Spannungen der einzelnen Bogenelemente zwischen je zwei gegebenen Punkten ein Minimum sei. Es muss also

$$\int T\,ds$$

ein Minimum sein. Nach den Regeln der Variationsrechnung findet man aus diesen Bedingungen die obigen Differentialgleichungen, welche für beide Probleme dieselben sein müssen, wenn T dieselbe Function von x, y, z ist als n.

2. Die allgemeinen Differentialgleichungen sollen nun auf den Fall angewendet werden, wo der Brechungsexponent n irgend eine Function der Entfernung von einem festen Mittelpunkte ist, wo also in dem durchsichtigen Mittel für alle Punkte einer Kugeloberfläche von beliebigem Radius der Brechungsexponent denselben Werth hat, welcher Fall annähernd für die Atmosphären der Himmelskörper im regelmässigen Zustande Statt hat. Jede Curve, welche ein Lichtstrahl in einem solchen Mittel beschreibt, liegt offenbar ganz in einer durch den Mittelpunkt gehenden Ebene; wird diese daher als die Coordinatenebene der x, y gewählt, so hat man $z = 0$ und n ist eine Function von

$$r = \sqrt{x^2 + y^2}.$$

Die dritte Differentialgleichung ist in diesem Falle identisch erfüllt, die beiden anderen aber, von denen eine schon zur vollständigen Lösung der Aufgabe hinreicht, geben, wenn man die eine mit y, die andere mit x multiplicirt und subtrahirt:

$$y\,d\left(n\frac{dx}{ds}\right)-x\,d\left(n\frac{dy}{ds}\right) = 0.$$

Entwickelt man diese Gleichung und setzt

$$x\frac{dy}{ds}-y\frac{dx}{ds} = p,$$

so erhält man

$$n\,dp+p\,dn = 0,$$

also

$$np = C,$$

als erstes Integral. Führt man nun Polarcoordinaten ein, indem man setzt

$$x = r\cos\varphi, \qquad y = r\sin\varphi,$$

so erhält man

$$\frac{nr^2\,d\varphi}{\sqrt{dr^2+r^2\,d\varphi^2}} = C,$$

also

$$d\varphi = \frac{C\,dr}{r\sqrt{r^2n^2-C^2}}.$$

Nimmt man nun an, dass das durchsichtige Mittel nach Art einer Atmosphäre eine undurchsichtige Kugel mit dem Radius R umgiebt, so hat man nur diejenigen Werthe des r in Betracht zu ziehen, welche grösser als R sind. Setzt man daher $r = R+v$ und $R\varphi = u$, so können u und v als Coordinaten der Curve angesehen werden, und zwar ist u, die Abscisse, ein Bogen des grössten Kreises der Kugel, und v, die Ordinate, ist die Höhe des betreffenden Punktes der Curve über der Kugeloberfläche, in dem Endpunkte der Abscisse errichtet. Man hat alsdann

$$u+B = \int_0 \frac{RC\,dv}{(R+v)\sqrt{(R+v)^2n^2-C^2}}.$$

Zur Bestimmung der beiden Integrationsconstanten soll jetzt angenommen werden, dass der Lichtstrahl von dem Punkte der Kugel ausgeht, dessen Coordinaten $u = 0$ und $v = 0$ sind, und dass seine anfängliche Richtung mit der Horizontalebene dieses Punktes den Neigungswinkel i macht. Man hat alsdann

$$B = 0, \qquad C = n_0\cos i,$$

wo n_0 den Werth des n für $v = 0$ bezeichnet. Die Gleichung der Curve des Lichtstrahls wird daher

$$u = \int_0 \frac{R^2n_0\cos i\,dv}{(R+v)\sqrt{(R+v)^2n^2-R^2n_0^2\cos^2 i}}.$$

3. Es sind nun zwei wesentlich verschiedene Fälle zu unterscheiden, nämlich erstens der Fall, wo die Grösse unter dem Wurzelzeichen, welche kurz durch

$$V = (R+v)^2 n^2 - R^2 n_0^2 \cos^2 i$$

bezeichnet werden soll, für keinen positiven Werth des v gleich Null wird, sondern stets positiv bleibt, und zweitens der Fall, wo diese Grösse für einen oder einige positive Werthe des v gleich Null wird. Der Brechungsexponent n, als Function der Höhe v, soll vorläufig noch beliebig gelassen und nur den Bestimmungen unterworfen werden, dass er eine eindeutige Function von v sei, welche für $v = \infty$ sich einer endlichen Grenze nähere, die nicht kleiner als Eins sein kann, ferner dass n selbst, so wie auch sein erster und zweiter Differentialquotient für keinen positiven Werth des v unendlich gross werde.

Wenn V von $v = 0$ bis $v = \infty$ nicht gleich Null wird, so wird mit wachsendem v auch u fortwährend grösser, für $v = \infty$ aber behält u, wie leicht zu zeigen, einen endlichen Werth. Bezeichnet man diesen mit c, so ist

$$c = \int_0^\infty \frac{R^2 n_0 \cos i\, dv}{(R+v)\sqrt{V}}.$$

Es folgt hieraus, dass die Curve des Lichtstrahls stets eine gradlinige Asymptote hat und dass der Winkel, welchen diese Asymptote mit der Vertikalen im Punkte $u = 0$, $v = 0$ macht, als Bogen für den Radius Eins ausgedrückt, gleich

$$\frac{c}{R} = \int_0^\infty \frac{R n_0 \cos i\, dv}{(R+v)\sqrt{V}}$$

ist; also der Refractionswinkel, welcher mit Θ bezeichnet werden mag, für Objecte, deren Entfernung im Verhältniss zum Radius R sehr gross ist, als Unterschied der Richtung der Asymptote und der Richtung der Tangente im Anfangspunkte, ist:

$$\Theta = \frac{c}{R} - \frac{\pi}{2} + i;$$

derselbe kann leicht auch in folgende Form gesetzt werden:

$$\Theta = \int_0^\infty \frac{R \cos i}{R+v}\left(\frac{n_0}{\sqrt{V}} - \frac{1}{\sqrt{(R+v)^2 - R^2 \cos^2 i}}\right) dv.$$

4. Ich betrachte nun den anderen Fall, wo V gleich Null wird, für einen oder auch für mehrere positive Werthe des v. Es sei $v = b$ der kleinste dieser Werthe und der zu demselben gehörende Werth der Abscisse sei $u = a$, so ist

$$a = \int_0^b \frac{R^2 n_0 \cos i\, dv}{(R+v)\sqrt{V}}.$$

Es kommt nun darauf an, ob dieses bestimmte Integral, oder a, einen endlichen oder einen unendlich grossen Werth hat. Nach dem *Taylor*schen Satze ist:

$$V(v) = V(b)-(b-v)V'(b)+\frac{(b-v)^2}{2}V''(\varepsilon),$$

wo ε eine in den Grenzen 0 und b liegende Grösse ist. Da nun oben von der Function n vorausgesetzt worden ist, dass sie selbst und ihre beiden ersten Differentialquotienten nicht unendlich werden, so gilt dasselbe offenbar auch von der Function V und ihren beiden ersten Differentialquotienten V' und V'' für alle positiven endlichen Werthe des v. Wenn nun $V'(b)$ nicht gleich Null ist, sondern, indem V abnehmend aus dem Positiven in's Negative übergeht, einen negativen Werth hat, so hat, da $V(b)$ gleich Null ist, V die Form:

$$V = (b-v)W,$$

wo W für $v = b$ einen endlichen von Null verschiedenen Werth hat. Hieraus schliesst man nach bekannten Regeln, dass in diesem Falle, wo V' für $v = b$ nicht gleich Null wird, das Integral a einen endlichen Werth hat. Wenn dagegen zugleich mit V auch V' für $v = b$ gleich Null wird, so hat V die Form:

$$V = (b-v)^2 W_1,$$

wo W_1 für $v = b$ nicht unendlich wird, woraus folgt, dass das Integral a in diesem Falle einen unendlich grossen Werth hat.

Es sei nun erstens V' nicht gleich Null für $v = b$, so gehört zu dem Werthe der Ordinate $v = b$ ein endlicher Werth der Abscisse $u = a$. Nachdem v von Null anfangend den Werth b erreicht hat, kann es nicht grösser werden, weil sonst $\sqrt{V}$ imaginär würde; die Curve des Lichtstrahls kann aber im Punkte $u = a$, $v = b$ nicht plötzlich abbrechen, weil der Lichtstrahl in dem continuirlichen durchsichtigen Mittel bleibt, es muss also von da an v wieder kleiner werden, also dv negativ, und zugleich muss die Wurzel $\sqrt{V}$ das negative Vorzeichen annehmen, welches ohne Unterbrechung der Continuität geschehen kann, weil diese Quadratwurzel für $v = b$ durch den Werth Null hindurchgeht. Die Curve des Lichtstrahls hat also im Punkte $u = a$, $v = b$ das Maximum ihrer Höhe, sie nähert sich von da aus der Kugel wieder, und zwar so, dass der absteigende Theil der Curve dem ansteigenden vollkommen symmetrisch ist, sie kehrt darum wieder auf die Oberfläche der Kugel zurück, und die Entfernung des Ausgangspunktes von dem Punkte, wo sie die Kugel wieder trifft, als Bogen des grössten Kreises der Kugel gemessen, ist gleich $2a$.

Es tritt hier dasselbe ein, wie bei der bekannten Erscheinung der Luftspiegelung, nämlich wenn ein Lichtstrahl unter einem unendlich kleinen Winkel tangential an eine Luftschicht kommt, welche verhältnissmässig zu dünn ist, als dass er sie durchbrechen könnte, so erleidet er an ihr eine Art totaler Reflexion und kehrt von da aus wieder in die dichteren Luftschichten zurück.

Wenn zweitens ausser V auch V' gleich Null wird für $v = b$, so wird a unendlich gross, also die Ordinate v nähert sich, wenn die Abscisse u in's Unendliche wächst, der Grenze $v = b$. Die Curve des Lichtstrahls geht also unendlich viele Male um die Kugel herum, indem sie sich asymptotisch einem Kreise nähert, dessen Radius gleich $R+b$, oder dessen Höhe über der Kugel gleich b ist.

5. Es sollen jetzt die verschiedenen Werthe des Neigungswinkels i in Betracht gezogen werden. Wenn die Grösse $(R+v)^2 n^2$ ihren absolut kleinsten Werth, welcher zugleich kleiner als $R^2 n_0^2$ ist, für $v = \beta$ erhält, und man bestimmt den spitzen Winkel $i = I$ durch die Gleichung $V = 0$ für $v = \beta$, nämlich

$$\cos I = \frac{(R+\beta)n(\beta)}{Rn_0},$$

so kann V nur dann gleich Null werden, wenn der Neigungswinkel i in den Grenzen 0 und I liegt, und zu jedem in diesen Grenzen liegenden Werthe des i giebt es auch wirklich einen oder mehrere positive Werthe des v, für welche $V = 0$ wird, deren kleinster $v = b$ sei. Hieraus folgt:

Alle Lichtstrahlen, welche unter einem Winkel $i > I$ von der Kugel abgehen, entfernen sich von derselben in's Unendliche und haben gradlinige Asymptoten; aber diejenigen, welche unter einem Winkel kleiner als I von der Kugel abgehen, erreichen nur ein bestimmtes Maximum der Höhe $v = b$, welches kleiner ist als β, und kehren alsdann im Allgemeinen wieder auf die Oberfläche der Kugel zurück, in dem besonderen Falle aber, wo für $v = b$ nicht nur $V = 0$, sondern auch $V' = 0$ wird, nähert sich der Lichtstrahl asymptotisch einem Kreise dessen Höhe über der Kugel gleich b ist.

Dieser letztere Fall der Kreisasymptote des Lichtstrahls findet allemal für $i = I$ Statt, weil für diesen Werth des Neigungswinkels $v = \beta$ ist und V sein Minimum hat, dessen Werth gleich Null ist, also zugleich $V = 0$ und $V' = 0$ für $v = \beta$ ist. Derselbe Fall kann auch noch für andere, in den

Grenzen 0 und I liegende Werthe des i eintreten, nämlich wenn noch für gewisse andere kleinere Werthe des v, z. B. für $v = \beta'$, die Grösse V' gleich Null wird. Der Lichtstrahl hat alsdann auch für den durch die Gleichung

$$\cos i = \frac{(R+\beta')\,n(\beta')}{Rn_0}$$

bestimmten Werth des Neigungswinkels i eine Kreisasymptote in der Höhe β'.

6. Um die gefundenen Resultate auf die Erscheinungen der atmosphärischen Strahlenbrechung für die verschiedenen Himmelskörper anzuwenden, nehme ich diese als kugelförmig an und betrachte die Temperatur der Atmosphäre in den verschiedenen Höhen als constant, welche Annahmen für den gegenwärtigen Zweck, wo es nicht auf möglichst genaue numerische Resultate, sondern vielmehr nur auf die Qualität der Erscheinungen ankommt, vollständig genügen. Die Dichtigkeit der Atmosphäre, als Function der Höhe v über der Oberfläche des Himmelskörpers, dessen Radius R ist, nach dem Gesetze der Schwere und dem *Mariotte*schen Gesetze bestimmt, hat bekanntlich den Ausdruck

$$e^{-\frac{Rv}{\lambda(R+v)}},$$

wenn die Dichtigkeit an der Oberfläche gleich Eins gesetzt wird, wo λ gleich der Höhe einer Luftsäule von der constanten Dichtigkeit Eins ist, welche denselben Druck auf die Oberfläche des Himmelskörpers ausüben würde, als die Atmosphäre desselben wirklich ausübt. Demnach ist nach einem bekannten physikalischen Gesetze

$$n^2 = 1 + ke^{-\frac{Rv}{\lambda(R+v)}},$$

wo k die absolute brechende Kraft der Luft an der Oberfläche des Himmelskörpers ist, oder $\sqrt{1+k}$ der absolute Brechungsexponent derselben. Setzt man nun der Kürze halber

$$\frac{Rv}{\lambda(R+v)} = w,$$

so hat man für die Curve des Lichtstrahls die Gleichung

$$u = \int_0 \frac{R^2\sqrt{1+k}\cos i\,dv}{(R+v)\sqrt{V}},$$

wo

$$V = (R+v)^2(1+ke^{-w}) - R^2(1+k)\cos^2 i,$$

woraus man für den ersten und zweiten Differentialquotienten des V folgende

36*

Werthe erhält:

$$V' = 2(R+v)(1+ke^{-w}) - \frac{R^2 k}{\lambda} e^{-w},$$

$$V'' = 2 + ke^{-w}\left(1 - \frac{R^2}{\lambda(R+v)}\right)^2 + ke^{-w}.$$

Weil der zweite Differentialquotient V'', wie dieser Ausdruck desselben zeigt, stets positiv ist, so ist der erste V' eine mit v zugleich wachsende Function, also V' kann nur für einen einzigen Werth des v gleich Null werden, indem es aus dem Negativen in's Positive übergeht, und wenn dieser Werth des v, welcher $V' = 0$ giebt, positiv sein soll, so muss V' für $v = 0$ noch negativ sein, und umgekehrt, wenn V' negativ ist für $v = 0$, so hat die Gleichung $V' = 0$ eine positive Wurzel, welche mit β bezeichnet werden soll. Die Bedingung V' negativ für $v = 0$ giebt

$$2R(1+k) - \frac{R^2 k}{\lambda} < 0,$$

oder

$$R > \frac{2\lambda(1+k)}{k}.$$

Für diejenigen Himmelskörper, bei denen diese Bedingung nicht erfüllt ist, sondern

$$R < \frac{2\lambda(1+k)}{k},$$

ist V' positiv für alle positiven Werthe des v, also V stets zunehmend und folglich niemals gleich Null, für keinen Werth des Neigungswinkels i. Bei diesen Himmelskörpern gehen daher alle Strahlen, welche von einem Punkte der Oberfläche ausgehen, ins Unendliche fort, und von einem Punkte der Oberfläche aus ist, streng genommen, kein anderer Punkt der Oberfläche zu sehen. Es ist dies der Fall, welcher auf unserer Erde Statt hat, für diese ist nämlich unter der Voraussetzung einer constanten Temperatur von 0 Grad:

$$k = 0{,}000589, \quad \lambda = 7974^{\text{m}}, \quad R = 6366198^{\text{m}},$$

also

$$\frac{2\lambda(1+k)}{k} = 27092000^{\text{m}},$$

welcher Werth grösser ist als der Erdradius R.

7. Es sollen nun die Refractionserscheinungen derjenigen Himmelskörper näher untersucht werden, für welche

$$R > \frac{2\lambda(1+k)}{k}$$

ist. Für diese giebt es einen einzigen positiven Werth $v=\beta$, für welchen $V'=0$ wird, welcher aus den Gleichungen

$$e^w+\frac{k}{2}w-\frac{Rk}{2\lambda}+k=0,\quad v=\frac{R\lambda w}{R-\lambda w}$$

leicht berechnet werden kann. Bestimmt man nun den spitzen Winkel I, als denjenigen Werth des i, welcher der Gleichung $V=0$ für $v=\beta$ genügt, also

$$\cos I=\frac{(R+\beta)\sqrt{1+ke^{-\frac{R\beta}{\lambda(R+\beta)}}}}{R\sqrt{1+k}},$$

so hat für alle zwischen 0 und I liegenden Werthe des Neigungswinkels i die Gleichung

$$V=0$$

zwei reale positive Wurzeln, deren kleinere $v=b$ das Maximum der Höhe ist, zu welcher der Lichtstrahl sich über den Himmelskörper erhebt, und es ist

$$\cos i=\frac{(R+b)\sqrt{1+ke^{-\frac{Rb}{\lambda(R+b)}}}}{R\sqrt{1+k}}.$$

Die Bogenentfernung $2a$ vom Ausgangspunkte, in welcher der Lichtstrahl den Himmelskörper wieder trifft, ist:

$$2a=\int_0^b\frac{2R^2\sqrt{1+k}\cos i\,dv}{(R+v)\sqrt{V}}.$$

Während i continuirlich von 0 bis I wächst, wächst b von 0 bis β, und $2a$ wächst von Null bis in's Unendliche. Bezeichnet man die Werthe des i, welche beziehungsweise den Werthen des $2a$ gleich $R\pi$, $2R\pi$, $3R\pi$, ... angehören, mit i_1, i_2, i_3 ..., so bilden diese Neigungswinkel eine wachsende Reihe, deren unendlich entferntes Glied gleich I wird. Denkt man sich nun in einem beliebigen Punkte auf der Oberfläche eines solchen Himmelskörpers einen Beobachter, so muss dieser von diesem einen Punkte aus die ganze Oberfläche des Himmelskörpers überschauen können. Dieselbe muss ihm wie eine concave Schale erscheinen, deren Rand, der scheinbare Horizont, sich um den Winkel I über den wahren Horizont erhebt. In dieser Schale muss von dem Winkel Null bis zu i_1 die ganze Oberfläche des Himmelskörpers sichtbar sein und zwar grade bis zu den Antipoden, die näheren Objecte auf derselben müssen ziemlich in ihren natürlichen Verhältnissen erscheinen, die entfernteren aber, welche den Antipoden näher liegen, immer mehr verflacht und zugleich in die Breite gezogen; der dem Beobachter diametral gegenüber liegende Punkt muss zu einem vollständigen Kreise unter dem Neigungswinkel i_1 ausgedehnt erscheinen, mit welchem dieses erste Bild der ganzen Oberfläche abschliesst. In dem ringförmigen Intervalle zwischen den Winkeln i_1 und i_2 muss ein zweites vollständiges Bild der ganzen Oberfläche sichtbar sein, in dessen durch den Winkel i_2 bestimmten Rande der Beobachter sich selbst sehen muss und zwar von hinten und zu einem ganzen Kreise verzerrt. Ein drittes Bild der ganzen Oberfläche liegt zwischen den Winkeln i_2 und i_3, ein viertes zwischen i_3 und i_4 und so fort in's Unendliche, und diese unendliche Reihe der bald ausserordentlich schmal werdenden Bilder schliesst mit dem scheinbaren Horizonte für den Winkel I ab.

Betrachtet man jetzt die Werthe des i, welche grösser sind als I, für welche also V nicht mehr gleich Null werden kann, so ist

$$\frac{c}{R} = \int_0^\infty \frac{R\sqrt{1+k}\cos i\, dv}{(R+v)\sqrt{V}}$$

der Winkel, welchen die Asymptote des in's Unendliche gehenden Lichtstrahls mit der Vertikallinie im Punkte $u=0$, $v=0$ bildet. Während hier i von dem Werthe $\frac{\pi}{2}$ bis zu dem Werthe I continuirlich abnimmt, wächst der Winkel $\frac{c}{R}$ continuirlich von Null bis in's Unendliche. Bezeichnet man nun die Werthe des i, welche $\frac{c}{R} = \pi, 2\pi, 3\pi, \ldots$ geben, beziehungsweise mit $i', i'', i''' \ldots$, so bilden diese eine abnehmende Reihe von Grössen, welche den Werth I zum Grenzwerth haben. Ein Beobachter auf einem beliebigen Punkte der Oberfläche des Himmelskörpers, welcher als Anfangspunkt der Coordinaten $u=0$, $v=0$ gewählt werden kann, übersieht hier vom Zenith bis zur scheinbaren Zenithdistanz $\frac{\pi}{2}-i'$ den ganzen Sternenhimmel bis zum Nadir. Zwischen den Winkeln i' und i'', also zwischen den Zenithdistanzen $\frac{\pi}{2}-i'$ und $\frac{\pi}{2}-i''$, muss ein zweites vollständiges, aber sehr schmales Bild des ganzen Sternenhimmels erscheinen, zwischen den Winkeln i'' und i''' ein drittes noch viel schmaleres, und so fort in's Unendliche. Diese unendliche Reihe von Bildern, welche ausserordentlich rasch immer schmaler werden, schliesst mit dem Winkel I im scheinbaren Horizonte ab.

Wenn man nicht bloss diejenigen Lichtstrahlen in Betracht zieht, welche von einem Punkte auf der Oberfläche des Himmelskörpers ausgehen oder, was dasselbe ist, in einen solchen eintreffen, sondern den Beobachter in irgend einen beliebig entfernten Punkt von diesem Himmelskörper versetzt, z. B. auf irgend einen anderen Himmelskörper, so treten dieselben merkwürdigen Umstände ein. Namentlich wird auch von einem solchen Standpunkte aus die ganze Oberfläche des Himmelskörpers, die vordere und auch die hintere Hälfte, sichtbar sein, in einem ersten scheibenförmigen Hauptbilde und in einer unendlichen Reihe diese Scheibe umgebender ringförmiger Bilder. Ferner wird auch der ganze Sternenhimmel in der Atmosphäre eines solchen Himmelskörpers in unendlich vielen Bildern sichtbar sein.

8. Um nun zu untersuchen, für welche Himmelskörper die Bedingung

$$R > \frac{2\lambda(1+k)}{k}$$

erfüllt sein möge, von der diese merkwürdigen Refractionserscheinungen abhängen, hat man, wenn man die absolute brechende Kraft der dieselben umgebenden Luft der auf der Erde gleich nimmt, nur noch *eine* besondere Annahme über die Stärke der Atmosphäre zu machen. Die Stärke der Erdatmosphäre kann man dadurch messen, dass dieselbe, wenn sie die constante Dichtigkeit gleich Eins hätte, die Erde in einer Höhe von 7974 Meter umgeben würde; die Stärke der Atmosphäre eines anderen Himmelskörpers soll nun in ähnlicher Weise durch die Höhe h gemessen werden, welche die ihn umgebende Luft haben würde, wenn sie überall dieselbe Dichtigkeit gleich Eins hätte, d. h. die Dichtigkeit, welche die Luft an der Oberfläche der Erde hat.

Bezeichnet man mit R_1, k_1, λ_1 die Werthe dieser drei Grössen, welche für unsere Erde Statt haben, unter Voraussetzung einer constanten Wärme von Null Grad, so dass

$$R_1 = 6366198^{m}, \quad \lambda_1 = 7974^{m}, \quad k_1 = 0{,}000589,$$

und nimmt ausserdem die Masse der Erde gleich m_1, die Schwerkraft an der Oberfläche derselben gleich g_1, während R, λ, k, m, g die entsprechenden Grössen für einen anderen Himmelskörper bedeuten, so hat man

$$\frac{g}{g_1} = \frac{mR_1^2}{m_1R^2}.$$

Der Druck der h Meter hohen Luftsäule von der Dichtigkeit Eins verhält sich nun zu dem Drucke der λ_1 Meter hohen Luftsäule auf der Erde, wie hg zu $\lambda_1 g_1$, also die Dichtigkeit der untersten Luftschicht auf dem anderen Himmelskörper, welche mit δ bezeichnet werden soll, verhält sich zur Dichtigkeit Eins ebenfalls wie hg zu $\lambda_1 g_1$, man hat daher

$$\delta = \frac{hg}{\lambda_1 g_1}.$$

Weil ferner für die Luft von der Dichtigkeit Eins $n^2-1 = k_1$ ist, so ist für die Luft von der Dichtigkeit δ, $n^2-1 = k_1\delta$, also $k = k_1\delta$ oder

$$k = \frac{hgk_1}{\lambda_1 g_1}.$$

Die Luftsäule, welche bei der Dichtigkeit Eins die Höhe h hat, ist bei der Dichtigkeit δ von der Höhe $\frac{h}{\delta}$, es ist daher

$$\lambda = \frac{h}{\delta} = \frac{\lambda_1 g_1}{g}.$$

Die Bedingung

$$R > \frac{2\lambda(1+k)}{k}$$

giebt also

$$\frac{Rhgk_1}{\lambda_1 g_1} > \frac{2\lambda_1 g_1}{g}\left(1+\frac{hgk_1}{\lambda_1 g_1}\right),$$

oder

$$h > \frac{2\lambda_1^2 g_1^2}{Rg^2 k_1 - 2\lambda_1 g_1 gk_1},$$

also wenn die durch h zu messende Stärke der Atmosphäre dieser Bedingung genügt, so treten die oben entwickelten merkwürdigen Erscheinungen der Strahlenbrechung ein.

9. Ich nehme als specielles Beispiel den Jupiter, dessen Radius ohngefähr 10,86 mal so gross ist als der Erdradius, und dessen Masse etwa 338 mal so gross ist, als die der Erde. Man hat daher für den Jupiter

$$\frac{R}{R_1} = 10{,}86, \quad \frac{m}{m_1} = 338, \quad R = 69135000,$$

folglich

$$\frac{g}{g_1} = 2{,}866, \quad \lambda = 2782, \quad k = \frac{h.0{,}001688}{7974}$$

die obige Grössenbedingung für die Stärke der Atmosphäre, welche der Jupiter haben muss, wenn diese Art der Erscheinungen auf ihm Statt haben soll, findet man demnach

$$h > 389,$$

und weil 389 etwas weniger als der zwanzigste Theil von 7974 ist, so folgt, dass es schon hinreichend sein würde, wenn die Jupitersatmosphäre auch nur den zwanzigsten Theil so stark wäre, als die Atmosphäre der Erde ist.

Macht man aber über die Stärke der Jupitersatmosphäre die Annahme, welche die billigste zu sein scheint, nämlich dass die Luftmasse des Jupiter zu der auf der Erde sich verhalte, wie die Gesammtmasse des Jupiter zu der der Erde, so hat man

$$4R^2\pi h : 4R_1^2\pi\lambda_1 = 338 : 1,$$

woraus man $h = 22852$ erhält; es wird demnach

$$k = 0{,}00484, \quad \lambda = 2782.$$

Aus der Gleichung $V' = 0$ findet man alsdann den Werth des $\beta = 11394^m$ und hieraus den Werth des $I = 3^0\,48'$. Bei dieser Annahme erscheint also die Oberfläche des Jupiter als eine concave Schale, deren Rand, als scheinbarer Horizont sich um $3^0\,48'$ über den wahren Horizont erhebt.

Ich bemerke noch, dass der in dem Vorhergehenden gebrauchte Ausdruck „sichtbar" nur im geometrischen Sinne zu nehmen ist, nämlich dass in der That unter den gemachten Voraussetzungen die Lichtstrahlen in den angegebenen Richtungen in's Auge gelangen würden. Zieht man nämlich die Schwächung oder das gänzliche Verlöschen in Betracht, welches die Lichtstrahlen in einer nicht absolut durchsichtigen Atmosphäre, wie z. B. in der unserer Erde erleiden, so wird im physiologischen und physikalischen Sinne von den angegebenen Erscheinungen nur wenig wirklich sichtbar bleiben. Von dem hauptsächlichen, ersten Bilde der Jupitersoberfläche wird alsdann nur ein gewisser Theil, der sich nach dem höheren oder geringeren Grade der Durchsichtigkeit richtet, wirklich zu unterscheiden sein, von dem zweiten, dritten und den folgenden Bildern aber sicherlich Nichts. Ebenso wird auch von dem ganzen Sternenhimmel nicht einmal das erste Bild vollständig klar zu unterscheiden sein, und selbst von der Sonne, welche vermöge der Strahlenbrechung auf dem Jupiter niemals auf- oder untergeht, weil ihr Bild niemals unter den scheinbaren Horizont herabsinken kann, wird, wenn sie zu tief unter den wirklichen Horizont zu stehen kommt, auch das erste Bild, welches alsdann zu einer sehr schmalen Ellipse abgeplattet erscheinen müsste, dem Auge kaum noch erkennbar sein. In der Nähe des scheinbaren Horizonts wird anstatt der unendlich vielen Bilder des ganzen Himmels und der ganzen Jupitersoberfläche nur ein blauer Streifen erscheinen.

Berlin, im Juli 1860.

Allgemeine Theorie der gradlinigen Strahlensysteme

Journal für die reine und angewandte Mathematik 57, 189–230 (1860)

Die Systeme grader Linien, welche den ganzen Raum oder einen Theil des Raumes so ausfüllen, dafs durch jeden Punkt ein Strahl oder eine gewisse Anzahl discreter Strahlen geht, sind in ihrer ganzen Allgemeinheit bisher noch wenig untersucht worden. Man hat sich in der geometrischen Betrachtung der Strahlensysteme hauptsächlich auf diejenige besondere Art beschränkt, wo alle Strahlen als Normalen einer und derselben Fläche auftreten, deren Theorie mit der Lehre von der Krümmung der Flächen in der engsten Beziehung steht, und deren ausgezeichnetste Eigenschaften von *Monge* gefunden worden sind, welcher sie in mehreren Capiteln seiner *Application de l'Analyse à la Géométrie* entwickelt hat. Da die Systeme von Strahlen im Raume für die Optik eine grofse Bedeutung haben, so ist die Theorie derselben auch im physikalischen Interesse mehrfach behandelt worden; von dieser Seite her ist man aber ebenfalls nicht viel über die Systeme der Normalen einer Fläche hinausgekommen. Es hat hier merkwürdigerweise grade einer der schönsten Sätze der Optik die Ausbildung der allgemeinen Theorie gehindert, nämlich der von *Malus* gefundene und von *Dupin* verallgemeinerte Satz: dafs die von einem Punkte ausgehenden Lichtstrahlen, nachdem sie eine beliebige Anzahl von Reflexionen an beliebig gestalteten Spiegeln, und von Refractionen beim Durchgange durch beliebig begränzte Medien anderer brechender Kraft erlitten haben, stets die Eigenschaft behalten, Normalen einer Fläche zu sein. Nur beim Durchgange des Lichtes durch Krystalle geht den irregulären Strahlen diese Eigenschaft verloren; diese bilden Systeme von Strahlen, die nicht auf einer Fläche normal stehen können, welche wegen dieser Entstehungsweise irreguläre Strahlensysteme genannt worden sind. Obgleich die Krystalle auch nur besondere Arten derselben hervorbringen, so haben sie doch zur Betrachtung der allgemeinsten Strahlensysteme den Anstofs gegeben. Diese sind, so viel mir bekannt ist, zuerst von *Hamilton* in den *Transactions of the Royal Irish Academy,* Bd. XVI behandelt worden in einem Supplemente zu seiner grofsen Abhandlung: ***Theory of systems of Rays***, in welcher selbst sie noch nicht vorkommen, weil diese Abhandlung, den Zwecken der Optik dienend, nur die regulären Systeme und deren Veränderungen durch Reflexionen und Refractionen, von den irregulären Systemen aber nur diejenigen betrachtet, welche beim Durchgange des Lichts durch Krystalle entstehen. In dem erwähnten ersten Supplemente zu dieser Abhandlung geht ***Hamilton*** ebenfalls von physikalischen Principien, namentlich von dem Principe der kleinsten Wirkung aus, aber er verfolgt in derselben als Hauptzweck: die geometrischen Eigenschaften der allgemeinen Strahlensysteme der Optik aus der einen Grundformel zu entwickeln, welche dieses Princip gewährt. Er hat auf diesem Wege eine Reihe ausgezeichneter Eigenschaften der allgemeinen gradlinigen Strahlensysteme gefunden, welche jedoch nur wenig bekannt zu sein scheinen, da in mehreren späteren mathematischen Aufsätzen über verwandte Gegenstände keine Rücksicht darauf genommen wird. Diese von ***Hamilton*** zuerst behandelte Theorie der allgemeinen gradlinigen Strahlensysteme, durch eine neue Begründung, der analytischen Geometrie des Raumes anzueignen und sie zugleich in mehreren wesentlichen Punkten zu vervollständigen, soll der Zweck der gegenwärtigen Abhandlung sein.

§. 1.

Vorbereitende Formeln und Bezeichnungen.

Eine jede grade Linie des Strahlensystems soll bestimmt werden durch einen Punkt, durch welchen sie hindurchgeht, dessen rechtwinklige Coordinaten x, y, z seien, und durch die Winkel, welche sie mit den drei Coordinatenaxen bildet, deren Cosinus durch ξ, η, ζ bezeichnet werden. Das Gesetz, welches die graden Linien zu einem Systeme verbindet, wird dadurch gegeben, dafs die sechs Bestimmungsstücke derselben: x, y, z, ξ, η, ζ als continuirliche Functionen zweier unabhängigen Veränderlichen u und v bestimmt werden. Die Punkte x, y, z liegen alsdann auf einer bestimmten Fläche, und die Strahlen des Systems werden alle als von den einzelnen Punkten dieser Fläche ausgehend betrachtet. Ein jeder Punkt in einem Strahle wird durch seine Entfernung vom Ausgangspunkte des Strahls bestimmt, also durch seine auf diesem Strahl gemessene Abscisse, welche mit r bezeichnet werden soll.

Betrachtet man zwei verschiedene Strahlen des Systems, den einen, dessen Ausgangspunkt und Richtung durch die Gröfsen x, y, z, ξ, η, ζ bestimmt sind und einen zweiten, für welchen diese Gröfsen die Werthe $x+\Delta x$, $y+\Delta y$, $z+\Delta z$, $\xi+\Delta\xi$, $\eta+\Delta\eta$, $\zeta+\Delta\zeta$ haben, wo Δx, Δy u. s. w. endliche Differenzen bezeichnen, so wird das Verhältnifs beider Strahlen gegen einander durch folgende Stücke bestimmt: erstens durch den Winkel ε, den sie mit einander machen; zweitens durch die Länge p der auf beiden zugleich senkrecht stehenden Linie, d. i. durch den kürzesten Abstand derselben, drittens durch die Richtung dieses Perpendikels, also durch die Cosinus der Winkel, welche dasselbe mit den drei Coordinatenaxen macht, welche $\varkappa$, λ, μ heifsen sollen, und viertens durch die Abscisse r desjenigen Punktes im ersten Strahle, in welchem dieser seinen kürzesten Abstand vom zweiten Strahle hat. Diese vier Stücke werden, wie in den Elementen der analytischen Geometrie gezeigt wird, auf folgende Weise durch die Ausgangspunkte und die Richtungen der beiden Strahlen bestimmt:

$$(1.)\quad \cos\varepsilon = \xi(\xi+\Delta\xi)+\eta(\eta+\Delta\eta)+\zeta(\zeta+\Delta\zeta),$$

$$(2.)\quad \sin^2\varepsilon = (\eta\Delta\zeta-\zeta\Delta\eta)^2+(\zeta\Delta\xi-\xi\Delta\zeta)^2+(\xi\Delta\eta-\eta\Delta\xi)^2,$$

$$(3.)\quad p\sin\varepsilon = (\eta\Delta\zeta-\zeta\Delta\eta)\Delta x+(\zeta\Delta\xi-\xi\Delta\zeta)\Delta y+(\xi\Delta\eta-\eta\Delta\xi)\Delta z,$$

$$(4.)\quad \varkappa = \frac{\eta\Delta\zeta-\zeta\Delta\eta}{\sin\varepsilon},\quad \lambda = \frac{\zeta\Delta\xi-\xi\Delta\zeta}{\sin\varepsilon},\quad \mu = \frac{\xi\Delta\eta-\eta\Delta\xi}{\sin\varepsilon},$$

$$(5.)\quad p = \varkappa\Delta x+\lambda\Delta y+\mu\Delta z,$$

$$(6.)\quad r\sin\varepsilon = (\mu(\eta+\Delta\eta)-\lambda(\zeta+\Delta\zeta))\Delta x+(\varkappa(\zeta+\Delta\zeta)-\mu(\xi+\Delta\xi))\Delta y \\ +(\lambda(\xi+\Delta\xi)-\varkappa(\eta+\Delta\eta))\Delta z.$$

Vermittelst der beiden Gleichungen

$$\xi^2+\eta^2+\zeta^2 = 1,$$

$$(\xi+\Delta\xi)^2+(\eta+\Delta\eta)^2+(\zeta+\Delta\zeta)^2 = 1,$$

aus welchen man die Gleichung

$$(7.)\quad \xi\Delta\xi+\eta\Delta\eta+\zeta\Delta\zeta = -\tfrac{1}{2}(\Delta\xi^2+\Delta\eta^2+\Delta\zeta^2)$$

erhält, kann man die Ausdrücke des $\cos\varepsilon$, $\sin\varepsilon$ und r auch in folgende Formen setzen:

$$(8.)\quad \cos\varepsilon = 1-\tfrac{1}{2}(\Delta\xi^2+\Delta\eta^2+\Delta\zeta^2),$$

$$(9.)\quad \sin^2\varepsilon = \Delta\xi^2+\Delta\eta^2+\Delta\zeta^2-\tfrac{1}{4}(\Delta\xi^2+\Delta\eta^2+\Delta\zeta^2)^2,$$

$$(10.)\quad r\sin^2\varepsilon = -(\Delta x\,\Delta\xi+\Delta y\,\Delta\eta+\Delta z\,\Delta\zeta)+ \\ \tfrac{1}{2}(\Delta\xi^2+\Delta\eta^2+\Delta\zeta^2)(\Delta x(\xi+\Delta\xi)+\Delta y(\eta+\Delta\eta)+\Delta z(\zeta+\Delta\zeta)).$$

Betrachtet man ferner den Abstand der beiden graden Linien in irgend einem beliebigen Punkte, welcher durch die Länge einer Linie gemessen

25 *

wird, die vom zweiten Strahle nach dem ersten so gezogen wird, daſs sie auf diesem senkrecht steht, und nennt die Länge dieser Linie q, die Abscisse des Punktes, in welchem sie auf dem ersten Strahle senkrecht steht, R und die Cosinus der Winkel, welche ihre Richtung mit den drei Coordinatenaxen bildet, $\varkappa'$, λ', μ', so giebt die analytische Geometrie für diese Gröſsen folgende Ausdrücke:

$$(11.)\quad \begin{cases} q\varkappa' = \Delta x - R\xi + \dfrac{(R-P)(\xi+\Delta\xi)}{\cos\varepsilon}, \\ q\lambda' = \Delta y - R\eta + \dfrac{(R-P)(\eta+\Delta\eta)}{\cos\varepsilon}, \\ q\mu' = \Delta z - R\zeta + \dfrac{(R-P)(\zeta+\Delta\zeta)}{\cos\varepsilon}, \end{cases}$$

in welchen der Kürze halber

$$P = \xi\Delta x + \eta\Delta y + \zeta\Delta z$$

gesetzt ist.

Wenn man den zweiten Strahl dem ersten unendlich nahe rücken läſst, so daſs die Differenzen Δx, Δy, Δz, $\Delta\xi$, $\Delta\eta$, $\Delta\zeta$ in die Differentiale dx, dy, dz, $d\xi$, $d\eta$, $d\zeta$ übergehen, so werden die Abstände p und q und der Winkel ε unendlich klein und sollen durch dp, dq und $d\varepsilon$ bezeichnet werden; die unendlich kleinen Gröſsen der höheren Ordnungen verschwinden alsdann gegen die der niederen Ordnungen, und man erhält:

$$(12.)\quad d\varepsilon^2 = d\xi^2 + d\eta^2 + d\zeta^2,$$

$$(13.)\quad \varkappa = \frac{\eta\, d\zeta - \zeta\, d\eta}{d\varepsilon}, \quad \lambda = \frac{\zeta\, d\xi - \xi\, d\zeta}{d\varepsilon}, \quad \mu = \frac{\xi\, d\eta - \eta\, d\xi}{d\varepsilon},$$

$$(14.)\quad dp = \varkappa\, dx + \lambda\, dy + \mu\, dz,$$

$$(15.)\quad r = -\frac{dx\, d\xi + dy\, d\eta + dz\, d\zeta}{d\xi^2 + d\eta^2 + d\zeta^2},$$

$$(16.)\quad \begin{cases} \varkappa' dq = dx + R d\xi - \xi(\xi\, dx + \eta\, dy + \zeta\, dz), \\ \lambda' dq = dy + R d\eta - \eta(\xi\, dx + \eta\, dy + \zeta\, dz), \\ \mu' dq = dz + R d\zeta - \zeta(\xi\, dx + \eta\, dy + \zeta\, dz). \end{cases}$$

Weil x, y, z, ξ, η, ζ Functionen der beiden unabhängigen Veränderlichen u und v sind, so müssen die Differentiale derselben durch die nach u und v genommenen partiellen Differentialquotienten und durch die Differentiale du und dv ausgedrückt werden. Hierbei sollen für die ersten partiellen Differentialquotienten und für die aus denselben zusammengesetzten Ausdrücke dieselben Bezeichnungen gewählt werden, welche *Gauſs* in der Abhandlung

Disquisitiones generales circa superficies curvas angewendet hat, nämlich:

$$(17.)\quad dx = a\,du + a'dv,\quad dy = b\,du + b'dv,\quad dz = c\,du + c'dv,$$

$$(18.)\quad bc' - b'c = A,\quad ca' - c'a = B,\quad ab' - a'b = C,$$

$$(19.)\quad a^2 + b^2 + c^2 = E,\quad aa' + bb' + cc' = F,\quad a'^2 + b'^2 + c'^2 = G.$$

Ferner sollen für die partiellen Differentialquotienten der Gröfsen ξ, η, ζ und für die aus denselben zusammengesetzten Ausdrücke folgende analoge Bezeichnungen angewendet werden:

$$(20.)\quad d\xi = \mathrm{a}\,du + \mathrm{a}'dv,\quad d\eta = \mathrm{b}\,du + \mathrm{b}'dv,\quad d\zeta = \mathrm{c}\,du + \mathrm{c}'dv,$$

$$(21.)\quad \mathrm{bc}' - \mathrm{b}'\mathrm{c} = \mathrm{A},\quad \mathrm{ca}' - \mathrm{c}'\mathrm{a} = \mathrm{B},\quad \mathrm{ab}' - \mathrm{a}'\mathrm{b} = \mathrm{C},$$

$$(22.)\quad \mathrm{a}^2 + \mathrm{b}^2 + \mathrm{c}^2 = \mathrm{E},\quad \mathrm{aa}' + \mathrm{bb}' + \mathrm{cc}' = \mathrm{F},\quad \mathrm{a}'^2 + \mathrm{b}'^2 + \mathrm{c}'^2 = \mathrm{G},$$

und aufserdem

$$(23.)\quad \mathrm{A}^2 + \mathrm{B}^2 + \mathrm{C}^2 = \mathrm{EG} - \mathrm{F}^2 = \varDelta^2.$$

Ferner sollen noch folgende vier aus den partiellen Differentialquotienten von x, y, z und von ξ, η, ζ zusammengesetzte Ausdrücke durch einfache Buchstaben bezeichnet werden:

$$(24.)\quad \begin{cases} a\mathrm{a} + b\mathrm{b} + c\mathrm{c} = \mathrm{e}, \\ a'\mathrm{a} + b'\mathrm{b} + c'\mathrm{c} = \mathrm{f}, \\ a\mathrm{a}' + b\mathrm{b}' + c\mathrm{c}' = \mathrm{f}', \\ a'\mathrm{a}' + b'\mathrm{b}' + c'\mathrm{c}' = \mathrm{g}. \end{cases}$$

Der Quotient der Differentiale der beiden unabhängigen Veränderlichen du und dv soll einfach durch t bezeichnet werden, also

$$(25.)\quad \frac{dv}{du} = t.$$

Aus der Gleichung

$$\xi^2 + \eta^2 + \zeta^2 = 1,$$

welche durch partielle Differentiation nach u und v die Gleichungen

$$(26.)\quad \begin{cases} \xi\mathrm{a} + \eta\mathrm{b} + \zeta\mathrm{c} = 0, \\ \xi\mathrm{a}' + \eta\mathrm{b}' + \zeta\mathrm{c}' = 0, \end{cases}$$

giebt, erhält man auch folgende Ausdrücke von ξ, η, ζ durch ihre partiellen Differentialquotienten

$$(27.)\quad \xi = \frac{\mathrm{A}}{\varDelta},\quad \eta = \frac{\mathrm{B}}{\varDelta},\quad \zeta = \frac{\mathrm{C}}{\varDelta},$$

welche mit grofsem Vortheil angewendet werden, welche aber in dem besonderen Falle unbestimmt sind, wo $\varDelta = 0$ ist. Die Bedingung $\varDelta = 0$, aus welcher $A = 0$, $B = 0$, $C = 0$ folgt, findet nur für eine specielle Art von Strahlensystemen Statt, welche in ihrer Behandlung einige leichte Modificationen der allgemeinen Methode erfordern, die aber in dem Folgenden nicht besonders ausgeführt werden sollen, weil diese Strahlensysteme auch als Gränzfälle der allgemeinen aufgefafst werden können.

§. 2.

Die Gränzpunkte der kürzesten Abstände eines Strahls von den unendlich nahen Strahlen.

Der Ausdruck (15.) der Abscisse desjenigen Punktes des ersten Strahls, in welchem er seinen kürzesten Abstand von dem unendlich nahen Strahle hat, giebt, wenn die Differentiale $dx, dy, dz, d\xi, d\eta, d\zeta$ durch die partiellen Differentialquotienten und durch die Differentiale du und dv der unabhängigen Variabeln ausgedrückt werden, nach den festgesetzten Zeichen:

$$(1.)\quad r = -\frac{e+(f+f')t+gt^2}{E+2Ft+Gt^2}.$$

Für einen bestimmten Werth des $t = \frac{dv}{du}$ giebt dieser Ausdruck der Abscisse r den kürzesten Abstand des ersten Strahls von *einem* bestimmten unendlich nahen Strahle; die betreffenden Werthe des r für alle unendlich nahen Strahlen rings um einen Strahl herum erhält man, wenn man dem t nach einander alle möglichen Werthe von $t = -\infty$ bis $t = +\infty$ giebt. Der Nenner dieses Ausdrucks kann für keinen dieser Werthe des t gleich Null werden, weil $EG - F^2 = A^2 + B^2 + C^2$ niemals negativ ist und weil der specielle Fall ausgeschlossen wird, wo $EG - F^2$ gleich Null ist. Die Werthe des r können also niemals unendlich grofs werden und müssen darum stets in bestimmten endlichen Gränzen enthalten sein, welche durch ein Maximum und ein Minimum des r gegeben werden. Man hat daher folgenden Satz:

Die kürzesten Abstände eines Strahls von allen ihn umgebenden unendlich nahen Strahlen liegen in einem durch zwei bestimmte Punkte begränzten Theile dieses Strahls.

Der nach t genommene Differentialquotient des r, gleich Null gesetzt, ergiebt für die Werthe des t, welche den beiden Gränzpunkten der kürzesten Abstände des Strahls von den unendlich nahen Strahlen entsprechen, folgende Gleichung:

$$(2.)\quad (E+2Ft+Gt^2)(f+f'+2gt)-(e+(f+f')t+gt^2)(2F+2Gt) = 0,$$

oder vereinfacht:

$$(3.)\quad (E+Ft)(\tfrac{1}{2}(f+f')+gt)-(F+Gt)(e+\tfrac{1}{2}(f+f')t)=0,$$

und nach Potenzen von t geordnet:

$$(4.)\quad (gF-\tfrac{1}{2}(f+f')G)t^2-(eG-gE)t+(\tfrac{1}{2}(f+f')E-eF)=0.$$

Die beiden Wurzeln dieser quadratischen Gleichung, welche, wie oben gezeigt worden ist, stets real sein müssen, seien t_1 und t_2, so hat man:

$$(5.)\quad t_1+t_2=\frac{eG-gE}{gF-\frac{1}{2}(f+f')G},\qquad t_1t_2=\frac{\frac{1}{2}(f+f')E-eF}{gF-\frac{1}{2}(f+f')G},$$

woraus sich die beiden bemerkenswerthen Gleichungen

$$(6.)\quad E+F(t_1+t_2)+Gt_1t_2=0,$$

$$(7.)\quad e+\tfrac{1}{2}(f+f')(t_1+t_2)+gt_1t_2=0$$

ergeben, denen noch folgende, aus diesen leicht abzuleitende Gleichungen hinzugefügt werden mögen:

$$(8.)\quad E+2Ft_1+Gt_1^2=(t_1-t_2)(F+Gt_1),$$

$$(9.)\quad E+2Ft_2+Gt_2^2=(t_2-t_1)(F+Gt_2),$$

$$(10.)\quad (F+Gt_1)(F+Gt_2)=-\varDelta^2,$$

$$(11.)\quad (E+2Ft_1+Gt_1^2)(E+2Ft_2+Gt_2^2)=\varDelta^2(t_2-t_1)^2.$$

Bezeichnet man nun die beiden äufsersten Werthe der Abscisse r, welche den Werthen des $t=t_1$ und $t=t_2$ angehören, durch r_1 und r_2, so hat man:

$$(12.)\quad r_1=-\frac{e+(f+f')t_1+gt_1^2}{E+2Ft_1+Gt_1^2},$$

$$(13.)\quad r_2=-\frac{e+(f+f')t_2+gt_2^2}{E+2Ft_2+Gt_2^2},$$

welche Ausdrücke vermöge der Gleichungen (2.) und (3.) folgende einfachere Formen annehmen:

$$(14.)\quad r_1=-\frac{e+\frac{1}{2}(f+f')t_1}{E+Ft_1}=-\frac{\frac{1}{2}(f+f')+gt_1}{F+Gt_1},$$

$$(15.)\quad r_2=-\frac{e+\frac{1}{2}(f+f')t_2}{E+Ft_2}=-\frac{\frac{1}{2}(f+f')+gt_2}{F+Gt_2}.$$

Eliminirt man t_1 oder t_2 aus diesen Gleichungen, so erhält man folgende quadratische Gleichung, deren stets reale Wurzeln r_1 und r_2 die Abscissen der Gränzpunkte der kürzesten Abstände eines jeden Strahls von allen unendlich nahen Strahlen sind:

$$(16.)\quad (EG-F^2)r^2+(gE-(f+f')F+eG)r+eg-\tfrac{1}{4}(f+f')^2=0,$$

aus welcher folgt:

$$(17.)\quad r_1+r_2=-\frac{gE-(f+f')F+eG}{\Delta^2},\qquad r_1r_2=\frac{eg-\frac{1}{4}(f+f')^2}{\Delta^2}.$$

Die Ausdehnung des Intervalls, in welchem die kürzesten Abstände eines Strahls von allen ihm unendlich nahen Strahlen liegen, ist gleich dem Unterschiede der Abscissen der beiden Gränzpunkte desselben, also gleich r_2-r_1. Bezeichnet man diese Länge mit $2d$ und die Abscisse des Mittelpunkts dieser beiden Gränzpunkte mit m, so hat man:

$$(18.)\quad d=\frac{r_2-r_1}{2},\qquad m=\frac{r_2+r_1}{2}.$$

§. 3.

Die Richtungen der kürzesten Abstände und die Hauptebenen.

Es sollen nun auch die Richtungen in Betracht gezogen werden, welche die kürzesten Abstände eines Strahls von seinen unendlich nahen Strahlen haben, welche durch die oben mit $\varkappa$, λ, μ bezeichneten Cosinus der Winkel bestimmt sind, die sie mit den drei Coordinatenaxen machen. Ersetzt man in den bei (13.) §. 1 gegebenen Ausdrücken dieser Gröfsen die Differentiale dx, dy, dz, $d\xi$, $d\eta$, $d\zeta$ durch die partiellen Differentialquotienten und die Differentiale der unabhängigen Variabeln du und dv, deren Quotient mit t bezeichnet wird, so erhält man:

$$(1.)\quad \begin{cases} \varkappa=\dfrac{\eta c-\zeta b+(\eta c'-\zeta b')t}{\sqrt{E+2Ft+Gt^2}}, \\[2ex] \lambda=\dfrac{\zeta a-\xi c+(\zeta a'-\xi c')t}{\sqrt{E+2Ft+Gt^2}}, \\[2ex] \mu=\dfrac{\xi b-\eta a+(\xi b'-\eta a')t}{\sqrt{E+2Ft+Gt^2}}. \end{cases}$$

Nimmt man nun für ξ, η, ζ die oben bei (27.) §. 1 gegebenen Ausdrücke:

$$\xi=\frac{A}{\Delta},\qquad \eta=\frac{B}{\Delta},\qquad \zeta=\frac{C}{\Delta},$$

und beachtet, dafs

$$\begin{aligned} Bc-Cb&=a'E-aF, &\quad Bc'-Cb'&=a'F-aG,\\ Ca-Ac&=b'E-bF, &\quad Ca'-Ac'&=b'F-bG,\\ Ab-Ba&=c'E-cF, &\quad Ab'-Ba'&=c'F-cG \end{aligned}$$

ist, so erhält man:

$$(2.)\quad \begin{cases} \varkappa = \dfrac{a'(E+Ft)-a(F+Gt)}{\varDelta\sqrt{E+2Ft+Gt^2}}, \\ \lambda = \dfrac{b'(E+Ft)-b(F+Gt)}{\varDelta\sqrt{E+2Ft+Gt^2}}, \\ \mu = \dfrac{c'(E+Ft)-c(F+Gt)}{\varDelta\sqrt{E+2Ft+Gt^2}}. \end{cases}$$

Betrachtet man nun ins Besondere die Richtungen derjenigen beiden kürzesten Abstände, welche in den beiden Gränzpunkten Statt haben, also für $t = t_1$ und $t = t_2$, für welche die besonderen Werthe von $\varkappa, \lambda, \mu$ durch $\varkappa_1, \lambda_1, \mu_1$ und $\varkappa_2, \lambda_2, \mu_2$ bezeichnet werden sollen, so erhält man vermöge der Gleichung (6.) §. 2, welche zeigt, dafs $E + Ft_1 = -t_2(F + Gt_1)$ ist, zunächst folgende Ausdrücke:

$$(3.)\quad \begin{cases} \varkappa_1 = -\dfrac{(a+a't_2)(F+Gt_1)}{\varDelta V_1}, \\ \lambda_1 = -\dfrac{(b+b't_2)(F+Gt_1)}{\varDelta V_1}, \\ \mu_1 = -\dfrac{(c+c't_2)(F+Gt_1)}{\varDelta V_1}, \end{cases}$$

wo der Kürze wegen

$$\sqrt{E+2Ft_1+Gt_1^2} = V_1$$

gesetzt ist. Bezeichnet man in ähnlicher Weise die entsprechende Wurzelgröfse

$$\sqrt{E+2Ft_2+Gt_2^2} = V_2,$$

so hat man nach (11.) und (8.) §. 2

$$(4.)\quad V_1V_2 = \varDelta(t_2-t_1), \quad \frac{\varDelta V_1}{F+Gt_1} = V_2, \quad \frac{\varDelta V_2}{F+Gt_2} = -V_1,$$

und demnach:

$$(5.)\quad \varkappa_1 = -\frac{a+a't_2}{V_2}, \quad \lambda_1 = -\frac{b+b't_2}{V_2}, \quad \mu_1 = -\frac{c+c't_2}{V_2},$$

woraus man die Werthe von $\varkappa_2, \lambda_2, \mu_2$ durch Vertauschung von t_2 und t_1 erhält, bei welcher V_2 in $-V_1$ übergeht:

$$(6.)\quad \varkappa_2 = \frac{a+a't_1}{V_1}, \quad \lambda_2 = \frac{b+b't_1}{V_1}, \quad \mu_2 = \frac{c+c't_1}{V_1}.$$

Der Cosinus des Winkels, welchen die Richtungen der kürzesten Abstände eines Strahls von den unendlich nahen Strahlen in den beiden Gränzpunkten mit einander machen, hat den Werth:

$$\varkappa_1\varkappa_2+\lambda_1\lambda_2+\mu_1\mu_2 = -\frac{(a+a't_2)(a+a't_1)+(b+b't_2)(b+b't_1)+(c+c't_2)(c+c't_1)}{V_1V_2},$$

welcher nach Ausführung der Multiplication in den einzelnen Theilen

$$\varkappa_1\varkappa_2+\lambda_1\lambda_2+\mu_1\mu_2 = -\frac{E+2F(t_1+t_2)+Gt_1t_2}{V_1V_2}$$

giebt, also, vermöge der Gleichung (6.) §. 2, gleich Null ist, woraus folgt, dafs dieser Winkel ein rechter ist. Man hat also folgenden Satz:

Die kürzesten Abstände eines Strahls von denjenigen unendlich nahen Strahlen, für welche dieselben in den beiden Gränzpunkten liegen, sind senkrecht gegen einander gerichtet.

Diejenigen durch einen Strahl gehenden zwei Ebenen, welche auf den Richtungen der kürzesten Abstände in den beiden Gränzpunkten senkrecht stehen, sollen die ***Hauptebenen*** dieses Strahls genannt werden. Diese beiden Hauptebenen, welche nach dem soeben bewiesenen Satze auf einander senkrecht stehen, oder die auf denselben senkrecht stehenden Richtungen der kürzesten Abstände in den beiden Gränzpunkten werden am passendsten als diejenigen gewählt, von denen aus die um einen Strahl rings herum liegenden, auf demselben senkrechten Richtungen durch Winkel gemessen werden.

Es sei ω der Winkel, welchen die Richtung des kürzesten Abstandes des ersten Strahls von einem beliebigen unendlich nahen Strahle mit der Richtung des kürzesten Abstandes in dem einen Gränzpunkte bildet, dessen Abscisse gleich r_1 ist, oder was dasselbe ist, der Neigungswinkel dieser Richtung mit der zweiten Hauptebene des Strahls, so hat man:

$$(7.)\qquad \cos\omega = \varkappa_1\varkappa+\lambda_1\lambda+\mu_1\mu,$$

und wenn die bei (2.) und (6.) gegebenen Ausdrücke von $\varkappa$, λ, μ, $\varkappa_1$, λ_1, μ_1 eingesetzt werden:

$$(8.)\qquad \cos\omega = -\frac{E+Ft_1+t(F+Gt_1)}{V_1\sqrt{E+2Ft+Gt^2}},$$

oder vermöge der Gleichung (6.) §. 2

$$(9.)\qquad \cos\omega = \frac{(F+Gt_1)(t_2-t)}{V_1\sqrt{E+2Ft+Gt^2}}.$$

Hieraus erhält man:

$$(10.)\qquad \sin\omega = \frac{\Delta(t-t_1)}{V_1\sqrt{E+2Ft+Gt^2}},$$

$$(11.)\qquad \operatorname{tang}\omega = \frac{\Delta(t-t_1)}{(F+Gt_1)(t_2-t)},$$

und folglich

$$(12.)\qquad t = \frac{\Delta t_1\cos\omega+(F+Gt_1)t_2\sin\omega}{\Delta\cos\omega+(F+Gt_1)\sin\omega},$$

mittelst welcher Formel man den Quotienten $t = \frac{dv}{du}$ überall durch den Winkel ω ersetzen kann, der die geometrische Beziehung eines benachbarten Strahls zu dem ersten Strahle unmittelbarer ausdrückt als jener Quotient. Führt man diese Substitution aus in dem Ausdrucke

$$r = -\frac{\mathrm{e}+(\mathrm{f}+\mathrm{f}')t+\mathrm{g}t^2}{\mathrm{E}+2\mathrm{F}t+\mathrm{G}t^2}$$

der Abscisse desjenigen Punktes eines gegebenen Strahls, in welchem einer der unendlich nahen Strahlen den kürzesten Abstand von ihm hat, so erhält man zunächst

$$(13.)\quad \mathrm{E}+2\mathrm{F}t+\mathrm{G}t^2 = \frac{\Delta^2 V_1^2}{(\Delta\cos\omega+(\mathrm{F}+\mathrm{G}t_1)\sin\omega)^2},$$

ferner erhält man

$$(14.)\quad \mathrm{e}+(\mathrm{f}+\mathrm{f}')t+\mathrm{g}t^2$$
$$= \frac{\Delta^2(\mathrm{e}+(\mathrm{f}+\mathrm{f}')t_1+\mathrm{g}t_1^2)\cos^2\omega+(\mathrm{F}+\mathrm{G}t_1)(\mathrm{e}+(\mathrm{f}+\mathrm{f}')t_2+\mathrm{g}t_2^2)\sin^2\omega}{(\Delta\cos\omega+(\mathrm{F}+\mathrm{G}t_1)\sin\omega)^2}.$$

Durch Division dieser beiden Ausdrücke, wenn man noch von der Formel (4.) Gebrauch macht, nach welcher $\Delta^2 V_1^2 = (\mathrm{F}+\mathrm{G}t_1)^2 V_2^2$ ist, hat man

$$(15.)\quad r = -\frac{\mathrm{e}+(\mathrm{f}+\mathrm{f}')t_1+\mathrm{g}t_1^2}{\mathrm{E}+2\mathrm{F}t_1+\mathrm{G}t_1^2}\cos^2\omega - \frac{\mathrm{e}+(\mathrm{f}+\mathrm{f}')t_2+\mathrm{g}t_2^2}{\mathrm{E}+2\mathrm{F}t_2+\mathrm{G}t_2^2}\sin^2\omega,$$

und vermöge der bei (12.) und (13.) §. 2 gegebenen Ausdrücke von r_1 und r_2:

$$(16.)\quad r = r_1\cos^2\omega + r_2\sin^2\omega.$$

Diese elegante Formel, welche eine sehr einfache Beziehung der Gränzpunkte der kürzesten Abstände eines Strahls zu dem kürzesten Abstande eines beliebigen unendlich nahen Strahls ausdrückt, hat ***Hamilton*** in dem schon oben angeführten Supplemente zu seiner Abhandlung ***On the Theory of Systems of Rays*** gefunden, in welcher er die Punkte, in denen zwei unendlich nahe Strahlen ihren kürzesten Abstand haben, unter dem Namen ***„virtual foci“*** behandelt; auch hat er daselbst die Gränzpunkte der kürzesten Abstände und die beiden auf einander senkrecht stehenden Hauptebenen eines jeden Strahls zuerst nachgewiesen.

§. 4.

Die Brennpunkte der Strahlen, die Mittelpunkte derselben und die Fokalebenen.

Für die Gröfse des kürzesten Abstandes dp zweier unendlich nahen Strahlen und für den unendlich kleinen Winkel $d\varepsilon$, unter welchem diese Strahlen gegen einander geneigt sind, findet man aus den oben bei (12.) und (14.)

26*

§. 1 gegebenen Ausdrücken, durch Einführung der partiellen Differentialquotienten und der Differentiale du und dv der beiden unabhängigen Variabeln anstatt der Differentiale dx, dy, dz, $d\xi$, $d\eta$, $d\zeta$ und durch Anwendung der gefundenen Werthe der Gröfsen $\varkappa$, λ, μ, folgende Ausdrücke:

$$(1.)\qquad d\varepsilon = du\sqrt{E+2Ft+Gt^2},$$

$$(2.)\qquad dp = \frac{du((f'+gt)(E+Ft)-(e+ft)(F+Gt))}{\Delta\sqrt{E+2Ft+Gt^2}},$$

also

$$(3.)\qquad \frac{dp}{d\varepsilon} = \frac{(f'+gt)(E+Ft)-(e+ft)(F+Gt)}{\Delta(E+2Ft+Gt^2)}.$$

Hieraus folgt, dafs für diejenigen Werthe des t, welche der Gleichung

$$(4.)\qquad (f'+gt)(E+Ft)-(e+ft)(F+Gt) = 0$$

genügen, der Strahl von den betreffenden unendlich nahen Strahlen geschnitten wird, das heifst, dafs der kürzeste Abstand des Strahls, welcher im allgemeinen eine unendlich kleine Gröfse der ersten Ordnung ist, für diese besonderen Werthe des t, also für die denselben zugehörenden unendlich nahen Strahlen, eine unendlich kleine Gröfse einer höheren Ordnung ist. Diese Bedingungsgleichung entwickelt, giebt:

$$(5.)\qquad (gF-fG)t^2+(gE-(f-f')F-eG)t+f'E-eF = 0,$$

und wenn die beiden Wurzeln dieser quadratischen Gleichung mit τ_1 und τ_2 bezeichnet werden, so ist

$$(6.)\qquad \tau_1+\tau_2 = \frac{-gE+(f-f')F+eG}{gF-fG},\qquad \tau_1\tau_2 = \frac{f'E-eF}{gF-fG}.$$

Diese quadratische Gleichung hat nicht die ausgezeichnete Eigenschaft der oben behandelten, dafs ihre Wurzeln τ_1 und τ_2 stets real sind; dieselben werden vielmehr real oder imaginär je nach der Beschaffenheit der Gesetze, welche die graden Linien im Raume zu einem Systeme verbinden. Man hat demnach zwei besondere Gattungen von Strahlensystemen zu unterscheiden, nämlich solche, in welchen jeder Strahl von zwei unendlich nahen Strahlen geschnitten wird, und solche, in denen ein Schneiden unendlich naher Strahlen überhaupt nicht Statt findet. Als dritte Gattung von Strahlensystemen kommen noch diejenigen hinzu, in welchen gewisse Theile des Systems der ersten, andere der zweiten Gattung angehören.

Diejenigen beiden Punkte in einem Strahle, in welchen er von den unendlich nahen Strahlen geschnitten wird, werden die ***Brennpunkte*** dieses

Strahls genannt. Dieselben sind als reale Punkte nur dann vorhanden, wenn τ_1 und τ_2 real sind.

Die Abscissen der beiden Brennpunkte findet man aus dem allgemeinen Ausdrucke der Abscisse des Punktes, in welchem der Strahl seinen kürzesten Abstand von einem unendlich nahen Strahle hat, welcher oben (1.) §. 2 gefunden worden ist, wenn man in demselben dem t die beiden bestimmten Werthe τ_1 und τ_2 giebt. Bezeichnet man die denselben entsprechenden Abscissen der Brennpunkte mit ϱ_1 und ϱ_2, so hat man

$$(7.)\quad \begin{cases} \varrho_1 = -\dfrac{\mathrm{e}+(\mathrm{f}+\mathrm{f}')\tau_1+\mathrm{g}\tau_1^2}{\mathrm{E}+2\mathrm{F}\tau_1+\mathrm{G}\tau_1^2}, \\[2ex] \varrho_2 = -\dfrac{\mathrm{e}+(\mathrm{f}+\mathrm{f}')\tau_2+\mathrm{g}\tau_2^2}{\mathrm{E}+2\mathrm{F}\tau_2+\mathrm{G}\tau_2^2}, \end{cases}$$

welche Ausdrücke vermöge der quadratischen Gleichung (4.), deren Wurzeln τ_1 und τ_2 sind, folgende einfachere Formen erhalten:

$$(8)\quad \begin{cases} \varrho_1 = -\dfrac{\mathrm{e}+\mathrm{f}\tau_1}{\mathrm{E}+\mathrm{F}\tau_1} = -\dfrac{\mathrm{f}'+\mathrm{g}\tau_1}{\mathrm{F}+\mathrm{G}\tau_1}, \\[2ex] \varrho_2 = -\dfrac{\mathrm{e}+\mathrm{f}\tau_2}{\mathrm{E}+\mathrm{F}\tau_2} = -\dfrac{\mathrm{f}'+\mathrm{g}\tau_2}{\mathrm{F}+\mathrm{G}\tau_2}. \end{cases}$$

Eliminirt man aus diesen Gleichungen τ_1 oder τ_2, so erhält man folgende quadratische Gleichung, deren Wurzeln ϱ_1 und ϱ_2 sind:

$$(9.)\quad (\mathrm{EG}-\mathrm{F}^2)r^2+(\mathrm{gE}-(\mathrm{f}+\mathrm{f}')\mathrm{F}+\mathrm{eG})r+\mathrm{eg}-\mathrm{ff}' = 0,$$

man hat daher

$$(10.)\quad \varrho_1+\varrho_2 = -\frac{\mathrm{gE}-(\mathrm{f}+\mathrm{f}')\mathrm{F}+\mathrm{eG}}{\Delta^2}, \quad \varrho_1\varrho_2 = \frac{\mathrm{eg}-\mathrm{ff}'}{\Delta^2}.$$

Vergleicht man diese quadratische Gleichung, deren Wurzeln ϱ_1 und ϱ_2 die Abscissen der beiden Brennpunkte sind, mit derjenigen, deren Wurzeln r_1 und r_2 die Abscissen der Gränzpunkte der kürzesten Abstände sind, so hat man

$$(11.)\quad \varrho_1+\varrho_2 = r_1+r_2,$$

$$(12.)\quad \varrho_1\varrho_2 = r_1 r_2+\frac{(\mathrm{f}-\mathrm{f}')^2}{4\Delta^2}.$$

Die erste dieser beiden Gleichungen giebt folgenden Satz:

Der Mittelpunkt der beiden Brennpunkte eines jeden Strahls fällt mit dem Mittelpunkte der beiden Gränzpunkte der kürzesten Abstände zusammen.

Dieser gemeinschaftliche Mittelpunkt der beiden Brennpunkte und der beiden Gränzpunkte soll der ***Mittelpunkt des Strahls*** genannt werden.

Der Abstand der Brennpunkte vom Mittelpunkte sei gleich δ, also

$$(13.)\qquad \delta = \frac{\varrho_2-\varrho_1}{2}.$$

Die vier Gröfsen r_1, r_2, ϱ_1, ϱ_2 können durch die drei Gröfsen m, d und δ ausgedrückt werden; man erhält nämlich aus der Gleichung (11.) und aus den beiden Gleichungen (18.) §. 2:

$$(14.)\qquad \begin{cases} r_2 = m+d, & r_1 = m-d, \\ \varrho_2 = m+\delta, & \varrho_1 = m-\delta. \end{cases}$$

Die Gleichung (12.) giebt demnach

$$(15.)\qquad d^2-\delta^2 = \frac{(\mathfrak{f}-\mathfrak{f}')^2}{4\Delta^2},$$

woraus folgt, ***dafs der Abstand der beiden Brennpunkte vom Mittelpunkte niemals gröfser ist, als der Abstand der beiden Gränzpunkte der kürzesten Entfernungen vom Mittelpunkte,*** dafs also die Brennpunkte stets nur zwischen den Gränzpunkten der kürzesten Abstände liegen oder höchstens mit denselben zusammenfallen können.

Die beiden Ebenen, welche durch einen Strahl und durch je einen der beiden unendlich nahen Strahlen gehen, welche diesen Strahl schneiden, sollen die ***Fokalebenen*** dieses Strahls genannt werden.

Die Fokalebenen sind nur dann als reale Ebenen vorhanden, wenn die Brennpunkte real sind, die Lage derselben gegen einander und gegen die Hauptebenen wird am einfachsten aus der Gleichung $r = r_1\cos^2\omega + r_2\sin^2\omega$ bestimmt, welche

$$(16.)\qquad \cos^2\omega = \frac{r_2-r}{r_2-r_1}, \qquad \sin^2\omega = \frac{r-r_1}{r_2-r_1}$$

giebt. Nimmt man nämlich $r = \varrho_1$, so wird ω der Winkel, welchen die erste Fokalebene mit der ersten Hauptebene macht, nimmt man $r = \varrho_2$, so wird ω der Winkel der zweiten Fokalebene mit der ersten Hauptebene. Bezeichnet man diese beiden Winkel mit ω_1 und ω_2, so giebt der Unterschied $\omega_2-\omega_1$ den Winkel, den die beiden Fokalebenen mit einander machen, welcher mit γ bezeichnet werden soll. Man hat daher:

$$(17.)\qquad \begin{cases} \cos^2\omega_1 = \dfrac{r_2-\varrho_1}{r_2-r_1}, & \sin^2\omega_1 = \dfrac{\varrho_1-r_1}{r_2-r_1}, \\[2ex] \cos^2\omega_2 = \dfrac{r_2-\varrho_2}{r_2-r_1}, & \sin^2\omega_2 = \dfrac{\varrho_2-r_1}{r_2-r_1}, \end{cases}$$

und, wenn man nach den Gleichungen (14.) die Abscissen der Brennpunkte und Gränzpunkte durch die drei Gröfsen m, d, δ ausdrückt, so erhält man

$$(18.)\quad \begin{cases} \cos\omega_1 = \sin\omega_2 = \sqrt{\dfrac{d+\delta}{2d}}, \\ \sin\omega_1 = \cos\omega_2 = \sqrt{\dfrac{d-\delta}{2d}}. \end{cases}$$

Weil demnach $\omega_1 = \frac{1}{2}\pi - \omega_2$ ist, und wegen der senkrechten Lage der beiden Hauptebenen gegen einander der Winkel der zweiten Fokalebene mit der zweiten Hauptebene gleich $\frac{1}{2}\pi - \omega_2$, also gleich dem Winkel ω_1 der ersten Fokalebene mit der ersten Hauptebene ist, so folgt:

Die beiden Fokalebenen eines jeden Strahls liegen symmetrisch gegen die beiden Hauptebenen desselben, in der Art, dafs die Halbirungsebenen des Winkels der beiden Fokalebenen dieselben sind, als die Halbirungsebenen des rechten Winkels, welchen die beiden Hauptebenen bilden.

Für den Winkel $\gamma = \omega_2 - \omega_1$ der beiden Fokalebenen hat man, wegen $\omega_1 + \omega_2 = \frac{1}{2}\pi$:

$$(19.)\quad \begin{cases} \gamma = \frac{1}{2}\pi - 2\omega_1 = 2\omega_2 - \frac{1}{2}\pi, \\ \omega_1 = \frac{1}{4}\pi - \frac{1}{2}\gamma, \quad \omega_2 = \frac{1}{4}\pi + \frac{1}{2}\gamma, \end{cases}$$

also $\sin\gamma = \cos 2\omega_1 = \cos^2\omega_1 - \sin^2\omega_1$ und $\cos\gamma = \sin 2\omega_1 = 2\sin\omega_1\cos\omega_1$; die Gleichungen (18.) geben daher:

$$(20.)\quad \sin\gamma = \frac{\delta}{d}, \quad \cos\gamma = \frac{\sqrt{d^2-\delta^2}}{d}.$$

§. 5.

Die mit einem jeden Strahlensysteme zusammenhängenden Flächen.

Die fünf bestimmten Punkte in einem jeden Strahle des Systems, nämlich die beiden Gränzpunkte der kürzesten Abstände, die beiden Brennpunkte und der Mittelpunkt, haben zu ihren geometrischen Orten für alle Strahlen des Systems fünf Flächen, welche durch das Strahlensystem vollkommen bestimmt sind und mit demselben in den engsten Beziehungen stehen.

Die beiden Flächen, in denen die Gränzpunkte der kürzesten Abstände liegen, stellen sich analytisch gewöhnlich nur als eine einzige Fläche dar, insofern sie beide durch eine und dieselbe Gleichung repräsentirt werden, sie können darum auch als zwei verschiedene Theile oder Schalen einer Fläche angesehen werden; da es aber durchaus nöthig ist dieselben von einander zu unterscheiden, so sollen sie in dem Folgenden überall als zwei Flächen angesehen und mit F_1 und F_2 bezeichnet werden. ***Diese beiden Flächen theilen den ganzen Raum in der Art ab, dafs zwischen denselben die***

kürzesten Abstände aller unendlich nahen Strahlen des ganzen Systems liegen, aufserhalb derselben aber keine.

Geht man von irgend einem Strahle des Systems zu demjenigen unendlich nahen Strahle über, dessen kürzester Abstand von demselben in der Fläche F_1 liegt, von diesem wieder zu dem nächsten, dessen kürzester Abstand von jenem in F_1 liegt, und so fort, so bilden alle diese auf einander folgenden Strahlen zusammen eine gradlinige Fläche O_1, deren Durchschnittscurve a_1 mit der Fläche F_1 diejenige Curve der gradlinigen Fläche O_1 ist, in welcher die kürzesten Abstände je zweier auf einander folgenden graden Linien derselben liegen. Dieselbe gradlinige Fläche O_1 schneidet auch aus der Fläche F_2 eine bestimmte Curve b_2 aus. Macht man dasselbe in Beziehung auf die Fläche F_2, so erhält man eine gradlinige Fläche O_2, für welche die kürzesten Abstände je zweier unendlich nahen graden Linien auf F_2 in einer Curve a_2 liegen, und die gradlinige Fläche O_2 schneidet auch aus F_1 eine bestimmte Curve b_1 aus. Weil alles dieses für einen jeden Strahl des Systems gilt, von dem man ausgehen will, so hat man eine ganze Schaar von gradlinigen Flächen O_1, deren Curven der kürzesten Abstände je zweier unendlich nahen graden Linien eine Schaar von Curven a_1 auf der Fläche F_1 ergeben, und welche aus der Fläche F_2 eine Schaar von Curven b_2 ausschneiden. Ebenso hat man eine zweite Schaar von gradlinigen Flächen O_2, welche auf F_2 ihre Curven a_2 der kürzesten Abstände der unendlich nahen graden Linien haben, und welche aus F_1 eine Schaar von Curven b_1 ausschneiden.

Wenn x', y', z' die Coordinaten des ersten Gränzpunktes der kürzesten Abstände für den von dem Punkte x, y, z ausgehenden Strahl sind, so hat man

$$x' = x + r_1\xi, \qquad y' = y + r_1\eta, \qquad z' = z + r_1\zeta$$

als Gleichungen der Fläche F_1, in der Form, dafs die Coordinaten eines jeden Punktes dieser Fläche als Functionen der beiden unabhängigen Variabeln u und v ausgedrückt sind. In derselben Weise hat man

$$x' = x + r_2\xi, \qquad y' = y + r_2\eta, \qquad z' = z + r_2\zeta$$

als Gleichungen der Fläche F_2. Um die Schaaren der gradlinigen Oberflächen O_1 und O_2 zu finden, mufs man die beiden Differentialgleichungen

$$\frac{dv}{du} = t_1, \qquad \frac{dv}{du} = t_2$$

integriren. Wenn die vollständigen, eine willkürliche Constante enthaltenden Integrale derselben gefunden sind, und man eliminirt mittelst einer dieser beiden Integralgleichungen aus den beiden Gleichungen

$$\frac{x'-x}{\xi} = \frac{y'-y}{\eta} = \frac{z'-z}{\zeta}$$

eines jeden Strahls die Gröfsen u und v, so erhält man eine Gleichung für die Coordinaten x', y', z', welche eine willkürliche Constante enthält und die ganze Schaar der gradlinigen Flächen O_1 oder O_2 darstellt, je nachdem die eine oder die andere Integralgleichung angewendet worden ist. Die beiden Schaaren der Curven a_1 und b_1 auf F_1, und a_2 und b_2 auf F_2 erhält man unmittelbar, indem man mit den drei Gleichungen einer dieser beiden Flächen eine dieser beiden Integralgleichungen verbindet.

Die beiden Flächen, in welchen die Brennpunkte eines jeden Strahls liegen, welche die ***Brennflächen des Strahlensystems*** genannt werden und hier mit Φ_1 und Φ_2 kurz bezeichnet werden sollen, existiren als reale Flächen nur dann, wenn die Strahlen reale Brennpunkte und die beiden Wurzeln τ_1 und τ_2 der quadratischen Gleichung (5.) §. 4. reale Werthe haben.

Geht man von einem beliebigen Strahle aus zu demjenigen unendlich nahen Strahle fort, welcher jenen in dem auf Φ_1 liegenden Brennpunkte schneidet, von diesem weiter zu dem folgenden, welcher ihn in dem auf Φ_1 liegenden Brennpunkte schneidet, und so fort: so erhält man eine Reihe von Strahlen, deren jeder den vorhergehenden in einem Punkte der Fläche Φ_1 schneidet, welche also zusammen eine abwickelbare Fläche bilden, deren Wendungskurve auf der Fläche Φ_1 liegt, und welche auch aus der Fläche Φ_2 eine bestimmte Curve ausschneidet. Diese abwickelbare Fläche soll mit Ω_1, ihre Wendungscurve mit α_1 und ihre Durchschnittscurve mit der Fläche Φ_2 mit β_2 bezeichnet werden. Weil man hierbei von einem jeden beliebigen Strahle des Systems ausgehen kann, so erhält man eine ganze Schaar von abwickelbaren Flächen Ω_1, deren Wendungspunkte auf der Fläche Φ_1 eine Schaar von Curven α_1 bilden, und welche auf der Fläche Φ_2 eine Schaar von Curven β_2 bestimmen. Ebenso erhält man, von den auf der Fläche Φ_2 liegenden Brennpunkten der Strahlen ausgehend, eine zweite Schaar abwickelbarer Flächen Ω_2, deren Wendungscurven α_2 eine auf der Fläche Φ_2 liegende Schaar von Curven sind, und welche auf der Fläche Φ_1 eine Schaar von Curven β_1 bestimmen. Also:

Ein jedes System von Strahlen, welches reale Brennflächen hat, läfst sich auf zwei verschiedene Weisen zu einer Schaar abwickelbarer Flächen zusammenfassen, deren Wendungscurven zu ihren geometrischen Orten die beiden Brennflächen haben.

Weil die Wendungscurven α_1 der abwickelbaren Flächen Ω_1 als solche von allen in Ω_1 liegenden Strahlen berührt werden, und weil sie auf der Fläche Φ_1 liegen, so folgt, dafs alle Strahlen einer jeden abwickelbaren Fläche Ω_1, also überhaupt alle Strahlen des Systems, die Fläche Φ_1 berühren. Ebenso folgt auch, dafs alle Strahlen des Systems die andere Brennfläche Φ_2 berühren müssen. Man hat daher folgenden Satz:

Alle Strahlen eines Systems mit realen Brennflächen sind gemeinschaftliche Tangenten der beiden Brennflächen.

Als eine unmittelbare Folge dieses Satzes verdient auch folgender Satz erwähnt zu werden:

Ein jedes Strahlensystem mit realen Brennflächen kann als System aller gemeinschaftlichen Tangenten zweier Flächen oder auch als System aller Doppeltangenten einer und derselben Fläche geometrisch definirt werden.

Man kann auch, um ein System vollständig zu bestimmen, nur die eine seiner beiden Brennflächen, z. B. Φ_1, und zugleich die Schaar der Curven α_1 auf derselben als gegeben ansehen, also:

Ein jedes Strahlensystem mit realen Brennflächen kann als das System aller Tangenten einer auf einer Fläche liegenden Schaar von Curven geometrisch definirt werden.

Weil die in einer abwickelbaren Fläche Ω_1 liegenden Strahlen alle auch die Fläche Φ_2 berühren, so folgt, dafs die Curve β_2, welche sie mit derselben gemein haben, eine Berührungscurve beider Flächen sein mufs. Ebenso folgt, dafs jede abwickelbare Fläche Ω_2 die Fläche Φ_1 in einer ganzen Curve berührt, d. h. einhüllt. Also:

Eine jede der beiden Brennflächen wird von einer der beiden Schaaren abwickelbarer Flächen eingehüllt, in welche alle Strahlen des Systems sich zusammenfassen lassen.

Da nach einem bekannten Satze die erzeugenden graden Linien einer abwickelbaren Fläche, welche eine andere Fläche in einer ganzen Curve berührt, die conjugirten Tangenten zu den Tangenten dieser Curve sind, so folgt:

Die beiden Schaaren von Curven, welche durch die beiden Schaaren von abwickelbaren Flächen auf den Brennflächen eines Strahlensystems bestimmt werden, schneiden sich auf jeder der beiden Brennflächen in conjugirten Richtungen.

Wenn die beiden Brennflächen Φ_1 und Φ_2 sich schneiden, so ist eine jede Tangente der Durchschnittscurve einer der Strahlen des Systems und folglich eine Tangente einer der Curven α_1; die Durchschnittscurve und diese Curve α_1 haben also eine gemeinschaftliche Tangente und zwar in demselben Berührungspunkte; die Durchschnittscurve wird also von der Curve α_1 berührt, und weil dasselbe für alle verschiedenen Tangenten der Durchschnittscurve Statt hat, so folgt, dafs die Durchschnittscurve von allen Curven der Schaar α_1 berührt wird. Ebenso folgt, dafs die Durchschnittscurve auch von allen Curven der Schaar α_2 auf Φ_2 berührt wird. Man hat daher folgenden Satz:

Die Durchschnittscurve der beiden Brennflächen ist die einhüllende Curve oder Gränzcurve für alle auf den beiden Brennflächen liegenden Wendungscurven der abwickelbaren Flächen, in welche die Strahlen des Systems zusammengefafst werden können.

Die Gleichungen der beiden Brennflächen erhält man in derselben Weise, wie oben die Gleichungen der Gränzflächen der kürzesten Abstände, mit Hülfe der Abscissen der Brennpunkte ϱ_1 und ϱ_2, nämlich:

$$x' = x + \varrho_1\xi, \qquad y' = y + \varrho_1\eta, \qquad z' = z + \varrho_1\zeta$$

und

$$x' = x + \varrho_2\xi, \qquad y' = y + \varrho_2\eta, \qquad z' = z + \varrho_2\zeta.$$

Die beiden Schaaren der abwickelbaren Flächen Ω_1 und Ω_2 und die Schaaren der Curven α_1, β_1 auf Φ_1 und α_2, β_2 auf Φ_2 erhält man durch die vollständige Integration der Differentialgleichungen

$$\frac{dv}{du} = \tau_1, \qquad \frac{dv}{du} = \tau_2,$$

in derselben Weise wie dies oben für die Flächen O_1 und O_2 und die Systeme der Curven a_1, b_1 auf F_1 und a_2, b_2 auf F_2 gezeigt worden ist.

Was nun endlich diejenige stets reale Fläche betrifft, auf welcher die Mittelpunkte aller Strahlen des Systems liegen, welche deshalb die *Mittelfläche* des Strahlensystems genannt werden soll, so ist dieselbe besonders in der Beziehung von Wichtigkeit, dafs sie am passendsten für diejenige Fläche gewählt werden kann, von welcher alle Strahlen des Systems als ausgehend betrachtet werden. Rechnet man nämlich die Abscissen der Punkte in den einzelnen Strahlen von der Mittelfläche aus, so hat man

$$r_1 = -r_2, \qquad \varrho_1 = -\varrho_2, \qquad \mathrm{gE} - (\mathrm{f} + \mathrm{f}')\mathrm{F} + \mathrm{eG} = 0,$$

wodurch eine nicht unbeträchtliche Vereinfachung herbeigeführt wird.

27 *

Die Gleichungen der Mittelfläche erhält man aus dem Ausdrucke der Abscisse des Mittelpunkts

$$m = \frac{r_1 + r_2}{2} = -\frac{gE - (f+f')F + eG}{2\Delta^2},$$

nämlich

$$x' = x + m\xi, \quad y' = y + m\eta, \quad z' = z + m\zeta.$$

Alle diese mit den Strahlensystemen eng verbundenen Flächen, die Gränzflächen der kürzesten Abstände, die Brennflächen und die Mittelfläche können in besonderen Fällen zu Linien oder selbst zu Punkten entarten, auch können gewisse von diesen Flächen im Unendlichen verschwinden oder auch sich so mit einander vereinigen, dafs sie sich decken. Zu den verschiedenen speciellen Arten der Strahlensysteme, welche in dieser Weise als Gränzfälle der allgemeinen auftreten, gehören auch die Systeme der Normalen einer Fläche, für welche die beiden Brennflächen mit den Gränzflächen der kürzesten Abstände zusammenfallen. Von dem Verhältnisse dieser besonderen Art der Strahlensysteme zu den allgemeinen soll später ausführlicher gehandelt werden. Aufserdem verdient hier diejenige Art der Strahlensysteme eine besondere Erwähnung, für welche $\Delta = 0$ und darum $A = 0$, $B = 0$, $C = 0$ ist, welche von der allgemeinen Untersuchung ausgeschlossen werden mufsten, weil die Ausdrücke für ξ, η, ζ durch die partiellen Differentialquotienten (27.) §. 1 für dieselben unbestimmte Werthe ergeben. Für diese besondere Art der Strahlensysteme verschwinden die Gränzflächen der kürzesten Abstände beide im Unendlichen, ebenso verschwindet auch die Mittelfläche im Unendlichen, von den beiden Brennflächen aber geht nur eine im Unendlichen verloren, während die andere eine endliche bestimmte Fläche bleibt. Von den beiden Schaaren abwickelbarer Flächen, in welche die Strahlen eines solchen Systems zusammengefafst werden können, enthält die eine, deren Wendungscurven auf der unendlich entfernten Brennfläche liegen, nur Cylinderflächen. Ein solches System kann, wie sich hieraus ergiebt, geometrisch dargestellt werden als das System aller derjenigen Tangenten einer Fläche, welche den Tangenten irgend einer auf derselben gegebenen Curve parallel sind.

§. 6.

Das Dichtigkeitsmaafs.

Betrachtet man die drei Gröfsen ξ, η, ζ, welche der Gleichung

$$\xi^2 + \eta^2 + \zeta^2 = 1$$

genügen, als die rechtwinkligen Coordinaten einer Kugel, deren Radius gleich Eins ist, so hat man zu jedem Strahle des Systems einen entsprechenden Punkt auf der Kugelfläche und zu jeder continuirlichen Reihenfolge von Strahlen eine entsprechende continuirliche Curve auf der Kugelfläche. Legt man nun durch irgend einen Punkt eines Strahls eine auf demselben senkrechte Ebene und zieht in dieser Ebene eine Curve, so entspricht der Schaar von Strahlen, welche durch diese Curve hindurchgehen, eine Curve auf der Kugel. Nimmt man jene ebene Curve so, dafs ihre einzelnen Punkte sich nur unendlich wenig von dem Fufspunkte des ersten Strahls entfernen, auf welchem die Ebene der Curve senkrecht steht, und dafs sie einen um diesen Punkt herumliegenden unendlich kleinen Flächenraum umschliefst, so erhält man als die entsprechende Curve auf der Kugel ebenfalls eine geschlossene Curve mit unendlich kleinem Flächenraume. Das Verhältnifs dieser beiden unendlich kleinen Flächenräume, welches in dem Falle, wo das Strahlensystem ein System von Normalen einer Fläche und die senkrechte Ebene eine Tangentialebene derselben ist, von *Gaufs* als das Krümmungsmaafs dieser Fläche definirt worden ist, hat auch für die allgemeinsten Strahlensysteme dieselbe Wichtigkeit, zwar nicht als Maafs einer Krümmung aber als Maafs der ***Dichtigkeit*** des Strahlensystems. Das Dichtigkeitsmaafs eines Strahlensystems wird demnach folgendermaafsen definirt: Wenn durch irgend einen Punkt eines Strahls eine auf demselben senkrechte Ebene gelegt und in dieser eine dem Strahle unendlich nahe geschlossene Curve angenommen wird, deren Flächenraum gleich f ist, und der Flächenraum der entsprechenden Curve auf der Kugel gleich φ, so soll $\frac{\varphi}{f}$ ***das Dichtigkeitsmaafs des Strahlensystems in diesem Punkte*** genannt werden.

Es sei dq der unendlich kleine Abstand eines Punktes der Curve f von dem Fufspunkte des auf der Ebene dieser Curve senkrechten Strahls, welcher durch die Gröfsen $x, y, z, \xi, \eta, \zeta$ und durch die Abscisse $\boldsymbol{R}$ gegeben ist, ferner seien $\varkappa', \lambda', \mu'$ die Cosinus der Winkel, welche dq mit den drei Coordinatenaxen bildet; es sei ferner der durch den anderen Endpunkt von dq hindurchgehende Strahl durch die Gröfsen $x+dx$, $y+dy$, $z+dz$, $\xi+d\xi$, $\eta+d\eta$, $\zeta+d\zeta$ bestimmt: so hat man nach (16.) §. 1 die Gleichungen:

$$(1.)\quad \begin{cases} \varkappa' dq = dx + Rd\xi - \xi(\xi dx + \eta dy + \zeta dz), \\ \lambda' dq = dy + Rd\eta - \eta(\xi dx + \eta dy + \zeta dz), \\ \mu' dq = dz + Rd\zeta - \zeta(\xi dx + \eta dy + \zeta dz). \end{cases}$$

Es sei ferner α der Winkel, welchen dq mit einem Perpendikel auf der ersten Hauptebene macht, und darum $\frac{1}{2}\pi-\alpha$ der Winkel, den es mit einem Perpendikel auf der zweiten Hauptebene macht, so ist:

$$(2.)\quad \begin{cases} \cos\alpha = \varkappa_1\varkappa'+\lambda_1\lambda'+\mu_1\mu', \\ \sin\alpha = \varkappa_2\varkappa'+\lambda_2\lambda'+\mu_2\mu'. \end{cases}$$

Multiplicirt man diese beiden Gleichungen mit dq und setzt die Werthe von $\varkappa' dq$, $\lambda' dq$, $\mu' dq$ aus (1.) ein, indem man beachtet, dafs

$$\varkappa_1\xi+\lambda_1\eta+\mu_1\zeta = 0,$$
$$\varkappa_2\xi+\lambda_2\eta+\mu_2\zeta = 0$$

ist, so erhält man:

$$(3.)\quad \begin{cases} dq\cos\alpha = \varkappa_1 dx+\lambda_1 dy+\mu_1 dz+R(\varkappa_1 d\xi+\lambda_1 d\eta+\mu_1 d\zeta), \\ dq\sin\alpha = \varkappa_2 dx+\lambda_2 dy+\mu_2 dz+R(\varkappa_2 d\xi+\lambda_2 d\eta+\mu_2 d\zeta). \end{cases}$$

Setzt man nun für $\varkappa_1$, λ_1, μ_1 und $\varkappa_2$, λ_2, μ_2 ihre im §. 3, bei (5.) und (6.) gefundenen Werthe und drückt die Differentiale dx, dy, dz, $d\xi$, $d\eta$, $d\zeta$ durch die partiellen Differentialquotienten und die Differentiale du und dv der unabhängigen Variabeln aus, so erhält man:

$$(4.)\quad \begin{cases} dq\cos\alpha = -A_2 du - B_2 dv, \\ dq\sin\alpha = +A_1 du + B_1 dv, \end{cases}$$

wo der Kürze wegen gesetzt ist:

$$A_1 = \frac{\mathrm{e}+\mathrm{f}'t_1+R(\mathrm{E}+\mathrm{F}t_1)}{V_1},\quad A_2 = \frac{\mathrm{e}+\mathrm{f}'t_2+R(\mathrm{E}+\mathrm{F}t_2)}{V_2},$$

$$B_1 = \frac{\mathrm{f}+\mathrm{g}t_1+R(\mathrm{F}+\mathrm{G}t_1)}{V_1},\quad B_2 = \frac{\mathrm{f}+\mathrm{g}t_2+R(\mathrm{F}+\mathrm{G}t_2)}{V_2}.$$

Aus diesen beiden Gleichungen folgt durch Division:

$$(5.)\quad \operatorname{tang}\alpha = -\frac{A_1+B_1 t}{A_2+B_2 t}$$

und hieraus:

$$(6.)\quad t = -\frac{A_1\cos\alpha+A_2\sin\alpha}{B_1\cos\alpha+B_2\sin\alpha}.$$

Es sei nun $d\sigma$ das dem dq entsprechende Bogenelement auf der Kugelfläche, so hat man aus den Coordinaten seiner beiden Endpunkte, welche ξ, η, ξ und $\xi+d\xi$, $\eta+d\eta$, $\zeta+d\zeta$ sind:

$$(7.)\quad d\sigma = \sqrt{d\xi^2+d\eta^2+d\zeta^2} = du\sqrt{\mathrm{E}+2\mathrm{F}t+\mathrm{G}t^2}.$$

Die Cosinus der Winkel, welche das Element $d\sigma$ auf der Kugel mit den drei

Coordinatenaxen bildet, nämlich:

$$\frac{d\xi}{d\sigma}, \quad \frac{d\eta}{d\sigma}, \quad \frac{d\zeta}{d\sigma},$$

sind demnach gleich

$$(8.) \quad \frac{a+a't}{\sqrt{E+2Ft+Gt^2}}, \quad \frac{b+b't}{\sqrt{E+2Ft+Gt^2}}, \quad \frac{c+c't}{\sqrt{E+2Ft+Gt^2}}.$$

Wenn nun t_0 den Werth des t für $\alpha = 0$ bezeichnet, so ist nach Gleichung (6.):

$$(9.) \quad t_0 = -\frac{A_1}{B_1},$$

und wenn der dem Winkel α entsprechende Winkel auf der Kugelfläche mit α' bezeichnet wird, so hat man aus den bekannten Richtungen seiner beiden Schenkel:

$$(10.) \quad \cos\alpha' = \frac{(a+a't_0)(a+a't)+(b+b't_0)(b+b't)+(c+c't_0)(c+c't)}{\sqrt{E+2Ft_0+Gt_0^2}\sqrt{E+2Ft+Gt^2}},$$

oder vereinfacht:

$$(11.) \quad \cos\alpha' = \frac{E+Ft_0+(F+Gt_0)t}{\sqrt{E+2Ft_0+Gt_0^2}\sqrt{E+2Ft+Gt^2}},$$

woraus man folgenden Ausdruck des $\operatorname{tang}\alpha'$ ableitet:

$$(12.) \quad \operatorname{tang}\alpha' = \frac{\Delta(t-t_0)}{E+Ft_0+(F+Gt_0)t},$$

welcher differentiirt

$$(13.) \quad d\alpha' = \frac{\Delta dt}{E+2Ft+Gt^2}$$

giebt, und folglich mit $d\sigma^2$ multiplicirt nach Gleichung (7.)

$$(14.) \quad d\sigma^2 d\alpha' = \Delta\, du^2 dt.$$

Ferner erhält man durch Differentiation der Gleichung (6.)

$$(15.) \quad dt = \frac{(A_1B_2 - A_2B_1)\, d\alpha}{(B_1\cos\alpha + B_2\sin\alpha)^2},$$

und aus der ersten der beiden Gleichungen (4.), wenn $\frac{dv}{du} = t$ nach Gleichung (6.) durch α ausgedrückt wird:

$$(16.) \quad dq = \frac{(A_1B_2 - A_2B_1)\, du}{B_1\cos\alpha + B_2\sin\alpha},$$

also

$$(17.) \quad dq^2 d\alpha = (A_1B_2 - A_2B_1)\, du^2 dt,$$

und diese Gleichung mit (14.) verbunden, giebt:

$$(18.) \quad d\sigma^2 d\alpha' = \frac{\Delta}{A_1B_2 - A_2B_1}\cdot dq^2 d\alpha.$$

Weil für die unendlich kleine Curve f die Linie dq der Radius Vector ist und α der zugehörige Winkel, und für die unendlich kleine Curve φ auf der Kugel $d\sigma$ der Radius Vector und α' der zugehörige Winkel, so ist:

$$(19.)\quad f = \tfrac{1}{2}\int_0^{2\pi} dq^2 d\alpha, \qquad \varphi = \tfrac{1}{2}\int_0^{2\pi} d\sigma^2 d\alpha'.$$

Die Integration der Gleichung (18.) in den Gränzen $\alpha = 0$ bis $\alpha = 2\pi$, welchen dieselben Gränzen des α' entsprechen, giebt daher:

$$(20.)\quad \varphi = \frac{\Delta}{A_1B_2 - A_2B_1}\cdot f.$$

Bezeichnet man nun das Dichtigkeitsmaafs mit Θ, so dafs $\Theta = \frac{\varphi}{f}$ ist, so hat man folgenden Ausdruck desselben:

$$(21.)\quad \Theta = \frac{\Delta}{A_1B_2 - A_2B_1}.$$

Aus den bei (4.) gegebenen Werthen der Gröfsen A_1, B_1, A_2, B_2 erhält man

$$A_1B_2 - A_2B_1 = \frac{t_2 - t_1}{V_1V_2}(\mathrm{eg} - \mathrm{ff}' + (\mathrm{gE} - (\mathrm{f} + \mathrm{f}')\mathrm{F} + \mathrm{eG})R + \Delta^2R^2);$$

nach den im §. 4 (10.) gefundenen Werthen der Abscissen ϱ_1 und ϱ_2 der beiden Brennpunkte ist aber:

$$\mathrm{eg} - \mathrm{ff}' = \varrho_1\varrho_2\Delta^2,$$
$$\mathrm{gE} - (\mathrm{f} + \mathrm{f}')\mathrm{F} + \mathrm{eG} = -(\varrho_1 + \varrho_2)\Delta^2,$$

und weil nach (4.) §. 3 $V_1V_2 = \Delta(t_2 - t_1)$ ist, so hat man:

$$(22.)\quad A_1B_2 - A_2B_1 = \Delta(\varrho_1\varrho_2 - (\varrho_1 + \varrho_2)R + R^2).$$

Der Ausdruck des Dichtigkeitsmaafses Θ nimmt daher folgende einfache Form an:

$$(23.)\quad \Theta = \frac{1}{\varrho_1\varrho_2 - (\varrho_1 + \varrho_2)R + R^2}$$

oder

$$(24.)\quad \Theta = \frac{1}{(\varrho_1 - R)(\varrho_2 - R)}.$$

Das Dichtigkeitsmaafs in jedem Punkte eines Strahls ist also gleich dem reciproken Werthe des Products der Entfernungen dieses Punktes von den beiden Brennpunkten des Strahls.

Das Dichtigkeitsmaafs ist stets real, auch wenn die beiden Brennpunkte imaginär sind. Für Strahlensysteme mit realen Brennflächen ist das Dichtigkeitsmaafs positiv für alle aufserhalb der beiden Brennflächen liegenden Punkte, negativ für die zwischen denselben liegenden, und es hat, wie aus dem Ausdrucke desselben leicht zu ersehen ist, in dem Mittelpunkte eine jeden Strahls seinen gröfsten negativen Werth, in den Brennpunkten abe ist es unendlich grofs. In den Strahlensystemen mit imaginären Brennfläche ist das Dichtigkeitsmaafs stets positiv, und hat in dem Mittelpunkte eines jede Strahls sein Maximum.

Fafst man alle diejenigen einem gegebenen Strahle unendlich nahe Strahlen zusammen, welche durch die mit f bezeichnete auf dem Strahl senkrecht stehende unendlich kleine Fläche hindurchgehen, so bilden dieselbe ein unendlich dünnes *Strahlenbündel*, welches von derjenigen gradlinige Fläche begränzt ist, deren erzeugende grade Linien die durch die umgränzend Curve der Fläche f hindurchgehenden Strahlen sind. Die unendlich klein Fläche f ist ein ***Querschnitt*** dieses unendlich dünnen Strahlenbündels, un zwar der zur Abscisse R gehörende Querschnitt. Betrachtet man nun eine zweiten senkrechten Querschnitt f', dessen Abscisse gleich R' ist, so gehö zu diesem genau dieselbe entsprechende unendlich kleine Fläche φ auf d Kugelfläche, welche zu f gehört, weil alle Strahlen, welche durch die um gränzende Curve von f gehen, auch durch die umgränzende Curve von gehen. Man hat daher, wenn das Dichtigkeitsmaafs in dem Punkte, dess Abscisse R' ist, mit Θ' bezeichnet wird:

$$\frac{\varphi}{f'} = \Theta', \quad \frac{\varphi}{f} = \Theta$$

und folglich

$$(25.) \quad \frac{f}{f'} = \frac{\Theta'}{\Theta}.$$

Also: ***Die Flächeninhalte zweier Querschnitte eines unendlich dünn Strahlenbündels verhalten sich umgekehrt wie die Dichtigkeitsmaafse diesen Stellen des Strahlenbündels.***

Betrachtet man nicht blofs die Dichtigkeitsmaafse, sondern auch Dichtigkeiten selbst, welche die Strahlen eines unendlich dünnen Strahle bündels in den verschiedenen Stellen haben, so ist klar, dafs dieselben dem umgekehrten Verhältnifs der Flächeninhalte der Querschnitte des Strahl bündels stehen müssen; denn alle in dem Strahlenbündel enthaltenen Strah breiten sich in den Querschnitten über die ganzen Flächen derselben und müssen darum in demselben Verhältnifs dichter sein, in welchem Querschnitte kleiner sind. Hieraus folgt, *dafs in einem und demsel unendlich dünnen Strahlenbündel die Dichtigkeiten in den verschiede*

Stellen sich wie die zugehörenden Dichtigkeitsmaafse verhalten. Die Benennung „Dichtigkeitsmaafs" wird hierdurch vollständig gerechtfertigt.

Für zwei in ***verschiedenen*** Strahlen oder unendlich dünnen Strahlenbündeln liegende Punkte ist das Verhältnifs der Dichtigkeiten der Strahlen nicht nothwendig dasselbe als das Verhältnifs der Dichtigkeitsmaafse. Man erkennt dies am deutlichsten an dem einfachsten Systeme, in welchem alle Strahlen von einem und demselben Punkte ausgehen, welches so beschaffen sein kann, dafs die Strahlen nach allen verschiedenen Richtungen in gleicher Dichtigkeit gehen, oder auch so, dafs die Dichtigkeit eine Function der Richtung ist. In dem ersten Falle ist die Dichtigkeit für alle vom Ausgangspunkte gleich weit entfernten Punkte dieselbe und darum überall dem Dichtigkeitsmaafse proportional, im zweiten Falle aber ist die Dichtigkeit nicht allein von der Entfernung vom Ausgangspunkte sondern auch von jener Function der Richtung abhängig. Im Allgemeinen, wenn das Strahlensystem, wie dies oben angenommen worden ist, so bestimmt wird, dafs von jedem Punkte einer als geometrischer Ort der Ausgangspunkte aller Strahlen gewählten Fläche ein Strahl nach einer bestimmten Richtung ausgeht, so kann die Dichtigkeit der Strahlen an dieser ganzen Fläche irgend wie bestimmt sein als eine Function der Coordinaten des Ausgangspunktes x, y, z, oder was dasselbe ist, als eine Function der beiden unabhängigen Variabeln u und v, und erst durch diese Bestimmung wird die Dichtigkeit der Strahlen in allen Punkten des ganzen Systems zu einer vollständig bestimmten. Die Dichtigkeit selbst ist darum gleich dem Dichtigkeitsmaafse multiplicirt mit einer Function von u und v, welche die Abscisse R nicht enthält und deshalb für alle verschiedenen Punkte eines Strahls dieselbe ist. Wenn diese Function eine Constante, und folglich die Dichtigkeit in allen Punkten des Systems dem Dichtigkeitsmaafse proportional ist, so kann das Strahlensystem in Beziehung auf die Dichtigkeit der Strahlen als ein ***homogenes*** bezeichnet werden.

Alle diejenigen Punkte in den verschiedenen Strahlen eines Systems, welche denselben bestimmten Werth des Dichtigkeitsmaafses haben, liegen auf einer bestimmten Fläche, welche eine ***Fläche gleichen Dichtigkeitsmaafses*** genannt werden soll. Weil man dem Dichtigkeitsmaafse alle möglichen constanten Werthe geben kann, so folgt, dafs es in einem jeden Strahlensysteme eine ganze Schaar von Flächen gleichen Dichtigkeitsmaafses giebt. Alle diese Flächen werden sehr einfach durch den bei (23.) gegebenen Ausdruck des Dichtigkeitsmaafses bestimmt, nach welchem

$$R^2-(\varrho_1+\varrho_2)R+\varrho_1\varrho_2=\frac{1}{\Theta}$$

ist. Nimmt man Θ constant und löst diese quadratische Gleichung in Beziehung auf R auf, wodurch man

$$(26.)\quad R=\frac{\varrho_1+\varrho_2}{2}\pm\sqrt{\left(\frac{\varrho_1-\varrho_2}{2}\right)^2+\frac{1}{\Theta}}$$

erhält, so sind für diese beiden Werthe des R

$$(27.)\quad x'=x+R\xi,\qquad y'=y+R\eta,\qquad z'=z+R\zeta$$

die Coordinaten aller derjenigen Punkte des Systems, deren Dichtigkeitsmaafs den constanten Werth Θ hat; dieselben geben also die Gleichungen der Flächen gleichen Dichtigkeitsmaafses in der Art, dafs die Coordinaten eines jeden Punkts dieser Flächen als Functionen der zwei unabhängigen Variabeln u und v bestimmt sind. Damit diese Flächen real seien, ist nöthig und hinreichend, dafs der constante Werth von $\frac{1}{\Theta}$ in den Gränzen $-\left(\frac{\varrho_1-\varrho_2}{2}\right)^2$ und $+\infty$ liege. Für den Werth $\Theta=\infty$ wird R nur dann real, wenn die beiden Brennpunkte real sind, und es wird $R=\varrho_1$ oder $R=\varrho_2$, woraus folgt, dafs die beiden Brennflächen zu den Flächen gleichen Dichtigkeitsmaafses gehören, welches in denselben unendlich grofs ist.

Wenn die beiden Brennflächen real und gegeben sind, so dafs alle Strahlen des Systems als die gemeinschaftlichen Tangenten derselben betrachtet werden können, so kann man alle Flächen gleichen Dichtigkeitsmaafses sehr leicht construiren, indem man zu den beiden Berührungspunkten eines jeden Strahls, welche die Brennpunkte desselben sind, einen dritten Punkt construirt, dessen Entfernungen von den beiden Berührungspunkten ein constantes Product haben. Wenn der gegebene Werth dieses Products positiv ist, so mufs dieser Punkt aufserhalb, wenn negativ, innerhalb der beiden Brennpunkte genommen werden.

§. 7.

Die Drehungswinkel der unendlich nahen Strahlen.

Wenn zwei grade Linien im Raume gegeben sind, und man fällt von zwei verschiedenen Punkten der zweiten Linie Perpendikel auf die erste Linie, deren Fufspunkte auf derselben in a und b liegen mögen, so soll der Winkel, welchen diese beiden Perpendikel gegen einander bilden, der ***Dre-***

28 *

hungswinkel der zweiten Linie um die erste für die Strecke von a bis b genannt werden. Der Drehungswinkel für die ganze unendliche Länge der ersten Linie ist nach dieser Definition gleich zwei Rechten, die Drehungswinkel für endliche Strecken sind alle kleiner als zwei Rechte. Wenn die beiden graden Linien in einer Ebene liegen, so ist ihr Drehungswinkel für jede beliebige Strecke gleich Null oder gleich zwei Rechten, je nachdem diese Strecke den Durchschnittspunkt der beiden Linien in sich enthält oder nicht. Wenn a, b, c drei Punkte in der ersten graden Linie sind, so ist der Drehungswinkel von b bis c gleich dem Unterschiede der beiden Drehungswinkel von a bis c und von a bis b, also alle Drehungswinkel für beliebig begränzte Strecken der ersten Linie sind durch die von einem bestimmten Punkte aus gerechneten Drehungswinkel gegeben.

Um nun die Drehungen zu untersuchen, welche die einem bestimmten Strahle unendlich nahen Strahlen des Systems in Beziehung auf denselben machen, sollen die Drehungswinkel vom Ausgangspunkte dieses Strahls aus gerechnet werden, dessen Abscisse gleich Null ist. Es sei dq die Länge eines von einem unendlich nahen Strahle auf den gegebenen Strahl gefällten Perpendikels, welches denselben in dem Punkte trifft, dessen Abscisse R ist, und α der Winkel, welchen dieses Perpendikel mit einem auf der ersten Hauptebene errichteten Perpendikel macht; ferner sei dq_0 die Länge und α_0 der entsprechende Winkel desjenigen Perpendikels, welches den gegebenen Strahl im Ausgangspunkte trifft, dessen Abscisse gleich Null ist, so hat man, wie im §. 6 bei (4.) gezeigt worden ist, die Gleichungen:

$$(1.)\quad \begin{cases} dq\cos\alpha = -A_2\,du - B_2\,dv, \\ dq\sin\alpha = +A_1\,du + B_1\,dv, \end{cases}$$

wo

$$A_1 = \frac{\mathrm{e}+\mathrm{f}'t_1+R(\mathrm{E}+\mathrm{F}t_1)}{V_1}, \qquad A_2 = \frac{\mathrm{e}+\mathrm{f}'t_2+R(\mathrm{E}+\mathrm{F}t_2)}{V_2},$$

$$B_1 = \frac{\mathrm{f}+\mathrm{g}t_1+R(\mathrm{F}+\mathrm{G}t_1)}{V_1}, \qquad B_2 = \frac{\mathrm{f}+\mathrm{g}t_2+R(\mathrm{F}+\mathrm{G}t_2)}{V_2},$$

und darum für $R=0$:

$$(2.)\quad \begin{cases} dq_0\cos\alpha_0 = -\dfrac{\mathrm{e}+\mathrm{f}'t_2}{V_2}du - \dfrac{\mathrm{f}+\mathrm{g}t_2}{V_2}dv, \\[2ex] dq_0\sin\alpha_0 = +\dfrac{\mathrm{e}+\mathrm{f}'t_1}{V_1}du + \dfrac{\mathrm{f}+\mathrm{g}t_1}{V_1}dv, \end{cases}$$

und folglich:

$$(3.)\quad \begin{cases} dq\cos\alpha - dq_0\cos\alpha_0 = -\dfrac{R(\mathrm{E}+\mathrm{F}t_2)}{V_2}du - \dfrac{R(\mathrm{F}+\mathrm{G}t_2)}{V_2}dv, \\ dq\sin\alpha - dq_0\sin\alpha_0 = +\dfrac{R(\mathrm{E}+\mathrm{F}t_1)}{V_1}du + \dfrac{R(\mathrm{F}+\mathrm{G}t_1)}{V_1}dv. \end{cases}$$

Aus diesen beiden Gleichungen erhält man folgende Werthe der Differentiale *du* und *dv*:

$$(4.)\quad \begin{cases} du = \dfrac{dq\sin\alpha - dq_0\sin\alpha_0}{RV_1} - \dfrac{dq\cos\alpha - dq_0\cos\alpha_0}{RV_2}, \\ dv = \dfrac{(dq\sin\alpha - dq_0\sin\alpha_0)t_1}{RV_1} - \dfrac{(dq\cos\alpha - dq_0\cos\alpha_0)t_2}{RV_2}, \end{cases}$$

und wenn man diese Werthe in die beiden Gleichungen (2.) einsetzt, indem man beachtet, dafs

$$\mathrm{e}+(\mathrm{f}+\mathrm{f}')t_1+\mathrm{g}t_1^2 = -r_1V_1^2, \quad \mathrm{e}+(\mathrm{f}+\mathrm{f}')t_2+\mathrm{g}t_2^2 = -r_2V_2^2,$$
$$\mathrm{e}+\tfrac{1}{2}(\mathrm{f}+\mathrm{f}')(t_1+t_2)+\mathrm{g}t_1t_2 = 0, \quad V_1V_2 = \Delta(t_2-t_1)$$

ist, so erhält man

$$(5.)\quad \begin{cases} Rdq_0\cos\alpha_0 = -r_2(dq\cos\alpha - dq_0\cos\alpha_0) + \left(\dfrac{\mathrm{f}-\mathrm{f}'}{2\Delta}\right)(dq\sin\alpha - dq_0\sin\alpha_0), \\ Rdq_0\sin\alpha_0 = -\left(\dfrac{\mathrm{f}-\mathrm{f}'}{2\Delta}\right)(dq\cos\alpha - dq_0\cos\alpha_0) - r_1(dq\sin\alpha - dq_0\sin\alpha_0), \end{cases}$$

und weil nach (15.) §. 4.

$$\left(\frac{\mathrm{f}-\mathrm{f}'}{2\Delta}\right)^2 = d^2-\delta^2 = \varrho_1\varrho_2 - r_1r_2$$

ist, so erhält man hieraus folgende Ausdrücke von $dq\cos\alpha$ und $dq\sin\alpha$:

$$(6.)\quad \begin{cases} dq\cos\alpha = \left(1-\dfrac{Rr_1}{\varrho_1\varrho_2}\right)dq_0\cos\alpha_0 - \dfrac{R\sqrt{d^2-\delta^2}}{\varrho_1\varrho_2}dq_0\sin\alpha_0, \\ dq\sin\alpha = \dfrac{R\sqrt{d^2-\delta^2}}{\varrho_1\varrho_2}dq_0\cos\alpha_0 + \left(1-\dfrac{Rr_2}{\varrho_1\varrho_2}\right)dq_0\sin\alpha_0. \end{cases}$$

Diese beiden Gleichungen, welche zeigen, wie das Perpendikel dq und der zugehörige Winkel α für einen jeden Punkt eines Strahls durch die entsprechenden Stücke im Ausgangspunkte desselben bestimmt werden, geben durch einander dividirt:

$$(7.)\quad \operatorname{tang}\alpha = \frac{R\sqrt{d^2-\delta^2}\cos\alpha_0 + (\varrho_1\varrho_2 - Rr_2)\sin\alpha_0}{(\varrho_1\varrho_2 - Rr_1)\cos\alpha_0 - R\sqrt{d^2-\delta^2}\sin\alpha_0}.$$

Der Drehungswinkel des unendlich nahen Strahls um den ersten Strahl für die Strecke der Abscisse R ist, wie oben gezeigt worden, gleich $\alpha-\alpha_0$;

bezeichnet man denselben mit β, so dafs $\beta = \alpha - \alpha_0$ und $\alpha = \beta + \alpha_0$ ist, so erhält man aus der Gleichung (7.) für den Drehungswinkel folgenden Ausdruck:

$$(8.) \qquad \operatorname{tang}\beta = \frac{R(\sqrt{d^2-\delta^2}-d\sin 2\alpha_0)}{\varrho_1\varrho_2 - R(r_1\cos^2\alpha_0 + r_2\sin^2\alpha_0)}.$$

Die Tangente des Drehungswinkels ist, wie hieraus folgt, für jeden beliebigen Werth der Abscisse R gleich Null, also der Drehungswinkel selbst gleich Null oder gleich zwei Rechten, wenn

$$(9.) \qquad \sqrt{d^2-\delta^2} = d\sin 2\alpha_0$$

ist, also nach (20.) §. 4, wenn $\sin 2\alpha_0 = \cos\gamma$ ist oder $\alpha_0 = \frac{1}{4}\pi \pm \frac{1}{2}\gamma$, das ist $\alpha_0 = \omega_1$ oder $\alpha_0 = \omega_2$, wo ω_1 und ω_2 die Winkel sind, welche die beiden Fokalebenen mit der ersten Hauptebene bilden. Also für die beiden unendlich nahen Strahlen, welche in den Fokalebenen liegen, ist der Drehungswinkel überall gleich Null oder gleich zwei Rechten. Dasselbe folgt unmittelbar auch daraus, dafs jeder dieser beiden unendlich nahen Strahlen mit dem ersten Strahle in einer und derselben Ebene, der Fokalebene, liegt.

In denjenigen Strahlensystemen, welche imaginäre Brennflächen und darum auch keine Fokalebenen haben, kann der Drehungswinkel für endliche Strecken niemals gleich Null werden, also die Drehung der Strahlen um einander niemals ihren Sinn ändern. Wenn irgend zwei unendlich nahe Strahlen eines solchen Systems so liegen, dafs die Drehung des einen um den andern als eine Rechtsdrehung bezeichnet werden kann, so müssen je zwei einander unendlich nahe Strahlen des ganzen Systems nothwendig in demselben Verhältnisse der Rechtsdrehung zu einander stehen. Die Strahlensysteme mit imaginären Brennflächen theilen sich also in zwei gesonderte Klassen, als Strahlensysteme mit Rechtsdrehung und Strahlensysteme mit Linksdrehung aller Strahlen gegen einander. Zu jedem Strahlensysteme aber, es möge reale oder imaginäre Brennflächen haben, giebt es ein anderes, welches demselben in der Art symmetrisch oder uneigentlich äquivalent ist, dafs der einzige Unterschied nur in dem entgegengesetzten Sinne der Drehung aller Strahlen gegen einander besteht, welcher Unterschied analytisch sich nur durch die Verschiedenheit der Vorzeichen vor den Quadratwurzeln ausdrückt.

Wenn die Brennpunkte real sind, und man untersucht die Drehungswinkel vom Ausgangspunkte eines Strahls bis zu den Brennpunkten, also für $R = \varrho_1$ und $R = \varrho_2$, welche beziehungsweise mit β_1 und β_2 bezeichnet werden mögen, so erhält man mit Hülfe der Gleichungen (14.) §. 4, aus welchen

$r_1 \cos^2\alpha_0 + r_2 \sin^2\alpha_0 = m - d\cos 2\alpha_0$ folgt,

$$(10.) \qquad \operatorname{tang}\beta_1 = \frac{\sqrt{d^2-\delta^2} - d\sin 2\alpha_0}{\delta + d\cos 2\alpha_0}, \qquad \operatorname{tang}\beta_2 = \frac{\sqrt{d^2-\delta^2} - d\sin 2\alpha_0}{-\delta + d\cos 2\alpha_0},$$

und hieraus mit Hülfe der bei (18.) §. 4 gegebenen Ausdrücke der Winkel ω_1 und ω_2, welche die Fokalebenen mit den Hauptebenen machen,

$$(11.) \quad \begin{cases} \operatorname{tang}\beta_1 = \dfrac{\sin 2\omega_1 - \sin 2\alpha_0}{\cos 2\omega_1 - \cos 2\alpha_0} = \operatorname{tang}(\omega_1 - \alpha_0), \\ \operatorname{tang}\beta_2 = \dfrac{\sin 2\omega_2 - \sin 2\alpha_0}{\cos 2\omega_2 - \cos 2\alpha_0} = \operatorname{tang}(\omega_2 - \alpha_0); \end{cases}$$

es ist also:

$$(12.) \qquad \beta_1 = \omega_1 - \alpha_0, \qquad \beta_2 = \omega_2 - \alpha_0.$$

Aus diesen einfachen Ausdrücken der von dem Ausgangspunkte eines Strahls bis zu den Brennpunkten gerechneten Drehungswinkel seiner unendlich nahen Strahlen erhält man:

$$(13.) \qquad \beta_2 - \beta_1 = \omega_2 - \omega_1 = \gamma.$$

Also: ***Die Drehungswinkel von einem Brennpunkte eines Strahls bis zu dem anderen Brennpunkte haben für alle unendlich nahen Strahlen denselben Werth und sind dem Neigungswinkel der beiden Fokalebenen gleich.***

Nimmt man den Drehungswinkel β als eine gegebene Gröfse, so kann man die Länge der Abscisse R bestimmen, für welche der Drehungswinkel eines dem ersten Strahle unendlich nahen Strahls diese gegebene Gröfse hat. Die Gleichung (8.) giebt für R folgenden Ausdruck:

$$(14.) \qquad R = \frac{\varrho_1\varrho_2 \sin\beta}{(r_1\cos^2\alpha_0 + r_2\sin^2\alpha_0)\sin\beta + \sqrt{d^2-\delta^2}\cos\beta - d\sin 2\alpha_0 \cos\beta},$$

welcher, wenn für r_1 und r_2 ihre Werthe $r_1 = m - d$ und $r_2 = m + d$ gesetzt werden, folgende einfachere Gestalt annimmt:

$$(15.) \qquad R = \frac{\varrho_1\varrho_2 \sin\beta}{m\sin\beta + \sqrt{d^2-\delta^2}\cos\beta - d\sin(2\alpha_0 + \beta)}.$$

Betrachtet man nun R als eine Function von α_0 allein und β als eine gegebene constante Gröfse, so erhält R seinen gröfsten Werth für $\sin(2\alpha_0 + \beta) = +1$, also $\alpha_0 = \frac{1}{4}\pi - \frac{1}{2}\beta$, und seinen kleinsten Werth für $\sin(2\alpha_0 + \beta) = -1$, also $\alpha_0 = \frac{3}{4}\pi - \frac{1}{2}\beta$, und wenn der gröfste Werth des R mit R_1, der kleinste mit R_2 bezeichnet wird, so hat man:

$$(16.)\quad \begin{cases} R_1 = \dfrac{\varrho_1\varrho_2 \sin\beta}{m\sin\beta + \sqrt{d^2-\delta^2}\cos\beta - d}, \\ R_2 = \dfrac{\varrho_1\varrho_2 \sin\beta}{m\sin\beta + \sqrt{d^2-\delta^2}\cos\beta + d}. \end{cases}$$

Hieraus folgt weiter:

$$(17.)\quad \begin{cases} \dfrac{1}{R} - \dfrac{1}{R_1} = \dfrac{(1-\sin(2\alpha_0+\beta))d}{\varrho_1\varrho_2\sin\beta} = \dfrac{2\sin^2(\alpha_0+\frac{1}{2}\beta-\frac{1}{4}\pi)d}{\varrho_1\varrho_2\sin\beta}, \\ \dfrac{1}{R_2} - \dfrac{1}{R} = \dfrac{(1+\sin(2\alpha_0+\beta))d}{\varrho_1\varrho_2\sin\beta} = \dfrac{2\cos^2(\alpha_0+\frac{1}{2}\beta-\frac{1}{4}\pi)d}{\varrho_1\varrho_2\sin\beta}, \end{cases}$$

und aus diesen beiden Gleichungen erhält man:

$$(18.)\quad \frac{1}{R} = \frac{\cos^2(\alpha_0+\frac{1}{2}\beta-\frac{1}{4}\pi)}{R_1} + \frac{\sin^2(\alpha_0+\frac{1}{2}\beta-\frac{1}{4}\pi)}{R_2}.$$

Also: Wenn man von einem beliebigen Punkte eines Strahls ausgehend jeden demselben unendlich nahe liegenden Strahl in *der* Länge nimmt, in welcher er mit diesem einen gegebenen constanten Drehungswinkel macht, so wird diese Länge eines jeden unendlich nahen Strahls aus der Länge des gröfsten und des kleinsten und aus dem Winkel, welchen die Richtung seines Ausgangspunktes mit der Richtung des Ausgangspunktes des gröfsten Strahls macht, genau durch dieselbe Gleichung bestimmt, wie der Krümmungshalbmesser eines Normalschnittes einer Fläche durch den gröfsten und den kleinsten Krümmungshalbmesser und durch den Winkel, den dieser Normalschnitt mit einem der Hauptschnitte bildet, in der bekannten *Euler*schen Gleichung bestimmt ist. Der *Euler*sche Satz selbst ist als ein specieller Fall in diesem allgemeinen Satze enthalten, wie unten näher gezeigt werden soll. In dem speciellen Falle, wo der constante Drehungswinkel β gleich einem Rechten ist, hat man

$$(19.)\quad \frac{1}{R} = \frac{\cos^2\alpha_0}{R_1} + \frac{\sin^2\alpha_0}{R_2}.$$

Die in dieser Gleichung ausgedrückte speciellere Eigenschaft der allgemeinen Strahlensysteme hat *Hamilton* in dem erwähnten Supplemente zuerst nachgewiesen, und zwar durch die Betrachtung der Projection eines, einem gegebenen Strahle unendlich nahen Strahls auf eine Ebene, welche durch den ersten Strahl und durch den Ausgangspunkt des unendlich nahen Strahls gelegt wird. Den für die Erkenntnifs der Eigenschaften der Strahlensysteme ausserordentlich fruchtbaren Begriff der Drehung der Strahlen in Beziehung auf einander und des Drehungswinkels, hat *Hamilton* aber überhaupt nicht in Anwendung gebracht.

§. 8.

Die unendlich dünnen Strahlenbündel und die Hauptstrahlen.

In den beiden Gleichungen (6.) §. 7:

$$(1.)\quad \begin{cases} dq\cos\alpha = \left(1-\frac{Rr_1}{\varrho_1\varrho_2}\right)dq_0\cos\alpha_0 - \frac{R\sqrt{d^2-\delta^2}}{\varrho_1\varrho_2}dq_0\sin\alpha_0, \\ dq\sin\alpha = \frac{R\sqrt{d^2-\delta^2}}{\varrho_1\varrho_2}dq_0\cos\alpha_0 + \left(1-\frac{Rr_2}{\varrho_1\varrho_2}\right)dq_0\sin\alpha_0 \end{cases}$$

können dq und α als die Polarcoordinaten der umgränzenden Curve desjenigen Querschnitts eines unendlich dünnen Strahlenbündels angesehen werden, welcher zur Abscisse R gehört, und dq_0 und α_0 als die Polarcoordinaten der Curve des im Ausgangspunkte befindlichen Querschnitts. Diese Gleichungen können darum dazu benutzt werden, die Querschnitte eines unendlich dünnen Strahlenbündels nicht nur dem Flächeninhalte nach mit einander zu vergleichen, was schon durch das Dichtigkeitsmaafs vollständig geleistet wird, sondern auch zu bestimmen, wie die Gestalt eines jeden Querschnitts von der eines einzigen gegebenen abhängig ist. Geht man von den Polarcoordinaten der beiden Querschnitte zu rechtwinkligen Coordinaten über, deren Axen in den beiden Hauptebenen des Strahls liegen, in Beziehung auf welchen alle anderen Strahlen des Strahlenbündels als unendlich nahe Strahlen aufgefafst werden, so hat man

$$(2.)\quad \begin{cases} dq\cos\alpha = x, & dq\sin\alpha = y, \\ dq_0\cos\alpha_0 = x_0, & dq_0\sin\alpha_0 = y_0 \end{cases}$$

zu setzen, wo x, y und x_0, y_0 die unendlich kleinen Coordinaten der beiden Querschnitte sind. Die Gleichungen (1.) geben alsdann:

$$(3.)\quad \begin{cases} x = \left(1-\frac{Rr_1}{\varrho_1\varrho_2}\right)x_0 - \frac{R\sqrt{d^2-\delta^2}}{\varrho_1\varrho_2}y_0, \\ y = \frac{R\sqrt{d^2-\delta^2}}{\varrho_1\varrho_2}x_0 + \left(1-\frac{Rr_2}{\varrho_1\varrho_2}\right)y_0, \end{cases}$$

und wenn umgekehrt x_0 und y_0 durch x und y ausgedrückt werden:

$$(4.)\quad \begin{cases} (\varrho_1-R)(\varrho_2-R)x_0 = (\varrho_1\varrho_2-Rr_2)x + R\sqrt{d^2-\delta^2}\,y, \\ (\varrho_1-R)(\varrho_2-R)y_0 = -R\sqrt{d^2-\delta^2}\,x + (\varrho_1\varrho_2-Rr_1)y. \end{cases}$$

Die umgränzenden Curven der Querschnitte eines unendlich dünnen Strahlenbündels sind also nicht nur sämmtlich Curven desselben Grades, sondern stehen auch in dem durch diese Gleichungen ausgedrückten Verhältnisse der Collinearität zu einander.

Eine besondere Aufmerksamkeit verdienen die Querschnitte in den beiden Brennpunkten des unendlich dünnen Strahlenbündels, für welche, wie schon oben gezeigt worden, das Dichtigkeitsmaafs unendlich grofs ist, also die Flächeninhalte unendlich klein einer höheren Ordnung werden. Nimmt man $R=\varrho_1$ oder $R=\varrho_2$, so wird von den beiden Gleichungen (4.) und darum auch von den Gleichungen (3.), die eine mit der andern identisch, und sie geben

$$(5.)\quad \begin{cases} y=\sqrt{\dfrac{d-\delta}{d+\delta}}\,x, & \text{für } R=\varrho_1,\\[2ex] y=\sqrt{\dfrac{d+\delta}{d-\delta}}\,x, & \text{für } R=\varrho_2,\end{cases}$$

welches die Gleichungen grader Linien sind und zwar unendlich kleiner grader Linien, weil y und x nur unendlich kleine Werthe haben dürfen.

Die Querschnitte eines unendlich dünnen Strahlenbündels in den beiden Brennpunkten sind also unendlich kleine grade Linien, d. h. von den beiden Dimensionen der Querschnitte, welche im allgemeinen unendlich kleine Gröfsen der ersten Ordnung sind, wird in den beiden Brennpunkten die eine eine unendlich kleine Gröfse einer höheren Ordnung.

Hieraus folgt auch, ***dafs die umgränzende Fläche eines jeden unendlich dünnen Strahlenbündels mit realen Brennpunkten durch Bewegung einer graden Linie construirt werden kann, welche stets durch eine unendlich kleine ebene Curve und durch zwei grade Linien hindurchgeht, die auf einem im Innern der kleinen Curve auf der Ebene desselben errichteten Perpendikel senkrecht stehen.***

Um die Richtungen der beiden Querschnitte in den Brennpunkten, welche unendlich kleine Linien sind, und um die Längen derselben im Verhältnifs zu den Dimensionen des im Ausgangspunkte des Strahlenbündels gegebenen Querschnitts zu bestimmen, ist es zweckmäfsiger zu den Polarcoordinaten dq, α und dq_0, α_0 zurückzukehren. Setzt man in den Gleichungen (1.) $R=r_1$ und beachtet, dafs $\varrho_2-r_1=d+\delta$, $\varrho_2-r_2=-d+\delta$ ist, so erhält man für den Querschnitt im ersten Brennpunkte:

$$(6.)\quad \begin{cases} \varrho_2\,dq\cos\alpha=(d+\delta)\,dq_0\cos\alpha_0-\sqrt{d^2-\delta^2}\,dq_0\sin\alpha_0,\\ \varrho_2\,dq\sin\alpha=\sqrt{d^2-\delta^2}\,dq_0\cos\alpha_0-(d-\delta)\,dq_0\sin\alpha_0.\end{cases}$$

Durch Einführung des Winkels ω_1, welchen die erste Fokalebene mit der ersten Hauptebene macht, für welchen, wie oben bei (18.) §. 4 gezeigt worden,

$$\sin\omega_1 = \sqrt{\frac{d-\delta}{2d}}, \qquad \cos\omega_1 = \sqrt{\frac{d+\delta}{2d}}$$

ist, können diese Gleichungen in folgender einfacheren Form dargestellt werden:

$$(7.)\quad \begin{cases} \varrho_2\, dq \cos\alpha = 2d\cos\omega_1 \cos(\alpha_0+\omega_1)\, dq_0, \\ \varrho_2\, dq \sin\alpha = 2d\sin\omega_1 \cos(\alpha_0+\omega_1)\, dq_0, \end{cases}$$

und man erhält durch Division derselben:

$$(8.)\quad \operatorname{tang}\alpha = \operatorname{tang}\omega_1, \qquad \alpha = \omega_1.$$

Daraus, dafs der Winkel α einen constanten Werth hat, kann man ebenfalls schliefsen, dafs der Querschnitt, dessen Polarcoordinaten dq und α sind, ein Theil einer graden Linie sein mufs, in welcher der Pol liegt, man hat aber in diesem constanten Werthe $\alpha=\omega_1$ zugleich die Richtung dieser graden Linie gegeben, da sie mit der ersten Hauptebene den Winkel ω_1 macht.

Für $R=\varrho_2$, also für den Querschnitt im zweiten Brennpunkte erhält man in derselben Weise:

$$(9.)\quad \begin{cases} \varrho_1\, dq \cos\alpha = 2d\cos\omega_2 \cos(\alpha_0+\omega_2)\, dq_0, \\ \varrho_1\, dq \sin\alpha = 2d\sin\omega_2 \cos(\alpha_0+\omega_2)\, dq_0, \end{cases}$$

$$(10.)\quad \operatorname{tang}\alpha = \operatorname{tang}\omega_2, \qquad \alpha = \omega_2.$$

Man hat demnach folgenden Satz:

Die beiden unendlich kleinen graden Linien, welche die Querschnitte eines unendlich dünnen Strahlenbündels in den Brennpunkten bilden, liegen in den beiden Fokalebenen desselben.

Für den Querschnitt im ersten Brennpunkte, wo $\alpha=\omega_1$ ist, hat man nach Gleichung (7.):

$$(11.)\quad dq = \frac{2d}{\varrho_2}\, dq_0 \cos(\alpha_0+\omega_1).$$

Wenn nun, wie hier vorausgesetzt wird, die umgränzende Curve des einen Querschnitts im Ausgangspunkte des Strahlenbündels vollständig bestimmt und gegeben ist, so hat man den Radius Vector dq_0 derselben als eine Function des Winkels α_0 gegeben, und es ist alsdann durch die Gleichung (11.) auch dq als Function von α_0 bestimmt. Da aber die Curve, deren Radius Vector dq ist, eine grade Linie ist, und der Pol in dieser graden Linie liegt, so ist die Länge derselben nothwendig gleich dem Unterschiede der beiden äufsersten Werthe, welche dieser Radius Vector dq als Function von α_0 haben kann, oder weil der eine dieser beiden äufsersten Werthe nothwendig positiv, der andere negativ sein mufs, so ist die gesuchte Länge dieser graden Linie gleich der Summe der absoluten Werthe dieses Maximum und Minimum. Ebenso erhält man die Länge des Querschnitts im zweiten Brennpunkte, indem man den gröfsten positiven und den gröfsten negativen Werth, welchen dq nach der Gleichung

$$(12.)\qquad dq = \frac{2d}{\varrho_1} dq_0 \cos(\alpha_0 + \omega_2)$$

als Function von α_0 erhalten kann, abgesehen von den Vorzeichen, addirt.

In dem einfachsten Falle, wo der Querschnitt im Ausgangspunkte als ein unendlich kleiner Kreis angenommen wird, also dq_0 als Radius dieses Kreises constant ist, hat man die beiden äufsersten Werthe des dq für den Querschnitt im ersten Brennpunkte, wenn $\alpha_0 + \omega_1 = 0$ und $\alpha_0 + \omega_1 = \pi$ ist, also gleich $\frac{2d}{\varrho_2} dq_0$ und $-\frac{2d}{\varrho_2} dq_0$; dieselben, abgesehen von den Vorzeichen addirt, geben $\frac{4d}{\varrho_2} dq_0$ als Länge des gradlinigen Querschnitts im ersten Brennpunkte. Ebenso findet man die Länge des Querschnitts im zweiten Brennpunkte gleich $\frac{4d}{\varrho_1} dq_0$. Die Längen dieser beiden Querschnitte in den Brennpunkten verhalten sich also wie ihre Entfernungen von dem kreisförmigen Querschnitte im Ausgangspunkte des Strahlenbündels.

Untersucht man die Bedingung, dafs die Länge eines Querschnitts im Brennpunkte des Strahlenbündels gleich Null ist, d. h. unendlich klein einer höheren Ordnung als der ersten, so erkennt man aus den Gleichungen (11.) und (12.) unmittelbar, dafs dieser Fall eintritt, wenn $d = 0$ ist, und dafs er nur dann eintreten kann, wenn diese Bedingung erfüllt ist. Die Bedingung $d = 0$ zieht nothwendig auch $\delta = 0$ nach sich, weil δ, wenn es real ist, niemals gröfser ist als d, es mufs also $r_2 = r_1$ sein und $\varrho_2 = \varrho_1$, d. h. die beiden Gränzpunkte der kürzesten Abstände und die beiden Brennpunkte müssen für solche Strahlenbündel mit dem einen Mittelpunkte desselben zusammenfallen. Nennt man nach ***Hamilton*** diejenigen Strahlen, deren unendlich nahe Strahlen alle durch einen einzigen Punkt gehen, ***Hauptstrahlen,*** so folgt, dafs Hauptstrahlen nur da Statt haben können und auch wirklich Statt haben, wo die beiden Gränzflächen und mit ihnen zugleich die beiden Brennflächen gemeinschaftliche Punkte haben, welche entweder Berührungspunkte oder Durchschnittspunkte oder Punkte auf Durchschnittslinien sein können.

Für die Hauptstrahlen sind die beiden Hauptebenen unbestimmt, weil für sie die kürzesten Abstände von den unendlich nahen Strahlen alle gleich Null sind und darum keine bestimmten Richtungen ergeben.

In dem ganz speciellen Strahlensysteme, dessen Strahlen alle durch einen einzigen Punkt gehen, sind alle Strahlen Hauptstrahlen; auch ist leicht einzusehen, dafs dies das einzige derartige System ist. Es giebt aber unendlich viele Strahlensysteme, welche continuirliche, zusammen eine Fläche bildende Reihenfolgen von Hauptstrahlen haben, wie z. B. das System der gemeinschaftlichen Tangenten zweier confokalen Flächen zweiten Grades, in welchem alle Tangenten der Durchschnittscurve dieser beiden confokalen Flächen Hauptstrahlen sind. Ebenso giebt es unendlich viele Strahlensysteme, welche einzelne isolirte Hauptstrahlen haben, in der Regel aber kommen die Hauptstrahlen in den allgemeinen Systemen nicht vor, weil die Werthe der beiden unabhängigen Variabeln u und v, für welche ein Strahl zu einem Hauptstrahle wird, durch drei Gleichungen bestimmt werden. Da nämlich für einen Hauptstrahl die Richtung der beiden Hauptebenen unbestimmt ist, so mufs die quadratische Gleichung (4.) §. 2, deren Wurzeln die Richtungen der Hauptebenen bestimmen, identisch erfüllt sein, es mufs also gleichzeitig

$$(13.)\quad \mathfrak{g}\mathfrak{F}-\tfrac{1}{2}(\mathfrak{f}+\mathfrak{f}')\mathfrak{G}=0,\qquad \mathfrak{e}\mathfrak{G}-\mathfrak{g}\mathfrak{E}=0,\qquad \tfrac{1}{2}(\mathfrak{f}+\mathfrak{f}')\mathfrak{E}-\mathfrak{e}\mathfrak{F}=0$$

sein. Diese drei Gleichungen reduciren sich im allgemeinen auf zwei, weil, abgesehen von dem Falle $\mathfrak{F}=0$, eine derselben eine nothwendige Folge der beiden andern ist; es kommt aber noch eine dritte Bedingungsgleichung hinzu, weil der Strahl einen *realen* Brennpunkt haben mufs, nämlich $\delta=0$, welche

$$(14.)\quad \mathfrak{f}=\mathfrak{f}'$$

ergiebt.

Wenn in einem Strahle nur die beiden Brennpunkte, aber nicht zugleich auch die beiden Gränzpunkte der kürzesten Abstände, sich mit dem Mittelpunkte vereinigen, so hat das ihn umgebende unendlich dünne Strahlenbündel nur *einen* gradlinigen Querschnitt in diesem Mittelpunkte, welcher zugleich die beiden Brennpunkte enthält, und dieser Querschnitt liegt in der Ebene, in welcher die beiden Fokalebenen sich in diesem Falle vereinigen, da vermöge der Gleichung $\sin\gamma=\frac{\delta}{d}$ der Winkel derselben γ zugleich mit δ, dem halben Abstande der beiden Brennpunkte, gleich Null wird. Weil die Bedingung, dafs die beiden Brennpunkte zusammenfallen, nur eine einzige Gleichung unter den beiden unabhängigen Variabeln u und v giebt, so folgt, dafs die Strahlensysteme in der Regel nicht einzelne Strahlen dieser Art, sondern continuirliche Reihenfolgen derselben enthalten werden, welche gradlinige Flächen bilden, und dafs die Brennflächen in der Regel sich in bestimmten Curven schneiden, da alle Tangenten an die Durchschnittscurve der beiden Brennflächen solche Strahlen sind, deren Brennpunkte zusammenfallen. Es giebt aber auch eine ganze Gattung von Strahlensystemen, in denen sämmtliche Strahlen diese Eigenschaft haben, weil ihre beiden Brennflächen sich decken, indem sie in eine einzige Fläche vereinigt sind.

§. 9.

Vergleichung der allgemeinen Theorie der Strahlensysteme mit der speciellen Theorie der Krümmung der Flächen und der Systeme ihrer Normalen.

Die Strahlensysteme, deren allgemeine Theorie in dem Vorhergehenden entwickelt worden ist, gehen in dem besonderen Falle, wo die beiden mit f und f′ bezeichneten, aus den partiellen Differentialquotienten von x, y, z und ξ, η, ζ zusammengesetzten Ausdrücke einander gleich sind, in solche specielle Systeme über, deren Strahlen sämmtlich Normalen einer und derselben Fläche sind. Wenn es nämlich eine Fläche giebt, für welche jeder Strahl eine Normale ist, und man bezeichnet mit x', y', z' die Coordinaten des Punktes derselben, in welchem der durch x, y, z, ξ, η, ζ bestimmte Strahl des Systems auf ihr normal steht, und nennt die Entfernung dieses Punktes vom Ausgangspunkte x, y, z des Strahls r, so hat man

$$(1.)\qquad x' = x + r\xi,\quad y' = y + r\eta,\quad z' = z + r\zeta,$$

und weil dieser Strahl auf der Fläche senkrecht stehen soll, so mufs

$$(2.)\qquad \xi dx' + \eta dy' + \zeta dz' = 0$$

sein. Diese Bedingung giebt, wenn für x', y', z' ihre Werthe eingesetzt werden:

$$(3.)\qquad \xi dx + \eta dy + \zeta dz + dr(\xi^2 + \eta^2 + \zeta^2) + r(\xi d\xi + \eta d\eta + \zeta d\zeta) = 0,$$

und folglich

$$(3.)\qquad \xi dx + \eta dy + \zeta dz = -dr$$

oder

$$(4.)\qquad (\xi a + \eta b + \zeta c)du + (\xi a' + \eta b' + \zeta c')dv = -dr.$$

Der Ausdruck auf der linken Seite dieser Gleichung mufs also ein vollständiges Differential einer Function $-r$ der beiden unabhängigen Variabeln u und v sein. Es mufs daher

$$(5.)\quad \frac{\partial(\xi a+\eta b+\zeta c)}{\partial v} = \frac{\partial(\xi a'+\eta b'+\zeta c')}{\partial u}$$

sein, und hieraus erhält man durch Ausführung der partiellen Differentiationen, weil

$$\frac{\partial a}{\partial v} = \frac{\partial a'}{\partial u},\quad \frac{\partial b}{\partial v} = \frac{\partial b'}{\partial u},\quad \frac{\partial c}{\partial v} = \frac{\partial c'}{\partial u}$$

ist, folgende Bedingung:

$$a\mathfrak{a}' + b\mathfrak{b}' + c\mathfrak{c}' = a'\mathfrak{a} + b'\mathfrak{b} + c'\mathfrak{c},$$

also

$$(6.)\quad \mathfrak{f} = \mathfrak{f}',$$

welche identisch erfüllt sein mufs, damit das Strahlensystem ein System von Normalen einer Fläche sei. Dafs diese Bedingung auch die hinreichende ist, geht daraus hervor, dafs, wenn sie erfüllt ist, die Gröfse r aus der Gleichung (4.) als Function von u und v bestimmt werden kann, und dafs für einen solchen Werth des r die Gleichungen (1.) eine Fläche darstellen, deren Normalen die Strahlen des Systems sind. Da zu dem aus der Differentialgleichung (4.) bestimmten Werthe des r eine beliebige Constante addirt werden kann, so hat man alsdann nicht nur eine, dieser Bedingung genügende Fläche, sondern eine ganze Schaar derselben, welche unter dem Namen Parallelflächen bekannt sind.

Für $\mathfrak{f} = \mathfrak{f}'$ wird die quadratische Gleichung (5.) §. 4, deren Wurzeln τ_1 und τ_2 sind, mit der quadratischen Gleichung (4.) §. 2, deren Wurzeln t_1 und t_2 sind, und ebenso die quadratische Gleichung (9.) §. 4, deren Wurzeln ϱ_1 und ϱ_2 sind, mit der quadratischen Gleichung (16.) §. 2, deren Wurzeln r_1 und r_2 sind, identisch. Hieraus folgt:

In denjenigen Systemen, deren Strahlen Normalen einer Fläche sind, fallen die beiden Fokalebenen eines jeden Strahls mit den beiden Hauptebenen und die beiden Brennpunkte mit den beiden Gränzpunkten der kürzesten Abstände zusammen.

Wählt man in diesem Falle eine der Flächen, für welche alle Strahlen des Systems Normalen sind, als diejenige Fläche, von welcher alle Strahlen als ausgehend betrachtet werden, so sind die Abscissen der Brennpunkte ϱ_1 und ϱ_2 oder, was hier dasselbe ist, die Abscissen der Gränzpunkte r_1 und r_2 die beiden Hauptkrümmungshalbmesser dieser Fläche, und die Brennflächen des Systems, welche mit den Gränzflächen der kürzesten Abstände zusammenfallen, sind die von *Monge* behandelten Flächen, in denen die Mittelpunkte aller Hauptkrümmungskreise liegen. Die Theorie der Krümmung der Flächen kann somit als ein specieller Fall der allgemeinen Theorie der Strahlensysteme aufgefafst werden, und es ist nicht ohne Interesse, den Zusammenhang der in dem Vorstehenden entwickelten allgemeinen Sätze mit den bekannten Sätzen aus der Theorie der Krümmung der Flächen etwas näher zu erörtern.

Untersucht man zunächst, ob die allgemeinere Theorie der Strahlensysteme vielleicht neue Sätze für die Theorie der Krümmung und der Normalen der Flächen ergiebt, so findet man, wie zu erwarten, keine grofse Ausbeute. In dieser Beziehung kann der durch die Gleichung

$$r = r_1 \cos^2 \omega + r_2 \sin^2 \omega$$

(16.) §. 3 ausgedrückte Satz als ein solcher angeführt werden, welcher, da er ebenso eine allgemeine Eigenschaft der Normalen einer Fläche ausspricht, in diese speciellere Theorie aufgenommen zu werden verdiente. Ferner kann aus der im §. 8 nachgewiesenen Eigenschaft der unendlich dünnen Strahlenbündel, dafs die Querschnitte derselben in den beiden Brennpunkten nicht unendlich kleine Flächen sondern unendlich kleine Linien sind, welche in den beiden Fokalebenen liegen, folgender nicht uninteressante, und wie ich glaube, noch nicht bekannte Satz für die Normalen der Flächen gewonnen werden:

Die beiden Hauptnormalebenen eines Punktes einer Fläche werden von allen diesem Punkte unendlich nahen Normalen so geschnitten, dafs die Entfernungen der Durchschnittspunkte von dem gegebenen Punkte der Fläche in der einen Hauptnormalebene gleich dem gröfsten, in der anderen gleich dem kleinsten Krümmungshalbmesser sind.

Geht man die bekannten Sätze über die Krümmung und die Normalen der Flächen durch, so findet man dieselben in allgemeinerer Form und Bedeutung in der allgemeinen Theorie der Strahlensysteme wieder.

Betrachtet man zunächst die beiden Hauptnormalschnitte für einen Punkt einer Fläche, welche den gröfsten und den kleinsten Krümmungshalbmesser ergeben, so hat man in der allgemeinen Theorie einerseits die beiden Hauptebenen und andererseits die beiden Fokalebenen als diesen entsprechende Ebenen. Die mit den Hauptnormalebenen zusammenhängenden Eigenschaften der Normalen der Flächen vertheilen sich in der allgemeineren Theorie so, dafs ein Theil derselben den Hauptebenen, ein anderer Theil den Fokalebenen zufällt. Die Hauptebenen erhalten die Eigenschaften, stets real zu sein und auf einander senkrecht zu stehen, die Fokalebenen aber erhalten die Eigenschaft, dafs in ihnen die beiden den gegebenen Strahl schneidenden, unendlich nahen Strahlen liegen. Ebenso spalten sich die Hauptkrümmungsmittelpunkte der Flächen in der allgemeineren Theorie in die Gränzpunkte der kürzesten Abstände und in die Brennpunkte, und demgemäfs auch die Flächen, in denen die Hauptkrümmungsmittelpunkte liegen, in die Gränzflächen der kürzesten Abstände und die Brennflächen. Den Gränzflächen bleibt hier nur die schon in ihrer Benennung ausgedrückte Eigenschaft, dafs sie den Raum begränzen, innerhalb dessen alle kürzesten Abstände je zweier unendlich nahen Strahlen liegen, die Brennflächen aber erhalten die Eigenschaft, dafs sie von allen Strahlen des Systems tangirt werden. Die beiden schönen von *Monge* gefundenen Eigenschaften der Flächen der Hauptkrümmungsmittelpunkte, nämlich erstens, dafs die Umrisse derselben sich stets rechtwinklig schneiden, von welchem Punkte des Raumes man sie auch betrachten mag, und zweitens, dafs die Wendungskurven aller abwickelbaren Flächen, in welche die Normalen sich zusammenfassen lassen, kürzeste Linien auf den Flächen der Hauptkrümmungsmittelpunkte sind, gehen, als den Systemen der Normalen einer Fläche speciell angehörende Eigenschaften, sowohl für die Gränzflächen der kürzesten Abstände als auch für die Brennflächen der allgemeinen Strahlensysteme verloren.

Die beiden Schaaren der Krümmungslinien der Flächen, in so fern sie die Eigenschaft haben, dafs die ihnen zugehörenden Normalen abwickelbare Flächen bilden, treten in den allgemeinen Strahlensystemen als die zwei im §. 5 mit Ω_1 und Ω_2 bezeichneten Schaaren abwickelbarer Flächen auf. Andererseits können aber auch die gradlinigen Flächen O_1 und O_2 als den Krümmungslinien der Flächen entsprechend betrachtet werden, weil auch diese in dem speciellen Falle, wo alle Strahlen Normalen einer Fläche sind, indem sie mit jenen zusammenfallen, die Krümmungslinien aus der Fläche ausschneiden.

Die Nabelpunkte der Flächen, für welche die beiden Hauptkrümmungsmittelpunkte sich vereinigen, so dafs alle unendlich nahen Normalen durch den Vereinigungspunkt derselben hindurchgehen, und in welchen die Hauptnormalebenen ihre bestimmten Richtungen verlieren, finden sich in den allgemeinen Strahlensystemen als die Hauptstrahlen, deren unendlich nahe Strahlen alle durch einen Punkt gehen, und deren Hauptebenen sowohl, als Fokalebenen unbestimmt sind.

Der *Euler*sche Satz, welcher lehrt, wie der Krümmungshalbmesser eines beliebigen Normalschnitts durch die beiden Hauptkrümmungshalbmesser und durch den Winkel bestimmt ist, den seine Ebene mit einer der Hauptebenen macht, ist als specieller Satz in der allgemeinen Gleichung (18.) §. 7 enthalten, welche für $\beta = \frac{\pi}{2}$, $r_1 = \varrho_1$, $r_2 = \varrho_2$ in die *Euler*sche Gleichung übergeht. Die allgemeine Methode im §. 7 läfst auch überhaupt die Krümmungshalbmesser der Normalschnitte einer Fläche von einer neuen nicht uninteressanten Seite erkennen, indem sie zeigt, dafs der Drehungswinkel des Krümmungshalbmessers eines Normalschnitts mit einer, von dem unendlich nahen Punkte in der Ebene dieses Schnittes ausgehenden Normale, für die ganze Länge des Krümmungshalbmessers gerechnet, gleich einem Rechten ist, oder:

Wenn man an zwei unendlich nahe Punkte einer Fläche die Normalen zieht und ihnen die bestimmte Länge giebt, in welcher ihr Drehungswinkel gleich einem Rechten ist: so stellen sie die Krümmungshalbmesser der Fläche in diesen beiden unendlich nahen Punkten für den durch dieselben hindurchgehenden Normalschnitt dar.

Das *Gaufs*ische Krümmungsmaafs der Flächen findet sich in den allgemeinen Strahlensystemen als der allgemeinere Begriff des Dichtigkeitsmaafses wieder, und dem Ausdrucke desselben, als reciproker Werth des Products der beiden Hauptkrümmungshalbmesser, entspricht vollständig der im §. 6 gegebene Ausdruck des Dichtigkeitsmaafses, nach welchem dasselbe gleich ist dem reciproken Werthe des Products der Entfernungen der beiden Brennpunkte von dem betreffenden Punkte des Strahls. Für die Strahlensysteme, welche Normalen einer Fläche und darum auch Normalen der ganzen Schaar ihrer Parallelflächen sind, ist das Dichtigkeitsmaafs mit dem Krümmungsmaafse vollständig identisch, da in jedem Punkte des Raumes das Dichtigkeitsmaafs der Strahlen dem Krümmungsmaafse der durch diesen Punkt hindurchgehenden Parallelfläche gleich ist. Es zeigt sich auch hierin, wie die von *Gaufs* in die Wissenschaft eingeführten Begriffe durchgängig denjenigen Charakter wahrer Allgemeinheit an sich tragen, durch welchen sie ihren Einflufs weit über die Gebiete hinaus erstrecken, in denen sie ursprünglich entstanden sind.

Berlin, im October 1859.

Über drei aus Fäden verfertigte Modelle der allgemeinen, unendlich dünnen, gradlinigen Strahlenbündel

Monatsberichte der Königlichen Preußischen Akademie der Wissenschaften zu Berlin aus dem Jahre 1860, 469–474

30. Juli. Sitzung der physikalisch-mathematischen Klasse.

Hr. Kummer legte drei aus Fäden verfertigte Modelle der allgemeinen, unendlich dünnen, gradlinigen Strahlenbündel vor, und knüpfte daran folgende Mittheilung:

Die allgemeinen, unendlich dünnen Strahlenbündel sind, wie ich in einer, am 17. October vorigen Jahres in der Klasse vorgetragenen, im 57ten Bande von Borchardt's mathematischem Journal erschienenen Abhandlung nachgewiesen habe, von gradlinigen Flächen begränzt, deren erzeugende Grade stets durch zwei auf der Axe des Strahlenbündels senkrecht stehende, grade Linien und zugleich durch eine, die Axe umgebende, unendlich kleine, geschlossene Curve hindurchgehen. In den vorliegenden Modellen ist diese kleine geschlossene Curve als ein Kreis gewählt, dessen Ebene auf der Axe senkrecht steht und dessen Mittelpunkt in der Axe liegt; die begränzende Fläche des Strahlenbündels ist so eine gradlinige Fläche des vierten Grades, deren auf der Axe senkrechte Querschnitte überall Ellipsen sind, von denen, in den durch das erste und zweite Modell dargestellten Strahlenbündeln, zwei zu graden Linien ausarten. Die beiden auf der Axe senkrechten graden Leitlinien, welchen die beiden gradlinigen Querschnitte des Strahlenbündels entsprechen und mit ihnen zugleich die beiden durch die Axe und durch je eine der graden Leitlinien gelegten Ebenen, welche ich die Fokalebenen des Strahlenbündels nenne, bilden in dem ersten Modelle einen rechten Winkel, in dem zweiten einen spitzen Winkel, in dem dritten aber sind sie imaginär und bilden einen imaginären Winkel, jedoch so, dafs das Strahlenbündel und seine umgränzende Fläche real bleiben. Die durch diese Modelle dargestellten drei Arten von Strahlenbündeln mit ihren Gränzfällen, nämlich dem conischen und dem cylindrischen, sind, wie ich in der angeführten Abhandlung nachgewiesen habe, die einzigen mathematisch möglichen. Seitdem habe ich nun auch die Frage untersucht: ob, und unter welchen Verhältnissen dieselben als optische Strahlenbündel in der Natur wirklich vorkommen können und müssen, und ich habe in dieser Beziehung einen sehr allgemeinen und einfachen Satz gefunden, welcher die vollständige Beantwortung dieser Frage giebt, und zwar nicht nur für die einfach brechenden Medien, deren Wellenfläche die Kugel ist, für die einaxigen Krystalle, deren Wellenfläche die Kugel und das Rotationsellipsoid ist, und für die zweiaxigen Krystalle, denen die Fresnelsche Wellenfläche angehört, sondern sogar für alle möglichen durchsichtigen Medien oder Krystalle denen irgend eine andere Wellenfläche des Lichts angehören möchte. Dieser Satz ist folgender:

> Lehrsatz: Jedes unendlich dünne optische Strahlenbündel, im Innern eines homogenen durchsichtigen Mittels hat die Eigenschaft, dafs seine beiden Fokalebenen aus der, diesem Mittel angehörenden Wellenfläche des Lichts, deren Mittelpunkt in der Axe des Strahlenbündels liegend angenommen wird, zwei Curven ausschneiden, welche sich in conjugirten Richtungen schneiden; auch ist jedes Strahlenbündel, welches diese Eigenschaft hat, wirklich optisch darstellbar.

Unter den conjugirten Richtungen auf der Wellenfläche werden die Richtungen zweier conjugirten Durchmesser des, dem betreffenden Punkte der Wellenfläche angehörenden, unendlich kleinen Dupinschen Kegelschnitts, der Indicatrix, verstanden, welcher Kegelschnitt eine Ellipse oder Hyperbel ist, je nachdem die Fläche an dieser Stelle convex-convex oder convex-concav ist.

Für jede bestimmte Richtung in dem Krystalle und für jeden Durchschnittspunkt des derselben parallelen Radius Vector der Wellenfläche mit dieser, kann man die Lage der einen Fokalebene willkürlich wählen, und es wird alsdann die Lage der anderen Fokalebene, nach dem gegebenen Satze, vollständig bestimmt. Es giebt immer eine bestimmte Lage der ersten Fokalebene, bei welcher die zweite Fokalebene mit ihr einen rechten Winkel bildet, so dafs also die Strahlenbündel der ersten Art, deren Fokalebenen auf einander senkrecht stehen, für alle beliebigen Richtungen ihrer Axen in jedem Krystalle Statt haben, aber im Allgemeinen nur für eine bestimmte Lage der Fokalebenen.

Wenn nun erstens in dem Punkte der Wellenfläche, in welchem der Radius Vector eintrifft, dieselbe convex-convex ist, also die Indicatrix eine Ellipse, und man dreht die erste Fokalebene, von der Lage ausgehend, in welcher sie auf der zweiten senkrecht steht, um den Radius Vector als Axe, so wird der Winkel der beiden Fokalebenen kleiner und er erreicht ein bestimmtes Minimum, für welches die beiden Fokalebenen so liegen, dafs ihr Winkel von den auf einander senkrechten Fokalebenen halbirt wird. Bezeichnet man den Winkel, um welchen die erste Fokalebene von der angegebenen, anfänglichen Lage aus gedreht wird, durch α und den Winkel der beiden zusammengehörenden Fokalebenen durch γ, so findet der kleinste Werth des γ für $\gamma = 2\alpha$ Statt.

Zweitens, wenn die Wellenfläche in dem Endpunkte des betreffenden Radius Vectors convex-concav ist, also die Indikatrix eine Hyperbel, und man dreht die erste Fokalebene von der Lage aus, in welcher die zweite auf ihr senkrecht steht, so wird der Winkel γ der beiden Fokalebenen kleiner und erreicht in einer bestimmten Lage den Werth Null, geht man über diese Lage hinaus, so wächst der Winkel γ wieder bis 90°, und nimmt alsdann noch ein zweites Mal bis Null ab. Die beiden Lagen der Fokalebenen, für welche $\gamma = 0$ ist, entsprechen den Richtungen der unendlich grofsen Krümmungshalbmesser auf der Wellenfläche, oder was dasselbe ist den Richtungen der Asymptoten der hyperbolischen Indikatrix. Da die Hyperbel aufser ihren realen conjugirten Durchmessern auch imaginäre conjugirte Durchmesser besitzt, so folgt, dafs für diejenigen Richtungen, in welchen der Radius Vector in einen convex-concaven Theil der Wellenfläche eintrifft, auch die unendlich dünnen Strahlenbündel der dritten Art, mit imaginären Fokalebenen, wirklich Statt haben.

Ist das durchsichtige Mittel ein einfach brechendes, also die Wellenfläche desselben die Kugeloberfläche, so sind alle Indikatrices derselben Kreise, folglich alle conjugirten Richtungen nur auf einander senkrecht, und da die Radii Vectores hier überall senkrecht auf der Wellenfläche stehen, so folgt, dafs auch die Fokalebenen der Strahlenbündel überall senkrecht auf einander stehen müssen. In einem einfach brechenden Medium finden also keine anderen optischen Strahlenbündel Statt, als die der ersten Art, deren Fokalebenen auf einander senkrecht stehen.

Wenn das durchsichtige Mittel ein optisch einaxiger Krystall ist, dessen irreguläre Strahlen ein Rotationsellipsoid zur Wellenfläche haben, so sind die Indikatrices nur Ellipsen. Die Richtung, in welcher die erste Fokalebene liegen muſs, damit die zweite auf ihr senkrecht stehe, ist hier stets diejenige, in welcher die optische Axe liegt. Ist die halbe Rotationsaxe des Wellenellipsoids gleich c, die auf ihr senkrechte halbe Axe desselben gleich a, ferner ω der Winkel, welchen die Axe des Strahlenbündels mit der optischen Axe macht, und

$$\varrho = \frac{ac}{\sqrt{a^2 \cos^2 \omega + c^2 \sin^2 \omega}}$$

der dieser Richtung entsprechende Radius Vector, so ist der kleinste Winkel γ der beiden Fokalebenen der in dieser Richtung liegenden Strahlenbündel durch die Formel

$$tg\,\frac{\gamma}{2} = \frac{c}{\varrho} \quad \text{oder} \quad tg\,\frac{\gamma}{2} = \frac{\varrho}{c}$$

gegeben, je nachdem $c < a$ oder $c > a$ ist, d. h. je nachdem der einaxige Krystall ein negativer oder ein positiver ist. Für $\omega = 90°$, d. i. für die auf der optischen Axe senkrechte Lage, erhält man die Strahlenbündel mit den kleinsten Winkeln der Fokalebenen, welche in einem solchen Krystalle überhaupt Statt haben können, nämlich

$$tg\,\frac{\gamma}{2} = \frac{c}{a} \quad \text{oder} \quad tg\,\frac{\gamma}{2} = \frac{a}{c},$$

je nachdem $c < a$ oder $c > a$ ist.

Für den Doppelspath, wo

$$\frac{1}{a} = 1{,}483, \quad \frac{1}{c} = 1{,}654$$

erhält man demnach

$$\gamma = 83° \, 45' \, 50''.$$

Innerhalb des Doppelspaths finden also keine anderen Strahlenbündel Statt, als solche, bei denen die Winkel der beiden Fokalebenen zwischen 90° und 83° 45′ 50″ liegen. Für die Strahlenbündel, welche auf zwei parallelen natürlichen Flächen des rhomboedrischen Doppelspaths senkrecht stehen, und einen Winkel von 44° 36′ 30″ mit der optischen Axe bilden, findet man als den kleinsten Winkel der Fokalebenen $\gamma = 87° 5'$.

In den optisch zweiaxigen Krystallen, denen die Fresnelsche Wellenfläche angehört, finden nicht nur die Strahlenbündel der ersten und zweiten Art Statt, und zwar für alle Winkel der beiden Fokalebenen, von einem Rechten bis Null, sondern auch die Strahlenbündel der dritten Art, mit imaginären Fokalebenen. Die Fresnelsche Wellenfläche hat nämlich auf ihrer äufseren Schale vier Stellen, in denen sie convex-concav ist, welche Stellen durch die bekannten vier Kreise begränzt werden, in denen die Berührung der singulären Tangentialebenen mit der Fläche Statt findet. Die Strahlenbündel der dritten Art und diejenigen, für welche die Winkel der Fokalebenen bis auf Null herabsinken, finden nur für diejenigen Richtungen in dem Krystalle Statt, deren entsprechende Radii Vectores innerhalb dieser Kreise die Wellenfläche treffen; für jede der nicht in diesen Gränzen eingeschlossenen Richtungen giebt es ein bestimmtes Minimum des Winkels γ der beiden Fokalebenen, welches um so gröfser wird, je weiter der Radius Vector sich von den genannten vier Kreisen entfernt. Der Werth des Winkels γ, als Funktion der Richtung der Axe des Strahlenbündels und der Richtung der ersten Fokalebene, so wie der Werth des Minimums von γ für jede gegebene Richtung der Axe des Strahlenbündels, läfst sich ohne besondere Schwierigkeit angeben, da jedoch die Ausdrücke etwas complicirt werden, so will ich dieselben hier übergehen.

Läfst man ein im Innern eines Krystalls existirendes Strahlenbündel der ersten, zweiten oder dritten Art aus demselben heraustreten, in ein einfach brechendes Medium z. B. in die Luft, so verwandelt es sich stets in ein Strahlenbündel der ersten Art, mit auf einander senkrechten Fokalebenen, man kann deshalb umgekehrt jedes in einem Krystalle mögliche Strahlenbündel dadurch optisch erzeugen, daſs man ein passendes Strahlenbündel der ersten Art auf den Krystall auffallen läſst.

Ein Strahlenbündel der ersten Art, mit beliebig gegebenen Abständen der beiden gegen einander rechtwinklig liegenden gradlinigen Querschnitte, kann man auf die einfachste Weise durch eine convexe sphärische Linse erzeugen, durch die man das von einem Punkte ausgehende Licht hindurchgehen läſst, welches auſserdem durch eine enge Öffnung hindurchgehen muſs, damit das Strahlenbündel hinreichend dünn werde. Richtet man die Linse so, daſs ihre Axe in der Richtung des auffallenden Lichts selbst liegt, so erhält man nur das konische Strahlenbündel, in welchem die beiden gradlinigen Querschnitte zu einem einzigen Punkte, dem Brennpunkte, vereinigt sind; dreht man aber die Linse so, daſs ihre Axe mit der Richtung des auffallenden Lichts einen spitzen Winkel bildet, so treten die beiden gradlinigen Querschnitte aus einander, und ihr Abstand wird immer gröſser, je kleiner dieser Winkel wird; zugleich nehmen auch die beiden gradlinigen Querschnitte verhältniſsmäſsig an Länge zu. Ein in verschiedenen Entfernungen rechtwinklig gegen die Axe des Strahlenbündels gehaltenes weiſses Papier, macht die verschiedenen Querschnitte desselben anschaulich, unter denen auch die beiden gradlinigen, rechtwinklig gegen einander gerichteten vollkommen deutlich hervortreten.

Über ein von Hrn. stud. phil. Schwarz angefertigtes, in Gyps gegossenes Modell der Krümmungsmittelpunktsfläche des dreiaxigen Ellipsoids

Monatsberichte der Königlichen Preußischen Akademie der Wissenschaften zu Berlin aus dem Jahre 1862, 426–428

Hr. Kummer zeigte ein von Hrn. Stud. phil. Schwarz angefertigtes, in Gyps gegossenes Modell der Krümmungsmittelpunktsfläche des dreiaxigen Ellipsoids vor.

Die beiden verschiedenen Schalen dieser Fläche, deren eine die Mittelpunkte der gröfsten, die andere der kleinsten Krümmungen enthält, sind in den Modellen 1. und 2. besonders dargestellt; das Modell 3. zeigt beide Schalen vereint, wie sie sich gegenseitig durchdringen und das Modell 4. stellt den von beiden Flächen zugleich umschlossenen inneren Raum dar. Die Axen des Ellipsoids haben die Verhältnisse 5 : 4 : 3.

Es ist bei dieser Fläche, welche, wie Joachimsthal gezeigt hat, die Räume von einander trennt, in denen die Punkte liegen, durch welche zwei, oder vier, oder sechs reale Normalen an das Ellipsoid gezogen werden können, nicht leicht eine genauere Vorstellung zu gewinnen, und das angefertigte Modell kann dazu dienen, falsche Vorstellungen über diese besondere Fläche, so wie über die Krümmungsmittelpunktsflächen im allgemeinen, zu berichtigen. Namentlich wird das Vorurtheil, welches sich bei einer oberflächlicheren Betrachtung der Entstehungsweise dieser Fläche aufdrängt: dafs beide Schalen nur in den vier Punkten zusammenhängen können, welche den Nabelpunkten des Ellipsoids entsprechen, hierdurch widerlegt, indem das Modell zeigt, dafs beide Schalen sich in einer ganzen Curve doppelter Krümmung schneiden, welche in den, den Nabelpunkten angehörenden Punkten, vier Spitzen hat. Diese auffallende Erscheinung erklärt sich dadurch, dafs die gemeinsamen Punkte beider Schalen, mit Ausnahme jener vier Punkte, nicht entsprechende Punkte in Beziehung auf das Ellipsoid sind, d. h. nicht solche, durch welche eine und dieselbe Normale des Ellipsoids, beide Schalen berührend, hindurchgeht. Es sind nämlich alle Normalen des Ellipsoids Tangenten beider Schalen der Krümmungsmittelpunktsfläche und die beiden Berührungspunkte sind entsprechende Punkte derselben; wenn man aber umgekehrt das System sämmtlicher gemeinschaftlichen Tangenten beider Schalen betrachtet, so sind in demselben alle Normalen des Ellipsoids enthalten, aber aufserdem noch ein ganz anderes Strahlensystem, dessen Strahlen die Eigenschaft, Normalen einer Fläche zu sein, nicht besitzen. Die Tangenten der Durchschnittscurve sind gemeinschaftliche Tangenten beider Schalen, aber sie gehören nicht dem Systeme der Normalen des Ellipsoids an, sondern dem anderen Strahlensysteme. Selbst Monge, der die Krümmungsmittelpunktsflächen in die Wissenschaft eingeführt und sehr vielseitig behandelt hat, ist hierin von einer unrichtigen Ansicht befangen gewesen, indem er angenommen hat, dafs der Durchschnittscurve der beiden Schalen bei jeder Krümmungsmittelpunktsfläche stets eine Curve von Nabelpunkten auf der ursprünglichen Fläche entsprechen müsse. In seiner *Application de l'analyse à la Géométrie*, pag. 137 der von Hrn. Liouville besorgten Ausgabe, sagt er nämlich: *Si les*

31*

deux nappes des centres de courbure se coupent quelque part, elles se couperont à angles droits, et la courbe de leur intersection sera le lieu des centres de courbures sphèriques de la surface; car chacun des points de cette ligne se trouvant en même temps sur les nappes des deux courbures sera le centre commun des deux courbures qui, au point correspondant de la surface sont égales entre elles, comme celles d'une sphère. De plus, si l'on conçoit toutes les tangentes à la courbe d'intersection des deux nappes, chacune d'elles sera normale à la surface et la coupera en un point, pour lequel les deux courbures auront même rayon et même centre. Die Krümmungsmittelpunktsfläche des Ellipsoids zeigt als einfaches Beispiel das Unrichtige dieser Behauptungen; denn die beiden Schalen derselben schneiden sich, aber sie schneiden sich nicht rechtwinklig, die Tangenten an die Durchschnittscurve sind nicht Normalen des Ellipsoids und die Schaar von Punkten, in denen sie das Ellipsoid treffen, ist nicht eine Schaar von Punkten sphärischer Krümmung.

Die Gleichungen der vorliegenden Fläche sind, so viel mir bekannt ist, bisher immer nur in der Form dargestellt worden, daſs die Quadrate der drei Coordinaten als Functionen zweier unabhängigen Variabeln gegeben sind. Aus dieser Darstellung ist der Grad, oder die Ordnung, welcher die Fläche angehört, nur schwer abzuleiten; durch ein richtiges Eliminationsverfahren, welches alle fremden Fakotren ausschlieſst, erhält man eine Gleichung zwölften Grades unter den rechtwinkligen Coordinaten der Fläche, welche vollständig entwickelt sehr complicirt wird, aber in Form einer Determinante sich ziemlich einfach darstellen läſst. Die einfachste Darstellung der Gleichung der Fläche ist aber die durch Ebenencoordinaten, welche nur vom vierten Grade ist. Die Krümmungsmittelpunktsfläche des Ellipsoids ist daher eine Fläche der zwölften Ordnung und der vierten Klasse.

Über die Flächen vierten Grades, auf welchen Schaaren von Kegelschnitten liegen

Journal für die reine und angewandte Mathematik 64, 66–76 (1865)

Die allgemeine Untersuchung aller Flächen vierten Grades, auf welchen Schaaren von Kegelschnitten Statt haben, und welche darum als durch Bewegung eines veränderlichen Kegelschnitts entstanden betrachtet werden können, stützt sich hauptsächlich auf folgenden Satz:

Wenn eine Ebene aus irgend einer Fläche eine Curve mit Doppelpunkten ausschneidet, so ist jeder dieser Doppelpunkte entweder ein Doppelpunkt der Fläche, oder ein Berührungspunkt der Ebene und der Fläche.

Unter Doppelpunkten einer Curve oder Fläche sind hier alle diejenigen singulären Punkte zu verstehen, für welche die ersten Ableitungen gleich Null werden; eine continuirliche Reihe solcher Doppelpunkte auf einer Fläche bildet eine Doppelpunktscurve derselben. Der Begriff der Berührung ist im engeren Sinne gefasst, so dass nicht jede durch einen Doppelpunkt einer Fläche gehende Ebene als eine in diesem Punkte berührende angesehen wird, sondern nur diejenigen Punkte als eigentliche Berührungspunkte gelten, deren unendlich nahe Punkte nach allen Richtungen hin als zugleich auf der Fläche und der Ebene liegend zu betrachten sind, in so fern in denselben die Abstände der Fläche von der Ebene unendlich kleine Grössen höherer Ordnungen sind.

Wenn eine Ebene aus einer Fläche vierten Grades einen Kegelschnitt ausschneidet, so muss sie zugleich einen zweiten Kegelschnitt ausschneiden. Ein solches Kegelschnittpaar, als Curve vierten Grades betrachtet, hat nothwendig vier Doppelpunkte, welche real oder imaginär, oder auch unendlich entfernt sein können, und von denen auch zwei oder mehrere in einen zusammenfallen können, wenn die beiden Kegelschnitte sich berühren. Zerfällt einer dieser beiden Kegelschnitte in zwei grade Linien, so sind fünf Doppelpunkte vorhanden, und wenn beide Kegelschnitte in grade Linien zerfallen, so bilden sie sechs Doppelpunkte. Umgekehrt, wenn eine Ebene aus einer Fläche vierten Grades eine Curve mit vier, oder mehr als vier Doppelpunkten ausschneidet, so besteht diese Curve vierten Grades nothwendig aus Curven niederer Grade, weil eine irreductible Curve vierten Grades nicht mehr als drei Doppelpunkte haben kann. Diese Curven niederen Grades sind, wenn nicht mehr als vier Doppelpunkte vorhanden sind, und wenn nicht drei derselben in einer graden Linie liegen, nothwendig zwei Kegelschnitte, wenn aber drei dieser vier Doppelpunkte in grader Linie liegen, so zerfällt die Curve vierten Grades nur in eine grade Linie und eine Curve dritten Grades mit einem Doppelpunkte. Hat der Schnitt der Ebene und der Fläche vierten Grades fünf Doppelpunkte, so besteht er aus einem Kegelschnitt und zwei graden Linien, hat er sechs Doppelpunkte, so besteht er aus vier graden Linien.

Um die uneigentlichen Flächen vierten Grades, welche aus zwei Flächen zweiten Grades bestehen, von der folgenden Untersuchung überall auszuschliessen, braucht man den Satz, dass diejenigen Flächen vierten Grades, aus welchen alle beliebigen Ebenen Kegelschnittpaare ausschneiden, nur aus zwei Flächen zweiten Grades bestehen können, oder noch besser den folgenden mehr aussagenden Satz, dessen strenger Beweis auf algebraischem Wege ohne besondere Schwierigkeit geführt werden kann:

Wenn alle durch einen festen Punkt gehenden Ebenen aus einer Fläche vierten Grades Kegelschnittpaare ausschneiden, so besteht dieselbe aus zwei Flächen zweiten Grades, mit Ausnahme des einen Falles, wo sie ein Kegel vierten Grades ist, und die schneidenden Ebenen alle durch den Mittelpunkt desselben gehen.

Es werden nun folgende Fälle besonders behandelt: erstens, wo die Schaar der Ebenen, welche Kegelschnittpaare ausschneiden, nicht eine Schaar von berührenden Ebenen der Fläche ist; zweitens, wo alle Ebenen dieser Schaar Tangentialebenen mit *einem* Berührungspunkte sind, und drittens, wo dieselben *doppelt* berührende Ebenen sind. Es würden eigentlich noch die beiden Fälle hinzuzunehmen sein, wo eine Schaar von Ebenen die Fläche dreifach berührt, und wo sie die Fläche in einer graden Linie berührt; die dreifach berührenden Ebenen, welche hier nur solche sein können, die durch eine auf der Fläche liegende grade Linie gehen, ergeben aber keine bemerkenswerthen Schaaren von Kegelschnittpaaren auf Flächen vierten Grades, und eine Schaar von Ebenen, welche in einer ganzen Linie berühren, findet nur auf den abwickelbaren Flächen vierten Grades Statt, von welchen unmittelbar klar ist, dass eine jede ihrer Tangentialebenen ausser einer graden Doppellinie noch einen Kegelschnitt ausschneidet.

1. Die Flächen vierten Grades, aus welchen Schaaren von nicht berührenden Ebenen Kegelschnitte ausschneiden.

Wenn eine Schaar von Ebenen, welche eine Fläche vierten Grades nicht berühren, aus derselben Kegelschnittpaare ausschneiden soll, so muss jede Ebene dieser Schaar nothwendig durch vier Doppelpunkte der Fläche hindurch gehen. Ist nun keiner dieser vier Doppelpunkte für alle Ebenen der Schaar derselbe, sondern alle vier Doppelpunkte von einer Ebene zur andern veränderlich, so muss die Fläche vierten Grades nothwendig eine Doppelpunktscurve vierten Grades haben. Hieraus folgt weiter, dass alle beliebigen, auch jener Schaar nicht angehörenden Ebenen aus der Fläche Curven mit vier Doppelpunkten, also Kegelschnittpaare ausschneiden müssen, dass also die Fläche vierten Grades nur aus zwei Flächen zweiten Grades bestehen kann.

Ist einer der vier Doppelpunkte für alle Ebenen der Schaar derselbe, so müssen die drei anderen, von einer Ebene zur andern veränderlichen Doppelpunkte eine Doppelpunktscurve dritten Grades für die Fläche bilden, welche diesen einen festen Doppelpunkt der Fläche nicht enthält; es müssen darum alle durch diesen festen Punkt gehenden Ebenen Curven vierten Grades mit vier Doppelpunkten, also Kegelschnittpaare ausschneiden, welches nach dem oben aufgestellten Satze nur dann möglich ist, wenn die Fläche vierten Grades aus zwei Flächen zweiten Grades besteht, oder wenn sie eine Kegelfläche ist.

Sind von den vier Doppelpunkten, welche jede Ebene der Schaar aus der Fläche vierten Grades ausschneiden soll, zwei für alle Ebenen dieselben und nur zwei von einer Ebene zur andern veränderlich, so muss diese Fläche ausser den zwei festen Doppelpunkten, durch welche alle Ebenen der Schaar hindurchgehen, noch eine Doppelpunktscurve zweiten Grades haben; und umgekehrt, wenn sie eine Doppelpunktscurve zweiten Grades und ausserdem zwei einzelne Doppelpunkte hat, so schneiden alle durch diese beiden festen Doppelpunkte gehenden Ebenen Curven mit vier Doppelpunkten aus der Fläche aus, also Kegelschnittpaare, wenn nicht etwa die Verbindungslinie beider Doppelpunkte durch die Doppelpunktscurve hindurchgeht, in welchem Falle diese Verbindungslinie eine auf der Fläche liegende grade Linie sein müsste. Man hat also folgenden Satz:

Alle Flächen vierten Grades mit einer Doppelpunktscurve zweiten Grades und zwei einzelnen Doppelpunkten, deren Verbindungslinie nicht durch die Doppelpunktscurve hindurchgeht, werden von der Schaar der durch die beiden Doppelpunkte gehenden Ebenen in Kegelschnittpaaren geschnitten.

Die allgemeinste Form der Gleichung für alle Flächen vierten Grades, welche eine ebene Doppelpunktscurve zweiten Grades haben, ist:

$$\varphi^2 = 4p^2\psi,$$

wo φ und ψ ganze rationale Functionen zweiten Grades sind, und p eine lineare Function der drei Coordinaten. Nimmt man in derselben ψ als Product zweier linearen Functionen q und r, so erhält man

$$\varphi^2 = 4p^2qr,$$

und dieses ist die allgemeinste Form der Gleichung aller Flächen vierten Grades, welche ausser der Doppelpunktscurve zweiten Grades noch zwei Doppelpunkte haben, deren Verbindungslinie nicht eine auf der Fläche liegende grade Linie ist. Die Curve $\varphi = 0$, $p = 0$ ist die Doppelpunktscurve zweiten Grades, und die beiden Durchschnittspunkte der graden Linie $q = 0$, $r = 0$, mit der Fläche zweiten Grades $\varphi = 0$, sind die beiden Doppelpunkte der Fläche vierten Grades. Alle durch die Axe $q = 0$, $r = 0$ gehenden Ebenen schneiden Kegelschnittpaare aus der Fläche aus, die beiden Ebenen $q = 0$ und $r = 0$ schneiden Kegelschnittpaare aus, die sich decken, und sind singuläre Tangentialebenen der Fläche, welche dieselbe in diesen Kegelschnitten berühren.

Die Flächen vierten Grades, welche ausser der Doppelpunktscurve zweiten Grades noch zwei Paare von Doppelpunkten haben und zwei durch dieselben hindurchgehende Büschel von Ebenen, welche Kegelschnittpaare ausschneiden, sind alle in folgender Form enthalten:

$$(p^2 + qr - st)^2 = 4p^2qr,$$

oder was dasselbe ist:

$$(p^2 - qr + st)^2 = 4p^2st,$$

wo p, q, r, s, t beliebige lineare Functionen der Coordinaten sind, welche Gleichung auch in folgende einfache Form gesetzt werden kann:

$$p + \sqrt{qr} + \sqrt{st} = 0.$$

Die beiden Büschel von Ebenen, welche Kegelschnittpaare ausschneiden, sind $q + \lambda r = 0$ und $s + \mu t = 0$, für beliebige Werthe der Constanten λ und μ, die Ebenen $q = 0$, $r = 0$, $s = 0$, $t = 0$ sind vier singuläre Tangentialebenen der Fläche, welche dieselbe in Kegelschnitten berühren, also einhüllen. Da diese Flächen ausser der Doppelpunktscurve zweiten Grades $p = 0$, $qr - st = 0$, noch vier einzelne Doppelpunkte haben, deren zwei durch die Gleichungen $q = 0$, $r = 0$, $p^2 - st = 0$, die beiden anderen durch die Gleichungen $s = 0$, $t = 0$,

$p^2-qr=0$ gegeben sind, und da diese vier Doppelpunkte auf sechs verschiedene Weisen sich zu zweien verbinden lassen, so könnte man erwarten, dass sechs verschiedene Schaaren von Kegelschnittpaaren, deren Ebenen durch die sechs Verbindungslinien der vier Doppelpunkte gehen, auf denselben Statt haben möchten; untersucht man aber die Lage der vier Doppelpunkte genauer, so findet man, dass von den sechs Verbindungslinien derselben vier durch die Doppelpunktscurve zweiten Grades hindurchgehen und darum auf der Fläche vierten Grades liegende grade Linien sind, und dass die beiden Ebenenbüschel $q+\lambda r=0$, und $s+\mu t=0$ die einzigen sind, welche Kegelschnittpaare ausschneiden.

In diese Kategorie von Flächen vierten Grades gehört unter anderen auch die zuerst von Herrn *Charles Dupin* behandelte und mit dem Namen *Cyclide* belegte Fläche, deren beide Schaaren von Krümmungslinien Kreise sind. Die Doppelpunktscurve zweiten Grades liegt bei derselben im Unendlichen, und von den vier einzelnen Doppelpunkten sind stets zwei imaginär, die beiden anderen aber können real sein. Die Gleichung dieser Fläche kann in folgende einfache Form gesetzt werden:

$$b^2 = \sqrt{(ax-ek)^2+b^2y^2}+\sqrt{(ex-ak)^2-b^2z^2}.$$

Die allgemeine Untersuchung führt nun weiter zu dem Falle, wo die Schaar von Ebenen, welche Kegelschnittpaare aus der Fläche vierten Grades ausschneiden sollen, durch drei oder mehrere feste Doppelpunkte der Fläche hindurchgeht. Eine Schaar solcher Ebenen kann aber nur dann Statt haben, wenn alle diese Doppelpunkte in grader Linie liegen, welche eine grade Doppelpunktslinie der Fläche ist. Dieser Fall giebt unmittelbar folgenden Satz:

Aus einer jeden Fläche vierten Grades, welche eine grade Doppelpunktslinie hat, schneiden alle durch die Doppelpunktslinie gelegten Ebenen Kegelschnitte aus.

Die Gleichungen der Flächen dieser Kategorie sind alle in folgender Form enthalten:

$$p^2\varphi+2pq\varphi_1+q^2\varphi_2 = 0$$

wo φ, φ_1, φ_2 beliebige Functionen zweiten Grades, p und q lineare Functionen der Coordinaten sind, $p=0$, $q=0$ ist die Linie der Doppelpunkte.

Endlich bleiben hier noch die Fälle zu untersuchen, dass von den vier Doppelpunkten der Kegelschnittpaare, welche von einer Schaar von Ebenen ausgeschnitten werden sollen, zwei oder mehrere in einem, oder in zwei festen Punkten vereinigt sind, in welchen diese Kegelschnittpaare sich berühren. Die vollständige Erörterung aller dieser Fälle ergiebt zunächst nur eine speciellere Fläche der bereits gefundenen Art $\varphi^2 = 4p^2qr$, mit einer Doppelpunktscurve zweiten Grades und zwei Doppelpunkten, nämlich diejenige, in welcher die beiden Doppelpunkte unendlich nahe an einander liegen, ausserdem aber führt sie auf eine neue merkwürdige Art von Flächen vierten Grades, auf welchen eine Schaar von Kegelschnittpaaren liegen, die einen doppelten Contact haben. Es sind diess die Flächen vierten Grades, welche in zwei verschiedenen Punkten sich selbst berühren. Legt man nämlich durch die beiden Selbstberührungspunkte einer solchen Fläche irgend eine Ebene, so schneidet dieselbe eine Curve aus, welche in diesen beiden Punkten sich selbst berührt; eine Curve vierten Grades kann aber nicht zwei Punkte der Selbstberührung haben, ausser wenn sie aus zwei Kegelschnitten besteht, man hat also folgenden Satz:

Die Flächen vierten Grades, welche in zwei verschiedenen Punkten sich selbst berühren, haben die Eigenschaft, dass alle durch die beiden Selbstberührungspunkte gehenden Ebenen aus ihnen Kegelschnittpaare ausschneiden, welche sich in diesen beiden Punkten berühren.

Die allgemeinste Form der Gleichung für diese Art von Flächen ist:

$$\varphi^2 = ap^4 + 4bp^3q + 6cp^2q^2 + 4dpq^3 + eq^4,$$

wo φ eine Function zweiten Grades ist, p und q lineare Functionen und a, b, c, d, e Constanten. Die beiden Punkte, in denen diese Fläche sich selbst berührt, sind die Durchschnittspunkte der graden Linie $p = 0$, $q = 0$ mit der Fläche zweiten Grades $\varphi = 0$. Alle Ebenen des Büschels $p + \lambda q = 0$ schneiden Kegelschnittpaare mit doppeltem Contact aus der Fläche aus, die vier Ebenen aber, in welche der Ausdruck vierten Grades

$$ap^4 + 4bp^3q + 6cp^2q^2 + 4dpq^3 + eq^4 = 0$$

zerfällt werden kann, schneiden aus der Fläche Kegelschnittpaare aus, die sich vollständig decken, sie sind also singuläre Tangentialebenen der Fläche, welche dieselbe in diesen Kegelschnitten berühren. Eine Doppelpunctscurve hat diese Art von Flächen im Allgemeinen nicht, sondern nur in dem speciellen Falle, wo zwei der vier singulären Tangentialebenen sich zu einer vereinigen, d. i. wenn jener Ausdruck vierten Grades zwei gleiche lineare Factoren hat.

Fasst man alle Fälle zusammen, in denen eine Schaar von Ebenen, welche nicht Tangentialebenen sind, aus einer Fläche vierten Grades Kegelschnitte ausschneidet, so ergiebt sich aus denselben das allgemeine Resultat:

Wenn eine Schaar von Ebenen, welche nicht berührende Ebenen einer Fläche vierten Grades sind, aus derselben Kegelschnitte ausschneidet, so gehen alle Ebenen dieser Schaar nothwendig durch eine feste grade Linie. Alle Flächen vierten Grades, aus welchen Schaaren von nicht berührenden Ebenen Kegelschnitte ausschneiden, können daher als durch Rotation eines veränderlichen Kegelschnitts um eine, in seiner Ebene liegende, feste Axe entstanden betrachtet werden.

2. Die Flächen vierten Grades, aus welchen Schaaren einfach herrührender Ebenen Kegelschnitte ausschneiden.

Damit eine einfach berührende Ebene aus einer Fläche vierten Grades ein Kegelschnittpaar ausschneide, muss sie nothwendig durch drei Doppelpunkte der Fläche hindurchgehen und diese Bedingung ist zugleich hinreichend, wenn nicht der Berührungspunkt mit zweien dieser Doppelpunkte in einer graden Linie liegt, welche alsdann eine grade Linie der Fläche sein muss.

Wenn nun erstens die Ebenen der Schaar nicht alle durch einen festen Doppelpunkt der Fläche hindurchgehen, so bilden die von einer Ebene zur anderen veränderlichen drei Doppelpunkte, welche jede dieser Ebenen ausschneiden muss, eine Doppelpunktscurve dritten Grades; der Fall aber, dass der Berührungspunkt mit zweien der übrigen drei von der Tangentialebene ausgeschnittenen Doppelpunkten stets in grader Linie liegt, tritt allemal dann, und auch nur dann ein, wenn die Fläche vierten Grades eine gradlinige ist. Also alle Flächen vierten Grades, welche eine Doppelpunktscurve dritten Grades haben und welche nicht gradlinige Flächen sind, werden von allen ihren Tangentialebenen in Kegelschnittpaaren geschnitten, aus den gradlinigen Flächen vierten Grades aber schneiden die in einem Punkte berührenden Ebenen nur grade Linien mit Curven dritten Grades aus.

Untersucht man nun die besonderen Fälle, erstens, wo die Doppelpunktscurve dritten Grades eine Curve doppelter Krümmung ist, zweitens, wo sie aus einem Kegelschnitt und einer graden Linie besteht, und drittens, wo sie aus drei graden Linien besteht, so findet man:

Alle Flächen vierten Grades, welche eine Curve doppelter Krümmung vom dritten Grade zur Doppelpunktscurve haben, sind nothwendig gradlinige Flächen.

Einen Kegelschnitt und eine grade Linie als Doppelpunktscurven kann eine Fläche vierten Grades nur dann enthalten, wenn die grade Linie den

Kegelschnitt in einem Punkte schneidet; alle Flächen dieser Art sind aber ebenfalls nur gradlinige.

Drei grade Doppelpunktslinien können Flächen vierten Grades nur in folgenden drei Fällen enthalten, erstens, wenn diese drei graden Linien, in eine zusammenfallend, eine dreifache Linie der Fläche bilden, zweitens, wenn zwei dieser graden Doppelpunktslinien nicht in einer Ebene liegen, die dritte aber diese beiden schneidet und drittens, wenn alle drei graden Doppelpunktslinien durch einen und denselben Punkt gehen. Der erste und zweite dieser Fälle kann aber wieder nur bei gradlinigen Flächen Statt haben, es bleibt daher nur der eine Fall übrig, wo die drei graden Doppelpunktslinien durch einen und denselben Punkt gehen, in welchem die Fläche vierten Grades im allgemeinen nicht eine gradlinige ist. Also:

Die Flächen vierten Grades, welche drei durch einen und denselben Punkt gehende grade Doppelpunktslinien besitzen, haben die Eigenschaft, dass alle Tangentialebenen aus denselben Kegelschnittpaare ausschneiden.

Die allgemeinste Form der Gleichung dieser Flächen ist:

$$Aq^2r^2+Br^2p^2+Cp^2q^2+2Dpqrs = 0,$$

wo p, q, r, s beliebige lineare Functionen der Coordinaten sind, und A, B, C, D beliebige Constanten. Die drei Ebenen $p=0$, $q=0$, $r=0$ sind diejenigen, deren drei Durchschnittslinien die Doppelpunktslinien der Fläche sind, der Durchschnittspunkt derselben $p=0$, $q=0$, $r=0$ ist ein dreifacher Punkt der Fläche. Auf dieser Fläche liegen unendlich viele Schaaren von Kegelschnitten, in der Art, dass durch jeden beliebigen Punkt des Raumes eine ganze Schaar von Ebenen geht, welche alle Kegelschnittpaare aus der Fläche ausschneiden. Alle Ebenen einer solchen Schaar hüllen einen Kegel sechsten Grades ein, welcher ein einhüllender Kegel der Fläche ist. Durch einen jeden Punkt auf der Fläche gehen unendlich viele Kegelschnitte, deren Ebenen einen Kegel vierten Grades einhüllen, welcher, wenn der Punkt auf einer der drei Doppelpunktslinien liegt, zu einem Kegel zweiten Grades wird.

Diese merkwürdige Art von Flächen vierten Grades, die einzige, auf welcher unendlich viele Schaaren von Kegelschnitten Statt haben, hat *Steiner* vor einer Reihe von Jahren entdeckt, er hat aber nichts davon veröffentlicht, sondern nur Herrn *Weierstrass* eine Construction derselben mitgetheilt, aus welcher dieser ihre Gleichungen in folgender Form berechnet hat:

$$x=\frac{K}{N},\quad y=\frac{L}{N},\quad z=\frac{M}{N},$$

wo K, L, M, N beliebige ganze Functionen zweiten Grades von zwei unabhängigen Veränderlichen sind; aus dieser Form aber lassen sich die Haupteigenschaften der Fläche, namentlich die drei graden Doppelpunktslinien und der ihnen gemeinsame dreifache Punkt, welche in der oben angegebenen Form klar am Tage liegen, nur schwer erkennen.

Wenn die Schaar der einfach berührenden Ebenen, welche aus einer Fläche vierten Grades Kegelschnittpaare ausschneiden sollen, durch einen festen Doppelpunkt der Fläche hindurchgeht, so sind nur zwei der drei Doppelpunkte der Fläche, welche ausgeschnitten werden müssen, von einer Ebene der Schaar zur anderen veränderlich, dieselben müssen daher eine Doppelpunktslinie zweiten Grades bilden, und umgekehrt:

Wenn eine Fläche vierten Grades eine ebene Doppelpunktscurve zweiten Grades und ausser dieser noch einen Doppelpunkt hat, so schneiden alle durch diesen Doppelpunkt gehenden Tangentialebenen Kegelschnittpaare aus derselben aus.

Die allgemeinste Form der Gleichung der Flächen vierten Grades, welche ausser einer Doppelpunktscurve zweiten Grades noch einen Doppelpunkt haben, erhält man, indem man in der Gleichung

$$\varphi^2 = 4p^2\psi$$

ψ und φ so wählt, dass $\psi = 0$ einen Kegel zweiten Grades darstellt, und dass die Fläche zweiten Grades $\varphi = 0$ durch den Mittelpunkt des Kegels $\psi = 0$ hindurchgeht. Der Mittelpunkt dieses Kegels ist alsdann Doppelpunkt der Fläche, und die Schaar der durch denselben hindurchgehenden und die Fläche vierten Grades berührenden Ebenen, welche Kegelschnittpaare aus derselben ausschneidet, ist dieselbe als die Schaar der berührenden Ebenen des Kegels $\psi = 0$. Derjenige Kegel zweiten Grades, welcher in dem festen Doppelpunkte an die Fläche vierten Grades sich am genausten anschliesst, kann ebenfalls als ein solcher angesehen werden, dessen Tangentialebenen zugleich berührende Ebenen der Fläche sind, aber die Berührungspunkte derselben fallen überall mit dem festen Doppelpunkte selbst zusammen, und jede der durch dieselben ausgeschnittenen Curven hat in diesem Punkte eine Spitze und ausserdem zwei Doppelpunkte, ist also nicht ein Kegelschnittpaar, sondern eine irreductible Curve vierten Grades.

Der Fall, dass eine Schaar berührender Ebenen durch zwei feste Doppelpunkte der Fläche hindurchgeht, welcher nur dann Statt haben kann, wenn die Verbindungslinie der beiden Doppelpunkte eine auf der Fläche liegende grade Linie ist, führt auf keine besondere Art von Flächen vierten Grades mit Schaaren von Kegelschnitten.

3. Die Flächen vierten Grades, aus welchen Schaaren von zweifach berührenden Ebenen Kegelschnitte ausschneiden.

Jede zweifach berührende Ebene, welche ein Kegelschnittpaar aus einer Fläche vierten Grades ausschneiden soll, muss nothwendig durch zwei Doppelpunkte der Fläche hindurch gehen. Wenn nun eine ganze Schaar solcher Ebenen Statt haben soll, so können dieselben nicht alle durch einen festen Punkt gehen, die beiden Doppelpunkte müssen daher von einer Ebene der Schaar zur andern veränderlich sein und eine Doppelpunktscurve zweiten Grades bilden, also:

Die Flächen vierten Grades, welche eine ebene Doppelpunktscurve zweiten Grades haben, werden von allen doppelt berührenden Ebenen in Kegelschnittpaaren geschnitten.

Die schon oben aufgestellte Gleichung aller Flächen vierten Grades, welche eine ebene Doppelpunktscurve zweiten Grades haben, nämlich:

$$\varphi^2 = 4p^2\psi$$

kann man auch in folgende Form setzen:

$$(\varphi+2\lambda p^2)^2 = 4p^2(\psi+\lambda\varphi+\lambda^2p^2),$$

in welcher λ eine ganz beliebige Constante ist. Bestimmt man diese Constante in der Art, dass die Fläche zweiten Grades

$$\psi+\lambda\varphi+\lambda^2p^2 = 0$$

eine Kegelfläche wird, so ist diese Kegelfläche eine solche, welche die Fläche vierten Grades doppelt einhüllt, in der Art, dass jede Tangentialebene dieser Kegelfläche die Fläche vierten Grades in zwei verschiedenen Punkten berührt; die Schaar der diesen Kegel berührenden Ebenen ist also eine Schaar doppelt berührender Tangentialebenen der Fläche vierten Grades, welche Kegelschnittpaare aus derselben ausschneiden. Die leicht zu entwickelnde Bedingung, dass $\psi+\lambda\varphi+\lambda^2p^2=0$ eine Kegelfläche darstelle, führt auf eine Gleichung fünften Grades für die Constante λ, deren fünf Wurzeln fünf Kegelflächen geben, also:

Es giebt im allgemeinen fünf verschiedene Kegel zweiten Grades, deren Tangentialebenen eine Fläche vierten Grades mit einer Doppelpunktscurve zweiten Grades doppelt berühren, und Kegelschnittpaare aus derselben ausschneiden.

10*

Wenn die Gleichung fünften Grades für λ imaginäre Wurzeln hat, so werden die denselben entsprechenden Schaaren doppelt berührender Ebenen, welche Kegelschnittpaare ausschneiden, ebenfalls imaginär; wenn diese Gleichung aber zwei gleiche Wurzeln hat, so treten an die Stelle der entsprechenden Schaaren doppelt berührender Ebenen nur zwei singuläre Tangentialebenen der Fläche vierten Grades, welche dieselbe in Kegelschnitten berühren, oder auch eine Schaar einfach berührender Ebenen, welche aber alle durch einen festen Doppelpunkt der Fläche gehen. Hat die Fläche vierten Grades ausser der Doppelpunktscurve zweiten Grades noch ein oder zwei Paare von Doppelpunkten, deren Verbindungslinien nicht durch die Doppelpunktscurve hindurchgehen, und demgemäss eine oder zwei Schaaren von nicht berührenden Ebenen, welche Kegelschnittpaare ausschneiden, so bleiben von den fünf Schaaren doppelt berührender Ebenen stets nur drei oder eine übrig, weil die anderen zu singulären Tangentialebenen der Fläche werden.

Für die *Dupin*sche Cyclide hat die Gleichung fünften Grades, welche die fünf Schaaren doppelt berührender Ebenen bestimmt, zwei Paare gleicher Wurzeln, welchen die vier singulären Tangentialebenen dieser Fläche entsprechen (von denen zwei stets imaginär sind); die fünfte Wurzel dieser Gleichung aber giebt einen wirklichen Kegel zweiten Grades, dessen Tangentialebenen Kegelschnittpaare aus der Cyclide ausschneiden. Herr Stud. *Schwarz*, dem ich die Existenz dieser, wie ich glaube früher noch nicht bemerkten Schaar von Kegelschnitten auf der Cyclide mitgetheilt habe, hat gefunden, dass dieselbe stets eine Doppelschaar von Kreisen ist, dass also diese Fläche nicht nur auf zwei, sondern sogar auf vier verschiedene Weisen durch Bewegung eines veränderlichen Kreises erzeugt werden kann.

Endlich sind hier noch die gradlinigen Flächen vierten Grades zu erwähnen. Die doppelt berührenden Ebenen derselben gehen stets durch zwei der erzeugenden Graden, sie schneiden also ausser diesen beiden graden Linien nothwendig noch Kegelschnitte aus, welche auch selbst wieder in zwei grade Linien zerfallen können. Also:

Alle doppelt berührenden Ebenen der gradlinigen Flächen vierten Grades schneiden aus denselben zwei grade Linien und einen Kegelschnitt aus.

Berlin, im Juli 1863.

Gypsmodell der Steinerschen Fläche

Monatsberichte der Königlichen Preußischen Akademie der Wissenschaften zu Berlin aus dem Jahre 1863, 539

Bei Gelegenheit dieser Mittheilung legte Hr. Kummer ein von ihm angefertigtes Gypsmodell der Steinerschen Fläche vor.

Die dargestellte specielle Fläche ist so gewählt, dafs sie eine endliche, allseitig begränzte ist, dafs in ihren Theilen die gröfstmöglichste Symmetrie herrscht, und dafs alle Haupteigenschaften der allgemeinen Steinerschen Fläche an ihr in realer Weise sichtbar hervortreten. Allen diesen Anforderungen genügt die Fläche deren Gleichung in rechtwinkligen Coordinaten

$$y^2z^2+z^2x^2+x^2y^2-2cxyz=0$$

ist. Die drei graden Doppellinien, welche hier nur zum Theil auf der Fläche selbst liegen, und als isolirte Linien sich alsdann weiter in's Unendliche fortsetzen, stehen auf einander senkrecht, und die auf denselben zu nehmenden Längen, welche als Axen der Fläche bezeichnet werden können, sind einander gleich. Die Fläche ist zum Theil convex-convex, zum Theil convex-concav. Die Tangentialebenen an die ersteren Theile schneiden nur je zwei imaginäre Kegelschnitte aus, die Tangentialebenen aber, deren Berührungspunkte in den convex-concaven Theilen liegen, schneiden reale Kegelschnittpaare aus. Vier besondere Tangentialebenen schneiden solche Kegelschnittpaare aus, welche in einen Kegelschnitt zusammenfallen und berühren die Fläche nicht blofs in einem Punkte, sondern in diesen Kegelschnitten, als singuläre Tangentialebenen und ihre Berührungs-Kegelschnitte, welche in dem vorliegenden speciellen Falle Kreise sind, scheiden zugleich die convex-convexen Theile der Fläche von den convex-concaven. Endlich ist noch zu bemerken, dafs die allgemeinste Steinersche Fläche, welche funfzehn wesentliche Constanten enthält, aus der in dem Modell dargestellten speciellen Fläche durch collineare Verwandlung erhalten wird.

Über die Flächen vierten Grades mit sechzehn singulären Punkten

Monatsberichte der Königlichen Preußischen Akademie der Wissenschaften zu Berlin aus dem Jahre 1864, 246–260

18. April. Sitzung der physikalisch-mathematischen Klasse.

Hr. Kummer las über die Flächen vierten Grades, mit sechzehn singulären Punkten.

Die Fresnelsche Wellenfläche ist eine Fläche vierten Grades, welche 16 singuläre Punkte hat, von denen vier in der einen Hauptebene liegende real, acht in den beiden anderen Hauptebenen liegende imaginär sind und die übrigen vier in einer unendlich entfernten Ebene liegen. Hieraus ersieht man zunächst, dafs Flächen vierten Grades mit 16 singulären Punkten thatsächlich existiren. Mehr als 16 singuläre Punkte können aber Flächen vierten Grades nicht haben; denn die reciproke polare Fläche der allgemeinen Flächen vierten Grades ist vom 36ten Grade, durch jeden singulären Punkt aber wird dieser Grad um zwei Einheiten erniedrigt, bei mehr als 16 singulären Punkten würde daher der Grad der reciproken Polaren bis auf zwei oder noch tiefer herabsinken, welches unmöglich ist.

Um die allgemeinen Eigenschaften der Flächen vierten Grades mit 16 singulären Punkten zu erforschen, betrachten wir den einhüllenden Kegel derselben. Dieser Kegel ist für jede Fläche vierten Grades vom 12ten Grade, wenn aber der Mittelpunkt desselben in einen singulären Punkt der Fläche vierten Grades fällt, so wird er nur vom sechsten Grade. Hat die Fläche vierten Grades 16 singuläre Punkte, in deren einem der Mittelpunkt des einhüllenden Kegels liegt, so müssen die 15 graden Linien, welche von diesem nach den übrigen 15 singulären

Punkten der Fläche gehen, Doppelkanten des einhüllenden Kegels sein. Ein irreductibler Kegel vierten Grades kann aber nicht mehr als zehn Doppelkanten haben, derselbe mufs daher hier in Kegel niederer Grade zerfallen, und damit diese Kegel niederer Grade zusammen 15 Doppelkanten haben, müssen sie nothwendig nur aus sechs Ebenen bestehen, die durch denselben Punkt gehen, und in der That 15 Durchschnittslinien je zweier darbieten. Die sechs Ebenen, aus welchen der einhüllende Kegel besteht, dessen Mittelpunkt in einem der 16 singulären Punkte liegt, müssen, als einhüllende Ebenen, die Fläche vierten Grades in Curven berühren, welche nothwendig Kegelschnitte sind, durch jeden der 16 singulären Punkte der Fläche gehen also sechs singuläre Tangentialebenen, welche die Fläche in Kegelschnitten berühren. Da ferner die 15 Durchschnittslinien der sechs durch einen und denselben singulären Punkt gehenden singulären Tangentialebenen durch die übrigen 15 singulären Punkte gehen, und je fünf derselben in einer dieser sechs Ebenen liegen, so folgt, dafs in jeder singulären Tangentialebene sechs singuläre Punkte liegen, und hieraus ergiebt sich, dafs im Ganzen genau 16 singuläre Tangentialebenen vorhanden sein müssen. Also:

Jede Fläche vierten Grades mit 16 singulären Punkten hat zugleich 16 singuläre Tangentialebenen, und diese Punkte und Ebenen liegen so, dafs jede der 16 Ebenen 6 von den Punkten enthält, und dafs durch jeden der 16 Punkte 6 von den Ebenen hindurchgehen.

Die je sechs in einer Ebene liegenden singulären Punkte haben stets die besondere Lage, dafs sich ein Kegelschnitt durch dieselben legen läfst; denn sie gehören nothwendig zu denjenigen Punkten, welche die singuläre Tangentialebene mit der Fläche gemein hat, also zu den Punkten des Berührungs-Kegelschnitts. Ebenso haben die sechs singulären Tangentialebenen, welche durch einen singulären Punkt gehen, die Eigenschaft, dafs sie Tangentialebenen eines bestimmten Kegels zweiten Grades sind, und zwar des die Fläche vierten Grades in dem singulären Punkte osculirenden Kegels zweiten Grades; denn als singuläre Tangentialebenen der Fläche, welche dieselbe in Curven berühren, die durch den singulären Punkt hindurchgehen, müssen diese

Ebenen auch Tangentialebenen des die Fläche in diesem Punkte osculirenden Kegels sein.

Man erkennt in diesen Beziehungen der 16 Punkte und der 16 Ebenen zu einander offenbar ein reciprok polares Verhältnifs, welches darin seinen Grund hat, dafs die reciproke polare Fläche einer Fläche vierten Grades mit 16 singulären Punkten selbst eine Fläche vierten Grades mit 16 singulären Punkten ist, und dafs in der reciproken polaren Fläche jeder singuläre Punkt zu einer singulären Tangentialebene wird und umgekehrt.

Um die allgemeine Gleichung aller Flächen vierten Grades mit 16 singulären Punkten zu bilden, wähle man unter den 16 singulären Tangentialebenen vier von der Art aus, dafs die vier Ecken des von ihnen gebildeten Tetraeders zugleich vier von den sechzehn singulären Punkten sind, welcher Bedingung stets auf mehrfache Weise genügt werden kann. Bezeichnet man die Gleichungen der vier in dieser Art gewählten singulären Tangentialebenen mit

$$p=0, \quad q=0, \quad r=0, \quad s=0,$$

wo p, q, r, s ganze lineare Funktionen der drei Coordinaten sind, so kann man die gesuchte allgemeine Gleichung dieser Art von Flächen vierten Grades als eine homogene Gleichung vierten Grades unter den vier Variabeln p, q, r, s auffassen. Nach der Voraussetzung, dafs die vier Eckpunkte des aus den Ebenen $p=0$, $q=0$, $r=0$, $s=0$ gebildeten Tetraeders singuläre Punkte der Fläche sein sollen, mufs nun diese homogene Funktion vierten Grades, welche gleich Null gesetzt die Gleichung der gesuchten Fläche darstellt, zugleich mit ihren vier ersten, nach den Variabeln p, q, r und s genommenen Ableitungen gleich Null werden, sobald drei dieser Variabeln gleich Null gesetzt werden. Hieraus folgt, dafs in der Gleichung der Fläche keine Glieder vorkommen können, welche die vierten Potenzen der Variabeln enthalten, und dafs auch alle diejenigen Glieder in derselben nicht vorkommen können, welche einen Cubus einer dieser Variabeln enthalten. Enthielte nämlich die Gleichung z. B. ein Glied Ap^4, so würde sie nicht erfüllt sein, wenn zugleich $q=0$, $r=0$, $s=0$ gesetzt würde, enthielte sie ein Glied Bp^3q, so würde die nach q genommene erste Ableitung nicht gleich Null sein, wenn zugleich $q=0$, $r=0$, $s=0$ gesetzt würde. Die Gleichung der Fläche ist daher in Beziehung auf jede einzelne der vier Variabeln p, q, r, s nur vom zweiten Grade. Weil ferner die genannten vier Grundebenen singuläre Tangentialebenen der Fläche vierten Grades sein sollen, und jede singuläre Tangentialebene aus der Fläche zwei sich deckende Kegelschnitte ausschneidet, so folgt, dafs für $p=0$ die Gleichung der Fläche zu einem vollständigen Quadrate einer homogenen Funktion zweiten Grades der drei übrigen Variabeln werden mufs, und in gleicher Weise auch für $q=0$, für $r=0$ und für $s=0$. Setzt man nun die allgemeinste Form einer homogenen Gleichung vierten Grades unter den vier Variabeln p, q, r, s an, welche in Beziehung auf jede derselben einzeln genommen nur vom zweiten Grade ist, und bestimmt die unbestimmten Coefficienten dieser Form den angegebenen Bedingungen gemäfs, so erhält man folgende allgemeinste Form der Gleichung:

$$\begin{aligned}&a^2q^2r^2+b^2r^2p^2+c^2p^2q^2+d^2p^2s^2+e^2q^2s^2+f^2r^2s^2+2bcp^2qr\\&+2\varepsilon acpq^2r+2\varepsilon abpqr^2+2\varepsilon' cdp^2qs+2\varepsilon'\varepsilon'' cepq^2s+2\varepsilon'' depqs^2+2bdp^2rs\\&+2bfpr^2s+2dfprs^2+2aeq^2rs+2afqr^2s+2efqrs^2-4gpqrs=0,\end{aligned}$$

wo a, b, c, d, e, f und g beliebige Constanten sind, ε, ε', ε'' aber nur drei Einheiten, deren jede die beiden Werthe ± 1 haben kann. Diese allgemeine Form enthält alle Flächen vierten Grades in sich, welche vier singuläre Tangentialebenen haben und vier in den Ecken des von diesen gebildeten Tetraeders liegende singuläre Punkte, unter welchen die Flächen mit sechzehn singulären Punkten mit inbegriffen sind. Um diese letzteren daraus auszuscheiden ist merkwürdigerweise eine weitere Specialisirung durch Bedingungsgleichungen unter den Constanten nicht erforderlich, es reicht vielmehr dazu eine richtige Wahl der drei unbestimmten Einheiten ε, ε', ε'' vollkommen aus, nämlich die, dafs sie alle drei gleich -1 genommen werden; jede andere Wahl dieser Einheiten ergiebt nur Flächen mit weniger als 16 singulären Punkten.

Die allgemeinste Gleichung aller Flächen vierten Grades mit 16 singulären Punkten ist demnach:

1., $a^2q^2r^2 + b^2r^2p^2 + c^2p^2q^2 + d^2p^2s^2 + e^2q^2s^2 + f^2r^2s^2$
$+ 2bcp^2qr - 2acpq^2r - 2abpqr^2 - 2cdp^2qs + 2cepq^2s - 2depqs^2$
$+ 2bdp^2rs + 2bfpr^2s + 2dfprs^2 + 2aeq^2rs + 2afqr^2s + 2efqrs^2$
$- 4gpqrs = 0$

Von den sieben Constanten a, b, c, d, e, f, g kann man vier dadurch entfernen, daſs man sie mit den vier beliebigen linearen Funktionen p, q, r, s verbindet, es bleiben also von diesen nur vier als wesentliche Constanten übrig; da auſserdem in p, q, r, s 15 Constanten enthalten sind, so folgt, daſs die allgemeine Gleichung der Flächen mit 16 singulären Punkten 18 Constanten enthält.

Die allgemeine Gleichung (1.) läſst sich leicht in folgende Form setzen

2., $$\phi^2 = 4pq\psi,$$

wo

$$\phi = aqr + brp + cpq + dps + eqs + frs,$$
$$\psi = abr^2 + des^2 + acqr + cdps + g'rs,$$
$$g' = g + \tfrac{1}{2}(ad + be + cf),$$

und in gleicher Weise noch in fünf vollständig entsprechende Formen, in denen im zweiten Theile der Gleichung statt pq die Produkte pr, qr, ps, qs, rs hervortreten.

Addirt man auf beiden Seiten der Gleichung (2.) die Gröſse $4kpq\phi + 4k^2p^2q^2$, so erhält man

$$(\phi + 2kpq)^2 = 4pq(\psi + k\phi + k^2pq).$$

Bestimmt man nun die unbestimmte Constante k so, daſs die Gleichung zweiten Grades

$$\psi + k\phi + k^2pq = 0$$

eine Kegelfläche darstelle, so erhält man für k eine Gleichung sechsten Grades, welche nur das vollständige Quadrat von folgender Gleichung dritten Grades ist:

3., $$cfk^3 + \left(g - \frac{ad}{2} - \frac{be}{2} - \frac{3cf}{2}\right)k^2$$
$$+ \left(g - \frac{3ad}{2} + \frac{be}{2} + \frac{cf}{2}\right)k - ad = 0$$

giebt man aber dem k einen der drei, dieser cubischen Gleichung genügenden Werthe, so wird

$$\psi + k\phi + k^2 pq = 0$$

nicht bloſs die Gleichung einer Kegelfläche zweiten Grades, sondern dieser Ausdruck zerfällt sogar in zwei lineare Faktoren, welche mit p' und q' bezeichnet werden sollen. Die allgemeine Gleichung der Flächen vierten Grades mit 16 singulären Punkten nimmt demnach auch folgende Form an:

4., $$(aqr + brp + c(1+2k)pq + dps + eqs + frs)^2 - 4k(k+1)pqp'q' = 0$$

wo

5., $$p' = cq + \frac{br}{k+1} + \frac{ds}{k}$$
$$q' = cp + \frac{ar}{k} + \frac{es}{k+1}$$

Dieselbe Gleichung läſst sich noch auf fünf verschiedene andere Weisen in entsprechende Formen setzen, in welchen, wenn auſserdem gesetzt wird:

6., $$r' = fs + \frac{bp}{k+1} - \frac{aq}{k}$$
$$s' = fr - \frac{dp}{k} + \frac{eq}{k+1},$$

anstatt der vier linearen Faktoren $pqp'q'$ die je vier Faktoren $rsr's'$, $qsq's'$, $prp'r'$, $psp's'$, $qrq'r'$ hervortreten.

Besonders bemerkenswerth ist auch die irrationale Form dieser Gleichung der Fläche:

7., $$\sqrt{kpp'} + \sqrt{(k+1)qq'} + \sqrt{-rr'} = 0$$

welche, wenn für p', q', r' die bei (5.) und (6.) angegebenen Ausdrücke gesetzt werden, rational gemacht mit (4.) vollkommen identisch wird. Die vier Gleichungen

$$p' = 0,\ q' = 0,\ r' = 0,\ s' = 0$$

stellen zwölf von den 16 singulären Tangentialebenen der Fläche dar, nämlich wenn man dem in denselben enthaltenen k seine

20*

drei Werthe giebt, die der cubischen Gleichung (3.) genügen; die übrigen vier singulären Tangentialebenen sind

$$p=0,\; q=0,\; r=0,\; s=0.$$

Man kann in diesen Gleichungen, welche die Constante g nicht direct enthalten, diese Constante als durch die neue k vollständig ersetzt ansehen, so dafs a, b, c, d, e, f, k die sieben nicht in p, q, r, s enthaltenen Constanten der Fläche darstellen. Die beiden anderen mit k_1 und k_2 zu bezeichnenden Wurzeln der cubischen Gleichung (3.) werden alsdann als die beiden Wurzeln von folgender quadratischer Gleichung bestimmt:

$$cfk_1^2 + \left(\frac{ad}{k} - \frac{be}{k+1} + cf\right)k_1 + \frac{ad}{k} = 0$$

oder was dasselbe ist, durch die beiden Gleichungen:

8., $$k_1 k_2 = \frac{ad}{cfk}$$
$$(k_1+1)(k_2+1) = \frac{be}{cf(k+1)}$$

Man kann die Gleichung (7.) auch in folgender Form darstellen, in welcher die Spuren ihrer besonderen Entstehung aus (1.), welche sie in ihren Coefficienten noch an sich trägt, gänzlich entfernt sind:

9., $$\sqrt{p(\beta q+\gamma r+\delta s)} + \sqrt{q(\alpha' p+\gamma' r+\delta' s)} + \sqrt{r(\alpha'' p+\beta'' q+\delta'' s)} = 0$$

mit den beiden Bedingungsgleichungen

$$\alpha'\gamma + \alpha''\beta - \beta\gamma = 0,$$
$$\alpha''\gamma' + \beta''\gamma - \alpha''\beta'' = 0.$$

Ohne diese beiden Bedingungsgleichungen unter den Coefficienten ist die Gleichung (9.) gleichbedeutend mit

$$\sqrt{pp'} + \sqrt{qq'} + \sqrt{rr'} = 0,$$

wo p, q, r, p', q', r' sechs ganz beliebige lineare Funktionen der drei Coordinaten sind, und giebt eine Fläche, welche nur 14 singuläre Punkte hat.

Endlich möge hier noch eine Formveränderung erwähnt werden, welche man mit der Gleichung dieser Flächen vornehmen kann. Wählt man die vier in der Form (4.) enthaltenen singulären Tangentialebenen

$$p = 0,\ q = 0,\ p' = 0,\ q' = 0$$

als die Fundamentalebenen, also p, q, p', q', als die vier homogenen Coordinaten, und bezeichnet demgemäfs die beiden letzteren durch r und s, so erhält man folgende Form der Gleichung:

10., $$\phi^2 = 16\,Kpqrs,$$

wo

$$\phi = p^2 + q^2 + r^2 + s^2 + 2a(qr+ps) + 2b(rp+qs) + 2c(pq+rs)$$
$$K = a^2 + b^2 + c^2 - 2abc - 1.$$

in welcher die sieben Constanten a, b, c, d, e, f, k jener Form auf die richtige Anzahl von drei Constanten a, b, c eingeschränkt ist. Wählt man in dieser Form die Coefficienten der linearen Ausdrücke p, q, r, s real, und die drei Constanten a, b, c ebenfalls real und abgesehen von den Vorzeichen alle drei gröfser als Eins, so erhält man nur Flächen, in denen die sechzehn singulären Punkte alle real sind, und ebenso auch die sechzehn singulären Tangentialebenen mit ihren sechzehn Berührungskegelschnitten alle real sind.

Um über die Lage dieser 16 Punkte, 16 Ebenen und 16 Kegelschnitte eine möglichst klare Anschauung zu gewinnen, habe ich dieselben in dem vorliegenden aus Drähten angefertigten Modell dargestellt. Die vier Fundamentalebenen p, q, r, s sind in diesem Modell so gewählt, dafs sie die vier Seitenflächen eines regulären Tetraeders bilden, und um die Regularität der Figur vollständig zu machen, sind die drei Constanten a, b, c einander gleich nämlich alle gleich 2 gewählt. Die vier den Fundamentalebenen angehörenden Berührungskegelschnitte sind Kreise, welche alle auf einer und derselben Kugel liegen, die den übrigen 12 singulären Tangentialebenen angehörenden Berührungskegelschnitte sind Hyperbeln. Von den 16 singulären Punkten liegen 12 in den Endpunkten der um gleiche Stücke verlängerten sechs Kanten des regulären Tetraeders und auch in der Kugelfläche, welche die vier Berührungskreise enthält, die vier übrigen singulären Punkte liegen in den über die Spitzen des Tetraeders hinaus verlängerten vier Höhen desselben. Durch jeden der 16 singulären Punkte gehen sechs von den Berührungskegelschnitten, also sechs von den dieselben darstellenden Drähten. Die Fläche selbst besteht aus 12 gesonderten Theilen, welche unter einander nur mittels der 16 singulären Punkte in Verbindung stehen. Vier von diesen Theilen, welche von einander vollständig getrennt sind, setzen sich mit je drei Punkten an vier andere Theile an, die Basis eines jeden derselben geht bis nahe an eine der vier Tetraederflächen heran, sie werden in gröſserer Entfernung von dieser Basis immer dicker und erstrecken sich jeder für sich in's Unendliche. Vier andere Theile der Fläche sind endlich und ihre Gestalt kommt der von dreiseitigen Pyramiden nahe, jeder derselben steht mit dreien der vorherbeschriebenen Theile durch je einen singulären Punkt in Verbindung und auſserdem in einem singulären Punkte noch mit einem der übrigen vier Flächentheile. Jeder dieser letzteren sieht im Ganzen kegelförmig aus, steht mit den übrigen Theilen nur in einem einzigen Punkte in Verbindung, und erstreckt sich von diesem Punkte aus in's Unendliche. Jeder der vier Berührungskreise wird durch die sechs singulären Punkte die er enthält in sechs Theile getheilt, von denen drei nicht angränzende auf je dreien der zuerst beschriebenen Flächentheile liegen, die übrigen drei aber auf drei von endlichen, pyramidalisch gestalteten Theilen. Von den 12 Berührungs-Hyperbeln enthält je ein Ast vier, der andere zwei singuläre Punkte, und jeder der vier singuläre Punkte enthaltenden Äste liegt auf einem der zuerst beschriebenen vier Flächentheile, auf zweien der anderen Art, und auf zweien der dritten Art, mit welchen er in's Unendliche geht; jeder der zwei singuläre Punkte enthaltenden Hyperbeläste aber liegt auf einem Theile der zweiten Art, und geht alsdann nach beiden Seiten hin, auf zwei Theilen der ersten Art liegend, in's Unendliche.

Die Flächen vierten Grades mit 16 singulären Punkten stehen, obgleich sie nur 18 wesentliche Constanten, also 16 weniger enthalten als die allgemeinsten Flächen vierten Grades, doch noch auf einer solchen Stufe der Allgemeinheit, daſs aus ihnen alle ebenen Curven vierten Grades sich ausschneiden lassen, oder umgekehrt:

Durch jede gegebene ebene Curve vierten Grades kann man Flächen vierten Grades mit 16 singulären Punkten hindurchlegen.

Um diefs zu beweisen nehme ich die gegebene ebene Curve vierten Grades in der Form

$$11., \quad \sqrt{p_0(Ap_0+A_1q_0+A_2r_0)}+\sqrt{q_0(Bp_0+B_1q_0+B_2r_0)}+ \\ +\sqrt{r_0(Cp_0+C_1q_0+C_2r_0)}=0,$$

wo p_0, q_0, r_0 beliebige lineare Funktionen der zwei Coordinaten x und y sind. Dafs die allgemeinste Curve vierten Grades sich in dieser Form darstellen läfst, hat zuerst Hr. Hesse in seiner Abhandlung über die Doppeltangenten der Curven vierter Ordnung in Crelle's Journal Bd. 49 gezeigt, wo er pag. 301 die dieser Form gleichbedeutende rationale Form entwickelt und in Gleichung (47.) aufgestellt hat. Ich nehme ferner in der bei (9.) aufgestellten Form der Gleichung der Flächen vierten Grades mit 16 singulären Punkten

$$p=p_0+az,\quad q=q_0+bz,\quad r=r_0+cz,\quad s=p_0+mq_0+nr_0+dz.$$

Der Schnitt dieser Fläche durch die Ebene $z=0$ wird alsdann identisch mit der gegebenen Curve, wenn folgende 11 Gleichungen Statt haben:

$$12., \quad \begin{array}{lll} A=\delta, & B=\delta'+\alpha', & C=\delta''+\alpha'', \\ A_1=m\delta+\beta, & B_1=m\delta', & C_1=m\delta''+\beta'', \\ A_2=n\delta+\gamma, & B_1=n\delta'+\gamma', & C_2=n\delta'', \\ \alpha'\gamma+\alpha''\beta-\beta\gamma=0, & \alpha''\gamma'+\beta''\gamma-\alpha''\beta''=0 & \end{array}$$

aus welchen die 11 Gröfsen $\beta, \gamma, \delta, \alpha', \gamma', \delta', \alpha'', \beta'', \delta''$, m und n bestimmt werden, während die vier Coefficienten a, b, c, d ganz beliebig bleiben. Um die Auflösung dieser Gleichungen in der einfachsten Weise auszuführen, führe ich eine Hülfsgröfse u ein, indem ich setze

$$13., \quad u=-\frac{\gamma}{\alpha''},$$

die beiden letzten der 11 Gleichungen bei (12.) geben alsdann

$$\frac{u+1}{u} = \frac{\alpha'}{\beta}, \quad u+1 = \frac{\gamma'}{\beta''},$$

und wenn man die aus den ersten 9 Gleichungen unmittelbar zu entnehmenden Werthe von β, γ, α', γ', α'', β'' in diese einsetzt, so erhält man die drei Gleichungen:

$$\begin{aligned} &An^2 - (A_2 + Cu)n + C_2 u = 0, \\ 14., \quad &A(u+1)m^2 - (A_1(u+1) - Bu)m - B_1 u = 0, \\ &C_2(u+1)m^2 - (C_1(u+1) - B_2)mn - B_1 n^2 = 0. \end{aligned}$$

Eliminirt man aus diesen die beiden Gröſsen m und n, so erhält man eine cubische Gleichung zur Bestimmung von u, welche in Form einer Determinante, so dargestellt werden kann:

$$15., \quad \begin{vmatrix} 2uA, & uB - (u+1)A, & A_2 + uC \\ uB - (u+1)A, & -2(u+1)B_1, & B_2 - (u+1)C_1 \\ A_2 + uC, & B_2 - (u+1)C_1, & 2C_2 \end{vmatrix} = 0$$

Zu jedem der drei Werthe des u, welche diese Gleichung giebt, gehören zwei Werthe des n, ferner zu jedem dieser sechs Werthe des n ein Werth des m und ebenso ein Werth von β, γ, δ, α', γ', δ', α'', β'', δ'', die vier Constanten a, b, c, d aber bleiben vollkommen beliebig. Der oben aufgestellte Satz kann also folgendermaſsen näher bestimmt werden:

Durch jede gegebene ebene Curve vierten Grades kann man sechs verschiedene vierfach unendliche Schaaren von Flächen vierten Grades mit 16 singulären Punkten hindurchlegen.

Wenn eine Fläche vierten Grades mit 16 Doppelpunkten durch eine ebene Curve vierten Grades geht, so daſs diese Curve auf der Fläche liegt, so schneidet jede singuläre Tangentialebene der Fläche aus der Ebene der Curve eine Doppeltangente derselben aus. Die sechzehn singulären Tangentialebenen der Fläche ergeben also sechzehn von den 28 Doppeltangenten der Curve. Legt man durch dieselbe Curve eine andere der oben bestimmten sechs Flächen, so schneiden die 16 singulären Tangentialebenen derselben ebenfalls 16 Doppeltangenten aus der Ebene der Curve aus, welche zum Theil dieselben sind, zum Theil aber andere. Legt man durch die Curve vierten Grades alle 6 Flächen, so werden von den 96 singulären Tangentialebenen derselben alle 28 Doppeltangenten der Curve ausgeschnitten und zwar werden, wie eine genaue Untersuchung, die ich hier nicht ausführen will, mir ergeben hat, sechs Doppeltangenten je sechsmal, sechs Doppeltangenten je zweimal und 16 Doppeltangenten je dreimal ausgeschnitten.

Hiermit hängt eine sehr bemerkenswerthe ziemlich tief liegende Eigenschaft der Flächen vierten Grades mit 16 singulären Punkten zusammen, welche folgendermaafsen daraus entwickelt wird. Durch einen jeden Punkt des Raumes gehen bekanntlich 12 grade Linien, welche eine allgemeine Fläche vierten Grades doppelt berühren, betrachtet man nun alle die Fläche zweimal berührenden graden Linien, so bilden dieselben ein Strahlensystem, welches die Fläche zur Brennfläche hat, und welches ich als ein Strahlensystem der zwölften Ordnung bezeichne, weil durch jeden Punkt des Raumes zwölf Strahlen desselben hindurchgehen. Wird die Fläche vierten Grades durch eine beliebige Ebene geschnitten, so hat die ausgeschnittene Curve 28 Doppeltangenten, welche zusammen alle in dieser Ebene liegenden Strahlen des Systems ausmachen, ich nenne dasselbe deshalb ein Strahlensystem der 28ten Klasse. Ist nun die Brennfläche vierten Grades des Strahlensystems eine solche, welche 16 singuläre Punkte hat, und folglich auch 16 singuläre Tangentialebenen, so erniedrigt sich die Klasse dieses Strahlensystems um 16 Einheiten, wenn man alle diejenigeu Strahlen aussondert, welche in den 16 singulären Tangentialebenen liegen und dieselben vollständig ausfüllen, weil jede in einer singulären Tangentialebene willkürlich gezogene grade Linie eine zweifach berührende Linie der Fläche ist. Das Strahlensystem wird also eines von der 12ten Ordnung und von der zwölften Klasse. Betrachtet man nun die zwölf in einer beliebigen Ebene $t=0$ liegenden Strahlen, welche zwölf von den Doppeltangenten der aus der Brennfläche durch diese Ebene ausgeschnittenen Curve sind, so kann man sich dieselben dadurch construiren, dafs man aufser der einen Fläche mit 16 Doppelpunkten, welche schon durch die ebene Curve vierten Grades geht, noch die fünf anderen zugehörigen hindurchlegt, deren singuläre Tangentialebenen diese Strahlen aus der Ebene $t=0$ ausschneiden. Unter diesen fünf anderen Flächen ist eine, welche durch die

Coefficienten der gegebenen Fläche und durch die Coefficienten der schneidenden Ebene rational ausgedrückt wird. Mit der gegebenen Fläche ist nämlich eine Wurzel *u* der Gleichung dritten Grades, von welcher die Auffindung der 6 Flächen abhängt, zugleich mit gegeben, und zwar rational durch die Coefficienten der Fläche und Ebene ausgedrückt. Wählt man nun als zweite Fläche diejenige, welche zu derselben Wurzel der cubischen Gleichung gehört, und zu dem anderen Werthe der quadratischen Gleichung, welcher hier ebenfalls rational wird, da der erste Werth rational ist, so schneiden, wie die vollständige Ausführung der Rechnung zeigt, die 16 singulären Tangentialebenen dieser zweiten Fläche acht von den zwölf Strahlen aus der Ebene aus. Ferner zeigt sich, dafs diese acht Strahlen ebenso wie die singulären Tangentialebenen welche sie ausschneiden paarweise genommen, d. h. je zwei durch eine einzige Gleichung gegeben, durch die Coefficienten der gegenen Fläche und der schneidenden Ebene rational ausgedrückt werden. Hieraus folgt, dafs das Strahlensystem zwölfter Klasse in vier besondere Strahlensysteme zweiter Klasse und in eines vierter Klasse zerfällt, welche abgesondert für sich durch Gleichungen darstellbar sind. Betrachtet man die polaren Strahlensysteme zu diesen, so erkennt man sogleich, dafs die vier Strahlensysteme zweiter Klasse auch von der zweiten Ordnung sein müssen und dafs ebenso das Strahlensystem vierter Klasse auch von der vierten Ordnung sein mufs. Man hat also folgenden Satz:

> Das vollständige Strahlensystem 12ter Ordnung und 28ter Klasse, welches eine allgemeine Fläche vierten Grades zur Brennfläche hat, besteht, wenn diese Brennfläche vierten Grades 16 singuläre Punkte hat, erstens aus 16 Strahlensystemen, deren jedes nur aus allen in einer Ebene liegenden graden Linien besteht, zweitens aus vier Strahlensystemen zweiter Ordnung und zweiter Klasse, und drittens aus einem Strahlensysteme vierter Ordnung und vierter Klasse.

Durch diese besondere Eigenschaft der Flächen vierten Grades mit 16 singulären Punkten, welche ich bei meinen Untersuchungen über algebraische Strahlensysteme, die ich später zu veröffentlichen gedenke, gefunden und auf ganz anderem Wege bewiesen habe, bin ich zuerst auf die Wichtigkeit dieser Flächen vierten Grades aufmerksam gemacht worden. Man kann diese Eigenschaft auch noch aus anderen Gesichtspunkten betrachten, z. B. wenn man die beliebige Ebene, in welcher die 12 Strahlen der vier Systeme zweiter Klasse und des Systems vierter Klasse liegen, zu einer Tangentialebene der Brennfläche werden läfst, so vereinigen sich je zwei dieser 12 Strahlen zu einem einzigen; dieselben werden zu den sechs die Fläche in einem und demselben Punkte berührenden Tangenten, deren jede dieselbe noch in einem anderen Punkte berührt. Also:

Die Gleichung sechsten Grades, durch welche auf der allgemeinsten Fläche vierten Grades die sechs Tangenten bestimmt werden, die einen Berührungspunkt gemein haben, und die Fläche aufserdem jede noch einmal berühren, zerfällt für die Flächen vierten Grades mit 16 singulären Punkten in vier Faktoren ersten Grades und einen Faktor zweiten Grades, welche durch die Coordinaten des gemeinsamen Berührungspunktes rational ausgedrückt werden.

Nennt man die zwei Berührungspunkte einer und derselben Doppeltangente der Fläche zugeordnete Punkte derselben, so folgt hieraus weiter:

Auf jeder Fläche vierten Grades mit 16 singulären Punkten kann man auf vier verschiedene Weisen einem jeden Punkte der Fläche einen andern so zuordnen, dafs die Coordinaten des zugeordneten Punktes durch die des gegebenen und ebenso die Coordinaten des gegebenen Punktes durch die des zugeordneten rational ausgedrückt werden.

Auf die Fresnelsche Wellenfläche angewendet werden diese Sätze noch einfacher, indem für diese und alle ihr collinearen

Flächen das Strahlensystem vierter Ordnung und vierter Klasse noch weiter in zwei Strahlensysteme zweiter Ordnung und zweiter Klasse zerfällt.

Über die Strahlensysteme, deren Brennflächen Flächen vierten Grades mit sechzehn singulären Punkten sind

Monatsberichte der Königlichen Preußischen Akademie der Wissenschaften zu Berlin aus dem Jahre 1864, 495–499

Hr. Kummer machte folgende Mittheilung über die Strahlensysteme, deren Brennflächen Flächen vierten Grades mit sechzehn singulären Punkten sind.

In einer am 18. April d. J. gelesenen Abhandlung über die Flächen vierten Grades mit sechzehn singulären Punkten habe ich nachgewiesen, dafs die Gesammtheit aller ihrer doppelt berührenden Tangenten stets aus mehreren getrennten Strahlensystemen besteht, namentlich aus vier Strahlensystemen zweiter Ordnung und zweiter Klasse und einem Strahlensysteme vierter Ordnung und vierter Klasse. Ich habe ferner bemerkt, dafs dieses letztere Strahlensystem bei der Fresnelschen Wellenfläche und den collinearen derselben ebenfalls in zwei getrennte Strahlensysteme zweiter Ordnung und zweiter Klasse zerfällt. Seitdem habe ich die Untersuchung: ob jenes Strahlensystem vierter Ordnung und vierter Klasse für die allgemeinen Flächen vierten Grades mit 16 singulären Punkten noch weiter zerlegbar ist, vollständig durchgeführt und gefunden, dafs dasselbe stets aus zwei getrennten Strahlensystemen zweiter Ordnung und zweiter Klasse besteht, so dafs also jede solche Fläche die Brennfläche von sechs besonderen Strahlensystemen zweiter Ordnung und zweiter Klasse ist.

Um diefs zu beweisen, will ich diese sechs Strahlensysteme für die Fläche vierten Grades mit 16 singulären Punkten, welche in der Form

$$(ayz+bzx+c(1+2k)xy+dx+ey+fz)^2-4k(k+1)xyp'q'=0,$$

A., $$p'=cy+\frac{bz}{k+1}+\frac{d}{k},$$

$$q'=cx+\frac{az}{k}+\frac{e}{k+1},$$

gegeben ist (siehe Gleichung 4., pag. 251 der Monatsberichte d. J.), vollständig entwickelt geben. Es seien x, y, z die Coordinaten eines beliebigen Punktes im Raume, ξ, η, ζ, seien proportional den Cosinussen der Winkel, welche die durch x, y, z gehenden Strahlen mit den drei Coordinatenaxen bilden, so wird ein jedes Strahlensystem zweiter Ordnung und zweiter Klasse durch zwei Gleichungen unter den Gröfsen $x, y, z, \xi, \eta, \zeta$ gegeben, deren eine in Beziehung auf ξ, η, ζ homogen und vom zweiten Grade ist, die andere homogen und vom ersten Grade, und welche so beschaffen sein müssen, dafs sie ungeändert bleiben, wenn statt x, y, z gesetzt wird $x+\rho\xi$, $y+\rho\eta$, $z+\rho\zeta$. In dieser Weise dargestellt, hat man folgende sechs verschiedene Strahlensysteme, welche die obige Fläche zur Brennfläche haben:

$$\text{I.,}\ \begin{cases} d\xi + az\eta - ay\zeta = 0, \\ \left(acy + abz + \dfrac{ad}{k} + \dfrac{bek}{k+1} - cfk\right)\xi^2 + a^2x\eta\zeta \\ -(abx+af)\zeta\xi - (a^2z+acx+ae)\xi\eta = 0. \end{cases}$$

$$\text{II.,}\ \begin{cases} bz\xi + e\eta - bx\zeta = 0, \\ \left[abz - bcx + \dfrac{ad(k+1)}{k} - \dfrac{be}{k+1} - cf(k+1)\right]\eta^2 + b^2y\zeta\xi \\ -(aby+bf)\eta\zeta + (bcy - b^2z - bd)\xi\eta = 0. \end{cases}$$

$$\text{III.,}\ \begin{cases} cy\xi - cx\eta + f\zeta = 0, \\ \left(acy - bcx + \dfrac{ad}{k} - \dfrac{be}{k+1} - cfk\right)\zeta^2 + c^2z\xi\eta \\ +(bcz+cd)\xi\zeta - (acz + c^2x + ce)\eta\zeta = 0. \end{cases}$$

$$\begin{cases} \text{IV.,} & \left(cy + \dfrac{bz}{k+1} + \dfrac{d}{k}\right)\xi - \left(\dfrac{az}{k} + cx + \dfrac{e}{k+1}\right)\eta \\ \text{V.,} & \qquad - \left(\dfrac{bx}{k+1} - \dfrac{ay}{k} + f\right)\zeta = 0, \\ \text{VI.,} & kx\eta\zeta - (k+1)y\zeta\xi + z\xi\eta = 0. \end{cases}$$

Dieses letzte Strahlensystem stellt drei verschiedene dar, weil k drei verschiedene Werthe hat, welche als Wurzeln der cubischen Gleichung

$$cfk^3 + \left(g - \frac{ad}{2} - \frac{be}{2} + \frac{3cf}{2}\right)k^2 + \left(g - \frac{3ad}{2} + \frac{be}{2} + \frac{cf}{2}\right)k - ad = 0$$

gegeben sind. In den drei Strahlensystemen I., II. und III. kommt k nur in der Art vor, dafs sie für alle drei Werthe des k dieselben bleiben.

Für die Form der Gleichung der Brennfläche

B., $$\phi^2 = 16Kxyz,$$
wo
$$\phi = x^2 + y^2 + z^2 + 1 + 2a(yz + x) + 2b(zx + y) + 2c(xy + z)$$
$$K = a^2 + b^2 + c^2 - 2abc - 1$$

(m. s. Gleichung 10., der genannten Abhandlung), werden diese sechs Strahlensysteme in der Art symmetrisch dargestellt, dafs es hinreicht ein einziges derselben hinzuschreiben, nämlich:

$$\mathfrak{A}\xi + \mathfrak{B}\eta + \mathfrak{C}\zeta = 0,$$
$$A\xi^2 + B\eta^2 + C\zeta^2 + 2D\eta\zeta + 2E\zeta\xi + 2F\xi\eta = 0,$$

wo

$$A = -2y,$$
$$B = 2(a - \sqrt{a^2 - 1})z,$$
$$C = -2y,$$
$$D = 2[b - c(a - \sqrt{a^2 - 1})]x - (a - \sqrt{a^2 - 1})y + z,$$
$$E = -2by,$$
$$F = x + 2c(a - \sqrt{a^2 - 1})z + a - \sqrt{a^2 - 1},$$
$$\mathfrak{A} = -(a + \sqrt{a^2 - 1})y - z,$$
$$\mathfrak{B} = (a + \sqrt{a^2 - 1})x + 1,$$
$$\mathfrak{C} = x + a + \sqrt{a^2 - 1}.$$

Aus diesem einen Strahlensystem erhält man die übrigen fünf, indem man die je drei Zeichen x, y, z; ξ, η, ζ; a, b, c; A, B, C; D, E, F; $\mathfrak{A}, \mathfrak{B}, \mathfrak{C}$ gleichzeitig vertauscht und den drei Quadratwurzeln $\sqrt{a^2 - 1}$, $\sqrt{b^2 - 1}$, $\sqrt{c^2 - 1}$ ihre je zwei Werthe giebt.

Die Brennfläche dieses Strahlensystems kann durch folgende Determinante dargestellt werden:

$$\begin{vmatrix} A, & F, & E, & \mathfrak{A} \\ F, & B, & D, & \mathfrak{B} \\ E, & D, & C, & \mathfrak{C} \\ \mathfrak{A}, & \mathfrak{B}, & \mathfrak{C}, & 0 \end{vmatrix} = 0,$$

welche gehörig entwickelt mit der gegebenen Fläche vollkommen übereinstimmt.

Weil das vollständige Strahlensystem aller doppelt berührenden Graden einer Fläche vierten Grades mit 16 singulären Punkten aus sechs Strahlensystemen zweiten Grades besteht, und je zwei Strahlen sich zu einem einzigen vereinigen, wenn der Punkt von dem sie ausgehen auf der Brennfläche selbst liegt, so folgt, dafs man einem jeden Punkte der Fläche sechs andere so zuordnen kann, dafs die Coordinaten derselben durch die des gegebenen Punktes rational bestimmt sind, und dafs jeder der sechs zugeordneten Punkte mit dem gegebenen eine und dieselbe Tangente hat. Nimmt man x, y, z als den gegebenen Punkt der Fläche und nennt x', y', z' die Coordinaten des entsprechenden Punktes der reciproken polaren Fläche, genommen in Beziehung auf die Kugel $x^2 + y^2 + z^2 = 1$, bezeichnet man ferner die Coordinaten des dem x, y, z in Beziehung auf das erste Strahlensystem entsprechenden Punktes mit x_1, y_1, z_1: so hat man

$$x_1 = \frac{(a + \sqrt{a^2 - 1})\,y' - z'}{(a + \sqrt{a^2 - 1})\,z' - y'},$$

$$y_1 = \frac{-(a + \sqrt{a^2 - 1})\,x' - 1}{(a + \sqrt{a^2 - 1})\,z' - y'},$$

$$z_1 = \frac{x' + a + \sqrt{a^2 - 1}}{(a + \sqrt{a^2 - 1})\,z' - y'}.$$

Durch passende Änderung der Buchstaben und der Vorzeichen vor den Quadratwurzeln erhält man hieraus ebenso die übrigen fünf entsprechenden Punkte. Man erkennt hieraus, dafs die reciproke polare Fläche der ursprünglichen collinear ist, und dafs es sechs verschiedene collineare Verwandlungen der reciproken polaren Fläche giebt, welche so beschaffen sind, dafs der einem Punkte der gegebenen Fläche zugehörende Punkt der reciproken Polaren in einen der sechs entsprechenden Punkte der gegebenen Fläche übergeht.

Die Gleichung der reciproken polaren Fläche für die Fläche

$$\phi^2 = 16\,Kxyz$$

läſst sich in folgender Form darstellen:

$$\Phi^2 = 16\, Kpqrs,$$

wo

$$\Phi = p^2 + q^2 + r^2 + s^2 + 2a(qr + ps) + 2b(rp + qs) + 2c(pq + rs),$$

$$p = (a + \sqrt{a^2 - 1})\, x' + 1,$$

$$q = z' - (a + \sqrt{a^2 - 1})\, y',$$

$$r = y' - (a + \sqrt{a^2 - 1})\, z',$$

$$s = -x' - a - \sqrt{a^2 - 1},$$

aus welcher man durch Vertauschung der Buchstaben und der Vorzeichen der Quadratwurzeln noch fünf andere analoge Darstellungen erhält.

Über die algebraischen Strahlensysteme, in's Besondere über die der ersten und der zweiten Ordnung

Monatsberichte der Königlichen Preußischen Akademie der Wissenschaften zu Berlin aus dem Jahre 1865, 288–293

22. Juni. Gesammtsitzung der Akademie.

Hr. Kummer las: über die algebraischen Strahlensysteme, in's Besondere über die der ersten und der zweiten Ordnung.

In einem jeden algebraischen Strahlensysteme, welches aus einer zweifach unendlichen Schaar grader Linien besteht, geht durch jeden beliebigen Punkt des Raumes eine endliche bestimmte Anzahl von Strahlen, welche die Ordnung des Systems bestimmen soll. Diejenigen besonderen Punkte des Raumes, durch welche unendlich viele, einen Strahlenkegel bildende Strahlen gehen, heifsen singuläre Punkte des Systems.

In einer beliebigen Ebene liegt eine endliche bestimmte Anzahl von Strahlen des Systems, welche die Klasse desselben bestimmen soll. Diejenigen besonderen Ebenen, in welchen unendlich viele Strahlen des Systems liegen, heifsen singuläre Ebenen desselben.

Die Brennfläche eines algebraischen Strahlensystems, ist eine algebraische Fläche, welche von allen Strahlen zweimal berührt wird. Man kann zwei Schalen der Brennfläche unterscheiden, in der Art, dafs jede Schale nur einmal von jedem Strahle berührt wird; diese Unterscheidung ist aber nur dann eine wesentliche, wenn beide Schalen wirklich getrennte Flächen sind. Die Brennfläche kann auch zu einer Brenncurve ausarten, welche von allen Strahlen des Systems zweimal geschnitten wird; es kann auch die eine Schale allein zu einer Brenncurve ausarten, während die andere eine Fläche bleibt; endlich können auch beide Schalen zu getrennten Curven werden.

I. Die Strahlensysteme erster Ordnung.

1. Die Strahlensysteme erster Ordnung haben keine Brennflächen, sondern nur Brenncurven.

2. Das einzige Strahlensystem erster Ordnung mit einer, beide Schalen zugleich vertretenden, irreductibeln Brenncurve ist dasjenige, welches aus allen eine Raumcurve dritten Grades zweimal schneidenden graden Linien besteht, dasselbe ist von der dritten Klasse.

3. Wenn ein Strahlensystem erster Ordnung zwei getrennte Brenncurven hat, so ist die eine derselben nothwendig eine grade Linie, die andere aber ist eine beliebige Raumcurve $n$ten Grades, welche jene grade Linie $n-1$ mal schneidet. Ein solches Strahlensystem ist von der $n$ten Klasse.

Es giebt demnach Strahlensysteme erster Ordnung deren Klasse bis zu jeder beliebigen Höhe steigen kann.

Die hier angegebenen Systeme erschöpfen alle Strahlensysteme erster Ordnung.

II. Die Strahlensysteme zweiter Ordnung.

Bei den Strahlensystemen zweiter Ordnung sind die Fälle zu unterscheiden wo dieselben nur Brenncurven und keine Brennflächen haben, ferner wo die eine Schale eine Brennfläche ist, die andere aber eine Brenncurve, und endlich wo nur Brennflächen und keine Brenncurven auftreten.

A. Die Strahlensysteme zweiter Ordnung welche nur Brenncurven haben.

1. Alle graden Linien, welche eine durch den Durchschnitt zweier Flächen zweiten Grades gebildete Raumcurve vierten Grades zweimal schneiden, bilden ein Strahlensystem zweiter Ordnung und sechster Klasse.

Dieses Strahlensystem ist das einzige Strahlensystem zweiter Ordnung mit einer, beide Schalen zugleich vertretenden irreductibeln Brenncurve.

2. Die graden Linien, welche durch zwei, in zwei Punkten sich schneidende Curven zweiten Grades hindurchgehen, bilden ein Strahlensystem zweiter Ordnung und vierter Klasse.

3. Die graden Linien, welche durch eine gegebene grade Linie und durch eine dieselbe in $n-2$ Punkten schneidende Raumcurve $n$ten Grades hindurchgehen, bilden ein Strahlensystem zweiter Ordnung und $n$ter Klasse.

Die in den Sätzen 2 und 3 angegebenen Strahlensysteme sind die einzigen der zweiten Ordnung, welche zwei getrennte Brenncurven haben.

B. Die Strahlensysteme zweiter Ordnung, welche eine Brenncurve und eine Brennfläche haben.

1. Wenn die Brenncurve nicht auf der Brennfläche liegt, so mufs die Brennfläche nothwendig nur vom zweiten Grade sein.

2. Alle graden Linien, welche eine beliebige Fläche zweiten Grades berühren, und zugleich durch eine nicht auf dieser Fläche liegende grade Linie gehen, bilden ein Strahlensystem zweiter Ordnung und zweiter Klasse.

3. Die graden Linien, welche einen Kegel zweiten Grades berühren und durch eine ebene Curve $n$ten Grades hindurchgehen, welche in dem Kegelmittelpunkte einen $n-1$fachen Punkt hat, bilden ein Strahlensystem zweiter Ordnung und $2n$ter Klasse. In dem besonderen Falle, wo die Ebene der Curve $n$ten Grades eine Tangentialebene des Kegels zweiten Grades ist, wird das Strahlensystem zweiter Ordnung von der $n$ten Klasse.

4. Alle graden Linien, welche einen Kegel zweiten Grades berühren und zugleich eine Curve $n$ten Grades schneiden, welche durch den Kegelmittelpunkt $n-2$mal hindurchgeht und den Kegel in zwei Punkten berührt, bilden zwei verschiedene Strahlensysteme zweiter Ordnung und $n$ter Klasse.

5. Alle graden Linien, welche eine Fläche $n$ten Grades berühren und zugleich durch eine $n-2$fache grade Linie dieser Fläche hindurchgehen, bilden ein Strahlensystem zweiter Ordnung und $2n-2$ter Klasse.

Aufser diesen unter 2, 3, 4 und 5 angegebenen Systemen giebt es keine Strahlensysteme zweiter Ordnung, welche zugleich eine Brennfläche und eine Brenncurve haben.

C. Die Strahlensysteme zweiter Ordnung mit Brennflächen, welche nicht zu Curven ausgeartet sind.

Diese Art der Strahlensysteme zweiter Ordnung bildet den interessantesten Theil der Untersuchung, namentlich darum, weil dieselbe mit der Theorie der Flächen vierten Grades in einem sehr innigen Zusammenhange steht, wie folgender Hauptsatz zeigt.

1. Die Brennfläche derjenigen Strahlensysteme zweiter Ordnung, welche keine Brenncurven haben, ist nothwendig eine Fläche vierten Grades.

2. Die Strahlensysteme zweiter Ordnung und zweiter Klasse haben zu Brennflächen die Flächen vierten Grades mit 16 Knotenpunkten und 16 singulären Tangentialebenen, welche die Fläche in Kegelschnitten berühren. Ein solches Strahlensystem hat 16 singuläre Punkte, von welchen ebene Strahlbüschel ausgehen, die in den 16 singulären Tangentialebenen liegen.

Auf einer jeden Fläche vierten Grades mit 16 Knotenpunkten liegen sechs verschiedene Strahlensysteme dieser Art und aufserdem noch 16 Strahlensysteme 0ter Ordnung und erster Klasse in den 16 singulären Tangentialebenen.

3. Die Strahlensysteme zweiter Ordnung und dritter Klasse haben zu Brennflächen die Flächen vierten Grades mit 15 Knotenpunkten und 10 singulären Tangentialebenen. Ein solches Strahlensystem hat 15 singuläre Punkte, und zwar fünf derselben mit Strahlenkegeln zweiten Grades und zehn mit ebenen Strahlbüscheln.

Auf einer jeden Fläche vierten Grades mit 15 Knotenpunkten liegen sechs verschiedene Strahlensysteme dieser Art, und aufserdem noch 10 Strahlensysteme 0ter Ordnung und erster Klasse in den 10 singulären Tangentialebenen.

4. Die Strahlensysteme zweiter Ordnung und vierter Klasse haben zu Brennflächen die Flächen vierten Grades mit 14 Knotenpunkten und 6 singulären Tangentialebenen. Ein jedes solches Strahlensystem hat 14 singuläre Punkte, und zwar zwei derselben von denen Strahlenkegel dritten Grades mit einer Doppelkante ausgehen, ferner sechs singuläre Punkte mit Strahlenkegeln zweiten Grades und endlich noch 6 singuläre Punkte mit ebenen Strahlbüscheln.

Auf einer jeden Fläche vierten Grades mit 14 Knotenpunkten und 6 singulären Tangentialebenen liegen vier verschiedene Strahlensysteme dieser Art, aufserdem aber noch ein Strahlensystem vierter Ordnung und sechster Klasse, und sechs Strahlensysteme 0ter Ordnung und erster Klasse.

5. Die Strahlensysteme zweiter Ordnung und fünfter Klasse haben zu Brennflächen die Flächen vierten Grades mit 13 Kno-

tenpunkten und drei singulären Tangentialebenen. Ein jedes solches Strahlensystem hat 13 singuläre Punkte und zwar einen singulären Punkt, von welchem ein Strahlenkegel vierten Grades mit drei Doppelkanten ausgeht, drei singuläre Punkte mit Strahlenkegeln dritten Grades, mit je einer Doppelkante, sechs singuläre Punkte mit Strahlenkegeln zweiten Grades, und drei singuläre Punkte mit ebenen Strahlbüscheln.

Auf einer jeden Fläche vierten Grades mit 13 Knotenpunkten und 3 singulären Tangentialebenen liegen drei verschiedene Strahlensysteme dieser Art, und aufserdem noch ein Strahlensystem sechster Ordnung und zehnter Klasse, und drei Strahlensysteme 0ter Ordnung und erster Klasse.

Von den Strahlensystemen zweiter Ordnung und sechster Klasse giebt es zwei wesentlich verschiedene Arten mit verschiedenen Brennflächen.

6. Die eine Art der Strahlensysteme zweiter Ordnung und sechster Klasse hat zur Brennfläche eine Fläche vierten Grades mit 12 Knotenpunkten, ohne singuläre Tangentialebenen. Ein solches Strahlensystem hat 12 singuläre Punkte, und zwar vier von welchen Strahlenkegel vierten Grades mit je drei Doppelkanten ausgehen, und acht mit Strahlenkegeln zweiten Grades.

Auf einer jeden Fläche vierten Grades, welche 12 Knotenpunkte hat, und keine singuläre Tangentialebene, liegen drei Strahlensysteme dieser Art, und aufserdem noch ein Strahlensystem sechster Ordnung und zehnter Klasse.

7. Die andere Art der Strahlensysteme zweiter Ordnung und sechster Klasse hat zur Brennfläche eine Fläche vierten Grades mit 12 Knotenpunkten und einer singulären Tangentialebene. Ein solches Strahlensystem hat 12 singuläre Punkte, und zwar einen, von welchem ein Strahlenkegel fünften Grades mit sechs Doppelkanten ausgeht, ferner sechs singuläre Punkte, von welchen Strahlenkegel dritten Grades mit je einer Doppelkante ausgehen, sodann noch vier singuläre Punkte mit Strahlenkegeln zweiten Grades, und einen mit einem ebenen Strahlbüschel.

Auf einer jeden Fläche vierten Grades mit   Knotenpunkten und einer singulären Tangentialebene liegen zwei verschiedene Strahlensysteme dieser Art, und aufserdem noch ein

Strahlensystem achter Ordnung und 15ter Klasse, und ein Strahlensystem 0ter Ordnung und erster Klasse.

8. Die Strahlensysteme zweiter Ordnung und siebenter Klasse haben zu Brennflächen die Flächen vierten Grades mit 11 Knotenpunkten, welche keine singulären Tangentialebenen haben. Ein solches Strahlensystem hat 11 singuläre Punkte, und zwar einen mit einem Strahlenkegel sechsten Grades und zehn Doppelkanten, und zehn mit Strahlenkegeln dritten Grades und je einer Doppelkante.

Eine jede Fläche vierten Grades mit 11 Knotenpunkten und ohne singuläre Tangentialebene enthält nur ein Strahlensystem dieser Art, und aufserdem noch ein Strahlensystem 10ter Ordnung und 21ter Klasse.

Strahlensysteme zweiter Ordnung von einer höheren, als der siebenten Klasse, deren Brennfläche nicht zum Theil zu einer Curve ausartet, existiren nicht. Überhaupt bleibt die Beziehung zwischen Ordnung und Klasse, welche in der Theorie der Curven und Flächen herrscht: dafs für einen gegebenen Grad die Klasse nur bis zu einer endlichen bestimmten Höhe aufsteigen kann, auch für alle diejenigen algebraischen Strahlensysteme bestehen, deren Brennflächen nicht zum Theil oder ganz in Curven ausgeartet sind.

Die vollständige Entwickelung der hier zusammengestellten Resultate gedenke ich der Akademie in Kurzem vorzulegen.

Über zwei merkwürdige Flächen vierten Grades und Gypsmodelle derselben

Monatsberichte der Königlichen Preußischen Akademie der Wissenschaften zu Berlin aus dem Jahre 1866, 216–220.

23. April. Sitzung der physikalisch-mathematischen Klasse.

Hr. Kummer las über zwei merkwürdige Flächen vierten Grades und zeigte von ihm selbst angefertigte Gypsmodelle derselben vor.

Wenn p, q, r, s vier lineare Funktionen und ϕ eine Funktion zweiten Grades der Coordinaten x, y, z bezeichnen, so ist

$$(1.)\qquad \phi^2 - 4\lambda pqrs = o$$

die Gleichung einer Fläche vierten Grades, für welche die vier Ebenen $p = o$, $q = o$, $r = o$, $s = o$, singuläre Tangentialebenen sind, die diese Fläche in Kegelschnitten berühren. Wenn p, q, r, s vier von einander unabhängige lineare Funktionen sind, so bilden diese vier Ebenen ein Tetraeder und jede der sechs Kanten dieses Tetraeders schneidet die Fläche zweiten Grades in zwei Punkten, welche Knotenpunkte der Fläche vierten Grades sind; dieselbe hat daher im Allgemeinen zwölf Knotenpunkte.

Läſst man die Fläche $\phi = o$ durch einen der vier Eckpunkte dieses Tetraeders hindurchgehen, so vereinigen sich drei dieser zwölf Knotenpunkte in einen, welcher ein uniplanarer Knotenpunkt wird, und wenn man die Fläche $\phi = o$ durch alle vier Eckpunkte des Tetraeders hindurchgehen läſst, so vereinigen sich viermal drei Knotenpunkte zu je einem uniplanaren und man erhält eine Fläche vierten Grades mit vier uniplanaren Knotenpunkten, deren Gleichung ist:

$$(2.)\quad (aqr + brp + cpq + dps + eqs + frs)^2 - 4\lambda pqrs = o$$

Die Ebenen der uniplanaren Knotenpunkte sind zugleich Tangentialebenen der Fläche $\phi = o$; eine jede derselben schneidet aus der Fläche vierten Grades eine Curve vierten Grades aus, welche in dem Knotenpunkte einen dreifachen Punkt hat.

Die von einem jeden der vier Knotenpunkte ausgehenden einhüllenden Kegel sechsten Grades bestehen aus den drei durch diesen Knotenpunkt gehenden singulären Tangentialebenen und aus einem einhüllenden Kegel dritten Grades.

Das Modell 1. zeigt diese Fläche, in welcher die Constanten so gewählt sind, daſs die Knotenpunkte real sind und daſs die Fläche möglichst symmetrisch wird und nicht in's Unendliche geht. Die vier singulären Tangentialebenen:

$$\begin{aligned} p &= z - k + x\sqrt{2} \\ q &= z - k - x\sqrt{2} \\ r &= -z - k + y\sqrt{2} \\ s &= -z - k - y\sqrt{2} \end{aligned}$$

bilden ein reguläres Tetraeder und da $a = b = c = d = e = f = 1$ gewählt ist, so wird die Fläche $\phi = o$ zu der dem regulären Tetraeder umschriebenen Kugel; die Constante λ ist gleich $\frac{1}{2}$ genommen. Die Gleichung der durch das Modell dargestellten Fläche ist daher:

$$(3.)\quad (x^2 + y^2 + z^2 - 3k^2)^2 - \tfrac{1}{2}((z-k)^2 - 2x^2)((z+k)^2 - 2y^2) = o.$$

Diese Fläche besteht aus sechs congruenten endlichen Theilen, deren jeder in zwei Spitzen ausläuft, je drei dieser zwölf Spitzen vereinigen sich in einem der vier uniplanaren Punkte. Das Modell bringt die einfachste und allgemeinste Art der uniplanaren Knotenpunkte zur Anschauung nämlich die der zweiten Ordnung in welchen die Ebene des uniplanaren Punktes aus der Fläche eine Curve ausschneidet, die in diesem Punkte einen dreifachen Punkt hat. Wenn die drei durch diesen Punkt gehenden Aeste der Curve alle real sind und in diesem Punkte drei verschiedene Tangenten haben, so hat ein solcher uniplanarer Knotenpunkt stets die Eigenschaft, daſs in ihm drei verschiedene Theile der Fläche sich vereinigen, welche in der Nähe des Knotenpunktes nur diesen einen Punkt mit einander gemein haben.

Einen interessanten besonderen Fall der Fläche (2.) erhält man, wenn man $a = b = c = d = e = f = 1$, und auch $\lambda = 1$ setzt, also

$$(4.) \qquad (qr + rp + pq + ps + qs + rs)^2 - 4pqrs = o.$$

Diese Fläche hat aufser den vier uniplanaren Knotenpunkten noch drei gewöhnliche Knotenpunkte mit osculirenden Kegeln zweiten Grades und sie hat aufser den vier singulären Tangentialebenen noch sechs andere, also im Ganzen zehn singuläre Tangentialebenen. Sie kann auch als ein specieller Fall der allgemeinen Fläche vierten Grades mit 15 Knotenpunkten angesehen werden, nämlich als der Fall, wo von diesen 15 Knotenpunkten viermal drei sich zu vier uniplanaren Knotenpunkten vereinigen und drei als gewöhnliche Knotenpunkte bestehen bleiben. Die von den vier uniplanaren Knotenpunkten ausgehenden einhüllenden Kegel sechsten Grades bestehen hier jeder aus sechs der zehn singulären Tangentialebenen, während diese einhüllenden Kegel für jeden der drei gewöhnlichen Knotenpunkte aus vier singulären Tangentialebenen und einem einhüllenden Kegel zweiten Grades bestehen. Diese Fläche hat auch, wie ich an einem anderen Orte zeigen werde, die merkwürdige Eigenschaft, dafs das vollständige System aller ihrer zweifach berührenden Tangenten aus sechs getrennten Strahlensystemen zweiter Ordnung und dritter Klasse besteht.

Wenn die Fläche zweiten Grades $\phi = o$ in der Gleichung (1.) eine der sechs Tetraederkanten berührt, so vereinigen sich in diesem Berührungspunkte zwei Knotenpunkte der Fläche in einen und bilden so einen b i p l a n a r e n Knotenpunkt. Läfst man die Fläche $\phi = o$ alle sechs Tetraederkanten berühren, so erhält man eine Fläche vierten Grades mit sechs biplanaren Punkten, welche durch die Gleichung

$$(5.) \qquad (p^2 + q^2 + r^2 + s^2 - 2qr - 2rp - 2pq - 2ps - 2qs - 2rs)^2 - 4\lambda pqrs = o$$

dargestellt wird.

Die sechs biplanaren Knotenpunkte dieser Fläche liegen so, dafs dreimal je vier in eine und dieselbe Ebene fallen, woraus unmittelbar folgt, dafs diese drei Ebenen, deren jede vier Knotenpunkte enthält, aus der Fläche vierten Grades Kegelschnittpaare ausschneiden.

Der von einem jeden der sechs Knotenpunkte ausgehende einhüllende Kegel sechsten Grades besteht aus den beiden durch denselben hindurchgehenden singulären Tangentialebenen und aus einem Kegel vierten Grades mit einer Doppelkante, in welcher dieser Kegel sich selbst berührt.

Das Modell II. zeigt diese Fläche für den besonderen Fall, wo ebenfalls die vier singulären Tangentialebenen ein regelmäfsiges Tetraeder bilden und die Fläche $\phi = o$ die alle sechs Kanten desselben berührende Kugel ist. Die Gröfse λ hat den besonderen Werth $\lambda = -\frac{1}{48}$ erhalten, für welchen die Fläche in einem endlichen Raume eingeschlossen ist und passende Verhältnisse ihrer Dimensionen erhält. Die Gleichung dieser bestimmten Fläche ist:

$$(6.)\quad (x^2+y^2+z^2-k^2)^2+\tfrac{1}{3}((z-k)^2-2x^2)((z+k)^2-2y^2)=o;$$

sie besteht aus vier besonderen einander congruenten Theilen deren jeder mit den drei anderen in drei biplanaren Knotenpunkten zusammenhängt. Das Modell bringt eine besondere Art der biplanaren Knotenpunkte zur Anschauung, nämlich diejenigen, in welchen die beiden osculirenden Ebenen real sind und eine beliebige durch die Durchschnittslinie derselben hindurch gehende Ebene eine Curve ausschneidet, welche in diesem Punkte sich selbst berührt. Diese Knotenpunkte sind daher nicht als die einfachsten und allgemeinsten biplanaren Knotenpunkte anzusehen, weil bei diesen eine jede solche Ebene eine Curve ausschneidet, welche in dem Knotenpunkte eine Spitze hat, aber nicht einen Punkt der Selbstberührung.

Die durch die Gleichung (5.) dargestellte allgemeine Fläche vierten Grades mit sechs biplanaren Knotenpunkten enthält als speciellen Fall auch die Steinersche Fläche, welche drei in einem und demselben Punkte sich schneidende Doppelgrade hat, nämlich für den besonderen Werth $\lambda = 16$. Für diesen Werth ist

(7.) $$(p^2+q^2+r^2+s^2-2qr-2rp-2pq-2ps-2qs-2rs)^2 - 64pqrs = o,$$

welche Gleichung in irrationaler Form durch

(8.) $$\sqrt{p}+\sqrt{q}+\sqrt{r}+\sqrt{s}=o$$

dargestellt werden kann, da diese rational gemacht genau mit der anderen übereinstimmt, und die allgemeine Gleichung der Steinerschen Fläche ist, wenn die vier singulären Tangentialebenen derselben als die Ebenen $p=o$, $q=o$, $r=o$, $s=o$ gewählt werden. Die sechs biplanaren Knotenpunkte der allgemeineren Fläche sind an der Steinerschen Fläche noch erkennbar vorhanden, sie liegen aber in den drei Doppelgraden und sind singuläre Punkte von uniplanarer Beschaffenheit geworden; es sind diejenigen sechs Punkte, in welchen diese drei Doppelgraden aufhören auf der Fläche selbst zu liegen und zu isolirten Linien werden.

Über die algebraischen Strahlensysteme, in's Besondere über die der ersten und zweiten Ordnung

Abhandlungen der Königlichen Akademie der Wissenschaften zu Berlin aus dem Jahre 1866, 1–120

[Gelesen in der Akademie der Wissenschaften am 9. August 1866.]

§. 1.

Definitionen und allgemeine Eigenschaften der algebraischen Strahlensysteme.

Die Strahlensysteme, welche in dem Folgenden als algebraisch bestimmbare betrachtet werden sollen, sind dieselben, deren allgemeine Theorie ich in dem von Hrn. Borchardt herausgegebenen mathematischen Journale Bd. 57. pag. 189, sq. entwickelt habe, nämlich diejenigen, welche aus einer zweifach unendlichen Schaar von graden Linien bestehen, in der Art, dafs die analytische Darstellung eines beliebigen Strahls des System's zwei unabhängige Variable enthält. Ein solches Strahlensystem soll ein algebraisches genannt werden, wenn die alle Strahlen desselben bestimmenden Gleichungen algebraische sind.

In einem jeden algebraischen Strahlensysteme geht durch jeden beliebigen Punkt des Raumes eine endliche bestimmte Anzahl von Strahlen; diese soll die Ordnung des Strahlensystems bestimmen. Ein Strahlensystem, in welchem durch jeden beliebigen Punkt des Raumes n Strahlen gehen, soll ein Strahlensystem der $n$ten Ordnung genannt werden. Die Bestimmung der durch einen beliebig gegebenen Punkt des Raumes gehenden n Strahlen eines Strahlensystems $n$ter Ordnung ist von einer Gleichung $n$ten Grades abhängig, welche nie mehr als n Wurzeln haben kann, aufser in dem Falle, wo alle ihre Coefficienten einzeln gleich Null sind, wo sie unendlich viele ihr genügende Werthe hat. Es können also bei einem

Math. Kl. 1866. A

Strahlensysteme der $n$ten Ordnung nie mehr als n einzelne Strahlen durch einen Punkt gehen, aber es kann solche Punkte geben, durch welche unendlich viele Strahlen des Systems hindurchgehen, die als Continuum im Allgemeinen eine Kegelfläche bilden werden. Diejenigen Punkte, durch welche nicht n bestimmte, sondern unendlich viele eine Kegelfläche bildende Strahlen eines Systems $n$ter Ordnung hindurchgehen, sollen singuläre Punkte des Strahlensystems genannt werden, und der Kegel, welcher alle von einem solchen Punkte ausgehende Strahlen des Systems enthält, soll der diesem singulären Punkte angehörende Strahlenkegel heiſsen. Es könnte auch der Fall eintreten, daſs durch gewisse Punkte des Raumes nicht nur eine einfach unendliche, einen Strahlenkegel bildende Schaar von Strahlen des Systems, sondern sogar eine zweifach unendliche Schaar derselben hindurchginge, d. h. daſs alle durch diesen Punkt hindurchgehenden graden Linien dem Strahlensysteme angehörten. Die durch einen solchen Punkt hindurchgehenden Strahlen würden aber alsdann für sich ein vollständiges Strahlensystem bilden, und zwar ein Strahlensystem erster Ordnung, weil durch jeden beliebigen Punkt des Raumes ein Strahl dieses Systems gehen würde, und jedes solches Strahlensystem erster Ordnung würde sich von dem Strahlensystem $n$ter Ordnung lostrennen, so daſs man anstatt des Strahlensystems $n$ter Ordnung nur ein Strahlensystem niederer Ordnung hätte, in welchem solche Punkte nicht mehr vorkommen.

Legt man durch ein algebraisches Strahlensystem eine beliebige Ebene, so liegt in derselben im Allgemeinen eine endliche bestimmte Anzahl von Strahlen des Systems. Diese Anzahl soll die Klasse des Systems bestimmen. Ein Strahlensystem der $k$ten Klasse soll nämlich ein solches genannt werden, in welchem in einer jeden beliebigen Ebene im Allgemeinen k Strahlen des Systems liegen. Die Bestimmung der in einer jeden bestimmten Ebene liegenden k Strahlen eines Strahlensystems $k$ter Klasse ist von einer Gleichung des $k$ten Grades abhängig, welche nie mehr als k Wurzeln hat, ausser wenn alle ihre Coefficienten einzeln gleich Null sind, wo alle beliebigen, also unendlich viele Werthe der unbekannten Gröſse ihr genügen. Es kann daher auch solche Ebenen geben, in welchen unendlich viele Strahlen des Systems liegen, welche als einfach unendliche Schaar von graden Linien in der Ebene die Schaar aller Tangenten einer in dieser Ebene liegenden Curve bilden. Eine solche Ebene, welche eine einfach unendliche Schaar von Strahlen enthält, soll eine singuläre Ebene des Systems, und die Curve welche von denselben eingehüllt wird eine ebene Strahlencurve genannt werden. Eine in einer Ebene liegende zweifach unendliche Schaar von Strahlen, welche also alle in dieser Ebene liegenden graden Linien umfaſst, würde ein Strahlensystem für sich ergeben, und zwar ein Strahlensystem der $o$ten Ordnung, weil durch einen beliebigen Punkt des Raumes kein Strahl geht, und von der ersten Klasse, weil jede beliebige Ebene einen in der Ebene dieses Strahlensystems liegenden Strahl ausschneidet; es würde also von dem Strahlensysteme $k$ter Klasse sich lostrennen lassen, só daſs die Klasse des Systems um eine Einheit erniedrigt würde.

In der Theorie der algebraischen Strahlensysteme ist es von besonderer Wichtigkeit die einfachen, irreduktibeln Strahlensysteme von den zusammengesetzten, reduktibeln zu unterscheiden, welche aus zweien oder mehreren einfachen Strahlensystemen bestehen. Zur Bestimmung einer beliebigen graden Linie im Raume sind vier Gröſsen nothwendig, alle graden Linien im Raume, ohne jede nähere Bestimmung bilden also ein vierfach unendliches System; soll dasselbe ein zweifach unendliches Strahlensystem werden, so sind zwei Gleichungen unter den, die Lage einer graden Linie bestimmenden vier Gröſsen erforderlich. Zwei Gleichungen, welche zur algebraischen Bestimmung eines zweifach unendlichen Strahlensystems nothwendig sind, stellen aber ein einfaches Strahlensystem gewöhnlich nicht rein dar, sondern mit Nebengebilden behaftet, welche andere Strahlensysteme sein können, oder auch Strahlenkegel oder einzelne Strahlen. Es findet hier derselbe Umstand Statt, wie in der Theorie der Raumcurven, welche durch zwei Gleichungen, d. i. als Durchschnitt zweier Flächen, im Allgemeinen nicht rein, sondern nur mit Nebengebilden nämlich mit anderen Curven oder einzelnen Punkten behaftet dargestellt werden können. Das Ausschlieſsen der Nebengebilde kann bei den Strahlensystemen ebenso wie bei den Raumcurven nur dadurch erreicht werden, daſs den beiden nothwendigen Gleichungen noch andere von ihnen abhängige Gleichungen hinzugefügt werden. Ein einfaches oder irreduktibles Strahlensystem wird definirt als ein solches, welches sich nicht anders durch algebraische Gleichungen darstellen läſst, als daſs alle Strahlen, welche es enthält, diesen Gleichungen genügen. Ein zusammengesetztes reduktibles Strahlensystem

A 2

ist demgemäſs ein solches, in welchem ein Theil der dasselbe ausmachenden Strahlen, und zwar ein Theil welcher selbst noch eine zweifach unendliche Schaar von Strahlen enthält, für sich ein durch algebraische Gleichungen definirbares Strahlensystem bildet. Wenn zwei Strahlensysteme sich zum Theil decken, in der Art, daſs die beiden Systemen gemeinsamen Strahlen noch eine zweifach unendliche Schaar ausmachen, so sind dieselben nicht irreduktibel; denn wenn man die das eine, und die das andere bestimmenden algebraischen Gleichungen vereint gelten läſst, so erhält man den beiden gemeinsamen Theil allein durch diese Gleichungen dargestellt.

Als die einen jeden Strahl des Systems bestimmenden Gröſsen, welche wesentlich zwei unabhängige Variable enthalten, wähle ich ebenso wie in der oben angeführten Abhandlung die Coordinaten des Ausgangspunktes des Strahls: x, y, z, und die Cosinusse der Winkel, welche der Strahl mit den drei rechtwinkligen Coordinatenaxen bildet: ξ, η, ζ. Da alle algebraischen Gleichungen, welche in dem Folgenden angewendet werden sollen, um die Strahlensysteme zu bestimmen, in Beziehung auf ξ, η, ζ homogen sein werden, so kann man sich unter diesen auch Gröſsen denken welche den genannten drei Cosinussen bloſs proportional sind, so daſs die Gleichung $\xi^2+\eta^2+\zeta^2=1$ überflüssig ist. Eine bestimmte Ausgangsfläche aller Strahlen, wie sie in der genannten Abhandlung angenommen worden ist, soll in dem Folgenden nicht gebraucht werden. Der Mangel einer Gleichung zwischen x, y, z, welche die Ausgangsfläche aller Strahlen darstellt, würde, wenn keine andere Bedingung an die Stelle derselben träte, das Strahlensystem zu einem dreifach unendlichen machen; damit es nur ein zweifach unendliches sei, muſs es die Bedingung erfüllen, daſs wenn man einen beliebigen Punkt eines gegebenen Strahls als Ausgangspunkt wählt, unter den n von diesem Punkte ausgehenden Strahlen der gegebene Strahl stets mit enthalten ist. Diese Bedingung kann auch so ausgesprochen werden: alle Gleichungen des Systems, welche stets als rationale Gleichungen unter den sechs Gröſsen x, y, z, ξ, η, ζ sich darstellen lassen, müssen, wenn in denselben $x+\varrho\xi$, $y+\varrho\eta$, $z+\varrho\zeta$ statt x, y, z gesetzt wird, Gleichungen desselben Strahlensystems sein, für jeden beliebigen Werth der Gröſse ϱ; denn $x+\varrho\xi$, $y+\varrho\eta$, $z+\varrho\zeta$ sind für jeden beliebigen Werth des ϱ die Coordinaten jedes beliebigen Punktes im Strahle x, y, z, ξ, η, ζ und für diesen beliebigen Punkt des Strahles geben die Gleichungen des Strahlensystems alsdann genau denselben Werth von ξ, η, ζ, als für den Punkt x, y, z, sodafs jeder Punkt dieses Strahls als Ausgangspunkt desselben genommen werden kann. Vermöge dieser Bedingung zieht eine einzige Gleichung eines Strahlensystems im Allgemeinen eine ganze Reihe anderer Gleichungen desselben Systems nach sich; denn wenn man x, y, z in $x + \varrho\xi$, $y + \varrho\eta$, $z + \varrho\zeta$ verwandelt, und die rationale Gleichung unter $x + \varrho\xi$, $y + \varrho\eta$, $z + \varrho\zeta$, ξ, η, ζ nach Potenzen von ϱ ordnet, so müssen alle, die verschiedenen Potenzen von ϱ enthaltenden Theile einzeln gleich Null sein. Die so entstehenden neuen Gleichungen des Systems sollen aus der gegebenen abgeleitete Gleichungen genannt werden, und zwar soll die erste abgeleitete diejenige genannt werden, welche in der nach Potenzen von ϱ geordneten Gleichung der Coefficient von ϱ, gleich Null gesetzt, ergiebt, die zweite abgeleitete diejenige, welche der Coefficient von ϱ^2 giebt u. s. w. In jeder folgenden abgeleiteten Gleichung kommen x, y, z in einer, um eine Einheit niederen Dimension vor, als in der vorhergehenden, die Dimension in Beziehung auf ξ, η, ζ aber wird in jeder folgenden abgeleiteten Gleichung um eine Einheit höher, als in der vorhergehenden. Ist die ursprüngliche Gleichung in Beziehung auf x, y, z vom Grade m so zieht sie im Allgemeinen m abgeleitete Gleichungen nach sich, diese können aber auch in besonderen Fällen identisch erfüllt, also gar nicht vorhanden sein, entweder alle, oder auch von einer bestimmten an alle folgenden. Die abgeleiteten Gleichungen fehlen gänzlich, wenn in der ursprünglichen Gleichung die Gröfsen x, y, z nur in den bestimmten Verbindungen

$$u = y\zeta - z\eta, \qquad v = z\xi - x\zeta, \qquad w = x\eta - y\xi$$

vorkommen, so dafs dieselbe als eine Gleichung unter den sechs Gröfsen $u, v, w, \xi, \eta, \zeta$ sich darstellen läfst.

Die Brennfläche eines algebraischen Strahlensystems $n$ter Ordnung und $k$ter Klasse wird definirt als der geometrische Ort aller derjenigen Punkte des Raumes, für welche zwei von den n hindurchgehenden Strahlen sich zu einem vereinigen. Andererseits kann die Brennfläche auch definirt werden, als die Fläche, welche von allen denjenigen Ebenen berührt wird, für welche zwei von den in ihnen liegenden k Strahlen des Systems sich zu einem Strahle vereinigen. Alle Strahlen des Systems berühren die Brennfläche zweimal, aber es gehören nicht umgekehrt auch alle die Brennfläche zweimal berührenden graden Linien zu einem und demselben Strahlensysteme; es kann vielmehr der Fall eintreten, daſs mehrere ganz verschiedene Strahlensysteme eine und dieselbe Brennfläche haben, oder was dasselbe ist, daſs das von allen doppelt berührenden graden Linien gebildete, vollständige Strahlensystem ein reduktibles ist, welches aus mehreren verschiedenen Strahlensystemen niederer Ordnungen und niederer Klassen besteht.

Jeder singuläre Punkt des Strahlensystems, von welchem ein Strahlenkegel ausgeht, ist zugleich ein singulärer Punkt, ein Knotenpunkt der Brennfläche; denn alle Strahlen dieses Kegels, welche als Strahlen des Systems die Brennfläche zweimal berühren, haben einen dieser beiden Berührungspunkte gemeinsam in dem Mittelpunkte des Strahlenkegels, welcher ein Knotenpunkt sein muſs, weil von ihm aus unendlich viele die Brennfläche noch in einem zweiten Punkte berührende Tangenten ausgehen und weil jede Tangentialebene des Strahlenkegels eine Tangentialebene der Brennfläche in diesem Punkte ist. Der Strahlenkegel selbst ist der von diesem Knotenpunkte aus an die Brennfläche gelegte einhüllende Kegel derselben, oder auch ein Theil dieses einhüllenden Kegels, wenn derselbe reduktibel ist und aus mehreren Kegeln niederer Grade oder auch Ebenen besteht.

Die Brennflächen der algebraischen Strahlensysteme können auch in Curven ausarten, und zwar entweder so, daſs nur die eine Schale der Brennfläche zu einer Curve wird, oder auch so, daſs beide Schalen der Brennfläche zu Curven werden; an die Stelle der Bestimmung, daſs jeder Strahl beide Schalen der Brennfläche berühren muſs tritt alsdann die, daſs er durch die Curve oder durch die beiden Curven hindurchgehen muſs, welche die Stelle der Brennfläche einnehmen. Eine Curve, durch welche alle Strahlen eines Systems hindurchgehen, soll Brenncurve genannt werden. Ein jeder Punkt einer Brenncurve ist zugleich ein singulärer Punkt des Strahlensystems, weil von ihm unendlich viele einen Strahlenkegel bildende Strahlen ausgehen. Wenn beide Schalen der Brennfläche zu Brenncurven ausgeartet sind, so gehen alle Strahlen des Systems durch diese beiden Curven; die beiden Brenncurven können aber auch in eine einzige zusammenfallen; in diesem Falle schneiden alle Strahlen des Systems diese eine Brenncurve zweimal.

Das reciprok-polare System eines Strahlensystems $n$ter Ordnung und $k$ter Klasse ist ein Strahlensystem der $k$ten Ordnung und der $n$ten Klasse;

denn den durch einen Punkt gehenden n Strahlen des ersten Systems entsprechen in dem polaren Systeme n in einer und derselben Ebene liegende, und den k in einer Ebene liegenden Strahlen entsprechen in dem polaren Systeme k durch einen und denselben Punkt gehenden Strahlen. Die Brennfläche des reciprok-polaren Systems wird die reciprok-polare Fläche der Brennfläche des gegebenen Systems, weil die Bedingung, dafs eine grade Linie eine Fläche zweimal berühre in dem reciprok-polaren Systeme erhalten bleibt.

Für die möglichst einfache analytische Darstellung der Strahlensysteme, namentlich da, wo es darauf ankommt, alle Strahlensysteme einer bestimmten Ordnung und Klasse zu erschöpfen, ist es vortheilhaft, alle diejenigen Strahlensysteme, welche durch collineare Verwandlung in einander übergehen, durch ein einziges derselben zu repräsentiren, welches immer so gewählt werden kann, dafs es 15 Constanten weniger enthält, als das allgemeinste, alle collinearen zugleich umfassende System. Dieses einfachere System zeigt alsdann alle wesentlichen Eigenschaften der ganzen Gruppe der mit ihm collinearen Systeme; denn bei einer collinearen Verwandlung bleibt die Ordnung und die Klasse des Strahlensystems unverändert, und auch alle singulären Punkte und singulären Ebenen des Systems bleiben im wesentlichen unverändert bestehen, da die ihnen zugehörigen Strahlenkegel und ebene Strahlencurven denselben Grad und dieselben Singularitäten behalten. Die Brennflächen der collinearen Systeme sind nur collineare Flächen desselben Grades und mit denselben Singularitäten. Der Übergang von einem bestimmten Strahlensysteme, dessen Bestimmungsstücke $x, y, z, \xi, \eta, \zeta$ sind, zu dem allgemeinsten collinearen Systeme mit den Bestimmungsstücken $x', y', z', \xi', \eta', \zeta'$ wird gemacht, indem für $x, y, z, \xi, \eta, \zeta$ folgende Werthe eingesetzt werden:

$$x = \frac{p}{s}, \qquad y = \frac{q}{s}, \qquad z = \frac{r}{s},$$
$$\xi = sp' - ps', \quad \eta = sq' - qs', \quad \zeta = sr' - rs',$$

wo

$$\begin{aligned} p &= ax' + a_1y' + a_2z' + a_3, & p' &= a\xi' + a_1\eta' + a_2\zeta', \\ q &= bx' + b_1y' + b_2z' + b_3, & q' &= b\xi' + b_1\eta' + b_2\zeta', \\ r &= cx' + c_1y' + c_2z' + c_3, & r' &= c\xi' + c_1\eta' + c_2\zeta', \\ s &= dx' + d_1y' + d_2z' + d_3, & s' &= d\xi' + d_1\eta' + d_2\zeta', \end{aligned}$$

§. 2.

Die Strahlensysteme erster Ordnung.

Da in einem jeden Strahlensysteme erster Ordnung durch einen beliebigen Punkt x, y, z nur ein Strahl geht, so müssen die Verhältnisse der drei Gröſsen ξ, η, ζ, welche die Richtung dieses Strahles bestimmen, eindeutige algebraische, also rationale Funktionen der drei Coordinaten des Ausgangspunktes x, y, z sein. Man kann daher die beiden in Beziehung auf ξ, η, ζ linearen und homogenen Gleichungen:

$$P\xi + Q\eta + R\zeta = 0, \qquad U\xi + V\eta + W\zeta = 0,$$

in welchen P, Q, R, U, V, W ganze rationale Funktionen von x, y, z sind, als die allgemeinste Form der beiden ursprünglichen Gleichungen eines jeden Strahlensystems erster Ordnung wählen. Als nothwendige und zugleich hinreichende Bedingung dafür, daſs diese beiden Gleichungen in der That ein Strahlensystem erster Ordnung bestimmen, kommt aber hinzu, daſs diese beiden Gleichungen mit allen aus ihnen abgeleiteten Gleichungen im Einklange sein müssen, das heiſst, daſs alle diese Gleichungen für beliebige Werthe des x, y, z dieselben Werthe der Verhältnisse $\xi:\eta:\zeta$ ergeben müssen. Die vollständige Lösung der Aufgabe, alle Strahlensysteme erster Ordnung zu finden, vom rein algebraischen Gesichtspunkte aus aufgefaſst, besteht also darin, die sechs ganzen rationalen Funktionen P, Q, R, U, V, W auf alle möglichen Weisen so zu bestimmen, daſs sie der angegebenen Bedingung genügen. Es erscheint aber angemessener und leichter, die Lösung dieser Aufgabe auf folgendem mehr geometrischen Wege zu finden.

Da die Brennfläche eines jeden algebraischen Strahlensystems definirt ist: als der geometrische Ort aller derjenigen Punkte des Raumes, von welchen zwei unendlich nahe Strahlen des Systems ausgehen, bei einem Strahlensysteme erster Ordnung aber stets nur ein Strahl von einem Punkte ausgeht, und wenn zwei von demselben ausgehen stets unendlich viele von ihm ausgehen müssen, so folgt, daſs jeder Punkt der Brennfläche ein singulärer Punkt des Systems sein muſs, von welchem ein Strahlenkegel ausgeht. Hieraus folgt weiter, daſs anstatt der Brennflächen hier nur Brenncurven auftreten können; denn ginge von jedem Punkte einer Fläche ein Strahlenkegel aus, so wäre das Strahlensystem nothwendig ein dreifach unendliches. Also:

I. Die Strahlensysteme erster Ordnung haben nur Brenncurven anstatt der Brennflächen.

Es sind nun die beiden Fälle zu unterscheiden, erstens wo das Strahlensystem erster Ordnung eine einzige, beide Schalen der Brennfläche zugleich vertretende Raumcurve zur Brenncurve hat, welche von allen Strahlen des Systems zweimal geschnitten wird, und zweitens, wo zwei getrennte Brenncurven vorhanden sind, deren jede von allen Strahlen des Systems einmal geschnitten wird.

Wenn eine einzige Brenncurve vorhanden ist, welche von allen Strahlen des Systems zweimal geschnitten wird, so mufs angenommen werden, dafs dieselbe eine irreduktible sei; denn bestände sie aus mehreren Curven, so hätte man nur die jeder einzelnen irreduktibeln Curve angehörenden Strahlensysteme zu betrachten. Die von einem beliebigen Punkte des Raumes ausgehenden Strahlen des Systems sind diejenigen graden Linien, welche durch diesen Punkt gehen und die Brenncurve zweimal schneiden, sie geben also genau die Richtungen der scheinbaren Doppelpunkte der Brenncurve, wenn sie von diesem Punkte aus betrachtet wird. Die Ordnung des vollständigen, dieser Brenncurve angehörenden Strahlensystems stimmt also genau mit der Anzahl der scheinbaren Doppelpunkte dieser Curve überein. Da die Raumcurven dritten Grades stets einen und nur einen scheinbaren Doppelpunkt haben, so folgt, dafs die Strahlensysteme, welche eine Raumcurve dritten Grades zur Brenncurve haben, und aus allen dieselbe zweimal schneidenden graden Linien bestehen, Systeme erster Ordnung sind. Schneidet man ein solches System durch eine beliebige Ebene, so wird die Brenncurve in drei Punkten geschnitten, und die drei Verbindungslinien dieser drei Punkte sind die in dieser Ebene liegenden Strahlen des Systems; welches somit von der dritten Klasse ist. Also:

II. Alle graden Linien, welche eine Raumcurve dritten Grades zweimal schneiden, bilden ein Strahlensystem erster Ordnung und dritter Klasse.

Um diese Art der Strahlensysteme erster Ordnung allgemein durch Gleichungen darzustellen, setze ich

$$p = ax' + a_1 y' + a_2 z' + a_3,\quad r = cx' + c_1 y' + c_2 z' + c_3,$$
$$q = bx' + b_1 y' + b_2 z' + b_3,\quad s = dx' + d_1 y' + d_2 z' + d_3.$$

Die drei Gleichungen:

$$r^2 - qs = 0,\quad sp - qr = 0,\quad q^2 - pr = 0,$$

stellen alsdann die allgemeinsten Gleichungen aller Raumcurven dritten Grades dar, und zwar rein, ohne begleitende grade Linie. Es seien nun x, y, z die Coordinaten eines beliebigen Punktes im Raume, so sind $x+\varrho\xi$, $y+\varrho\eta$, $z+\varrho\zeta$, für alle Werthe des ϱ, die Coordinaten aller Punkte der graden Linie, welche in der, durch ξ, η, ζ bestimmten Richtung vom Punkte x, y, z ausgeht. Damit diese grade Linie die Raumcurve zweimal schneide, muſs $x' = x+\varrho\xi$, $y' = y+\varrho\eta$, $z' = z+\varrho\zeta$ sein, für zwei Werthe des ϱ also die drei in Beziehung auf ϱ quadratischen Gleichungen, welche man erhält, indem man diese Werthe x', y', z' in die drei Gleichungen der Curve dritten Grades einsetzt, müssen alle drei dieselben zwei Wurzeln haben. Diese Bedingung giebt die Gleichungen des Strahlensystems:

$$P\xi + Q\eta + R\zeta = 0,\quad U\xi + V\eta + W\zeta = 0,$$

wo

$$\begin{aligned}
P &= a\,(r^2 - qs) + b\,(ps - qr) + c\,(q^2 - pr),\\
Q &= a_1(r^2 - qs) + b_1(ps - qr) + c_1(q^2 - pr),\\
R &= a_2(r^2 - qs) + b_2(ps - qr) + c_2(q^2 - pr),\\
U &= b\,(r^2 - qs) + c\,(ps - qr) + d\,(q^2 - pr),\\
V &= b_1(r^2 - qs) + c_1(ps - qr) + d_1(q^2 - pr),\\
W &= b_2(r^2 - qs) + c_2(ps - qr) + d_2(q^2 - pr).
\end{aligned}$$

Jede dieser beiden, in Beziehung auf x, y, z quadratischen Gleichungen des Strahlensystems hat nur eine abgeleitete Gleichung, da die beiden zweiten abgeleiteten Gleichungen identisch erfüllt sind, und diese beiden abgeleiteten werden durch die beiden ursprünglichen Gleichungen von selbst erfüllt. Für alle Punkte der Brenncurve werden die beiden ursprünglichen Gleichungen identisch erfüllt, und die mit einander übereinstimmenden beiden abgeleiteten, welche in Beziehung auf ξ, η, ζ vom zweiten Grade sind, geben alsdann den, jedem Punkte der Brenncurve angehörenden Strahlenkegel zweiten Grades.

Die Raumcurven dritten Grades sind die einzigen, welche nur einen scheinbaren Doppelpunkt haben, alle Raumcurven höherer Grade haben deren mehrere. Es muſs daher jedes vollständige Strahlensystem, welches aus allen, eine Raumcurve höheren Grades zweimal schneidenden graden Linien besteht, nothwendig von einer höheren, als der ersten Ordnung sein. Es ist jedoch hiermit noch nicht bewiesen, dafs die Strahlensysteme mit einer Brenncurve dritten Grades die einzigen Systeme erster Ordnung sind, welche eine beide Schalen der Brennfläche zugleich vertretende Brenncurve haben; denn es könnte möglicherweise noch der Fall eintreten, dafs das vollständige Strahlensystem mit einer irreduktibeln Brenncurve höheren Grades aus mehreren, von einander trennbaren Strahlensystemen niederer Ordnungen zusammengesetzt wäre, unter welchen auch Strahlensysteme erster Ordnung vorkommen könnten. Eine genaue Untersuchung dieser Frage ist um so mehr unerläfslich, da, wie wir später zeigen werden, die vollständigen Strahlensysteme mit einer irreduktibeln Brennfläche in der That oft in Strahlensysteme niederer Ordnungen zerfallen.

Es sei also eine irreduktible Raumcurve $n$ten Grades als Brenncurve eines vollständigen Strahlensystems gegeben, welches aus allen, diese Curve zweimal schneidenden graden Linien besteht. Alle Strahlen, welche durch einen und denselben beliebigen Punkt der Brenncurve gehen, bilden einen Strahlenkegel des Grades $n-1$, auf welchem die ganze Brenncurve liegt. Dieser Strahlenkegel ist ein irreduktibler Kegel; denn zerfiele er in zwei oder mehrere Kegel niederen Grades, so müsste die irreduktible Brenncurve $n$ten Grades, welche von allen Strahlen dieses Kegels geschnitten wird, zum Theil auf dem einen, zum Theil auf den anderen Kegeln liegen, welches unmöglich ist, weil eine irreduktible Raumcurve, welche zum Theil auf einer irreduktibeln Fläche liegt, ganz auf derselben liegen mufs. Da dieser Strahlenkegel ein irreduktibler ist, so müssen alle in demselben liegenden graden Linien Strahlen eines und desselben irreduktibeln System's sein, und da für alle von den continuirlich auf einander folgenden Punkten der Brenncurve ausgehenden Kegel dasselbe gilt, so folgt dafs diese ganze Schaar von Strahlenkegeln einem und demselben irreduktibeln Strahlensysteme angehören mufs. Alle in dieser Schaar von Strahlenkegeln liegenden Strahlen erschöpfen aber vollständig alle die Brenncurve zweimal schneidenden graden Linien, und nur in dem Falle, wo die Brenncurve wirkliche Doppelpunkte hat, kommen zu diesen noch alle durch einen solchen Doppelpunkt gehenden graden Linien hinzu, welche für sich Strahlensysteme erster Ordnung und 0ter Klasse bilden. Also:

B 2

III. Alle eine irreduktible Raumcurve zweimal schneidenden graden Linien, von denen jedoch diejenigen auszunehmen sind, welche durch einen wirklichen Doppelpunkt der Brenncurve gehen und dieselbe nicht noch in einem anderen Punkte schneiden, bilden stets ein einziges irreduktibles Strahlensystem.

Da ferner jede Raumcurve eines höheren als des dritten Grades, auch wenn sie wirkliche Doppelpunkte hat, doch stets mehr als einen scheinbaren Doppelpunkt hat, und da die Anzahl der scheinbaren Doppelpunkte den Grad des dieser Curve angehörenden Strahlensystems bestimmt, so folgt nun mit Sicherheit:

IV. Aufser den Strahlensystemen mit einer Brenncurve dritten Grades giebt es keine anderen Strahlensysteme erster Ordnung, welche eine, beide Schalen der Brennfläche zugleich vertretende, irreduktible Brenncurve haben.

Es sind nun noch diejenigen Strahlensysteme erster Ordnung zu untersuchen, welche zwei verschiedene Brenncurven haben, und deren Strahlen alle sowohl die eine, als auch die andere Brenncurve schneiden. Jede der beiden Brenncurven, deren eine vom Grade m, die andere vom Grade n angenommen werden soll, ist als eine irreduktible Curve anzusehen; denn wenn eine derselben aus Curven niederer Grade bestände, so würde ein solches Strahlensystem von selbst in mehrere besondere Strahlensysteme zerfallen. Von einem jeden beliebigen Punkte der Brenncurve des Grades m geht ein Strahlenkegel $n$ten Grades aus, welcher durch die Brenncurve $n$ten Grades hindurchgeht und welcher irreduktibel ist, weil die Curve $n$ten Grades, welche auf ihm liegt, eine irreduktible ist. Alle auf einem solchen Kegel liegenden Strahlen gehören also einem und demselben irreduktibeln Strahlensysteme an. Läfst man nun den Mittelpunkt dieses Kegels auf der Curve $m$ten Grades sich continuirlich bewegen, so erhält man eine continuirliche Schaar von Strahlenkegeln $n$ten Grades, deren Strahlen alle einem und demselben irreduktibeln Systeme angehören müssen. Alle Strahlen dieser Schaar von Strahlenkegeln zusammen umfassen aber alle graden Linien, welche beide Brenncurven zugleich schneiden, mit alleiniger Ausnahme derjenigen graden Linien, welche durch einen Durchschnittspunkt der beiden Brenncurven gehen, wenn ein solcher vorhanden ist. Jede beliebige durch einen Durchschnittspunkt der beiden Brenncurven gehende grade Linie erfüllt die Bedingung beide Brenncurven zu schneiden, gehört also mit zu dem vollständigen Strahlensysteme, welches diese beiden Brenncurven hat; die durch einen Durchschnittspunkt gehenden graden Linien bilden aber für sich ein Strahlensystem erster Ordnung, welches sich von dem vollständigen Strahlensysteme lostrennen läſst. Nimmt man nun einen beliebigen Punkt im Raume und construirt von demselben aus die beiden Kegel $m$ten und $n$ten Grades, deren jeder durch eine der beiden Brenncurven hindurchgeht, so schneiden sich diese beiden Kegel in $m.n$ graden Linien, welche die beiden Brenncurven zugleich schneiden. Das vollständige Strahlensystem ist also von der Ordnung $m.n$; wenn aber die beiden Brenncurven sich in μ Punkten schneiden, so lösen sich von dem vollständigen Strahlensysteme μ Strahlensysteme erster Ordnung ab, und es bleibt ein irreduktibles Strahlensystem der Ordnung $mn-\mu$ übrig. Ein Strahlensystem erster Ordnung mit zwei verschiedenen Brenncurven kann also nur unter der Bedingung bestehen, daſs $mn-\mu=1$ ist, d. h. daſs die beiden Brenncurven eine Anzahl von Durchschnittspunkten haben, welche um Eins kleiner ist, als das Produkt ihrer Grade.

Um nun weiter zu untersuchen ob, oder unter welchen Bedingungen zwei Raumcurven $m$ten und $n$ten Grades $mn-1$ Durchschnittspunkte haben können, ohne in eine einzige Curve zusammenzufallen, lege ich durch die Curve $n$ten Grades eine von denjenigen Kegelflächen $n-1$ten Grades, deren Mittelpunkt auf der Curve selbst liegt. Die Curve $m$ten Grades, welche nach der Voraussetzung die Curve $n$ten Grades in $mn-1$ Punkten schneidet, muſs also auch diesen Kegel $n-1$ten Grades mindestens in $mn-1$ Punkten schneiden; die Anzahl der Durchschnittspunkte der Curve $m$ten Grades mit dem Kegel $n-1$ten Grades ist aber $m(n-1)$, es muſs also $m(n-1) \geqq mn-1$ sein, wenn die Curve $m$ten Grades nicht ganz in dem Kegel $n-1$ten Grades liegen soll. Das letztere ist aber nicht möglich, denn da dasselbe von jedem der unendlich vielen Kegel $n-1$ten Grades gelten würde, welche man für die Curve $n$ten Grades construiren kann, so müſste die Curve $m$ten Grades auf jedem dieser Kegel liegen, also ganz mit der Curve $n$ten Grades zusammenfallen. Die Bedingung $m(n-1) \geqq mn-1$ ist aber nicht anders zu erfüllen, als wenn $m=1$ ist und folglich $\mu=n-1$. Da diese Bedingung für die Existenz der Strahlensysteme erster Ordnung mit zwei verschiedenen Brenncurven zugleich die hinreichende ist, so hat man den Satz:

V. Alle Strahlensysteme, welche eine grade Linie und eine dieselbe in $n-1$ Punkten schneidende Raumcurve $n$ten Grades zu Brenncurven haben, sind Strahlensysteme erster Ordnung und $n$ter Klasse, und ausser diesen giebt es keine anderen Strahlensysteme erster Ordnung, mit zwei verschiedenen Brenncurven.

Dafs in der That zwei solche Brenncurven stets ein Strahlensystem erster Ordnung ergeben, erkennt man daraus, dafs die von einem beliebigen Punkte des Raumes ausgehenden Strahlen in der, durch die grade Brennlinie gehenden Ebene liegen müssen und dafs eine solche Ebene aus der Brenncurve $n$ten Grades einen, und nur einen Punkt ausschneidet, welcher nicht Durchschnittspunkt beider Brenncurven ist. Dafs dieses System von der $n$ten Klasse ist, folgt daraus, dafs eine beliebige Ebene die grade Brennlinie in einem und die andere in n Punkten schneidet und dafs die von diesem einen Durchschnittspunkte nach den n Durchschnittspunkten mit der Brenncurve $n$ten Grades gehenden n graden Linien die in der Ebene liegenden n Strahlen des Systems ausmachen.

Als einfachste specielle Fälle dieser allgemeinen Art von Strahlensystemen erster Ordnung können erwähnt werden: Das Strahlensystem erster Ordnung und erster Klasse mit zwei graden sich nicht schneidenden Brennlinien, ferner das Strahlensystem erster Ordnung und zweiter Klasse, welches einen Kegelschnitt und eine nicht in der Ebene desselben liegende, ihn durchschneidende grade Linie zu Brenncurven hat, u. s. w.

Um diese Art der Strahlensysteme erster Ordnung durch Gleichungen darzustellen, nehme ich die grade Brennlinie als die z Axe; die allgemeinsten Gleichungen aller die z Axe in $n-1$ Punkten schneidenden Curven $n$ten Grades sind alsdann:

$$\phi(x', y') + \phi_1(x' y') = 0, \quad z' \psi_1(x', y') + \psi(x', y') = 0,$$

wo ϕ, ϕ_1, ψ, ψ_1 vier homogene Funktionen von x' und y' sind, von den Graden resp. $\mu+1$, μ, $\nu+1$, ν, während $\mu+\nu+1=n$ ist. Diese Curve

$n$ten Grades hat ν Asymptoten, welche der z Axe parallel sind, und welche ν unendlich entfernte Durchschnittspunkte der Curve mit der z Axe ergeben; für $\psi_1(x', y') = 0$ wird nämlich $z' = \infty$ und die ν Werthe des $\frac{y'}{x'}$, welche diese Gleichung ergiebt, in die Gleichung $\phi(x', y') + \phi_1(x', y') = 0$ eingesetzt, geben ν zugehörige Werthe des x' und y', welche im Allgemeinen nicht unendlich sind. Die erste Gleichung, welche z' nicht enthält und darum die Projection der Curve auf die x', y' Ebene darstellt, zeigt, dafs diese Projection einen μfachen Punkt im Anfangspunkte der Coordinaten hat, dafs also aufser jenen ν unendlich entfernten Durchschnittspunkten noch μ, im Allgemeinen in endlicher Ferne liegende Durchschnittspunte der Curve mit der z Axe vorhanden sind. Die Gleichungen des Strahlensystems, welches die z' Axe und diese Curve zu Brenncurven hat, erhält man, wenn man die allgemeine vom Punkte x, y, z in der Richtung ξ, η, ζ ausgehende grade Linie den Bedingungen unterwirft, dafs sie die z' Axe und auch die Curve $n$ten Grades schneide. Die erste Bedingung giebt unmittelbar

$$y\xi - x\eta = 0$$

als die eine Gleichung des Strahlensystems. Die zweite Bedingung erfordert, dafs wenn die Coordinaten irgend eines Punktes der graden Linie, $x + \varrho\xi$, $y + \varrho\eta$, $z + \varrho\zeta$ statt x', y', z' in die Gleichungen der Brenncurve eingesetzt werden, diesen beiden durch denselben Werth des ϱ genügt werde. Vermöge der ersten Gleichung des Strahlensystems ist $y + \varrho\eta = \frac{y}{x}(x + \varrho\xi)$, setzt man daher

$$x' = x + \varrho\xi, \quad y' = \frac{y}{x}\,(x + \varrho\xi), \quad z' = z + \varrho\zeta,$$

so geben die beiden Gleichungen der Curve:

$$(x + \varrho\xi)\;\phi\;(x, y) + x\,\phi_1\,(x, y) = 0$$
$$x(z + \varrho\zeta)\,\psi_1\,(x, y) + (x + \varrho\xi)\,\psi\,(x, y) = 0.$$

und die Elimination des ϱ aus diesen ergiebt:

$$(z\,\phi\,(x, y)\,\psi_1(x, y) - \phi_1(x, y)\,\psi(x, y))\,\xi = \psi_1(x, y)\,(\phi(x, y) + \phi_1(x, y))\,\zeta$$

als die zweite Gleichung des Strahlensystems.

Aus den Strahlensystemen erster Ordnung, welche in dem Vorhergehenden vollständig erschöpft sind, kann man sogleich auch alle Strahlensysteme erster Klasse erhalten, wenn man die reciprok-polaren Systeme bildet. Da hierbei eine grade Brennlinie wieder zu einer graden Brennlinie, eine krumme Brennlinie aber zu einer abwickelbaren Brennfläche wird, so folgt, dafs alle Strahlensysteme erster Klasse nur grade Linien zu Brennlinien und nur abwickelbare Flächen zu Brennflächen haben können.

Das Strahlensystem erster Ordnung und dritter Klasse, welches eine Brenncurve dritten Grades hat, giebt als polares System ein Strahlensystem dritter Ordnung und erster Klasse welches eine abwickelbare Fläche vierten Grades zur Brennfläche hat, und aus allen diese Fläche zweimal berührenden graden Linien besteht. Eine beliebige Ebene schneidet aus dieser Brennfläche eine Curve vierten Grades mit drei Spitzen aus, und eine solche hat in der That nur eine einzige Doppeltangente, welche den einen in dieser Ebene liegenden Strahl giebt. Die Durchschnittslinien der drei Ebenen, welche den von einem beliebigen Punkte des Raumes ausgehenden einhüllenden Kegel dieser abwickelbaren Brennfläche vierten Grades ausmachen, sind die drei von diesem beliebigen Punkte ausgehenden Strahlen des Systems, welche die Brennfläche zweimal berühren.

Die Strahlensysteme erster Ordnung und $n$ter Klasse, welche eine grade Brennlinie und eine dieselbe $n-1$ mal schneidende Brenncurve $n$ten Grades haben, geben als polare Systeme Strahlensysteme $n$ter Ordnung und erster Klasse, mit einer graden Brennlinie und einer abwickelbaren Brennfläche der $n$ten Klasse, welche von der Brennlinie in $n-1$ Punkten berührt wird. Von allen die grade Brennlinie schneidenden und die abwickelbare Brennfläche berührenden graden Linien sondern sich hier $n-1$ Strahlensysteme 0ter Ordnung und 1ter Klasse los. Alle von einem beliebigen Punkte der graden Brennlinie ausgehenden, die abwickelbare Brennfläche berührenden graden Linien liegen nämlich hier auf n Ebenen, von denen diejenigen $n-1$, welche die abwickelbare Fläche in ihren $n-1$ Berührungspunkten mit der graden Brennlinie berühren, für alle Punkte der graden Brennlinie unverändert dieselben bleiben, und so die $n-1$ besonderen Strahlensysteme 0ter Ordnung und erster Klasse geben. Schneidet man das System durch eine beliebige Ebene, so wird aus der Brennfläche eine Curve $n$ter Klasse ausgeschnitten, welche von n durch den Durchschnittspunkt dieser Ebene mit der graden Brennlinie gehenden graden Linien berührt wird; von diesen die Brennlinie schneidenden und die Brennfläche berührenden graden Linien gehören aber $n-1$ den $n-1$ besonderen Strahlensystemen 0ter Ordnung und erster Klasse an, es bleibt also nur eine übrig, als der in dieser Ebene liegende Strahl des Systems $n$ter Ordnung und erster Klasse. Die durch einen beliebigen Punkt des Raumes gehenden Strahlen des Systems müssen alle in der durch die grade Brennlinie gehenden Ebene liegen; diese Ebene schneidet aus der Brennfläche eine Curve $n$ter Klasse aus, und die n Tangenten derselben, welche durch diesen beliebigen Punkt gehen, sind die n von diesem Punkte ausgehenden Strahlen des Systems $n$ter Ordnung.

§. 3.
Die Strahlensysteme zweiter Ordnung im Allgemeinen.

Weil in den algebraischen Strahlensystemen zweiter Ordnung durch jeden beliebigen Punkt des Raumes zwei Strahlen gehen, so müssen die Verhältnisse $\xi:\eta:\zeta$, welche die Richtung der durch den Punkt x, y, z hindurchgehenden Strahlen bestimmen, durch die Gleichungen des Strahlensystems als zweiwerthige algebraische Funktionen von x, y, z bestimmt sein; unter den drei Gröfsen ξ, η, ζ mufs darum nothwendig eine homogene lineare, und eine homogene quadratische Gleichung Statt haben, also zwei Gleichungen von der Form:

$$(1.)\quad P\xi+Q\eta+R\zeta=0,$$
$$(2.)\quad A\xi^2+B\eta^2+C\zeta^2+2D\eta\zeta+2E\zeta\xi+2F\xi\eta=0,$$

in welchem $P, Q, R, A, B, C, D, E, F$ ganze rationale Funktionen von x, y, z sind. Diese zwei Gleichungen ziehen im Allgemeinen noch zwei Reihen abgeleiteter Gleichungen nach sich, welche durch die beiden ursprünglichen mit erfüllt werden müssen, wenn diese wirklich ein Strahlensystem darstellen sollen, und man erhält alle möglichen Strahlensysteme zweiter Ordnung, wenn man die neun Gröfsen, welche als Coefficienten dieser beiden Gleichungen auftreten, als ganze rationale Funktionen von x, y, z auf alle möglichen Weisen so bestimmt, dafs alle aus diesen abgeleitete Gleichungen durch die Werthe der Verhältnisse $\xi:\eta:\zeta$ erfüllt werden, welche die beiden ursprünglichen geben, und zwar für alle beliebigen Werthe von x, y, z.

Bezeichnet man mit $x'\,y'\,z'$ die Coordinaten eines jeden beliebigen Punktes in einem von x, y, z in der Richtung ξ, η, ζ ausgehenden Strahle, so hat man:

$$x'-x : y'-y : z'-z = \xi : \eta : \zeta,$$

man kann also in den homogenen Gleichungen (1.) und (2.) statt ξ, η, ζ auch die proportionalen Gröſsen $x'-x$, $y'-y$, $z'-z$ setzen, wodurch die erste die Gleichung einer durch den Punkt x, y, z hindurch gehenden Ebene, die zweite einen Kegel zweiten Grades darstellt, dessen Mittelpunkt in x, y, z liegt. Durch die beiden Gleichungen (1.) und (2.) werden also die beiden von einem jeden Punkte des Raumes ausgehenden Strahlen eines Systems zweiter Ordnung bestimmt als die beiden Durchschnittslinien einer Ebene und eines Kegels zweiten Grades, dessen Mittelpunkt in dieser Ebene liegt. Die Gleichung (1.), als die Gleichung der Ebene, welche durch die beiden vom Punkte x, y, z ausgehenden Strahlen hindurchgeht, ist in jedem Strahlensysteme zweiter Ordnung durch den Punkt x, y, z vollkommen bestimmt, die zweite Gleichung aber, welche einen durch diese beiden Strahlen hindurchgehenden Kegel zweiten Grades darstellt, kann auf unendlich viele verschiedene Weisen verändert werden, da ein Kegel zweiten Grades nicht durch zwei, sondern erst durch fünf gegebene Kanten vollständig bestimmt wird. In der That kann man auch die erste Gleichung mit einem beliebigen Ausdrucke von der Form $U\xi + V\eta + W\zeta$ multipliciren und das Produkt zu der zweiten Gleichung addiren, ohne daſs das System dieser beiden Gleichungen geändert wird, und ohne daſs die zweite Gleichung aufhört, einen dieselben beiden Strahlen enthaltenden Kegel zweiten Grades darzustellen.

Die erste abgeleitete der Gleichung (1.), welche man erhält, wenn man $x+\varrho\xi$, $y+\varrho\eta$, $z+\varrho\zeta$ statt x, y, z setzt und in der nach Potenzen von ϱ geordneten Gleichung den Coefficienten von ϱ gleich Null setzt, wird:

$$(3.)\quad \frac{dP}{dx}\xi^2 + \frac{dQ}{dy}\eta^2 + \frac{dR}{dz}\zeta^2 + \left(\frac{dQ}{dz} + \frac{dR}{dy}\right)\eta\zeta + \left(\frac{dR}{dx} + \frac{dP}{dz}\right)\zeta\xi + \left(\frac{dP}{dy} + \frac{dQ}{dx}\right)\xi\eta = 0;$$

dieselbe stellt also wenn sie nicht etwa nur identisch $0=0$ giebt, ebenfalls einen Kegel zweiten Grades dar, welcher seinen Mittelpunkt im Punkte x, y, z hat, und auf welchem die beiden von diesem Punkte ausgehenden Strahlen liegen, die durch die Ebene, welche die Gleichung (1.) darstellt, aus ihm ausgeschnitten werden. Die Gleichung (2.) kann daher stets durch diese erste abgeleitete der Gleichung (1.) ersetzt werden, mit Ausnahme des Falles, wo die Gleichung (1.) gar keine abgeleitete Gleichung hat. In diesem besonderen Falle, wo die erste abgeleitete der Gleichung (1.) identisch verschwindet, hat man die Gleichungen:

$$\frac{dP}{dx} = 0, \qquad \frac{dQ}{dy} = 0, \qquad \frac{dR}{dz} = 0,$$
$$\frac{dQ}{dz} + \frac{dR}{dy} = 0, \quad \frac{dR}{dx} + \frac{dP}{dz} = 0, \quad \frac{dP}{dy} + \frac{dQ}{dx} = 0,$$

welche für alle beliebigen Werthe von x, y, z Statt haben müssen. Eine nochmalige Differenziation dieser sechs Gleichungen, nach x, nach y und nach z zeigt, dafs alle zweiten partiellen Differenzialquotienten der drei Gröfsen P, Q, R gleich Null sein müssen, dafs diese drei Gröfsen also nur lineare Funktionen von x, y, z sein können. Die vollständige Bestimmung derselben giebt:

$$\begin{aligned} P &= a_2 y - a_1 z - b, \\ Q &= a\, z - a_2 x - b_1, \\ R &= a_1 x - a\, y - b_2, \end{aligned} \tag{4.}$$

wo a, a_1, a_2, b, b_1, b_2 willkürliche Constanten sind. Also:

VI. Die Strahlensysteme zweiter Ordnung werden im Allgemeinen durch eine lineare Gleichung von der Form

$$P\xi + Q\eta + R\zeta = 0$$

und durch die von dieser abgeleiteten Gleichungen vollständig bestimmt, und nur in dem einen besonderen Falle, wo diese lineare Gleichung die Form

$$(a_2 y - a_1 z - b)\,\xi + (az - a_2 x - b_1)\,\eta + (a_1 x - ay - b_2)\,\zeta = 0$$

hat, mufs zur Bestimmung des Strahlensystems noch eine zweite von dieser unabhängige, in Beziehung auf ξ, η, ζ quadratische Gleichung hinzutreten.

Die Brennfläche der Strahlensysteme zweiter Ordnung wird dadurch bestimmt, dafs von jedem Punkte derselben zwei unendlich nahe Strahlen des Systems ausgehen müssen; die Ebene (1.) und der Kegel (2.), deren

C 2

Durchschnitt die beiden vom Punkte x, y, z ausgehenden Strahlen giebt, müssen sich also berühren; wenn der Punkt x, y, z auf der Brennfläche liegt. Diese Bedingung wird bekanntlich durch die Gleichung

$$(5.)\qquad \begin{vmatrix} A, & F, & E, & P \\ F, & B, & D, & Q \\ E, & D, & C, & R \\ P, & Q, & R, & 0 \end{vmatrix} = 0$$

ausgedrückt, welche mithin die Gleichung der Brennfläche ist. Da man mit Ausnahme des einen in dem Satze (VI.) angegebenen besonderen Falles, anstatt der Gleichung (2.) auch die erste abgeleitete der Gleichung (1.) nehmen kann, so kann man im Allgemeinen die Gleichung der Brennfläche auch in folgender Form darstellen:

$$(6.)\qquad \begin{vmatrix} 2\frac{dP}{dx}, & \frac{dP}{dy}+\frac{dQ}{dx}, & \frac{dR}{dx}+\frac{dP}{dz}, & P \\ \frac{dP}{dy}+\frac{dQ}{dx}, & 2\frac{dQ}{dy}, & \frac{dQ}{dz}+\frac{dR}{dy}, & Q \\ \frac{dR}{dx}+\frac{dP}{dz}, & \frac{dQ}{dz}+\frac{dR}{dy}, & 2\frac{dR}{dz}, & R \\ P, & Q, & R, & 0 \end{vmatrix} = 0$$

Diese Gleichungen stellen aber im Allgemeinen die Brennfläche nicht rein dar, sondern sie sind gewöhnlich noch mit überflüssigen Faktoren behaftet, welche gewisse Nebengebilde der Brennfläche geben, von denen sie befreit werden muſs, wie in den Folgenden gezeigt werden wird. Auch in denjenigen Fällen, wo die Strahlensysteme zweiter Ordnung Brenncurven anstatt der Brennflächen haben, sind diese Brenncurven in diesen allgemeinen Ausdrücken der Brennfläche mit enthalten, und zwar als Doppelcurven dieser durch die Gleichungen (5.) oder (6.) gegebenen Fläche, da das Hindurchgehen eines Strahls durch eine Doppelcurve einer Fläche, als ein Schneiden in zwei unendlich nahen Punkten der Fläche einer Berührung gleich zu erachten ist, und demnach die Bedingung, daſs jeder Strahl des Systems die Brennfläche zweimal berühren muſs, auch dadurch erfüllt wird, daſs er dieselbe nur einmal berührt und ausserdem durch eine Doppelcurve derselben geht, oder daſs er die Doppelcurve derselben zweimal schneidet.

Da es Strahlensysteme zweiter Ordnung giebt, welche wirkliche Brennflächen haben, die nicht in Brenncurven ausgeartet sind, so theilen sich die Strahlensysteme zweiter Ordnung in folgende drei verschiedene Arten ein: erstens Strahlensysteme, welche nur Brenncurven haben, zweitens Strahlensysteme, welche eine Brenncurve und eine Brennfläche haben und drittens Strahlensysteme, welche keine Brenncurven, sondern nur Brennflächen haben. Diese verschiedenen Arten sollen nun für sich besonders betrachtet werden.

§. 4.

Die Strahlensysteme zweiter Ordnung, welche nur Brenncurven statt der Brennflächen haben.

Wenn ein Strahlensystem zweiter Ordnung eine einzige irreduktible Brenncurve hat, welche von allen Strahlen zweimal geschnitten wird, so liegen die von einem beliebigen Punkte des Raumes ausgehenden zwei Strahlen nothwendig in den Richtungen zweier scheinbaren Doppelpunkte der von diesem Punkte aus betrachteten Brenncurve. Die Brenncurve muſs also eine Raumcurve mit zwei scheinbaren Doppelpunkten sein, und sie darf auch nicht mehr als zwei scheinbare Doppelpunkte haben, weil sonst von jedem Punkte des Raumes aus mehr als zwei Strahlen ausgehen würden, die nach dem Satze (III.) einem irreduktibeln Systeme angehören müſsten. Die Raumcurven vierten Grades, welche durch den vollständigen Durchschnitt zweier Flächen zweiten Grades entstehen, sind aber bekanntlich die einzigen Curven, welche zwei, und nicht mehr als zwei scheinbare Doppelpunkte haben; die eine irreduktible Brenncurve eines Strahlensystems zweiter Ordnung muſs also nothwendig eine solche Raumcurve vierten Grades sein, und einer solchen Brenncurve gehört auch stets ein Strahlensystem zweiter Ordnung an. Schneidet man ein solches System durch eine beliebige Ebene, so werden aus der Brenncurve vier Punkte ausgeschnitten und die sechs graden Linien, welche durch je zwei dieser vier Punkte hindurchgehen, sind die sechs Strahlen des Systems, welche in dieser Ebene liegen, dasselbe ist also von der sechsten Klasse. Also:

VII. Alle graden Linien, welche eine durch den Durchschnitt zweier Flächen zweiten Grades gebildete Raumcurve zweimal schneiden, bilden ein Strahlensystem zweiter Ordnung und sechster Klasse, und es giebt kein anderes Strahlensystem zweiter Ordnung mit einer einzigen irreduktibeln Brenncurve.

Wenn $\phi = 0$ und $\psi = 0$ die beiden Flächen zweiten Grades sind, deren Durchschnitt die Brenncurve giebt, so mufs der vom Punkte x, y, z in der Richtung ξ, η, ζ ausgehende Strahl des Systems beide Flächen in denselben zwei Punkten schneiden, setzt man also in $\phi = 0$ und $\psi = 0$ $x + \varrho\xi$, $y + \varrho\eta$, $z + \varrho\zeta$ statt x, y, z, so müssen diese beiden, in Beziehung auf ϱ quadratischen Gleichungen dieselben beiden Werthe des ϱ geben. Die beiden hierzu nöthigen Bedingungsgleichungen sind zwei das Strahlensystem bestimmende Gleichungen. Die eine derselben:

$$(1.)\quad (\phi \frac{d\psi}{dx} - \psi \frac{d\phi}{dx})\xi + (\phi \frac{d\psi}{dy} - \psi \frac{d\phi}{dy})\eta + (\phi \frac{d\psi}{dz} - \psi \frac{d\phi}{dz})\zeta = 0$$

reicht aber zur Bestimmung des Strahlensystems vollständig aus, weil ihre erste abgeleitete Gleichung die andere zur Bestimmung der von jedem Punkte des Raumes ausgehenden zwei Strahlen nöthige Gleichung giebt. Die Gleichung (1.) giebt auch noch eine zweite abgeleitete Gleichung, welche in Beziehung auf ξ, η, ζ vom dritten Grade ist und darum noch einen Kegel dritten Grades giebt, auf welchem die beiden von einem Punkte ausgehenden Strahlen liegen müssen; eine dritte abgeleitete Gleichung findet nicht Statt, weil sie identisch erfüllt ist. Für alle Punkte x, y, z, welche auf der Brenncurve $\phi = 0$, $\psi = 0$ liegen, ist die Gleichung (1.) so wie auch ihre erste abgeleitete Gleichung identisch erfüllt, so dafs diese keine Bestimmung für ξ, η, ζ d. h. für die Richtung der durch einen solchen Punkt gehenden Strahlen ergeben, es bleibt alsdann nur die zweite abgeleitete Gleichung übrig als die Gleichung des von einem jeden Punkte der Brennfläche ausgehenden Strahlenkegels dritten Grades.

Die Strahlensysteme zweiter Ordnung, welche zwei verschiedene Brenncurven haben, werden nach derselben Methode ermittelt, welche im §. 2. für die entsprechende Art der Strahlensysteme erster Ordnung vollständig ausgeführt worden ist, weshalb wir uns hier kürzer fassen können. Es müssen hier ebenso wie in dem früher behandelten Falle, alle graden Linien, welche die beiden irreduktibeln Brenncurven $m$ten und $n$ten Grades schneiden, mit Ausschlufs derer, welche nur durch die Durchschnittspunkte dieser beiden Curven hindurchgehen, einem und demselben irreduktibeln Strahlensysteme angehören, die durch die Durchschnittspunkte der beiden Brenncurven hindurchgehenden graden Linien aber bilden so viele Strahlensysteme erster Ordnung und 0ter Klasse, als Durchschnittspunkte vorhanden sind. Hieraus folgt alsdann in gleicher Weise, dafs diese beiden Curven des $m$ten und $n$ten Grades nur dann Brenncurven eines Strahlensystems zweiter Ordnung sein können, wenn sie sich in $mn-2$ Punkten schneiden. Als nothwendige Bedingung dafür, dafs zwei irreduktible Raumcurven des $m$ten und $n$ten Grades sich in $mn-2$ Punkten schneiden ohne ganz in eine zusammenzufallen, ergiebt sich alsdann in derselben Weise $m(n-1) \geqq mn-2$ und $n(m-1) \geqq mn-2$ und, weil diese Bedingung nur in den beiden Fällen erfüllt wird: erstens wenn m und n beide gleich zwei sind, und zweitens wo eine dieser beiden Zahlen gleich Eins ist, so folgt:

VIII. Strahlensysteme zweiter Ordnung mit zwei verschiedenen Brenncurven können nur dann Statt haben, wenn entweder beide Brenncurven Kegelschnitte sind, die sich in zwei Punkten schneiden, oder wenn die eine derselben eine grade Linie ist und die andere eine Curve $n$ten Grades, welche diese grade Linie in $n-2$ Punkten schneidet.

Dafs zwei in verschiedenen Ebenen liegende Kegelschnitte, die sich in zwei Punkten schneiden, als Brenncurven in der That ein Strahlensystem zweiter Ordnung geben, folgt daraus, dafs die beiden Kegel zweiten Grades, welche von einem beliebigen Punkte des Raumes aus durch diese beiden Kegelschnitte gehen, sich in vier graden Linien schneiden, von denen zwei stets durch die beiden Durchschnittspunkte der Kegelschnitte gehen und darum zwei besonderen Systemen erster Ordnung angehören, so dafs die beiden anderen graden Linien einem Strahlensysteme zweiter Ordnung angehören müssen. Legt man durch ein solches Strahlensystem eine beliebige Ebene, so schneidet diese jede der beiden Brenncurven zweiten Grades in zwei Punkten und die vier graden Linien, welche die zwei Durchschnittspunkte der einen Brenncurve mit den zwei Durchschnittspunkten der andern verbinden, sind die vier in dieser Ebene liegenden Strahlen des Systems, welches demnach von der vierten Klasse ist. Also:

IX. Alle graden Linien, welche durch zwei in verschiedenen Ebenen liegende, sich zweimal schneidende Kegelschnitte hindurchgehen, mit Ausschluſs derer, welche nur durch die beiden Durchschnittspunkte derselben gehen, bilden ein Strahlensystem zweiter Ordnung und vierter Klasse.

Die Strahlensysteme dieser Art können auch als specielle Fälle der im Satze VII. gegebenen angesehen werden, welche eine einzige Brenncurve vierten Grades haben. Läſst man nämlich eine der beiden Flächen zweiten Grades, deren Durchschnitt die Brenncurve vierten Grades ist, in ein System zweier Ebenen übergehen, so treten an die Stelle dieser Curve zwei Kegelschnitte, welche in zwei Punkten sich schneiden. Die Klasse des Systems wird dadurch um zwei Einheiten erniedrigt, daſs die Strahlen, welche in den Ebenen der beiden Kegelschnitte liegen, für sich zwei Strahlensysteme erster Klasse und 0ter Ordnung bilden, welche herausfallen. Die analytische Darstellung dieser Art Strahlensysteme erhält man daher unmittelbar aus der der vorigen Art, wenn man statt ψ setzt pq, wo p und q zwei lineare Funktionen von x, y, z sind. Die ursprüngliche in Beziehung auf ξ, η, ζ lineare Gleichung, welche mit ihren zwei abgeleiteten das Strahlensystem vollständig bestimmt, ist daher:

$$P\xi + Q\eta + R\zeta = 0,$$

wo

$$(2.)\qquad \begin{aligned} P &= \phi p \frac{dq}{dx} + \phi q \frac{dp}{dx} - pq \frac{d\phi}{dx}, \\ Q &= \phi p \frac{dq}{dy} + \phi q \frac{dp}{dy} - pq \frac{d\phi}{dy}, \\ R &= \phi p \frac{dq}{dz} + \phi q \frac{dp}{dz} - pq \frac{d\phi}{dz}. \end{aligned}$$

Daſs eine grade Brennlinie mit einer dieselbe in $n-2$ Punkten schneidenden Brennlinie $n$ten Grades in der That stets ein Strahlensystem zweiter Ordnung ergiebt, erkennt man sogleich daraus, daſs die durch einen beliebigen Punkt des Raumes und durch die grade Brennlinie gelegte Ebene aus dem von demselben Punkte des Raumes durch die Brenncurve $n$ten Grades gehenden Kegel $n$ten Grades n Strahlen ausschneidet, von denen $n-2$ beständig durch die $n-2$ festen Durchschnittspunkte der beiden Brenncurven gehen und darum $n-2$ Strahlensysteme erster Ordnung bilden, so dafs nur zwei Strahlen übrig bleiben, welche einem Strahlensysteme zweiter Ordnung angehören. Dieses Strahlensystem ist von der $n$ten Klasse, denn eine beliebige Ebene schneidet die Brenncurve $n$ten Grades in n Punkten und die von diesen n Punkten nach dem einen Durchschnittspunkte der Ebene mit der graden Brennlinie gehenden graden Linien sind die n in dieser Ebene liegenden Strahlen des Systems. Also:

X. Alle graden Linien, welche durch eine gegebene grade Linie und durch eine dieselbe in $n-2$ Punkten schneidende Curve $n$ten Grades hindurchgehen, mit Ausschlufs derjenigen, welche nur durch die $n-2$ Durchschnittspunkte gehen, bilden ein Strahlensystem zweiter Ordnung und $n$ter Klasse.

Wählt man die grade Brennlinie als z Axe, so kann man eine Curve $n$ten Grades, welche diese in $n-2$ Punkten schneidet, in der allgemeinsten Weise durch folgende zwei Gleichungen ausdrücken:

$$\phi + \phi_1 + \phi_2 = 0, \qquad zf + g + g_1 = 0, \tag{3.}$$

wo $\phi, \phi_1, \phi_2, f, g, g_1$ ganze und homogene Funktionen von x und y allein sind, beziehungsweise von den Graden μ, $\mu-1$, $\mu-2$, ν, $\nu+1$, ν. Die erste dieser Gleichungen stellt für sich die Projection der Curve auf die xy Ebene dar, eine ebene Curve des μten Grades mit einem $\mu-2$fachen Punkte im Anfangspunkte der Coordinaten, welcher $\mu-2$ Durchschnittspunkten der Curve mit der z Axe entspricht. Für die ν Werthe des $\frac{y}{x}$, welche der Gleichung $f=0$ genügen, wird vermöge der zweiten Gleichung $z=\infty$, und die erste Gleichung giebt zu jedem dieser Werthe des $\frac{y}{x}$ zwei Werthe von x und y, welche im Allgemeinen endlich sind. Diese Werthe geben 2ν der z Axe parallele Asymptoten der Curve, dieselbe hat darum noch 2ν unendlich entfernte Durchschnittspunkte mit der graden Brennlinie, die Anzahl aller dieser Durchschnittspunkte ist daher $\mu+2\nu-2$. Da die Curve selbst vom Grade $\mu+2\nu$ ist, so entspricht sie vollkommen den aufgestellten Bedingungen.

Die erste Gleichung des Strahlensystems, welches diese Curve und die z Axe zu Brenncurven hat, erhält man unmittelbar dadurch, dafs die beiden vom beliebigen Punkte x, y, z ausgehenden Strahlen die z Axe schneiden müssen:

$$y\xi - x\eta = 0. \tag{4.}$$

Da diese in Beziehung auf ξ, η, ζ lineare Gleichung des Systems keine abgeleitete Gleichung hat, so ist eine zweite Gleichung des Systems anderweitig zu bestimmen, welche man findet, indem man in den beiden Gleichungen der Brenncurve statt x, y, z setzt $x+\varrho\xi$, $y+\varrho\eta$, $z+\varrho\zeta$, und alsdann ϱ eliminirt. Beachtet man dabei, daſs vermöge der ersten Gleichung des Systems

$$y+\varrho\eta = \frac{y}{x}(x+\varrho\xi)$$

ist, so erhält man

$$(x+\varrho\xi)^2\,\phi + x(x+\varrho\xi)\,\phi_1 + x^2\,\phi_2 = 0,$$
$$x(z+\varrho\zeta)f + (x+\varrho\xi)g + xg_1 = 0,$$

und die Elimination des ϱ ergiebt:

$$(xf\zeta - zf\xi - g_1\,\xi)^2\,\phi - (xf\zeta - zf\xi - g_1\,\xi)(xf\zeta + g\xi)\phi_1 + (xf\zeta + g\xi)\phi_2 = 0 \tag{5.}$$

als die zweite Gleichung des Strahlensystems.

§. 5.

Die Strahlensysteme zweiter Ordnung, welche eine Brenncurve und eine Brennfläche haben.

Wenn ein Strahlensystem eine Brenncurve und eine Brennfläche hat, so müssen alle Strahlen des Systems durch die Brenncurve hindurch gehen und zugleich die Brennfläche berühren. Die Brenncurve so wie die Brennfläche sind beide als irreduktibel anzunehmen, weil, wenn eine derselben aus zwei getrennten Theilen bestände, das Strahlensystem nothwendig auch ein aus zwei getrennten Theilen bestehendes sein müſste. Für die Untersuchung aller Strahlensysteme zweiter Ordnung, welche dieser Art angehören, ist es vortheilhaft, die beiden Hauptfälle zu unterscheiden, wo die Brenncurve auf der Brennfläche liegt und wo sie nicht auf derselben liegt.

Ich untersuche zuerst den Fall, wo die Brenncurve nicht auf der Brennfläche liegt.

Ein beliebiger Strahl des Systems, welcher durch die Brenncurve geht und die Brennfläche einmal berührt, muſs, wenn die Brennfläche von einem höheren als dem zweiten Grade ist, dieselbe ausserdem, daſs er sie berührt auch noch in einem oder einigen Punkten schneiden. Betrachtet man nun einen dieser Durchschnittspunkte als Ausgangspunkt der Strahlen des Systems, so gehen durch denselben, weil er ein Punkt der Brennfläche ist, zwei unendlich nahe Strahlen des Systems in der Richtung einer Tangente der Brennfläche, und auſserdem noch der zuerst angenommene Strahl, es gehen also drei Strahlen eines und desselben Systems durch diesen Punkt, das Strahlensystem kann daher nicht von der zweiten Ordnung sein, ohne daſs dieser Punkt ein singulärer Punkt desselben ist. Der betrachtete Punkt kann aber nicht für einen jeden beliebigen Strahl des Systems ein singulärer sein, weil sonst auf der Brennfläche unendlich viele singuläre Punkte liegen müſsten, welche continuirlich zusammenhängend eine zweite Brenncurve des Systems ergeben würden. Die Brennfläche kann also nicht von einem höheren als dem zweiten Grade sein; sie kann auch nicht von einem niederen Grade sein, weil sonst eine Berührung mit den Strahlen des Systems nicht Statt haben könnte. Also:

XI. Wenn ein Strahlensystem zweiter Ordnung eine Brennfläche und eine nicht auf derselben liegende Brenncurve hat, so muſs die Brennfläche eine Fläche zweiten Grades sein.

Da die Brennfläche vom zweiten Grade ist, so bilden alle von einem beliebig bestimmten Punkte der Brenncurve ausgehenden Strahlen des Systems einen Strahlenkegel zweiten Grades, welcher der diesem Punkte angehörende einhüllende Kegel der Brennfläche ist. Schlieſst man nun vorläufig den Fall aus, wo die Brennfläche eine Kegelfläche zweiten Grades ist, wo also dieser einhüllende Kegel zweiten Grades in zwei Ebenen zerfällt, so gehören alle Strahlen dieses einhüllenden Kegels einem und demselben irreduktibeln Systeme an, und ebenso auch alle Strahlen der continuirlichen Schaar von Strahlenkegeln, welche man erhält wenn man den Ausgangspunkt auf der Brenncurve continuirlich sich verändern läſst. Also alle graden Linien, welche durch die Brenncurve gehen und

D 2

die Brennfläche zweiten Grades berühren, sind Strahlen eines und desselben irreduktibeln Systems. Wenn die Brenncurve des Systems vom $n$ten Grade ist, so liegen alle von einem beliebigen Punkte des Raumes ausgehenden graden Linien welche durch die Curve hindurch gehen und zugleich die Brennfläche berühren erstens auf dem Kegel $n$ten Grades, welcher diesen Punkt zum Mittelpunkte hat, und durch die Brenncurve $n$ten Grades hindurchgeht und zweitens auf dem von diesem Punkte aus an die Brennfläche gelegten einhüllenden Kegel zweiten Grades, und alle $2n$ Durchschnittslinien dieser beiden Kegel sind die von diesem Punkte ausgehenden Strahlen des irreduktibeln Systems. Das Strahlensystem kann also nur dann von der zweiten Ordnung sein, wenn $n = 1$, also wenn die Brenncurve eine grade Linie ist. Dafs eine Brennfläche zweiten Grades und eine nicht auf derselben liegende grade Brennlinie wirklich ein Strahlensystem zweiter Ordnung geben, und dafs dasselbe auch von der zweiten Klasse ist, folgt einfach daraus, dafs von einem beliebigen Punkte aus zwei Tangenten an einen Kegelschnitt gezogen werden können. Also:

XII. Alle graden Linien, welche eine beliebige, nicht konische Fläche zweiten Grades berühren und durch eine nicht auf derselben liegende grade Linie hindurchgehen, bilden ein Strahlensystem zweiter Ordnung und zweiter Klasse.

Wählt man die grade Brennlinie als z Axe und nimmt.

$$\phi = ax^2 + by^2 + cz^2 + 2dyz + 2ezx + 2fxy + 2gx + 2hy + 2iz + k = 0$$

als Gleichung der Brennfläche, so erhält man nach derselben Methode, wie in den früher behandelten Fällen, folgende zwei Gleichungen des Strahlensystems:

$$y\xi - x\eta = 0,$$

$$(1.)\quad \left(\frac{d\phi}{dx}\xi + \frac{d\phi}{dy}\eta + \frac{d\phi}{dz}\zeta\right)^2 = 4\phi(a\xi^2 + b\eta^2 + c\zeta^2 + 2d\eta\zeta + 2e\zeta\xi + 2f\xi\eta),$$

welche beide keine abgeleiteten Gleichungen haben, und daher das Strahlensystem für sich rein darstellen. Die beiden Punkte, in denen die grade Brennlinie die Brennfläche zweiten Grades schneidet, sind zwei singuläre Punkte dieses Strahlensystems, von welchen ebene Strahlenbüschel ausgehen, die in den die Fläche in diesen beiden Punkten berührenden Tangentialebenen liegen.

Es bleibt nun noch der in dem Vorhergehenden ausgeschlossene Fall zu untersuchen, wo die Brennfläche ein Kegel zweiten Grades ist. Der von einem jeden beliebigen Punkte der Brenncurve $n$ten Grades ausgehende Strahlenkegel besteht in diesem Falle aus zwei ebenen Strahlenbüscheln, welche in den beiden durch diesen Punkt gehenden Tangentialebenen des Kegels liegen, und diese beiden ebenen Strahlenbüschel können entweder einem und demselben Strahlensysteme angehören, oder auch zwei verschiedenen, da das vollständige Strahlensystem hier in zwei Strahlensysteme zerfallen kann, in der Art, daſs das eine dieser beiden Strahlenbüschel dem einen, das andere dem anderen Systeme angehört.

Wenn die beiden Strahlenbüschel einem und demselbem Strahlensysteme angehören, und wenn die Brenncurve $n$ten Grades nicht durch den Mittelpunkt der konischen Brennfläche hindurchgeht, so ist das Strahlensystem nothwendig von der $2n$ten Ordnung, denn der für den Fall einer nicht konischen Brennfläche zweiten Grades gegebene Beweis bleibt in diesem Falle vollständig bestehen. Damit das Strahlensystem von der zweiten Ordnung sei, muſs also ebenso $n = 1$ sein und man erhält nur einen speciellen Fall des im Satze XII. aufgestellten Strahlensystems. Geht aber die Brenncurve $n$ten Grades ein oder mehreremale durch den Mittelpunkt der konischen Brennfläche hindurch, so verringert sich für jeden solchen Durchgang die Ordnung des Systems um zwei Einheiten, weil alsdann von jedem Punkte des Raumes aus zwei sich deckende, die konische Brennfläche in dem Mittelpunkte berührende und in demselben Punkte auch die Brenncurve schneidende Strahlen des Systems ausgehen, welche für sich zwei sich deckende von dem Mittelpunkte des Kegels ausgehende Strahlensysteme erster Ordnung bilden. Nur wenn die Brenncurve $n - 1$ mal durch den Kegelmittelpunkt hindurchgeht, so daſs dieser ein $n - 1$facher Punkt der Brenncurve ist, so erniedrigt sich die Ordnung des Strahlensystems um $2n - 2$ Einheiten und dasselbe wird ein Strahlensystem zweiter Ordnung. Die Brenncurve muſs alsdann nothwendig eine ebene Curve sein, weil nur eine ebene Curve $n$ten Grades einen $n - 1$fachen Punkt haben kann. Die von einem beliebigen Punkte des Raumes ausgehenden Strahlen eines solchen Systems liegen erstens in den beiden durch diesen Punkt gehenden Tangentialebenen der konischen Brennfläche und zweitens in der durch die Brenncurve hindurchgehenden Kegelfläche $n$ten Grades, welche wegen des $n-1$ fachen Punktes der Brenncurve eine $n-1$fache Kante hat. Jede der beiden Ebenen schneidet aus dieser Kegelfläche die $n-1$fache Kante und aufserdem noch eine grade Linie aus. Die zweimal ausgeschnittene $n-1$ fache Kante des Kegels giebt $2n-2$ sich deckende von jedem Punkte des Raumes aus nach dem Mittelpunkte der Brennfläche gehende grade Linien, also $2n-2$ sich deckende Strahlensysteme erster Ordnung und 0ter Klasse; die beiden übrigen durch die beiden Ebenen aus dem Kegel ausgeschnittenen graden Linien sind die von jedem Punkte des Raumes ausgehenden zwei Strahlen des Strahlensystems zweiter Ordnung, welches diese Curve $n$ten Grades zur Brenncurve und den Kegel zweiten Grades zur Brennfläche hat. Eine beliebige Ebene schneidet die Brenncurve in n Punkten und die Brennfläche in einem Kegelschnitt, und durch jeden dieser n Punkte gehen zwei Tangenten dieses Kegelschnitts, es liegen also $2n$ Strahlen des Systems in einer Ebene so dafs das System von der $2n$ten Klasse ist. In dem besonderen Falle jedoch, wo die Ebene, in welcher die Brenncurve $n$ten Grades liegt, eine Tangentialebene der konischen Brennfläche ist, bleibt eines der beiden von jedem Punkte der Brenncurve ausgehenden ebenen Strahlenbüschel für alle Punkte der Brenncurve stets in der Ebene der Curve selbst, und diese Ebene enthält n sich deckende Strahlensysteme 0ter Ordnung und erster Klasse, durch deren Wegfall die Klasse des Systems um n Einheiten erniedrigt wird. Man hat demnach folgenden Satz:

XIII. Alle graden Linien, welche einen Kegel zweiten Grades berühren und durch eine ebene Curve $n$ten Grades hindurchgehen, die in dem Kegelmittelpunkte einen $n-1$ fachen Punkt hat, bilden ein Strahlensystem zweiter Ordnung und $2n$ter Klasse; in dem besonderen Falle aber, wo die Ebene der Brenncurve eine Tangentialebene der konischen Brennfläche ist, ist das Strahlensystem nur von der $n$ten Klasse.

Wählt man den Kegelmittelpunkt zum Anfangspunkte der Coordinaten und die Ebene der Brenncurve zur Ebene der xy, so wird die Brennfläche:

$$\phi = ax^2 + by^2 + cz^2 + 2dyz + 2ezx + 2fxy,$$

und die Brenncurve:

$$z = 0, \quad \psi(x, y) + \psi_1(x, y) = 0,$$

wo $\psi(x, y)$ und $\psi_1(x, y)$ ganze homogene Funktionen von x und y, erstere vom $n$ten, letztere vom $n-1$ten Grade sind. Man erhält alsdann nach der schon in den früheren Fällen gebrauchten Methode folgende zwei Gleichungen des Strahlensystems:

$$\left(\frac{d\phi}{dx}\xi + \frac{d\phi}{dy}\eta + \frac{d\phi}{dz}\zeta\right)^2 = 4\phi(a\xi^2 + b\eta^2 + c\zeta^2 + 2d\eta\zeta + 2e\zeta\xi + 2f\xi\eta),$$
$$\psi(x\zeta - z\xi, y\zeta - z\eta) + \zeta\psi_1(x\zeta - z\xi, y\zeta - z\eta) = 0, \qquad (2.)$$

welche dasselbe jedoch noch nicht von den $2n-2$ sich deckenden von dem Kegelmittelpunkte ausgehenden Strahlensystemen erster Ordnung und 0ter Klasse gereinigt darstellen. Man kann aus diesen beiden Gleichungen auch eine Gleichung von der Form $P\xi + Q\eta + R\zeta = 0$ herstellen, welche mit ihren abgeleiteten Gleichungen zusammen das Strahlensystem rein und vollständig darstellt, da jedoch die Ausdrücke der Funktionen P, Q, R, sehr complicirt werden, so will ich dieselben hier nicht entwickeln.

Nachdem nun die Strahlensysteme zweiter Ordnung vollständig ermittelt worden sind, welche für eine konische Brennfläche zweiten Grades und eine Brenncurve $n$ten Grades Statt haben, wenn die beiden von jedem Punkte der Brenncurve ausgehenden ebenen Strahlenbüschel einem und demselben irreduktibeln Strahlensysteme angehören, so ist jetzt der Fall zu untersuchen, wo diese Strahlenbüschel zwei verschiedenen Strahlensystemen angehören, welche beide dieselbe Brennfläche und Brenncurve haben. In diesem Falle müssen die beiden Ebenen der Strahlenbüschel, also die beiden Tangentialebenen der konischen Brennfläche, welche durch einen beliebigen Punkt x, y, z der Brenncurve gehen, durch die Coordinaten dieses Punktes rational sich ausdrücken lassen. Eine jede der beiden von einem Punkte x, y, z an den Kegel $\phi = 0$ gelegten Tangentialebenen enthält aber nur die eine irrationale Gröfse $\sqrt{\phi}$; soll diese für jeden Punkt der Brenncurve rational sein, so mufs für alle Punkte der Brenncurve $\sqrt{\phi} = \frac{M}{N}$ sein, wo M und N ganze rationale Funktionen von x, y, z sind; die eine Gleichung der Brenncurve mufs also von der Form $N^2\phi - M^2 = 0$ sein. Diese Gleichung geometrisch interpretirt sagt aus, dafs die Brenncurve auf einer Fläche liegen mufs, welche den Kegel zweiten Grades $\phi = 0$ in einer Curve berührt, ohne ihn zu schneiden. Die Brenncurve kann also diesen Kegel ebenfalls nirgends schneiden, sondern nur berühren, und wenn sie vom $n$ten Grade ist, so berührt sie ihn genau n mal, weil in jedem Berührungspunkte von den $2n$ Durchschnittspunkten der Curve $n$ten Grades mit der Fläche zweiten Grades zwei zu einem Berührungspunkte sich vereinigen müssen. Die Brenncurve $n$ten Grades kann jedoch auch durch den Mittelpunkt des Kegels hindurchgehen, in welchem Falle die Anzahl der eigentlichen Berührungspunkte sich vermindert, da jeder Durchgang der Curve durch den Mittelpunkt des Kegels, insofern dabei zwei Durchschnittspunkte in einen zusammenfallen, als eine Berührung zu zählen ist. Geht die Curve μmal durch den Kegelmittelpunkt, so hat sie nur $n - \mu$ eigentliche Berührungspunkte; die Brenncurve liegt alsdann auf einer Kegelfläche des Grades $n - \mu$, welche denselben Mittelpunkt hat als der Kegel zweiten Grades der Brennfläche, und welche diesen in $n - \mu$ graden Linien berührt. Das vollständige aus allen die Brenncurve schneidenden und die Brennfläche berührenden graden Linien bestehende Strahlensystem, welches von der $2n$ten Ordnung ist, wird, wenn alle nur durch den Mittelpunkt gehenden Strahlen, welche für sich 2μ sich deckende Strahlensysteme erster Ordnung und 0ter Klasse bilden, abgesondert werden, von der Ordnung $2n - 2\mu$, und es umfafst so nur noch die beiden Strahlensysteme, deren jedes die eine der beiden von der Brenncurve ausgehenden Schaaren ebener Strahlenbüschel enthält. Wenn nun eines dieser beiden Strahlensysteme von der zweiten Ordnung sein soll, so können die zwei von einem beliebigen Punkte des Raumes ausgehenden Strahlen desselben nicht in einer und derselben der beiden durch diesen Punkt gehenden Tangentialebenen der konischen Brennfläche liegen, sondern einer mufs in der einen Tangentialebene, der andere in der anderen liegen; denn lägen beide in derselben Tangentialebene, so müfste diese, als die Ebene der beiden durch den beliebigen Punkt des Raumes

x, y, z gehenden Strahlen sich rational durch x, y, z ausdrücken lassen, welches nicht der Fall ist, da sie nothwendig die irrationale Gröfse $\sqrt{\phi}$ enthält, welche nicht für jeden Punkt des Raumes sondern nur für alle Punkte der Brenncurve rational wird. Eine beliebige Tangentialebene der Brennfläche scheidet nun die Brenncurve $n$ten Grades aufser den μ in den Mittelpunkt fallenden Punkten noch in $n-\mu$ Punkten und zu jedem dieser $n-\mu$ Punkte der Brenncurve gehört ein in dieser Tangentialebene liegendes ebenes Strahlenbüschel. Von diesen $n-\mu$ Strahlenbüscheln kann aber nur eines dem Strahlensysteme zweiter Ordnung angehören; denn gehörten demselben zwei oder mehrere an, so würden durch jeden in dieser Tangentialebene liegenden Punkt zwei oder mehrere in dieser Ebene liegende Strahlen des Systems gehen, welches unmöglich ist, da die zwei von einem Punkte ausgehenden Strahlen des Systems stets in zwei verschiedenen durch diesen Punkt gehenden Tangentialebenen liegen. Führt man nun dieses eine ebene Strahlenbüschel, welches dem Systeme zweiter Ordnung angehören soll, und mit ihm zugleich die Tangentialebene, in welcher es liegt, an der ganzen Brenncurve entlang, so darf in dieser Bewegung die Tangentialebene niemals wieder in eine Lage kommen in welcher sie schon gewesen ist, weil sonst in dieser Ebene zwei Strahlenbüschel des Systems liegen würden; die Tangentialebene darf also bei dieser ganzen Bewegung nur stets in demselben Sinne und nur einmal um den Kegel zweiten Grades herumgehen. Hieraus folgt weiter, dafs jede Tangentialebene der konischen Brennfläche zweiten Grades die Brenncurve nur in zwei Punkten schneiden darf; denn wenn mehr als zwei Punkte ausgeschnitten würden, so müfste das dem Systeme zweiter Ordnung angehörende ebene Strahlenbüschel dessen Mittelpunkt die ganze Brenncurve durchläuft, und darum nach und nach auch in alle diejenigen Punkte kommen mufs, welche von einer bestimmten Tangentialebene aus der Brenncurve ausgeschnitten werden, und mit ihm die Tangentialebene, in welcher es liegt, entweder rückläufig werden, oder mehrere Male um die Brennfläche herumgehen. Es mufs also $n-\mu$ nothwendig gleich 2 sein, die Brenncurve mufs also auf einem Kegel zweiten Grades liegen, welcher die konische Brennfläche zweiten Grades in zwei graden Linien berührt, sie mufs, wenn ihr Grad gleich n ist, durch den Mittelpunkt der Brennfläche $n-2$ mal hindurchgehen und dieselbe in zwei Punkten berühren. Da diese

Bedingungen nicht nur nothwendig, sondern, wie sich leicht nachweisen läſst, auch hinreichend sind, so hat man folgenden Satz:

XIV. Alle graden Linien, welche einen Kegel zweiten Grades berühren und zugleich eine Curve $n$ten Grades schneiden, die $n-2$ mal durch den Kegelmittelpunkt hindurchgeht und den Kegel zweimal berührt, mit Ausschluſs der nur durch den Mittelpunkt gehenden graden Linien, bilden zwei verschiedene Strahlensysteme zweiter Ordnung und $n$ter Klasse.

Die analytische Darstellung dieser Art der Strahlensysteme zweiter Ordnung übergehe ich, da dieselbe keine Schwierigkeiten bietet, aber complicirt ist.

Hiermit sind nun alle Strahlensysteme zweiter Ordnung erschöpft, welche eine Brennfläche und eine nicht auf dieser liegende Brenncurve haben und es ist nur noch der Fall zu untersuchen wo die Brenncurve ganz auf der Brennfläche liegt.

Ich nehme an, die auf der Brennfläche liegende Brenncurve sei eine νfache Curve derselben, wobei der Fall $\nu = 1$, wo die Brenncurve eine auf der Brennfläche liegende einfache Curve ist, nicht ausgeschlossen wird. Ein jeder beliebiger Strahl des Systems, welcher durch die νfache Curve der Brennfläche hindurchgeht und auſserdem die Brennfläche berührt, muſs, wenn die Brennfläche von einem höheren als dem $\nu + 2$ten Grade ist, dieselbe noch in irgend welchen Punkten schneiden; durch einen solchen Durchschnittspunkt gehen aber, weil er ein Punkt der Brennfläche ist, zwei unendlich nahe Strahlen des Systems in der Richtung einer Tangente und auſserdem auch der eine die Brennfläche in diesem Punkte schneidende Strahl; das System kann also nicht von der zweiten Ordnung sein, wenn der Grad der Brennfläche höher ist als $\nu + 2$; der Grad der Brennfläche kann auch nicht ein niederer sein, weil sonst kein Strahl der durch die Brenncurve geht dieselbe noch in einem anderen Punkte berühren könnte. Wenn die Brenncurve eine krumme Linie ist, so schneidet eine jede durch zwei Punkte derselben gehende grade Linie 2ν Punkte aus der Brennfläche aus, da aber der Grad dieser Fläche gleich $\nu + 2$ ist, so kann dieſs nur für die Werthe $\nu = 1$ oder $\nu = 2$ Statt haben, in allen anderen Fällen mufs die Brenncurve eine grade νfache Linie der Brennfläche $\nu + 2$ten Grades sein. Eine krummlinige Brenncurve auf einer Brennfläche könnte also nur dann Statt haben, wenn sie eine einfache Curve auf einer Brennfläche dritten Grades, oder eine Doppelcurve auf einer Fläche vierten Grades wäre. Dafs diese beiden besonderen Fälle aber keine Strahlensysteme zweiter Ordnung geben, wird folgendermaafsen gezeigt.

Von jedem Punkte der Brenncurve geht ein Strahlenkegel aus, welcher die Brennfläche einhüllt. Wenn drei Strahlenkegel durch einen und denselben Punkt gehen, so ist dieser ein singulärer Punkt des Systems zweiter Ordnung, weil drei Strahlen des Systems die in den drei verschiedenen Strahlenkegeln liegen, durch ihn hindurchgehen. Wenn nun die von allen Punkten der Brenncurve ausgehenden Strahlenkegel vom zweiten oder einem höheren Grade sind, so schneiden sich drei derselben in acht oder mehr als acht Punkten, denn hätten sie eine gemeinschaftliche Durchschnittscurve, so müfste diese, da durch jeden ihrer Punkte drei Strahlen des Systems gehen würden, selbst eine Brenncurve des Systems sein, und diese müfste, da das System nur eine Brenncurve haben soll, mit der vorhandenen Brenncurve identisch sein, also auch durch die Mittelpunkte der drei Strahlenkegel hindurchgehen, dieses ist aber nur in dem Falle möglich, wo die Mittelpunkte der drei Kegel in einer graden Linie liegen, und wo diese grade Linie die Brenncurve ist, gegen die Voraussetzung. Die acht oder mehr als acht singulären Punkte des Strahlensystems müfsten zugleich Knotenpunkte der Brennfläche sein, denn von jedem anderen Punkte der Brennfläche gehen nur so viele Strahlen des Systems aus, als seine Tangentialebene Durchschnittspunkte mit der Brenncurve hat. Eine Fläche vierten Grades mit einer Doppelcurve eines höheren als des ersten Grades kann aber nicht acht Knotenpunkte haben, sondern hat höchstens vier, wenn die Doppelcurve vom zweiten Grade ist und keinen, wenn sie vom dritten Grade ist. Eine Fläche dritten Grades kann überhaupt nicht mehr als vier Knotenpunkte haben. Die von jedem Punkte der Brenncurve ausgehenden Strahlenkegel können also in beiden vorliegenden Fällen nicht vom zweiten oder einem höheren Grade, sondern nur ebene Strahlenbüschel sein; eine ganze Schaar ebener Strahlenbüschel kann aber nur Statt haben, wenn die Brennfläche von allen Ebenen dieser Strahlenbüschel eingehüllt wird, also nur wenn sie eine abwickelbare Fläche ist. Die ein-

E 2

zige abwickelbare Fläche vierten Grades mit einer krummen Doppelcurve ist aber diejenige, deren Wendungscurve vom dritten Grade ist und wenn diese als Brennfläche und ihre Wendungscurve als Brenncurve genommen wird, so giebt sie überhaupt kein Strahlensystem, weil keine durch die Wendungscurve gehende grade Linie die Fläche in einem aufserhalb dieser Wendungscurve liegenden Punkte berühren kann. Die Fläche dritten Grades, welche eine abwickelbare sein mufs, kann nur eine Kegelfläche sein, weil andere abwickelbare Flächen dritten Grades nicht existiren. Von jedem Punkte der auf diesem Kegel dritten Grades liegenden Brenncurve mufs ein ebenes Strahlenbüschel ausgehen, dessen Strahlen eine bestimmte grade Linie des Kegels berühren. Die Brenncurve, welche der Voraussetzung nach krumm ist, mufs alle graden Linien des Kegels schneiden, also auch diejenige, welche in allen Punkten von den Strahlen des einen Strahlenbüschels getroffen wird; einer von diesen Strahlen mufs also auch den Punkt treffen, in welchem die Brenncurve diese grade Linie schneidet, von diesem geht aber, weil er ein Punkt der Brenncurve ist, ein zweites Strahlenbüschel aus, welches den einen durch seinen Mittelpunkt gehenden Strahl des ersten Strahlenbüschels nicht enthält, weil seine Ebene nicht durch den Mittelpunkt des ersten gehen kann. Durch diesen zweiten Punkt der Brenncurve müfste also aufser dem ebenen Strahlenbüschel noch ein einzelner Strahl des Systems gehen, welches unmöglich ist.

Da diese beiden besonderen Fälle keine Strahlensysteme zweiter Ordnung ergeben, so bleibt nur der allgemeinere Fall übrig, wo eine Brennfläche $n$ten Grades eine $n-2$fache grade Linie als Brennlinie enthält. Dieser Fall giebt stets ein Strahlensystem zweiter Ordnung; denn die von einem beliebigen Punkte des Raumes ausgehenden Strahlen des Systems, da sie die grade Brennlinie schneiden müssen, liegen in der durch die Brennlinie gehende Ebene, diese Ebene schneidet aber aufser der $n-2$ fachen graden Linie aus der Fläche nur noch einen Kegelschnitt aus, und dieser hat nur zwei durch den gegebenen Punkt gehende Tangenten, welche die von ihm ausgehenden beiden Strahlen des Systems sind. Schneidet man das System durch eine beliebige Ebene, so wird aus der Brennfläche eine Curve $n$ten Grades mit einem $n-2$fachen Punkte ausgeschnitten, die Anzahl der durch diesen mehrfachen Punkt gehenden Tangenten der Curve ist $2n-2$, das System also von der $2n-2$ten Klasse. Also:

XV. Alle graden Linien, welche durch eine $n-2$fache grade Linie einer Fläche $n$ten Grades hindurchgehen und diese Fläche berühren, bilden ein Strahlensystem zweiter Ordnung und $2n-2$ter Klasse.

Nimmt man die $n-2$fache grade Linie als Axe der z, so kann man die allgemeinste Gleichung dieser Fläche $n$ten Grades in folgende Form setzen:

$$\phi + 2\phi_1 + \phi_2 + 2z(\psi + \psi_1) + z^2\chi = 0, \tag{3.}$$

wo ϕ, ϕ_1, ϕ_2, ψ, ψ_1, χ homogene ganze Funktionen von x und y allein sind und zwar ϕ, ψ, χ vom Grade $n-2$, ϕ_1 und ψ_1 vom Grade $n-1$, und ϕ_2 vom Grade n. Man erhält alsdann nach der in den früher behandelten Fällen gebrauchten Methode folgende zwei Gleichungen des Strahlensystems:

$$y\xi - x\eta = 0, \qquad U\xi^2 + 2V\xi\eta + W\eta^2 = 0, \tag{4.}$$

wo

$$\begin{aligned}
U &= \phi_1^{\,2} - \phi\phi_2 + 2z(\phi_1\psi_1 - \phi_2\psi) + z^2(\psi_1^{\,2} - \phi_2\chi),\\
V &= x\left(\psi\phi_1 - \psi_1\phi + \psi\phi_2 - \psi_1\phi_1 + z(\phi_1\chi - \psi\psi_1 + \phi_2\chi - \psi_1^{\,2})\right),\\
W &= x^2\left((\psi + \psi_1)^2 - (\phi + 2\phi_1 + \phi_2)\chi\right).
\end{aligned}$$

Bei der Untersuchung der Strahlensysteme mit einer Brennfläche und einer auf derselben liegenden Brenncurve ist überall angenommen worden, dafs die Berührungspunkte der Brennfläche mit den einzelnen Strahlen des Systems andere sind als die Durchschnittspunkte der Strahlen mit der Brenncurve, es bleiben also noch diejenigen Strahlensysteme zu untersuchen deren Brennfläche von allen Strahlen in denselben Punkten berührt wird, in welchen sie die Brenncurve schneiden. Ein solches Strahlensystem besteht aus einer Schaar ebener Strahlenbündel welche von allen Punkten der Brenncurve ausgehen, und deren jedes, in einer Tangentialebene der Fläche liegt und aus allen durch den Berührungspunkt gehenden Tangenten derselben besteht. Da ein solches Strahlensystem durch die einfach unendliche Schaar von Tangentialebenen welche die Brennfläche in der Brenncurve berühren vollständig bestimmt ist, so kann man die Brennfläche auf unendlich viele Weisen verändern ohne das Strahlensystem selbst zu ändern, wenn diese eine Schaar von Tangentialebenen dabei unverändert bleibt. Wählt man in jedem Falle die abwickelbare Fläche welche von dieser einfach unendlichen Schaar von Tangentialebenen eingehüllt wird, so ist das aus der continuirlichen Schaar in diesen Ebenen liegender ebener Strahlenbüschel bestehende Strahlensystem nothwendig irreduktibel wenn diese abwickelbare Fläche und die auf derselben liegende Brenncurve irreduktibel sind, es mufs also das vollständige, alle Strahlen aller dieser Strahlenbüschel umfassende Strahlensystem selbst von der zweiten Ordnung sein. Hierzu gehört erstens, dafs durch einen beliebigen Punkt des Raumes nur zwei Ebenen dieser Schaar von einhüllenden Ebenen der abwickelbaren Fläche gehen; denn in jeder dieser Ebenen liegt ein Strahlenbüschel, es würden also, wenn mehr als zwei Ebenen durch jeden beliebigen Punkt des Raumes gingen auch mehr als zwei Strahlen des Systems durch diesen Punkt gehen. Zweitens ist hierzu erforderlich, dafs auch nicht mehr als ein Strahlenbüschel in jeder Ebene dieser Schaar liege, dafs also die auf der abwickelbaren Fläche liegende Brenncurve, in welcher die Mittelpunkte aller Strahlenbüschel liegen, alle graden Linien der abwickelbaren Fläche nur einmal durchschneide. Diese beiden Bedingungen sind auch hinreichend, damit ein solches Strahlensystem zweiter Ordnung wirklich bestehe. Die Bedingung, dafs durch jeden Punkt des Raumes zwei einhüllende Ebenen der abwickelbaren Brennfläche gehen, ergiebt, dafs diese abwickelbare Brennfläche nothwendig ein Kegel zweiten Grades sein mufs. Die Bedingung, dafs die auf diesem Kegel liegende Brenncurve jede grade Linie desselben nur einmal schneidet, wird in der allgemeinsten Weise durch eine Brenncurve erfüllt, welche aus diesem Kegel durch eine Fläche $n$ten Grades ausgeschnitten wird, die in dem Kegelmittelpunkte einen $n-1$fachen Knotenpunkt hat; eine solche Brenncurve schneidet zwar eigentlich jeden Strahl in n Punkten, aber die $n-1$ in den Kegelmittelpunkt fallenden Durchschnittspunkte zählen hier nicht mit, da die denselben angehörenden Strahlenbüschel sich nur zu Strahlensystemen erster Ordnung und 0ter Klasse vereinigen, welche herausfallen. Die Brenncurve wird so eine Curve des $2n$ten Grades mit einem im Kegelmittelpunkte liegenden $2n-2$fachen Punkte. Eine beliebige Ebene schneidet diese Curve in $2n$ Punkten und von jedem der

$2n$ ebenen Strahlenbüscheln, die von diesen Punkten ausgehen, liegt ein Strahl in der schneidenden Ebene, das System ist also von der $2n$ten Klasse. Also:

XVI. **Alle graden Linien, welche einen Kegel zweiten Grades in allen Punkten einer Curve berühren, die durch eine Fläche $n$ten Grades mit einem im Kegelmittelpunkte liegenden $n-1$fachen Punkte aus demselben ausgeschnitten wird, mit Ausschlufs der nur durch den Kegelmittelpunkt gehenden graden Linien, bilden ein Strahlensystem zweiter Ordnung und $2n$ter Klasse.**

Nimmt man den Kegelmittelpunkt zum Anfangspunkte der Coordinaten, so hat die Gleichung der Fläche $n$ten Grades mit einem $n-1$ fachen Knotenpunkte die Form $\psi(x, y, z) + \psi_1(x, y, z) = 0$, wo ψ und ψ_1 ganze und homogene Funktionen von x, y, z sind die eine vom $n$ten die andere vom $n-1$ten Grade. Die Gleichung des Kegels sei

$$\phi = ax^2 + by^2 + cz^2 + 2dyz + 2ezx + 2fxy = 0.$$

Setzt man nun zur Abkürzung

$$\phi' = (ax + fy + ez)\xi + (fx + by + dz)\eta + (ex + dy + cz)\zeta,$$
$$\phi'' = a\xi^2 + b\eta^2 + c\zeta^2 + 2d\eta\zeta + 2e\zeta\xi + 2f\xi\eta,$$

so erhält man folgende zwei Gleichungen dieses Strahlensystems:

$$\phi'^2 - \phi\phi'' = 0.$$
$$\psi(x\phi'-\xi\phi,\ y\phi'-\eta\phi',\ z\phi'-\zeta\phi)+\phi\psi_1(x\phi'-\xi\phi,\ y\phi'-\eta\phi,\ z\phi'-\zeta\phi)=0. \quad (5.)$$

Die in Beziehung auf ξ, η, ζ lineare Gleichung, die sich aus diesen beiden Gleichungen bilden läfst, übergehe ich, weil sie zu complicirt wird.

Nach der Methode der Untersuchung, welche zur Ermittelung der Strahlensysteme mit einer Brenncurve und einer Brennfläche angewendet worden ist, müssen die in diesem Paragraphen aufgestellten Systeme alle Strahlensysteme dieser Art erschöpfen, und es kann kein Strahlensystem der genannten Art geben, welches nicht als ein specieller Fall, oder auch als ein Gränzfall in diesen enthalten wäre.

§. 6.

Allgemeine Eigenschaften der Strahlensysteme zweiter Ordnung, welche Brennflächen und keine Brenncurven haben.

Wenn ein Strahlensystem keine Brenncurve hat, so wird die Brennfläche desselben von jedem Strahle zweimal berührt und beide Berührungen sind alsdann im Allgemeinen eigentliche Berührungen in solchen Punkten der Fläche, welchen nur eine bestimmte Tangentialebene zukommt, und nicht bloſs Durchschnitte der Strahlen mit der Fläche in Doppelpunkten oder Doppelcurven derselben. Die Brennfläche, da sie von allen Strahlen des Systems zweimal berührt wird, kann nicht von einem niederen als dem vierten Grade sein, für die Strahlensysteme zweiter Ordnung aber kann sie auch nicht von einem höheren als dem vierten Grade sein. Um dieſs zu beweisen, betrachte ich einen beliebigen Strahl des Systems zweiter Ordnung, welcher die Brennfläche zweimal berührt; ein solcher Strahl müſste die Brennfläche auſserdem noch schneiden, wenn sie von einem höheren als dem vierten Grade wäre. Da nun von jedem Punkte der Brennfläche zwei unendlich nahe Strahlen des Systems zweiter Ordnung in der Richtung einer Tangente derselben ausgehen, so würden durch einen solchen Durchschnittspunkt des zuerst angenommenen Strahls mit der Brennfläche auſser diesem Strahle selbst noch zwei unendlich nahe Strahlen, also mindestens drei Strahlen ausgehen; ein jeder solcher Punkt müſste also ein singulärer Punkt des Strahlensystems zweiter Ordnung sein, und jeder Strahl des Systems müſste durch einen singulären Punkt des Systems hindurchgehen. Da dieses bei einem Strahlensysteme ohne Brenncurve nicht Statt haben kann, so folgt:

XVII. Die Brennflächen aller Strahlensysteme zweiter Ordnung, welche keine Brenncurven haben, sind Flächen vierten Grades.

Ich bemerke hierbei, daſs der Beweis dieses Satzes voraussetzt, daſs die beiden Berührungspunkte eines jeden Strahls mit der Brennfläche im Allgemeinen zwei verschiedene Punkte sind. Wenn für alle Strahlen des Systems diese zwei Berührungspunkte in einen zusammenfallen, so giebt diefs ein Strahlensystem, dessen Strahlen die Brennfläche jeder nur in einem Punkte berühren, aber in der Art, dafs jeder Strahl durch drei unendlich nahe Punkte der Brennfläche hindurchgeht. Die Strahlensysteme dieser Art, welche auch auf Brennflächen dritten Grades Statt haben, können aber niemals von der zweiten Ordnung sein, weil in ihnen nicht nur zwei, sondern drei unendlich nahe Strahlen von jedem Punkte der Brennfläche ausgehen.

Das vollständige System aller graden Linien, welche eine Fläche vierten Grades zweimal berühren, ist ein Strahlensystem der zwölften Ordnung und der achtundzwanzigsten Klasse; denn durch einen beliebigen Punkt im Raume gehen bekanntlich 12 grade Linien, welche eine Fläche vierten Grades zweimal berühren, also 12 Strahlen dieses Systems, und eine beliebige Ebene schneidet aus der Brennfläche eine Curve vierten Grades aus, deren 28 Doppeltangenten die in dieser Ebene liegenden Strahlen des Systems sind. Wenn eine Fläche vierten Grades Brennfläche eines Strahlensystems zweiter Ordnung sein soll, so mufs sich von diesem vollständigen Strahlensysteme 12ter Ordnung und 28ter Klasse ein selbständiges Strahlensystem zweiter Ordnung lostrennen lassen, sodafs noch ein Strahlensystem 10ter Ordnung übrig bleibt, welches selbst wieder aus Strahlensystemen niederer Ordnungen zusammengesetzt sein kann. Die 12 von einem beliebigen Punkte des Raumes ausgehenden Strahlen des vollständigen Systems werden durch eine Gleichung 12ten Grades bestimmt, deren Coefficienten rationale Funktionen der Coordinaten x, y, z des Ausgangspunktes sind; diese Gleichung mufs, wenn die Fläche vierten Grades Brennfläche eines Strahlensystems zweiter Ordnung sein soll, reduktibel sein und einen Faktor zweiten Grades enthalten, dessen Coefficienten rationale Funktionen von x, y, z sind; auch mufs umgekehrt, wenn diese Gleichung einen solchen rationalen Faktor zweiten Grades enthält, der Brennfläche vierten Grades ein Strahlensystem zweiter Ordnung angehören. Eine vollständige Untersuchung der Bedingungen, unter welchen diese Gleichung zwölften Grades einen rationalen Faktor zweiten Grades enthält, würde also alle Strahlensysteme zweiten Grades ergeben, welche keine Brenncurven haben; es erscheint jedoch einfacher und angemessener, zur vollständigen Untersuchung derselben eine andere mehr geometrische Methode anzuwenden, welche sich hauptsächlich nur auf die Discussion der linearen Gleichung $P\xi + Q\eta + R\zeta = 0$ stützt, die für alle Strahlensysteme zweiter Ordnung Statt haben muſs.

Die drei ganzen rationalen Funktionen P, Q, R in der Gleichung

$$(1.) \qquad P\xi + Q\eta + R\zeta = 0,$$

seien Funktionen $n$ten Grades der Coordinaten x, y, z, zu welchen noch die vierte homogen machende Coordinate t hinzugenommen werden soll, so daſs P, Q und R ganze und homogene Funktionen $n$ten Grades der vier Coordinaten x, y, z, t sind, von welchen auch stets angenommen werden soll, daſs sie einen allen dreien gemeinsamen Faktor nicht haben. Die Gleichung (1.) muſs, wie oben gezeigt worden ist, als Gleichung desselben Strahlensystems bestehen bleiben, wenn gleichzeitig x in $x + \varrho\xi$, y in $y + \varrho\eta$, z in $z + \varrho\zeta$ verwandelt wird, für jeden beliebigen Werth des ϱ. Es sei der Kürze halben

$$P(x + \varrho\xi,\ y + \varrho\eta,\ z + \varrho\zeta,\ t) = P',$$
$$Q(x + \varrho\xi,\ y + \varrho\eta,\ z + \varrho\zeta,\ t) = Q',$$
$$R(x + \varrho\xi,\ y + \varrho\eta,\ z + \varrho\zeta,\ t) = R',$$

so hat man die allgemeinere Gleichung

$$(2.) \qquad P'\xi + Q'\eta + R'\zeta = 0$$

welche für jeden Werth des ϱ Statt haben muſs, und welche die Gleichung (1.) mit allen ihren abgeleiteten Gleichungen zugleich repräsentirt.

Die letzte dieser abgeleiteten Gleichungen, welche man erhält, indem man die Gleichung (2.) nach Potenzen von ϱ entwickelt und den Coefficienten von ϱ^n, der höchsten Potenz von ϱ, gleich Null setzt, muſs für alle Strahlensysteme, welche keine Brenncurven haben, identisch erfüllt sein und darf keine Bestimmung für die Gröſsen ξ, η, ζ ergeben. Diese letzte abgeleitete Gleichung enthält nämlich x, y, z und t nicht mehr, sondern nur ξ, η, ζ in $n+1$ Dimensionen und ausserdem Constanten; sie stellt daher, wenn $x'-x$, $y'-y$, $z'-z$ statt ξ, η, ζ gesetzt wird, einen Kegel $n+1$ten Grades dar, auf welchem die beiden durch den Punkt x, y, z gehenden Strahlen des Systems liegen müssen und welcher für alle Punkte des Raumes sich selbst congruent und parallel bleibt. Alle Strahlen des Systems sind daher den Strahlen eines beliebig gewählten aber bestimmten dieser Kegel parallel. Schneidet man diesen bestimmten

Kegel durch eine unendlich entfernte Ebene, so können alle Strahlen des Systems als durch diese eine unendlich entfernte Durchschnittscurve hindurchgehend betrachtet werden, dieselbe ist also eine unendlich entfernte Brenncurve des Systems. Für die Strahlensysteme, die keine Brenncurve haben sollen, kann also diese letzte abgeleitete Gleichung nicht Statt haben, sondern mufs identisch erfüllt sein. Dieselbe läfst sich so darstellen:

$$P(\xi, \eta, \zeta, 0)\xi + Q(\xi, \eta, \zeta, 0)\eta + R(\xi, \eta, \zeta, 0)\zeta = 0,$$

da sie identisch verschwinden mufs, so kann man auch ξ, η, ζ in x, y, z verwandeln, sie ergiebt alsdann:

$$Px + Qy + Rz = 0 \text{ für } t = 0,$$

und man kann die Bedingung für die drei Funktionen P, Q, R auch so ausdrücken, dafs in der Gleichung

$$Px + Qy + Rz + St = 0 \tag{3.}$$

S ebenfalls eine ganze und homogene Funktion $n$ten Grades von x, y, z, t sein mufs.

Es seien nun x, y, z, ξ, η, ζ die Bestimmungsstücke eines beliebigen Strahls des Systems, welcher als ein fester Strahl betrachtet werden soll, so ist

$$\zeta(x' - x) + \lambda\zeta(y' - y) - (\xi + \lambda\eta)(z' - z) = 0. \tag{4.}$$

für alle Werthe des veränderlichen Parameters λ die Gleichung einer Schaar von Ebenen, welche durch den festen Strahl hindurchgehen. Durch den beliebigen Punkt des festen Strahls, dessen Coordinaten $x + \varrho\xi$, $y + \varrho\eta$, $z + \varrho\zeta$ sind, geht nun aufser diesem festen Strahle noch ein zweiter Strahl des Systems und es ist

$$P'(x' - x) + Q'(y' - y) + R'(z' - z) = 0, \tag{5.}$$

wie oben gezeigt worden, die Ebene, in welcher diese beiden durch den Punkt $x + \varrho\xi$, $y + \varrho\eta$, $z + \varrho\zeta$ gehenden Strahlen liegen. Soll nun dieser zweite Strahl mit in der durch den festen Strahl gelegten Ebene (4.) liegen, so mufs die Ebene (5.) dieselbe sein als die Ebene (4.), es müssen also die beiden Gleichungen Statt haben:

$$P'\lambda = Q', \quad P'(\xi + \lambda\eta) = -R'\zeta,$$

F 2

deren eine vermöge der Gleichung (2.) schon aus der andern folgt. Es ist also

$$(6.)\qquad P'\lambda = Q'$$

die nothwendige und hinreichende Bedingung dafür, dafs der zweite durch den Punkt $x+\varrho\xi$, $y+\varrho\eta$, $z+\varrho\zeta$ gehende Strahl mit in der Ebene (4.) liegt. Die Gleichung (6.) ist in Beziehung auf ϱ vom $n$ten Grade, giebt also n Werthe des ϱ; der eine feste Strahl x, y, z, ξ, η, ζ wird also von n in der durch ihn hindurchgehenden beliebigen Ebene liegenden Srahlen des Systems geschnitten, so dafs genau $n+1$ Strahlen in dieser Ebene liegen. Man hat demnach folgenden Satz:

XVIII. Wenn in der linearen Gleichung eines Strahlensystems zweiter Ordnung $P\xi+Q\eta+R\zeta=0$ die drei ganzen rationalen Funktionen P, Q, R vom $n$ten Grade sind, so ist das Strahlensystem von der $n+1$ten Klasse.

Betrachtet man in der Gleichung (6.) λ als Funktion von ϱ, so ist λ eine rationale gebrochene Funktion von ϱ, deren Zähler und Nenner vom $n$ten Grade ist. Wenn nun bei einer unendlich kleinen Aenderung von ϱ die Gröfse λ ungeändert bleibt, das heifst wenn $\frac{d\lambda}{d\varrho}=0$ ist, so liegen zwei unendlich nahe Strahlen des Systems in einer durch einen solchen Werth des λ bestimmten Ebene (4.); diese Ebene ist daher eine Tangentialebene der Brennfläche des Strahlensystems. Die Bedingung $\frac{d\lambda}{d\varrho}=0$ giebt:

$$(7.)\qquad Q\frac{dP}{d\varrho}-P\frac{dQ}{d\varrho}=0$$

eine Gleichung, welche in Beziehung auf ϱ vom $2n-2$ten Grade ist. Durch den festen Strahl gehen also $2n-2$ Tangentialebenen der Brennfläche, welche dieselbe aufserhalb des festen Strahles selbst berühren. Es können auch ausser diesen $2n-2$ Tangentialebenen keine anderen vorhanden sein, welche durch den festen Strahl hindurchgehen, und deren Berührungspunkte nicht in dem festen Strahle selbst liegen, denn in jeder Tangentialebene liegen zwei unendlich nahe Strahlen des Systems welche also den in der Tangentialebene liegenden festen Strahl in zwei unendlich nahen Punkten schneiden müssen. Die Anzahl der durch den festen

Strahl gehenden Tangentialebenen der Brennfläche ist also genau $2n-2$. Die Klasse einer Fläche wird nun bekanntlich durch die Anzahl ihrer Tangentialebenen bestimmt welche durch eine beliebige feste grade Linie hindurchgehen, sie ist im Allgemeinen der Anzahl dieser Tangentialebenen gleich; wenn aber diese feste grade Linie die Fläche einmal berührt, so ist die Klasse um 2 Einheiten gröſser und wenn sie die Fläche zweimal berührt, um 4 Einheiten gröſser, als die Anzahl der Tangentialebenen, welche durch die feste grade Linie gehen und deren Berührungspunkte nicht in dieser festen graden Linie selbst liegen. In dem vorliegenden Falle ist der feste Strahl eine zweimal berührende grade Linie der Brennfläche, durch welche $2n-2$ Tangentialebenen derselben gehen, die Brennfläche ist daher von der $2n+2$ten Klasse. Da nach dem Satze XVIII. das Strahlensystem von der $n+1$ten Klasse ist, so folgt:

XIX. Die Klasse der Brennfläche vierten Grades, welcher ein Strahlensystem zweiter Ordnung angehört, ist stets doppelt so groſs, als die Klasse dieses Strahlensystems.

Die n Werthe des ϱ, welche die Gleichung (6.) giebt, als Funktionen von λ betrachtet, ändern sich im allgemeinen zugleich mit λ, das heiſst, die n Durchschnittspunkte der in der Ebene (4.) liegenden Strahlen mit dem einen festen Strahle ändern ihre Lage in diesem festen Strahle, wenn diese Ebene um denselben gedreht wird. Es kann aber auch der Fall eintreten, daſs eine gewisse Anzahl der Wurzeln der Gleichung (6.) von λ ganz unabhängig ist, daſs also eine gewisse Anzahl dieser n Strahlen, bei der Drehung der Ebene (4.) um den festen Strahl, diesen stets in denselben Punkten schneiden. Eine solche Schaar von Strahlen, die alle durch denselben festen Punkt in dem festen Strahle gehen, bildet einen Strahlenkegel, dessen Mittelpunkt ein singulärer Punkt des Systems ist. Die Bedingung daſs die Gleichung (6.) von λ unabhängige Wurzeln ϱ habe ist, daſs für diese Werthe des ϱ $P=0$ und $Q'=0$ sein muſs und darum vermöge der Gleichung (2.) auch $R'=0$. Hieraus folgt:

XX. Wenn für einen bestimmten Werth des ϱ die drei Gleichungen $P'=0$, $Q'=0$, $R'=0$ gleichzeitig erfüllt werden, so geht der Strahl $x, y, z, \xi, \eta, \zeta$ durch einen singulären Punkt des Strahlensystems, dessen Coordinaten $x+\varrho\xi$, $y+\varrho\eta$, $z+\varrho\zeta$ sind.

Der als fest angenommene Strahl $x, y, z, \xi, \eta, \zeta$ kann auch so beschaffen sein, dafs die drei Gleichungen

$$P' = 0, \quad Q' = 0, \quad R' = 0$$

nicht blofs für einzelne bestimmte Werthe des ϱ, sondern sogar für jeden beliebigen Werth des ϱ identisch erfüllt sind. Die Gleichung (6.) ist alsdann für alle beliebigen Werthe des ϱ und des λ identisch erfüllt, also wenn man durch diesen Strahl eine beliebige Ebene hindurchlegt, so ist jeder Punkt dieses Strahles ein Durchschnittspunkt desselben mit einem andern in dieser Ebene liegenden Strahle. Es ist dies nicht anders möglich, als wenn entweder diese Ebene eine ganze Schaar von Strahlen des Systems enthält, die den festen Strahl in allen Punkten schneiden, oder wenn dieser Strahl aus zwei Strahlen besteht, die sich decken, in der Art, dafs jeder Punkt dieses Strahls als Durchnittspunkt der beiden sich deckenden Strahlen anzusehen ist. In dem ersten Falle müsste von jedem Punkte dieses Strahles ein ganzer Strahlenkegel ausgehen und dieser Strahl müsste eine Brennlinie des Strahlensystems sein, da aber die Strahlensysteme zweiter Ordnung, welche Brenncurven haben in den vorhergehenden Paragraphen vollständig erschöpft sind und hier ausgeschlossen werden, so bleibt nur der andere Fall übrig, dafs dieser Strahl aus zwei sich deckenden Strahlen des Systems besteht. Also:

XXI. Diejenigen Strahlen, für welche die drei Gleichungen $P'=0$, $Q'=0$, $R'=0$ identisch erfüllt sind, für jeden beliebigen Werth des ϱ, bestehen aus zwei sich deckenden Strahlen des Systems. Sie sollen deshalb Doppelstrahlen genannt werden.

Setzt man statt $x+\varrho\xi$, $y+\varrho\eta$, $z+\varrho\zeta$ einfach x, y, z, so bedeuten jetzt x, y, z nicht mehr nur die Coordinaten des Ausgangspunktes des Strahls $x, y, z, \xi, \eta, \zeta$, sondern für beliebige Werthe des ϱ sind es die Coordinaten eines jeden Punktes in dieser graden Linie; statt P', Q', R' hat man demgemäfs P, Q, R zu setzen. Der Satz XXI. ergiebt alsdann:

XXII. Wenn die drei Flächen $n$ten Grades

$$P=0, \quad Q=0, \quad R=0$$

gemeinsame grade Linien enthalten, so sind dieselben Doppelstrahlen des Strahlensystems und umgekehrt: jeder Doppelstrahl des Systems ist eine gemeinsame grade Linie dieser drei Flächen.

Wenn überhaupt die drei Flächen $n$ten Grades $P=0$, $Q=0$, $R=0$ irgend einen gemeinsamen Punkt x, y, z haben, sei es dafs er ein einzelner Durchschnittspunkt dieser drei Flächen ist, oder dafs er einer gemeinsamen Durchschnittscurve derselben angehört, so mufs dieser Punkt entweder ein singulärer Punkt des Systems sein, von welchem ein Strahlenkegel ausgeht, oder er mufs in einem Doppelstrahle liegen. Wenn nämlich durch diesen Punkt irgend ein einfacher Strahl x, y, z, ξ, η, ζ des Systems hindurchgeht, so ist nach der Voraussetzung für einen solchen einfachen Strahl $P'=0$, $Q'=0$, $R'=0$ für den bestimmten Werth $\varrho=0$, also ist nach dem Satze (XX.) x, y, z ein singulärer Punkt mit einem Strahlenkegel. Wenn aber durch diesen Punkt kein einfacher Strahl des Systems geht, so mufs nothwendig ein Doppelstrahl durch denselben hindurchgehen; denn in einem algebraischen Strahlensysteme kann es überhaupt keinen Punkt des Raumes geben, durch welchen gar kein Strahl des Systems ginge, es müssen vielmehr durch jeden Punkt des Raumes entweder so viele Strahlen gehen, als die Ordnung des Systems angiebt, welche jedoch auch zu mehrfachen sich deckenden Strahlen vereinigt sein können, oder es müssen unendlich viele Strahlen hindurchgehen, die einen Strahlenkegel bilden. Hieraus folgt weiter, dafs die drei Flächen keine allen dreien gemeinsame krumme Durchschnittscurve haben können, denn es müfste ein jeder Punkt derselben entweder ein singulärer Punkt mit einem Strahlenkegel und daher diese Durchschnittscurve eine Brenncurve sein, welcher Fall hier ausgeschlossen ist, oder es müsste durch jeden Punkt dieser Curve ein Doppelstrahl gehen und demnach müssten die drei Flächen eine ganze Schaar gemeinsamer grader Linien enthalten, welche zusammen eine allen dreien gemeinsame gradlinige Fläche bilden und einen gemeinsamen Faktor der drei Funktionen P, Q, R geben würden, welcher ebenfalls ausgeschlossen ist. Also hat man:

XXIII. Die drei Flächen $P=0$, $Q=0$, $R=0$ haben keine anderen gemeinsamen Durchschnittslinien als die Doppelstrahlen des Systems und alle gemeinsamen Durchschnittspunkte derselben, welche nicht in diesen Doppelstrahlen liegen, sind singuläre Punkte, des Strahlensystems, von welchen Strahlenkegel ausgehen.

Die genaue Bestimmung der Anzahl aller Doppelstrahlen, welche in einem Strahlensysteme zweiter Ordnung und $n+1$ter Klasse enthalten sind, erhält man auf folgende Weise: Es sei

(8.) $$\alpha x' + \beta y' + \gamma z' + \delta t = 0$$

eine beliebige Ebene, welche als fest betrachtet und so gewählt werden soll, dafs sie keine singulären Punkte des Strahlensystems enthält und dafs keiner der in ihr liegenden $n+1$ Strahlen des Systems und auch keiner der $\frac{(n+1)n}{2}$ Durchschnittspunkte je zweier dieser $n+1$ Strahlen, ins Unendliche fällt. Es seien x, y, z die Coordinaten irgend eines dieser Durchschnittspunkte zweier Strahlen, so mufs für diesen Punkt die feste Ebene (8.) dieselbe sein, als die Ebene der zwei von x, y, z ausgehenden Strahlen, welche wie oben gezeigt worden die Gleichung

(9.) $$P(x'-x) + Q(y'-y) + R(z'-z) = 0$$

hat. Die Bedingung, dafs diese beiden Ebenen identisch sind, giebt die drei Gleichungen

(10.) $$\frac{P}{\alpha} = \frac{Q}{\beta} = \frac{R}{\gamma} \text{ und } \alpha x + \beta y + \gamma z + \delta t = 0,$$

diesen müssen also die Coordinaten aller $\frac{(n+1)n}{2}$ Durchschnittspunkte je zweier in der Ebene (8.) liegenden Strahlen des Systems genügen. Denselben Gleichungen genügen ausserdem auch die Coordinaten der Durchschnittspunkte aller Doppelstrahlen des Systems mit der Ebene (8.); denn für diese hat man $P=0$, $Q=0$, $R=0$ und $\alpha x + \beta y + \gamma z + \delta t = 0$. Es können aber diesen drei Gleichungen (10.) keine anderen Punkte genügen, als die genannten; denn wenn P, Q und R nicht alle drei gleich Null sind, so ist die Ebene der beiden durch den Punkt x, y, z gehenden Strahlen des Systems eine vollkommen bestimmte und mit der Ebene

(8.) identisch, so dafs dieser Punkt nothwendig ein Durchschnittspunkt zweier in der Ebene liegenden Strahlen ist; wenn aber für einen Punkt x, y, z zugleich $P=0$, $Q=0$ und $R=0$ ist, so ist dieser Punkt nach dem Satze XXII. entweder ein singulärer Punkt des Systems oder ein Punkt in einem Doppelstrahle, und weil nach der Voraussetzung die Ebene (8.) durch keinen singulären Punkt des Systems geht, so sind alle diese den drei Gleichungen (10.) genügenden Punkte nothwendig nur Durchschnittspunkte der Ebene (8.) mit den Doppelstrahlen des Systems. Die drei Gleichungen (10.) würden, da zwei derselben vom $n$ten Grade sind und eine vom ersten Grade genau n^2 Punkte ergeben, die ihnen genügen, wenn nicht eine bestimmte Anzahl derselben nothwendig in's Unendliche fiele. Um diese unendlich enfernten Punkte zu ermitteln, mache ich von der Gleichung (3.)

$$Px + Qy + Rz + St = 0$$

Gebrauch, welcher die drei Funktionen $n$ten Grades P, Q, R in der Art genügen müssen, dafs S ebenfalls eine ganze Funktion $n$ten Grades ist. Aus dieser Gleichung folgert man leicht, dafs P, Q und R sich in folgende Formen setzen lassen müssen:

$$(11.)\quad \begin{aligned} P &= y\phi_2 - z\phi_1 - t\psi, \\ Q &= z\phi - x\phi_2 - t\psi_1, \\ R &= x\phi_1 - y\phi - t\psi_2, \end{aligned}$$

wo ϕ, ϕ_1, ϕ_2, ganze rationale und homogene Funktionen von x, y, z vom $n-1$ten Grade und ψ, ψ_1, ψ_2, ganze rationale und homogene Funktionen von x, y, z, t desselben Grades sind. Diese Ausdrücke ergeben unter Zuziehung der Gleichung $\alpha x + \beta y + \gamma z + \delta t = 0$:

$$(12.)\quad \begin{aligned} \beta P_2 - \gamma P_1 &= x(\alpha\phi + \beta\phi_1 + \gamma\phi_2) + t(\gamma\psi_1 - \beta\psi_2 + \delta\phi), \\ \gamma P - \alpha P_2 &= y(\alpha\phi + \beta\phi_1 + \gamma\phi_2) + t(\alpha\psi_2 - \gamma\psi + \delta\phi_1), \\ \alpha P_1 - \beta P &= z(\alpha\phi + \beta\phi_1 + \gamma\phi_2) + t(\beta\psi - \alpha\psi_1 + \delta\phi_2). \end{aligned}$$

Für alle unendlich grofsen Werthe, die den drei Gleichungen (10.) genügen, hat man also

$$t = 0, \qquad \alpha x + \beta y + \gamma z = 0, \qquad \alpha\phi + \beta\phi_1 + \gamma\phi_2 = 0,$$

und weil die eine dieser Gleichungen vom $n-1$ten Grade ist, die anderen beiden vom ersten Grade, so giebt es genau $n-1$ unendliche Werthe und darum $n^2 - n + 1$ endliche bestimmte Werthe der Coordinaten x, y, z, welche den drei Gleichungen (10.) genügen. Da von den so bestimmten $n^2 - n + 1$ Punkten $\frac{n(n+1)}{2}$ die Durchschnittspunkte je zweier in der Ebene (8.) liegenden Strahlen sind, so bleiben noch $n^2 - n + 1 - \frac{n(n+1)}{2}$ $= \frac{(n-1)(n-2)}{2}$ Punkte übrig, welche die Durchschnittspunkte der Doppelstrahlen des Systems mit der Ebene (8.) sind, und folglich die Anzahl dieser Doppelstrahlen selbst geben. Also:

XXIV. Jedes Strahlensystem zweiter Ordnung und $n+1$ter Klasse hat genau $\frac{(n-1)(n-2)}{2}$ Doppelstrahlen.

Die Strahlensysteme der zweiten und dritten Klasse haben also gar keine Doppelstrahlen, die der vierten Klasse haben einen, der fünften Klasse drei, der sechsten Klasse sechs u. s. w.

Wenn ein Doppelstrahl von irgend einem anderen Strahle des Systems geschnitten wird, so gehen durch diesen Durchschnittspunkt die beiden sich deckenden Strahlen des Doppelstrahls und aufserdem der andere Strahl, also mindestens drei Strahlen, woraus folgt, dafs dieser Punkt ein singulärer Punkt des Systems mit einem Strahlenkegel sein mufs. Der Doppelstrahl selbst mufs mit zu den Strahlen dieses Kegels gehören und mufs eine Doppelkante desselben sein, denn zwei in allen Punkten sich deckende, nicht blofs unendliche nahe grade Linien mit einem einzigen Durchschnittspunkte, liegen nur in einer Doppelkante des Kegels. Also:

XXV. Jeder Durchschnittspunkt eines Doppelstrahls mit irgend einem anderen Strahle des Systems zweiter Ordnung ist ein singulärer Punkt des Strahlensystems, mit einem Strahlenkegel, welcher in dem Doppelstrahle eine Doppelkante hat.

Dafs auch umgekehrt jede Doppelkante eines Strahlenkegels ein Doppelstrahl des Systems ist, folgt daraus, dafs eine jede durch die Doppelkante gelegte Ebene zwei sich vollkommen deckende Strahlen des Systems ausschneidet.

Ein Doppelstrahl wird demnach nicht so wie ein einfacher Strahl in jedem seiner Punkte von einem anderen Strahle des Systems geschnitten, weil sonst jeder seiner Punkte ein singulärer Punkt mit einem Strahlenkegel und der Doppelstrahl eine Brennlinie des Systems sein müsste, es giebt vielmehr in jedem Doppelstrahle nur einzelne bestimmte singuläre Punkte, durch welche alle denselben schneidenden Strahlen des Systems hindurchgehen. Alle einen bestimmten einfachen Strahl schneidenden graden Linien bilden eine gradlinige Fläche, welche für einen Doppelstrahl stets in Kegelflächen zerfallen mufs, deren Mittelpunkte in den singulären Punkten des Doppelstrahls liegen.

Legt man durch den einen festen Strahl in der gradlinigen Fläche, deren erzeugende grade Linien die diesen festen Strahl schneidenden Strahlen des Systems sind, eine Ebene hindurch, so besteht die Durchschnittscurve nur aus dem festen Strahle selbst und aus den in dieser Ebene liegenden erzeugenden graden Linien der Fläche, welche die in der Ebene liegenden, den festen Strahl schneidenden n Strahlen des Systems sind; der feste Strahl selbst aber wird dreimal ausgeschnitten, nämlich einmal als die grade Linie, durch welche alle erzeugenden graden Linien der Fläche hindurchgehen, und aufserdem noch zweimal weil die grade Linie durch deren Bewegung die gradlinige Fläche erzeugt wird, in ihrer Bewegung an dem festen Strahle entlang zweimal durch denselben hindurchgeht, nämlich, wenn ihr Durchschnittspunkt in einen der beiden Punkte kommt, in welchen der feste Strahl die Brennfläche berührt. Die durch den festen Strahl gelegte Ebene schneidet also aus der gradlinigen Fläche diese grade Linie als eine dreifache aus und aufserdem noch die n in der Ebene liegenden Strahlen des Systems, welche den festen Strahl schneiden, also:

XXVI. Die gradlinige Fläche, welche von allen einen festen Strahl schneidenden Strahlen des Systems gebildet wird, ist eine Fläche des $n+3$ten Grades.

Wenn der feste Strahl, der von allen erzeugenden graden Linien dieser Fläche des $n+3$ten Grades geschnitten wird, durch einen singulären Punkt des Strahlensystems geht, so bildet der diesem Punkte angehörende Kegel einen Theil dieser gradlinigen Fläche.

Hat ein Strahlensystem einen Strahlenkegel des Grades g und legt man durch einen, diesem Strahlenkegel nicht angehörenden Strahl des

G 2

Systems und durch den Mittelpunkt des Strahlenkegels $g$ten Grades eine Ebene, so enthält diese aufser den g, aus dem Strahlenkegel ausgeschnittenen Strahlen noch diesen einen Strahl, also mindestens $g+1$ Strahlen, und da in einer jeden Ebene $n+1$ Strahlen des Systems liegen, so folgt:

XXVII. Ein Strahlensystem zweiter Ordnung und $n+1$ter Klasse kann keinen Strahlenkegel eines höheren als des $n$ten Grades enthalten.

Ich betrachte nun die Strahlenkegel, in welche die gradlinige Fläche des $n+3$ten Grades zerfällt, wenn der feste Strahl derselben ein Doppelstrahl des Systems ist. Legt man durch einen Doppelstrahl eine Ebene, so liegen in derselben aufser dem Doppelstrahle selbst noch $n-1$ Strahlen des Systems, welche den Doppelstrahl nur in singulären Punkten schneiden. Ist die Anzahl der singulären Punkte, welche ein Doppelstrahl enthält, gleich h, so besteht die von allen diesen Doppelstrahl schneidenden Strahlen des Systems gebildete gradlinige Fläche aus h Strahlenkegeln, deren jeder den Doppelstrahl zur Doppelkkante hat. Es seien alsdann $g_1, g_2 \dots . g_h$ die Grade dieser h Strahlenkegel, so gehen durch den ersten singulären Punkt $g_1 - 2$ in einer beliebigen durch den Doppelstrahl gelegten Ebene, durch den zweiten Punkt $g_2 - 2$ Strahlen u. s. w. Die Anzahl aller den Doppelstrahl schneidenden Strahlen, welche in dieser Ebene liegen, ist also gleich $g + g_1 + g_2 + \dots + g_h - 2h$, und weil diese Anzahl gleich $n-1$ sein mufs, so hat man

$$g_1 + g_2 + \dots . + g_h = n - 1 + 2h.$$

Andererseits, weil diese h Kegel zusammen nur einen speciellen Fall jener gradlinigen Fläche des $n+3$ten Grades bilden, welche aus allen einen gegebenen Strahl schneidenden Strahlen des Systems besteht, hat man

$$g_1 + g_2 + \dots . + g_h = n + 3.$$

Die Anzahl h der in einem Doppelstrahle liegenden singulären Punkte mufs also gleich zwei sein. Zugleich ergiebt sich hieraus, dafs die beiden Strahlenkegel, welche den beiden singulären Punkten eines Doppelstrahls angehören, mindestens vom dritten Grade sein müssen; denn wäre einer derselben von einem niederen als dem dritten Grade, so müsste, da sie beide zusammen vom $n+3$ten Grade sind, der andere von einem höheren als dem $n$ten Grade sein, welches nach dem Satze XXVII. unmöglich ist. Die Bedingung, dafs jeder dieser Kegel den Doppelstrahl zur Doppelkante haben mufs, würde nicht hinreichen dies zu beweisen, weil auch ein Strahlenkegel zweiten Grades, der aus zwei in dem Doppelstrahle sich schneidenden Ebenen, also aus zwei von dem singulären Punkte ausgehenden, in diesen beiden Ebenen liegenden Strahlenbüscheln bestände, dieselbe erfüllen würde. Man hat demnach den Satz:

XXVIII. In jedem Doppelstrahle eines Systems zweiter Ordnung liegen zwei singuläre Punkte mit Strahlenkegeln, welche mindestens vom dritten Grade sind.

Eine jede der gradlinigen Flächen des $n+3$ten Grades, welche aus allen einen beliebigen festen Strahl schneidenden Strahlen des Systems gebildet wird, mufs stets durch alle singulären Punkte des Strahlensystems hindurchgehen und zwar mufs sie durch jeden singulären Punkt mit einem Strahlenkegel $g$ten Grades sogar $g$mal hindurchgehen, so dafs ein solcher Punkt ein $g$facher Punkt der Fläche sein mufs. Ein Strahlenkegel $g$ten Grades wird nämlich von dem festen Strahle der gradlinigen Fläche in g Punkten geschnitten und die g Strahlen des Strahlenkegels, welche durch diese g Punkte hindurchgehen, sind zugleich g erzeugende grade Linien der Fläche, welche durch den singulären Punkt hindurchgehen. Zwei solche gradlinige Flächen, deren feste Leitstrahlen nicht in derselben Ebene liegen, haben stets $n+3$ Strahlen des Systems mit einander gemein, nämlich diejenigen Strahlen, welche durch die $n+3$ Durchschnittspunkte des festen Leitstrahls der einen Fläche mit der anderen Fläche hindurchgehen; drei solche gradlinige Flächen haben im Allgemeinen keine gemeinschaftliche Strahlen des Systems. Durch jeden gemeinsamen Punkt dreier solcher Flächen gehen drei Strahlen des Systems, weil in jeder dieser Flächen eine, durch diesen Punkt gehende, erzeugende grade Linie, also ein Strahl des Systems liegt, also mit Ausnahme derjenigen Fälle, wo zwei dieser drei Strahlen identisch sind, wo also ein gemeinsamer Strahl zweier dieser Flächen die dritte schneidet, so dafs nur zwei verschiedene Strahlen des Systems durch den gemeinsamen Punkt der drei Flächen hindurchgehen, mufs ein jeder gemeinsame Punkt dieser drei Flächen ein singulärer Punkt des Strahlensystems sein. Hätten die drei Flächen eine gemeinsame Durchschnittscurve, so müſste diese eine Brenncurve des Strahlensystems sein, weil durch jeden beliebigen Punkt drei verschiedene Strahlen des Systems gehen müssten.

Die Anzahl aller Durchschnittspunkte der drei Flächen $n+3$ten Grades, welche keine gemeinsame Durchschnittscurve haben, ist $(n+3)^3$. Die Anzahl derjenigen Durchschnittspunkte, welche nicht singuläre Punkte des Strahlensystems sind, in welchen also nur ein gemeinsamer Strahl zweier dieser Flächen die dritte Fläche schneidet, ist, weil je zwei Flächen $n+3$ gemeinsame Strahlen haben, welche die dritte Fläche des $n+3$ten Grades schneiden, gleich $3(n+3)^2$. Bezeichnet man nun allgemein mit m_g die Anzahl derjenigen singulären Punkte des Strahlensystems, von welchen Strahlenkegel $g$ten Grades ausgehen, so hat man zunächst m_1 singuläre Punkte mit ebenen Strahlenbüscheln, durch welche jede der drei Flächen nur einmal hindurchgeht, deren jeder also nur einen ihrer Durchschnittspunkte enthält. Durch jeden der m_2 singulären Punkte mit Strahlenkegeln zweiten Grades geht jede der drei Flächen zweimal hindurch, dies giebt 2^3 Durchschnittspunkte, welche in jedem dieser singulären Punkte liegen; in diesen m_2 singulären Punkten liegen also $2^3 m_2$ Durchschnittspunkte der drei Flächen. Allgemein, jeder singuläre Punkt mit einem Strahlenkegel $g$ten Grades vereinigt in sich g^3 Durchschnittspunkte dieser drei Flächen, weil eine jede derselben g mal durch ihn hindurchgeht. Die Anzahl aller Durchschnittspunkte der drei Flächen ist also andererseits gleich

$$3(n+3)^2 + m_1 + 2^3 m_2 + 3^3 m_3 + \dots\dots$$

welche Reihe nur bis zu dem Gliede $n^3 m_n$ fortzusetzen ist, weil Strahlenkegel eines höheren als des $n$ten Grades nicht Statt haben. Beide Ausdrücke der Anzahl der Durchschnittspunkte einander gleich gesetzt geben:

XXIX. Wenn allgemein m_g die Anzahl aller derjenigen singulären Punkte des Strahlensystems bezeichnet, von welchen Strahlenkegel des $g$ten Grades ausgehen, so ist:

$$n(n+3)^2 = m_1 + 2^3 m_2 + 3^3 m_3 + \dots + n^3 m_n.$$

Ich betrachte jetzt die Doppelcurve einer solchen gradlinigen Fläche $n+3$ten Grades, welche sie aufser der in dem festen Strahle liegenden dreifachen graden Linie noch haben mufs. Die n erzeugenden Graden, welche in einer beliebigen, durch den festen Strahl gelegten Ebene ausser diesem festen Strahle selbst liegen, schneiden sich in $\frac{n(n-1)}{2}$ Punkten, welche Durchschnittspunkte dieser Ebene mit der Doppelcurve sind. Zu diesen kommen noch die in dem festen Strahle selbst liegenden Durchschnittspunkte der Ebene mit der Doppelcurve hinzu, deren Anzahl gleich $2(n-1)$ ist. Eine jede erzeugende grade Linie einer gradlinigen Fläche $n+3$ten Grades wird nämlich, wie bekannt ist, durch $n+1$ andere erzeugende grade Linien geschnitten und diese Durchschnittspunkte sind Punkte der Doppelcurve. Von denselben sind die zwei Durchschnittspunkte mit den beiden im festen Strahle liegenden erzeugenden graden Linien abzurechnen, es bleiben also genau $n-1$ Durchschnittspunkte einer jeden erzeugenden graden Linie mit der Doppelcurve übrig. Jede der beiden in dem festen Strahle liegenden erzeugenden graden Linien enthält also $n-1$ Durchschnittspunkte mit der Doppelcurve, woraus folgt, dafs der feste Strahl durch $2(n-1)$ Punkte der Doppelcurve hindurchgeht. Die Anzahl aller in der betrachteten Ebene liegenden Punkte der Doppelcurve, also der Grad dieser Curve ist demnach $\frac{n(n-1)}{2}+2(n-1)=\frac{(n-1)(n+4)}{2}$.

Ich nehme jetzt noch eine zweite gradlinige Fläche derselben Art hinzu und betrachte die Durchschnittspunkte der Doppelcurve der ersten Fläche mit der zweiten Fläche, deren Anzahl, weil die Curve vom Grade $\frac{(n-1)(n+4)}{2}$, die Fläche vom Grade $n+3$ ist, gleich $\frac{(n-1)(n+4)(n+3)}{2}$ sein mufs. Diese Durchschnittspunkte sind im Allgemeinen wieder singuläre Punkte des Strahlensystems weil durch jeden derselben zwei in der ersten Fläche liegende in der Doppelcurve sich schneidende Strahlen gehen und ausserdem ein in der zweiten Fläche liegender Strahl. Nur diejenigen Durchschnittspunkte, für welche der, in der zweiten Fläche liegende Strahl mit einem der beiden in der ersten Fläche liegenden identisch ist, wo also nur zwei verschiedene Strahlen hindurchgehen, sind nicht singuläre Punkte des Strahlensystems. Da die zweite Fläche mit der ersten

$n+3$ erzeugende Grade gemein hat, und da jede derselben die Doppelcurve in $n-1$ Punkten schneidet, so ist die Anzahl derjenigen Durchschnittspunkte der Doppelcurve der ersten Fläche mit der zweiten Fläche, welche nicht singuläre Punkte des Strahlensystems sind, gleich $(n-1)(n+3)$, alle übrigen Durchschnittspunkte müssen sich auf die m_1 singulären Punkte mit ebenen Strahlenbüscheln, die m_2 singulären Punkte mit Strahlenkegeln zweiten Grades und allgemein auf die m_g singulären Punkte mit Strahlenkegeln $g$ten Grades vertheilen. Durch einen singulären Punkt mit einem Strahlenkegel $g$ten Grades geht jede der beiden gradlinigen Flächen $g$mal hindurch, die Doppelcurve der ersten Fläche mufs darum $\frac{g(g-1)}{2}$ mal durch diesen Punkt hindurchgehen, weil je zwei Durchgänge der Fläche einen durch diesen Punkt gehenden Ast der Doppelcurve geben. Da dieser Punkt zugleich ein $g$facher Punkt der zweiten Fläche ist, so vereinigt er $\frac{g^2(g-1)}{2}$ Durchschnittspunkte der Doppelcurve der ersten Fläche mit der zweiten Fläche in sich. Die m_g Punkte mit Strahlenkegeln $g$ten Grades enthalten also $\frac{g^2(g-1)}{2}m_g$ Durchschnittspunkte. Nimmt man nun $g=1,2,3\ldots.n$ und fügt die gefundene Anzahl derjenigen Durchschnittspunkte hinzu, welche nicht in singulären Punkten des Systems Statt haben, so erhält man die Anzahl aller Durchschnittspunkte der Doppelcurve der ersten Fläche mit der zweiten Fläche gleich

$$(n-1)(n+3)+2m_2+9m_3+24m_4+\ldots.+\frac{n^2(n-1)}{2}m_n.$$

Diese Anzahl, der oben gegebenen gleich gesetzt, giebt den Satz:

XXX. Wenn allgemein m_g die Anzahl aller derjenigen singulären Punkte des Strahlensystems bezeichnet, von welchen Strahlenkegel $g$ten Grades ausgehen, so ist

$$\frac{(n-1)(n+2)(n+3)}{2}=2m_2+9m_3+24m_4+\ldots+\frac{n^2(n-1)}{2}m_n.$$

In ähnlicher Weise lassen sich noch mehrere andere Sätze derselben Art entwickeln, die beiden gegebenen sind aber für den Gebrauch, welchen wir von ihnen für die Aufstellung aller Strahlensysteme zweiter Ordnung, die keine Brenncurven haben, in dem Folgenden machen wollen, vollständig genügend. In Betreff der ausnahmslosen Gültigkeit dieser beiden Sätze ist zu bemerken, daſs nur die besonderen Fälle, wo zwei oder mehrere der singulären Punkte des Strahlensystems sich zu einem vereinigt haben, Ausnahmen begründen könnten, daſs aber auch für diese Fälle keine Ausnahmen statt finden, wenn sie überall nur als Gränzfälle betrachtet werden, und wenn darum für sie dieselbe Art der Zählung der Punkte angewendet wird, wie in dem allgemeinen Falle.

Betrachtet man die Strahlenkegel in ihrem Verhältnisse zu der Brennfläche, für welche sie stets einhüllende Kegel sind, so ist für die Strahlenkegel des zweiten Grades und der höheren Grade ersichtlich, daſs die Mittelpunkte derselben Knotenpunkte der Brennfläche sein müssen; denn erstens muſs der Mittelpunkt eines jeden Strahlenkegels ein Punkt der Brennfläche sein, da in ihm ein Schneiden unendlich naher Strahlen des Systems Statt findet, und zweitens ist er ein Berührungspunkt unendlich vieler nicht in einer Ebene liegender Tangenten der Brennfläche. Der Fall, wo der Strahlenkegel vom ersten Grade, also ein ebenes Strahlenbüschel ist, erfordert eine besondere Betrachtung, da in diesem jeder Punkt des Berührungskegelschnitt's der singulären Tangentialebene, in welcher das Strahlenbündel liegen muſs, möglicherweise Mittelpunkt desselben sein könnte. Von einem jeden beliebigen nicht singulären Punkte einer Fläche vierten Grades, welcher auch nicht in dem Berührungskegelschnitt dieser Fläche mit einer singulären Tangentialebene liegt, gehen bekanntlich sechs grade Linien aus, deren jede die Fläche in diesem und noch in einem anderen Punkte berührt, und eine dieser sechs zweifach berührenden graden Linien muſs der durch diesen Punkt der Brennfläche gehende Strahl des Strahlensystems zweiter Ordnung sein, welches diese Fläche vierten Grades zur Brennfläche hat. Läſst man den Punkt der Brennfläche, von welchem diese sechs zweifach berührenden graden Linien ausgehen, dem Berührungskegelschnitt der singulären Tangentialebene unendlich nahe kommen, so fällt jede dieser sechs Linien in einen der sechs Knotenpunkte der Brennfläche vierten Grades, welche in jeder singulären Tangentialebene liegen, diejenige dieser sechs Linien, welche ein Strahl des Strahlensystems zweiter Ordnung ist, geht durch einen bestimmten der sechs Knotenpunkte, und weil dasselbe für alle continuirlich auf einander folgenden Punkte des Berührungskegelschnitts der Fall sein muſs, so geht von einem dieser sechs Knotenpunkte ein Strahlenbüschel aus, welches das in dieser singulären Tangentialebene liegende Strahlenbüschel des Strahlensystems zweiter Ordnung ist, dessen Mittelpunkt demnach auch in einem Knotenpunkte der Brennfläche liegt. Man hat demnach folgende zwei Sätze:

XXXI. Der Mittelpunkt eines jeden Strahlenkegels ist zugleich ein Knotenpunkt der Brennfläche vierten Grades.

und

XXXII. In jeder singulären Tangentialebene der Brennfläche vierten Grades liegt ein von einem Knotenpunkte ausgehendes ebenes Strahlenbüschel.

Um nun auch die Lage der $\frac{(n-1)(n-2)}{2}$ Doppelstrahlen näher zu erforschen, welche nach Satz XXIV. jedes Strahlensystem zweiter Ordnung und $n+1$ter Klasse besitzt, betrachte ich zwei dieser Doppelstrahlen, welche nicht in einer und derselben Ebene liegen sollen. Die beiden singulären Punkte, welche in dem einen dieser Doppelstrahlen liegen müssen, seien a und b, die beiden in dem anderen liegenden c und d. Von dem Punkte a geht nach Satz XXVIII. ein Strahlenkegel aus, welcher mindestens vom dritten Grade ist, welcher also den zweiten Doppelstrahl mindestens in drei Punkten schneidet, da aber jeder Durchschnittspunkt eines Doppelstrahls ein singulärer Punkt in demselben ist, so müsste dieser zweite Doppelstrahl mindestens drei singuläre Punkte enthalten, wenn nicht etwa dieser Strahlenkegel noch eine zweite Doppelkante hätte, die durch einen der beiden singulären Punkte des zweiten Doppelstrahls, durch c hindurch ginge; und welche ein diese beiden Punkte a und c verbindender dritter Doppelstrahl sein würde. Ebenso wird geschlossen, dafs auch von b aus noch ein vierter Doppelstrahl entweder nach c oder nach d gehen mufs, und hieraus folgt weiter nach Satz XXIV, dafs das Strahlensystem mindestens sechs Doppelstrahlen haben und daher mindestens von der sechsten Klasse sein mufs. Da ferner, wie oben gezeigt worden, die beiden den singulären Punkten eines und desselben Doppelstrahls angehörenden Strahlenkegel in einem Systeme der $n+1$ten Klasse zusammen stets vom $n+3$ten Grade sind, so müssen die beiden den Punkten a und b angehörenden Strahlenkegel zusammen mindestens vom 8ten Grade sein, also einer derselben mufs mindestens vom vierten Grade sein. Damit dieser aus dem singulären Strahle cd keine anderen singulären Punkte ausschneide, als c und d, mufs er auch nothwendig nur vom vierten Grade sein und die beiden Punkte c und d, in welchen allein er den Doppelstrahl schneiden darf, müssen durch zwei Doppelkanten desselben ausgeschnitten werden, welche darum zwei Doppelstrahlen des Systems sein müssen, die von diesem singulären Punkte aus einer durch c, der andere durch d gehen. Da die beiden Strahlenkegel in a und b zusammen mindestens vom achten Grade sind und der eine vom vierten Grade ist, so mufs der andere mindestens vom vierten Grade sein, woraus ebenso gefolgert wird, dafs er auch von keinem höheren Grade sein kann, und dafs auch von ihm aus zwei Doppelstrahlen nach den beiden Punkten c und d gehen müssen. Da jeder der beiden Strahlenkegel in a und b, wie gezeigt worden, genau vom vierten Grade sein mufs, so mufs das Strahlensystem von der sechsten Klasse sein; ausser den schon ermittelten sechs Doppelstrahlen, welche die sechs Kanten eines Tetraeders bilden, enthält es also keine anderen Doppelstrahlen. Zwei nicht in einer Ebene liegende Doppelstrahlen können also nur in diesem Systeme zweiter Ordnung und sechster Klasse vorkommen, in allen anderen Strahlensystemen zweiter Ordnung müssen je zwei der vorhandenen Doppelstrahlen in einer und derselben Ebene liegen, also sich schneiden, welches nicht anders möglich ist, als wenn sie alle durch einen einzigen Punkt gehen. Also:

XXXIII. In allen Strahlensystemen zweiter Ordnung, mit Ausnahme eines einzigen Systems sechster Klasse, dessen sechs Doppelstrahlen die sechs Kanten eines Tetraeders bilden, müssen alle Doppelstrahlen sich stets in einem und demselben Punkte schneiden.

Es ist nun leicht auch die Grade aller derjenigen Strahlenkegel zu bestimmen, deren Mittelpunkte in Doppelstrahlen liegen. Für das besondere Strahlensystem dessen sechs Doppelstrahlen ein Tetraeder bilden

H 2

ist schon gezeigt worden, dafs seinen singulären Punkten durch welche drei Doppelstrahlen gehen Strahlenkegel vierten Grades angehören. In allen anderen Strahlensystemen, in welchen alle $\frac{(n-1)(n-2)}{2}$ Doppelstrahlen durch einen einzigen Punkt hindurchgehen müssen, hat man aufser diesem einen singulären Punkte mit $\frac{(n-1)(n-2)}{2}$ Doppelstrahlen nur noch solche, durch welche ein Doppelstrahl hindurchgeht, und solche durch welche kein Doppelstrahl geht, welche letzteren jetzt noch nicht in Betracht gezogen werden. In jedem Doppelstrahle liegt ein singulärer Punkt mit diesem einen Doppelstrahle und ein singulärer Punkt, durch welchen alle Doppelstrahlen hindurchgehen. Der Strahlenkegel desjenigen singulären Punktes, welcher nur einen Doppelstrahl enthält, welcher, wie bereits eben gezeigt worden, nicht von einem niederen als dem dritten Grade sein kann, mufs nun genau vom dritten Grade sein; denn wäre er von einem höheren Grade, so würde er, da er nur eine Doppelkante hat jeden der anderen vorhandenen Doppelstrahlen in mehr als zwei Punkten schneiden, und wenn er der einzige Doppelstrahl des Systems wäre, so müfste dasselbe von der vierten Klasse sein und die beiden Strahlenkegel die diesen Strahl zur Doppelkante haben müssten zusammen vom sechsten Grade sein, also jeder vom dritten Grade, da keiner von beiden von einem niederen als dem dritten Grade sein kann. Da nun einer der beiden in demselben Doppelstrahle liegenden singulären Punkte stets vom dritten Grade ist, so mufs der andere vom $n$ten Grade sein, denn beide zusammen sind vom $n+3$ten Grade. Alle diejenigen singulären Punkte, durch welche keine Doppelstrahlen hindurchgehen, können nicht von einem höheren als dem zweiten Grade sein, denn wäre einer derselben von einem höheren Grade, so würde er, da er keine Doppelkanten haben darf, die vorhandenen Doppelstrahlen in mehr als zwei Punkten schneiden, so dafs jeder derselben mehr als zwei singuläre Punkte enthalten müfste, oder wenn überhaupt keine Doppelstrahlen vorhanden sind, das Strahlensystem also nur von der zweiten oder dritten Klasse ist, können diese Strahlenkegel nach Satz XXVII nicht von einem höheren als dem zweiten Grade sein. Alle diese Bestimmungen über den Grad der Strahlenkegel fasse ich in folgendem Satze zusammen:

XXXIV. Alle diejenigen singulären Punkte eines Strahlensystems zweiter Ordnung, durch welche $\frac{(g-1)(g-2)}{2}$ Doppelstrahlen hindurchgehen, haben Strahlenkegel des $g$ten Grades, und umgekehrt: durch den Mittelpunkt eines jeden Strahlenkegels $g$ten Grades gehen $\frac{(g-1)(g-2)}{2}$ Doppelstrahlen. Die Anzahl der durch einen singulären Punkt gehenden Doppelstrahlen ist stets eine Trigonalzahl: 0, 1, 3, 6 ....

Die Klasse der Strahlensysteme zweiter Ordnung, welche keine Brenncurven haben, kann nicht bis zu jeder beliebigen Höhe aufsteigen, wie schon daraus ersichtlich ist, dafs ihre Brennflächen nur vom vierten Grade sind, und dafs auf einer Fläche vierten Grades überhaupt kein Strahlensystem einer höheren, als der 28ten Klasse Statt haben kann. Aus dem soeben bewiesenen Satze wird nun leicht gefolgert, dafs schon von der achten Klasse an solche Strahlensysteme zweiter Ordnung nicht mehr existiren können. Für die achte Klasse oder eine noch höhere müfsten nämlich 15 oder eine noch gröfsere Anzahl von Doppelstrahlen vorhanden sein, welche alle durch einen und denselben singulären Punkt hindurchgehen müfsten, und der einem solchen Punkte angehörende Strahlenkegel müfste vom siebenten oder einem höheren Grade sein. Jeder Strahlenkegel ist aber ein von einem Knotenpunkte der Brennfläche ausgehender einhüllender Kegel derselben oder ein Theil dieses Kegels, wenn derselbe reduktibel ist, und dieser ganze einhüllende Kegel ist für jede Fläche vierten Grades nur vom sechsten Grade; es können daher Strahlenkegel eines höheren als des sechsten Grades nicht existiren. Also:

XXXV. Es giebt keine Strahlensysteme zweiter Ordnung ohne Brenncurven, von einer höheren als der siebenten Klasse.

Dafs die Strahlensysteme zweiter Ordnung der zweiten, dritten, vierten, fünften, sechsten und siebenten Klasse ohne Brenncurven wirklich existiren, kann erst durch die Specialuntersuchung derselben gezeigt werden, zu welcher ich jetzt übergehe.

§. 7.
Die Strahlensysteme zweiter Ordnung und zweiter Klasse ohne Brenncurven.

Für die Strahlensysteme zweiter Ordnung und zweiter Klasse sind nach Satz XVIII. die drei Funktionen P, Q, R der in Beziehung auf ξ, η, ζ linearen ersten Gleichung jedes Srahlensystems zweiter Ordnung in Beziehung auf x, y, z vom ersten Grade, also $n = 1$. Hieraus folgt nach Satz XXVII., daſs die Strahlensysteme zweiter Klasse keine anderen singulären Punkte haben, als solche denen ebene Strahlenbüschel angehören. Die Anzahl dieser singulären Punkte ergiebt sich unmittelbar aus der Gleichung des Satzes XXIX., welche für $n = 1$, $m_1 = 16$ giebt. Diese 16 singulären Punkte mit ebenen Strahlenbüscheln müssen nach Satz XXXI. zugleich Knotenpunkte der Brennfläche sein und die 16 ebenen Strahlenbüschel müssen in 16 singulären Tangentialebenen der Brennfläche liegen. Man hat demnach den Satz:

XXXVI. Die Strahlensysteme zweiter Ordnung und zweiter Klasse haben 16 singuläre Punkte mit ebenen Strahlenbüscheln; ihre Brennflächen sind Flächen vierten Grades mit 16 Knotenpunkten und 16 singulären Tangentialebenen.

Die erste, lineare Gleichung des Strahlensystems darf, wie eben gezeigt worden ist für den hier vorliegenden Fall $n = 1$ keine abgeleitete Gleichung haben, sie muſs also von der im Satze VI. gegebenen Form sein:

$$(1.) \quad .. (a_2 y - a_1 z - bt)\xi + (az - a_2 x - b_1 t)\eta + (a_1 x - ay - b_2 t)\zeta = 0.$$

es bleibt also nur noch die zweite, von dieser nicht abzuleitende Gleichung des Strahlensystems zu finden, welche in Beziehung auf ξ, η, ζ vom zweiten Grade, also von folgender Form sein muſs:

$$(2.) \quad .. A\xi^2 + B\eta^2 + C\zeta^2 + 2D\eta\zeta + 2E\zeta\xi + 2F\xi\eta = 0.$$

Bestimmt man die Gröſsen A, B, C, D, E, F als Funktionen von x, y, z so, daſs diese zweite Gleichung ebenfalls keine abgeleitete Gleichung hat, so erhält man für dieselben ohne Schwierigkeit folgende allgemeinste Ausdrücke:

$$\begin{aligned}
A &= c_2 y^2 - 2dyz + c_1 z^2 - 2f_2 yt + 2g_1 zt + ht^2, \\
B &= cz^2 - 2d_1 zx + c_2 x^2 - 2fzt + 2g_2 xt + h_1 t^2, \\
C &= c_1 x^2 - 2d_2 xy + cy^2 - 2f_1 xt + 2gyt + h_2 t^2, \qquad (3.) \\
D &= -dx^2 + d_1 xy + d_2 zx - cyz + (e_2 - e_1)xt + fyt - gzt + it^2, \\
E &= -d_1 y^2 + d_2 yz + dxy - c_1 zx + (e - e_2)yt + f_1 zt - g_1 xt + i_1 t^2, \\
F &= -d_2 z^2 + dzx + d_1 yz - c_2 xy + (e_1 - e)zt + f_2 xt - g_2 yt + i_2 t^2.
\end{aligned}$$

Da die so bestimmten Gleichungen (1.) und (2.) keine abgeleiteten Gleichungen haben, also keine weitere einschränkende Bedingung vorhanden ist, so geben diese beiden Gleichungen für alle beliebigen Werthe ihrer Constanten Strahlensysteme zweiter Ordnung und zweiter Klasse; dieselben stellen auch, wie sogleich gezeigt werden soll, das allgemeinste Strahlensystem zweiter Ordnung und zweiter Klasse dar. Setzt man der Kürze halber

$$\begin{aligned}
a_2 y - a_1 z - bt &= r, \\
az - a_2 x - b\;t &= r_1, \qquad (4.) \\
a_1 x - ay - b_2 t &= r_2,
\end{aligned}$$

so wird, wie oben im §. 3. gezeigt worden, die Brennfläche dieses Systems durch folgende Gleichung ausgedrückt:

$$\begin{vmatrix} A, & F, & E, & r \\ F, & B, & D, & r_1 \\ E, & D, & C, & r_2 \\ r, & r_1, & r_2, & 0 \end{vmatrix} = 0. \qquad (5.)$$

In dieser Form ist sie scheinbar vom sechsten Grade, sie enthält aber den Faktor t^2, welcher, wenn die Determinante gehörig entwickelt wird, sich heraushebt, sodafs nur eine Gleichung vierten Grades bleibt, wie es sein mufs.

Es kommt nun darauf an die einfachste Form der Gleichungen der Strahlensysteme zweiter Ordnung und zweiter Klasse zu finden, welche in so fern noch als die allgemeinste anzusehen ist, als alle Strahlensysteme zweiter Ordnung und zweiter Klasse aus collinearen Verwandlungen dieser einen Form erhalten werden können. Zu diesem Zwecke betrachte ich den scheinbar sehr speciellen Fall, wo in der Gleichung (2.) alle Constanten gleich Null sind, mit alleiniger Ausnahme von e, e_1, e_2 und ich setze $e_2 - e_1 = \delta$, $e - e_2 = \delta_1$, $e_1 - e = \delta_2$, so dafs $\delta + \delta_1 + \delta_2 = 0$ ist; die Gleichung (1.) lasse ich ungeändert. Die beiden Gleichungen dieses Strahlensystems sind:

$$r\xi + r_1\eta + r_2\zeta = 0.$$

$$\text{(6.)} \qquad \delta x\eta\zeta + \delta_1 y\zeta\xi + \delta_2 z\xi\eta = 0,$$

$$\text{wo} \qquad \delta + \delta_1 + \delta_2 = 0.$$

Die Brennfläche dieses Systems ist:

$$\text{(7.)} \qquad \begin{vmatrix} 0, & \delta_2 z & \delta_1 y, & r \\ \delta_2 z, & 0, & \delta x, & r_1 \\ \delta_1 y, & \delta x, & 0, & r_2 \\ r, & r_1, & r_2, & 0, \end{vmatrix} = 0,$$

oder entwickelt:

$$\text{(8.)} \quad \delta^2 x^2 r^2 + \delta_1^2 y^2 r_1^2 + \delta_2^2 z^2 r_2^2 - 2\delta_1\delta_2 yzr_1 r_2 - 2\delta_2\delta zxr_2 r - 2\delta\delta_1 xyrr_1 = 0,$$

welche auch in die einfache irrationale Form:

$$\text{(9.)} \qquad \sqrt{\delta xr} + \sqrt{\delta_1 yr_1} + \sqrt{\delta_2 zr_2} = 0$$

gesetzt werden kann. Diese Gleichungen stellen die allgemeinste Fläche vierten Grades mit 16 Knotenpunkten dar, insofern alle Flächen dieser Art nur collineare Verwandlungen der durch eine jede dieser Gleichungen (7.), (8.), (9.) dargestellten Fläche sind, wie ich in einem Aufsatze in den Monatsberichten der Akademie vom Jahre 1864 pag. 246 nachgewiesen habe; denn die hier gewählte Form stimmt mit der dort gegebenen vollständig überein, bis auf die Constanten, welche im Interesse der Symmetrie hier etwas anders gewählt sind. Hieraus folgt unmittelbar, dafs die Gleichungen (6.) das allgemeinste Strahlensystem zweiter Ordnung und zweiter Klasse darstellen, insofern alle Strahlensysteme dieser Art nur collineare Verwandlungen der in diesen Gleichungen enthaltenen sind; denn da die Brennflächen aller dieser Strahlensysteme der Brennfläche des Strahlensystems (6.) collinear sind, so müssen auch diese Systeme selbst den in den Gleichungen (6.) enthaltenen collinear sein.

Um die Lage der 16 singulären Punkte des Systems und der 16 ihnen zugehörenden ebenen Strahlenbüschel genauer zu ermitteln, stelle ich die Gleichungen der 16 singulären Tangentialebenen und die Coordinaten der 16 Knotenpunkte der Brennfläche vollständig auf.

Singuläre Tangentialebenen:

$$\begin{array}{llll}
1. & x = 0, & 9. & \frac{\varepsilon_2 y}{b_2} - \frac{\varepsilon_1 z}{b_1} - \frac{\varepsilon t}{a} = 0, \\
2. & y = 0, & 10. & \frac{\varepsilon z}{b} - \frac{\varepsilon_2 x}{b_2} - \frac{\varepsilon_1 t}{a_1} = 0, \\
3. & z = 0, & 11. & \frac{\varepsilon_1 x}{b_1} - \frac{\varepsilon y}{b} - \frac{\varepsilon_2 t}{a_2} = 0, \\
4. & t = 0, & 12. & \frac{\varepsilon x}{a} + \frac{\varepsilon_1 y}{a_1} + \frac{\varepsilon_2 z}{a_2} = 0, \\
5. & a_2 y - a_1 z - b t = 0, & 13. & \frac{\varepsilon'_2 y}{b_2} - \frac{\varepsilon'_1 z}{b_1} - \frac{\varepsilon' t}{a} = 0, \\
6. & a z - a_2 x - b_1 t = 0, & 14. & \frac{\varepsilon' z}{b} - \frac{\varepsilon'_2 x}{b_2} - \frac{\varepsilon'_1 t}{a_1} = 0, \\
7. & a_1 x - a y - b_2 t = 0, & 15. & \frac{\varepsilon'_1 x}{b_1} - \frac{\varepsilon' x}{b} - \frac{\varepsilon'_2 t}{a_2} = 0, \\
8. & b x + b_1 y + b_2 z = 0, & 16. & \frac{\varepsilon' x}{a} + \frac{\varepsilon'_1 y}{a_1} + \frac{\varepsilon'_2 z}{a_2} = 0.
\end{array} \tag{10.}$$

Knotenpunkte:

$$\begin{array}{ll}
1. & x = 0,\ y = -\frac{b_2 t}{a},\ z = \frac{b_1 t}{a}, \\
2. & y = 0,\ z = -\frac{b t}{a_1},\ x = \frac{b_2 t}{a_1}, \\
3. & z = 0,\ x = -\frac{b_1 t}{a_2},\ y = \frac{b t}{a_2}, \\
4. & t = 0,\ \frac{x}{a} = \frac{y}{a_1} = \frac{z}{a_2}, \\
5. & y = 0,\ z = 0,\ t = 0, \\
6. & z = 0,\ x = 0,\ t = 0, \\
7. & x = 0,\ y = 0,\ t = 0, \\
8. & x = 0,\ y = 0,\ z = 0, \\
9. & x = 0,\ y = -\frac{\varepsilon'_2 b t}{\varepsilon' a_2},\ z = \frac{\varepsilon'_1 b t}{\varepsilon' a_1}, \\
10. & y = 0,\ z = -\frac{\varepsilon' b_1 t}{\varepsilon'_1 a},\ x = \frac{\varepsilon'_2 b_1 t}{\varepsilon'_1 a_2}, \\
11. & z = 0,\ x = -\frac{\varepsilon'_1 b_2 t}{\varepsilon'_2 a_1},\ y = \frac{\varepsilon' b_2 t}{\varepsilon'_2 a}, \\
12. & t = 0,\ \frac{\varepsilon x}{\delta a} = \frac{\varepsilon_1 y}{\delta_1 a_1} = \frac{\varepsilon_2 z}{\delta_2 a_2}, \\
13. & x = 0,\ y = -\frac{\varepsilon_2 b t}{\varepsilon a_2},\ z = \frac{\varepsilon_1 b t}{\varepsilon a_1}, \\
14. & y = 0,\ z = -\frac{\varepsilon b_1 t}{\varepsilon_1 a},\ x = \frac{\varepsilon_2 b_1 t}{\varepsilon_1 a_2}, \\
15. & z = 0,\ x = -\frac{\varepsilon_1 b_2 t}{\varepsilon_2 a_1},\ y = \frac{\varepsilon b_2 t}{\varepsilon_2 a}, \\
16. & t = 0,\ \frac{\varepsilon' x}{\delta a} = \frac{\varepsilon'_1 y}{\delta_1 a_1} = \frac{\varepsilon'_2 z}{\delta_2 a_2},
\end{array} \tag{11.}$$

wo die Gröfsen ε, ε_1, ε_2, oder vielmehr ihre Quotienten durch die beiden Gleichungen

$$(12.)\qquad \varepsilon+\varepsilon_1+\varepsilon_2=0,\ \frac{\delta ab}{\varepsilon}+\frac{\delta_1 a_1 b_1}{\varepsilon_1}+\frac{\delta_2 a_2 b_2}{\varepsilon_2}=0$$

zweiwerthig bestimmt sind und ε', ε'_1, ε'_2 die zusammengehörenden zweiten Werthe bezeichnen. Für das Verhältnifs $\varepsilon:\varepsilon_1$ hat man demnach die quadratische Gleichung:

$$(13.)\qquad \delta ab\varepsilon_1^2+(\delta ab+\delta_1 a_1 b_1-\delta_2 a_2 b_2)\,\varepsilon_1\varepsilon+\delta_1 a_1 b_1\varepsilon^2=0$$

und hieraus folgt:

$$(14.)\qquad \varepsilon\varepsilon':\varepsilon_1\varepsilon'_1:\varepsilon_2\varepsilon'_2=\delta ab:\delta_1 a_1 b_1:\delta_2 a_2 b_2.$$

Bezeichnet man die Knotenpunkte und auch die singulären Tangentialebenen einfach durch die beigesetzten Nummern, so kann man die je sechs singulären Tangentialebenen, welche durch einen Knotenpunkt gehen und ebenso die je sechs Knotenpunkte, welche in einer singulären Tangentialebene liegen, einfach durch folgendes Schema darstellen:

		1,	2,	3,	4,	5,	6,	7,	8,	9,	10,	11,	12,	13,	14,	15,	16.
	I.	1,	2,	3,	4,	5,	6,	7,	8,	9,	10,	11,	12,	13,	14,	15,	16.
	II.	9,	10,	11,	12,	13,	14,	15,	16,	1,	2,	3,	4,	5,	6,	7,	8.
(15.)	III.	13,	14,	15,	16,	9,	10,	11,	12,	5,	6,	7,	8,	1,	2,	3,	4.
	IV.	8,	7,	6,	5,	4,	3,	2,	1,	16,	15,	14,	13,	12,	11,	10,	9.
	V.	7,	8,	5,	6,	3,	4,	1,	2,	15,	16,	13,	14,	11,	12,	9,	10.
	VI.	6,	5,	8,	7,	2,	1,	4,	3,	14,	13,	16,	15,	10,	9,	12,	11.

Die erste Vertikalreihe bedeutet hier: in der singulären Tangentialebene 1 liegen die Knotenpunkte 1, 9, 13, 8, 7, 6, und ebenso umgekehrt: durch den Knotenpunkt 1 gehen die singulären Tangentialebenen 1, 9, 13, 8, 7, 6; die entsprechende doppelte Bedeutung haben alle sechzehn Vertikalreihen; die Ordnung der Punkte und Ebenen ist geflissentlich so gewählt worden, dafs die Beziehung der Gegenseitigkeit, welche unter denselben herrscht, in dieser Weise deutlich hervortrete. Das einem jeden der sechzehn singulären Punkte des bei (6.) aufgestellten Strahlensystems zugehörende ebene Strahlenbündel liegt stets in der mit dem Knotenpunkte gleich bezifferten singulären Tangentialebene.

Aus dem Umstande, daſs die je sechs durch einen Knotenpunkt der Brennfläche hindurchgehenden singulären Tangentialebenen vollkommen gleichberechtigt sind, und daſs namentlich alle sechs dasselbe Recht haben ein von ihrem gemeinsamen Durchschnittspunkte ausgehendes ebenes Strahlenbüschel eines Systems zweiter Ordnung und zweiter Klasse zu enthalten, da die eine ein solches enthält, kann man schlieſsen, daſs eine jede Fläche vierten Grades mit 16 Knotenpunkten Brennfläche für sechs verschiedene Strahlensysteme zweiter Ordnung und zweiter Klasse zugleich sein wird. In der That gehören derselben Brennfläche, (7.), (8.) oder (9.) folgende sechs verschiedene Strahlensysteme zweiter Ordnung und zweiter Klasse an:

$$\text{I.}\begin{cases}(a_2y-a_1z-bt)\xi+(az-a_2x-b_1t)\eta+(a_1x-ay-b_2t)\zeta=0. \\ \delta x\eta\zeta+\delta_1y\zeta\xi+\delta_2z\xi\eta=0,\end{cases}$$

$$\text{II.}\begin{cases}\left(\frac{\varepsilon'_2y}{b_2}-\frac{\varepsilon'_1z}{b_1}-\frac{\varepsilon't}{a}\right)\xi+\left(\frac{\varepsilon'z}{b}-\frac{\varepsilon'_2x}{b_2}-\frac{\varepsilon'_1t}{a_1}\right)\eta+\left(\frac{\varepsilon'x_1}{b_1}-\frac{\varepsilon'y}{b}-\frac{\varepsilon'_2t}{a_2}\right)\zeta=0, \\ \varepsilon x\eta\zeta+\varepsilon_1y\zeta\xi+\varepsilon_2z\xi\eta=0,\end{cases}$$

$$\text{III.}\begin{cases}\left(\frac{\varepsilon_2y}{b_2}-\frac{\varepsilon_1z}{b_1}-\frac{\varepsilon t}{a}\right)\xi+\left(\frac{\varepsilon z}{b}-\frac{\varepsilon_2x}{b_2}-\frac{\varepsilon_1t}{a_1}\right)\eta+\left(\frac{\varepsilon_1x}{b_1}-\frac{\varepsilon y}{b}-\frac{\varepsilon_2t}{a_1}\right)\zeta=0, \\ \varepsilon'x\eta\zeta+\varepsilon'_1y\zeta\xi+\varepsilon'_2z\xi\eta=0,\end{cases}$$

$$\text{IV.}\begin{cases}bt\xi+az\eta-ay\zeta=0, \\ \left(\delta_2a_2y+\delta_1a_1z+(\delta_2a_2b_2-\delta_1a_1b_1)\frac{t}{a}\right)\xi^2-\delta ax\eta\zeta-(\delta_1a_1x+\delta_2ay \\ +\delta_2b_2t)\zeta\xi-(\delta_1az+\delta_2a_2x-\delta_1b_1t)\xi\eta=0,\end{cases}$$

$$\text{V.}\begin{cases}b_1t\eta+a_1x\zeta-a_1z\xi=0, \\ \left(\delta az+\delta_2a_2x+(\delta ab-\delta_2a_2b_2)\frac{t}{a}\right)\eta^2-\delta_1a_1y\zeta\xi-(\delta_2a_2y+\delta a_1z+\delta bt)\xi\eta \\ -(\delta_2a_1x+\delta ay-\delta_2b_2t)\eta\zeta=0,\end{cases}$$

$$\text{VI.}\begin{cases}b_2t\zeta+a_2y\xi-a_2x\eta=0, \\ \left(\delta_1a_1x+\delta ay+(\delta_1a_1b_1-\delta ab)\frac{t}{a_2}\right)\zeta^2-\delta_2a_2z\xi\eta-(\delta az+\delta_1a_2x+\delta_1b_1t)\eta\zeta \\ -(\delta a_2y+\delta_1a_1z-\delta bt)\zeta\xi=0,\end{cases}$$

12

wo $\delta + \delta_1 + \delta_2 = 0$ ist und $\varepsilon, \varepsilon_1, \varepsilon_2, \varepsilon', \varepsilon'_1, \varepsilon'_2$ durch die bei (12.) gegebenen Gleichungen bestimmt sind.

Man erhält die übrigen fünf derselben Brennfläche angehörenden Strahlensysteme aus dem ersten gegebenen durch Anwendung passender collinearer Verwandlungen, bei welchen die Gleichung der Brennfläche in eine Gleichung von derselben analytischen Form verwandelt wird, welche sich von der gegebenen nur durch andere Werthe der Constanten unterscheidet, so dafs a in a', a_1 in a'_1, a_2 in a'_2 etc. übergeht, bei welchen aber die beiden Gleichungen des Strahlensystems wesentlich andere werden. Es giebt auch einen ganzen Cyklus von collinearen Verwandlungen der Gleichung der Brennfläche in sich selbst, bei welchen auch die Werthe der Constanten $a, a_1, a_2, b, b_1, b_2, \delta, \delta_1, \delta_2$ ungeändert bleiben, grade diese lassen aber auch die Strahlensysteme in derselben Weise vollständig ungeändert, so dafs sie für den Zweck, aus einem dieser Strahlensysteme die übrigen fünf abzuleiten, nicht anwendbar sind. Um nach dieser Methode aus dem Systeme I. das System IV. abzuleiten, nehme ich folgende lineare Substitution:

$$\begin{aligned} x' &= a_2 y - a_1 z - bt, & x &= -\frac{b_1 y'}{b} - \frac{b_2 z'}{b} + \frac{t'}{b}, \\ y' &= y, & y &= y', \\ z' &= z, & z &= z', \\ t' &= bx + b_1 y + b_2 z, & t &= -\frac{x'}{b} + \frac{a_2 y'}{b} - \frac{a_1 z'}{b}; \end{aligned}$$

aus dieser folgt:

$$az - a_2 x - b_1 t = \frac{hz'}{b} + \frac{b_1 x'}{b} - \frac{a_2 t'}{b},$$

$$a_1 x - ay - b_2 t = \frac{b_2 x'}{b} - \frac{hy'}{b} + \frac{a_1 t'}{b},$$

wo $ab + a_1 b_1 + a_2 b_2 = h$ gesetzt ist.

Durch diese Substitution verwandelt sich die Gleichung der Brennfläche in eine Gleichung derselben Form, mit den veränderten Constanten.

$$a' = \frac{h}{b}, \qquad a'_1 = \frac{b_2}{b}, \qquad a'_2 = -\frac{b_1}{b},$$

$$b' = -\frac{1}{b}, \qquad b'_1 = \frac{a_2}{b}, \qquad b'_2 = -\frac{a_1}{b},$$

während δ, δ_1, δ_2 ungeändert bleiben. Nach den im §. 1. angegebenen Formeln für die collineare Verwandlung der Strahlensysteme hat man

$$\begin{aligned}
\xi &= (b'x' + b'_1 y' + b'_2 z')(a'_2 \eta' - a'_1 \zeta') - (a'_2 y - a'_1 z - b't)(b'\xi' + b'_1 \eta' + b'_2 \zeta') \\
\eta &= (b'x' + b'_1 y' + b'_2 z')\eta' - y'(b'\xi' + b'_1 \eta' + b'_2 \zeta') \\
\zeta &= (b'x' + b'_1 y' + b'_2 z')\zeta' - z'(b'\xi' + b'_1 \eta' + b'_2 \zeta').
\end{aligned}$$

Setzt man nun die Werthe von x, y, z, t, ξ, η, ζ, in die beiden Gleichungen des Strahlensystems I. ein, so erhält man nach Ausführung der Rechnung:

$$b't'\xi' + a'z'\eta' - a'y'\zeta' = 0,$$

$$\Big(\delta_2 a'_2 y' + \delta_1 a'_1 z' + (\delta_2 a'_2 b'_2 - \delta_1 a'_1 b'_1)\frac{t'}{a'}\Big)\xi'^2 - \delta a'x'\eta'\zeta' - (\delta_1 a'_1 x' + \delta_2 a'y'$$
$$+ \delta_2 b'_2 t_{,})\zeta'\xi' - (\delta_1 a'z' + \delta_2 a'_2 x' - \delta_1 b'_1 t')\xi'\eta' = 0,$$

als die beiden Gleichungen eines Strahlensystems, dessen Brennfläche die Form der Gleichung (9.) hat, mit den Constanten a', b', etc. Da diese Gleichungen mit denen des Strahlensystems IV. vollständig übereinstimmen, so folgt, dafs das Strahlensystem IV. dieselbe Brennfläche (9.) hat, als das Strahlensystem I. Hieraus folgt ferner unmittelbar, dafs auch die Systeme V. und VI. dieselbe Brennfläche haben; denn diese entstehen aus IV, durch Vertauschung der Buchstaben x, y, z, a, a_1, a_2, b, b_1, b_2, wobei die Brennfläche ungeändert bleibt. Die Strahlensysteme II. und III. können in derselben Weise durch lineare Transformationen aus I. abgeleitet werden; man erhält dieselben aber einfacher, wenn man bemerkt, dafs die Gleichung der Brennfläche auch in folgende Form gesetzt werden kann:

$$\sqrt{\varepsilon' x\left(\frac{\varepsilon_2 y}{b_2} - \frac{\varepsilon_1 z}{b_1} - \frac{\varepsilon t}{a}\right)} + \sqrt{\varepsilon'_1 y\left(\frac{\varepsilon z}{b} - \frac{\varepsilon_2 x}{b_2} - \frac{\varepsilon_1 t}{a_1}\right)} + \sqrt{\varepsilon'_2 z\left(\frac{\varepsilon_1 x}{b_1} - \frac{\varepsilon y}{b} + \frac{\varepsilon_2 t}{a_2}\right)} = 0.$$

Führt man dieselbe Änderung der Constanten, durch welche die Gleichung 9 in diese Form übergeht, auch bei dem Strahlensysteme I. aus, so erhält man das Strahlensystem III., und, wenn man die Wurzeln der quadratischen Gleichung, durch welche ε, ε_1, ε_2 gegeben sind, vertauscht, so dafs diese in ε', ε'_1, ε'_2 übergehen, erhält man aus diesem das Strahlensystem II.

Die zu einem jeden dieser sechs Strahlensysteme zweiter Ordnung und zweiter Klasse gehörenden ebenen Strahlenbüschel werden durch das oben bei (15.) gegebene Schema vollständig bestimmt; denn dasselbe ist so eingerichtet, daſs wenn die über der Linie stehenden Nummern die 16 singulären Punkte bedeuten, die in den Horizontalreihen I, II, III, IV, V, VI stehenden Nummern für jedes der sechs Strahlensysteme die Ebenen angeben, in welchen die den Punkten zugehörenden ebenen Strahlenbüschel liegen.

Das vollständige System aller, eine Fläche vierten Grades mit 16 Knotenpunkten zweimal berührenden, graden Linien enthält auſser diesen sechs Strahlensystemen noch 16 Strahlensysteme 0ter Ordnung und erster Klasse, deren jedes aus allen in einer singulären Tangentialebene liegenden graden Linien besteht, da alle diese stets zweimal berührende grade Linien der Fläche sind, dasselbe ist so in der That von der 12ten Ordnung und der 28ten Klasse, wie dies bei einer jeden Fläche vierten Grades der Fall sein muſs. Man hat demnach den Satz:

XXXVII. Jede Fläche vierten Grades mit 16 Knotenpunkten ist Brennfläche von sechs verschiedenen Strahlensystemen zweiter Ordnung und zweiter Klasse, und von 16 verschiedenen Strahlensystemen 0ter Ordnung und erster Klasse.

Als bemerkenswerthe specielle Fälle dieser allgemeinen Strahlensysteme zweiter Ordnung und zweiter Klasse will ich zwei hier erwähnen, in denen die Brennfläche vierten Grades mit 16 Knotenpunkten zu einer Fläche mit einer Doppelgraden und zu einer Fläche mit zwei Doppelgraden wird.

Setzt man $b_2 = 0$, so erhält die Brennfläche die Doppelgrade $x = 0$, $y = 0$; die acht Knotenpunkte 1, 2, 7, 8, 9, 10, 15, 16 fallen in diese Doppelgrade hinein, indem sich je zwei derselben, nämlich 1 und 10, 2 und 9, 7 und 16, 8 und 15 zu einem Punkte vereinigen; die acht gleichbenannten singulären Tangentialebenen gehen durch die Doppelgrade hindurch, indem sich ebenfalls die je zwei mit den entsprechenden Punkten gleich benannten zu einer Ebene vereinigen, und sich decken. Es bleiben also nur acht besondere Knotenpunkte, welche nicht zusammenfallen und nicht in der Doppelgraden liegen und acht singuläre Tangentialebenen, welche sich nicht decken und nicht durch die Doppelgrade hindurchgehen. Von den sechs Strahlensystemen zweiter Ordnung und zweiter Klasse bleiben vier, nämlich I., II., IV. und V., als solche bestehen, welche keine Brenncurve haben, die beiden Strahlensysteme III. und VI. aber geben nur dasjenige Strahlensystem zweiter Ordnung und zweiter Klasse, welches die Doppelgrade zur Brenncurve hat. Von den vier Strahlensystemen, welche keine Brennlinien haben, behält jedes seine 16 singulären Punkte mit 16 ebenen Strahlenbüscheln, wenn die zwei sich deckenden überall als zwei gezählt werden; nach einer anderen Art der Zählung würden in solchen speciellen Fällen oder Gränzfällen, die im §. 6. gegebenen Sätze, über die Anzahl der singulären Punkte in den Strahlensystemen zweiter Ordnung nicht mehr stimmen, wie dies an dem angeführten Orte auch ausdrücklich bemerkt ist.

Specialisirt man noch weiter, indem man aufser $b_2 = 0$ auch $a_2 = 0$ setzt, so erhält die Brennfläche vierten Grades die zwei sich nicht schneidenden Doppelgraden $x = 0$, $y = 0$ und $z = 0$, $t = 0$, sie wird demnach zu einer gradlinigen Fläche vierten Grades, da bekanntlich zwei sich nicht schneidende Doppelgrade nur in einer gradlinigen Fläche vierten Grades Statt haben. Es fallen alsdann in jede der beiden Doppelgraden acht Knotenpunkte hinein, indem je zwei sich zu einem vereinigen, und ebenso gehen durch jede der beiden Doppelgraden acht singuläre Tangentialeben, von denen je zwei sich decken. Die vier Strahlensysteme I., II., IV., V. bleiben auch in diesem Falle noch als solche bestehen, welche keine Brenncurven haben, während III. und VI. wegfallen.

§. 8.

Die Strahlensysteme zweiter Ordnung und dritter Klasse, ohne Brenncurven.

Die drei Funktionen P, Q, R in der ersten linearen Gleichung der Strahlensysteme zweiter Ordnung und dritter Klasse sind nach Satz XVIII. vom zweiten Grade; setzt man demnach in den beiden Gleichungen der Sätze XXIX. und XXX. $n = 2$, so geben dieselben:

$$50 = m_1 + 8m_2 \text{ und } 10 = 2m_2,$$

also

$$m_1 = 10, \text{ und } m_2 = 5.$$

Die Strahlensysteme dieser Klasse haben also im Ganzen 15 singuläre Punkte, 10 derselben mit ebenen Strahlenbüscheln und 5 mit Strahlenkegeln zweiten Grades, und weil die singulären Punkte des Systems zugleich Knotenpunkte und die Ebenen der Strahlenbüschel singuläre Tangentialebenen der Brennfläche sind, so hat man folgenden Satz:

XXXVIII. **Die Strahlensysteme zweiter Ordnung und dritter Klasse haben 15 singuläre Punkte, und zwar 10 mit ebenen Strahlenbüscheln, 5 mit Strahlenkegeln zweiten Grades; ihre Brennflächen sind Flächen vierten Grades mit 15 Knotenpunkten und mit 10 singulären Tangentialebenen.**

Mit der ersten Gleichung der Strahlensysteme dieser Klasse:

$$(1.)\qquad P\xi + Q\eta + R\zeta = 0$$

ist die zweite, als die erste abgeleitete von dieser, zugleich mit gegeben, die zweite abgeleitete aber muſs, wie oben allgemein von der $n$ten abgeleiteten Gleichung gezeigt worden ist, identisch verschwinden, und diese Bedingung ist hier, wo andere abgeleitete Gleichungen nicht existiren, zugleich die hinreichende Bedingung dafür, daſs die erste Gleichung mit ihrer einen abgeleiteten in der That ein Strahlensystem zweiter Ordnung und zweiter Klasse giebt, welches zugleich das allgemeinste dieser Klasse sein muſs. Setzt man für P, Q, R die allgemeinen Formen ganzer rationaler Funktionen zweiten Grades in x, y, z, t an, so giebt die Bedingung, daſs die zweite abgeleitete Gleichung identisch verschwinde, unmittelbar zehn einfache lineare Gleichungen, unter den 3 mal 10 Constanten dieser Funktionen zweiten Grades, welche folgende allgemeinste Ausdrücke derselben ergeben:

$$(2.)\qquad \begin{aligned} P &= -f_1y^2 - e_2z^2 + dyz + ezx + fxy + gxt + hyt + izt + kt^2, \\ Q &= -d_2z^2 - fx^2 + d_1yz + e_1zx + f_1xy + g_1xt + h_1yt + i_1zt + k_1t^2, \\ R &= -ex^2 - d_1y^2 + d_2yz + e_2zx + f_2xy + g_2xt + h_2yt + i_2zt + k_2t^2, \end{aligned}$$

mit der einen Bedingungsgleichung:

$$(3.)\qquad d + e_1 + f_2 = 0.$$

Setzt man die erste abgeleitete Gleichung in die Form

$$(4.)\qquad A\xi^2 + B\eta^2 + C\zeta^2 + 2D\eta\zeta + 2E\zeta\xi + 2F\xi\eta = 0$$

so erhält man:

$$A = 2(fy + ez + gt), \qquad D = -dx - d_1 y - d_2 z + (i_1 + h_2)t,$$
$$B = 2(d_1 z + f_1 x + h_1 t), \qquad E = -ex - e_1 y - e_2 z + (g_2 + i)t,$$
$$C = 2(e_2 x + d_2 y + i_2 t), \qquad F = -fx - f_1 y - f_2 z + (h + g_1)t.$$

Die Brennfläche dieses durch die beiden Gleichungen (1.) und (4.) dargestellten allgemeinsten Strahlensystems dritter Klasse wird, wie im §. 3. allgemein gezeigt worden, durch folgende Determinante gegeben:

$$\begin{vmatrix} A, & F, & E, & P \\ F, & B, & D, & Q \\ E, & D, & C, & R \\ P, & Q, & R, & 0 \end{vmatrix} = 0, \tag{5.}$$

dieselbe ist, da P, Q, R vom zweiten, und A, B, C, D, E, F vom ersten Grade sind, scheinbar vom sechsten Grade, sie enthält aber den Faktor t^2, welcher sich hinweghebt, so daſs, wie es sein muſs, die Brennfläche vom vierten Grade ist. Daſs die durch diese Gleichung dargestellte Fläche in der That 15 Knotenpunkte und zehn singuläre Tangentialebenen hat, ist in dieser allgemeinsten Form schwer zu erkennen, es soll darum auch hier wieder die einfachste Form dieser Strahlensysteme aufgestellt werden, welche zugleich auch die allgemeinste sei, insofern alle Strahlensysteme dieser Klasse nur collineare Verwandlungen derselben sein sollen.

Zu diesem Zwecke nehme ich in den allgemeinsten Formen von P, Q, R,

$$\begin{array}{llll} d = \delta, & h = a_2, & i = -a_1, & k = -b, \\ e_1 = \delta_1, & i_1 = a, & g_1 = -a_2, & k_1 = -b_1, \\ f_2 = \delta_2, & g_2 = a_1, & h_2 = -a, & k_2 = -b_2, \end{array}$$

alle übrigen Coefficienten nehme ich gleich Null, so wird:

$$\begin{aligned} P &= \delta\, yz + rt, \\ Q &= \delta_1 zx + r_1 t, \\ R &= \delta_2 xy + r_2 t, \end{aligned} \tag{6.}$$

wo r, r_1, r_2, dieselben Gröſsen bezeichnen als im vorhergehenden Paragraphen und wo

$$\delta + \delta_1 + \delta_2 = 0$$

ist. Die Brennfläche dieses Strahlensystem's ist:

$$(7.)\quad \begin{vmatrix} 0, & -\delta_2 z, & -\delta_1 y, & \delta yz+rt \\ -\delta_2 z, & 0, & -\delta x, & \delta_1 zx+r_1 t \\ -\delta_1 y, & -\delta x, & 0, & \delta_2 xy+r_2 t \\ \delta yz+rt, & \delta_1 zx+r_1 t, & \delta_2 xy+r_2 t, & 0 \end{vmatrix} = 0,$$

welche leicht in folgende einfachere Form gebracht wird, aus der t^2 als Faktor hinweggehoben ist:

$$(8.)\quad \begin{vmatrix} 0, & -\delta_2 z, & -\delta_1 y, & r \\ -\delta_2 z, & 0, & -\delta x, & r_1 \\ -\delta_1 y, & -\delta x, & 0, & r_2 \\ r, & r_1, & r_2, & 2r_3 \end{vmatrix} = 0,$$

wo der Kürze halben

$$bx+b_1 y+b_2 z=r_3$$

gesetzt ist. Die vollständige Entwickelung dieser Determinante giebt:

$$(9.)\quad \begin{aligned} \delta^2 x^2 r^2 + \delta_1^2 y^2 r_1^2 + \delta_2^2 z^2 r_2^2 - 2\delta_1\delta_2 yzr_1 r_2 - 2\delta_2\delta zxr_2 r - 2\delta\delta_1 xyrr_1 \\ - 4\delta\delta_1\delta_2 xyzr_3 = 0. \end{aligned}$$

Diese Gleichung, welche sich von der Gleichung (8.) des vorhergehenden Paragraphen nur durch das letzte Glied unterscheidet, welches hinzugetreten ist, giebt die allgemeinste Form der Gleichung aller Flächen vierten Grades mit 15 Knotenpunkten, insofern alle diese Flächen nur collineare Verwandlungen der in dieser Form enthaltenen sind. Der vollständige Beweis dieser Behauptung wird ohne Schwierigkeit nach derselben Methode geführt, nach welcher ich in den Monatsberichten vom Jahre 1864 pag. 249 die allgemeinste Form aller Flächen vierten Grades mit 16 Knotenpunkten entwickelt habe. Die Ausführung dieses Beweises, welche dem gegenwärtigen Zwecke der Untersuchung der Strahlensysteme ferner liegt, will ich hier übergehen. Es folgt hieraus, dafs alle Strahlensysteme zweiter Ordnung und dritter Klasse nur collineare Verwandlungen desjenigen Strahlensystems sind, dessen drei bestimmende Funktionen P, Q, R, durch die Gleichungen (6.) gegeben sind.

Die zehn singulären Tangentialebenen der Brennfläche haben folgende Gleichungen:

$$
\begin{aligned}
&1, \quad x=0,\\
&2, \quad y=0,\\
&3, \quad z=0,\\
&4 \text{ und } 7, \quad (\varrho-\delta_1 a_1 b_1)\frac{y}{b_2}+(\varrho-\delta ab-\delta_1 a_1 b_1)\frac{z}{b_1}+\delta bt=0, \qquad (10.)\\
&5 \text{ und } 8, \quad (\varrho-\delta_2 a_2 b_2)\frac{z}{b}+(\varrho-\delta_1 a_1 b_1-\delta_2 a_2 b_2)\frac{x}{b_2}+\delta_1 b_1 t=0,\\
&6 \text{ und } 9, \quad (\varrho-\delta ab)\frac{x}{b_1}+(\varrho-\delta_2 a_2 b_2-\delta ab)\frac{y}{b}+\delta_2 b_2 t=0,\\
&10, \quad bx+b_1 y+b_2 z=0,
\end{aligned}
$$

wo ϱ durch die quadratische Gleichung

$$
\begin{aligned}
\varrho^2-(\delta ab+\delta_1 a_1 b_1+\delta_2 a_2 b_2)\varrho+\delta_1 a_1 b_1 \delta_2 a_2 b_2+\delta_2 a_2 b_2 \delta ab&\\
+\delta ab \delta_1 a_1 b_1-\delta\delta_1\delta_2 bb_1 b_2=0& \qquad (11.)
\end{aligned}
$$

zweiwerthig bestimmt ist, und wo für die singulären Tangentialebenen 4, 5, 6, der eine, für 7, 8, 9 aber der andere dieser beiden Werthe des ϱ zu nehmen ist.

Die 15 Knotenpunkte der Brennfläche bestimmen sich am einfachsten durch die je vier singulären Tangentialebenen, welche durch jeden derselben hindurchgehen, sie werden durch folgendes Schema gegeben:

1,	2,	3,	4,	5,	6,	7,	8,	9,	10,	11,	12,	13,	14,	15,	
1,	2,	3,	1,	2,	3,	1,	2,	3,	1,	2,	1,	1,	4,	7,	
4,	5,	6,	4,	5,	6,	5,	4,	4,	2,	3,	3,	2,	5,	8,	(12.)
7,	8,	9,	8,	7,	7,	6,	6,	5,	3,	4,	5,	6,	6,	9,	
10,	10,	10,	9,	9,	8,	7,	8,	9,	10,	7,	8,	9,	10,	10.	

Die über der Linie stehenden Ziffern bezeichnen hier die Knotenpunkte und die unter denselben stehenden je vier Ziffern die durch jeden Knotenpunkt hindurchgehenden singulären Tangentialebenen. Jedem der 15 Knotenpunkte gehört ausser den vier singulären Tangentialebenen noch ein die Brennfläche einhüllender Kegel zweiten Grades an, welcher durch dieselbe Ziffer bezeichnet werden soll, wie der Knotenpunkt. Auf jedem

K 2

der 15 einhüllenden Kegel zweiten Grades liegen 9 Knotenpunkte, wo der im Mittelpunkte liegende mitgezählt ist; ferner durch jeden Knotenpunkt gehen 9 dieser Kegel. Die je neun in einem Kegel liegenden Knotenpunkte und die je neun durch einen Knotenpunkt gehenden Kegel werden gleichmäſsig durch folgendes Schema angegeben:

	1,	2,	3,	4,	5,	6,	7,	8,	9,	10,	11,	12,	13,	14,	15,
	1,	1,	1,	2,	1,	1,	2,	1,	1,	4,	2,	1,	1,	4,	7,
	2,	2,	2,	3,	3,	2,	3,	3,	2,	5,	3,	3,	2,	5,	8,
	3,	3,	3,	4,	4,	4,	4,	5,	6,	6,	4,	5,	6,	6,	9,
(13.)	5,	4,	4,	5,	5,	5,	7,	7,	7,	7,	7,	8,	9,	10,	10,
	6,	6,	5,	6,	6,	6,	8,	8,	8,	8,	11,	11,	11,	11,	11,
	8,	7,	7,	7,	8,	9,	9,	9,	9,	9,	12,	12,	12,	12,	12,
	9,	9,	8,	11,	10,	10,	10,	10,	10,	10,	13,	13,	13,	13,	13,
	12,	11,	11,	12,	12,	13,	11,	12,	14,	14,	14,	14,	14,	14,	14,
	13,	13,	12,	14,	14,	14,	15,	15,	15,	15,	15,	15,	15,	15,	15.

Wenn eine über der Linie stehende Ziffer als die eines Kegels genommen wird, so geben die darunterstehenden Ziffern die neun auf demselben liegenden Knotenpunkte und umgekehrt, wenn die über der Linie stehende Ziffer als die eines Knotenpunktes genommen wird, so geben die darunterstehenden Ziffern die neun durch diesen Knotenpunkt hindurchgehenden Kegel.

Das durch die Gleichungen (6.) gegebene Strahlensystem dritter Klasse enthält in den singulären Punkten 11, 12, 13, 14, 15 die fünf gleich bezifferten Strahlenkegel, in den Punkten 1 bis 10 aber die ebenen Strahlenbüschel, deren Ebenen in derselben Reihenfolge durch dieselben Ziffern bezeichnet sind. Die fünf Strahlenkegel 11, 12, 13, 14, 15 liegen, wie das Schema zeigt, so, daſs der Mittelpunkt eines jeden derselben auf den vier anderen Kegeln liegt; die Nothwendigkeit dieser Bedingung für jedes Strahlensystem dritter Klasse folgt auch daraus, daſs, wenn irgend zwei der fünf Strahlenkegel nicht so lägen, daſs sie ihre Mittelpunkte gegenseitig enthalten, eine durch diese beiden Mittelpunkte beliebig gelegte Ebene aus jedem von beiden zwei verschiedene, also im ganzen vier Strahlen des Systems ausschneiden würde, so daſs dasselbe nicht von der dritten Klasse sein könnte.

Bei genauer Betrachtung des Schemas bei (13.) sieht man, dafs es genau sechs Verbindungen von je fünfen der 15 einhüllenden Kegel giebt, welche die Bedingung erfüllen, dafs der Mittelpunkt eines jeden auf den vier anderen liegt, nämlich die Verbindungen: (11, 12, 13, 14, 15), (4, 5, 6, 10, 14), (7, 8, 9, 10, 15), (2, 3, 4, 7, 11), (1, 3, 5, 8, 12) und (1, 2, 6, 9, 13). Man kann hieraus schliefsen, dafs dieselbe Brennfläche sechs verschiedenen Strahlensystemen zweiter Ordnung und dritter Klasse angehören wird, deren Strahlenkegel diese sechs Verbindungen sind. In der That haben folgende sechs Strahlensysteme zweiter Ordnung und dritter Klasse dieselbe Brennfläche (9.):

$$\text{I.}\quad \begin{cases} P = \delta yz + (a_2 y - a_1 z - bt)t, \\ Q = \delta_1 zx + (az - a_2 x - b_1 t)t, \\ R = \delta_2 xy + (a_1 x - ay - b_2 t)t, \end{cases}$$

$$\text{II. und III,}\quad \begin{cases} P = s\,\big(\delta b(\varrho - \delta ab)(\varrho' - \delta ab)x + \delta_1 b_1(\varrho' - \delta ab)(\varrho' - \delta_1 a_1 b_1)y \\ \qquad\qquad + \delta_2 b_2(\varrho - \delta ab)(\varrho - \delta_2 a_2 b_2)z\big), \\ Q = s_1\big(\delta_1 b_1(\varrho - \delta_1 a_1 b_1)(\varrho' - \delta_1 a_1 b_1)y + \delta_2 b_2(\varrho' - \delta_1 a_1 b_1) \\ \qquad\qquad (\varrho' - \delta_2 a_2 b_2)z + \delta b(\varrho - \delta_1 a_1 b_1)(\varrho - \delta ab)x\big), \\ R = s_2\big(\delta_2 b_2(\varrho - \delta_2 a_2 b_2)(\varrho' - \delta_2 a_2 b_2)z + \delta b(\varrho' - \delta_2 a_2 b_2) \\ \qquad\qquad (\varrho' - \delta ab)x + \delta_1 b_1(\varrho - \delta_2 a_2 b_2)(\varrho - \delta_1 a_1 b_1)y\big), \end{cases}$$

wo
$$s = (\varrho - \delta_1 a_1 b_1)\frac{y}{bz} + (\varrho - \delta ab - \delta_1 a_1 b_1)\frac{z}{b_1} + \delta bt,$$
$$s_1 = (\varrho - \delta_2 a_2 b_2)\frac{z}{b} + (\varrho - \delta_1 a_1 b_1 - \delta_2 a_2 b_2\frac{x}{b_2} + \delta_1 b_1 t,$$
$$s_2 = (\varrho - \delta ab)\frac{x}{b_1} + (\varrho - \delta_2 a\ b_2 - \delta ab)\frac{y}{b},\ \delta_2 b_2 t,$$

und wo ϱ und ϱ' die beiden Wurzeln der quadratischen Gleichung (11.) sind.

$$\text{IV.}\quad \begin{cases} P = \delta yz + (a_2 y - a_1 z - bt)t, \\ Q = \delta_2 zx - z\left((\delta_1 b_1 - a_2 a)\frac{y}{b} - (\delta_2 b_2 - aa_1)\frac{z}{b} + at\right) \\ R = \delta_1 xy + y\left((\delta_1 b_1 - a_2 a)\frac{y}{b} - (\delta_2 b_2 - aa_1)\frac{z}{b} + at\right) \end{cases}$$

$$\text{V.}\quad \begin{cases} P = \delta_2 yz + z\left((\delta_2 b_2 - aa_1)\frac{z}{b_1} - (\delta b - a_1 a_2)\frac{x}{b_1} + a_1 t\right) \\ Q = \delta_1 zx + (az - a_2 x - b_1 t)t \\ R = \delta xy - x\left(\delta_2 b_2 - aa_1\right)\frac{z}{b_1} - (\delta b - a_1 a_1)\frac{x}{b_1} + a_1 t\big) \end{cases}$$

$$\text{VI.}\quad \begin{cases} P = \delta_1 yz - y\left((\delta b - a_1 a_2)\frac{x}{b_2} - (\delta_1 b_1 - a_2 a)\frac{y}{b_2} + a_2 t\right) \\ Q = \delta zx + x\left((\delta b - a_1 a_2)\frac{x}{b_2} - (\delta_1 b_1 - a_2 a)\frac{y}{b_2} + a_2 t\right) \\ R = \delta_2 xy + (a_1 x - ay - b_2 t)t. \end{cases}$$

Die fünf übrigen Strahlensysteme lassen sich aus dem ersten nach derselben Methode durch collineare Verwandlungen ableiten, wie in dem entsprechenden Falle des vorhergehenden Paragraphen, auch läſst sich durch die Bildung und Entwickelung der Gleichung der Brennfläche eines jeden, ohne Schwierigkeit, wenngleich nicht ohne eine gewisse Weitläufigkeit verificiren, daſs sie alle dieselbe Brennfläche haben.

Die einem jeden dieser sechs Strahlensysteme zugehörenden 10 ebenen Strahlenbüschel und fünf Strahlenkegel werden durch folgendes Schema gegeben:

(14.)

	1,	2,	3,	4,	5,	6,	7,	8,	9,	10,	11,	12,	13,	14,	15.
I.	1,	2,	3,	4,	5,	6,	7,	8,	9,	10,	(11),	(12),	(13),	(14),	(15),
II.	7,	8,	9,	(4),	(5),	(6),	1,	2,	3,	(10),	4,	5,	6,	(14),	10,
III.	4,	5,	6,	1,	2,	3,	(7),	(8),	(9),	(10),	7,	8,	9,	10,	(15),
IV.	10,	(2),	(3),	(4),	9,	8,	(7),	6,	5,	1,	(11),	3,	2,	4,	7,
V.	(1),	10,	(3),	9,	(5),	7,	6,	(8),	4,	2,	3,	(12),	1,	5,	8,
VI.	(1),	(2),	10,	8,	7,	(6),	5,	4,	(9),	3,	2,	1,	(13),	6,	9,

wo die Strahlenkegel zweiten Grades zur Unterscheidung in Klammern eingeschlossen sind. Da ausser diesen sechs Strahlensystemen alle zweifach berührenden graden Linien der Brennfläche noch 10 Strahlensysteme 0ter Ordnung und erster Klasse bilden, welche in den 10 singulären Tangentialebenen liegen, so hat man folgenden Satz:

XXXIX. Jede Fläche vierten Grades mit 15 Knotenpunkten und zehn singulären Tangentialebenen ist Brennfläche von sechs verschiedenen Strahlensystemen zweiter Ordnung und dritter Klasse und von 10 verschiedenen Strahlensystemen 0ter Ordnung und erster Klasse.

Als einen derjenigen besonderen Fälle, in welchen einige der 15 singulären Punkte sich zu einem vereinigen, bemerke ich den Fall wo

$$\delta b_1 b_2 + a(ab + a_1 b_1 + a_2 b_2) = 0$$

ist, für welchen

$$\varrho = \delta_1 a_1 b_1 - \delta_2 ab, \qquad \varrho' = \delta_2 a_2 b_2 - \delta_1 ab$$

wird. In diesem Falle treten die drei singulären Punkte 1, 4, 15 zu einem einzigen zusammen, welcher für die Brennfläche ein uniplanarer Knotenpunkt wird, dessen osculirender Kegel aus zwei sich deckenden Ebenen besteht. Die drei den Knotenpunkten 1, 4, 15 angehörenden einhüllenden Kegel zweiten Grades zerfallen jeder in zwei Ebenen, welche mit zweien der vorhandenen singulären Tangentialebenen identisch werden und sie geben so sechs durch den uniplanaren Knotenpunkt gehende singuläre Tangentialebenen; die übrigen 12 Knotenpunkte behalten jeder seine vier singulären Tangentialebenen und seinen einhüllenden Kegel zweiten Grades. Die einer solchen Brennfläche mit 13 Knotenpunkten, deren einer ein uniplanarer ist, angehörenden Strahlensysteme bleiben als sechs verschiedene Strahlensysteme zweiter Ordnung und dritter Klasse bestehen, mit dem Unterschiede jedoch, daſs ein jedes derselben nur vier Strahlenkegel zweiten Grades behält, da der fünfte in zwei von dem uniplanaren Knotenpunkte ausgehende ebene Strahlenbüschel zerfällt.

Ein anderer merkwürdiger specieller Fall der Strahlensysteme dritter Klasse, welchen man aus den aufgestellten allgemeinen Gleichungen derselben nicht unmittelbar, sondern erst nach einer collinearen Verwandlung erhält, ist der, wo viermal drei Knotenpunke sich zu vier uniplanaren Knotenpunkten vereinigen, und drei als gewöhnliche Knotenpunkte bestehen bleiben. Die allgemeinste Gleichung der Flächen vierten Grades mit vier uniplanaren und drei gewöhnlichen Knotenpunkten ist

$$(yz + zx + xy + xt + yt + zt)^2 - 4xyzt = 0.$$

die vier uniplanaren Knotenpunkte sind:

1., $y = 0, \quad z = 0, \quad t = 0,$
2., $z = 0, \quad x = 0, \quad t = 0,$
3., $x = 0, \quad y = 0, \quad t = 0,$
4., $x = 0, \quad y = 0, \quad z = 0,$

und die drei gewöhnlichen Knotenpunkte:

5., $x = +t,\quad y = -t,\quad z = -t,$
6., $x = -t,\quad y = +t,\quad z = -t,$
7., $x = -t,\quad y = -t,\quad z = +t.$

Die zehn singulären Tangentialebenen der Fläche sind,

1., $x = 0,$ 5., $y + z = 0,$ 8., $x + t = 0,$
2., $y = 0,$ 6., $z + x = 0,$ 9., $y + t = 0,$
3., $z = 0,$ 7., $x + y = 0,$ 10., $z + t = 0.$
4., $t = 0,$

Für einen jeden der vier uniplanaren Knotenpunkte besteht der von ihm ausgehende einhüllende Kegel aus sechs von den zehn singulären Tangentialebenen, für jeden der drei gewöhnlichen Knotenpunkte aus vier singulären Tangentialebenen und einem Kegel zweiten Grades.

Die sechs verschiedenen Strahlensysteme zweiter Ordnung und dritter Klasse, welche diese Fläche zur gemeinsamen Brennfläche haben sind bestimmt durch die Gleichungen:

I., $z(y+t)\xi + t(z+x)\eta - y(x+t)\zeta = 0,$
II., $y(z+t)\xi - z(x+t)\eta + t(x+y)\zeta = 0,$
III., $-z(y+t)\xi + x(z+t)\eta + t(x+y)\zeta = 0,$
IV., $t(y+z)\xi + z(x+t)\eta - x(y+t)\zeta = 0,$
V., $t(y+z)\xi - x(z+t)\eta + y(x+t)\zeta = 0,$
VI., $-y(z+t)\xi + t(z+x)\eta + x(y+t)\zeta = 0,$

und durch die ersten abgeleiteten derselben. Von jedem der vier singulären Punkte 1., 2., 3., 4 gehen in einem jeden dieser sechs Strahlensysteme zwei ebene Strahlenbüschel aus, von zweien der singulären Punkte 5, 6, 7 aber nur je ein ebenes Strahlenbüschel und von dem dritten ein Strahlenkegel zweiten Grades. Betrachtet man diese Strahlensysteme als Gränzfälle der allgemeinen Strahlensysteme zweiter Ordnung und dritter Klasse, welche zehn singuläre Punkte mit ebenen Strahlenbüscheln und fünf mit Strahlenkegeln zweiten Grades haben, so sind es diejenigen Fälle, in denen vier der Strahlenkegel zweiten Grades in je zwei ebene Strahlenbüschel zerfallen, welche mit je zweien ebenen Strahlenbüschel der beiden Punkte, die sich mit diesem zu einem Punkte vereinigen, zusammenfallen, während von den drei übrig bleibenden singulären Punkten einer seinen Strahlenkegel zweiten Grades und die beiden anderen ihre ebenen Strahlenbüschel behalten.

§. 9.

Die Strahlensysteme zweiter Ordnung und vierter Klasse, ohne Brenncurven.

Die Strahlensysteme der vierten Klasse, für welche der Grad n der drei Funktionen P, Q, R gleich 3 ist, haben nach dem Satze XXIV. einen Doppelstrahl. Die beiden in diesem Doppelstrahl liegenden singulären Punkte des Systems haben nach Satz XXXIV. Strahlenkegel dritten Grades, für welche der Doppelstrahl eine Doppelkante ist, und aufser diesen beiden sind keine anderen Strahlenkegel dritten Grades vorhanden, es ist also $m_3 = 2$. Setzt man nun in den beiden Gleichungen der Sätze XXIX. und XXX. $n = 3$ so erhält man:

$$108 = m_1 + 8m_2 + 27m_3, \qquad 30 = 2m_2 + 9m_3,$$

also:

$$m_1 = 6, \qquad m_2 = 6, \qquad m_3 = 2,$$

man hat demnach folgenden Satz:

XL. Die Strahlensysteme zweiter Ordnung und vierter Klasse haben einen Doppelstrahl und 14 singuläre Punkte und zwar 6 mit ebenen Strahlenbüscheln, 6 mit Strahlenkegeln zweiten Grades und 2 mit Strahlenkegeln dritten Grades; ihre Brennflächen sind Flächen vierten Grades mit 14 Knotenpunkten und 6 singulären Tangentialebenen.

Die analytische Darstellung dieser Strahlensysteme beruht auf der Bestimmung der drei Funktionen P, Q, R in der Gleichung

$$P\xi + Q\eta + R\zeta = 0, \tag{1.}$$

denn diese Gleichung, mit ihren abgeleiteten, bestimmt das Strahlensystem vollständig. Wählt man den einen Doppelstrahl als z Axe, so müssen nach Satz XXII. die drei Funktionen dritten Grades P, Q, R, für $x=0$, $y=0$, gleich Null werden, dieselben haben also die Formen:

$$(2.)\quad \begin{aligned} P &= x\phi + y\phi_1 + xyp, \\ Q &= x\phi' + y\phi'_1 + xyp', \\ R &= x\phi'' + y\phi''_1 + xyp'', \end{aligned}$$

wo ϕ, ϕ' ϕ'' Funktionen zweiten Grades sind, welche y nicht enthalten, also homogene Funktionen zweiten Grades von x, z, t, und ϕ_1, ϕ'_1, ϕ''_1 homogene Funktionen zweiten Grades von y, z, t, aber p, p', p'' lineare Funktionen von x, y, z, t. Führt man nun die Bedingung ein, daſs die dritte abgeleitete Gleichung identisch verschwinden muſs, oder was dasselbe ist, daſs $Px + Qy + Rz$ in Beziehung auf x, y, z nur vom dritten Grade sein muſs, so erhält man

$$(3.)\quad \begin{aligned} \phi_1 &= A_1 y^2 + B_1 yz + C_1 z^2 + D_1 yt + E_1 zt + F_1 t^2, \\ \phi'_1 &= + B'_1 yz + C'_1 z^2 + D'_1 yt + E'_1 zt + F'_1 t^2, \\ \phi''_1 &= - B'_1 y^2 - C'_1 yz + D''_1 yt + E''_1 zt + F''_1 t^2, \\[1ex] \phi &= + Bxz + Cz^2 + Dxt + Ezt + F t^2, \\ \phi' &= A'x^2 + B'xz + C'z^2 + D'xt + E'zt + F' t^2, \\ \phi'' &= - Bx^2 - C xz + D''xt + E''zt + F'' t^2, \\[1ex] p &= - A'x + Hy + Iz + Kt, \\ p' &= - Hx - A_1 y + I'z + K't, \\ p'' &= -(B' + I)x - (B_1 + I')y - (C' + C_1)z + K''t. \end{aligned}$$

Es sind nun die in diesen Ausdrücken vorkommenden Coefficienten weiter so zu bestimmen, daſs die erste Gleichung des Strahlensystems und die beiden abgeleiteten Gleichungen mit einander harmoniren, so daſs eine dieser drei Gleichungen eine Folge der beiden anderen sei. Nach der oben gegebenen Regel erhält man die abgeleiteten Gleichungen, wenn man in der ursprünglichen Gleichung $x + \varrho\xi$, $y + \varrho\eta$, $z + \varrho\zeta$ statt x, y, z setzt, diese Gleichung muſs alsdann für jeden beliebigen Werth des ϱ Statt haben. Es ist nun in dem gegenwärtigen Falle vortheilhaft die beiden abgeleiteten Gleichungen dadurch zu bestimmen, daſs man dem ϱ zwei bestimmte Werthe giebt, und zwar einerseits den Werth $\varrho = -\frac{x}{\xi}$, andererseits der Werth $\varrho = -\frac{y}{\eta}$; die so erhaltenen beiden Gleichungen sind alsdann mit den nach der gewöhnlichen Methode der Entwickelung nach Potenzen von ϱ gefundenen vollständig äquivalent.

Für den Werth $\varrho = -\frac{x}{\xi}$ wird

$$x + \varrho\xi = 0, \quad y + \varrho\eta = -\frac{\omega}{\xi}, \quad z + \varrho\zeta = +\frac{\upsilon}{\xi},$$

wo zur Abkürzung $y\zeta - z\zeta = u$, $z\xi - x\zeta = \upsilon$, $x\eta - y\xi = \omega$ gesetzt ist. Die Gleichung $P\xi + Q\eta + R\zeta = 0$ giebt nun, weil $y + \varrho\eta$ sich hinweghebt, vermöge der Gleichung $u\xi + \upsilon\eta + \omega\zeta = 0$:

$$\begin{aligned} &C_1\upsilon^2 + A_1\omega^2 - B_1\upsilon\omega - C'_1 u\upsilon + B'_1 u\omega - (D_1\xi + D'_1\eta + D''_1\zeta)\omega t \\ &\quad + (E_1\xi + E'_1\eta + E''_1\zeta)\upsilon t + (F_1\xi + F'_1\eta + F''_1\zeta)\xi t^2 = 0. \end{aligned} \tag{4.}$$

Für den anderen Werth $\varrho = -\frac{y}{\eta}$ erhält man in derselben Weise

$$\begin{aligned} &C'u^2 + A'\omega^2 + B\upsilon\omega - Cu\upsilon - B'u\omega + (D\xi + D'\eta + D''\zeta)\omega t \\ &\quad - (E\xi + E'\eta + E''\zeta)ut + (F\xi + F\eta + F'\zeta)\eta t^2 = 0. \end{aligned} \tag{5.}$$

Diese beiden Gleichungen, welche die Stelle der beiden abgeleiteten Gleichungen vertreten, müssen nun unter Hinzuziehung der ursprünglichen Gleichung (1.) identisch werden. Da beide in Beziehung auf ξ, η, ζ vom zweiten Grade sind, und auch in Beziehung auf die nur in u, υ, ω enthaltenen Gröfsen x, y, z ebenfalls vom zweiten Grade, da ferner die ursprüngliche Gleichung in Beziehung auf x, y, z vom dritten Grade ist, so kann eine Verbindung einer dieser beiden Gleichungen mit der ursprünglichen nur eine Gleichung geben, welche in Beziehung auf x, y, z von einem höheren als dem zweiten Grade ist, welche also mit der anderen Gleichung nicht identisch sein kann. Hieraus folgt, dafs die beiden Gleichungen (4. und 5.) für sich identisch sein müssen. Weil die sechs Gröfsen u, υ, ω, ξ, η, ζ nur durch die eine Gleichung $\xi u + \eta\upsilon + \zeta\omega = 0$ unter einander verbunden, und sonst ganz unabhängig sind, so mufs die Identität beider Gleichungen Glied für Glied Statt haben, wenn in der letzteren statt des Gliedes $-E\xi ut$ die beiden Glieder $+E\eta\upsilon t + E\zeta\omega t$ gesetzt werden. Die Vergleichung der einzelnen Glieder giebt zunächst:

L 2

$$(6.)\quad \begin{array}{lllll} C_1=0, & E_1=0, & E''_1=0, & F_1=0, & F'_1=0, \\ C'=0, & E'=0, & E'=0, & F'=0, & F''=0, \end{array}$$

beide Gleichungen haben daher die Form

$$(7.)\quad \begin{array}{r} \omega(\alpha u+\alpha_1 v+\alpha_2 w+\beta\xi t+\beta_1\eta t+\beta_2\zeta t)+(\delta_2 v\eta-\delta_1 w\zeta)t \\ -\gamma uv+\varepsilon\eta\xi t^2=0. \end{array}$$

Man hat demnach:

$$(8.)\quad \begin{array}{l} A_1=\varkappa\alpha_2,\ B_1=-\varkappa\alpha_1,\ B'_1=\varkappa\alpha,\ C'_1=\varkappa\gamma,\ F_1=\varkappa\varepsilon, \\ D_1=-\varkappa\beta,\ D'_1=-\varkappa\beta_1,\ D''_1=-\varkappa(\beta_2+\delta_1),\ E'_1=\varkappa\delta_1, \\ A'=\lambda\alpha_2,\ B=\lambda\alpha_1,\ B'=-\lambda\alpha,\ C=\lambda\gamma,\ F=\lambda\varepsilon, \\ D=\lambda\beta,\ D'=\lambda\beta_1,\ D''=\lambda(\beta_2-\delta_1-\delta_2),\ E=\lambda\delta_2, \end{array}$$

wo $\varkappa$ und λ zwei beliebige Gröſsen sind. Setzt man ausserdem noch

$$H=a_2,\ I=-a_1,\ I'=+a,\ K=-b,\ K'=-b_1,\ K'=-b_2,$$

so erhält man nach Einsetzung aller dieser Werthe folgende Ausdrücke der drei Funktionen P, Q, R:

$$(9.)\quad \begin{array}{l} P=xyr+(ky^2-\lambda x^2)s+(\gamma z^2+\delta_2 zt+\varepsilon t^2)\lambda x, \\ Q=xyr_1+(ky^2-\lambda x^2)s_1+(\gamma z^2+\delta_2 zt+\varepsilon t^2)ky, \\ R=xyr_2+(ky^2-\lambda x^2)s_2+\lambda x^2(\gamma z-(\delta_2+\delta_1)t)-ky^2(\gamma z-\delta_1 t), \end{array}$$

wo

$$\begin{array}{ll} r\ =a_2y-a_1z-bt, & s\ =\alpha_2y-\alpha_1z-\beta t, \\ r_1=az\ -a_2x-b_1t, & s_1=\alpha z\ -\alpha_2x-\beta_1t, \\ r_2=a_1x-ay\ -b_2t, & s_2=\alpha_1x-\alpha y\ -\beta_2t, \end{array}$$

Nachdem so das allgemeinste Strahlensystem zweiter Ordnung und vierter Klasse gefunden ist, kommt es wieder darauf an das einfachste Strahlensystem derselben Art zu finden, welches noch als das allgemeinste gelten kann, insofern alle anderen nur collineare Transformationen dieses einfachsten sind. Zu diesem Zwecke setze ich $\alpha=0$, $\alpha_1=0$, $\alpha_2=0$, $\beta=0$, $\beta_1=0$, $\beta_2=0$, $\gamma=0$, $\varepsilon=0$, und $\delta_1+\delta_2=-\delta$, so wird

$$(10.)\quad \begin{array}{l} P=xyr\ +\lambda\delta_2xzt, \\ Q=xyr_1+\varkappa\delta_2yzt, \\ R=xyr_2+\lambda\delta x^2t+\varkappa\delta_1y^2t, \end{array}$$

und die Gleichung (7.) giebt als zweite Gleichung des Strahlensystems:

$$\delta_2 v\eta - \delta_1 \omega\zeta = 0, \tag{11.}$$

oder entwickelt:

$$\delta x\eta\zeta + \delta_1 y\zeta\xi + \delta_2 z\xi\eta = 0. \tag{12.}$$

Die Brennfläche dieses Systems wird demnach:

$$\begin{vmatrix} 0, & \delta_2 z, & \delta_1 y, & P \\ \delta_2 z, & 0, & \delta x, & Q \\ \delta_1 y, & \delta x, & 0, & R \\ P, & Q, & R, & 0 \end{vmatrix} = 0, \tag{13.}$$

sie enthält in dieser Form noch den überflüssigen Faktor $x^2 y^2$, welcher sich bei der Entwickelung dieser Determinante heraushebt. Die Gleichung der Brennfläche wird demnach

$$(\delta xr + \delta_1 yr_1 - \delta_2 zr_2)^2 - 4\delta\delta_1 (yr + \lambda\delta_2 zt)(xr_1 + \varkappa\delta_2 zt) = 0, \tag{14.}$$

oder

$$\begin{aligned} \delta^2 x^2 r^2 + \delta_1^2 y^2 r_1^2 - \delta_2^2 z^2 r_2^2 - 2\delta_1\delta_2 yzr_1 r_2 - 2\delta_2\delta zxr_2 r - 2\delta\delta_1 xyrr_1 \\ - 4\delta\delta_1\delta_2 (kyr + \lambda xr_1) zt - 4\delta\delta_1\delta_2^2 k\lambda z^2 t^2 = 0. \end{aligned} \tag{15.}$$

Diese Gleichung stellt in der That eine Fläche vierten Grades mit 14 Knotenpunkten und 6 singulären Tangentialebenen dar, und zwar die allgemeinste Fläche dieser Art, insofern alle anderen nur collineare Verwandlungen von dieser sind. In demselben Sinne ist also auch das einfache durch die Gleichungen (10.) gegebene Strahlensystem das allgemeinste Strahlensystem zweiter Ordnung und vierter Klasse.

Die sechs singulären Tangentialebenen dieser Fläche sind

$$\begin{aligned} &1, && z = 0, \\ &2, && p = \delta a_2 \varrho x + \delta_1 a_2 y - (\delta a\varrho + \delta_1 a_1) z = 0, \\ &3, && p' = \delta a_2 \varrho' x + \delta_1 a_2 y - (\delta a\varrho' + \delta_1 a_1) z = 0, \\ &4, && t = 0, \\ &5, && q' = a_2 \varrho' x - a_2 y + (b + b_1 \varrho') t = 0, \\ &6, && q = a_2 \varrho x - a_2 y + (b + b_1 \varrho) t = 0, \end{aligned} \tag{16.}$$

wo ϱ und ϱ' die beiden Wurzeln der quadratischen Gleichung sind:

$$\delta(ab_1 - \delta_2 a_2 k)\varrho^2 + (\delta ab + \delta_1 a_1 b_1 - \delta_2 a_2 b_2)\varrho + \delta_1(a_1 b - \delta_2 a_2 \lambda) = 0. \tag{17.}$$

Vermittelst dieser Ausdrücke der sechs singulären Tangentialebenen kann man die Gleichung der Fläche auch in folgende Form setzen

$$\sqrt{pq'} + \sqrt{p'q} + \sqrt{mzt} = 0 \tag{18.}$$

$$\text{wo} \quad m = \delta(ab_1 - \delta_2 a_2 k)(\varrho - \varrho')^2.$$

Die 14 Knotenpunkte der Fläche sind:

1,	$p = 0,$	$p' = 0,$	$z = 0,$
2,	$q' = 0,$	$q = 0,$	$z = 0,$
3,	$p = 0,$	$q = 0,$	$z = 0,$
4,	$q' = 0,$	$p' = 0,$	$z = 0,$
5,	$q' = 0,$	$q = 0,$	$t = 0,$
6,	$p = 0,$	$p' = 0,$	$t = 0,$
7,	$q' = 0,$	$p' = 0,$	$t = 0,$
8,	$p = 0,$	$q = 0,$	$t = 0,$
9 und 10,	$p = 0,$	$q' = 0,$	$p'q - mzt = 0,$
11 und 12,	$p' = 0,$	$q = 0,$	$pq' - mzt = 0,$
13 und 14,	$z = 0,$	$t = 0,$	$pq' - p'q = 0,$

Die ersten acht Knotenpunkte sind solche durch deren jeden drei singuläre Tangentialebenen gehen; ausserdem geht von jedem dieser acht Punkte ein einhüllender Kegel dritten Grades mit einer Doppelkante aus. Durch einen jeden der übrigen sechs Knotenpunkte gehen nur zwei singuläre Tangentialebenen und von jedem derselben gehen ausserdem zwei einhüllende Kegel zweiten Grades aus.

Die acht einhüllenden Kegel dritten Grades, welche von den acht ersten Knotenpunkten ausgehen, liegen paarweise so, daſs die Doppelkanten je zweier zusammenfallen, es sind dieſs die von den Punkten 1 und 5, 2 und 6, 3 und 7, 4 und 8 ausgehenden Kegel dritten Grades. Das oben aufgestellte Strahlensystem zweiter Ordnung und vierter Klasse hat die von den beiden Punkten 1 und 5 ausgehenden Kegel dritten Grades zu Strahlenkegeln und die gemeinsame Doppelkante derselben als den Doppelstrahl; ausserdem hat es von jedem der sechs Paare von Kegeln zweiten Grades, die von den sechs Knotenpunkten 9, 10, 11, 12, 13, 14 ausgehen einen Kegel als Strahlenkegel zweiten Grades; endlich hat es noch von den sechs Knotenpunkten 2, 3, 4, 6, 7, 8 ausgehend sechs ebene Strahlenbüschel, welche beziehungsweise in den singulären Tangentialebenen z, q, q', t, p', p liegen. Da ein jedes Strahlensystem zweiter Ordnung und vierter Klasse zwei Strahlenkegel dritten Grades mit einer gemeinsamen Doppelkante als Doppelstrahl haben mufs, und da die Brennfläche nur vier solche Paare von einhüllenden Kegeln dritten Grades mit gemeinsamer Doppelkante hat, so folgt, dafs auf einer und derselben Brennfläche nicht mehr als vier solche Strahlensysteme liegen können. Dafs in der That eine jede solche Fläche vierten Grades die gemeinsame Brennfläche von vier solchen Strahlensystemen ist, folgt einfach aus der Vertauschbarkeit der sechs singulären Tangentialebenen, bei welcher die Fläche dieselbe bleibt, aber die Knotenpunkte derselben in andere übergehen. Vertauscht man q' mit p und q mit p' so gehen die Knotenpunkte 1 und 5 in 2 und 6 über und man erhält ein zweites Strahlensystem zweiter Ordnung und vierter Klasse, welches die Verbindungslinie der Knotenpunkte 2 und 6 zum Doppelstrahle hat; ebenso erhält man das dritte Strahlensystem dieser Art mit dem durch die Knotenpunkte 3 und 7 gehenden Doppelstrahle durch Vertauschung von p' und q und das vierte, dessen Doppelstrahl durch die Knotenpunkte 4 und 8 geht, durch Vertauschung von p und q'. Also

XLI. Jede Fläche vierten Grades mit 14 Knotenpunkten und 6 singulären Tangentialebenen ist Brennfläche von vier verschiedenen Strahlensystemen zweiter Ordnung und vierter Klasse.

Das vollständige System aller eine solche Fläche vierten Grades zweimal berührenden graden Linien besteht ausser den genannten vier Strahlensystemen zweiter Ordnung und vierter Klasse noch aus einem irreductibeln Strahlensysteme vierter Ordnung und sechster Klasse und aus den sechs Strahlensystemen 0ter Ordnung und erster Klasse, welche von allen in den sechs singulären Tangentialebenen liegenden graden Linien gebildet werden. Die analytische Darstellung der drei anderen auf derselben Brennfläche (15.) liegenden Strahlensysteme zweiter Ordnung und vierter Klasse übergehe ich, weil die Ausdrücke zu complicirt sind.

§. 10.

Die Strahlensysteme zweiter Ordnung und fünfter Klasse, ohne Brenncurven.

Für die Strahlensysteme fünfter Klasse ist der Grad der drei Funktionen P, Q, R, $n=4$. Dieselben haben nach dem Satze XXIV. drei Doppelstrahlen, welche nach Satz XXXIII. durch einen und denselben Punkt gehen. Der singuläre Punkt des Strahlensystems, in welchem die drei Doppelstrahlen sich schneiden, hat nach dem Satze XXXIV. einen Strahlenkegel vierten Grades, für welchen die drei Doppelstrahlen Doppelkanten sind, und die drei singulären Punkte, welche in den drei Doppelstrahlen liegen, haben jeder einen Strahlenkegel dritten Grades mit dem singulären Strahl als Doppelkante; es ist also hier $m_4 = 1$, $m_3 = 3$. Setzt man nun in den beiden Gleichungen der Sätze XXIX. und XXX. $m_4 = 1$, $m_3 = 3$, $n = 4$, so geben dieselben:

$$51 = m_1 + 8m_2, \qquad 12 = 2m_2,$$

also $m_1 = 3$, $m_2 = 6$, $m_3 = 3$, $m_4 = 1$, man hat demnach folgenden Satz:

XLII. **Die Strahlensysteme zweiter Ordnung und fünfter Klasse haben drei durch einen und denselben Punkt gehende Doppelstrahlen und 13 singuläre Punkte, und zwar drei mit ebenen Strahlenbüscheln, sechs mit Strahlenkegeln zweiten Grades, drei mit Strahlenkegeln dritten Grades und einen mit einem Strahlenkegel vierten Grades; ihre Brennflächen sind Flächen vierten Grades mit 13 Knotenpunkten und drei singulären Tangentialebenen.**

Die analytische Darstellung dieser Strahlensysteme wird nach einer ähnlichen Methode gefunden, wie die der Strahlensysteme vierter Klasse. Wählt man die drei durch einen Punkt gehenden Doppelstrahlen als drei Coordinatenaxen und die durch je zwei derselben gehenden Ebenen als die Coordinatenebenen der x, y, z, und beachtet, daſs die drei Doppelstrahlen drei gemeinsame grade Linien der drei Flächen $P=0$, $Q=0$, $R=0$ sein müssen, so erhält man für diese drei Funktionen vierten Grades folgende Formen:

$$\begin{aligned} P &= yz\phi + zx\phi_1 + xy\phi_2 + xyzp \\ Q &= yz\phi' + zx\phi'_1 + xy\phi'_2 + xyzp' \\ R &= yz\phi'' + zx\phi''_1 + xy\phi''_2 + xyzp'' \end{aligned} \tag{1.}$$

wo ϕ, ϕ', ϕ'' homogene Funktionen zweiten Grades von y, z, t sind ϕ'_1, ϕ'_1, ϕ''_1 homogene Funktionen zweiten Grades von z, x, t und ϕ_2, ϕ'_2, ϕ''_2 homogene Funktionen zweiten Grades x, y, t, aber p, p', p'' lineare Funktionen von x, y, z, t. Führt man nun die nothwendige Bedingung ein, dafs $Px + Qy + Rz$ in Beziehung auf x, y, z nur vom vierten Grade sein mufs, so erhält man für die neun Funktionen zweiten Grades ϕ, ϕ' u. s. w. folgende Formen:

$$\begin{aligned} \phi &= Ay^2 + Byz + Cz^2 + Dyt + Ezt + Ft^2, \\ \phi' &= B'yz + C'z^2 + D'yt + E'zt + F't^2, \\ \phi'' &= -B'y^2 + C'yz + D''yt + E''zt + F''t^2, \\ \phi_1 &= -B''_1 z^2 + C''zx + D_1 zt + E_1 xt + F_1 t^2, \\ \phi'_1 &= A'_1 z^2 + B'_1 zx + C'_1 x^2 + D'_1 zt + E'_1 xt + F'_1 t^2, \\ \phi''_1 &= + B''_1 zx + C''_1 x^2 + D''_1 zt + E''_1 xt + F''_1 t^2, \\ \phi_2 &= + B_2 xy + C_2 y^2 + D_2 xt + E_2 yt + F_2 t^2, \\ \phi'_2 &= - B_2 x^2 - C_2 xy + D'_2 xt + E'_2 yt + F'_2 t^2, \\ \phi''_2 &= A''_2 x^2 + B''_2 xy + C''_2 y^2 + D''_2 xt + E''_2 yt + F''_2 t^2. \end{aligned} \tag{2.}$$

Setzt man nun in der ersten Gleichung des Strahlensystems:

$$P\xi + Q\eta + R\zeta = 0 \tag{3.}$$

$x + \varrho\xi$ statt x, $y + \varrho\eta$ statt y, $z + \varrho\zeta$ statt z und giebt der beliebigen Gröfse ϱ nach einander die drei Werthe $\varrho = -\frac{x}{\xi}$, $\varrho = -\frac{y}{\eta}$, $\varrho = -\frac{z}{\zeta}$, so erhält man, nach Aufhebung der überflüssigen Faktoren folgende drei Gleichungen, welche in Beziehung auf ξ, η, ζ und auch in Beziehung auf x, y, z nur vom zweiten Grade sind:

$$\begin{aligned} Cv^2 + A\omega^2 - Bv\omega + B'\omega u - C'uv + (Ev - D\omega + Ft\xi)\xi t + \\ + (E'v - D'\omega + F't\xi)\eta t + (E''v - D''\omega + F''t\xi)\zeta t = 0, \end{aligned} \tag{4.}$$

$$\begin{aligned} C'_1\omega^2 + A'_1 u^2 - B'_1 \omega u + B''_1 uv - C''_1 v\omega + (E'_1\omega - D'_1 u + F'_1 t\eta)\eta t + \\ + (E'_1\omega - D''_1 u + F''_1 t\eta)\zeta t + (E_1\omega - D_1 u + F_1 t\zeta)\xi t = 0, \end{aligned} \tag{5.}$$

$$(6.)\quad \begin{aligned} &C''_2 u^2 + A''_2 v^2 - B''_2 uv + B_2 vw - C_2 wu + (E''_2 u - D''_2 v + F'_2 t\zeta)\zeta t + \\ &+ (E_2 u - D_2 v + F_2 t\zeta)\xi t + (E'_2 u - D'_2 v + F'_2 t\xi)\eta t = 0. \end{aligned}$$

Diese drei Gleichungen, welche die Stelle der drei abgeleiteten Gleichungen vertreten, müssen nun unter einander identisch sein, und wenn man vermöge der Gleichung $u\xi + v\eta + w\zeta = 0$, statt $w\zeta$ setzt $-u\xi - v\eta$, so müssen sie Glied für Glied identisch sein. Vergleicht man zunächst die Glieder welche nicht in allen drei Gleichungen vorkommen, so erhält man:

$$(7.)\quad \begin{aligned} &C = 0, \quad A = 0, \quad E = 0, \quad D = 0, \quad E'' = 0, \quad D' = 0, \\ &C'_1 = 0, \quad A'_1 = 0, \quad E'_1 = 0, \quad D'_1 = 0, \quad E_1 = 0, \quad D''_1 = 0, \\ &C''_2 = 0, \quad A''_2 = 0, \quad E''_2 = 0, \quad D''_2 = 0, \quad E'_2 = 0, \quad D_2 = 0, \\ &F = 0, \quad F'' = 0, \quad F' = 0, \\ &F'_1 = 0, \quad F''_1 = 0, \quad F_1 = 0, \\ &F'_2 = 0, \quad F_2 = 0, \quad F'_2 = 0, \end{aligned}$$

so dafs diese Gleichungen die Form:

$$(8.)\quad \alpha vw + \beta wu + \gamma uv + \delta_1 u\xi t - \delta v\eta t = 0$$

erhalten. Damit nun alle drei dieser einen Form identisch seien hat man ferner die Gleichungen:

$$(9.)\quad \begin{aligned} &B = -\varkappa\alpha, \quad B' = \varkappa\beta, \quad C' = -\varkappa\gamma, \quad D'' = \varkappa\delta_1, \quad E' = \varkappa\delta_2, \\ &B'_1 = -\lambda\beta, \quad B''_1 = \lambda\gamma, \quad C''_1 = -\lambda\alpha, \quad D_1 = \lambda\delta_2, \quad E''_1 = \lambda\delta, \\ &B''_2 = -\mu\gamma, \quad B_2 = \mu\alpha, \quad C_2 = -\mu\beta, \quad D'_2 = \mu\delta, \quad E_2 = \mu\delta_1, \end{aligned}$$

wo $\varkappa$, λ, μ beliebige Gröfsen sind und $\delta_2 = -\delta - \delta_1$ gesetzt ist, also $\delta + \delta_1 + \delta_2 = 0$. Werden diese gefundenen Werthe der Coefficienten in die neun mit ϕ bezeichneten Fnnktionen zweiten Grades eingesetzt, so ergeben sich für P, Q und R folgende Ausdrücke:

$$(10.)\quad \begin{aligned} P &= \alpha(-\varkappa y^2 z^2 + \lambda z^2 x^2 + \mu x^2 y^2) - \beta\mu y^3 x - \gamma\lambda z^3 x + \\ &\quad + \lambda\delta_2 z^2 xt + \mu\delta_1 xy^2 t + xyzp, \\ Q &= \beta(\varkappa y^2 z^2 - \lambda z^2 x^2 + \mu x^2 y^2) - \gamma\varkappa z^3 y - \alpha\mu x^3 y + \\ &\quad + \mu\delta x^2 yt + \varkappa\delta_2 yz^2 t + xyzp', \\ R &= \gamma(\varkappa y^2 z^2 + \lambda z^2 x^2 - \mu x^2 y^2) - \alpha\lambda x^3 z - \beta\varkappa y^3 z + \\ &\quad + \varkappa\delta_1 y^2 zt + \lambda\delta zx^2 t + xyzp'', \end{aligned}$$

wo die drei linearen Ausdrücke p, p', p'' vermöge der Bedingung dafs $Px+Qy+Rz$ in Beziehung auf x, y, z nur vom vierten Grade sein mufs folgendermaafsen bestimmt werden

$$\begin{aligned} p &= (\gamma\mu + a_2)y - a_1 z - bt, \\ p' &= (a\varkappa + a)z - a_2 x - b_1 t, \\ p'' &= (\beta\lambda + a_1)x - ay - b_2 t. \end{aligned} \tag{11.}$$

Da es nun wieder nur darauf ankommt ein Strahlensystem zweiter Ordnung und vierter Klasse zu finden, aus welchem alle Strahlensysteme dieser Art durch collineare Verwandlungen erzeugt werden können, so kann man in dem hier gegebenen, ohne die Allgemeinheit aufzuopfern $\alpha=0$, $\beta=0$, $\gamma=0$ setzen; man erhält so das einfachere Strahlensystem:

$$P\xi + Q\eta + R\zeta = 0.$$

$$\begin{aligned} P &= xyzr + \lambda\delta_2 z^2 xt + \mu\delta_1 xy^2 t, \\ Q &= xyzr_1 + \mu\delta x^2 yt + \varkappa\delta_2 yz^2 t, \\ R &= xyzr_2 + \varkappa\delta_1 y^2 zt + \lambda\delta zx^2 t, \end{aligned} \tag{12.}$$

wo r, r_1, r_2 dieselben linearen Ausdrücke sind wie im vorigen Paragraphen, nämlich

$$r = a_2 y - a_1 z - bt, \qquad r_1 = az - a_2 x - b_1 t, \qquad r_2 = a_1 x - ay - b_2 t.$$

Als zweite Gleichung dieses Strahlensystems erhält man aus der Gleichung (8.)

$$\delta_1 u\xi - \delta v\eta = 0, \tag{13.}$$

oder

$$\delta x\eta\zeta + \delta_1 y\zeta\xi + \delta_2 z\xi\eta = 0. \tag{14.}$$

Die Brennfläche dieses Systems ist demnach:

$$\begin{vmatrix} 0, & \delta_2 z, & \delta_1 y, & P \\ \delta_2 z, & 0, & \delta x, & Q \\ \delta_1 y, & \delta x, & 0, & R \\ P, & Q, & R, & 0 \end{vmatrix} = 0. \tag{15.}$$

M 2

Dieselbe enthält in dieser Form noch den überflüssigen Faktor $x^2y^2z^2$, welcher sich bei der vollständigen Entwickelung dieser Determinante hinweghebt, wodurch die Gleichung der Brennfläche folgende Form erhält:

$$\begin{aligned}(16.)\quad &\delta x^2 r^2 + \delta_1 y^2 r_1^2 + \delta_2 z^2 r_2^2 - 2\delta_1\delta_2 yzr_1r_2 - 2\delta_2\delta zxr_2r - 2\delta\delta_1 xyrr_1 - \\ &- 4\delta\delta_1\delta_2(\varkappa yzr + \lambda zxr_1 + \mu xyr_2)t - 4\delta\delta_1\delta_2(\delta\lambda\mu x^2 + \delta_1\mu\varkappa y^2 + \\ &+ \delta_2\varkappa\lambda z^2)t^2 = 0.\end{aligned}$$

Diese Gleichung stellt in der That eine Fläche vierten Grades mit dreizehn Knotenpunkten und mit drei singulären Tangentialebenen dar, und zwar in sofern die allgemeinste dieser Art, als alle übrigen nur collineare Verwandlungen von dieser sind.

Die drei singulären Tangentialebenen sind:

$$\begin{aligned}(17.)\quad &t = 0,\\ &p = \delta a_2\varrho x + \delta_1 a_2 y - (\delta a\varrho + \delta_1 a_1)z = 0\\ &q = \delta a_2\varrho' x + \delta_1 a_2 y - (\delta a\varrho' + \delta_1 a_1)z = 0.\end{aligned}$$

wo ϱ und ϱ' die beiden Wurzeln der quadratischen Gleichung sind:

$$\begin{aligned}(18.)\quad &\delta\left(ab_1 - \delta_2 a_2\varkappa - \frac{\delta a^2\mu}{a_2}\right)\varrho^2 + \left(\delta ab + \delta_1 a_1 b_1 - \delta_2 a_2 b_2 - \frac{2\mu\delta\delta_1 aa_1}{a_2}\right)\varrho + \\ &+ \delta_1\left(a_1 b - \delta_2 a_2\lambda - \frac{\delta_1 a_1^2\mu}{a_2}\right) = 0.\end{aligned}$$

Die 13 Knotenpunkte sind: Erstens folgende drei

1., $x = 0$, $y = 0$, $z = 0$,

2., $t = 0$, $y = \varrho x$, $z = \dfrac{-\delta_2 a_2\varrho x}{\delta a\varrho + \delta_1 a_1}$,

3., $t = 0$, $y = \varrho' x$, $z = \dfrac{-\delta_2 a_2\varrho' x}{\delta a\varrho' + \delta_1 a_1}$,

durch welche je zwei singuläre Tangentialebenen gehen und für welche der einhüllende Kegel sechsten Grades aus einem Kegel vierten Grades mit drei Doppelkanten und aus zwei Ebenen besteht.

Zweitens der Knotenpunkt

$$4.,\quad t=0,\quad \frac{x}{a}=\frac{y}{b}=\frac{z}{c},$$

durch welchen alle drei singulären Tangentialebenen gehen und welchem ausserdem ein einhüllender Kegel dritten Grades ohne Doppelkante angehört. Drittens hat die Fläche noch 9 Knotenpunkte, durch deren jeden nur eine der drei singulären Tangentialebenen geht und für welche der vollständige einhüllende Kegel sechsten Grades aus einem Kegel dritten Grades mit einer Doppelkante, einem Kegel zweiten Grades und einer Ebene besteht. Drei dieser neun Knotenpunkte liegen in der singulären Tangentialebene $t=0$, drei in $p=0$ und drei in $q=0$; diejenigen drei, welche in $t=0$ liegen, sind

$$\begin{array}{llll} 5., & t=0, & y=0, & z=0, \\ 6., & t=0, & z=0, & x=0, \\ 7., & t=0, & x=0, & y=0; \end{array}$$

die drei Knotenpunkte 8, 9, 10, welche in der Ebene $p=0$ liegen so wie die drei Knotenpunkte 11, 12, 13, welche in $q=0$ liegen hängen von einer Gleichung dritten Grades ab, deren Coefficienten noch die Wurzel ϱ oder ϱ' der quadratischen Gleichung (18.) enthalten.

Das bei (12.) aufgestellte Strahlensystem hat den einen singulären Punkt mit einem Strahlenkegel vierten Grades und drei Doppelkanten im Knotenpunkte 1., ferner die drei singulären Punkte mit Strahlenkegeln dritten Grades und einer Doppelkante in den Punkten 5., 6., 7., die sechs singulären Punkte mit Strahlenkegeln zweiten Grades in den Knotenpunkten 8, 9, 10, 11, 12, 13 und die drei singulären Punkte mit ebenen Strahlenbüscheln in den Knotenpunkten 2, 3, 4.

Da ein jedes Strahlensystem zweiter Ordnung und fünfter Klasse einen Strahlenkegel vierten Grades mit drei Doppelkanten enthält, die Flächen vierten Grades mit 13 Knotenpunkten und drei singulären Tangentialebenen aber drei Knotenpunkte haben, von denen einhüllende Kegel vierten Grades mit drei Doppelkanten ausgehen, so folgt dafs einer solchen Fläche als Brennfläche nicht mehr als drei Strahlensysteme dieser Art angehören können. Da ferner der Knotenpunkt 1, durch Vertauschung der beiden singulären Tangentialebenen p' und t, in 2 und durch Vertauschung von p und t in 3 übergeht, so folgt, dafs in der That ausser dem oben aufgestellten Strahlensysteme zweiter Ordnung und fünfter Klasse noch zwei andere derselben Brennfläche angehören. Also:

XLIII. Jede Fläche vierten Grades mit dreizehn Knotenpunkten und drei singulären Tangentialebenen ist Brennfäche von drei verschiedenen Strahlensystemen zweiter Ordnung und fünfter Klasse.

Das vollständige System aller eine solche Fläche zweimal berührenden graden Linien besteht ausser diesen drei Strahlensystemen zweiter Ordnung und vierter Klasse noch aus einem Strahlensysteme sechster Ordnung und zehnter Klasse und aus drei Strahlensystemen 0ter Ordnung und erster Klasse.

§. 11.

Die Strahlensysteme zweiter Ordnung und sechster Klasse, ohne Brenncurven, der ersten Art.

Es giebt, wie im §. 6. Satz XXXIII. nachgewiesen worden ist, zwei verschiedene Arten von Strahlensystemen zweiter Ordnung und sechster Klasse, deren eine mit sechs Doppelstrahlen, welche die Kanten eines Tetraeders bilden, als die erste Art bezeichnet werden soll. In den sechs Doppelstrahlen liegen hier nur vier singuläre Punkte, durch deren jeden drei der Doppelstrahlen gehen, denen also nach dem Satze XXXIV. Strahlenkegel vierten Grades mit je drei Doppelkanten angehören, es ist also $m_5 = 0$, $m_4 = 4$, $m_3 = 0$. Setzt man diese Werthe und ausserdem $n = 5$ in die Gleichungen der Sätze XXIX und XXX ein, so erhält man

$$64 = m_1 + 8m_2, \qquad 16 = 2m_2,$$

also $m_1 = 0$, $m_2 = 8$. Man hat demnach folgenden Satz:

XLIV. Die Strahlensysteme zweiter Ordnung und vierter Klasse der ersten Art haben sechs Doppelstrahlen, von denen je drei durch einen und denselben Punkt gehen, ferner haben sie zwölf singuläre Punkte und zwar 8 mit Strahlenkegeln zweiten Grades und vier mit Strahlenkegeln vierten Grades mit je drei Doppelkanten; ihre Brennflächen sind Flächen vierten Grades ohne singuläre Tangentialebenen.

Es sind nun die drei Funktionen fünften Grades P, Q, R der ersten Gleichung dieser Strahlensysteme

$$P\xi + Q\eta + R\zeta = 0 \tag{1.}$$

zu bestimmen, welche, wie oben gezeigt worden ist, zunächst der Gleichung

$$Px + Qy + Rz + St = 0 \tag{2.}$$

genügen müssen, in welcher S eine vierte ganze Funktion fünften Grades ist. Zu diesem Zwecke wähle ich die vier Seitenflächen des Tetraeders, welches die sechs Doppelstrahlen zu Kanten hat, als die vier Coordinatenebenen, x, y, z, s, wo s nicht die unendlich entfernte Ebene darstellen soll, die oben mit t bezeichnet ist, sondern eine homogene lineare Funktion von x, y, z, t.

$$s = \alpha x + \beta y + \gamma z + t. \tag{3.}$$

Setzt man diesem entsprechend

$$\sigma = \alpha\xi + \beta\eta + \gamma\zeta \tag{4.}$$

so kann man die Gleichungen (1.) und (2.) so darstellen:

$$(P - \alpha S)\xi + (Q - \beta S)\eta + (R - \gamma S)\zeta + S\sigma = 0 \tag{5.}$$

und

$$(P - \alpha S)x + (Q - \beta S)y + (R - \gamma S)z + Ss = 0. \tag{6.}$$

Die drei Flächen $P = 0$, $Q = 0$, $R = 0$ müssen nun, wie oben gezeigt worden ist, die sechs Doppelstrahlen als gemeinsame grade Linien enthalten, und die Gleichung (2.) zeigt, dafs auch die Fläche $S = 0$ durch dieselben sechs Doppelstrahlen hindurchgehen mufs, also auch $P - \alpha S = 0$,

$Q-\beta S=0$ und $R-\gamma S=0$. Hieraus folgt, dafs diese Funktionen folgende Formen haben müssen:

$$(7.)\quad \begin{aligned} P-\alpha S &= yzs\phi + zsx\phi_1 + sxy\phi_2 + xyz\phi_3 + xyzsp \\ Q-\beta S &= yzs\phi' + zsx\phi'_1 + sxy\phi'_2 + xyz\phi'_3 + xyzsp' \\ R-\gamma S &= yzs\phi'' + zsx\phi'_1 + sxy\phi''_2 + xyz\phi''_3 + xyzsp'' \\ S &= yzs\phi''' + zsx\phi'''_1 + sxy\phi'''_2 + xyz\phi'''_3 + xyzsp''' \end{aligned}$$

Die Gleichung (2.) zeigt nun, wenn diese Ausdrücke eingesetzt werden und wenn nach einander $x=0$, $y=0$, $z=0$, $s=0$ genommen wird, dafs identisch

$$(8.)\quad \begin{aligned} &\phi'y + \phi''z + \phi'''s = 0, \\ &\phi''_1 z + \phi'''_1 s + \phi_1 x = 0, \\ &\phi'''_2 s + \phi_2 x + \phi'_2 y = 0, \\ &\phi_3 x + \phi'_3 y + \phi''_3 z = 0 \end{aligned}$$

sein mufs. Man erhält hieraus für die sechszehn Funktionen ϕ folgende Ausdrücke:

$$(9.)\quad \begin{aligned} \phi &= Ay^2 + Bz^2 + Cs^2 + Dzs + Esy + Fyz, \\ \phi' &= -F'z^2 - E'''s^2 + D'zs + E'sy + F'yz, \\ \phi'' &= -F''y^2 - D'''s^2 + D''zs + E''sy + F''yz, \\ \phi''' &= -E''y^2 - D''z^2 + D'''zs + E'''sy + F'''yz, \end{aligned}$$

wo $D' + E'' + F''' = 0$ ist.

$$(10.)\quad \begin{aligned} \phi'_1 &= A'_1 z^2 + B'_1 s^2 + C'_1 x^2 + D'_1 sx + E'_1 xz + F'_1 zs, \\ \phi''_1 &= -F'''_1 s^2 - E_1 x^2 + D''_1 sx + E''_1 xz + F''_1 zs, \\ \phi'''_1 &= -F''_1 z^2 - D_1 x^2 + D'''_1 sx + E'''_1 xz + F'''_1 zs, \\ \phi_1 &= -E''_1 z^2 - D'''_1 s^2 + D'''_1 sx + E_1 xz + F_1 zs, \end{aligned}$$

wo $D''_1 + E'''_1 + F_1 = 0$ ist.

$$(11.)\quad \begin{aligned} \phi''_2 &= A''_2 s^2 + B''_2 x^2 + C''_2 y^2 + D''_2 xy + E''_2 ys + F''_2 sx, \\ \phi'''_2 &= -F_2 x^2 - E'_2 y^2 + D'''_2 xy + E'''_2 ys + F'''_2 sx, \\ \phi_2 &= -F'''_2 s^2 - D'_2 y^2 + D_2 xy + E_2 ys + F_2 sx, \\ \phi'_2 &= -E'''_2 s^2 - D_2 x^2 + D'_2 xy + E'_2 ys + F'_2 sx, \end{aligned}$$

wo $D'''_2 + E_2 + F'_2 = 0$ ist.

$$\begin{aligned}
\phi'''_3 &= A'''_3 x^2 + B'''_3 y^2 + C'''_3 z^2 + D'''_3 yz + E'''_3 zx + F''_3 xy, \\
\phi_3 &= - F'_3 y^2 - E''_3 z^2 + D_3 yz + E_3 zx + F_3 xy, \\
\phi'_3 &= - F_3 x^2 - D''_3 z^2 + D'_3 yz + E'_3 zx + F'_3 xy, \\
\phi''_3 &= - E_3 x^2 - D'_3 y^2 + D''_3 yz + E''_3 zx + F''_3 xy,
\end{aligned} \tag{12.}$$

wo $D_3 + E'_3 + F''_3 = 0$ ist.

Setzt man nun in der Gleichung (5.) $x + \varrho\xi$ statt x, $y + \varrho\eta$ statt y, $z + \varrho\zeta$ statt z, wodurch s in $s + \varrho\sigma$ übergeht und giebt der beliebigen Gröſse ϱ den besonderen Werth $\varrho = -\frac{x}{\xi}$, so erhält man, wenn wie oben

$$u = y\zeta - z\eta, \quad v = z\xi - x\zeta, \quad w = x\eta - y\xi$$

und ausserdem noch

$$u' = s\xi - x\sigma, \qquad v' = s\eta - y\sigma, \qquad w' = s\zeta - z\sigma$$

gesetzt wird:

$$\begin{aligned}
&(Aw^2 + Bv^2 + Cu'^2 + Dvu' - Eu'w - Fwv)\xi \\
&+(-F''v^2 - E'''u'^2 + D'vu' - E'u'w - F'wv)\eta \\
&+(-F'w^2 - D'''u'^2 + D''vu' - E''u'w - F''wv)\zeta \\
&+(E'w^2 - D''v^2 + D'''vu' - E'''u'w - F'''wv)\sigma = 0.
\end{aligned} \tag{13.}$$

Vermöge der Gleichungen:

$$u\xi + v\eta + w\zeta = 0, \qquad uu' + vv' + ww' = 0.$$

$$v'\zeta - w'\eta + u\sigma = 0, \quad w'\xi - u'\zeta + v\sigma = 0, \quad u'\eta - v'\xi + w\sigma = 0 \tag{14.}$$

und der Gleichung $D' + E'' + F''' = 0$ läſst sich diese Gleichung (13.) so umformen, daſs ξ als gemeinsamer Faktor sich hinweghebt, und es wird:

$$\begin{aligned}
&Aw^2 + Bv^2 - Fvw + F'wu + F''uv + Dvu' - Ewu' - E'wv' \\
&\qquad + D''vw' + Cu'^2 - E''u'v' - D''u'w' + E'uu' - F''vv' = 0.
\end{aligned} \tag{15.}$$

In derselben Weise erhält man durch den besonderen Werth $\varrho = -\frac{y}{\eta}$ die Gleichung:

$$(16.)\quad \begin{aligned} &A'_1 u^2 + B'_1 v'^2 + F'_1 uv' + F''_1 uw' - F'''_1 v'w' + D'_1 wv' - E'_1 uw' \\ &- E''_1 uv + D'''_1 v'u' + C'_1 w^2 + E_1 vw - D_1 wu' + E'''_1 uu' - D''_1 vv' = 0, \end{aligned}$$

und für den besonderen Werth $\varrho = -\frac{z}{\zeta}$:

$$(17.)\quad \begin{aligned} &A''_2 w'^2 + B''_2 v^2 + F''_2 vw' + F'''_2 u'w' + F_2 vu' + D''_2 uv - E'_2 uw' + \\ &+ E'''_2 v'w' - D_2 vw + C''_2 u^2 - E'_2 v'u + D'_2 wu + E_2 uu' - F'_2 vv' = 0, \end{aligned}$$

Endlich erhält man noch durch den besonderen Werth $\varrho = \frac{s}{\sigma}$:

$$(18.)\quad \begin{aligned} &A'''_3 u'^2 + B'''_3 v'^2 + C'''_3 w'^2 - D'''_3 v'w' + E'''_3 w'u' + F'''_3 u'v' + D'_3 uv' + \\ &+ D''_3 uw' - E''_3 vw' - E_3 vu' - F_3 wu' + F'_3 wv' + E'_3 uu' - D_3 vv' = 0. \end{aligned}$$

Diese vier Gleichungen, welche die Stelle der vier ersten abgeleiteten Gleichungen vertreten, und welche in Beziehung auf ξ, η, ζ, und ebenso in Beziehung auf x, y, z, t vom zweiten Grade sind, müssen nun, aus denselben Gründen wie die entsprechenden Gleichungen in den beiden vorhergehenden Paragraphen, mit einander identisch sein, und weil die sechs Gröfsen u, v, w, u', v', w' nur durch die eine Gleichung $uu' + vv' + ww' = 0$ mit einander verbunden, sonst aber von einander unabhängig sind, so müssen sie Glied für Glied mit einander übereinstimmen. Es giebt nun ausser den beiden Gliedern welche uu' und vv' enthalten kein Glied, welches in allen vier Gleichungen zugleich vorkäme, es hat vielmehr ein jedes der übrigen Glieder mindestens in einer dieser Gleichungen den Coefficienten Null; darum müssen alle diese Glieder in allen vier Gleichungen den Coefficienten Null haben, d. h. ausser den zwölf Coefficienten D', E'', F''', D''_1, E'''_1, F_1, D'''_2, E_2, F'_2, D_3, E'_3, F''_3 müssen alle übrigen Coefficienten der 16 Funktionen ϕ gleich Null sein. Da eine jede dieser vier Gleichungen die Form $\delta_1 uu' - \delta vv' = 0$ hat, so erhält man, wenn $\delta + \delta_1 + \delta_2 = 0$ genommen wird, für die zwölf Coefficienten, welche nicht gleich Null sind, folgende Werthe

$$(19.)\quad \begin{aligned} &D' = \delta_2 \varkappa, && D'' = \delta\lambda, && D'''_2 = \delta_2 \mu, && D_3 = \delta\nu, \\ &E'' = \delta_1 \varkappa, && E'''_1 = \delta_1 \lambda, && E_2 = \delta_1 \mu, && E'_3 = \delta_1 \nu, \\ &F''' = \delta\varkappa, && F_1 = \delta_2 \lambda, && F'_2 = \delta\mu, && F''_3 = \delta_2 \nu, \end{aligned}$$

also

$$\begin{array}{llll} \phi = 0, & \phi'_1 = 0, & \phi''_2 = 0, & \phi'''_3 = 0, \\ \phi' = \delta_2 \varkappa z s, & \phi''_1 = \delta \lambda s x, & \phi'''_2 = \delta_2 \mu x y, & \phi_3 = \delta \nu y z, \\ \phi'' = \delta_1 \varkappa s y, & \phi'''_1 = \delta_1 \lambda x z, & \phi_2 = \delta_1 \mu y s, & \phi'_3 = \delta_1 \nu z x, \\ \phi''' = \delta \varkappa y z, & \phi_1 = \delta_2 \lambda z s, & \phi'_2 = \delta \mu s x, & \phi''_3 = \delta_2 \nu x y, \end{array} \tag{20.}$$

und demnach

$$\begin{aligned} P - \alpha S &= x(\delta_2 \lambda z^2 s^2 + \delta_1 \mu y^2 s^2 + \delta \nu y^2 z^2 + yzsp), \\ Q - \beta S &= y(\delta_2 \varkappa z^2 s^2 + \delta \mu s^2 x^2 + \delta_1 \nu z^2 x^2 + xzsp'), \\ R - \gamma S &= z(\delta_1 \varkappa s^2 y^2 + \delta \lambda s^2 x^2 + \delta_2 \nu x^2 y^2 + xysp''), \\ S &= s(\delta \varkappa y^2 z^2 + \delta_1 \lambda x^2 z^2 + \delta_2 \mu x^2 y^2 + xyzp'''). \end{aligned} \tag{21.}$$

Ich nehme nun die vierte Coordinatenebene $s = 0$ als die unendlich entfernte Ebene $t = 0$, wodurch vermöge der Gleichung $s = \alpha x + \beta y + \gamma z + t$, $\alpha = 0$, $\beta = 0$, $\gamma = 0$ wird, alsdann bestimmen sich die linearen Ausdrücke p, p', p'', p''' durch die Gleichung $Px + Qy + Rz + St = 0$ als

$$p = a_2 y - a_1 z - bt, \quad p' = az - a_2 x - b_1 t, \quad p'' = a_1 x - ay - b_2 t, \quad p''' = bx + b_1 y + b_2 z; \tag{22.}$$

bezeichnet man dieselben daher wie oben mit r, r_1, r_2, r_3 so hat man folgende analytische Darstellung dieser Strahlensysteme sechster Klasse

$$\begin{aligned} P\xi + Q\eta + R\zeta &= 0, \\ P &= x(\delta_2 \lambda z^2 t^2 + \delta_1 \mu y^2 t^2 + \delta \nu y^2 z^2 + yztr), \\ Q &= y(\delta_2 \varkappa z^2 t^2 + \delta \mu x^2 t^2 + \delta_1 \nu z^2 x^2 + xztr_1), \\ R &= z(\delta_1 \varkappa y^2 t^2 + \delta \lambda x^2 t^2 + \delta_2 \nu x^2 y^2 + xytr_2), \end{aligned} \tag{23.}$$

und die Gleichung $\delta_1 uu' - \delta vv' = 0$ giebt als eine zweite Gleichung dieser Strahlensysteme:

$$\delta x \eta \zeta + \delta_1 y \zeta \xi + \delta_2 z \xi \eta = 0. \tag{24.}$$

Diese Darstellung ist wieder in so fern die allgemeinste, als alle Strahlensysteme dieser Art durch collineare Verwandlungen des hier aufgestellten erhalten werden. Die Brennfläche ist:

N 2

$$(25.)\qquad \begin{vmatrix} 0, & \delta_2 z, & \delta_1 y, & P \\ \delta_2 z, & 0, & \delta x, & Q \\ \delta_1 y, & \delta x, & 0, & R \\ P, & Q, & R, & 0 \end{vmatrix} = 0,$$

welche jedoch den überflüssigen Faktor $x^2 y^2 z^2 t^2$ enthält; von diesem befreit erhält sie folgende Form:

$$\begin{aligned} &\delta^2 x^2 r^2 + \delta_1^2 y^2 r_1^2 + \delta_2^2 z^2 r_2^2 - 2\delta_1\delta_2 yzr_1r_2 - 2\delta_2\delta zxr_2r - 2\delta\delta_1 xyrr_1 \\ (26.)\quad &- 4\delta\delta_1\delta_2(\varkappa yztr + \lambda zxtr_1 + \mu xytr_2 + \nu xyzr_3) \\ &- 4\delta\delta_1\delta_2(\delta\lambda\mu x^2t^2 + \delta_1\mu\varkappa y^2t^2 + \delta_2\varkappa\lambda z^2t^2 + \delta\varkappa\nu y^2z^2 + \delta_1\lambda\nu z^2x^2 + \delta_2\mu\nu x^2y^2) = 0. \end{aligned}$$

Diese Gleichung stellt in der That die allgemeinste Form der Flächen vierten Grades mit zwölf Knotenpunkten dar, welche keine singulären Tangentialebenen haben. Die vier ersten Knotenpunkte sind:

1.,	$x = 0,$	$y = 0,$	$z = 0,$
2.,	$y = 0,$	$z = 0,$	$t = 0,$
3.,	$z = 0,$	$x = 0,$	$t = 0,$
4.,	$x = 0,$	$y = 0,$	$t = 0,$

die übrigen acht Knotenpunkte hängen von einer Gleichung achten Grades ab, welche man durch Elimination aus den Gleichungen $P = 0$, $Q = 0$, $R = 0$ erhält. Der einhüllende Kegel sechsten Grades, welcher von einem Knotenpunkte ausgeht, zerfällt für einen jeden dieser zwölf Knotenpunkte in einen Kegel vierten Grades mit drei Doppelkanten und einen Kegel zweiten Grades. Je drei der vier einhüllenden Kegel zweiten Grades, welche von den Punkten 1, 2, 3, 4 ausgehen, schneiden sich in den übrigen acht Knotenpunkten, welche sich daher auch als die acht Durchschnittspunkte dreier Flächen zweiten Grades darstellen lassen. Die einhüllenden Kegel vierten Grades welche von diesen ersten vier Knotenpunkten ausgehen liegen so, dafs die drei Doppelkanten des von einem denselben ausgehenden Kegels durch die drei anderen Knotenpunkte hindurchgehen, so dafs diese Doppelkanten zusammen die Kanten des Tetraeders sind, welches diese vier Knotenpunkte zu Eckpunkten hat. Betrachtet man den einhüllenden Kegel vierten Grades, welcher von einem der übrigen acht Knotenpunkte ausgeht, als welchen ich den Knotenpunkt 5 wähle, so gehen seine drei Doppelkanten durch drei Knotenpunkte der Fläche, welche nicht die Knotenpunkte 1, 2, 3, 4 sind; ich bezeichne diese drei Knotenpunkte mit 6, 7, 8. Die vier Knotenpunkte 5, 6, 7, 8 haben alsdann dieselbe Eigenschaft, als 1, 2, 3, 4, nämlich dafs sie die Ecken eines Tetraeders bilden, dessen sechs Kanten die Doppelkanten der vier von diesen Punkten ausgehenden einhüllenden Kegel vierten Grades sind. Dasselbe ist auch bei den übrigen vier Knotenpunkten 9, 10, 11, 12 der Fall.

Das aufgestellte Strahlensystem hat die vier Punkte 1, 2, 3, 4 als singuläre Punkte, von denen die vier Strahlenkegel vierten Grades mit je drei Doppelkanten ausgehen, die Punkte 5, 6, 7, 8, 9, 10, 11, 12 aber sind diejenigen 8 singulären Punkte von denen Strahlenkegel zweiten Grades ausgehen. Da die vier Knotenpunkte 5, 6, 7, 8 und ebenso auch die vier Knotenpunkte 9, 10, 11, 12 genau in demselben Verhältnifs zu einander und zu den übrigen Knotenpunkten stehen, als 1, 2, 3, 4, so folgt, dafs dieselbe Brennfläche drei verschiedene Strahlensysteme zweiter Ordnung und sechster Klasse enthält. Also:

XLV. Jede Fläche vierten Grades mit zwölf Knotenpunkten und ohne singuläre Tangentialebenen, ist Brennfläche von drei verschiedenen Strahlensystemen zweiter Ordnung und sechster Klasse, deren sechs Doppelstrahlen die Kanten von Tetraedern sind.

Aufser diesen drei Strahlensystemen zweiter Ordnung gehört dieser Brennfläche noch ein Strahlensystem 6ter Ordnung und zehnter Klasse an.

Als einen merkwürdigen speciellen Fall dieser Strahlensysteme bemerke ich dasjenige für welches $a = 0$, $a_1 = 0$, $a_2 = 0$, $b = 0$, $b_1 = 0$, $b_2 = 0$, also $r = 0$, $r_1 = 0$, $r_2 = 0$ ist. Die Brennfläche desselben:

$$\delta\lambda\mu x^2 t^2 + \delta_1 \mu\varkappa y^2 t^2 + \delta_2 \lambda\varkappa z^2 t^2 + \delta\varkappa\nu y^2 z^2 + \delta_1 \mu\nu z^2 x^2 + \delta_2 \mu\nu x^2 y^2 = 0$$

ist die reciproke Polare der Krümmungsmittelpunktsfläche eines dreiaxigen Ellipsoids, und die drei Strahlensysteme zweiter Ordnung und sechster Klasse, welche dieser Brennfläche angehören, haben zu ihren reciproken Polaren Strahlensystemen drei Strahlensysteme sechster Ordnung und zweiter Klasse, deren jedes das System sämmtlicher Normalen eines Ellipsoides ist.

Die bisher behandelten Strahlensysteme zweiter Ordnung ohne Brenncurven können alle als specielle Fälle des bei (23.) gegebenen Strahlensystems zweiter Ordnung und sechster Klasse betrachtet werden. Setzt man $\nu = 0$, so erhält man das im §. 10. aufgestellte Strahlensystem zweiter Ordnung und fünfter Klasse, indem aus den drei Funktionen P, Q, R der gemeinschaftliche Faktor t sich hinweghebt, wodurch die Klasse um eine Einheit erniedrigt wird. Setzt man $\nu = 0$ und $\mu = 0$, so heben sich die beiden Faktoren t und z hinweg und man erhält das im §. 9. gegebene Strahlensystem zweiter Ordnung und vierter Klasse. Setzt man $\nu = 0$, $\mu = 0$, $\lambda = 0$, so erhält man, weil t, z, y sich hinwegheben, das erste der im §. 8. gegebenen sechs Strahlensysteme zweiter Ordnung und dritter Klasse. Endlich, wenn $\nu = 0$, $\mu = 0$, $\lambda = 0$ und $\varkappa = 0$ gesetzt wird, erhält man auch das erste der im §. 7. aufgestellten sechs Strahlensysteme zweiter Ordnung und zweiter Klasse, und zugleich die Brennfläche desselben, als zweite Gleichung des Strahlensystems ist aber alsdann noch die Gleichung $\delta x\eta\zeta + \delta_1 y\zeta\xi + \delta_2 z\xi\eta = 0$ hinzuzunehmen, welche merkwürdigerweise für alle diese Strahlensysteme dieselbe ist.

§. 12.

Die Strahlensysteme zweiter Ordnung und sechster Klasse, ohne Brenncurven, der zweiten Art.

Als die Strahlensysteme sechster Klasse der zweiten Art bezeichne ich diejenigen, deren sechs Doppelstrahlen alle durch einen und denselben Punkt gehen. Dieser Punkt ist nach Satz XXXIV ein singulärer Punkt des Systems mit einem Strahlenkegel fünften Grades, der sechs Doppelkanten hat, in welchen die sechs Doppelstrahlen liegen. Ausserdem liegt in jedem der sechs Doppelstrahlen noch ein singulärer Punkt mit einem Strahlenkegel dritten Grades, welcher den Doppelstrahl zur Doppelkante hat. Es ist also $m_5 = 1$, $m_4 = 0$, $m_3 = 6$, und da $n = 5$ ist, so erhält man aus den beiden Gleichungen der Sätze XXIX. und XXX:

$$33 = m_1 + 8m_2, \qquad 8 = 2m_2,$$

also $m_1 = 1$, $m_2 = 4$. Man hat also den Satz:

XLVI. Die Strahlensysteme zweiter Ordnung und vierter Klasse der zweiten Art haben sechs durch einen und denselben Punkt gehende Doppelstrahlen, ferner haben sie zwölf singuläre Punkte und zwar einen mit einem ebenen Strahlenbüschel, vier mit Strahlenkegeln zweiten Grades, sechs mit Strahlenkegeln dritten Grades mit je einer Doppelkante, und einen mit einem Strahlenkegel fünften Grades und sechs Doppelkanten. Die Brennflächen dieser Systeme sind Flächen vierten Grades mit zwölf Knotenpunkten und mit einer singulären Tangentialebene.

Die analytische Darstellung dieser Strahlensysteme wird nach folgender Methode gefunden. Es sei wie oben

$$u = y\zeta - z\eta, \qquad v = z\xi - x\zeta, \qquad w = x\eta - y\xi;$$

so nehme ich als die erste Gleichung eines Strahlensystems eine Gleichung von folgender Form:

$$atu^2 + btv^2 + 2pvw + 2qwu + 2ruv = 0 \tag{1.}$$

wo $p = d_1 y + d_2 z + d_3 t, \quad q = e_2 z + ex + e_3 t, \quad r = fx + f_1 y + f_3 t.$

Diese Gleichung hat nur eine abgeleitete, nämlich:

$$(d_1\eta + d_2\zeta)vw + (e_2\zeta + e\xi)wu + (f\xi + f_1\eta)uv = 0 \tag{2.}$$

Die beiden Gleichungen (1.) und (2.) bestimmen daher ein Strahlensystem vollständig. Obgleich nun die erste Gleichung, entwickelt, in Beziehung auf ξ, η, ζ vom zweiten Grade ist, und die zweite Gleichung vom dritten Grade, so ist dieses Strahlensystem dennoch nur eines der zweiten Ordnung. Um dies zu zeigen setze ich die Gleichung (1.) in die Form:

$$xu(ew + fv) + yv(f_1 u + d_1 w) + zw(d_2 v + e_2 u) + t \cdot M = 0,$$

wo zur Abkürzung gesetzt ist:

$$2M = au^2 + bv^2 + 2d_3 vw + 2e_3 wu + 2f_3 uv.$$

Die Gleichung (2.), als erste abgeleitete von dieser, wird alsdann

$$\xi u(ew + fv) + \eta v(f_1 u + d_1 w) + \zeta w(d_2 v + e_2 u) = 0,$$

und aus diesen beiden erhält man:

$$(3.)\quad \begin{aligned} vw((f_1 - e_2)u - d_2 v + d_1 w) &= \xi Mt,\\ wu((d_2 - f)v - ew + e_2 u) &= \eta Mt,\\ uv((e - f_1)w - f_1 u + fv) &= \zeta Mt. \end{aligned}$$

Die Quotienten je zweier der Gröſsen ξ, η, ζ sind hiernach rationale gebrochene Funktionen von u, v, w, und werden, wenn w vermittelst der Gleichung $xu + yv + zw = 0$ eliminirt wird, rationale Funktionen der einen Gröſse $\frac{u}{v}$. Eliminirt man w auch aus der Gleichung (1.) so erhält man:

$$(4.)\quad (2qx - atz)u^2 + 2(px + qy - rz)uv + (2py - btz)v^2 = 0,$$

die Gröſse $\frac{u}{v}$ ist also zweiwerthig, und darum sind auch die Quotienten von ξ, η, ζ zweiwerthig, also das Strahlensystem von der zweiten Ordnung.

Das durch die Gleichungen (1.) und (2.) gegebene Strahlensystem muſs darum auch eine Gleichung von der Form $P\xi + Q\eta + R\zeta = 0$ haben, und diese läſst sich auch in der That aus den beiden gegebenen Gleichungen ableiten. Die Herleitung dieser Gleichung übergehe ich hier, weil sie unmittelbar aus den in den folgenden Paragraphen für die Strahlensysteme zweiter Ordnung und siebenter Klasse zu entwickelnden Resultaten als ein specieller Fall sich ergeben wird.

Die Brennfläche dieses Strahlensystems erhält man unmittelbar aus der Gleichung (4.) durch die Bedingung, daſs die beiden Werthe des $\frac{u}{v}$ einander gleich sein müssen, wenn x, y, z ein Punkt der Brennfläche ist, nämlich:

(5.) $$(px+qy-rz)^2-(2qx-atz)(2py-btz)=0.$$

welche auch in folgende Form gesetzt werden kann:

(6.) $$(px-qy)^2-z(2prx+2qry-2apyt-2bqxtr^2z-abt^2z)=0$$

Hieraus folgt zunächst, daſs die Ebene $z=0$ eine singuläre Tangentialebene der Brennfläche ist, welche dieselbe in dem Kegelschnitt $z=0$, $px-qy=0$ berührt. Die sechs in dieser singulären Tangentialebene liegenden Knotenpunkte der Fläche sind bestimmt durch die drei Gleichungen:

$$z=0,\quad px-qy=0,\quad prx+qry-apyt-bqxt=0$$

sie sind demnach:

$$\begin{array}{llll} 1., & z=0, & x=0, & y=0, \\ 2., & z=0, & p=0, & q=0, \\ 3., & z=0, & x=0, & q=0, \\ 4., & z=0, & y=0, & p=0, \end{array}$$

Die beiden übrigen in $z=0$ liegenden Knotenpunkte 5., und 6., werden durch eine quadratische Gleichung bestimmt. Aus der Form der Gleichung (5.) ersieht man ferner, daſs die acht Durchschnittspunkte der drei Flächen zweiten Grades:

$$px+qy-rz=0,\qquad 2qx-atz=0,\qquad 2py-btz=0$$

Knotenpunkte der Brennfläche sein müssen und da von diesen acht Knotenpunkten nur die zwei 1., und 2., in der Ebene $z=0$ liegen, so so erhält man hierdurch noch die sechs Knotenpunkte, welche mit 7, 8, 9, 10, 11, 12 bezeichnet werden sollen. Die Brennfläche hat also 12 Knotenpunkte, und man kann sich leicht überzeugen, daſs sie auch ausser diesen 12 keine anderen Knotenpunkte weiter hat. Das durch die beiden Gleichungen (1.) und (2.) gegebene Strahlensystem zweiter Ordnung hat also zur Brennfläche eine Fläche vierten Grades mit 12 Knotenpunkten und einer singulären Tangentialebene. Untersucht man die von den Knotenpunkten ausgehenden einhüllenden Kegel sechsten Grades, so findet man, dafs für jeden der beiden Knotenpunkte 1, und 2, dieser einhüllende Kegel aus einem Kegel fünften Grades mit sechs Doppelkanten und einer Ebene besteht, ferner für jeden der vier Knotenpunkte 3, 4, 5, 6 aus einem Kegel dritten Grades ohne Doppelkante, einem Kegel zweiten Grades und einer Ebene und für jeden der sechs Knotenpunkte 7, 8, 9, 10, 11, 12 aus zwei Kegeln dritten Grades, deren jeder eine Doppelkante hat.

Die Gleichung (4.) ist mit der Gleichung (1.) identisch, mit Ausschlufs des einen Falles, wo $z = 0$ ist, in welchem sie nichtssagend ist, sie kann also als erste Gleichung des Strahlensystems betrachtet werden. Da diese Gleichung für jeden der sechs Knotenpunkte 7, 8, 9, 10, 11, 12 identisch erfüllt ist, so findet für diese Punkte nur die Gleichung (2.) des Strahlensystems Statt, die einen Kegel dritten Grades mit einer durch die Gleichungen $\frac{\xi}{x} = \frac{\eta}{y} = \frac{\zeta}{z}$ gegebenen Doppelkante darstellt, welcher also ein von dem betrachteten Punkte ausgehender Strahlenkegel des Systems sein mufs. Die sechs Doppelkanten, der von den Punkten 7, 8, 9, 10, 11, 12 ausgehenden Strahlenkegel dritten Grades gehen, wie die Gleichungen derselben zeigen, alle durch den Punkt $x = 0$, $y = 0$, $z = 0$, ferner ist jede Doppelkante eines Strahlenkegels ein Doppelstrahl des Systems. Das durch die Gleichungen (1.) und (2.) gegebene Strahlensystem ist also ein Strahlensystem zweiter Ordnung mit sechs Doppelstrahlen, welche durch einen und denselben Punkt gehen, es ist also das gesuchte Strahlensystem zweiter Ordnung und sechster Klasse, der zweiten Art. Dafs dasselbe auch das allgemeinste Strahlensystem dieser Art darstellt, folgt daraus, dafs die Brennfläche desselben die allgemeinste Fläche vierten Grades mit 12 Knotenpunkten und einer singulären Tangentialebene ist, wenn statt x, y, z, t beliebige lineare Funktionen der Coordinaten genommen werden. Der eine singuläre Punkt des Strahlensystems mit dem Strahlenkegel fünften Grades und sechs Doppelkanten ist der Knotenpunkt 1. die sechs singulären Punkte mit Strahlenkegeln dritten Grades mit Doppelkanten sind die Punkte 7, 8, 9, 10, 11, 12, die vier singulären Punkte mit Strahlenkegeln zweiten Grades sind die Knotenpunkte 3, 4, 5, 6 und von dem singulären Punkte 2, geht das eine ebene Strahlenbüschel aus. Da von dem Knotenpunkte 2, der Brennfläche ebenfalls ein einhüllender Kegel fünften Grades ausgeht mit sechs Doppelkanten, welche durch die sechs Knotenpunkte 7, 8, 9, 10, 11, 12 hindurchgehen und da von jedem dieser sechs Knotenpunkte noch ein zweiter einhüllender Kegel dritten Grades ausgeht, mit einer durch den Knotenpunkt 2, hindurchgehenden Doppelkante, so erkennt man, daſs derselben Brennfläche noch ein zweites Strahlensystem derselben Art angehört, welches man aus dem aufgestellten ableiten kann, indem man x und p und zugleich y und q mit einander vertauscht, wodurch der Knotenpunkt 1. in den Knotenpunkt 2. übergeht. Also:

XLVII. Jede Fläche vierten Grades mit 12 Knotenpunkten und mit einer singulären Tangentialebene ist Brennfläche von zwei verschiedenen Strahlensystemen zweiter Ordnung und sechster Klasse, deren sechs Doppelstrahlen durch einen Punkt gehen.

§. 13.

Die Strahlensysteme zweiter Ordnung und siebenter Klasse, ohne Brenncurven.

Die Strahlensysteme der siebenten Klasse haben, wie oben gezeigt worden ist, zehn Doppelstrahlen, welche durch einen und denselben Punkt gehen und sie haben in diesem singulären Punkte einen Strahlenkegel sechsten Grades mit zehn Doppelkanten, in denen die zehn Doppelstrahlen liegen; es ist also für dieselben $m_6 = 1$. In jedem der zehn Doppelstrahlen liegt ausserdem noch ein singulärer Punkt mit einem Strahlenkegel dritten Grades, welcher diesen Doppelstrahl als Doppelkante hat; es ist daher $m_3 = 10$. Ausserdem ist $m_5 = 0$ $m_4 = 0$, weil singuläre Punkte mit Strahlenkegeln eines höheren, als des zweiten Grades nur in den Doppelstrahlen liegen können, und weil die in diesen liegenden 11 singulären Punkte nur zehn Strahlenkegel dritten Grades und einen sechsten Grades haben. Setzt man daher in den Gleichungen der Sätze XXIX. und XXX. $m_6 = 1$, $m_5 = 0$, $m_4 = 0$, $m_3 = 10$ und ausserdem $n = 6$, da das Strahlensystem von der siebenten Klasse ist, so erhält man:

O 2

$$0 = m_1 + s m_2, \qquad 0 = 2 m_2,$$

also $m_1 = 0$, $m_2 = 0$. Hieraus folgt:

XLVIII. Die Strahlensysteme zweiter Ordnung und siebenter
Klasse haben zehn durch einen und denselben Punkt
gehende Doppelstrahlen, ferner haben sie elf singuläre
Punkte und zwar einen mit einem Strahlenkegel sechsten
Grades mit zehn Doppelkanten und zehn mit Strahlen-
kegeln dritten Grades und je einer Doppelkante. Die
Brennflächen dieser Systeme sind Flächen vierten
Grades mit elf Knotenpunkten, von einem derselben
muſs ein einhüllender Kegel sechsten Grades mit zehn
Doppelkanten ausgehen.

Nimmt man als erste Gleichung eines Strahlensystems die Gleichung

(1.) $a t u^2 + b t v^2 + c t w^2 + 2 p v w + 2 q w u + 2 r u v = 0;$

wo u, v, w, p, q, r dieselbe Bedeutung haben, als im vorigen Paragraphen,
so hat diese nur eine abgeleitete Gleichung

(2.) $(d_1 \eta + d_2 \zeta) v w + (e_2 \zeta + e \xi) w u + (f \xi + f_1 \eta) u v = 0,$

die beiden Gleichungen (1.) und (2.) bestimmen daher ein Strahlensystem
vollständig, und es soll nun nachgewiesen werden, daſs dieses das gesuchte
Strahlensystem zweiter Ordnung und siebenter Klasse ist, und zwar das
allgemeinste dieser Art, insofern man alle collinearen Verwandlungen von
diesem als zugleich mit in dieser Form enthalten betrachtet. Setzt man
in gleicher Weise, wie dies im vorigen Paragraphen geschehen ist, die
Gleichung (1.) in die Form:

$$x u (e w + f v) + y v (f_1 u + d_1 w) + z w (d_2 v + e_2 u) + t M = 0,$$

wo

$$2 M = a u^2 + b v^2 + c w^2 + 2 d_3 v w + 2 e_3 w u + 2 f_3 u v,$$

und die Gleichung (2.) in die Form:

$$\xi u (e w + f v) + \eta v (f_1 u + d_1 w) + \zeta w (d_2 v + e_2 u) = 0,$$

so erhält man hieraus dieselben Ausdrücke von ξ, η, ζ durch u, v, ω

$$\begin{aligned} v\omega\Big((f_1-e_2)u-d_2v+d_1\omega\Big) &= \xi Mt. \\ \omega u\Big((d_2-f)v-e\omega+e_2u\Big) &= \eta Mt. \\ uv\Big((e-d_1)\omega-f_1u+fv\Big) &= \zeta Mt. \end{aligned} \tag{3.}$$

Eliminirt man nun vermittelst der Gleichung $ux+vy+\omega z=0$, aus der Gleichung (1.) die Gröſse ω, so erhält man:

$$\begin{aligned} (atz^2-2qzx+ctx^2)u^2+2(ctxy-pxz-qyz+rz^2)uv+ \\ (btz^2-2pzy+cty^2)v^2=0. \end{aligned} \tag{4.}$$

Eliminirt man vermittelst derselben Gleichungen die Gröſse ω auch aus den bei (3.) gegebenen Ausdrücken von ξ, η, ζ, so werden die Quotienten je zweier der Gröſsen ξ, η, ζ rationale Funktionen von $\frac{u}{v}$, und weil nach Gleichung (4.) $\frac{u}{v}$ zweiwerthig ist, so sind die Quotienten je zweier der Gröſsen ξ, η, ζ zweiwerthige Funktionen von x, y, z, t, also das Strahlensystem von der zweiten Ordnung.

Weil für jeden Punkt der Brennfläche die beiden Werthe des $\frac{u}{v}$, welche die quadratische Gleichung (4.) giebt, einander gleich sein müssen, so erhält man aus dieser

$$\begin{aligned} (ctxy-pxz-qyz+rz^2)^2-(ctx^2-2qxz+atz^2) \\ (cty^2-2pyz+btz^2)=0 \end{aligned} \tag{5.}$$

als Gleichung der Brennfläche des durch die Gleichungen (1.) und (2.) gegebenen Strahlensystems zweiter Ordnung. Diese Gleichung enthält noch den gemeinsamen Faktor z^2, von welchem befreit sie folgende Form erhält:

$$\begin{aligned} x^2(p^2-bct^2)+y^2(q^2-cat^2)+z^2(r^2-abt^2)+2yz(atp-qr)+ \\ +2zx(btq-rp)+2xy(ctr-pq)=0, \end{aligned} \tag{6.}$$

welche auch durch folgende symmetrische Determinante dargestellt werden kann:

$$(7.)\quad \begin{vmatrix} at, & r, & q, & x \\ r, & bt, & p, & y \\ q, & p, & ct, & z \\ x, & y, & z, & 0 \end{vmatrix} = 0.$$

Ordnet man die Gleichung (1.) als Gleichung zweiten Grades in Beziehung auf ξ, η, ζ in die Form

$$(8.)\quad A\xi^2 + B\eta^2 + C\zeta^2 + 2D\eta\zeta + 2E\zeta\xi + 2F\xi\eta = 0$$

so erhält man:

$$(9.)\quad \begin{aligned} A &= \;\; btz^2 - 2pzy + cty^2 \\ B &= \;\; ctx^2 - 2qxz + atz^2 \\ C &= \;\; aty^2 - 2ryx + btx^2 \\ D &= -px^2 + qxy + rxz - atyz \\ E &= -qy^2 + ryz + pyx - btzx \\ F &= -rz^2 + pzx + qzy - ctxy \end{aligned}$$

und es sind diese sechs Coefficienten durch folgende Gleichungen verbunden:

$$(10.)\quad \begin{aligned} Ax + Fy + Ez &= 0, \qquad & -Ax^2 + By^2 + Cz^2 + 2Dyz &= 0 \\ Fx + By + Dz &= 0, \qquad & +Ax^2 - By^2 + Cz^2 + 2Ezx &= 0 \\ Ex + Dy + Cz &= 0, \qquad & +Ax^2 + By^2 + Cz^2 + 2Fxy &= 0 \end{aligned}$$

ausserdem erhält man:

$$(11.)\quad \begin{aligned} D^2 - BC &= x^2\phi, \qquad & E^2 - CA &= y^2\phi, \qquad & F^2 - AB &= z^2\phi, \\ AD - EF &= yz\phi, \qquad & BE - FD &= zx\phi, \qquad & CF - DE &= xy\phi, \end{aligned}$$

wo $\phi = 0$ die Gleichung der Brennfläche ist.

Man ersieht nun unmittelbar, dafs für die vier Punkte

$$\begin{array}{llll} 1., & x = 0, & y = 0, & z = 0, \\ 2., & y = 0, & z = 0, & t = 0, \\ 3., & z = 0, & x = 0, & t = 0, \\ 4., & x = 0, & y = 0, & t = 0, \end{array}$$

die sechs Gröfsen A, B, C, D, E, F alle gleich Null sind. Ferner zeigen die Gleichungen (10.), dafs wenn A, B und C gleich Null sind, ohne dafs x, y oder z gleich Null ist, nothwendig auch D, E, F gleich Null sein müssen. Eliminirt man nun aus den drei Gleichungen $A=0$, $B=0$, $C=0$ die beiden Gröfsen t und z, so erhält man eine Gleichung des siebenten Grades für $\frac{y}{x}$, und durch $\frac{y}{x}$ werden $\frac{z}{x}$ und $\frac{t}{x}$ rational bestimmt; es giebt also ausser den genannten vier Punkten noch sieben in keiner der vier Coordinatenebenen $x=0$, $y=0$, $z=0$, $t=0$ liegende Punkte, für welche die sechs Gröfsen A, B, C, D, E, F gleichzeitig gleich Null sind. Für diese elf Punkte, welche, wie die Gleichungen (11.) zeigen, zugleich elf Knotenpunkte der Brennfläche sind, wird also die erste Gleichung des Strahlensystems identisch erfüllt, ohne dafs dieselbe eine Bestimmung für die Richtung der von ihnen ausgehenden Strahlen ergiebt. Diese Punkte sind darum singuläre Punkte des Strahlensystems, von denen Strahlenkegel ausgehen, die durch die zweite Gleichung des Strahlensystems bestimmt sind. Für den ersten Punkt $x=0$, $y=0$, $z=0$ wird ausser der ersten Gleichung auch die zweite identisch erfüllt, so dafs der diesem Punkte angehörende Strahlenkegel unbestimmt bleibt, für jeden der übrigen zehn singulären Punkte aber giebt die zweite Gleichung einen Strahlenkegel dritten Grades mit einer Doppelkante, welche durch die Gleichungen $\frac{\xi}{x}=\frac{\eta}{y}=\frac{\zeta}{z}$ bestimmt ist und darum stets durch den Anfangspunkt der Coordinaten geht. Das Strahlensystem hat also zehn Strahlenkegel dritten Grades mit je einer Doppelkante, also zehn Doppelstrahlen, es ist also nothwendig das gesuchte Strahlensystem zweiter Ordnung und siebenter Klasse, und der Punkt $x=0$, $y=0$, $z=0$, durch welchen die zehn Doppelstrahlen hindurchgehen, ist der singuläre Punkt mit dem Strahlenkegel sechsten Grades, welcher zehn Doppelkanten hat.

Von den elf Knotenpunkten der Brennfläche hat nur der eine $x=0$, $y=0$, $z=0$ die Eigenschaft, dafs vom ihm ein einhüllender Kegel sechsten Grades mit zehn Doppelkanten ausgeht, die einhüllenden Kegel sechsten Grades, welche von den übrigen zehn Knotenpunkten ausgehen, zerfallen jeder in zwei Kegel dritten Grades deren einer eine Doppelkante hat, der andere aber nicht. Hieraus folgt, dafs derselben Brennfläche ausser diesem einen Strahlensystem zweiter Ordnung und siebenter Klasse kein anderes derselben Art und überhaupt kein anderes Strahlensystem zweiter Ordnung angehören kann.

§. 14.

Darstellung der Strahlensysteme zweiter Ordnung und siebenter Klasse durch die in ξ, η, ζ lineäre Gleichung, und speciellere Fälle dieser Systeme.

Aus den im vorigen Paragraphen gefundenen beiden Gleichungen (1.) und (2.) der Strahlensysteme zweiter Ordnung und siebenter Klasse werden die drei Funktionen P, Q, R der linearen Gleichung

$$(1.)\qquad P\xi + Q\eta + R\zeta = 0,$$

welche jedes Strahlensystem zweiter Ordnung haben mufs, in folgender Weise bestimmt: Eliminirt man aus der Gleichung (1.) vermöge der Gleichung $ux + vy + wz = 0$ erst u, dann v, dann w, so erhält man die drei Gleichungen:

$$(2.)\qquad \begin{aligned} Cv^2 - 2Dvw + Bw^2 &= 0, \\ Aw^2 - 2Ewu + Cu^2 &= 0, \\ Bu^2 - 2Fuv + Av^2 &= 0, \end{aligned}$$

wo A, B, C, D, E, F dieselbe Bedeutung haben, als im vorigen Paragraphen. Diese geben folgende Werthe der Quotienten je zweier der Gröfsen u, v, w:

$$(3.)\qquad \begin{aligned} \frac{v}{w} &= \frac{D + x\sqrt{\phi}}{C}, & \frac{w}{u} &= \frac{E + y\sqrt{\phi}}{A}, & \frac{u}{v} &= \frac{F + z\sqrt{\phi}}{B}, \\ \frac{w}{v} &= \frac{D - x\sqrt{\phi}}{B}, & \frac{u}{w} &= \frac{E - y\sqrt{\phi}}{C}, & \frac{v}{u} &= \frac{F - z\sqrt{\phi}}{A}, \end{aligned}$$

Setzt man nun die im vorigen Paragraphen bei (3.) gefundenen Werthe von ξ, η, ζ in die Gleichung $P\xi + Q\eta + Rz = 0$ ein, so erhält man nach Weghebung der gemeinsamen Faktoren:

$$P\Big((f_1 - e_2) - d_2 \,\frac{v}{u} + d_1 \,\frac{w}{u}\Big) + Q\Big((d_2 - f) - e\,\frac{w}{v} + e_2\,\frac{u}{v}\Big) + \tag{4.}$$
$$+ R\Big((e - d_1) - f_1\,\frac{u}{w} + f\,\frac{v}{w}\Big) = 0$$

und wenn die gefundenen Werthe der $\frac{v}{u}$, $\frac{w}{u}$, u. s. w. eingesetzt werden:

$$\frac{P}{A}\Big((f_1 - e_2)A - d_2(F - z\sqrt{\phi}) + d_1(E + y\sqrt{\phi})\Big)$$
$$+ \frac{Q}{B}\Big((d_2 - f)B - e(D - x\sqrt{\phi}) + e_2(F + z\sqrt{\phi})\Big) \tag{5.}$$
$$+ \frac{R}{C}\Big((e - d_1)C - f_1(E - y\sqrt{\phi}) + f(D + x\sqrt{\phi})\Big) = 0.$$

Da dieselbe Gleichung auch gilt, wenn man für $\sqrt{\phi}$ das entgegengesetzte Vorzeichen nimmt, so giebt sie folgende zwei Gleichungen:

$$\frac{P}{A}\Big((f_1 - e_2)A - d_2 F + d_1 E\Big) + \frac{Q}{B}\Big((d_2 - f)B - eD + e_2 F\Big) +$$
$$+ \frac{R}{C}\Big((e - f_1)C - f_1 E + fD\Big) = 0 \tag{6.}$$
$$\frac{P}{A}(d_1 y + d_2 z) + \frac{Q}{B}(e_2 z + ex) + \frac{R}{C}(fx + f_1 y) = 0$$

und da P, Q, R ganze Funktionen von x, y, z, t sein sollen, ohne gemeinsamen Faktor, so erhält man hieraus folgende Werthe derselben:

$$P = A\Big\{(fx + f_1 y)\Big((d_2 - f)B - eD + e_2 F\Big) - (e_2 z + ex)$$
$$\Big((e - d_1)C - f_1 E + fD\Big)\Big\}$$
$$Q = B\Big\{(d_1 y + d_2 z)\Big((e - d_1)C - f_1 E + fD\Big) - (fx + f_1 y)$$
$$\Big((f_1 - e_2)A - d_2 F + d_1 E\Big)\Big\} \tag{7.}$$
$$R = C\Big\{(e_2 z + ex)\Big((f_1 - e_2)A - d_2 F + d_1 E\Big) - (d_1 y + d_2 z)$$
$$\Big((d_2 - f)B - eD - e_2 F\Big)\Big\}$$

Diese Ausdrücke von P, Q, R haben noch den allen dreien gemeinschaftlichen Faktor t, wird dieser hinweggehoben so erhält man folgende Darstellung, der

Strahlensysteme zweiter Ordnung und siebenter Klasse:

$$P\xi + Q\eta + R\zeta = 0.$$

$$P = AK, \qquad Q = BC, \qquad R = CM$$

$$A = btz^2 - 2pzy + cty^2$$

$$B = ctx^2 - 2qxz + atz^2$$

$$C = aty^2 - 2ryx + btx^2.$$

$$K = q_0(ay - 2f_3x)\Big((d_1 - e)y + fz\Big) + q_0bx\Big((d_1 - e)x - f_1z\Big)$$
$$+ r_0(az - 2e_3x)\Big((d_2 - f)z + ey\Big) + r_0cx\Big((d_2 - f)x - e_2y\Big) + 2q_0r_0d_3x,$$

(8.) $$L = r_0(bz - 2d_3y)\Big((e_2 - f_1)z + d_1x\Big) + r_0cy\Big((e_2 - f_1)y - d_2x\Big)$$
$$+ p_0(bx - 2f_3y)\Big((e - d_1)x + f_1z\Big) + p_0ay\Big((e - d_1)y - fz\Big) + 2r_0p_0e_3y,$$

$$M = p_0(cx - 2e_3z)\Big((f - d_2)x + e_2y\Big) + p_0az\Big((f - d_2)z - ey\Big)$$
$$+ q_0(cy - 2d_3z)\Big((f_1 - e_2)y + d_2x\Big) + q_0bz\Big((f_1 - e_2)z - d_1x\Big) + 2p_0q_0f_3z,$$

und wo p_0, q_0, r_0 die Werthe von p, q, r für $t = 0$ bezeichnen, nämlich

$$p_0 = d_1y + d_2z, \qquad q_0 = e_2z + ex, \qquad r_0 = fx + f_1y.$$

Die drei Funktionen P, Q, R, durch welche das Strahlensystem zweiter Ordnung und siebenter Klasse vollständig bestimmt wird, wenn die abgeleiteten Gleichungen hinzugenommen werden, sind Funktionen sechsten Grades, wie dies sein mufs, weil der Grad derselben stets um eine Einheit niedriger ist, als die Klasse des Strahlensystems. Die zehn Doppelstrahlen sind gemeinsame grade Linien der drei Flächen $P = 0$, $Q = 0$, $R = 0$, und zwar gehören die drei Coordinatenaxen zu diesen zehn Doppelstrahlen; die übrigen sieben ergeben sich als die, den drei

Kegeln dritten Grades $K=0$, $L=0$, $M=0$ gemeinsamen, graden Linien, welche durch eine Gleichung siebenten Grades bestimmt werden.

Nimmt man $c=0$, so hebt sich aus den drei Funktionen P, Q, R der gemeinsame Faktor z hinweg und man erhält die allgemeine Darstellung für das

Strahlensystem zweiter Ordnung und sechster Klasse der zweiten Art:

$$P\xi + Q\eta + R\zeta = 0.$$

wo

$$P = (btz - 2py)K, \qquad Q = (atz - 2qx)\mathrm{L}, \qquad R = CM,$$

$$K = q_0(ay - 2f_3x)\Big((d_1 - e)y + fz\Big) + q_0 bx\Big((d_1 - e)x - f_1 z\Big)$$
$$+ r_0(az - 2e_3x)\Big((d_2 - f)z + ey\Big) + 2q_0r_0d_3x,$$

$$\mathrm{L} = p_0(bx - 2f_3y)\Big((e - d_1)x + f_1 z\Big) + p_0 ay\Big((e - d_1)y - fz\Big) \qquad (9.)$$
$$+ r_0(bz - 2d_3y)\Big((e_2 - f_1)z + d_1x\Big) + 2p_0r_0e_3y,$$

$$M = -2e_3p_0\Big((f_1 - d_2)x + e_2y\Big) + p_0a\Big((f - d_2)z - ey\Big)$$
$$-2d_3q_0\Big((f_1 - e_2)y + d_2x\Big) + q_0b\Big((f_1 - e_2)z - d_1x\Big) + 2f_3p_0q_0,$$

Von den sechs durch den Anfangspunkt der Coordinaten gehenden Doppelstrahlen, welche sechs den drei Flächen $P=0$, $Q=0$, $R=0$ gemeinsame grade Linien sein müssen, liegt einer in der z Axe die übrigen fünf sind die den beiden Kegeln dritten Grades $K=0$, $L=0$ und dem Kegel zweiten Grades $M=0$ gemeinsamen graden Linien, welche durch eine Gleichung fünften Grades bestimmt werden.

Setzt man $c=0$ und $b=0$, so heben sich aus den drei Funktionen P, Q, R die gemeinsamen Faktoren z und y heraus und man erhält das

P 2

Strahlensystem zweiter Ordnung und fünfter Klasse:

$$P\xi + Q\eta + R\zeta = 0.$$

$$(10.)\quad \begin{aligned} P &= -2p\begin{pmatrix} q_0(ay-2f_3x)\big((d_1-e)y+fz\big)+r_0(az-2e_3x)\big((d_2-f)z+ey\big) \\ +2d_3q_0r_0x \end{pmatrix}, \\ Q &= (atz-2qx)\begin{pmatrix} -2d_3r_0\big((e_2-f_1)z+d_1x\big)+2e_3r_0p_0 \\ -2f_3p_0\big((e-d_1)x+f_1z\big)+ap_0\big((e-d_2)y-fz\big) \end{pmatrix}, \\ R &= (aty-2rx)\begin{pmatrix} -2d_3q_0\big((f_1-e_2)y+d_2x\big)-2e_3p_0\big((f-d_2)x+e_2y\big) \\ +2f_3p_0q_0+ap_0\big((f-d_2)z-ey\big) \end{pmatrix}, \end{aligned}$$

Die Brennfläche dieses Systems ist:

$$(11.)\quad \begin{vmatrix} at, & r, & q, & x \\ r, & 0, & p, & y \\ q, & p, & 0, & z \\ x, & y, & z, & 0 \end{vmatrix} = 0,$$

oder entwickelt:

$$(12.)\quad x^2p^2 + y^2q^2 + z^2r^2 - 2yzqr - 2zxrp - 2xypq + 2ayzpt = 0.$$

Diese Darstellung der Strahlensysteme fünfter Klasse hat eine ganz andere Form, als die im §. 10. gegebenen; sie ist ebenso die allgemeinste, wie jene und deshalb kann man beide Darstellungen durch collineare Verwandlung in einander übergehen lassen. Ebenso stellt auch die Brennfläche dieses Systems die allgemeinste Fläche vierten Grades mit 13 Knotenpunkten und drei singulären Tangentialebenen dar, und man kann durch collineare Verwandlung die eine Form der Gleichung in die andere verwandeln. Die drei singulären Tangentialebenen für diese Gleichung der Fläche sind einfach $y=0$, $z=0$ und $p=0$.

Setzt man aufser $c = 0$, $b = 0$ auch noch $a = 0$, so hebt sich aufser den beiden Faktoren z und y auch noch der gemeinsame Faktor x aus den drei Funktionen hinweg, und weil der Grad dieser Funktionen um drei Einheiten erniedrigt wird, so erniedrigt sich auch die Klasse um drei Einheiten und man erhält das

Strahlensystem zweiter Ordnung und vierter Klasse:

$$P\xi + Q\eta + R\zeta = 0.$$

$$\begin{aligned} P &= p\Big(f_3 q_0\big((d_1 - e)y + fz\big) + e_3 r_0\big((d_2 - f)z + ey\big) - d_3 q_0 r_0\Big), \\ Q &= q\Big(d_3 r_0\big((e_2 - f_1)z + d_1 x\big) + f_3 p_0\big((e - d_1)x + f_1 z\big) - e_3 r_0 p_0\Big), \qquad (13.) \\ R &= r\Big(e_3 p_0\big((f - d_2)x + e_2 y\big) + d_3 q_0\big((f_1 - e_2)y + d_2 x\big) - f_3 p_0 q_0\Big), \end{aligned}$$

Die Brennfläche desselben ist:

$$x^2 p^2 + y^2 q^2 + z^2 r^2 - 2yzqr - 2zxrp - 2xypq = 0, \qquad (14.)$$

in irrationaler Form:

$$\sqrt{xp} + \sqrt{yq} + \sqrt{zr} = 0. \qquad (15.)$$

Diese Form, welche von der im §. 9. gefundenen Form der Strahlensysteme vierter Klasse verschieden ist, enthält ebenso wie jene das allgemeinste Strahlensystem dieser Art und die eine Form kann als eine collineare Verwandlung der anderen Form betrachtet werden. Die Gleichung der Brennfläche in dieser Form hat den Vorzug, dafs die sechs singulären Tangentialebenen $x = 0$, $y = 0$, $z = 0$, $p = 0$, $q = 0$, $r = 0$ unmittelbar in Evidenz treten.

Um durch weiteres Specialisiren hieraus die Strahlensysteme der dritten Klasse zu erhalten führe ich unter den vorhandenen Constanten folgende Bedingungsgleichung ein:

$$\frac{d_3}{k} + \frac{e_3}{l} + \frac{f_3}{m} = 0, \qquad (16.)$$

wo

$$
(17.)\quad \begin{aligned}
k &= d_1 d_2 - d_1 f - d_2 e, \\
l &= e_2 e - e_2 d_1 - e f_1, \\
m &= f f_1 - f e_2 - f_1 d_2,
\end{aligned}
$$

gesetzt ist, welche Gröſsen folgenden Gleichungen genügen:

$$
(18.)\quad \begin{aligned}
k(e_2 - f_1) + l d_2 - m d_1 &= 0, \\
l(f - d_2) + m e - k e_2 &= 0, \\
m(d_1 - e) + k f_1 - l f &= 0,
\end{aligned}
$$

ich setze ferner

$$
d_3 = k\delta, \qquad e_3 = l\delta_1, \qquad f_3 = m\delta_2,
$$

so besteht unter den drei Gröſsen δ, δ_1, δ_2 die Gleichung

$$
(19.)\quad \delta + \delta_1 + \delta_2 = 0.
$$

Vermöge dieser Bedingungsgleichung haben die drei Gröſsen P, Q, R des vorigen Falles den gemeinschaftlichen Faktor

$$
kx + ly + mz = 0
$$

und wenn dieser hinweggehoben wird, erhält man das

Strahlensystem zweiter Ordnung und dritter Klasse:

$$
(20.)\quad \begin{aligned}
P\xi + Q\eta + R\zeta &= 0 \\
P &= p(\delta_2 f q_0 + \delta_1 e r_0), \\
Q &= q(\delta d_1 r_0 + \delta_2 f_1 p_0), \\
R &= r(\delta_1 e_2 p_0 + \delta d_2 q_0), \\
p &= d_1 y + d_2 z + \delta k t, \\
q &= e_2 z + e x + \delta_1 l t, \\
r &= f x + f_1 y + \delta_2 m t,
\end{aligned}
$$

dessen Brennfläche die Gleichung

$$
(21.)\quad \sqrt{xp} + \sqrt{yq} + \sqrt{zr} = 0
$$

hat, für die hier gegebenen specielleren Werthe der linearen Ausdrücke p, q, r, für welche diese Gleichung die allgemeinste Fläche vierten Grades mit 15 Knotenpunkten und zehn singulären Tangentialebenen darstellt.

Endlich erhält man aus dem hier gegebenen Strahlensysteme der vierten Klasse auch das der zweiten Klasse, indem man unter den sechs Constanten d, d_2, e_3, e, f, f_1 die Bedingungen festsetzt

$$\begin{aligned} k &= d_1 d_2 - d_1 f - d_2 e = 0, \\ l &= e_2 e - e_2 d_1 - e f_1 = 0, \\ m &= f f_1 - f e_2 - f_1 d_2 = 0, \end{aligned} \tag{22.}$$

welche wesentlich nur zwei Bedingungen sind, weil wie die Gleichungen (18.) zeigen, wenn zwei derselben Statt haben, die dritte von selbst mit erfüllt ist. Setzt man, um diese Bedingungen in symmetrischer Weise zu erfüllen:

$$\begin{aligned} d_1 &= \delta a_2, & e_2 &= \delta_1 a, & f &= \delta_2 a_1, \\ d_2 &= -\delta a_1, & e &= -\delta_1 a_2, & f_1 &= -\delta_2 a, \end{aligned} \tag{23.}$$

und setzt man auſserdem

$$d_3 = -\delta b, \qquad e_3 = -\delta_1 b_1, \qquad f_3 = -\delta_2 b_2, \tag{24.}$$

so wird

$$\delta + \delta_1 + \delta_2 = 0,$$

$$\begin{aligned} p &= \delta(a_2 y - a_1 z - b t), \\ q &= \delta_1 (a z - a_2 x - b_1 t), \\ r &= \delta_2 (a_1 x - a y - b_2 t), \end{aligned} \tag{25.}$$

oder wenn man von den oben angewendeten Bezeichnungen dieser linearen Ausdrücke Gebrauch macht, so wird $p = \delta r$, $q = \delta_1 r_1$, $r = \delta_2 r_2$. Die in die Klammern eingeschlossenen Faktoren der bei (13.) gegebenen Ausdrücke von P, Q, R werden nach Einsetzung dieser Werthe einander gleich und heben sich hinweg, so daſs nur $P = r$, $Q = r_1$, $R = r_2$ übrig bleibt, und

$$r\xi + r_1 \eta + r_2 \zeta = 0, \tag{26.}$$

als die erste Gleichung der Strahlensysteme zweiter Klasse hervorgeht, welche dieselbe ist, als die im §. 7. aufgestellte. Die zweite, in Beziehung auf ξ, η, ζ quadratische Gleichung der Strahlensysteme zweiter Klasse kann man ebenfalls als einen speciellen Fall der für die Strahlensysteme siebenter Klasse gegebenen Gleichungen finden. Setzt man nämlich in der Gleichung (1.) §. 13, $c=0$, $b=0$, $a=0$, $p=\delta r$, $q=\delta_1 r_1$, $r=\delta_2 r_2$, so giebt dieselbe

$$(27.)\qquad \delta rvw+\delta_1 r_1 wu+\delta_2 r_2 uv=0$$

und aus der Verbindung dieser Gleichung mit der ersten Gleichung

$$(28.)\qquad r\xi+r_1\eta+r_2\zeta=0$$

erhält man

$$\delta x\eta\zeta+\delta_1 y\zeta\xi+\delta_2 z\xi\eta=0,$$

welches die im §. 7. gefundene zweite Gleichung des ersten, der sechs derselben Brennfläche angehörenden Strahlensysteme zweiter Klasse ist.

Die Strahlensysteme der siebenten Klasse, der höchsten, welche für Strahlensysteme der zweiten Ordnung ohne Brenncurven überhaupt Statt hat, umfassen also alle Strahlensysteme der niederen Klassen als specielle Fälle, mit Ausschlufs derjenigen Strahlensysteme der sechsten Klasse, deren sechs Doppelstrahlen die sechs Kanten eines Tetraeders bilden.

Über ein von Hrn. Professor Schwarz angefertigtes Gypsmodell einer Minimalfläche

Monatsberichte der Königlichen Preußischen Akademie der Wissenschaften zu Berlin aus dem Jahre 1872, 122–123

Hr. Kummer zeigte ein von Hrn. Professor Schwarz in Zürich angefertigtes Gypsmodell einer Minimalfläche vor, deren Begränzung durch eine Reihe von vier Ebenen gebildet wird, auf denen sie überall senkrecht stehen mufs.

Die von Hrn. Prof. Schwarz zuerst allgemein gestellte und behandelte Aufgabe Minimalflächen zu finden, deren Begränzungen durch eine Kette von graden Linien und von Ebenen gegeben ist.

m. s. den Monatsbericht der Sitzung vom 18. Januar d. J., bietet namentlich in dem Falle, wo die Begränzung durch eine Kette von Ebenen allein gegeben ist, einige Schwierigkeiten für die geometrische Anschauung dar, da es scheint, als ob die so zu begränzenden Flächen jedes gegebene Maafs der Kleinheit überschreiten könnten. Aus diesem Grunde wandte ich mich an Hrn. Professor Schwarz mit der Bitte mir darüber einige Aufklärungen zukommen zu lassen. Derselbe überschickte mir hierauf das vorliegende Modell, in welchem die Begränzung durch folgende vier in der bestimmten Reihenfolge zu nehmende Ebenen gegeben ist:

$$x + z - \varpi = 0\ ,\quad y - z - \varpi = 0\ ,\quad x - z + \varpi = 0\ ,$$
$$y + z + \varpi = 0.$$

Die dieser Begränzung angehörende Minimalfläche ist diejenige, welche Hr. Prof. Schwarz in seiner von der Akademie gekrönten und herausgegebenen Preisschrift: Bestimmung einer speciellen Minimalfläche pag. 80—83 als Biegungsfläche der von vier Kanten eines regulären Tetraëders begränzten Minimalfläche behandelt hat, und zwar ist das von den obigen vier Ebenen begränzte Stück der Minimalfläche genau die Biegung des zwischen vier Kanten des regulären Tetraëders liegenden Stückes der ursprünglichen Fläche.

Die in dem Modell dargestellte Fläche mit ihrer Begränzung ist auch die einzige Fläche, welche den analytischen Bedingungen genügt, dafs sie Minimalfläche sei und dafs sie die vier Ebenen überall rechtwinklig treffe. Hr. Schwarz hat nun auch untersucht ob diese Fläche auch wirklich ein Minimum darstellt, d. h. ob sie kleiner ist, als alle unendlich nahen Flächen, welche denselben Gränzbedingungen unterworfen sind, und hat gefunden, dafs dies in der That nicht der Fall ist, und dafs überhaupt in dem Falle, wo die Begränzung nur durch Ebenen vorgeschrieben ist, die Minimalflächen, welche diese Ebenen überall rechtwinklig treffen, niemals wirkliche Minima in dem Sinne sind, dafs ihre zweite Variation stets positiv sei, oder dafs sie kleiner seien als alle unendlich nahe liegenden Flächen, welche durch dieselben Ebenen begränzt sind.

Über einige besondere Arten von Flächen vierten Grades

Monatsberichte der Königlichen Preußischen Akademie der Wissenschaften zu Berlin aus dem Jahre 1872, 474–483

20. Juni. Gesammtsitzung der Akademie.

Hr. Kummer las:

Über einige besondere Arten von Flächen vierten Grades.

Die Flächen vierten Grades, welche von einer Schaar von Flächen zweiten Grades eingehüllt werden, in der Art, dafs jede Fläche zweiten Grades die Fläche vierten Grades in einer Curve vierten Grades berührt, sind alle in der Form:

$$\varphi^2 = \psi\chi \qquad \ldots (A)$$

enthalten, wo φ, ψ, χ drei beliebige Funktionen zweiten Grades der Coordinaten darstellen. Die Schaar der Flächen zweiten Grades, welche diese Fläche vierten Grades einhüllt, ist durch die Gleichung

$$\alpha^2\psi + 2\alpha\varphi + \chi = 0 \quad \ldots (B)$$

gegeben, in welcher α der veränderliche Parameter ist. Diese sehr allgemeine Art von Flächen vierten Grades, in welcher die meisten der bisher besonders behandelten interessanteren Flächen vierten Grades enthalten sind, besitzt eine bemerkenswerthe, so viel ich weifs bisher noch nicht bekannte Eigenschaft, welche das System ihrer Doppeltangenten betrifft, und welche darin besteht, dafs das Strahlensystem 12ter Ordnung und 28ter Klasse, welches von sämmtlichen Doppeltangenten der allgemeinen Fläche vierten Grades gebildet wird, für diese besondere Art von Flächen vierten Grades in zwei getrennte Strahlensysteme zerfällt, deren eines von der 4ten Ordnung und der 12ten Klasse, das andere von der 8ten Ordnung und der 16ten Klasse ist.

Um dies zu beweisen betrachte ich die Schaar der einhüllenden Flächen zweiten Grades (B). Eine jede Fläche dieser Schaar enthält als Fläche zweiten Grades zwei Schaaren grader Linien und alle diese graden Linien sind doppelt berührende Linien der Fläche (A); denn da jede Fläche der Schaar (B) die Fläche (A) nur berührt und nirgends schneidet, so kann auch jede auf ihr liegende grade Linie die Fläche (A) nur berühren, die vier Durchschnittspunkte, welche eine beliebige grade Linie mit der Fläche (A) hat, müssen also für jede auf einer Fläche der Schaar (B) liegende grade Linie zu zwei Berührungspunkten vereinigt sein.

Die sämmtlichen graden Linien der Schaar von Hyperboloiden (B) bilden also ein selbständiges Strahlensystem, welches die Fläche (A) zur Brennfläche hat. Um die Ordnung und Klasse dieses Strahlensystems zu bestimmen, bemerke ich, dafs durch einen jeden Punkt des Raumes zwei Hyperboloïde der Schaar (B) hin durchgehen, da die Gleichung dieser Schaar in Beziehung auf α quadratisch ist, und dafs in jedem dieser beiden Hyperboloide zwei grade Linien durch diesen Punkt gehen. Das Strahlensystem ist also von der 4ten Ordnung, da durch jeden Punkt des Raumes vier Strahlen desselben gehen. Betrachtet man ferner eine beliebige feste Ebene, so wird dieselbe von 6 Hyperboloiden der Schaar (B) berührt, denn die Bedingungsgleichung für die Berührung ist in Beziehung auf die Coëfficienten der berührenden Fläche zweiten Grades von drei Dimensionen, also in Beziehung auf α vom 6ten Grade. Der Durchschnitt der festen Ebene mit den sechs dieselbe berührenden Flächen zweiten Grades giebt aber 12 grade Linien, welche die in dieser Ebene liegenden Strahlen des Systems sind, sodafs dasselbe von der 12ten Klasse ist.

Die Bedingung, dafs die Fläche zweiten Grades (B) zu einer Kegelfläche werde, ist in Beziehung auf die Coëfficienten der Fläche von vier Dimensionen, also in Beziehung auf den Parameter α vom achten Grade; es giebt also acht Kegel zweiten Grades, deren grade Linien dem Strahlensysteme 4ter Ordnung und 12ter Klasse angehören und Strahlenkegel desselben bilden. Die Mittelpunkte dieser acht Kegel zweiten Grades gehören im Allgemeinen der Brennfläche (A) nicht an. Nach der allgemeinen Definition der Brennfläche, nach welcher sie der geometrische Ort der Punkte des Raumes ist, für welche zwei der von ihnen ausgehenden Strahlen sich zu einem vereinigen, mufs aber ein jeder Mittelpunkt eines Strahlenkegels ein Punkt der Brennfläche und zwar ein Knotenpunkt derselben sein. Dieser scheinbare Widerspruch löst sich dadurch, dafs die Brennfläche vierten Grades (A) nur einen besonderen Theil der durch diese allgemeine Definition bestimmten Brennfläche bildet. Allgemein: wenn man das vollständige System aller doppelt berührenden graden Linien einer Fläche $n$ten Grades als Strahlensystem auffafst, so ist diese Fläche $n$ten Grades nur in dem Sinne die Brennfläche des Systems, als sie von allen Strahlen des Systems zweimal berührt wird, in dem Sinne aber, dafs die Brennfläche der geometrische Ort aller Punkte des Raumes ist, für welche zwei Strahlen sich zu einem vereinigen, enthält die Brennfläche aufserdem noch die vollständige abwickelbare Fläche, welche von allen doppelt berührenden Ebenen der Fläche $n$ten Grades eingehüllt wird. Für die allgemeine Fläche $n$ten Grades ist diese abwickelbare Fläche vom Grade

$$n(n-2)(n-3)(n^2+2n-4),$$

also für die Flächen vierten Grades vom 160sten Grade. Hr. Salmon in seiner analytic geometry of three dimensions, p. 419 der ersten, sowie p. 455 der zweiten Ausgabe, findet als Grad dieser abwickelbaren Fläche die Zahl

$$4n(n-2)(n-3)(n^2+2n-4),$$

bemerkt jedoch selbst, in der dieser Formel beigegebenen Note, dafs sie auf einen Widerspruch führe, welcher noch einer ferneren Aufklärung bedürfe. Dieser Widerspruch löst sich dadurch, dafs der Faktor 4 nur durch einen Rechnungsfehler zu dieser Formel hinzugekommen ist, wovon ich mich durch eine direkte Bestimmung des Grades dieser abwickelbaren Fläche nach zwei verschiedenen Methoden überzeugt habe.

Die drei Flächen zweiten Grades:

$$\psi = 0 \,, \quad \phi = 0 \,, \quad \chi = 0 \,,$$

aus welchen die Schaar der Flächen (B) zusammengesetzt ist, haben acht gemeinsame Punkte, welche, wie aus der Form der Gleichung (A) zu ersehen ist, acht Knotenpunkte dieser Fläche vierten Grades sind. Jede Fläche der Schaar (B) geht durch alle diese acht Knotenpunkte hindurch, durch einen jeden derselben gehen also unendlich viele Strahlen des Systems 4ter Ordnung und 12ter Klasse, dasselbe besitzt also aufser den oben gefundenen acht Strahlenkegeln zweiten Grades noch acht Strahlenkegel, deren Mittelpunkte in diesen acht Knotenpunkten liegen. Diese acht Strahlenkegel sind die von den Knotenpunkten ausgehenden, die Fläche vierten Grades einhüllenden Kegel, welche wie bekannt Kegel sechsten Grades sind.

Die von der Schaar aller doppelt berührenden Ebenen der Fläche vierten Grades (A) eingehüllte abwickelbare Fläche des 160sten Grades enthält diese acht Kegel sechsten Grades in sich und zwar jeden zweimal; ferner enthält sie auch die oben gefundenen acht Kegel zweiten Grades, jeden einmal. Da alle diese

Kegel zusammen ein Gebilde des 112ten Grades ausmachen, so kann nur noch eine abwickelbare Fläche des 48sten Grades hinzukommen, welche im Allgemeinen nicht konisch ist, sondern eine wirkliche Wendekurve besitzt.

Stellt man die beiden Schaaren grader Linien, welche auf einer jeden Fläche der Schaar (B) liegen, gesondert dar, so enthält ihr Ausdruck als einzige Irrationalität die Quadratwurzel aus der Determinante Δ, welche gleich Null gesetzt die Bedingung giebt, dafs die Fläche zweiten Grades (B) eine Kegelfläche sei. Wenn nun diese Determinante Δ, welche eine ganze rationale Funktion achten Grades von α ist, ein vollständiges Quadrat ist, also $\sqrt{\Delta}$ rational in Beziehung auf α, so lassen sich die beiden Schaaren von graden Linien auf der Fläche zweiten Grades (B) trennen, in der Art, dafs beide für sich rational in Beziehung auf α ausgedrückt werden, und man erhält statt eines Strahlensystems 4ter Ordnung zwei Strahlensysteme 2ter Ordnung. Auf diese Weise kann man alle Strahlensysteme zweiter Ordnung herleiten, welche Brennflächen und nicht Brenncurven haben, mit alleiniger Ausnahme des Strahlensystems 2ter Ordnung und 7ter Klasse, da sich die Strahlen aller übrigen in Schaaren zusammenfassen lassen, welche nur je eine Schaar der graden Linien eines Hyperboloids ausmachen. Die Strahlen des Strahlensystems 2ter Ordnung und 7ter Klasse aber lassen sich überhaupt nicht in Schaaren von graden Linien von Hyperboloiden zusammenfassen, sowie auch die Brennfläche dieses Strahlensystems die einzige ist, welche nicht als Einhüllende einer Schaar von Flächen 2ten Grades dargestellt werden kann.

Ich betrachte jetzt die etwas speciellere Art von Flächen vierten Grades, deren Gleichungen die Form haben:

$$\varphi^2 = pqrs \quad \ldots \text{(C)}$$

wo φ eine Funktion zweiten Grades, p, q, r, s lineare Funktionen der Coordinaten sind. Diese Art von Flächen läfst sich auf drei verschiedene Arten als Einhüllende einer Schaar von Flächen zweiten Grades betrachten, denn eine jede der drei Schaaren von Flächen zweiten Grades:

$$\begin{aligned} \alpha^2 pq + 2\alpha\varphi + rs &= 0 \\ \beta^2 pr + 2\beta\varphi + qs &= 0 \quad \ldots \text{(D)} \\ \gamma^2 ps + 2\gamma\varphi + ps &= 0 \end{aligned}$$

hat eine und dieselbe Fläche (C) zur einhüllenden Fläche. Die vier Ebenen:

$$p = 0\,,\ q = 0\,,\ r = 0\,,\ s = 0\,,$$

die im Allgemeinen ein Tetraëder bilden, sind vier singuläre Tangentialebenen der Fläche, welche dieselbe in Kegelschnitten berühren. Jede der sechs Kanten dieses Tetraëders schneidet die Fläche zweiten Grades

$$\varphi = 0$$

in zwei Punkten, welche Knotenpunkte der Fläche vierten Grades (C) sind, sodafs dieselbe 12 Knotenpunkte hat. Ein jeder der von den zwölf Knotenpunkten ausgehenden einhüllenden Kegel sechsten Grades enthält zwei der vier singulären Tangentialebenen, wird also, wenn diese besonders betrachtet werden, zu einem Kegel vierten Grades.

Da die Fläche (C) auf drei verschiedene Weisen als Einhüllende einer Schaar von Flächen zweiten Grades sich darstellen läfst, so werden ihre Doppeltangenten drei verschiedene Strahlen systeme vierter Ordnung bilden, wenn nicht etwa zwei dieser drei Strahlensysteme entweder ganz identisch werden, oder doch ein niederes Strahlensystem gemeinschaftlich enthalten. Das letztere ist in der That der Fall, da die vier Strahlensysteme 0ter Ordnung und 1ter Klasse, welche in den vier singulären Tangentialebenen liegen, allen dreien gemeinsam sind; werden diese abgesondert, so bleiben drei Strahlensysteme 4ter Ordnung und 8ter Klasse übrig, welche von den doppelt berührenden graden Linien der Fläche (C) gebildet werden. Aufserdem aber enthalten je zwei der drei Strahlensysteme keine weiteren gemeinsamen Strahlensysteme, sondern nur gewisse einfach unendliche Schaaren von Strahlen, welche Kegelflächen bilden und wie eine genaue Untersuchung zeigt nur die von den 12 Knotenpunkten ausgehenden Strahlenkegel vierten Grades sind, von denen je vier je zweien dieser drei Systeme gemeinsam angehören.

Die Gleichung achten Grades, welche diejenigen Werthe des α giebt, für welche

$$\alpha^2 pq + 2\alpha\varphi + rs = 0$$

zu einer Kegelfläche wird, erniedrigt sich hier um vier Einheiten, weil sie die beiden Wurzeln $\alpha = 0$ und $\alpha = \infty$ jede zweimal enthält und für diese Werthe nur die Systeme zweier Ebenen

$p = 0$, $q = 0$ und $r = 0$, $s = 0$ ergiebt. Diese Schaar von Flächen zweiten Grades enthält also nur vier wirkliche Kegel und da dasselbe auch bei den beiden anderen Schaaren bei (D) der Fall ist, so hat die Fläche (C) im Ganzen 12 einhüllende Kegel zweiten Grades, deren Mittelpunkte nicht in den Knotenpunkten dieser Fläche liegen.

Das vollständige System aller doppelt berührenden graden Linien der Fläche (C) besteht also aus vier Strahlensystemen 0ter Ordnung und 1ter Klasse und aus drei Strahlensystemen 4ter Ordnung und 8ter Klasse, mit zwölf von den Knotenpunkten ausgehenden Strahlenkegeln vierten Grades und 12 nicht von den Knotenpunkten ausgehenden Strahlenkegeln zweiten Grades.

Die abwickelbare Fläche des 160sten Grades, welche von der Schaar aller doppelt berührenden Ebenen der Fläche (C) eingehüllt wird, besteht für diese Art von Flächen vierten Grades nur aus Kegelflächen und Ebenen. Es gehören dazu erstens die 12 einhüllenden Kegel vierten Grades, welche von den 12 Knotenpunkten ausgehen, welche, da sie doppelt zu zählen sind, zusammen ein Gebilde des 96sten Grades ausmachen. Ferner gehören dazu die 12 einhüllenden Kegel zweiten Grades, welche einfach zu zählen sind und darum ein Gebilde des 24sten Grades ausmachen. Endlich gehören noch die 4 singulären Tangentialebenen dazu, deren jede zehnfach zu zählen ist, welche also zusammen ein Gebilde 40sten Grades darstellen. Hierdurch wird der Grad 160 dieser abwickelbaren Fläche vollständig erschöpft.

Um möglichst bestimmte Anschauungen der in der Form

$$\phi^2 = pqrs$$

enthaltenen Flächen vierten Grades zu gewinnen, habe ich einige der merkwürdigsten durch Gypsmodelle dargestellt. Dabei habe ich, um möglichst symmetrische und reguläre Formen zu erhalten, die vier Ebenen $p = 0$, $q = 0$, $r = 0$, $s = 0$ als die vier Seitenflächen eines regulären Tetraëders gewählt und die Fläche zweiten Grades $\phi = 0$ als eine Kugelfläche, deren Mittelpunkt mit dem Mittelpunkte des regulären Tetraëders zusammenfällt, nämlich:

$$p = z - k + x\sqrt{2},$$
$$q = z - k - x\sqrt{2},$$
$$r = z + k + y\sqrt{2},$$
$$s = z + k - y\sqrt{2},$$

und

$$\phi = \frac{1}{\sqrt{\lambda}}(x^2 + y^2 + z^2 - \mu k^2),$$

so dafs die Gleichungen der dargestellten Flächen alle die Form haben:

$$(x^2 + y^2 + z^2 - \mu k^2)^2 = \lambda\left((z-k)^2 - 2x^2\right)\left((z+k)^2 - 2y^2\right).$$

Um die Flächen vollständig darstellen zu können, habe ich nur diejenigen Werthe der Constanten gewählt, für welche sie ganz in einem endlichen begränzten Raume enthalten sind. Dieses hängt, wie leicht zu sehen ist, nur von der einen Constante λ ab und die genaue Untersuchung ergiebt, dafs für die Werthe des λ, welche in den Gränzen $\lambda = -3$ bis $\lambda = +1$ enthalten sind, diese Flächen stets in einem endlichen Raume enthalten sind, für alle nicht in diesem Intervalle liegenden Werthe des λ aber sich ins Unendliche erstrecken. Für $\lambda = 0$ erhält man zwei sich deckende Kugelflächen, und die Gestalt der Fläche wird wesentlich geändert, wenn λ durch diesen Werth $\lambda = 0$ hindurchgeht.

Wenn die Constante μ kleiner als Eins ist, so hat die Fläche keine realen Knotenpunkte, weil die sechs Kanten des regulären Tetraëders alsdann die Kugelfläche nicht treffen. Für $\mu = 1$, wo die sechs Tetraëderkanten die Kugelfläche berühren, treten zuerst reale Knotenpunkte auf und zwar sechs biplanare Knotenpunkte, weil je zwei der zwölf Durchschnittspunkte der sechs Tetraëderkanten mit der Kugel zu einem zusammenfallen. Wenn μ gröfser als Eins ist, so sind zwölf reale Knotenpunkte mit osculirenden Kegeln zweiten Grades vorhanden. Nur in dem besonderen Falle $\mu = 3$, wo die vier Ecken des regulären Tetraëders auf der Kugelfläche liegen, treten je drei der 12 Knotenpunkte zu einem zusammen und bilden so vier uniplanare Knotenpunkte. Wenn μ gröfser als 3 wird, so treten sie wieder zu 12 konischen Knotenpunkten auseinander.

Das Modell I stellt die Fläche dar für die Werthe der Constanten

$$\mu = 1, \ \lambda = -\tfrac{1}{8}, \ k = 40^{\text{mm}}.$$

Dieselbe besteht aus vier congruenten Theilen, welche nur in den sechs biplanaren Knotenpunkten zusammenhängen. Die beiden osculirenden Ebenen in jedem dieser Knotenpunkte sind real und bilden einen Winkel dessen Cosinus gleich $\frac{7}{11}$ ist. Ein Modell dieser Art von Flächen habe ich der Akademie schon früher vorgelegt, um an demselben die Beschaffenheit biplanarer Knotenpunkte anschaulich zu machen, m. s. den Monatsbericht der Sitzung vom 23sten April 1866.

Das Modell II stellt die Fläche dar für die Werthe der Constanten

$$\mu = 1\,,\ \lambda = \tfrac{9}{10}\,,\ k = 50^{\mathrm{mm}},$$

und besteht ebenfalls aus vier congruenten Theilen, welche nur in den sechs biplanaren Knotenpunkten zusammenhängen. Diese biplanaren Knotenpunkte selbst sind aber von ganz anderer Beschaffenheit als die des vorhergehenden Falles, da die beiden osculirenden Ebenen derselben imaginär sind und nur eine reale Durchschnittslinie haben, so dafs in unendlicher Nähe eines jeden Knotenpunktes die Fläche in diese grade Linie übergeht.

Das Modell III für die Werthe

$$\mu = 1\,,\ \lambda = 1\,,\ k = 50^{\mathrm{mm}}$$

stellt die mit in diesen Cyclus gehörende Steinersche Fläche dar, welche die Eigenschaft hat, dafs alle Tangentialebenen aus derselben Kegelschnittpaare ausschneiden. Ein etwas kleineres Modell derselben habe ich der Akademie schon früher vorgelegt und erklärt, m. s. den Monatsbericht der Sitzung vom 26ten November 1863.

Da der Werth $\lambda = \frac{9}{10}$ in dem zweiten Modell dem Werthe $\lambda = 1$ für die Steinersche Fläche nahe liegt, so kann man aus der Vergleichung dieser beiden Modelle erkennen, wie die Fläche mit sechs biplanaren Knotenpunkten in die Steinersche Fläche mit den drei durch einen Punkt gehenden graden Doppellinien übergeht.

Das Modell IV mit den Werthen der Constanten

$$\mu = \tfrac{4}{3}\,,\ \lambda = \tfrac{1}{2}\,,\ k = 50^{\mathrm{mm}}$$

zeigt eine Fläche mit 12 konischen Knotenpunkten, welche aus zehn besonderen Theilen besteht, nämlich vier dreieckig gestalteten und sechs in zwei Ecken auslaufenden, die so verbunden sind, dafs an jeden dreieckigen Theil sich drei zweieckige in den Knotenpunkten ansetzen. Jede der vier singulären Tangentialebenen geht durch sechs Knotenpunkte und berührt auf der äufseren Seite drei zweieckige, auf der inneren Seite drei dreieckige Theile.

Das Modell V mit den Werthen der Constanten

$$\mu = 3\,,\ \lambda = \tfrac{1}{2}\,,\ k = 25^{\mathrm{mm}}$$

ist dasselbe, welches ich früher in der Sitzung der Akademie vom 23sten April 1866 schon vorgezeigt habe, um an demselben die Beschaffenheit uniplanarer Knotenpunkte der Flächen zu veranschaulichen, es besteht aus sechs congruenten Theilen, deren jeder in zwei Spitzen ausläuft, je drei dieser Spitzen kommen in einem der vier uniplanaren Knotenpunkte zusammen.

Das Modell VI mit den Werthen der Constanten

$$\mu = 3\,,\ \lambda = -\tfrac{1}{8}\,,\ k = 30^{\mathrm{mm}}$$

zeigt eine ganz anders gestaltete Fläche derselben Art, mit vier uniplanaren Knotenpunkten. Dieselbe besteht aus vier congruenten Theilen, deren jeder in drei Spitzen ausläuft, welche ebenfalls so verbunden sind, dafs in jedem der vier uniplanaren Knotenpunkte drei dieser Theile mit ihren Spitzen zusammenkommen.

Das Modell VII für die Werthe der Constanten

$$\mu = 9\,,\ \lambda = \tfrac{1}{4}\,,\ k = 18^{\mathrm{mm}}$$

stellt eine Fläche mit 12 konischen Knotenpunkten dar, welche in den verlängerten Kanten des von den singulären Tangentialebenen gebildeten regulären Tetraëders liegen. Die Fläche besteht aus sechs congruenten Theilen, deren jeder in vier Ecken ausläuft, mit denen er in den Knotenpunkten mit vier anderen dieser Theile zusammentrifft.

In diesen Cyclus von Flächen vierten Grades gehört als specieller Fall auch die Fläche vierten Grades mit 16 Knotenpunkten und 16 singulären Tangentialebenen, welche man erhält, wenn

$$\lambda = \frac{3\mu - 1}{3 - \mu}$$

genommen wird, welche ich in der Sitzung der Akademie vom 18ten April 1864 vollständig behandelt habe. In derselben Sitzung habe ich auch ein aus Drähten angefertigtes Modell dieser Fläche vorgezeigt, welches die in den 16 singulären Tangentialebenen liegenden 16 Berührungs-Kegelschnitte darstellt, deren jeder durch sechs der 16 Knotenpunkte hindurchgeht. Ein neues Modell derselben Fläche ist vor Kurzem von Hrn. Dr. F. Klein in Göttingen construirt worden, welcher dasselbe in Zinkguſs hat ausführen und vervielfältigen lassen.

Über die Wirkung des Luftwiderstandes auf Körper von verschiedener Gestalt, ins besondere auch auf die Geschosse

Abhandlungen der Königlichen Akademie der Wissenschaften zu Berlin
aus dem Jahre 1875, 1–57

[Gelesen in der Akademie der Wissenschaften am 27. Mai 1875.]

Einleitung.

Der wahre Grund der Rechtsabweichung der aus gezogenen Geschützen mit rechts gewundenen Zügen geworfenen, länglichen Geschosse ist, so viel mir bekannt ist, zuerst von G. Magnus im allgemeinen richtig erkannt worden, welcher ihn in einer Schrift: Ueber die Abweichung der Geschosse von G. Magnus, Berlin 1860, entwickelt hat. Dieser Grund liegt in den beiden theoretisch so wie auch experimentell vollkommen bewiesenen Sätzen: erstens, daſs ein jeder Körper, welcher um eine seiner drei durch den Schwerpunkt gehenden Hauptträgheitsaxen rotirt, um diese Hauptaxe zu rotiren fortfährt, wenn nicht andere Kräfte die Lage dieser Axe verändern; und zweitens, daſs der um eine Hauptträgheitsaxe rotirende Körper einer Kraft, welche die Richtung dieser Axe zu drehen strebt, nicht in der Richtung dieser Kraft Folge leistet, sondern senkrecht gegen diese Richtung ausweicht. Die Betrachtung der Bewegung eines Kreisels reicht hin, um diese beiden Sätze klar zu erkennen und experimentell zu beweisen.

Die aus gezogenen Geschützen geworfenen Geschosse sind, mit wenigen Ausnahmen, Rotationskörper, deren Axe in dem Rohre des Geschosses mit der Axe desselben zusammenfällt. Wegen der durch die Züge des Rohres bewirkten starken Rotation des Geschosses wird dieses die Richtung seiner Rotationsaxe, welche eine durch den Schwerpunkt gehende Hauptträgheitsaxe ist, beizubehalten streben. Weil aber die Bahn des geworfenen Körpers eine Curve ist, so wird die Richtung der Axe des Geschosses, welche, wenn nicht andere Kräfte eintreten, constant ist, mit der veränderlichen Richtung des Geschosses, welche durch die Tangente an die Flugbahn bestimmt ist, und die entgegengesetzte Richtung des Luftwiderstandes ist, einen Winkel α bilden, der von 0 anfangend im Verlaufe der Bewegung wächst. Durch den Luftwiderstand aber wird diese einfache Bewegung bedeutend modificirt. Die sämmtlichen Druckkräfte der Luft gegen alle Theile der Oberfläche des bewegten Rotationskörpers haben stets eine einzige bestimmte Resultante, welche die Axe des Körpers schneidet, so dafs ihr Angriffspunkt auf dieser Axe gewählt werden kann. Wenn nun dieser Angriffspunkt stets im Schwerpunkte des Geschosses läge, und zwar für jeden Werth des Winkels α, so würde der Luftdruck die Hauptaxe desselben in keiner Weise zu drehen streben, er würde nur einerseits die fortschreitende Bewegung aufhalten, andererseits aber das ganze Geschofs etwas heben und dadurch sogar etwas zur Vergröfserung der Wurfweite beitragen, die Rotationsaxe aber würde stets nur dieselbe Richtung im Raume beibehalten. Wenn aber die Resultante des Luftwiderstandes die Axe des Geschosses in einem Punkte trifft, der weiter nach vorn liegt, als der Schwerpunkt, so strebt diese Kraft die Axe in der Ebene des Winkels α zu drehen und zwar so, dafs der Winkel α dadurch vergröfsert wird. Das stark rotirende Geschofs folgt aber dieser Richtung der drehenden Kraft nicht, sondern nach dem zweiten der oben aufgestellten Sätze weicht es rechtwinklig zu dieser Richtung aus. Wenn der Winkel α ursprünglich in der durch den Anfang der Flugbahn gehenden Verticalebene liegt und wenn die Rotation des Geschosses eine rechts drehende ist, so weicht dasselbe mit der Spitze nach rechts aus der Verticalebene aus. Der Luftdruck trifft von da an das Geschofs mehr auf der linken Seite, er bewirkt also, aufser einer weiteren drehenden Bewegung nach rechts und nach unten zu, auch eine fortschreitende Bewegung nach der rechten Seite der Verticalebene. Sieht man von der fortschreitenden Bewegung des Geschosses ab, und betrachtet nur die drehende Bewegung der Axe um den Schwerpunkt, so geht dieselbe zuerst mit der Spitze nach rechts, dann weiter nach rechts und zugleich nach unten und so macht sie ähnlich der Axe eines Kreisels nach einander mehrere Umdrehungen. Nach Vollendung der ersten halben Umdrehung liegt die Axe nicht mehr nach rechts, sondern mehr nach links, sodann nach Vollendung einer ganzen Umdrehung liegt sie wieder mehr nach rechts und so fort. Während der Zeit der ersten halben Umdrehung der Axe muſs das Geschoſs nach rechts von der Verticalebene abweichen, während der zweiten halben Umdrehung sodann nach links gegen die während der ersten halben Umdrehung der Axe veränderte Verticalebene, alsdann wieder nach rechts und so fort. Da aber diese konische Bewegung der Axe des Geschosses verhältniſsmäſsig nur sehr langsam geschieht, und die Zeit, in welcher das Geschoſs sein Ziel erreicht, stets nur wenige Secunden beträgt, so ist anzunehmen, daſs in dieser kurzen Zeit die Axe noch in ihrer ersten halben Umdrehung begriffen bleibt, in welcher sie mit der Spitze nach rechts liegt, daſs also in dieser kurzen Zeit der Luftdruck das Geschoſs nur nach der rechten Seite der Verticalebene hin bewegen wird. Bei sehr groſsen Wurfweiten könnte es aber wohl der Fall sein, daſs das Geschoſs zuerst nach rechts, sodann von dieser Richtung aus wieder nach links und so weiter fortgedrückt würde. Wenn die Resultante des Luftdrucks ihren Angriffspunkt nicht vor, sondern hinter dem Schwerpunkte hätte, so würde die seitliche Abweichung von der Verticalebene ebenso, nur nach der anderen Seite hin erfolgen; ebenso würde die entgegengesetzte Bewegung Statt haben, wenn die Züge des Geschützes nicht rechts, sondern links gewunden wären.

Der ganze Verlauf der Bewegung eines rotirenden Geschosses ist also wesentlich abhängig von der Lage des Schwerpunktes und von der Lage des Punktes in dem die Resultante des Luftwiderstandes die Axe des Geschosses trifft. Da nun die Lage des Schwerpunktes eines Geschosses in jedem Falle mit Leichtigkeit und Sicherheit praktisch oder auch theoretisch ermittelt werden kann, so liegt die hauptsächlichste Schwierigkeit der richtigen Beurtheilung der seitlichen Abweichung eines gegebenen Geschosses nur in der Bestimmung der Resultante des Luftwiderstandes und namentlich in der Bestimmung des Punktes der Axe, in welchem dieselbe von der Resultante des Luftwiderstandes getroffen wird. Die Lage dieses Angriffspunktes der Resultante, welche durch seine von einem bestimmten festen Punkte der Axe aus zu rechnende Abscisse ζ

bestimmt werden kann, ist von dem Winkel α abhängig, den die Richtung der Axe mit der Richtung der fortschreitenden Bewegung bildet und ändert sich mit diesem. Es kommt also hauptsächlich darauf an die Abscisse ζ als Function des Winkels α zu finden.

Bei der theoretischen Bestimmung der Resultante des Luftdrucks habe ich in Ermangelung besserer Methoden der Berechnung die schon von Newton und Euler angewendeten und noch heut in der Technik überall benutzten physicalischen Principien angewendet, nach welchen der normale Druck der Luft gegen eine in derselben bewegte ebene Fläche dieser Fläche selbst proportional ist und aufserdem proportional dem Quadrate des Cosinus des Winkels, welchen die Normale der Fläche mit der Richtung der Bewegung bildet. Da aber die nur sehr einseitigen physicalischen Voraussetzungen und Annahmen, auf welchen diese Methode der Berechnung beruht, klar zeigen, dafs dieselbe nicht in aller Strenge richtig sein kann, und dafs die danach berechneten Resultate höchstens nur bis zu einem gewissen Grade der Annäherung mit den wirklichen Erscheinungen übereinstimmen können, so habe ich es nicht bei den Resultaten der theoretischen Untersuchung bewenden lassen, sondern habe namentlich die Hauptfrage nach der Abhängigkeit des Angriffspunktes der Resultante von dem Winkel, den die Axe mit der Richtung der fortschreitenden Bewegung bildet, durch ausgedehnte Versuchsreihen experimentell bestimmt. Die Intensität der Resultante des Luftdrucks, welche durch die von mir angewendeten einfachen Mittel mit hinreichender Genauigkeit sich nicht bestimmen läfst, habe ich von der experimentellen Untersuchung ganz ausgeschlossen. Die Vergleichung der Resultate der Versuche, bei welchen man über den Grad ihrer Genauigkeit ein ziemlich sicheres Urtheil hat, mit den Resultaten der nach den angegebenen einseitigen Principien ausgeführten Rechnungen, wird zugleich ein Urtheil über den Grad der Annäherung gestatten, welche diese Principien überhaupt gewähren.

I. Theoretische Bestimmung der Resultante des Luftwiderstandes gegen Rotationskörper.

Die Axe des gegebenen Rotationskörpers soll als die z Axe für rechtwinklige Coordinaten gewählt werden und zugleich als Abscissenaxe der Meridiancurve, deren Ordinaten mit ϱ bezeichnet werden sollen; es ist alsdann ϱ als Function von z gegeben, wenn die Meridiancurve gegeben ist. Der Winkel, welchen die z Axe mit der Richtung der Bewegung des Körpers in der Luft bildet, soll stets mit α bezeichnet werden, und die Ebene dieses Winkels soll als Coordinatenebene der xz gewählt werden. Der Anfangspunkt der Coordinaten sei der Punkt in welchem die z Axe das hintere Ende des Rotationskörpers schneidet. Sind nun x, y, z die rechtwinkligen Coordinaten eines Punktes der Rotationsfläche so hat man

$$x^2+y^2=\varrho^2, \quad x=\varrho\cos\phi, \quad y=\varrho\sin\phi,$$

wo ϕ der Winkel ist, um welchen der Punkt x, y, z auf dem zugehörigen Parallelkreise von der Ebene des Winkels α entfernt liegt. Das dem Punkte x, y, z angehörende unendlich kleine Flächenelement dF, wenn dasselbe einerseits von zwei unendlich nahen Parallelkreisen, andererseits von zwei unendlich nahen Meridiancurven begränzt genommen wird, ist

$$dF=\varrho\, d\phi\, ds,$$

wo

$$ds=\sqrt{d\varrho^2+dz^2}$$

das Bogenelement der Meridiancurve ist. Es sei ferner ω der Winkel, welchen die Normale des Flächentheilchens mit der Richtung der Bewegung macht, und n der normale Druck, welchen das Flächentheilchen dF durch den Widerstand der Luft erleidet, so ist nach den oben angegebenen theoretischen Principien, welche hier zu Grunde gelegt werden sollen

$$n=k\cos^2\omega\,\varrho\, d\phi\, ds.$$

Die Constante k ist gleich dem Widerstande der Luft gegen die Flächeneinheit, bei senkrechter Bewegung gegen die Luft; sie ist abhängig von der Dichtigkeit der Luft und von der Geschwindigkeit der Bewegung, das Gesetz dieser Abhängigkeit ist aber hier ganz gleichgültig, es genügt zu wissen, daſs für jede gegebene Geschwindigkeit der Bewegung bei constanter Dichtigkeit der Luft k eine Constante ist.

Die normale Kraft n ist zugleich eine Normale der Meridiancurve, sie schneidet die z Axe in einem Punkte, dessen Abscisse gleich

$$z + \varrho \frac{d\varrho}{dz}$$

ist. Dieser Punkt soll als Angriffspunkt der normalen Kraft n gewählt werden, welche nun in drei den Coordinatenaxen parallele Kräfte zerlegt wird. Die Cosinus der drei Winkel, welche die Normale der Rotationsfläche mit den drei Coordinatenaxen bildet, findet man gleich

$$\frac{dz}{ds}\cos\phi, \quad \frac{dz}{ds}\sin\phi, \quad -\frac{d\varrho}{ds},$$

die drei Componenten der normalen Kraft n sind daher

$$k\cos^2\omega\,\varrho\,dz\cos\phi\,d\phi, \quad k\cos^2\omega\,\varrho\,dz\sin\phi\,d\phi, \quad -k\cos^2\omega\,\varrho\,d\varrho\,d\phi.$$

Die drei Componenten X, Y, Z des ganzen Luftwiderstandes gegen den Körper findet man nun durch zweifache Integration dieser drei Differenzialausdrücke, wobei die Integrationen nur über denjenigen Theil der Oberfläche zu erstrecken sind, welcher von dem Luftwiderstande direct getroffen wird. Mit dieser Einschränkung für die Gränzen der Integrationen hat man also:

$$\begin{aligned} X &= k\iint\cos^2\omega\,\varrho\,dz\cos\phi\,d\phi, \\ Y &= k\iint\cos^2\omega\,\varrho\,dz\sin\phi\,d\phi, \\ Z &= -k\iint\cos^2\omega\,\varrho\,d\varrho\,d\phi. \end{aligned}$$

Die Componente Y hat stets nur den Werth Null, weil die Coordinatenebene der xz, d. i. die Ebene des Winkels α, die Rotationsfläche in zwei symmetrische Theile theilt, und der Luftwiderstand auf beiden Seiten dieser Ebene derselbe ist. Da also nur die beiden Componenten X und Z übrig bleiben, deren letztere in der z Axe selbst liegt, so ist der Angriffspunkt der Resultante des Gesammtwiderstandes der Luft in der z Axe genau derselbe, als der Angriffspunkt der Componente X in der z Axe, woraus folgt, daſs es der Angriffspunkt der in der Ebene der xz liegenden parallelen Kräfte

$$k \cos^2\omega\, \varrho\, d z \cos\phi\, d\phi$$

ist. Da der Angriffspunkt einer jeden dieser Kräfte in der z Axe wie oben gefunden worden den Werth $z + \varrho \frac{d\varrho}{dz}$ hat, so ist nach den Regeln der Zusammensetzung paralleler Kräfte in der Ebene die Abscisse ζ des Angriffspunkts der Resultante dieser Kräfte, also auch des Angriffspunkts der Resultante des gesammten Luftwiderstandes, durch folgende Gleichung bestimmt:

$$X\zeta = k \iint \left(z + \frac{\varrho\, d\varrho}{dz}\right) \cos^2\omega\, \varrho\, dz \cos\phi\, d\phi.$$

Der Cosinus des Winkels ω, welchen die Normale im Flächentheilchen dF mit der Richtung der Bewegung bildet, bestimmt sich aus den Cosinussen der Winkel, welche die beiden Schenkel des Winkels ω mit den drei Coordinatenaxen bilden. Diese Richtungscosinus sind, wie oben gefunden worden, für die Normale in dF:

$$\frac{dz}{ds}\cos\phi, \qquad \frac{dz}{ds}\sin\phi, \qquad -\frac{d\varrho}{ds},$$

für die Richtung der Bewegung aber sind sie

$$\sin\alpha, \qquad 0, \qquad \cos\alpha,$$

darum ist

$$\cos\omega = \sin\alpha \frac{dz}{ds}\cos\phi - \cos\alpha \frac{d\varrho}{ds}.$$

Nachdem so die vorgelegte Aufgabe für die Rotationskörper allgemein gelöst ist, gehe ich zur speciellen Untersuchung bestimmter Flächen und Körper über.

1. Die Ebene.

Die Resultante des Luftwiderstandes gegen eine in der Luft bewegte Ebene, welche mit der Richtung der Bewegung den Neigungswinkel α bildet, läfst sich aus den oben angenommenen theoretischen Principien unmittelbar bestimmen, nach diesen ist die Gröfse dieser Resultante

$$R = k F \sin^2 \alpha,$$

wenn der Flächeninhalt der Ebene gleich F ist, die Richtung der Resultante ist senkrecht auf der Ebene und der Angriffspunkt der Resultante ist der Schwerpunkt der Ebene F, und zwar für jeden Winkel α derselbe.

2. Der Cylinder.

Für den geraden Cylinder mit Kreisgrundfläche, dessen Höhe gleich a und Radius der Grundfläche gleich r ist, hat man die Gleichung der Meridiancurve

$$\varrho = r,$$

folglich

$$d\varrho = 0, \quad ds = dz, \quad \cos w = \sin\alpha \cos\phi,$$

also nach den gegebenen allgemeinen Formeln

$$X = k r \sin^2\alpha \int\int \cos^3\phi \, d\phi \, dz,$$
$$Z = 0,$$
$$X\zeta = k r \sin^2\alpha \int\int \cos^3\phi \, d\phi \, z \, dz.$$

Da stets nur die eine Hälfte der krummen Oberfläche des Cylinders von dem Luftwiderstande direct getroffen wird, so sind die Integrationen in Beziehung auf ϕ von $\phi = -\frac{\pi}{2}$ bis $\phi = +\frac{\pi}{2}$ zu erstrecken, die Integrationen in Beziehung auf z aber, wenn der Anfangspunkt der Coordinaten in der unteren Grundfläche angenommen wird, von $z = 0$ bis $z = a$. Man erhält daher

$$X = \frac{4}{3} k r a \sin^2\alpha, \quad X\zeta = \frac{2}{3} k r a^2 \sin^2\alpha,$$

also

$$\zeta = \frac{a}{2}.$$

Die Componente Z, in sofern sie nur von dem Luftwiderstande gegen die krumme Oberflache herrührt, ist gleich Null, wenn aber der Luftwiderstand gegen die vordere Grundfläche mit in Betracht gezogen wird, so ist sie

$$Z = k r^2 \pi \cos^2\alpha.$$

3. Der Kegel.

Ein Kegel, dessen Radius der Grundfläche gleich r und dessen Höhe gleich h sei, hat, wenn der Mittelpunkt der Grundfläche zum Anfangspunkte der Coordinaten gewählt wird, die Gleichung der Meridiancurve:

$$\varrho = \frac{r}{h}(h - z).$$

Man hat also:

$$\frac{d\varrho}{dz} = -\frac{r}{h}, \qquad \frac{ds}{dz} = \frac{\sqrt{h^2 + r^2}}{h}, \qquad \frac{d\varrho}{ds} = \frac{-r}{\sqrt{h^2 + r^2}},$$

$$\cos\omega = \frac{h \sin\alpha \cos\phi + r \cos\alpha}{\sqrt{h^2 + r^2}}$$

folglich

$$X = \frac{k r h}{h^2 + r^2} \iint \left(\sin\alpha \cos\phi + \frac{r}{h}\cos\alpha\right)^2 (h - z)\, dz \cos\phi\, d\phi,$$

$$Z = \frac{k r^2}{h^2 + r^2} \iint \left(\sin\alpha \cos\phi + \frac{r}{h}\cos\alpha\right)^2 (h - z)\, dz\, d\phi,$$

$$X\zeta = \frac{k r h}{h^2 + r^2} \iint \left(\sin\alpha \cos\phi + \frac{r}{h}\cos\alpha\right)^2 \left(z - \frac{r^2}{h^2}(h - z)\right) (h - z)\, dz \cos\phi\, d\phi.$$

Führt man zuerst die Integrationen in Beziehung auf z aus, welche von $z = 0$ bis $z = h$ zu erstrecken sind, so erhält man

$$X = \frac{k r h^3}{2(h^2 + r^2)} \int \left(\sin\alpha \cos\phi + \frac{r}{h}\cos\alpha\right)^2 \cos\phi\, d\phi,$$

$$Z = \frac{k r^2 h^2}{2(h^2 + r^2)} \int \left(\sin\alpha \cos\phi + \frac{r}{h}\cos\alpha\right)^2 d\phi,$$

$$X\zeta = \frac{k r h^2 (h^2 - 2r^2)}{6(h^2 + r^2)} \int \left(\sin\alpha \cos\phi + \frac{r}{h}\cos\alpha\right)^2 \cos\phi\, d\phi.$$

Hieraus folgt zunächst, dafs

$$\zeta = \frac{h^2 - 2r^2}{3h}$$

ist, und zwar für jeden Werth des α. Die Resultante des Luftwiderstandes, welchen ein in der Luft bewegter Kegel erleidet, geht also bei allen möglichen Lagen des Kegels stets durch einen und denselben Punkt der Axe, auch selbst dann noch, wenn die Grundfläche des Kegels nach vorn zu liegen kommt, denn der in diesem Falle hinzukommende Widerstand, den die Grundfläche erleidet, hat nur eine Resultante, welche in der z Axe liegt, also auch durch den gefundenen Punkt hindurchgeht. Dieses Resultat läfst sich aus den für die theoretische Untersuchung angenommenen Principien auch leicht auf elementarem Wege beweisen.

Wenn durch Ausführung der zweiten Integration noch die Werthe der beiden Componenten X und Z bestimmt werden sollen, so hat man zwei besondere Fälle zu unterscheiden, nämlich erstens den Fall, wo die ganze krumme Oberfläche des Kegels von dem directen Luftwiderstande getroffen wird, welches der Fall ist, wenn der Winkel α kleiner ist als der Winkel, den die Axe des Kegels mit der Seite desselben bildet, also wenn $\operatorname{tg}\alpha < \frac{r}{h}$ ist, und zweitens den Fall, wo nur ein Theil der Kegeloberfläche vom Luftwiderstande getroffen wird, welches der Fall ist, wenn $\operatorname{tg}\alpha > \frac{r}{h}$ ist.

In dem ersten Falle, wenn $\operatorname{tg}\alpha < \frac{r}{h}$ ist, sind $\phi = -\pi$ und $\phi = +\pi$ die beiden Gränzen der Integration in Beziehung auf ϕ, und weil

$$\int_{-\pi}^{+\pi} \cos^3\phi\, d\phi = 0, \qquad \int_{-\pi}^{+\pi} \cos^2\phi\, d\phi = \pi, \qquad \int_{-\pi}^{+\pi} \cos\phi\, d\phi = 0,$$

so erhält man

$$X = \frac{k h^2 r^2 \pi \sin\alpha \cos\alpha}{h^2 + r^2}, \qquad Z = \frac{k h^2 r^2 \pi \left(\sin^2\alpha + \frac{2 r^2}{h^2} \cos^2\alpha\right)}{2(h^2 + r^2)}.$$

In dem zweiten Falle, wenn $\operatorname{tg}\alpha > \frac{r}{h}$ ist, wird nur derjenige Theil des Kegelmantels vom Luftwiderstande getroffen, für welchen $\cos\omega$ positiv ist, die Integration in Beziehung auf ϕ hat also ihre Gränzen da, wo $\cos\omega = 0$ wird, also für

$$h \sin\alpha \cos\phi + r \cos\alpha = 0,$$

oder

$$\cos\phi = -\frac{r}{h} \operatorname{ctg} \alpha.$$

Bestimmt man nun den Winkel γ durch die Gleichung

$$\cos\gamma = \frac{r}{h} \operatorname{ctg} \alpha, \text{ oder } \gamma = \text{Arc.} \cos\left(\frac{r}{h} \operatorname{ctg} \alpha\right),$$

so sind die Gränzen der Integration

$$\phi = -\pi + \gamma \text{ und } \phi = +\pi - \gamma.$$

Um die Integrationen in diesen Gränzen auszuführen braucht man nur folgende drei Integrale:

$$\int_{-\pi+\gamma}^{+\pi-\gamma} \cos^3\phi \, d\phi = \frac{2}{3} \sin\gamma \, (2 + \cos^2\gamma),$$

$$\int_{-\pi+\gamma}^{+\pi-\gamma} \cos^2\phi \, d\phi = \pi - \gamma - \sin\gamma \cos\gamma,$$

$$\int_{-\pi+\gamma}^{+\pi-\gamma} \cos\phi \, d\phi = 2 \sin\gamma.$$

Setzt man nun der Kürze halber

$$\int_{-\pi+\gamma}^{+\pi-\gamma} \left(\sin\alpha \cos\phi + \frac{r}{h} \cos\alpha\right)^2 \cos\phi \, d\phi = P,$$

$$\int_{-\pi+\gamma}^{+\pi-\gamma} \left(\sin\alpha \cos\phi + \frac{r}{h} \cos\alpha\right)^2 d\phi = Q,$$

so erhält man nach Auflösung des Quadrats und Ausführung der Integrationen

2*

$$P = \frac{2}{3}\sin^2\alpha\sin\gamma\,(2+\cos^2\gamma) + \frac{2r}{h}\sin\alpha\cos\alpha\,(\pi-\gamma-\sin\gamma\cos\gamma) + \frac{r^2}{h^2}\cos^2\alpha\sin\gamma,$$

$$Q = \sin^2\alpha\,(\pi-\gamma-\sin\gamma\cos\gamma) + \frac{4r}{h}\sin\alpha\cos\alpha\sin\gamma + \frac{2r^2}{h^2}(\pi-\gamma)\cos^2\alpha,$$

oder wenn der Winkel γ durch den Winkel α ausgedrückt wird:

$$P = \frac{2}{3}\left(\frac{r^2}{h^2}\cos^2\alpha + 2\sin^2\alpha\right)\sqrt{1-\frac{r^2}{h^2}\operatorname{ctg}^2\alpha} + \frac{2r}{h}\sin\alpha\cos\alpha \left(\pi - \text{Arc.}\cos\left(\frac{r}{h}\operatorname{ctg}\alpha\right)\right),$$

$$Q = \left(\frac{2r^2}{h^2}\cos^2\alpha + \sin^2\alpha\right)\left(\pi - \text{Arc.}\cos\left(\frac{r}{h}\operatorname{ctg}\alpha\right)\right) + \frac{3r}{h}\sin\alpha\cos\alpha\sqrt{1-\frac{r^2}{h^2}\operatorname{ctg}^2\alpha}.$$

Man hat demnach für den Fall wo $\operatorname{tg}\alpha > \frac{r}{h}$ ist:

$$X = \frac{k h^3 r P}{2(h^2+r^2)}, \qquad Z = \frac{k h^2 r^2 Q}{2(h^2+r^2)}.$$

4. Verbindung des Cylinders und Kegels.

Wenn auf einen Cylinder, dessen Höhe gleich a und Radius der Grundfläche gleich r ist, ein Kegel von gleicher Grundfläche und von der Höhe h passend aufgesetzt ist, so daſs sie einen zusammengesetzten Rotationskörper bilden, so findet man für diesen die beiden Componenten X und Z und den Angriffspunkt ζ der Resultante einfach nach den Regeln der Zusammensetzung paralleler Kräfte aus den für die einzelnen Theile gefundenen Werthen. Man erhält so, wenn der Mittelpunkt der unteren Grundfläche des Cylinders als Anfangspunkt der Coordinaten gewählt wird, für den zusammengesetzten Körper: erstens für den Fall wo $\operatorname{tg}\alpha < \frac{r}{h}$ ist:

$$X = k\,.\,\frac{4}{3}\,r\,a\,\sin^2\alpha + \frac{k\,h^2 r^2 \pi \sin\alpha\cos\alpha}{h^2 + r^2},$$

$$Z = \frac{k\,h^2 r^2 \pi\left(\sin^2\alpha + \frac{2\,r^2}{h^2}\cos^2\alpha\right)}{2\,(h^2 + r^2)},$$

$$X\zeta = k\,\frac{2}{3}\sin^2\alpha\,a^2 r + \frac{k\,h^2 r^2 \pi\sin\alpha\cos\alpha}{h^2 + r^2}\left(a + \frac{h^2 - 2\,r^2}{3\,h}\right);$$

also

$$\zeta = \frac{\frac{2}{3}\,a^2\,\sin\alpha + \frac{h^2 r\,\pi}{h^2 + r^2}\left(a + \frac{h^2 - 2\,r^2}{3\,h}\right)\cos\alpha}{\frac{4}{3}\,a\sin\alpha + \frac{h^2 r\,\pi\cos\alpha}{h^2 + r^2}},$$

und für den Fall, wo $\operatorname{tg}\alpha > \frac{r}{h}$ ist:

$$X = k\,.\,\frac{4}{3}\,r\,a\,\sin^2\alpha + \frac{k\,h^3 r\,P}{2\,(h^2 + r^2)},$$

$$Z = \frac{k\,h^2\,r^2\,Q}{2\,(h^2 + r^2)},$$

$$X\zeta = k\,\frac{2}{3}\sin^2\alpha\,a^2 r + \frac{k\,h^3 r}{2\,(h^2 + r^2)}\left(a + \frac{h^2 - 2\,r^2}{3\,h}\right)P;$$

also

$$\zeta = \frac{\frac{2}{3}\,a^2\,\sin^2\alpha + \frac{h^3 P\left(a + \frac{h^2 - 2\,r^2}{3\,h}\right)}{2\,(h^2 + r^2)}}{\frac{4}{3}\,a\sin^2\alpha + \frac{h^3\,P}{2\,(h^2 + r^2)}}.$$

In beiden Fällen, sowohl für $\operatorname{tg}\alpha < \frac{r}{h}$, als auch für $\operatorname{tg}\alpha > \frac{r}{h}$ hebt sich aus dem Ausdrucke des ζ der Winkel α gänzlich heraus, wenn

$$\frac{2}{3}\,a = \frac{4}{3}\left(a + \frac{h^2 - 2\,r^2}{3\,h}\right),$$

d. i. wenn

$$\frac{a}{2} = \frac{2\,r^2 - h^2}{3\,h},$$

und ζ erhält den Werth

$$\zeta = \frac{a}{2}.$$

In diesem besonderen Falle hat also der aus Kegel und Cylinder zusammengesetzte Körper die Eigenschaft, dafs die Resultante des Luftwiderstandes für alle verschiedenen Werthe des α, von $\alpha = 0$ bis $\alpha = 90°$, stets durch einen und denselben Punkt geht, und zwar durch den Mittelpunkt des cylindrischen Theiles. Da a der Natur der Sache nach nur positiv sein kann, so mufs nothwendig $h^2 < 2r^2$ sein, oder $h < r\sqrt{2}$; der Kegel darf also für einen solchen Körper nur eine sehr geringe Höhe haben. Wollte man hiernach ein Geschofs construiren, für welches die Resultante des Luftwiderstandes stets durch einen und denselben Punkt ginge, welcher daher, wenn dieser Punkt zugleich zum Schwerpunkte gemacht würde, gar keine Seitenabweichung erfahren könnte, so würde, wenn die Länge des cylindrischen Theiles, wie bei den gewöhnlichen Geschossen gleich $\frac{3}{2}$ Kaliber sein sollte, also $a = 3r$ die Gleichung

$$\frac{3r}{2} = \frac{2r^2 - h^2}{3h}, \text{ also } 2h^2 + 9rh - 4r^2 = 0,$$

für die Höhe des zugehörigen Kegels h den Werth

$$h = \frac{\sqrt{113} - 9}{4} r = 0{,}41 \,.\, r$$

ergeben, also z. B. für $r = 37{,}5^{\text{mm}}$ würde $a = 112{,}5^{\text{mm}}$, $h = 15{,}375^{\text{mm}}$. Ein solches Geschofs würde aber den Nachtheil haben, dafs es wegen des sehr flachen Kegels an der Spitze einen zu bedeutenden Widerstand in der Luft erleiden würde.

5. Das Rotationsellipsoid.

Es soll zunächst das halbe Rotationsellipsoid untersucht werden, dessen eine, in der Rotationsaxe liegende Halbaxe gleich h, die andere, welche den Radius der Grundfläche bildet, gleich r genommen werden soll.

Die Gleichung der Meridiancurve ist hier

$$\frac{z^2}{h^2} + \frac{\varrho^2}{r^2} = 1,$$

oder wenn beide Variable z und ϱ durch eine dritte Variable ψ ausgedrückt werden:

$$z = h \sin\psi, \qquad \varrho = r\cos\psi,$$

also

$$dz = h\cos\psi\, d\psi, \qquad d\varrho = -r\sin\psi\, d\psi,$$

$$ds = \sqrt{h^2\cos^2\psi + r^2\sin^2\psi}\,.\,d\psi, \quad z + \frac{\varrho\, d\varrho}{dz} = \frac{h^2 - r^2}{h}\sin\psi;$$

oder wenn gesetzt wird:

$$\frac{r}{h} = c, \qquad \sqrt{1 - \frac{r^2}{h^2}} = c',$$

$$ds = \frac{r}{c}\sqrt{1 - c'^2\sin^2\psi}\, d\psi, \quad z + \frac{\varrho\, d\varrho}{dz} = \frac{r c'^2}{c}\sin\psi;$$

hiernach wird

$$\cos\omega = \frac{\sin\alpha\cos\psi\cos\phi + c\cos\alpha\sin\psi}{\sqrt{1 - c'^2\sin^2\psi}}$$

und

$$X = \frac{k r^2}{c}\iint \cos^2\omega\cos^2\psi\, d\psi\cos\phi\, d\phi,$$

$$Z = k\, r^2 \iint \cos^2\omega\cos\psi\sin\psi\, d\psi\, d\phi,$$

$$X\zeta = \frac{k r^3 c'^2}{c^2}\iint \cos^2\omega\cos^2\psi\sin\psi\, d\psi\cos\phi\, d\phi.$$

Die Integrationen sind über denjenigen Theil der Oberfläche des halben Ellipsoids zu erstrecken, welcher vom Luftwiderstande direct getroffen wird, also über den Theil, für welchen $\cos\omega$ positiv ist, und folglich bis dahin, wo $\cos\omega = 0$ wird. Die Gleichung $\cos\omega = 0$ giebt aber

$$\cos\phi = -\frac{c\,.\,\mathrm{tg}\,\psi}{\mathrm{tg}\,\alpha}.$$

Für diejenigen Werthe des ψ, für welche

$$\frac{c\,.\,\mathrm{tg}\,\psi}{\mathrm{tg}\,\alpha} > 1$$

ist, kann nun $\cos\omega$ niemals gleich Null werden, weil sonst $\cos\phi > 1$ sein müſste, folglich ist für diese Werthe des ψ die Integration in Beziehung auf ϕ auf alle Werthe von $\phi = -\pi$ bis $\phi = +\pi$ zu erstrecken. Für die Werthe des ψ aber, für welche

$$\frac{c \,.\, \operatorname{tg} \psi}{\operatorname{tg} \alpha} < 1$$

ist, ist die Integration in Beziehung auf ϕ nur in den Gränzen $\phi = -\pi + \gamma$ und $\phi = +\pi - \gamma$ auszuführen, für welche beide Gränzen $\cos\omega = 0$ wird, wenn γ durch die Gleichung

$$\cos\gamma = \frac{c \,.\, \operatorname{tg} \psi}{\operatorname{tg} \alpha}$$

bestimmt ist. Setzt man noch der Einfachheit wegen

$$\frac{\operatorname{tg} \alpha}{c} = \operatorname{tg} \beta,$$

so findet der erste Fall Statt in dem Intervalle $\psi = \beta$ bis $\psi = \frac{\pi}{2}$, der zweite Fall in dem Intervalle $\psi = 0$ bis $\psi = \beta$. Es ist darum jedes der drei Doppelintegrale in zwei Theile zu zerlegen und die Gränzen der Integrationen in dem einen Theile sind $\phi = -\pi$ bis $\phi = +\pi$ und $\psi = \beta$ bis $\psi = \frac{\pi}{2}$, in dem anderen Theile aber sind die Gränzen der Integrationen $\phi = -\pi + \gamma$ bis $\phi = +\pi - \gamma$ und $\psi = 0$ bis $\psi = \beta$.

Entwickelt man nun das Quadrat der zweitheiligen Gröfse $\cos\omega$, so kann man in beiden Fällen die Integrationen in Beziehung auf ϕ leicht ausführen, da sie nur Integrationen von Potenzen des Cosinus sind. Man erhält so für X folgenden Ausdruck:

$$X = 2\,k\,r^2\,\pi \sin\alpha\cos\alpha \int\limits_{\beta}^{\frac{\pi}{2}} \frac{\cos^3\psi \sin\psi \, d\psi}{1 - c'^2 \sin^2\psi}$$

$$+ \frac{2\,k\,r^2}{3\,c} \sin^2\alpha \int\limits_0^{\beta} \frac{\cos^3\psi \, d\psi \sin\gamma\,(2 + \cos^2\gamma)}{1 - c'^2 \sin^2\psi}$$

$$+ 2\,k\,r^2 \sin\alpha\cos\alpha \int\limits_0^{\beta} \frac{\cos^3\psi \sin\psi \, d\psi\,(\pi - \gamma - \sin\gamma\cos\gamma)}{1 - c'^2 \sin^2\psi}$$

$$+ 2\,k\,r^2\,c\cos^2\alpha \int\limits_0^{\beta} \frac{\cos^2\psi \sin^2\psi \, d\psi \sin\gamma}{1 - c'^2 \sin^2\psi}.$$

Verbindet man ferner den Theil des dritten Integrales, welcher den Factor π enthält, mit dem ersten Integrale und macht in dem zweiten und dem vierten Integrale Gebrauch von den Ausdrücken

$$\sin\alpha = c \operatorname{tg}\beta \cos\alpha, \qquad \sin\psi = \operatorname{tg}\beta\cos\psi\cos\gamma,$$

so erhält man nach einigen leichten Reductionen für die Componente X folgenden Ausdruck:

$$X = 2\,k\,r^2 \sin\alpha\cos\alpha\,(D + E - F),$$

wo

$$D = \pi \int_0^{\frac{\pi}{2}} \frac{\cos^3\psi \sin\psi\, d\psi}{1 - c'^2 \sin^2\psi},$$

$$E = \frac{1}{3} \operatorname{tg}\beta \int_0^{\beta} \frac{\cos^4\psi \sin\gamma\,(2 + \cos^2\gamma)\, d\psi}{1 - c'^2\sin^2\psi},$$

$$F = \int_0^{\beta} \frac{\cos^3\psi \sin\psi\,.\,\gamma\,.\,d\psi}{1 - c'^2\sin^2\psi}.$$

Das Integral D wird durch die Substitution $\cos^2\phi = z$ rational gemacht und giebt so:

$$D = \frac{\pi}{2}\left(\frac{1}{c'^2} + \frac{c}{c'^4}\, l\,(1 - c'^2)\right).$$

Das Integral E wird durch die Substitution:

$$\sin\psi = \sin\beta\sin u,\quad \cos\psi = \sqrt{1 - \sin^2\beta\sin^2 u},\quad d\psi = \frac{\sin\beta\cos u\, du}{\sqrt{1 - \sin^2\beta\sin^2 u}},$$

aus welcher folgt:

$$\sin\gamma = \frac{\cos u}{\sqrt{1 - \sin^2\beta\sin^2 u}},\quad \cos\gamma = \frac{\cos\beta\sin u}{\sqrt{1 - \sin^2\beta\sin^2 u}},\quad \operatorname{tg}\gamma = \frac{\cos u}{\cos\beta\sin u},$$

in folgendes verwandelt:

$$E = \frac{1}{3}\,\frac{\sin^2\beta}{\cos\beta} \int_0^{\frac{\pi}{2}} \frac{\cos^2 u\,(2 + (1 - 3\sin^2\beta)\sin^2 u)\, du}{1 - c'^2\sin^2\beta\sin^2 u},$$

welches nach bekannten Regeln integrirt werden kann und in die einfachste Form gebracht folgenden algebraischen Ausdruck ergiebt:

$$E = \frac{\pi \sin^2\beta}{12 \cos\beta} \left(\frac{5 - 3\sin^2\beta + 4\sqrt{1 - c'^2 \sin^2\beta}}{1 + \sqrt{1 - c'^2 \sin^2\beta}} \right).$$

Das Integral F läſst sich nicht so wie die Integrale D und E durch Logarithmen oder algebraisch ausdrücken, sondern enthält höhere Transscendenten. Entfernt man den Kreisbogen γ unter dem Integrale durch theilweise Integration und führt sodann für ψ die neue Variable u ein, dieselbe welche in dem Integrale E angewendet worden ist, so erhält man:

$$F = \frac{\pi(1 - \cos\beta)}{4c'^2} + \frac{c^2 \cos\beta}{2c'^4} \int_0^{\frac{\pi}{2}} \frac{l(1 - c'^2 \sin^2\beta \sin^2 u)\, du}{1 - \sin^2\beta \sin^2 u},$$

und aus diesem Integrale kann man ohne Schwierigkeit folgende zur numerischen Berechnung brauchbare Reihenentwickelung ableiten:

$$F = \frac{\pi}{4}\left(B - B_1 \frac{c^2}{2} - B_2 \frac{c^2 c'^2}{3} - B_3 \frac{c^2 c'^4}{4} - B_4 \frac{c^2 c'^6}{5} - \ldots\ldots\right)$$

in welcher die Coefficienten B, B_1, B_2 etc. folgende Werthe haben:

$$B = 1 - \cos\beta,$$

$$B_1 = 1 - \cos\beta - \frac{1}{2}\cos\beta \sin^2\beta,$$

$$B_2 = 1 - \cos\beta - \frac{1}{2}\cos\beta\sin^2\beta - \frac{1.3}{2.4}\cos\beta\sin^4\beta,$$

$$B_3 = 1 - \cos\beta - \frac{1}{2}\cos\beta\sin^2\beta - \frac{1.3}{2.4}\cos\beta\sin^4\beta - \frac{1.3.5}{2.4.6}\cos\beta\sin^6\beta,$$

deren Gesetz klar am Tage liegt; welche alle positiv sind, jeder folgende kleiner als der vorhergehende, die sich sehr rasch der Gränze Null nähern und zwar in demselben Verhältnisse wie die Potenzen von $\sin^2\beta$.

In derselben Weise wird nun auch die andere Componente Z gefunden. Entwickelt man in dem oben gegebenen Ausdrucke des Z als Doppelintegral das Quadrat von $\cos\omega$, und führt die Integrationen in Beziehung auf ϕ aus, in denselben Gränzen wie oben, so erhält man in gleicher Weise

$$Z = k\,r^2\,\pi\,\sin^2\alpha \int_\beta^{\frac{\pi}{2}} \frac{\cos^3\psi\,\sin\psi\,d\psi}{1-c'^2\sin^2\psi}$$

$$+\,2\,k\,r^2\,\pi\,c^2\cos^2\alpha \int_\beta^{\frac{\pi}{2}} \frac{\sin^3\psi\,\cos\psi\,d\psi}{1-c'^2\sin^2\psi}$$

$$+\,k\,r^2\sin^2\alpha \int_0^\beta \frac{\cos^3\psi\,\sin\psi\,(\pi-\gamma-\sin\gamma\cos\gamma)\,d\psi}{1-c'^2\sin^2\psi}$$

$$+\,4\,k\,c\,r^2\sin\alpha\cos\alpha \int_0^\beta \frac{\cos^3\psi\,\sin^2\psi\,\sin\gamma\,d\psi}{1-c'^2\sin^2\psi}$$

$$+\,2\,k\,c^2\,r^2\cos^2\alpha \int_0^\beta \frac{\sin^3\psi\,\cos\psi\,(\pi-\gamma)\,d\psi}{1-c'^2\sin^2\psi},$$

und dieses vereinfacht giebt

$$Z = k\,r^2\,\pi\,\sin^2\alpha \int_0^{\frac{\pi}{2}} \frac{\cos^3\psi\,\sin\psi\,d\psi}{1-c'^2\sin^2\psi}$$

$$+\,2\,k\,r^2\,\pi\,c^2\cos^2\alpha \int_0^{\frac{\pi}{2}} \frac{\sin^3\psi\,\cos\psi\,d\psi}{1-c'^2\sin^2\psi}$$

$$+\,3\,k\,r^2\sin^2\alpha \int_0^\beta \frac{\cos^3\psi\,\sin\psi\,\sin\gamma\cos\gamma\,d\psi}{1-c'^2\sin^2\psi}$$

$$-\,k\,r^2 \int_0^\beta \frac{(\sin^2\alpha\cos^2\psi+2\,c^2\cos^2\alpha\sin^2\psi)\,\gamma\,\sin\psi\cos\psi\,d\psi}{1-c'^2\sin^2\psi}.$$

Das letzte dieser vier Integrale verwandelt sich, wenn durch theilweise Integration der Kreisbogen γ entfernt wird, nach der Substitution $\sin\psi = \sin\beta\sin u$ in

3*

$$-\frac{k r^2 (\sin^2\alpha - 2 c^2 \cos^2\alpha)\,\pi\,(1-\cos\beta)}{4 c'^2}$$

$$-\frac{k c^2 r^2 (1 - 3\cos^2\alpha)\cos\beta}{2 c^4}\int_0^{\frac{\pi}{2}}\frac{l\,(1-c'^2\sin^2\beta\sin^2 u)\,du}{1-\sin^2\beta\sin^2 u}.$$

Dasselbe läſst sich darum durch das oben gefundene Integral F ausdrücken und wird so:

$$-\frac{k r^2 \pi}{2}(1-\cos\beta)\cos^2\alpha - k r^2 (1-3\cos^2\alpha)\,F.$$

Ferner läſst sich das dritte der vier in Z vorkommenden Integrale ohne Schwierigkeit algebraisch integriren, dasselbe giebt

$$\frac{3 k r^2 \pi c^2 \cos\beta \sin^4\beta}{8\,(1-c'^2\sin^2\beta)\left(1-\frac{1}{2}c'^2\sin^2\beta+\sqrt{1-c'^2\sin^2\beta}\right)}.$$

Wird nun schlieſslich noch das erste und das zweite Integral durch Logarithmen ausgedrückt, so erhält man:

$$Z = \frac{k r^2}{1-c'^2\sin^2\beta}\left(\frac{\pi}{2}G - (c^2\sin^2\beta - 2\cos^2\beta)\,F\right)$$

wo

$$G = c^2\sin^2\beta\left(\frac{1}{c'^2}+\frac{c^2}{c'^4}\,l\,(1-c'^2)\right) - 2c^2\cos^2\beta\left(\frac{1}{c'^2}+\frac{1}{c'^4}\,l\,(1-c'^2)\right)$$
$$+\frac{3c^2\cos\beta}{c'^4}\left(1-\frac{1}{2}c'^2\sin^2\beta-\sqrt{1-c'^2\sin^2\beta}\right)-\cos^2\beta(1-\cos\beta).$$

Nachdem so die beiden Componenten X und Z des Luftwiderstandes gefunden sind, bleibt noch der Angriffspunkt der Resultante, dessen Abscisse in der z Axe gleich ζ ist, also das für $X\zeta$ gegebene Doppelintegral, in ähnlicher Weise zu bestimmen. Da dieses Doppelintegral von dem für die Componente X sich nur durch Hinzufügung des Factors $\frac{r c'^2}{c}\sin\psi$ unterscheidet, welcher die Variable ϕ nicht enthält, so bleibt die Integration in Beziehung auf ϕ dieselbe und man hat sogleich:

$$X\zeta = \frac{2 k r^3 c'^2}{c}\sin\alpha\cos\alpha\,(D' + E' - F'),$$

wo

$$D' = \pi \int_0^{\frac{\pi}{2}} \frac{\cos^3\psi \sin^2\psi \, d\psi}{1 - c'^2 \sin^2\psi},$$

$$E' = \frac{1}{3} \operatorname{tg}\beta \int_0^{\beta} \frac{\cos\psi^4 \sin\psi \sin\gamma \, (2 + \cos^2\gamma) \, d\psi}{1 - c'^2 \sin^2\psi},$$

$$F' = \int_0^{\beta} \frac{\cos^3\psi \sin^2\psi \, . \, \gamma \, d\psi}{1 - c'^2 \sin^2\psi}.$$

Das Integral D' wird durch die Substitution $\cos\psi = y$ rational gemacht und giebt

$$D' = \pi \left(\frac{1}{3\, c'^2} + \frac{c^2}{c'^4} - \frac{c^2}{2\, c'^5} \, l \left(\frac{1 + c'}{1 - c'} \right) \right).$$

Das Integral E' wird durch die Substitution $\sin\psi = \sin\beta \sin u$ verwandelt in

$$E' = \frac{\sin^3\beta}{3\cos\beta} \int_0^{\frac{\pi}{2}} \frac{\sin u \cos^2 u \, (2 + (1 - 3\sin^2\beta) \sin^2 u) \, du}{1 - c'^2 \sin^2\beta \sin^2 u},$$

sodann durch die Substitution $\cos u = y$ rational gemacht giebt es:

$$E' = \frac{(3\sin^2\beta - 1 - 2\, c'^2 \sin^2\beta) \sqrt{1 - c'^2 \sin^2\beta} \operatorname{Arc.\,sin}(c' \sin\beta)}{3\, c'^5 \sin^2\beta \cos\beta}$$

$$+ \frac{3 - 9\sin^2\beta + (5 + 3\sin^2\beta)\, c'^2 \sin^2\beta}{9\, c'^4 \sin\beta \cos\beta}.$$

Das Integral F' verwandelt sich durch theilweise Integration und durch die Substitution $\sin\psi = \sin\beta \sin u$ in

$$F' = \frac{1}{3\, c'^2} (\beta - \sin\beta\cos\beta) + \frac{c'^2}{c'^4} \beta$$

$$- \frac{c^2}{2\, c'^5} \cos\beta \int_0^{\frac{\pi}{2}} l \left(\frac{1 + c' \sin\beta \sin u}{1 - c' \sin\beta \sin u} \right) \frac{du}{1 - \sin^2\beta \sin^2 u},$$

welches durch Logarithmen und Kreisbogen nicht in endlicher Form darstellbar, sondern eine Transcendente höherer Art ist. Entwickelt man den Logarithmus in eine unendliche Reihe und führt die Integration aus, so erhält man für F' folgende Reihenentwickelung:

$$F' = \frac{1}{3} B^1 - B_1^1 \frac{c^2}{5} - B_2^1 \frac{c^2 c'^2}{7} - B_3^1 \frac{c^2 c'^4}{9} -$$

$$B^1 = \beta - \sin\beta \cos\beta,$$

$$B_1^1 = \beta - \sin\beta\cos\beta - \frac{2}{3}\sin^3\beta\cos\beta,$$

$$B_2^1 = \beta - \sin\beta\cos\beta - \frac{2}{3}\sin^3\beta\cos\beta - \frac{2.4}{3.5}\sin^5\beta\cos\beta,$$

$$B_3^1 = B_2^1 - \frac{2.4.6}{3.5.7}\sin^7\beta\cos\beta,$$

$$B_4^1 = B_3^1 - \frac{2.4.6.8}{3.5.7.9}\sin^9\beta\cos\beta,$$

etc. etc.

welche Coefficienten für sich eine gut convergente Reihe bilden und in demselben Verhältniſs abnehmen wie die Potenzen von $\sin^2\beta$.

Aus den gefundenen Werthen des X und $X\zeta$ hat man nun

$$\zeta = \frac{c'^2 r (D' + E' - F')}{c(D + E - F)}.$$

Für $\alpha = 0$, wo zugleich $\beta = 0$ ist, wird $E' = 0$, $F' = 0$, $E = 0$, $F = 0$, also ist

$$\zeta = \frac{c'^2 r D'}{c D}, \text{ für } \alpha = 0.$$

Für $\alpha = \frac{\pi}{2}$, wo zugleich $\beta = \frac{\pi}{2}$ ist, erhält man

$$\cos\beta\, E' = \frac{2}{3}\left(\frac{c^3 \text{ Arc. sin } c'}{c'^5} + \frac{4 c'^2 - 3}{3 c'^4}\right),$$

$$\cos\beta\, E = \frac{\pi}{6}\,\frac{(1 + 2c)}{(1 + c)^2},$$

und demnach

$$\zeta = \frac{4\,c'^2\,r(1+c)^2}{\pi\,c\,(1+2\,c)}\left(\frac{c^3}{c'^5}\,\text{Arc. sin}\,c' + \frac{4\,c'^2-3}{3\,c'^4}\right),\ \text{für}\ \alpha = \frac{\pi}{2}.$$

So wie hier der Angriffspunkt der Resultante des Luftwiderstandes gegen das halbe Ellipsoid bestimmt worden ist, kann man denselben auch für das ganze Ellipsoid finden, es ändern sich dadurch nur die Integrationsgränzen etwas und man bekommt für das ganze Ellipsoid

$$\zeta = \frac{c'^2\,r\,D'}{c\,(D+2\,E-2\,F)},$$

wo D, E, F und D' die oben gefundenen Integrale sind.

6. Verbindung des Cylinders und des halben Rotations-Ellipsoids.

Der zu untersuchende Körper bestehe aus einem Cylinder von der Höhe a und dem Radius der Grundfläche r, auf dessen obere Grundfläche ein halbes Rotations-Ellipsoid mit demselben Radius der Grundfläche r und der Höhe h passend angesetzt ist. Wählt man nun den Mittelpunkt der unteren Grundfläche des Cylinders als Anfangspunkt der Coordinaten, so hat man erstens für das halbe Rotations-Ellipsoid:

$$X = 2\,k\,r^2 \sin\alpha\cos\alpha\,(D+E-F),$$

$$\zeta = a + \frac{c'^2\,r\,(D'+E'-F')}{c\,(D+E-F)};$$

zweitens für den Cylinder:

$$X' = \frac{4}{3}\,k\,r\,a\,\sin^2\alpha,$$

$$\zeta' = \frac{a}{2}.$$

Die Abscisse des Angriffspunktes der Resultante dieser beiden mit X und X' bezeichneten parallelen Kräfte, welcher zugleich der Angriffspunkt der Resultante des gegen den zusammengesetzten Körper wirkenden Luftwiderstandes ist, ist nun nach bekannten Regeln gleich

$$\frac{X\,\zeta + X'\,\zeta'}{X+X'},$$

also erhält man für den zusammengesetzten Körper, nach Aufhebung der gemeinsamen Factoren des Zählers und Nenners

$$\zeta = \frac{\frac{c'^2}{c} r^2 (D' + E' - F') + a\, r\, (D + E - F) + \frac{1}{3} a^2 \operatorname{tg} \alpha}{r\, (D + E - F) + \frac{2}{3} a \operatorname{tg} \alpha}.$$

Eine besondere Beachtung verdient noch der Fall, wo das halbe Rotations-Ellipsoid nur eine Halbkugel ist, also $h = r$, folglich $c = 1$, $c' = 0$, $\beta = \alpha$. Die oben gefundenen Ausdrücke der Integrale D, E, F ergeben für diesen speciellen Fall

$$D = \frac{\pi}{4}, \qquad E = \frac{\pi \sin^2 \alpha\, (3 - \sin^2 \alpha)}{16 \cos \alpha}, \qquad F = \frac{\pi}{16} (2 - \cos \alpha - \cos^3 \alpha),$$

also

$$D + E - F = \frac{\pi (1 + \cos \alpha)}{8 \cos \alpha},$$

und hieraus folgt

$$\zeta = \frac{\frac{3\, a\, r\, \pi}{8} (1 + \cos \alpha) + a^2 \sin \alpha}{\frac{3\, r\, \pi}{8} (1 + \cos \alpha) + 2\, a \sin \alpha},$$

oder durch den halben Winkel ausgedrückt:

$$\zeta = \frac{\frac{3\, a\, r\, \pi}{8} + a^2 \operatorname{tg} \frac{\alpha}{2}}{\frac{3\, r\, \pi}{8} + 2\, a \operatorname{tg} \frac{\alpha}{2}},$$

und wenn umgekehrt α als Function von ζ dargestellt werden soll

$$\operatorname{tg} \frac{\alpha}{2} = \frac{3\, r\, \pi\, (a - \zeta)}{8\, a\, (2\, \zeta - a)}.$$

II. Experimentelle Bestimmung des Angriffspunktes der Resultante des Luftwiderstandes.

Die Resultante der Druckkräfte, welche auf die einzelnen Theile der Oberfläche eines in der Luft bewegten Körpers wirken, ist in keiner Weise von der inneren Beschaffenheit dieses Körpers abhängig, sondern lediglich von der Oberfläche desselben. Je leichter aber die zu untersuchenden Körper gewählt werden, desto besser erkennbar werden auch schwächere Kräfte des Luftwiderstandes auf dieselben einwirken. Aus diesem Grunde habe ich die zu untersuchenden Körper nur hohl hergestellt, aus Papier, welches bei möglichster Leichtigkeit doch diejenige Steifheit besitzt, daſs die Körper durch die bei den Versuchen in Anwendung kommenden Luftwiderstände nicht merklich in ihrer Gestalt verändert werden können.

Ich lasse diese Körper in möglichst ruhiger Luft ihre Bewegungen ausführen, nicht umgekehrt gegen die ruhenden Körper einen Luftstrom wirken. Dies ist nöthig um einen Mangel zu vermeiden, mit welchem diese umgekehrten Versuche nothwendig behaftet sind, der in dem Umstande liegt, daſs jeder in freier Luft sich bewegende, durch Gebläse hergestellte Luftstrom von hinlänglich groſsem Querschnitt, da wo er aus dem Gebläse austritt nothwendig die gröſste Geschwindigkeit hat, welche in den vom Anfange weiter entfernten Querschnitten rasch abnimmt, bis der Luftstrom sich in der äuſseren Luft ganz verliert. Jeder einem solchen Luftstrome ausgesetzte Körper wird an den dem Anfange des Luftstroms näher liegenden Theilen unter einem verhältniſsmäſsig stärkeren, an den entfernteren Theilen aber unter einem schwächeren Luftdrucke stehen.

Da meine messenden Versuche nur bei einer Geschwindigkeit bis zu acht Meter in der Secunde haben angestellt werden können, so erscheint es fraglich, ob die erlangten Resultate auch für gröſsere Geschwindigkeiten unveränderte Gültigkeit haben werden. Die Gröſse der Resultante des Luftwiderstandes ist nothwendig von der Geschwindigkeit der Bewegung abhängig, aber es fragt sich, ob auch die Richtung und der Angriffspunkt der Resultante von der Geschwindigkeit abhängig ist oder nicht. Nach der im ersten Abschnitte ausgeführten theoretischen Untersuchung und nach den für dieselbe angenommenen einseitigen Principien ist die vollständige Unabhängigkeit der Richtung und des Angriffspunkts der Resultante von der Geschwindigkeit vorhanden; denn die Gröſse *k*, welche den Widerstand gegen die Einheit eines normal gegen die Luft bewegten Flächenelementes miſst, und von der Geschwindigkeit abhängig ist, hebt sich aus den Ausdrücken der Richtung und des Angriffspunktes der Resultante gänzlich hinweg. Ueberhaupt, wenn mit veränderter Geschwindigkeit des Körpers die auf alle Theile seiner Oberfläche wirkenden Druckkräfte sich nur so ändern, daſs sie unter einander proportional bleiben, so bleiben Angriffspunkt und Richtung der Resultante nothwendig unverändert.

Diese Bedingung der Beibehaltung der Proportionalität der auf die verschiedenen Theile der Oberfläche des Körpers wirkenden Luftwiderstände würde sicher erfüllt sein, wenn die ruhende Luft unmittelbar auf die Oberfläche des Körpers einwirken könnte, welches jedoch in der Wirklichkeit niemals in aller Strenge der Fall ist. Die Luft, welche der Körper in seiner Bewegung aus der Stelle verdrängt, bildet nothwendig besondere den Körper nahe umgebende Luftströme und der allgemeine Luftwiderstand kann nur mittelbar durch diese auf den Körper wirken. Nur wenn bei veränderter Geschwindigkeit des Körpers die Geschwindigkeiten innerhalb dieser den Körper umgebenden Luftströme überall proportional geändert würde, die Richtung und Ausdehnung derselben aber überall dieselbe bliebe, würden Angriffspunkt und Richtung der Resultante von der Geschwindigkeit ganz unabhängig sein.

Ein anderer Grund, warum Angriffspunkt und Richtung der Resultante von der Geschwindigkeit nicht ganz unabhängig sind, liegt in der Reibung der Luft gegen die Oberfläche des Körpers. Da bekanntlich an der Oberfläche der Körper eine dünne Luftschicht stets sehr fest haftet, so kann diese Reibung auch als eine Reibung von Luft an Luft angesehen werden und sie wird von der Beschaffenheit der Oberfläche ziemlich unabhängig sein, wenn diese nicht gröſsere Unebenheiten oder freistehende Fasern hat. Die Wirkung der Reibung der Luft an einer in schiefer Lage gegen die Luft bewegten Fläche besteht nun darin, daſs der Druck der Luft nicht vollkommen normal gegen die Fläche ausgeübt wird, daſs vielmehr noch eine tangentiale Componente des Luftdrucks auftritt, deren Gröſse von dem Winkel abhängig ist, unter welchem die Fläche gegen die Luft bewegt wird. Die so als die tangentiale Componente des Luftwiderstandes definirte Reibung der Luft an der Oberfläche des Körpers ändert natürlich auch mit der Geschwindigkeit zugleich ihre Gröſse, aber diese Aenderung kann und wird nach einem anderen Gesetze erfolgen, als die des Luftwiderstandes, so daſs die Proportionität aller auf den Körper wirkenden Kräfte auch aus diesem Grunde nicht Statt haben wird.

Die angeführten Ursachen, wegen deren die Unabhängigkeit der Richtung und des Angriffspunkts der Resultante von der Geschwindigkeit nicht vollkommen Statt haben kann, sind doch in Beziehung auf den ganzen Luftwiderstand nur von geringerer Bedeutung, so daſs man annehmen kann, daſs der Einfluſs der gröſseren oder kleineren Geschwindigkeit doch nur ein verhältniſsmäſsig geringer sein werde. Dies bestätigen auch im Allgemeinen die von mir bei verschiedenen Geschwindigkeiten bis zu acht Meter in der Secunde angestellten Versuche, nur muſs die Geschwindigkeit nicht allzu gering genommen werden, weil sonst die zufälligen kleinen Störungen und die kleinen Unvollkommenheiten des Apparats einen zu groſsen Einfluſs auf die Resultate erhalten würden.

Der Hauptzweck der experimentellen Untersuchung liegt nun darin, für jeden gegebenen Winkel α, den die Hauptaxe des Rotationskörpers mit der Richtung der Bewegung desselben macht, die Abscisse ζ des Punktes in der Hauptaxe zu bestimmen, in welchem die Resultante des Luftwiderstandes dieselbe schneidet, also durch eine Reihe von Versuchen ζ als Function von α zu bestimmen. Dieser Zweck wird nun ebenfalls erreicht, wenn umgekehrt α als Function von ζ bestimmt wird, ich suche also zu jedem gegebenen Werthe des ζ den zugehörigen Werth, oder auch die zugehörigen Werthe des Winkels α. Für jeden gegebenen Werth des α hat ζ nur einen vollständig bestimmten Werth, weil die gegebenen Kräfte, welche auf das feste System wirken, hier nur eine einzige bestimmte Resultante haben, also ζ ist eine eindeutig bestimmte Function von α, aber umgekehrt, wenn α als Function von ζ betrachtet wird, so kann es sehr wohl mehrere verschiedene Werthe haben.

Um α als Function von ζ zu bestimmen, bringe ich in dem zu untersuchenden Körper eine feste Queraxe an, welche die Hauptaxe des-

4*

selben rechtwinklig schneidet, in dem Punkte dessen Abscisse gleich ζ ist, um welche der Körper möglichst ohne Reibung sich frei herumdrehen kann. Die fortschreitende Bewegung des Körpers wird nun nur durch diese Queraxe vermittelt und zwar so, dafs die Queraxe auf der Richtung der fortschreitenden Bewegung stets senkrecht steht. Wenn nun der Luftwiderstand die einzige auf den bewegten Körper wirkende Kraft ist, so wird er nur eine Drehung desselben um diese Queraxe bewirken können, und zwar eine Drehung nach der einen oder nach der anderen Seite hin, je nachdem die Resultante des Luftdrucks die Hauptaxe des Körpers vor oder hinter dem Punkte ζ schneidet. Nur wenn die Resultante des Luftdrucks genau durch den Punkt ζ selbst geht, wird weder nach der einen noch nach der andern Seite eine Drehung um die Queraxe bewirkt werden, und der Körper wird vermöge der Festigkeit dieser Queraxe unter der Wirkung des Luftdrucks im Gleichgewichte sein. Es kommt also alles darauf an, nur die Gleichgewichtslagen des in der Luft bewegten Körpers für jede besondere Lage der Queraxe zu beobachten und für jede derselben die Gröfse des Winkels α zu messen.

Die fortschreitende Bewegung des Körpers lasse ich in einem horizontalen Kreise von ohngefähr 2 Meter Radius vor sich gehen, und ich beobachte die Bewegungen und die Gleichgewichtslagen, welche der Körper unter der Einwirkung des Luftwiderstandes annimmt, nahezu von der Mitte dieses Kreises aus, von wo aus der Körper im ganzen Verlaufe der Bewegung stets unter gleichen Umständen beobachtet werden kann.

Diese Bewegung im Kreise, bei welcher es besonders darauf ankommt, dafs sie von den kleinen Schwankungen frei gehalten werde, welche sonst jede rasche Bewegung leichter Körper in der Luft gern begleiten, wird nun durch folgenden in der beigegebenen Tafel I nach rechtwinkliger Projection gezeichneten Rotations-Apparat[1]) bewirkt.

Auf einem runden Tische, dessen Höhe gleich 79 Centimeter und der Durchmesser der Tischplatte ebenfalls gleich 79 Centimeter ist, welcher stark und fest construirt ist, ruht fest an die Tischplatte, in der Mitte derselben angeschraubt, ein gufseiserner Cylinder von 19 Centimeter Durch-

---

[1]) Der Apparat ist von dem Mechanikus Herrn Theodor Baumann jun. in Berlin, Hallesche Strafse 7, angefertigt.

messer und 3 Centimeter Höhe, aus dessen Mitte ein in denselben fest eingelassener runder Eisenstab von 71 Centimeter Länge und 19 Millimeter Durchmesser in verticaler Richtung hervorragt. Dieser Eisenstab hat eine konische Stahlspitze, auf welcher ein gufseisernes Schwungrad von 39 Centimeter Radius und etwa 15 Pfund Gewicht, in einem in der Mitte desselben angebrachten Messinglager sich in horizontaler Lage frei drehen kann. Drei runde Eisenstäbe von 15 Millimeter Durchmesser und 65 Centimeter Länge, welche in dem Abstande von 3 Centimeter vom Mittelpunkte des Schwungrades und in gleichen Abständen von einander in dasselbe fest eingelassen, auf demselben senkrecht stehend vertical nach unten gehen, vermitteln eine feste Verbindung des Schwungrades mit einer festen Rolle von 20 Centimeter Durchmesser, welche in der Höhe von 6 Centimeter über der Tischplatte sich um die feststehende eiserne Axe, zugleich mit dem mit ihr festverbundenen Systeme der drei Eisenstäbe und des Schwungrades, frei drehen kann. Eine zweite feste Rolle von 10 Centimeter Durchmesser in derselben Höhe von 6 Centimeter über der Tischplatte, welche mittels einer an der Peripherie angebrachten Kurbel um eine feste aber verstellbare Axe gedreht wird, theilt vermittelst einer Schnur der ersten Rolle und somit auch dem Schwungrade eine drehende Bewegung mit, deren Winkelgeschwindigkeit halb so grofs ist, als die der kleineren durch die Kurbel in Bewegung gesetzten Rolle. Oben auf dem Schwungrade liegt in horizontaler und diametraler Richtung, an dasselbe angeschraubt, ein hölzerner Arm von 210 Centimeter Länge, welcher auf der Seite, wo er über das Schwungrad hinausreicht, nach dem Ende zu sich verjüngt und als Querschnitt ein gleichschenkliges Dreieck mit nach unten gerichteter Spitze hat. An das Ende dieses Armes ist ein Rechteck von Messing, dessen Länge gleich 34, und Breite gleich 17 Centimeter ist, so befestigt, dafs die eine kleinere Seite in der oberen Fläche des hölzernen Armes und in deren Verlängerung liegt, während die beiden gröfseren Rechtecksseiten vertical nach unten gerichtet sind. In die Mitte dieses Rechtecks wird eine Stahlnadel von der Länge der kürzeren Rechtecksseite, welche als Queraxe durch den zu untersuchenden Körper gesteckt ist, mit diesem Körper in horizontaler Lage eingesetzt. Ferner ist mit dem Vierecke ein Halbkreis von Messing fest verbunden, dessen Ebene auf der Ebene des Vierecks senkrecht steht und dessen beide Enden in der Mitte der beiden kleineren Vierecksseiten befestigt sind. Dieser Halbkreis, welcher dazu dient den Winkel α zu messen, den die Hauptaxe des Körpers mit der horizontalen Richtung der Bewegung macht, ist in Grade eingetheilt, welche von der Mitte mit 0° anfangend nach beiden Enden hin bis 90° gehen. An dem getheilten Halbkreise sind zwei Indices von Stahl angebracht, 4^{mm} breit, 300^{mm} lang, vorn zugespitzt, welche durch besonders dazu eingerichtete Klemmen an beliebigen Stellen sich so anschrauben lassen, daſs ihre Mittellinie genau radial zum Halbkreise, also genau nach dem Mittelpunkte desselben und nach der im Mittelpunkte auf ihm senkrecht liegenden Queraxe gerichtet sind. Eine Spannung von Eisenblech dient dazu, daſs der lange hölzerne Hebelsarm durch sein eigenes Gewicht und durch das Gewicht des Rechtecks mit allem was dazu gehört, nicht aus der horizontalen Richtung verbogen werden kann, und eine an dem anderen Ende des Armes durch eine starke Eisenschiene befestigte eiserne Kugel von 10 Pfund Gewicht balancirt den ganzen Hebelsarm in dem Mittelpunkte des Schwungrades. Damit das Viereck am Ende des Armes bei rascher Umdrehung nicht durch die Centrifugalkraft nach auſsen gebogen werde, ist an das untere innere Ende desselben ein Draht angehakt, dessen anderes Ende an dem hölzernen Arm befestigt ist. Die Dimensionen des ganzen Apparats sind in den angegebenen Maaſsen gewählt, damit bei der Drehung der Arm der Maschine über dem Kopfe eines an dem runden Tische sitzenden Beobachters in der Höhe von 15 bis 20 Centimeter frei hinweggehen kann, daſs aber das Auge des Beobachters mit dem an dem Ende des hölzernen Armes hängenden Messingrechtecke, in dessen Mitte der zu beobachtende Papierkörper auf seiner Queraxe liegt, ziemlich in gleicher Höhe sei und diesen in nicht zu groſser Entfernung gut beobachten könne.

Die zu untersuchenden Rotationskörper werden von Papier angefertigt, über gedrechselten Holzmodellen und zwar in ihren cylindrischen und konischen Theilen aus einfachem Papier, in den biconvexen Theilen aber, z. B. in den ellipsoidisch oder kugelförmig gestalteten, aus gutem Löschpapier, welches durch Stärkekleister angefeuchtet sich dem Holzmodell gut anschlieſst, wenn die einzelnen Stücke nicht zu groſs genommen werden. Eine Unterlage von feinem Seidenpapier hindert das Ankleben des Löschpapiers an das Holzmodell. Der so aus Stücken von Löschpapier zusammengesetzte Theil der Oberfläche des Körpers wird in trockenem Zustande noch mittelst einer Feile von den Erhöhungen befreit, welche besonders da auftreten, wo die Ränder des Löschpapiers übereinander greifen und so die doppelte Dicke machen. Eine Lage von feinem Seidenpapier, welche sodann mit Stärkekleister über das Löschpapier geklebt wird, giebt dem Körper noch einen höheren Grad von Steifheit. Wo die Begränzung des hinteren Theiles des Rotationskörpers durch eine Kreisscheibe gebildet wird, ist diese von steiferem Papier gemacht, um die Verbiegung unter der Wirkung des Luftdrucks an diesem Ende des Körpers zu hindern, auch ist sie so eingerichtet, daſs sie mittelst eines cylindrischen Randes, der in das Innere des Papierkörpers genau hineinpaſst, als Deckel nach Belieben eingesetzt und herausgenommen werden kann. Von der Mitte dieser Kreisgrundfläche geht ein Zeiger von sehr dünnem Zinkblech nach auſsen, 4^{mm} breit und etwa 30^{mm} lang, vorn zugespitzt, dessen Mittellinie in der Verlängerung der Axe des Rotationskörpers liegt. Die Kreisgrundfläche wird so in den Papierkörper eingesetzt, daſs dieser Zeiger dem Luftwiderstande nur seine Schneide, dem Auge des Beobachters aber seine Fläche darbietet. Damit die Stahlnadel, welche als Queraxe dient, leicht in einer ganzen Reihe äquidistanter Lagen durch den Papierkörper hindurchgesteckt werden könne, und der Körper sich möglichst frei von Reibung um dieselbe drehen könne, sind einander diametral gegenüberliegend, an zwei Seiten des Papierkörpers schmale Streifen von dünnem Zinkblech befestigt, welche mit Löchern versehen sind, von der Gröſse, daſs die Stahlnadel mit möglichst geringem Spielraum, aber möglichst ohne Reibung, durch zwei zusammengehörige auf verschiedenen Seiten des Körpers liegende Löcher hindurchgesteckt werden könne, und dabei die Hauptaxe des Körpers senkrecht schneide. Für die Reihe der verschiedenen Lagen, die so der Stahlnadel gegeben werden können, habe ich gewöhnlich das Intervall von 2^{mm} gewählt.

Wenn für einen zu untersuchenden Körper und für eine bestimmte Lage der Queraxe in demselben die Gleichgewichtslagen bestimmt werden sollen, welche er unter der Wirkung des Luftwiderstandes allein annimmt, so muſs man alle übrigen Kräfte eliminiren, welche auf Drehung um die Queraxe wirken können. Zu diesen gehört vor allen die Schwerkraft, welche dadurch unschädlich zu machen ist, daſs durch passend angebrachte

Gegengewichte der Schwerpunkt des ganzen Körpers genau in die Axe verlegt wird. Damit diese Gegengewichte aber nicht zugleich die Einwirkung des Luftwiderstandes auf die Oberfläche des Körpers alteriren, sind sie im Innern desselben anzubringen, entweder an der Spitze oder an der Grundfläche, je nach der Lage der Queraxe, und aus diesem Grunde muſs die Grundfläche als ein Deckel sich bequem herausnehmen und auch wieder einsetzen lassen. Zu den Gegengewichten habe ich weiches Wachs, zu den gröſseren auch Geldstücke gewählt, welche mit weichem Wachs angeklebt werden. Auf die richtige Aequilibrirung um die Queraxe herum muſs man besondere Sorgfalt verwenden, weil die Fehler derselben auf die richtige Bestimmung der Gleichgewichtslagen besonders störend einwirken. Es ist aber auch bei groſser Sorgfalt nicht immer zu erreichen, daſs der Papierkörper in allen seinen Lagen um die Queraxe herum unter der Wirkung der Schwerkraft vollkommen im Gleichgewichte sei, und dies ist auch für die Untersuchung einer bestimmten Gleichgewichtslage nicht durchaus nothwendig, da es hinreicht, daſs die Schwerkraft nur gerade in dieser Lage des Körpers eine Drehung desselben um die Queraxe nicht bewirken könne. Wenn also der Papierkörper im Ganzen ziemlich gut äquilibrirt ist, und man hat eine Gleichgewichtslage gefunden, welche wegen eines kleinen Fehlers der Aequilibrirung noch nicht ganz genau ist, so kann man für diese Lage und in der Nähe derselben durch ein kleines passend anzubringendes Gegengewicht die Wirkung der Schwerkraft noch vollkommener ausschlieſsen, und wenn man ein dünnes Blättchen von weichem Wachs dazu wählt, so kann man dasselbe ohne Schaden auch auswendig ankleben an einer Stelle des Körpers, welche dem directen Luftwiderstande nicht ausgesetzt ist.

Weil die fortschreitende Bewegung des Körpers in einem Kreise vor sich geht, so steht derselbe auch unter der Wirkung der Centrifugalkraft. Diese aber hat hier keinen Einfluſs auf Drehung um die Queraxe, weil die Centrifugalkraft nur in der Richtung des Radius wirkt und die Queraxe in der Richtung des Radius liegt. Die Centrifugalkraft kann nur ein Gleiten des Körpers auf der Queraxe bewirken. Um dieses zu verhindern und den Papierkörper stets in der Mitte des Messingrechtecks zu erhalten dient eine Hemmung, welche aus einem kleinen die Stahlnadel umgebenden Messingcylinder von 10^{mm} Länge und 3^{mm} Durchmesser besteht, der durch eine Schraube an jedem beliebigen Punkte der Stahlnadel festgestellt werden kann.

Die Versuche mittelst deren für eine jede gegebene Lage der Queraxe in dem Körper, also für einen jeden gegebenen Werth des ζ, der zugehörige Werth des Winkels α bestimmt wird, werden nun in folgender Weise ausgeführt. Nachdem man für eine bestimmte Lage der Queraxe den Körper gut äquilibrirt und ihn mit dieser Queraxe in das Rechteck am Ende des hölzernen Armes eingesetzt hat, setzt man die Maschine in drehende Bewegung und sieht nach, wo eine Gleichgewichtslage sich zeigt, sodann, nachdem die Maschine in Ruhe gesetzt ist, befestigt man ohngefähr an der Stelle, wo bei der beobachteten Gleichgewichtslage der an der Grundfläche des Körpers angebrachte Zeiger hinwies, den Index an den Halbkreis. Man setzt hierauf die Maschine wieder in Bewegung und wenn der Körper wieder seine Gleichgewichtslage angenommen hat, beobachtet man, ob der Index am Halbkreise mit dem Zeiger am Körper genau in grader Linie steht oder ob und wie viel er nach der einen oder der anderen Seite davon abweicht. Demgemäfs regulirt man die Stellung des Index und fährt damit fort, bis der Index und der Zeiger genau in grader Linie stehen. Wenn dies erreicht ist, so hat man nur an der Stellung des Index auf dem getheilten Halbkreise den Winkel α abzulesen und notirt denselben mit der zugehörigen Abscisse ζ oder der Lage der Queraxe.

Was nun die Genauigkeit dieser experimentellen Bestimmung des Winkels α betrifft, so kann man in der Entfernung von ohngefähr 2 Meter mit gesunden Augen sehr gut beobachten, ob die beiden Zeiger in grader Linie liegen, oder von einander noch etwas abweichen. Weil man den am Halbkreise angebrachten Index beliebig weit kann hervorragen lassen, so kann man ihn so stellen, dafs in der Gleichgewichtslage seine Spitze mit der Spitze des am Körper befestigten Zeigers zusammentrifft, oder man kann auch beide Zeiger zum Theil sich decken lassen, wenn man den Körper auf der Queraxe so stellt, dafs bei der Drehung des Körpers sein Zeiger bei dem festen Index in geringer Entfernung vorbeigehen kann. Für verschiedene Augen kann das eine oder das andere vortheilhafter sein. Bei grofsen Geschwindigkeiten der fortschreitenden Bewegung wird die genaue Bestimmung allerdings schwieriger, aber bei einiger Uebung wird man noch bei einer Geschwindigkeit von 8 Meter in der Secunde die gegenseitige Lage der beiden Zeiger gut bestimmen können, man mufs sie nur nicht mit einem einzigen Blicke fixiren wollen, sondern dieselben in ihrer Bewegung ein Stück mit den Augen verfolgen. Da, wo die beiden Zeiger gegen das Licht gesehen sich dunkel absetzen, oder auch da, wo auf dunkelem Hintergrunde das auf ihre metallischen Flächen auffallende Licht in das Auge reflectirt wird, ist ihre gegenseitige Lage bei rascher Bewegung am deutlichsten zu erkennen. Die Sicherheit des Sehens wird noch dadurch erhöht, dafs man nicht auf eine einmalige Fixirung der gegenseitigen Lage der beiden Zeiger beschränkt ist, sondern den Apparat eine beliebige Anzahl ununterbrochener Umdrehungen kann machen lassen, und dafs man bei jeder neuen Umdrehung die Beobachtung wiederholen kann.

Die Genauigkeit der Beobachtungen wird unter Umständen nicht wenig beeinträchtigt durch die Schwankungen, welche der Körper um seine Gleichgewichtslage herum macht, weil kleine störende Einflüsse stets vorhanden sind. Die Gleichgewichtslage, wenn sie an einem um eine feste Axe uneingeschränkt frei drehbaren Körper beobachtet werden soll, mufs nothwendig eine Lage des stabilen Gleichgewichts sein, die Stabilität aber kann eine stärkere oder schwächere sein, je nachdem kleine störende Kräfte Schwankungen von geringer oder von grofser Amplitude verursachen. Für die meisten zusammengehörigen Werthe des ζ und α ist nun günstigerweise die Stabilität des Gleichgewichts so stark, dafs die Schwingungen kaum erkennbar sind, für gewisse Bereiche des ζ und α aber sind die Schwingungen so grofs und so störend, dafs die Gleichgewichtslagen nur durch besondere künstliche Mittel erkannt werden können. Nach meinen Beobachtungen finden solche wenig stabile Gleichgewichtslagen besonders da Statt, wo bei gleichmäfsig zunehmenden oder abnehmenden Werthen des ζ die zugehörigen Werthe des α nur verhältnifsmäfsig kleine Aenderungen erfahren.

Um die zu grofsen Schwankungen einzuschränken, bringe ich besondere Drahtgestelle an den festen Indices des Halbkreises an, welche auf beiden Seiten des Index ein Stück über die Spitze desselben hinausragen und so liegen, dafs der Zeiger des Papierkörpers zwischen denselben nur kleine Schwankungen ausführen kann. Damit der zwischen den beiden

Drähten des Gestelles sich bewegende Zeiger beim Anprall an dieselben durch die Elasticität der Drähte nicht mit zu grofser Kraft zurückgeworfen werde, sind sie da, wo der Zeiger an sie anschlagen kann, mit loser Baumwolle umwickelt. Es gelingt so ziemlich gut, eine zwischen den beiden Drähten liegende auch wenig stabile Gleichgewichtslage zu erkennen, oder wenigstens zwei ziemlich enge Gränzen anzugeben, zwischen denen sie liegen mufs. Vermittelst dieser Hemmungen der Schwankungen kann man auch die Lagen des labilen Gleichgewichts näherungsweise bestimmen. Wenn man nämlich den Index mit den beiden hemmenden Drähten, zwischen denen der Zeiger des Papierkörpers sich bewegen kann, auf dem getheilten Kreise in zwei verschiedene Stellungen bringt, so dafs bei der einen Stellung der Zeiger nur an den einen hemmenden Draht anschlägt oder an demselben angelehnt bleibt, bei der anderen Stellung aber ebenso an den anderen Draht, so liegt zwischen diesen beiden Lagen des Index eine labile Gleichgewichtslage.

Die Fehler, welche in kleinen Unvollkommenheiten des Apparates ihren Grund haben, lassen sich durch passende Abwechselung in den Versuchen zum Theil aufheben. Hierhin gehört vor allen der leicht eintretende Fall, dafs das Messingrechteck mit dem daran befestigten Halbkreise nicht genau in verticaler Lage sich befindet und auch während der Bewegung in verticaler Lage bleibt, so dafs der Nullpunkt des getheilten Halbkreises nicht mehr genau in derselben Horizontalebene liegt, als die durch den zu untersuchenden Körper gehende Queraxe. In dieser Beziehung ist zu bemerken, dafs wegen der vollständigen Symmetrie in Beziehung auf die Verticalebene, in welcher die fortschreitende Bewegung vor sich geht, einer jeden Gleichgewichtslage für den Winkel α, welcher nach oben zu positiv gerechnet wird, für dieselbe Lage der Queraxe nothwendig auch eine Gleichgewichtslage nach unten entsprechen mufs, für den Winkel $-\alpha$. Wenn man nun stets sowohl für die obere als auch für die untere Gleichgewichtslage den Winkel α besonders bestimmt, so erhält man nicht nur aus der einen Beobachtung eine gute Controlle für die andere, sondern kann auch, wenn die beiden gefundenen Winkel α etwas von einander abweichen, indem man das arithmetische Mittel nimmt, den Fehler, welcher davon herrührt, dafs der Nullpunkt mit der Queraxe nicht genau in derselben Horizontalebene liegt, vollständig eliminiren.

5*

Ein anderer merklicher Fehler kann dadurch entstehen, daſs die Queraxe und die Hauptaxe des Rotationskörpers sich nicht vollkommen genau schneiden, sondern daſs die eine bei der andern in einer gewissen, wenn auch nur geringen Entfernung vorbeigeht. Dieser Fehler wird für die obere wie für die untere Gleichgewichtslage derselbe sein, d. h. er wird für die eine und für die andere Gleichgewichtslage gleichmäſsig dazu beitragen, den Winkel α etwas zu vergröſsern oder zu verkleinern, je nachdem die Queraxe bei der Hauptaxe des Körpers auf der einen oder auf der anderen Seite vorbeigeht. Um auch diesen Fehler wenigstens theilweise zu compensiren, muſs man die Queraxe mit dem Papierkörper in dem Messingrechtecke so umlegen, daſs diejenige Seite der Queraxe, welche vorher nach auſsen zu lag, jetzt nach innen zu liegen kommt, und nun die Beobachtungen wiederholen. Das arithmetische Mittel aus den bei entgegengesetzter Lage des Körpers und der Queraxe angestellten Versuchen ist wenigstens zum Theil von diesem Fehler frei. Nur derjenige Theil dieses Fehlers, welcher auf Rechnung der Reibung der Luft an der Oberfläche des Körpers zu setzen ist, wird hierdurch nicht aufgehoben, sondern trägt in beiden Lagen gleichmäſsig dazu bei den Winkel α zu verkleinern. Dieses wird bei der experimentellen Untersuchung des Angriffspunkts der Resultante des Luftwiderstandes gegen eine Ebene näher erörtert werden.

Zur Bestimmung des zu einem gegebenen Werthe der Abscisse ζ gehörenden Winkels α habe ich, um ein möglichst fehlerfreies Resultat zu erhalten, aus den angegebenen Gründen stets vier besondere Beobachtungen angestellt, nämlich erstens bei der einen Lage der Queraxe für die obere und für die untere Gleichgewichtslage, und sodann dieselben bei der entgegengesetzten Lage der Queraxe und des Papierkörpers im Rechtecke.

Eine nicht zu vermeidende aber glücklicherweise nur sehr geringe Fehlerquelle liegt darin, daſs die Luft in dem Zimmer, in welchem experimentirt wird, niemals vollständig in Ruhe ist, und daſs sie durch die Rotation des Apparates selbst in Bewegung gesetzt wird. Diese störenden Einflüsse werden nur dann von Bedeutung sein, wenn man für eine zu geringe Geschwindigkeit der im Kreise fortschreitenden Bewegung die Versuche anstellt. Nimmt man aber die Geschwindigkeit der fortschreitenden

Bewegung nur so grofs, dafs die Geschwindigkeit der Eigenbewegung der Luft im Zimmer dagegen nur eine sehr geringe sein kann, so wird dieselbe keinen merklichen Effect haben. Während der Körper die Luft durchschneidet, kann allerdings die ihn zunächst umgebende dünne Luftschicht eine Geschwindigkeit erhalten, welche der des bewegten Körpers nahezu gleich ist, aber die an jeder Stelle, die der Körper durchläuft, nur momentane starke Verdichtung oder Verdünnung, welche diese Geschwindigkeit der Luft hervorbringt, wird alsbald durch die Trägheit der ganzen umgebenden Luft neutralisirt, so dafs, wenn der Körper nach einer Umdrehung wieder an dieselbe Stelle kommt, er nur noch eine schwach bewegte Luft antreffen kann. Die Flamme eines Lichtes, welches in der Nähe des Kreises aufgestellt ist, in dem der Körper sich bewegt, wird in dem Momente, wo der Körper daran vorbeifliegt, auf die Seite gedrückt, brennt aber, wenn er vorbei ist, ruhig weiter, ohne eine auffällige Luftbewegung anzudeuten; nach mehreren Umdrehungen aber erkennt man an der Richtung der Flamme, dafs ein beständiger schwacher Luftstrom im Zimmer entstanden ist, welcher die Richtung des im Kreise bewegten Körpers verfolgt.

Ich gebe nun die Resultate der mit dem beschriebenen Apparate mit verschiedenen Körpern angestellten Versuche.

1. Die Ebene.

Nach den im ersten Theile entwickelten und angewendeten theoretischen Principien müfste die Resultante des Luftwiderstandes gegen eine Ebene, welchen beliebigen Winkel sie auch mit der Richtung der fortschreitenden Bewegung mache, stets durch den Schwerpunkt der Ebene hindurchgehen, die Versuche aber zeigen grade für diesen elementarsten Fall nicht nur stark abweichende, sondern gradezu vollständig andere Resultate, als die theoretischen Principien, so dafs man diese an der Ebene am klarsten als ganz unzureichend erkennen kann. Auch werden die wahren Ursachen der Abweichung der Theorie von der Wirklichkeit an der Ebene am leichtesten erkennbar sein.

Ich habe für die zu untersuchenden Ebenen nur die Form von Rechtecken gewählt, deren zwei gegenüberliegende Seiten, die vordere und die hintere, stets der Horizontalebene parallel sind, in welcher die fortschreitende Bewegung vor sich geht, während die beiden anderen Rechtecksseiten mit der Horizontalebene den Neigungswinkel α bilden. Die zu untersuchenden rechteckigen Platten sind aus sehr dünnem Zinkblech ausgeschnitten; sie sind an den beiden der Horizontalebene nicht parallelen Seiten mit rechtwinklig umgebogenen schmalen Rändern versehen, welche beide auf einer und derselben Seite liegen, die ich die hintere Seite der Ebene nenne. Diese Ränder dienen nicht nur dazu die Ebene gegen Verbiegungen unter der Wirkung des Luftdrucks zu schützen, sondern hauptsächlich auch um in ihnen die Reihen von Löchern anzubringen, durch welche die Queraxe hindurchzustecken ist. Ich lasse beide Reihen von Löchern genau in der Mitte anfangen, von wo sie nur nach der vorderen Seite zu sich erstrecken; dieselben sind so angebracht, daſs die durch zwei gegenüberliegende Löcher hindurchgesteckte Stahlnadel der Platte selbst so nahe wie möglich kommt, ohne sie jedoch zu berühren, damit nicht die Freiheit der Axendrehung durch die Reibung der Stahlnadel an der Platte beeinträchtigt werde. Als Hauptaxe der rechteckigen Platte ist hier die Mittellinie der beiden Rechtecksseiten, an welchen die Löcher angebracht sind, anzusehen. An die hintere Rechtecksseite ist ein eben solcher Zeiger befestigt, wie er oben für die Rotationskörper beschrieben ist, dessen Mittellinie genau in der Verlängerung der Axe liegt und dessen flache Seite auf der Rechtecksebene senkrecht steht. Die Platte ist für jede Lage der Queraxe besonders zu äquilibriren. Als die hierzu dienenden Gegengewichte nehme ich Geldstücke von passender Gröſse und Schwere, welche mit Wachs an die hintere Seite der Rechtecksfläche angeklebt werden, in der Art, daſs sie etwas von der Ebene abstehend gehalten werden, welches darum nöthig ist, weil die Queraxe nicht in der Ebene selbst, sondern etwa 1,5 mm von derselben entfernt liegt. Wegen dieser Lage der Queraxe findet hier die schon oben erwähnte mangelhafte Construction des Apparates statt, daſs die Queraxe die Hauptaxe des Körpers nicht genau schneidet, sondern ein kleines Stück bei derselben vorbeigeht. Um die hieraus entspringenden kleinen Fehler, so weit dies möglich ist, zu eliminiren, kann man, wie schon oben angegeben ist, aus zwei für entgegengesetzte Lagen der Queraxe angestellten Beobachtungen das arithmetische Mittel nehmen. Je vier zusammengehörende Beobachtungen eines und desselben Winkels α lassen sich hier aber nicht anstellen, sondern nur zwei, weil nur die vordere Seite der Ebene des Rechtecks dem unmittelbaren Luftwiderstande entgegengerichtet sein darf, nicht die hintere Seite, auf welcher die umgebogenen Ränder, die Queraxe und die Gegengewichte angebracht sind. Um anstatt der oberen Gleichgewichtslage die zugehörende untere zu erhalten, mufs man hier nothwendig auch die Queraxe umlegen.

Die Resultate meiner mit verschiedenen Rechtecksflächen angestellten Versuche sind nun folgende:

A. Quadrat von 120^{mm} Seite:

$\zeta = 0^{mm}$,	$\alpha = 90°$,		$\zeta = 16^{mm}$,	$\alpha = 26°$,	$\Delta\alpha = 2°$,
$\zeta = 2$,	$\alpha = 81$,	$\Delta\alpha = 9°$,	$\zeta = 18$,	$\alpha = 23$,	$\Delta\alpha = 3$,
$\zeta = 4$,	$\alpha = 72$,	$\Delta\alpha = 9$,	$\zeta = 20$,	$\alpha = 20$,	$\Delta\alpha = 3$,
$\zeta = 6$,	$\alpha = 61$,	$\Delta\alpha = 11$,	$\zeta = 22$,	$\alpha = 18$,	$\Delta\alpha = 2$,
$\zeta = 8$,	$\alpha = 48$,	$\Delta\alpha = 13$,	$\zeta = 24$,	$\alpha = 16$,	$\Delta\alpha = 2$,
$\zeta = 10$,	$\alpha = 37$,	$\Delta\alpha = 11$,	$\zeta = 26$,	$\alpha = 14$,	$\Delta\alpha = 2$,
$\zeta = 12$,	$\alpha = 32$,	$\Delta\alpha = 5$,	$\zeta = 28$,	$\alpha = 12$,	$\Delta\alpha = 2$,
$\zeta = 14$,	$\alpha = 28$,	$\Delta\alpha = 4$,	$\zeta = 30$,	$\alpha = 11$,	$\Delta\alpha = 1$.

B. Rechteck von 180^{mm} Länge und 90^{mm} Breite:

$\zeta = 0^{mm}$,	$\alpha = 90°$,				
$\zeta = 2$,	$\alpha = 85$,	$\Delta\alpha = 5,°$	$\zeta = 22^{mm}$,	$\alpha = 45°$,	$\Delta\alpha = 2°$,
$\zeta = 4$,	$\alpha = 80$,	$\Delta\alpha = 5$,	$\zeta = 24$,	$\alpha = 43$,	$\Delta\alpha = 2$,
$\zeta = 6$,	$\alpha = 71$,	$\Delta\alpha = 9$,	$\zeta = 26$,	$\alpha = 42$,	$\Delta\alpha = 1$,
$\zeta = 8$,	$\alpha = 62$,	$\Delta\alpha = 9$,	$\zeta = 28$,	$\alpha = 39$,	$\Delta\alpha = 3$,
$\zeta = 10$,	$\alpha = 55$,	$\Delta\alpha = 7$,	$\zeta = 30$,	$\alpha = 35$,	$\Delta\alpha = 4$,
$\zeta = 12$,	$\alpha = 53$,	$\Delta\alpha = 2$,	$\zeta = 32$,	$\alpha = 25$,	$\Delta\alpha = 10$,
$\zeta = 14$,	$\alpha = 52$,	$\Delta\alpha = 1$,	$\zeta = 34$,	$\alpha = 20$,	$\Delta\alpha = 5$,
$\zeta = 16$,	$\alpha = 51$,	$\Delta\alpha = 1$,	$\zeta = 36$,	$\alpha = 18$,	$\Delta\alpha = 2$,
$\zeta = 18$,	$\alpha = 50$,	$\Delta\alpha = 1$,	$\zeta = 38$,	$\alpha = 16$,	$\Delta\alpha = 2$,
$\zeta = 20$,	$\alpha = 47$,	$\Delta\alpha = 1$,	$\zeta = 40$,	$\alpha = 14$,	$\Delta\alpha = 2$.

C. Rechteck von 180^{mm} Länge und 45^{mm} Breite:

$\zeta = 0^{mm}$,	$\alpha = 90°$,				
$\zeta = 2$,	$\alpha = 85$,	$\Delta\alpha = 5°$,	$\zeta = 22^{mm}$,	$\alpha = 50°$,	$\Delta\alpha = 2°$,
$\zeta = 4$,	$\alpha = 82$,	$\Delta\alpha = 3$,	$\zeta = 24$,	$\alpha = 49$,	$\Delta\alpha = 1$,
$\zeta = 6$,	$\alpha = 75$,	$\Delta\alpha = 7$,	$\zeta = 26$,	$\alpha = 45$,	$\Delta\alpha = 4$,
$\zeta = 8$,	$\alpha = 67$,	$\Delta\alpha = 8$,	$\zeta = 28$,	$\alpha = 41$,	$\Delta\alpha = 4$,
$\zeta = 10$,	$\alpha = 61$,	$\Delta\alpha = 6$,	$\zeta = 30$,	$\alpha = 32$,	$\Delta\alpha = 9$,
$\zeta = 12$,	$\alpha = 58$,	$\Delta\alpha = 3$,	$\zeta = 32$,	$\alpha = 26$,	$\Delta\alpha = 6$,
$\zeta = 14$,	$\alpha = 56$,	$\Delta\alpha = 2$,	$\zeta = 34$,	$\alpha = 21$,	$\Delta\alpha = 5$,
$\zeta = 16$,	$\alpha = 55$,	$\Delta\alpha = 1$,	$\zeta = 36$,	$\alpha = 18$,	$\Delta\alpha = 3$,
$\zeta = 18$,	$\alpha = 54$,	$\Delta\alpha = 1$,	$\zeta = 38$,	$\alpha = 16$,	$\Delta\alpha = 2$,
$\zeta = 20$,	$\alpha = 52$,	$\Delta\alpha = 2$,	$\zeta = 40$,	$\alpha = 14$,	$\Delta\alpha = 2$.

D. Rechteck von 90^{mm} Länge und 45^{mm} Breite:

$\zeta = 0^{mm}$,	$\alpha = 90°$,	
$\zeta = 2$,	$\alpha = 79$,	$\Delta\alpha = 11°$,
$\zeta = 4$,	$\alpha = 61$,	$\Delta\alpha = 18$,
$\zeta = 6$,	$\alpha = 52$,	$\Delta\alpha = 9$,
$\zeta = 8$,	$\alpha = 50$,	$\Delta\alpha = 2$,
$\zeta = 10$,	$\alpha = 45$,	$\Delta\alpha = 5$,
$\zeta = 12$,	$\alpha = 41$,	$\Delta\alpha = 4$,
$\zeta = 14$,	$\alpha = 33$,	$\Delta\alpha = 8$,
$\zeta = 16$,	$\alpha = 21$,	$\Delta\alpha = 12$.

Gröſsere Schwankungen um die beobachteten, hier überall nur stabilen Gleichgewichtslagen herum fanden Statt bei der Ebene *A.*, *B.* und *C.*, für die Werthe $\zeta = 12$ bis $\zeta = 24$, bei der Ebene *D.*, von $\zeta = 6$ bis $\zeta = 10$, also wie schon oben angegeben worden ist, hauptsächlich da, wo die Differenzen $\Delta\alpha$ verhältniſsmäſsig klein sind.

Bei allen diesen mit den verschiedenen Ebenen angestellten Versuchen habe ich bei veränderter Geschwindigkeit der Bewegung im Kreise keine auffallenden Aenderungen in den Winkeln der Gleichgewichtslagen wahrnehmen können, so daſs für den Fall einer Ebene die Lage des Angriffspunkts der Resultante als von der Geschwindigkeit der Bewegung fast unabhängig anzusehen ist. Es versteht sich aber von selbst, dafs dies nicht von den Geschwindigkeiten gelten kann, welche zu klein sind, als dafs der durch sie hervorgebrachte Luftwiderstand die unvermeidlichen kleinen Mängel des Apparats, namentlich die Reibung an der Drehungsaxe, überwinden könnte.

Die hier gegebenen vier Versuchsreihen erstrecken sich nicht auf alle Werthe des ζ, welche vermöge der Länge der Rechtecke hätten untersucht werden können, und für welche die Bestimmung der zugehörenden Werthe des α ganz dasselbe Interesse haben würde, als für die gegebenen. Die weitere Fortführung dieser Versuchsreihen habe ich aus besonderen Gründen aufgeben müssen, nämlich einerseits wegen der Schwierigkeit für die kleinen Werthe des Winkels α die äquilibrirenden Gegengewichte, durch welche der Schwerpunkt der ganzen Platte in die Queraxe zu verlegen ist, auf der hinteren Seite der Platte so anzubringen, dafs sie durch die davorliegende Platte vor der directen Einwirkung des Luftwiderstandes vollständig geschützt sind; ferner wegen des Umstandes, dafs für die kleinen Winkel α die Gleichgewichtslagen, wegen zu geringer Stabilität auch durch aufserordentlich kleine störende Kräfte, namentlich durch den niemals ganz zu vermeidenden kleinen Mangel der vollständigen Aequilibrirung sehr stark und bleibend verändert werden, so dafs sie mit hinreichender Sicherheit nicht mehr zu bestimmen sind, und endlich auch wegen des Mangels, dafs bei den hier angewendeten Ebenen die Queraxe nicht in der Ebene selbst, sondern etwa $1{,}5^{\mathrm{mm}}$ davon entfernt liegt. Wenn, wie gewöhnlich angenommen wird, der Widerstand der unter jedem beliebigen Winkel auf eine Fläche wirkenden Luft nur eine normal gegen die Fläche gerichtete Kraft wäre, so würde der zuletzt genannte Mangel nur einen Fehler des Winkels α veranlassen, welcher dem zu einem Bogen von $1{,}5^{\mathrm{mm}}$ gehörenden Winkel in dem getheilten Kreise gleich wäre, also gewifs kleiner als ein halber Grad, und das arithmetische Mittel aus zwei unter entgegengesetzten Lagen der Queraxe angestellten Versuchen würde von diesem Fehler ganz frei sein. In der That aber ist der Luftwiderstand nicht blofs eine auf die Fläche normal wirkende Kraft, sondern er hat aufserdem auch eine tangentiale Componente, welche als die Reibung der Luft gegen die Fläche angesehen werden kann. Die so als tangentiale Componente des Luftwiderstandes definirte Reibung ist hier eine ganz in der Ebene liegende Kraft, welche durch eine in der Ebene selbst angebrachte feste Axe vollständig vernichtet wird, welche aber, wenn die feste Axe ein Stück von der Ebene entfernt liegt, nothwendig eine Drehung der Ebene um diese Axe hervorbringen mufs. Für die senkrechte Bewegung der Ebene gegen die Luft, also für $\alpha = 90°$, ist diese tangentiale Componente gleich Null, von da ist sie mit abnehmendem α stets wachsend, sie kann bei unrichtiger Lage der Queraxe für die Ebene nur auf Verkleinerung des Winkels α wirken; in allen vier oben aufgestellten Versuchsreihen über die Ebene werden also die Winkel α namentlich für die gröfseren Werthe des ζ etwas zu klein sein, jedoch nur um eine Gröfse, welche auch im ungünstigsten Falle für die kleinsten Werthe des α die Gröfse von $5°$ nicht übersteigen wird. Die mechanische Schwierigkeit, eine Ebene mit einer leicht verstellbaren Drehungsaxe herzustellen, welche genau in der Ebene selbst liegt, und zugleich auch die zum Balanciren nöthigen Gegengewichte so anzubringen, dafs der Luftwiderstand, dem sie ausgesetzt sind, keinen störenden Einflufs haben könne, hat mich abgehalten, die Versuche so anzustellen, dafs sie von dem hier betrachteten Fehler ganz frei sind, und dafs sie auch auf kleinere Werthe des Winkels α ausgedehnt werden können. Die Vergleichung der für eine solche Ebene gewonnenen Resultate mit denen, welche eine ihr ganz gleiche Ebene liefert, deren Drehungsaxe in einer bestimmten Entfernung von der Ebene liegt, oder sogar auch schon die Vergleichung der Resultate für zwei gleiche Ebenen, deren Axen in verschiedenen Entfernungen liegen, würde die nöthigen Data zu einer quantitativen Bestimmung der Gröfse der als tangentiale Componente des Luftwiderstandes definirten Reibung der Luft an der Ebene liefern, worüber ich vielleicht später einmal genauere Untersuchungen und Versuche anstellen werde.

Aus den gegebenen Versuchsreihen erkennt man zunächst, dafs der Luftwiderstand gegen eine schiefe ebene Fläche auf die weiter nach vorn liegenden Theile derselben bei weitem stärker wirkt, als auf die mehr nach hinten liegenden. So z. B. zeigen die Versuche mit dem Quadrate *A.*, dafs bei einer Neigung von $\alpha = 11°$, zu welcher $\zeta = 30^{\mathrm{mm}}$ gehört, wo also die Queraxe das Quadrat in zwei Theile theilt, von denen der eine dreimal so grofs ist als der andere, der Luftwiderstand gegen den vorderen kleineren Theil dem Luftwiderstande gegen den hinteren dreimal so grofsen Theil das Gleichgewicht hält, dafs also das Drehungsmoment der auf den vorderen Theil wirkenden Kraft dem Drehungsmomente der Kraft, welche auf den gröfseren hinteren Theil wirkt, gleich ist; der Arm des ersteren Drehungsmomentes ist aber kleiner, als der des anderen, also ist die auf den vorderen kleineren Theil wirkende Kraft gröfser, als die auf den hinteren, dreimal so grofsen Theil wirkende Kraft des Luftwiderstandes.

Die durch die obigen Versuche nachgewiesene Abhängigkeit des Angriffspunktes der Resultante, dessen Abscisse ζ ist, von dem Neigungswinkel α der Ebene gegen die Richtung ihrer Bewegung, ist bisher vielfach verkannt worden, weil man das aus den einseitigen Newtonschen Principien unmittelbar zu folgernde Resultat, dafs der Angriffspunkt der Resultante des Luftwiderstandes für jeden beliebigen Neigungswinkel α nur durch den Schwerpunkt der Ebene gehen könne, ohne weiteres als richtig, ja als selbstverständlich hingenommen hat. Auch G. Magnus, welcher zuerst richtig bemerkt hat, dafs eine Platte, welche um eine durch ihren Mittelpunkt gehende Axe sich frei drehen kann, unter der Wirkung eines auf dieselbe auffallenden Luftstromes sich senkrecht gegen diesen stellt, d. h. dafs für $\zeta = 0$, $\alpha = 90^\circ$ ist, theilt noch die allgemein verbreitete falsche Vorstellung, dafs die Resultante des Luftwiderstandes nur durch den Mittelpunkt der Fläche gehen könne, da er in der oben angeführten Schrift p. 40 sagt: „Dagegen versteht es sich von selbst, dafs wenn die Axe nicht genau durch den Mittelpunkt geht, sie (die Ebene) sich wie jede Windfahne parallel mit der Richtung des Stromes stellt.“ Dagegen kann man aus den oben gegebenen Versuchen das auch practisch beachtenswerthe Resultat ziehen, dafs eine Windfahne, bei welcher die dem Drucke des Windes ausgesetzte Fläche zum Theile auf der einen, zum Theile auf der anderen Seite der Drehungsaxe liegt, falsch zeigt, und dafs ihre Abweichung eine sehr beträchtliche ist, auch wenn der auf der einen Seite der Drehungsaxe liegende Theil bedeutend gröfser ist, als der auf der anderen Seite liegende. So geht z. B. aus der Versuchsreihe für *B.* hervor, dafs eine Windfahne in Form eines Rechtecks von 180^{mm} Länge und 90^{mm} Breite, deren Drehungsaxe die Fläche in zwei Theile von 60^{mm} und von 120^{mm} Länge theilt, so dafs der vordere Theil nur halb so grofs ist, als der hintere, um nicht weniger als 35° falsch zeigt, sei es nach

6*

der einen oder nach der anderen Seite hin; denn diese beiden um 70° von einander abstehenden Lagen sind Lagen des stabilen Gleichgewichts, zwischen denen in der Mitte die wahre Richtung des Windes nur einer labilen Gleichgewichtslage der Windfahne angehört, welche sie nicht annehmen und behalten kann.

Der hauptsächlichste Grund, warum bei einer schief gegen die Luft bewegten Ebene die vorderen Theile derselben einen so bedeutend stärkeren Widerstand erleiden, als die weiter nach hinten liegenden Theile, so wie überhaupt der bedeutendste Grund für die Abweichungen der Wirklichkeit von der oben ausgeführten einseitigen Theorie des Luftwiderstandes, liegt in den Luftströmungen, welche bei der Bewegung eines Körpers in der Luft sich nothwendig in der Nähe desselben bilden müssen, von denen diese Theorie aber ganz absieht. Bei der Betrachtung dieser Luftströme und der Einwirkung derselben auf den Körper, den sie umgeben, ist es vortheilhafter den Körper selbst als ruhend anzusehen und die ganze Luftmasse als gegen denselben bewegt. Wenn ein Luftstrom von unbestimmt grofsen Dimensionen und gleicher Richtung und Geschwindigkeit in allen seinen Theilen gegen eine feste Ebene sich bewegt, so mufs die Luft, welche an die Ebene bereits herangetreten ist, durch die stets neu hinzutretende Luft stets wieder verdrängt werden, und da sie nur auf der vorderen Seite der Ebene ihre Bewegung ausführen kann und von der neu hinzutretenden Luft stets gegen die Ebene gedrängt wird, so kann sie nur in einem Luftstrome abfliefsen, in welchem die verschiedenen Richtungen der Bewegung zu der Ebene selbst nahezu parallel sein müssen. Bei der senkrechten Lage der Ebene gegen die heranströmende Luft, also für $\alpha = 90°$, werden die an der Ebene sich bildenden Luftströme von der Mitte derselben ausgehen und von da sternförmig nach den vier Rechtecksseiten, mit stets wachsender Geschwindigkeit, sich verbreiten. Wenn α kleiner wird als 90°, also für die schiefen Lagen der Ebene gegen die heranströmende Luft, wird die Stelle, von welcher die an der Oberfläche sich bildenden Ströme ausgehen, weiter nach vorn liegen und wird sehr bald ganz in die Nähe der vorderen Seite des Rechtecks zu liegen kommen. Die Bewegung nach der vorderen Seite hin wird nur eine sehr geringe sein und die Hauptrichtung des Luftstroms an der Fläche wird von der vorderen Rechtecksseite nach der hinteren gehen, mit stets wachsender

Geschwindigkeit, dabei wird jedoch stets auch ein Abfluſs der Luft über die beiden anderen Rechtecksseiten Statt finden. Die neu heranströmende Luft wird durch diesen Luftstrom in ihrer Richtung verändert und mit ihm fortgerissen; hierdurch muſs der Luftstrom in den weiter nach hinten liegenden Theilen immer stärker und der Druck der heranströmenden Luft gegen die weiter nach hinten liegenden Theile immer schwächer werden, wie es die oben gegebenen Versuchsreihen wirklich zeigen.

Weil der zu jedem Neigungswinkel α der Ebene gehörende Angriffspunkt der Resultante des Luftwiderstandes ζ durch den an der Fläche sich bildenden Luftstrom bedingt ist, und die Hauptrichtung dieses Luftstroms von der vorderen Rechtecksseite nach der hinteren geht, so kann man schlieſsen, daſs die zu den verschiedenen Werthen des ζ zugehörenden Werthe des α hauptsächlich von der Länge des Rechtecks abhängig sein werden, und daſs die Breite desselben nur einen geringeren Einfluſs auf die Resultate ausüben wird. In der That, wenn man die Versuchsreihen für die beiden Rechtecke *B* und *C*, welche gleiche Länge haben, während das Rechteck *C* nur halb so breit ist als *D*, mit einander vergleicht, so findet man zwar keine vollständige Uebereinstimmung der Werthe des α, welche denselben Werthen des ζ angehören, aber doch nur geringe Unterschiede, welche für diese beiden Rechtecke nur bis auf 6° steigen. Bemerkenswerth ist auch der Umstand, daſs bei dem schmaleren Rechtecke *C* die Werthe des α da, wo sie nicht ganz mit denen des breiteren Rechtecks *D* übereinstimmen, stets gröſser sind als bei diesem.

Hiermit hängt auch die Frage zusammen, ob für zwei ähnliche Rechtecke und allgemeiner, ob für zwei ähnliche Körper, welche unter gleichen Winkeln gegen die Luft sich bewegen, die Angriffspunkte der Resultanten des Luftwiderstandes auch ähnlich liegende Punkte sind. Die beiden Rechtecke *B* und *D* sind einander ähnlich und die Dimensionen des zweiten sind halb so groſs als die des ersten; den Werthen $\zeta = 0, 2, 4, 6 \ldots$ des Rechtecks *D* entsprechen die Werthe $\zeta = 0, 4, 8, 12 \ldots$ des Rechtecks *B*, die den entsprechenden Werthen des ζ zugehörenden Werthe des α sind für beide Rechtecke nicht dieselben, sondern weichen für die gröſseren Werthe des ζ bis auf 6° von einander ab, in der Art, daſs die Winkel für das kleinere Rechteck *D* alle kleiner sind als für das gröſsere *B*. Es scheint hiernach, daſs überhaupt in ähnlichen Körpern die gleichen

Werthen des α zugehörenden Angriffspunkte der Resultante, zwar nicht genau, aber doch angenähert ähnlich liegende Punkte sein werden.

Um den Druck, welchen die einzelnen Theile einer rechteckigen Fläche durch den Luftwiderstand erfahren und zugleich auch die Beschaffenheit des an derselben hinfließsenden Luftstromes etwas näher zu erforschen, habe ich folgende Versuche angestellt. Aus dem Rechtecke B habe ich genau in der Mitte einen Querstreifen ausgeschnitten, so daſs die Fläche nun aus zwei getrennten, in derselben Ebene liegenden, durch den stehengebliebenen umgebogenen Rand in fester Verbindung stehenden, congruenten Rechtecken bestand. Wenn diese Verbindung zweier Rechtecke unter einem Winkel α gegen die Luft bewegt wird, so kann der in der Mitte zwischen denselben ausgeschnittene Theil keinen Druck erfahren, der Luftstrom aber, welcher an dem vorderen Rechtecke erregt wird, kann je nach der Breite des ausgeschnittenen Theiles durch denselben zum Theil oder auch ganz abfließsen, ohne das hintere Rechteck noch zu treffen. In diesem letzteren Falle muſs der Luftwiderstand auf beide Rechtecke vollkommen gleich wirken, folglich wenn die Queraxe nicht durch die Mitte geht, muſs das Drehungsmoment des von der Queraxe weiter abstehenden hinteren Rechtecks wegen des gröſseren Hebelsarmes stets überwiegen und Gleichgewicht kann nur da eintreten, wo der Luftwiderstand gegen beide Rechtecke gleich Null ist, also nur für $\alpha = 0$. Wenn man durch Versuche feststellt, in wie weit für einen bestimmten Ausschnitt die Gleichgewichtslage dem Werthe $\alpha = 0$ genähert ist, so kann man daraus erkennen, in wie weit der von dem vorderen Rechtecke erregte Luftstrom noch auf das hintere Rechteck seinen Einfluſs ausübt, oder auch wie viel von diesem Luftstrome durch die ausgeschnittene Lücke hindurchgegangen ist. Bei einem Ausschnitte von 10^{mm} Breite aus der Mitte des Rechtsecks B habe ich gefunden: für $\zeta = 10^{mm}$, $\alpha = 54°$; für $\zeta = 20^{mm}$, $\alpha = 42°$ und für $\zeta = 30^{mm}$, $\alpha = 21°$; da aber die entsprechenden Werthe für das vollständige Rechteck sind: $\alpha = 55°$, $\alpha = 47°$, $\alpha = 35°$, also die Unterschiede nur 1°, 5° und 14° betragen, so sieht man, daſs der von dem vorderen Rechtecke erregte Luftstrom zum gröſsten Theile über die Lücke hinweggeflossen ist und seine Wirkung auf das hintere Rechteck geltend gemacht hat, während nur ein kleiner Theil des Luftstroms durch die Lücke hindurch auf die hintere Seite der Ebene abgeflossen sein kann. Für einen

Ausschnitt von 60^{mm} Breite aus demselben Rechtecke *B*. habe ich erhalten: für $\zeta = 10^{mm}$, 20^{mm} und 30^{mm} bezüglich $\alpha = 25°$, $20°$ und $17°$, also verglichen mit dem vollständigen Rechtecke sind durch den Ausschnitt von 60^{mm} Breite diese Werthe des α bezüglich um $31°$, $27°$ und $18°$ vermindert worden, sie sind aber von dem Werthe $\alpha = 0$, welcher Statt haben müſste, wenn der von dem vorderen Rechtecke erregte Luftstrom auf das hintere Rechteck keinen Einfluſs ausübte, immer noch weit entfernt. Der durch eine schiefe Ebene erregte, an ihrer Oberfläche hinstreichende Luftstrom ist also so stark, daſs er, nachdem er über die hintere Seite derselben hinausgetreten ist, die gemeinsame relative Bewegung der Luft in Beziehung auf den Körper noch weit hin alterirt, indem er sie in seine eigene Richtung hineinzuziehen strebt.

Die obigen vier Versuchsreihen für die vier verschiedenen Rechtecke *A*, *B*, *C* und *D* zeigen noch einen merkwürdigen Umstand in der Abhängigkeit zwischen der Abscisse ζ und dem Winkel α. Betrachtet man nämlich die Differenzen der Werthe des α, welche den gleich weit von einander entfernten Werthen des ζ angehören, so sieht man, daſs diese ziemlich unregelmäſsig gehen, mehrmals zunehmen und dann wieder abnehmen, so daſs sie mehrere Maxima und Minima haben. Am auffallendsten zeigt sich dies bei den Rechtecken *B* und *C*, welche gröſsere Länge haben als die beiden anderen. Mehrfach wiederholte Versuche mit Flächen derselben Dimensionen, welche aus anderem Material, namentlich auch aus dünner steifer Pappe construirt waren, so wie auch die groſse Uebereinstimmung der für die beiden gleich langen Rechtecke *B* und *C* gewonnenen Resultate in Betreff der Maxima und Minima der Differenzen des α, haben mich vollständig überzeugt, daſs diese Unregelmäſsigkeiten der Differenzen nicht in Beobachtungsfehlern oder mangelhaften Methoden der Beobachtung und Messung ihren Grund haben, sondern daſs sie wirklich in der Natur der Sache selbst liegen.

Was nun den physicalischen Grund dieser merkwürdigen Erscheinung betrifft, so wird er ebenfalls nur in der Beschaffenheit des an der Ebene entlang sich bewegenden Luftstroms zu suchen sein. Beachtet man, daſs fast alle in der Natur vorkommende Luftströme sich in deutlich wahrnehmbaren Wellen fortbewegen, daſs in ihnen stets Stellen gröſserer Verdichtung mit Stellen gröſserer Verdünnung abwechseln, so wird man wohl zu der Annahme berechtigt, daſs dies auch bei diesen an den Flächen sich bildenden Luftströmen der Fall sein wird. Eine im Winde wehende Flagge zeigt diese Wellenbewegungen der Luftströme mit gröſster Deutlichkeit, ebenso die Bewegung der Luft durch einen geheizten Ofen hindurch, die Blasinstrumente u. s. w. In dem hier betrachteten, längs der Rechtsecksfläche hinflieſsenden Strome werden diese Wellen unter gleichen Umständen stets denselben Verlauf und dieselbe Wirkung auf die Fläche haben, aber für verschiedene Werthe des α werden sie auch verschiedene Formen annehmen und andere Wirkungen auf die Bewegung und ebenso auch auf die Gleichgewichtslagen ausüben. Der Druck, welchen dieser Luftstrom selbst oder auch die widerstehende Luft durch diesen Luftstrom auf die Ebene ausübt, welcher von den vorderen Theilen der Fläche nach den hinteren zu abnimmt, wird wegen dieser Wellenbewegung nicht gleichmäſsig abnehmen, sondern es werden Stellen mit gröſserem Druck mit Stellen, bei denen der Druck verhältniſsmäſsig geringer ist, abwechseln. Hieraus erklärt sich, glaube ich, die beobachtete Unregelmäſsigkeit in den Differenzen der Werthe des Winkels α in genügender Weise. Auch stimmt hiermit die aus den Versuchen mit der quadratischen Ebene A sich ergebende Thatsache überein, daſs die betrachteten Unregelmäſsigkeiten bei gröſserer Breite der Platte geringer ausfallen, da auf der breiteren Platte die Wellenbewegungen des Luftstroms ihre Wirkungen mehr ausgleichen werden.

Um einen leichten Ueberblick über die Abhängigkeit des Angriffspunkts der Resultante des Luftwiderstandes von der Richtung der Bewegung für die Ebene zu erhalten, habe ich dieselbe für die Ebene B in Fig. 1 Taf. II als Curve dargestellt, deren Abscissen α und Ordinaten ζ sind, erstere so genommen, daſs für jeden Grad die Länge von 1^{mm} genommen ist. Nach der einseitigen Theorie, nach welcher für $\zeta = 0$, α beliebig und für $\alpha = 0$, ζ beliebig ist, würde diese Curve nur die Abscissenaxe und die Ordinatenaxe selbst sein.

2. Der Cylinder.

Nach den Resultaten der Theorie müfste für einen Rotations-Cylinder, dessen beide Grundflächen durch Kreisebenen geschlossen sind, die Resultante des Luftdrucks in allen beliebigen Lagen durch den Mittelpunkt gehen, und es müfste für jede Lage der Queraxe, welche die Hauptaxe nicht im Mittelpunkte, sondern an irgend einer anderen Stelle schneidet, nur für die eine Lage $\alpha = 0$ Gleichgewicht Statt finden, und zwar für alle weiter nach vorn liegenden Queraxen stabiles, für die nach hinten liegenden aber labiles Gleichgewicht. Dafs dies aber in Wirklichkeit sich anders verhält, dafs für kleine Winkel α der Angriffspunkt der Resultante weiter nach hinten, und von einem bestimmten Werthe an für alle gröfseren bis $\alpha = 90°$ weiter nach vorn liegt, hat schon Magnus in der angeführten Schrift aus seinen mit einem Cylinder, dessen Höhe viermal so grofs ist als der Radius seiner Grundfläche, angestellten Versuchen richtig erkannt. Nach meiner Methode des Experimentirens bin ich nun in den Stand gesetzt, die Abhängigkeit der Abscisse des Angriffspunktes ζ von dem Neigungswinkel α, für verschiedene Cylinder, näher zu bestimmen.

A. Cylinder von der Höhe $a = 4\,r$, Radius $r = 37{,}5^{\text{mm}}$.

$\zeta = 0^{\text{mm}}$ giebt	$\alpha = 90°$ und	$\alpha = 22°$
$\zeta = 2^{\text{mm}}$	$\alpha = 86°$	$\alpha = 25°$
$\zeta = 4^{\text{mm}}$	$\alpha = 83°$	$\alpha = 32°$
$\zeta = 6^{\text{mm}}$	$\alpha = 80°$	$\alpha = 41°$
$\zeta = 8^{\text{mm}}$	$\alpha = 73°$	$\alpha = 60°$
$\zeta = -10^{\text{mm}}$		$\alpha = 12°$

B. Cylinder von der Höhe $a = 3\,r$, Radius $r = 37{,}5^{\mathrm{mm}}$.

$\zeta = 0^{\mathrm{mm}}$	giebt $\alpha = 90°$	und	$\alpha = 34°$
$\zeta = 2^{\mathrm{mm}}$	$\alpha = 85°$		$\alpha = 40°$
$\zeta = 4^{\mathrm{mm}}$	$\alpha = 82°$		$\alpha = 48°$
$\zeta = 6^{\mathrm{mm}}$	—		—
$\zeta = -10^{\mathrm{mm}}$			$\alpha = 20°$

C. Cylinder von der Höhe $a = 2\,r$, Radius $r = 37{,}5^{\mathrm{mm}}$.

$\zeta = 0^{\mathrm{mm}}$	giebt $\alpha = 90°$	und	$\alpha = 55°$
$\zeta = 2^{\mathrm{mm}}$	$\alpha = 86°$		$\alpha = 58°$
$\zeta = 4^{\mathrm{mm}}$	$\alpha = 81°$		$\alpha = 62°$
$\zeta = -10^{\mathrm{mm}}$			$\alpha = 27°$
$\zeta = -20^{\mathrm{mm}}$			$\alpha = 10°$

Die in der ersten Verticalreihe angegebenen Werthe des α sind Lagen stabilen Gleichgewichts, in der zweiten aber labilen Gleichgewichts; zu allen kommt eigentlich noch die Gleichgewichtslage $\alpha = 0$ hinzu, welche hier überall eine stabile ist. Die Werthe des α sind bei einer Geschwindigkeit von ohngefähr 6 Meter in der Secunde angestellt. Für die kleineren Werthe des α, welche nur labilen Gleichgewichtslagen angehören, sind die Bestimmungen weniger genau, für die Werthe des α unter $10°$ fehlen sie ganz, weil sie bei den angestellten Versuchen nicht mehr zu erkennen waren. Für diese kleinen Werthe des α kommen nämlich die labilen Gleichgewichtslagen mit der stabilen Gleichgewichtslage für $\alpha = 0$ zu nahe zusammen, und der Uebergang von der einen zur andern ist so leicht, daſs er durch äuſserst geringe störende Kräfte bewirkt wird und deshalb sich nicht vermeiden läſst. Wenn die auf beiden Seiten der stabilen Gleichgewichtslage $\alpha = 0$ liegenden labilen Gleichgewichtslagen zu nahe an jene heranrücken, so wird durch sie die Stabilität für $\alpha = 0$ in dem Maaſse eingeschränkt, daſs sie überhaupt nicht mehr zu erkennen ist und daſs man mit Recht von da an $\alpha = 0$ auch als eine labile Gleichgewichtslage ansehen kann. Für $\alpha = 0$ selbst ist ζ vollkommen unbestimmt, für aufserordentlich kleine Werthe des α wird, wie man hieraus schliefsen kann, ζ aufserordentlich grofse negative Werthe haben.

Für den Cylinder A, welcher in den Verhältnissen seiner Dimensionen mit dem von Magnus untersuchten übereinstimmt, hat ζ von $\alpha = 22°$ bis $\alpha = 0°$ nur negative Werthe, aber positive von $\alpha = 22°$ bis $\alpha = 90°$. Dies ist in sehr guter Uebereinstimmung mit den Angaben von Magnus, der aus seinen mit dem Cylinder angestellten Versuchen den Werth des α, für welchen der Angriffspunkt der Resultante des Luftwiderstandes in den vorderen Theil des Cylinders tritt, auf 25° geschätzt hat.

In Fig. 2 Taf. II ist der leichten Uebersicht halber die Abhängigkeit des ζ und α für den Cylinder A durch eine Curve dargestellt. Die Abweichungen dieser Curve von ihrer Abscissenaxe stellen zugleich die Abweichungen der Wirklichkeit von der einseitigen Theorie dar, für welche diese Curve nur die Abscissenaxe selbst sein würde.

3. Der Kegel.

Für den Kegel ist nach den im ersten Abschnitte angewendeten theoretischen Principien gefunden worden, dafs der Angriffspunkt der Resultante des Luftwiderstandes bei allen beliebigen Lagen stets in einem und demselben Punkt der Hauptaxe liegen müfste, dessen Abscisse durch die Gleichung

$$\zeta = \frac{h^2 - 2\,r^2}{3\,h}$$

bestimmt ist, wenn die Höhe des Kegels mit h, der Radius seiner Grundfläche mit r bezeichnet wird. Wenn dieser Punkt durch eine Queraxe festgehalten wird, so müfste der Kegel unter der Einwirkung des Luftwiderstandes für jeden beliebigen Winkel α im Gleichgewichte sein, für jede andere Lage der Queraxe aber nur für den Werth $\alpha = 0$ allein, und zwar in stabilem oder labilem Gleichgewichte, je nachdem die Queraxe weiter nach vorn oder nach hinten liegt.

7*

Die mit einem Kegel von dem Radius der Grundfläche $r = 50^{\text{mm}}$ von der Höhe

$$h = r\sqrt{15} = 193{,}6^{\text{mm}}, \qquad \sqrt{r^2 + h^2} = 4\,r = 200^{\text{mm}}$$

angestellten Versuche haben folgende Resultate ergeben:

$\zeta = 40^{\text{mm}}$,	$\alpha = 90°$,	
$\zeta = 42$,	$\alpha = 87$,	
$\zeta = 44$,	$\alpha = 86$,	
$\zeta = 46$,	$\alpha = 83$,	
$\zeta = 48$,	$\alpha = 79$,	
$\zeta = 50$,	$\alpha = 76$,	
$\zeta = 52$,	$\alpha = 75$,	
$\zeta = 54$,	$\alpha = 74$,	
$\zeta = 56$,	$\alpha = 73$,	
$\zeta = 58$,	$\alpha = 72$,	
$\zeta = 60$,	$\alpha = 72$,	
$\zeta = 62$,	$\alpha = 72$,	$\alpha = 15°$,
$\zeta = 64$,	$\alpha = 72$,	$\alpha = 21$,
$\zeta = 66$,	$\alpha = 70$,	$\alpha = 35$.

Die in der ersten Columne stehenden Werthe des α gehören nur Lagen des stabilen Gleichgewichts an, die drei in der zweiten Columne stehenden aber sind labile Gleichgewichtslagen. Die Versuche mit dem Kegel können keinen hohen Grad von Genauigkeit beanspruchen, denn die stabilen Gleichgewichtslagen werden durch die grofsen Schwankungen unsicher gemacht, auch wenn dieselben durch die oben angegebenen Mittel in engen Gränzen gehalten werden, die labilen Gleichgewichtslagen haben mir bei verschiedenen Versuchen selbst Unterschiede ergeben, welche bis 8° gingen. Für die Werthe des ζ, welche kleiner als 62^{mm} sind, habe ich die labilen Gleichgewichtslagen gar nicht mehr experimentell ermitteln können, weil sie der stabilen Gleichgewichtslage für $\alpha = 0$ zu nahe liegen, eben so wie dies schon für die Cylinder der Fall war.

Die gröfsere oder geringere Geschwindigkeit hat auf diese Gleichgewichtslagen, welche für die Geschwindigkeit von 8 Meter gelten, einen merklichen Einfluſs, der sich besonders darin kund giebt, daſs bei geringeren Geschwindigkeiten die labilen Gleichgewichtslagen noch weiter hin aufhören nachweisbar zu sein und daſs auch die in der Nähe von $\alpha = 72^\circ$ Statt habenden stabilen Gleichgewichtslagen schon früher aufhören, als für $\zeta = 66^{mm}$. Wahrscheinlich würden auch bei einer Geschwindigkeit, welche 8 Meter in der Secunde bedeutend übersteigt, noch für $\zeta = 68^{mm}$ und vielleicht noch weiter Gleichgewichtslagen auftreten und zwar stets nur eine stabile und eine labile zugleich.

Fig. 3 Taf. II veranschaulicht den Gang des ζ als Function von α durch eine Curve, deren punktirter Theil auſserhalb des Bereichs der experimentell bestimmten Punkte liegt. Die durch $\zeta = 55{,}94$ gehende der Abscissenaxe parallele Gerade würde nach der Theorie diese Curve repräsentiren, welche, wie der Augenschein zeigt, aber eine ganz andere ist.

4. Die Verbindungen des Cylinders mit dem Kegel, der Halbkugel und dem halben Ellipsoid.

Die für die Geschütze sowohl, als auch für die Handfeuerwaffen jetzt gebräuchlichen und als zweckmäſsig erprobten Geschosse haben fast alle eine cylindrische Form, mit einer Zuspitzung, welche gewöhnlich die Form eines Kegels, einer Halbkugel oder eines halben Ellipsoids hat. Für die wissenschaftliche Betrachtung des Ganges dieser Geschosse ist es von Bedeutung, den Luftwiderstand, den sie bei ihrer Bewegung zu erleiden haben, nach allen seinen Beziehungen so genau wie möglich zu erforschen und es ist, wie schon oben in der Einleitung gezeigt worden, die Lage des Angriffspunktes der Resultante des Luftwiderstandes in der Hauptaxe des Geschosses, namentlich für die Beurtheilung der Abweichung aus der Horizontalebene, von besonderer Bedeutung. Aus diesem Grunde, glaube ich, werden meine mit solchen Körpern angestellten Versuche, durch welche für jeden Winkel α, den die Axe des Geschosses mit der Richtung der Bewegung macht, die Abscisse ζ des Angriffspunkts der Resultante des Luftwiderstandes in der Axe so genau wie möglich bestimmt wird, für die Theorie der Wurfgeschosse einiges Interesse beanspruchen können, während die Versuche mit der Ebene und den einfachen Körpern, dem Cylinder und dem Kegel darum ein höheres physicalisches Interesse haben werden, weil bei diesen die Gründe und Ursachen der Erscheinungen leichter erkennbar sind, als bei den zusammengesetzten Körpern.

A. Für einen cylindrischen Körper mit konischer Zuspitzung, dessen cylindrischer Theil die Höhe $a = 3\,r = 112{,}5^{\text{mm}}$, den Radius $r = 37{,}5$, und der konische Theil denselben Radius $r = 37{,}5^{\text{mm}}$ und die Höhe $h = r\sqrt{3} = 64{,}9^{\text{mm}}$, die Seite $s = 2\,r = 75^{\text{mm}}$ hat, sind, wenn die Abscissen ζ von der Grundfläche an gerechnet werden, die zu den Werthen des ζ zugehörenden Werthe des α folgende:

$\zeta = 64^{\text{mm}}$,	α über $90°$,	$\zeta = 84^{\text{mm}}$,	$\alpha = 59°$,
66,	$\alpha = 85$,	86,	45,
68,	81,	88,	39,
70,	80,	90,	37,
72,	79,	92,	34,
74,	76,	94,	32,
76,	73,	96,	29,
78,	71,	98,	25,
80,	69,	100,	20,
82,	67,	102,	17,

für die Geschwindigkeit von 8 Meter in der Secunde. Für geringere Geschwindigkeiten erleiden besonders die kleineren Werthe des α, welche den gröfseren Werthen des ζ angehören, nicht unerhebliche Veränderungen und zwar in der Art, dafs sie alle verkleinert werden, auch hört die für $\zeta = 102^{\text{mm}}$ bei der Geschwindigkeit von 8 Metern Statt findende Gleichgewichtslage für $\alpha = 17°$ bei geringerer Geschwindigkeit ganz auf, so dafs der Angriffspunkt der Resultante alsdann überhaupt nicht mehr so weit nach der Spitze zu vorrückt. Zu allen hier angegebenen Gleichgewichtslagen kommt noch die für $\alpha = 0$ hinzu, und für die gröfseren Werthe des ζ ist dieselbe nachweislich eine stabile, so wie auch alle hier gegebenen Gleichgewichtslagen nur stabile sind. Weil nun für Kräfte, welche auf einen um eine feste Axe drehbaren Körper wirken, zwischen zwei stabilen Gleichgewichtslagen nothwendig eine labile liegen mufs, so folgt, dafs eine solche für $\zeta = 102^{mm}$ zwischen $\alpha = 17°$ und $\alpha = 0°$, für $\zeta = 100^{mm}$ zwischen $\alpha = 20°$ und $\alpha = 0°$ ... und so weiter vorhanden sein mufs. Diese labilen Gleichgewichtslagen habe ich aber experimentell nicht näher bestimmen können, weil sie von der ihnen sehr nahe liegenden stabilen Gleichgewichtslage $\alpha = 0$ durch meine Apparate nicht mehr zu trennen waren. Die zu gegebenen Werthen des α zugehörenden Werthe des ζ sind also in dem Intervalle von $\alpha = 90°$ bis $\alpha = 17°$ stets wachsend, für kleinere Werthe des α aber fangen sie an abzunehmen, aber grade für diese kleineren Werthe des α ist die von mir angewendete experimentelle Methode nicht mehr ausreichend.

Fig. 4 Taf. II stellt zur leichteren Uebersicht die Abhängigkeit des ζ von α durch eine Curve dar, deren Abscissen die α und deren Ordinaten ζ sind.

B. Für einen Cylinder von der Höhe $a = 112{,}5^{mm}$ und dem Radius $r = 37{,}5$, an welchen eine Halbkugel von demselben Radius passend angesetzt ist, habe ich folgende Bestimmungen der Werthe des α für die gegebenen Werthe des ζ erhalten, denen ich die nach den im ersten Theile entwickelten theoretischen Formeln berechneten Resultate beifüge, damit man für einen solchen Körper ein Urtheil über die Gröfse der Abweichung der experimentellen Resultate von denen der obigen Theorie gewinnen könne.

ζ,	α exp.,	α theor.	ζ,	α exp.,	α theor.
62^{mm},	87°,	—	88^{mm},	30°,	17°,
64,	83,	—	90,	27,	15,
66,	81,	86°,	92,	25,	13,
68,	80,	73,	94,	20,	11,
70,	78,	63,	96,	19,	9,
72,	74,	54,	98,	17,	7,
74,	67,	46,	100,	—,	6,
76,	63,	40,	102,	—,	5,
78,	61,	35,	104,	—,	4,
80,	55,	30,	106,	—,	3,
82,	48,	26,	108,	—,	2,
84,	42,	23,	110,	—,	1,
86,	34,	20,	112,	—,	0.

Fig. 5 Taf. II stellt die gefundenen Werthe als Curve dar, zugleich mit den nach der Theorie berechneten. Der Unterschied der berechneten Werthe von den wirklichen steigt, für $\zeta = 78^{\text{mm}}$, bis auf $26°$. Die Werthe des α sind hier ebenfalls bei der Geschwindigkeit von 8 Metern bestimmt, geringere Geschwindigkeiten üben bei diesem Körper einen viel kleineren Einfluſs aus als bei dem vorigen, auch ist der Verlauf der Werthe des α hier etwas regelmäſsiger als der obige, welches beides wohl in der bei der Verbindung des Cylinders mit dem Kegel Statt findenden Discontinuität der Oberfläche seinen Grund haben mag, durch welche stärkere Veränderungen in dem Verlaufe der den Körper nahe umgebenden Luftströme bedingt werden. Ueber $\zeta = 98^{\text{mm}}$ hinaus erstrecken sich die bei einer Geschwindigkeit von 8 Meter Statt habenden Werthe des ζ nicht, und die kleineren Werthen des α, als $\alpha = 17°$, angehörenden Werthe des ζ sind stets abnehmend, wie in dem vorigen Falle.

C. Für einen Cylinder von der Höhe $a = 112{,}5^{\text{mm}}$ und dem Radius $r = 37{,}5^{\text{mm}}$ mit angesetztem halben Ellipsoid, dessen beide Halbaxen sind $r = 37{,}5^{\text{mm}}$, $h = 47{,}5^{\text{mm}}$, welcher die Gestalt und Gröſse der bisherigen preuſsischen vierpfündigen Granate hat, habe ich erhalten:

ζ,	α,	ζ,	α,
68^{mm},	86°,	90^{mm},	43°,
70,	83,	92,	39,
72,	82,	94,	36,
74,	79,	96,	34,
76,	73,	98,	33,
78,	70,	100,	32,
80,	69,	102,	30,
82,	68,	104,	25,
84,	64,	106,	23,
86,	55,	108,	21,
88,	48,	110,	18.

Fig. 6 Taf. II giebt die Darstellung dieser Reihe von Beobachtungen als Curve.

D. Für einen Cylinder mit angesetztem halben Ellipsoid, mit den Maafsen $a = 90^{mm}$, $r = 30^{mm}$, $h = 60^{mm}$, welcher Körper die Gestalt des Bleies des Mausergewehrs in sechsfacher Vergröfserung hat, habe ich gefunden:

ζ,	α,	ζ,	α,
60^{mm},	89°,	80^{mm},	44°,
62,	86,	82,	41,
64,	84,	84,	37,
66,	82,	86,	35,
68,	79,	88,	31,
70,	72,	90,	30,
72,	71,	92,	27,
74,	68,	94,	25,
76,	57,	96,	22,
78,	49,	98,	19.

Fig. 7 Taf. II giebt die Darstellung dieser Reihe von Werthen in Form einer Curve.

Von der Geschwindigkeit und deren Einflufs auf die Resultate gilt für die beiden Körper *C* und *D* dasselbe, was beim Körper *B* bemerkt ist, ebenso von den Werthen des ζ, welche zu kleineren Werthen des α gehören, die sich auch hier der Messung entziehen.

Ueberhaupt wird die Anwendbarkeit der hier gegebenen Methoden und Resultate auf eine genaue Bestimmung der Abweichung der Geschosse von der Verticalebene hauptsächlich durch die zwei Umstände beeinträchtigt: erstens, dafs gerade für die kleinen Winkel α, welche für die mit geringer Elevation abgefeuerten Geschosse fast ausschliefslich in Betracht kommen, die experimentelle Bestimmung des Angriffspunkts der Resultante des Luftwiderstandes keine genauen Resultate giebt, und zweitens, dafs die Lage dieses Angriffspunktes für einen gegebenen Winkel α von der Geschwindigkeit der Bewegung nicht ganz unabhängig ist, dafs man also nicht wissen kann, um wie viel die oben gegebenen, für die Geschwindigkeit von 8 Meter in der Secunde geltenden Werthe, bei den grofsen Geschwindigkeiten von 300 bis 400 Meter in der Secunde geändert werden.

Taf. I.

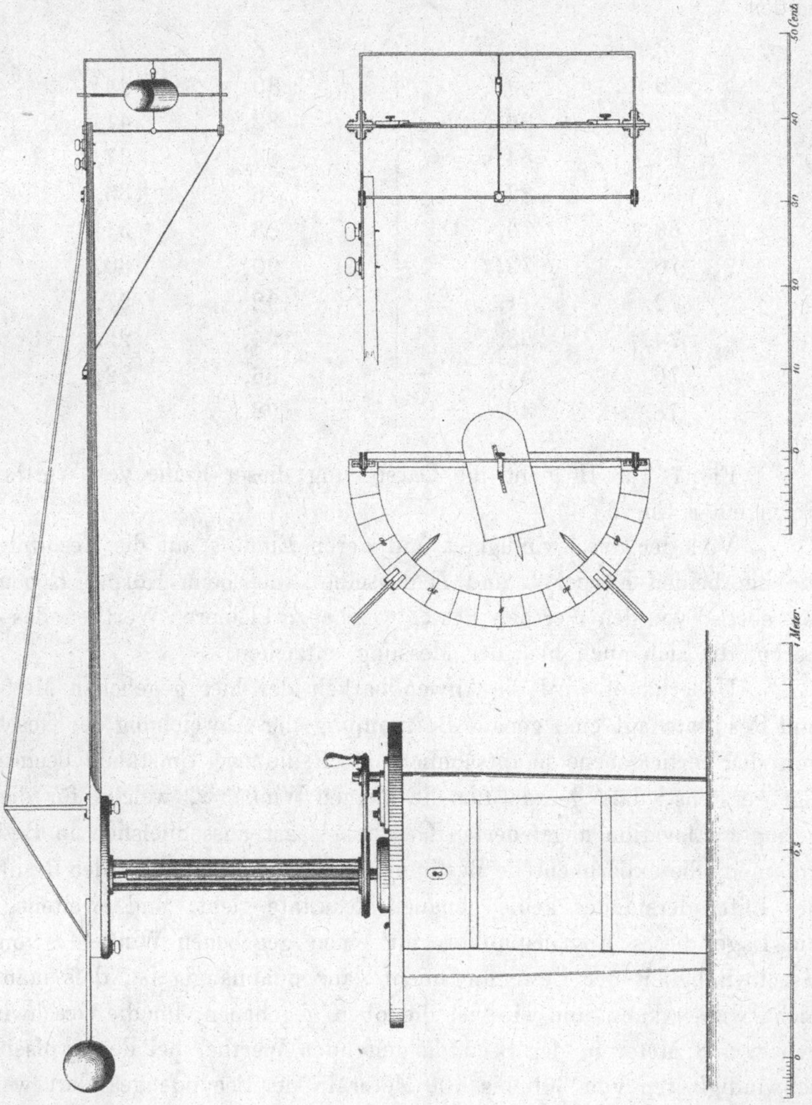

Ueber die Wirkung des Luftwiderstandes etc.

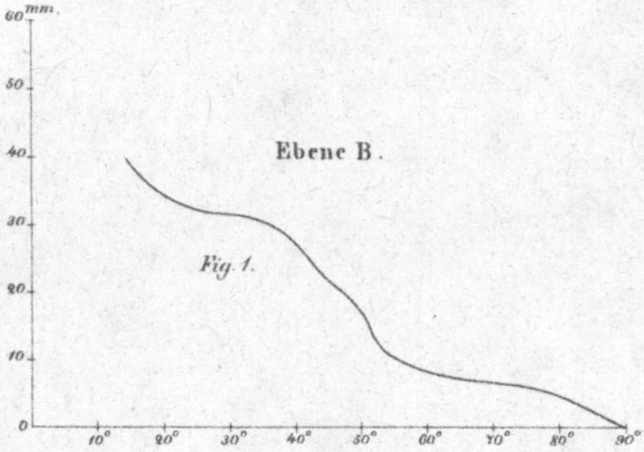
Ebene B.
Fig. 1.

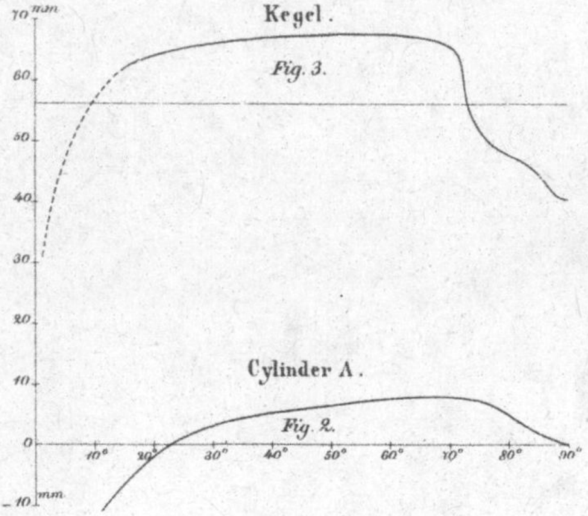
Kegel.
Fig. 3.
Cylinder A.
Fig. 2.

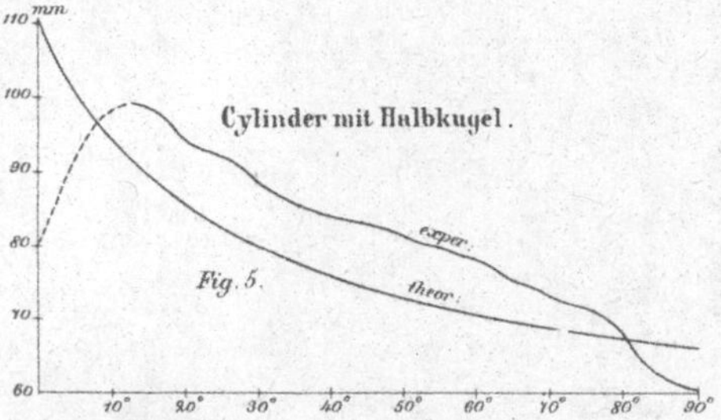
Cylinder mit Halbkugel.
exper.
theor.
Fig. 5.

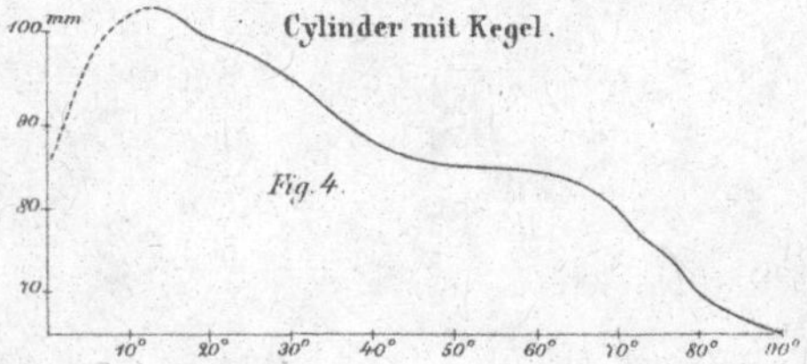
Cylinder mit Kegel.
Fig. 4.

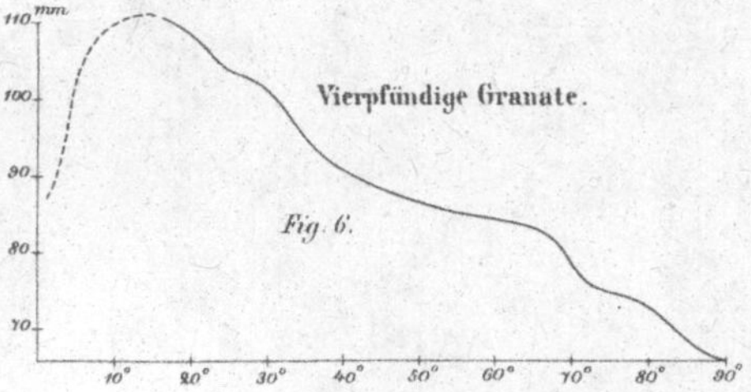
Vierpfündige Granate.
Fig. 6.

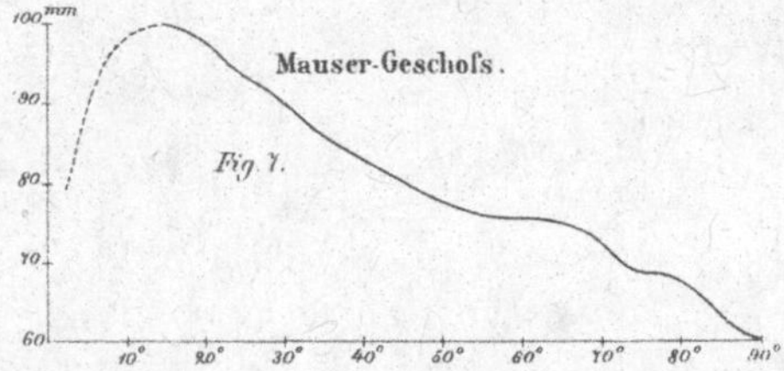
Mauser-Geschofs.
Fig. 7.

Lith von Laue

Neue Versuche zur Bestimmung des Angriffspunktes der Resultante des Luftwiderstandes gegen rechteckige schiefe Ebenen

Abhandlungen der Königlichen Akademie der Wissenschaften zu Berlin
aus dem Jahre 1876, 1-9

[Gelesen in der Akademie der Wissenschaften am 26. October 1876.]

In der Abhandlung über die Wirkung des Luftwiderstandes auf Körper von verschiedener Gestalt, in's besondere auch auf die Geschosse, Jahrgang 1875 der Abhandlungen der mathematischen Klasse der Akademie pag. 1 etc., deren experimenteller Theil sich nur auf die Bestimmung des Angriffspunktes des Luftwiderstandes beschränkt, habe ich die rechteckige Ebene, als denjenigen Körper, bei welchem die in Betracht kommenden besonderen Umstände der Wirkung des Luftwiderstandes in der gröſsten Reinheit und Einfachheit auftreten, von pag. 37 bis 48 eingehend behandelt, und mehrere Versuchsreihen gegeben, durch welche für verschiedene Rechtecke die Abhängigkeit des Angriffspunktes der Resultante von dem Winkel, unter welchem sie vom Luftwiderstande getroffen werden, bestimmt wird. Die Platten, mit welchen ich die Versuche angestellt habe, litten aber, wie ich daselbst schon bemerkt habe, an gewissen Unvollkommenheiten, durch welche die Genauigkeit der Resultate beeinträchtigt werden muſste. Sie waren der Leichtigkeit wegen aus dünnem Zinkblech oder auch aus dünner steifer Pappe hergestellt, mit rechtwinklig umgebogenen Längsrändern, welche den Zweck hatten durch eine Reihe in denselben angebrachter runder Löcher der durch eine Stahlnadel gebildeten Drehungsaxe eine Reihe verschiedener Lagen geben zu können, und zugleich auch das Verbiegen der Platten unter der Wirkung des Luftwiderstandes zu hindern. Der eine der daraus entspringenden pag. 41

erwähnten Nachtheile, daſs bei dieser Vorrichtung die Drehungsaxe der Platte nicht in der Ebene selbst, sondern derselben parallel liegt in einer Entfernung von etwa 1,5 Mm., daſs also, wenn der Luftwiderstand nicht vollkommen normal gegen die Platte drückt, sondern auch eine tangentiale Componente hat, welche als das Maaſs der Reibung der Luft gegen die Platte angesehen werden kann, ist, wie ich mich aus mehreren hierüber angestellten Versuchen überzeugt habe, zu unbedeutend, um auf die Bestimmung des Angriffspunktes der Resultante bei der hierbei überhaupt zu erreichenden Genauigkeit einen merklichen Einfluſs zu haben. Dagegen habe ich mich bei wiederholten Versuchen überzeugt, daſs die Verbiegungen der von mir gebrauchten Platten, gegen welche die umgebogenen Ränder keinen genügenden Schutz gewährten, sowohl die durch den Luftdruck selbst bewirkten, als auch die zufälligen Verbiegungen, welche namentlich durch das Aufkleben der zur Aequilibrirung nöthigen Gegengewichte verursacht wurden, die Genauigkeit der gefundenen Resultate so stark beeinträchtigt haben, daſs der Fehler in der Bestimmung der Winkel α in einem Falle sogar bis 12° aufsteigt. Aus diesem Grunde habe ich die Versuche mit der Ebene wiederholt und zwar mit Platten, welche gegen alle zufälligen, dauernden Verbiegungen vollständig geschützt sind und zugleich leicht, aber stark genug, um auch durch den Luftwiderstand selbst nicht in ihrer Gestalt verändert zu werden, auch habe ich eine möglichst vollkommene Aequilibrirung derselben nicht durch an die Platte selbst angeklebte, sondern an der Queraxe angebrachte, leichter zu regulirende Gewichte hervorgebracht.

Die Platten, mit denen ich die hier folgenden genaueren Versuchsreihen ausgeführt habe, sind aus Spiegelglas geschnitten, dessen geringe Dicke von 1,25 Mm. hinreichend ist, um jeder merklichen Verbiegung durch den Luftwiderstand selbst zu widerstehen, während sie vermöge der Elasticität des Glases keinen zufälligen, dauernden Verbiegungen ausgesetzt sind. Auf jeder solchen Rechtecksplatte ist an ihren beiden Längsseiten, von der Mitte aus nach einer und derselben Richtung hin eine Millimetertheilung angebracht, welche zur Bestimmung der Lage der Queraxe namentlich ihrer Entfernung ζ vom Mittelpunkte der Platte dient. Die Queraxe, an welche die Platte zu befestigen ist, und mit welcher sie sich frei drehen kann, wird durch einen Messingcylinder von 5 bis 6

Millimeter Durchmesser gebildet, welcher mit zwei genau centrirten Zapfen in den Zapfenlagern, welche an dem mit der Rotationsmaschine verbundenen viereckigen Rahmen angebracht sind, sich frei drehen kann. Der mittlere Theil dieser Queraxe, in der Ausdehnung, welche durch die Breite der an sie zu befestigenden Glasplatte bestimmt wird, ist aber nicht cylindrisch, sondern wird durch eine Stahlplatte von 1,25 Mm. Dicke und 12 Mm. Breite gebildet, welche die beiden cylindrischen Theile fest mit einander verbindet und so in dieselben eingelassen ist, dafs wenn die Glasplatte mit Klebwachs darauf befestigt ist, die Axe der cylindrischen Theile in der vorderen Fläche der Platte liegt. Die zum Aequilibriren nöthigen Gegengewichte werden nun an dem einen Ende der cylindrischen Axe angebracht. Um sie zugleich fest und leicht verstellbar an dieselbe zu befestigen dienen cylindrische Ringe, welche auf die Axe aufgeschoben und durch Klemmschrauben in jeder Lage festgestellt werden können. In jeden Ring ist ein dünner Cylinder von Stahl von etwa 50 Mm. Länge fest eingelassen, welcher, wenn der Ring auf die Axe gesteckt ist, zu derselben senkrecht steht und in seiner ganzen Länge mit einer engen Schraubenwindung versehen ist, auf welche ein Gewicht von Messing aufgeschraubt und durch weiteres Schrauben in jeder beliebigen durch die Länge der Schraube gestatteten Entfernung von der Axe festgestellt werden kann. Die richtige Stellung des an den Ring befestigten Stahlstabes mit der Schraubenwindung und des kugelförmigen oder cylinderförmigen Gegengewichtes auf demselben, bei welcher der Schwerpunkt des ganzen aus der Glasscheibe der cylindrischen Axe mit der Stahlplatte und aus den an dieselbe angeschraubten Gewichten bestehenden festen Systems genau in der Axe liegt, und auch bei der Drehung des Systems in der Axe bleibt, ist experimentell leicht zu finden, besonders weil die enge Schraubenwindung, in welcher das Messinggewicht geht, jede noch so geringe Aenderung der Entfernung von der Axe mit grofser Sicherheit zu bewirken gestattet. Das Gegengewicht ist aber so dem directen Widerstande der Luft mit ausgesetzt, welcher auf die zu ermittelnde unter der Einwirkung des Luftwiderstandes gegen die Platte allein statthabende Gleichgewichtslage störend einwirken würde. Um diese störende Einwirkung zu compensiren, bringe ich noch ein zweites ebenso gestaltetes Gegengewicht von Kork an, welches so gestellt wird, dafs es mit der Rich-

1*

tung des Luftwiderstandes, also mit der Horizontalebene, auf der entgegengesetzten Seite derselben liegend, denselben Winkel macht, als das schwere Messinggewicht, mit welchem es symmetrisch gegen die Richtung des Luftwiderstandes liegt. Es versteht sich, daſs nach Anbringung dieses Korkgewichts das Gleichgewicht wieder regulirt werden muſs, denn die Genauigkeit der Beobachtungen hängt wesentlich davon ab, daſs wenigstens in der Nähe des zu untersuchenden Winkels α die Wirkung der Schwerkraft auf Drehung des Systems vollständig aufgehoben werde. Dagegen ist eine genaue Compensation des Luftwiderstandes, welchen das Messinggewicht erleidet, durch das Korkgewicht weniger erforderlich, weil die Widerstände, welche beide Gewichte in ihrer Bewegung durch die Luft erleiden, überhaupt nur kleine Gröſsen sind und wegen der Nähe an der Axe nur geringe Drehungsmomente haben.

Bei dieser Einrichtung des Apparates ist die zu untersuchende rechteckige Platte sowohl von den umgebogenen Rändern als auch von den angeklebten Gegengewichten auf der Rückseite frei und hat nur an der Queraxe einen erhöhten Streifen von 1,25 Mm. Höhe und 12 Mm. Breite, welcher die vollständige Ebenheit unterbricht, und durch die auf der hinteren Seite liegende Stahlplatte gebildet wird. Da diese an sich nur unbedeutende Erhöhung ganz in der Nähe der Axe liegt, so wird sie, wenn diese Rückseite statt der vollkommen ebenen Vorderseite dem directen Luftwiderstande ausgesetzt wird, nur einen sehr geringen Einfluſs auf Drehung und mithin auch auf die zu untersuchende Gleichgewichtslage ausüben können. In der That haben die in dieser Rücksicht von mir angestellten Versuche gezeigt, daſs diese hintere Seite zur Bestimmung des Winkels α für ein jedes gegebenes ζ eben so gut zu gebrauchen ist, als die vordere, vollkommen ebene, da die sich ergebenden geringen Unterschiede bald positiv bald negativ ausfielen, und darum nicht auf eine einzige bleibende stets in demselben Sinne wirkende Ursache, sondern nur auf allerlei zufällige Störungen deuteten. Man kann daher bei diesem Apparate ebenso wie bei den Rotationskörpern für eine jede bestimmte Lage der Queraxe, d. i. für jeden gegebenen Werth des ζ, vier verschiedene, zusammengehörende Beobachtungen des Winkels α anstellen, nämlich sowohl für die obere, als auch für die untere Gleichgewichtslage und sodann für beide noch einmal, nachdem man die Axe umgelegt hat, und weil diese verschiedenen Beobachtungen von gleichem Werthe sind, so können sie sich gegenseitig controliren und zur Compensation der zufälligen Ungenauigkeiten benutzt werden.

Mit dem beschriebenen Apparate habe ich nun zunächst die pag. 39 gegebene mit dem alten Apparate angestellte Versuchsreihe für ein Rechteck von 180 Mm. Länge und 90 Mm. Breite wiederholt, weil diese Dimensionen der ebenen Platte für die Gröſsenverhältnisse des an dem Rotationsapparate angebrachten viereckigen Rahmens besonders gut geeignet sind. Unter Beibehaltung der in der genannten Abhandlung gebrauchten Bezeichnungen ζ und α für die Entfernung der Drehaxe von der Mitte der zu untersuchenden Platte und des Winkels, welchen dieselbe mit der Richtung der Horizontalebene bildet, wenn sie unter der alleinigen Wirkung des Luftwiderstandes im Gleichgewichte ist, habe ich folgende genauere Versuchsreihe erhalten.

Rechteck von 180 Mm. Länge und 90 Mm. Breite.

$\zeta = 0$ Mm.	$\alpha = 90°$				
$\zeta = 2$,	$\alpha = 85$,	$\Delta\alpha = 5$,	$\zeta = 24$ Mm.	$\alpha = 35$,	$\Delta\alpha = 2$,
$\zeta = 4$,	$\alpha = 78$,	$\Delta\alpha = 7$,	$\zeta = 26$,	$\alpha = 33$,	$\Delta\alpha = 2$,
$\zeta = 6$,	$\alpha = 68$,	$\Delta\alpha = 10$,	$\zeta = 28$,	$\alpha = 28$,	$\Delta\alpha = 5$,
$\zeta = 8$,	$\alpha = 58$,	$\Delta\alpha = 10$,	$\zeta = 30$,	$\alpha = 23$,	$\Delta\alpha = 5$,
$\zeta = 10$,	$\alpha = 52$,	$\Delta\alpha = 6$,	$\zeta = 32$,	$\alpha = 16$,	$\Delta\alpha = 7$,
$\zeta = 12$,	$\alpha = 48$,	$\Delta\alpha = 4$,	$\zeta = 34$,	$\alpha = 13$,	$\Delta\alpha = 3$,
$\zeta = 14$,	$\alpha = 45$,	$\Delta\alpha = 3$,	$\zeta = 36$,	$\alpha = 10$,	$\Delta\alpha = 3$,
$\zeta = 16$,	$\alpha = 43$,	$\Delta\alpha = 2$,	$\zeta = 38$,	$\alpha = 9$,	$\Delta\alpha = 1$,
$\zeta = 18$,	$\alpha = 41$,	$\Delta\alpha = 2$,	$\zeta = 40$,	$\alpha = 8$,	$\Delta\alpha = 1$,
$\zeta = 20$,	$\alpha = 39$,	$\Delta\alpha = 2$,	$\zeta = 42$,	$\alpha = 7$,	$\Delta\alpha = 1$,
$\zeta = 22$,	$\alpha = 37$,	$\Delta\alpha = 2$,	$\zeta = 44$,	unbestimmt.	

Die gröſste Abweichung der Resultate dieser Versuchsreihe von den früheren findet für $\zeta = 30$ statt, wo sie für den Winkel α 12° beträgt, um welche derselbe mit dem verbesserten Apparate kleiner gefunden ist. Ueberhaupt ergiebt sich, daſs die Werthe des α mit den unvollkommneren Vorrichtungen durchgängig zu groſs ausgefallen sind, welches darin seinen Grund hat, daſs die Verbiegungen, welche die Platten von Zinkblech oder von dünner steifer Pappe, sowohl durch den Widerstand der Luft selbst, als durch die hinten angeklebten Gewichte zu erleiden hatten, nur von der Art waren, dafs die Ebene cylindrisch gekrümmt wurde und die convexe Seite der Krümmung stets die dem Luftwiderstande ausgesetzte war. Bei einer solchen Verbiegung mufs aber der vordere Theil der Fläche, vom Luftwiderstande unter einem gröfseren Winkel getroffen werden, als der hintere Theil, und darum der Winkel α gröfser ausfallen, als für eine richtige Ebene. Darin, dafs in der Nähe von $\zeta = 8$ und von $\zeta = 32$ die Werthe der Differenzen des α sehr auffallende Maxima haben, stimmen diese genaueren Beobachtungen ganz mit den früheren überein.

Die auf pag. 43 aus den Versuchen mit einer solchen Ebene gezogene Folgerung, dafs eine Windfahne von 180 Mm. Länge und 90 Mm. Breite, deren Drehungsaxe die Fläche in zwei Theile von 120 Mm. und 60 Mm. Länge theilt, um nicht weniger als 35° falsch zeigt, mufs nach diesen genaueren Beobachtungen dahin modificirt werden, dafs bei einer solchen Windfahne der Fehler regelmäfsig 23° betragen wird.

Mittelst der verbesserten Vorrichtungen habe ich auch den Einflufs der Breite der rechteckigen Ebenen auf die Lage des Angriffspunktes der Resultante des Luftwiderstandes für die verschiedenen Neigungswinkel α der Ebene vollständiger untersucht, indem ich für eine Anzahl von Ebenen, welche alle dieselbe Länge von 180 Mm. aber die verschiedenen Breiten von 90 Mm., 60 Mm., 30 Mm., 20 Mm. und 10 Mm. haben, vollständige Versuchsreihen ausgeführt habe. Die Lage des Angriffspunktes der Resultante würde bei derselben Länge für alle verschiedenen Breiten der Platten dieselbe sein, wenn der auf der Ebene von vorn nach hinten sich bewegende Luftstrom keinen seitlichen Abflufs hätte. Je schmaler aber die Platte ist, desto stärker wird verhältnifsmäfsig der seitliche Abflufs dieses Luftstromes sein, und desto weniger wird die stets neu hinzutretende Luft diesen Luftstrom von vorn nach hinten zu stets verstärken. Bei einer unendlich schmalen Platte würde ein solcher Luftstrom überhaupt gar nicht entstehen können, der Druck der Luft würde also an allen verschiedenen Stellen derselbe sein, der Angriffspunkt der Resultante würde alsdann für alle verschiedenen Neigungswinkel α stets nur in dem Mittelpunkte der unendlich schmalen Platte liegen. Je geringer nun die Breite der Platte ist, desto mehr wird die Lage des Angriffspunktes der Resultante sich diesem Grenzzustande nähern und desto weniger wird sich die Lage dieses Punktes für verschiedene Werthe des α von dem Mittelpunkte der Platte entfernen. Dieses leicht vorherzusehende Resultat wird durch die folgenden Versuchsreihen durchaus bestätigt, welche ich, um die Vergleichung zu erleichtern, hier zusammenstelle.

Rechtecke von 180 Mm. Länge:

ζ	90 Mm. br. α	$\Delta\alpha$	60 Mm. br. α	$\Delta\alpha$	30 Mm. br. α	$\Delta\alpha$	20 Mm. br. α	$\Delta\alpha$	10 Mm. br. α	$\Delta\alpha$
0	90°,		90°,		90°,		90°,		90°,	
2	85,	5,	85,	5,	86,	4,	87,	3,	86,	4,
4	78,	7,	77,	8,	83,	3,	85,	2,	82,	4,
6	68,	10,	66,	11,	77,	6,	82,	3,	78,	4,
8	58,	10,	56,	10,	69,	8,	75,	7,	74,	4,
10	52,	6,	53,	3,	66,	3,	70,	5,	71,	3,
12	48,	4,	52,	1,	63,	3,	65,	5,	68,	3,
14	45,	3,	51,	1,	61,	2,	61,	4,	64,	4,
16	43,	2,	50,	1,	59,	2,	60,	1,	unbestimmt.	
18	41,	2,	49,	1,	57,	2,	59,	1,		
20	39,	2,	48,	1,	55,	2,	58,	1,		
22	37,	2,	46,	2,	53,	2,	55,	3,		
24	35,	2,	43,	3,	50,	3,	unbestimmt.			
26	33,	2,	38,	5,	45,	5,				
28	28,	5,	27,	11,	unbestimmt.					
30	23,	5,	13,	14,						
32	16,	7,	11,	2,						
34	13,	3,	9,	2,						
36	10,	3,	unbestimmt.							
38	9,	1,								
40	8,	1,								
42	7,	1,								
44	unbestimmt.									

Diese Beobachtungen zeigen, daſs der Spielraum, innerhalb dessen bei veränderlichem Winkel α der Angriffspunkt der Resultante sich bewegt, nur auf eine bestimmte Entfernung vom Mittelpunkte der rechteckigen Ebene sich erstreckt, welche bei dem Rechtecke von 90 Mm. Breite weniger als 44 Mm., von 60 Mm. Breite weniger als 36 Mm., von 30 Mm. Breite weniger als 28, von 20 Mm. Breite weniger als 24 und von 10 Mm. Breite weniger als 16 Mm. beträgt. Dieser Spielraum, innerhalb dessen zu einem gegebenen Werthe des ζ ein bestimmter realer Werth des α gehört, über welchen hinaus aber keine realen Werthe des α statthaben, es sei denn der Werth $\alpha = 0$, für welchen der Widerstand der Luft gleich Null ist, wird also bei abnehmender Breite der Rechtecke in der That immer kleiner.

Auſser diesen Rechtecken habe ich noch ein Quadrat genauer untersucht, und zwar ein Quadrat von 90 Mm. Seite, da für ein Quadrat von 180 Mm. Seite, welches ich vorgezogen haben würde, weil es sich ganz an die untersuchte Reihe von Rechtecken würde angeschlossen haben, die Dimensionen des rechteckigen Rahmens an der Rotationsmaschine nicht ausreichten. Die Werthe des ζ, für welche die zugehörigen Werthe des α einzeln beobachtet sind, haben in dieser Versuchsreihe die Differenz von 1 Mm.

Quadrat von 90 Mm. Seite:

$\zeta =$ 0 Mm.,	$\alpha = 90°$,				
$\zeta =$ 1,	$\alpha =$ 84,	$\Delta\alpha =$ 6,	$\zeta =$ 13,	$\alpha =$ 21,	$\Delta\alpha =$ 1,
$\zeta =$ 2,	$\alpha =$ 77,	$\Delta\alpha =$ 7,	$\zeta =$ 14,	$\alpha =$ 19,	$\Delta\alpha =$ 2,
$\zeta =$ 3,	$\alpha =$ 70,	$\Delta\alpha =$ 7,	$\zeta =$ 15,	$\alpha =$ 18,	$\Delta\alpha =$ 1,
$\zeta =$ 4,	$\alpha =$ 62,	$\Delta\alpha =$ 8,	$\zeta =$ 16,	$\alpha =$ 16,	$\Delta\alpha =$ 2,
$\zeta =$ 5,	$\alpha =$ 52,	$\Delta\alpha =$ 10,	$\zeta =$ 17,	$\alpha =$ 14,	$\Delta\alpha =$ 2,
$\zeta =$ 6,	$\alpha =$ 41,	$\Delta\alpha =$ 11,	$\zeta =$ 18,	$\alpha =$ 13,	$\Delta\alpha =$ 1,
$\zeta =$ 7,	$\alpha =$ 31,	$\Delta\alpha =$ 10,	$\zeta =$ 19,	$\alpha =$ 12,	$\Delta\alpha =$ 1,
$\zeta =$ 8,	$\alpha =$ 28,	$\Delta\alpha =$ 3,	$\zeta =$ 20,	$\alpha =$ 10,	$\Delta\alpha =$ 2,
$\zeta =$ 9,	$\alpha =$ 26,	$\Delta\alpha =$ 2,	$\zeta =$ 21,	$\alpha =$ 8,	$\Delta\alpha =$ 2,
$\zeta =$ 10,	$\alpha =$ 25,	$\Delta\alpha =$ 1,	$\zeta =$ 22,	$\alpha =$ 7,	$\Delta\alpha =$ 1,
$\zeta =$ 11,	$\alpha =$ 24,	$\Delta\alpha =$ 1,	$\zeta =$ 23,	$\alpha =$ 5,	$\Delta\alpha =$ 2,
$\zeta =$ 12,	$\alpha =$ 22,	$\Delta\alpha =$ 2,	$\zeta =$ 24,	unbestimmt.	

Weil für ähnliche Rechtecke die den verschiedenen Werthen des a zugehörenden Angriffspunkte der Resultante des Luftwiderstandes nahezu ähnlich liegende Punkte sind, so werden die Werthe der ζ für ein Quadrat von 180 Mm. Seite nahezu doppelt so groſs sein, als für dieses Quadrat von 90 Mm. Seite. Man kann daher diese Versuchsreihe mit zu den oben gegebenen hinzufügen, wenn man die Werthe des ζ verdoppelt.

Über diejenigen Flächen, welche mit ihren reciprok polaren Flächen von derselben Ordnung sind und die gleichen Singularitäten besitzen

Monatsberichte der Königlichen Preußischen Akademie der Wissenschaften zu Berlin aus dem Jahre 1878, 25–36

17. Januar. Gesammtsitzung der Akademie.

Hr. Kummer las:

Über diejenigen Flächen, welche mit ihren reciprok polaren Flächen von derselben Ordnung sind und die gleichen Singularitäten besitzen.

Die Fläche vierter Ordnung mit sechzehn Knotenpunkten ist eine Fläche dieser Art, da ihre reciprok polare Fläche ebenfalls von der vierten Ordnung ist und sechzehn Knotenpunkte hat. Wenn dieselbe nicht nur in der Geometrie eine wichtige Rolle spielt, sondern auch in anderen mathematischen Untersuchungen nützliche Anwendungen gefunden hat, so liegt der Grund wohl hauptsächlich in dieser ihrer Eigenschaft. Aus diesem Grunde habe ich es der Mühe werth erachtet, die Frage nach denjenigen Flächen, welche mit ihren reciprok polaren Flächen von derselben Ordnung sind und die gleichen Singularitäten besitzen, weiter zu untersuchen, und auch für höhere Ordnungen solche Flächen zu bestimmen.

Die hierzu dienende Methode ist dieselbe, welche mich zuerst zu der Fläche vierter Ordnung mit sechzehn Knotenpunkten geführt hat, nämlich die Betrachtung der Strahlensysteme, und zwar derjenigen, für welche Klasse und Ordnung einander gleich sind; denn die Brennflächen dieser Strahlensysteme sind im Allgemeinen Flächen der gesuchten Art, wenn das gegebene Strahlensystem mit seinem reciprok polaren von derselben Art ist.

Es ist nicht meine Absicht dies hier näher zu begründen, oder die besonderen Fälle zu untersuchen, in welchen diese nur im Allgemeinen richtige Bemerkung ihre Ausnahmen hat; ich will mich vielmehr hier nur darauf beschränken, ein neues Beispiel von Flächen dieser Art zu geben und vollständig zu entwickeln, welches die Strahlensysteme dritter Ordnung und dritter Klasse gewähren. Da es zwei verschiedene Arten von Strahlensystemen dritter Ordnung und dritter Klasse giebt, welche beide gleiche Allgemeinheit besitzen, nämlich erstens diejenigen, in welchen alle drei durch einen Punkt gehende Strahlen stets in einer und derselben Ebene liegen, und zweitens diejenigen, bei denen dies nicht der Fall ist, so will ich hier nur die Brennflächen dieser Strahlensysteme der zweiten Art untersuchen, weil dieselben einfacher und von niederer Ordnung sind, als die der ersten Art.

Es seien ebenso wie in meiner Abhandlung über die algebraischen Strahlensysteme, in den Abhandlungen der Berliner Akademie vom Jahre 1867, x, y, z die Coordinaten des Ausgangspunktes eines Strahls, t die vierte homogen machende Coordinate, ξ, η, ζ die Cosinus der Winkel, welche der vom Punkte x, y, z ausgehende Strahl mit den drei festen rechtwinkligen Coordinatenaxen macht, sei ferner

$$u = y\zeta - z\eta, \qquad v = z\xi - x\zeta, \qquad w = x\eta - y\xi,$$

so bestimmen zwei homogene Gleichungen zweiten Grades unter den sechs Grössen

$$u, v, w, \xi t, \eta t, \zeta t,$$

ein allgemeines Strahlensystem vierter Ordnung und vierter Klasse, wenn aber die beiden Gleichungen zweiten Grades so gewählt werden, dass von dem Strahlensysteme vierter Ordnung und vierter Klasse ein Strahlensystem erster Ordnung und erster Klasse sich absondern lässt, so bleibt ein Strahlensystem dritter Ordnung und dritter Klasse übrig, welches am einfachsten durch sechs lineare Ausdrücke der Grössen u, v, w, ξt, ηt, ζt bestimmt wird.

Setzt man:

$$\begin{aligned}
K &= au + a_1 v + a_2 w + \alpha\xi t + \alpha_1 \eta t + \alpha_2 \zeta t \\
L &= bu + b_1 v + b_2 w + \beta\xi t + \beta_1 \eta t + \beta_2 \zeta t \\
M &= cu + c_1 v + c_2 w + \gamma\xi t + \gamma_1 \eta t + \gamma_2 \zeta t \\
K' &= a'u + a_1' v + a_2' w + \alpha'\xi t + \alpha_1' \eta t + \alpha_2' \zeta t \\
L' &= b'u + b_1' v + b_2' w + \beta'\xi t + \beta_1' \eta t + \beta_2' \zeta t \\
M' &= c'u + c_1' v + c_2' w + \gamma'\xi t + \gamma_1' \eta t + \gamma_2' \zeta t
\end{aligned}$$

so geben die beiden Gleichungen zweiten Grades

$$LM' - L'M = 0, \qquad MK' - M'K = 0$$

ein Strahlensystem vierter Ordnung und vierter Klasse und weil diese beiden Gleichungen durch die Gleichungen ersten Grades

$$M = 0, \qquad M' = 0$$

erfüllt werden, welche für sich ein Strahlensystem erster Ordnung und erster Klasse darstellen, so kommt es nur noch darauf an dieses auszuschliessen. Dies geschieht indem man zu den beiden obigen Gleichungen zweiten Grades noch die dritte Gleichung $KL' - K'L = 0$ hinzufügt. Die drei Gleichungen

$$LM' - L'M = 0, \quad MK' - M'K = 0, \quad KL' - K'L = 0,$$

welche auch in folgender einfachen Form dargestellt werden können:

$$\frac{K}{K'} = \frac{L}{L'} = \frac{M}{M'}, \tag{1}$$

geben das gesuchte Strahlensystem dritter Ordnung und dritter Klasse. Setzt man nun diese drei einander gleichen Brüche gleich λ, so hat man

$$K - \lambda K' = 0, \quad L - \lambda L' = 0, \quad M - \lambda M' = 0 \tag{2}$$

als die Gleichungen des Strahlensystems, welche den variabeln Parameter λ enthalten.

Ordnet man nun die sechs linearen Ausdrücke K, L, M, K', L', M' nach den in ihnen enthaltenen Grössen ξ, η, ζ, so erhält man:

$$K = p\xi + p_1\eta + p_2\zeta, \qquad K' = p'\xi + p'_1\eta + p'_2\zeta,$$
$$L = q\xi + q_1\eta + q_2\zeta, \qquad L' = q'\xi + q'_1\eta + q'_2\zeta,$$
$$M = r\xi + r_1\eta + r_2\zeta, \qquad M' = r'\xi + r'_1\eta + r'_2\zeta,$$

wo

$$p = \alpha_1 z - \alpha_2 y + \alpha t, \qquad p' = \alpha'_1 z - \alpha'_2 y + \alpha' t,$$
$$p'_1 = \alpha_2 x - \alpha z + \alpha_1 t, \qquad p'_1 = \alpha'_2 x - \alpha' z + \alpha'_1 t,$$
$$p_2 = \alpha y - \alpha_1 x + \alpha_2 t, \qquad p'_2 = \alpha' y - \alpha'_1 x + \alpha'_2 t,$$

und wo q, q_1, q_2, q', q'_1, q'_2 und r, r_1, r_2, r', r'_1, r'_2 die entsprechenden Ausdrücke sind, für die Constanten b, b_1, b_2, β, β_1, β_2, b', b'_1, b'_2, β', β'_1, β'_2 und γ, γ_1, γ_2 etc.

Die drei Gleichungen (2) des Strahlensystems dritter Ordnung und dritter Klasse lassen sich nun auch so darstellen:

$$\begin{aligned}(p - \lambda p')\xi + (p_1 - \lambda p'_1)\eta + (p_2 - \lambda p'_2)\zeta &= 0,\\ (q - \lambda q')\xi + (q_1 - \lambda q'_1)\eta + (q_2 - \lambda q'_2)\zeta &= 0,\\ (r - \lambda r')\xi + (r_1 - \lambda r'_1)\eta + (r_2 - \lambda r'_2)\zeta &= 0,\end{aligned} \qquad (3)$$

und weil die drei Cosinus ξ, η, ζ nicht stets gleich Null sind, so folgt hieraus, dass die Determinante dieser drei linearen Gleichungen gleich Null sein muss, also:

$$\begin{vmatrix} p - \lambda p', & p_1 - \lambda p'_1, & p_2 - \lambda p'_2 \\ q - \lambda q', & q_1 - \lambda q'_1, & q_2 - \lambda q'_2 \\ r - \lambda r', & r_1 - \lambda r'_1, & r_2 - \lambda r'_2 \end{vmatrix} = 0. \qquad (4)$$

Diese Gleichung dritten Grades in Beziehung auf λ giebt drei Werthe des λ, durch welche, wenn sie in die drei Gleichungen (3) eingesetzt werden, auch die Quotienten von ξ, η, ζ als dreiwerthige Functionen der Coordinaten x, y, z, t, also die Richtungen der drei durch einen jeden Punkt des Raumes gehenden Strahlen des Systems bestimmt werden.

Die Gleichung (4), wie sie hier in Form einer Determinante gegeben ist, scheint in Beziehung auf die Coordinaten x, y, z, t vom dritten Grade zu sein, führt man aber die Entwickelung derselben aus, und setzt für p, q, r etc. ihre linearen Ausdrücke durch die Coordinaten x, y, z, t, so findet man, dass sie in allen Gliedern den gemeinsamen Factor t enthält, nach dessen Hinweghebung sie sich als die Gleichung einer Fläche zweiten Grades darstellt, deren Coëfficienten in Beziehung auf den variabeln Parameter λ vom dritten Grade sind, und welche am passendsten in folgender Form dargestellt wird:

$$\begin{aligned} f = Bx^2 + B_1 y^2 + B_2 z^2 + (B_1' + B_2'')\, yz + \\ (B_2' + B'')\, zx + (B' + B_1'')\, xy + (-C_1' + C_2'')\, xt + \\ (-C_2' + C'')\, yt + (-C' + C_1'')\, zt + Dt^2 = 0, \end{aligned} \tag{5}$$

in welcher, wenn zur Abkürzung $a - \lambda a' = \bar{a}$, $b - \lambda b' = \bar{b}$ etc. gesetzt wird, die Grössen B, B_1, B_2 etc., C, C_1, C_2 etc. und D als Determinanten dritter Ordnung folgendermaassen dargestellt werden:

$$\begin{gathered}
B = \begin{vmatrix} \bar{\alpha} & \bar{\beta} & \bar{\gamma} \\ \bar{a}_1 & \bar{b}_1 & \bar{c}_1 \\ \bar{a}_2 & \bar{b}_2 & \bar{c}_2 \end{vmatrix}, \quad
B_1 = \begin{vmatrix} \bar{\alpha}_1 & \bar{\beta}_1 & \bar{\gamma}_1 \\ \bar{a}_2 & \bar{b}_2 & \bar{c}_2 \\ \bar{a} & \bar{b} & \bar{c} \end{vmatrix}, \quad
B_2 = \begin{vmatrix} \bar{\alpha}_2 & \bar{\beta}_2 & \bar{\gamma}_2 \\ \bar{a} & \bar{b} & \bar{c} \\ \bar{a}_1 & \bar{b}_1 & \bar{c}_1 \end{vmatrix}, \\
B' = \begin{vmatrix} \bar{\alpha} & \bar{\beta} & \bar{\gamma} \\ \bar{a}_2 & \bar{b}_2 & \bar{c}_2 \\ \bar{a} & \bar{b} & \bar{c} \end{vmatrix}, \quad
B_1' = \begin{vmatrix} \bar{\alpha}_1 & \bar{\beta}_1 & \bar{\gamma}_1 \\ \bar{a} & \bar{b} & \bar{c} \\ \bar{a}_1 & \bar{b}_1 & \bar{c}_1 \end{vmatrix}, \quad
B_2' = \begin{vmatrix} \bar{\alpha}_2 & \bar{\beta}_2 & \bar{\gamma}_2 \\ \bar{a}_1 & \bar{b}_1 & \bar{c}_1 \\ \bar{a}_2 & \bar{b}_2 & \bar{c}_2 \end{vmatrix}, \qquad (6) \\
B'' = \begin{vmatrix} \bar{\alpha} & \bar{\beta} & \bar{\gamma} \\ \bar{a} & \bar{b} & \bar{c} \\ \bar{a}_1 & \bar{b}_1 & \bar{c}_1 \end{vmatrix}, \quad
B_1'' = \begin{vmatrix} \bar{\alpha}_1 & \bar{\beta}_1 & \bar{\gamma}_1 \\ \bar{a}_1 & \bar{b}_1 & \bar{c}_1 \\ \bar{a}_2 & \bar{b}_2 & \bar{c}_2 \end{vmatrix}, \quad
B_2'' = \begin{vmatrix} \bar{\alpha}_2 & \bar{\beta}_2 & \bar{\gamma}_2 \\ \bar{a}_2 & \bar{b}_2 & \bar{c}_2 \\ \bar{a} & \bar{b} & \bar{c} \end{vmatrix}, \\
D = \begin{vmatrix} \bar{\alpha} & \bar{\beta} & \bar{\gamma} \\ \bar{\alpha}_1 & \bar{\beta}_1 & \bar{\gamma}_1 \\ \bar{\alpha}_2 & \bar{\beta}_2 & \bar{\gamma}_2 \end{vmatrix},
\end{gathered}$$

und wo C, C_1, C_2, C', C_1', C_2', C'', C_1'', C_2'' die entsprechenden Determinanten-Ausdrücke sind, welche man aus B, B_1 etc. erhält, wenn die lateinischen Buchstaben a, b, c etc. überall mit den entsprechenden griechischen α, β, γ etc. vertauscht werden. Die Determinante, welche bei derselben Vertauschung aus D entsteht, möge mit A bezeichnet werden.

Unter den Determinanten B, B_1 etc., C, C_1 etc. und A und D bestehen eine Anzahl von Gleichungen, welche, weil sie bei den auszuführenden Rechnungen von Wichtigkeit sind, hier aufgestellt werden sollen, deren Herleitung aber hier nicht ausgeführt zu werden braucht, weil der Beweis ihrer Richtigkeit keine Schwierigkeit hat:

$$\begin{array}{ll}
B\,C'' + B'C_1' + B''C_2 = 0, & C\,B'' + C'B_1' + C''B_2 = 0, \\
B_1C_1'' + B_1'C_2' + B_1''\,C = 0, & C_1B_1'' + C_1'B_2' + C_1''\,B = 0, \\
B_2C_2'' + B_2'C' + B_2''\,C_1 = 0, & C_2B_2'' + C_2'B' + C_2''B_1 = 0, \\
 & \\
B\,C' + B'C_1 + B''C_2'' = 0, & C\,B' + C'B_1 + C''B_2'' = 0, \\
B_1C_1' + B_1'C_2 + B_1''C'' = 0, & C_1B_1' + C_1'B_2 + C_1''B'' = 0, \\
B_2C_2' + B_2'\,C + B_2''C_1'' = 0, & C_2B_2' + C_2'B + C_2''B_1'' = 0, \\
 & \\
D\,B + C_1'C_2'' - C_1C_2 = 0, & A\,C + B_1'B_2'' - B_1B_2 = 0, \\
D\,B_1 + C_2'C'' - C_2\,C = 0, & A\,C_1 + B_2'\,B'' - B_2\,B = 0, \\
D\,B_2 + C'C_1'' - C\,C_1 = 0, & A\,C_2 + B'\,B_1'' - B\,B_1 = 0, \\
 & \\
D\,B' + C'C_2 - C''C_2'' = 0, & A\,C' + B'B_2 - B''B_2'' = 0, \\
D\,B_1' + C_1'C - C_1''\,C'' = 0, & A\,C_1' + B_1'\,B - B_1''\,B'' = 0, \\
D\,B_2' + C_2'C_1 - C_2''C_1'' = 0, & A\,C_2' + B_2'B_1 - B_2''B_1'' = 0, \\
 & \\
D\,B'' + C''\,C_1 - C'C_1' = 0, & A\,C'' + B''B_1 - B'B_1' = 0, \\
D\,B_1'' + C_1''\,C_2 - C_1'C_2' = 0, & A\,C_1'' + B_1''B_2 - B_1'B_2' = 0, \\
D\,B_2'' + C_2''\,C - C_2'C' = 0, & A\,C_2'' + B_2''\,B - B_2'B' = 0,
\end{array} \tag{7}$$

$$\begin{aligned}
AD &= B\,C + B_2'C'' + B_1''\,C', \\
AD &= B_1C_1 + B'C_1'' + B_2''\,C_1', \\
AD &= B_2C_2 + B_1'C_2'' + B''\,C_2'.
\end{aligned}$$

Die Brennfläche des hier betrachteten Strahlensystems dritter Ordnung und dritter Klasse, als geometrischer Ort derjenigen Punkte des Raumes, für welche zwei der drei von ihnen ausgehenden Strahlen sich zu einem vereinigen, oder was dasselbe ist, für welche zwei von den drei Werthen des λ einander gleich werden, wird gefunden, wenn man die Gleichung (5) nach Potenzen von λ ordnet, so dass sie die Form

$$f = P - Q\lambda + R\lambda^2 - S\lambda^3 = 0 \tag{8}$$

annimmt, in welcher P, Q, R, S Functionen zweiten Grades der Coordinaten x, y, z, t sind. Die gesuchte Brennfläche, welche mit F bezeichnet werden soll, stellt sich so dar als Discriminente der kubischen Gleichung (8) oder als das Resultat der Elimination des λ aus den beiden Gleichungen

$$\begin{aligned} f &= P - Q\lambda + R\lambda^2 - S\lambda^3 = 0, \\ \frac{\partial f}{\partial \lambda} &= \quad - Q + 2R\lambda - 3S\lambda^2 = 0, \end{aligned} \tag{9}$$

welches bekanntlich in folgender Form gegeben ist:

$$F = (9PS - QR)^2 - 4(3PR - Q^2)(3QS - R^2) = 0. \tag{10}$$

Die gesuchte Fläche, welche auch als Einhüllende der Schaar von Flächen zweiten Grades f definirt werden kann, ist also eine Fläche achter Ordnung.

Dass die Fläche F in der That eine Fläche der gesuchten Art ist, dass sie mit ihrer reciprok polaren Fläche von gleicher Ordnung ist, und die gleichen Singularitäten besitzt, folgt fast unmittelbar aus dem allgemeinen Satze, dass man zu einem jeden Strahlensysteme, welches durch Gleichungen unter den sechs Grössen, u, v, w, $t\xi$, $t\eta$, $t\zeta$ gegeben ist, das reciprok polare Strahlensystem erhält, indem man die drei Grössen u, v, w mit den drei Grössen $t\xi$, $t\eta$, $t\zeta$ vertauscht. Die linearen Ausdrücke K, L, M, K', L', M', durch welche das oben aufgestellte Strahlensystem dritter Ordnung und dritter Klasse bestimmt ist, bleiben bei der genannten Vertauschung Ausdrücke derselben Form, welche von den ursprünglichen sich nur dadurch unterscheiden, dass die lateinischen Buchstaben a, b, c, a_1, b_1, c_1 etc. überall mit den entsprechenden griechischen Buchstaben α, β, γ, α_1, β_1 etc. vertauscht sind. Die Brennfläche des polaren Strahlensystems ist aber nothwendig dieselbe, als die polare Fläche des ursprünglichen Strahlensystems, darum muss auch die polare Fläche zu F, welche mit Φ bezeichnet werden soll, aus jener durch blosse Vertauschung der lateinischen Buchstaben a, b, c .... mit den griechischen α, β, γ .... erhalten werden. Da also beide Flächen F und Φ nur durch verschiedene Werthe der Constanten sich von einander unterscheiden, so müssen sie nicht nur von derselben Ordnung sein, sondern es müssen auch alle Singularitäten der einen sich an der anderen wiederfinden.

Es sollen nun die verschiedenen Singularitäten der gefundenen Fläche F bestimmt werden.

Zunächst ergiebt sich aus der Entstehung der Fläche F, als Einhüllende der Schaar von Flächen zweiten Grades f, dass sie eine Wendungscurve hat, welche durch die drei Gleichungen

$$f = P - Q\lambda + R\lambda^2 - S\lambda^3 = 0,$$
$$\frac{\partial f}{\partial \lambda} = Q - 2R\lambda + 3S\lambda^2 = 0,$$
$$\frac{\partial^2 f}{\partial^2 \lambda^2} = 2R - 6S\lambda = 0$$

bestimmt ist, und welche einfacher durch die Gleichungen

$$R - 3S\lambda = 0, \quad Q - R\lambda = 0, \quad 3P - Q\lambda = 0 \quad (11)$$

dargestellt wird, oder wenn λ eliminirt wird, durch die drei Gleichungen

$$3PR - Q^2 = 0, \quad 9PS - QR = 0, \quad 3QS - R^2 = 0. \quad (12)$$

Die beiden ersten dieser Gleichungen vierten Grades bestimmen eine Curve sechzehnten Grades, welche jedoch die Curve vierten Grades $P = 0$, $Q = 0$ als reductibeln Theil enthält, welcher wegfällt, weil er vermöge der dritten Gleichung ausgeschlossen wird: Die Wendungscurve der Fläche achten Grades F ist also eine Curve zwölften Grades.

Um auch die übrigen Singularitäten der Fläche F zu finden, gehe ich von der erzeugenden Schaar von Flächen zweiter Ordnung f aus, wie sie in der Gleichung (5) gegeben ist. Bildet man zu dieser die reciprok polare Schaar, so ist dieselbe bekanntlich ebenfalls von der zweiten Ordnung und die Coëfficienten der einzelnen Glieder sind die ersten Unterdeterminanten der Determinante vierter Ordnung:

$$\begin{vmatrix} 2B, & B'+B_1'', & B_2'+B'', & -C_1'+C_2'' \\ B'+B_1'', & 2B_1, & B_1'+B_2'', & -C_2'+C'' \\ B_2'+B'', & B_1'+B_2'', & 2B_2, & -C'+C_1'' \\ -C_1'+C_2'', & -C_2'+C'', & -C'+C_1'', & 2D \end{vmatrix} = H. \qquad (13)$$

Andererseits muss aber die reciprok polare Schaar der Flächen zweiter Ordnung f ebenfalls durch blosse Vertauschung der lateinischen Buchstaben $a, b, c \ldots$ mit den griechischen $\alpha, \beta, \gamma \ldots$ oder was dasselbe ist, durch Vertauschung von $B, B_1 \ldots$ mit $C, C_1 \ldots$ und von A mit D entstehen, so dass die reciprok polare zu f, welche mit ϕ bezeichnet werden soll, folgendermaassen dargestellt wird:

$$\begin{aligned} \phi = Cx^2 + C_1y^2 + C_2z^2 + (C_1' + C_2'')\,yz + \\ + (C_2' + C'')\,zx + (C' + C_1'')\,xy + (-B_1' + B_2'')\,xt + \\ + (-B_2' + B'')\,yt + (-B' + B_1'')\,xt + At^2 = 0. \end{aligned} \qquad (14)$$

Die zehn verschiedenen Unterdeterminanten von H müssen also der Reihe nach den Coëfficienten $C, C_1, C_2, C_1' + C_2''$ etc. proportional sein, und weil in Beziehung auf den variabeln Parameter λ jene vom neunten Grade sind, diese Coëfficienten aber nur vom dritten Grade, so müssen alle Unterdeterminanten von H einen gemeinschaftlichen Factor haben, welcher in Beziehung auf λ vom sechsten Grade, also in Beziehung auf die Grössen $B, B_1 \ldots, C, C_1 \ldots$ vom zweiten Grade ist. Nennt man diesen gemeinschaftlichen Factor Δ, so findet man aus irgend einer beliebigen der Unterdeterminanten, durch Anwendung der bei (7) gegebenen Formeln:

$$\begin{aligned} \Delta = 2B_1C_1 + 2B_2C_2 + (B_1' + B_2'')(C_1' + C_2'') + \\ + B'C' + B_2'C_2' + B''C'' + B_1''C_1''. \end{aligned} \qquad (15)$$

Der Factor Δ, als gemeinschaftlicher Factor aller Unterdeterminanten, muss auch ein Factor der Determinante H selbst sein, welche ausser diesem Factor Δ noch einen zweiten Factor desselben Grades enthalten muss. Durch Ausführung der Rechnung findet man, dass dieser zweite Factor ebenfalls gleich Δ ist, dass also die Determinante

$$H = \Delta^2 \qquad (16)$$

ein vollständiges Quadrat ist.

Die Bedingung, dass die Hessische Determinante einer Fläche zweiten Grades gleich Null ist, drückt im Allgemeinen aus, dass dieselbe ein Kegel zweiten Grades ist, wenn aber, wie in dem vorliegenden Falle, die Gleichung $H = 0$ nicht zwölf verschiedene, sondern sechs Paare einander gleicher Wurzeln λ hat, so treten anstatt der zwölf Kegel zweiten Grades nur sechs Ebenenpaare unter der Schaar der Flächen f auf. Da eine jede von diesen Flächen f die Brennfläche F längs derjenigen ganzen Curve vierten Grades berührt, welche durch die beiden Gleichungen bei (9) bestimmt ist, so muss auch ein jedes der sechs Ebenenpaare, welche in der Schaar der Flächen zweiten Grades f enthalten sind, die Fläche F in einer solchen Curve vierten Grades berühren, welche aber hier als Durchschnitt eines Systems zweier Ebenen mit einer Fläche zweiten Grades sich darstellt und deshalb aus zwei ebenen Curven zweiten Grades besteht. Jede der zwölf Ebenen dieser sechs Ebenenpaare berührt also die Fläche F in einem ganzen Kegelschnitt und ist somit eine singuläre Tangentialebene derselben. Die Fläche F hat also zwölf singuläre Tangentialebenen, welche dieselbe in Curven zweiten Grades berühren.

Weil den die Fläche F in Curven zweiten Grades berührenden zwölf singulären Tangentialebenen in der reciprok polaren Fläche Φ zwölf Knotenpunkte mit osculirenden Kegeln zweiten Grades entsprechen und weil die Singularitäten der Fläche Φ ebenfalls in der Fläche F Statt haben müssen, so folgt unmittelbar: die Fläche F hat zwölf Knotenpunkte mit osculirenden Kegeln zweiten Grades.

Man kann diese zwölf Knotenpunkte der Fläche F auch in folgender Weise nachweisen, wodurch zugleich ihre Lage näher bestimmt wird. Zwei zusammengehörende singuläre Tangentialebenen, welche eines der sechs Ebenenpaare bilden, die in der Schaar der erzeugenden Flächen zweiten Grades f enthalten sind, schneiden, wie oben gezeigt worden ist, aus der Fläche

$$-\frac{\partial f}{\partial \lambda} = Q - 2R\lambda + 3S\lambda^2 = 0$$

die zwei Kegelschnitte aus, in denen diese Ebenen die Fläche F berühren. Die gerade Linie, in welcher diese beiden Ebenen sich schneiden, schneidet aus dieser Fläche $\frac{\partial f}{\partial \lambda} = 0$ zwei Punkte aus, welche singuläre Punkte der Fläche F sein müssen, weil in jedem dieser beiden Punkte die Fläche F zwei verschiedene Tangentialebenen hat, nämlich die die beiden Ebenen des betrachteten Ebenenpaares. Es sind auch die so bestimmten singulären Punkte keine anderen als die schon gefundenen. Die zwölf Knotenpunkte der Fläche F ordnen sich also in sechs Paare, deren jedes in einer der sechs geraden Linien liegt, in welchen zwei zusammengehörende singuläre Tangentialebenen sich schneiden.

Untersucht man die Durchschnittspunkte der Wendungscurve zwölfter Ordnung mit irgend einer der erzeugenden Flächen zweiter Ordnung, so hat man die Gleichungen der Wendungscurve:

$$\begin{aligned} P - Q\lambda + R\lambda^2 - S\lambda^3 &= 0 \\ Q - 2R\lambda + 3S\lambda^2 &= 0 \\ R - 3S\lambda &= 0 \end{aligned} \tag{17}$$

mit der Gleichung der erzeugenden Fläche

$$P - Q\mu + R\mu^2 - S\mu^3 = 0 \tag{18}$$

zu verbinden. Aus diesen vier Gleichungen erhält man zunächst

$$(\lambda - \mu)^3 = 0, \tag{19}$$

woraus folgt, dass $\lambda = \mu$ sein muss, und dass stets je drei der gesuchten Durchschnittspunkte in einen zusammenfallen müssen. Für $\lambda = \mu$ erhält man aber acht Durchschnittspunkte, welche sich als die acht gemeinsamen Punkte dreier Flächen zweiter Ordnung bestimmen, und in jedem dieser acht Punkte hat die Fläche zweiter Ordnung mit der Wendungscurve zwölfter Ordnung eine dreipunktige Berührung.

Giebt man dem μ einen der sechs Werthe des λ, welche der Gleichung $\Delta = 0$ genügen, so dass die erzeugende Fläche zweiter Ordnung zu einem der sechs Systeme zweier zusammengehörender singulären Tangentialebenen wird, so kommen von den acht dreipunktigen Berührungen auf jede der beiden Ebenen vier, also jede der zwölf singulären Tangentialebenen hat mit der Wendungscurve vier dreipunktige Berührungen, oder was dasselbe ist, sie ist für diese vier Stellen Schmiegungsebene der Wendungscurve.

Zur näheren Bestimmung der Lage dieser Punkte kann bemerkt werden, dass diese vier Punkte, in denen jede singuläre Tangentialebene die Wendungscurve dreipunktig berührt, zugleich auf dem Kegelschnitt liegen, in welchem die singuläre Tangentialebene die Fläche F berührt, denn wenn λ eine der sechs Wurzeln der Gleichung $\Delta = 0$ ist, so geben die beiden ersten der Gleichungen (17) die Kegelschnitte, in welchen die beiden zusammengehörigen Tangentialebenen die Fläche F berühren und die dritte Gleichung bei (17) schneidet jeden dieser Kegelschnitte in den vier Berührungspunkten der singulären Tangentialebene mit der Wendungscurve. Ausser diesen vier Berührungspunkten mit der Wendungscurve enthält, wie oben gezeigt worden ist, jeder dieser Kegelschnitte noch zwei der zwölf Knotenpunkte der Fläche F.

Endlich ist noch zu bemerken, dass das Strahlensystem dritter Ordnung und dritter Klasse, von welchem wir ausgegangen sind, mit der Fläche zweiter Ordnung f in dem Zusammenhange steht, dass alle geraden Linien der einen Schaar auf dem Hyperboloide f demselben angehören und dass dieselben für die verschiedenen Werthe des veränderlichen Parameters λ alle gerade Linien dieses Strahlensystems erschöpfen. Die geraden Linien der anderen Schaar des Hyperboloids f bilden ebenso ein anderes Strahlensystem dritter Ordnung und dritter Klasse, welches dieselbe Fläche F zur Brennfläche hat. Die Fläche F ist also Brennfläche zweier verschiedener Strahlensysteme dritter Ordnung und dritter Klasse und kann auf zwei verschiedene Weisen erzeugt und demgemäss auch durch eine passende Substitution in sich selbst verwandelt werden.

Neuer elementarer Beweis des Satzes, daß die Anzahl aller Primzahlen eine unendliche ist

Monatsberichte der Königlichen Preußischen Akademie der Wissenschaften zu Berlin aus dem Jahre 1878, 777–778

25. November. Sitzung der physikalisch-mathematischen Klasse.

Hr. Kummer machte folgende Mittheilung:

Neuer elementarer Beweis des Satzes, dass die Anzahl aller Primzahlen eine unendliche ist.

Der erste sehr einfache und sinnreiche Beweis dieses Satzes, welcher von Euklid herrührt, stützt sich auf keine anderen Hülfsmittel, als auf die Sätze über die Zerlegbarkeit aller Zahlen in Primfaktoren, während die späteren Beweise von Euler und Anderen die Hülfsmittel der Analysis namentlich der unendlichen Reihen und Produkte in Anwendung bringen. Da nun ein zweiter ganz elementarer Beweis, insofern er die vorliegende Frage von einer neuen Seite beleuchtet, einiges Interesse haben möchte, so will ich einen solchen der Akademie mittheilen, welchen ich schon seit einer Reihe von Jahren meinen Zuhörern in der Vorlesung über Zahlentheorie vorgetragen habe, welcher aber noch nicht anderweit veröffentlicht ist.

Gesetzt die Anzahl aller in der unendlichen Zahlenreihe enthaltenen Primzahlen sei eine endliche, so müsste auch das Produkt aller Primzahlen, welches ich mit P bezeichne, eine endliche bestimmte Zahl sein:

$$P = 2.3.5.7.11.13 \,..... \, p.$$

Diese Zahl P aber müsste die ganz besondere Eigenschaft haben, dass keine von allen vorhandenen Zahlen zu ihr relative Primzahl sein könnte, mit Ausschluss der Eins. Weil nämlich jede beliebige Zahl m sich als ein Produkt von Primzahlen darstellen lässt, so müssten alle in m enthaltenen Primzahlen nothwendig auch gemeinschaftliche Faktoren von m und P sein. Betrachtet man jetzt nur alle Zahlen, welche kleiner als P sind und relative Primzahlen zu P, so müsste, weil die Zahl Eins die einzige dieser Zahlen wäre,

$$\varphi(P) = 1$$

sein, wo φ das bekannte Gaussische Zeichen für diese Anzahl ist. Nun ist aber nach bekannten elementaren Regeln für die Bestimmung der Zahl $\varphi(m)$

$$\varphi(P) = (2-1)(3-1)(5-1)(7-1)(11-1)(13-1)\,\ldots..\,(p-1),$$

also $\varphi(P)$ nicht gleich Eins. Die Annahme, dass die Anzahl aller Primzahlen eine endliche sei, welche auf diesen Widerspruch führt, ist darum eine falsche. Also die Anzahl aller Primzahlen ist keine endliche Zahl.

Man kann auch auf eine andere, noch einfachere Weise nachweisen, dass eine Zahl P, zu welcher keine Zahl ausser Eins relative Primzahl wäre, nicht existirt, nämlich daraus, dass je zwei benachbarte Zahlen der Zahlenreihe nothwendig relative Primzahlen sind.

Über die cubischen und biquadratischen Gleichungen, für welche die zu ihrer Auflösung nöthigen Quadrat- und Cubikwurzelausziehungen alle rational auszuführen sind

Monatsberichte der Königlichen Preußischen Akademie der Wissenschaften zu Berlin aus dem Jahre 1880, 930–936

15. November. Sitzung der physikalisch-mathematischen Klasse.

Hr. Kummer las:

Über die cubischen und biquadratischen Gleichungen, für welche die zu ihrer Auflösung nöthigen Quadrat- und Cubikwurzelausziehungen alle rational auszuführen sind.

Wenn man eine cubische Gleichung mit rationalen Coefficienten, welche eine rationale Wurzel hat, nach der Cardanischen Formel auflöst, um diese rationale Wurzel zu finden, so können zwei verschiedene Fälle eintreten, nämlich entweder lassen sich die zur Auflösung nöthigen Wurzelausziehungen (einer Quadratwurzel und zweier Cubikwurzeln) alle für sich rational ausführen, so dass man die gesuchte Wurzel unmittelbar als rationale Zahl erhält, oder diese Wurzelausziehungen lassen sich nicht in rationaler Form ausführen, so dass man die gesuchte rationale Wurzel nur durch irrationale Wurzelgrössen ausgedrückt erhält. Es handelt sich nun darum, genau unterscheiden zu können, wie die cubische Gleichung beschaffen sein muss, damit der eine oder der andere Fall Statt habe.

Es sei α die rationale Wurzel der cubischen Gleichung, so müssen, damit die cubische Gleichung durch die Cardanische Formel in realer Form auflösbar sei, die beiden anderen Wurzeln conjugirt imaginär sein, also von der Form $m+ni$ und $m-ni$. Die drei Coefficienten der cubischen Gleichung sind demnach

$$\alpha+2m\ ,\ m^2+2\alpha m+n^2\ ,\ \alpha(m^2+n^2)$$

Da dieselben nach der Voraussetzung rational sein sollen, so folgt zunächst aus dem ersten Coefficienten, dass ausser α auch m rational sein muss, und sodann aus dem zweiten, dass auch n^2 rational sein muss.

Betrachtet man nun zunächst die Quadratwurzel, welche in der Cardanischen Formel unter den beiden Cubikwurzeln steht, so hat dieselbe, wenn die drei Wurzeln der cubischen Gleichung mit a, b und c bezeichnet werden, den Werth

$$\sqrt{w}=\frac{3\sqrt{-3}}{2}(a-b)(a-c)(b-c)$$

(m. s. die Abhandlung von C. G. J. Jacobi: Observatiunculae ad theoriam aequationum pertinentes. Crelle's Journal Bd. 13 S. 341). Für $a = \alpha$, $b = m + ni$, $c = m - ni$ hat man daher

$$\sqrt{\omega} = 3\sqrt{3}((\alpha+m)^2 + n^2)n.$$

Damit diese Wurzel rational sei, muss $n\sqrt{3}$ rational sein, also wenn $n = \gamma\sqrt{3}$ gesetzt wird, muss γ rational sein; schreibt man nun noch für das rationale m das Zeichen β, so erhält man für die drei Wurzeln a, b, c die Ausdrücke

$$a = \alpha\ ,\ b = \beta + \gamma\sqrt{-3}\ ,\ c = \beta - \gamma\sqrt{-3}\ ,$$

wo α, β, γ rationale Grössen sind, und demgemäss wird

$$\sqrt{\omega} = 9((\alpha-\beta)^2 + 3\gamma^2)\gamma\,.$$

Wenn nun in dieser Weise die innere Quadratwurzel $\sqrt{\omega}$ rational gemacht ist, so ist die Bedingung, dass auch die beiden Cubikwurzeln sich rational ausziehen lassen, von selbst erfüllt. Bezeichnet man nämlich diese beiden Cubikwurzeln mit

$$\sqrt[3]{\upsilon \pm \sqrt{\omega}}\,,$$

so ist

$$\upsilon = \tfrac{1}{2}(2a - b - c)(2b - c - a)(2c - a - b)$$

und für die obigen Werthe der drei Wurzeln

$$\upsilon = (\alpha-\beta)^3 + 27(\alpha-\beta)\gamma^2$$

$$\upsilon \pm \sqrt{\omega} = (\alpha-\beta)^3 \pm 9(\alpha-\beta)^2\gamma + 27(\alpha-\beta)\gamma^2 \pm 27\gamma^3$$

$$\upsilon \pm \sqrt{\omega} = (\alpha - \beta \pm 3\gamma)^3$$

also

$$\sqrt[3]{\upsilon + \sqrt{\omega}} = \alpha - \beta + 3\gamma$$

$$\sqrt[3]{\upsilon - \sqrt{\omega}} = \alpha - \beta - 3\gamma\,.$$

Demgemäss hat man den Satz:

Alle cubischen Gleichungen mit rationalen Coefficienten, welche eine rationale Wurzel haben, die nach der Cardanischen Formel sich so finden lässt, dass alle nöthigen Wurzelausziehungen rational ausgeführt werden, haben die drei Wurzeln von der Form

68*

$$\alpha\ ,\ \beta+\gamma\sqrt{-3}\ ,\ \beta-\gamma\sqrt{-3}$$

und sind demnach alle in der Form

$$x^3-(\alpha+2\beta)x^2+(2\alpha\beta+\beta^2+3\gamma^2)x-\alpha(\beta^2+3\gamma^2)=0$$

enthalten, wo α, β, γ rationale Grössen sind.

Die hier für die cubischen Gleichungen gelöste Aufgabe lässt sich in ähnlicher Weise auch für die biquadratischen Gleichungen stellen und lösen. Zu diesem Zwecke ist zunächst zu zeigen, dass, wenn eine Gleichung vierten Grades eine rationale Wurzel hat, welche nach den bekannten Methoden der Auflösung der Gleichungen vierten Grades sich so finden lässt, dass alle dazu nöthigen Quadrat- und Cubikwurzelausziehungen sich rational ausführen lassen: dieselbe nothwendig noch eine zweite rationale Wurzel haben muss. Die Auflösung der cubischen Hülfsgleichung ist für die allgemeine Auflösung der Gleichungen vierten Grades unentbehrlich, darum müssen alle Wurzelausziehungen, welche in derselben vorkommen, sich rational ausführen lassen, und sie muss eine rationale Wurzel r haben. Aus dieser rationalen Wurzel muss sich auch die Quadratwurzel rational ausziehen lassen; denn diese kommt in der Darstellung der Wurzel einer biquadratischen Gleichung nothwendig vor. Vermittelst dieser Quadratwurzel aus r, welche rational ist, kann man aber die biquadratische Gleichung in zwei Factoren zweiten Grades zerlegen, deren Coefficienten rational sind. Der eine dieser beiden Factoren muss die eine nach der Voraussetzung rationale Wurzel der Gleichung vierten Grades enthalten, welche mit α bezeichnet werden soll, die andere Wurzel dieser Gleichung zweiten Grades, deren Coefficienten rational sind, welche mit β bezeichnet werden soll, muss darum ebenfalls rational sein. Die biquadratische Gleichung muss also nothwendig zwei rationale Wurzeln, α und β, haben.

Ich setze nun die beiden anderen Wurzeln vorläufig gleich $m+n$ und $m-n$, so ist die Summe der vier Wurzeln gleich $\alpha+\beta+2m$, woraus folgt, dass $m=\gamma$ rational sein muss. Ferner ist der Coefficient des zweiten Gliedes, die Summe der Producte je zweier Wurzeln, gleich $\alpha\beta+2(\alpha+\beta)m+m^2-n^2$ rational, woraus weiter folgt, dass n^2 rational sein muss; man hat also, wenn die vier Wurzeln der biquadratischen Gleichung mit a, b, c, d bezeichnet werden

$$a = \alpha\ ,\ b = \beta\ ,\ c = \gamma + n\ ,\ d = \gamma - n.$$

Die innere Quadratwurzel $\sqrt{\omega}$, welche unter den beiden Cubikwurzelzeichen steht und nach den Bedingungen der Aufgabe rational sein muss, hat aber den Werth

$$\sqrt{\omega} = 96.\sqrt{-3}(a-b)(a-c)(a-d)(b-c)(b-d)(c-d)$$

(m. s. die genannte Abhandlung von Jacobi S. 343); derselbe giebt für die angegebenen Werthe von a, b, c, d

$$\sqrt{\omega} = 96\sqrt{-3}(\alpha-\beta)2n(\alpha^2-2\gamma\alpha+\gamma^2-n^2)(\beta^2-2\gamma\beta+\gamma^2-n^2)$$

und weil in diesem Ausdrucke alles ausser $\sqrt{-3}\,.\,n$ rational ist, so muss diese Grösse auch rational sein, also n von der Form $n = \delta\sqrt{-3}$, wo δ rational ist. Man hat daher für die gesuchte biquadratische Gleichung die nothwendige Bedingung, dass ihre vier Wurzeln von der Form

$$a = \alpha\ ,\ b = \beta\ ,\ c = \gamma + \delta\sqrt{-3}\ ,\ d = \gamma - \delta\sqrt{-3}$$

sein müssen, wo α, β, γ, δ rationale Grössen sind.

Die nothwendige Bedingung für die Lösung der gestellten Aufgabe, dass die vier Wurzeln der biquadratischen Gleichung diese Formen haben müssen, ist somit gefunden, und es bleibt nur noch zu zeigen, dass diese Bedingung auch die hinreichende ist, oder dass für diese Formen der Wurzeln alle in der allgemeinen Auflösung der Gleichungen vierten Grades vorkommenden, zur Auffindung der beiden rationalen Wurzeln α und β nöthigen Quadrat- und Cubikwurzeln sich rational ausziehen lassen. Diese sind erstens die beiden Cubikwurzeln von der Form

$$\sqrt[3]{v \pm \sqrt{\omega}}$$

in welchen

$$\sqrt{\omega} = 64.9(\alpha-\beta)\delta((\alpha-\gamma)^2+3\delta^2)((\beta-\gamma)^2+3\delta^2)$$

und

$$\begin{aligned} v = 32.&(2(ab+cd)-(ac+bd)-(ad+bc)) \\ .&(2(ac+bd)-(ad+bc)-(ab+cd)) \\ .&(2(ad+bc)-(ab+cd)-(ac+bd)) \end{aligned}$$

(m. s. Jacobi's Abhandlung, Crelle's Journal S. 343, wo diese Formel, mit einem leicht zu verbessernden Druckfehler behaftet, aufgestellt ist). Für die gegebenen Werthe von a, b, c, d erhält man

$$\upsilon = 64\{K^3 + 27(\alpha - \beta)^2\delta^2 K\}$$

wo Kürze halber gesetzt ist

$$K = (\alpha - \gamma)(\beta - \gamma) + 3\delta^2;$$

durch diese Grösse K lässt sich aber der oben gefundene Ausdruck des $\sqrt{\omega}$ auch so darstellen:

$$\sqrt{\omega} = 64\{9(\alpha - \beta)\delta K^2 + 27(\alpha - \beta)^3\delta^3\}.$$

Man ersieht hieraus unmittelbar, dass $\upsilon + \sqrt{\omega}$ und $\upsilon - \sqrt{\omega}$ vollständige Cuben sind, und dass

$$\sqrt[3]{(\upsilon \pm \sqrt{\omega})} = 4\{K \pm 3(\alpha - \beta)\delta\}$$

ist.

Es sind nun zur vollständigen Auflösung der biquadratischen Gleichung noch drei Quadratwurzeln auszuziehen, welche in der Form

$$\sqrt{\frac{s + h\sqrt[3]{\upsilon + \sqrt{\omega}} + h^2\sqrt[3]{\upsilon - \sqrt{\omega}}}{3}}$$

enthalten sind, für $h = 1$, $h = \frac{-1 + \sqrt{-3}}{2}$, $h = \frac{-1 - \sqrt{-3}}{2}$, welche ich kurz mit $\sqrt{A}$, $\sqrt{B}$, $\sqrt{C}$ bezeichnen will, worin

$$s = (a + b - c - d)^2 + (a - b + c - d)^2 + (a - b - c + d)^2,$$

(m. s. die Abhandlung von Jacobi, wo jedoch zwei Druckfehler in den Vorzeichen zu verbessern sind); also für die gegebenen Werthe von a, b, c, d

$$s = 3\alpha^2 + 3\beta^2 - 2\alpha\beta - 4\alpha\gamma - 4\beta\gamma + 4\gamma^2 - 24\delta^2$$

demnach erhält man für $h = 1$

$$\sqrt{A} = \alpha + \beta - 2\gamma,$$

also rational, die beiden anderen Wurzeln $\sqrt{B}$ und $\sqrt{C}$ lassen sich zwar nicht rational ausziehen, weil B und C selbst die irrationale Grösse $\sqrt{-3}$ enthalten, aber diese beiden Wurzeln sind auch nicht nothwendige Bestandtheile des Ausdrucks der Wurzeln der biquadratischen Gleichung. In den Ausdrücken der vier Wurzeln, wie sie Jacobi in der genannten Abhandlung gegeben hat, enthalten die beiden ersten Wurzeln a und b nur die Summe $\sqrt{B} + \sqrt{C}$, welche man auch so darstellen kann:

$$\sqrt{B} + \sqrt{C} = \sqrt{B + C + 2\sqrt{BC}}$$

in welchem Ausdrucke beide Quadratwurzelausziehungen sich rational ausführen lassen, denn man erhält

$$\sqrt{BC} = (\alpha - \beta)^2 + 12\delta^2,$$

und

$$B + C = 2(\alpha - \beta)^2 - 24\delta^2,$$

also

$$\sqrt{B + C + 2\sqrt{BC}} = 2(\alpha - \beta).$$

Es lassen sich also auch die zur Auffindung der beiden ersten Wurzeln der biquadratischen Gleichung nothwendigen Wurzelausziehungen vollkommen rational ausführen. Ich bemerke hierbei, dass auch die Quadratwurzeln $\sqrt{B}$ und $\sqrt{C}$ einzeln sich so darstellen lassen, dass sie keine andere Irrationalität enthalten, als $\sqrt{-3}$, denn man erhält

$$\sqrt{B} = \alpha - \beta + 2\delta\sqrt{-3}$$

$$\sqrt{C} = \alpha - \beta - 2\delta\sqrt{-3}$$

Da nun alle zur Auffindung der beiden rationalen Wurzeln nöthigen Wurzelausziehungen rational ausgeführt sind, so hat man den Satz:

> Alle biquadratischen Gleichungen mit rationalen Coefficienten, welche eine rationale Wurzel haben, die nach der allgemeinen Methode der Auflösung der Gleichungen vierten Grades sich so finden lässt, dass alle nöthigen Wurzelausziehungen rational ausgeführt werden können, haben ausser dieser einen noch eine zweite rationale Wurzel, und erfüllen die nothwendige und hinreichende Bedingung, dass ihre vier Wurzeln von der Form
>
> $$\alpha\,,\ \beta\,,\ \gamma + \delta\sqrt{-3}\,,\ \gamma - \delta\sqrt{-3}$$

sind, wo α, β, γ, δ rationale Grössen bezeichnen; sie sind demnach alle in der Form

$$x^4-(\alpha+\beta+2\gamma)x^3+(\alpha\beta+2\alpha\gamma+2\beta\gamma+\gamma^2+3\delta^2)x$$
$$-((\alpha+\beta)(\gamma^2+3\delta^2)+2\alpha\beta\gamma)x+\alpha\beta(\gamma^2+3\delta^2)=0$$

enthalten.

Recension von: J.M.C. Bartels, Vorlesungen über mathematische Analysis

Jahrbücher für wissenschaftliche Kritik 1838, 271–277, 281–294

Vorlesungen über mathematische Analysis von Dr. J. M. C. Bartels, Staatsrath, ordentl. Prof. der Mathematik zu Dorpat und corresp. Mitgl. der Kaiserl. Academie der Wissenschaften zu St. Petersburg. Herausgegeben von F. G. W. Struve. Dorpat, 1837. *Friedrich Severinsche Universitätsbuchhandlung. XXIV u.* 400 S. 4.

Der Begriff Analysis hat bei seinem Uebergange aus der Logik in die Mathematik eine bedeutende Veränderung und nähere Bestimmung erlitten, welche sich erst nach und nach geschichtlich festgestellt hat. Man versteht nämlich jetzt unter mathematischer Analysis, insofern dadurch eine besondere Methode bezeichnet wird, diejenige Betrachtungsweise der Gröfsen, nach welcher sie als abhängig von anderen Gröfsen, als ihrem Werthe nach durch diese bestimmt angesehen werden; insofern aber Analysis einen besonderen Theil, oder vielmehr eine besondere Seite der Mathematik bezeichnet, ist sie die Lehre von dieser Abhängigkeit der Gröfsen unter einander. Zur Bezeichnung dieses Abhängigkeitsverhältnisses hat man das Wort Function gewählt, so dafs die Analysis passend als die Lehre von den Functionen bestimmt werden kann, welche Benennung auch Lagrange in seinen analytischen Schriften gebraucht hat. Die einfachsten bestimmten Functionen sind, den vier Fundamental-Rechnungsarten entsprechend, Summe, Differenz, Product und Quotient, aus diesen entstehen sodann die Potenzen, Wurzeln, Exponentialgröfsen, Logarithmen, Kreisfunctionen und eine unendliche Anzahl anderer, welche alle Gegenstand der Analysis sind. Ferner gehört zur Analysis die Lehre von gewissen besonderen Klassen von Functionen z. B. den Reihen, Kettenbrüchen u. a. m., so wie auch endlich diejenigen Rechnungsarten, welche von den Functionen im allgemeinen handeln, namentlich die Differenzialrechnung, Integralrechnung und Variationsrechnung. Diese drei Rechnungsarten, weil sie sich auf eine eigenthümliche Betrachtungsweise der Gröfsen gründen, nach welcher dieselben als über alles Maafs hinaus wachsend oder abnehmend, oder mit andern Worten als unendlich grofs und unendlich klein angesehen werden, haben auch den gemeinsamen Namen Analysis des Unendlichen erhalten; so weit aber die Analysis von dieser eigenthümlichen Betrachtungsweise keinen Gebrauch macht, wird sie Analysis des Endlichen genannt.

Die Analysis entwickelt die Eigenschaften der Functionen im einzelnen, besondern und allgemeinen, und stellt diese Eigenschaften als Resultate auf, aus diesen entwickelt sie wieder andere Resultate und sofort in's unendliche. Jedes Resultat ist etwas für sich bestehendes, es hat seine Richtigkeit in sich selbst, und der Beweis oder die Herleitung ist für dasselbe etwas äufserliches: daher hat es auch nicht nur einen einzigen immanenten Grund, sondern es kann auf sehr verschiedene Weisen aus diesem oder jenem anderen Resultate abgeleitet werden, und durch alle diese verschiedenen Herleitungen, wenn sie anders richtig sind, wird das Resultat mit gleicher Sicherheit begründet. Von dieser Seite haben alle Methoden, welche in logisch richtigen Schlüssen fortschreitend zu denselben Resultaten gelangen, gleichen Werth unter einander, und es scheint, als ob es nur Sache der reinen Willkür sei, ob man diese Methode oder jene wählen will. Die Willkür aber ist etwas durchaus unwissenschaftliches, und darum haben sich auch die Mathematiker stets bemüht, dieselbe, wenn gleich nicht ganz zu verbannen, denn diefs würde mit dem Wesen der Mathematik nicht vereinbar sein, doch wenigstens so viel als möglich einzuschränken, indem sie, theils aus inneren, theils aus äufseren Gründen, gewisse Methoden als die vorzüglichsten anerkannt haben, und wo möglich nur solche anwenden. Die directen Methoden, welche die neuen Resultate aus den mit ihnen zu einer Sphäre gehörigen früheren und zwar zunächst liegenden Resultaten ableiten, nehmen unter diesen den ersten Rang ein, und eine Behandlungsweise der Analysis, welche nur solche Methoden enthielte, würde vor allen den Namen einer systematischen verdienen. Nach diesen kommen die sogenannten eleganten Methoden, welche sowohl dem Inhalte, als auch der Form nach dieses Beiwort erhalten können. Elegant in Beziehung auf den Inhalt nennt man vorzüglich diejenigen Methoden, welche einen nahen Zusammenhang scheinbar sehr entfernt von einander liegender Resultate nachweisen, die Eleganz der Form aber hat viele besondere Regeln, unter welchen die Symmetrie im weitesten Sinne des Wortes, so wie die Einfachheit und Uebersichtlichkeit der Formeln, welche namentlich durch die Wahl passender Zeichen erreicht wird, obenan stehen. Endlich wird die Wahl der Methoden in den meisten Fällen durch die Angemessenheit für einen bestimmten äufseren Zweck bedingt. In dieser Sphäre der Zweckmäfsigkeit bewegen sich besonders diejenigen mathematischen Schriften, welche für den Unterricht geschrieben sind, und es modificiren sich die Methoden weiter nach dem bestimmten Zwecke dieses Unterrichtes, ob er mehr praktisch oder mehr theoretisch sein soll, ob bei den zu unterrichtenden Individuen gewisse Vorkenntnisse vorausgesetzt werden können oder nicht und dergleichen mehr. Vergleicht man die mathematisch analytische Methode mit der speculativ philosophischen, so leuchtet der grofse Unterschied beider aus dem gesagten von selbst ein, und es ist wichtig diesen Unterschied anzuerkennen, damit man nicht an die mathematische Analysis und an die Schriften, welche dieselbe behandeln, Anforderungen mache, welche sie zu erfüllen nicht im Stande sind. Eben so erkennt man aber dagegen die grofse Uebereinstimmung dieser Methode mit der der Verstandes-Metaphysik, und überhaupt mit der Methode aller derjenigen einzelnen Philosophieen, welche in den Grenzen des blofsen Verstandes beharrend, den Widerspruch, welcher im Wesen der Dinge liegt, nicht anerkennen wollen. Die Mathematik, als reine Verstandeswissenschaft, kann und darf sich nie auf diesen Widerspruch einlassen und obgleich derselbe sehr oft, namentlich in der Analysis des Unendlichen und in der Theorie der sogenannten unmöglichen Gröfsen, sich ihr aufdrängen will, so mufs es ihr dennoch gelingen ihn von sich entfernt zu halten. Bemerkenswerth ist es, dafs es der Analysis wirklich lange Zeit nicht gelungen ist, die Widersprüche, welche wir in dem folgenden gelegentlich etwas näher untersuchen werden, zu überwinden, und dafs auch jetzt noch gar sehr daran zu zweifeln ist, ob es ihr bereits vollständig gelungen sei, da dieselben noch immer selbst in den besten Handbüchern der Analysis sich vorfinden.

Wenden wir uns nach dieser, zu besserem Verständnifs des folgenden dienenden, kurzen Darstellung des Inhalts und der Methode der mathematischen Analysis zu der Beurtheilung des oben angezeigten Werkes selbst: so müssen wir zunächst erwähnen, dafs dasselbe bei weitem nicht die ganze Analysis umfafst, sondern eigentlich nur der erste Theil dessen ist, was es werden sollte. Es war nämlich, wie aus der Vorrede zu ersehen ist, die Absicht des Verfs., in drei Bänden einen ziemlich vollständigen Cursus der mathematischen Analysis herauszugeben, welcher aufserdem die Anwendungen derselben auf Geometrie, Mechanik und Wahrscheinlichkeitslehre, ohngefähr alles dasjenige enthalten sollte, was der Verf. seit einer Reihe von Jahren auf den Universitäten Kasan und Dorpat über diese Gegenstände gelehrt hatte. Leider aber hat ihn schon während der Ausarbeitung des zweiten Bandes der Tod ereilt, nachdem er noch zuvor dem Staatsrath Prof. Struve in Dorpat aufgetragen hatte, die Herausgabe seines Werkes, inwieweit es vollendet wäre, zu übernehmen. Der Herausgeber hat nun dem ersten Bande, welcher schon vier Jahre früher gedruckt, aber noch nicht öffentlich erschienen war, die erste Vorlesung des zweiten Bandes als Anhang beigefügt und das Werk dem mathematischen Publikum übergeben. Es enthält so fünf einzelne Vorlesungen: 1) über Verhältnisse, Proportionen, Potenzen und Logarithmen; 2) über die Entwickelung der logarithmischen und trigonometrischen Functionen in Reihen; 3) über ebene und sphärische Trigonometrie; 4) über analytische allgemeine Elementargeometrie, und 5) von den Grenzen veränderlicher Gröfsen. Man erkennt alsbald schon aus den Ueberschriften der einzelnen Vorlesungen, dafs das Princip, nach welchem der analytische Stoff in denselben geordnet ist, ein mehr äufserliches ist, dafs also die vorliegende Schrift nicht eine systematische Behandlung der Analysis enthält, sondern zu denjenigen zu rechnen ist, deren Methode durch einen gewissen äufseren Zweck bedingt wird. Da dieser Schrift wirklich gehaltene Vorlesungen zu Grunde liegen, so konnte der ursprüngliche Zweck derselben kein anderer sein, als die Belehrung und mathematische Bildung derjenigen Individuen, welche der Verf. als akademischer Lehrer vor sich hatte, und wir glauben aus der Sorgfalt und aus der Liebe zur Sache, so wie aus den gediegenen Kenntnissen, welche der Verf. bei Ausarbeitung der Vorlesungen an den Tag gelegt hat, mit Recht schliefsen zu können, dafs er im mündlichen Vortrage derselben diesen Zweck auf eine vorzügliche Weise erreicht haben mag. Dieser, während einer fünf und zwanzigjährigen Amtsführung des Verfs. oft wiederholte mündliche Vortrag der hier behandelten Gegenstände, hat auch offenbar sehr vortheilhaft auf die, der vorliegenden Schrift eigenthümliche, leichte Verständlichkeit gewirkt, welche nur auf praktischem Wege, durch das Eingehen in die Bedürfnisse und die Fassungsgabe der zu unterrichtenden Individuen, erreicht werden kann. Obgleich nun später, bei der Ausarbeitung der Vorlesungen zu einem selbstständigen Werke, dieser mehr subjective Zweck derselben einigermafsen in den Hintergrund gedrängt werden mufste, weil sie jetzt nicht mehr ausschliefslich für bestimmte Zuhörer berechnet waren, sondern eine allgemeinere Bestimmung erhielten: so hat der Verf. dennoch, wie er selbst in der Vorrede sagt, die Herausgabe derselben vorzüglich für seine gegenwärtigen und ehemaligen Schüler unternommen. Den Nutzen, der aus diesen Vorlesungen der literärischen Welt erwachsen würde, schlägt er selbst dagegen nur gering an, und diefs ist freilich insofern wahr, als darin grade keine wichtigen neuen Entdeckungen enthalten sind; da er aber den vorhandenen analytischen Stoff selbstständig und auf seine eigenthümliche Weise in denselben verarbeitet hat, so bieten sie nicht selten neue und interessante Gesichtspunkte dar, welche einer allseitigen Auffassung und Erkenntnifs der mathematischen Wahrheiten in ihren Beziehungen zu einander recht wohl förderlich sind. Bei allen diesen Vorzügen müssen wir jedoch als einen wesentlichen Mangel des vorliegenden Werkes die allzugrofse Abweichung von einer systematisch geordneten Behandlung der Sache erwähnen. Die Willkür und das augenblickliche Bedürfnifs herrschen im Ganzen zu sehr vor, die wichtigsten Sätze stehen an Stellen, wo sie gar nicht hingehören, nur deshalb, weil sie dort grade für das folgende gebraucht werden, und das was der Natur der Sache nach zusammengehört, ist zuweilen in ganz verschiedene Vorlesungen zerstreut. Eine andere schwache Seite des Werkes zeigt sich da, wo das mathematische an das philosophische grenzt, also vorzüglich in den Definitionen oder Erklärungen der Grundbegriffe, welche fast immer ungenügend sind, und wo es möglich ist ganz übergangen werden; es ist z. B. von dem, was Analysis selbst ist, im ganzen Buche nicht die Rede.

Um nun die hier ausgesprochenen allgemeinen Urtheile so gut es sich thun läfst zu begründen, und den Leser mit dem Werke besser bekannt zu machen, wollen wir jetzt in die einzelnen Vorlesungen etwas näher eingehen.

Die erste Vorlesung, welche von den Verhältnissen, Proportionen, Potenzen und Logarithmen handelt, ist nicht für den ersten Unterricht in diesen Gegenständen berechnet, sondern da der Verf. dieselbe früher vor Zuhörern gehalten hatte, welche hierin schon einige Vorkenntnisse besafsen, so hat er auch bei der Ausarbeitung der Vorlesung solche Leser im Auge gehabt. Die Ergänzung und Erweiterung dieser schon mitgebrachten Kenntnisse ist daher der Hauptzweck der Vorlesung, und deshalb machen auch die vielfachen Anwendungen, in welchen auf das für das bürgerliche Leben brauchbare bedeutend Rücksicht genommen wird, einen grofsen Theil derselben aus. Die Grundbegriffe sind dagegen nur kurz und nicht mit der gehörigen Genauigkeit behandelt. So ist z. B. die Begriffsbestimmung des Verhältnisses §. 2.: „Verhält„nifs ist die quantitative oder durch Messen bestimm„bare gegenseitige Beziehung zweier gleichartigen Grö„fsen," wenn nicht ganz nichtssagend, doch viel zu weit gefafst, denn nach dieser Definition würde auch jede Gleichung zwischen zwei durch Buchstaben bezeichneten gleichartigen Gröfsen, so wie $x^2 + y^2 = 1$, ein Verhältnifs sein, welches aber dem analytischen Sinne dieses Wortes ganz zuwider ist. Hätte der Vf. eine genügende Definition dieses Begriffes gegeben, so hätte er auch daraus ableiten können, was die Gleichheit zweier Verhältnisse sei, und er würde nicht genöthigt gewesen sein, zu diesem Ende in §. 3. seine Zuflucht zu einer anderen Erklärung zu nehmen, welche mit der gegebenen Definition des Verhältnisses selbst in gar keiner Beziehung steht. Diese zweite Erklärung ist die Euklidische Definition der Proportion, welche darin ausgezeichnet ist, dafs sie auf sehr sinnreiche Weise eine Schwierigkeit beseitigt, welche die irrationalen Verhältnisse darbieten. Den Begriff der Irrationalität, welcher gehörig in's Licht gestellt, einen tiefen Blick in das Wesen der Gröfsen und Zahlen gestattet, entwickelt der Verf. gar nicht, obgleich er hin und wieder bald zu Anfange der Vorlesung von Irrationalzahlen spricht. Mit Hilfe der Euklidischen Definition der Proportion zeigt der Verf. auf eine recht einfache und elegante Weise die vollständige Auflösung der Functionengleichung $\varphi(x) + \varphi(y) = \varphi(x+y)$, welche sonst gewöhnlich erst in der Differenzialrechnung mit Hülfe des Taylorschen Satzes gefunden wird. Es gehört zwar diese Functionengleichung, sammt ihren Anwendungen auf einige geometrische Sätze, wenn sie auch in die Lehre von den Proportionen aufgenommen wird, doch wenigstens nicht an diese Stelle, vor die einfachen Grundeigenschaften der Proportionen selbst, welche erst §. 9—13. entwickelt werden; da sie aber in den anderen Vorlesungen noch einigemale gebraucht wird, so ist sie als eine der interessanten und zweckmäfsigen kleinen Abschweifungen anzusehen, welche wir in dem vorliegenden Werke öfter antreffen, und welche in akademischen Vorlesungen überhaupt mit Nutzen angebracht werden. Von den zusammengesetzten Verhältnissen, den vielfachen und aliquoten Theilen derselben wird sodann der Uebergang zu den Potenzen gemacht, welche sogleich in ihrer gröfsten Allgemeinheit auftreten, nicht erst, wie es gewöhnlich geschieht, und wie es auch für den ersten Unterricht allein zweckmäfsig ist, als Potenzen mit ganzzahligen Exponenten. Nachdem die fünf einfachen Grundgleichungen oder Lehrsätze, welche die ganze Theorie der Potenzen in sich fassen, kurz entwickelt sind, folgt sogleich die Lehre von den Logarithmen, wobei die verschiedenen elementaren Methoden für die numerische Berechnung der Logarithmen mit besonderer Vorliebe und grofser Vollständigkeit behandelt sind. Um nun auch die bekannten Entwickelungen der Logarithmen in unendliche Reihen herleiten zu können, geht der Verf. zum binomischen Lehrsatze über. Diese Freiheit, einen wichtigen Satz grade an die Stelle zu setzen, wo man ihn zuerst braucht, läfst sich namentlich in Vorlesungen einigermafsen entschuldigen, durchaus unmethodisch aber ist es, dafs der Verf. ihn hier nur für ganzzahlige Exponenten beweist und ihn dennoch sogleich für gebrochene Potenzen anwendet, indem er versichert, dafs er auch für diese gelte, und verspricht ihn in der folgenden Vorlesung in seiner ganzen Allgemeinheit zu beweisen. Die Reihenentwickelungen der Logarithmen und Exponentialgröfsen werden nun aus dem binomischen Lehrsatze ohngefähr auf dieselbe Weise abgeleitet, wie sie schon Euler in seiner Introductio in Analysin infinitorum gefunden hat. Es folgen nun wieder Berechnungen bestimmter Logarithmen mit Hülfe der gefundenen Reihen und die Interpolationsmethoden für logarithmische Tafeln, welche auf Callet's Tafeln, die 61 Decimalstellen enthalten, angewendet werden. Den Schlufs der Vorlesung bilden die Anwendungen auf Rentenrechnung und Rechnung von Zinseszinsen, welche recht vollständig behandelt sind und bei welchen das praktische besonders berücksichtigt wird, obgleich auch jene in der Vorstellung derer, welche mit grofsen Summen wenig vertraut sind, einen aufserordentlichen Effect machenden Beispiele von der übermäfsigen Gröfse, zu welcher ein ganz geringes Capital in einer mäfsig grofsen Anzahl von Jahren anwächst, nicht fehlen. Es kommt z. B. als Werth des Capitals, zu welchem ein einziger russischer Imperial, in 6500 Jahren, zu 5 Procent, anwächst, eine goldene Kugel vor, so grofs, dafs um die Länge ihres Durchmessers zu durchlaufen, das Licht eine Zeit von einigen tausend Quatrillion Jahren brauchen würde.

Die Ueberschrift der zweiten Vorlesung: „über die Entwickelung der logarithmischen und trigonometrischen Functionen in Reihen," giebt den Inhalt derselben nur sehr unvollständig an, denn es werden aufser diesen Reihenentwickelungen noch allerhand andere Gegenstände behandelt. Zunächst wird durch den Beweis des binomischen Lehrsatzes für beliebige Potenzexponenten jener Mangel der vorigen Vorlesung aufgehoben. Der Beweis gründet sich wie die meisten elementaren Beweise dieses Satzes darauf, dafs zwei Binomialreihen, deren Exponenten x und y sind, mit einander multiplicirt, wieder eine solche Binomialreihe geben, deren Exponent $x+y$ ist, dafs also diese Reihen der Functionengleichung $\varphi(x).\varphi(y)=\varphi(x+y)$ genügen. Die allgemeine Auflösung dieser Functionengleichung wird mit Hilfe der Logarithmen aus der zu Anfange der ersten Vorlesung gefundenen Auflösung der Gleichung $\varphi(x)+\varphi(y)=\varphi(x+y)$ leicht abgeleitet, wodurch die Summe der Binomialreihe gefunden und der binomische Lehrsatz allgemein bewiesen wird. Hierauf folgen die bekannten Entwickelungen der Wurzel z, und einer beliebigen Potenz derselben z^x, der Gleichung $w.z^v - z + 1 = 0$, in unendliche Reihen, deren erste Glieder, nach der Methode der unbestimmten Coefficienten bestimmt, das Gesetz der Reihen angeben, welches anderweitig allgemein bewiesen wird. Specielle Fälle dieser Reihen geben mehrere Entwickelungen für Potenzen und Logarithmen. Es folgt jetzt eine etwas umständliche Betrachtung der gleichseitigen Hyperbel, welche gar nicht hierher pafst, und nur dadurch veranlafst wird, dafs man den natürlichen Logarithmen zuweilen auch den Namen hyperbolische giebt, weil dieselben in der Quadratur hyperbolischer Sectoren vorkommen. Diese Quadratur wird mit Umgehung der Differenzialrechnung auf eine recht einfache und elegante Weise ausgeführt, worauf die zu einem bestimmten Sector gehörigen Abscissen und Ordinaten als Functionen dieses Sectors grade so behandelt werden, wie man in der Trigonometrie Sinus und Cosinus als Functionen ihrer zugehörigen Kreisbogen zu behandeln pflegt. Der Verf. hätte für diese Abscissen und Ordinaten die gebräuchlichen Namen und Bezeichnungen der hyperbolischen Sinus und Cosinus, welche er erst später einführt, wo er noch einmal in dieser Vorlesung von denselben handelt, schon hier anwenden sollen, denn die vielen Formeln haben ein fremdartiges Ansehen, und müssen nachher fast alle noch einmal in die gewöhnliche Zeichensprache übersetzt werden. Die Theorie der Kreisfunctionen, welche hierauf folgt, wird auf die geometrische Betrachtung des Kreises gegründet. Sie enthält die Grundeigenschaften dieser Functionen, und eine recht reichhaltige Sammlung der Entwickelungen in Reihen und Producten, welche zum Theil durch bekannte, zum Theil durch eigenthümliche Methoden gefunden und bewiesen werden. Bei allen diesen Entwickelungen hat der Verf. niemals von den imaginären Formeln Gebrauch gemacht, weil er meint, „dafs ein Satz, dessen Beweis nur mit Hilfe der unmöglichen Gröfsen geführt wird, wohl nie als streng mathematisch bewiesen angesehen werden könne." Hierbei ist zu bemerken, dafs sich jetzt von mehreren Seiten her eine gewisse Abneigung gegen den Gebrauch der imaginären Formeln in der Analysis kundgiebt. Zwar stimmen alle darin überein, dafs sie ein vortreffliches fast unentbehrliches Hülfsmittel sind, um langwierige analytische Rechnungen abzukürzen und neue Resultate zu gewinnen; da aber die Erfahrung gezeigt hat, dafs die so gewonnenen Resultate in einzelnen Fällen unrichtig waren, so hat man gegen die Rechnung mit imaginären Formeln überhaupt Argwohn gefafst, und will wo möglich gar nichts mehr mit ihnen zu thun haben. Dieses Ignoriren eines so vorzüglichen Hülfsmittels der Analysis ist aber durchaus kein echt wissenschaftliches Verfahren, vielmehr sollte man, wenn man die Theorie des Imaginären für nicht genügend begründet hält, die Mangelhaftigkeit ihrer Principien und die fehlerhaften Schlüsse, welche darin enthalten sind, nachweisen, und dieser Theorie eine andere streng wissenschaftliche Begründung geben. Die Art und Weise, wie die imaginären Formeln gewöhnlich behandelt werden, und wie sie auch in dem letzten Abschnitte dieser Vorlesung §. 107 ff. behandelt sind, hat aber auch in der That keinen wissenschaftlichen Grund. Der erste Irrthum, welcher alle übrigen nach sich zieht, ist der, dafs die imaginären Formeln für Gröfsen angesehen werden, aus welcher stillschweigend gemachten Annahme zuerst folgt, dafs sie einen Widerspruch in sich enthalten. In diesem Sinne sagt der Verf.: „Eine unmögliche Gröfse" (contradictio in adjecto und ganz unpassende Benennung) „wird jeder analytische Ausdruck genannt, der in sich einen Widerspruch enthält, und für den sich keine reelle Gröfse als Werth findet." Dagegen ist in der That eine imaginäre Formel nicht eine Gröfse, sondern nur eine Formel, und hat als solche keinen Widerspruch in sich, der Widerspruch wird vielmehr erst in den Begriff hineingetragen; wenn man von einer solchen Formel verlangt Gröfse zu sein, dann ist sie freilich nur eine Gröfse, die keine Gröfse ist, ein non ens und kein Gegenstand der Analysis. Das gewöhnliche Gleichheitszeichen, welches man bei imaginären Formeln eben so gebraucht wie bei wirklichen Gröfsen, trägt nicht wenig dazu bei, den richtigen Standpunkt für die Einsicht in das Wesen der Sache zu verrücken. Da nämlich von einer quantitativen Gleichheit zweier imaginären Formeln gar nicht die Rede sein kann, so hat dieses Zeichen hier keinen anderen Sinn, als den, dafs die Formel, welche auf der einen Seite steht, in die auf der anderen Seite stehende sich verwandeln läfst, wenn man mit ihr nach denselben Gesetzen, welche für Formeln mit wirklich quantitativer Bedeutung gelten, gewisse Rechnungsoperationen vornimmt. So arg auch der gerügte Fehler in der Grundansicht des Imaginären ist, so zieht er doch im praktischen nur selten wirklich falsche Resultate nach sich, weil von den imaginären Formeln alles dasjenige gilt, was den Formeln als solchen zukommt, und weil die Analysis vorzüglich mit Formeln zu thun hat; die Fehler treten nur dann ein, wenn man sich verleiten läfst, nicht nur rein formale, sondern auch wesentlich quantitative Bestimmungen den imaginären Formeln zuzumuthen. Die Resultate, welche der Verf. in dieser Vorlesung mit Hülfe der imaginären Formeln gewinnt, sind aus demselben Grunde alle vollständig richtig, sie bestehen hauptsächlich in Summationen bekannter nach Sinus und Cosinus der vielfachen eines Bogens geordneter Reihen; aufserdem ist noch der Beweis des Cotesischen Satzes, so wie auch des bekannten zuerst von Gaufs bewiesenen Satzes, dafs eine jede rationale ganze Function sich in reale lineäre und quadratische Factoren zerlegen läfst, in der Weise wie ihn Cauchy (Cours d'Analyse I. p. 331) ausgeführt hat, hier aufgenommen.

Die dritte Vorlesung: „über ebene und sphärische Trigonometrie," macht darum zuerst einen üblen Eindruck, weil ihr der Anfang fehlt, nämlich die Erklärung der trigonometrischen Functionen, und die Grundeigenschaften derselben, welche der Verf. aus der vorigen Vorlesung hier einzuschalten bittet. Sie fängt also gleich damit an, noch einige dort übergangene Formeln nachzuholen, worauf gezeigt wird, wie sich diese Functionen für bestimmte Winkel durch Wurzelgröfsen ausdrücken lassen. Hierauf folgt die Berechnung der Zahl π nach der gewöhnlichen elementaren Methode durch das dem Kreise eingeschriebene und umschriebene Vieleck, so wie durch die bekannten aufserordentlich convergenten Reihen, alsdann kommen die Reihen, welche zur numerischen Berechnung der Sinus, Cosinus und Tangenten und deren Logarithmen dienen. Nach dieser Theorie der Kreisfunctionen, welche entweder ganz in der vorigen Vorlesung oder ganz in dieser hätte ihren Platz finden müssen, folgen die unter den Bestimmungsstücken des ebenen Dreiecks Statt habenden Gleichungen, von denen nur die ersten durch geometrische Betrachtungen, die übrigen aber auf analytischem Wege gefunden werden; aufser den Seiten, Winkeln und dem Inhalte, kommen auch die Radien des eingeschriebenen und umschriebenen Kreises in diesen Formeln vor. Endlich werden noch die Fälle, welche bei der Berechnung der Seiten und Winkel der Dreiecke Statt haben können, einzeln durchgenommen, die für jeden Fall passenden Formeln angegeben und einige specielle trigonometrische Aufgaben als Beispiele gelöst. Die sphärische Trigonometrie ist auf eine für den Unterricht sehr zweckmäfsige Weise behandelt. Es wird zuerst daraus, dafs von den sechs Elementen (Seiten und Winkeln) des Dreiecks, drei dasselbe bestimmen, gezeigt, wie vier Gleichungen unter je vier Elementen zur Berechnung des sphärischen Dreiecks nothwendig sind und hinreichen. Diese vier Grundgleichungen werden nun zunächst aus einer geometrischen Construction hergeleitet, und erst nachher folgen die anderen vielen Formeln, welche sich durch Eleganz und Zweckmäfsigkeit für logarithmische Rechnungen auszeichnen, so wie die Formeln für die sphärischen Radien des eingeschriebenen und umschriebenen kleinen Kreises und den Inhalt des Dreiecks. Nachdem nun auch hier die bei der Berechnung der Seiten und Winkel sphärischer Dreiecke vorkommenden einzelnen Fälle durchgegangen, und die einem jeden derselben zukommenden Formeln und Methoden angegeben sind, schliefst diese Vorlesung mit einigen Beispielen zur Berechnung sphärischer Dreiecke, welche vorzüglich der mathematischen Geographie entnommen sind.

Die vierte Vorlesung handelt über allgemeine analytische Elementargeometrie. Allgemein ist sie deshalb genannt, weil sie sogleich mit drei Dimensionen anfängt und die Geometrie zweier Coordinaten als speciellen Fall betrachtet. Es ist kaum anzunehmen, dafs der Verf. in ähnlicher Weise, wie er hier die analytische Elementargeometrie behandelt, sie auch seinen Zuhörern vorgetragen habe, denn für den ersten Unterricht würde die hier gebrauchte Methode eben so unpraktisch sein, als eine synthetische Behandlung der Geometrie, welche mit der Stereometrie anfinge und die Planimetrie als speciellen Fall nebenbei behandelte. Auch darf man nicht meinen, dafs der Weg, welchen der Verf. hier einschlägt, ein der Wissenschaft an sich mehr angemessener sei, als der gewöhnliche; denn wenn auch in philosophischer Methode das Specielle nur durch sein Allgemeines, der Theil nur durch sein Ganzes gehörig erkannt werden kann, so ist diefs in der Mathematik anders. Hier hat das Specielle eine selbstständigere Existenz und sein Verhältnifs zum Allgemeinen ist ein äufseres, so ist z. B. das Dreieck ein Theil des Vielecks, es ist ein Specielles, während dieses ein Allgemeines ist, und dennoch kann nur das Vieleck aus dem Dreiecke und nicht umgekehrt dieses aus jenem begriffen werden. Wir können daher diese Vorlesung nur solchen Lesern empfehlen, welche mit der analytischen Geometrie zweier Coordinaten schon anderweitig bekannt sind, und dieselbe hinlänglich begriffen haben, für diese aber, glauben wir, wird das Studium derselben gewifs von grofsem Nutzen sein, denn der Vf. hat diesen Theil der Analysis mit besonderer Vorliebe behandelt und ihn vorzugsweise zum Gegenstande seiner Studien gemacht, welches auch eine Abhandlung (Aperçu abrégé des formules fondamentales de la géométrie à trois dimensions) bezeugt, die er im Jahre 1825 in der Petersburger Academie der Wissenschaften vorgelesen hat. Die Vorlesung fängt mit der Erklärung der rechtwinkligen Linien- und Polar-Coordinaten an, worauf eine besondere Benennung für die Cosinus der Winkel, welche eine Linie mit den drei Coordinatenaxen bildet, eingeführt wird; der Verfasser nennt dieselben *Determinanten*, weil sie die Richtung der Linie vollständig bestimmen.

So wenig auch durch einen blofsen Namen für die Sache selbst gewonnen wird, so trägt eine kurze und passende Bezeichnung doch oft sehr viel zur Klarheit der Darstellung bei, und diefs ist namentlich im Verlauf dieser Vorlesung der Fall, welche gröfstentheils von den Cosinus jener Winkel handelt. Für die Determinanten einer Ebene werden die Determinanten einer auf ihr senkrechten Linie genommen. Die hauptsächlichsten unter den vielen Aufgaben und Lehrsätzen über die Lage der Linien und Ebenen gegen einander werden alle durch recht einfache und elegante Methoden gelöst, auch werden beiläufig noch einmal die Grundformeln der sphärischen Trigonometrie aus dieser Quelle abgeleitet, worauf die Verwandlung der Coordinaten folgt, bei welcher die Determinanten als Cosinus der Winkel, welche die Axen des neuen Systems mit denen des Grundsystems bilden, wie jeder weifs, wieder eine wichtige Rolle spielen. Für rechtwinklige Coordinatensysteme, wo unter den neun Determinanten sechs Bedingungsgleichungen Statt haben, werden die bekannten Ausdrücke der Determinanten durch die drei Winkel, welche die relative Lage beider Systeme bestimmen, aus einer einfachen Construction, vermittelst der Grundformeln der sphärischen Trigonometrie gefunden. Der folgende Abschnitt handelt von den ebenen Curven des zweiten Grades. Die allgemeine Gleichung derselben wird durch Verwandlung der Coordinaten in einfachere Formen gebracht, aus denen sich Parabel, Ellipse und Hyperbel als die drei wesentlich verschiedenen krummen Linien ergeben, welche in der allgemeinen Gleichung enthalten sind. Die hauptsächlichsten Eigenschaften derselben werden nun entwickelt, indem diese drei Linien nicht einzeln, sondern zusammen betrachtet werden, wodurch die einander entsprechenden und die allen gemeinsamen Eigenschaften übersichtlicher werden. Uebrigens versteht sich von selbst, dafs diese auf wenige Seiten zusammengedrängte Behandlung der Linien des zweiten Grades von dem grofsen Reichthume der bereits gefundenen Eigenschaften derselben nur einen sehr geringen Theil enthalten kann. Die Quadratur der Kegelschnitte hat der Verf. in einem besonderen Abschnitte behandelt, und hat unter andern auch jene höchst eleganten Formeln für den Flächeninhalt ihrer Sectoren hier aufgenommen, welche durch die dem Sector zugehörigen Radiivectores und die Sehne ausgedrückt sind. Hierauf folgt einiges über die Flächen des zweiten Grades. Die allgemeine Gleichung derselben wird zuerst durch Veränderung der Coordinaten in schiefwinkliche, welche gegebene Winkel unter einander bilden und auch einen neuen Anfangspunkt haben, in eine andere von derselben Form verwandelt und es werden die vier Bedingungsgleichungen gefunden, welche unter den eilf Coëfficienten der ursprünglichen und denen der verwandelten Gleichung Statt haben müssen. Die einzige, aber nicht unbedeutende Schwierigkeit hierbei liegt in der grofsen Anzahl verschiedener Gröfsen und in der bald in's unmäfsige wachsenden Ausdehnung der Formeln, welche nur dadurch gebändigt werden können, dafs die wichtigen oft wiederkehrenden zusammengesetzten Ausdrücke mit einfachen Buchstaben bezeichnet werden. Es gehört eine nicht geringe Kunst dazu, diese Rechnung so übersichtlich und compendiös durchzuführen, wie sie der Verf. hier gegeben hat. Für den Fall, dafs das zweite System auch rechtwinklich ist, zeigt der Verf. auf directem Wege sehr einfach, dafs die Wurzeln jener cubischen Gleichung, auf welche es hier vorzüglich ankommt, alle drei möglich sind, was man, um verwickelte Rechnungen zu vermeiden, gewöhnlich durch indirecte Schlüsse beweist. Die speciellen Flächen, welche in der allgemeinen Gleichung enthalten sind, werden fast ganz übergangen, nur das Ellipsoid wird erwähnt und von diesem wieder nur eine einzige Eigenschaft. Den Schlufs der Vorlesung bildet ein Excurs über die Hauptaxen und natürlichen Rotationsaxen der festen Körper, deren Bestimmung auf dieselbe cubische Gleichung führt, als die Verwandlung der Coordinaten für die Flächen des zweiten Grades, und ein Nachtrag zu der Verwandlung der rechtwinkligen Coordinaten, welcher über die zuerst von Euler entdeckte Rotationsaxe handelt, um die das eine Coordinatensystem so gedreht werden kann, dafs es mit dem anderen zusammenfällt. Gelegentlich müssen wir bei dieser Vorlesung noch erwähnen, dafs zu den in dem ganzen Werke überhaupt vorkommenden geometrischen Constructionen keine Figuren beigegeben sind; sie sind aber meist so einfach, dafs man sie auch ohne Ansicht einer Figur recht gut sich vorstellen kann, und wo diefs nicht der Fall ist, sind sie so genau beschrieben, dafs die nöthige Figur dazu sich leicht zeichnen läfst.

Die fünfte und letzte Vorlesung, welche von den Grenzen veränderlicher Gröfsen handelt, bildet den Uebergang zu der Analysis des Unendlichen. Sie beginnt mit einer Erklärung des Begriffes Grenze im analytischen Sinne, welche wieder mifsrathen ist, und wenn sie auch keine mathematisch falschen Resultate nach sich zieht, doch das Verständnifs der ersten Paragraphen dieser Vorlesung gar sehr erschwert, und selbst später nachtheilig fortwirkt, da auch der Differenzialquotient, oder die derivirte Function als Grenze behandelt wird, und die ganze Analysis des Unendlichen darauf gegründet werden soll. Diese Erklärung ist folgende: „Wenn eine als veränderlich betrachtete Gröfse x sich einer anderen beständigen Gröfse a so nähert, dafs der Unterschied beider, $a - x$ oder $x - a$, jenachdem die veränderliche Gröfse zu- oder abnimmt, kleiner werden kann, als jede gegebene Gröfse, so wird a die Grenze von x genannt." Nach dieser Erklärung wäre jede beliebige Gröfse die Grenze von x, denn die veränderliche Gröfse kann doch, wenn keine andere Bestimmung hinzukommt, jeden beliebigen Werth erhalten, oder sich jedem beliebigen Werthe nähern. Dafs aber wesentlich eine andere Bestimmung der veränderlichen Gröfse hinzutreten mufs, oder dafs sie von einer anderen abhängig, eine Function derselben sein mufs, um eine Grenze zu haben, hat der Verf. ganz übersehen, und hierin liegt der Hauptfehler der Erklärung. Wenn man aber auch annehmen wollte, der Verf. hätte hier unter x nur eine abhängige veränderliche verstanden, so würde in der Erklärung immer noch kein Unterschied zwischen einem gewöhnlichen Werthe und einem Grenzwerthe ausgesprochen sein, oder es würde nach derselben jeder Werth ein Grenzwerth sein, so z. B. könnte man als Grenze von cos. x den Werth $\frac{1}{2}$ angeben, weil der Unterschied $\frac{1}{2} - \cos. x$ kleiner werden kann als jede gegebene Gröfse, wenn nämlich x sich dem Werthe $\frac{\pi}{3}$ nähert. Als Grenzwerthe aber kann man verständigerweise nur folgende zwei Arten bestimmter Werthe der Functionen ansehen: erstens diejenigen Werthe, welchen die Functionen bis auf einen Unterschied, der kleiner wird als jede gegebene Gröfse, sich nähern, wenn die veränderliche, von der sie abhängig sind, gröfser wird als jede gegebene Gröfse, und zweitens diejenigen Werthe, für welche die Form der Function unzulänglich ist, also entweder $\frac{0}{0}$, $0 . \infty$, 0^0 und dergleichen wird, denn an diese kann man, wenn die Form der Function beibehalten wird, nur annäherungsweise herankommen. Es folgen nun einige allgemeine Sätze über die Grenzen, welche fast alle an demselben Fehler leiden, dafs die Abhängigkeit der veränderlichen Gröfsen, von deren Grenzen die Rede ist, ganz übergangen wird, und viele specielle Anwendungen, welche an diesem Fehler nicht leiden, weil in denselben der Verf. durch die Sache selbst gezwungen worden ist diese wesentliche Bestimmung zu berücksichtigen. Die speciellen Resultate betreffen vorzüglich die unendlichen Reihen und Producte, deren Werthe Grenzwerthe sind, insofern sie als Functionen der Anzahl ihrer Glieder oder Factoren betrachtet werden, welche Anzahl in's Unendliche wachsend vorgestellt wird. Es kommen in dieser Beziehung hier die gewöhnlichen Reihenentwickelungen der cyklischen und hyperbolischen Sinus, Cosinus, Tangenten u. s. w. noch einmal vor, so wie auch ihre Entwickelungen in unendliche Producte, ferner die Bernouillischen Zahlen als Coëfficienten der Tangentenentwickelung und die durch die Potenzen der Zahl π und die Bernouillischen Zahlen ausgedrückten Reihen der reciproken Potenzzahlen. Den Schlufs dieser Vorlesung und des ganzen Werkes bildet nun ein kurzer Anfang der Differenzialrechnung, aus welcher nach der Methode des Lagrange das unendlich Kleine verbannt werden soll. Es scheint uns aber diese Absicht nicht vollkommen erreicht, wenn der Differenzialquotient, oder die derivirte Function von einer gegebenen $\varphi(x)$, als Grenze des Quotienten $\frac{\varphi(x+i) - \varphi(x)}{i}$ für abnehmende Werthe des i erklärt wird; denn es bleiben alle die früheren Bedenklichkeiten, welche schon seit Erfindung der Differenzialrechnung in den verschiedenartigsten Formen sich geltend gemacht haben und werden durch das Wort Grenze nur etwas vertuscht. Namentlich kann man fragen, ob i wirklich so weit abnehmen soll, dafs es den Werth Null erhält, oder ob es von Null verschieden bleiben soll, denn ein drittes giebt es hier nicht: im ersten Falle aber hat dieser Quotient gar keinen bestimmten Werth, und im zweiten Falle ist der Werth nicht der wahre und ist überdiefs noch von der Gröfse des i abhängig, also nur ein angenäherter Werth. Es tritt also auch hier im Grunde das i oder das Differenzial als Mittelding zwischen Null und Nichtnull auf, und hat einen Widerspruch in sich, der dem Wesen der Mathematik zuwider ist. Wenn wir sagen für $i = 0$ hat der obige Quotient gar keinen bestimmten Werth, so könnte man diefs bei einer oberflächlichen Betrachtung der Sache für ungegründet halten, da wirklich in der Analysis bestimmte Regeln für die Auffindung der Werthe solcher Functionen, welche $\frac{0}{0}$ werden, vorkommen; dafs aber in der That ein bestimmter Werth, welchen der obige Quotient als solcher für $i = 0$ erhält, nicht existiren kann, wird vollkommen klar, wenn man bedenkt, dafs für $i = 0$ Divisor und Dividendus aufgehört haben Gröfsen zu sein, und dafs von einem Quotienten zweier Nichtgröfsen verständigerweise nicht die Rede sein kann. Es läfst sich aber dieser Widerspruch leicht vermeiden, wenn man den Differenzialquotienten nicht als Grenzwerth des Quotienten $\frac{\varphi(x+i) - \varphi(x)}{i}$, definirt, sondern *als denjenigen Werth, welchen eine Umformung dieses Quotienten, die, für* $i = 0$ *nicht mehr unbestimmt bleibt, erhält, wenn man in derselben* $i = 0$ setzt. Schwieriger ist es in den Anwendungen der Differenzialrechnung auf Geometrie und Mechanik die Widersprüche gänzlich zu vermeiden, denn hier kommt man oft auf weit kürzerem Wege zu den gesuchten Resultaten, wenn man dieselben beibehält, und die krummen Linien als bestehend aus kleinen graden Theilen, die continuirlich wirkenden Kräfte als in sehr kleinen Unterbrechungen wirkend betrachtet und dergleichen mehr. Bis dahin aber ist der Vf. in der Ausarbeitung seiner Vorlesungen nicht gelangt, denn der Schluſs des Werkes enthält nur noch die Differenzialquotienten der bisher behandelten einfachen Functionen und den Taylorschen Lehrsatz, in welchem die Reihe nicht als unendlich, sondern aus einer endlichen Anzahl von Gliedern bestehend, mit ihrem unter endlicher Form erscheinenden Reste auftritt.

Dr. Kummer.

Recension von: Burhenne, Die Mathematik als System betrachtet

Jahrbücher für wissenschaftliche Kritik 1839, 101–109

Die Mathematik, als System betrachtet. Eine Skizze von Dr. H. Burhenne. Cassel, 1838. *in Commission der Luckhardt'schen Hofbuchhandlung.* 23 S. 4.

Die Mathematik hat vor allen anderen besonderen Wissenschaften den Vorzug, dafs sie ihren gesammten Inhalt als nothwendige Folge ihrer ersten Principien darstellt. In dieser Beziehung hat sie sich auch von jeher einer besonderen Achtung erfreut, und es hat sogar Zeiten gegeben, in welchen die mathematisch demonstrative Methode als die einzige wahrhaft wissenschaftliche galt, so dafs man selbst den philosophischen Schriften die äufsere Form von mathematischen gab, und die philosophischen Wahrheiten in denselben als Lehrsätze, Aufgaben und Zusätze vortrug, und mit Beweisen ausrüstete, welche um so scharfsinniger und wissenschaftlicher erschienen, je mehr sie von mathematischen Zeichen in sich enthielten. Als jedoch später, namentlich seit Kant, die Philosophie so weit erstarkt war, sich ihre eigenthümliche ihrem Wesen angemessenere Methode selbst schaffen zu können, verschwand nach und nach die hohe Achtung, welche die mathematische Methode von dieser Seite her genossen hatte, immer mehr, und es ist jetzt schon dahin gekommen, dafs Philosophie und Mathematik, welche seit dem Anbeginn der Wissenschaften stets in freundschaftlichen Verhältnissen gestanden haben, sich feindlich einander gegenüberstellen. Es ist nicht zu leugnen, dafs die Mathematik in diesem Streite mit der Philosophie eine sehr nachtheilige Stellung hat, da sie ihr Gebiet des Quantitativen mit keinem Schritte verlassen kann, und folglich keine Angriffswaffen gegen die Philosophie hat, so dafs ihr nichts übrig bleibt, als sich in ihren Grenzen einzuschliefsen, in welchen sie allerdings unverwundbar ist und allen Angriffen zu trotzen vermag. Von der anderen Seite aber erscheint es als Undankbarkeit der Philosophie, wenn sie, nachdem sie so lange Zeit von der Mathematik ihre Methode entlehnt hat, jetzt, da sie derselben nicht mehr bedürftig ist, sie angreift, da sie doch vorzüglich nur durch diese Methode, welche dem unbegründeten Raisonniren, so wie der mystischen Schwärmerei, den Hauptfeinden der Philosophie, stets mit Erfolg widerstanden hat, zu ihrem gegenwärtigen Standpunkte sich hat emporarbeiten können. Eine nähere Betrachtung der Einwendungen, welche die Philosophie gegen die mathematische Methode gemacht hat, zeigt übrigens nichts anderes, als dafs diese Methode für die philosophische Erkenntnifs unzulänglich ist, keineswegs aber, dafs auch die Mathematik für sich ihre Methode aufgeben und die philosophische annehmen müsse. Ohne allen Zweifel wird auch trotz dieser Einwendungen die Mathematik ihre Methode wie bisher beibehalten, und wird dieselbe in ihrer eigenthümlichen Weise fortbilden; denn es ist eine durchaus falsche Ansicht, zu meinen, sie sei so weit abgestorben oder so vollkommen, dafs sie einer Fortbildung unfähig wäre. Man erkennt vielmehr die bedeutenden Fortschritte, welche sie in unserer Zeit gemacht hat, sehr klar, wenn man die Meisterwerke der älteren Mathematiker mit denen der neueren vergleicht; ja man bemerkt sogar, wie die Fortschritte der mathematischen Methode mit denen der Philosophie einen innigen Zusammenhang haben. Während man in der Philosophie erkannt hat, dafs Form und Inhalt eine untrennbare Einheit ausmachen, so dafs die Methode ein Sichselbstauslegen des Inhaltes ist, und nicht ein äufserliches Thun des an die Sache herantretenden erkennenden Individuums: so ist dasselbe Princip, wenn gleich bedeutend modificirt, auch in der Mathematik herrschend geworden. In dieser Wissenschaft besteht zwar nicht jene untrennbare Einheit des Inhaltes und der Form, und es herrscht eine gewisse Willkür in der Methode, da die mathematischen Wahrheiten auf mehrfache Weise begründet werden können; allein es wird auch hier allemal durch die Sache selbst bestimmt, welche dieser verschiedenen Methoden ihrer Natur am angemessensten ist, und diese vorzüglich aufzusuchen, ist immer das Hauptbestreben der Mathematiker geworden. Hiermit hängt auch das Streben nach systematischer Darstellung der Mathematik, wie es sich in neuerer Zeit geltend gemacht hat, auf das genauste zusammen. Systematisch ist zwar die Mathematik an sich immer, insofern sie die neueren Wahrheiten auf die schon vorhandenen gründet, welche wieder in anderen ihren Grund haben, deren erster Grund in den einfachen Grundsätzen dieser Wissenschaft liegt; man verlangt aber jetzt von einer systematischen Entwickelung der Mathematik überdiefs, dafs die neuen Wahrheiten nur auf diejenigen gegründet werden, welche ihrer Natur nach am meisten dazu geeignet sind, als Gründe derselben zu dienen. Es ist klar, dafs eine solche Behandlungsweise der Mathematik, welche aus der Natur des zu behandelnden Stoffes selbst die Methode bestimmt, die schwierigste ist, da sie nicht nur eine Kenntnifs der Sätze und ihrer Beweise, sondern eine allseitige Durchdringung des Gegenstandes voraussetzt. Darum darf man auch nicht meinen, dafs sie ganz allgemein angenommen sei, vielmehr besteht neben vielen schätzbaren Behandlungen besonderer Theile der Mathematik, welche in diesem Sinne ausgeführt sind, immer noch die auch in anderen Wissenschaften beliebte Manier, nach welcher man ein fertiges irgendwoher entnommenes Princip auf den vorhandenen Stoff anwendet, um ihn nach diesem zurecht zu legen.

Zu dieser letzteren Art von Schriften gehört nun auch die eben angezeigte Skizze, die den grofsen Vorsatz hat, das leitende und bewegende Princip anzugeben, welches ein systematisches Fortschreiten in der Mathematik bedingt. Dieses Princip wird sogleich mit folgenden Worten an die Spitze gestellt: „der „Zweck dieser Skizze ist, darzustellen, dafs *das System der Mathematik ein stufenweiser Verallge-„meinerungs-Procefs* ist; d. h. dafs der Fortgang im „Systeme der Mathematik durch Verallgemeinern der „Begriffe geschieht." Es werden für diese Ansicht zwei Gewährsmänner angeführt, nämlich Lagrange, dessen Ausspruch: le véritable secret de l'analyse consiste dans l'art de saisir les divers degrés d'indétermination, dont la quantité est susceptible diese Ansicht bestätigen soll, obgleich er offenbar etwas ganz anderes ausdrückt, und Ohm, dessen consequentes System der Mathematik von demselben Geiste durchdrungen sein soll, weshalb es auch bei dieser Skizze zu Grunde gelegt wird. Das ganze Gebiet der Mathematik, inwieweit es hier in Betracht gezogen wird, bezeichnet der Verf. mit dem Namen der allgemeinen Mathematik oder der Zahlenlehre, welche er in zwei Theile theilt, erstens die elementare Zahlenlehre, welche die verschiedenen Verbindungen der Zahlen betrachtet, zweitens die Analysis oder die Lehre von den Functionen, welche die Zahlenwerthe in ihrem Uebergange begreifen. Der ganze Verallgemeinerungsprocefs, wie ihn der Vf. hier dargestellt hat, läfst sich vollständig mit sehr wenigen Worten angeben, die Kunst besteht nämlich darin, dafs im ersten Theile der elementaren Zahlenlehre nur ganze Zahlen betrachtet werden, durch die Division wird nachher der Bruch eingeführt, und es können nun im zweiten Theile die in den elementaren Rechnungsarten vorkommenden Gröfsen auch Brüche sein.

Die Subtraktion giebt ferner, wenn der Minuendus kleiner als der Subtrahendus angenommen wird, negative Gröfsen, und deshalb wird in dem dritten Theile angenommen, dafs die in den elementaren Rechnungsarten vorkommenden Gröfsen auch negative Zahlen sein können. Beiläufig wird auch erwähnt, dafs Wurzelausziehung auf irrationale und imaginäre Zahlen führt, so dafs konsequenterweise die elementare Zahlenlehre noch zwei, den irrationalen und den imaginären Zahlen entsprechende Theile mehr erhalten sollte, der Vf. hat diefs aber nicht für gut befunden, sondern hat es bei den angegebenen drei Theilen bewenden lassen. In dem zweiten Haupttheile seines Systemes, in der Analysis, hat der Verf. seinen stufenweisen Verallgemeinerungsprocefs fast ganz vergessen. Dieser Theil soll zunächst die einfachsten Funktionen, nämlich $a+x$, $a-x$, $a.x$, $\frac{a}{x}$, a^x und $^a\log.\,x$, behandeln, und an diese sollen sich später „ihrer Wichtigkeit wegen" die Kreisfunktionen Sin. x, cos. x, Arc. Sin. x, Arc. cos. x anschliefsen. „Hier zunächst" (sagt der Verf. weiter p. 13) „sind jene einfachsten Funktionen in un-„endliche Reihen zu entwickeln, nachdem zuvor, um „diefs möglich zu machen in $\frac{a}{x}$, x^a, $^a\log.\,x$, statt x, „$1+x$ gesetzt ist." Beiläufig kommt sodann bei diesen Reihenentwickelungen die Differenzial-Rechnung vor mit dem Taylorschen Lehrsatze, die Integralrechnung aber findet in dem ganzen Systeme keinen Platz, entweder aus dem sehr einfachen Grunde, weil sie zufällig vergessen worden ist, oder weil sie in das System nicht hat passen wollen. Es ist klar, dafs hier nur eine ganz unsystematische Willkür herrscht, und dafs diefs alles zu dem oben aufgestellten Grundprincipe gar keine Beziehung hat. — Die Variationsrechnung, welche nun folgt, nimmt als eine höhere Stufe der Verallgemeinerung, in welcher auch die Form der Funktion, oder das Gesetz, welches die unabhängige Variabeln mit der abhängigen verbindet, als veränderlich aufgefafst wird, den zweiten Theil der Analysis ein. Die Schrift schliefst sodann mit den Worten: „Eine höhere Stufe des Verallgemeinerns ist nicht „denkbar, also ist die höchste erreicht, der Verallge-„meinerungsprocefs vollendet, das System durchlaufen." (Eine beliebte Art des Schliefsens, nach welcher mehrere Behauptungen, welche alle ein und dasselbe versichern, mit *also* verbunden werden, damit sie einen wissenschaftlichen Anstrich bekommen.) — Wenn der hier gegebene Inhalt der kleinen Schrift sehr armselig erscheint, so darf man nicht meinen, dafs die Schrift selbst reichhaltiger ist, etwas länger ist sie nur dadurch geworden, dafs überall mathematische Formeln und hin und wieder einige Sätzchen aus Ohm's Handbuche eingestreut sind, welche als ganz überflüssiger Zierrath füglich hätten wegfallen können. Da die Art und Weise, wie der Verf. sein Princip des Verallgemeinerns durchgeführt hat, offenbar ganz verfehlt ist, so wollen wir dieselbe nicht weiter in Betracht ziehen, sondern nur noch bei der Prüfung dieses Princips selbst etwas verweilen. Der Grundfehler desselben liegt offenbar darin, dafs es nicht aus dem Wesen des Mathematischen selbst entnommen ist, sondern nur eine allgemeine logische Kategorie enthält, welche zur Anordnung eines jeden anderen beliebigen Stoffes mit demselben Erfolge angewendet werden kann. Defshalb ist es auch nicht gradezu als falsch, sondern vielmehr als einseitig zu bezeichnen. Auch ist nicht wohl zu leugnen, dafs Verallgemeinerung der Grundbegriffe in einer systematischen Entwickelung der Mathematik stattfinden mufs, aber eben so wahr ist es auch, dafs das Fortschreiten im Systeme durch Besonderung des Allgemeinen geschieht. Diefs tritt sogleich mit gröfster Klarheit bei dem Fortschritte von der Addition zur Multiplikation, und von der Multiplikation zur Potenzirung hervor, und wenn der Verf. nicht durch seine vorgefafste Meinung verblendet worden wäre, so hätte er diefs ebenfalls sehen müssen, da er selbst p. 5 sagt: „Gleichheit der Summanden führt zum Produkt; „Gleichheit der Faktoren führt zur Potenz." Die Multiplikation ist also zunächst nur derjenige ganz specielle Fall der Addition, in welchem die Summanden alle unter einander gleich sind, und die Potenzirung ist wieder der specielle Fall der Multiplikation, in welchem die Faktoren unter einander gleich sind. Ueberhaupt findet sich die Besonderung eben sowohl als die Verallgemeinerung in dem Systeme der Mathematik, und sie finden sich nicht nur neben einander, sondern es ist sogar fast durchgehends jede Verallgemeinerung zugleich eine Besonderung und umgekehrt. Wenn man z. B. die Einheit, die ganze Zahl und den Bruch in Rücksicht auf ihre Allgemeinheit mit einander vergleicht, so kann man die ganze Zahl als allgemeiner ansehen als die Einheit, und den Bruch als das allgemeinste, insofern die ganze Zahl ein besonderer Bruch, (dessen Nenner = 1) und die Einheit eine bestimmte von den vielen ganzen Zahlen ist; von der andern Seite aber kann man mit demselben Rechte die Einheit als das allgemeinste betrachten, in wiefern jede ganze Zahl und jeder Bruch wesentlich eine Einheit ist. Die Begriffsbestimmungen des Allgemeinen, Besonderen und Einzelnen, welche jeder systematisch wissenschaftlichen Entwickelung wesentlich inwohnen, verhalten sich überhaupt nicht als ausschliefsend gegen einander, sondern nur ihre lebendige Einheit bringt Wissenschaft und Erkenntnifs hervor. Eine besondere Betrachtung verdient noch diejenige bestimmte Art der Verallgemeinerung, nach welcher Erklärungen, Sätze oder Formeln, die ihrer ursprünglichen Bestimmung gemäfs nur für ganze positive Zahlen statthaben, auch auf negative, gebrochene und irrationale Zahlen ausgedehnt werden. Diese Verallgemeinerungsart, welche der Verf. in dem ersten Theile seines Systemes anwendet, dient unter andern dazu, je zwei der sechs Fundamental-Rechnungsarten, und zwar immer die einander entgegengesetzten, Addition und Subtraktion, Multiplikation und Division, Potenzerhebung und Wurzelausziehung unter einen gemeinsamen Gesichtspunkt zusammenzufassen und ist darum für diese Rechnungsarten wesentlich. Sie kommt auch im weiteren Verlaufe der Analysis nicht selten vor, verliert aber hier die wichtige Bedeutung das Entgegengesetzte in eine Einheit zusammenzubegreifen, und wenn hier Formeln, welche anfangs nur unter der Voraussetzung bewiesen waren, dafs eine der darin vorkommenden Gröfsen eine absolute ganze Zahl sei, später verallgemeinert werden, indem gezeigt wird, dafs sie auch gelten, wenn diese Gröfse eine beliebige gebrochene oder irrationale Zahl ist, so wird dadurch nur eine Unvollkommenheit des früheren Beweises aufgehoben, welche in einer überflüssigen Voraussetzung bestand. Zuweilen kann man jedoch auch in der Analysis durch diese Art der Verallgemeinerung von einer niederen Stufe zu einer höheren aufsteigen, z. B. von der Fakultät $(a+b)\ (a+2b)\ (a+3b)\ \ldots\ldots\ (a+n\,.\,b)$ zu einer transcendenten Funktion, in welcher nicht mehr vorausgesetzt wird, dafs n eine absolute ganze Zahl ist, und welche, sobald n eine absolute ganze Zahl wird, in jene Fakultät übergeht. Dieser Uebergang von der specielleren Funktion zu der allgemeineren giebt aber niemals eine bestimmte allgemeinere Funktion, da es bekanntlich immer eine unendliche Anzahl verschiedener Funktionen giebt, welche für alle ganzzahligen Werthe einer darin vorkommenden Gröfse mit irgend einer gegebenen zusammentreffen. Diese Verallgemeinerung führt daher niemals von einer Funktion zu *einer* anderen, sondern zu einer ganzen Klasse anderer Funktionen, aus denen man aber gewöhnlich, entweder blindlings oder durch besondere Gründe bestimmt, nur eine herausgreift. Durch dieselbe Art der Verallgemeinerung hat neulich ein französischer Mathematiker Liouville eine Weiterbildung der Analysis versucht, indem er die Indices der Differenzialquotienten, die der ursprünglichen Erklärung gemäfs absolute ganze Zahlen sein müssen, als beliebige continuirlich veränderliche Zahlen auffafst. Die Definition des Differenzialquotienten wird natürlicherweise dieser Annahme gemäfs eine ganz andere, und die Bedingung, dafs die neue Definition mit der alten zusammentreffen mufs, sobald der Index eine positive ganze Zahl wird, reicht nicht hin, um die neue Definition zu bestimmen, so dafs es, was Liouville übersehen zu haben scheint, nicht nur diese eine von ihm gewählte Differenzialrechnung beliebiger Indices giebt, sondern neben dieser noch eine unendliche Anzahl anderer. Wir wollen über den Erfolg, welchen eine vollständige Ausführung einer solchen allgemeinen Differenzial-Rechnung haben kann, nicht zu voreilig aburtheilen, bis jetzt aber ist die Anwendbarkeit derselben noch gar sehr beschränkt durch die Bedingungen, welchen eine Funktion sich unterwerfen mufs, damit überhaupt ein Differenzialquotient von beliebigem Index für dieselbe gefunden werden könne, und was die bisher durch diese neue Rechnungsart erlangten Resultate betrifft, so beschränken sich dieselben auf einige Eigenschaften bestimmter Integrale, welche sich auf direktem Wege einfacher und allgemeiner herleiten lassen. Im Allgemeinen ersieht man hieraus, dafs die genannte Art der Verallgemeinerung in vielen Fällen zwar zulässig ist, aber nicht immer einen in der Natur der Sache liegenden Fortschritt bewirkt, dafs vielmehr zuweilen dadurch dem zu behandelnden Gegenstande ein gewaltthätiger Zwang angethan wird, welcher einer echt systematischen Entwickelung zuwider ist.

Wenn nun überhaupt sich gezeigt hat, dafs die Verallgemeinerung für sich unfähig ist ein systematisches Fortschreiten in der Mathematik zu bewirken, so ergiebt sich natürlicherweise die Anforderung, dafs an die Stelle dieses unhaltbaren Princips ein anderes besseres gesetzt werde. Dieser Anforderung ist aber bereits hinlänglich genügt worden, und zwar nicht sowohl durch einen gescheuten Einfall eines Einzelnen, als vielmehr durch die Richtung, welche die Wissenschaft im Ganzen genommen hat, nämlich die systematische Entwickelung gar nicht durch ein äufseres anderswoher entnommenes Princip, sondern durch das Wesen des zu behandelnden Stoffes selbst, bestimmen zu lassen.

E. Kummer.

Recension von: Ohm, Der Geist der mathematischen Analysis und ihr Verhältnis zur Schule

Jahrbücher für wissenschaftliche Kritik 1842, 209–216

***Der Geist der mathematischen Analysis und ihr Verhältnifs zur Schule. Von Dr. Martin Ohm. Erste Abhandlung. Auch als Anhang zu seinen verschiedenen Lehrbüchern. Berlin,* 1842.**

Der Titel „*Geist* der Analysis," wenn dieses Wort auch nur in uneigentlicher, gleichsam poetischer Bedeutung gefafst ist, erregt jedenfalls ein höheres Interesse als der simpele Titel der Wissenschaft selbst. Wenn der Analysis Geist zugeschrieben wird, so setzt dies nothwendig voraus, dafs sie auch noch eine andere Stufe, nämlich die der gleichsam natürlichen Existenz haben müsse, und es stellt sich dann der Geist dar als das Höchste wo die Natur hinarbeitet, und welches sie nur erreicht, indem sie, über sich selbst hinausgehend, nur zu einem untergeordneten Momente wird. Ebenso fühlt man sich versucht unter dem Geiste der mathematischen Analysis das Höchste zu verstehen, wozu es die Analysis gebracht hat, in welchem sie gleichsam ihre Vollendung feiert. Dies ist aber in der gegenwärtigen Schrift nicht unter diesem Ausdrucke verstanden, und wird auch sonst im Mathematischen schwerlich damit gemeint, denn das Wort Geist ist hier offenbar nur eine Uebersetzung des französischen esprit, welches von französischen Mathematikern oft und gern gebraucht wird, und welches gewöhnlich nicht einen so tiefen Sinn hat. L'esprit d'une méthode bezeichnet gewöhnlich den leitenden Gedanken, welcher irgend einer mathematischen Rechnung oder Construction zum Grunde liegt, im Gegensatze zu den mehr äufserlichen Apparaten von Formeln oder räumlichen Gebilden, welche bei der Ausführung mit auftreten. In einem ähnlichen Sinne will auch offenbar der Verf. der vorliegenden Schrift das Wort Geist verstanden haben, da er selbst in der Vorrede sagt: „der Verf. theilt hier so kurz, als es ihm nur immer möglich gewesen ist, das *Wesen* der Ansichten mit, welche derselbe in seinen Schriften seit 1816, besonders aber seit 1822, gelehrt hat, und lehrt, Ansichten welche das Glück gehabt haben u. s. w." und gleich darauf „weil ein Lehrbuch noch so manches andere zu berücksichtigen hat, welches das Auffassen des *Wesens* der Sache erschwert". Hierin ist also das Wort „Geist" erklärt als das *Wesen* oder das Wesentliche.

Um dieses Wesentliche in der Richtung Ohm's oder in seiner Art, die Analysis aufzufassen, ordentlich verstehen und würdigen zu können, müssen wir etwas historisch zu Werke gehen; denn Ohm repräsentirt eine besondere Richtung in der Entwickelung der mathematischen Analysis, und zwar so ganz selbstständig, dafs wohl kaum ein anderer Mathematiker von einiger Bedeutung dieselbe Richtung verfolgt. Wir fangen also von der Art und Weise an, wie noch die Mathematiker des vorigen Jahrhunderts fast ohne Ausnahme ihre analytischen Methoden anwendeten. Dieselben unterschieden nämlich die beiden wesentlichen Seiten einer analytischen Formel oder Gleichung, die blofse Form und den quantitativen Inhalt, nicht immer mit gehöriger Genauigkeit, und geriethen dadurch nicht selten in den Fehler, alles das, was nur von wirklichen endlichen Gröfsen bewiesen war, auch auf solche Formen anzuwenden, welche nicht mehr endliche Gröfsen enthielten. Wirklich falsche Resultate vermieden sie dabei fast immer, und zwar mehr durch einen guten Instinct geleitet, als durch die Richtigkeit der Methoden; den Beweisen aber, welche sie für die verschiedenen Formeln gegeben hatten, mufste in der neueren Zeit die nothwendig bindende Kraft abgesprochen werden, und es ist auch dem Bedürfnisse, dieselben auf andere, vollkommen sichere Principien zurückzuführen, in den meisten Fällen schon genügt worden. Namentlich lagen jene Fehler in dem Gebrauche der unendlichen Reihen, welche ohne Rücksicht auf Convergenz oder Divergenz angewendet wurden; ferner in der Anwendung bestimmter Integrale, wenn dieselben auch keine endlichen Werthe hatten, und in der Anwendung der imaginären Formeln, welche man, ohne irgend wie Gewissensbisse zu empfinden, wie bestimmte endliche Gröfsen handhabte. Es war in der mathematischen Analysis damals ein ganz ähnlicher Zustand wie in der Philosophie vor Kant, wo die endlichen Denkbestimmungen ganz unbefangen auf das Unendliche angewandt wurden, und wo man durch einen und denselben formelrichtigen Schlufs das Unendliche eben so gut wie das Endliche bestimmen zu können glaubte. Das Ende dieses Zustandes der Philosophie wurde, wie Jeder weifs, durch Kant herbeigeführt; das Ende dieses Zustandes in der Analysis aber kann nicht gerade einem bestimmten Mathematiker zugeschrieben werden, es wurde hier nur nach und nach Bedürfnifs, eine gröfsere Strenge und Genauigkeit in den Methoden zu haben. Der erste aber, welcher von den genannten Fehlern seiner Zeit sich vollkommen rein erhalten hat, ist Gaufs, dessen Namen Keiner, der mit philosophischen Studien auch mathematische verbindet, dem des Königsberger Philosophen nachstellen wird. Ein besonderes Factum trug auch nicht wenig dazu bei, die Mängel der bestehenden Methoden aufzudecken, und dasselbe scheint namentlich auch auf die ganze mathematische Bildung des Verfs. der vorliegenden Schrift einen sehr bedeutenden Einflufs ausgeübt zu haben, nämlich dafs Poisson im Jahre 1811 durch ein Zahlenbeispiel klar nachwies, dafs die bisher für ganz richtig und allgemein gültig gehaltenen Entwickelungen der Potenzen des Sinus und Cosinus, nach Sinus und Cosinus des vielfachen Bogens, in einem besonderen Falle ganz falsch wären. Es ist merkwürdig, wie damals, bei dem Bestreben diesen Widerspruch zu lösen, viele sonst geschickte und geachtete Mathematiker sich in immer tiefere Widersprüche stürzten und neue Fehler dazu begingen; Ohm aber hat das Verdienst, dafs er zu denen gehört, welche in dieser Sache klar waren, und die vorhandenen Fehler richtig erkannten und verbesserten. Damals, glaube ich, wo es sich zeigte, dafs auch in den Elementen der Analysis noch so manches Unbegründete und Ungenaue sich vorfände, hat Ohm seine Richtung auf das Elementare bekommen, und hat seitdem in seinen Handbüchern diesen Mangel zu verbessern gesucht. Dafs jene Fehler bei der Entwickelung der Potenzen des Sinus und Cosinus wirklich einen entscheidenden Einflufs auf Ohm's mathematische Bildung gehabt haben, scheint mir auch daraus klar hervorzugehen, dafs er auch in der gegenwärtigen Schrift nicht umhin kann, alle bei jener Gelegenheit begangenen Irrthümer noch einmal durchzugehen, und dafs er überhaupt die wenigen anerkannten Fehler der gröfsten Mathematiker mit grofser Vorliebe erwähnt. Da nun also in der Analysis eine gewisse Disharmonie von Form und Inhalt aufgetreten war, ohngefähr so wie in der Philosophie eine Trennung zwischen Denken und Sein, und da man diejenigen Formen, welchen gar kein quantitativer Inhalt entspricht, von denen, welche einen endlichen Inhalt haben, genau zu unterscheiden angefangen hatte, so wandten sich die sämmtlichen Mathematiker auf die Seite des Inhalts, und zwar in der Art, dafs sie Formen ohne Inhalt ganz aus ihren Untersuchungen verbannten. Nur Ohm allein rettete damals die inhaltlosen Formen und brachte sie in seinem Systeme in Sicherheit. Dort liegen sie nun, für sich frei von jeglichem quantitativen Inhalte, der ihnen unwesentlich ist, und nur manchmal lassen sie sich so weit herab, einen numerischen Inhalt anzunehmen. Wenn wir die oben angedeutete Analogie in der Entwickelung der Philosophie und Mathematik etwas weiter verfolgen, so fällt in die Augen, dafs Ohm in seinem Systeme eine ähnliche Rolle spielt, wie vormals Fichte in seiner Wissenschaftslehre, nur mufs man diese Vergleichungen nicht zu weit ausdehnen, weil der philosophische Gegensatz von Denken und Sein ein wesentlich anderer ist, als der Gegensatz von Form und Inhalt in der Analysis. Um den Schein einer Uebertreibung in den Augen derjenigen, welche mit Ohm's Systeme unbekannt sind, von uns zu entfernen, müssen wir hier sogleich den Hauptpunct des Ohmschen Systems geben, welcher darin liegt, dafs Ohm die Mathematik ferner durchaus nicht als Lehre von den *Gröfsen* bestimmt haben will; die Gröfsen seien wohl als Zweck der Mathematik anzusehen, ohngefähr ebenso wie der Friede als Zweck des Krieges, aber darum könne man die Mathematik eben so wenig als Lehre von den Gröfsen, wie den Krieg als Lehre vom Frieden ansehen. Dies ist Ohm's eigener Vergleich. An die Stelle der Gröfsen werden nun gewisse Verstandes-Operationen, oder auch Träger dieser Operationen, oder Ausdrücke gesetzt. Um aber nicht durch eigene, vielleicht nicht vollkommen genaue Darstellung dieses wichtigen Punctes, Veranlassung zu falschen Ansichten von dem Systeme zu geben, setzen wir die eigene Erklärung des Verfs. her, welche in der vorliegenden Schrift, zum Zeichen dafs sie den Nerv der Sache enthält, mit gesperrten Lettern gedruckt ist: „Nach dieser Ansicht sind also die sogenannten reellen Zahlen eben so wenig *Gröfsen* als die imaginären; — die reellen wie die imaginären Zahlen stehen hier in einer und derselben Kategorie. Sie sind beide nichts anders, als selbstständige Formen, d. h. angezeigte Operationen, d. h. gedachte, also wirkliche Verbindungen der Zahlen mittelst der erwähnten Verstandes-Thätigkeiten, d. h. Ausdrücke, welche diese Verstandes-Thätigkeiten verbildlichen, während letztere nach bestimmten, in *Gleichungen* ausgesprochenen Gesetzen sich richten, so dafs diese Gesetze angewandt werden können, d. h. dafs mit diesen Ausdrücken gerechnet werden kann". Wem aus dieser Erklärung des Verfs., in welcher durch viermalige eingeschobene „das heifst" wieder die einzelnen Worte erklärt werden, die Tendenz des Ohmschen Systemes noch nicht recht klar geworden sein sollte, den müssen wir auf die Ausführung der ausgesprochenen Principien in den einzelnen elementaren Rechnungsarten, namentlich der Addition, Subtraction, Multiplication und Division verweisen, zu welchen wir sogleich übergehen.

Bei den elementaren Rechnungsarten geht Ohm so zu Werke, dafs er anfänglich nach den gewöhnlichen Definitionen, welche nur für ganze Zahlen gelten, die Fundamental-Rechnungsregeln in mathematischen Zeichen aufstellt, und alsdann bestimmt, dafs diese gelten sollen, auch wenn die Buchstaben a, b, c, welche in denselben vorkommen, nicht mehr ganze Zahlen, ja nicht einmal mehr Gröfsen sein sollen. Die allgemeine Definition der Addition und Subtraction giebt Ohm in folgenden Worten an: „Zu dem Ende versteht man unter Summe a + b oder a + b + c (ohne sich mehr um die Bedeutung der einzelnen Buchstaben zu bekümmern) die blofse Form, begabt mit der Eigenschaft, dafs in ihr die Summanden in beliebiger Ordnung gedacht werden können, und unter Differenz a — b versteht man nur auch die blofse Form begabt mit der Eigenschaft, dafs man überall (a—b) + b mit a selbst vertauschen kann". Das Unzulängliche der Bestimmung des Begriffes Summe springt in die Augen; denn nach dieser Definition müfste jeder Ausdruck, der a und b so enthält, dafs man sie mit einander vertauschen kann, also jede symmetrische Function von a und b eine Summe dieser beiden Summanden sein, z. B. müfste auch das Product a . b zugleich die Summe von a und b sein, wenn gleich nur eine speciellere Art der Summe, da das Product a . b aufser der Eigenschaft, dafs sich a und b in demselben vertauschen lassen, noch eine zweite bestimmende Eigenschaft hat. Es ist nicht zu glauben, dafs diese einfache logische Wahrheit dem Gründer des neuen Systemes entgangen sein sollte, und man mufs daher annehmen, dafs nach Ohm das, was eine Summe zur Summe macht und von anderen Formen unterscheidet, nur das zwischen den Summanden stehende Kreuz ist, und dafs ein logischer Begriff unter dem Worte Summe gar nicht zu suchen ist. Auf einen wissenschaftlichen Werth können aber diese Rechnungsarten dann wohl keinen Anspruch machen, und gerade insoweit sie allgemein sind mufs man sie als vollkommen nichtig und werthlos ansehen. Untersucht man, in wie weit die aus ihnen zusammengesetzten Formeln quantitative Anwendungen zulassen, so ist klar, dafs man sich auf absolute ganze Zahlen beschränken mufs, und dafs niemals in einer Differenz der Minuendus kleiner sein darf als der Subtrahendus, denn nur von solchen Zahlen sind die Rechnungsarten abstrahirt worden; man ist also in dieser Beziehung, trotz der ungeheuern Allgemeinheit der Formeln, nicht um einen Schritt über die absoluten ganzen Zahlen hinausgekommen. Auf ähnliche Weise wird nun die Multiplication und die Division behandelt, deren erstere allein wieder einer selbstständigen Definition bedarf, da die letztere als inverse Rechnungsart daraus folgt. Das Product a . b wird erklärt als dieses Zeichen, begabt mit der Eigenschaft, dafs a . b = b . a und (a + b) . c = a . c + b . c. Diese beiden Gleichungen charakterisiren in der That das Product in formaler Beziehung vollständig genau, und ein Fehler wie der an der Definition der Summe gerügte findet hier nicht statt; was aber die Leerheit dieser Formen betrifft, welche nicht Beziehungen von Gröfsen zu einander ausdrücken sollen, so steht die Multiplication und Division in dieser Behandlungsweise mit der Addition und Subtraction ganz auf einer Stufe. Die Formeln sind von ganzen Zahlen abstrahirt, und gelten für diese unbedingt; alsdann beweist Ohm, dafs sie auch für beliebige Differenzen ganzer Zahlen gelten, wobei nur zu bemerken ist, dafs der Differenz, in welcher der Subtrahendus gröfser ist als der Minuendus, erst ein vernünftiger Sinn gegeben werden mufs, den eine solche Differenz an sich nicht hat, ehe man dieselbe in der Rechnung vorbringen kann. Nur da, wo es sich bei Ohm lediglich um die Form handelt und wo Gröfsen nicht vorkommen sollen, fällt dieser Unterschied von selbst weg, weil dann von Gröfser- und Kleinersein gar nicht die Rede sein kann. Es würde zu weitläuftig und zu wenig interessant sein die gerügten Fehler in allen Einzelnheiten der vorliegenden Schrift durchzugehen, darum wollen wir hier nur noch einige Hauptpuncte besprechen, welche die Ohmsche Auffassungsweise der Analysis betreffen.

Das Gleichheitszeichen hat hier eine ganz andere Bedeutung annehmen müssen, da von einer quantitativen Gleichheit nicht die Rede ist; gleich sind demnach bei Ohm zwei Ausdrücke, welche man für einander setzen kann, ohne dafs den Gesetzen der Rechnungsoperation widersprochen wird. Für jeden Mathematiker nun, welcher die Mathematik noch als Lehre von den Gröfsen ansieht, entsteht hier die überaus wichtige Frage, ob diese Gleichheit, wie Ohm sie nimmt, auch überall die quantitative Gleichheit nach sich zieht, oder ob nicht, denn in wie weit dies nicht der Fall wäre, würden die analytischen Gleichungen für solch einen gewöhnlichen Mathematiker wenig oder gar kein Interesse haben. Diese Frage vernachläfsigt Ohm auch in der That nicht, sie macht sogar gewissermafsen einen Hauptbestandtheil des ganzen Systemes aus, indem sie durch alle besonderen Rechnungsarten hindurchgeführt ist, und darum hat das Ohmsche System auch für diejenigen, welche die Grundansicht nicht billigen können, seinen Werth so gut wie manches andere. Der theoretische Irrthum, denn als solchen müssen wir die Grundansicht des Verfs. bezeichnen, hat glücklicher Weise auf die praktische Seite keinen Einflufs ausgeübt, und wenn wir das Ohmsche System von diesem überflüssigen und störenden theoretischen Aufputz entkleiden, so finden wir einen richtigen und guten Gang darin, welcher von dem der besseren Handbücher nicht sehr abweicht, und an dem man nur genaue Definitionen der einzelnen Rechnungsarten vermifst, statt deren Ohm die oben angegebenen Definitionen nimmt, welche in der That so gut wie gar keine sind. Der Zweck aber, die Grundwahrheiten der Analysis mit wissenschaftlicher Strenge und Consequenz systematisch zu entwickeln, ist offenbar verfehlt.

Wenn man nachforscht, was eigentlich Ohm bewogen haben mag, die Mathematik nicht mehr als Lehre von den Gröfsen aufzufassen, als welche sie seit Jahrtausenden unbestritten gegolten hat, so sind dies unstreitig die divergirenden unendlichen Reihen und die imaginären Formeln gewesen, denn dieses sind Formen, zu denen die Analysis in ihrer Entwickelung nothwendig gelangt, und welche in der That keine Gröfsen mehr sind. Wenn aber eine Function in eine unendliche Reihe entwickelt wird, welche divergirt, so zeigt dies nur, dafs in diesem Falle die für die Reihenentwickelung gefundene Form unstatthaft ist, und wenn das Resultat einer analytischen

Aufgabe eine imaginäre Formel giebt, so mufs man daraus schliessen, dafs die Aufgabe selbst einen Widerspruch in sich enthält. Die imaginären Formeln haben aber aufserdem einen ganz anderen Zweck, insofern sie als Mittel für analytische Rechnungen benutzt werden. Eine solche Gleichung zwischen imaginären Formeln stellt bekanntlich immer zwei Gleichungen dar, und ist nur als ein abgekürzter symbolischer Ausdruck für die beiden in ihr enthaltenen Gleichungen realer Gröfsen anzusehen; insofern ist auch die Rechnung mit imaginären Formeln ebenfalls nur Rechnung mit wirklichen Gröfsen. Dergleichen symbolischer Ausdrücke, welche weitläuftige Rechnungen oft höchst vortheilhaft abkürzen, giebt es auch in der Analysis noch mehrere, z. B. die Gleichung $\Delta^n u = \left(e^{\frac{d}{dx}h} - 1\right)^n u$; m. s. Lacroix traité élémentaire de calcul intégral §. 391. Man kann aber nicht behaupten, dafs diese Gleichung etwas anderes ausdrücke, als das quantitative Gleichsein der durch symbolische Zeichen dargestellten Ausdrücke. Die Mathematiker, welche nur überall mit Gröfsen rechnen, werden darum ohne Inconsequenz auch mit imaginären und anderen passenden symbolischen Ausdrücken rechnen können, da diese ihnen nur Beziehungen realer Gröfsen ausdrücken, und man hat durchaus nicht nöthig, diesen imaginären Formeln zu Liebe die Definition der Mathematik abzuändern.

Schliefslich bemerken wir noch, dafs die vorliegende Abhandlung, als erste Abhandlung, nur den elementaren Theil der Analysis befafst, nämlich aufser den elementaren Rechnungsarten die Theorie der Logarithmen, Exponentialgröfsen und Kreisfunctionen, welche nicht in ihrer geometrischen, sondern nur in der rein analytischen Bedeutung aufgefafst sind, dafs aber der Verf. dieser ersten bald eine zweite Abhandlung folgen lassen wird, welche die allgemeinen Untersuchungen über inhaltslose Formen fortsetzen, dabei aber sich mehr mit den Uebergängen der allgemeinen Formen in speciellere numerische beschäftigen wird. Die bestimmten Integrale sollen einen Haupttheil dieser bald zu erwartenden zweiten Abhandlung bilden.

Kummer.

Anzeige des ersten Bandes der Mathematischen Werke von C.G.J. Jacobi

Neue Jenaische allgemeine Literatur-Zeitung VI, 801–812

Mathematik.

Mathematische Werke, von *C. G. J. Jacobi.* Erster Band. — A. u. d. T.: *C. G. J. Jacobi opuscula mathematica.* Vol. I. Berlin, Reimer. 1846. Gr. 4. 4 Thlr.

Das vorliegende Werk ist unbestreitbar in jeder Hinsicht das bedeutendste, welches im Fache der Mathematik seit mehren Jahren als selbständiges Werk erschienen ist, um es daher allseitig gehörig zu würdigen, werden wir zunächst seine äussern geschichtlichen Verhältnisse besprechen, und sodann den innern Gehalt desselben zu ermitteln versuchen, soweit sich dies in der Kürze thun lässt, und soweit es uns selbst gelungen ist, den wahren Gedankengehalt der einzelnen Abhandlungen, aus denen es zusammengesetzt ist, richtig aufzufassen.

Der Verf. hat dies Buch Sr. Majestät Friedrich Wilhelm IV. gewidmet, und das Widmungsschreiben, welches die Stelle einer Vorrede vertritt, spricht selbst die äussern Beziehungen des Werkes zur Gegenwart in kurzen treffenden Zügen aus, sodass wie alles, was wir in dieser Beziehung zu sagen haben, an dasselbe passend werden anknüpfen können. Über den Grund dieser Widmung und über sein Verhältniss zum König spricht sich Hr. Jacobi selbst aus: „Es hat mich gedrängt, ein Buch, zu dessen Anfang und Vollendung ich die Kraft allein durch die Gnade Eurer Majestät gefunden habe, Eurer Königlichen Majestät als ein Zeichen meines innigsten Dankgefühls zu Füssen zu legen." Der König von Preussen hat auch in der That gegen Hrn. J. so edel, so wahrhaft königlich gehandelt, dass er sich nicht allein den innigsten Dank dieses grossen Mannes, sondern ebenso den Dank der Mitwelt und Nachwelt erworben hat; denn er hat denselben schon bei seiner Thronbesteigung durch Gnadenbezeigungen ausgezeichnet, namentlich aber nachher, als eine tödtliche Krankheit sein Leben bedrohte, hat der König alles gethan, ihn der Wissenschaft zu erhalten, indem er ihm die Mittel gegeben hat, in Italien seine geschwächte Gesundheit wieder herzustellen, und nachher in vollster Musse in Berlin nur seiner Gesundheit und seinen wissenschaftlichen Arbeiten zu leben. Der hochgesinnte König hat sich auch nicht allein darauf beschränkt, ihm diese äussern Mittel zu gewähren, sondern hat ihm auch in hohem Grade sein persönliches Wohlwollen und die Achtung geschenkt, welche, wenn sie einem so hervorragenden Geiste von einem grossen Könige gewährt wird, diesen ebenso ehrt als jenen. Es ist darum vollkommen gerechtfertigt, dass Hr. J. seinen wissenschaftlichen Arbeiten eine nähere Beziehung zu dem Könige gibt, dass er dieselben mit edlem Selbstbewusstsein als Arbeiten betrachtet, welche zur Verherrlichung Preussens und seines erhabenen Herrschers beitragen, indem sie in den mathematischen Wissenschaften den Deutschen das Übergewicht über alle fremden Nationen sichern, welches lange Zeit unbestritten den Franzosen zugehört hat. „Nachdem Frankreich (schreibt Hr. J.) auf dem Kriegsfelde glücklich besiegt worden, haben wir, wie in der Sage von der Hunnenschlacht die Schatten in den Lüften fortkämpften, in den Regionen des Gedankens weitergekämpft, unterstützt von der heiligen Allianz mit dem Geiste, die Preussen geschlossen, und manchen glorreichen Sieg in den Wissenschaften erstritten. Und so rühmen wir uns auch, in der mathematischen Wissenschaft nicht mehr die zweiten zu sein."

Das Aufblühen der mathematischen Wissenschaften in Deutschland datirt sich von dem Anfange dieses Jahrhunderts her, wo Gauss zuerst mit seinem Werke *Disquisitiones arithmeticae* auftrat, welches alles früher hierin Geleistete so weit überragte, dass anfangs sehr wenige der besten Mathematiker im Stande waren, es nur zu verstehen. Diesem reihten sich sodann die übrigen Schriften von Gauss an, aber er blieb lange als grösster Mathematiker dieses Jahrhunderts vereinzelt stehen, und die mathematischen Wissenschaften in Deutschland hoben sich nicht in grösserer Ausdehnung, bis um das J. 1826 ein neues Leben in dieser Wissenschaft für unser Vaterland aufging, als dessen hauptsächlichstes Organ das Crelle'sche Journal für Mathematik gegründet wurde. Damals begann Hr. J. seine Untersuchungen über die elliptischen Functionen, welche zuerst seinem Namen die Weltberühmtheit erwarben. In diesen traf er auf wunderbare Weise mit dem Genie Abel's zusammen, den wir, als einen Norweger, leider nicht zu den Unserigen rechnen können. Damals kehrte auch Lejeune-Dirichlet aus Frankreich, wo er seine mathematische Vorbildung genossen hatte, nach Deutschland zurück, und wir rechnen ihn mit Stolz ganz zu den Unserigen; denn es ist der deutsche Genius, welcher ihn in sein Vaterland zurückgezogen hat, und welcher seinen wissenschaftlichen Arbeiten ihre bewunderungswürdige Tiefe verleiht. Wir könnten nach diesen noch eine treffliche Reihe deutscher Mathematiker aufführen, welche das neu erwachte Leben entweder mit anfachen halfen, oder von demselben beseelt wurden, aber die Hauptmacht und der Principat, welchen Deutschland in dieser Wissenschaft jetzt behauptet, liegt allein in den genannten drei Namen Gauss, Jacobi und Dirichlet. In Frankreich lebt jetzt nur einer, welcher diesen an die Seite gestellt werden kann, nämlich Cauchy, dessen ausserordentlich productiver Geist in den elementarsten, sowie in den sublimsten Sphären der Mathematik neues schafft, und in allem, was er unternimmt, einen Fortschritt der Erkenntniss bewirkt. Wenn wir nun in den Mathematikern ersten Ranges das entschiedene Übergewicht über die Franzosen haben, da uns drei Sterne erster Grösse glänzen, jenen nur einer, so können wir ihnen gern zugestehen, dass sie unter den mathematischen Sternen zweiter und dritter Grösse mehr ausgezeichnete Namen nachzuweisen haben, als wir, und dass dieses Übergewicht weiter hinab bis zu den teleskopischen Sternen, selbst bis zu denen sechszehnter Grösse immer mehr zunimmt. Es ist dies eine nothwendige Folge der geschichtlichen Entwickelung der Mathematik in Frankreich und in Deutschland. Dort ist nämlich die Periode des Glanzes früher eingetreten, als bei uns, die Wissenschaft hat Zeit gehabt, sich auszubreiten, und die hohe Achtung, in welcher sie steht, hat viele treffliche Talente angespornt, sich ihr zu widmen; aber es ist dafür jene Macht der Genialität, welche durch treffliche Institute und sorgfältige Bildung wohl gepflegt, aber niemals hervorgebracht oder ersetzt werden kann, sondern überall als ein unmittelbares Geschenk des göttlichen Geistes erscheint, leider schon im Abnehmen begriffen. Wir Deutschen dagegen stehen noch in dem ersten Stadium einer neuen Periode der mathematischen Wissenschaften, wir sind dessen gewiss, dass wir jetzt die schöpferische Macht des Geistes auf unserer Seite haben, und wir hoffen, dass diese in unsern Helden der Wissenschaft immer stärker fortwirken und uns ferner neue erwecken werde.

Dieser frische thatkräftige Geist, welcher jetzt die mathematischen Wissenschaften in Deutschland auszeichnet, hat auch einen eigenthümlichen Charakter unserer mathematischen Literatur herbeigeführt, nämlich dass fast gar keine umfassenden Werke existiren, in denen eine der mathematischen Disciplinen systematisch als Ganzes behandelt wird, sondern dass der Kern und die Blüthe unserer mathematischen Schriften nur in der Form von Abhandlungen erscheint. Jetzt, wo noch die rein schöpferische Thätigkeit vorwaltet, kommt es darauf an, das Gebiet der Wissenschaft zu erweitern, neue Standpunkte zu erobern, welche die umliegenden Gebiete beherrschen, aber nicht, sich ihres ruhigen Besitzes zu erfreuen, sondern immer weiter in noch unbekannte Fernen vorzudringen. Die Abhandlung, welche den neu gewonnenen Standpunkt der Herrschaft der Wissenschaft unterwirft, ist die einzig geeignete Form, welche diese wissenschaftliche Arbeit annehmen kann. Wollten unsere Mathematiker die Forderung an sich stellen, ihre neuen Entdeckungen nicht eher herauszugeben, bis sie dieselben mit dem alten bekannten Stoffe zusammen zu umfassenden Werken verarbeitet hätten, so würden sie der Entwickelung der Wissenschaft ihr eigenthümliches Lebensprincip rauben, und würden gerade das herrlichste Stadium einer Blüthenperiode der Wissenschaft ungenützt vorübergehen lassen. Das uns vorliegende Werk Hrn. J.'s trägt auch darin den Charakter unseres gegenwärtigen wissenschaftlichen Standpunktes an sich, dass es eine Sammlung einzelner Abhandlungen ist. Wir schätzen es eben darum um so höher, und meinen, dass dies durchaus nicht der Entschuldigung bedurft hätte, welche Hr. J. in seinem Widmungsschreiben macht: „Aber ich habe gezweifelt, ob eine aus allen Theilen der Mathematik zusammengefügte Mosaikarbeit sich den Augen Eurer Majestät darstellen dürfte, ob ich nicht die Vollendung einer der von mir vorbereiteten, vielleicht minder unwerthen, Arbeiten abwarten sollte, welche in mehr künstlerischer Einheit einen Hauptzweig der Wissenschaft abschliessen."

An das erste Stadium, in welchem der Geist, gleichsam eroberungssüchtig, vorzüglich nur auf Erweiterung der Grenzen der Wissenschaft gerichtet ist, schliesst sich das zweite an, in welchem die schaffende Thätigkeit zwar keineswegs ausgeschlossen ist, aber die Form gebende die Herrschaft über dieselbe erlangt. In diesem Stadium sehen wir jetzt die Franzosen stehen. Sie besitzen schon eine reiche Auswahl trefflich geschriebener Werke, in denen die besondern Disciplinen der Mathematik behandelt sind, sie haben unbestritten die vorzüglichsten Hand- und Lehrbücher, und sie sind in der Darstellung und Formgebung durchgängig grössere Meister als wir. Es sind dies Vorzüge, zu denen wir in dem regelmässigen Verlaufe unserer mathematischen Literatur ebenfalls gelangen werden. Auch wir werden in der Folge unsere Thätigkeit mehr auf die Form wenden, und werden, in das zweite Stadium der Entwickelung dieser Periode unserer Wissenschaft eintretend, umfangreichere Meisterwerke produciren, wie sie dem umfassenden und zu strenger Systematik geneigten Geiste der deutschen Nation entsprechen. Von da an aber, in dem dritten Stadium, dem des Verfalls, werden wir anfangs noch gelehrte Sammelwerke schaffen, und in dem weitern Verlaufe desselben uns vielleicht damit begnügen, nur das in bessern Zeiten Erarbeitete verständlicher oder gar flacher zurecht zu legen, wie dies auch jetzt diejenigen thun, welche an dem neuen Leben unserer Wissenschaft keinen Theil genommen haben. So vegetirt denn die Wissenschaft fort, bis mit einem neu erwachenden Geiste wieder eine neue Periode beginnt. — Das Gesetz der Periodicität, mit welchem der Mathematiker wohl vertraut ist, und welches auch in der Natur überall herrscht, hat ebenso in der Sphäre des Geistes seine Anwendung, nur dass es hier in dem Gebiete der Freiheit nicht jene unwandelbare Nothwendigkeit geltend machen kann, welche es in der Mathematik und in der Natur behauptet. Die verschiedenen Stadien einer Periode grenzen sich hier nicht rein ab, sondern gehen in einander über, ja die verschiedenen Perioden selbst haben keine genauen Grenzen, und gewöhnlich fängt die neue Periode eher an, als die frühere an Alterschwäche gänzlich abgestorben ist. Die Periode selbst ist eine objective Macht über den Einzelnen, welcher in derselben lebt, aber nicht eine absolute Macht, sodass der Einzelne sich ihr zwar nicht gänzlich entziehen, aber doch mit Erfolg auch gegen dieselbe seine Individualität behaupten kann. Der hier angedeutete Verlauf unserer Periode der mathematischen Wissenschaften in Deutschland und Frankreich wird darum zwar nicht überall, in Rücksicht auf jeden Einzelnen, sich vollständig realisiren, auch ist er nicht an vorauszubestimmende feste Zeiten gebunden, aber im Allgemeinen und Ganzen wird derselbe ebenso sicher eintreten, als nach dem Frühlinge der Sommer und nach diesem der Herbst und Winter. Darum wollen wir auch die Franzosen nicht um diejenigen Vorzüge beneiden, welche mit ihrer mathematischen Bildungsstufe nothwendig gegeben sind, wir wollen auch dieses weitere Stadium, welches zwar an sich noch ruhmwürdig, doch dem Verfalle der Wissenschaft näher liegt, nicht zu zeitig für uns herbeiwünschen, sondern wollen dahin arbeiten, dass uns erst noch der gegenwärtig in uns lebendige Geist die reichsten Schätze entfalten möge.

Die Blüthenperiode der Wissenschaft hat in den Individuen, welche als Schöpfer oder Träger derselben auftreten, einen ähnlichen Verlauf, als in einer Nation, oder in der Menschheit überhaupt, es wird jedoch den grossen Geistern nicht selten das letzte Stadium, das des Verfalls, erspart. So sehen wir zum Beispiel, dass Euler in den frühern Jahren seines Lebens hauptsächlich nur auf Erweiterung des Gebiets der Wissenschaft ausgehend, die Erzeugnisse seines Geistes der Welt in Form von Abhandlungen übergeben hat, während die umfangreichern Werke desselben grösstentheils seinem mehr vorgerückten Alter angehören. Er hat die Kraft seines Geistes bis in sein 77. Jahr bewahrt, wo ein plötzlicher Tod ihn im vollen Glanze seines Ruhmes und in noch ungeschwächter Thätigkeit dahinraffte. Hr. J. ist noch nicht in dasjenige Stadium seines wissenschaftlichen Lebens eingetreten, welches die umfassenden Werke hervorzubringen pflegt. Seine grossartigen Leistungen, welche überall neue Bahnen brechen und neue Felder der Wissenschaft eröffnen, besitzen wir bisher nur als Abhandlungen; denn auch sein Werk über die elliptischen Functionen: *Fundamenta nova etc.*, trägt nur den Charakter einer grössern Abhandlung an sich, da es alles ausschliesst, was nicht von ihm selbst gefunden ist, weshalb es auch in einigen Hauptpunkten Lücken behalten hat, deren Ausfüllung in Abel's, seines grossen Rivalen, Schriften zu suchen ist. Hr. J. bereitet jedoch, wie auch in der obenangeführten Stelle ausgesprochen ist, schon seit einiger Zeit mehre Hauptwerke vor, welche er später auszuarbeiten und herauszugeben gedenkt, und zu welchen wir in vielen seiner Abhandlungen, auch in den gegenwärtig uns vorliegenden, schon die Vorarbeiten besitzen. Wir können von ihm ein Werk über die elliptischen Functionen erwarten, ferner eine neue Mechanik oder Phoronomie und ein Werk über Zahlentheorie, hauptsächlich vom Standpunkte der Kreistheilung aus aufgefasst, und noch viele andere Werke, wenn Gott ihm, dem er den Geist Euler's gegeben hat, auch ein so langes Leben verleiht, als diesem ersten Mathematiker des vorigen Jahrhunderts.

Betrachten wir nun die in dem vorliegenden ersten Bande der *opuscula mathematica* von Hrn. J. enthaltenen Abhandlungen, so bemerken wir zunächst, dass neue, d. h. früher noch nie erschienene Abhandlungen Hrn. J.'s nicht darin enthalten sind, sondern dass alle sich schon in den letzten Bänden von Crelle's Journal vorfinden, und einige derselben ausserdem schon früher in den Monatsberichten der Berliner Akademie, den *Compte rendu des séances de l'académie des sciences de Paris*, oder dem *Bulletin de l'académie de St. Pétersbourg.* Für die Auswahl und für die Anordnung oder Reihenfolge derselben haben wir durchaus kein bestimmendes Princip auffinden können, und wir bedauern, dass wahrscheinlich gewisse äussere Gründe oder Rücksichten obgewaltet haben, warum uns der reiche Schatz der J.'schen Abhandlungen nicht in einer geordneten Reihenfolge überliefert wird, für welche der Inhalt, und wenn dies nicht möglich war, doch die Zeit der Entstehung als Princip hätte gewählt werden können. Die Anordnung nach dem Inhalte würde freilich einige Schwierigkeiten geboten haben, weil nicht wenige Abhandlungen Hrn. J.'s vorhanden sind, in denen gerade die sonst getrennten Fächer der mathematischen Disciplinen zu einer innern Einheit verknüpft, oder wo die innigen Beziehungen heterogener Stoffe nachgewiesen werden. Es würde aber auch ein Missgriff gewesen sein, diese Abhandlungen irgend einem alt überlieferten Schematismus unterzuordnen; denn die neuere Mathematik, welcher sie angehören, wird sich erst später ihr eigenthümliches System schaffen, und zwar wol nicht mehr nur ein in einer Linie fortlaufendes, dessen Vollkommenheit allein darin liegt, dass das Folgende überall durch das Vorhergehende begründet werde, sondern ein dem Weltsysteme ähnlicheres, dessen Aufgabe es sein wird, über die blosse Begründung der mathematischen Wahrheiten hinausgehend, eine allseitige Erkenntniss der wesentlichen Beziehungen derselben zu einander zu geben. Dessenungeachtet würden sich Hrn. J.'s Abhandlungen alle leicht nach gewissen Hauptrichtungen in zusammengehörende Gruppen haben abtheilen lassen, und es würde damit dem mathematischen Publicum, namentlich denen, welche dieselben in Crelle's Journal zerstreut schon anderweitig besitzen, ein wesentlicher Dienst geleistet worden sein. Auch wenn die sämmtlichen Abhandlungen Hrn. J.'s in den *opusculis mathematicis* nur der Zeit ihrer Entstehung nach geordnet wären, so würde ein gewisser Zusammenhang, der in dem Geiste ihres Verfassers gegeben wäre, ihnen nicht fehlen, und sie würden noch in geschichtlicher Beziehung ein höheres Interesse gewonnen haben. Wenn es unsere Aufgabe wäre, hier eine Entwickelung des Inhalts sämmtlicher Arbeiten Hrn. J.'s zu geben, so würden wir versuchen, sie in Gruppen zusammenzufassen, und so die in denselben waltenden Gedanken dem Leser aufzudecken. Da wir aber nur von den in diesen Band aufgenommenen Abhandlungen zu sprechen haben, welche unter sich keine vollständigen Gruppen bilden, so bleibt uns nichts übrig, als dieselben einzeln durchzugehen, wie sie uns geboten werden, und wir werden uns auf frühere Arbeiten Hrn. J.'s, auf welche sich diese gründen, nur insoweit berufen, als sie zur Würdigung der vorliegenden nothwendig sind.

1) *Über die Entwickelung des Ausdrucks:*

$$\left[aa - 2aa'(\cos\omega\cos\varphi + \sin\omega\sin\varphi\cos(\vartheta - \vartheta')) + a'a'\right]^{-\frac{1}{2}}$$

Diese kleine nur sechs Seiten umfassende Abhandlung gründet sich auf frühere Untersuchungen, welche Legendre und Laplace über die Entwickelung solcher Ausdrücke und über die Bestimmung der Coefficienten derselben, welche in der Theorie der Perturbationen von grossem Nutzen sind, schon früher angestellt haben. Hr. J. zeigt, wie die vollständige Lösung der Aufgabe ausserordentlich einfach durch Anwendung eines sehr fruchtbaren und in neuerer Zeit, besonders bei der Behandlung bestimmter Integrale, mit grossem Glücke angewendeten Kunstgriffes erhalten wird, nach welchem man gewisse Ausdrücke durch bestimmte Integrale ersetzt. Wenn nämlich ein Ausdruck für irgend eine mit ihm vorzunehmende analytische Operation eine minder geeignete Form hat, und wenn für diese Operation ein Integralzeichen nicht störend ist, so ersetzt man diesen Ausdruck durch ein bestimmtes Integral, bei welchem die Function unter dem Integralzeichen leichter zu behandeln ist, als die ursprünglich gegebene. Die einzelnen Coefficienten der nach Potenzen von $\frac{a'}{a}$ fortschreitenden Entwickelung werden so nach Cosinus der Vielfachen des Winkels $\vartheta - \vartheta'$ entwickelt. Die Coefficienten dieser Entwickelung haben das Eigenthümliche, dass es Producte zweier Factoren sind, deren jeder nur von einem der beiden Winkel ω und φ abhängig ist, und welche, vermöge einer merkwürdigen Anwendung des Taylor'schen Lehrsatzes, als Differenzialquotienten einer und derselben ganzen rationalen Function erhalten werden. Diese Function ist wieder dieselbe, welche aus der Entwickelung des Ausdrucks $(1 - 2xz + z^2)^{-\frac{1}{2}}$ hervorgeht, und auch bei der Gaussischen Methode der Berechnung der Integrale die wichtigste Rolle spielt, wie Hr. J. in frühern Abhandlungen gezeigt hat.

2) *Zur Theorie der elliptischen Functionen.* Dieser Aufsatz behandelt besonders die numerische Berechnung der elliptischen Functionen, für welche einige neue Formeln, als Ergänzung zu den in den *fundamentis novis* enthaltenen, gegeben werden. Legendre hat bekanntlich die Methode der Berechnung der elliptischen Integrale, welche sich auf Wiederholung der Landenschen Transformation gründet, und welche er als die zweckmässigste erkannt hatte, im zweiten Bande seines *Traité des fonctions elliptiques* sehr speciell behandelt, und hat noch in seinem hohen Alter mit erstaunenswerthem Fleisse die umfangreichen Tafeln berechnet, welche sich in dem erwähnten Werke finden. Seit Hrn. J.'s und Abel's neuer Anschauungsweise der elliptischen Functionen musste aber auch die Frage über die numerische Berechnung und die Anlage von Tafeln in diesen Functionen aufs Neue erörtert werden, weil seitdem die von Legendre nur als Nebensache behandelte Frage: zu einem gegebenen Werthe des Integrales und des Modul den Werth der Amplitude zu finden, als die beiweitem wichtigste sich herausgestellt hatte, und weil die seitdem gefundenen Entwickelungen der elliptischen Functionen, nämlich der umgekehrten Functionen jener von Legendre behandelten, welche seitdem nur elliptische Integrale genannt werden, einen grossen Reichthum neuer Mittel gewähr-ten. Hierzu kommt noch die überaus grosse Wichtigkeit der in den *fund. nov.* mit q bezeichneten Grösse, welche Legendre gar nicht kannte, welche aber seitdem wenigstens dieselben Ansprüche auf den Titel eines Modul der elliptischen Functionen erlangt hat. als der ursprüngliche Modul bei Legendre.

Die Berechnung der Amplitude aus den gegebenen Werthen des Integrales und des Modul wird durch diejenigen Ausdrücke, nach welchen *sin. am. u, cos. am.u. etc.* als Quotienten zweier unendlichen Reihen erscheinen, und zwar namentlich durch eine hier von Hrn. J. gegebene Formel erstaunend einfach; denn auch in den sehr ungünstigen Fällen, in welchen der Modul der Einheit sehr nahe kommt, convergiren diese beiden Reihen noch so rasch, dass drei Glieder derselben stets hinreichend sind, um die Amplitude bis auf ein Hunderttheil einer Sekunde genau zu berechnen. Ausserdem vervollkommnet Hr. J. auch das Mittel zur Berechnung der elliptischen Integrale der zweiten und dritten Gattung, und wendet alles auf ein bestimmtes numerisches Beispiel an. Eine Tabelle für die Werthe der Function *log. q* schliesst diesen Aufsatz.

3) *Sur l'élimination des noeuds dans le problème des trois corps.* Die Differenzialgleichungen, welche die Bewegung eines dem allgemeinen Gravitationsgesetze allein unterworfenen Systems von Körpern bestimmen, sind bekanntlich, auch in dem besondern Falle, wo das System nur aus drei Körpern besteht, bisher noch nicht vollständig integrirt worden, obgleich wegen der hohen Wichtigkeit dieser Aufgabe für die Astronomie die vorzüglichsten Mathematiker des vorigen Jahrhunderts sich mit derselben beschäftigt haben. Der Grund, warum dies nicht gelungen ist, scheint nicht sowol in den Mathematikern, als in der Sache selbst zu liegen; denn wenn unter Integration einer Differenzialgleichung die Zurückführung derselben auf Quadraturen, d. i. auf Differenzialgleichungen mit separirten Variabeln verstanden wird: so wird es stets unendlich viele in endlicher Form nicht integrirbare Gleichungen geben, weil die separirte Differenzialgleichung beschränkter ist, als die allgemeine, und weil mit beschränkten Mitteln sich zwar oft viel, aber nicht alles leisten lässt. Der in der Praxis wichtigste Fall, wo von den drei Körpern einer als die Sonne, der andere als der störende und der dritte als der gestörte Körper angesehen wird, und wo die Störung verhältnissmässig gering ist, oder nur geringe Abweichungen von der elliptischen Bahn statthaben, wird von da an, wo die Integrationen statthaben, nach allgemeinen Näherungsmethoden in jedem besondern Falle ausgerechnet. Hierbei wird die Sonne als fest angesehen, oder da von absoluter Bewegung überhaupt nirgends die Rede sein kann, so wird die relative Bewegung um die Sonne gesucht. Dasselbe Verfahren, einen der drei Körper, oder auch den gemeinsamen Schwerpunkt aller drei als unveränderlich festzusetzen, hat man auch für die allgemeinere Behandlung der Aufgabe angenommen, wodurch zwar einerseits eine Vereinfachung, aber andererseits eine Störung der Symmetrie herbeigeführt wird, welche bewirkt, dass diejenigen allgemeinen Integrationen, welche unter dem Namen Princip der Erhaltung der lebendigen Kraft und der Flächen bekannt

sind, sich nicht mehr unmittelbar anwenden lassen. Hrn. J.'s Fortschritt in der Lösung dieses Problems liegt nur darin, dass er gezeigt hat, wie man eine der erstgenannten ähnliche Vereinfachung, nach welcher die Bewegung der drei Körper auf die Bewegung von zwei fingirten Körpern reducirt wird, anwenden kann, ohne dadurch die Vortheile aufzugeben, welche die ursprüngliche Form der Differenzialgleichungen gewährt. Die ersten Integrale, welche das Princip der Erhaltung der Flächen für die beiden fingirten Körper (mit deren Bewegung auch die der drei ursprünglichen Körper gegeben ist), gibt, zeigen, dass die Durchschnittslinie der Ebenen ihrer Bahnen sich in einer festen Ebene, und zwar in der unveränderlichen Ebene des Systems, bewegt, der Winkel, welcher diese Knotenlinie bestimmt, kommt sodann in dem Systeme der Differenzialgleichungen nicht mehr vor, und dies merkwürdige Resultat hat Hrn. J. bestimmt, dieser Abhandlung den vorstehenden Titel zu geben. Hrn. J.'s Methode gewährt auch nicht die vollständige Lösung des Problems der drei Körper, oder die allgemeine Integration aller sechs Differenzialgleichungen zweiter Ordnung, aber sie kommt der Lösung einen ganzen Schritt näher, denn während man früher von den nöthigen 12 Integrationen nur vier ausführen konnte, so gibt diese Methode deren fünf.

4) *Theoria nova multiplicatoris systemati aequationum differentialium vulgarium applicandi.* Diese Abhandlung, welche auch an Umfang alle andern beiweiten übertrifft, bildet gleichsam den Kern dieses ersten Bandes der *opuscula.* Sie gründet sich zunächst auf zwei frühere Abhandlungen Hrn. J.'s über die Determinanten, nämlich *De formatione et proprietatibus determinantium* und *De derminantibus functionalibus*, in Crelle's Journal, Bd. XXII, und ausserdem erstreckt sie sich auch über viele schon früher von Hrn. J. behandelte Probleme, sowol aus der Algebra und Analysis, als auch aus der Mechanik. Die Determinanten, als die gemeinsamen Nenner der Unbekannten, welche man aus der Auflösung von Systemen lineärer Gleichungen erhält, sowie das Bildungsgesetz und einige Grundeigenschaften derselben, waren zwar längst bekannt, aber die hohe Bedeutung, welche denselben auch in der Analysis zukommt, hat Hr. J. zuerst in diesen Abhandlungen nachgewiesen. Wenn es überhaupt die vorzüglichste Arbeit jeder Wissenschaft ist, in dem Willkürlichen das Nothwendige, in dem Veränderlichen das Bleibende aufzusuchen, und wenn das in den Veränderungen der Gegenstände Unwandelbare überall als das Wesen derselben erkannt werden muss, so ist klar, dass auch in der Algebra und Analysis alle diejenigen Ausdrücke die vornehmsten sein und gleichsam den Kern dieser Wissenschaft bilden müssen, welche an sich selbst ein bei gewissen Veränderungen ihrer Elemente bleibendes Unveränderliches repräsentiren. Wir erinnern hierbei nur an die Bedeutung der symmetrischen Functionen für die Theorie der höhern Gleichungen, an die Gaussischen Perioden in der Kreistheilung, an die elliptischen Integrale, welche aus ihren Transformationen immer wieder als dieselben hervorgehen, und an die periodischen Functionen überhaupt. Solche bevorzugte Ausdrücke sind auch die Determinanten in mehren Beziehungen, und sie haben eben darum die grösste Wichtigkeit zunächst für die Algebra. In der höhern Analysis aber kommen dieselben in der eigenthümlichen Gestalt vor, dass ihre Elemente nicht mehr einfache Grössen, sondern die partiellen Differenzialquotienten eines Systems von Functionen sind, welche ebenso viele unabhängige Veränderliche enthalten, als Functionen vorhanden sind, und in dieser Form hat ihnen Hr. J. den Namen Functionaldeterminanten gegeben. Ausser allen Eigenschaften, welche den Determinanten als solchen zukommen, haben diese Functionaldeterminanten, wie Hr. J. gezeigt hat, eine wunderbare Analogie mit den einfachen Differenzialquotienten, indem sie für die Systeme von Functionen mehrer Veränderlichen genau dasselbe sind, was die Differenzialquotienten für die Functionen einer Veränderlichen. Die in der Abhandlung *De determinantibus functionalibus* enthaltenen Hauptsätze stimmen so vollständig mit den bekannten Sätzen über Differenzialquotienten überein, dass man fast überall nur die Benennung Differenzialquotient in Functionaldeterminante zu verwandeln hat, um sie aus diesen zu erhalten.

In dem ersten Capitel der uns vorliegenden Abhandlung wird nun diese Analogie noch weiter verfolgt, indem partielle Functionaldeterminanten eingeführt werden, welche den partiellen Differenzialquotienten vollständig entsprechen. Dieselben finden immer nur in dem Falle statt, wenn die Anzahl der unabhängigen Veränderlichen grösser ist, als die Anzahl der Functionen, und zwar wird die Analogie mit den partiellen Differenzialquotienten am reinsten bewahrt, wenn nur eine unabhängige Veränderliche mehr vorhanden ist. Die Idee, welche der Einführung des J.'schen Multiplicators zu Grunde liegt, kann nun nach der angegebenen Analogie aus dem bekannten Euler'schen Multiplicator leicht begriffen werden. Sowie nämlich dieser definirt werden kann als eine Function, mit welcher zwei beliebig gegebene Functionen zweier Veränderlichen multiplicirt werden müssen, damit die Producte zu partiellen Differenzialquotienten einer und derselben Function werden: ebenso wird der J.'sche Multiplicator definirt als eine Function, mit welcher $n+1$ beliebig gegebene Functionen multiplicirt werden müssen, damit diese Producte zu partiellen Functionaldeterminanten eines und desselben Systems von n Functionen werden. Dieser Multiplicator kann auch auf ähnliche Weise, wie der Euler'sche durch eine einzige partielle Differenzialgleichung definirt werden, wozu ein Satz über die partiellen Functionaldeterminanten dient, welcher als Grundlage dieser ganzen Theorie anzusehen ist, und welchem für die partiellen Differenzialquotienten der Functionen zweier Veränderlichen $\frac{dz}{dx}=p$ und $\frac{dz}{dy}=q$ der bekannte Satz entspricht, dass $\frac{dq}{dx}=\frac{dp}{dy}$ ist. Durch eine einfache Anwendung dieses allgemeinen Satzes hat Hr. J. auch eine bedeutende Lücke in der Integralrechnung ausgefüllt, indem er aus demselben die allgemeine Transformation der vielfachen Integrale, durch Einführung neuer Variabeln, deren Grenzen nicht mehr von einander abhängig, sondern constant sind, hergeleitet hat, welche früher nur für zwei- oder dreifache Integrale bekannt war. Die vollständige Functionaldeterminante von $n+1$ Functionen und ebenso vielen unabhängigen Veränderlichen setzt sich aus den partiellen Determinanten von n Functionen auf ähnliche

Weise zusammen, wie das vollständige Differenzial aus den partiellen Differenzialquotienten, oder wenn man die $n+1$ partiellen Functionaldeterminanten mit den $n+1$ partiellen Differenzialquotienten einer neuen Function respective multiplicirt und addirt, so erhält man eine vollständige Functionaldeterminante. Denkt man sich aber $n+1$ ganz beliebig gegebene Functionen $X, X_1, \ldots. X_n$, der $n+1$ unabhängigen Veränderlichen $x, x_1, \ldots. x_n$ mit den $n+1$ partiellen Differenzialquotienten einer Function f multiplicirt, so wird die Summe dieser Producte durch den J.'schen Multiplicator zu einer vollständigen Determinante gemacht, weil die $n+1$ gegebenen Functionen durch denselben zu partiellen Functionaldeterminanten gemacht werden. Der Multiplicator hat darum auch die Bedeutung, dass er die linke Seite der linearen partiellen Differenzialgleichung:

$$(1.)\qquad X\frac{df}{dx}+X_1\frac{df}{dx_1}+\ldots\ldots+X_n\frac{df}{dx_n}=0$$

zu einer vollständigen Functionaldeterminante macht, und er heisst darum auch Multiplicator dieser Differenzialgleichung. Die übrigen n Functionen, aus denen die Functionaldeterminante besteht, sind dann alle verschiedene Auflösungen dieser partiellen Differenzial-Gleichung. Da mit der Integration dieser zugleich auch die Integration von folgender Differenzialgleichung gegeben ist:

$$(2.)\qquad X-X_1\frac{dx}{dx_1}-X_2\frac{dx}{dx_2}-\ldots-X_n\frac{dx}{dx_n}=0$$

so heisst der Multiplicator auch Multiplicator dieser partiellen Differenzialgleichung oder auch Multiplicator des Systems der gewöhnlichen Differenzialgleichungen.

$$(3.)\qquad dx : dx_1 : \ldots\ldots : dx_n = X : X_1 : \ldots. X_n.$$

Derselbe Multiplicator, welcher die linke Seite der Gleichung (1.) zu einer vollständigen Functionaldeterminante macht, leistet dasselbe auch für die Gleichung (2.), wenn in derselben x als unbestimmte Function der andern Grössen $x_1, x_2, \ldots. x_n$ angesehen wird. Nimmt man $n=1$, oder x als Function von x_1 allein, wodurch der partielle Differenzialquotient zu einem gewöhnlichen wird: so erkennt man sogleich die analoge Eigenschaft des Euler'schen Multiplicator, welcher bewirkt, dass $X-X_1\frac{dx}{dx_1}$ zu einem vollständigen Differenzialquotienten einer Function der unabhängigen Grösse x_1 und der abhängigen x wird. Auch in den particulären Auflösungen zeigt sich die Analogie darin, dass, wenn man den Multiplicator gleich Null oder gleich unendlich setzt, diese Gleichung in der Regel eine besondere Auflösung jener partiellen Differenzialgleichung gibt.

In dem zweiten Capitel der Abhandlung wird der Multiplicator hauptsächlich in seiner Eigenschaft als integrirender Factor behandelt. Was er in dieser Beziehung leistet, besteht nicht etwa, wie man vermuthen sollte, darin, dass er irgend eines der n Integrale der oben aufgestellten Gleichungen unabhängig von den übrigen liefert, sondern darin, dass er die letzte Integration vermittelt, d. h. auf Quadraturen zurückführt. Wenn nämlich von dem Systeme von n gewöhnlichen Differenzialgleichungen bei (3.) $n-1$ unabhängige Integrale bekannt sind, deren jedes eine willkürliche Constante enthält, so kann mit Hülfe des Multiplicator das letzte $n$te Integral vollständig gefunden werden. Dieser Satz wird von Hrn. J. seiner Wichtigkeit wegen als *Princip des letzten Multiplicator* bezeichnet. Er tritt zunächst als specieller Fall der Lösung folgender allgemeiner Aufgabe auf: Der Multiplicator des Systems der Differenzialgleichungen (3.), welche durch einige gefundene vollständige Integrale reducirt sind, aus dem Multiplicator der unveränderten Differenzialgleichungen zu finden, und wird sodann auch ganz unabhängig von aller Betrachtung der Functionaldeterminanten bewiesen. Dieses Princip wird nun auf die Integration einiger besondern Systeme von Gleichungen angewendet, und zwar zunächst auf diejenigen, in welchen eine der Veränderlichen nicht für sich, sondern nur als Differenzial vorkommt. Für diese kann man auch anderweitig die letzte Integration ausführen, der Multiplicator aber gibt hier entweder die zwei letzten Integrationen, oder er bewirkt wenigstens, dass die letzte Integralgleichung ohne Ausführung einer Quadratur erhalten wird.

Das dritte Capitel enthält nun die Anwendung der allgemeinen Theorie des Multiplicator auf verschiedene besondere Probleme der Analysis und der Mechanik. Werden in einem Systeme von Differenzialgleichungen höherer Ordnungen, welches nur eine unabhängige Veränderliche enthält und in welchem die höchsten Differenzialquotienten alle in entwickelter Form vorkommen, alle niedern Differenzialquotienten selbst als neue Veränderliche angesehen, so verwandelt sich dieses System in ein System von der Form (3.) und zwar in ein eigenthümlich qualificirtes System, für welches der allgemeine Ausdruck des Multiplicator ebenso einfach wird, als wenn die ursprünglichen Gleichungen nur von der ersten Ordnung wären. Dieser Multiplicator kann nun in vielen Fällen leicht gefunden werden und aus ihm der letzte Multiplicator, welcher die Integration der zuletzt übrig bleibenden Differenzialgleichung vermittelt. Weil der Multiplicator eines Systemes mit den Integralen desselben immer in der Beziehung steht, dass, wenn alle Integrale bekannt sind, der Multiplicator gefunden werden kann, und dass, wenn nur ein Integral unbekannt, statt dessen aber der Multiplicator bekannt ist, dieses letzte Integral allemal gefunden werden kann, so wird überhaupt bei allen den Systemen, deren Multiplicator entweder von selbst gegeben oder leicht zu finden ist, eine Integration und zwar die letzte als bekannt anzusehen sein. Zu diesen gehören auch die Systeme lineärer Differenzialgleichungen der ersten Ordnung, d. h. diejenigen, in welchen die ersten Differenzialquotienten ganz lineäre Functionen der Veränderlichen selbst sind. Dasselbe System wird sodann auch auf die Integration einiger früher von Euler behandelten gewöhnlichen Differenzialgleichungen der zweiten Ordnung angewendet und auf ein eigenthümliches System gewöhnlicher Differenzialgleichungen, welches mit Hülfe der vollständigen Auflösung einer einzigen partiellen Differenzialgleichung der ersten Ordnung integrirt wird und welches in den Pfaff'schen Untersuchungen über die Integration der partiellen Differenzialgleichungen vorkommt. Die Integration der gewöhnlichen lineären Differenzialgleichungen von einer graden Anzahl Variabeln durch halb so viele Gleichungen als Variabeln vorhanden sind, welche Aufgabe Hr. J. das Pfaff'sche Problem nennt, reducirt sich nach Pfaff auf die Integration eines Systems lineärer Gleichungen, welches von Hrn. J. in Crelle's Journal, Bd. II, nicht allein reinlicher und eleganter dargestellt, sondern auch auf die Form des Systems (3.) gebracht worden ist. Der leicht zu findende Multiplicator dieses Systems leistet auch hier die letzte Integration. Hieran knüpfen sich die Integrabilitätsbedingungen der lineären Differenzialgleichung für eine beliebige Anzahl von veränderlichen Grössen, in ihrer ganzen Allgemeinheit, nämlich nicht nur die Bedingungen, dass die Differenzialgleichung durch eine einzige endliche Gleichung, sondern auch dafür, dass dieselbe durch eine Anzahl endlicher Gleichungen, welche kleiner ist als die Hälfte der Variabeln, befriedigt werden kann. Es folgen nun die Anwendungen des allgemeinen Princips des letzten Multiplicator auf die Mechanik, und zwar sowol auf die allgemeinen Gleichungen der Bewegung eines Systems materieller Punkte, als auch auf besondere Aufgaben. Dass für das allgemeine System der dynamischen Differenzialgleichungen, insofern die nach den festen Axen zerlegten accelerirenden Kräfte und die Bedingungsgleichungen, welche unter den Coordinaten der verschiedenen Punkte statthaben, nicht die Zeit und die Geschwindigkeiten, sondern nur die Coordinaten enthalten die letzte Integration, nämlich die Bestimmung der Zeit stets durch eine Quadratur gefunden wird, versteht sich von selbst; aus der Theorie des Multiplicator aber ergibt sich, dass ausserdem auch die vorletzte Integration allemal sich ausführen lässt, wenn die übrigen Integrale als gefunden vorausgesetzt werden. Das Princip der lebendigen Kraft ist bekanntlich auch nur eine Integration, welche an den Differenzialgleichungen der Bewegung ausführbar ist; ebenso das Princip der Erhaltung der Flächen; die gefundene Ausführbarkeit der vorletzten Integration verdient darum mit demselben Rechte den Namen eines allgemeinen Princips der Mechanik, unter welchem Hr. J. sie zuerst der Petersburger Akademie mitgetheilt hat. Die Anwendungen auf besondere Aufgaben der Mechanik hat Hr. J. vorzugsweise so gewählt, dass die ersten Integrationen schon anderweitig bekannt sind, sodass die durch das neue Princip zu leistende Integration nicht blos als ausführbar nachgewiesen, sondern auch wirklich ausgeführt wird. In der Bewegung eines Punktes, welcher von einem festen Centrum nach irgend einem von der Entfernung allein abhängigen Gesetze angezogen wird, konnte man die nöthigen Integrationen schon längst ausführen, die Anwendung des neuen Princips auf diese Aufgabe leistet darum hier nichts wesentlich Neues, wol aber gibt es einen neuen und elegantern Weg an die bekannten Resultate zu erhalten. Dagegen fehlte bei der Auflösung der Aufgabe: die Bewegung eines Punktes im Raume zu bestimmen, welcher von zwei festen Punkten nach dem Newton'schen Attractionsgesetze angezogen wird, gerade nur noch die eine Integration, welche nun durch das neue Princip geleistet wird. Es folgt nun eine neue Behandlung der Aufgabe: die Drehung eines Körpers um einen festen Punkt zu finden, für den Fall, dass keine accelerirenden Kräfte auf den Körper wirken, ferner der besondere Fall des Problems der drei Körper, wo dieselben in einer und derselben geraden Linie sich bewegen. Bei der Bewegung eines freien Systems in einem widerstehenden Mittel, wo die auf das System wirkenden Kräfte zugleich Functionen de: Geschwindigkeiten sind, wird der Fall hervorgehoben, dass ein homogenes Mittel grade im directen Verhältniss der Geschwindigkeit Widerstand leistet. Wenn dann die übrigen Kräfte nur Functionen der Coordinanten sind, so erhält man die letzte Integration nach dem neuen Principe sogar ohne Quadratur, wenn aber diese Kräfte zugleich Functionen der Zeit sind, so lässt sich die letzte Integration durch Quadraturen ausführen. Den Beschluss der Anwendungen und somit auch der ganzen Abhandlung machen die Differenzialgleichungen, welche die Variationsrechnung als Bedingungen der Maxima und Minima eines Integralausdrückes gibt und zwar hier nur für den Fall eines einfachen Integrales. Für diese wird nämlich der Multiplicator ebenfalls gefunden und somit die Ausführbarkeit der letzten Integration nachgewiesen.

5) *Über ein leichtes Verfahren, die in der Theorie der Säcularstörungen vorkommenden Gleichungen numerisch aufzulösen.* Man stelle sich ein System von n lineären Gleichungen mit ebenso vielen Unbekannten vor, in welchem die nicht mit den Unbekannten behafteten Glieder fehlen. Ein solches System nimmt, wenn es geordnet hingeschrieben wird, die äussere Form eines Quadrats an. Denkt man sich in diesem Quadrate eine Diagonale gezogen, so wird diese durch bestimmte n Glieder hindurchgehen, und diese Glieder in der Diagonale sollen nun noch eine Unbekannte x enthalten, welche in jedem derselben nur einmal als subtrahirt vorkommt; endlich sollen alle Coefficienten der Glieder, welche in Beziehung auf die Diagonale symmetrisch liegen, einander gleich sein. Eliminirt man nur die $n - 1$ Verhältnisse der Unbekannten, so erhält man eine Gleichung des n^{ten} Grades für x, deren Wurzeln eben gesucht werden sollen. Für die Säcularstörungen geben nämlich die sieben Hauptplaneten sieben solche lineäre Gleichungen und diese wieder eine Gleichung des siebenten Grades, deren stets reale Wurzeln zu finden sind.

Jene höchst weitläufige Rechnung hat Leverrier, der seitdem durch die bewundernswürdig genaue Ausführung einer andern schwierigen Rechnung aus der umgekehrten Aufgabe der Störungen den neuen Planeten Neptun theoretisch entdeckt hat, in den *Additions à la connaissance des temps pour l'an* 1843 so ausgeführt, wie wir es hier angedeutet haben. Diese Rechnung wird jetzt, da der neue Hauptplanet mit darin Theil haben muss, wol wiederholt werden, und zwar für acht Gleichungen, welche eine Gleichung des achten Grades geben, man wird aber jetzt nicht wieder die höchst mühsame Methode anwenden, nach welcher Leverrier gerechnet hat, sondern die neue Methode Jacobi's. Diese besteht im Wesentlichen darin, dass gleich anfangs auf den Endzweck die Werthe des x zu finden, direct hingearbeitet wird, ohne dass erst das unnütze Geschäft der Bildung jener Gleichung, deren Wurzeln diese Werthe des x sind, ausgeführt wird. Zu diesem Zwecke wird das System der lineären Gleichungen in ein anderes verwandelt, in welchem der grösste der ausserhalb der Diagonale liegenden Coefficienten so vernichtet wird, dass die Theile desselben auf die in der Diagonale liegenden Coefficienten fallen, und dass dabei das verwandelte System seine frühern, oben angegebenen Eigenschaften behält. Durch Wiederholung derselben Operation können nun alle ausserhalb der Diagonale liegenden Coefficienten bis zu jedem beliebigen Grade von Kleinheit gebracht werden und je kleiner diese werden, desto mehr nähern sich die in der Diagonale liegenden Coefficienten den gesuchten Werthen des x. Diese Verkleinerung wird aber am zweckmässigsten nur so weit getrieben, dass die ausserhalb der Diagonale liegenden Coefficienten nur kleine Grössen der ersten Ordnung werden, deren Quadrate und Producte zu vernachlässigen sind, worauf mittels der Differenzen die Endresultate in der vorgeschriebenen Genauigkeit gefunden werden. Endlich werden noch die Correctionen der Werthe des x berechnet, welche von den Correctionen der später vielleicht mit grösserer Genauigkeit zu erhaltenden Massen der Planeten herrühren können.

6) *Sulla condizione di uguaglianza di due radici dell' equazione cubica dalla quale dipendono gli assi principali di una superficie del second' ordine.* Dieser Aufsatz ist während des Aufenthalts Hrn. J.'s in Rom geschrieben, veranlasst durch einen kleinen Aufsatz des unterzeichneten Ref. über denselben Gegenstaud in Crelle's Journal, Bd. XXVI, welchen Hr. J. ins Italienische übersetzt und zugleich mit diesem vorstehenden in dem *Giornale Arcadico* veröffentlicht hat. Jene cubische Gleichung, von welcher die Bestimmung der Hauptachsen der Flächen zweiten Grades abhängt, hat bekanntlich immer drei reale Wurzeln, denkt man sich dieselbe nach der Cardanischen Formel aufgelöst, so muss der Ausdruck, welcher unter das Quadratwurzelzeichen zu stehen kommt, stets negativ sein oder sein umgekehrter Werth stets positiv. Diesen Ausdruck hatte der unterzeichnete Ref. in dem erwähnten Aufsatze als eine Summe von sieben positiven Quadraten dargestellt, die indirecte Methode aber, von welcher er Gebrauch gemacht hatte, war nur die eines von vernünftigen Gründen geleiteten Versuches gewesen, und Jacobi zeigt nun hier, wie dasselbe Resultat durch eine bessere Methode erhalten werden kann. Endlich ist in Beziehung auf diese Aufgabe noch zu bemerken, dass nachher im 30. Bande von Crelle's Journal Dr. Borchardt die wahre analytische Quelle jener Zerlegung in einer Summe von Quadraten, in den früher bekannten und zum Theil auch erst von Hrn. J. gefundenen Sätzen über die Determinanten nachgewiesen, und zwar nicht nur für jene cubische Gleichung, sondern auch für alle entsprechenden Gleichungen beliebiger Grade.

7) *Neues Theorem der analytischen Mechanik.* Dieses der königl. Akademie zu Berlin im J. 1838 zuerst mitgetheilte Theorem wird hier nur an dem Beispiele gezeigt, wo es sich um die Störungen der Elemente einer Planetenbahn handelt; die drei Coordinaten des Planeten und die drei Componenten der Geschwindigkeit treten als Functionen der Elemente einer Planetenbahn auf, und es sind einerseits die partiellen Differenzialquotienten der Elemente zu suchen, in Beziehung auf die Coordinaten und Geschwindigkeiten, andererseits die partiellen Differenzialquotienten dieser, genommen in Beziehung auf die Elemente. Anstatt der unmittelbar gegebenen Elemente der Bahn nimmt nun Hr. J. gewisse, dieselben enthaltende Ausdrücke, welche so gewählt sind, dass die einen partiellen Differenzialquotienten den in entgegengesetzter Beziehung genommenen, abgesehen vom Vorzeichen, vollkommen gleich werden, wodurch eine ausserordentliche Vereinfachung der Rechnung erreicht wird. Ähnliches findet, wie Hr. J. sagt, überhaupt statt, wo nur das Princip der Erhaltung der lebendigen Kraft gilt, es ist dies jedoch hier nur angedeutet, nicht ausgeführt.

8) *Über die Additionstheoreme der Abel'schen Integrale zweiter und dritter Gattung.* Die von Legendre zuerst festgestellte Unterscheidung der elliptischen Integrale in die drei Gattungen, deren charakteristische Eigenthümlichkeit die ist, dass zwei Integrale der ersten Gattung durch ein einziges derselben Gattung ausgedrückt werden, dass ferner bei den Integralen der zweiten Gattung, unter Beibehaltung derselben algebraischen Relation, zu den Integralen ein algebraischer Theil und für die der dritten Gattung ein logarithmischer Theil hinzukommt, findet sich in ähnlicher Weise bei den Abel'schen Transcendenten aller Ordnungen. Es ist dies eine einfache Folge des berühmten Abel'schen Theorems, und die Schwierigkeit liegt nur darin, diese Additionstheoreme in der geeignetsten Form aus demselben zu entwickeln. Der vorliegende Aufsatz beschäftigt sich nun vorzüglich damit, diesen algebraischen Theil für die Integrale der zweiten Gattung und den logarithmischen Theil für die Integrale der dritten Gattung so zu bestimmen, dass die Analogie mit den entsprechenden elliptischen Integralen am deutlichsten hervortritt.

9) *Über die Darstellung einer Reihe gegebener Werthe durch eine gebrochene rationale Function.* Durch die Wichtigkeit, welche diese Aufgabe in den Entwickelungen des Abel'schen Theorems erlangt hat, veranlasst, hat Hr. J. eine neue Bearbeitung derselben unternommen und mannichfache Formen für die Lösung derselben gegeben, deren gemeinsame Quelle die Form der Determinante ist. Denkt man sich $n + m$ verschiedene Werthe der Function gegeben, deren Zähler und Nenner ganze rationale Functionen des Grades $n - 1$ und m sind, so werden die $n + m$ Coefficienten vollständig durch ebenso viele lineäre Gleichungen bestimmt. Eliminirt man nun die Coefficienten des Zählers, so bleiben lineäre Gleichungen für die Coefficienten des Nenners allein übrig, welche den Nenner selbst als eine Determinante gegebener Grössen darstellen. Die verschiedenen Formen, welche diese Determinante annimmt, geben ebenso viele neue Lösungen der Aufgabe; denn was von dem Nenner gilt, gilt natürlicherweise ebenso von dem Zähler.

10) *Über die Kreistheilung und ihre Anwendung auf Zahlentheorie.* In diesem Aufsatze gibt Hr. J. zunächst einige Sätze ohne Beweise, welche schon vor zehn Jahren zuerst in den Monatsberichten der berliner Akademie bekannt gemacht und noch viel früher von dem Verf. an Gauss mitgetheilt worden sind. Dieselben bilden seitdem die Grundlage aller fernern Entwickelungen der Kreistheilung und ihrer Anwendungen auf Zahlentheorie, und sind somit als der bedeutendste Fortschritt anzusehen, welche in dieser Disciplin seit der Entstehung derselben in *Gaussii disqu. arithm.* gemacht worden ist. Durch ein genaues Studium dieses letzten Abschnittes des Gaussischen Werkes gelangt man jedoch zu der Überzeugung, dass auch diese Sätze eigentlich schon in demselben enthalten sind, zwar

nicht in der vollendeten Form, welche Hr. J. denselben gegeben hat, aber doch dem wesentlichen Inhalte nach; wenigstens ist soviel klar, dass Gauss schon vor 46 Jahren in dem Besitz von Sätzen ist, welche dem Inhalte nach grösstentheils mit diesen übereinstimmen mussten. Ebenso kann man die neue Methode der Kreistheilung, welche sich auf diese Sätze gründet, in einer Abhandlung Abel's vom J. 1828: *Mémoire sur une classe particulière d'équations résolubles algébriquement* (Crelle's Journal, Bd. 4) auf die allgemeinere Gattung von Gleichungen angewendet finden, deren Wurzeln rationale Functionen von einer derselben sind. Die Mittheilung der Jacobi'schen Formeln an Gauss scheint ungefähr um dieselbe Zeit erfolgt zu sein, sodass wir auch hierin ein Zusammentreffen dieser beiden grossen Männer finden können. Die Beweise dieser Jacobi'schen Sätze, welche übrigens keine besondern Schwierigkeiten darbieten, hat derselbe in seinen Königsberger Universitätsvorlesungen, aus welchen dieser Bericht an die Akademie ein Auszug ist, seinen Zuhörern gegeben, aus deren Nachschriften sie, mit noch andern Entwickelungen über Kreistheilung, zum Theil auch weiter verbreitet worden sind. Man findet dieselben auch im 27. Bande von Crelle's Journal in einer Abhandlung des Dr. Eisenstein, welcher, unbekannt mit der von Hrn. J. schon mehre Jahre vorher gegebenen Notiz, sie reproducirt hat. Diese Sätze haben nun Hrn. J. als eine erstaunend reiche Fundgrube für seine wichtigen Entdeckungen in der Zahlentheorie, namentlich der Theorie der quadratischen, cubischen und biquadratischen Reste gedient, unter andern haben sie ihm für diese die vollständigen Reciprocitätsgesetze gewährt. Für die Reciprocitätsgesetze der höhern Potenzreste, für welche unendlich viele verschiedene complexe Einheiten statthaben, scheint die Kreistheilung für sich nicht mehr ausreichend zu sein, auch hat Hr. J. diese Gesetze für die fünften und achten Potenzreste, mit welchen er sich, wie er in diesem Aufsatze sagt, damals beschäftigte und schon ziemlich weit vorgerückt zu sein glaubte, seitdem noch nicht gefunden, wenigstens nicht in der gewünschten Form, welche der Name „Reciprocitätsgesetz" selbst andeutet. Die in diesem Aufsatze im Umrisse gegebene Methode der Kreistheilung ist seitdem noch vervollkommnet worden, namentlich in Beziehung auf die vollständigere Erkenntniss des Zusammenhangs und der Bildungsgesetze der in derselben vorkommenden aus höhern Wurzeln der Einheit gebildeten complexen Zahlen, deren innere Natur der unterzeichnete Ref. durch ihre Zerlegung in die wahren complexen Primfactoren aufgeschlossen hat (man sehe die Monatsberichte der berliner Akademie vom März des Jahres 1846).

11) *Note sur les fonctions Abeliennes.* Die Abel'schen Integrale, in denen der Ausdruck unter dem Wurzelzeichen bis zum sechsten Grade aufsteigt, sind, wie Hr. J. früher gezeigt hat, so beschaffen, dass als die inversen Functionen derselben gewisse vierfach periodische Functionen zweier Veränderlichen zu nehmen sind, deren Darstellung schon Gegenstand vielfacher Bemühungen gewesen ist, aber bisher noch nicht hat gelingen wollen. Von diesen Functionen beweist nun Hr. J. mit wenigen Zügen, dass sie sich algebraisch durch Functionen einer Veränderlichen ausdrücken lassen, nämlich durch dieselben Functionen, in welchen aber je eine der beiden Veränderlichen den speciellen Werth Null hat. Inwieweit diese an sich höchst wichtige Entdeckung auf die allgemeine Behandlung dieser Transcendenten von Einfluss sein wird, lässt sich jetzt noch nicht absehen, es scheint aber, dass die Functionen zweier Veränderlichen durch diese beziehungsweise einfacheren nicht ganz werden verdrängt werden, denn die Grundeigenschaften gestalten sich an jenen einfacher, auch haben sie den Vortheil der vierfachen Periode vor diesen voraus.

12) *Über einige die elliptischen Functionen betreffenden Formeln.* Diese Formeln betreffen die Aufgabe, die Ausdrücke für die Transformation und Multiplication der elliptischen Functionen in wirklich algebraischer Form zu finden, nämlich so, dass der ganze rationale Zähler und Nenner derselben nicht als Product lineärer Factoren, sondern als geordnet nach Potenzen von x, mit Coefficienten, welche algebraische Ausdrücke des Moduls sind, erscheinen. Hr. J. hatte diese Aufgabe schon längst gelöst (man sehe Crelle's Journal, Bd. 4, S. 403), aber den Beweis und die Methode hatte er nicht vollständig mitgetheilt, weshalb Dr. Eisenstein, der diese Formeln vorzüglich für die Lemniscatenfunctionen zu seinen zahlentheoretischen Untersuchungen brauchte, sie (Crelle's Journal, Bd. 30) hergeleitet hat. Mit Beziehung auf diese Arbeit des Dr. Eisenstein zeigt nun hier Hr. J. die wahre Quelle dieser Ausdrücke auf, nämlich in der Transcendente, durch welche er Zähler und Nenner der Substitution, jeden für sich, auszudrücken vermag.

13) *Über den Werth, welchen das bestimmte Integral*

$$\int_0^{2\pi} \frac{d\varphi}{1 - A\cos\varphi - B\sin\varphi}$$

für beliebige imaginäre Werthe von A und B einnimmt. Es hat dieses Integral, wie Hr. J. hier zeigt, die merkwürdige Eigenthümlichkeit, dass es, wenn unter den vier realen Grössen, welche die imaginären Ausdrücke von A und B enthalten, eine bestimmte Ungleichheitsbedingung stattfindet, stets gleich Null wird, wenn aber die entgegengesetzte Ungleichheitsbedingung statt hat, gleich einer bestimmten Quadratwurzel, und dass es in der Grenze zwischen diesen beiden Fällen unendlich wird oder gar keinen bestimmten Werth hat. Übrigens ist es dasselbe Integral, dessen sich Hr. J. in der oben besprochenen ersten Abhandlung, bei der Entwickelung jenes von drei Winkeln abhängenden Ausdrucks bedient hat.

14) *Beweis des Satzes, dass jede nicht fünfeckige Zahl eben so oft in eine grade als ungrade Anzahl verschiedener Zahlen zerlegt werden kann.* Bekanntlich hat Euler in dem 16. Capitel seiner *Introductio in anal. inf.* zuerst gewisse unendliche Producte in unendliche Reihen verwandelt, welche erst in neuerer Zeit durch Abel's und Jacobi's Untersuchungen über die Theorie der elliptischen Functionen eine höhere Bedeutung gewonnen haben. Euler benutzt dieselben, um einige Sätze über die Theilung der Zahlen aus ihnen zu gewinnen, und zu demselben Zwecke sind denn auch die ähnlichen Entwickelungen aus der Theorie der elliptischen Functionen benutzt worden; auch hat Hr. J. die hauptsächlichsten dieser Entwickelungen, unabhängig

von dieser Theorie, auf mehr elementarem Wege bewiesen. Die vorliegende Abhandlung beschäftigt sich mit demselben Gegenstande, schlägt aber den umgekehrten Weg ein, nämlich den in der Überschrift enthaltenen Satz und einige mit ihm zusammenhängende selbständig ohne Betrachtung unendlicher Producte und Reihen zu beweisen und daraus die ihnen zugehörigen analytischen Entwickelungen herzustellen.

15) *Extrait d'une lettre adressée à M. Hermite* und 19. *Extraits de deux lettres de M. Charles Hermite à M. Jacobi.* Die Abel'schen Transcendenten und namentlich die vierfach periodischen Functionen sind, seitdem Abel durch sein Theorem im Allgemeinen und Hr. J. in seiner Abhandlung *de functionibus quadrupliciter periodicis etc.* im Besondern die Grundlagen derselben festgestellt haben, vielfach der Gegenstand analytischer Forschungen gewesen und Hermite, ein junger pariser Mathematiker, nimmt unter denen, welche in diesem Fache arbeiten, mit eine der ersten Stellen ein. In dem ersten der beiden Briefe an Hrn. J. vom Jan. 1843 theilt er demselben die Division der vierfach periodischen Functionen mit, welche der von Abel zuerst ausgeführten Division der elliptischen Functionen entspricht. Der zweite Brief vom Aug. 1844 handelt vorzüglich von einem Beweise der Formeln für die Umkehrung der Transformation, welche Hr. J. in Crelle's Journal ohne Beweis aufgestellt hat, ferner von einer Herleitung der Transformation selbst aus den Grundeigenschaften der Functionen H und Θ, welche den Zähler und Nenner der Function $\sin.\ am.\ u$ bilden und von der Addition der Parameter in den Abel'schen Transcendeten der dritten Gattung. Hrn. J.'s Antwort bezieht sich nur auf den letzten dieser beiden Briefe. Sie zeigt, dass Hr. J. schon seit längerer Zeit im Besitz des grössten Theils dieser ihm von Hermite mitgetheilten Methoden und noch einiger andern einfachern war, welche andeutungsweise mitgetheilt werden. Ausserdem enthält dieser Brief eine neue geometrische Construction der Landen'schen Transformation und eine Ausdehnung jener bewundernswürdig einfachen Construction der Addition und Multiplication der elliptischen Functionen, vermittels zweier Kreise und einer Sehne des einen, welche zugleich Tangente des andern ist (man s. Crelle's Journal, Bd. 3, S. 376) auf die Construction der Additionsformeln der Abel'schen Transcendenten. Anstatt der beiden Kreise treten hier Curven höherer Grade ein und die berührende Linie der einen, als Sehne der andern, welche vom n^{ten} Grade ist, schneidet in derselben n Punkte aus, welche die Amplituden der Abel'schen Transcendenten bestimmen.

16) *Über die Vertauschung von Parameter und Argument bei der dritten Gattung der Abel'schen und höhern Transcendenten.* In der Theorie der Transcendenten, welche aus der Integration algebraischer Functionen entstehen, wird einerseits der Weg des Specialisirens eingeschlagen, welcher vorzüglich in der Auslegung des reichen Inhalts des Abel'schen Theorems besteht, andererseits aber gewährt hier auch die Methode der Verallgemeinerung ein hohes Interesse, da die Grundeigenschaften der elliptischen Functionen fast überall nicht nur diesen allein angehören, sondern auch in den höhern Transcendenten sich in eigenthümlich allgemeinerer Form wiederfinden. Zu dieser Art von Arbeiten gehört die gegenwärtige Abhandlung, in welcher ein schon von Legendre gefundener Satz über die Vertauschung von Amplitude und Parameter, in den elliptischen Integralen der dritten Gatttung, eine so ausgedehnte Allgemeinheit erhält, dass er sich über das ganze Gebiet derjenigen Transcendenten mit algebraischen Differenzialen erstreckt, welche zu der dritten Gattung zu rechnen sind. Die Materie zu dieser Abhandlung ist aus Abel's hinterlassenen Werken entnommen, nur die Form derselben gehört Hrn. J. an, welcher Abel's Arbeit hier reproducirt hat, „um sie durch eine etwas abweichende Darstellung vielleicht in ein besseres Licht zu setzen."

17) *Über einige der Binomialreihe analoge Reihen.* Diese kleine Abhandlung bewegt sich wieder in derselben Gattung unendlicher Reihen und Producte, von welcher wir bei Gelegenheit der Abhandlung 14. gesprochen haben. Die äussere Veranlassung zu der Herausgabe derselben bilden offenbar zwei Mittheilungen des Dr. Heine in Bonn, die eine an Hrn. J., die andere an Dirichlet gerichtet, welche in Crelle's Journal gedruckt sind und das Datum desselben Monats haben als die vorliegende Abhandlung. Denkt man sich statt der Facultät $n(n+1)(n+2)\ldots.(n+k-1)$ das Product $(q^{n}-1)(q^{n+1}-1)(q^{n+2}-1)\ldots.(q^{n+k-1}-1)$, und ebenso statt $1.2.3\ldots.k.$ das Product $(q-1)(q^{2}-1)(q^{3}-1)\ldots.(q^{k}-1)$ in der Binomialreihe überall gesetzt, so erhält man die dieser entsprechenden Reihen, von welchen hier gehandelt wird. Denkt man sich ähnliche Producte anstatt der Facultäten, welche in den Coefficienten der bekannten hypergeometrischen Reihe vorkommen, substituirt, so erhält man eine dieser analoge Reihe, von welcher Dr. Heine in seinem Schreiben an Dirichlet handelt. Die so gebildeten Reihen haben analoge Grundeigenschaften mit der Binomialreihe oder der hypergeometrischen Reihe selbst und sind schon darum für sich sehr interessant, auch ohne ihre Beziehung zu den Reihen, welche in der Theorie der elliptischen Functionen vorkommen.

18) *Über eine neue Methode zur Integration der hyperelliptischen Differenzialgleichungen und über die rationale Form ihrer vollständigen algebraischen Integralgleichungen.* Sowie die ganze Theorie der elliptischen Functionen auf der Integration jener bekannten Differenzialgleichung mit getrennten Veränderlichen beruht, welche Euler zuerst durch eine rationale, in Beziehung auf beide Veränderliche symmetrische Gleichung des zweiten Grades integrirt hat, ebenso beruht die Theorie der Abel'schen Integrale, wo unter dem Wurzelzeichen eine ganze rationale Function des $2n^{\text{ten}}$ Grades steht, auf der Integration eines Systems von $n-1$ ähnlichen separirten Differenzialgleichungen. Dieses System kann, wie bekannt, immer durch algebraische Gleichungen integrirt werden, welche nur die in demselben vorkommenden Wurzelgrössen als einzige Irrationalität enthalten. Um diese Integralgleichungen in rationaler Form zu erhalten, welches durch das Rationalmachen jener irrationalen kaum zu leisten sein würde, hat Hr. J. eine zwar nicht ganz directe, aber

höchst elegante Methode mitgetheilt, nach welcher unter den einfachsten symmetrischen Functionen der Variabeln, nämlich den Verbindungen zu je eins, zwei, drei u. s. w. $n-1$ Gleichungen gefunden werden, unter denen nur eine, die der Euler'schen Gleichung entsprechende, vom zweiten Grade ist, die übrigen alle lineär sind. Dieselbe Methode wird auch auf die Addition beliebig vieler Abel'scher Transcendenten der ersten Gattung angewandt.

Breslau. *E. E. Kummer.*

Über die akademische Freiheit. Eine Rede, gehalten bei der Übernahme des Rektorats der Universität Breslau am 15. Oktober 1848

Breslau: Ferdinand Hirt's Verlag 1848

Mehrfach an mich ergangenen Aufforderungen nachkommend, übergebe ich diese Rede dem Drucke mit dem Wunsche, daß ihre weitere Verbreitung vielleicht hier oder da einem denkenden Leser für die Betrachtung der Freiheit einen selbst freien, von vorübergehenden Zeiterscheinungen nicht zu erschütternden Standpunkt zeigen möge, und daß sie insbesondere etwas dazu beitragen möge unter den Studirenden, so wie überhaupt unter den Freunden höherer wissenschaftlicher Bildung den Sinn für die wahre akademische Freiheit anzuregen oder lebendig zu erhalten. Die mir selbst sehr wohl bekannten Mängel meiner Rede, welche hauptsächlich in der Reichhaltigkeit des Stoffes im Vergleich zu der Kürze der einer öffentlich zu haltenden Rede zugemessenen Zeit ihren Grund haben, bitte ich mit Nachsicht zu beurtheilen.

Breslau, den 25. October 1848.

Der Verfasser.

Hochverehrte Anwesende!

Bei der Uebernahme des Rektorats der Universität, jetzt in einer Zeit, wo unser gesammtes Vaterland in seiner geschichtlichen Entwickelung einen Fortschritt von der höchsten Bedeutung gemacht hat, welcher alle besonderen Glieder und Institute des Staats, und so auch unsere Universität mächtig bewegt, ergreift mich eine gewisse Bangigkeit, denn ich weiß nicht, in wieweit es mir gelingen wird, den hohen Pflichten zu genügen, welche dieses Amt mir auflegt. Das Universitätsjahr, welches jetzt vor uns liegt, wird ohne Zweifel, ähnlich dem soeben beschlossenen Jahre, dadurch eine mehr als gewöhnliche Bedeutung gewinnen, daß es eine Reihe von Verbesserungen und neuen Einrichtungen ins Leben einführen wird, welche den Bedürfnissen der Gegenwart, und dem jetzt allgemein erwachten freieren Geiste genügen. Je wichtiger und folgenreicher nun dieser Fortschritt sein wird, desto schwerer ist auch die Verantwortlichkeit, welche ich als Rektor übernehme, aber desto höheren Antrieb fühle ich auch in mir, mit der ganzen Kraft meiner Seele mich der Sorge für das Wohl und Gedeihen der Universität hinzugeben. Ja in der festen Hoffnung, daß das in unserem Vaterlande neu erwachte politische Leben, selbst bei allen einander bekämpfenden Gegensätzen, welche es in sich trägt, auch unserer Anstalt zum Heile gereichen wird, schwindet mir die Bangigkeit, und ich freue mich darüber, daß es mir jetzt vergönnt ist, mich an diesem Fortschritte derselben auf's innigste zu betheiligen.

Die deutschen Universitäten, als die höchsten Bildungs-Anstalten unseres Vaterlandes, als die innersten Werkstätten des Geistes unserer Nation, haben von jeher diesen Geist nicht nur in sich aufgenommen, sondern ihn auch durch Lehre und Schrift allseitig weiter entwickelt und verbreitet. Sie sind so nicht allein mit der Zeit fortgeschritten, sondern insofern hauptsächlich in ihrem Schooße der wahre Fortschritt des Geistes vorbereitet worden ist, sind sie gewöhnlich sogar der Zeit vorangeeilt. So ist, um nur eines zu nennen, eine der herrlichsten Blüthen der Gegenwart, die Idee der Einheit Deutschlands, seit mehr als dreißig Jahren fast ausschließlich von den deutschen Universitäten gepflegt worden, zu einer Zeit, wo sie im Volke nur wenig Beachtung fand, und wo die Regierungen sie durch Maaßregeln und Strafen zu unterdrücken und auszurotten trachteten. Aber erst seit wenigen Monaten ist diese Idee ein Gemeingut der deutschen Nation geworden, und seitdem arbeitet sie mit Macht an ihrer Verwirklichung, zu welcher Gott ihr seinen Segen geben möge. Mit stolzem Selbstbewußtsein können daher die Universitäten die unverständigen Vorwürfe derer zurückweisen, welche behaupten, daß sie veraltete Institute wären, die den Geist der neueren Zeit nicht zu fassen vermöchten; denn selbst abgesehen von denjenigen Arbeiten, welche sie in der innersten Tiefe des Geistes auf dem Gebiete der reinen Wissenschaft vollenden, die den Augen der Ungeweihten stets verborgen bleiben müssen, wissen sie auch da, wo Wissenschaft und Leben in inniger Verbindung stehen, sich die allgemeine Achtung zu erhalten, indem sie die wahren Bedürfnisse des lebendigen Geistes der Zeit erkennen, und diesen genügen. Die Universitäten werden nicht ermangeln, diese Aufgabe auch in der gegenwärtigen Zeit so zu lösen, wie es ihnen geziemt, nämlich nicht nur äußerlich, indem sie einige veraltete Einrichtungen aufheben und passendere an deren Stelle setzen, sondern auch innerlich, indem sie den wahren Fortschritt der Gegenwart im Geiste und in der Wahrheit in sich selbst verwirklichen.

Wenn wir nun in diesem Geschäfte die Universitäten mit dem Gedanken begleiten wollen, oder um so mehr, wenn wir, die wir dieser Universität selbst angehören, uns gedrungen fühlen, jeder an seiner Stelle dabei thätig mitzuwirken, so geziemt es uns vor Allem das Ziel klar ins Auge zu fassen, welches unser gesammtes Vaterland in seiner gegenwärtigen Bewegung verfolgt, und welches demgemäß auch unserer Universität in ihrer eigenthümlichen Sphäre vorgezeichnet ist. Es scheint aber jetzt, wo die verschiedensten Parteien vorhanden sind, welche zum Theil sich gegenseitig bekämpfen, und deren jede ihre besonderen Zwecke verfolgt, eine Einigung über das Hauptziel sehr schwierig, ja fast unmöglich zu sein. Ich selbst würde auch, weil es mir nicht geziemen möchte als Organ irgend einer Partei hier aufzutreten, es nicht wagen, ein solches Ziel zu nennen, wenn ich nicht gedächte es in derjenigen Sphäre des reinen Gedankens zu suchen, in welcher auch das entgegengesetzte sich zu einer inneren Einheit verbindet. So aber spreche ich es getrost aus: Ich erkenne als das Ziel aller Bewegungen der Gegenwart nur das eine Ziel, welches überhaupt der Geist der Menschheit in seiner weltgeschichtlichen Entwickelung verfolgt, die Verwirklichung der Freiheit, und ich erkenne demgemäß als das Ziel, welches die Universitäten für sich zu erstreben haben, die Ausbildung der wahren akademischen Freiheit. Ich habe nun geglaubt, für die gegenwärtige akademische Feier kein passenderes Thema finden zu können, worüber ich zu Ihnen, hochverehrte Anwesende, sprechen möchte, als über die akademische Freiheit; weil dieselbe aber nur eine bestimmte concrete Gestaltung des allgemeinen Begriffs der Freiheit ist, so werden Sie mir gestatten, zunächst über die Freiheit im allgemeinen einige Worte voranzuschicken.

Die Freiheit ist ein ausschließliches Eigenthum des Geistes. Ueberall, wo wir von Freiheit reden, setzen wir einen Geist voraus. Wenn wir sagen, die Menschheit entwickelt sich zur Freiheit, so erkennen wir dadurch einen in ihr lebenden Geist der Menschheit an, ebenso wenn wir von der Freiheit eines Volkes reden, erkennen wir einen Geist desselben an, und somit liegt auch in dem Begriffe akademische Freiheit selbst, daß die Universität von ihrem eigenen Geiste belebt ist. Ein solcher Geist einer Allgemeinheit oder einer moralischen Person darf nicht etwa nur als eine poetische Redensart angesehen werden, welche der objectiven Wirklichkeit ermangele, er ist vielmehr ein wahrhaft lebendiger schaffend thätiger Geist. Er manifestirt sich überall zunächst als die in seiner bestimmten Sphäre herrschende Sitte. Er schafft als Geist des Volkes im Staate das positive Recht und die Verfassung und ist in demselben der höchste Gesetzgeber, während die verschiedenen Gewalten im Staate, so wie die einzelnen Individuen, in Wahrheit nur seine Organe sind, welche ihm dienen müssen. Er ist endlich als Geist der Menschheit der Geist, welcher alle besonderen Geister der Völker wie der Individuen zu einer Einheit verbindet, welcher sie groß und stark macht, damit sie seine Zwecke vollbringen, und welcher sie in dem großen Mausoleum der Weltgeschichte begräbt, nachdem sie die Aufgabe ihres Lebens erfüllt haben.

Der Geist erscheint zunächst an der unfreien Natur selbst als ein unfreier und findet eine ihm äußere Welt der Natur und des Geistes vor, in welche er gebannt ist. Indem er nun sich selbst dieser äußeren Welt gegenüberstellt, erwacht in ihm der eigene Wille und das Selbstbewußtsein, und er hat in diesen diejenige Freiheit, welche wir als die subjective bezeichnen können, weil sie nur die Freiheit des eigenen Willens ist, sich so oder anders zu bestimmen. Aber der Wille hat überall die Bestimmung zur That zu werden, und somit sich objectiv zu verwirklichen. Hierbei kommt er nun mit der harten unbeugsamen Wirklichkeit der Außenwelt gewöhnlich in so starke Collisionen, daß er sich an derselben bricht und seine an sich unbeschränkte Freiheit aufgiebt, um bis zu einem gewissen Grade sich den äußeren Mächten anzupassen und unterzuordnen. In dieser Stellung zur Außenwelt hat der Geist überhaupt nur die traurige Wahl, ob er an seiner Freiheit schwere Opfer bringen, oder sich in sich selbst zurückziehen, und den Einflüssen der ihm fremden Wirklichkeit den Trotz seines subjectiven Eigenwillens entgegensetzen will. Wir können auch täglich sehen, wie diejenigen Menschen, denen der Sinn für die wahre objective Freiheit noch nicht aufgegangen ist, bald das eine, bald das andere versuchen, ohne daß ihr Geist dadurch Befriedigung erlangen könnte. Zum Wesen des Geistes gehört nämlich nicht nur der Wille, sondern ebenso die Vernunft, und zwar beide nicht von einander getrennt, sondern innig verbunden, so daß der Wille des Geistes der vernünftige Wille sein muß, wenn er ihm selbst genügen und ihn zur wahren Freiheit führen soll. Die Vernunft nämlich hat überall den Character der Allgemeinheit. Dieselbe Vernunft, welche der besondere Geist hat, oder erstrebt, findet er in der Natur ausgeprägt, er findet sie in der Welt der besonderen Geister, welcher er selbst angehört, er findet sie endlich in absoluter Vollendung in Gott. Darum nimmt auch der vernünftige Wille des besonderen Geistes eine ganz andere Stellung zur Außenwelt ein, als die bloße Willkür. Er hat an der objectiven Wirklichkeit nicht mehr eine verhaßte Schranke seiner Freiheit, sondern ein befreundetes Element, in welchem er sich frei bewegt, und in welchem er die Vernunft zugleich als sein eigenes Wesen und als das Göttliche, und somit den Inhalt und die Erfüllung seiner Freiheit findet.

Der menschliche Geist, er sei der eines einzelnen Individuums oder einer Gesammtheit, ist nicht etwas fertiges wie die endlichen Dinge, die nur der Naturnothwendigkeit unterworfen sind, aber er ist auch nicht der vollendete göttliche Geist. Von der Natur entlehnt er den Körper, an welchem er zur Erscheinung kommt, von Gott hat er den Keim und den Trieb zur Freiheit und die Offenbarungen des Göttlichen als Leitsterne seines Strebens, aber die Verwirklichung seiner Freiheit hat er nicht ohne eigene That und Arbeit. Wenn der Dichter sagt: Der Mensch ist frei geschaffen, ist frei, und würd' er in Ketten geboren, so liegt darin die tiefe Wahrheit, daß die Freiheit das innerste Wesen des Geistes selbst ist; aber diese Freiheit, mit welcher der Mensch geschaffen ist, ist nur die unmittelbare, unbewußte, nicht die zur Wirklichkeit entwickelte Freiheit. Das gesammte Leben des menschlichen Geistes ist diejenige Arbeit, durch welche er seine Freiheit verwirklicht, und die Erscheinung dieses Lebens ist die Weltgeschichte. In die besonderen Geister der Völker, der Körperschaften, der Familien und die individuellen Geister der einzelnen Menschen sich gliedernd entfaltet der Menschengeist in der Weltgeschichte den ganzen unendlichen Reichthum seines eigenen Wesens, und in allen diesen Gliederungen schreitet er unaufhaltsam fort, seinem Endzwecke entgegen, welcher die absolute Freiheit, also das Göttliche selbst ist. Insofern nun dieser Endzweck in allen einzelnen Momenten der Entwickelung des Menschengeistes als leitend und bestimmend gegenwärtig ist, tritt in Wahrheit Gott selbst als Lenker und Regierer der Weltgeschichte auf, und wir müssen dieselbe ebensowohl als eine That des göttlichen Geistes wie des menschlichen Geistes anerkennen. Der menschliche Geist selbst, und der unendliche göttliche Inhalt seiner Freiheit, das Recht, die Sitte, die Kunst, die Religion und die Wissenschaft erscheinen in der Weltgeschichte überall in endliche Formen verkörpert, welche der Geist in seinen verschiedenen Besonderungen und Gliederungen in unerschöpflicher Fülle schafft, um seine Freiheit zu verwirklichen. Innerhalb dieser Formen bildet und entwickelt er sich, bis dieselben in ihrer endlichen Bestimmtheit dem fortschreitenden Geiste nicht mehr der wahre Ausdruck seiner Freiheit sind, wo er sie alsdann verläßt, und durch neue Gestaltungen seines ewigen Inhalts selbst bekämpft und in die Vergangenheit zurückdrängt. Die ganze Weltgeschichte zeigt uns ununterbrochen diesen Kampf des Neuen gegen das Alte, welcher oft einen hochtragischen Charakter annimmt, wenn die Form des Geistes, die darin zu Grunde geht zu einer hohen Blüthe gediehen ist, und wenn sie selbst in ihrem Untergange noch ein kräftiges geistiges Leben in sich birgt, fähig Helden zu erwecken, welche für sie kämpfend mit ihr untergehen. Betrachten wir ferner die neben einander bestehenden besonderen Zwecke des Geistes, in welche der eine Endzweck desselben, die Freiheit, sich gliedert, indem sie sich zugleich verendlicht und verwirklicht, so sehen wir auch diese als gleichberechtigte vielfach im Kampfe gegen einander begriffen. Solche Kämpfe haben überall Statt, wo geistiges Leben sich regt und gestaltet, im Kleinen wie im Großen, unter einzelnen Personen unter Parteien und unter Nationen, und wenn nicht niedere Leidenschaften und Privatinteressen sie aus der Sphäre des Geistigen in das Gemeine herabziehen, so dienen sie den Interessen des Geistes, also der Freiheit, indem in ihnen der geistige Inhalt sich bewährt und weiter entwickelt. Das Resultat dieser Kämpfe ist der Friede, welcher die Aufhebung der Gegensätze zu einer höheren Bildungsstufe des Geistes ist. Endlich hat der Geist in seiner Entwickelung zur Freiheit noch einen großen ununterbrochenen Kampf zu bestehen, den Kampf gegen das Böse. Ohne auf eine weitere Entwickelung dieses oft behandelten Themas einzugehen, bemerke ich hier nur, daß als das Böse überhaupt diejenige Thätigkeit des besonderen oder einzelnen menschlichen Geistes anzuerkennen ist, welche dem Endzwecke des Geistes, also der Verwirklichung des göttlichen Inhalts seiner Freiheit widerstrebt. Das Böse, so viel es auch im einzelnen vorübergehende Siege erlangen mag, ist doch dem allgemeinen Menschengeiste gegenüber nur ein ohnmächtiger leerer Schatten, und dieser Geist im Kampfe gegen das Böse muß Sieger bleiben, so wahr Gott lebt, welcher der Endzweck des Geistes und der Lenker und Regierer der Weltgeschichte ist.

Nachdem ich nun versucht habe Ihnen, hochverehrte Anwesende, den Begriff der Freiheit, wie er seinem ganzen Inhalte und Umfange nach sich im Menschengeiste im Allgemeinen realisirt, in den Hauptzügen darzustellen, wende ich mich jetzt insbesondere zur Betrachtung der akademischen Freiheit, wie sie in dem eigenthümlichen geistigen Leben der Universität hervortritt.

Die Universität ist einerseits ein Glied eines allgemeineren und höheren Ganzen, nämlich des Staates, andererseits hat sie auch ihre eigene Selbständigkeit und ihre Gliederungen in sich. Ihre Freiheit im Verhältnisse zum Staate ist darum von der inneren Freiheit des Staates selbst, deren Ausdruck seine Verfassung ist, wesentlich abhängig. Zu der Zeit, als die Freiheit in unserem Vaterlande noch nicht ein Gemeingut aller Staatsbürger war, als die verschiedenen Stände, Corporationen und Zünfte ihre Privilegien und Vorrechte als besondere Freiheiten besaßen, da waren auch die deutschen Universitäten in dem Besitze sehr bedeutender Privilegien, welche ihnen äußerlich einen großen Glanz verliehen. Die Scepter, welche Sie noch gegenwärtig hier erblicken, sind die letzten stummen Zeugen dieser entschwundenen Herrlichkeit. Vor dem fortschreitenden Geiste der Freiheit sind die Privilegien überhaupt fast gänzlich gefallen, und zwar ohne wesentlichen Nachtheil für die Universitäten; denn es blieben dabei die der akademischen Freiheit wesentlichen Institutionen größtentheils unangetastet. Auch haben wirklich die Sonderinteressen der deutschen Regierungen von den allgemeinen Interessen des deutschen Geistes, welche von den Universitäten hauptsächlich stets gepflegt worden sind, sich niemals so weit entfernt, daß die Regierungen eine vollständige Unterdrückung der akademischen Freiheit beabsichtigt oder versucht hätten. Ja selbst jene bekannten Bundestagsbeschlüsse, welche wir vor dem neuen Geiste der Gegenwart haben fallen sehen, griffen die akademische Freiheit nicht in ihrer Wurzel an, sondern bezweckten nur dem kräftigen Wuchse derselben eine, wie sie selbst sagten, „heilsame Richtung“ zu geben. Die deutschen Universitäten haben so, selbst unter ungünstigen Verhältnissen ihre akademische Freiheit der Staatsregierung gegenüber gerettet; damit dieselbe aber von dieser Seite nicht wieder ernstlich bedroht werden könne werden sie dahin wirken, daß ihnen diejenige Selbständigkeit gewährleistet wird, welche ihre freie Entwickelung sichert, ohne daß sie darum aufhören möchten mit dem Staate festverbunden zu bleiben, in welchen als ihren geistigen Boden sie ihre Wurzeln tief hineingeschlagen haben. Man hat die akademische Freiheit in dem Verhältnisse der Universität zum Staate von einigen Seiten her auch so auffassen wollen, daß die Universität vom Staate ganz unabhängig sein, daß sie nicht den Zwecken des Staates dienen müsse, sondern nur ihrem eigenen Zwecke, der Ausbildung und Verbreitung der Wissenschaft. Wenn man den Staat als eine dem Geiste des Volkes fremde äußerliche Einrichtung ansieht, oder wenn man, wie dieß aus Unklarheit der Begriffe zuweilen wirklich geschieht, unter dem Staate einseitig nur die vollziehende Gewalt der Regierung versteht, so wird man allerdings mit

Recht von den Universitäten verlangen müssen, daß sie höhere und allgemeinere Zwecke verfolgen. Aber der Staat, als die bestimmte Form in welcher der Geist eines Volkes seine Freiheit verwirklicht, ist in Wahrheit nichts anderes als das Volk selbst, er ist das Volk insofern es einen lebendigen geistigen Organismus bildet. Die Universitäten setzen darum ihre Ehre darein sich dem Staate unterzuordnen, und indem sie dem Staate dienen, dienen sie dem Volke, dem Vaterlande, und finden eben darin ihre wahre Freiheit. Es mag aber eigentlich mit der Unabhängigkeit der Universitäten vom Staate nicht so ernstlich gemeint sein, und wenn man verlangt, daß die Universitäten nicht den Zwecken des Staates, sondern nur der Wissenschaft dienen sollen, so versteht man darunter wohl hauptsächlich nur, daß sie sich nicht mehr damit befassen sollen die Studirenden für ihren künftigen Beruf als Geistliche, Aerzte, Richter und dergleichen auszubilden. Der besondere Zweck der Ausbildung für einen bestimmten Beruf muß allerdings dem rein wissenschaftlichen Zwecke der Universität überall untergeordnet werden, und wird auch in unseren Universitäts-Statuten demselben ausdrücklich nachgesetzt. Aber wenn die Universitäten außer der allgemeinen wissenschaftlichen Bildung den Studirenden auch diejenige besondere wissenschaftliche Fachbildung gewähren, welche diese befähigt künftig dem Staate und somit auch der bürgerlichen Gesellschaft in ihren Fächern als Beamtete zu dienen, so ist dieß offenbar nicht etwas tädelnswerthes, sondern vielmehr eine von den Verknüpfungen der Wissenschaft mit dem Leben, welche man von vielen Seiten her von den Universitäten so eifrig verlangt.

Betrachten wir nun die akademische Freiheit, wie sie sich im Innern der Universität zu gestalten hat, um ihrem wahren Begriffe zu entsprechen, so wollen wir von dem Grundsatze ausgehen, daß geistiges Leben überhaupt nicht ohne einen zergliederten Organismus bestehen kann, und daß die Gliederungen und ihr Verhältniß zu einander nicht von außen zufällig gemacht, sondern durch das Leben des inwohnenden Geistes selbst erzeugt sein müssen, wenn dasselbe ein freies sein soll. Die Universität theilt sich nun, nach der verschiedenen Bestimmung der Personen, aus welchen sie besteht, in Docenten und Studenten. Die Wissenschaft ist das geistige Band, welches in den Vorlesungen beide zu einer freien Vereinigung zusammenschließt, und so wie die Wissenschaft keinen äußeren Zwang ertragen kann, so müssen auch die Vorlesungen von demselben frei sein. Die Lehrfreiheit einerseits und die Hörfreiheit andererseits sind darum die beiden Seiten der akademischen Freiheit, welche in dem wissenschaftlichen Leben der Universität der Gliederung in Docenten und Studenten entsprechen. Die Universitäten sind noch gegenwärtig im vollen Besitze dieser ihrer unveräußerlichen Güter, sie verlangen von keinen Studenten, daß er diese oder jene bestimmte

Vorlesung höre, sondern nur daß er überhaupt studire, und wenn man sich in einigen Fächern mit Recht über Zwangs-Vorlesungen beschwert, so kann man nicht über die Universitäts-Einrichtungen, sondern nur über die Forderungen der Staats-Prüfungs-Commissionen klagen. Nur wenn man Lehrfreiheit in dem Sinne auffaßt, daß an der Universität jeder solle lehren können, wer nur will und was er will, und wenn man die Hörfreiheit so weit erstrecken will, daß jeder ohne Unterschied die Vorlesungen solle hören können, wird man finden, daß für beide wirkliche Schranken vorhanden sind. Aber die Freiheit ist nicht Schrankenlosigkeit, sondern nur dadurch ist sie wirkliche Freiheit, daß sie sich selbst ihre Schranken setzt, ohne diese zerfließt sie in ein bloßes Nichts. Auf diesen beiden Grundpfeilern, der Lehrfreiheit und Hörfreiheit beruht der ganze Organismus der deutschen Universitäten, welcher von zufälligen fremden Einflüssen nur wenig berührt worden ist, vielmehr größtentheils nach inneren Bedürfnissen sich frei gestaltet hat. Wir erkennen dieß klar daran, daß alle deutschen Universitäten, mit alleiniger Ausnahme der österreichischen, obgleich sie den verschiedenen deutschen Staaten angehört und überhaupt unter sehr verschiedenen äußeren Umständen bestanden haben, dennoch in ihrer inneren Organisation und in der Weiterentwickelung derselben stets eine wahrhaft erstaunenswerthe Uebereinstimmung gezeigt haben und noch zeigen. Wenn wir nun gleich die gegenwärtige Organisation der Universitäten als eine gute und vorzügliche anerkennen müssen, und wenn wir darum einem etwa zu versuchenden Umsturze derselben mit Entschiedenheit entgegentreten würden, so erkennen wir doch sehr wohl an, daß auch nach Aufhebung des Druckes, welchen die Bundestagsbeschlüsse geübt haben, noch manche Bestimmungen zu beseitigen bleiben, welche eine freie Entwickelung nicht fördern sondern hemmen, uud daß mit dem Fortschritte des Geistes jetzt auch eine Fortentwickelung der akademischen Institutionen und eine veränderte Stellung der besonderen Gliederungen der Universität gegen einander eintreten muß. Es ist bekannt, daß diese Frage in der neuesten Zeit sehr vielseitig erörtert worden ist, und ich kann hier nicht versuchen Ihnen, hochverehrte Anwesende, eine Uebersicht des überaus reichen Materials zu geben, welches die Versammlungen der Docenten sowohl als der Studenten geliefert haben. Ich will mich daher nur darauf beschränken hier eines der bedeutendsten durch den Umsturz des alten Regierungs-Systems für die ganze deutsche Nation gewonnenen Rechte, des Associationsrecht zu erwähnen, welches auch für die Universitäten, und namentlich für die Gestaltung der akademischen Freiheit im Studentenleben von der größten Wichtigkeit ist. Es unterliegt keinem Zweifel, daß dieses Recht auch für die Studenten vorhanden ist, und daß die zu erwartenden neuen akademischen Gesetze dasselbe in keiner Weise beschränken, sondern nur über einige

Formen, welche die Studentenverbindungen zu beobachten haben werden, wenn sie als solche von Seiten der Universitäts-Behörden anerkannt werden wollen, gewisse Bestimmungen festsetzen werden. Das Bedürfniß sich in besondere Kreise zusammenzuschließen wurzelt in dem Studentenleben so tief, daß die Studentenverbindungen selbst durch die strengsten Gesetze, durch auszustellende Reverse und andere Maaßregeln, niemals gänzlich haben unterdrückt werden können. Auch sind die Verbindungen wirklich ein wesentliches Element der akademischen Freiheit der Studenten, weil sie die Organisation des Studentenlebens bilden. Nur wenn man überhaupt ein eigenthümliches geistiges und geselliges Leben der Studenten als solcher nicht zulassen will, wird man auch die Studentenverbindungen verwerfen müssen. Aber alle die, welche selbst auf Universitäten studirt haben, wissen zu gut was sie dem Studentenleben auch bei den mannigfachen Fehlern und Thorheiten, welche es zu allen Zeiten mit hervorgebracht hat, wirklich verdanken, um nicht eine Aufhebung desselben, auf welche Weise sie auch immer hervorgebracht werden sollte, als einen unersetzlichen Verlust für die Universitäten zu beklagen. Es ist leider wahr, daß das Verbindungswesen insbesondere zu verschiedenen Zeiten an einigen Universitäten nicht wenig ausgeartet war, daß Einzelne, welche sich gänzlich einer Verbindung hingegeben, und darüber höhere Pflichten vernachlässigt haben, darin zu Grunde gegangen sind, daß die Verbindungen, anstatt die akademische Freiheit aufrecht zu erhalten, zuweilen grade eine höchst verwerfliche Tyrannei geübt haben, und daß anstatt der echten akademischen Sitte in manchen Verbindungen mehr eine grobe Unsitte gepflegt worden ist. Dieses aber sind hoffentlich nur Mißbräuche vergangener Zeiten, und werden wenigstens in derselben Form wie früher jetzt nicht mehr wiederkehren. Ueberhaupt kann das alte Verbindungswesen, so wie es früher war, in der jetzigen Zeit nicht wieder aufstehen, sondern ein neues, dem gegenwärtigen Geiste der studirenden Jugend entsprechendes muß an dessen Stelle treten, und ist, so viel ich gesehen habe, auch schon in seiner Bildung begriffen. Möchte Ihnen, meine Herren, die sie daran Theil haben die wahre Bedeutung des Studentenlebens und der akademischen Freiheit, welche dasselbe in seiner Sphäre zu verwirklichen hat, stets recht gegenwärtig sein. Möchten Sie immer bedenken, daß die hauptsächlichste Aufgabe der Studentenverbindungen die ist, die akademische Sitte aufrecht zu erhalten und zu veredeln, und möchten Sie nie über den Sonderinteressen der Verbindungen den hohen Zweck Ihres ganzen akademischen Lebens, die wissenschaftliche Bildung aus den Augen verlieren.

Wenn gegenwärtig das rege politische Leben auch auf unsere Universität einen mächtigen Einfluß übt, wenn die politische Freiheit jetzt die Studenten sowohl als die Docenten in hohem Grade beschäftigt, so kann und darf dieß nicht anders sein; denn wir würden kein Herz für unser Vaterland haben, wenn wir dem Schicksale desselben theilnahmlos zusehen könnten. Aber lassen Sie uns auch immer klar bewußt bleiben, daß die politische Freiheit für sich nur eine besondere Seite der Freiheit ausmacht, daß der Geist nach allen Richtungen seines Lebens und seiner Thätigkeit frei werden muß, um wahrhaft frei zu sein, und daß die Universitäten insbesondere die Aufgabe haben, diejenige Freiheit zu erringen und zu erhalten, welche der Geist in der Wissenschaft, in der Erkenntniß der Wahrheit findet. Stets eingedenk der Worte Christi: „Ihr werdet die Wahrheit erkennen und die Wahrheit wird euch frei machen" wollen wir diesem erhabensten Ziele der akademischen Freiheit mit Freudigkeit nachstreben. Die Universität umfaßt alle besonderen Wissenschaften in sich, und jede derselben, insofern sie Erkenntniß der Wahrheit giebt, ist ein nothwendiges Moment der Freiheit des Geistes; eine jedoch unter diesen Wissenschaften, die Philosophie, welche schon Aristoteles als die freiste und göttlichste von allen bezeichnet, und welche seit Leibnitz ein fast ausschließliches Eigenthum des deutschen Geistes geblieben ist, verdient vor allen anderen von den deutschen Universitäten gepflegt zu werden. Die Philosophie durchdringt und belebt alle besonderen Wissenschaften, gleichsam als die Seele derselben. Jedes wahrhaft gründliche Studium einer Wissenschaft ist darum wesentlich philosophisch, und gewährt dem, welcher sich demselben hingiebt selbst am endlichen Stoffe eine Erkenntniß des Unendlichen. Wer aber, getrieben von einem mächtigen Drange nach Erkenntniß des Ewigen, die Ideen selbst schauen will, der muß, wie einst Odysseus zu den abgeschiedenen Seelen der Unterwelt, zu diesen niedersteigen in die Tiefen des Geistes, und damit sie ihm nicht leere wesenlose Schatten bleiben, muß er ihnen Opfer bringen, Opfer von dem Blute der besonderen concreten Wissenschaften; denn erst wenn sie von diesem gekostet haben, werden sie zu ihm reden und ihm die Geheimnisse des göttlichen Geistes enthüllen.

Lassen Sie uns, hochverehrte Anwesende, überhaupt die Ueberzeugung festhalten, daß die akademische Freiheit ein unschätzbares Gut ist, welches der Geist der deutschen Nation den Universitäten anvertraut hat, damit sie es pflegen und weiter entwickeln, und lassen sie uns alle, die wir dieser Universität angehören, im Interesse unseres Vaterlandes, gemeinsam dahin wirken, daß auch unter uns die wahre akademische Freiheit wachse, blühe und gedeihe.

Antrittsrede als ordentliches Mitglied der Akademie der Wissenschaften

Monatsberichte der Königlichen Preußischen Akademie der Wissenschaften zu Berlin aus dem Jahre 1856, 377-379

Hierauf hielt Hr. Kummer als neu eintretendes ordentliches Mitglied der physikalisch-mathematischen Klasse folgende Antrittsrede:

Der Königl. Akademie, als deren ordentliches Mitglied ich heut zum ersten Male öffentlich auftrete, habe ich zunächst für die hohe Ehre zu danken, deren ich durch die Aufnahme in diesen Kreis der wissenschaftlich hervorragendsten Männer gewürdigt worden bin. Ich habe aber ausserdem auch einer älteren Schuld der Dankbarkeit zu gedenken, durch die ich der Königl. Akademie verpflichtet bin, da Dieselbe bereits vor 17 Jahren durch die Ernennung zu Ihrem correspondirenden Mitgliede mich über mein Verdienst geehrt hat. So wie ich diese früher mir gewährte Auszeichnung nur habe als einen Antrieb nehmen können durch Fortschreiten in der Wissenschaft und durch gediegenere Leistungen mich derselben wür-

diger zu machen: so betrachte ich auch jetzt meine Aufnahme in die Zahl der ordentlichen Mitglieder hauptsächlich als eine mir auferlegte höhere Verpflichtung, welche ich, im Bewufstsein meiner eigenen Schwäche, nicht ohne Bangigkeit übernehme.

Die mathematischen Wissenschaften, an deren Fortentwickelung mitzuarbeiten ich durch Ihre Wahl berufen bin, haben in unserem Vaterlande seit mehreren Decennien einen neuen Aufschwung genommen. Der Deutsche Geist, getrieben von dem ihm eigenen Drange nach Erkenntnifs, hat mit verjüngter Kraft den ewigen Formen und Gesetzen des Mathematischen sich zugewendet und in denselben ein reiches Feld seiner Thätigkeit gefunden. Es ist darum jetzt in der Mathematik, in ähnlicher Weise wie in den ihr verwandten Naturwissenschaften, die wissenschaftliche Forschung die vorherrschende Richtung, die Forschung welche weniger im Wissen, als im Erkennen ihre Befriedigung findet und darum in die Tiefe der Wissenschaft zu dringen sucht, wo sie die Lösung vorhandener Räthsel findet und wo neue Räthsel ihr entgegentreten.

Zu dieser Richtung habe auch ich aus innerer Neigung mich hingezogen gefühlt, seitdem ich in den mathematischen Wissenschaften zu einiger Selbständigkeit gelangt war. Ich habe nach Maafsgabe der mir verliehenen Kräfte versucht in einzelnen Abhandlungen einzelne bis dahin unerkannte Punkte der Wissenschaft zu ergründen; wenn ich aber, wie es von den neu aufgenommenen Mitgliedern die Sitte verlangt, meinen wissenschaftlichen Standpunkt noch näher angeben soll, so kann ich ihn füglich als einen theoretischen bezeichnen, und zwar nicht allein darum, weil die Erkenntnifs allein das Endziel meiner Studien ist, sondern namentlich auch darum, weil ich vorzüglich nur diejenige Erkenntnifs in der Mathematik erstrebt habe, welche sie innerhalb der ihr eigenthümlichen Sphäre, ohne Rücksicht auf ihre Anwendungen gewährt. Die Mathematik hat auch als Hülfswissenschaft, namentlich in ihren Anwendungen auf die Natur, manche grofsartige Triumphe gefeiert, und es ist nicht zu leugnen, dafs sie diesen hauptsächlich die allgemeine Achtung verdankt in welcher sie steht, aber ihre höchste Blüthe kann sie nach meinem Dafürhalten nur in dem ihr eigenen Elemente des abstrakten reinen Quantums entfalten, wo sie unabhängig von der äufseren Wirklichkeit der Natur nur sich selbst zum Zwecke hat.

In diesem Sinne habe ich bisher die am meisten theoretischen unter den mathematischen Disciplinen, die Analysis und die Zahlentheorie, mit besonderer Vorliebe studirt, und ich gedenke auch ferner in derselben Richtung, aber mit erhöhtem Eifer fortzuarbeiten, damit es mir gelingen möge das Vertrauen, welches Sie in mich gesetzt haben, einigermafsen zu rechtfertigen.

Gedächtnisrede auf Gustav Peter Lejeune Dirichlet

Abhandlungen der Königlichen Akademie der Wissenschaften zu Berlin
aus dem Jahre 1860, 1-36

[Gehalten in der Akademie der Wissenschaften am 5. Juli 1860.]

Es ist nicht zehn Jahre her, dafs die drei Männer, denen unser deutsches Vaterland eine neue Blüthenperiode der mathematischen Wissenschaften verdankt, Gaufs, Jacobi und Dirichlet noch lebten und noch thätig arbeiteten, den alten Ruhm tiefer Erkenntnifs der abstraktesten, so wie der concret in der Natur verwirklichten, mathematischen Wahrheiten, welchen vor Allen Kepler und Leibnitz der deutschen Nation erworben hatten, glänzend zu erneuern und zu befestigen. Unsere Akademie hatte damals das Glück, zwei dieser hervorragenden Männer als aktive Mitglieder zu besitzen, Jacobi und Dirichlet, welche persönlich befreundet, durch freie Mittheilung ihrer tiefen mathematischen Gedanken sich gegenseitig anregten und förderten, und auf die allgemeine Entwickelung der mathematischen Wissenschaften den nachhaltigsten Einflufs ausübten. Jacobi's frühzeitiger Tod war der erste unersetzliche Verlust, welcher die in unserem Vaterlande zur Blüthe entfaltete Wissenschaft traf. Die Bedeutung der Schöpfungen dieses mit seltenem Geiste begabten Forschers, die hervorragende Stellung, die er in der Geschichte der Mathematik für alle Zeiten einnehmen wird, hat Dirichlet in der heut vor acht Jahren an dieser Stelle gehaltenen Gedächtnifsrede so tiefeingehend und wahr geschildert, dafs er dadurch dem Andenken des Dahingeschiedenen das schönste und würdigste Denkmal errichtet hat. Als vier Jahre nach Jacobi der greise Gaufs in dem unbestrittenen Ruhme des ersten Mathematikers seiner Zeit aus dem Leben schied, hatte dieser grofse allgemeine Verlust für unsere Akademie noch die beklagenswerthe Folge, dafs Dirichlet, als der einzige würdige Nachfolger des grofsen Mannes, nach Göttingen berufen, aus der Zahl ihrer anwesenden Mitglieder austrat.

1

Die Akademie, welche diesen Verlust weder abwehren noch ersetzen konnte, wahrte sich durch seine Wahl zu ihrem ordentlichen, auswärtigen Mitgliede das Recht, Dirichlet auch ferner als den ihrigen betrachten zu dürfen, für seine speciellen Fachgenossen aber blieb er der lebendige Mittelpunkt ihrer Forschungen und Arbeiten, bis der Tod seinem Leben und Wirken ein Ziel setzte. Unsere Akademie, welcher Dirichlet sieben und zwanzig Jahre lang angehört hat, in deren Schriften seine unvergänglichen Meisterwerke niedergelegt sind, hat das Recht den wissenschaftlichen Ruhm dieses grofsen Mathematikers als ihren eigenen zu betrachten, sie vor allen anderen hat darum auch die Pflicht sein Andenken zu bewahren und durch eine öffentliche Gedächtnifsrede ihm die letzte akademische Ehre zu erweisen. Die Verehrung, welche ich selbst für den Dahingeschiedenen stets gehegt habe, die Freundschaft, die er mir geschenkt und mehr als zwanzig Jahre hindurch bewahrt hat, so wie die nahe Beziehung, in welcher meine eigenen Studien zu seinen wissenschaftlichen Arbeiten stehen, haben mich bewogen, hier vor dieser hochansehnlichen Versammlung das Wort zu übernehmen, um die grofse wissenschaftliche Bedeutung seiner Meisterwerke zu schildern, und zugleich in wenigen Zügen ein Bild seines Lebens und seines Charakters zu entwerfen, der edel und rein war wie seine Schriften. Ich weifs, dafs ich die mir gestellte Aufgabe nur sehr unvollkommen werde lösen können, nicht allein aus dem sachlichen Grunde, dafs die wahre Bedeutung der geistigen Schöpfungen grofser Männer oft erst im weiteren geschichtlichen Verlaufe der Wissenschaft richtig erkannt und gewürdigt werden kann, wo sie nicht selten zu Ausgangspunkten reich sich entfaltender Theorieen werden, sondern auch wegen meiner eigenen Schwäche, für welche ich mir erlauben mufs, Ihre gütige Nachsicht in Anspruch zu nehmen.

Gustav Peter Lejeune-Dirichlet wurde den 13ten Februar 1805 in Düren geboren. Sein Vater, welcher daselbst die Stelle des Postdirektors bekleidete, ein sanfter, gefälliger und liebenswürdiger Mann, und seine in sehr hohem Alter jetzt noch lebende Mutter, eine geistvolle, fein gebildete Frau, gaben dem von der Natur mit mehr als gewöhnlichen Anlagen ausgestatteten Knaben eine sehr sorgfältige Erziehung. Seinen ersten Unterricht erhielt er in einer Elementarschule, und als diese nicht mehr für ihn genügend befunden wurde, in einer Privatschule, dabei wurde er, um später ein Gymnasium besuchen zu können, im Lateinischen noch besonders unterrichtet.

Seine grofse Vorliebe für die Mathematik zeigte sich schon sehr früh, denn damals, als er noch nicht zwölf Jahre alt war, verwendete er sein Taschengeld zum Ankauf mathematischer Bücher, mit denen er sich besonders des Abends sehr fleifsig beschäftigte; wenn man ihm dann sagte, er könne sie ja doch nicht verstehen, so erwiederte er: ich lese sie so lange, bis ich sie verstehe. Seine Eltern hatten den Wunsch, dafs er Kaufmann werden möchte, als er aber entschiedene Abneigung dagegen zeigte, gaben sie nach, und schickten ihn im Jahre 1817 nach Bonn auf das Gymnasium.

Durch freundliche Mittheilung des Herrn Professor Elvenich in Breslau, welcher damals als Student in Bonn mit dem jungen Dirichlet in einem Hause wohnte, und welchem dessen Beaufsichtigung und Leitung von den sorgsamen Eltern dringend anempfohlen war, bin ich in den Stand gesetzt, folgende treue und lebendige Darstellung des in jener Zeit etwa dreizehnjährigen Knaben zu geben. Er zeichnete sich in seinem Betragen durch Anstand und gute Sitten sehr vortheilhaft aus, und die Unbefangenheit und Offenheit seines ganzen Wesens bewirkte, dafs alle, die mit ihm zu thun hatten, ihm herzlich gewogen waren. Sein Fleifs war geregelt, doch vorzugsweise der Mathematik und Geschichte zugewendet. Er studirte wenn er auch keine Schularbeiten zu machen hatte, denn auch dann war sein reger Geist stets mit würdigen Gegenständen des Nachdenkens beschäftigt. Grofse historische Ereignisse, wie namentlich die französische Revolution und öffentliche Angelegenheiten interessirten ihn in hohem Grade, und er urtheilte über diese und andre Dinge mit einer für seine Jugend ungewöhnlichen Selbständigkeit vom Standpunkte einer freisinnigen Denkweise, welche eine Frucht seiner elterlichen Erziehung sein mochte. Alles Rohe und Unedle war ihm stets zuwider, aber auch Spiele und andre jugendliche Vergnügungen hatten für ihn fast gar keinen Reiz, während er gesellige Unterhaltungen liebte, und besonders an Gesprächen über Politik und historische Stoffe sich gern und lebhaft betheiligte. Überhaupt bewegte sich sein Geist, dessen hervorragende Eigenschaft Scharfsinn war, in einer viel höheren Sphäre, als es bei Anderen dieses Alters der Fall zu sein pflegt.

Auf dem Bonner Gymnasium blieb Dirichlet nur zwei Jahre und vertauschte dasselbe sodann mit dem Jesuiter-Gymnasium in Cöln, welchem seine Eltern aus mir unbekannten Gründen den Vorzug gaben. Hier hatte er zu seinem Lehrer in der Mathematik den nachmals durch die Entdeckung

1*

des nach ihm benannten Gesetzes des elektrischen Leitungswiderstandes berühmt gewordenen Georg Simon Ohm, durch dessen Unterricht, so wie durch fleifsiges eigenes Studium mathematischer Werke, er in dieser Wissenschaft sehr bedeutende Fortschritte machte, und sich einen ungewöhnlichen Umfang von Kenntnissen erwarb. Er vernachlässigte aber dabei die übrigen Disciplinen keineswegs, und machte den Cursus auf dem Gymnasium sehr rasch durch, so dafs er schon im Jahre 1821, als er erst sechzehn Jahre alt war, das Abgangszeugnifs für die Universität erlangte und nach Hause zurückkehrte, um mit seinen Eltern über die Wahl seines künftigen Berufs zu verhandeln. Es war sehr natürlich, dafs diese seinem eigenen Entschlusse Mathematik zu studiren mit der ernstlichen Mahnung entgegentraten, durch ein praktischeres Studium, als welches sie ihm die Jurisprudenz vorschlugen, sein Fortkommen in der Welt zu sichern; er erklärte ihnen hierauf bescheiden aber fest, dafs wenn sie es verlangten, er ihnen folgsam sein werde, dafs er aber von seinem Lieblingsstudium nicht lassen könne und wenigstens die Nächte demselben widmen werde. Die eben so vernünftigen als zärtlichen Eltern gaben hierauf dem entschiedenen Wunsche ihres Sohnes nach.

Das mathematische Studium auf den preufsischen und den übrigen deutschen Universitäten lag damals arg darnieder. Die Vorlesungen, welche sich nur wenig über das Gebiet der Elementar-Mathematik erhoben, waren keineswegs geeignet den Drang nach tieferer Erkenntnifs zu befriedigen, der den jungen Dirichlet beseelte, auch gab es aufser dem einen grofsen Namen Gaufs in Deutschland keinen anderen, der auf ihn eine besondere Anziehungskraft hätte ausüben können. In Frankreich dagegen, und namentlich in Paris, stand die Mathematik damals noch in ihrer vollen Blüthe und ein Kreis von Männern, deren grofse Namen in der Geschichte der mathematischen Wissenschaften für alle Zeiten glänzen werden, arbeitete hier forschend und lehrend an der lebendigen Entwickelung und Verbreitung derselben. Hier lebte noch der grofse Laplace, dem seine Mechanik des Himmels unbestritten den ersten Rang sicherte, und arbeitete noch an der Vollendung dieses Werkes und an einem Supplemente seiner Theorie der Wahrscheinlichkeit. Legendre, bis in sein hohes Alter rastlos thätig, vervollkommnete seine Theorie der elliptischen Funktionen durch die Entdeckung einer neuen Transformation derselben, und bereitete die dritte Ausgabe seines Werkes über Zahlentheorie vor. Fourier, der vor Kurzem seine mathematische Wärmetheorie vollendet hatte, versammelte einen ausgewählten Kreis der talentvollsten jungen Mathematiker um sich, zu wissenschaftlichen und heiteren Gesprächen. Poisson bereicherte die Mechanik und die mathematische Physik durch eine Reihe der werthvollsten Abhandlungen. Cauchy legte damals den Grund zu einer wesentlichen Verbesserung und Umgestaltung der gesammten Analysis, durch strengere Methoden und durch die Einführung der imaginären Variabeln. Diese Männer und aufser ihnen noch eine ansehnliche Zahl anderer wissenschaftlicher Notabilitäten, von denen einige noch jetzt leben, wirkten zusammen, Paris zu dem glänzendsten Sitze der mathematischen Wissenschaften zu machen.

In richtiger Würdigung dieser Verhältnisse erkannte Dirichlet, dafs diefs der Ort sei, wo er für seine mathematischen Studien den gröfsten Gewinn erwarten konnte, und da seine Eltern, welche noch von früherer Zeit her durch einige befreundete Familien mit Paris in Verbindung standen, gern ihre Einwilligung dazu gaben, so bezog er im Mai 1822 diese Hochschule der mathematischen Wissenschaften, in dem freudigen Bewufstsein sich jetzt ganz seinem Lieblingsstudium widmen zu können. Er hörte daselbst die Vorlesungen am *Collège de France* und an der *Faculté des sciences,* wo er Lacroix, Biot, Hachette und Francoeur zu seinen Lehrern hatte. Ein Versuch den er machte, auch den Vorlesungen an der *École polytechnique* als Hospitant beiwohnen zu dürfen, scheiterte daran, dafs der Preufsische Geschäftsträger in Paris, ohne besondere Autorisation von Seiten des Ministers von Altenstein, es nicht übernehmen wollte, die Erlaubnifs dazu bei dem französischen Ministerium auszuwirken.

Neben dem Hören der Vorlesungen und dem Durchdenken des in denselben ihm gebotenen Stoffes widmete Dirichlet seine Zeit auch dem angestrengten Studium der vorzüglichsten mathematischen Schriften, und unter diesen vorzugsweise dem Gaufsischen Werke über die höhere Arithmetik: *Disquisitiones arithmeticae.* Dieses hat auf seine ganze mathematische Bildung und Richtung einen viel bedeutenderen Einflufs ausgeübt, als seine anderen Pariser Studien; er hat dasselbe auch nicht nur einmal oder mehreremal durchstudirt, sondern sein ganzes Leben hindurch hat er nicht aufgehört die Fülle der tiefen mathematischen Gedanken, die es enthält, durch wiederholtes Lesen sich immer wieder zu vergegenwärtigen, weshalb es bei ihm auch niemals auf dem Bücherbrett aufgestellt war, sondern seinen bleibenden Platz auf dem Tische hatte, an welchem er arbeitete. Welche Anstrengung es ihm gekostet haben mufs, sich in dieses aufserordentliche Werk hineinzuarbeiten, kann man daraus abnehmen, dafs mehr als zwanzig Jahre nachdem es erschienen war, noch keiner der damals lebenden Mathematiker es vollständig durchstudirt und verstanden hatte, und dafs selbst Legendre, welcher der höheren Arithmetik einen grofsen Theil seines Lebens gewidmet hatte, bei der zweiten Ausgabe seiner Zahlentheorie gestehen mufste: er hätte gern sein Werk mit den Gaufsischen Resultaten bereichert, aber die Methoden dieses Autors seien so eigenthümlich, dafs er ohne die gröfsten Umwege, oder ohne die Rolle eines blofsen Übersetzers zu übernehmen, dieselben nicht hätte wiedergeben können. Dirichlet war der erste, der dieses Werk nicht allein vollständig verstanden, sondern auch für Andere erschlossen hat, indem er die starren Methoden desselben, hinter welchen die tiefen Gedanken verborgen lagen, flüssig und durchsichtig gemacht und in vielen Hauptpunkten durch einfachere, mehr genetische ersetzt hat, ohne der vollkommenen Strenge der Beweise das Geringste zu vergeben; er war auch der erste, der über dasselbe hinausgehend einen reichen Schatz noch tieferer Geheimnisse der Zahlentheorie offenbar gemacht hat.

Dirichlets äufseres Leben in dem ersten Jahre seines Pariser Aufenthalts war höchst einfach und zurückgezogen. Seine Studien, welche nur einmal durch einen Anfall der natürlichen Pocken unterbrochen wurden, nahmen ihn vollständig in Anspruch und sein Umgang beschränkte sich auf einige Häuser, denen er empfohlen war, und auf einige junge Deutsche, welche sich ihrer Studien wegen dort aufhielten. Im Sommer des Jahres 1823 aber trat hierin eine Änderung ein, welche für seine ganze allgemeine Bildung von der gröfsten Bedeutung war. Der General Foy, ein geistvoller, vielseitig gebildeter Mann, nicht weniger durch die hervorragende Stellung, die er als Haupt der Opposition in der Deputirtenkammer und als einer der gefeiertsten Redner derselben einnahm, als durch seine glänzende militärische Laufbahn ausgezeichnet, dessen Haus eines der angesehensten und gesuchtesten in Paris war, suchte damals einen jungen Mann als Lehrer für seine Kinder, welcher dieselben hauptsächlich in der deutschen Sprache und Litteratur unterrichten sollte, und durch Vermittelung eines Freundes des Dirichletschen Hauses, Herrn Larchet de Chamont, wurde ihm unser Dirichlet empfohlen. Bei der ersten persönlichen Vorstellung machte das offene und bescheidene Wesen des jungen Mannes einen so günstigen Eindruck auf den General, dafs er ihm unmittelbar darauf die Stellung als Lehrer seiner Kinder antrug, mit einem anständigen Gehalte und mit so geringen Verpflichtungen, dafs ihm freie Zeit genug blieb, die angefangenen Studien fortzusetzen. Dirichlet ging mit Freuden darauf ein, nicht allein weil er dadurch in die Lage versetzt wurde seinen Eltern keine Kosten mehr zu machen, sondern vorzüglich auch weil er von dem Aufenthalte in dem Hause eines so allseitig gebildeten, ausgezeichneten Mannes für seine äufsere Weltbildung, in der er nach seinem eigenen Urtheile noch sehr zurück war, sich viel Gutes versprach. In dieser neuen Stellung fühlte er sich aufserordentlich zufrieden und glücklich, da Herr und Madame Foy ihm überall die gröfste Freundlichkeit und Zuvorkommenheit erwiesen und ihn wie ein Glied ihrer eigenen Familie betrachteten. Der Unterricht der Kinder, deren ältestes ein Mädchen von elf Jahren war, kostete ihn nur wenig Mühe und die Frau Generalin, die das Deutsche, welches sie in ihrer Kindheit geübt, aber seitdem vollständig vergessen hatte, unter seiner Leitung eifrig und mit dem besten Erfolge wieder betrieb, vergalt ihm seine Mühe auf eben so angenehme als nützliche Weise, indem sie ihm durch Übungen im Lesen des Französischen den fremden Accent seiner Aussprache abgewöhnte. Den gröfsten Einflufs übte aber der General auf ihn aus, durch das lebendige Beispiel eines thatkräftigen, edlen und fein gebildeten Mannes, welches er ihm gab, und dieser Einflufs erstreckte sich nicht blofs auf Dirichlet's äufsere Bildung, seine Gewohnheiten und Neigungen, sondern auch auf seine Denk- und Handlungsweise und seine allgemeinen Lebensanschauungen. Von grofser Bedeutung für sein ganzes Leben war es auch, dafs das Haus des Generals, welches ein Vereinigungspunkt der ersten Notabilitäten in Kunst und Wissenschaft der Hauptstadt Frankreichs war, und in welchem von den angesehensten Kammermitgliedern die grofsen politischen Fragen verhandelt wurden, deren nächste, vorläufige Lösung das Jahr 1830 brachte, ihm zuerst Gelegenheit gab, das Leben in grofsartigem Maafsstabe zu sehen und sich daran zu betheiligen.

Durch alle diese neuen Eindrücke, welche er in sich aufnahm, durch die Beschäftigungen und Zerstreuungen, die mit seiner Stellung verbunden waren, liefs sich Dirichlet durchaus nicht von seinen mathematischen Studien ablenken, vielmehr arbeitete er grade in dieser Zeit mit angestrengtem Fleifse an seiner ersten der Öffentlichkeit übergebenen Schrift: *Mémoire sur l'impossibilité de quelques équations indéterminées du cinquième degré.* Der Gegenstand dieser Abhandlung steht in der engsten Beziehung zu dem von Fermat aufgestellten Satze, dafs die Summe zweier Potenzzahlen von gleichen Exponenten niemals einer Potenz von demselben Exponenten gleich sein kann, wenn diese Potenzen höher sind als die zweite. Dieser Satz, von welchem Fermat angiebt, dafs er ihn beweisen könne, welcher aber noch über 150 Jahre nach Fermat, zu der Zeit als Dirichlet sich mit demselben beschäftigte, trotz der angestrengten Bemühungen von Euler und Legendre nicht weiter, als für die dritten und vierten Potenzen hatte bewiesen werden können, kann zwar, als eine aus ihrem wissenschaftlichen Zusammenhange herausgenommene Einzelheit, keinen besonderen Werth beanspruchen, aber er hat dadurch eine ungewöhnlich hohe Bedeutung gewonnen, dafs er, als ein, in dem damals noch ganz unbekannten Gebiete der Formen höherer Grade aufgesteckter, nah erscheinender und doch ferner Zielpunkt, auf die Richtung, welche die Zahlentheorie in ihrer geschichtlichen Entwickelung genommen hat, von dem entschiedensten Einflusse gewesen ist. Dirichlet, indem er in seiner Arbeit die durch den Fermatschen Satz angegebene Richtung verfolgt, betrachtet die Summe zweier fünften Potenzen, über welche bis dahin noch Nichts ermittelt war, und stellt sich die Aufgabe zugleich etwas allgemeiner, nämlich zu untersuchen, in welchen Fällen eine solche Summe einem gegebenen Vielfachen einer fünften Potenz nicht gleich sein könne. Er ebnet und sichert sich den Weg der Untersuchung durch einige neue Sätze über die allgemeinste Auflösung der Aufgabe: eine quadratische Form einer Potenzzahl gleich zu machen, und gelangt dazu, die Unmöglichkeit einer ganzen Klasse von Gleichungen des fünften Grades zu beweisen. Die Fermatsche Gleichung für die fünften Potenzen, deren eine nothwendig durch fünf theilbar sein müfste, ist nur für den Fall, dafs diese zugleich eine grade ist, mit in dieser Klasse enthalten; den anderen Fall aber, wo sie eine ungrade ist, hat kurze Zeit nachher Legendre, indem er den von Dirichlet eröffneten Weg noch etwas weiter verfolgte, gleichfalls als unmöglich nachgewiesen. Die Ehre den Beweis dieses geschichtlich merkwürdigen Satzes eine ganze Stufe weiter geführt zu haben, hat Dirichlet also mit Legendre zu theilen.

Nicht allein die in einem der schwierigsten Theile der Zahlentheorie gewonnenen neuen Resultate, sondern auch die Bündigkeit und Schärfe der Beweise und die ausnehmende Klarheit der Darstellung, sicherten dieser ersten Arbeit Dirichlets einen glänzenden Erfolg. Die Pariser Akademie, welcher er sie überreichte, gestattete ihm die Vorlesung derselben in der Sitzung vom 11ten Juni 1825 und schon in der nächsten Sitzung vom 18ten desselben Monats statteten die Herren Lacroix und Legendre als Commissäre einen so günstigen Bericht darüber ab, dafs die Akademie beschlofs, sie in die Sammlung der Denkschriften auswärtiger Gelehrter aufzunehmen. Dirichlets Ruf als ausgezeichneter Mathematiker war hierdurch begründet, und als ein junger Mann, der eine grofse Zukunft erwarten liefs, war er seitdem in den höchsten wissenschaftlichen Kreisen von Paris nicht blofs zugelassen, sondern auch gesucht. Er trat dadurch auch mit mehreren der angesehensten Mitglieder der Pariser Akademie in nähere Verbindung, unter denen besonders zwei hervorzuheben sind, nämlich Fourier, der auf die Richtung seiner wissenschaftlichen Forschungen und Alexander von Humboldt, der auf die fernere Gestaltung seines äufseren Lebens einen bedeutenden Einflufs ausgeübt hat.

Fourier, welcher aus der Zeit seiner Jugend, wo er an der Gründung der *École normale* und der *École polytechnique* sich thätig betheiligt hatte, die Begeisterung für lebendige wissenschaftliche Mittheilung noch ungeschwächt bewahrte, und dem es ein inneres Bedürfnifs war, das, was er Schönes und Grofses erforscht hatte, auch mündlich mitzutheilen, fand an Dirichlet einen jungen Mann, dem er sein mathematisches Herz ganz eröffnen konnte und von dem er nicht blofs bewundert, sondern auch vollkommen verstanden wurde. Er zog ihn daher in den Kreis der ausgezeichneten jungen Mathematiker, die er um sich zu versammeln pflegte, mit denen er damals seine Wärmetheorie und seine, zum Zweck derselben erfundenen, neuen analytischen Methoden, so wie allerhand allgemeinere wissenschaftliche Gegenstände und Fragen in der ihm eigenen lebendigen und anziehenden Weise besprach. In diesem Kreise, welchem unter Anderen auch der durch seinen Satz über die Wurzeln der algebraischen Gleichungen kurze Zeit darauf allgemein berühmt gewordene Sturm angehörte, erhielt Dirichlet mannichfache Anregung, namentlich aber wurde durch Fourier sein Interesse für die mathematische Physik belebt, in welcher er später mit bedeutendem Erfolge gearbeitet hat; eben so nehmen auch die Fourierschen Reihen und Integrale, welche erst durch Dirichlets strenge Methoden ihre

2

wahre wissenschaftliche Begründung erhalten haben, eine nicht unbedeutende Stelle in seinen späteren Arbeiten ein.

Alexander von Humboldt, welcher damals in Paris lebte, hatte schon früher vom General Foy Dirichlet als einen ausgezeichneten Mathematiker preisen hören, ohne jedoch auf dieses Lob, da es nicht aus dem Munde eines Mannes vom Fach kam, ein besonderes Gewicht zu legen; erst als Dirichlet in Folge der günstigen Aufnahme, welche die Akademie seiner Schrift hatte zu Theil werden lassen, seinen Besuch bei Humboldt machte, wurde er demselben näher bekannt. Humboldt empfing ihn mit der ausgezeichnetsten Freundlichkeit und Zuvorkommenheit, und schenkte ihm mit der Achtung vor seinem Talent und seiner wissenschaftlichen Tüchtigkeit zugleich auch die lebhafteste persönliche Theilnahme und Zuneigung, welche er ihm von da an unausgesetzt bewahrt und bethätigt hat. Schon bei diesem ersten Besuche gab Dirichlet im Laufe des Gesprächs die Absicht zu erkennen, später in sein Vaterland zurückzukehren, und Humboldt, welcher diesen Gedanken mit Freuden ergriff, bestärkte ihn in seinem Vorsatze, indem er ihn versicherte, dafs es dort, bei der äufserst geringen Zahl ausgezeichneter deutscher Mathematiker, ihm nicht fehlen könne, sobald er es wünschte, eine sehr gute Stellung zu erhalten. Unter den damaligen Verhältnissen, wo soeben die mehrere Jahre hindurch fortgesetzten Unterhandlungen wegen Gaufs Berufung nach Berlin hatten aufgegeben werden müssen, weil es an wenigen Hundert Thalern fehlte, war diese Versicherung nicht so leicht zu erfüllen, und es gehörte bald nachher die unermüdliche Thätigkeit und der ganze Einflufs Humboldt's dazu, sie auch nur annähernd wahr zu machen.

Durch den im November 1825 erfolgten Tod seines hochverehrten Gönners, des Generals Foy und durch den Einflufs Alexander von Humboldt's, welcher bald darauf Paris verliefs und nach Berlin übersiedelte, wurde in Dirichlet der Entschlufs zur Rückkehr in sein Vaterland zur Reife gebracht. Er richtete an den Minister von Altenstein ein Gesuch um eine für ihn passende Anstellung, welches Humboldt zu befürworten und durch seinen Einflufs wirksam zu machen übernahm, und kehrte im Herbst 1826 zu seinen Eltern nach Düren zurück, um dort den Erfolg abzuwarten.

Während er hier an einer neuen Abhandlung arbeitete, auf welche ich bald näher eingehen werde, betrieb Humboldt seine Anstellungsangelegenheit mit dem regsten Eifer. Er verwendete sich persönlich bei dem Minister von Altenstein, um für Dirichlet eine aufserordentliche Professur an einer preufsischen Universität, mit sechs bis acht Hundert Thalern Gehalt zu erlangen, zog die angesehensten Mitglieder der hiesigen Akademie mit in sein Interesse, um seine Empfehlung durch die ihrigen zu unterstützen, und gab Dirichlet häufigen Bericht und guten Rath, was dieser seinerseits thun sollte; aber durch alle diese Bemühungen, welche selbst Gaufs durch ein an unseren Collegen Herrn Encke gerichtetes, und von diesem dem Königlichen Ministerium übergebenes Schreiben unterstützte, konnte doch nicht mehr erreicht werden, als dafs ihm 400 Thaler jährlich als feste Remuneration zugesichert wurden, damit er sich in Breslau als Privatdocent habilitiren möge. Da die feste Remuneration ihm vor der Hand ein mäfsiges Auskommen sicherte, und da er sich darauf verlassen konnte, dafs Humboldt seine Bemühungen, ihm eine angemessenere Stellung zu verschaffen, fortsetzen werde, so ging er ohne Bedenken darauf ein. Inzwischen war er auch von der philosophischen Fakultät der Universität Bonn zum Doctor der Philosophie *honoris causa* creirt worden, wodurch ihm die Habilitation an einer Universität wesentlich erleichtert wurde.

Auf seiner Reise nach Breslau wählte er den Weg über Göttingen, um Gaufs persönlich kennen zu lernen, und machte demselben am 18ten März 1827 seinen Besuch. Nähere Nachrichten über dieses Zusammentreffen habe ich nicht ermitteln können; ein an seine Mutter gerichteter Brief aus jener Zeit sagt nur, dafs Gaufs ihn sehr freundlich aufgenommen habe, und dafs der persönliche Eindruck dieses grofsen Mannes ein viel günstigerer gewesen sei, als er erwartet habe.

In Breslau sollte er nun, nach den Statuten der dortigen philosophischen Facultät, um die *venia docendi* zu erlangen, eine Probevorlesung nebst Colloquium vor der Facultät halten, eine Dissertation schreiben und dieselbe in lateinischer Sprache öffentlich vertheidigen. Diesen Leistungen, insofern sie seine Wissenschaft betrafen, war er mehr als gewachsen, er verstand auch sehr wohl über einen wissenschaftlichen Gegenstand klar und correct lateinisch zu schreiben, aber er hatte seine, höheren wissenschaftlichen Zwecken gewidmete Zeit niemals auf die Aneignung der äufserlichen Fertigkeit des lateinisch Sprechens verwendet; die leere Förmlichkeit der lateinischen Disputation war ihm daher in hohem Grade störend und unan-

2*

genehm. Zu seiner grofsen Genugthuung, aber zum grofsen Leidwesen einiger Herren der dortigen Fakultät, ward er, nachdem er seine Probevorlesung über die Irrationalität der Zahl π gehalten hatte, durch das Königliche Ministerium von der öffentlichen Disputation ganz entbunden, und damit er seine Vorlesungen, ohne welche das Fach der Mathematik daselbst fast ganz unvertreten gewesen wäre, alsbald anfangen möchte, erhielt er zugleich die Erlaubnifs seine lateinische Habilitationsschrift erst nachträglich einzureichen.

Der Erfolg seiner Lehrthätigkeit während der drei Semester, wo er in Breslau docirt hat, war nicht bedeutend. Die dortigen Studirenden, welche über den engen Kreis mathematischer Vorstellungen und Gedanken, die ihnen bisher in den Vorlesungen überliefert worden waren, nicht gern hinausgingen, konnten sich an seine, ihnen fremde Lehrweise nicht so leicht gewöhnen, auch war sein bescheidenes, selbst etwas schüchternes Auftreten nicht geeignet ihnen zu imponiren. Überhaupt war Dirichlet in Breslau zwar als fein gebildeter und liebenswürdiger junger Mann in allen geselligen Kreisen gern gesehen und gesucht, aber grade als Mathematiker wurde er im Vergleich zu seinem Vorgänger, der ein Lehrbuch der analytischen Geometrie geschrieben hatte, nur gering geachtet. Da er selbst niemals von sich und von seinen eigenen wissenschaftlichen Verdiensten sprach, auch keinen litterarischen Anhang hatte, der dies für ihn übernahm, so gelangte er dort nicht zu derjenigen lokalen oder provinziellen Berühmtheit, welche in beschränkteren Kreisen wirksamer ist, als die allgemeine Anerkennung von Seiten der ersten Männer der Wissenschaft.

In der Zeit seines Breslauer Aufenthalts hat Dirichlet zwei Abhandlungen geschrieben, welche beide durch die Gaufsische Abhandlung über die biquadratischen Reste veranlafst worden sind. Die Göttinger gelehrten Anzeigen vom April 1825 hatten die kurze Ankündigung einer Reihe von Abhandlungen über die biquadratischen Reste und deren Reciprocitätsgesetze gebracht, welche Gaufs zu veröffentlichen gedenke, deren erste der Göttinger Societät der Wissenschaften auch schon übergeben war, aber erst drei Jahre später erschien. Diese Ankündigung, welche einige der Gaufsischen Resultate gab, deren Beweise auf einem ganz neuen Principe der Zahlentheorie beruhen sollten, erregte zugleich Jacobi's und Dirichlet's Wifsbegier in hohem Grade, beide suchten auf ganz verschiedenen Wegen in das Gaufsische Geheimnifs einzudringen, und beiden gelang es auch, in diesem

Gebiete der höheren Potenzreste eine Fülle neuer Sätze zu finden, obgleich das neue Princip, welches in der Einführung der complexen ganzen Zahlen bestand, ihnen damals noch verborgen blieb. Dirichlet fand für die bereits veröffentlichten Gaufsischen Sätze, welche die vollständige Lösung der Aufgabe enthielten: alle Primzahlen anzugeben, für welche die Zahl Zwei biquadratischer Rest oder Nichtrest ist, durch die bekannten Methoden der Zahlentheorie erstaunend einfache Beweise, und in derselben Weise löste er auch die allgemeinere Frage für alle beliebig gegebenen Primzahlen, so dafs zu dem vollständigen Reciprocitätsgesetze für die biquadratischen Reste nur noch ein Schritt zu thun war, welcher aber erst durch das neue Gaufsische Princip ermöglicht wurde. In der anderen damals herausgegebenen Schrift, welche Dirichlet lateinisch verfafst und der philosophischen Fakultät, als seine Habilitationsschrift, eingereicht hat, giebt er ein damals ganz neues Beispiel von Formen beliebig hoher Grade, deren Divisoren bestimmte lineäre Formen haben. Die Resultate dieser Schrift können gegenwärtig als specielle Fälle der allgemeinen Sätze über die Divisoren der Normformen der aus Einheitswurzeln gebildeten, complexen Zahlen angesehen werden.

Um für den Werth, welchen man damals namentlich der ersten dieser beiden Schriften beilegte, einen Maafsstab zu geben, führe ich die Urtheile von Bessel und Fourier über dieselbe an. Bessel schreibt von ihr in einem Briefe an Humboldt: Wer hätte gedacht, dafs es dem Genie gelingen werde, etwas so schwer Scheinendes auf so einfache Betrachtungen zurückzuführen, es könnte der Name Lagrange über der Abhandlung stehen, und Niemand würde die Unrichtigkeit bemerken. Fourier aber stellte Dirichlet's Leistungen sogar höher, als die grofsen Entdeckungen Jacobi's und Abel's in der Theorie der elliptischen Funktionen, von denen er freilich bis dahin nur durch Legendre's Lobpreisungen Kenntnifs erhalten hatte, die er für übertrieben hielt. In einem an Dirichlet gerichteten Briefe, so wie in mündlich gegen den oben erwähnten Freund der Dirichletschen Familie, Herrn Larchet de Chamont gemachten Äufserungen, aus welchen dieses Urtheil entnommen ist, drückt er auch den lebhaften Wunsch aus, dafs Dirichlet nach Paris zurückkommen möge, weil er dazu berufen sei, in der dortigen Akademie bald eine der ersten Stellen einzunehmen.

Inzwischen hatte Alexander von Humboldt die Ernennung Dirichlet's zum aufserordentlichen Professor an der Breslauer Universität ausgewirkt, und arbeitete nun daran, ihn für die hiesige Universität und die Akademie zu gewinnen, zunächst aber ihn überhaupt nach Berlin zu ziehen. Da eine frei werdende mathematische Lehrstelle an der allgemeinen Kriegsschule hierzu die passende Gelegenheit bot, so ergriff Humboldt dieselbe, und empfahl Dirichlet sehr dringend dafür bei dem General von Radowitz und bei dem Kriegsminister. Diese konnten sich jedoch nicht sogleich entschliefsen ihm die Stelle definitiv zu übertragen, wahrscheinlich weil er damals erst 23 Jahr alt, ihnen noch zu jung dafür erscheinen mochte; es wurde daher bei dem Minister von Altenstein ausgewirkt, dafs Dirichlet zunächst auf ein Jahr Urlaub erhielt, um den Unterricht an der Kriegsschule interimistisch zu übernehmen.

Im Herbst 1828 kam er nach Berlin, um diese neue Stellung anzutreten. Die mathematischen Vorlesungen, die er hier vor Offizieren zu halten hatte, welche mit ihm ohngefähr in gleichem Alter waren, machten ihm viel Vergnügen, der Umgang mit gebildeten Militairs, an welchen er von der Zeit seines Aufenthalts im Hause des General Foy gewöhnt war, gefiel ihm sehr wohl, und da er in jener Zeit unter anderen auch gründliche Studien in der neueren Kriegsgeschichte gemacht hatte, so verband ihn mit seinen Zuhörern auch aufser der Mathematik noch dieses gemeinschaftliche Interesse. Erst in späterer Zeit, nachdem er sich an der hiesigen Universität einen grofsen Kreis von Zuhörern gebildet hatte, welche mit lebendigem wissenschaftlichen Interesse ihm in die höchsten Gebiete der Mathematik folgten, in denen er sich am liebsten bewegte, wurde der Wunsch in ihm rege, von dem Unterrichte an der Kriegsschule entbunden zu werden, welcher Wunsch sodann auch eines der Hauptmotive seiner Übersiedelung nach Göttingen geworden ist.

Bald nach seiner Ankunft in Berlin that Dirichlet auch die nöthigen Schritte, um an der hiesigen Universität Vorlesungen halten zu dürfen. Als Professor einer anderen Universität war er hierzu nicht berechtigt, es blieb ihm also nichts weiter übrig, als sich nochmals als Privatdocent zu habilitiren, und er richtete in diesem Sinne sein Gesuch an die philosophische Fakultät. Diese erliefs ihm aber die Habilitationsleistungen in Betracht seiner anderweitig bewährten wissenschaftlichen Tüchtigkeit, und so hielt er seine Vorlesungen hier anfangs unter dem Rechtstitel eines Privatdocenten. Seine definitive Versetzung als aufserordentlicher Professor an die hiesige Universität erfolgte erst im Jahre 1831, und einige Monate darauf wurde er von unserer Akademie zu ihrem ordentlichen Mitgliede gewählt. In demselben Jahre vermählte er sich mit Rebecca Mendelssohn-Bartholdy, einer Enkelin von Moses Mendelssohn, und merkwürdigerweise hat Alexander von Humboldt unwillkürlich selbst hieran einen gewissen Theil, insofern er es gewesen ist, welcher Dirichlet in das durch Geist und Kunstsinn ausgezeichnete und berühmte Haus seiner Schwiegereltern zuerst eingeführt hat.

Die ferneren Lebensereignisse treten nunmehr auf längere Zeit zurück gegen die Bedeutung der wissenschaftlichen Arbeiten, welche Dirichlet während der 27 Jahre seines hiesigen Lebens geliefert hat. Bei der Schilderung derselben, die mir jetzt obliegt, werde ich versuchen die in ihnen liegenden Fortschritte der Wissenschaft in gröfseren und allgemeineren Zügen darzustellen, indem ich sie nicht einzeln nach der Zeit ihrer Entstehung, sondern nach ihrem Inhalte und nach den ihnen zu Grunde liegenden Gedanken gruppenweise zusammengefafst betrachte.

Die rein analytischen Arbeiten Dirichlet's, über unendliche Reihen und bestimmte Integrale und über die, in diesen Formen erscheinenden Funktionen, sind ursprünglich aus seinem Studium der mathematischen Physik, und namentlich der Fourierschen Wärmetheorie hervorgegangen. Bei den Anwendungen dieser allgemeinen Formen auf die physikalischen Probleme konnte er sich aber nicht damit beruhigen, sie als fertige Hülfsmittel zu benutzen, und da eine nähere Prüfung ihm bald zeigte, dafs sie selbst in den wichtigsten Punkten noch der strengen wissenschaftlichen Begründung ermangelten, so richtete er seine Arbeit zunächst auf die Sicherung dieser Fundamente. Die nach Sinus und Cosinus der Vielfachen eines Bogens fortschreitenden Reihen, welche von Fourier mit dem ausgezeichnetsten Erfolge zur Darstellung der in der Wärmetheorie vorkommenden, willkürlichen Funktionen angewandt worden sind, hatten bisher in allen Fällen, wo die zu entwickelnde Funktion nicht unendlich wird, die ausgezeichnete Eigenschaft gezeigt, immer convergent zu sein, es war aber selbst Cauchy's Bemühungen nicht gelungen diefs allgemein und streng zu beweisen. Der Weg, welchen dieser, nicht minder durch die Strenge, als durch die Originalität seiner Methoden berühmte Mathematiker hier eingeschlagen hatte, nur die Gröfsenverhältnisse der einzelnen Glieder dieser Reihen zu untersuchen, und darauf seine Schlüsse zu gründen, führte aber nicht zur wahren Erkenntnifs dieser verborgenen Eigenschaft, sondern nur ziemlich nahe bei derselben vorbei, weil die Convergenz dieser Reihen in gewissen Fällen auch von der besonderen Art und Weise abhängig ist, wie die positiven und negativen Glieder derselben sich gegenseitig aufheben. Aus diesem Grunde untersuchte Dirichlet, auf den ursprünglichen Begriff der Convergenz der unendlichen Reihen zurückgehend, den Gränzwerth welchen die Summe einer Anzahl Glieder erreicht, wenn diese Anzahl in's Unendliche wachsend angenommen wird, und diese Frage ergründete er vollständig, mittelst der genauen Bestimmung des Gränzwerthes eines einfachen bestimmten Integrales, welches, wegen der vielfachen Anwendungen die es gestattet, seitdem zu den Grundlagen der Theorie der bestimmten Integrale gerechnet wird.

Nach derselben Methode und mit denselben Mitteln hat Dirichlet auch die allgemeinere und complicirtere Untersuchung der Convergenz der nach Kugelfunktionen geordneten Entwickelung einer willkürlichen Funktion zweier unabhängigen Variabeln durchgeführt, wobei es überdiefs nur noch darauf ankam, den Ausdruck der Kugelfunktionen durch bestimmte Integrale in der Art passend zu wählen, dafs die Summe einer unbestimmten Anzahl der ersten Glieder dieser Entwickelung, deren Coefficienten als Doppelintegrale gegeben sind, möglichst einfach und in einer Form sich ergab, in welcher der Gränzwerth derselben mittelst des gefundenen Gränzwerthes jenes einfachen Integrales leicht bestimmt werden konnte.

Nicht blofs die specielle Theorie dieser beiden Arten von Reihenentwickelungen, sondern auch die allgemeine Theorie der unendlichen Reihen, fand Dirichlet in einigen wesentlichen Punkten noch unbegründet vor. Man wufste zwar, dafs divergente Reihen keine bestimmten Werthe haben, aber man übertrug die für endliche Reihen giltigen Regeln und Schlüsse immer noch in zu naiver Weise auf die unendlichen Reihen, und man hatte nie daran gedacht, dafs selbst die elementarste Regel, nach welcher eine jede algebraische Summe von der Ordnung ihrer Theile unabhängig ist, für die, aus unendlich vielen Theilen bestehenden Summen aufhören könnte richtig zu bleiben, bis Dirichlet nachwies, dafs es eine Klasse convergenter Reihen mit positiven und negativen Gliedern giebt, welche andere Werthe erhalten und selbst divergent werden können, wenn nur die Reihenfolge ihrer Glieder geändert wird. Die hierdurch gewonnene tiefere Einsicht in das in das Wesen der unendlichen Ausdrücke ist auch für die Behandlung der bestimmten Integrale maafsgebend geworden, da die Dirichletsche Bemerkung, auf mehrfache Integrale angewendet, deren obere Gränzen unendlich sind, gezeigt hat, dafs es ebenso eine ganze Klasse derselben giebt, bei denen Veränderungen in der Reihenfolge der Integrationen ganz andere Werthe hervorbringen können.

Die allgemeine Theorie der bestimmten Integrale hat Dirichlet mit besonderer Vorliebe in seinen Vorlesungen behandelt, in welchen er die früher als Einzelheiten zerstreuten Resultate durch sachgemäfse Anordnung und Methode, unter Ausschliefsung aller nicht in dieser Theorie selbst liegenden äufseren Hülfsmittel, zu einem zusammenhängenden Ganzen verbunden hat. Aufserdem hat er diese Disciplin durch Erfindung einer neuen, eigenthümlichen Integrationsmethode bereichert, deren Hauptgedanke darin besteht, durch Einführung eines discontinuirlichen Faktors die Gränzen, innerhalb deren die Integrationen sich zu halten haben, in der Art überschreitbar zu machen, dafs beliebig andere, jedoch weitere und namentlich auch unendlich weite Gränzen anstatt der gegebenen genommen werden können, ohne dafs der Werth des Integrales dadurch geändert wird. In den Anwendungen dieser Methode auf die Attraktion der Ellipsoide und auf die Werthbestimmung eines neuen vielfachen Integrales hat er auch gezeigt, dafs sie, mit Geschicklichkeit gehandhabt, die Lösungen gewisser schwierigen Probleme auf einfacherem Wege zu geben vermag, als die anderen bekannten Integrationsmethoden.

Während der Beschäftigung mit diesen analytischen Arbeiten liefs Dirichlet niemals davon ab, auch die grofsen Probleme seiner Lieblingsdisciplin, der Zahlentheorie in seinem Gedanken zu hegen und der Lösung derselben nachzusinnen. In seinem überall zur Einheit strebenden Geiste konnte er diese beiden Gedankensphären nicht neben einander bestehen lassen, ohne den inneren Beziehungen derselben nachzuforschen, in denen er die Erkenntnifs mancher tief verborgenen Eigenschaften der Zahlen suchte und wirklich fand. Seine Anwendungen der Analysis auf die Zahlentheorie, welche hieraus hervorgegangen sind, unterscheiden sich von allen früheren derartigen Versuchen wesentlich dadurch, dafs in ihnen die Analysis der Zahlentheorie in der Art dienstbar gemacht ist, dafs sie nicht mehr nur zufällig manche vereinzelte Resultate für dieselbe abwirft, sondern dafs sie die Lösungen

3

gewisser allgemeiner Gattungen, auf anderen Wegen noch ganz unzugänglicher Probleme der Arithmetik mit Nothwendigkeit ergeben mufs. Diese Dirichletschen Methoden sind für die Zahlentheorie in ähnlicher Weise Epoche machend, wie die Descartesschen Anwendungen der Analysis für die Geometrie, sie würden auch, eben so wie die analytische Geometrie, als Schöpfung einer neuen mathematischen Disciplin anerkannt werden müssen, wenn sie sich nicht blofs auf gewisse Gattungen, sondern auf alle Probleme der Zahlentheorie gleichmäfsig erstreckten.

Die erste Anwendung, welche Dirichlet von seiner neuen Methode gemacht hat, betrifft den sehr einfachen Satz: dafs jede arithmetische Reihe, deren Glieder nicht alle einen gemeinschaftlichen Faktor haben, unendlich viele Primzahlen enthält, welcher wegen seines ganz elementaren Charakters in vielen arithmetischen Untersuchungen von grofser Bedeutung ist, und namentlich auch in dem ersten von Legendre versuchten Beweise des quadratischen Reciprocitätsgesetzes nur als ein unbewiesenes Resultat gebraucht worden war. Die eigenthümliche Art, wie Euler aus der Verwandlung eines, nur die Primzahlen enthaltenden, Produkts in eine divergente unendliche Reihe, geschlossen hatte, dafs die Anzahl aller Primzahlen unendlich grofs ist, gab Dirichlet die Veranlassung zur allgemeineren Anwendung der unendlichen Reihen und unendlichen Produkte, und indem er diese analytischen Hülfsmittel dem Zwecke seiner Untersuchung gemäfs einzurichten suchte, gelangte er zu dem Fundamentalsatze seiner neuen Methode, welcher den Gränzwerth einer allgemeinen Reihe von Potenzen positiver, abnehmender Gröfsen bestimmt, deren gemeinschaftlicher Exponent sich der Gränze Eins nähert. Die Anwendung auf den Beweis des Satzes über die arithmetische Reihe erfordert die Entwickelung einer bestimmten Gruppe von unendlichen Produkten in unendliche Reihen, und es kommt alsdann darauf an, zu beweisen, dafs das Produkt dieser unendlichen Reihen unendlich grofs wird, wenn der gemeinschaftliche Potenzexponent aller Glieder sich dem Gränzwerthe Eins nähert. Da der erste Faktor dieses Produkts nach dem angegebenen Fundamentalsatze nothwendig unendlich grofs wird, so kommt es ferner nur darauf an zu zeigen, dafs das Produkt aller übrigen Faktoren nicht gleich Null werden kann. Obgleich diese unendlichen Reihen mittelst Logarithmen und Kreisbogen sich in endlicher Form summiren lassen, so bot die vollständige Erledigung dieses wichtigen Punktes, namentlich für den Fall, wo die Differenz der arithmetischen Reihe eine zusammengesetzte Zahl ist, sehr bedeutende Schwierigkeiten dar, welche Dirichlet in der ersten Bearbeitung dieser Untersuchung nur durch sehr complicirte und indirecte Betrachtungen hatte überwinden können; aber grade diese Schwierigkeit wurde ihm die Veranlassung zu einer zweiten Anwendung der Analysis auf Zahlentheorie, in welcher eine seiner bedeutendsten und glänzendsten Entdeckungen, nämlich die Bestimmung der Klassenanzahl der quadratischen Formen, für eine jede gegebene Determinante, enthalten ist. Die Schwierigkeit der ersten Untersuchung wurde durch diese zweite auf die einfachste Weise erledigt, indem sie von selbst ergab, dafs jenes Produkt nicht gleich Null sein kann, ohne dafs zugleich die Klassenanzahl der quadratischen Formen gleich Null sein müfste.

Die Bestimmung dieser Klassenanzahl beruht auf der Betrachtung der doppelt unendlichen Summe, deren allgemeines Glied die Einheit, dividirt durch eine Potenz einer quadratischen Form ist, deren Exponent der Eins unendlich nahe genommen wird. Diese Summe, welche sich auf alle ganzzahligen Werthe der beiden unbestimmten Veränderlichen, mit gewissen Einschränkungen, und auf alle nicht äquivalenten Formen derselben Determinante erstreckt, wird auf zwei verschiedenen Wegen bestimmt, einmal indem die repräsentirenden Formen sämmtlicher Klassen zusammengefafst, das anderemal indem sie einzeln betrachtet werden. Da die Summe für jede dieser Klassen denselben Werth erhält, so ergiebt sich die Gesammtsumme gleich einer solchen Einzelsumme, multiplicirt mit der Klassenanzahl. Die Form, in welcher der hierdurch gewonnene Ausdruck der Klassenanzahl schliefslich sich darstellt, ist für negative und für positive Determinanten wesentlich verschieden, und offenbart in beiden Fällen einen überraschenden Zusammenhang der Klassenanzahl mit ganz verschiedenen Gebieten der Zahlentheorie, nämlich für negative Determinanten mit den quadratischen Resten und Nichtresten, und für positive Determinanten mit den beiden, vor allen andern ausgezeichneten Auflösungen der Pellschen Gleichung, der, die kleinsten Zahlen enthaltenden Fundamentalauflösung und der, aus der Theorie der Kreistheilung sich ergebenden Auflösung, welche letztere Dirichlet in einem kleinen Aufsatze: über die Auflösung der Pellschen Gleichung durch Kreisfunktionen, zuerst angegeben hat. Eine tiefere Einsicht in den Zusammenhang dieser ganz heterogen erscheinenden Gegenstände mit

3*

der Klassenanzahl und unter einander, hat seitdem nicht können gewonnen werden, weil überhaupt noch keine andere Methode, als die Dirichletsche existirt, welche dergleichen schwierige Fragen zu lösen vermöchte.

Obgleich der Ruhm dieser grofsen Entdeckung Dirichlet allein gebührt, insofern er sie vollständig aus seinem eigenen Geiste geschöpft hat, so kann doch ein gewisser Antheil, welchen Jacobi und Gaufs daran haben, nicht unerwähnt gelassen werden. Jacobi hatte aus der Vergleichung gewisser Sätze der Kreistheilung und der Zusammensetzung der quadratischen Formen die Klassenanzahl für diejenigen Formen, deren Determinante eine negative Primzahl ist, schon einige Jahre früher mehr errathen, als erschlossen, und da eine Reihe berechneter Zahlenbeispiele seine Vermuthung bestätigten, so hatte er sie auch veröffentlicht. Dieselbe mufste aber auf Dirichlets Entdeckung ohne Einflufs bleiben, weil er nach seiner Methode nicht darauf ausgehen konnte, ein bestimmtes Resultat in einer fertigen Form zu beweisen, sondern lediglich es zu finden, und zwar so, dafs über die Form desselben sich in keiner Weise etwas vorherbestimmen liefs. Gaufs aber war, wie die von ihm hinterlassenen Papiere gezeigt haben, schon seit längerer Zeit im Besitze des vollständigen Ausdrucks der Klassenanzahl für negative Determinanten, den er nicht durch Induktion, sondern wahrscheinlich nach einer der Dirichletschen ähnlichen Methode gefunden hatte. Dafs er dieses Resultat, so wie auch eine ganze Reihe der wichtigsten und glänzendsten, erst später von Abel und Jacobi gemachten Entdeckungen, welche sich in seinem Schreibpulte vorgefunden haben, niemals veröffentlicht hat, scheint aber nicht allein in einer unerklärlichen Eigenthümlichkeit dieses aufserordentlichen Mannes seinen Grund zu haben, sondern wohl auch darin, dafs die von ihm angewendeten Methoden nicht in allen Punkten ihm selbst genügt haben mögen, und dafs er lieber Nichts geben wollte, als etwas Mangelhaftes.

Die Anwendung seiner Methode auf die Theorie der quadratischen Formen hat Dirichlet nicht auf die Klassenanzahl allein, sondern auch auf alle mit dieser verwandten Fragen erstreckt, welche die Eintheilung der Klassen in Gattungen und Ordnungen betreffen, und er hat dadurch den interessantesten, aber wegen der Schwierigkeit der Methoden am schwersten zu verstehenden Abschnitt der Gaufsischen *disquisitiones arithmeticae* auf einem neuen Wege zugänglich gemacht. Aufserdem hat er nach ähnlichen Principien, wie für die arithmetische Reihe, auch für die quadratischen Formen den Satz bewiesen, dafs durch jede Form, deren drei Coefficienten keinen gemeinschaftlichen Faktor haben, unendlich viele Primzahlen dargestellt werden.

Als er später in einer besonderen Abhandlung die Theorie der quadratischen Formen unter dem Gesichtspunkte behandelte, dafs die Coefficienten und die Veränderlichen der Form als complexe, aus der Zerlegung der Summe zweier Quadrate in imaginäre Faktoren entstehende, ganze Zahlen betrachtet werden, erhielt er aus der Anwendung seiner Methode auf dieselben noch mehrere neue und überraschende Resultate, von denen ich hier namentlich zwei hervorzuheben habe, welche dadurch von besonderer Bedeutung sind, dafs sie tiefere Blicke in die verborgensten Eigenschaften der Formen höherer Grade eröffnen. Die Klassenanzahl der quadratischen Formen mit complexen Coefficienten wird durch Reihen ausgedrückt, welche, wie Dirichlet leider nicht vollständig entwickelt, sondern nur angedeutet hat, sich nicht durch Kreisfunktionen, sondern durch Lemniskatenfunktionen summiren lassen; diese stehen also hier zu den Auflösungen der betreffenden Pellschen Gleichung, oder allgemeiner gesagt, zu den Einheiten in derselben Beziehung, wie die Kreisfunktionen zu den Einheiten der nichtcomplexen, quadratischen Formen. Da die hier betrachteten Formen auch als zerlegbare Formen des vierten Grades mit vier Veränderlichen aufgefafst werden können, so deutet dieses Resultat überhaupt auf einen noch unerforschten innigen Zusammenhang, in welchem gewisse Formen höherer Grade zu bestimmten, und zwar periodischen, transcendenten Funktionen der Analysis stehen. Ferner hat Dirichlet gefunden, dafs in dem besonderen Falle, wo die Determinante eine nichtcomplexe Zahl ist, die Klassenanzahl dieser complexen quadratischen Formen aus zwei Faktoren besteht, welche beide einzeln die Klassenanzahlen der nichtcomplexen Formen derselben Determinante ausdrücken, der eine für die negative Determinante, der andere für die positive. Dieses Beispiel offenbarte zuerst die allgemeinere Natur dieser Ausdrücke, welche in allen später ermittelten Klassenanzahlen von Formen höherer Grade sich wiederfindet, nämlich dafs sie aus zwei wesentlich verschiedenen, ganzzahligen Faktoren bestehen, deren einer allein durch die Einheiten, der andere aber durch Potenzreste in Beziehung auf die Determinante bestimmt ist.

Für diejenigen zerlegbaren Formen höherer Grade, deren lineäre Faktoren keine anderen Irrationalitäten, als Einheitswurzeln für einen Primzahl-

Exponenten, enthalten, hat Dirichlet während seines Aufenthalts in Italien die Klassenanzahl bestimmt, aber er hat von dieser Arbeit leider nichts veröffentlicht.

Endlich sind hier noch die interessanten und neuen Resultate zu erwähnen, welche Dirichlet aus der Anwendung seiner Methode auf die Bestimmung der mittleren Werthe, oder asymptotischen Gesetze für die, in der Zahlentheorie überall auftretenden, scheinbar ganz regellos fortschreitenden, ganzzahligen Funktionen gewonnen hat. Dieselben betreffen die schon früher von Euler, Legendre und Gaufs behandelte Frage über die Häufigkeit des Vorkommens der Primzahlen in der natürlichen Zahlenreihe, ferner die von Gaufs angedeuteten mittleren Werthe der Klassenanzahl der quadratischen Formen, und der Anzahl der Gattungen derselben, und aufserdem mehrere in den Elementen der Zahlentheorie vorkommende, auf die Divisoren und die Reste der Zahlen bezügliche Funktionen. Merkwürdigerweise ist es grade bei dieser Art von Untersuchungen, für welche die analytische Behandlungsweise ganz besonders geeignet erscheint, Dirichlet's fortgesetzten Bemühungen gelungen, die analytischen Methoden in vielen Fällen durch rein arithmetische zu ersetzen, und auf diesem Wege noch einige neue und überraschende Resultate zu gewinnen, von denen ich hier nur das eine anführen will, dafs bei der Division einer gegebenen Zahl durch alle kleineren Zahlen die Reste, welche kleiner als die Hälfte des Divisors sind, durchschnittlich viel häufiger vorkommen, als die welche gröfser sind.

Die in dem Vorhergehenden erwähnten, gewisse Formen höherer Grade, mit mehreren Veränderlichen, betreffenden Untersuchungen führten Dirichlet auf die allgemeine Theorie der zerlegbaren Formen aller Grade, welche mit der allgemeinen Theorie der, durch Gaufs in die Wissenschaft eingeführten, complexen Zahlen wesentlich identisch ist. Was er über diesen wichtigen Gegenstand veröffentlicht hat, beschränkt sich zwar nur auf einige skizzenhafte, kurze Mittheilungen in den Monatsberichten unserer Akademie, aber es enthält dessen ungeachtet, aufser den allgemeinen leitenden Gedanken, auch die Lösung der hauptsächlichsten fundamentalen Schwierigkeiten; namentlich sind die Sätze über die Einheiten und die Hauptmomente für die Beweise derselben so vollständig angegeben, dafs dieser Theil der Theorie sich ganz im Sinne ihres Urhebers möchte ausführen lassen. Welcher bedeutende Nutzen der Wissenschaft aus einer vollständigen Bearbeitung dieser allgemeinen Theorie erwachsen würde, läfst sich schon an dem, was Dirichlet von derselben gegeben hat, deutlich erkennen; denn man findet hierin die wesentlichsten und schönsten Eigenschaften der betreffenden specielleren Theorieen, namentlich auch der quadratischen Formen wieder, welche in der, ihrer Natur entsprechenden Allgemeinheit nicht in complicirterer Gestalt sich darstellen, sondern, gereinigt von den allem Speciellen anhaftenden, unwesentlichen Bestimmungen, erst in ihrer wahren Einfachheit und Gröfse erkannt werden können.

Die Vorlesungen über Zahlentheorie, welche Dirichlet an der hiesigen Universität, und überhaupt auf deutschen Universitäten zuerst eingeführt hat, veranlafsten ihn auch auf die mehr elementaren Theile dieser Disciplin, und namentlich auf die Vereinfachung der Gaufsischen Methoden und Beweise, einen besonderen Fleifs zu verwenden. Unter denjenigen, hierher gehörenden Arbeiten, die er nicht blofs seinen Zuhörern mündlich mitgetheilt, sondern gelegentlich auch anderweit veröffentlicht hat, erwähne ich hier zunächst die neuen Bearbeitungen zweier Gaufsischen Beweise des quadratischen Reciprocitätsgesetzes, nämlich des ersten in den Disquisitionen gegebenen, welcher aber selbst in der Dirichletschen klaren und sachgemäfsen Bearbeitung anderen Beweisen dieses Satzes an Einfachheit nachsteht, und nur das Eine für sich hat, dafs er keine anderen, als die in der Theorie der quadratischen Reste selbst liegenden Hülfsmittel verlangt, und des vierten Gaufsischen Beweises, der aus der Summation gewisser endlicher Reihen hergeleitet ist, deren absoluter Werth sich sehr leicht angeben läfst, während in der Bestimmung des zugehörigen Vorzeichens die ganze Schwierigkeit liegt, welche Dirichlet durch die Summation dieser Reihen mittelst bestimmter Integrale bewältigt hat. Ferner ist die als akademische Gelegenheitsschrift herausgegebene neue Bearbeitung der Lehre von der Zusammensetzung der quadratischen Formen besonders hervorzuheben, in welcher er die bei Gaufs nur durch einen schwer zu bewältigenden Apparat von Formeln erarbeiteten Sätze dadurch auf die einfachste Weise hergeleitet hat, dafs er, auf das Wesen der Sache gehend, anstatt der Formen, die durch dieselben darzustellenden Zahlen betrachtet. Auch die schon oben erwähnte Arbeit über die Theorie der quadratischen Formen für complexe Zahlen kann hierher gerechnet werden, insofern die einfachen Methoden derselben überall auch auf die gewöhnlichen quadratischen Formen anwendbar sind, wodurch sie zugleich die Stelle einer einfachen und gründlichen systematischen Darstellung dieser elementaren Theorie vertritt. Endlich gehören hierher noch die neuen Beweise der Sätze über die Anzahl der Zerlegungen der Zahlen in vier und in drei Quadrate, und die allgemeine Reduktion der positiven quadratischen Formen mit drei Veränderlichen, welche letztere zuerst von Seeber in äufserst complicirter Weise ausgeführt worden war. Im Allgemeinen erkennt man an den Methoden, durch welche Dirichlet in diesen Arbeiten die Zahlentheorie vereinfacht und leichter zugänglich gemacht hat, dafs sie hauptsächlich aus dem gründlichen Studium der allgemeineren Theorieen geschöpft sind; die Beweise der Sätze stützen sich darum nicht auf die speciellen und zufälligen Bestimmungen, sondern durchgängig auf die wesentlichen Eigenschaften der betreffenden zahlentheoretischen Begriffe, und vermitteln so im Speciellen zugleich die Erkenntnifs des Allgemeinen.

Dirichlet's Arbeiten aus dem Gebiete der mathematischen Physik und Mechanik gingen ursprünglich von Fourier's Wärmetheorie aus, welche, wie schon oben bemerkt worden, zugleich die Quelle seiner ersten analytischen Arbeiten gewesen ist. Er hat jedoch nur eine die Wärmetheorie selbst betreffende Arbeit veröffentlicht, nämlich eine strenge und einfache Lösung der schon von Fourier behandelten Aufgabe: den Wärmezustand eines unendlich dünnen Stabes zu bestimmen, für dessen beide Enden die Temperaturen als Funktionen der Zeit gegeben sind.

Später überwog bei ihm das Interesse an den durch Gaufs angeregten Fragen und ausgeführten, mathematisch-physikalischen Untersuchungen, und er wählte besonders die Theorie der nach den umgekehrten Quadraten der Entfernungen wirkenden Kräfte zum Gegenstande seiner Forschungen, über welche er auch besondere Vorlesungen an der Universität hielt. Von den zwei hierher gehörenden, von ihm veröffentlichten Abhandlungen giebt die eine die Lösung der Aufgabe: die Dichtigkeit einer unendlich dünnen Massenschicht zu finden, mit welcher eine Kugeloberfläche so zu belegen ist, dafs das Potential für jeden Punkt derselben einen gegebenen, continuirlich veränderlichen Werth habe, eine Aufgabe, von welcher Gaufs nachgewiesen hatte, dafs sie für jede Fläche eine bestimmte Lösung habe, und dafs für die Kugelfläche diese Lösung auch analytisch ausführbar sei. Es kam hierbei namentlich darauf an, den Ausdruck der nach Kugelfunktionen entwickelten Dichtigkeit, welcher sich aus dem entsprechenden Ausdrucke des gegebenen Potentialwerthes leicht ergiebt, in Betreff der Convergenz zu untersuchen, da diese aus der oben schon erwähnten Dirichletschen Abhandlung über die Convergenz der nach Kugelfunktionen geordneten Reihen nicht unmittelbar folgte, indem die Dichtigkeit stellenweis auch unendlich grofs sein könnte. Die genaue Untersuchung dieses Punktes ergiebt das Resultat, dafs die Convergenz dieser Reihe wirklich nicht allgemein ohne Ausnahme Statt findet, dafs dieselbe vielmehr gewissen Bedingungen unterworfen ist, deren Nichtvorhandensein in der That bewirkt, dafs diese Reihe divergent wird. Das Endresultat wird sodann durch Ausführung der Summationen so vereinfacht, dafs es keine andere unendliche Operation, als eine doppelte Integration erfordert. Die zweite hierhin gehörende kurze Abhandlung betrifft das Potential als solches, und enthält in so fern eine neue Definition desselben, als Dirichlet nachweist, dafs die bekannte Gleichung unter den zweiten partiellen Differenzialquotienten, verbunden mit gewissen Bedingungen der Continuität und Endlichkeit, denen das Potential und seine ersten Differenzialquotienten genügen, dasselbe in der Art bestimmt, dafs keine andere analytische Funktion, als das Potential, allen diesen Bedingungen genügt. Es kann demnach jeder gefundene Ausdruck eines Potentials durch Differenziation *a posteriori* geprüft und verificirt werden. Diese neue Art der Definition analytischer Funktionen mittelst Continuitäts-Bedingungen ist seitdem durch Dirichlet's Nachfolger in Göttingen, Herrn Professor Riemann, zu einem eigenen Principe der Analysis erhoben worden, welches sich in dessen Arbeiten schon jetzt als aufserordentlich fruchtbar bewährt hat, und dazu bestimmt zu sein scheint, in der Richtung, welche die Analysis in neuerer Zeit verfolgt, die Lösung ihrer Probleme weniger durch Rechnung, als durch Gedanken zu zwingen, eine neue Epoche zu begründen.

Die Untersuchung der Stabilität des Gleichgewichts, in welcher Dirichlet zuerst streng bewiesen hat, dafs jedem Maximum der Kräftefunktion wirklich eine Lage des stabilen Gleichgewichts entspricht, ist in einem ähnlichen Sinne ausgeführt, und hat dadurch, dafs anstatt der analytischen Regeln für die Bestimmung der Maxima der Funktionen nur der ursprüngliche Begriff des Maximum angewendet wird, nicht allein die ausnahmslose Allgemeingiltigkeit, welche allen früheren Beweisen mangelte, sondern auch eine wunderbare Einfachheit und Klarheit erlangt.

Dirichlet hat in seinen Untersuchungen über die Bewegung der

4

Flüssigkeiten, das erste Beispiel einer wirklich ausgeführten Integration der allgemeinen Differenzialgleichungen der Hydrodynamik gegeben, nämlich für den Fall, dafs in einer unendlich grofsen, ursprünglich ruhenden Masse der Flüssigkeit eine Kugel sich bewegt, welche von irgend welchen accelerirenden Kräften nach einer constanten Richtung hin bewegt wird, und durch ihre Bewegung die Flüssigkeit selbst in Bewegung versetzt. Er findet dabei das sehr merkwürdige, den gewöhnlichen Vorstellungen vom Widerstande der Flüssigkeiten widersprechende Resultat, dafs der Widerstand, den die Kugel bei ihrer Bewegung zu erleiden hat, nicht von ihrer Geschwindigkeit selbst, sondern nur von dem Zuwachse derselben abhängig ist, so dafs, wenn die accelerirenden Kräfte aufhören auf die Kugel zu wirken, auch der Widerstand verschwindet, und die Kugel in der Flüssigkeit eine constante Bewegung in grader Linie macht.

Endlich ist hier noch die Abhandlung über ein Problem der Hydrodynamik zu erwähnen, welche zugleich Dirichlet's letzte Arbeit gewesen ist. Dieselbe giebt ein anderes Beispiel einer nicht blofs angenäherten, sondern strengen Integration der allgemeinen hydrodynamischen Gleichungen, in der Bestimmung der Bewegung einer Flüssigkeit, von welcher vorausgesetzt wird, dafs die einzelnen Massentheilchen in ihrer Bewegung fortwährend eine gewisse Bedingung der Affinität bewahren, und dafs die ursprüngliche Form der Flüssigkeit die eines Ellipsoid's ist. Dirichlet beweist, dafs eine solche Bewegung in der That möglich ist, und dafs während der ganzen Dauer derselben die Flüssigkeit die Gestalt eines Ellipsoid's behält, mit demselben Mittelpunkte, aber mit veränderlicher Lage und Gröfse der Hauptaxen. In dem besonderen Falle, wo es sich um ein Umdrehungs-Ellipsoid handelt, lassen sich alle Integrationen vollständig auf Quadraturen zurückführen, und die Flüssigkeit macht isochrone Schwingungen, indem sie abwechselnd die Form eines verlängerten und eines abgeplatteten Ellipsoid's annimmt.

Ehe ich nun von der Betrachtung der wissenschaftlichen Werke Dirichlet's wieder zu der Schilderung seines Lebens zurückkehre, habe ich noch eine allgemeine Bemerkung hervorzuheben, zu welcher eine Vergleichung derselben mit den Arbeiten Jacobi's auffordert. Da diese beiden Männer gleichzeitig, ein Vierteljahrhundert hindurch, an der Fortentwickelung der mathematischen Wissenschaften gearbeitet haben, und persönlich nahe befreundet, in regem wissenschaftlichem Verkehr mit einander standen, so ist es eine sehr auffallende Erscheinung, dafs ihre Schriften, obgleich sie vielfach dieselben besonderen Fächer betreffen, doch fast gar keine unmittelbaren Berührungspunkte zeigen. Die speciellen Gegenstände ihrer Forschungen sind, mit wenigen, sehr unbedeutenden Ausnahmen, durchaus verschieden, und selbst davon, dafs der Eine die Resultate des Andern zu seinen eigenen Untersuchungen benutzt hätte, sind kaum einige Beispiele aufzufinden. Dieser Mangel an Beziehungen in ihren Schriften ist aus der Verschiedenheit der Ausgangspunkte und Richtungen ihrer mathematischen Studien und Arbeiten allein nicht genügend zu erklären, und hat seinen Grund vielmehr darin, dafs beide es geflissentlich vermieden in diejenigen Gebiete hinüberzugreifen, in denen jeder die Überlegenheit des Andern anerkannte, und dafs sie selbst den Schein einer Rivalität zu vermeiden suchten.

Die erste persönliche Bekanntschaft zwischen Dirichlet und Jacobi wurde im Jahre 1829 angeknüpft, wo dieser von Königsberg nach Berlin kam, um hier seine Verwandten und Freunde zu besuchen. Auf einer Reise, die sie zusammen nach Halle, und von dort aus in Gesellschaft von Herrn W. Weber nach Thüringen unternahmen, lernten sie sich näher kennen, und da Jacobi die Zeit seiner Ferien öfters in Berlin verlebte, so hatten sie auch später Gelegenheit zu intimerem, wissenschaftlichem und freundschaftlichem Verkehr. Als nachher Jacobi, von einer gefährlichen Krankheit erfafst, auf Anrathen der Ärzte zu seiner Wiederherstellung das mildere Klima Italiens aufsuchen mufste, ergriff Dirichlet, der schon seit längerer Zeit eine Reise nach Italien beabsichtigt hatte, diese Gelegenheit mit Jacobi zusammen einen Winter in Rom zu verleben, und reiste im Herbste des Jahres 1843 mit seiner ganzen Familie dahin ab. Da zugleich auch unsere Collegen Herr Steiner und Herr Borchardt diesen Winter in Rom zubrachten, so war die deutsche Mathematik in dieser Zeit dort sehr glänzend und vielseitig vertreten. Dirichlet blieb ein und ein halbes Jahr in Italien, erstreckte seine Reise auch nach Sicilien, und verlebte den nächsten Winter in Florenz. Bei seiner Rückkehr fand er Jacobi in Berlin, da dieser inzwischen durch die Gnade und Munificenz Sr. Majestät des Königs von Königsberg beurlaubt und hierher berufen worden war, damit er, ohne ein bestimmtes Amt zu bekleiden, für seine Gesundheit sorgen und ganz der Wissenschaft leben könne. Das gemeinschaftliche Interesse der Erkenntnifs der Wahrheit und der Förderung der mathematischen Wissenschaften blieb die feste Grundlage

4*

des freundschaftlichen Verhältnisses, in welchem Jacobi und Dirichlet hier zusammen lebten. Sie sahen sich fast täglich und verhandelten mit einander allgemeinere oder speciellere wissenschaftliche Fragen, deren geistvolle Erörterung grade durch die Verschiedenheit der Standpunkte, von denen aus Beide das Gesammtgebiet der mathematischen Wissenschaften überschauten, ein stets neues und lebendiges Interesse behielt. Jacobi, der durch die wunderbare Fülle seines Geistes nicht minder, als durch die Tiefe seiner mathematischen Forschungen und den Glanz seiner Entdeckungen sich überall die ihm gebührende Anerkennung zu erwerben wufste, genofs damals einen weit ausgebreiteteren Ruf als Dirichlet, der die Kunst sich selbst geltend zu machen nicht besafs, und dessen, hauptsächlich nur die schwierigsten Probleme der Wissenschaft behandelnde Schriften einen weniger ausgebreiteten Kreis von Lesern und Bewunderern hatten. Dieses Mifsverhältnifs der äufseren Anerkennung und der wissenschaftlichen Bedeutung Dirichlet's wurde von Keinem richtiger erkannt, als von Jacobi, und kein Anderer war zugleich geschickter und thätiger dasselbe auszugleichen und seinem Freunde auch in weiteren Kreisen die verdiente Anerkennung zu verschaffen. Seiner Thätigkeit ist es auch hauptsächlich zuzuschreiben, dafs Dirichlet unserer Akademie erhalten wurde, als im Jahre 1846 die Badensche Regierung ihn für die Universität Heidelberg zu gewinnen beabsichtigte. Zwei Briefe, die er in dieser Angelegenheit an Alexander von Humboldt und an S. Majestät den König gerichtet hat, geben in wenigen starken und treffenden Zügen eine lebendige Darstellung von Dirichlet's wissenschaftlicher Gröfse und von dem unersetzlichen Verluste, welcher die exacten Wissenschaften in Preufsen, die Akademie, die Universität und besonders auch ihn selbst treffen würde, wenn Dirichlet unser Vaterland verlassen sollte.

Dieser drohende Verlust, welcher damals glücklich abgewendet wurde, traf uns neun Jahre später, nachdem Jacobi und Gaufs dahingeschieden waren, um so empfindlicher.

Die Universität Göttingen, welche ein halbes Jahrhundert hindurch den Ruhm genossen hatte, den ersten aller lebenden Mathematiker zu besitzen, war eifrig bemüht, durch Dirichlet's Berufung an Gaufs's Stelle sich diesen Ruhm auch ferner zu erhalten, und wandte sich an ihn zunächst mit der Anfrage: ob und unter welchen Bedingungen er geneigt sein möchte, einen Ruf dahin anzunehmen. Dirichlet hatte hier einen Wirkungskreis, wie er ihn an einer andern Universität wiederzufinden kaum erwarten konnte, er genofs in hohem Grade die Verehrung seiner Zuhörer und die Achtung und Liebe seiner Collegen, und war aufserdem durch nahe Familienbande an Berlin gefesselt. Das einzige, was ihm eine Veränderung seiner Lage wünschenswerth machte, war, dafs durch den Unterricht an der Kriegsschule seine Kräfte zersplittert wurden, die er gern ganz der Universität und der Wissenschaft gewidmet hätte. Es war daher sein lebhafter Wunsch von der Stellung an der Kriegsschule entbunden zu werden, und diesen Ausfall seiner Einnahmen von Seiten der Universität gedeckt zu erhalten. Da ihm die Berufung nach Göttingen die Gelegenheit bot, seinen Zweck auf die eine oder die andere Art sicher zu erreichen, so erklärte er auf die an ihn ergangene Anfrage, dafs er einer officiellen Berufung von Seiten der Königl. Hannöverschen Regierung Folge leisten werde, wenn nicht bis zu dem Eintreffen derselben seine hiesige Stellung seinen Wünschen gemäfs geändert würde. Seine Freunde, denen er diefs mittheilte, unterliefsen nicht, das Königl. Ministerium hiervon in Kenntnifs zu setzen, damit rechtzeitig Vorsorge getroffen werden möchte, den drohenden Verlust von der hiesigen Universität und der Akademie abzuwenden; aber der Minister von Raumer wollte nicht sogleich eine Entscheidung treffen, sondern erst einen offiziellen Schritt der Königl. Hannöverschen Regierung abwarten. Diese überschickte Dirichlet alsbald seine förmliche Berufung, durch seinen Freund Herrn Professor Weber in Göttingen, welcher dieselbe persönlich überbrachte, und als jetzt der Minister von Raumer, um ihn hier zu halten, ihm sogar mehr bot, als er gewünscht hatte, war es zu spät; denn da Dirichlet sich nunmehr durch seine frühere Erklärung für gebunden hielt, so waren keinerlei Vortheile oder Rücksichten im Stande, ihn anders zu bestimmen.

Im Herbste 1855 siedelte er von hier nach Göttingen über. Er richtete sich daselbst in einem eigenen, angenehm gelegenen Hause mit Garten ganz nach seinem Gefallen ein, und die Ruhe der kleineren Stadt, welche er seit seiner Jugend nicht mehr genossen hatte, ersetzte ihm hinreichend die äufseren Annehmlichkeiten des grofsstädtischen Lebens in Berlin. Er fand auch dort gleichgesinnte Männer, denen er sich näher anschliefsen konnte, und seine wissenschaftliche und allgemeine geistige Bedeutung, verbunden mit der Anspruchslosigkeit und Ehrenhaftigkeit seines ganzen Wesens, erwarben ihm bald dieselbe allgemeine Achtung, welche er hier genossen hatte.

An der Universität fand er zwar nicht einen so grofsen Kreis von Zuhörern, als er hier verlassen hatte, aber sein Ruf als Lehrer, der nicht minder anerkannt war, als sein wissenschaftlicher Ruf, zog viele nach höherer Ausbildung in den mathematischen Wissenschaften strebende junge Männer nach Göttingen, und auch einige der ausgezeichnetsten akademischen Docenten daselbst wurden seine eifrigen Zuhörer, so dafs der Erfolg seiner Vorlesungen dort verhältnifsmäfsig nicht geringer war, als hier. Da auch seine mathematischen Forschungen, welche ihm stets am meisten am Herzen lagen, durch die gröfsere Mufse, deren er sich erfreute, begünstigt wurden, so fühlte er sich in seiner neuen Stellung sehr befriedigt.

Im Sommer des Jahres 1858, nach dem Schlusse seiner Vorlesungen, reiste er nach der Schweiz und hielt sich in Montreux am Genfer See auf, weniger zu seiner Erholung, als vielmehr um daselbst eine in der Göttinger Societät der Wissenschaften zu haltende Gedächtnifsrede auf Gaufs, und eine Abhandlung für die Denkschriften derselben auszuarbeiten. Als er diese schon oben erwähnte hydrodynamische Abhandlung beinahe vollendet hatte, wurde er plötzlich von einer akuten Herzkrankheit ergriffen und eilte alsbald zu seiner Familie nach Göttingen zurück, wo er todtkrank ankam. Der Kunst der Ärzte und der liebevollen Pflege der Seinigen gelang es zwar, die augenblickliche Lebensgefahr glücklich abzuwenden, aber er konnte sich kaum wieder etwas von seinem Krankenlager erheben, und bedurfte zu seiner zu hoffenden gänzlichen Wiederherstellung noch der gröfsten Ruhe des Körpers und des Geistes, als seine Frau, plötzlich vom Schlage getroffen, nach wenigen Stunden verschied, ohne dafs es ihm möglich gewesen wäre, sie noch einmal zu sehen. Dieser unerwartete Schlag wendete seine Krankheit wieder zum Schlimmern, und nach schweren Leiden erlag er derselben am 5ten Mai 1859.

Dirichlet war als Mensch durch seinen edlen Charakter nicht minder ausgezeichnet, als in der Wissenschaft durch die Tiefe und Gediegenheit seines Geistes. Die Ehrenhaftigkeit, welche sein ganzes Wesen erfüllte und in allen seinen Handlungen rein und ungetrübt hervortrat, ging aus der hohen sittlichen Bildung seines Geistes und Herzens hervor, und war darum nicht auf äufsere Ehre, sondern überall nur auf die wahre innere Ehre gerichtet, deren genauen und strengen Maafsstab er in sich selber hatte. Ehrbegierde, welche nach äufserer Anerkennung strebend mehr am Schein als am Wesen ihre Befriedigung findet, war ihm vollständig fremd. Auch die wissenschaftlichen Ehrenbezeigungen von Seiten der gelehrten Körperschaften, die ihm im reichsten und höchsten Maafse zu Theil wurden, schätzte er hauptsächlich nur, sofern er den Beifall der Kenner und Sachverständigen darin erblicken konnte, sie blieben aber auf das klare Urtheil, welches er über den Werth seiner eigenen Leistungen mit voller Unbefangenheit ausübte, ohne Einflufs.

Wie in der Wissenschaft, so war auch in seinem ganzen Leben die Liebe der Wahrheit die sittliche Grundlage seines Denkens und Handelns. Sie drängte in ihm die Thätigkeit der Phantasie zurück, hielt ihn frei von Vorurtheilen und Selbsttäuschungen und liefs ihn seine volle Befriedigung nur da finden, wo er zu genauer und vollkommen sicherer Erkenntnifs gelangen konnte. Die Wahrheit in sinnbildlicher Form entsprach seinem Wesen weniger; die Wahrheiten aber, welche als Resultate philosophischer Speculation sich ankündigen, erschienen ihm im Allgemeinen verdächtig. Er pflegte von der Philosophie zu sagen, es sei ein wesentlicher Mangel derselben, dafs sie keine ungelösten Probleme habe, wie die Mathematik, dafs sie sich also keiner bestimmten Gränze bewufst sei, innerhalb deren sie die Wahrheit wirklich erforscht habe, und über welche hinaus sie sich vorläufig bescheiden müsse, Nichts zu wissen. Je gröfsere Ansprüche auf Allwissenheit die Philosophie machte, desto weniger vollkommen klar erkannte Wahrheit glaubte er ihr zutrauen zu dürfen, da er aus eigener Erfahrung in dem Gebiete seiner Wissenschaft wufste, wie schwer die Erkenntnifs der Wahrheit ist, und welche Mühe und Arbeit es kostet, dieselbe auch nur einen Schritt weiter zu fördern.

Eine gewisse Schüchternheit, welche Dirichlet in seiner Jugend eigen gewesen war, hatte sich bei ihm im reiferen Alter zu wahrer innerer Bescheidenheit veredelt, aber sie zeigte sich auch dann noch in manchen Beziehungen als natürliche Befangenheit, namentlich darin, dafs er nur sehr ungern öffentlich auftrat, in gröfseren Versammlungen nicht gern das Wort ergriff, und niemals Reden hielt, wo es nicht eine unabweisbare Pflicht für ihn war. Er drängte sich überhaupt niemals vor, weder mit seiner Person, noch mit seinen Ansichten und Urtheilen, sondern war zurückhaltend, selbst da, wo sein Urtheil als Sachkenner in Anspruch genommen wurde, weil er grade in solchen Fällen mit der gröfsten Gewissenhaftigkeit verfuhr, und erst nach allseitiger Erwägung sein bestimmtes Urtheil abgab. Seinem mehr auf Erkenntnifs, als auf praktische Thätigkeit gerichteten Sinne, war jedes Streben nach äufserem Einflusse fremd. Er machte auch in der That in seinen äufseren Lebensbeziehungen nie einen anderen Einflufs geltend, als denjenigen, welchen ein edler und geistvoller Mann in den Kreisen, denen er angehört, unwillkürlich und unmittelbar ausübt.

Im geselligen und freundschaftlichen Verkehr bewährte Dirichlet überall die echte Humanität, welche in der allgemeinen Achtung der Persönlichkeit der Menschen und dem freien Gewährenlassen ihrer Eigenthümlichkeiten und Überzeugungen begründet ist. Er hatte für die guten Seiten Anderer ein offenes Auge und liebte es mehr, diese aufzusuchen, als bei ihren Schwächen und Mängeln zu verweilen, welche er niemals zum Gegenstande selbstgefälligen Spottes machte, und nur dann bekämpfte, wenn sie einen Mangel ehrenhafter Gesinnung verriethen. Dieselbe Humanität zeigte er auch in seinem ausgebreiteten wissenschaftlichen Verkehr mit den bedeutendsten und tüchtigsten Mathematikern des Inlandes und Auslandes, den er lieber persönlich, als brieflich unterhielt, weil ihm das Briefschreiben nicht angenehm war, während er gern auf Reisen seine Bekannten besuchte und vielfach von ihnen aufgesucht wurde. Er zeigte für die Leistungen Anderer stets eine sehr lebhafte Theilnahme, ging in der Unterhaltung gern auf ihre besonderen wissenschaftlichen Interessen ein, und belehrte, indem er die höheren Gesichtspunkte mittheilte, von denen er die vorliegenden Fragen überschaute, ohne das Übergewicht seines Geistes je auf eine drückende Weise empfinden zu lassen.

Die tüchtigsten unter den jüngeren deutschen Mathematikern waren fast alle Dirichlet's frühere Zuhörer, und schätzten ihn nicht blofs als ihren Lehrer, dem sie den besten Theil ihrer mathematischen Bildung verdankten, sondern waren ihm auch stets mit wahrer Liebe und Verehrung zugethan. Wie hoch er seinerseits die Liebe seiner Schüler zu schätzen wufste, und wie er sie vor Allem als den höchsten Lohn seiner Lehrthätigkeit anerkannte, hat er noch kurz vor seinem Tode in schöner und würdiger Weise ausgesprochen. Als er nach einem der letzten schweren Anfälle seiner Krankheit sich wieder etwas freier fühlte, äufserte er den Wunsch, einen seiner liebsten

Freunde und früheren Schüler noch einmal zu sehen; dieser, davon benachrichtigt, reiste sogleich zu ihm hin, und hatte das Glück, an zwei Tagen, während deren die Krankheit etwas nachgelassen hatte, seinen geliebten Lehrer sehen und mit ihm sprechen zu können. Beim Abschiede sagte Dirichlet zu ihm: Es ist wahrlich lohnend, Professor zu sein, wenn man sich solche Liebe erwirbt.

Der Erfolg seiner Lehrthätigkeit war, äufserlich nach der Anzahl der Zuhörer abgemessen, namentlich in der späteren Zeit seiner akademischen Wirksamkeit, so bedeutend, wie ihn wohl kein Lehrer an einer deutschen Universität in dem Gebiete der höheren Mathematik aufweisen kann. Er verdankte denselben keinerlei didaktischen Kunstgriffen, noch auch der Gabe eines glänzenden Vortrags, sondern lediglich der inneren Klarheit seines Geistes, vermöge deren er auch die schwierigsten Gegenstände in ihrer einfachen Wahrheit zu erfassen und darzustellen wufste. Dabei ersparte er seinen Zuhörern keine Anstrengung des Gedankens, welche zur vollständigen Erkenntnifs des Gegenstandes nöthig ist, aber er ersparte ihnen und sich selbst gern weitläuftige und zeitraubende Rechnungen, indem er dieselben wo möglich durch einfache Gedanken ersetzte. Mifst man den Erfolg seiner Lehrthätigkeit nach der wissenschaftlichen Tüchtigkeit der jüngeren Mathematiker ab, welche seine Schüler gewesen sind, und ihm vorzüglich ihre mathematische Bildung verdanken, so kann nur Jacobi's Wirksamkeit der seinen im Allgemeinen gleich erachtet, und in so fern vielleicht noch höher geschätzt werden, als Jacobi eine besondere mathematische Schule gegründet hat, welche in seinem Geiste und Sinne fortwirkt, während Dirichlet's Schüler mehr individuell verschiedene Richtungen verfolgen.

Seine eigene wissenschaftliche Richtung war mit der Eigenthümlichkeit seines Geistes und Charakters so eng verbunden, dafs sie nicht Gemeingut einer Schule werden konnte. Er liebte die vielbetretenen und bereits geebneten Wege der Wissenschaft nicht, sondern hatte seine Freude vielmehr daran, die principiellen Schwierigkeiten, welche von diesen umgangen zu werden pflegen, zum Gegenstande seines Nachdenkens und seiner Arbeiten zu wählen, und wenn er dieselben ergründet hatte, so erging er sich nicht darin, die Consequenzen der gewonnenen Resultate auszuspinnen, sondern arbeitete von ihnen aus lieber weiter in die Tiefe, wo er neue Schwierigkei-

5

ten zu überwinden fand. Seine Schriften sind aus diesem Grunde wenig umfangreich und bestehen meist nur aus kleineren Abhandlungen, in denen er bestimmte Probleme der Wissenschaft behandelt und vollständig ergründet. Besonders charakteristisch für seine wissenschaftliche Richtung ist auch die vollkommene Strenge und Evidenz der Methoden und Beweise, durch die er seine Resultate begründet, eine Eigenschaft, welche zwar nur einer im Wesen der Mathematik selbst liegenden Forderung entspricht, aber dessen ungeachtet auch bei den gröfsten Mathematikern nur selten in vollkommener Reinheit gefunden wird, welche namentlich in dem Gebiete der Analysis erst durch Gaufs zur Geltung gekommen, und seitdem noch so wenig Allgemeingut geworden ist, dafs selbst Jacobi's Schriften an gewissen Stellen den Mangel derselben zeigen, den dieser auch offen eingestand.

Dafs Dirichlet sich selbst und seine Schriften von solchen Mängeln frei erhalten hat, verdankt er hauptsächlich der Liebe zu reiner und vollkommen sicherer Wahrheit, die ihm eigen war, aufserdem aber auch der Art und Weise, wie er arbeitete und der Sorgfalt, mit der er seine Schriften verfafste. Die Klarheit und Bestimmtheit seines Denkens und die ungewöhnliche Kraft seines Gedächtnisses, vermöge deren er das einmal Gedachte und Erforschte zu jeder Zeit vollkommen gegenwärtig behielt, machten ihm den Gebrauch der Feder beim Arbeiten fast ganz entbehrlich. Er hatte auch nicht eine besondere Ruhe oder Mufse dazu nöthig, sondern konnte auf Spaziergängen, auf Reisen, bei musikalischen Unterhaltungen und überhaupt in allen Lagen, wo er nicht selbst zu sprechen oder zu handeln nöthig hatte, seine tiefen Speculationen mit demselben Erfolge fortsetzen, als an seinem Schreibtische. Als Beispiel hierfür kann ich anführen, dafs er die Lösung eines schwierigen Problems der Zahlentheorie, womit er sich längere Zeit vergeblich bemüht hatte, in der Sixtinischen Kapelle in Rom ergründet hat, während des Anhörens der Ostermusik, die in derselben aufgeführt zu werden pflegt. Wenn er bedeutende Resultate gefunden hatte, so verwendete er den gröfsten Fleifs darauf, durch allseitige Erforschung ihres Zusammenhanges unter sich und mit den verwandten Sätzen, die einfachste und der Natur des Gegenstandes angemessenste Methode der Herleitung zu finden. Erst nachdem ihm dieses gelungen war, ging er an die schriftliche Ausarbeitung, zu welcher er sich gewöhnlich schwer entschlofs, die er aber alsdann mit der gröfsten Sorgfalt ausführte.

Von den Resultaten, welche Dirichlet in den letzten Jahren seines Lebens erarbeitet hat, ist der Wissenschaft nur wenig erhalten worden, weil er die schriftliche Ausarbeitung derselben zu lange verschoben hatte. In seinen hinterlassenen Papieren hat sich von mathematischen Manuscripten nichts vorgefunden, als die eine hydrodynamische Abhandlung, welche vor Kurzem in den Denkschriften der Göttinger Societät erschienen ist, von Herrn Professor Dedekind herausgegeben, dem er selbst noch ihre Vollendung übertragen hatte. Aus dem, was er einzelnen Freunden über die Gegenstände seiner Forschungen gelegentlich mitgetheilt hat, geht hervor, dafs er unter Andern eine vollständige Theorie der ternären, unbestimmten Formen zweiten Grades in seinem Kopfe fertig ausgeführt hatte, ferner dafs es ihm gelungen war, die Annäherung der asymptotischen Gesetze für eine Art zahlentheoretischer Funktionen, von welchen die Bestimmung der Häufigkeit der Primzahlen abhängt, um einen ganzen Grad weiter zu treiben, und dafs er einen mathematisch vollkommen strengen Beweis der Stabilität des Weltsystems gefunden hatte. Von einer grofsen und besonders werthvollen Entdeckung aus der letzten Zeit seines Lebens, nämlich einer ganz neuen, allgemeinen Methode der Behandlung und Auflösung der Probleme der Mechanik, hat er nur gegen einen seiner Freunde, Herrn Kronecker, mit dem er in dem intimsten wissenschaftlichen und freundschaftlichen Verkehr stand, einmal im Sommer 1858 gesprochen. Er hatte selbst auf diese Entdeckung ein ganz besonderes Gewicht gelegt und Herrn Kronecker gebeten, vorläufig gegen Niemand davon zu sprechen. Dieser hat darum erst nach Dirichlet's Tode seinen Freunden das mitgetheilt, was er von ihm darüber erfahren hatte, namentlich dafs diese Methode nicht darauf hinausgehe, die Integrationen der betreffenden Differenzialgleichungen auf Quadraturen zurückzuführen, weil dieses Mittel, durch welches Jacobi versucht hat die Lösung der mechanischen Probleme zu gewinnen, zu beschränkt sei, dafs sein Verfahren vielmehr in einer stufenweisen Annäherung bestehe, bei welcher jeder neue Schritt zugleich eine vollständigere und genauere Einsicht in die Natur der, durch die Bedingungen der Aufgabe bestimmten Bewegungen gewähre, endlich dafs die Theorie der kleinen Schwingungen zur Auffindung dieser Methode einen gewissen Anhalt biete.

Der Klage über diese, vielleicht in langer Zeit nicht zu ersetzenden

Verluste der Wissenschaft, deren Gröſse nach den vorhandenen Andeutungen sich hinreichend ermessen läſst, will ich nur dadurch Worte geben, daſs ich an den Ausspruch erinnere, welchen Dirichlet selbst, in der Gedächtniſsrede auf Jacobi, von dessen unvollendeten Werken gethan hat: Der Tod, welcher ihn zu früh von der Arbeit hinweggenommen, hat der Wissenschaft so groſse Bereicherungen nicht gegönnt!

Rede zur Gedächtnisfeier Königs Friedrichs II.

Monatsberichte der Königlichen Preußischen Akademie der Wissenschaften zu Berlin aus dem Jahre 1865, 62–75

26. Jan. Öffentliche Sitzung der Akademie zur Gedächtnifsfeier Königs Friedrichs II.

Der vorsitzende Sekretar Hr. Kummer eröffnete die Sitzung mit folgender Festrede:

Die Akademie feiert an dem heutigen Tage das Andenken Friedrichs des Grofsen, ihres erhabenen Protektors, ihres Erneuerers, ihres Mitarbeiters in der Wissenschaft. — Es sind besonders diese näheren Beziehungen des grofsen Königs zu unserer Akademie, auf welche sie gern und mit gerechtem Stolze zurückblickt, weil diese ihr eigenthümlich angehören, während sie seine Bewunderung als Feldherrn, als Staatsmann und als Schriftsteller nicht nur mit jedem preufsischen Patrioten, sondern mit der ganzen gebildeten Welt theilt. — In diesem Sinne werden Sie, Hochzuverehrende Anwesende mir gestatten, den grofsen König, welcher es nicht verschmähte mehrere seiner wissenschaftlichen Arbeiten in unserer Akademie vorlesen, und in den Schriften derselben erscheinen zu lassen, heut nur als Mann der Wissenschaft zu betrachten. — Ein treues und einigermaafsen vollständiges Bild seiner Thätigkeit in der Wissenschaft und für die Wissenschaft, zu welchem seine Thaten als König und Held von selbst den grofsartigsten weltgeschichtlichen Hintergrund bilden würden, wäre aber nicht nur für den engen Rahmen einer akademischen Rede, sondern hauptsächlich auch für meine eigenen Kräfte zu grofs, darum werde ich mich auch hierin noch auf ein verhältnifsmäfsig kleines Gebiet beschränken müssen, und ich gedenke von demjenigen etwas auszuwählen, was meinen eigenen Studien und geistigen Interessen am nächsten liegt.

Wenn man die hervorragenden Männer durchgeht, welche Friedrich der Grofse an die von ihm erneuerte Akademie berufen hat, und wenn man jetzt, nachdem ein Jahrhundert verflossen ist, über den bleibenden Werth ihrer Werke ein unbefangenes Urtheil fällt, und die Stellung betrachtet, welche sie in der Geschichte der Wissenschaften sich erworben haben, so kann man nicht umhin anzuerkennen, dafs es die Mathematiker sind, welche unter denselben den ersten Platz einnehmen.

Maupertuis im Jahre 1746 von Friedrich dem Grofsen zum beständigen Präsidenten der Akademie ernannt, und mit den dieser Würde angemessenen Vollmachten, Ehren und Einkünften ausgestattet, stand bei dem grofsen Könige, dessen Gesellschafter in Reinsberg und Begleiter im ersten Schlesischen Kriege er gewesen war, als geistvoller Mann in besonderer Gunst; aber auch seine wissenschaftliche Bedeutung rechtfertigte diese Wahl in vollem Maafse. Er nahm unter den besten Mathematikern seiner Zeit einen ehrenvollen Platz ein, und seine Arbeiten in diesem Felde haben nicht blofs ein hohes geschichtliches Interesse, sondern sind auch noch heut als bleibendes Eigenthum der Wissenschaft erhalten. Durch seine mit allen wissenschaftlichen Hülfsmitteln der damaligen Zeit ausgeführte Gradmessung in Lappland, im Verein mit der von Lacondamine geleiteten Gradmessung in Peru, wurde zuerst die wahre Gestalt unserer Erde, als die eines nach den Polen hin abgeplatteten Sphäroids festgestellt. Es konnte nicht fehlen, dafs diese Expedition in ein damals noch wenig bekanntes, fast fabelhaft erscheinendes Land, welche von der Pariser Akademie mit vielem Eclat in's Werk gesetzt worden war, und welche ein so bedeutendes wissenschaftliches Resultat geliefert hatte, Maupertuis Namen zu einem allgemein berühmten machte. Ein nicht minder bedeutendes Resultat, welches er ohne äufsere Hülfsmittel durch rein geistige Arbeit gewonnen hat, ist das von ihm unter dem Namen *principe de la moindre action* zuerst aufgestellte Princip der Mechanik, welches seitdem einen integrirenden Bestandtheil dieser Wissenschaft bildet. Dieses Princip kann nach zwei Seiten hin als ein Fortschritt der Erkenntnifs bezeichnet werden, insofern es nicht nur eine rein mathematische Wahrheit enthält, sondern zugleich auch eine philosophische Einsicht in die Gesetze der Natur eröffnet; denn es sagt aus, dafs in der ganzen Natur, in so weit sie keinen anderen Gesetzen als denen der Mechanik unterworfen ist, überall die gröfste Sparsamkeit waltet, und zur Erreichung bestimmter Wirkungen stets nur die zugleich nothwendigen und hinreichenden Mittel angewendet werden. — Eine Schmähschrift, welche Voltaire gegen Maupertuis erliefs, in der seine vernichtende Satyre um so empfindlicher wirkte, da sie Maupertuis Hauptfehler, die Eitelkeit zur Handhabe hatte, ist nicht im Stande gewesen dessen wissenschaftliche Verdienste dauernd zu verdunkeln, auch hat sie in den Augen Friedrichs des Grofsen nicht ihn, sondern nur Voltaire selbst herabgesetzt, und dessen Entfernung vom Hofe des grofsen Königs veranlafst.

Schon ein Jahr nach seiner Thronbesteigung hatte Friedrich der Grofse, der die Reorganisation der Akademie zu einem seiner ersten Regierungsgeschäfte machte, Leonhard Euler aus Petersburg nach Berlin berufen, einen Mann der unter den grofsen Mathematikern seiner Zeit wohl mit Recht als der erste zu bezeichnen ist, da kein anderer so allseitig und zugleich so tief in alle mathematischen Disciplinen eingedrungen ist, als er. Seine zahlreichen Schriften, von denen ein verhältnifsmäfsig nur kleiner aber werthvoller Theil zu den Denkschriften unserer Akademie gehört, behandeln alle praktisch und theoretisch wichtigen Fragen der Mathematik, von der besten Art die Seeschiffe zu bemasten bis zu den verborgensten Geheimnissen der Zahlentheorie, und was mehr als dieses sagen will, sie werden noch jetzt, und zwar in den Originalen, mit Fleiſs studirt; die Fülle der in ihnen enthaltenen tiefen mathematischen Gedanken, so wie die klare, ungezwungene Form der Darstellung, welche überall durchblicken läſst wie diese Gedanken in Euler's Geiste sich gebildet haben, machen sie bei Schülern und Meistern der Wissenschaft gleich beliebt und gesucht. Euler's Werke leben aber auch noch in dem höheren Sinne in der Gegenwart fort, daſs sie fast für alle bedeutenden Fortschritte der neueren Zeit die Bahnen gebrochen haben. Die Theorie der elliptischen Funktionen, der partiellen Differenzialgleichungen, die Variationsrechnung leiten von ihm ihren Ursprung her. Euler's Abgang von Berlin, als er im Jahre 1764 nach Petersburg zurückkehrte, würde als einer der gröſsten Verluste zu bezeichnen sein, die unsere Akademie erlitten hat, wenn nicht Friedrich der Groſse durch die Berufung Lagrange's dafür gesorgt hätte ihm einen seiner würdigen Nachfolger zu geben.

Lagrange war bei dem Antritte seiner hiesigen Stellung als Director der mathematischen Klasse unserer Akademie erst 30 Jahr alt, aber er hatte schon Arbeiten geliefert, die ihn den besten Mathematikern seiner Zeit vollkommen ebenbürtig machten. Mit jugendlicher Kraft und Begeisterung hatte er in seiner Vaterstadt Turin eine Akademie der Wissenschaften gegründet, ihr die Anerkennung des Königs von Sardinien erwirkt und sie durch seinen Namen und durch seine Schriften zu dem Range einer der angesehensten Akademieen ihrer Zeit erhoben. Die Abhandlungen, die er während seines zwanzigjährigen hiesigen Aufenthalts in unserer Akademie vorgetragen hat, verleihen den Denkschriften aus jener Zeit noch jetzt einen besonders hohen Werth, seine Hauptwerke aber, namentlich die analytische Mechanik und die Theorie der Funktionen fallen erst in eine spätere Periode seines Lebens, und sind zwar auf dem Boden unseres Vaterlandes erwachsen, aber in Frankreich erschienen. Nach Friedrichs des Groſsen Tode, als unsere Akademie nicht mehr durch diesen groſsen Geist getragen und gepflegt wurde, hatte sie für einen Mann wie Lagrange nicht mehr die nöthige Anziehungskraft, da er gleichzeitig von den Regierungen von Sardinien, Toscana, Neapel und Frankreich glänzende Anerbietungen erhielt, wurde er durch

Mirabeau, welcher damals in Berlin lebte, bewogen, diesem letzteren Rufe Folge zu leisten. In Paris hatte Lagrange alle Wechselfälle der französischen Revolution mit durchzumachen, welche er nicht ohne grofse Gefahr, aber mit besonderem Glücke überstand. Seine Schüler an der neu gegründeten *école polytechnique* vergötterten ihn und seine Fachgenossen an der Akademie der Wissenschaften erkannten ihn einstimmig als den ersten an, und zwar zu einer Zeit, wo die mathematischen Wissenschaften in Frankreich in ihrer höchsten Blüthe standen, wo Laplace, Legendre, Monge und Fourier ihre staunenswerthen Werke schufen. Der Grafentitel, das Grofskreuz der Ehrenlegion, die Senatorwürde, die ihm Napoleon als Kaiser verlieh, und die Beisetzung seiner Gebeine im Pantheon sind solcher Anerkennung gegenüber nur von geringerer Bedeutung.

Fast gleichzeitig mit Lagrange berief Friedrich der Grofse noch einen ausgezeichneten Mathematiker nach Berlin, nämlich Lambert, welchen zu ihren früheren Mitgliedern zählen zu können unserer Akademie zur bleibenden Ehre gereicht. Lambert beschäftigte sich vorzugsweise mit den Problemen der angewandten Mathematik, denen er eine bis dahin nicht gekannte Ausdehnung gab. Die Perspective ist von ihm zuerst nach mathematischen Principien behandelt worden, die Photometrie verdankt ihm ihre Entstehung, und in der Astronomie führt ein eleganter Satz über die elliptischen Sektoren noch jetzt seinen Namen; aber auch die reine Mathematik verdankt ihm manche schöne Bereicherung z. B. die nach ihm benannte Lambertsche Reihe und den ersten Beweis der Irrationalität des Verhältnifs der Peripherie zum Durchmesser des Kreises. Leider raffte der Tod ihn schon in seinem 49ten Lebensjahre hinweg, nachdem er unserer Akademie 13 Jahre lang als ordentliches Mitglied angehört hatte.

Auch die Astronomie hatte sich der besonderen Fürsorge Friedrichs des Grofsen zu erfreuen, welcher die veraltete Sternwarte neu einrichten liefs und zuerst den älteren Castillon, einen Mann von wissenschaftlichem Verdienst, für dieses Fach an die Akademie berief, nachher Johann Bernoulli, einen Sprößling jener berühmten Familie von Mathematikern, der durch seine wissenschaftlichen Leistungen sich seiner Ahnen würdig zeigte, und nach Lagranges Abgange zum Director der mathematischen Klasse erwählt wurde.

Die Mathematik, welche diese Männer zu ihren Vertretern hatte, stand unter Friedrich dem Grofsen an unserer Akademie in der vollsten Blüthe, und die Blüthe dieser Wissenschaft war sein eigenes Werk, denn die Berufungen der grofsen Mathematiker gingen unmittelbar von ihm selbst aus. Rechnet man hierzu noch, dafs er auf's eifrigste bemüht war auch D'Alembert nach Berlin zu ziehen, um ihn zum Präsidenten der Akademie zu machen, so erscheint die Bevorzugung, welche er den mathematischen Wissenschaften angedeihen liefs, in einem noch auffallenderen Lichte, denn D'Alembert, ein Mann von universellem Geiste, verdient vorzugsweise Mathematiker genannt zu werden, weil seine Leistungen in dieser Wissenschaft unvergänglich geblieben sind, während über die übrigen Erzeugnisse seines Geistes die Zeit hinweggeschritten ist.

Man sollte meinen, dafs der grofse König, der die mathematischen Wissenschaften in so grofsartiger Weise förderte, und die ersten Mathematiker seiner Zeit so hoch schätzte, selbst ein Freund oder Verehrer dieser Wissenschaft gewesen sein müfste. Diefs war jedoch keineswegs der Fall. Die Äufserungen über Mathematik, die wir in seinen Werken und Briefen finden, scheinen eher eine gewisse Abneigung gegen alles mathematische zu verrathen, welches er gern mit Witz und Sarkasmen verfolgte. Besonders in der witzigen Schrift: *Réflexions sur les réfexions des géomètres sur la poësie*, welche gegen eine, die Ausartungen der Poesie kritisirende akademische Rede D'Alemberts gerichtet ist, läfst der König seiner Laune gegen die Mathematiker den freisten Lauf, die er hier gewöhnlich nur als die Krummlinigen bezeichnet, zur Abwechselung aber auch Barbaren nennt. Der versteckte Grund, warum sie die Poesie zu unterdrücken trachteten sei nur der, dafs sie ihre Curven, Tangenten, Cycloiden, Kettenlinien und anderen Kram besser an den Markt bringen wollten, da der Absatz derselben bisher nur sehr schwach gewesen sei. Er giebt ihnen auch Schuld, das sie mittels $ab - x$ sich zu Herren der Welt zu machen strebten, und um zu zeigen, wie wenig sie damit vermöchten, spielt er auf eine von Euler nach

5*

mathematischen Regeln versuchte musikalische Composition an, wegen deren der arme Geometer das Schicksal des Marsyas, lebendig geschunden zu werden, riskirt hätte, wenn er vor den Richterstuhl des Apollo gezogen worden wäre. — In diesen, so wie auch in allen anderen witzigen Ausfällen gegen die Mathematik und die Mathematiker spricht sich aber nirgends eine Geringschätzung aus, sie lassen vielmehr nur ein gewisses Unbehagen durchblicken, welches Friedrich der Groſse als Philosoph darüber empfand, daſs ihm, der überhaupt alles, was Gegenstand menschlicher Erkenntniſs ist in das Bereich seines Nachdenkens und seiner Forschung zog, ein so bedeutendes Gebiet der Wissenschaft nicht zugänglich war. — Ein ähnliches Miſsbehagen der Mathematik gegenüber empfand seiner Zeit auch Göthe, welcher als Dichter auf das Concrete angewiesen, für die reinen Abstraktionen dieser Wissenschaft wenig Sinn hatte, als er aber durch seine naturwissenschaftlichen Studien, namentlich durch die Farbenlehre an sie herangeführt wurde, keinen Versuch machte sich mit ihr zu befreunden, sondern es vorzog sie ernstlich anzufeinden und von auſsen her zu bekämpfen, von einem Standpunkte aus, wo seine gegen sie geschleuderten Geschosse ihr Ziel nimmer erreichen konnten. Wenn Göthe, um sich äuſserlich etwas darüber zu unterrichten in Montucla's groſsem Werke der Geschichte der Mathematik las, so konnte er davon nur wenig Nutzen haben, weil es eben nur eine äuſserliche Bekanntschaft mit der Mathematik war, die er dadurch erhalten wollte. — Friedrich der Groſse dagegen ist ernstlich bemüht gewesen dem Mangel mathematischer Erkenntniſs, den er selbst lebhaft fühlte, abzuhelfen, so weit sich dieſs nämlich thun lieſs ohne den mühsamen Weg regelrechter mathematischer Studien durchzumachen, welcher von den Elementen anfangend bis in die Tiefen dieser Wissenschaft führt. Da es das philosophische Interesse war, welches er auch in der Mathematik befriedigen wollte, so wählte er sich hierin D'Alembert zu seinem Lehrmeister, an den er sich mit dem Ersuchen wandte für ihn eine besondere Schrift zu schreiben, um ihn über die Mathematik aufzuklären, namentlich weil diese Wissenschaft der menschlichen Erkenntniſs näher liege als die Metaphysik, wünschte er, daſs D'Alembert ihm auseinandersetze, in welcher Weise die Analyse in der Mathematik angewendet werde, unter welchen Bedingungen man sich auch der Metaphysik dazu bedienen könne, und in welchen Fällen die Anwendung derselben fehlerhaft sei. D'Alembert antwortet hierauf: er denke über die Nichtigkeit und Armseligkeit der Metaphysik ebenso wie der König, ein wahrer Philosoph müsse dieselbe nur studiren, um über das enttäuscht zu werden, was sie zu lehren scheine; mit der Mathematik sei diefs nicht so, sie habe einen festen Boden unter sich, obgleich sie nur eine Art Kinderklapper sei, welche die Natur uns zugeworfen habe, um uns in der Finsternifs zu trösten und zu amüsiren. Die Fragen über die Anwendung der Analyse und der Metaphysik auf die Mathematik werde er versuchen mit möglichster Klarheit zu beantworten. — Ich weifs nicht, ob D'Alemberts Schrift über diesen Gegenstand, die er Friedrich dem Grofsen zugeschickt hat, den Erwartungen desselben ganz entsprochen haben mag, und möchte es fast bezweifeln, denn indem er D'Alembert seinen Dank dafür ausspricht, findet er sie zwar bewundernswürdig, aber wenn er früher sich versprochen hatte in ihr die Leuchtfeuer zu finden, die ihn in dem Dunkel der Mathematik aufklären, und ihm eine Idee davon geben sollten, durch welche Manöver die mathematischen Piloten es dahin bringen in den Hafen der hohen Wissenschaften einzulaufen, bezeichnet er sie jetzt mit dem minder schmeichelhaften Titel einer Eselsbrücke, durch deren Hülfe er sich brüsten könne etwas von den Geheimnissen begriffen zu haben, welche die Adepten der Menge zu verbergen pflegen.

Dafs Friedrich der Grofse durch die Philosophie zur Mathematik selbst hingeführt worden ist, und dafs er einen Versuch gemacht hat in dieselbe etwas tiefer einzudringen, kann als ein interessantes Faktum erwähnt werden, welches jedoch keine weiteren Folgen gehabt hat; dafs aber die Philosophie ihn mit den gröfsten Mathematikern seiner Zeit in nähere Beziehungen gebracht hat, ist für die Entwickelung und die Richtung des wissenschaftlichen Lebens in unserem Vaterlande und für unsere Akademie in's besondere von der gröfsten Bedeutung gewesen. — Friedrich war zuerst in der Leibnitz-Wolfischen Philosophie unterrichtet und gebildet worden, und hatte sich mit dem praktischen Theile derselben, besonders der Moralphilosophie, so befreundet, daſs er diese sein ganzes Leben hindurch geschätzt und gepflegt hat. Seinem durchdringenden Verstande entging es aber nicht, daſs die Wolfische Metaphysik oder Ontologie keine feste innere Begründung habe, diese verfiel daher bald dem allgemeinen Streben seines freien Geistes die Vorurtheile jeder Art als solche zu erkennen, und denkend sich über dieselben zu erheben. Dieses Streben, im Verein mit seiner Vorliebe für die französische Litteratur führte ihn zu der damals in Frankreich herrschenden Philosophie der sogenannten Encyclopädisten, welche Bayle zu ihrem Begründer und D'Alembert zu ihrem geistvollsten Vertreter hatte. Die erste Veranlassung, daſs Friedrich der Groſse und D'Alembert sich näher traten, gab eine von unserer Akademie gestellte Preisaufgabe über die Ursache der Winde, für deren Lösung D'Alembert der Preis zuerkannt wurde, und zwar in der Sitzung vom 2. Juni 1746, welche durch die öffentliche Verkündigung der von dem Könige gegebenen neuen Statuten und durch die Einführung Maupertuis als beständigen Präsidenten besonders feierlich war. D'Alembert's an Friedrich den Groſsen gerichtete Bitte, ihm diese Schrift dediciren zu dürfen und die Antwort, die der König ihm geben lieſs, daſs man ihn selbst in Berlin noch lieber sehen würde, als seine Schrift, bilden den Anfang eines Briefwechsels zwischen beiden, welcher ununterbrochen bis zu D'Alemberts Tode fortgesetzt wurde. — Die vollständige Herausgabe dieser Briefe in den Werken Friedrichs des Groſsen ist das schönste Ehrendenkmal, welches diesem als Encyclopädisten viel geschmähten groſsen Denker gesetzt werden konnte; denn wenn er selbst nur den bescheidneren Wunsch ausgesprochen hatte, man möchte auf seinen Grabstein die Worte setzen: Friedrich der Groſse ehrte ihn durch seine Gunst und durch seine Wohlthaten, so zeigt dieser Briefwechsel, daſs der gröſste König und Held seines Jahrhunderts ihn noch mehr durch seine Hochachtung und durch seine Freundschaft geehrt hat. Und D'Alembert zeigt sich überall dieser hohen Ehre vollkommen würdig, nicht nur durch die glänzenden Eigenschaften seines Geistes, sondern ebenso durch seine hohe sittliche Bildung, ohne welche es ihm nicht hätte gelingen können die Freundschaft des grofsen Königs sich dauernd zu erhalten, und zugleich diesem mächtigen, alles beherrschenden Geiste gegenüber seine eigene Freiheit und Unabhängigkeit vollkommen zu bewahren.

Zu der Zeit als Maupertuis durch Voltaire's Satyre tief gekränkt und körperlich leidend sich mit Urlaub nach Frankreich zurückgezogen hatte, und wenig Hoffnung war, dafs er seine Stelle als Präsident der Akademie wieder werde übernehmen können, und als Voltaire ohne Urlaub sich davon gemacht hatte, liefs Friedrich der Grofse durch den Marquis D'Argens D'Alembert die ersten ernstlichen Anerbietungen machen in seine Dienste zu treten, da er überzeugt war, dafs dieser eine ihm die beiden Männer die er vermifste werde ersetzen können. D'Alembert lehnte aber die ebenso grofsmüthigen als ehrenvollen Anerbietungen in so edler Weise ab, dafs er dadurch in der Gunst des Königs nur befestigt ward. Er lehnte in derselben Weise auch die schmeichelhaftesten Aufforderungen des Königs selbst ab, und als es diesem gelungen war ihn zu einem längeren Besuche in Sans-Souci zu bewegen, wufste er selbst dem persönlichen Einflusse des grofsen Königs mit so edler Festigkeit und mit so feiner Gewandheit zu widerstehen, dafs dieser ihm nicht zürnen konnte, sondern nur bedauern mufste einen solchen Mann für sich und für sein Land nicht gewinnen zu können. Die einzige aber zuversichtliche Hoffnung ihn noch nach Preufsen zu ziehen setzte der König darein, dafs D'Alembert, welcher durch seine Schriften mit der damals in Frankreich noch überaus mächtigen Geistlichkeit schon mehrfach in Conflikt gerathen war, durch die Intoleranz derselben werde aus seinem Vaterlande vertrieben werden, und für diesen Fall bot er ihm eine sichere und ehrenvolle Zufluchtstätte in Preufsen an. Die Stelle eines Präsidenten der Akademie wurde nach Maupertuis Tode nicht wieder besetzt, sondern Friedrich der Grofse nahm selbst den Titel und die Prärogative eines obersten Directors derselben an, in der brieflich an D'Alembert offen ausgesprochenen Absicht, die Präsidentenstelle für diesen offen zu halten.

Seit dieser Zeit fragte der König D'Alembert in allen wichtigeren die Akademie betreffenden Angelegenheiten regelmäſsig um seinen Rath, so daſs dieser die wesentlichsten Funktionen eines Präsidenten von Paris aus zu versehen hatte. Der Einfluſs, welchen er so auf unsere Akademie ausübte, war für die höchsten Interessen derselben überall nur förderlich und heilsam. Vermöge seiner umfassenden Gelehrsamkeit und seines durchdringenden Verstandes wuſste er wahre wissenschaftliche Verdienste jeder Art gehörig zu würdigen, und er verfehlte nicht dieselben bei dem Könige gebührend hervorzuheben. Auch war er in der Ferne allen den kleinlichen Rücksichten, Sympathieen und Antipathieen enthoben, welche in einer gröſseren Körperschaft nie ganz fehlen. Sein Hauptverdienst um die Ehre, das Ansehen und die Blüthe unserer Akademie besteht aber darin, daſs er für die Besetzung vakanter Stellen der Akademiker dem Könige, welcher als oberster Director diese vor allen schwere Sorge und wichtige Befugniſs ganz in seine eigene Hand genommen hatte, stets nur Männer von echtem wissenschaftlichen Verdienst empfahl. Daſs dieser Einfluſs D'Alembert's des groſsen Mathematikers den mathematischen Wissenschaften an unserer Akademie in vorzüglichem Maaſse zu Gute kommen muſste, ist ganz natürlich, und seine Empfehlung Lagranges auf dessen hervorragendes Talent, und diesem entsprechende wissenschaftliche Leistungen er den König zuerst aufmerksam machte, ist als das höchste Verdienst anzuerkennen, welches er in dieser Beziehung sich nur erwerben konnte.

D'Alembert's philosophische Richtung, welche unserem Vaterlande nicht würde zum Segen gereicht haben, wenn sie hier die herrschende geworden wäre, hat unserer Akademie doch in keiner Weise Schaden gebracht; denn D'Alembert so wie sein königlicher Gönner, waren, wenn auch einseitig als Philosophen, doch nichts weniger als geistig beschränkt und intolerant. Sie gingen ihren eigenen Weg, auf welchem sie die Wahrheit suchten, und wenn auch nicht diese, so doch eine gewisse Befriedigung ihres geistigen Strebens fanden, und sie gestatteten gern jedem anderen wissenschaftlichen Forscher in seiner eigenen Weise dasselbe zu thun. Wenn die Philosophie, obgleich sie an unserer Akademie mehr bevorzugt war, als an irgend einer anderen, da sie durch eine besondere Klasse vertreten wurde, dennoch nicht zu einer so hohen Blüthe gelangte, als die Mathematik, so liegt die Schuld weder an der obersten Leitung der Akademie, noch auch an ihren philosophischen Mitgliedern, unter welchen mehrere durch Geist und durch Gelehrsamkeit ausgezeichnete Männer zu finden sind, der wahre Grund dieser Erscheinung ist vielmehr nur darin zu suchen, daſs es der damaligen vorkantischen Zeit überhaupt nicht gegeben war neue groſse und lebenskräftige philosophische Gedanken hervorzubringen. Das Wegräumen des alten unhaltbar gewordenen philosophischen, in's besondere des metaphysischen Rüstzeuges, welches die D'Alembert'sche Schule mit besonderer Vorliebe betrieb, kann jetzt, von einem unbefangenen Standpunkte aus nur als ein Hauptverdienst der philosophischen Thätigkeit jener Zeit angesehen werden, weil es dazu gedient hat Kants neuen Gedanken den Weg frei zu machen.

Es ist eine interessante, für das Wesen metaphysischer Speculationen überhaupt charakteristische Erscheinung, daſs selbst die damals ganz geschlagene und verachtet am Boden liegende Metaphysik auf Friedrich den Groſsen und D'Alembert noch einen mächtigen Zauber auszuüben vermochte. Beide von der Nichtigkeit und Armseligkeit derselben vollständig durchdrungen, können nicht umhin in ihren brieflichen Unterhaltungen immer wieder selbst in metaphysische Speculationen zu verfallen, welche sogar mehr Reiz für sie zu haben scheinen, als alle anderen wichtigeren Gegenstände, da die zwischen ihnen gewechselten Briefe metaphysischen Inhalts die bei weitem umfangreichsten sind. Wie tief dieses Bedürfniſs in ihnen lag, spricht sich auch sehr unbefangen darin aus, daſs Friedrich der Groſse, als er D'Alembert auffordert ihn wieder einmal in Sans-Souci zu besuchen ihn dadurch zu locken sucht, daſs er ihm schreibt: *nous philosopherons nous métaphysiquerons ensemble.*

Es würde mich zu weit führen auf den interessanten Inhalt dieser metaphysischen Speculationen selbst einzugehen, es liegt dagegen nahe hier noch einen sehr wichtigen Einfluſs hervorzuheben, welchen nicht sowohl Friedrich der Groſse als Philosoph, sondern vielmehr die ganze philosophische Richtung jener Zeit, insofern sie eine überwiegend skeptische war, auf die Entwickelung und die Fortschritte der mathematischen Wissenschaften ausgeübt hat. — Die Philosophie und die Mathematik haben, als verwandte Wissenschaften zu allen Zeiten in einer gewissen Wechselwirkung gestanden; die Geschichte beider Wissenschaften weist auch zahlreiche Beispiele nach, daſs groſse Philosophen zugleich Mathematiker, und daſs groſse Mathematiker zugleich Philosophen waren, und unsere Akademie hat in Leibnitz sogar das Beispiel eines Mannes, der in beiden Beziehungen gleich groſs war. In der Zeit, welche wir hier betrachten, tritt aber diese Verbindung der Mathematik mit der Philosophie besonders stark hervor, da alle die groſsen Mathematiker von denen wir bereits gehandelt haben zugleich Philosophen waren. D'Alembert und Maupertuis haben ihre Namen als Philosophen fast ebenso berühmt gemacht, wie als Mathematiker. Euler, welcher nur ganz in der Mathematik und für dieselbe zu denken und zu leben schien, hat in seinen Briefen an eine deutsche Prinzessin sein philosophisches Talent und seine Neigung für philosophische Betrachtung der Natur gezeigt. Lagrange ist zwar nicht als philosophischer Schriftsteller aufgetreten, er war aber nach D'Alembert's Zeugniſs: nicht nur ein sehr groſser Mathematiker und den Besten welche Europa in dieser Art besitzt mindestens gleich, sondern auch ein wahrer Philosoph in jedem nur möglichen Sinne des Wortes. Lambert ist von philosophischen Studien ausgehend zur Mathematik geführt worden und hat sich als Schriftsteller zuerst mit einer algebraischen Logik hervorgethan. — Der allgemeine Grund dafür, daſs mathematisches und philosophisches Talent sich oft vereint finden, liegt darin, daſs es nur die eine Befähigung und Neigung für das rein abstrakte Denken ist, welcher die beiden verschiedenen Wege der mathematischen so wie der philosophischen Speculation gleichmäſsig offen stehen; ob ein mit diesem Talente vorzugsweise begabter wissenschaftlicher Forscher sich mehr der einen oder der andern dieser verwandten Wissenschaften zuwendet, oder ob er einer derselben sich ganz ergiebt, scheint mehr nur von äuſseren Bedingungen abhängig zu sein. In der damaligen Zeit aber, wo die Philosophie in ihrer höchsten Spitze, der Metaphysik faul geworden war, wo die scharfsinnigsten Philosophen nicht mehr wagten zu irren und zu träumen, weil sie in diesem Spiele des Geistes keinen höheren Sinn mehr fanden, in jener skeptischen Zeit, wo man den Glauben verloren hatte durch wissenschaftliche Forschung den erhabensten Zielen menschlicher Erkenntniſs näher zu kommen, muſsten die vorzugsweise spekulativen Talente ihre Befriedigung anderweitig suchen, und viele von ihnen fanden in der Mathematik nicht nur ein unendliches und fruchtbares Feld ihrer Thätigkeit, sondern auch das, was ihnen die Philosophie niemals geben konnte: die unumstöſsliche Wahrheit und Gewiſsheit der Resultate ihrer Forschungen.

Diese Befriedigung suchte und fand D'Alembert in der Mathematik. Friedrich der Groſse aber fand die volle Befriedigung seines groſsen Geistes in seinen Thaten.

Erwiderung auf die Antrittsrede A. W. Hofmann's

Monatsberichte der Königlichen Preußischen Akademie der Wissenschaften zu Berlin aus dem Jahre 1865, 324–326

Hr. Kummer, Sekretar der physikalisch-mathematischen Klasse, erwiederte hierauf:

Das Bild der geschichtlichen Entwickelung der Chemie in der neusten Zeit, welches Sie, verehrter Herr College, vor uns aufgerollt haben, zeugt in erfreulicher Weise von dem regen geistigen Leben, welches in dieser Wissenschaft herrscht und mit jugendlicher Kraft sie vorwärts treibt. Es ist in der That die Kraft der Jugend, deren die Chemie sich jetzt noch in vollem Maafse erfreut; denn seit der Zeit, wo sie zuerst zu dem Range einer exakten Wissenschaft sich emporgearbeitet hat, ist noch nicht ein volles Jahrhundert verstrichen. Was sie seitdem geleistet hat, verdient die vollste Anerkennung und hat sie auch in vorzüglichem Maafse gefunden, nicht allein wegen der tieferen Erkenntnifs der natürlichen Dinge, die sie vermittelt hat, sondern hauptsächlich auch wegen der praktischen Anwendungen, durch welche sie die Herrschaft des Menschen über die äufsere Natur erweitert, und zum Nutzen und Wohlstande der Völker wesentlich beigetragen hat.

Unsere Akademie hat zu ihrer ersten und höchsten Aufgabe die Wissenschaft als solche, also die Erkenntnifs der Wahrheit; aber indem sie diesem höchsten Interesse des Geistes ihre Dienste widmet, achtet sie auch den mehr äufserlichen Nutzen, welcher aus der Verwerthung wissenschaftlicher Resultate im praktischen Leben hervorgeht keineswegs gering. In Ihnen, verehrter Herr College, hat unsere Akademie schon vor einer Reihe von Jahren den hervorragenden Mann der Wissenschaft zu schätzen gewufst, und hat durch die im Jahre 1853 erfolgte Wahl zum correspondirenden Mitgliede Ihnen ihre Hochschätzung bezeigen wollen. Wenn aus Ihren wissenschaftlichen Untersuchungen seitdem ein neuer und blühender Zweig der Industrie sich entwickelt hat, wenn die Anilin-Farbstoffe, deren wahre Natur und Beschaffenheit Sie zuerst ergründet haben, jetzt über die ganze Welt verbreitet sind und für Europa in seinem Verkehr mit den anderen Welttheilen einen sehr einträglichen Handelsartikel bilden: so freuen wir uns in vollem Maafse über diesen Triumph der Wissenschaft, welcher dazu dient die Achtung vor derselben zu heben und in den weitesten Kreisen zu verbreiten.

In einer Wissenschaft, welche so bedeutende äufsere Erfolge aufzuweisen hat, liegt für den tüchtigen Mann, der in derselben arbeitet die Versuchung nahe, dafs er von der Verfolgung der höchsten wissenschaftlichen Zwecke abgezogen, und bewogen werden möchte seine Thätigkeit mehr dem praktischen Nutzen, als der theoretischen Erforschung der Wahrheit zuzuwenden. Sie aber, verehrter Herr College, haben selbst bei den glänzendsten äufseren Erfolgen, die Ihnen zugefallen sind ohne dafs Sie dieselben angestrebt hätten, nicht aufgehört die Wissenschaft um ihrer selbst willen zu pflegen und zu fördern; der Beifall und die Hochachtung der wissenschaftlichen Männer, dessen Sie sich in vorzüglichem Maaſse zu erfreuen haben, hat Ihnen stets mehr gegolten, als der ausgebreitete Ruhm der Ihnen auch von Seiten des gröſseren Publikums zu Theil geworden ist; Sie haben durch Ihre Rückkehr in Ihr Vaterland gezeigt, daſs Sie äuſsere Vortheile gering achten, wo es sich um höhere geistige Interessen handelt.

Die Akademie, in deren Namen ich Sie als ordentliches Mitglied hier öffentlich begrüſse, ist hoch erfreut einen solchen Mann für sich gewonnen zu haben, und die Stelle E i l h a r d t M i t s c h e r l i c h s, als dessen Nachfolger Sie erwählt sind, in so würdiger Weise wieder besetzt zu sehen.

———

Rede zur Feier des Geburtstages Sr. Majestät des Königs

Monatsberichte der Königlichen Preußischen Akademie der Wissenschaften zu Berlin aus dem Jahre 1866, 171–184

22. März. Öffentliche Sitzung zur Feier des Geburtstages Sr. Maj. des Königs.

Der an diesem Tage vorsitzende Sekretar Hr. Kummer eröffnete die Sitzung mit folgendem Vortrage:

In unserem preufsischen Vaterlande, in welchem Fürst und Volk, seit einer Reihe von Jahrhunderten innig mit einander verbunden, zusammen gestanden und von geringen Anfängen zu weltgeschichtlicher Macht und Gröfse sich emporgearbeitet, zusammen gelitten und für Unabhängigkeit und Freiheit zusammen gekämpft und gesiegt haben — in unserem von Gott besonders gesegneten preufsischen Vaterlande hat das Geburtsfest unseres Königs eine eigenthümlich hohe Bedeutung. In den engeren Familienkreisen, so wie in den weiteren geselligen und corporativen Kreisen des ganzen Landes ist dieser Tag ein Tag der Feier, dessen wahre Weihe in dem Gefühle der Einheit des preufsischen Volkes mit seinem erhabenen Königshause begründet ist, ein Tag, an welchem in treuen Herzen die Wünsche für die Wohlfahrt unseres Vaterlandes mit den Wünschen für das Wohl unseres erhabenen Königs und Herrn und des ganzen königlichen Hauses sich vereinigen.

Man hört wohl nicht selten aus dem Munde aufrichtiger Vaterlandsfreunde die Klage, dafs das innige Verhältnifs zwischen

König und Volk sich lockere, dafs die alte Treue im Volke schwinde und dafs der echte preufsische Patriotismus, der in dem Symbole „Mit Gott für König und Vaterland" Preufsen gerettet und zu neuer Macht und Gröfse erhoben hat, entweder abstrakten politischen Theorieen und Parteiansichten, oder auch einem unbestimmten Phantome des allgemeinen deutschen Patriotismus immer mehr das Feld räume. Diese Klagen werden durch manche Erscheinungen der Zeit mehr nur veranlafst als wirklich begründet. Es kommt in unserem gegenwärtigen Staatsleben vor, dafs bestimmte Tagesfragen der Politik die Gemüther erhitzen, dafs in dem Streite um Parteiprogramme und Sonderinteressen das höchste Ziel der Politik, das Wohl des Staats, zuweilen aus den Augen verloren, und dafs durch Parteischlagwörter von verlockendem Klange die Menge irre geführt wird; aber alles dieses sind nur äufsere Erscheinungen, welche in der geschichtlichen Entwickelung unseres Vaterlandes nothwendig eintreten mufsten. Der allgemeine und wahre preufsische Patriotismus kann durch diese Erscheinungen wohl verdeckt, aber nicht erstickt werden; er würde plötzlich rein und klar wieder hervortreten, in allen verschiedenen Parteien und in dem ganzen Volke, wenn die Unabhängigkeit unseres Vaterlandes auf's neue von aufsen her geschmälert oder auch nur ernstlich bedroht werden sollte. Ein Aufruf unseres Königs Wilhelm würde sein ganzes Volk eben so mächtig ergreifen, als damals der Aufruf seines jetzt in Gott ruhenden Vaters des hochseeligen Königs Friedrich Wilhelm des dritten. Der thatkräftige Patriotismus, welcher im Kampfe und im Heldentode für König und Vaterland sich bewährt, ist dem preufsischen Volke noch nie verloren gegangen, er hat noch vor kurzem in den Thaten unseres Heeres sich glänzend bewährt, das Heer aber, welchem alle waffenfähigen Preufsen aller Volksklassen angehören, ist von dem Volke nicht zu trennen, sein Ruhm ist zugleich der Ruhm des ganzen preufsischen Volkes, so wie seine Stärke die Stärke Preufsens ist.

Auch die Besorgnifs, dafs der echte preufsische Patriotismus zu einem unbestimmten allgemeinen deutschen Patriotismus sich verflüchtigen möchte, ist in der That ganz unbegründet. Befürchtungen dieser Art kann Preufsen getrost denjenigen deutschen Staaten überlassen, welche Sonderinteressen geltend machen wollen, die mit dem gerechten Streben der deutschen Nation nach einer festeren Einigung der verschiedenen deutschen Länder und Gebiete und nach einer festeren Begründung der deutschen Macht ganz unvereinbar sind. Preufsen aber ist mehr als irgend ein anderer deutscher Staat in der günstigen Lage, das Erwachen des deutschen Nationalgeistes mit voller Freude begrüfsen und befördern zu können, sowohl in der idealeren Sphäre der Poesie und Litteratur, als auch auf dem praktischen Gebiete der politischen und der materiellen Interessen.

In der nationalen deutschen Poesie liegen gar manche sittliche Momente, deren Wiederbelebung und Kräftigung wie im Allgemeinen, so auch für unser preufsisches Vaterland in's Besondere heilbringend ist, und welche uns als Deutschen besonders tief zu Herzen gehen. Dem Zwecke der heutigen Feier entsprechend will ich hier nur eines derselben erwähnen, nämlich die deutsche Treue. In unserem Nationalepos, dem Niebelungenliede, ist Hagen der Held, welcher unser Interesse am stärksten und dauerndsten fesselt. Wir sehen, wie er den Helden Siegfried ermordet und wie er die Wittwe des Gemordeten kränkt und beraubt. Was ist es, was einen solchen Mann zum ersten Helden des Niebelungenliedes erheben kann? Es ist nicht seine List, nicht seine Stärke und Tapferkeit und sein unbezwinglicher Muth; wir würden nur mit Grauen und mit Abscheu uns von ihm hinwegwenden, wenn er nicht durch ein hohes sittliches Motiv getragen würde, wenn nicht aus allen seinen Thaten, und selbst aus seinen Verbrechen die eine hohe Tugend rein und klar hervorleuchtete, die Tugend der deutschen Treue, der Treue gegen seinen König und Herrn und gegen das ganze Haus desselben. Von der anderen Seite sehen wir als Vasallen des Königs Etzel den Markgrafen Rüdiger, den Freund der burgundischen Könige. Er hat dieselben noch vor kurzem gast lich bei sich aufgenommen, hat seine Tochter mit dem jungen König Giselher verlobt und hat alle reich beschenkt weiter ziehen lassen. Da nun der Kampf der Burgunden mit den Hunnen ausgebrochen ist, will er, beiden verpflichtet sich zurückhalten, ja er will dem König Etzel alles zurückgeben, was er an Land und Gut von ihm zu Lehn hat, und will mit seiner

Frau und seiner Tochter lieber arm und heimatlos aus dem Lande ziehen, als gegen seine Freunde kämpfen. Aber die Erinnerung an seine dem König Etzel und der Königin Chriemhild geleisteten Eide der Treue ist in ihm mächtiger, als die Gefühle der Freundschaft und der Liebe; er kämpft, siegt und fällt als tragischer Held, von seines Freundes Hand erschlagen, durch das Schwert, welches er selbst ihm als Gastgeschenk gegeben hat.

Solche patriotische Motive liegen dem Deutschthum zu Grunde, wenn es in seiner sittlichen Tiefe aufgefaſst wird. Leider konnte es jedoch nicht fehlen, daſs der wiedererwachende nationale Geist des deutschen Volkes, der nur zu lange Zeit geschlummert hatte, auch zu manchen Verirrungen Anlaſs gab, ehe er dahin kam sein wahres Ziel und seine Bestimmung klar zu erkennen; daſs allerhand gelehrte und populäre Theorieen und Projecte für die künftige Gestaltung des deutschen Reiches entstanden, welche mehr oder weniger von den geschichtlich gegebenen, realen Verhältnissen absahen; daſs das nationale Streben zu einer Parteisache herabgezogen wurde; daſs die Idee der Einigung selbst neue Trennungen hervorbrachte und daſs man in dem Streite für die deutschen Farben die deutsche Gesinnung vernachläſsigte. Aber die fein ersonnenen Theorieen sind veraltet und vergessen, die künstlichen Projecte einer neuen Verfassung des deutschen Reiches und die schlauen Pläne einer Umgestaltung der bestehenden Verfassung Deutschlands sind miſslungen; es ist von allem nur das stehen geblieben, und wird ferner bestehen und sich weiter entwickeln, was Preuſsens Könige in echt deutschem Sinne für unser deutsches Vaterland gewirkt und geschaffen haben: die Einigung seiner Handelsinteressen und die Hebung seiner Macht und seines Ansehens nach auſsen. Preuſsens weltgeschichtlicher Beruf, den echten deutschen Geist zu pflegen, die wahren Interessen Deutschlands zu fördern und wo es Noth thut mit seiner Macht für dieselben einzutreten, ist von unserem Könige Wilhelm stets erkannt und stets ausgeführt worden. Noch hat Preuſsen, noch hat unser König nur wenig Dank geerndtet für das, was er in diesem Sinne gethan hat, aber es kann nicht verfehlen mit der Zeit die besten Früchte zu tragen; denn kein verständiger Mann kann auf die Dauer seine Augen der thatsächlichen Wahrheit verschliefsen, dafs in Preufsens Macht der Kern der deutschen Macht liegt und jeder deutsche Patriot, dem daran gelegen ist sein Vaterland mächtig und stark zu sehen, mufs dahin geführt werden Preufsens Bestrebungen für die Hebung nnd Concentrirung der deutschen Macht und Preufsens Erfolge in dieser Richtung ohne Neid und ohne bange Besorgnifs für sein engeres deutsches Heimatland mit Freude zu begrüfsen.

In der Feier des heutigen Tages vereinigt die Akademie der Wissenschaften ihre Wünsche für das Heil des Königs und seines ganzen Hauses und für das Gedeihen des Vaterlandes mit denen des patriotischen preufsischen Volkes, dem sie angehört, sie hat aber Sr. Majestät nicht nur als ihrem Könige und Herrn, sondern auch als ihrem erhabenen Protektor ihre tiefste Verehrung und ihren Dank darzubringen. Die Akademie ist stets dankbar eingedenk der Zeichen und der thatsächlichen Beweise königlicher Huld und Gnade, welche sie von des Königs Majestät erhalten hat. Sie hat namentlich auch in dem letztverflossenen Jahre einer grofsen königlichen Gnadenbezeigung sich zu erfreuen gehabt, in einer ansehnlichen Erhöhung ihres Etats, durch welche sie in den Stand gesetzt wird wissenschaftliche Arbeiten und Unternehmungen, welche nicht nur ein vorübergehendes Interesse, sondern einen bleibenden Werth für die Fortentwickelung der Wissenschaften haben, kräftiger als bisher unterstützen und fördern zu können. Der höchste und beste Dank, den die Akademie seiner Majestät dem Könige darzubringen vermag, liegt in der gewissenhaften und getreuen Erfüllung der Pflichten ihres hohen und edlen Berufs, der Pflege und Förderung der Wissenschaft. Die Akademie hat nicht die Aufgabe bekannte wissenschaftliche Resultate durch Lehre und Schriften zu verbreiten, sondern das Gebiet der menschlichen Erkenntnifs durch wissenschaftliche Forschung zu erweitern, sie arbeitet für die Freiheit des Geistes, welche im echt christlichen, so wie im echt wissenschaftlichen Sinne in der Erkenntnifs der Wahrheit zu finden ist; ihre Thätigkeit erstreckt sich daher über das Gebiet unseres Vaterlandes hinaus auf alle Länder und Völker der Erde, in denen sie gleichen wissenschaftlichen Bestrebungen begegnet. Als königlich preufsische Akademie der Wissenschaften aber hat sie aufserdem noch die besondere Bestimmung für die Forschungen und Arbeiten der einzelnen Gelehrten in unserem Vaterlande einen lebendigen Mittelpunkt zu bilden. Wenn die Akademie durch diese ihre vereinigende Thätigkeit und durch die Arbeiten ihrer eigenen Mitglieder die Fortentwickelung der Wissenschaften in Preufsen fördert, wenn es ihr gelingt die Achtung, welche unsere vaterländische Wissenschaft bei allen gebildeten Nationen geniefst zu erhalten und zu erhöhen, und so zum Glanze des Thrones unseres erhabenen Königs etwas beizutragen, so erfüllt sie ihre patriotischen Pflichten gegen König und Vaterland innerhalb der ihr zugewiesenen Sphäre ihrer Wirksamkeit.

Es wird daher der Feier des heutigen Tages nicht unangemessen erscheinen, wenn ich, im Hinblick auf das hohe Ziel unserer Akademie die Blüthe der Wissenschaften überhaupt, und in unserem Vaterlande in's besondere zu fördern, Ihre Aufmerksamkeit, Hochzuverehrende Anwesende, auf die Betrachtung der Bedingungen zu richten versuche unter denen Wissenschaften gedeihen und sich zur Blüthe entfalten. Ich kann und will bei der Betrachtung dieser Frage nicht den allgemeinen culturgeschichtlichen Standpunkt einnehmen, der sich über alle Wissenschaften und über alle Völker der Erde zugleich verbreitet; denn ich würde alsdann nur diejenigen allgemeinen Bemerkungen und Ansichten wiederholen können, die seit Aristoteles von Philosophen und von denkenden Historikern, geäufsert worden sind, welche die geistige Entwickelung der Völker mit Vorliebe betrachtet haben. Ich glaube vielmehr auf die Betrachtung einer einzigen Wissenschaft mich beschränken zu müssen, und ich wähle als diese die Mathematik, weil sie meine Fachwissenschaft ist, über die ich mit einer gewissen äufseren Berechtigung wagen darf einige Resultate meines eigenen Nachdenkens auszusprechen. Die Mathematik im engeren Sinne des Wortes, nämlich die reine Mathematik, wie sie im Gegensatze zur angewandten bezeichnet wird, erscheint aber auch aus objectiven Gründen für eine solche Betrachtung ganz besonders geeignet; denn als aprioristische Wissenschaft, welche das Material ihrer Forschung nur aus sich selbst nimmt, ist sie in ihrer Entwickelung von äufseren Zufälligkeiten möglichst unabhängig, auch hat sie vor allen anderen Wissenschaften den Vortheil voraus, dafs in ihr das wirkliche Wissen von dem blofsen Glauben und Meinen streng geschieden ist; die Bedingungen ihrer Entwickelung und ihrer Blüthe lassen sich darum in möglichster Reinheit beobachten und erkennen.

Die geschichtlichen Anfänge der Mathematik kann man, wenn man nur auf die Kenntnifs einzelner mathematischer Wahrheiten sieht, in das höchste Alterthum verlegen; denn es wird sich kein Volk finden, welches nicht gezählt, gerechnet und gemessen, und bei diesen mathematischen Operationen nicht auch gewisse praktische Regeln befolgt hätte. Dergleichen Anfänge aber sind weit davon entfernt als Wissenschaft gelten zu können, da sie auch nicht einmal die niedrigsten an Wissenschaft überhaupt zu stellenden Anforderungen erfüllen, dafs die einzelnen, gleichartigen Beobachtungen, Kenntnisse oder Regeln nach bestimmten Principien geordnet und in einen gewissen Zusammenhang gesetzt werden müssen. Die Mathematik aber kann nicht als Wissenschaft angesehen werden, wenn sie nicht die höchste Anforderung erfüllt, welche in der vollkommenen Begründung ihrer Resultate besteht, in der Art, dafs dieselben ein System von Wahrheiten bilden, in welchem jede folgende auf den früheren beruht, und dafs dieses ganze System dadurch auf einige an sich evidente und unzweifelhafte Principien zurückgeführt, und auf diesen fest begründet wird. Die Mathematik, welche diese höchsten Anforderungen der Wissenschaft an sich stellte und sie auch erfüllte, konnte erst spät entstehen, sie ist ein Geistesprodukt des griechischen Volkes, und sie ist während des ganzen Alterthums auch ein ausschliefsliches Eigenthum griechischer Geistesbildung geblieben. Es ist nicht unwahrscheinlich, dafs die Griechen gewisse mathematische Kenntnisse von den Aegyptern erhalten haben, dafs namentlich Thales und Pythagoras in Aegypten einige astronomische und geometrische Regeln gelernt und sie nach Griechenland verpflanzt haben, aber es ist kein Grund zu der Annahme vorhanden, dafs die Mathematik bei den Aegyptern schon als Wissenschaft existirt habe. In gleicher Weise hat man angenommen, dafs die ersten Anfänge der bildenden Kunst in Griechenland ägyptischen Ursprungs sind, aber wer möchte wohl hierin die Aegypter als Lehrmeister der Griechen betrachten oder ein ägyptisches Götzenbild als Muster eines griechischen Götterbildes aufstellen wollen! So wie hier das, was das Handwerk des Bildhauers zur Kunst erhebt, nicht den Aegyptern zugeschrieben werden kann, so ist auch das, was die Mathematik zur Wissenschaft macht, nicht in Aegypten erwachsen, sondern ein eigenstes Erzeugniſs griechischen Geistes und griechischer Bildung. Es gehörte dazu ein so hoher Grad geistiger Freiheit, als ihn auſser den Griechen kein Volk des Alterthums erreicht hat, nämlich die Freiheit, nach welcher der Geist einer ihm von auſsen kommenden Auktorität sich nicht mehr blind und unbedingt unterwirft, sondern die Forderung stellt, daſs das, was er für wahr annehmen soll, sich vor ihm selbst als Wahrheit rechtfertigen und bewähren müsse. In den orientalischen Völkern des Alterthums, welche sich von dem Verkehr mit anderen Völkern abschlossen, bei denen die Macht der Gewohnheit als erste herrschende Macht im Staate, in der Religion und in der Sitte unumschränkt waltete, und der Stand der Priester im ausschlieſslichen Besitz geistiger Bildung war, konnten wohl Kenntnisse und Regeln von Geschlecht zu Geschlecht überliefert und nach und nach auch vermehrt und angehäuft werden, aber die höheren Wissenschaften, deren Lebenselement die geistige Freiheit ist, konnten auf solchem Boden nicht erwachsen. Selbst das weltbeherrschende römische Volk hat zu dieser geistigen Freiheit sich niemals erheben können. Dasselbe war unübertroffen groſs und schöpferisch in der Sphäre des Staats und des Rechtes, aber die vorzugsweise theoretischen oder speculativen Wissenschaften waren bei ihm nicht heimisch, sondern wurden erst in der späteren Zeit aus Griechenland nach Rom importirt, wo sie im allgemeinen nur schlecht gediehen.

Die Geschichte der Mathematik im griechischen Alterthum giebt das erste und reinste Beispiel des vollständigen Verlaufs einer Blüthenperiode der mathematischen Wissenschaften. Das allgemeine Schema dieses Verlaufs, welches auch in der späteren Mathematik im allgemeinen wie im besonderen klar wieder zu erkennen ist, läſst sich etwa folgendermaaſsen zeichnen. Eine geschichtlich nach und nach sich bildende, oder auch durch das Genie eines Einzelnen scheinbar plötzlich hervorgebrachte, neue und fruchtbare Idee giebt der Wissenschaft den ersten, oder auch einen neuen Impuls. Diese Idee wird sodann in ihren Consequenzen verfolgt, und indem sie sich weiter entwickelt erzeugt sie neue Ideen und neue Resultate. In dieser Weise verläuft das erste Stadium einer Blüthenperiode der Wissenschaft, welches als das vorwiegend schöpferische bezeichnet werden kann; es erreicht mindestens einen, gewöhnlich aber mehrere Culminationspunkte. Es wird sodann nach und nach das Bedürfniſs vorherrschend, das, was in der Wissenschaft neues gewonnen worden ist, auch im Einzelnen zu durchforschen und so den ganzen Reichthum seines Inhalts zu entfalten. Zugleich geht dann die Richtung der wissenschaftlichen Thätigkeit auch dahin, durch Auffindung der verschiedenen Beziehungen, welche die neu erkannten Wahrheiten unter einander und mit dem älteren Besitz der Wissenschaft verbinden, die allseitige systematische Verbindung des Inhalts so herzustellen, daſs in der Vielheit der gewonnenen Kenntnisse die Einheit der Erkenntniſs erhalten werde. Durch diese Thätigkeit wird das zweite Stadium einer Blüthenperiode der mathematischen Wissenschaften charakterisirt. Auf dieses folgt sodann als drittes Stadium, das des allmäligen Verfalls. Wenn die schöpferischen Ideen ihren Inhalt entfaltet haben, wenn die Energie des Geistes, welche dazu gehört neue Ideen hervorzubringen und überhaupt in die Tiefe der Wissenschaft einzudringen, mit der Zeit nachläſst, so tritt an die Stelle der wissenschaftlichen Forschung zunächst diejenige Gelehrsamkeit, welche im Sammeln von Kenntnissen ihre Freude und ihre Befriedigung findet, sodann wird diejenige popularisirende Thätigkeit vorwaltend, welche sich damit beschäftigt von dem, was in besseren Zeiten erarbeitet worden ist, das an sich trivialere leichter verständlich und dabei verflacht für sich selbst oder für andere zurecht zu machen; und so fristet die Wissenschaft wohl noch ein kümmerliches Leben, bis ein neuer schöpferischer Gedanke eine neue Blüthenperiode derselben hervorruft.

Die höchste Blüthe der griechischen Mathematik, oder was dasselbe ist der Mathematik des Alterthums, fällt in die erste Zeit der alexandrinischen Schule von Euclid bis Apollonius, welcher Zeit auch Archimedes in Syracus angehörte. Es war dieſs die Zeit, wo das erste, schöpferische Stadium der Entwickelungsperiode dieser Wissenschaft in das zweite übergehend seinen ganzen Reichthum entfaltete und der Mathematik eine künstlerisch vollendete Form gegeben wurde. Als äuſsere Bedingung, durch welche diese höchste Blüthe hervorgerufen, oder mindestens befördert worden ist, erkennen wir die durch das hochherzige und hochgebildete Königsgeschlecht der Ptolemäer geschaffene und erhaltene Vereinigung der ersten und besten Gelehrten der Welt in Alexandrien, welche in den anderen Wissenschaften und für dieselben nicht minder groſses geleistet hat als in der Mathematik.

Die Blüthe der Wissenschaften läſst sich nicht künstlich durch äuſsere Mittel hervorbringen; denn sie ist eine Arbeit und ein Produkt des Geistes, der nach ewigen Gesetzen sich entwickelnd in der Vielheit die Einheit, im Wechsel der Dinge das Bleibende, das Ewige, das Göttliche sucht und findet; es kann aber wohl ein hochherziger Fürst und eine weise Regierung zur Herbeiführung der äuſseren Bedingungen des Gedeihens der Wissenschaften in einem Volke oder Lande in's Besondere, und dadurch auch für das allgemeine mächtig mitwirken. Als das wirksamste Mittel zu diesem Zwecke zeigt sich nicht nur im Alterthume in Alexandrien, sondern auch später in den geistig hervorragenden Staaten, die äuſsere Vereinigung derjenigen Männer, welche den inneren Beruf zur Pflege und Förderung der Wissenschaft haben, und die Gewährung der für ihre geistigen Arbeiten nöthigen Muſse.

Das dritte Stadium der Entwickelung der Mathematik des Alterthums, das des Verfalls, trat nur allmälig ein, und nicht ohne noch durch bedeutende Männer wie Diophant und Pappus unterbrochen zu werden, welche jedoch nur vereinzelt auftraten und auf die allgemeine mathematische Bildung ihrer Zeit keinen bemerkenswerthen Einfluſs ausübten. Aus der Zeit des Mittelalters, wo die griechische Bildung sich noch lange erhielt, obgleich der lebendige Geist derselben erloschen war, hat die Geschichte der griechischen Mathematik von keiner selbständigen wissenschaftlichen Arbeit mehr zu berichten.

Diese Lücke wird durch die Mathematik der Inder und der Araber einigermaaſsen ausgefüllt, an welche man jedoch nicht denselben Maafsstab echter Wissenschaftlichkeit anlegen darf, als an die Mathematik der Griechen. Die bei den Indern selbst berühmtesten, und wahrscheinlich auch die besten ihrer mathematischen Werke von Brahmagupta und Bhascara, ersteres dem sechsten, letzteres dem zwölften Jahrhunderte nach Christi Geburt angehörend, sind durch Colebrookes englische Uebersetzung zugänglich geworden. Ein eingehendes Studium derselben zeigt, dafs die Inder, im Gegensatz zu den Griechen, mehr die Arithmetik als die Geometrie gepflegt haben und dafs sie sogar verstanden haben einige als schwierig zu bezeichnende arithmetische Aufgaben zu lösen. Aber die Regeln, welche sie zu diesem Zwecke anwenden, erscheinen nur als Kunststücke, nicht als wissenschaftlich begründete Methoden; denn die Forderung des Beweises derselben fällt entweder ganz weg, oder spielt nur eine sehr untergeordnete Rolle. Die Inder besafsen eine für die Zeit des Mittelalters verhältnifsmäfsig hohe Cultur, und aufserdem die Neigung zu theoretischen Speculationen und zur Richtung des Geistes nach innen, namentlich in dem Gebiete der Religion; ihre Priesterkaste, welche der Sorge für die äufseren Bedürfnisse des Lebens enthoben, die nöthige Mufse hatte, ergab sich aber lieber müfsigen Speculationen, als der für wissenschaftliche Arbeit nothwendigen Anstrengung des Geistes. Es fehlte den Indern, bei welchen die übrigen äufseren und inneren Bedingungen für eine gedeihliche Entwickelung der mathematischen Wissenschaft vorhanden waren, nur das eine nothwendige Erfordernifs dazu: die Freiheit des Geistes, welche das Lebenselement der griechischen Wissenschaft war.

Auch bei den Arabern war diese geistige Freiheit nicht vorhanden, aber sie wurde bei ihnen einigermaafsen durch die genaue Bekanntschaft mit den Werken der Griechen ersetzt. Obgleich die Araber darum zu der wissenschaftlichen Höhe der Griechen sich niemals haben erheben können, haben sie sich doch gewisse Verdienste um die Entwickelung der Mathematik erworben, nämlich einerseits dadurch, dafs sie die griechischen Meisterwerke übersetzt haben, wodurch einige vom völligen Untergange gerettet worden sind, und andererseits durch ein ihnen eigenthümliches Talent für den mathematischen Schematismus. Man kann diese ihre Richtung etwas paradox klingend, aber doch durchaus richtig auch so bezeichnen: Die Araber verwendeten in der Mathematik ihr Nachdenken darauf, das Nachdenken entbehrlich zu machen. Das consequent durchgeführte dekadische Zahlensystem die praktischen Regeln des Rechnens in den vier Species sind von ihnen hauptsächlich so gut schematisirt worden, daſs sie jetzt mit dem besten Erfolge auf Dorfschulen gelehrt werden können. Auch die Trigonometrie zum Gebrauche der Astronomie verdankt ihnen eine Vervollkommnung in derselben Richtung.

Es war erst der neueren Zeit und der christlichen Bildung der abendländischen Völker vorbehalten eine neue Blüthenperiode der mathematischen Wissenschaften zu entfalten, welche die der griechischen Wissenschaft weit übertrifft, sowohl an Reichthum neuer Gedanken und Resultate, als auch an Tiefe echter Wissenschaftlichkeit. Diese Blüthenperiode, als ganzes betrachtet, scheint noch jetzt in ihrem ersten, dem schöpferischen Stadium zu sein; denn auch die neuste Zeit ist noch nicht ärmer geworden in der Hervorbringung neuer fruchtbarer Gedanken und neuer Resultate. Betrachtet man aber die Entwickelung der neueren Mathematik mehr in's Einzelne gehend, so kann man in den verschiedenen Nationen, so wie auch in den verschiedenen mathematischen Disciplinen wieder verschiedene Blüthenperioden wahrnehmen, welche für sich den vollständigen Verlauf einer Periode gehabt haben, so wie derselbe für die griechische Mathematik allgemein skizzirt worden ist. Die neue fruchtbare Idee, welche diesem mächtigen und dauernden Aufschwunge der Mathematik den Anstoſs gab, und welche noch gegenwärtig fortfährt ihren auſserordentlichen Reichthum zu entfalten, läſst sich im allgemeinen wie im einzelnen zutreffend bezeichnen als die Idee der Befreiung des Gröſsenbegriffs von den ihm anhaftenden, beziehungsweise unwesentlichen und störenden Beschränkungen. Es giebt in der That in der ganzen neueren Mathematik keinen Fortschritt von gröſserer Bedeutung, welchem diese eine allgemeine Idee nicht deutlich erkennbar zu Grunde läge.

Die erste groſsartige Schöpfung dieses Gedankens, bei welcher er sich mit der von den Arabern gepflegten und nach

Italien verpflanzten Kunst des schematisirenden Rechnens verband, war die Buchstabenrechnung, diese der Mathematik eigenthümlich angehörende Zeichensprache, in welcher die complicirtesten Reihenfolgen von Schlüssen nicht nur in der einfachsten Weise dargestellt, sondern auch mit vollkommener Sicherheit und Strenge so ausgeführt werden, dafs die den Geist anstrengende Thätigkeit des Schliefsens durch die blofse Befolgung weniger rein formaler Regeln, wenn auch nur in einer bestimmten untergeordneten Sphäre des mathematischen Denkens, vollständig ersetzt wird. Die Algebra, welche in Italien besonders blühte, zog den ersten Nutzen aus dieser neuen Erfindung in der gelungenen Auflösung der Gleichungen des dritten und des vierten Grades.

Die Befreiung des Gröfsenbegriffs von einschränkenden Bestimmungen wird in der Buchstabenrechnung schliefslich so weit getrieben, dafs der Inhalt des Begriffs sich vollständig verflüchtigt, und dafs diese Disciplin, zu einem leeren Formalismus werdend, aus dem Gebiete der Wissenschaft heraustritt. Bis auf diese äufserste Spitze getrieben behält sie nur noch den Werth ein sehr nützliches ja selbst unentbehrliches Instrument für die Wissenschaft zu sein. Aber so wie die wahre Freiheit niemals in der Schrankenlosigkeit zu finden ist, welche den Inhalt der Freiheit aufopfert, so hat auch die neuere Mathematik nicht dieser negativen, sondern ganz anderen positiven Befreiungen ihre höchste Blüthe zu verdanken.

Es war hauptsächlich der ebenso tiefe als naturgemäfse und fruchtbare Gedanke der Betrachtung continuirlich veränderlicher Gröfsen, welcher die neuere Mathematik hoch über die der älteren Zeit erhoben hat. Wie nahe auch diese Betrachtungsweise liegt, wie deutlich auch die Natur selbst in allem was sich bewegt die continuirlich veränderlichen Gröfsen zur Anschauung bringt, so war dieser, auch der alten Philosophie nicht fremde Gedanke dennoch, selbst von den besten griechischen Mathematikern nicht in ihre Wissenschaft eingeführt, sondern eher geflissentlich von derselben fern gehalten worden. Durch die neue Gabe der continuirlichen Variabilität, wurden nun die mathematischen Gebilde, welche bis dahin in die Sphäre des starren Seins gebannt gewesen waren, in das freiere Reich

13*

des Werdens versetzt, wo sie erst Bewegung und Leben erhielten. Sie traten dadurch einander näher, ja mehrfach selbst so nahe, daſs sie ganz in einander übergingen, und somit nur als verschiedene Zustände eines und desselben Gebildes sich zu erkennen gaben. Indem die Gröſsen als continuirlich veränderliche nun selbst bis an die äuſsersten Gränzen des Gröſsengebiets, bis zur Null einerseits und bis zum Unendlichen andererseits verfolgt werden konnten, entstand die von Leibnitz und Newton geschaffene Analysis des Unendlichen. Auch die mit vollem Rechte vielfach bewunderte und von anderen Wissenschaften, wenn gleich mehr nur in der äuſseren Form nachgeahmte, construktive Methode der Mathematik, nach welcher die einzelnen Sätze wie Bausteine auf einander und an einander gefügt und durch den Beweis, wie durch einen bindenden Mörtel fest unter einander verbunden wurden, muſste durch diese neue Anschauungsweise eine wesentliche Veränderung erfahren, sie wich, namentlich in den neu geschaffenen Gebieten der höheren Mathematik, immer mehr der genetischen Methode der Deduktion, welche die Wissenschaft mehr in organischer Weise erwachsen und den tieferen Gedankengehalt derselben deutlicher erkennen läſst.

Ich will Ihre Geduld, Hochverehrte Anwesende, nicht so stark in Anspruch nehmen, daſs ich darauf eingehen sollte zu zeigen, wie der angegebene Grundgedanke der Befreiung des Gröſsenbegriffs sich im besonderen und einzelnen weiter entwickelte, wie er eine Reihe neuer mathematischer Disciplinen schuf, und die vorhandenen wesentlich umgestaltete. Ich muſs es mir auch versagen die mehr äuſseren Bedingungen aufzusuchen und darzustellen, unter deren Einflusse die allgemeine Blüthe der mathematischen Wissenschaften bald in Italien, bald in Frankreich oder in England und in unserem deutschen Vaterlande besonders kräftig und reich sich entfaltet hat. Es möge das Gesagte hinreichen, als ein Versuch an dem Beispiele der Mathematik zu zeigen, wie Wissenschaft und geistige Freiheit so eng mit einander verbunden sind, daſs die erste Bedingung des Gedeihens echter Wissenschaft die geistige Freiheit ist, und daſs durch die Wissenschaft der Geist zu höherer Freiheit sich emporarbeitet.

Rede zur Feier des Leibnizischen Jahrestages

Monatsberichte der Königlichen Preußischen Akademie der Wissenschaften zu Berlin aus dem Jahre 1867, 387-395

4. Juli. Öffentliche Sitzung zur Feier des Leibnizischen Jahrestages.

Hr. Kummer, als vorsitzender Sekretar hielt folgende Eröffnungsrede:

In der Geschichte der Wissenschaften, so wie in der Weltgeschichte knüpfen sich die Wendepunkte, von denen neue Bahnen ausgehen, an einzelne hervorragende Namen und Personen. Die geschichtliche Betrachtung der Wissenschaften verweilt darum mit Recht bei den Werken und dem Wirken der grofsen Meister, in denen die bedeutendsten Abschnitte der Entwickelung gleichsam individualisirt sich darstellen. So gedenkt auch unsere gelehrte Körperschaft oft und gern der grofsen Männer der Wissenschaft, und wenn sie namentlich den einen grofsen Denker, Leibniz, darin bevorzugt, dafs sie

[1867.] 27

sein Andenken alljährlich in einer öffentlichen Sitzung feiert, so sind hierin die nahen Beziehungen maafsgebend, welche Leibniz als wissenschaftlicher Begründer und als erster Präsident der Akademie zu derselben gehabt hat. Nicht um den Manen des grofsen Mannes Weihrauch zu streuen, noch auch um uns selbst mit dem Glanze seines Namens zu schmücken, sondern um in ihm eine bedeutende Epoche der Geschichte der Wissenschaften uns zu vergegenwärtigen, und um seinen tiefen wissenschaftlichen Sinn und Geist unter uns lebendig zu erhalten, feiern wir regelmäfsig sein Andenken.

In diesem Sinne habe auch ich meine Aufgabc aufzufassen, da es mir diefsmal obliegt über Leibniz zu sprechen. Ich kann nicht versuchen ein Gesammtbild seines ganzen Lebens und Wirkens zu entwerfen, welches sich über die verschiedensten Zweige der Wissenschaft erstreckt die er alle in seinem grofsen Geiste umfafst und mächtig gefördert hat, ich will viel mehr grade im Gegentheil auf einen ganz speciellen Punkt mich beschränken, indem ich nur von einem der vielen neuen Resultate handeln will, mit denen er die mathematischen Wissenschaften bereichert hat. In dem Bewufstsein aber, dafs es mir nicht geziemen würde hier bei speciellen Erörterungen stehen zu bleiben, welche höchstens für Mathematiker von Fach einiges Interesse haben könnten, werde ich versuchen in diesem Speciellen das Allgemeine zu erkenen und darzustellen, und das einzelne Resultat in diejenige Gedankensphäre hinüberzuführen, in welcher es seinen specifisch mathematischen Gehalt fast ganz abgestreift hat und wo es selbst mit den allgemeinsten und tiefsten wissenschaftlichen Ideen, welche Leibniz's Geist bewegten, in einen bestimmten Zusammenhang treten mag.

Das besondere Resultat der mathematischen Forschungen Leibniz's, von dem ich ausgehen will, ist die Entwickelung eines beliebigen Kreisbogens in eine nach Potenzen der zugehörigen Tangente fortschreitende unendliche Reihe. Leibniz selbst hat grade auf dieses Resultat, welches er noch vor der Entdeckung der Differenzialrechnung gefunden hat, einen ganz besonderen Werth gelegt, wovon viele seiner Schriften namentlich seine Briefe an Mathematiker Zeugnifs ablegen.

Die Reihenentwickelung des Kreisbogens nach Potenzen der Tangente ist auch noch heut zu Tage eine der einfachsten, und um einen bei Mathematikern beliebten Ausdruck zu gebrauchen, eine der elegantesten Reihenentwickelungen, welche die Analysis kennt. Sie enthält nur die ungraden Potenzen der Tangente eine jede nur durch die entsprechende ungrade Zahl dividirt, und hat abwechselnde Vorzeichen. Wenn gegenwärtig diese Leibnizische Reihe in den Compendien der Analysis unter einer grofsen Anzahl ähnlicher Resultate nur einen sehr bescheidenen Platz einnimmt, so mufs man sich in die damalige Zeit und auf den damaligen Standpunkt der mathematischen Wissenschaften zurückversetzen, um ihre ganze Bedeutung gehörig zu würdigen. Es war die Zeit, wo man eben anfing die heilige Scheu vor dem Unendlichen zu überwinden, in welcher alle Mathematiker des Alterthums befangen gewesen waren und wo man die ersten Versuche machte dasselbe in die Mathematik aufzunehmen. Das Unendliche hatte aber in der Mathematik noch nicht das Bürgerrecht erlangt, weil es der Herrschaft des Verstandes, welche in dieser Wissenschaft eine absolute ist, noch nicht vollständig unterworfen war. Die unendlichen Reihen namentlich waren damals noch etwas ganz Neues und wenn sie auch in einzelnen Beispielen schon aufgestellt waren, so hatten sie doch immer noch etwas räthselhaftes an sich, denn das durch diese Beispiele thatsächlich festgestellte Faktum, dafs durch eine in's Unendliche fortzusetzende Reihe auf einanderfolgender Rechnungs-Operationen dennoch eine vollkommen endliche und bestimmte Gröfse erhalten werden könne, war dem nur an endliche Gröfsen und an mathematische Operationen, welche ein bestimmtes Ende haben, gewöhnten Verstande nicht leicht zugänglich. Das einfachste und zugleich das älteste Beispiel einer unendlichen Reihe mit einer endlichen vollkommen bestimmten Summe war die Reihe $\frac{1}{2} + \frac{1}{4} + \frac{1}{8} + \ldots$ etc. in's Unendliche, in welcher jedes folgende Glied halb so grofs ist als das vorhergehende, welche in's Unendliche fortgesetzt die Summe gleich Eins ergiebt; denn nimmt man von einer Einheit die eine Hälfte und thut dazu die Hälfte der anderen Hälfte, hierzu ferner die Hälfte des noch übrig bleibenden Viertels und fährt so fort, so wird, wenn man diese Operation nur eine endliche Anzahl mal wiederholt stets noch ein gewisser Rest bleiben, aber wenn man diese Halbirungen bis in's Unendliche fortsetzt, so wird man dadurch die ganze Einheit vollständig erschöpfen. Dieses Beispiel ist schon in einem der vier von Aristoteles uns überlieferten Schlüsse gegeben, durch welche der Sophist Zeno versucht hat zu be weisen, daſs Bewegung in der Natur überhaupt nicht existiren könne. Wenn Zeno richtig sagt, ein Körper der von einem Punkte zu einem anderen in grader Linie sich bewegen solle, müsse zunächst in die Mitte kommen, von dort aus wieder erst in die Mitte und so fort in's Unendliche, so theilt er den zu durchlaufenden gegebenen Raum in die Hälfte, ein Viertel, ein Achtel und so weiter und in der That muſs der Körper, um vom Anfangspunkte zum Endpunkte zu gelangen, alle diese unendlich vielen Raumstrecken durchlaufen, wenn Zeno aber als dann stillschweigend als ausgemacht voraussetzt, daſs eine solche unendliche Anzahl einzelner Raumstrecken sich nicht in endlicher Zeit durchlaufen lasse, so macht er eine falsche Prämisse. So wie ein Körper in der Natur auch unendlieh viele besondere Räume in endlicher Zeit durchlaufen kann, wenn dieselben continuirlich zusammenhängend nur ein endliches Ganzes bilden, ebenso kann der endliche Verstand in der Sphäre des Denkens auch eine unendliche Anzahl geforderter Operationen selbst mit einem Schlage vollenden, wenn ein durchgehendes Gesetz unter denselben herrscht. Aristoteles widerlegt die Zenonischen Schluſsfolgerungen treffend, ohne jedoch auf den mathematischen Gehalt derselben einzugehen, nach welchem eine bestimmte endliche Gröſse als aus unendlich vielen Theilen bestehend angesehen wird. So viel bekannt, ist auch von den Griechischen Mathematikern keiner auf Zeno's Anschauungen eingegangen, wahrscheinlich weil sie dieselben als über das eigenthümliche Gebiet der Mathematik hinausgehend ansahen. In der That ist auch ursprünglich nur das Endliche Gegenstand der mathematischen Betrachtung, aber wenn man dieser Wissenschaft nicht eine willkürliche Beschränkung auferlegen will, so muſs man ihr nicht nur gestatten, sondern man muſs sogar von ihr fordern, daſs sie das Endliche auch bis zu seinen äuſsersten Gränzen verfolge. Dieser Gedanke der Fortsetzung einer bestimmten Operation über jede willkürlich zu setzende Schranke hinaus liegt der Leibnizischen unendlichen Reihe zu Grunde und ist zugleich der Grundgedanke seiner Differenzialrechnung und somit der ganzen neueren Analysis. Man hat es in dieser Wissenschaft nicht mit dem schlechthin Unendlichen zu thun, welches jeder endlichen Bestimmung ermangelt und so nur ein rein Negatives eine inhaltslose Abstraktion ist, von der sich nichts aussagen läſst und welche, nachdem sie einmal in ihrer völligen Leerheit entlarvt und als vollkommen identisch mit dem Nichts erkannt ist, auf die Hochachtung, welche der Begriff des Unendlichen allgemein einflöſst, keinen weiteren Anspruch machen, und namentlich nicht Gegenstand der mathematischen Wissenschaften sein kann. Aber das Unendliche an welchem die Fülle des Endlichen erhalten bleibt und in welchem dasselbe erst seine wahre höhere Bedeutung gewinnt, dieses inhaltsvolle Unendliche ist es, welches durch Leibniz in der Mathematik zu dem ihm gebührenden Rechte gelangt ist. Das beziehungsweise Unendliche als ein Endliches und ebenso das Endliche als ein Unendliches aufzufassen und zu bestimmen bildet die unter den verschiedensten Formen überall wiederkehrende Aufgabe und das Wesen der neueren Analysis. Als Verstandeswissenschaft hat die Mathematik zwar überall das Recht die unendliche Seite des Endlichen einseitig zu ignoriren und sie macht auch von diesem Rechte ihren vollen Gebrauch in den Elementen, wo ihr dieſs sehr gut gelingt, denn das immer in abstrackter Gleichheit mit sich selbst beharrende kann am leichtesten als ein schlechthin Endliches aufgefaſst werden, wo aber das Quantum als ein continuirlich veränderliches auftritt, wie dies auch in der Natur überall der Fall ist, da wird es schwieriger das in ihm liegende Unendliche auf die Seite zu schieben. Darum entfaltet die Analysis des Unendlichen, obgleich sie auf alle Gegenstände der elementaren Mathematik anwendbar ist, doch erst in den höheren mathematischen Disciplinen ihre volle Kraft und sie ist so weit entfernt nur eine abstrakte und leere Speculation zu sein, daſs sie grade für die Erkenntniſs der Gesetze, nach welchen die Veränderungen in der Natur vor sich gehen am unentbehrlichsten ist. Indem sie die festen Regeln aufstellt und beweist, nach denen am Unendlichen das Endliche aufzufassen ist und nach denen auch umgekehrt das Endliche als ein Unendliches darzustellen ist, giebt die Analysis des Unendlichen in der ihr eigenthümlichen Sphäre des Quantitativen die vollständige Lösung der Aufgabe, welche man überhaupt als höchstes Ziel aller wahren Wissenschaft aufstellen kann, im Unendlichen das Endliche und im Endlichen das Unendliche zu erkennen.

Die Leibnizische Reihe hatte für Leibniz selbst und für alle Mathematiker der damaligen Zeit noch ein besonderes Interesse, weil sie in einem ihrer besonderen Fälle eine eigenthümliche Lösung des alten, von den Griechen uns überlieferten Problems der Quadratur des Cirkels ergab. Dieses Problem, welches in seiner ursprünglichen Fassung im geometrischen Gewande die Forderung aufstellt ein Quadrat zu construiren, welches mit einem gegebenen Kreise gleichen Inhalt habe, schliefst aufserdem auch die Forderung ein, dafs zu dieser Construction nur die Mittel angewendet werden sollen, welche die Griechen fast ausschliefslich für geometrische Constructionen gebrauchten, nämlich nur Kreise und grade Linien, oder Cirkel und Lineal. Diesen beiden Forderungen genügt nun die Leibnizsche Reihe in der einfachsten Weise, indem sie zeigt, dafs der Inhalt eines gegebenen Kreises gefunden wird, wenn man von dem Quadrate seines Durchmessers ein Drittel hinwegnimmt sodann ein Fünftel desselben Quadrats wieder hinzuthut, hierauf wieder ein Siebentel wegnimmt und dafs man so alle auf einander folgenden ungraden genauen Theile dieses Quadrats abwechselnd abzieht oder hinzuthut. Die Anzahl dieser Theile, durch deren Addition und Subtraction der Flächeninhalt des Kreises zusammengesetzt wird, ist aber unendlich, es ist also nur eine unendliche Anzahl auf einander folgender Operationen, durch welche das gewünschte Resultat vollkommen erreicht wird. Insofern nun die Griechen bei Aufstellung des Problems die Forderung, dafs die Quadratur des Kreises durch eine endliche Anzahl bestimmter Constructionen ausgeführt werden solle, nach dem Standpunkte ihrer Wissenschaft als selbstverständlich annahmen, und sie ausdrücklich auszusprechen für vollkommen überflüssig halten mufsten, giebt die Leibnizische Reihe eine zwar vollkommen richtige und einfache, aber doch nicht die geforderte Lösung dieses Problems. Diese ist auch bis auf den heutigen Tag nicht gefunden worden, eben so wenig als die des bekannten Delischen Problems der Verdoppelung eines Würfels, oder das der Trisection eines beliebigen Winkels. Alle diese drei Probleme aber sind seitdem veraltet und nicht mehr würdige Gegenstände der Forschungen der wissenschaftlichen Mathematiker und zwar die beiden letzteren aus dem einfachen Grunde weil man jetzt vollkommen streng beweisen kann, dafs sie in dem angegebenen Sinne absolut unlösbar sind. Die Unmöglichkeit der Quadratur des Kreises mittels Cirkel und Lineal ist aber bis jetzt noch nicht bewiesen worden, man hat daher ein gewisses Recht dieselbe noch ferner zu suchen. Von diesem Rechte aber haben schon seit Leibniz die bedeutenderen Mathematiker fast nie mehr Gebrauch gemacht; dagegen haben seitdem allerhand unwissenschaftliche Menschen, wenn sie in ihrer Jugend etwas Elementar-Geometrie gelernt hatten und später von der fixen Idee ergriffen wurden ihren Namen durch eine grofse mathematische Entdeckung berühmt zu machen, sich an der Quadratur des Kreises versucht und haben mit ihren Cirkeln und Linealen bewaffnet den Gipfel des Ruhmes erstürmen wollen, das einzige Instrument aber, mit dem man in der Mathematik vorwärts dringen kann, den Verstand zu gebrauchen, haben sie durchgängig sich nur wenig bemüht. Besonders die Akademieen werden mit unglücklichen Versuchen dieser Art belästigt, welche sich bei der Pariser Akademie in so bedenklicher Weise gehäuft haben, dafs dieselbe schon vor längerer Zeit den Beschlufs gefafst hat, alle Zusendungen, welche von der Quadratur des Kreises handeln, einfach in den Papierkorb zu verweisen. Auch bei uns befällt diese Form der Monomanie von Zeit zu Zeit noch immer einzelne Individuen, welche sich an unsere Akademie wenden, nicht um Heilung von ihrer fixen Idee, sondern um eine glänzende Anerkennung derselben zu erlangen. Wenn gegenwärtig noch wissenschaftliche Forscher mit diesem alten Probleme sich beschäftigen sollten, was namentlich dann wohl geschehen könnte, wenn sie durch ihre allgemeineren wissenschaftlichen Forschungen auf solche Punkte geführt werden möchten, von denen der Übergang zu der geforderten Specialität offen stände, so würden sie die Frage ganz und gar nicht als eine geometrische, sondern lediglich als eine algebraisch analytische und zugleich der Zahlentheorie angehörende aufzufassen haben. Es würde sich zunächst nur darum handeln ob die Zahl π, oder vielleicht auch ein jeder analytischer Ausdruck, der mit dem der Zahl π gewisse wesentliche Eigenschaften gemein hat, überhaupt Wurzel einer algebraischen Gleichung mit ganzzahligen Coefficienten sein kann, oder ob nicht. Erst wenn die Antwort auf diese Frage wider alles Erwarten bejahend ausfallen sollte, würde weiter zu untersuchen sein, ob diese algebraische Gleichung zu der besonderen Gattung der durch Wurzelgröſsen auflösbaren gehöre, und schlieſslich, ob sie vielleicht die ganz besondere Eigenschaft haben möchte durch Quadratwurzelzeichen allein auflösbar zu sein. Wenn die Antwort auf irgend eine dieser Fragen verneinend ausfällt, so ist die Quadratur des Kreises mittels des Cirkels und Lineals unmöglich, wenn aber eine solche algebraische Gleichung wirklich aufgestellt werden könnte, welche alle die verlangten Eigenschaften besäſse, so würde dieses geometrische Problem zugleich vollständig gelöst sein. So nehmen überhaupt wissenschaftliche Fragen bei fortschreitender Erkenntniſs andere und andere Formen an, und es geschieht nicht selten, ebenso wie in dem vorliegenden Falle, daſs ihre Lösung in ganz anderen Gebieten der Wissenschaft zu suchen ist, als in denen die Fragen selbst ursprünglich aufgetreten sind.

Leibniz ist später noch oft auf diese seine unendliche Reihe und auf die aus derselben sich ergebende Quadratur des Kreises zurückgekommen und hat sowohl den Weg, auf welchem er dazu gelangt ist, als auch die damit zusammenhängenden Entwickelungen in mehreren besonderen Aufsätzen dargestellt und ausgearbeitet. Es würden auch einige der dabei erörterten Fragen wohl fähig sein ein allgemeineres Interesse zu erregen, aber die vollständige Entwickelung derselben würde mich zu weit führen. Ich will mir daher erlauben Ihre Aufmerksamkeit, Hochzuverehrende Anwesende, nur noch auf einen Punkt zu lenken und zwar nur auf eine aus vier Worten bestehende ganz beiläufige Äuſserung von Leibniz, aus welcher man erkennen kann welchen Eindruck das gefundene Resultat, als es in fertiger Form vor ihm stand auf ihn selbst gemacht hat. In der ersten Veröffentlichung hat Leibniz dem fertigen Resultate, welches wie bereits gesagt worden als unendliche Reihe in den einzelnen Gliedern nur die ungraden Zahlen enthält, die Worte hinzugefügl: *numero deus impari gaudet!* Gott freut sich der ungraden Zahlen! Wir erkennen aus dieser Äufserung zunächst, dafs Leibniz selbst die neue unendliche Reihe in ihrer einfachen und dabei unendlich mannichfaltigen Form mit Staunen und mit Verwunderung angeschaut hat, und dafs dieselbe auf ihn in ähnlicher Weise gewirkt hat, wie der Anblick des Meeres in seiner Unbegränztheit, oder der Anblick einer grofsartigen Gebirgsgegend auf den Menschen wirkt. Solcher Eindrücke wird auch jeder Mathematiker sich bewufst sein, denn in dem Reiche des Mathematischen herrscht eine eigenthümliche Schönheit, welche nicht sowohl mit der Schönheit der Kunstwerke, als vielmehr mit der Schönheit der Natur übereinstimmt und welche auf den sinnigen Menschen, der das Verständnifs dafür gewonnen hat, ganz in ähnlicher Weise einwirkt, wie diese. Dafs aber Leibniz ausruft Gott freut sich über die ungraden Zahlen, hat einen noch tieferen Sinn, denn es spricht sich hierin das Bewufstsein darüber aus, dafs das Reich des Mathematischen mit seinem ganzen unendlich mannigfaltigen Inhalte nicht menschliches Machwerk ist, sondern ebenso als Gottes Schöpfung uns objectiv entgegentritt wie die äufsere Natur. Auch ist die Freude Gottes an den ungraden Zahlen bei Leibniz vollkommen dieselbe religiöse Anschauung, welche in der Schöpfungsgeschichte der Bibel ausgesprochen ist, wo Gott seine Schöpfungen betrachtet und findet, dafs sie gut sind. Endlich erkennen wir auch aus dieser fast unwillkürlichen Äufserung, dafs Leibniz, nicht nur in der Mathematik im Endlichen das Unendliche zu erkennen verstand, sondern dafs er überhaupt gewohnt war sein ganzes ausgebreitetes Wissen, seine Kenntnisse und seine Forschungen auf Gott zu beziehen, dessen Erkenntnifs ihm das höchste Ziel seiner wissenschaftlichen Arbeit war.

Antwort auf die Antrittsreden der Herren Auwers und Roth

Monatsberichte der Königlichen Preußischen Akademie der Wissenschaften zu Berlin aus dem Jahre 1867, 410–414

Hr. Kummer als Sekretar der physikalich-mathematischen Klasse erwiederte auf diese beiden Reden:

Die Wissenschaften, welche Sie verehrte Herren Collegen in der physikalisch-mathematischen Klasse der Akademie zu vertreten haben, die Astronomie und die Geologie bieten, wenn man ihre Geschichte betrachtet die auffallende Verschiedenheit dar, daſs die Astronmie eine der ältesten, die Geologie dagegen eine der jüngsten unter den Naturwissenschaften ist. Der innere Grund hiervon ist nicht in der allgemeinen etwas trivialen Bemerkung zu suchen, dafs der Mensch gewöhnlich das ihm entfernter liegende eher zum Gegenstande seiner Betrachtung zu machen pflegt, als das näher liegende; er liegt vielmehr darin, dafs die Wissenschaft überhaupt da zuerst beginnt, wo es gelingt eine gewisse Regelmäfsigkeit und Gesetzmäfsigkeit in den Erscheinungen wahrzunehmen. Der Lauf der Gestirne am Himmel bot diese Regelmäfsigkeit fast unmittelbar dem beschauenden Menschen dar und die wenigen Ausnahmen von der allen Gestirnen gemeinsamen Bewegung, welche die Sonne, der Mond und die dem blofsen Auge sichtbaren grofsen Planeten zeigten, gaben den Impuls zur weiteren Forschung nach den Regeln und Gesetzen ihrer eigenthümlichen Bewegungen. Von den Regeln für die scheinbare Bewegung stieg nachher die Astronomie an der Hand der Mathematik zu der Erkenntnifs der wahren Bewegungen und der allgemeinen Gesetze auf, welche in dieser grofsartigsten Körperwelt herrschen. Der Geologie fehlten alle diese günstigen Bedingungen einer frühen gedeihlichen Entwickelung. Die Erde an ihrer Oberfläche bot dem Beschauer fast nichts als Unregelmäfsigkeit dar. Mit den Bergen und Felsen, den Thälern und Ebenen und mit der alles dieses umschliefsenden weiten Wüste des Oceans konnte wohl die Phantasie sich beschäftigen, aber Regeln und Gesetze an denselben wahrzunehmen und zu erforschen oder gar die verborgenen Documente für die Geschichte ihrer Entstehung aufzusuchen und zu interpretiren, konnte erst dann mit einigem Erfolge unternommen werden, als alle für die Geologie nothwendigen Hülfswissenschaften sich schon zu einer gewissen Höhe emporgearbeitet hatten.

Man ist im allgemeinen geneigt die Jugend einer Wissenschaft derselben zum Lobe anzurechnen, weil man die Vorstellung hat, dafs die jüngere Wissenschaft rascher fortschreite, als die ältere und dafs sie mehr Aussicht auf grofsartige Erfolge biete, als eine Wissenschaft, welche das, was ihr früher als Ziel in unbestimmter Ferne vorschwebte, zum Theil wenigstens schon erreicht hat. Jede echte Wissenschaft aber ist nicht nur unsterblich, sondern sie erfreut sich auch einer ewigen Jugend, denn es wohnt ihr die Kraft inne sich aus sich selbst immer wieder auf's neue zu verjüngen. So hat auch die uralte Wissenschaft der Astronomie in der neusten Zeit, die wir selbst mit durchlebt haben, einen Verjüngungsproceſs durchgemacht. Unser verewigter College Encke, an dessen Stelle Sie Herr College Auwers als akademischer Astronom gewählt sind, hat an dem nach ihm benannten Cometen von kurzer Umlaufszeit ein neues Agens in der Bewegung der Himmelskörper nachgewiesen, dessen physikalische Natur ein neues Problem der Wissenschaft bildet. Die unter Enckes und Bessels Leitung von unserer Akademie herausgegebenen Sternkarten haben zur Auffindung des einen groſsen Planeten Neptun die Mittel gegeben nachdem Leverrier durch eine sinnreiche und kühne, mit auſserordentlicher Umsicht und Geschicklichkeit angelegte und durchgeführte, und zugleich vom Glücke begünstigte Rechnung den Ort dieses unbekannten, nur aus seinen Wirkungen erkennbaren mächtigen Himmelskörpers bestimmt hatte. Diese Sternkarten haben auch zur Entdeckung der groſsen Anzahl kleiner Planeten geführt, durch welche die Objecte der wissenschaftlichen Betrachtung der unserem eigenen Sonnensysteme angehörenden Himmelskörper in auſserordentlichem Maaſse vermehrt worden sind. Wenn diese Schaar der kleinen Planeten, deren Einfluſs auf die Bewegungen der übrigen Himmelskörper ein sehr geringer ist, bisher den rechnenden Astronomen, welche die Pflicht hatten die Elemente ihrer Bahnen so festzustellen, daſs sie künftig wieder erkannt und wieder aufgefunden werden können, genug Mühe und Arbeit verursacht haben, ohne daſs sie jetzt schon bedeutendere Fortschritte der Wissenschaft bewirkt haben, da man an ihnen nur Wiederholungen und Bestätigungen der bekannten Gesetze der Bewegung der Planeten gesehen hat, so ist doch zu erwarten, daſs eine genauere Erforschung derselben auch besondere Eigenthümlichkeiten, und somit neue wissenschaftliche Gesichtspunkte und Probleme geben werde. Von tiefer greifenden Folgen war die durch Bessel ausgeführte erste Bestimmung der Entfernung eines Fixsterns. Sie war der erste sichere Schritt, welche die physische Astronomie über die Gränzen unseres eigenen Sonnensystems hinaus gemacht hat und von ihr erst datirt die Stellar-Astronomie, deren Aufgabe es ist die wahren Bewegungen der Fixsterne und deren Beziehungen zu einander zu erforschen. Dieses neu erschlossene Gebiet, in welchem Sie Herr College Auwers mit Vorliebe und mit ausgezeichnetem Erfolge gearbeitet und geforscht haben, gewährt jetzt grade eine sehr gute Aussicht auf bedeutende, und was noch mehr werth ist, auf sichere und bleibende Resultate, wenn es mit derjenigen Umsicht und kritischen Schärfe behandelt wird, welche Sie in allen Ihren wissenschaftlichen Arbeiten bewährt haben. Es ist aber nicht sowohl die Wahl der besonderen Gegenstände Ihrer Forschungen, welche Ihnen den ungetheilten Beifall der ersten jetzt lebenden Astronomen erworben hat und welche auch unsere Akademie durch Ihre Wahl zum ordentlichen Mitgliede und akademischen Astronomen anerkannt hat, sondern es sind Ihre gediegenen Leistungen, welche von uns nicht minder geschätzt werden würden, wenn sie irgend ein anderes Hauptgebiet der Astronomie beträfen und in dasselbe in gleicher Weise fördernd eingriffen.

Die Geologie, welche Sie Herr College Roth mit älteren Fachgenossen gemeinschaftlich an unserer Akademie zu pflegen und zu vertreten berufen sind, hat nicht einen so hohen Grad von Selbstständigkeit und Autarkie als die Astronomie, sie mufs um sichere Fundamente zu gewinnen und auf diesen ihren weiteren Ausbau fortzuführen, mehr oder weniger zu allen übrigen Naturwissenschaften ihre Zuflucht nehmen. Die verschiedenen Richtungen in der Geologie charakterisiren sich daher hauptsächlich nach den Hülfswissenschaften, welche bei der Betrachtung der Erscheinungen vorzugsweise berücksichtigt werden und so waltet entweder der mineralogische, der chemische, der physikalische oder paläontologische oder geographische Standpunkt vor. Wenn Sie selbst hauptsächlich von dem mineralogisch chemischen und geographischen Standpunkte ausgegangen sind, so nehmen Sie einen vollkommen berechtigten Standpunkt in Ihrer Wissenschaft ein, die mannichfachen schönen und gediegenen Früchte Ihrer Forschungen zeigen aber auch, dafs Sie diesen Standpunkt nicht einseitig verfolgt, sondern durch allseitige denkende Betrachtung der Objecte Ihrer Wissenschaft dieselbe wesentlich gefördert haben.

Die Akademie, welche überall bemüht ist die besten Kräfte in jedem Fache der Wissenschaft mit sich zu verbinden, hat die Genugthuung in Ihnen, verehrte Herren Collegen, zwei Mitglieder und Mitarbeiter gewonnen zu haben, deren wissenschaftliche Bedeutung und Intelligenz zur Förderung ihrer wissenschaftlichen Zwecke wesentlich beitragen wird. Ich begrüfse Sie darum im Namen der Gesammt-Akademie und der physikalisch-mathematischen Klasse in's besondere und heifse Sie herzlich willkommen.

Rede zur Feier des Jahrestages Friedrichs II.

Monatsberichte der Königlichen Preußischen Akademie der Wissenschaften zu Berlin aus dem Jahre 1869, 67–78

28. Januar. Öffentliche Sitzung zur Feier des Jahrestages Friedrich's II.

Seine Majestät der König und Ihre Majestät die Königin, sowie Seine Königliche Hoheit der Kronprinz geruhten der Sitzung beizuwohnen.

Der an diesem Tage vorsitzende Sekretar, Hr. Kummer, eröffnete die Sitzung mit folgender Festrede:

Als ich jetzt vor vier Jahren das erste mal die Ehre hatte zum Andenken Friedrichs des Groſsen vor dieser hochansehnlichen Versammlung zu sprechen, habe ich aus der unendlich reichhaltigen Fülle interessanter Gesichtspunkte, welche die Thaten sowie die Schriften des groſsen Königs darbieten, mir nur eine sehr untergeordnete Seite ausgewählt, welche meinen eigenen Studien und geistigen Interessen am nächsten lag, nämlich sein Verhältniſs zu den mathematischen Wissenschaften und zu den groſsen Mathematikern seiner Zeit. Ich habe damals zu zeigen versucht, wie Friedrich der Groſse, welcher selbst keine Neigung für die Mathematik hatte, und die Mathematiker gern mit Witz und Satire verfolgte, durch sein Interesse für Philosophie dahin geführt wurde, gerade die ausgezeichnetsten Mathematiker seiner Zeit, wie Maupertuis, Euler, Lagrange, Lambert und Bernoulli an die von ihm wiederhergestellte Akademie der Wissenschaften zu ziehen und wie er mit D'Alembert, den er nicht bewegen konnte die Stelle des Präsidenten der Akademie anzunehmen, fast dreiſsig Jahre lang, bis zu dessen Tode, in den freundschaftlichsten Beziehungen und in stetem Briefwechsel blieb. Hieran anschlieſsend will ich heut versuchen auf die philosophische Richtung des groſsen Königs einzugehen und einige in seinen Schriften und Briefen enthaltene Gedanken zu entwickeln.

Um überhaupt philosophische Gedanken und Anschauungen richtig zu würdigen, ist es nothwendig die Zeit, welcher sie angehören, und die diese Zeit bewegenden allgemeinen Ideen in's Auge zu fassen; denn die Resultate philosophischer Forschung, namentlich in dem metaphysischen Gebiete, können kaum auf eine absolute Geltung Anspruch machen, wohl aber können

5*

sie einen relativ bedeutenden Werth haben, in so fern sie entweder in positiver Weise die philosophische Forschung in neue Bahnen lenken, oder auch negativ, indem sie gewisse, in einer Zeit geltende Voraussetzungen und Grundsätze als einseitig oder nichtig erkennen lassen.

Zur Zeit Friedrichs des Grofsen war die sogenannte Leibnitz-Wolfische Philosophie besonders in Deutschland die allgemein herrschende. Sie enthielt die fruchtbaren Ideen von Leibnitz durch Christian Wolf's umfassende Gelehrsamkeit zu einem grofsartigen Systeme verarbeitet, welches sich über die verschiedenen positiven Wissenschaften erstreckte und dieselben in sich aufnahm. Die Reichhaltigkeit des diesem Systeme eingefügten Materials machte es für die Zwecke des Unterrichts besonders empfehlenswerth, aber die Begründung in seinen tiefsten Fundamenten war nur eine sehr schwache, namentlich in dem metaphysischen Theile, der Ontologie. Es wurden hier von Gott, der Welt und was sich darin bewegt Definitionen von grofser Kraft gegeben, auf Grund deren diese höchsten metaphysischen Ideen nach denselben Regeln behandelt wurden, wie die Begriffsbestimmungen endlicher Dinge. Der mehr speculativen Richtung, welche die Philosophie seit Descartes genommen hatte, entsprach dieses System nicht; die Methode, nach welcher Wolf seine vernünftigen Gedanken von Gott, der Welt, der Seele u. s. w. als Lehrsätze aufstellte und sodann mit sogenannten Beweisen versah, gab demselben einen mehr dogmatischen Charakter.

Dagegen hatte in England und Frankreich die Philosophie eine ganz andere Entwickelung durchgemacht. Es wurde hier das Verhältnifs des philosophirenden Subjects zur Aufsenwelt zum hauptsächlichsten Gegenstande metaphysischer Betrachtungen gemacht und man war dadurch, dafs man die einzelnen Sinnesorgane nicht nur als Vermittler, sondern sogar als Quelle aller Erkenntnifs annahm, dahin gekommen, dafs man die Möglichkeit der Erkenntnifs alles Übersinnlichen, oder auch gar die Existenz desselben leugnete. Diese als Skepticismus zu bezeichnende Richtung hatte in Frankreich das Gebiet der eigentlichen Philosophie vielfach verlassen und sich mehr auf die allgemeine Litteratur geworfen, in welcher sie eine sehr glänzende

Rolle spielte. Das grofsartigste wissenschaftliche Produkt dieser Richtung war nicht ein den inneren Zusammenhang des Inhalts der Philosophie darstellen sollendes System, sondern die alphabetisch geordnete grofse Real-Encyclopädie, welche in einigen dreifsig Quartbänden von D'Alembert und Diderot herausgegeben wurde. Die Herausgeber und Mitarbeiter dieses Werkes waren Männer von Geist und umfassender Gelehrsamkeit, aber ihre blofs negirende Richtung in dem eigentlichen Gebiete der Philosophie machte es auch untergeordneteren Litteraten leicht in diesem Sinne weitergehend sich den Ruf und das Ansehen als grofse Philosophen zu erwerben. Ein vollständiger Unglaube, welcher als Freiheit von Vorurtheilen und Aberglauben angesehen wurde, und eine gewisse Geschicklichkeit und Kunst in der Verspottung dessen, was den Menschen von jeher als heilig gegolten hat, verbunden mit der damals in Frankreich besonders blühenden Eleganz des Stiles, reichte hierfür vollständig aus.

Diese beiden einander entgegengesetzten philosophischen Richtungen des deutschen Dogmatismus und des französischen Skepticismus sind es, mit welchen Friedrich der Grofse in nähere Beziehungen getreten ist. Er war als Jüngling nach den Principien der Leibnitz-Wolfischen Philosophie unterrichtet worden und dieselbe hatte auf seine Bildung einen grofsen Einflufs gehabt, der auch in seinen späteren Lebens-Perioden noch deutlich erkennbar hervortritt, wo er sich mehr von den geistvollsten Vertretern der französischen Philosophie und Litteratur angezogen fühlte. So wie es den philosophischen Lehrgebäuden gewöhnlich geschieht, dafs grade die begabtesten und talentvollsten Schüler, welche ihnen einen guten Theil ihrer Bildung verdanken, zuerst abtrünnig werden, da sie am besten befähigt sind die schwachen Seiten des Systems zu erkennen und den lebhaftesten Trieb in sich fühlen zu höherer Erkenntnifs fortzuschreiten, so mufste auch Friedrich über die Wolfische Philosophie hinausgehen. Er war nicht der Mann, der sich der Auctorität eines Philosophen oder Theologen unterordnen mochte; was er als Wahrheit anerkennen sollte, mufste sich vor seinem eigenen freien Geiste als solche rechtfertigen können; die freiere französische Philosophie, besonders der dialektische Scharfsinn Bayles und der diese Richtung weiter verfolgenden Encyclopädisten sagte ihm daher mehr zu, als das pedantische Wolfische Lehrgebäude, namentlich da er so wie jene das Streben hatte von Vorurtheilen und von überliefertem Aberglauben sich frei zu machen. Es war natürlich, dafs er schon als Kronprinz und ebenso später als König für seinen intimeren persönlichen Verkehr und seine litterarische Unterhaltung besonders Männer dieser Richtung sich auswählte, und dafs er auch die von ihm erneuerte Akademie der Wissenschaften in diesem Sinne einrichtete und besetzte. Aber allen seinen philosophischen und litterarischen Freunden gegenüber behauptete er stets die vollste Selbständigkeit seines eigenen Denkens. Überhaupt ist Friedrich der Grofse nicht als Anhänger irgend eines zu seiner Zeit herrschenden philosophischen Systems anzusehen, noch auch als Philosoph, der sein eignes System hat. Obgleich er unter dem Namen des Philosophen von Sanssouci bekannt ist, und obgleich die Philosophen seiner Zeit ihn besonders gern als einen der ihrigen betrachten, so lehnt er selbst diese Ehre entschieden ab, und will sich nur als Dilettanten auf diesem Gebiete der Wissenschaft betrachtet wissen. In der That erscheint die Bezeichnung als Philosoph im strengeren Sinne des Wortes für Friedrich den Grofsen minder passend als die eines Dilettanten der Philosophie; denn es war mehr das erreichbare Gute, als die unerreichbar erscheinende Wahrheit, welche er in dieser Wissenschaft erstrebte. Die Philosophie hatte in den Augen des grofsen Königs hauptsächlich darin ihren höchsten Werth, dafs sie durch die Ausbildung der Ethik zur sittlichen Hebung des Volkes beitragen sollte, die rein theoretischen Disciplinen derselben, namentlich die metaphysischen Speculationen achtete er im Vergleich hiermit nur gering und sah sie mehr nur als eine Unterhaltung des Geistes an, in der er selbst sich aber gern erging.

Am klarsten und unumwundensten sind die philosophischen Gedanken Friedrichs in seinem Briefwechsel mit D'Alembert ausgesprochen, welcher als der Verfasser des im edelsten und freiesten Stile gehaltenen Vorworts zur grofsen Real-Encyclopädie sich die Hochachtung des grofsen Königs erworben hatte. Friedrich schätzte ihn als den geistvollsten und gröfsten Philosophen seiner Zeit und redete ihn gern als seinen lieben Anaxagoras an. Er holte in allen wissenschaftlichen und litterarischen Fragen, namentlich auch in allen unsere Akademie der Wissenschaften betreffenden wichtigen Angelegenheiten seine Meinung und seinen Rath ein, und schickte ihm regelmäſsig die Schriften zu, die er verfaſste. An einige dieser Zusendungen knüpfte sich sodann ein interessanter Briefwechsel philosophischen und besonders metaphysischen Inhalts, auf welchen ich mir erlauben will hier etwas näher einzugehen.

Es waren im Jahre 1769 zwei Schriften erschienen; die eine unter dem Titel *Essai sur les préjugés*, die andere als *Système de la nature*, welche vielfach das angriffen, was im Staate und in der menschlichen Gesellschaft seine volle sittliche Berechtigung hat, und so die französische Revolution auf geistigem Gebiete vorbereiten halfen. Als die Vorurtheile, die sie bekämpften, galten den Verfaſsern auſser den bestehenden staatlichen Ordnungen hauptsächlich die Lehren der Religion, als Wahrheit dagegen die bloſse Befreiung von diesen Vorurtheilen, oder der Unglaube ohne irgend welchen positiven Gehalt. Der König würdigte diese Schriften einer ausführlichen Besprechung und sehr scharfen Widerlegung, welche er in Form von zwei Kritiken an D'Alembert mittheilte. Die metaphysischen Fragen, welche in diesen beiden Gegenschriften des Königs und in dem über dieselben mit D'Alembert geführten Briefwechsel besprochen werden, betreffen die Erkenntniſs der Wahrheit überhaupt, ferner die Natur in ihrem Verhältnisse zu Gott und die Begriffe der Freiheit und Nothwendigkeit, welche zugleich der Ethik angehören.

Über die Erkenntniſs der Wahrheit äuſsert sich der König in seiner Kritik der Schrift über die Vorurtheile folgendermaaſsen: „Der Verfasser versichert im Lehrtone, daſs die Wahrheit für die Menschen da ist, und daſs man sie denselben bei „allen Gelegenheiten sagen muſs. Dieſs verdient eine Prüfung. „Ich stütze mich auf die Erfahrung und die Analogie, um ihm „zu zeigen, daſs die Wahrheiten der Speculation, weit entfernt „für den Menschen gemacht zu sein, sich unaufhörlich seinen „sorgfältigsten Forschungen entziehen. Es ist dieſs ein für die „Eigenliebe demüthigendes Geständniſs, welches die Macht der

„Wahrheit mir entreifst. Die Wahrheit ist wie auf dem Grunde „eines Schachtes, von welchem sie an's Licht zu ziehen die „Philosophen bemüht sind. Alle Weisen beklagen sich über „die Arbeit die es ihnen kostet sie zu entdecken. Wäre die „Wahrheit für den Menschen gemacht, so würde sie sich von „selbst seinen Augen darstellen, er würde sie ohne Anstrengung „erhalten, ohne langes Nachdenken, ohne sich über sie zu „täuschen und ihre den Irrthum besiegende Klarheit würde „untrüglich die Überzeugung nach sich ziehen, man würde sie „durch sichere Kennzeichen vom Irrthum unterscheiden können, „der uns oft täuscht, indem er unter der angenommenen Ge„stalt der Wahrheit erscheint, es würde keine Meinungen mehr „geben, sondern nur Gewissheit. Aber die Erfahrung zeigt mir „gerade das Gegentheil, sie zeigt mir, dafs kein Mensch ohne „Irrthum ist, dafs die gröfsten Thorheiten, welche eine kranke „Einbildungskraft ersonnen hat, zu allen Zeiten aus dem Ge„hirn der Philosophen entsprungen sind, dafs wenig philoso„phische Systeme von Vorurtheilen und falschen Schlüssen frei „sind, sie erinnert mich an die Wirbel, welche Descartes „ersonnen hat, an die Apokalypse, welche Newton, der grofse „Newton commentirt hat, an die prästabilirte Harmonie, „welche Leibnitz, der an Geist jenen grofsen Männern gleich „war, gefunden hat. Überzeugt von der Schwäche des mensch„lichen Erkenntnifs-Vermögens und erstaunt über die Irrthümer „dieser berühmten Philosophen rufe ich aus: O Eitelkeit der „Eitelkeit, Eitelkeit des philosophischen Denkens."

D'Alembert erklärt sich mit diesen Gedanken des Königs über die Nichtigkeit aller metaphysischen Speculationen vollkommen einverstanden. Wenn nun dessenungeachtet der grofse König Friedrich und der grofse Philosoph D'Alembert es nicht lassen können über die wichtigsten Punkte der Metaphysik weiter zu philosophiren, so mufs man annehmen, dafs sie doch von dem einen Vorurtheile, welches überhaupt allem Philosophiren zu Grunde liegt, dafs der Mensch durch vernunftgemäfses Nachdenken und Forschen, wenn auch nicht die volle Wahrheit ergründen, so doch in der Erkenntnifs der Wahrheit fortschreiten könne, sich nicht hatten frei machen wollen. In einem solchen Sinne spricht sich auch Friedrich der Grofse, bei einer anderen Gelegenheit, in der von ihm verfafsten Vorrede zu einem Auszuge aus Bayles Dictionär aus: „Aber wozu, wird man fragen, soll man seine Zeit in der Er„forschung der Wahrheit verlieren, wenn diese Wahrheit sich „aufserhalb der menschlichen Denksphäre befindet. Ich antworte „auf diesen Einwand, dafs es eines denkenden Wesens würdig „ist Anstrengungen zu machen, um sich wenigstens der Wahrheit „zu nähern und dafs, wenn man sich diesem Studium ehrlich „hingiebt, man sicher wenigstens den Gewinn hat, sich von einer „Schaar von Irrthümern zu befreien. Wenn euer Feld auch nicht „viel Früchte hervorbringt, so wird es wenigstens keine Dornen „erzeugen und wird zu einer guten Cultur geeigneter werden."

Die metaphysischen Gedanken des Königs über Gott und die Welt und deren Verhältnifs zu einander sind der Natur der Sache nach etwas dürftig, weil der Begriff Gottes, nach der Ansicht des Königs überhaupt nicht zugänglich ist, sodafs der Philosoph wohl bis zu der Idee eines höchsten Wesens gelangen könne, aber nicht im Stande sei über dasselbe etwas Bestimmtes auszusagen. In einem Briefe an D'Alembert vom 18. October 1770 schreibt Friedrich hierüber: „Da ich in „dieses Labyrinth eingehen mufs, so habe ich nur den Faden „der Vernunft der mich darin führen kann. Diese Vernunft, „indem sie mir erstaunenswerthe Beziehungen in der Natur „zeigt, und mich so schlagende und deutliche Endzwecke beob„achten läfst, zwingt mich zuzugeben, dafs eine Intelligenz dem „Universum vorsteht und den Gang der Maschine leitet. Diese „Intelligenz stelle ich mir als das Prinzip des Lebens und der „Bewegung vor. Das System eines entwickelten Chaos scheint „mir unhaltbar, weil es mehr Geschicklichkeit erfordert haben „würde das Chaos zu formen und zu handhaben, als die Dinge „gleich so zu ordnen wie sie sind. Das System einer aus „Nichts geschaffenen Welt ist widersprechend und darum ab„surd; es bleibt also nichts übrig, als die Ewigkeit der Welt, „eine Idee, welche keinen Widerspruch enthält und darum als „die annehmbarste erscheint, da das was heute ist, auch gestern „gewesen sein kann und so fort. Da nun der Mensch Materie „ist und dabei denkt und sich bewegt, so sehe ich keinen Grund, „warum nicht ein ähnliches denkendes und handelndes Princip

„mit der gesammten Materie verbunden sein könnte. Ich nenne „dasselbe nicht Geist, weil ich keine Idee von einem Wesen „habe, das keinen Raum einnimmt und darum nirgends existirt; „aber weil unser Denken eine Folge der Organisation unseres „Körpers ist, warum sollte nicht das Universum, welches un„endlich mehr organisirt ist, als der Mensch, eine unendlich „höhere Intelligenz haben, als ein so gebrechliches Geschöpf." Der König schliefst diese Betrachtungen mit den Worten: „Aber, mein lieber Anaxagoras, wenn ihr verlangt, dafs ich „genauer angeben soll, was diese Intelligenz ist, die ich mit „der Materie verbinde, so mufs ich bitten mir diefs zu erlassen. „Ich erblicke diese Intelligenz wie etwas, das man nur unbe„stimmt durch einen Nebel sieht, es ist schon viel dieselbe zu „ahnen, es ist dem Menschen nicht gegeben sie zu erkennen „und zu definiren."

D'Alembert als Philosoph von Fach drückt sich über diese Gegenstände mit gröfserer Zurückhaltung aus, als der König; über die Existenz einer höchsten Intelligenz sagt er nur, dafs die, welche sie läugnen mehr behaupten, als sie beweisen können, und dafs die Zweckmäfsigkeit in der Natur eine Intelligenz zu enthüllen scheine, wegen der näheren Bestimmung dieser Intelligenz aber bescheidet er sich nur die Fragen aufzustellen: „Was ist diese Intelligenz, hat sie die Materie ge„schaffen oder hat sie dieselbe nur geordnet? Ist eine Schöpfung „möglich? und wenn sie es nicht ist, ist die Materie darum „ewig? und wenn die Materie ewig ist und einer Intelligenz nur „bedurft hat, um geordnet zu werden, ist denn diese Intelligenz „mit der Materie vereint oder von ihr verschieden? Wenn sie „damit vereint ist, so ist die Materie eigentlich Gott, und Gott „ist die Materie, und wenn sie davon verschieden ist, wie be„greift man dafs ein Wesen, welches nicht Materie ist, auf die „Materie wirkt. Wenn man sich alle diese Fragen aufwirft, so „kann man nur hundertmal wiederholen: „Was weifs ich", aber „man mufs sich zugleich über seine Unwissenheit trösten, indem „man denkt, eben dafs wir nicht mehr davon wissen, ist ein Be„weis dafür, dafs es uns nicht frommt mehr davon zu wissen."

In der philosophischen Betrachtung des unvermittelten Gegensatzes von Freiheit und Nothwendigkeit, neigte sich die

Philosophie der damaligen Zeit überwiegend auf die Seite der Nothwendigkeit, sowohl die deutsche Leibnitz-Wolfische, als auch die französische der Encyklopädisten. Friedrich der Grofse aber tritt hier auf die Seite der Freiheit. Er hatte als Mann der That das volle Bewufstsein, dafs er in den wichtigsten Momenten seines Lebens nicht einem äufseren Zwange gefolgt war, sondern frei sich entschieden habe. Das System des Fatalismus widersprach also seiner eigenen inneren Erfahrung. Aufserdem betrachtete er dasselbe auch als verderblich für die menschliche Gesellschaft, weil es die Fundamente auf welchen dieselbe beruht, die Moral und die guten Sitten untergrabe.

In der Kritik des Systems der Natur spricht sich der König über den darin entwickelten Fatalismus folgendermaafsen aus: „Ist der Mensch nicht frei, wenn man ihm verchiedene „Wege vorlegt, dafs er sie prüfe dafs er sich zu dem einen „oder dem andern hinneige und dafs er endlich seine Wahl „bestimme. Der Verfasser wird mir ohne Zweifel antworten, „dafs nur die Nothwendigkeit seine Wahl bestimmt. Ich glaube „in dieser Antwort einen Mifsbrauch des Begriffs der Noth„wendigkeit zu erblicken, welcher mit dem der Ursache oder „des Grundes verwechselt wird. Ohne Zweifel geschieht nichts „ohne Ursache, aber nicht jede Ursache ist eine nothwendige. „Es ist mit der Freiheit eben so wie mit der Weisheit, der „Vernunft, der Tugend und der Gesundheit, kein Sterblicher „besitzt sie vollkommen, aber doch zu Zeiten. Wir sind in „manchen Punkten leidend unter der Herrschaft der Nothwen„digkeit, in manchen anderen handeln wir unabhängig und frei. „Halten wir uns hierbei an Locke, dieser Philosoph ist ganz „überzeugt, dafs, wenn seine Thür verschlossen ist, er nicht „Herr ist durch dieselbe hinauszugehen, aber wenn sie offen „ist, dafs er die Freiheit hat diefs zu thun wenn es ihm be„liebt.

Ferner sucht der König dem Verfasser des Systems der Natur darin Widersprüche nachzuweisen, dafs er als Fatalist gegen die Geistlichkeit die Regierung und die schlechte Erziehung sich ereifern könne, als ob die Menschen, welche diese Geschäfte treiben frei wären, da doch, wenn alles mit Nothwendigkeit bestimmt würde, jeder Rath, jede Belehrung, die Gesetze, die Strafen und Belohnungen durchaus überflüssig und nutzlos sein würden.

Friedrich hielt seine Widerlegung des Fatalismus selbst nicht für ganz genügend, denn er fügt derselben hinzu: „Je mehr „man diesen Gegenstand auf den Grund verfolgt desto mehr „verwickelt er sich und man macht ihn durch weiteres Grübeln „nur so dunkel, daſs man endlich sich selbst nicht mehr versteht.“ Ferner in dem mit dem Manuscript seiner Kritik zugleich an D'Alembert übersendeten Briefe sagt er: „was „den Fatalismus betrifft, so bleiben dem Verfasser noch Ant„worten übrig, denn dieſs ist nach meiner Meinung die am „schwierigsten zu lösende Frage der ganzen Metaphysik. Ich „nehme eine Vermittelung zwischen Freiheit und Nothwendig„keit an, ich begränze die menschliche Freiheit bedeutend, aber „ich lasse ihr doch den Theil den ich ihr nach der gemeinen „Erfahrung über menschliche Handlungen nicht versagen kann.

D'Alembert erklärt sich mit diesen Ansichten des Königs, namentlich mit dem mittleren Standpunkt zwischen Freiheit und Nothwendigkeit im Ganzen einverstanden, aber er widerlegt die Ansicht desselben, daſs in dem Systeme, nach welchem die Menschen nur Maschinen und äuſseren Gesetzen des Schicksals allein unterworfen sind, die Strafen einerseits und die Moral andererseits für das Wohl der Gesellschaft unnütz sein würden, denn in dem Menschen auch wenn er als Maschine aufgefaſst werde, würden die Furcht einerseits und das Interesse andererseits immer die beiden Haupttriebräder sein, welche die Maschine in Gang erhalten und diese würden einerseits durch die Strafgesetze, andererseits durch ein richtiges Studium der Moral in Bewegung gesetzt, welche zeigt, daſs tugendhaft und gerecht zu sein unser eigenes höchstes Interesse ist.

Wenn der König selbst eingestehen muſs, daſs ihm die versuchte Widerlegung des Fatalismus nicht gelungen ist und daſs durch weiter fortgesetztes Grübeln ihm diese Materie immer dunkler werde, so liegt der Grund hiervon wohl darin, daſs in der That der Fatalismus aus dem Principe des Materialismus mit groſser Consequenz abzuleiten ist. D'Alembert, der groſse Mathematiker, der Entdecker des allgemeinsten Princips der Mechanik, welches heut seinen Namen trägt, wufste wohl sehr gut, dafs für irgend ein System materieller kleinster Theile oder Atome, welche unter der Wirkung bestimmter Kräfte stehen, aber an sich unvergänglich und unveränderlich sind, durch den Zustand, welchen dieses System zu irgend einer Zeit hat, die Zustände desselben für jede andere Zeit nothwendig und vollständig bestimmt sind. Aber es war nicht die Sache des grofsen Königs solche Fragen der Mechanik zu studiren, auch fühlte er durchaus nicht die Verpflichtung als Philosoph ein einseitiges Princip in consequenter Weise bis an seine äufsersten Gränzen zu verfolgen, wodurch es unter Umständen gezwungen werden kann sich als Unsinn zu erkennen zu geben. Seine eigenen philosophischen Gedanken und Anschauungen, so wie auch die Anforderungen, welche er an die Philosophie stellte, waren überall mehr die eines grofsen Königs, als die eines Philosophen. In diesem Sinne schreibt er in einem Briefe an D'Alembert vom Jahre 1768: „Ich verzeihe den Stoikern alle Verirrungen ihrer metaphysi„schen Schlufsfolgerungen zu Gunsten der grofsen Männer, „welche ihre Moral gebildet hat. Die erste philosophische Sekte „wird mir immer die sein, welche den besten Einflufs auf die „Sitten ausübt, welche die menschliche Gesellschaft sicherer, „gesitteter und tugendhafter macht. Das ist meine Denkweise, „sie hat einzig das Glück der Menschen und den Vortheil der „menschlichen Gesellschaft im Auge. Ist es nicht wahr, dafs „die Elektricität und alle Wunder, welche sie entdeckt, bisher „nur dazu gedient haben unsere Wifsbegierde zu erregen? ist „es nicht wahr, dafs die Anziehungskraft und die Schwere nur „unsere Einbildungskraft in Staunen gesetzt haben? ist es nicht „wahr, dafs alle chemischen Operationen in demselben Falle „sich befinden? Aber raubt man darum weniger auf den „Landstrafsen? sind eure Generalpächter darum weniger hab„süchtig geworden? giebt man seine Abgaben etwa gewissen„hafter? verläumdet man weniger? ist die böse Lust etwa er„stickt, oder die Herzenshärte erweicht? Was nützen also diese „Entdeckungen der Modernen der menschlichen Gesellschaft, „wenn die Philosophie das Gebiet der Sitten und der Moral „vernachläfsigt, in welches die Alten ihr ganzes Gewicht legten.

„Ich kann diese Gedanken, welche ich seit langer Zeit auf dem „Herzen habe an keinen anderen besser richten, als an den Mann, „welcher in unseren Tagen der Atlas der modernen Philoso- „phie ist, welcher durch sein Beispiel wie durch seine Schriften „die strenge Zucht der Griechen und Römer wieder in's Leben „rufen und der Philosophie ihren alten Glanz wiedergeben „könnte."

Jetzt, wo hundert Jahre verflossen sind, seit Friedrich dieſs an D'Alembert geschrieben hat, können wir wohl über einiges anders urtheilen, als der groſse König. Wir haben seitdem erlebt, wie grade die Naturwissenschaften, welchen er damals nur einen theoretischen Werth beilegte, einen mächtigen Einfluſs auf die Gestaltung des socialen Lebens geübt haben. Wir möchten auch wohl der Ansicht sein, daſs der König die Wirkung, welche die Philosophie zur Zeit der Stoiker auf das Volk ausgeübt habe, etwas überschätzt hat, da wir in Wahrheit doch nur einzelne hervorragende Charaktere kennen, die sie gebildet hat. Auch möchten wir glauben, daſs die Philosophie, als Wissenschaft, überhaupt nicht im Stande sei, einen solchen unmittelbaren Einfluſs auf die Masse des Volkes auszuüben und daſs der König mehr die Diener der Religion, als die Philosophen für den unbefriedigenden sittlichen Zustand des Volkes hätte verantwortlich machen sollen. Aber zu allen Zeiten wird die wahrhaft königliche Denkweise Friedrichs des Groſsen, welcher von der Philosophie, so wie von den besonderen Wissenschaften verlangte, daſs sie für seinen höchsten königlichen Zweck, für die sittliche Hebung seines Volkes, mitwirken sollten, die Anerkennung und Bewunderung der Nachwelt haben.

Festrede zum Andenken Friedrich Wilhelms des Dritten am 3. August 1869 in der Aula der Friedrich-Wilhelms-Universität

Berlin 1869

Hochansehnliche Versammlung!

Der Tag, welchen unsere Universität heut feiert, welchen sie so lange sie besteht stets als einen ihrer Hauptfesttage feierlich begangen hat, war über vierzig Jahre hindurch zugleich der höchste patriotische Festtag für unser ganzes preufsisches Vaterland. Er war der Geburtstag Friedrich Wilhelm's des Dritten, des von dem ganzen Volke hochverehrten Königs, mit welchem es das Unglück und die Schmach der Fremdherrschaft ungebrochenen Muthes getragen, und auf dessen Aufruf es sich sodann erhoben und den Unterdrücker Europas niedergekämpft hatte. Unsre Universität, als eines der würdigsten Denkmäler und zugleich als Pflanzschule für die geistige Erhebung Preufsens, zur Zeit der gröfsten äufseren Unterdrückung von Friedrich Wilhelm dem Dritten gegründet und mit Königlicher Freigebigkeit ausgestattet, erfüllt nur eine tief empfundene Pflicht der Dankbarkeit, wenn sie das Gedächtnifs ihres dahingeschiedenen erhabenen Stifter's in Ehren hält und wenn sie fortfährt seinen Geburtstag in derselben Weise zu feiern, wie sie es seit ihrer Stiftung gethan hat. Der beste Dank aber, welchen die Universität den Manen ihres Stifters des hochseeligen Königs Friedrich Wilhelm des Dritten und dem ganzen erhabenen Königshause der Hohenzollern darbringen kann, liegt nicht in Worten und schönen Reden, sondern er liegt darin, dafs sie die ihr gestellte hohe Aufgabe: durch Lehre und Pflege der Wissenschaft die gesammte geistige Bildung in unserem Vaterlande zu fördern, in würdiger Weise zu erfüllen strebt.

1*

Die Frage, ob es unserer Universität stets gelungen ist auch diesen Dank gegen ihren erhabenen Stifter nach allen Richtungen hin durch die That zu bewähren, verdient wohl eine sehr ernste Erwägung. Auch möchte eine unbefangene und eingehende Erörterung dieser Frage der Feier des heutigen Tages wohl würdig sein, wenn eine einigermaafsen erschöpfende Beantwortung derselben nicht allzuschwierig und beziehungsweise selbst unmöglich wäre. Die statistischen Data über die Frequenz der Universität, über die Vorlesungen, welche an derselben gehalten werden und über die an denselben Theil nehmenden Zuhörer können für die Beantwortung dieser Frage nicht maafsgebend sein, denn die Quantität gestattet keinen sicheren Schlufs auf die Qualität und die eigenste und innerlichste Wirksamkeit der Universität, welche durch das lebendige Wort unmittelbar von Geist zu Geist geht, entzieht sich jeder statistisch numerischen Schätzung. Es würde auch nicht ausreichen, wenn man eine Reihe von Männern aufzählen möchte, welche früher auf unserer Universität studirt haben und jetzt im Staatsdienste, im Dienste der Kirche, als Aerzte, als Gelehrte oder in andern Berufszweigen zu den ausgezeichnetsten gehören; denn die Universitätsstudien können nur als ein einzelnes Stadium ihrer Gesammtbildung betrachtet werden und es läfst sich das, was die Universität zur Ausbildung solcher Männer beigetragen hat, nicht abscheiden von dem, was die Erziehung in der Familie, was die Schule und was die besonderen Lebensverhältnisse ihnen gegeben, oder was sie selbst aus eigener Kraft sich erarbeitet haben. Da es die wissenschaftliche Ausbildung ist, welche zu fördern die Universität vorzugsweise berufen ist, so müfste die Frage: in wie weit sie diesen ihren Beruf erfüllt hat, sich auch darauf erstrecken, den gegenwärtigen Zustand der in ihr vertretenen Wissenschaften, namentlich ihre Entwickelung und Verbreitung in unserem Vaterlande, als der eigentlichen Wirkungssphäre unserer Universität, zu erörtern und mit den früheren Zuständen zu vergleichen. Sollte sich dabei ein Fortschritt zum Besseren ergeben, so würde auch unsere Universität einen gewissen Antheil daran in Anspruch nehmen können, so wie sie auch da, wo ein Rückschritt sichtbar sein möchte, einen Theil der Schuld würde auf sich nehmen müssen. Wegen dieses aufserordentlichen Umfanges der vorliegenden Frage, deren gründliche Erörterung eine genaue Kenntnifs der neueren Entwickelung aller besonderen Wissenschaften voraussetzen würde, kann dieselbe nicht füglich zum Gegenstande einer akademischen Festrede gewählt werden. Aber sie gestattet sehr wohl eine Theilung, und wenn ich mich hier auf die Betrachtung der mathematischen Wissenschaften allein beschränke, deren Lehre und Pflege mein eigener Lebensberuf ist, und wenn ich dabei mehr darauf ausgehe unbefangen darzustellen, was überhaupt während der Regierung Friedrich Wilhelm des Dritten in unserem Deutschen Vaterlande für die Fortbildung und Verbreitung der mathematischen Wissenschaften geleistet worden ist, ohne mich auf das zu beschränken, was davon besonders auf Rechnung unserer Universität zu stellen sein möchte, so glaube ich, dafs eine solche Betrachtung der Feier des heutigen Tages nicht ganz unangemessen sein möchte.

Der Zustand der mathematischen Wissenschaften in Deutschland, vor der Gründung unserer Universität, war im allgemeinen ein wenig erfreulicher. Nachdem Leibnitz durch die Erfindung der Differenzial-Rechnung in den Entwickelungsgang der gesammten Mathematik mächtig eingegriffen hatte, war es den deutschen Mathematikern nicht gelungen auch den Ruhm der ferneren Ausbildung der hierdurch neu eröffneten Gebiete der Wissenschaft unserem Vaterlande zu wahren, sie waren hierin von den englischen und französischen Mathematikern überflügelt worden. Aber auch die englischen Mathematiker traten bald vor den französischen zurück, welche das ganze vorige Jahrhundert hindurch den ersten Rang in dieser Wissenschaft behauptet haben. Deutschland besafs wohl einige Jahrzehnte hindurch zwei Männer, welche den besten der französischen Mathematiker mindestens gleich kamen, nämlich Euler und Lagrange, aber unser Vaterland kann keinen derselben ganz als den seinigen betrachten. Euler in der deutschen Schweiz in Basel geboren, war von Petersburg aus durch Friedrich den Grofsen an die von ihm erneuerte Berliner Akademie der Wissenschaften berufen worden, an welcher er fünf und zwanzig Jahre hindurch thätig war und in deren Denkschriften viele seiner ausgezeichnetsten Arbeiten niedergelegt sind; aber er fühlte sich hier nicht heimisch und kehrte wieder nach Petersburg zurück. Lagrange in Turin geboren, von französischer Familie stammend, welcher als Euler's Nachfolger an die Berliner Akademie berufen wurde, füllte dessen Platz in der würdigsten Weise aus, aber auch er blieb hier stets ein Fremder und siedelte bald nach Friedrich des Großen Tode nach Paris über, wo er als Schlußstein der den Franzosen fast ausschließlich angehörenden großartigen wissenschaftlichen Schöpfung der analytischen Mechanik, sein bereits auf deutschem Boden erarbeitetes Werk die *mécanique analytique* herausgab, und als Mitglied des Instituts unter seinen Fachgenossen alsbald den ersten Rang einnahm. Da die Berliner Akademie der Wissenschaften unter Friedrich dem Großen außerdem noch einige andere vorzügliche Mathematiker besaß, wie Maupertuis, Lambert, Bernoulli: so möchte man glauben, daß sie wohl ein lebendiges wissenschaftliches Leben in diesem Felde hätten anregen können. Dieß war jedoch nicht der Fall; die Berliner Akademie, deren offizielle Sprache die französische war, blieb unserer deutschen Bildung fast eben so fremd, als das Pariser Institut. Sie besaß auch nicht die geeigneten Mittel um auf die wissenschaftliche Bildung in unserem Vaterlande kräftig einwirken zu können, denn es stand ihr nicht so wie jetzt die Universität zur Seite, an welcher ihre Mitglieder auch durch das lebendige Wort fruchtbaren Saamen geistiger Bildung hätten ausstreuen können. Nur eine specielle mathematische Disciplin, welche vorzugsweise von deutschen Mathematikern gepflegt wurde, gelangte gegen das Ende des vorigen Jahrhunderts in Deutschland zu einer gewissen Blüthe, die Combinatorik, mit welcher schon Leibnitz sich gern beschäftigt hatte. Von den zahlreichen Arbeiten über diesen Gegenstand, welche sogar die Gründung eines, wenn auch nur kurze Zeit bestehenden, mathematischen Journals, des Leipziger Archivs für reine und angewandte Mathematik veranlaßten, hat aber nur weniges bleibenden Werth behalten, denn diese combinatorische Richtung führte nur zu immer größeren Complicationen, und nicht zu einfachen Gedankenbestimmungen, sie kann daher nicht als ein Fortschritt in der geschichtlichen Entwickelung der Mathematik, sondern eher als ein Abweg angesehen werden.

Der mathematische Unterricht auf den Universitäten wie auf den Schulen unseres Vaterlandes befand sich damals in einem traurigen Zustande. Diejenigen Vorlesungen, welche geeignet sind die Studirenden etwas tiefer in das Studium der mathematischen Wissenschaften einzuführen, wurden nur selten angekündigt und kamen wohl noch seltener wirklich zu Stande, und die Elementarmathematik, welche in den Lehrplan der Gymnasien gehört, verbunden mit etwas angewandter Mathematik, bildete zugleich den hauptsächlichsten Gegenstand der mathematischen Universitäts-Vorlesungen. Studirende der Mathematik, welche diese Wissenschaft vorzugsweise trieben, gab es damals fast gar nicht. Diejenigen Studirenden, welche sich zu Lehrern an Gymnasien ausbilden wollten, gewöhnlich Theologen, welche eine Gymnasiallehrerstelle als Durchgang zu einer besser besoldeten Pfarrstelle ansahen, machten wohl zuweilen auf der Universität noch den Versuch sich etwas Elementar-Mathematik anzueignen, um nöthigenfalls den Unterricht hierin übernehmen zu können, aber sie begnügten sich gern damit, nur dasjenige nothdürftig zu lernen, was sie später den Schülern beibringen sollten.

Es konnte nicht fehlen, dafs unter solchen Umständen der mathematische Unterricht auf den Gymnasien in gleicher Weise im Verfall war und für die allgemeine Bildung der Schüler nur wenig mitwirkte, namentlich da der Zweck dieses Unterrichts als verfehlt anzusehen ist, wenn es nicht gelingt die Schüler zu einem wirklichen Verständnifs und zu klaren Anschauungen mathematischer Wahrheiten zu bringen. Der philologische Unterricht, welchem bessere Lehrkräfte zu Gebote standen, und welcher überhaupt den unbestrittenen Vorzug hat, dafs er die Seelenkräfte der Schüler mehrseitiger anregt und übt, und dafs er für das Knabenalter auch da noch nützlich wirkt, wo er nicht zu einem wirklichen Verständnifs führt, wurde von den vorgesetzten Behörden so begünstigt, dafs der mathematische Unterricht dagegen gänzlich in den Hintergrund trat. Man konnte es auch den Directoren der Gymnasien nicht verdenken, wenn sie, da in dem Lehrerpersonal gewöhnlich keiner vorhanden war, der die Mathematik mit Vorliebe trieb, und hinreichend verstand, den Unterricht in dieser Disciplin, die sich trotz ihrer Schwäche auf dem Lehrplane der Gymnasien erhalten hatte, lieber den unfähigeren Lehrern übertrugen, welche dadurch unschädlich gemacht wurden, während die pädagogisch und wissenschaftlich gebildeteren für den Hauptunterricht in den alten Sprachen verwendet wurden.

Die Hebung des so darniederliegenden mathematischen Unterrichts konnte nicht auf administrativem Wege durch Einführung neuer Reglements, oder durch geschärfte Anforderungen in den Prüfungen bewirkt werden; denn diese können wohl die vorhandenen guten Kräfte zu erspriefslicher Thätigkeit anleiten und vereinigen, und unfähige Candidaten vom Lehramte abhalten, aber sie sind nicht im Stande tüchtige Lehrer eines Faches zu bilden. Eine Besserung dieser Zustände konnte nur von den Universitäten ausgehen. Da aber an diesen selbst der mathematische Unterricht verhältnifsmäfsig eben so arg darniederlag, so wäre auch diese aufser Stande geblieben dem Übel Abhilfe zu leisten, wenn nicht Männer an ihnen aufgetreten wären, welche nicht durch die gewöhnlichen Mittel des Unterrichts gebildet, sondern durch eigene Genialität getrieben, die Wissenschaft wieder in ihrer Tiefe erfafsten und in ihr neue Quellen eines frischen Lebens aufthaten.

Der erste dieser Männer war Gaufs, welcher schon als siebzehnjähriger Jüngling, ohne äufsere Anleitung die tiefsten mathematischen Fragen erörtert und durchschaut und die fruchtbarsten neuen Ideen gefafst hatte, durch deren Ausführung er eine neue Epoche in der Geschichte der mathematischen Wissenschaften begründete. Schon durch sein erstes im Jahre 1801 herausgegebenes Werk, die *disquisitiones arithmeticae*, trat er nicht nur in die Reihe der besten Mathematiker seiner Zeit ein, sondern gab sich auch sogleich als den ersten derselben zu erkennen. Unter allen seinen übrigen gröfseren und kleineren Werken ist keines, welches nicht in dem betreffenden Fache einen wesentlichen Fortschritt durch neue Methoden und neue Resultate begründete: sie sind Meisterwerke, welche denjenigen Charakter der Klassicität an sich tragen, welcher dafür bürgt, dafs sie für alle Zeiten, nicht blofs als Monumente der geschichtlichen Entwickelung der Wissenschaft erhalten, sondern auch von den künftigen Generationen der Mathematiker aller Nationen, als Grundlage jedes tiefer eingehenden Studiums und als reiche Fundgrube fruchtbarer Ideen werden benutzt und mit Fleifs studirt werden. Bei diesen aufserordentlichen Vorzügen der Gaufsischen Schriften, ja zum Theil sogar wegen derselben, war ihre Einwirkung auf die mathematischen Studien, namentlich in Deutschland, längere Zeit hindurch nur eine äufserst geringe. Gaufs war seiner Zeit zu weit vorangeschritten, als dafs die damaligen Mathematiker ihm leicht hätten folgen können; er war auch nicht auf den gewöhnlichen Wegen fortgegangen, um die neuen mathematischen Wahrheiten zu entdecken und weil er seinen Werken überall einen rein objectiven Charakter wahren wollte, so liefs er in denselben seinen eigenen Gedankengang, durch den er zu den Resultaten geführt worden war, niemals hervortreten, sondern begnügte sich damit sie durch sachgemäfse Methoden, mit vollkommener Strenge zu begründen. Überhaupt berücksichtigt Gaufs das didaktische Moment, welches auch in allen streng wissenschaftlichen Werken seine Berechtigung hat, etwas zu wenig. In der Darstellung haben alle Gaufsischen Schriften diejenige vollendete Klarheit und Bestimmtheit, welche bei einem vollständig eingehenden Studium selbst die Möglichkeit von Mifsverständnissen ausschliefst, aber diese Darstellung, so wie auch die Methoden selbst, sind nicht darauf berechnet das Studium der Gaufsischen Schriften zu erleichtern. Dieser Charakter seiner Schriften war auch mit Gaufs eigenem Charakter in vollem Einklange. Auf seiner erhabenen Stellung in der Wissenschaft, auf welcher er längere Zeit ganz isolirt stand, besafs er eine so grofse Autarkie, dafs er das Bedürfnifs andere zu sich heranzuziehen und heranzubilden kaum empfand. Er hatte keine Freude am Dociren und wenn er zuweilen in seiner Stellung als Professor der Mathematik und Astronomie in Göttingen sich nicht ganz behaglich fühlte, so klagte er über

2

nichts anderes, als über die Verpflichtung Vorlesungen zu halten, die ihm diese Stellung auferlegte. Es ist darum auch nicht zu verwundern, dafs Gaufs durch seinen mündlichen Unterricht in der Mathematik eigentlich keine bedeutenden Schüler gebildet hat, während alle nach ihm aufgetretenen tüchtigen Mathematiker dem Studium seiner Schriften einen guten, oder auch den besten Theil ihrer mathematischen Bildung verdanken. In der Astronomie, wo Gaufs für die Arbeiten an der Sternwarte tüchtige Gehilfen brauchte, auf deren Ausbildung er besonderen Fleifs verwandte, hat er auch durch seinen mündlichen Unterricht ausgezeichnete Schüler gebildet, unter welchen unser verewigter College Encke die erste Stelle einnahm, der auch oft und gern und mit stets dankbarem Herzen seines grofsen Lehrers gedachte.

An unserer im Jahre 1810 gegründeten Universität fand der durch Gaufs bewirkte Fortschritt der Mathematik erst spät Eingang. In den Jahren 1821—1824, wo Jacobi hier studirte, waren die mathematischen Vorlesungen noch ganz nur auf dem Niveau der älteren Zeit. Unsere Universität darf auch durchaus nicht stolz darauf sein einen so grofsen Mathematiker gebildet zu haben; denn Jacobi hat überhaupt keine mathematischen Vorlesungen hier gehört, sondern besonders philologische, unter denen die von Boeckh gehaltenen ihn so anzogen, dafs er nahe daran war sich der Philologie ganz hinzugeben. Aber er hatte, wie er selbst sagte, bereits von der Lotosfrucht mathematischer Erkenntnifs gekostet, er hatte die klassischen Werke Eulers und der grofsen französischen Mathematiker gelesen und war mit seinem scharfen Verstande, auch ohne mündlichen Unterricht, bis in die Tiefen derselben eingedrungen. Er konnte also dieser Wissenschaft nicht mehr entsagen und habilitirte sich an der hiesigen Universität als Privatdocent für das Fach der Mathematik. Seine erste Vorlesung über die Theorie der krummen Oberflächen und Curven doppelter Krümmung, welche weder hier noch an anderen deutschen Universitäten bis dahin gehalten worden war, kann als Anfang der allgemeinen Neugestaltung des mathematischen Universitäts-Unterrichts angesehen werden, welche seitdem in's Leben getreten ist. Jacobi wurde, nachdem er nur ein halbes Jahr hier docirt hatte, an die Universität Königsberg versetzt und entwickelte daselbst als wissenschaftlicher Forscher so wie auch als akademischer Lehrer eine staunenswerthe Thätigkeit, welche nach beiden Seiten hin die glänzendsten Erfolge hatte, und die Universität Königsberg im Fache der mathematischen Studien damals auf die erste Stufe erhob. Von seinen wissenschaftlichen Leistungen verdient hier eine besondere Erwähnung die Theorie der elliptischen Funktionen, welche durch ihn, und gleichzeitig durch den grofsen Norwegischen Mathematiker Abel zuerst in ihrer wahren Bedeutung erkannt, auf neue Grundlagen gestellt und so erweitert worden ist, dafs sie seitdem die reichste Fundgrube neuer wichtiger Resultate der Analysis geworden ist und auf die fernere Entwickelung dieser und aller mit ihr in näherem Zusammenhange stehenden mathematischen Disciplinen den gröfsten Einflufs ausübt. Seit Jacobi an der Universität Königsberg zuerst seine berühmten Vorlesungen über die elliptischen Funktionen gehalten hat, hat sich diese Theorie auch auf den übrigen deutschen Universitäten so eingebürgert, dafs sie, als in den mathematischen Cursus nothwendig gehörend, regelmäfsig angekündigt und gelesen wird. Die hauptsächlichste Schwierigkeit der Reform des mathematischen Universitäts-Unterrichts bestand aber nicht in der Ankündigung neuer dem Standpunkte der Wissenschaft angemessener und tiefer in dieselbe einführender Vorlesungen, sondern sie lag vielmehr darin, die Studirenden für solche Vorlesungen empfänglich zu machen, sie heranzuziehen und dauernd zu fesseln, so dafs sie nicht absprangen, wenn gröfsere Anstrengungen des Denkens und schwerere geistige Arbeit ihnen zugemuthet wurden. Auch dieser schwierigen Aufgabe war Jacobi im vollsten Maafse gewachsen. Durch die aufserordentliche Begabung seines in allen Gebieten des Denkens durchgebildeten Geistes wufste er der Wissenschaft, die er vertrat, nach allen Seiten hin die nöthige Achtung zu verschaffen und von den Studirenden besonders die begabteren an sich zu ziehen. In seinen Vorlesungen, so wie im engeren wissenschaftlichen Verkehr mit den Studirenden, wufste er auf ihre Bildungsstufe vollständig einzugehen und indem er die alt hergebrachten pedantischen Methoden des Unter-

2*

richts gründlich verschmähte, verstand er es, auf dem Wege der einfachsten und klarsten Gedankenentwickelung, den er auch in der Fülle der besonderen Entwickelungen und Resultate niemals aus den Augen verlor, seine Zuhörer mit sich fortzureifsen und bis in die Tiefen der mathematischen Wissenschaften zu führen. Wenn dabei nothwendig diejenigen zurückblieben und absprangen, welche an zu grofser Trägheit des Denkens litten, so liegt auch darin ein Verdienst der Jacobischen Lehrmethode, denn für solche schwache Individuen ist das mathematische Studium überhaupt nicht geeignet.

In demselben Sinne, in welchem Jacobi an der Universität Königsberg den mathematischen Unterricht reformirte, wurde an unserer Universität drei Jahre später die dem Stande und den Anforderungen der Wissenschaft entsprechende Lehrmethode durch Lejeune-Dirichlet eingeführt. Derselbe hatte wegen des unbefriedigenden Zustandes des mathematischen Studiums auf den deutschen Universitäten sich genöthigt gesehen in Paris zu studiren, wo damals noch Männer wie Laplace, Legendre, Poisson, Cauchy lebten und wirkten, und wo an den verschiedenen Unterrichtsanstalten die mathematischen Wissenschaften besonders gepflegt wurden und in Blüthe standen. Aber den wichtigsten und nachhaltigsten Einflufs auf seine wissenschaftliche Richtung übten nicht die hervorragenden französischen Mathematiker aus, die er persönlich kennen gelernt hatte und mit denen er zum Theil in nähere Beziehungen getreten war, sondern Gaufs, welchen er noch nicht kannte, dessen Schriften er in Paris mit dem gröfsten Fleifse studirte. Dirichlet's Schriften, deren erste während seiner Studienzeit in Paris angefertigte und in der dortigen Akademie vorgelesene ihm schon den ungetheilten Beifall aller Sachkenner dieser hervorragenden Körperschaft erwarb, sind ohne Ausnahme nach Inhalt und Form vollendete Meisterwerke. Will man sie mit Jacobi's Arbeiten vergleichen, so kann man nur anerkennen, dafs die Werke beider Meister ihre eigenthümlichen Vorzüge haben, aber die Frage: welcher von beiden der gröfsere sei, wird eine genügende Antwort nicht erhalten können. Den Leistungen Jacobi's in der Theorie der elliptischen Funktionen können die neuen Dirichlet'schen Methoden der Zahlentheorie, durch welche die Analysis derselben dienstbar gemacht wird, als vollkommen ebenbürtig gegenübergestellt werden, und so wie Jacobi jene Disciplin in den Cyclus der mathematischen Vorlesungen eingeführt hat, ebenso hat Dirichlet das Verdienst diese an den Universitäten eingebürgert zu haben. Als akademischer Lehrer hatte Dirichlet nicht gleich anfangs so glänzende Erfolge wie Jacobi, denn er hatte nicht die Gabe sich überall sogleich Geltung und Anerkennung zu verschaffen; aber seine Einwirkung auf die Neugestaltung des mathematischen Unterrichts an unserer Universität war eben so sicher und eben so nachhaltig, als die, welche Jacobi an der Universität Königsberg ausübte. Seine ersten Vorlesungen an unserer Universität, welche er im Jahre 1829 hielt, waren nur sehr schwach besucht. Die neuen Gegenstände, die er ankündigte, hatten für diejenigen Studirenden, welche hauptsächlich nur danach streben sich die für ihren künftigen Lebensberuf erforderlichen Kenntnisse zu erwerben, keine Anziehungskraft, aber es gelang Dirichlet doch einige talentvolle Zuhörer heranzuziehen, welche er durch die eigenthümliche Klarheit und durch die vollkommene Strenge und Gründlichkeit seines Vortrags, bei der er keinen dunklen Punkt unaufgeklärt liefs und keine in seinem Wege liegende Schwierigkeit umging, auch dauernd zu fesseln wufste. Die Anzahl dieser begabteren Zuhörer war bis zu Dirichlet's Tode in stetem Wachsen begriffen und nicht wenige der durch ihn gebildeten Mathematiker haben nachher durch ausgezeichnete eigene Arbeiten die Fortentwickelung der Wissenschaft gefördert, oder auch als tüchtige Lehrer an den verschiedenen Unterrichtsanstalten um die allgemeine mathematische Bildung in unserem Vaterlande sich verdient gemacht.

Wenn Jacobi und Dirichlet unbestritten das Hauptverdienst der Hebung des deutschen Universitäts-Unterrichts zuzuschreiben ist, so ist doch nicht zu verkennen, dafs schon in jener Zeit in Königsberg, in Berlin und an einigen anderen Universitäten mehrere jüngere Docenten im Fache der Mathematik und in den nächst verwandten Fächern für diesen Zweck fördernd mitwirkten. Ich mufs es mir aber versagen auch das, was diese Gutes geleistet haben hier näher zu erörtern, weil mich diefs zu weit führen würde, auch möchte es, da sie zum Theil noch leben, mir nicht anstehen ihre Verdienste hier öffentlich abzuschätzen. Dagegen darf ich nicht unterlassen noch die bedeutendsten, nicht von den Universitäten als solchen ausgegangenen und die mehr in der allgemeinen Richtung der Zeit liegenden Momente zu erwähnen, welche damals auf die allgemeine Hebung und Verbreitung mathematischer Bildung in unserem Vaterlande günstig eingewirkt haben, und auch jetzt noch eben so günstig einwirken.

Hierhin gehört vor allem die von Crelle unternommene Gründung des Journals für die reine und angewandte Mathematik. Crelle, welcher als mathematischer Schriftsteller sich schon einen geachteten Namen erworben hatte, und mit mehreren Mathematikern des Inlandes und Auslandes wissenschaftliche Verbindungen unterhielt, welcher namentlich auch die jungen Mathematiker Abel in Christiania, Jacobi und Steiner in Berlin persönlich kennen gelernt hatte, und deren aufserordentliches Talent und den Werth der Beiträge, welche sie als Mitarbeiter seines Journals zu liefern versprachen, richtig zu schätzen verstand, gab im Jahre 1826 den ersten Band des mathematischen Journals heraus, welches seitdem schon auf 70 Bände angewachsen ist. Die darin enthaltenen Original-Abhandlungen der gröfsten Meister, welche diesem wissenschaftlichen Sammelwerke einen für alle Zeiten bleibenden hohen Werth sichern, übten auch in der damaligen Zeit schon ihre Wirkung aus, indem sie den Sinn für tiefere Forschung weckten und den mathematischen Studien die kräftigste Nahrung zuführten.

Es war nicht zufällig, sondern durch dieselben in der fortschreitenden geistigen Entwickelung liegenden inneren Ursachen bedingt, dafs mit den mathematischen Wissenschaften fast gleichzeitig auch die Naturwissenschaften in unserem Vaterlande einen neuen Aufschwung nahmen, und dafs namentlich die exakten Methoden der Naturforschung wieder in die ihnen gebührenden Rechte eingesetzt wurden. Das Studium der Mathematik, als der exaktesten unter allen Wissenschaften, hat von dieser Verbindung mit den Naturwissenschaften in mehreren Beziehungen Nutzen gezogen. Manche schwierige Fragen der Naturwissenschaften, deren Lösung der Mathematik überlassen werden mufste, haben zur Entdeckung werthvoller mathematischer Resultate geführt und fruchtbare Theorieen hervorgerufen, wie z. B. die Fourierschen Reihen und Integrale zum Zwecke der Lehre von der Wärme, und die Theorie der Potentiale für die Lehre von der Electricität und dem Magnetismus ausgebildet worden sind. In so fern überhaupt alle exakten Bestimmungen und Gesetze in den Naturwissenschaften wesentlich quantitativer Natur sind, gebrauchen sie schon für ihren präcisen Ausdruck, besonders aber für die daraus zu entwickelnden Consequenzen, die Hülfe der Mathematik. Es konnte daher nicht fehlen, dafs durch die Naturwissenschaften das Bedürfnifs mathematischer Bildung angeregt wurde. Am unmittelbarsten aber trat die nahe Verbindung beider Wissenschaften stets in der mathematischen Physik hervor, welche in der Zeit die wir hier betrachten von den ersten Physikern und Mathematikern gepflegt und an den Universitäten Königsberg und Berlin vorgetragen wurde.

So war während der gesegneten Regierung des Königs Friedrich Wilhelm des Dritten eine neue Blüthenperiode der mathematischen Wissenschaften in unserem Vaterlande entstanden und eine gründliche Reform des mathematischen Unterrichts in's Leben gerufen, welche bei dem Tode des Königs im Jahre 1840 zwar noch nicht vollständig durchgeführt, aber doch in ihrem weiteren Fortgange gesichert war. Sie hat seitdem bei den übrigen deutschen Universitäten Eingang gefunden und hat für die Gymnasien und anderen Unterrichtsanstalten tüchtige Lehrer der Mathematik gebildet, welche das Interesse für diese Wissenschaft anzuregen verstehen und den Universitäten wieder mathematisch gut vorgebildete und für tiefere Studien empfängliche Zuhörer zuführen. Es kommt so den Universitäten selbst wieder das zu gute, was sie gutes geleistet haben und die hierdurch bewirkte Steigerung der Frequenz in den mathematischen Vorlesungen scheint auch gegenwärtig ihren Höhenpunkt noch nicht erreicht zu haben. Überhaupt hat diese, auf geistigem Boden erwachsene, von den Universitäten ausgehende Reform des mathematischen Unterrichts in unserem Vaterlande in sich selbst die Kraft gehabt sich in's Leben einzuführen und in naturgemäfser Entwickelung fortschreitend sich zu erweitern und zu stärken; sie hat dabei einer äufseren Unterstützung in keiner Weise bedurft, und die Universitäten haben von der Staatsregierung für dieselbe niemals eine andere Hülfe erbeten, als die durch den erweiterten Kreis der mathematischen Vorlesungen und durch die stets wachsende Zahl der Zuhörer nothwendig bedingte Anstellung tüchtiger Lehrkräfte, für deren Heranbildung sie selbst gesorgt hatten. Dagegen hat die allgemeine Verbreitung mathematischer Bildung und mathematischer Kenntnisse anch in materieller Beziehung dem Staate wesentliche Dienste geleistet namentlich durch Förderung der Industrie und Technik, welche gegenwärtig zu Hauptquellen des Nationalreichthums geworden sind. Aber ich habe nicht nöthig auf diesen äufseren Nutzen der Wissenschaft hier einzugehen, denn das, was die Universitäten innerhalb der ihnen eigenen Spähre der Pflege und Lehre der Wissenschaft in der Mathematik geleistet haben, ist so bedeutend, dafs es einer Verstärkung durch das Hervorheben seines praktischen Einflufses nicht bedarf.

Unsere Universität aber, welche an dem hier geschilderten neuen Aufblühen der mathematischen Wissenschaften und an der durchgreifenden Reform des mathematischen Unterrichts sehr entscheidend mitgewirkt hat, kann wohl das Bewufstsein haben, dafs sie in dieser Richtung den Anforderungen und Erwartungen ihres erhabenen Stifters entsprochen und ihren Dank durch die That bewährt hat.

Rede zur Nachfeier des Geburtstages Seiner Majestät des Königs

Monatsberichte der Königlichen Preußischen Akademie der Wissenschaften zu Berlin aus dem Jahre 1870, 183

24. März. Öffentliche Sitzung der Akademie zur Feier des Geburtsfestes Sr. Majestät des Königs.

Der vorsitzende Sekretar Hr. Kummer eröffnete die Sitzung mit einer Rede, in welcher er die culturgeschichtliche Bedeutung der Thaten des Königs betrachtete und namentlich die durch dieselben gesicherte nationale Grundlage der ferneren Entwickelung deutscher Wissenschaft hervorhob. Derselbe gab hierauf einen Bericht über die gröfseren Arbeiten und Unternehmungen der Akademie, nämlich die Herausgabe des Corpus Inscriptionum Latinarum, des Corpus Inscriptionum Graecarum und des Index zum Aristoteles. Zum Schlufs hielt Hr. Petermann einen Vortrag über die Eroberung Jerusalems durch Saladin.

Rede zur Feier des Leibnizischen Jahrestages

Monatsberichte der Königlichen Preußischen Akademie der Wissenschaften zu Berlin aus dem Jahre 1871, 351–355

6. Juli. Öffentliche Sitzung der Akademie zur Feier des Leibnitzischen Jahrestages.

Der an diesem Tage vorsitzende Sekretar Hr. Kummer eröffnete die Sitzung mit folgenden Worten:

Die heutige öffentliche Sitzung habe ich, nach Vorschrift der Statuten, dadurch einzuleiten, dafs ich zunächst des geistigen Urhebers unserer Akademie, des in allen Gebieten des Wissens und der Erkenntnifs grofsen und hervorragenden deutschen Gelehrten Leibnitz gedenke. Es ist nicht blos ein Akt der Pietät, dafs unsere Akademie alljährlich in dieser öffentlichen Sitzung das Andenken an Leibnitz erneuert, welcher den ersten Gedanken und den ersten Plan zu ihrer Gründung gefafst und entworfen hat, es ist vielmehr die ganze geistige Richtung dieses Heroen der Wis-

[1871] 28

senschaft, welche unser Interesse an ihm stets lebendig erhält und uns immer wieder mit Vorliebe bei der Betrachtung seiner Werke und seines Geistes verweilen läfst. Ich glaube nicht fehl zu greifen, wenn ich diese besondere Vorliebe und Verehrung, welche Leibnitz in unserer Akademie, so wie auch unter allen deutschen Gelehrten geniefst, nicht nur in seiner wissenschaftlichen Gröfse und in der lebendigen Einwirkung seiner Philosophie auf die Bildung seiner Zeit begründet finde, sondern besonders auch darin, dafs gerade diejenigen Gaben und Eigenschaften, welche wir als eigenthümliche Begabungen und Richtungen unserer vaterländischen deutschen Wissenschaft schätzen nnd lieben, in ihm in der vorzüglichsten Weise ausgeprägt gefunden werden und dafs er in seinem ganzen Leben, im Denken und Handeln die vaterländische deutsche Artung und Gesinnung bewährt hat.

In der gegenwärtigen Sitzung, in welcher noch die Berichte über die Preisfragen der Akademie und über die mit derselben verbundene Bopp-Stiftung zum Vortrag kommen sollen, und welche aufserdem dem Gedächtnifs unserer in der letzten Zeit verstorbenen, in der Wissenschaft hervorragenden und als Menschen von uns hochgeschätzten Mitglieder gewidmet ist, welche so in würdiger Weise ausgefüllt werden wird, glaube ich darauf verzichten zu müssen Leibnitz als deutschen Gelehrten und als deutschen Mann in einer ausführlichen Rede zu schildern. Um jedoch dem ausgesprochenen Gedanken einige Bestimmtheit zu geben, möchte ich hier nur zwei Punkte hervorheben, nämlich dafs es die deutsche Innerlichkeit des Geistes und Gemüthes ist, welche Leibnitz's Schriften charakterisirt und dafs das patriotische Streben dem deutschen Vaterlande Einheit, Macht und Stärke wiederzugewinnen seine praktische und politische Thätigkeit geleitet hat.

Wenn wir der gewöhnlichen Einseitigkeit entgehen wollen alles was edel, schön und grofs ist als eine ganz besondere Eigenthümlichkeit und Begabung unserer eigenen Nation anzusehen, so haben wir nur in der culturgeschichtlichen Entwickelung der deutschen Nation den sicheren Maafsstab der Beurtheilung zu suchen und namentlich in der Betrachtung derjenigen nationalen Thaten und Werke, welche dem geistigen Gebiete angehören, oder doch ihre Wurzel in demselben haben. Die hervorragendste Eigenthümlichkeit der geistigen Richtung der deutschen Nation erkennen wir so in ihrer Auffassung und Entwickelung der christlichen Religion und in der weltgeschichtlichen aus rein geistigem Boden entsprungenen That der Reformation. Es war die Innerlichkeit des religiösen Bewuſstseins, welche in dem deutschen Volke sich geltend machte, als in der übrigen christlichen Welt die Religion sich mehr nur zu einem äuſseren Formalismus verflacht hatte und dieser Gegensatz stellte sich besonders in dem einen Hauptpunkte des Christenthums heraus: der Versöhnung der Menschen mit Gott, welche für die bloſse Beobachtung gewisser äuſserer ritueller Vorschriften, ja selbst für Bezahlung in Geld den Christen von den Priestern geboten wurde, während der tiefere religiöse Geist des deutschen Volkes forderte, daſs sie in dem eigenen Bewuſstsein des Menschen im Geiste und in der Wahrheit vollzogen werden müsse. Wenngleich dieses groſse Princip, in der bestimmten concreten Form, in welcher es von den deutschen Reformatoren aufgestellt worden ist, in Deutschland nicht allgemein durchgeführt werden konnte, wenn es vielmehr harte Kämpfe hervorrief und den vorhandenen politischen Spaltungen in unserem Vaterlande noch die religiöse Trennung in zwei verschiedene Confessionen hinzufügte, so ist doch die Innerlichkeit des deutschen Geistes, welche in der Reformation sich geltend machte, nicht etwa als eine Eigenthümlichkeit des Protestantismus allein aufzufassen, sondern als ein geistiges Gemeingut der ganzen Nation, an welchem der Katholizismus in Deutschland ebenso Theil hat, was ganz unverkennbar hervortritt, wenn man denselben mit dem Katholizismus der romanischen oder slavischen Völker vergleicht. Diese deutsche Innerlichkeit ist auch nicht auf das Gebiet des Religiösen beschränkt, sie durchdringt ebenso unsere deutsche Poesie und sie ist es auch, welche der deutschen Wissenschaft ihren eigenthümlichen Charakter verleiht, welcher in Leibnitz's Schriften, besonders in den philosophischen, aber auch selbst in seinen mathematischen Schöpfungen unverkennbar sich ausspricht.

Leibnitz's Leben und Wirken fiel grade in die Zeit, wo durch den dreiſsigjährigen Krieg Deutschlands Wohlstand und Macht tief herabgesunken war, wo trotz des abgeschlossenen Friedens die politischen und religiösen Gegensätze noch in voller Kraft bestanden und das deutsche Reich zu ohnmächtig war, um seine einzelnen Glieder zu einer wirklichen Einheit zu verbinden. Diese Leiden unseres deutschen Vaterlandes wurden von Leibnitz tief empfunden und beklagt und soweit sein nicht unbedeutender Einfluſs

28*

reichte, arbeitete er unablässig daran, sie zu heben oder doch zu mildern. Von der Überzeugung ausgehend, welche damals als eine sehr wohl begründete erscheinen musste, dass die politische Zerrissenheit Deutschlands in der religiösen Spaltung ihren hauptsächlichsten Grund habe, und dass die Wiedervereinigung der getrennten Confessionen eine nothwendige Vorbedingung der Vereinigung und Hebung der deutschen Macht sei, richtete Leibnitz seine Thätigkeit auf dieses hohe, ihm erreichbar erscheinende Ziel. Seine Bemühungen in diesem Sinne waren aber ganz vergeblich und trugen ihm nur bitteren Tadel und Verfolgung ein; denn das patriotische Motiv seiner Bestrebungen wurde in jener Zeit, wo der deutsche Patriotismus überhaupt nur schwach vertreten war, ganz verkannt und die Eiferer beider Confessionen waren mehr bemüht von Kanzel und Lehrstuhl herab Hass und Zwietracht zu säen, als für die Eintracht und Liebe zu wirken, welche bei aller Verschiedenheit religiöser Überzeugungen und Meinungen sehr wohl bestehen kann und im christlichen Sinne auch bestehen soll. Leibnitz wirkte hier für einen Zweck, der damals wenigstens unerreichbar war und es wohl auch jetzt noch ist, von dessen Erreichung auch, wie wir jetzt wissen, die Lösung der grossen Aufgabe der Vereinigung der deutschen Stämme zu einem mächtigen Reiche nicht bedingt war. Ganz in demselben Falle war Leibnitz indem er, von dem an sich vollkommen richtigen Gesichtspunkte ausgehend, dass die Kräftigung Deutschlands nur dadurch bewirkt werden könne, dass die Oberherrschaft der damals in Deutschland hervorragendsten Macht gestärkt würde, welche die Kaiserwürde inne hatte, überall für die Erweiterung der Machtstellung des Hauses Österreich thätig war. Es erging ihm in diesen beiden Hauptrichtungen seiner politischen Thätigkeit so, wie es sehr oft auch den edelsten Patrioten zu ergehen pflegt, dass ihre höchsten patriotischen Wünsche und Ziele, wenn sie überhaupt im Verlauf der Geschichte sich wirklich erfüllen, doch gewöhnlich nicht auf den Wegen und durch die Mittel erreicht werden, durch welche allein sie dieselben zu erreichen hofften, und für welche sie ihre ganze Thätigkeit einsetzten. Leibnitz konnte damals freilich noch nicht ahnen, dass nicht das Haus Österreich, sondern unser von Gott hochbegnadigtes Königshaus und Kaiserhaus der Hohenzollern dazu berufen war, die Wiedergeburt Deutschlands zu vollbringen und unser deutsches Vaterland auf die höchste Stufe der Macht und des Ansehens zu erheben, welche es jetzt einnimmt.

Rede zur Gedächtnisfeier König Friedrichs des Zweiten

Monatsberichte der Königlichen Preußischen Akademie der Wissenschaften zu Berlin aus dem Jahre 1873, 71–87

23. Januar. Öffentliche Sitzung der Akademie zur Gedächtnißfeier König Friedrich's des Zweiten.

Der an diesem Tage vorsitzende Sekretar, Hr. Kummer, eröffnete die Sitzung mit folgender Festrede:

Unsere Akademie feiert alljährlich in öffentlicher Sitzung das Andenken des grossen Königs Friedrichs des Zweiten. Sie gedenkt dabei mit besonderer Vorliebe der engeren Beziehungen, in welchen der König zu ihr gestanden, der sie wieder in's Leben gerufen und durch seine persönliche Fürsorge und Leitung zu hohem Ansehen gebracht hat; aber sie erhebt auch gern den Blick von diesen besonderen Beziehungen zu den weltgeschichtlichen Thaten des grossen Königs, welche zu der gegenwärtigen Macht und Grösse unseres preussischen und unseres deutschen Vaterlandes den Grund gelegt haben. Wenn unter diesen Thaten die Kriege die er geführt, die Schlachten die er geschlagen hat am auffallendsten hervortreten, so würde es doch kaum gerechtfertigt sein, wenn man in Friedrich den Feldherrn unbedingt höher schätzen möchte, als den Staatsmann und Regenten, der im Kriege wie im Frieden mit gleicher Energie und mit gleichem Erfolge die dem preussischen Staate gebührende Machtstellung erkämpft und die gedeihliche innere Entwickelung gefördert hat. So wie überhaupt kein Staat jemals von geringen Anfängen zu weltgeschichtlicher Bedeutung sich erhoben hat, ohne dass er die innere Berechtigung dazu auch im Kriege hätte bewähren müssen, so konnten auch unserem preussischen Vaterlande diese Prüfungen nicht erspart werden und es fiel damals Friedrich dem Grossen zu, den unter seinen Vorfahren innerlich erstarkten preussischen Staat, welcher den Übergriffen mächtiger Nachbarn ausgesetzt war, durch Waffengewalt auch äusserlich zu sichern und zu befestigen. Friedrich hörte auf Kriege zu führen, als er diesen Zweck in hinreichendem Maasse erreicht hatte; aber er hörte niemals auf auch im Frieden der Kriegstüchtigkeit Preussens seine allseitige Thätigkeit zuzuwenden. Die Bedingungen der Kriegstüchtigkeit eines Staats, welcher den Beruf hat selbständig zu agiren und nicht bloss als dienendes Glied einem mächtigeren sich anzuschliessen, haben mit der Zeit immer mehr an Ausdehnung gewonnen. Sie bestehen jetzt nicht nur in einem grossen, wohl bewaffneten, geübten und disciplinirten Heere, mit einem von Ehre und Patriotismus beseelten, intellektuell gebildeten und fachkundigen Offizierkorps, mit heldenmüthigen Führern, sondern sie umfassen zugleich auch das gesammte Volks- und Staatsleben, namentlich die sittliche und intellektuelle Bildung des Volks, die Gesundheit des sozialen wie des politischen Lebens, die Blüthe der Industrie, des Ackerbaus und des Handels, geordnete Finanzen und eine einsichtsvolle, weise Leitung aller äusseren Beziehungen des Staats. — Wenn man dagegen die Ursachen der überwiegenden Kriegstüchtigkeit Preussens und Deutschlands nur in gewissen Einzelheiten hat finden wollen: das eine Mal in einer besseren Handfeuerwaffe, das andere Mal in der besseren Kenntniss der Geographie und der Sprache des feindlichen Landes, so ist dies nur als eine arge Verblendung zu bezeichnen. —

Zur Zeit Friedrichs des Grossen waren die allgemeinen Bedingungen der Kriegstüchtigkeit der Staaten schon dieselben, wenngleich die Verhältnisse der Kriegsführung noch nicht in so grossen Dimensionen auftraten, wie gegenwärtig; seine Sorge für die Kriegstüchtigkeit Preussens erstreckte sich auch in der That auf alle die genannten verschiedenen Richtungen und fiel somit eigentlich mit dem Gesammtzwecke seiner ganzen Regierung zusammen. Wenn man aber auch nur das in Betracht zieht, was Friedrich für die Verbesserung seiner Armee als solcher gethan hat, so erscheint der Umfang dieser Thätigkeit noch viel zu gross, um an dieser Stelle eine würdige Darstellung zu gestatten. Das, was unserer Akademie hiervon am nächsten liegt, woran auch schon seit der Zeit Friedrichs des Grossen stets einzelne ihrer Mitglieder einen thätigen Antheil genommen haben, ist das höhere Militärbildungswesen, welches durch ihn wesentlich erweitert und auf eine höhere Stufe gehoben worden ist und welches seitdem sich so entwickelt hat, dass es gegenwärtig die Bewunderung und Nacheiferung aller Kriegsmächte Europas erregt. Und diese Bewunderung ist in der That eine wohl begründete, denn unseren Militärbildungsanstalten, namentlich dem gründlichen und allseitigen Studium der Kriegswissenschaften, welches sie angeregt, gepflegt und verbreitet haben, verdanken wir es zum guten Theile, dass unsere Offiziere und Generale nach funfzigjährigem Frieden den kriegsgeübten, hochgepriesenen Führern unserer Gegner, in den grössten Kriegen und Schlachten nicht nur ebenbürtig, sondern auch überall bedeutend überlegen sich bewährt haben. Es sei mir daher gestattet zu der heutigen akademischen Feier des Geburtstages Friedrichs des Grossen auf die von ihm vorgefundenen und weiter entwickelten Anfänge dieser für unser ganzes Vaterland so bedeutenden und segensreichen Institutionen einen Rückblick zu werfen.

Bei dem Regierungsantritte Friedrichs II waren noch nicht hundert Jahre seit dem dreissigjährigen Kriege verflossen, in welchem die nur für den Krieg zusammengeworbenen Heere von Söldnerschaaren, mit ihrem ungeheuern Tross von Weibern, Kindern und allerlei Gesindel, in Freundes- wie in Feindesland hauptsächlich nur von Raub und Beute lebend und schwelgend unser deutsches Vaterland verwüstet hatten. Die bald darauf folgende Einrichtung und Disciplinirung stehender Heere, — in unserem Vaterlande zuerst unter dem grossen Kurfürsten — durch welche überhaupt erst eine minder verderbliche, menschlichere Kriegführung ermöglicht worden ist, macht einen der bedeutendsten Fortschritte der Civilisation der neueren Zeit aus und führte in ihrer ferneren Entwickelung zuerst auf das Bedürfniss militärischer Bildungsanstalten zur Vorbildung tüchtiger Offiziere für die Armee. Die preussischen Kadettenanstalten, welche zu diesem Zwecke eingerichtet wurden, waren anfangs noch mit den Regimentern verbunden, nicht nach einem einheitlichen Plane angelegt und in ihren Einrichtungen und Leistungen häufigem Wechsel unterworfen, bis sie sodann unter König Friedrich Wilhelm I zu einem selbständigen Kadettenkorps in Berlin vereinigt wurden. Diese Anstalt, von ihrem hohen Stifter mit besonderer Sorgfalt eingerichtet, gepflegt und geleitet, weil er sie zugleich als Schule der militärischen Bildung seines Sohnes des Kronprinzen Friedrich benutzte, entsprach ganz den Intentionen des durch seinen festen, sittlich strengen Charakter und durch die Energie seines Wollens und Handelns ausgezeichneten Königs. Die festen Grundlagen aller militärischen Erziehung und militärischen Tugenden: Gehorsam, Ordnung und Pünktlichkeit wurden durch eine der damaligen Zeit entsprechende strenge, ja harte Disciplin den jungen Kadetten eingeprägt. Regelmässige körperliche Übungen und militärische Exerzitien bildeten ihre Hauptbeschäftigung, der Unterricht im Lesen, Schreiben, Rechnen, in der Geschichte, Geographie und im Französischen wurde nur in sehr geringem Umfange betrieben, eben so der Unterricht in den Elementen der Kriegswissenschaften, der sich auf gewisse Sätze und Regeln der Fortifikation beschränkte, neben welchen beiläufig auch einige geometrische Sätze mit gelehrt und gelernt wurden.

Wie mangelhaft ein solches System der Vorbildung zum Offizierstande gegenwärtig auch erscheinen mag, so muss man doch anerkennen, dass es den damaligen Zeitverhältnissen ganz angemessen war. In dem preussischen Heere, welches noch in seiner Bildung begriffen war und grossentheils durch Werbungen aus allen Gauen Deutschlands während der siebenundzwanzigjährigen Regierung des Königs Friedrich Wilhelm I von 30000 Mann auf 80000 Mann gebracht wurde, konnte Ordnung und Kriegstüchtigkeit nur durch eine eiserne Disciplin aufrecht erhalten werden, in diese mussten die Kadetten, welche fast ausschliesslich aus den wenig disciplinirten Söhnen des Landadels genommen wurden, frühzeitig eingeführt und eingeweiht werden, um sie später als Offiziere der Armee mit Kraft und mit Erfolg selbst handhaben zu können. Man darf auch nicht meinen, dass dieses strenge System militärischer Erziehung nur willenlose und geistlose, wenn auch brauchbare Werkzeuge für höhere Zwecke hätte erzeugen können; es widerlegt sich dies von selbst durch die erzielten Erfolge, da die vorhandenen Nachweise über die Offiziere und Generale, welche in dieser Zeit in dem Berliner Kadettenkorps ihre Vorbildung erhalten haben, eine gute Anzahl hervorragender Männer aufweisen.

Die pünktliche Befolgung vorgeschriebener gesetzlicher oder reglementarischer Normen dient überhaupt eher dazu den Charakter zu kräftigen, als ihn zu unterdrücken und wenn sie auch für sich allein die intellektuelle Bildung nicht zu fördern vermag, so lässt sie ihr doch die Freiheit der eigenen individuellen Entwickelung; die nöthige Anregung von aussen aber kann, bei vorhandenem Talent, auch aus dem Leben entnommen werden, wo die Schule sie versagt hat.

Erst nachdem durch dieses konsequent durchgeführte System des Königs Friedrich Wilhelm I die nothwendigen, soliden Grundlagen für die Tüchtigkeit des Heeres und des Offizierkorps geschaffen waren, konnte Friedrich II mit Erfolg auch der höheren Vorbildung der Offiziere durch das Kadettenkorps seine Thätigkeit zuwenden. Schon in dem ersten Monate seiner Regierung beschäftigte er sich hiermit und erliess unter dem 28ten und 30ten Juni 1740 eine briefliche Ordre und eine neue Instruktion an den Commandeur des Kadettenkorps Oberstlieutenant von Oelsnitz, nicht um bewährte Einrichtungen umzustossen, sondern um sie auf ein höheres sittliches Princip, auf das Princip der Ehre zu basiren, welches in der Instruktion auch äusserlich an die Spitze gestellt ist, da sie mit den Worten anfängt: Die erste und vornehmste Sache, worauf der Oberstlieutenant von Oelsnitz und die bei dem Korps bestellten Kapitains arbeiten müssen, soll sein, den Kadets eine vernünftige Ambition beizubringen. In diesem Sinne hebt die Instruktion diejenigen bisherigen Einrichtungen auf, welche dem Zwecke der Entwickelung des Ehrgefühls nicht entsprechen, namentlich die Fuchtel und Kettenstrafen, an deren Stelle nur Einsperrung bei Wasser und Brod tritt. Der zur Vollstreckung der harten Strafen bisher eigens angestellte Profoss wurde sogleich entlassen; auch die zur Aufrechthaltung der Ordnung angestellten Feldwebel sollten anderweitig untergebracht werden, weil sie zu plumpe und bäurische Manieren gegen die Kadets hätten, die wie Edelleute und künftige Offiziere, nicht aber wie Bauernknechte traktiret werden sollten. Was den militärischen Dienst der Kadetten betrifft, so verlangt die Instruktion, dass sie denselben mit aller exactitude erlernen und das Exerziren noch besser als die anderen Regimenter thun müssen; sie sollen aber dabei nicht stehen bleiben, sondern solches so lernen, wie Leute, welche dereinst kommandiren sollen. Für Einrichtung und Methode des Unterrichts werden ebenfalls zweckmässige Änderungen getroffen, namentlich durch Eintheilung der Kadetten in Klassen, nach ihrem Alter und ihren Fortschritten. Bemerkenswerth ist auch die Einführung eines neuen Unterrichtsgegenstandes, der Logik, welche den Kadetten gelehrt werden soll, sobald sie lesen und schreiben können, damit sie von Jugend auf zum vernünftigen und ordentlichen Denken und Beurtheilen angewöhnet werden. Endlich verlangt der König noch von dem Oberstlieutenant von Oelsnitz, dass er ihm diejenigen Kadetten anzeigen solle, welche sich durch besondere Talente auszeichnen und er schärft ihm ein, dabei mit der grössten Sorgfalt zu verfahren, da er selbst genau prüfen werde, ob die angezeigten Kadets wirklich von dem angegebenen Genie seien, oder ob dagegen gute Köpfe und profunde Talents vergessen und zurückgelassen worden, auf welchen letzteren Fall der Oberstlieutenant von Oelsnitz sich sehr schlecht rekommandiren würde.

Der plötzliche Übergang von den äusserst harten zu den humanen Disciplinarstrafen, die Aufregungen des Krieges und die Abwesenheit des Königs hatten zur Folge, dass bald Unordnung und Ungehorsam unter den Kadetten überhand nahmen, so dass der Oberstlieutenant von Oelsnitz sich genöthigt sah darüber an den König nach Schlesien zu berichten. Dieser aber liess sich von dem einmal als gut erkannten humanen Systeme nicht abwenden, sondern schrieb nur zurück: man solle die boshaften und widerspenstigen Bursche, welche inkorrigibel werden wollten, zwei bis drei Wochen bei Wasser und Brod sitzen lassen, welches sie schon mürbe machen werde.

Unter der obersten Leitung des Königs, welcher über alles sich Bericht erstatten liess und selbst verfügte, wurde das Kadettenkorps auf eine höhere Stufe der geistigen und sittlichen Bildung gehoben, wenn gleich die beiden schlesischen Kriege und nachher der siebenjährige Krieg vielfach störend einwirkten und besonders die Regelmässigkeit der Ausbildung hinderten. Es musste in diesen Zeiten der Kriege eine bedeutend grössere Anzahl von Zöglingen für die Armee geliefert werden, welche nicht selten schon in dem zarten Alter von vierzehn Jahren als Gefreiten-Korporale, die reiferen auch als Fahnenjunker, Fähnriche oder Kornets bei den Regimentern im Felde eintraten und zwar an körperlicher Kraft und Ausdauer, aber nicht an Kenntniss des Dienstes, noch auch an Muth und Tapferkeit hinter den älteren Soldaten und Offizieren zurückblieben. Die gute Vorbildung der Kadetten für den Krieg bewährte sich hierdurch in vorzüglichem Grade. Was die höhere geistige Bildung der Zöglinge betrifft, welche der König in seiner Instruktion mit hervorgehoben hat, so ist für diese, insofern sie über das Lernen vorgeschriebener Pensa hinausgehen soll, durch Reglements und Vorschriften allein, überhaupt nur wenig zu erreichen, sie hängt vorzüglich von der geistigen Beschaffenheit der Lehrer ab. Ein geistvoller Lehrer, der selbst Liebe zu seinen Schülern hat und es versteht auf ihre Anschauungsweise und Denkweise einzugehen, der durch seine ganze sittliche Haltung und durch seine geistige Superiorität nicht nur die Achtung, sondern auch die Liebe seiner Schüler sich zu erwerben weiss, ist für sich allein fähig den Sinn für das Schöne, das Wahre und Gute in der Jugend zu wecken und eine ganze Anstalt auf eine höhere Stufe geistiger Bildung zu heben. Ein solcher Lehrer war Carl Wilhelm Ramler, der Dichter, der in der Geschichte der deutschen Litteratur sich für immer einen ehrenvollen Platz erworben hat. Er hat am Kadettenkorps, bei welchem er im Jahre 1748 als Lehrer der Logik eintrat, 41 Jahre lang segensreich gewirkt und in der ganzen preussischen Armee die Hochachtung und Dankbarkeit seiner zahlreichen früheren Schüler als den schönsten Lohn seiner Thätigkeit genossen.

Nach der glorreichen Beendigung des siebenjährigen Krieges wandte Friedrich der Grosse der Bildung des Offizierkorps der Armee wieder seine eingehende Fürsorge und Thätigkeit zu. Es kam ihm jetzt besonders darauf an die geistige Vorbildung der Offiziere, welche während des langen Krieges weniger hatte berücksichtigt werden können, zu heben und zunächst bei dem Kadettenkorps wieder mehr in den Vordergrund zu stellen. In diesem Sinne erliess er durch den Kommandeur des Korps, Generallieutenant von Buddenbrock eine neue Instruktion für die Lehrer, welche besonders dadurch ausgezeichnet ist, dass sie diesen eine grössere Freiheit in der Methode des Unterrichts gewährt und vorzüglich nur die wesentlichen Zielpunkte, welche im Allgemeinen und in den einzelnen Disciplinen erreicht werden sollen, mit grosser Klarheit und Bestimmtheit bezeichnet.

Um dem wachsenden Bedürfniss der Armee an tüchtigen Offizieren besser zu genügen, errichtete der König noch zwei neue Kadettenanstalten, die eine in Stolp im Jahre 1769, die andere in

Culm im Jahre 1776. Die Wahl dieser Orte wurde dadurch bestimmt, dass durch die neuen Anstalten zugleich der Zweck erreicht werden sollte dem pommerschen Adel und dem Adel der neu erworbenen Provinz Westpreussen neue Bildungsmittel zu gewähren, besonders aber auch um denselben in das allgemeine Staatsinteresse mehr hineinzuziehen. Ausserdem hatte sich schon während des Krieges, durch das Bedürfniss, dass für die Waisen der gefallenen Offiziere gesorgt werden musste, ein Filial des Berliner Kadettenkorps in Potsdam gebildet, welches mit dem dortigen Waisenhause verbunden, diese Kinder vorläufig aufnahm, bis sie das Alter erreicht hatten, um als Kadetten in Berlin eintreten zu können.

Die Kadettenanstalten unter Friedrich Wilhelm I und Friedrich II haben dem nächsten Zwecke, für welchen sie bestimmt waren, eine kriegstüchtige Armee bilden und erhalten zu helfen, in der That sehr wohl entsprochen; denn wenn durch sie die Armee nicht mit tüchtigen Offizieren versorgt worden wäre, würde es dem grossen Könige kaum möglich gewesen sein die Kriege zu führen und die siegreichen Schlachten zu schlagen, welche seinen Namen verherrlicht und die Grösse Preussens begründet haben; sie konnten aber, in der bestimmten Sphäre ihrer Wirksamkeit den gesteigerten Anforderungen an die Ausbildung der Offiziere für sich allein nicht mehr genügen. Da der König mehrfach die Erfahrung gemacht hatte, dass er in seinem Offizierkorps nicht die genügende Anzahl von Männern zur Verfügung habe, die er zu Aufträgen und Stellungen gebrauchen konnte, welche eine über das gewöhnliche Maass hinausgehende höhere geistige Bildung und Intelligenz erheischen, so suchte er diesem Mangel durch Gründung einer neuen Unterrichtsanstalt für die Folge abzuhelfen. Er gründete im Jahre 1765 die Académie des nobles, welche ursprünglich auch auf die Vorbildung für das diplomatische Fach mitberechnet, aber überwiegend eine militärische Vorbildungsanstalt war und vom Könige selbst mitunter als Académie militaire bezeichnet wird. Damit diese Akademie dem angegebenen Zwecke in genügender Weise entsprechen könne, sollten nur solche Zöglinge in dieselbe aufgenommen werden, die sich durch ganz entschiedenes Talent und geistige Regsamkeit auszeichneten. Dieselben wurden hauptsächlich unter den Zöglingen des Kadettenkorps ausgesucht und durchschnittlich schon in dem Alter von zwölf Jahren aufgenommen; wenn sie den gehegten Erwartungen nicht entsprachen, wurden sie in das Kadettenkorps zurückversetzt. Die Zeit ihrer Ausbildung an der Akademie war auf sechs Jahre berechnet. Da der Unterricht nur dem Zwecke der allgemeinen Bildung der Zöglinge und der allseitigen Entwickelung ihrer geistigen Fähigkeiten dienen sollte, so war die specifisch militärische Vorbildung nur auf den Unterricht in der Fortifikation beschränkt, die militärischen Exercitien aber fielen ganz weg.

Der König, der die Einrichtung und die oberste Leitung der Anstalt ganz in seiner Hand behielt, suchte vor Allem die besten und zugleich auch wissenschaftlich bedeutendsten Lehrer für dieselbe zu gewinnen, er suchte dieselben aber nicht in Deutschland, sondern in der Schweiz und in Frankreich, weil er die deutschen Gelehrten für zu pedantisch hielt und weil er von den ausländischen eher erwartete, dass sie auf seine Intentionen ganz eingehen würden. — Die Zeit, wo umgekehrt die schweizer höheren Unterrichtsanstalten ihre besten Lehrer in Deutschland suchen und finden, war damals noch nicht erschienen. — Unter den für die Académie des nobles berufenen Lehrern steht an der Spitze Johann Georg Sulzer, ein Schweizer von Geburt, bis dahin Professor am Joachimsthalschen Gymnasium und schon seit 1750 Mitglied unserer Akademie der Wissenschaften, später auch Direktor der philosophischen Klasse derselben, ein Mann von grossem Talent und umfassender Gelehrsamkeit, ein Philosoph, der diesen Titel nicht bloss der damals in der französischen Schule hochgepriesenen, wohlfeilen Freiheit von Vorurtheilen verdankte, sondern in allen Gebieten des Geistes und der Natur denkend und forschend arbeitete. Ferner wurden aus der Schweiz und aus Frankreich, auf Empfehlung von le Catt und von d'Alembert, als Professoren berufen: Weguelin für das Fach der Geschichte, Thiébault für französische Grammatik und Litteratur, Toussaint und später auch Borelly für Rhetorik. Alle diese Männer hatten bereits in der Wissenschaft und in der Litteratur sich einen Namen erworben und der König liess sie alle auch in seine Akademie der Wissenschaften als Mitglieder aufnehmen.

Für den gesammten Unterricht und für die Disciplin dieser Anstalt hat Friedrich der Grosse selbst eine Instruktion verfasst, welche mit zu den schönsten und bedeutendsten litterarischen Erzeugnissen seines Geistes zu rechnen ist und welche namentlich auch für die richtige Auffassung und Würdigung seines philosophischen Standpunktes von Werth ist, weil sie uns eine praktische Durchführung der grossen philosophischen Principien zeigt, von denen er in seinem Denken und Handeln ausging. Der königliche Philosoph von Sanssouci hatte, nachdem ihm seine metaphysischen Spekulationen nur gezeigt hatten, daſs der menschliche Verstand nicht vermögend sei die Räthsel der Schöpfung zu lösen und eine wahre Erkenntniss der übersinnlichen Dinge zu erlangen, sich vorzugsweise der Moralphilosophie zugewendet, die ihm dem menschlichen Nachdenken und Forschen besser zugänglich erschien und von welcher er noch wahre, ihm selbst genügende und der Menschheit nützliche Resultate erwarten konnte. Es war namentlich der zugleich tiefe und fruchtbare Gedanke, dass die Forderungen des Sittengesetzes den wohlverstandenen höchsten Interessen des Individuums nicht widersprechen, sondern mit denselben durchaus im Einklange sind, welcher den König lebhaft beschäftigte, den er auch in mehreren seiner philosophischen Schriften aus dieser Periode vielseitig durchgeführt und in dieser Instruktion für den Unterricht und die Erziehung der Jugend trefflich verwerthet hat.

Die Instruktion des Königs zeichnet dem Professor der Philosophie vor, er soll mit einem kleinen Kursus der Moral den Anfang machen und von dem Princip ausgehen, dass die Tugend nützlich, sehr nützlich für den ist, der sie ausübt; dass ohne Tugend überhaupt die menschliche Gesellschaft nicht bestehen könnte. Er soll die höchste Tugend definiren als die vollkommenste Uneigennützigkeit, welche bewirkt, dass man seine Ehre dem Nutzen, das Gemeinwohl dem eigenen Vortheil, das Heil des Vaterlandes seinem eigenen Leben vorzieht. Er soll sodann auf die Erörterung des wahren und des falschen Ehrgefühls eingehen, er soll zeigen, dass das wahre Ehrgefühl die Tugend der grossen Seelen ist, dass es die Triebfeder ist, die sie zu grossen Thaten antreibt, dass dagegen nichts diesen edlen Gefühlen mehr entgegengesetzt ist und nichts mehr erniedrigt, als der Neid und die niedere Eifersucht. Er soll der Jugend einprägen, dass, wenn es überhaupt ein dem Herzen des Menschen ursprünglich angeborenes Gefühl giebt, es das des Rechts und Unrechts ist. Vor allem soll er sich bemühen seine Schüler zu Enthusiasten der Tugend zu bilden. Der Unterricht in der Metaphysik soll mit der Geschichte der Meinungen der Menschen beginnen. Von den griechischen Philosophen anfangend sollen die Meinungen der verschiedenen philosophischen Schulen bis auf Locke durchgegangen werden, bei diesem aber, welcher an der Hand der Erfahrung in diesem dunkeln Labyrinth so weit vorgedrungen ist, als dieser Faden ihn führt, soll der Lehrer stehen bleiben. Ausführliche Besprechungen der verhandelten Gegenstände und Fragen, auch unvorbereitete Disputationen der Schüler unter einander, bei welchen dem einen aufgegeben wird diese oder jene Ansicht zu widerlegen, dem anderen sie zu vertheidigen, sollen diesen Unterricht fruchtbar machen und die geistige Gewandtheit der Schüler üben und fördern.

Der geschichtliche Unterricht soll in der alten und mittleren Geschichte nur die grossen Epochen und die Namen der berühmten Männer den Schülern einprägen, die kleinen, minder wichtigen Einzelheiten aber bei Seite lassen. Das eigentliche geschichtliche Studium soll sich nur von der Zeit Karls V bis auf die Gegenwart erstrecken, weil ein junger Mann, der in die grosse Welt eintreten will, diejenigen Ereignisse kennen müsse, welche mit der Kette der laufenden Angelegenheiten Europas in Verbindung stehen und dieselbe bilden. Der Unterricht soll überall durch passende moralische, politische und philosophische Reflexionen belebt werden, für welche die Instruktion auch einige Beispiele als Fingerzeige für die Lehrer giebt. In dem geographischen Unterrichte soll eine genaue Kenntniss Europas, namentlich des deutschen Vaterlandes, seiner verschiedenen Staaten, Hauptstädte, Flüsse u. s. w. erzielt werden, wogegen für die anderen Welttheile die Namen der grossen Länder und Völker genügen sollen.

In demselben Sinne spricht sich die Instruktion auch über die übrigen Unterrichtsgegenstände aus, über das Lateinische, die französische Sprache und Litteratur, die Rhetorik, mit welcher die Logik verbunden wird, über Kunstgeschichte, Rechtswissenschaft, Mathematik und Fortifikation. Die Entwickelung und Übung der geistigen Fähigkeiten, diejenige Bildung, welche einen jungen Mann befähigt, dass er nachmals, zu allen schwierigen Stellungen und Aufträgen gut verwendbar, dem Staate die besten Dienste leisten könne, bildet in allen den Hauptzweck und bestimmt zugleich die Methode und den Umfang des in jeder dieser Disciplinen zu lehrenden und zu lernenden.

Im Ganzen sind die Anforderungen, welche der König hier

an Schüler von 12 bis 18 Jahren stellt, als sehr hoch zu erachten und man könnte sie wohl als unerreichbar ansehen, wenn sie in demselben Maasse und Umfange an eine gewöhnliche grössere Unterrichts-Anstalt, etwa an ein Gymnasium gestellt würden, in welchem Schüler von sehr verschiedener geistiger Begabung in grosser Anzahl zugleich unterrichtet und bis zu einem bestimmten Ziele ausgebildet werden müssen. Die Académie des nobles sollte aber, nach der ausdrücklichen, später wiederholt eingeschärften Bestimmung ihres Stifters, nur eine Auswahl der begabtesten Schüler enthalten, und war auf die geringe Anzahl von 15 Zöglingen beschränkt, es konnten darum von ihr auch verhältnissmässig grosse Leistungen gefordert werden.

Die Instruktion enthält in ihrem zweiten Theile auch die genauen Bestimmungen über die Erziehung, Beaufsichtigung und Disciplin der Zöglinge. Je drei Zöglinge stehen unter einem Gouverneur, der sie zur Ordnung und Sauberkeit und zur Beobachtung anständiger feiner Manieren anzuhalten hat und sie niemals sich selbst überlassen darf. Gegen die Ausbrüche jugendlich heiterer Laune sollen die Gouverneure äusserst nachsichtig sein und in keiner Weise Frohsinn, Scherz und alles was Genie verräth unterdrücken wollen; nur gegen das, was eine schlechte Gesinnung verräth, gegen Jähzorn, Trotz, Faulheit und überhaupt gegen solche Fehler, welche die Jugend verderben, sollen sie streng sein. Es sollen nur solche Strafen in Anwendung kommen, welche das Ehrgefühl nicht abstumpfen, sondern anreizen, z. B. das Aufsetzen einer Eselskappe für die, welche ihr Pensum nicht gelernt haben, Abbitte bei Beleidigungen gegen Mitschüler, ferner Einsperrung bei Wasser und Brod, Entziehung der Erlaubniss beim Ausgehen in die Stadt den Degen zu tragen und dergleichen bei schlimmeren Vergehen. Die Zöglinge zu schlagen war den Gouverneuren bei Arreststrafe verboten. Zuletzt ermahnt der König noch die Lehrer und Gouverneure, dass sie ihre Ehre darein setzen und allen Fleiss darauf verwenden sollen, die jungen Leute seinen Intentionen gemäss in Sitten wie in Kenntnissen so zu bilden, dass es dem ganzen Institute, wie den Lehrern und Zöglingen zur Ehre gereiche.

Die neugegründete Anstalt erwarb sich bald das Vertrauen des Adels, der sich dazu drängte seinen Söhnen die Aufnahme in dieselbe zu erwirken, welches nicht leicht war, weil die 15 Stellen der königlichen Eleven nicht nach Protektion, sondern nur nach Talent und Fähigkeiten besetzt werden sollten. Es wurde darum bald die Einrichtung getroffen, dass auch eine gewisse Anzahl von Pensionären zugelassen wurde, welche Kostgeld zu zahlen hatten, sonst aber ebenso gehalten wurden wie die königlichen Eleven.

Die Frage, ob diese Anstalt den Absichten und Erwartungen ihres königlichen Stifters in hinreichendem Maasse entsprochen habe, ob ihre Leistungen mit den auf sie gewendeten bedeutenden Mitteln in richtigem Verhältniss gestanden haben, ist schwer zu beantworten. Die Listen ihrer Zöglinge, mit den Notizen über deren ferneren Lebenslauf, weisen ebenso wie die Listen der Zöglinge des Kadettenkorps eine Reihe tüchtiger, selbst ausgezeichneter Männer auf; aber in Betracht, dass diese Anstalt bestimmt war die talentvollsten Zöglinge des Kadettenkorps aufzunehmen, welche diesem dadurch entzogen wurden, hätte man vielleicht von ihr noch mehr erwarten können. Jedenfalls hat sie gute Früchte getragen und auch noch bei ihrer im Jahre 1809 erfolgten Aufhebung einen bedeutenden Nutzen gestiftet, indem an ihrer Stelle und durch ihre reichen Mittel die königliche allgemeine Kriegsschule, jetzt Kriegsakademie, gegründet worden ist, welche als höchste militärische Unterrichtsanstalt mit dem Zwecke der allgemeinen wissenschaftlichen Bildung die Pflege der höheren Kriegswissenschaften vereinigt und unter den Offizieren der ganzen Armee verbreitet.

Ausser den Kadettenhäusern und der académie des nobles gab es unter Friedrich dem Grossen noch keine fest organisirten selbständigen Militär-Unterrichtsanstalten. Was man vom Standpunkte der Gegenwart aus am auffallendsten vermisst, sind Schulen, in welchen die allgemeinen höheren Kriegswissenschaften, die Taktik und Strategie und die Kriegsgeschichte gelehrt wurden und die Schulen zur Ausbildung der Offiziere für die technischen Waffen der Artillerie und des Genies. Man würde aber sehr irren, wenn man meinen sollte der grosse König habe diese Disciplinen gering geschätzt, da er überhaupt nichts gering schätzte, was zur Kriegsführung und zum Siege nothwendig war, oder auch nur zufällig mitwirken konnte, am allerwenigsten aber kann man ihm eine Ver-

6*

nachlässigung der Taktik, in welcher er selbst der grösste Meister war, oder der Kriegsgeschichte, für welche keiner ein tieferes Verständniss hatte als er, schuld geben, noch auch eine Geringschätzung der mächtigen Waffe der Artillerie, oder der Ingenieurwissenschaft, welche letztere, grade bei der damaligen Art und Weise der Kriegführung mit befestigten Lagern, eine sehr hohe Bedeutung hatte. Wenn der König die genannten Fächer nicht den bestehenden oder zu diesem Zwecke neu zu errichtenden Schulen anvertrauen wollte, sondern die Pflege derselben nur der Armee als solcher anwies, so war für ihn wohl maassgebend, dass er die Theorie mit der Praxis des Dienstes, der Manöver und des ernsten Krieges in steter Verbindung erhalten wissen wollte und dass überhaupt die höheren Kriegswissenschaften weniger für die Vorbildung, als für die Weiterbildung von Offizieren geeignet sind, die bereits im Dienste die Anschauungen und Erfahrungen gewonnen haben, welche nöthig sind um den theoretischen Unterricht fruchtbar zu machen. Solche gediente Offiziere aber als Schüler und Lehrer in einer fest organisirten Unterrichtsanstalt zu vereinigen, mochte damals wirklich noch nicht an der Zeit sein.

Friedrich der Grosse, der den Zustand und die Bedürfnisse seiner Armee sehr genau kannte und gewohnt war für Mängel, die er erkannt hatte, überall selbst Abhilfe zu schaffen, entfaltete auch für die Förderung der Bildung seiner Offiziere in den Kriegswissenschaften eine ungemeine Thätigkeit. Er wusste sehr wohl und hat es auch mehrfach klagend ausgesprochen, dass eine grosse Anzahl der Offiziere seiner Armee nicht durch ein höheres Streben beseelt und für Wissenschaft überhaupt nur wenig empfänglich war, so dass es vergeblich sein würde diesen eine höhere Bildung und tiefere Einsicht durch den Unterricht in den Kriegswissenschaften beibringen zu wollen. Für solche Offiziere erachtete der König den Katechismus der Kriegswissenschaften genügend, mit welchem Namen er die zahlreichen, für alle verschiedenen Waffengattungen und Zweige des Dienstes im Frieden wie im Kriege erlassenen Instruktionen und Reglements zu bezeichnen pflegte, die er auf Grund seiner allseitigen Kenntniss und seiner eigenen Erfahrungen selbst ausgearbeitet hatte und auf deren Kenntniss und genaue Befolgung er mit Strenge hielt, weil durch sie der ganze Mechanismus des Dienstes geregelt wurde.

Einen ganz anderen Zweck und Charakter hatten die für die Generale und höheren Offiziere erlassenen Instruktionen des Königs, in denen er allgemeinere Regeln und Gesetze der Kriegskunst auf besondere bestimmte Fälle und Situationen anwendet, wobei er stets die kriegführende preussische Armee mit ihren eigenthümlichen militärischen Tugenden im Auge behält und zeigt, wie diese auch gegen numerisch überlegene Gegner mit Erfolg zu operiren habe. Diese so wie auch die den Führern der detaschirten Korps ertheilten ausführlichen Instruktionen und mehrere andere sehr bedeutende kriegswissenschaftliche Schriften des Königs, welche in demselben Sinne geschrieben waren, mussten aber damals nothwendig geheim gehalten werden und konnten so einen allgemeineren Einfluss auf die höhere militärwissenschaftliche Bildung des Offizierkorps nicht ausüben.

Für diesen Zweck traf der König besondere Einrichtungen bei den Inspektionen der in den verschiedenen Provinzen garnisonirenden Regimenter. Er befahl, dass bei den Inspektionen in Wesel, Magdeburg, Berlin, Stettin, Königsberg und Breslau von besonders damit beauftragten Offizieren für die befähigtsten jüngeren Offiziere, in den vier Wintermonaten vom November bis Februar, besondere Kurse für Fortifikation, Geographie und Terrainkunde gehalten wurden und gab diesen Anstalten, welche er Militärschulen oder Militärakademieen nannte, auch die unentbehrlichsten Lehrmittel, namentlich genaue Karten der deutschen Provinzen, und Bücher. Die Kriegsgeschichte wurde, wie es scheint, hier noch nicht, oder doch nur beiläufig gelehrt, aber vom Könige sehr eindringlich zum Privatstudium empfohlen, namentlich die Geschichte der Kriege Gustav Adolfs, die Feldzüge des Prinzen Condé, des Marschalls Turenne, des Marschalls von Luxemburg, des Prinzen Eugen und des Königs Karls XII; ferner von mehr theoretischen Schriften die Memoiren von Feuquières und die Schriften von Vauban. Da es unmöglich ist, — schreibt der König in einer Instruktion vom Jahre 1781, — dass man für jedes Regiment alle diese Bücher haben kann, so werde ich suchen eine solche Sammlung für jeden Inspekteur anzuschaffen, damit zum wenigsten die Offiziere, die am mehrsten Ambition und

Lust zu ihrem Handwerk haben, dergleichen Geschichte wissen können und die Inspekteurs werden mir eine grosse Gefälligkeit thun, wenn sie sich Mühe geben die Offiziers so zu informiren, dass man mit der Zeit Hoffnung hat, eine gute Schule von Stabsoffiziers und Generals daraus zu ziehen. Übrigens weiss ich wohl, wie schon gesagt, dass nicht alle Offiziers bei der Armee grosse Fähigkeiten haben, mithin ist es auch nicht so nothwendig, mit denen, die nicht Geschicklichkeit genug besitzen, sich viel Mühe zu geben, desto mehr aber mit solchen, die Verstand und Kopf haben und die vorzügliche gute Hoffnung von sich geben; wie denn die Inspekteurs auch, wenn solche Offiziers unter den Regimentern sind, die Verstand und Geschicklichkeit besitzen, sie mögen Kapitains, Lieutenants oder Fähnrichs sein, solche mir anzeigen und bekannt machen müssen.

So sorgte Friedrich der Grosse für die Bildung seiner Offiziere in den Kriegswissenschaften durch zweckmässige Anordnungen und Einrichtungen so gut, als es nach den damaligen Zeitverhältnissen überhaupt möglich war. Aber er that noch mehr und zeigte sich auch hier wieder als der „Einzige", indem er selbst persönlich als Lehrer einen Kreis der fähigsten jüngeren Offiziere um sich versammelte, die er in den höheren Kriegswissenschaften unterrichtete. Er verfolgte in diesem Unterrichte besonders den Zweck, sich einen tüchtigen Generalstab heranzubilden, und richtete ihn demgemäss mehr praktisch als theoretisch ein, indem er den Offizieren bestimmte Aufgaben stellte, die sie schriftlich zu bearbeiten und zu denen sie oft auch an Ort und Stelle selbst aufgenommene Pläne mit einzureichen hatten. Ihre Arbeiten prüfte und censirte der König selbst und welchen hohen Werth er auf dieselben legte, erkennt man daraus, dass er dem Lieutenant von Zastrow, für eine vortreffliche Arbeit dieser Art, sogar den hohen militärischen Orden pour le mérite verlieh.

Was Friedrich der Grosse für die Heranbildung und Weiterbildung eines tüchtigen Offizierkorps seiner Armee gethan hat, verdient unsere gerechte Bewunderung. Wenngleich die Anstalten, die er gegründet, und die Einrichtungen, die er getroffen hat, jetzt nicht mehr in derselben Weise bestehen, sondern im Laufe der Zeit durch andere und bessere haben ersetzt werden müssen, so muss man doch anerkennen, dass diese nur auf das gegründet werden konnten, was der grosse König vorgearbeitet hatte. Die sittlichen Motive der Ehre und der Vaterlandsliebe, die er zuerst an die Spitze gestellt hat, sind noch heute die unwandelbaren Fundamente des gesammten Unterrichtswesens sowie des Offizierkorps der Armee, ja der ganzen Armee selbst; in den besonderen Einrichtungen aber, die der grosse König getroffen hat, kann man noch die Bausteine zu den gegenwärtig bestehenden militärischen Bildungsanstalten erkennen, deren Thätigkeit zum Heile unseres Vaterlandes, Gott, wie bisher, so auch ferner segnen möge!

Rede zur Feier des Leibnizischen Jahrestages

Monatsberichte der Königlichen Preußischen Akademie der Wissenschaften zu Berlin aus dem Jahre 1875, 425–433

1. Juli. Öffentliche Sitzung der Akademie zur Feier des Leibnitzischen Jahrestages.

Der in dieser Sitzung vorsitzende Sekretar Hr. Kummer eröffnete dieselbe mit folgender Einleitungsrede:

Unsere heutige öffentliche Sitzung ist zum Andenken an Leibnitz, als den geistigen Stifter und ersten Präsidenten der Akademie eingesetzt, es liegt mir darum ob dieselbe mit einer Einleitungsrede auf Leibnitz zu eröffnen. Es ist ferner statutenmässig festgesetzt, dass in dieser Sitzung auch die im Laufe des Jahres neu erwählten und bestätigten Mitglieder kurze Antrittsreden halten, welche von den Sekretaren beantwortet werden. Ferner sind die Ergebnisse der von der Akademie gestellten Preisfragen, so wie die neuen Preisaufgaben zu verkünden. Sodann ist ein Bericht über die Boppstiftung vorzutragen und endlich eine Gedächtnissrede auf Moritz Haupt, unseren am 5. Februar vorigen Jahres verstorbenen Collegen, der als Gelehrter, wie auch als Mensch, eine hervorragende Stellung unter uns eingenommen und als Mitglied und Sekretar der Akademie sich um dieselbe hoch verdient gemacht hat, dessen Verlust von uns auf das tiefste empfunden wird.

Die Fülle des für diese Sitzung vorliegenden Stoffes legt mir die Verpflichtung auf meine Einleitungsrede kurz zu fassen, ich muss deshalb darauf verzichten auf irgend eine von Leibnitz's wissenschaftlichen Schöpfungen, aus dem Gebiete der Philosophie, der Mathematik, der Geschichte, der Staatswissenschaften, der Jurisprudenz oder der Theologie näher einzugehen. Wenn ich mir nun vorgenommen habe heut über Leibnitz als Philosophen zu sprechen, so werde ich mich darauf beschränken nur die Anfänge seines philosophischen Denkens in einigen besonders charakteristischen Punkten zu betrachten. Ein geistvoller, jugendlicher Philosoph, der nach Erkenntniss der Wahrheit strebt und noch den lebendigen Glauben hat, dieselbe auch erlangen zu können, der im Nachdenken selbst, so wie in den Fortschritten seiner Erkenntniss, ja selbst in den Schöpfungen seiner Phantasie, die er für Wahrheit hält, noch die volle Befriedigung hat, der nicht befangen in den Lehrsätzen einer bestimmten Schule, das ganze Gebiet des Geistes und der Natur zum Gegenstande seines Nachdenkens und Forschens macht, und wohlbekannt mit dem, was die hervorragendsten Denker seit Jahrtausenden erarbeitet haben, von diesen lernt und sich aneignet, was seinem eigenen Geiste und seinem wissenschaftlichen Streben homogen ist, erscheint wohl geeignet unser Interesse in hohem Grade zu erregen und unsere ganze Sympathie zu verdienen.

Wir besitzen ein von Leibnitz selbst verfasstes Schriftstück, in welchem er die Erlebnisse und den Bildungsgang seiner Jugend dargestellt hat, aber leider ist es unmöglich daraus ein lebendiges Bild des jungen Philosophen herzustellen. Seine philosophische Bildung tritt in dieser Darstellung ganz zurück gegen seine sprachlichen, historischen und juristischen Studien, welche ihn bis zum Alter von 14 Jahren auch ganz in Anspruch nahmen. Er erwähnt darin nur einen philosophischen Gedanken, den er als vierzehnjähriger Knabe beim Studium der Logik gefasst und seinen Lehrern mitgetheilt hat, die ihn aber damit abgewiesen haben, nämlich den Gedanken, dass die Logik, so wie sie von der Eintheilung der Begriffe oder Prädikamente handelt, auch von der Eintheilung der Sätze zu handeln habe, bei welcher als Eintheilungsgrund die Ordnung zu nehmen sei, wie die Sätze aus anderen Sätzen folgen. Daraus, dass Leibnitz hinzufügt, er habe später diesen Gedanken in den Elementen der Mathematik verwirklicht gefunden, ist zu schliessen, dass er diese erst später kennen gelernt hat.

Den Sinn für eigentlich philosophische Studien hat dem jungen Leibnitz zuerst Jacob Thomasius aufgeschlossen, den er als Student in Leipzig gehört hat, und mit dem er schon damals in sehr nahe freundschaftliche Beziehungen getreten ist. Dass Leibnitz in dieser Zeit seiner Universitätsstudien die Schriften des Aristoteles, namentlich dessen Physik und Metaphysik sehr gründlich studirt hat, dass er auch mit der Geschichte der Philosophie und mit den Schriften der neueren Philosophen sich bekannt gemacht hat, ist nicht bloss seiner Leidenschaft alle Bücher durchzulesen, die ihm in die Hände fielen, sondern der besonderen Anregung und Anleitung seines Lehrers Thomasius zuzuschreiben. Eine Frucht seiner philosophischen Studien aus dieser Zeit war die *disputatio de principio individui,* die er im Jahre 1663 für die Erlangung der Würde eines Baccalaureus der Philosophie unter dem Vorsitze von Thomasius gehalten hat, und die zur Erlangung der Magisterwürde ein Jahr darauf vertheidigte Schrift: *Specimen quaestionum philosophicarum ex jure.*

Als Leibnitz nach Erlangung des Baccalaureats Leipzig verliess, um in Jena seine Studien fortzusetzen, und sodann für immer wegging, um in Nürnberg die juristische Doctorwürde zu erlangen, welche die Universität seiner Vaterstadt ihm wegen zu grosser Jugend verweigert hatte, unterhielt er mit Thomasius einen lebhaften Briefwechsel, von dem vieles erhalten und herausgegeben ist. Diese an seinen Lehrer in der Philosophie gerichteten Briefe von Leibnitz geben für den Zweck die erste Entwickelung seiner eigenen philosophischen Gedanken kennen zu lernen zwar auch nur ein sehr unvollständiges Material, aber wie ich glaube doch das beste, was uns zu Gebote steht, weil sie nicht bloss einzelne Resultate seines Nachdenkens geben, sondern auch etwas von der Genesis derselben mittheilen. Dieser Briefwechsel erstreckt sich auch grade nur auf die Zeit bis zu dem längeren Aufenthalte Leibnitz's in Frankreich, also bis zu seinem 26. Lebensjahre, bis wohin wir ihn noch als einen jugendlichen Philosophen anzusehen berechtigt sind.

Wir ersehen aus diesen Briefen, dass Leibnitz in dieser Periode seiner philosophischen Entwickelung hauptsächlich nur die aristotelische Philosophie gelten lassen wollte, nämlich die von dem anhaftenden scholastischen Wuste gereinigte aristotelische Lehre, und dass er alle neueren Philosophen nach dem Maſsstabe beurtheilte, in wie weit ihre Lehren mit denen des Aristoteles vereinbar seien, so namentlich auch die Cartesische Philosophie und

32*

die von Bacon, Gassendi und Hobbes. Er glaubte, dass diese, wohl mit Ausnahme der von Hobbes, mit Aristoteles sehr wohl in Übereinstimmung zu bringen seien, und selbst gewisse Widersprüche wie z. B. den Satz der neueren Philosophen, dass die Gestalt der Materie von einer Potenz derselben herrühre, mit der aristotelischen Lehre, dass die Materie an sich ohne Bewegung und daher auch ursprünglich formlos sei, die Bewegung aber nicht von der Materie selbst, sondern von der Intelligenz ausgehe, suchte er auf sehr geschickte Weise zu vereinbaren. Überhaupt war Leibnitz damals sehr geneigt in allem Mannigfaltigen die Einheit zu suchen und die Unterschiede mehr nur als unwesentlich gelten zu lassen. Auch seine eigenen philosophischen Gedanken suchte er im Aristoteles wieder zu finden, selbst wenn dies nicht wohl möglich war ohne der aristotelischen Lehre einige Gewalt anzuthun, so zum Beispiel den Satz, dass die Form der Körper, das was Plato und Aristoteles als τὰ μαθηματικὰ bezeichnen, Substanz sei, welchen Satz Thomasius nicht als mit Aristoteles übereinstimmend anerkennen wollte, und für welchen Leibnitz, in Ermangelung eines directen Belages aus Aristoteles's Schriften, nur nachzuweisen suchte, dass er als eine nothwendige Consequenz aus anderen aristotelischen Sätzen sich ergebe. Überhaupt war Thomasius als älterer Philosoph nicht mehr so geneigt wie der junge Leibnitz in den neueren Philosophen nur ihre Übereinstimmung mit Aristoteles zu suchen und zu finden, seinem gereifteren Urtheile entgingen auch die wesentlichen Unterschiede nicht, und Cartesius, welcher die Materie aus Atomen bestehend annahm, schien ihm mehr mit Epicur, als mit Aristoteles in Übereinstimmung zu sein.

Die eigenen philosophischen Speculationen, welche Leibnitz in dieser Periode anstellte, betreffen hauptsächlich nur die Naturphilosophie und haben die aristotelische Physik zur Basis, namentlich den Satz, dass die Materie an sich ohne Bewegung und ohne Form ist, und dass die Bewegung nur von einem unkörperlichen, geistigen Agens ausgehen könne. Von den neueren Philosophen, namentlich von Cartesius entlehnte er hauptsächlich nur den Grundsatz, dass in der Körperwelt alles nur durch Grösse, Form und Bewegung erklärt werden müsse, aber auch diesen Grundsatz glaubte er in der aristotelischen Physik, wenn nicht direct ausgesprochen, so doch verwirklicht zu finden, denn er verlangt, man möge ihm irgend ein Princip des Aristoteles angeben, welches durch Grösse, Form und Bewegung nicht erklärt werden könne. Leibnitz wendet diesen Grundsatz auf mehrere Erscheinungen in der Natur an, und sucht ganz im Sinne der heutigen Physik zu zeigen, dass das, was man als Qualitäten der Körper ansieht, auf Grösse, Form und Bewegung zurückzuführen ist. Als sehr gelungen kann in dieser Beziehung seine Erklärung der Farbe der Körper gelten, namentlich der weissen Farbe des Schnees, in Verbindung mit der weissen Farbe des fein zerstossenen Glases. Bei anderen Versuchen dieser Art begegnet es ihm auch, dass er naturwissenschaftliche Vorurtheile seiner Zeit als wissenschaftlich begründete Wahrheiten annimmt, und auf diese seine Erklärungen stützt, so z. B. wenn er mit den Alchymisten und Goldmachern seiner Zeit annimmt, dass die verschiedenen festen Metalle nichts anderes seien als Quecksilber, welches durch beigemischte Salze starr gemacht sei. Das flüssige Quecksilber hat nach Leibnitz in seinen kleinen Theilen (nicht Atomen, denn diese nahm Leibnitz nicht an) eine rundliche und darum leicht bewegliche Form, die Salze aber haben eine von ebenen Flächen begränzte und darum festere Form; die Verbindung beider aber giebt einen festen Körper, indem die eckigen Theile des Salzes, an welchen die runden Theile des Quecksilbers haften, die freie Beweglichkeit hindern. Beim Schmelzen der Metalle bewirkt das Feuer, welches sich zwischen die Theile des Salzes und des Metalles einschiebt, eine Trennung der rundlichen Theile von den ebenen und macht, dass das Metall, zur Natur des Quecksilbers zurückkehrend, flüssig wird.

Leibnitz beschränkte sich in seinen naturphilosophischen Speculationen nicht bloss darauf, die besonderen Naturerscheinungen aus den angegebenen einfachen Principien zu erklären, sein reger Geist trieb ihn bald weiter, als die aristotelischen Grundsätze und die Anschauungen der Philosophen und Naturforscher seiner Zeit reichten. Da er schon damals gegen die einseitigen Naturanschauungen der Materialisten und Atheisten ankämpfte, welche in der Natur keinen Geist und keinen Gott anerkennen wollten, und da ihm als Aristoteliker in der Bewegung das geistige und göttliche in der Natur zu finden war, so machte er besonders die Bewegung zum Hauptgegenstande seines Nachdenkens. In einem Briefe an Thomasius aus dem Jahre 1669 theilt Leibnitz diesem folgendes merkwürdige Resultat seiner Forschungen über die

Natur der Bewegung mit. „Ich habe bewiesen, sagt Leibnitz, dass alles was sich bewegt fortwährend geschaffen wird, dass die Körper in jedem angebbaren Momente ihrer Bewegung etwas sind, dass sie aber in jeder mittleren Zeit zwischen den angebbaren Zeitmomenten nichts sind, welche Sache bisher unerhört ist, aber vollkommen nothwendig, und welche den Atheisten den Mund verschliessen wird. Ich wage zu versichern, dass den Atheisten, Socinianern, Naturalisten und Sceptikern niemals anders bestimmt entgegengetreten werden kann, als wenn diese Philosophie fest begründet wird, von welcher ich glaube, dass sie ein Geschenk ist, welches Gott der alternden Welt gegeben hat, als das einzige Bret, auf welchem fromme und weise Männer aus dem Schiffbruche des jetzt hereinbrechenden Atheismus sich retten können." So neu und unerhört, wie Leibnitz annimmt, war diese Anschauung der Natur der Bewegung vielleicht nicht, denn schon einige überlieferte Aussprüche von Heraklit dem Dunkeln deuten darauf hin, dass dieser Philosoph wohl eine ähnliche Anschauung gehabt haben mag, als die, welche Leibnitz hier zuerst in bestimmter Weise ausspricht: Wenn sie paradox erscheint, weil sie vielen hergebrachten Vorstellungen von dem Wesen der Materie und der Unveränderlichkeit und Ewigkeit der Atome widerspricht, so ist zu bemerken, dass sie von Leibnitz sehr ernst aufgefasst und in sich vollkommen consequent ist, ja dass sie auch als wissenschaftlich ebenso vollberechtigt anzuerkennen sein würde, wie die gewöhnlichen ihr entgegenstehenden Anschauungsweisen, wenn sie nicht wirklich minder einfach wäre, als diese. Die menschliche Wissenschaft hat aber überall das Recht und die Pflicht den einfacheren Anschauungs- und Darstellungsweisen ihrer Objecte den Vorzug zu geben.

Von grosser Bedeutung für die fernere Entwickelung der Leibnitzischen Philosophie ist noch eine naturphilosophische Speculation, welche er im Jahre 1670, also im Alter von 24 Jahren angestellt und zuerst brieflich an Thomasius mitgetheilt hat. Er schreibt darüber Folgendes: „Auch ich habe neulich einen physischen Traum gehabt. Du weisst, dass nach meiner Ansicht die wirkenden Ursachen aller Dinge Denken und Bewegung sind, nämlich örtliche Bewegung, denn eine andere kenne ich nicht, das Denken aber das des höchsten Geistes, das ist Gottes, von dem auch das Denken der Niederen herkommt. Der höchste Geist aber hat nach seiner Weisheit die Dinge vom Anfange an so eingerichtet, dass er zur Erhaltung derselben nicht immer in ausserordentlicher Weise einzugreifen hat, so wie auch niemand den Verfertiger eines Automaten loben würde, welcher nöthig hätte alle Tage etwas an seinem Werke auszubessern. Demgemäss kam mir in den Sinn, dass aus einer einzigen universellen Bewegung auf unserer Erde alle Erscheinungen, welche im Speciellen viele und bewundernswürdige sind, erklärt werden könnten, und zwar vorläufig noch bloss im Allgemeinen, im Besonderen aber erst dann, wenn die Erscheinungen selbst uns näher bekannt sein werden. Da ich nun durchaus nicht an der Bewegung der Erde um ihren Mittelpunkt zweifle, so wird daraus eine fortwährende entgegengesetzte Circulation des Äthers folgen, eines überaus feinen Körpers, aus welchem das Licht besteht, und welcher von der Sonne in Bewegung gesetzt, das Durchsichtige erleuchtet. Denn während die Erde in ihrer Bewegung von Westen nach Osten sich dreht, wird der Äther mit dem Sonnenlichte von Osten nach Westen sich bewegen, und diese Bewegung, obschon unmerklich, durchdringt doch die Poren aller Körper und ist die Ursache der meisten Erscheinungen. Zunächst ist sie die Ursache der Schwerkraft, denn sie bewirkt, dass das Feine gehoben, das Dichte aber herabgedrückt wird; sodann ist sie die Ursache der Elasticität, das ist der Wiederherstellung der Körper in ihren eigenthümlichen Zustand, wie solche in einem Bogen, im explodirenden Schiesspulver und in den Windbüchsen wahrgenommen wird, wenn die Luft in den natürlichen Zustand der Verdünnung zurückkehrt. Es geschieht diess, weil die verdichteten Körper mehr oder weniger Äther enthalten, als dessen Circulation verträgt, weshalb sie, wenn der Zugang geöffnet wird, wieder zerstreut werden. Aus diesen beiden Principien, dass der Äther die zu dichten Körper entweder zerstreut oder, wenn er sie wegen des Zusammenhanges ihrer Theile nicht zerstreuen kann, herabdrückt, wage ich zu behaupten, können alle Bewegungen der Körper, welche uns vorkommen, abgeleitet werden, so die Kraft des Feuers und des Wassers, der Wärme und Kälte, des Schiesspulvers, des Giftes, der Säuren und Alkalien und aller chemischen Lösungen, Reactionen und Niederschläge. Das Ganze ist nur eine Hypothese, wie das meiste in den Naturwissenschaften, aber ich glaube nicht, dass wir bis jetzt eine leichtere und besser anwendbare haben."

Der erste Eindruck, den diese Hypothese gegenwärtig auf uns macht, kann nur der sein, dass wir an ihr ersehen, wie überaus mächtig in dem jungen Leibnitz der Drang nach Wahrheit und ebenso auch die Lust am Trug gewesen ist, welche beide namentlich bei jugendlichen Philosophen gern Hand in Hand gehen, deren innige Verbindung aber auch bei wissenschaftlichen Forschern im gereiften Alter kaum jemals ganz aufgehoben wird. Wir sind geneigt anzunehmen, dass Leibnitz bei fortschreitender Erkenntniss diese Hypothese bald aufgegeben haben wird; diess war aber keineswegs der Fall, er hat sie wohl mehrfach modificirt, dafür aber auch später nicht mehr als einen physischen Traum oder als eine blosse Hypothese, sondern vielmehr als objective metaphysische Wahrheit angesehen, die uns das innere Wesen der Dinge erschliessen soll. Schon ein Jahr nach dieser ersten Conception hat Leibnitz eine neue veränderte Darstellung dieser Hypothese gegeben, in einem Briefe an den Herzog Johann Friedrich von Braunschweig, welche nicht nur mehrere Anwendungen enthält, sondern auch den neu hinzutretenden Gedanken, dass die allgemeine Bewegung des Äthers von Osten nach Westen auch circulirende Bewegungen um gewisse Centra hervorbringe, welche er als Sitze des *mens*, also als etwas Seelenhaftes ansieht und denen er die Macht des *conatus*, das heisst der Hervorbringung unendlich kleiner Bewegungen beilegt, wie solche auch noch gegenwärtig in der Mechanik als virtuelle Bewegungen betrachtet werden. Rein unkörperlich aber fasste Leibnitz diese Centra nicht auf, die er auch als substantielle Kerne bezeichnet, welche die Leiber der Menschen, der Thiere, der Kräuter und der Mineralien besitzen. Diese Kerne der Substanz sollen weder zunehmen noch abnehmen und unvertilgbar sein, so dass sie sogar in der Asche der verbrannten Körper vollständig erhalten bleiben, wenn auch nur unsichtbar. In dem genannten Schreiben giebt Leibnitz auch eine Nutzanwendung dieser Theorie auf das Dogma von der Auferstehung des Fleisches, für welches er schon früher in die Schranken getreten war.

Es ist diese Leibnitzische Hypothese, welche in den zu derselben hinzugenommenen Centren der Circulation des Äthers die ersten Keime der später von ihm entwickelten Lehre von den Monaden enthält und darum geschichtlich besonders beachtenswerth ist.

Wenn überhaupt die hier betrachteten philosophischen Gedanken aus Leibnitz's Jugend später von ihm selbst umgestaltet oder auch aufgegeben worden sind, wenn sodann in der geschichtlichen Weiterentwickelung auch die ganze Leibnitzische Philosophie umgestaltet oder aufgegeben worden ist, so wird der wahre Werth derselben dadurch nicht negirt, denn das Wesen der Philosophie überhaupt liegt eben darin, dass sie geistige Entwickelung ist. Nicht ein bestimmter Moment dieser Entwickelung, nicht das, was eine bestimmte Zeit oder eine bestimmte Person erarbeitet hat, kann einen ewigen Werth beanspruchen, sondern nur die geistige Arbeit selbst; denn nicht im ruhigen Besitze des Wissens, sondern nur in der Arbeit des Erkennens findet der menschliche Geist seine volle Befriedigung.

Festrede zur Feier des Geburtstages Sr. Majestät des Kaisers und Königs am 22. März 1877

Monatsberichte der Königlichen Preußischen Akademie der Wissenschaften zu Berlin aus dem Jahre 1877, 164–175

22. März. Öffentliche Sitzung der Akademie zur Feier des Geburtsfestes Sr. Majestät des Kaisers und Königs.

Der an diesem Tage vorsitzende Sekretar der Akademie, Hr. Kummer, eröffnete die Sitzung mit folgender Festrede:

Der Geburtstag unseres erhabenen Kaisers und Königs, welchen unser gesammtes Vaterland als einen Festtag feiert, hat auch die Königliche Akademie der Wissenschaften zu der heutigen öffentlichen Sitzung vereinigt, in welcher es mir obliegt den Gefühlen des Dankes und der Freude, welche diese Feier in allen preussischen und deutschen Herzen erregt, im Sinne unserer Akademie einen Ausdruck zu geben.

Wohl geziemt es sich an diesem Tage der Grossthaten unseres Kaisers und Königs zu gedenken, durch welche er unser engeres preussisches Vaterland zu neuer Macht und neuem Ansehen erhoben und unser deutsches Vaterland aus tiefem Schlafe der Ohnmacht wieder erweckt und geeinigt hat. Wohl gedenken wir auch der schweren Kriege und der blutigen Schlachten, welche geschlagen werden mussten, um das Vaterland vor dem Untergange zu bewahren und es zu der Grösse zu erheben, in welcher es jetzt hervorragt. Wir vergegenwärtigen uns dabei mit besonderer Vorliebe die Heldengestalt unseres Königs und Kaisers, wie er in diesen Schlachten als Heerführer gebietet, und überall an die preussischen und deutschen Fahnen den Sieg zu fesseln weiss. Aber ich kann es nicht unternehmen diese Thaten hier würdig zu schildern, denn alles was ich darüber zu sagen vermöchte, würde der Wirklichkeit gegenüber nur matt und kraftlos erscheinen. Ebenso würde ich mich auch nur vergeblich bemühen die Empfindungen zu erneuern, von denen wir alle damals durchdrungen waren, als unser König an der Spitze des vereinten deutschen Heeres auszog, um Deutschlands Ehre und Selbständigkeit zu retten; als sodann die Berichte über die erfochtenen grossen Siege zuerst an unser Ohr drangen; als endlich nach langem schwerem Ringen der Friede geschlossen war, der unserem deutschen Vaterlande zwei in der traurigen Zeit seiner Schwäche ihm geraubte Provinzen zurückgab, und als nach Vollbringung solcher Thaten unser König als deutscher Kaiser zurückkehrte, um mit gewohnter Gewissenhaftigkeit und Treue die Regierung wieder von hier aus zu führen, um die Wunden zu heilen, welche der Krieg geschlagen hatte, und Deutschlands neue Verfassung zu gründen und zu befestigen. Diese grosse Zeit, welche mit zu durchleben uns vergönnt gewesen ist, wird uns allen stets unvergesslich sein, und die Verehrung gegen unseren Kaiser und König, welcher in derselben die Geschicke unseres Vaterlandes mit starker Hand geleitet hat, kann niemals aus unseren Herzen schwinden.

Aber solche grossartige Momente in der Geschichte Deutschlands, wie in dem Leben unseres Kaisers und Königs, können sich nicht immer wiederholen. Im Besitze dessen, was Preussen und Deutschland nach aussen zu erstreben hatte, erfreuen wir uns seitdem des Friedens, und fern von aller eiteln Ruhmsucht, hat die deutsche Nation, mit ihrem Kaiser Wilhelm an der Spitze, kein Verlangen nach neuen kriegerischen Lorbeeren, sondern nur den Wunsch in der Ausbildung und Ausübung der Künste des Friedens mit anderen Nationen zu wetteifern.

Unserem von Gott hoch begnadigten Kaiser und König ist es vergönnt worden auch in seinem jetzt vollendeten achtzigsten Lebensjahre zum Heile seines Volkes die Pflichten seines hohen Berufes in ungeschwächter Kraft zu erfüllen. Er hat das ganze Gewicht seines hohen Ansehens dafür eingesetzt den von Osten her bedrohten Frieden Europas zu erhalten. Ein bedeutender Fortschritt in der geistigen Einigung der verschiedenen deutschen Stämme auf dem Gebiete des Rechts, welcher durch den Erlass der Justizgesetze gemacht worden ist, zeigt uns einen neuen Erfolg seiner Regierungsthätigkeit. Der Tod der ihm doppelt verschwägerten hohen Frau, welcher unser Königshaus in tiefe Trauer versetzt und das Mitgefühl des ganzen Landes erregt hat, musste sein Herz besonders traurig bewegen. Aber wir haben auch ein besonders freudiges Ereigniss dieses Jahres in dem Leben unseres Kaisers zu verzeichnen, sein siebzigjähriges militärisches Dienstjubiläum, welches am ersten Januar von dem Heere, von denen welche dem Heere früher angehört haben und von allen Vaterlandsfreunden gefeiert worden ist.

Diese siebzig Jahre, in denen unser Kaiser als Soldat dem Vaterlande gedient hat, umfassen einen Zeitraum, der mit der tiefsten Erniedrigung Preussens beginnt, sodann in den Freiheitskriegen zeigt, wie durch die Begeisterung und Energie des Volkes die Zwingherrschaft gebrochen und die Wiedererhebung des preussischen Staats erkämpft wurde, und welcher endlich, nach vollständiger Niederwerfung der Feinde Deutschlands, die Einheit und Grösse unseres Vaterlandes herbeigeführt hat. Wenn wir in diesem Wechsel der Geschicke das Walten einer höheren Macht erblicken, wenn wir in derselben Demuth gegen Gott, welche unseren Kaiser stets beseelt, nicht menschlicher Kraft und Weisheit das Vollbringen und Gelingen zuschreiben, sondern den Segen Gottes welcher auf der ganzen Regierung und auf allen Thaten unseres Kaisers ruht, freudig anerkennen und tief verehren, so können wir doch auch hierin, wie überall in der Weltgeschichte, Ursachen und Wirkungen zu unterscheiden, und so zu einer gewissen, wenn auch nur menschlich beschränkten Erkenntniss zu gelangen suchen. In diesem Sinne möchte ich versuchen den Zusammenhang, in welchem die siebzigjährige Militärdienstzeit unseres Kaisers mit der ganzen Entwickelung unseres Vaterlandes steht, hier etwas näher zu betrachten.

Als nach der unglücklichen Schlacht bei Jena Preussen darniedergeworfen, und die königliche Familie genöthigt war in dem äussersten Osten Preussens vor dem Eroberer Schutz zu suchen, hatte die Königin Louise ihren beiden ältesten Söhnen die hohe Aufgabe gestellt, sie sollten Feldherren und Helden werden, um später die gegenwärtige Schmach des Vaterlandes zu tilgen, oder wenn diess nicht gelänge, wenigstens einen ehrenvollen Tod auf dem Schlachtfelde finden zu können. Diese Worte der Mutter und die Lage, in welcher sie gesprochen waren, konnten nicht verfehlen auf das sittlich ernste Gemüth des damals neunjährigen

Prinzen Wilhelm den tiefsten Eindruck zu machen und seiner, wenige Monate darauf erfolgenden, Einkleidung als Soldat eine tiefere Weihe zu geben.

Da in dieser Zeit die Reorganisation der Reste des preussischen Heeres und die Bildung einer Militärmacht, welche im ernsten Kriege sich bewähren sollte, ernstlich ins Werk gesetzt wurde, so hatte Prinz Wilhelm das Glück, gleich bei seinem Eintritt in die Armee von diesem neuen Geiste, der in derselben aufging, mit beseelt zu werden. Als zweitgeborner Prinz, welcher wenig Aussicht hatte später selbst zur Regierung zu gelangen, konnte er sich mit ungetheilter Kraft seinem militärischen Berufe vollständig widmen, und die hohe Aufgabe, für die Hebung und Entwickelung der Macht des Vaterlandes thätig zu sein, als die Hauptaufgabe seines Lebens betrachten. Es war diess damals zugleich die Hauptaufgabe des preussischen Staats, an welcher alle Organe desselben arbeiteten, weil es sich um die Befreiung des Vaterlandes von fremder Zwingherrschaft handelte. Als sodann die Zeit gekommen war, wo König Friedrich Wilhelm der dritte glaubte den Kampf gegen den fremden Eroberer wieder aufnehmen zu können, als er den Aufruf zur Befreiung des Vaterlandes an sein Volk erliess, als alle waffenfähigen Preussen freiwillig zu den Waffen griffen und sich unter die Fahnen ihres Königs sammelten, in jener grossen Zeit der allgemeinen Begeisterung musste der damals sechszehnjährige Prinz Wilhelm den tiefen Schmerz erfahren, dass es ihm nicht erlaubt war persönlich mitzukämpfen, weil sein Vater ihm die dringende Bitte, mit in's Feld ziehen zu dürfen, abschlug, und zwar aus Rücksicht auf den körperlichen Gesundheitszustand des Prinzen, dessen Pflege dem Könige von der verewigten Mutter dringend anempfohlen worden war. Erst in dem folgenden Jahre, als Napoleon durch die gemeinsamen Anstrengungen der verbündeten Mächte schon bis über den Rhein zurückgeworfen war, gestattete ihm der König versuchsweise sich bei dem ferneren Feldzuge in Frankreich zu betheiligen, und dieser Versuch gelang in ausgezeichneter Weise. Hier sah Prinz Wilhelm zuerst den ganzen Ernst des Krieges und der Schlachten. Hier war es ihm auch vergönnt den hohen Muth und die Verachtung der Gefahren zu bewähren, welche unsere Hohenzollernschen Prinzen stets ausgezeichnet haben. Hier hat er auch seine ersten kriegerischen Auszeichnungen, den russischen St. Georgen-Orden und das eiserne Kreuz sich ehrenvoll verdient, als er bei Bar sur Aube mit einem russischen Regimente längere Zeit in heftigem Feuer stand, um als Ordonnanzofficier des Königs, seines Vaters, die Befehle desselben zu überbringen, und die ihm aufgetragenen Erkundigungen einzuziehen. Nach seiner Rückkehr aus Frankreich war er an den unerfreulichen Verhandlungen des Wiener Kongresses nicht betheiligt, und bei dem sehr ernsten Intermezzo der hundert Tage, welches der von Elba zurückgekehrte Napoleon in Scene setzte, kam er im Gefolge seines Vaters erst an, nachdem die Schlacht bei Waterloo schon geschlagen und Paris wieder von den Verbündeten besetzt war.

In der nun folgenden Zeit des längeren europäischen Friedens war Prinz Wilhelm mit allen den militärischen Studien und Übungen ernstlich und eifrig beschäftigt, welche zur allseitigen Ausbildung eines Feldherrn gehören, so wie auch mit allen die Organisation der Armee betreffenden Fragen. Mit welchem Erfolge er hierin gearbeitet hat, können wir daraus ersehen, dass sein Vater, welcher das ganze Militärwesen gründlich verstand und für das Gedeihen desselben stets eifrig besorgt war, für die Zeit, wo er mit dem Kronprinzen zwei Monate lang abwesend war, um seine mit dem Grossfürsten Nikolaus vermählte Tochter in Petersburg zu besuchen, dem Prinzen Wilhelm die oberste Leitung der Militärangelegenheiten Preussens anvertraute, als derselbe erst 21 Jahre alt war, und den Rang eines Generalmajors bekleidete.

In stetig sich erweiternder und steigernder militärischer Thätigkeit, als Mitglied des Kriegsministeriums, als Vorsitzender besonderer Militär-Commissionen, als Inspecteur der Festungen und als Führer der Truppen bei grossen Manövern, arbeitete Prinz Wilhelm sodann weiter in seinem Berufe. Auch der im Jahre 1840 erfolgte Tod seines Vaters, die Thronbesteigung seines Bruders, des hochseeligen Königs Friedrich Wilhelms des vierten, und der Titel als Prinz von Preussen, welcher ihm eine nähere Aussicht auf den Thron eröffnete, änderten in seiner Berufsthätigkeit nur wenig, weil er für seinen Königlichen Bruder ein längeres Leben erwartete und hoffte, als für sich selbst. Mit derselben Loyalität, welche er seinem Vater gegenüber stets beobachtet hatte, ordnete er sich auch dem Könige seinem Bruder unter, und befriedigt mit dem, was er dem Vaterlande in dem Gebiete des Militärwesens leisten konnte, vermied er es einen anderen Einfluss auf die Regierung zu erstreben, er betrachtete sich vielmehr stets nur als den ersten, treusten und gehorsamsten Unterthan seines Königlichen Bruders, und als den ersten Soldaten Preussens. Leider aber musste er auch in dieser bescheidenen Stellung bald sehr bittere Erfahrungen machen. Die Begeisterung, welche das preussische Volk in den Freiheitskriegen gezeigt hatte, war längst verschwunden, es war von derselben nur ein sehr unbestimmter Drang nach der Einheit Deutschlands und nach grösserer politischer Freiheit übrig geblieben, welcher darin eine gewisse Berechtigung hatte, dass der König Friedrich Wilhelm der dritte selbst den Willen ausgesprochen hatte, eine freiere Verfassung des preussischen Staats einzuführen. Je länger die Erfüllung dieses königlichen Wortes verschoben wurde, um so mehr verbreitete sich eine gewisse Missstimmung und Unzufriedenheit, welche namentlich durch den Mangel politischer Bildung, der in dem eigentlichen Bürgerthume herrschte, gefährlich wurde, und als von Frankreich her mit der Entthronung Louis Philippe's und der Einführung der Republik vorgegangen worden war, dahin führte, dass auch bei uns die staatsgefährlichen Elemente die Oberhand erhielten und als Strassendemokratie eine Zeit lang eine unheilvolle Rolle spielten. Ihr gefürchtetster Gegner war das Militär, gegen dieses und namentlich gegen den Prinzen von Preussen, als den hervorragendsten Vertreter desselben, richtete sich daher ihr ganzer Hass, welchem der König so weit nachgeben zu müssen glaubte, dass er dem Prinzen seinem Bruder befahl auf einige Zeit Preussen zu verlassen und sich nach England zu begeben. Aber auch in dieser traurigsten Zeit seines Lebens bewährte der Prinz von Preussen seine Seelengrösse durch unerschütterliches Festhalten an seiner Pflicht, durch die ihm als Soldaten gewohnte Tugend der Unterordnung unter höhere Befehle, und durch die echt christliche Tugend des vollständigen Vergebens aller ihm angethanen Kränkungen und Beleidigungen.

Nach seiner Rückkehr aus England lebte er einige Monate in der Zurückgezogenheit, ohne ein bestimmtes militärisches Commando. Als aber im folgenden Jahre eine Armee zusammengezogen wurde, welche die Aufgabe erhielt das Badensche Land von den daselbst zur Herrschaft gelangten Insurgenten zu befreien, und den vertriebenen Grossherzog, als den rechtmässigen Landesherren, wieder einzusetzen, wurde der Prinz von Preussen vom Könige zum Oberbefehlshaber dieser Neckararmee ernannt. Hier, wo der

Prinz das erstemal als Feldherr auftrat, rechtfertigte er das in ihn gesetzte Vertrauen in vollem Maasse, indem er die ihm und seiner Armee gestellte Aufgabe in der kürzesten Zeit vollständig erfüllte.

Durch das hohe Vertrauen seines Königlichen Bruders erhielt er auch ferner stets die wichtigsten militärischen Commandos, und es wurde ihm auch äusserlich durch seine Ernennung zum Generalobersten der Infanterie die höchste militärische Rangstufe verliehen. Bei der Feier seines funfzigjährigen Militärdienst-Jubiläums sprach sich ebenso die allgemeine Anerkennung aus, welche er in diesem seinem Berufe sich erworben hatte. Dieses schöne Fest sollte aber zugleich auch einen würdigen Abschluss seiner bisherigen rein militärischen Berufsthätigkeit bilden, denn als kurze Zeit darauf der König ernstlich erkrankte, musste der Prinz von Preussen die Sorgen und Lasten der Regierung übernehmen, welche er anfangs als Stellvertreter, dann als Prinzregent und nach dem Tode seines Bruders als König und als Kaiser geführt hat.

Seine Regierung hat uns das denkwürdige Beispiel gegeben, wie ein Prinz, welcher aus Neigung sich dem militärischen Berufe ganz hingegeben hatte, als er im sechszigsten Jahre seines Lebens, unter schwierigen äusseren und inneren Verhältnissen, die Regierung eines grossen Staates übernehmen musste, sich sogleich als vollendeten Meister in der Regierungskunst zeigte, und mit den höchsten Herrschertugenden ausgerüstet auftrat. Man wird geneigt sein diess seinem angeborenen Herrschertalente zuzuschreiben, und es ist gewiss, dass er ohne dieses nicht so Grosses hätte vollbringen können; aber es gehörte auch dazu, dass diess Herrschertalent durch seine bisherige militärische Berufsthätigkeit in gedeihlicher Weise entwickelt und ausgebildet sein musste. Die Geschichte giebt uns viele Beispiele von hervorragenden Kriegshelden, welche in gleicher Weise auch als Regenten ausgezeichnet waren, und unsere preussische Geschichte bestätigt diese Erfahrung im vollen Maasse. Es kommt aber in der neueren Zeit, und namentlich für unser Vaterland, noch ein besonderer Umstand hinzu, welcher der allseitigen militärischen Ausbildung, als Vorbereitung für den Regenten, einen bedeutend höheren Werth verleiht, als er in früheren Zeiten haben konnte. Es ist diess die neuere Wehrverfassung, mit der allgemeinen Wehrpflicht, welche fast zu derselben Zeit, wo unser Kaiser und König vor siebzig Jahren in die Armee eintrat, zuerst in Preussen eingeführt worden ist. Durch diese ist der

Jahrhunderte hindurch bestehende Gegensatz von Civil und Militär im socialen Leben, wie in der Verwaltung, fast ganz ausgeglichen; die militärische und die bürgerliche Ausbildung fördern sich jetzt gegenseitig, indem eine gute Schule einen guten Soldaten giebt und der ausgebildete Soldat die vorzugsweise militärischen Tugenden des Gehorsams, der Ordnung und Pünktlichkeit, und eine erhöhte Thatkraft mit in das bürgerliche Leben zurückbringt. Die höhere militärische Ausbildung aber, welche alles umfasst, was zur Herstellung und Ausrüstung eines schlagfertigen Heeres und zur Führung desselben im Kriege gehört, steht in unserer Zeit mehr als je zuvor im engsten Zusammenhange mit allen verschiedenen Richtungen des Lebens und der Thätigkeit des Volkes und mit dem ganzen Staatsorganismus. Sie hat eine mehrseitige, gediegene wissenschaftliche Vorbildung zu ihrer Voraussetzung, welche den specifisch militärischen Wissenschaften, der Fortifikation, der Waffenlehre, der Kriegsgeschichte, der Taktik und Strategie zur Grundlage dienen muss; sie erfordert eine vielseitige Kenntniss der Zustände und Hülfsmittel des Landes, seiner Industrie und Technik, seines Verkehrs und Handels, so wie der ganzen Civilverwaltung des Staates, denn alle diese verschiedenen Faktoren müssen mitwirken, damit ein Heer seine Aufgabe vollständig erfüllen könne.

Unser Kaiser hatte nun als Prinz alle militärischen Stufen von der niedrigsten eines Rekruten bis zur höchsten eines Generalobersten denkend und arbeitend durchlebt. Er hatte gehorchen gelernt, um die schwerere Kunst des Befehlens zu lernen. Er hatte schon frühzeitig durch eigene Anschauung und Mitwirkung erfahren, was alles dazu gehört um eine Armee im Felde schlagfertig herzustellen und sie sodann zum Siege zu führen. Er hatte in beiden Richtungen sich zum Meister ausgebildet, da er aber nicht das Bestreben hatte nur für seine eigene Person den Ruhm eines grossen Feldherren zu gewinnen, sondern beseelt von echtem Patriotismus stets auf die Hebung und Stärkung der Macht des Vaterlandes seinen Sinn richtete, so wendete er sich niemals einseitig nur der Kunst der Heerführung zu, sondern arbeitete mit besonderem Fleisse auch für die Organisation der preussischen Militärmacht. So konnte er das organisatorische Talent, welches er als Herrscher überall in hervorragendem Maasse gezeigt hat, zur vollständigen Ausbildung bringen, und schon als Prinz seine allseitige Kenntniss des ganzen Staatsorganismus und der Civilverwaltung sich erwerben. Auf seinen vielen Dienstreisen zur Besichtigung der Truppen, zu Übungen und grossen Manövern, hatte er auch Gelegenheit im persönlichen Verkehr mit den bedeutendsten Männern des ganzen Landes, aus eigener Anschauung die Zustände und die Bedürfnisse des Volkes kennen zu lernen, und die allgemeine so wie die specielle Menschenkenntniss sich zu erwerben, welche er als Herrscher überall bewährt hat. Vor allem aber ist hervorzuheben, dass er durch seine militärische Berufsthätigkeit von allem politischen Parteitreiben fern gehalten war, dass die Achtung vor dem Gesetz ihm stets höher galt, als alle einseitigen doctrinären Theorieen, und dass er als praktischer Soldat und Feldherr gewöhnt war, die gegebenen Verhältnisse überall nur in ihrer Wirklichkeit aufzufassen. Hierin ist auch der Grund dafür zu finden, dass er, ohne seinen Charakter zu verleugnen, in voller Übereinstimmung mit den höchsten sittlichen Grundsätzen seines Denkens und Handelns, die von dem Könige seinem Bruder gegebene und von der Landesvertretung angenommene neue Verfassung Preussens ohne allen Rückhalt als bestehendes Gesetz anerkannte, und dass er auch als König niemals danach gestrebt hat, alte und veraltete Institutionen und Zustände wieder zurückzuführen, sondern stets nur auf dem Grunde des gesetzlich Bestehenden die weitere Entwickelung zu fördern.

Als unser König die Regierung antrat, waren die Zeiten und Verhältnisse längst vorüber, in denen ein König wie Friedrich der Grosse mit starker Hand die ganze Staatsmaschine bewegen und bis in's Kleinste hinab durch specielle Befehle nach seinem eigenen festen Willen leiten konnte. Es kam jetzt darauf an, im Civil- wie im Militärdienst, die rechten Männer an die rechte Stelle zu setzen, welche mit der nöthigen Selbständigkeit ausgerüstet und in dem Gefühle persönlicher Verantwortlichkeit, mehr nach den allgemeinen Directiven des Königs, als nach speciellen Befehlen die verschiedenen Dienstzweige des Staats in seinem Sinne zu führen hatten. Wir alle wissen wie glänzend grade hierin die Weisheit und Menschenkenntniss unseres Königs sich bewährt hat; denn wir haben erlebt, dass selbst diejenigen Männer seiner Wahl, welche anfangs nur mit Misstrauen und Widerwillen empfangen wurden, durch ihre bewährte Tüchtigkeit und durch ihre staunenswerthen Leistungen sich nachmals den Dank und die Verehrung der ganzen Nation erworben haben.

Die Hauptschwierigkeit der politischen Stellung Preussens nach aussen lag damals in seinem Verhältniss zu den übrigen deutschen Staaten und in dem deutschen Bundestage, welcher schon einmal todt und begraben, dennoch wieder aufgelebt war. Ganz unfähig Deutschland einen Schutz nach aussen zu gewähren, oder überhaupt die nationalen deutschen Interessen irgend wie zu fördern, konnte er nur noch dazu benutzt werden, dem Interesse der zum grösseren Theile ausserdeutschen, österreichischen Macht zu dienen. Da er in seiner alten Verfassung kaum noch lebensfähig war, so wurde auch von Österreich und den zu ihm haltenden deutschen Staaten eine Reform desselben angestrebt, aber in dem Sinne, dass Deutschland ganz den österreichischen Interessen dienstbar gemacht, und Preussen ganz herabgedrückt werden sollte. Unser König erfasste diese Lage der Verhältnisse mit sicherem Blick. Er erkannte klar, dass die Frage der Reform des deutschen Bundes, oder der Neugestaltung Deutschlands, nicht durch diplomatische Künste ihre Lösung werde finden können, sondern dass die ganze reale Macht Preussens und seines Heeres werde eingesetzt werden müssen, um eine günstige Entscheidung derselben herbeizuführen.

So trat schon bei seinem Regierungsantritte für unseren König wieder die Aufgabe der Hebung und Stärkung der militärischen Macht Preussens in den Vordergrund, für welche er schon als Prinz unablässig gearbeitet, und in welcher er sich zum Meister ausgebildet hatte.

Die von unserem Könige selbst mit fester Hand geschaffene neue Organisation der Armee, die Errichtung neuer Regimenter und Cadres, deren nächstliegender und wichtigster Grund unausgesprochen bleiben musste und nur wenigen bekannt war, wurde von vielen Seiten mit Misstrauen angesehen. Die Volksvertretung legte derselben Schwierigkeiten in den Weg und es gehörte die ganze Festigkeit unseres Königs dazu sich in dem, was er für nothwendig zum Heile des Vaterlandes erkannt hatte, nicht beirren zu lassen. Ein Conflikt der Regierung und der Volksvertretung, welcher daraus entstand, ermuthigte die Gegner Preussens und beschleunigte die Ausführung der gegen dasselbe unternommenen Pläne. Aber sie hatten sich auch hierin verrechnet; denn als unser Heer in das Feld zog, und die Gefahr, in welcher Preussen schwebte, allen deutlich vor Augen trat, war plötzlich aller innere Hader verschwunden, und die Parteileidenschaft ging in dem einen grossen Gefühle der Vaterlandsliebe unter. In blutigen Schlachten, in der schon nach wenigen Wochen vollendeten Niederwerfung aller Gegner Preussens, bewährte sich damals zuerst im grossen Kriege, gegen ebenbürtige, an Länderbesitz und Volkszahl sogar weit überlegene Feinde, die von unserem Könige geschaffene neue Organisation der Armee, ebenso wie die Heeresleitung unter seinem Oberbefehl, in der glänzendsten Weise. Das Resultat dieses kurzen, aber entscheidenden Kampfes war: die bedeutende Vergrösserung und Stärkung Preussens durch Einverleibung der, die verschiedenen Provinzen des Staates bis dahin geographisch trennenden Länder, welche gegen Preussen gekämpft hatten, deren Regierungen für alle friedlichen und wohlwollenden Anerbietungen unseres Königs taub geblieben waren, und die Errichtung des norddeutschen Bundes, unter Ausschluss des österreichischen Einflusses in allen rein deutschen Angelegenheiten und Interessen.

So war das erste Stadium der Einigung Deutschlands erreicht, die Vollendung dieses grossen Werkes, glaubte unser König, werde der schon glänzend bewährten Thatkraft seines Sohnes und Nachfolgers vorbehalten bleiben; es war aber ihm selbst noch beschieden, auch diese grosse That zu vollbringen. Die Eifersucht Frankreichs auf den Kriegsruhm Preussens, das Verlangen nach weiterer Erwerbung deutschen Bodens bis zur Rheingränze, die prekäre Stellung des Kaisers Napoleons des dritten, welcher genöthigt war die unruhigen Gemüther der Franzosen wieder einmal nach aussen zu beschäftigen, drängten ihn zu einem Kriege gegen Preussen, der unter den nichtigsten Vorwänden erklärt und begonnen wurde. Aber es war nicht mehr Preussen allein, oder der norddeutsche Bund, der diesem Angriffe entgegentrat, sondern ganz Deutschland; denn auch die süddeutschen Staaten, welche für diesen unschwer vorauszusehenden Fall eines französischen Angriffs durch besondere Verträge an das deutsche Interesse gebunden waren, bewährten sich treu, und stellten ihre wohlgerüsteten Heere mit unter den Oberbefehl unseres Königs.

Deutschland schritt so, seit vielen Jahrhunderten das erste Mal zu einer gemeinsamen, ohne fremde Beihülfe und Mitwirkung auszuführenden grossen That, welche zeigte, was es mit vereinten Kräften vermöge. In einer Reihe der blutigsten Schlachten wurden die französischen Armeen vernichtet, und mit dem Kaiser Napoleon selbst als Gefangene nach Deutschland abgeführt. Die stärksten Gränzfestungen Frankreichs wurden erobert, und Paris eingeschlossen gehalten, bis es dem siegreichen deutschen Heere seine Thore öffnen musste. Da drang sich allen deutschen Fürsten die Überzeugung auf, dass sie nur im Anschluss an ein einiges Deutschland gross sein und grosses leisten könnten, und sie boten, unter dem Vortritte Baierns, unserem Könige, durch dessen Führung alle diese grossartigen Erfolge erreicht worden waren, die Kaiserkrone an, welche fortan mit der Krone Preussens unzertrennlich verbunden sein sollte. Unter der jubelnden Zustimmung des vereinten deutschen Heeres und der ganzen deutschen Nation wurde in Versailles, dem alten Sitze der französischen Könige, jetzt dem Hauptquartiere unseres Königs, des deutschen Heerführers, der König von Preussen als Deutscher Kaiser, als Haupt und Heerführer des zu errichtenden deutschen Bundesstaates proklamirt, und so die Einheit Deutschlands fest und dauernd gegründet.

Ein grosser Staat wie der preussische und eine grosse Nation wie die deutsche sind nicht bloss dazu da, das Wohlergehen der ihnen angehörigen einzelnen Personen, Gemeinden, Kreise und Provinzen zu fördern, sie haben ausserdem auch die nationalen Güter ihrer Ehre, Selbständigkeit und Freiheit zu schützen und höhere ihnen von Gott gestellte weltgeschichtliche Aufgaben zu vollbringen. So war unserem preussischen Staate, dem mächtigsten der rein deutschen Staaten, die hohe Aufgabe gestellt, die Einheit und Grösse unseres deutschen Vaterlandes mit seinem Blute zu erkämpfen, damit der nationale deutsche Geist sich selbständig, frei und gross entwickeln, und als solcher seine höhere weltgeschichtliche Bestimmung erfüllen könne. Es würde verwegen sein jetzt schon ergründen zu wollen, welche Aufgaben unserem deutschen Vaterlande im ferneren Verlauf der Weltgeschichte gestellt werden möchten, aber wir hoffen und wünschen, dass es vorzüglich friedliche, auf geistigem Gebiete zu lösende sein mögen. Sollte aber unser Vaterland wieder in die Lage kommen, die Erhaltung seiner Selbständigkeit und Freiheit mit Blut erkaufen zu müssen, dann können wir nur wünschen, dass sein Heer wieder eben so wohl ausgerüstet, schlagfertig, tapfer und opfermuthig sich bewähren möge, wie das von unserem Kaiser Wilhelm organisirte und ausgebildete Heer, und dass es auch dann Helden zu seinen Führern haben möge, gleich denen, welche jetzt an seiner Spitze stehen.
